土壤与地下水污染调查修复基础

主　编　朱火根
副主编　臧学轲

上海大学出版社
·上海·

图书在版编目(CIP)数据

土壤与地下水污染调查修复基础 / 朱火根主编. —上海：上海大学出版社，2023.10

ISBN 978-7-5671-4805-5

Ⅰ.①土… Ⅱ.①朱… Ⅲ.①土壤污染—污染调查②地下水污染—污染调查③土壤污染—修复④地下水污染—修复 Ⅳ.①X53②X52

中国国家版本馆 CIP 数据核字(2023)第 190090 号

责任编辑 傅玉芳
封面设计 柯国富
技术编辑 金 鑫 钱宇坤

土壤与地下水污染调查修复基础

主 编 朱火根
副主编 臧学轲
上海大学出版社出版发行
(上海市上大路 99 号 邮政编码 200444)
(https://www.shupress.cn 发行热线 021-66135112)
出版人 戴骏豪
*
南京展望文化发展有限公司排版
商务印书馆上海印刷有限公司印刷 各地新华书店经销
开本 889mm×1194mm 1/16 印张 31.75 字数 916 千
2023 年 10 月第 1 版 2023 年 10 月第 1 次印刷
ISBN 978-7-5671-4805-5/X·12 定价 158.00 元

本书编写人员

主　　编：朱火根

副 主 编：臧学轲

统　　稿：朱火根

编写人员：朱火根　臧学轲　施亚霖　吴金红　韩　涛　崔　航　袁平凡
葛　佳　梅祖明　付　朝　江建斌　花思雨　顾泮雪　宫能宝
缪爱伟　张　海　陆惠娟　王俊智　顾春杰　孙瑞瑞　陈洪阳
杨佳宾　廖志坚　何　健　谢世红　陈天慧　章长松　陈　敏
黄海峰　唐军武　李建华　丁俊文　许　锋

序　言

土地是人类社会生存和发展的重要物质基础，是不可或缺且难以再生的自然资源。然而，随着我国经济社会的飞速发展，人类活动对生态环境的胁迫逐渐加剧，土壤与地下水污染风险日益显现。为了应对土壤与地下水污染问题，国家陆续出台了一系列法规政策，尤其是2015年、2016年相继发布《水污染防治行动计划》和《土壤污染防治行动计划》之后，土壤与地下水污染调查修复工作蓬勃展开，越来越多的企业参与其中。

土壤与地下水污染调查修复活动包括污染状况调查、污染风险评估、风险管控和修复等工作，各环节均不同程度地涉及地质学、环境学、化学、土壤学、生物学、土木工程等多领域专业知识，具有多学科交叉融合的特点。上海市地矿工程勘察(集团)有限公司以实际工作需求为导向，利用本团队多学科交叉的专业优势，结合多年土壤与地下水污染修复调查实践经验，编撰了本书，非常难能可贵，充分展现了公司团队的强大实力和专业素养。

全书共分八章，第1章到第4章简述了地质-水文地质基础、化学基础、场地土壤与地下水污染基础和主要工业生产污染物产排特征，梳理汇总了土壤与地下水污染调查修复涉及的多学科基础理论知识，有助于从业人员提升跨专业领域技术知识储备；第5章到第7章阐述了土壤与地下水污染状况调查风险评估基础、土壤与地下水污染检测分析基础、土壤与地下水污染修复和风险管控技术，在汇总多学科理论知识的基础上，有针对性地介绍土壤与地下水污染调查、风险评估和修复各个环节的实践活动，有助于从业人员综合运用多学科知识解决实际问题；第8章梳理了测量、岩土工程勘察与设计基本知识点，有助于从业人员理解其在土壤与地下水污染调查修复各个环节中的应用。全书汇编的土壤与地下水污染调查修复工作所必备的基础理论知识，将为从业人员拓展相关学科知识、指导土壤与地下水污染调查修复实践、深化技术融合创新提供有力的支撑。

当前，土壤与地下水污染调查修复行业进入了一个新的阶段，在这样一个时期汇编出版土壤与地下水污染调查修复基础知识，总结行业前期经验，正当其时，对于推动行业后续发展有着重要意义。在春光明媚的日子里，本人有幸读到这本充满诚意的力作，欣喜之余，写下一些感悟，是为序。

上海市环境科学研究院

黄沈发

2023年5月于上海

前 言

土壤是指地球表面的一层疏松的物质，由各种颗粒状矿物质、有机物质、水分、空气、微生物等组成；地下水是指赋存于地面以下岩土空隙中的水。土壤与地下水是人类社会发展的物质基础，是不可缺少、难以再生的自然资源。随着我国经济的快速发展，大量工矿企业粗放式生产，土壤与地下水污染愈发严重，影响社会的可持续发展，影响美丽中国建设和人民群众的身体健康。

为持续推进生态文明建设和维护国家生态安全，我国颁布了《中华人民共和国环境保护法》《中华人民共和国土壤污染防治法》和《建设用地土壤污染状况调查技术导则》等法律法规，并进一步加强土壤与地下水污染防治工作的监督管理，规范土壤与地下水污染状况调查、风险评估、风险管控和修复等相关工作。

土壤与地下水污染状况调查工作内容包括污染识别、现场钻探采样、实验室分析检测、检测结果分析评价等；污染状况风险评估工作内容包括危害识别、毒性评估、暴露评估、风险评估、污染范围模拟等；修复施工根据前期的修复方案实施，相关施工流程包括前期准备、场地布设、抽提井建设、基坑围护、基坑降水、土方开挖、水土修复等；修复效果评估工作内容包括概念模型更新、布点采样、水土修复效果评估、二次污染评估等。综上可知，土壤与地下水污染调查、评估和修复的各个工作环节中需要理学、工学和农学等多个学科协同，涉及水文地质、工程地质、化学基础、环境化学、环境科学与工程、土壤学、工艺环境学、化学分析、测绘、仪器学等多个学科门类，具有多学科交叉融合的特点。

本书依托上海市地矿工程勘察（集团）有限公司的“水土环境调查修复中多学科技术融合研究”（Gky202110）的科研课题，全书内容以土壤与地下水污染调查、评估和修复中常用的基础知识为重点，梳理多个学科专业的知识点，并结合上海地区特点对基础知识集成汇总。希望帮助从业人员快速掌握相关学科基础知识，并在此基础上进行技术融合、创新和提高。

本书由上海市地矿工程勘察（集团）有限公司及其下属公司合力完成，全书由集团公司首席地质专家教授级高级工程师朱火根主编。具体分工如下：第 1 章、第 8 章由上海市地矿工程勘察（集团）有限公司编写，第 2 章、第 3 章由上海亚新城市建设有限公司编写，第 4 章由上海市岩土地质研究院有限公司编写，第 5 章由上海亚新城市建设有限公司和上海市岩土地质研究院有限公司合作编写，第 6 章由上海市岩土工程检测中心编写，第 7 章由上海亚新城市建设有限公司和上海市地矿建设有限责任公司合作编写。

本书内容主要参考了一些单位及个人的相关书籍、技术导则和文献，在撰写过程中得到了主编和参编单位领导的大力支持，在此表示衷心的感谢。

由于时间和水平所限，疏漏之处在所难免，恳切希望各位同仁批评指正！

编 者

2023 年 4 月

目 录

第1章

地质-水文地质基础

场地土壤与地下水污染调查评估与修复工作一般需要了解场地地形地貌、浅部土层分布和场地水文地质情况，重点是掌握场地土层分布特征和地下水埋深、厚度、水质、水位、流向、水力坡度、含水层渗透性等水文地质条件，以及在地下水运移作用下，污染源和污染物迁移转化情况。本章主要介绍和场地土壤与地下水污染调查评估及修复工作相关的地质-水文地质基础知识，包括地形地貌、第四纪地质、土的物质组成和分类、地下水的赋存、化学成分和形成作用、运动基本原理、溶质运移和多相流等内容。

1.1 地形地貌

1.1.1 地形特征

现代地形和地貌形态是内、外力地质作用对地质结构改造的结果，在其改造过程中，内力地质作用居于主导地位。现代地形和地貌受发生于新近纪—第四纪的新构造运动的控制，主要形成于第四纪。中国地形特征主要分为三个阶梯：

第一阶梯：平均海拔 4 000 m 以上，为陡峭的高山、极高山(喜马拉雅山脉、冈底斯山脉、念青唐古拉山、唐古拉山、巴颜喀拉山、可可西里山、昆仑山等)和相对平缓的高原(青藏高原)。青藏高原是世界上最高的高原，被称为"世界屋脊"。高山终年积雪，冰川纵横。冰雪消融后，成为长江、黄河和澜沧江等大河的重要水源。

第二阶梯：平均海拔 1 000～2 000 m，地形起伏较大，既有陡峭山脉，亦有低山、丘陵及盆地。主要山脉有天山、祁连山、阴山、秦岭、大巴山、邛崃山、大雪山、乌蒙山等。横亘新疆的天山山脉南北分布有塔里木盆地和准噶尔盆地，而吐鲁番洼地为我国内陆最低处(−155 m)。有内蒙古高原、鄂尔多斯高原、黄土高原、河套平原、四川盆地及云贵高原等。内蒙古高原位于中国北部，平均海拔 1 000 m 左右，高原开阔坦荡，地面起伏和缓，西北部沙漠、戈壁广布，东部和中部多肥美草原。黄土高原是世界上黄土分布面积最广的区域，地表形态沟壑纵横。云贵高原地形崎岖，石灰岩分布广泛。

第三阶梯：平均海拔 500~1 000 m，包括辽阔的华北(黄淮海)平原、东北(松辽)平原、江汉平原、长江中下游平原、珠江三角洲平原及长白山、沂蒙山、大别山、幕府山、武夷山、罗霄山、南岭、大瑶山等低山丘陵地区。华北平原主要由黄河、海河、淮河冲积形成，所以也称黄淮海平原。东北平原是中国最大的平原，黑土面积广大。长江中下游平原是中国著名的"鱼米之乡"。三大丘陵分别为东南丘陵、山东丘陵和辽东丘陵。

塔里木、准噶尔、柴达木和四川盆地，是中国著名的四大盆地。塔里木盆地是中国最大的内陆盆地，盆地内的塔克拉玛干沙漠，是中国最大的沙漠。准噶尔盆地是我国纬度最高的盆地。柴达木盆地在中国四大盆地中，平均海拔最高，素有“聚宝盆”之称。四川盆地地表多出露紫红色砂、页岩，故有“红色盆地”或“紫色盆地”之称。成都平原有“天府之国”的美誉。

1.1.2 地貌类型

地貌形态千姿百态，形成的原因复杂多样，根据成因、形态等方面的差别可以将地貌划分成不同的类型。地貌类型有不同的等级，最常用、也是最高一级的基本地貌类型有山地、高原、丘陵、平原和盆地等5个(见表1-1-1)。还有按照形成某一种地貌的主要营力来划分的地貌类型，如构造地貌、侵蚀地貌、堆积地貌。侵蚀和堆积类型中又可进一步分为河流的、湖泊的、海洋的、冰川的、风成的、喀斯特的等次一级的类型。

表1-1-1 基本地貌类型

类型	特　征	分　布	成　因
山地	海拔都在500 m以上，并且相对高度超过200 m	全世界海拔1 000 m以上的山地占陆地总面积的28%	地壳构造运动，水平方向的挤压、垂直方向的隆起、火山的喷发都可以造就成山
高原	一侧或数侧为陡坡、顶面相对平坦宽广、海拔较高	除去南极大陆的冰盖高原以外，大约占全球陆地面积的30%	一个面积较大的地区，地壳比较均匀地抬升，当抬升的速度超过外营力的侵蚀和剥蚀速度时，地表就隆起成为高原
丘陵	表面起伏，但相对高度在200 m以下	中国的丘陵面积有100万 km^2，约为全国总面积的1/10	—
平原	近于平坦或地势起伏平缓的开阔陆地，绝大多数海拔低于200 m，地面起伏的相对高度小于50 m	全世界的平原面积约1 872万 km^2，占陆地总面积的12.5%	地壳长期的大面积下沉，地面不断地接受各种不同成因的堆积物的补偿，形成平缓的广阔平原，叫堆积平原。可再分为冲积平原、洪积平原、湖积平原、海积平原、冰水平原等多种类型；侵蚀剥蚀作用将地面逐渐夷平而形成的称侵蚀平原
盆地	四周高中间低的平地		地壳沉降形成构造盆地，风的侵蚀作用形成风蚀盆地，水的溶蚀作用形成溶蚀盆地；深居内陆称内陆盆地，与海洋有河流相通称外流盆地

1.2 第四纪地质

1.2.1 第四纪

新生代的第三个纪，它包括更新世和全新世两个世。第四纪是地质历史上最新的一个纪，它是地质历史上发生过大规模冰川活动的少数几个纪之一，又是哺乳动物和被子植物快速发展的时代，人类的出现是这个时代的最突出的事件。因此也有人称第四纪为人类纪或灵生纪。第四纪跨越的时间极为短促，最近的国际年代地层表将第四纪划分年代定为2.58 Ma(百万年)。新生代分期及其年龄详见表1-2-1。

表 1-2-1　新生代分期及其年龄

代(界)	纪(系)	世(统)		年龄(百万年前)
新生代(界)(Cz)	第四纪(系)(Q)	全新世(统)Qh		0.011 7
		更新世(统)(Qp)	晚(上)更新世(统)Qp_3	0.126
			中更新世(统)Qp_2	0.781
			早(下)更新世(统)Qp_1	2.588
	新近纪(系)(N)	上新世(统)N_2		5.30
		中新世(统)N_1		23.30
	古近纪(系)(E)	渐新世(统)E_3		32.00
		始新世(统)E_2		56.50
		古新世(统)E_1		65.00

注：代、纪、世表示地质年代；界、系、统表示地层年代。

1.2.2　第四纪堆积物的成因类型和特征

1.2.2.1　第四纪堆积物的成因类型

第四纪堆积物的成因类型详见表 1-2-2。

表 1-2-2　第四纪堆积物的成因类型

成　因	成因类型	主导地质作用
风化残积	残　积	物理、化学风化作用
重力堆积	坠　积	较长期的重力作用
	崩塌堆积	短促间发生的重力破坏作用
	滑坡堆积	大型斜坡块体重力破坏作用
	土　溜	小型斜坡块体表面的重力破坏作用
大陆流水堆积	坡　积	斜坡上雨水、雪水间由重力的长期搬运、堆积作用
	洪　积	短期内大量地表水流搬运、堆积作用
	冲　积	长期的地表水流沿河谷搬运、堆积作用
	三角洲堆积(河、湖)	河水、湖水混合堆积作用
	湖泊堆积	浅水型的静水堆积作用
	沼泽堆积	潴水型的静水堆积作用
海水堆积	滨海堆积	海浪及岸流的堆积作用
	浅海堆积	浅海相动荡及静水的混合堆积作用
	深海堆积	深海相静水的堆积作用
	三角洲堆积(河、海)	河水、海水混合堆积作用
地下水堆积	泉水堆积	化学堆积作用及部分机械堆积作用
	洞穴堆积	机械堆积作用及部分化学堆积作用

续 表

成　因	成因类型	主导地质作用
冰川堆积	冰碛堆积 冰水堆积 冰碛湖堆积	固体状态冰川的搬运、堆积作用 冰川中冰下水的搬运、堆积作用 冰川地区的静水堆积作用
风力堆积	风　积 风-水堆积	风的搬运堆积作用 风的搬运堆积作用后，又经流水的搬运堆积作用

1.2.2.2 主要第四纪堆积物的特征

几种主要成因类型第四纪堆积物的特征详见表 1-2-3。

表 1-2-3 主要成因类型第四纪堆积物的特征

成因类型	堆积方式及条件	堆积物特征
残积	岩石经风化作用而残留在原地的碎屑堆积物	碎屑物自表部向深处逐渐由细变粗，其成分与母岩有关，一般不具层理，碎块多呈棱角状，土质不均，具有较大孔隙；厚度在山丘顶部较薄，低洼处较厚，厚度变化较大
坡积或崩积	风化碎屑物由雨水或融雪水沿斜坡搬运；或由本身的重力作用堆积在斜坡上或坡脚处而成	碎屑物岩性成分复杂，与高处的岩性组成有直接关系，从坡上往下逐渐变细，分选性差，层理不明显，厚度变化较大，厚度在斜坡较陡处较薄，坡脚地段较厚
洪积	由暂时性洪流将山区或高地的大量风化碎屑物携带至沟口或平缓地带堆积而成	颗粒具有一定的分选性，但往往大小混杂，碎屑多呈亚棱角状，洪积扇顶部颗粒较粗，层理紊乱呈交错状，透镜体及夹层较多，边缘处颗粒细，层理清楚，其厚度一般高山区或高地处较大，远处较小
冲积	由长期的地表水流搬运，在河流阶地、冲积平原和三角洲地带堆积而成	颗粒在河流上游较粗，向下游逐渐变细，分选性及磨圆度均好，层理清楚，除牛轭湖及某些河床相沉积外，厚度较稳定
冰积	由冰川融化携带的碎屑物堆积或沉积而成	粒度相差较大，无分选性，一般不具层理，因冰川形态和规模的差异，厚度变化大
淤积	在静水或缓慢的流水环境中沉积，并伴有生物、化学作用而成	颗粒以粉粒、黏粒为主，且含有一定数量的有机质或盐类，一般土质松软，有时为淤泥质黏性土、粉土与粉砂互层，具清晰的薄层理
风积	在干旱气候条件下，碎屑物被风吹扬，降落堆积而成	颗粒主要由粉粒或砂粒组成，土质均匀，质纯，孔隙大，结构松散

1.3 土的物质组成和分类

1.3.1 土的物质组成

土是地壳表面最主要的组成物质，是岩石圈表层在漫长的地质年代里，经受各种复杂的地质作用所形成的松软物质。

土是由固体颗粒及颗粒间孔隙中的水和气体共同组成，是一个多相、分散、多孔的系统。一般可把土看作三相体系，包括固体相、液体相和气体相。固体相又称土粒，由大小不等、形状不同、成分不一的矿物颗粒或岩屑组成，构成为土的主体。液体相即是孔隙中的水溶液，它部分或全部地充填于粒间孔隙内。气体相指的是土中的空气及其他气体，它占据着未被水充填的那部分孔隙。三者相互联系，经过复杂的物理化学作用，共同制约着土的工程地质性质。

一般情况下土具有成层的特征。同一层内土的物质组成基本一致，这就是我们常称的“土层”。

土壤(Soil)是位于地球陆地表面、具有一定肥力、能够生长植物的疏松层，由各种不同大小的矿物颗粒、各种不同分解程度的有机残体、腐殖质及生物活体、各种养分、水分和空气等组成。

1.3.1.1　土粒的矿物组成

土中固体颗粒的矿物成分绝大部分是矿物质，或多或少含有有机质，如图 1－3－1 所示。

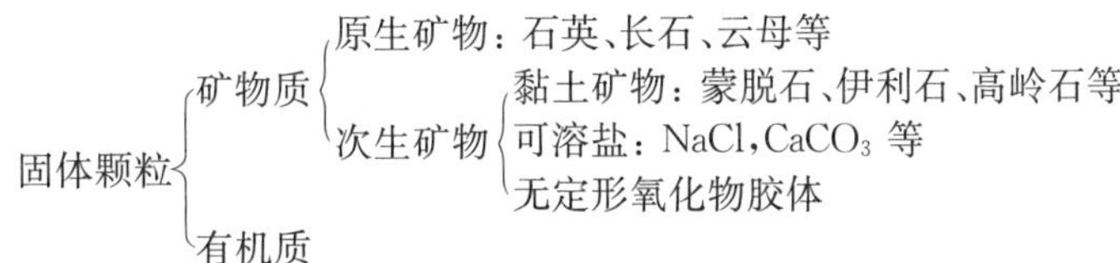

图 1－3－1　固体颗粒矿物成分

颗粒的矿物质按其成分分为两大类：一类是原生矿物，是岩浆在冷凝过程中形成的矿物，常见的如石英、长石、云母等，原生矿物颗粒是原岩经物理风化形成的，其物理化学性质较稳定，成分与母岩完全相同；另一类是次生矿物，是由原生矿物经化学风化后所形成的新矿物，成分与母岩成分完全不同，土中次生矿物主要是黏土矿物，此外还有一些无定形的氧化物胶体和可溶盐类等。微生物参与风化过程，在土中产生有机质成分，土中有机质一般是混合物，与组成土粒的其他成分稳固地结合在一起，按其分解程度可分为未分解的动植物残体、半分解的泥炭和完全分解的腐殖质，一般以腐殖质为主。腐殖质主要成分是腐殖酸，具有多孔的海绵状结构，具有比黏土矿物更强的亲水性和吸附性。

1.3.1.2　土的颗粒级配

在自然界中存在的土，都是由大小不同的土粒组成的。土粒的粒径由粗到细逐渐变化时，土的性质相应地发生变化，如土的性质随着粒径的变细可由无黏性变化到有黏性。土粒的大小称为粒度，通常以粒径表示。介于一定粒度范围内的土粒，称为粒组。各个粒组随着分解尺寸的不同而呈现出一定质的变化。划分粒组的分界尺寸称为界限粒径。

土粒的大小及其组成情况，通常以土中各个粒组的相对含量(是指土样各粒组的质量占土粒总质量的百分数)来表示，称为土的粒度成分或颗粒级配。

1.3.2　土的分类

1.3.2.1　常用的分类方法

目前土的粒组划分方法并不完全一致，表 1－3－1 是一种常用的土粒粒组的划分方法，表中根据界限粒径 200 mm、60 mm、2 mm、0.075 mm 和 0.005 mm 把土粒分为六大粒组：漂石或块石颗粒、卵石或碎石颗粒、圆砾或角砾颗粒、砂粒、粉粒及黏粒。

表 1－3－1　土粒粒组的划分

粒组统称	粒组名称	粒径的范围(mm)	一般特征
巨粒	漂石或块石颗粒	$d>200$	透水性很大，无黏性，无毛细水
	卵石或碎石颗粒	$200\geqslant d>60$	

续 表

粒组统称	粒组名称		粒径的范围(mm)	一般特征
粗粒	圆砾或角砾颗粒	粗	$60 \geqslant d > 20$	透水性大,无黏性,毛细水上升高度不超过粒径大小
		中	$20 \geqslant d > 5$	
		细	$5 \geqslant d > 2$	
	砂粒	粗	$2 \geqslant d > 0.5$	易透水,当混入云母等杂质时透水性减小,而压缩性增加;无黏性,遇水不膨胀,干燥时松散;毛细水上升高度不大,随粒径变小而增大
		中	$0.5 \geqslant d > 0.25$	
		细	$0.25 \geqslant d > 0.1$	
		极细	$0.1 \geqslant d > 0.075$	
细粒	粉粒	粗	$0.075 \geqslant d > 0.01$	透水性小,湿时稍有黏性,遇水膨胀小,干时稍有收缩;毛细水上升高度较大较快,极易出现冻胀现象
		细	$0.01 \geqslant d > 0.005$	
	黏粒		$d \leqslant 0.005$	透水性很小,湿时有黏性、可塑性,遇水膨胀大,干时收缩显著;毛细水上升高度大,但速度较慢

注:① 漂石、卵石和圆砾颗粒均呈一定的磨圆形状(圆形或亚圆形);块石、碎石和角砾颗粒都带有棱角。② 粉粒或称粉土粒,粉粒的粒径上限为 0.075 mm,相当于 200 号标准筛的孔径。③ 黏粒或称黏土粒,黏粒的粒径上限也有采用 0.002 mm 为准的。

1.3.2.2 与土分类定名有关的物理参数

(1) 含水量(w)

土中水的质量与土粒质量之比,称为土的质量含水量(率)w,以百分数计,即

$$w = \frac{m_w}{m_s} \times 100\%$$

式中,m_w 为土中水质量,单位 g;m_s 为土粒质量,单位 g。

(2) 黏性土的状态及其界限含水量

同一种黏性土随其含水量的不同,而分别处于固态、半固态、可塑状态及流动状态,其界限含水量分别为缩限、塑限和液限。所谓可塑状态,就是当黏性土在某含水量范围内,可用外力塑成任何形状而不发生裂纹,并当外力移去后仍能保持既得的形状,土的这种性能叫作可塑性。黏性土由一种状态转到另一种状态的分界含水量,叫作界限含水量。土由可塑状态转到流动状态的界限含水量叫作液限,或称塑性上限或流限,用符号 w_L 表示。相反,土由可塑状态转为半固态的界限含水量称为塑限,用符号 w_P 表示。土由半固体状态不断蒸发水分,则体积逐渐缩小,直到体积不再缩小时土的界限含水量叫缩限,用符号 w_S 表示。它们都以百分数表示。

(3) 黏性土的塑性指数和液性指数

塑性指数是指液限和塑限的差值(省去%符号),即土处在可塑状态的含水量变化范围,用符号 I_P 表示,即

$$I_P = w_L - w_P$$

液性指数是指黏性土的天然含水量和塑限的差值与塑性指数之比,用符号 I_L 表示,即

$$I_L = \frac{w - w_P}{w_L - w_P} = \frac{w - w_P}{I_P}$$

1.3.2.3　土的分类标准

(1) 国家标准《土的工程分类标准》(GB/T 50145—2007)的分类

根据土颗粒组成特征、土的塑性指标、土中有机质存在情况进行分类，按其不同粒组的相对含量划分为巨粒类土、粗粒类土、细粒类土三类(土粒粒组的划分见表 1-3-1)。

① 巨粒类土应按粒组划分，具体的分类如表 1-3-2 所示。

表 1-3-2　巨粒类土的分类

土　类	粒　组　含　量		土代号	土　名　称
巨粒土	巨粒含量>75%	漂石粒含量大于卵石含量	B	漂石(块石)
		漂石粒含量不大于卵石含量	Cb	卵石(碎石)
混合巨粒土	75%≥巨粒含量>50%	漂石粒含量大于卵石含量	BS1	混合土漂石(块石)
		漂石粒含量不大于卵石含量	Cb	混合土卵石(块石)
巨粒混合土	50%≥巨粒含量>15%	漂石粒含量大于卵石含量	S1B	漂石(块石)混合土
		漂石粒含量不大于卵石含量	S1Cb	卵石(块石)混合土

② 粗粒类土应按粒组、级配、细粒土含量划分，砾类土的分类如表 1-3-3 所示，砂类土的分类如表 1-3-4 所示。

表 1-3-3　砾类土的分类

土　类	粒　组　含　量		土代号	土　名　称
砾	细粒含量<5%	级配：$C_u \geqslant 5$，$3 \geqslant C_c \geqslant 1$	GW	级配良好砾
		级配：不同时满足上述要求	GP	级配不良砾
含细粒土砾	5%≤细粒含量<15%		GF	含细粒土砾
细粒土质砾	15%≤细粒含量<50%	细粒组中粉粒含量不大于 50%	GC	黏土质砾
		细粒组中粉粒含量大于 50%	GM	粉土质砾

注：① C_u 为土的不均匀系数$\left(C_u=\dfrac{d_{60}}{d_{10}}\right)$；② C_c 为曲率系数$\left(C_c=\dfrac{d_{30}^2}{d_{10}\cdot d_{60}}\right)$，$d_{30}$土的粒径分布曲线上的某粒径，小于该粒径的土粒质量为总土粒质量的 30%。

表 1-3-4　砂类土的分类

土　类	粒　组　含　量		土代号	土　名　称
砂	细粒含量<5%	级配：$C_u \geqslant 5$，$3 \geqslant C_c \geqslant 1$	SW	级配良好砂
		级配：不同时满足上述要求	SP	级配不良砂
含细粒土砂	5%≤细粒含量<15%		SF	含细粒土砂

续 表

土类	粒组含量		土代号	土名称
细粒土质砂	15%≤细粒含量<50%	细粒组中粉粒含量不大于50%	SC	黏土质砂
		细粒组中粉粒含量大于50%	SM	粉土质砂

③ 细粒类土应按塑性图、所含粒组类别及有机质含量划分。

细粒土应根据塑性图1-3-2分类。当采用图1-3-1所示的塑性图确定细粒土时，按表1-3-5分类。

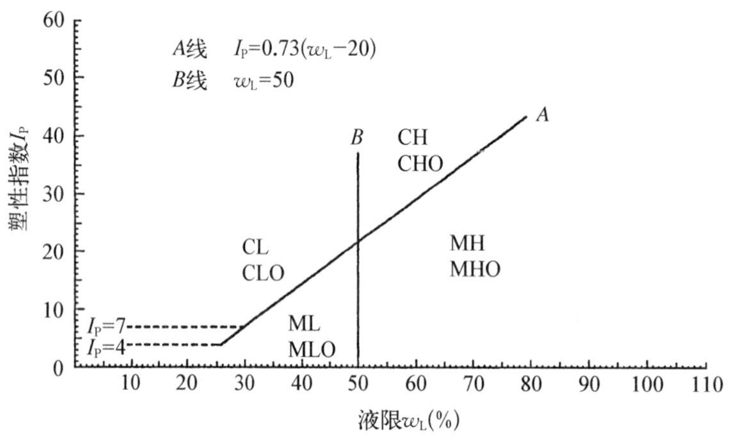

图1-3-2 塑性图

注：① 图中横坐标为土的液限 w_L，纵坐标为塑性指数 I_P；② 图中的液限 w_L 为用蝶式仪测定的液限含水率或用质量76 g、锥角为300的液限仪锥尖入土深度17 mm对应的含水率；③ 图中虚线之间区域为黏土—粉土过渡区。

表1-3-5 细粒土的分类

土的塑性指标在塑性图中的位置		土代号	土名称
塑性指数 I_P	液限 w_L		
$I_P \geqslant 0.73(w_L-20)$ 和 $I_P \geqslant 7$	$w_L \geqslant 50\%$	CH CHO	高液限黏土 有机质高液限黏土
	$w_L < 50\%$	CL CLO	低液限黏土 有机质低液限黏土
$I_P < 0.73(w_L-20)$ 和 $I_P < 4$	$w_L \geqslant 50\%$	MH MHO	高液限粉土 有机质高液限粉土
	$w_L < 50\%$	ML MLO	低液限粉土 有机质低液限粉土

注：黏土—粉土过渡区(CL～ML)的土可按相邻土的类别细分。

(2) 国家标准《岩土工程勘察规范》(GB 50021—2001)(2009年版)的分类：

① 按地质成因分类：可划分为残积土、坡积土、洪积土、冲击土、淤积土、冰积土和风积土等。

② 按沉积时代分类：一类是沉积土，为晚更新世及其以前沉积的土；另一类是新近沉积土，为全新世中近期沉积的土。

③ 按颗粒级配和塑性指数分类：可分为碎石土、砂土、粉土和黏性土。

碎石土：为粒径大于2 mm的颗粒质量超过总质量50%的土。碎石土的分类如表1-3-6所示。

表1-3-6 碎石土分类

土的名称	颗粒形状	颗粒级配
漂石	圆形及亚圆形为主	粒径大于200 mm的颗粒质量超过总质量50%
块石	棱角形为主	
卵石	圆形及亚圆形为主	粒径大于20 mm的颗粒质量超过总质量50%
碎石	棱角形为主	
圆砾	圆形及亚圆形为主	粒径大于2 mm的颗粒质量超过总质量50%
角砾	棱角形为主	

注：定名时应根据颗粒级配由大到小以最先符合者确定。

砂土为粒径大于2 mm的颗粒质量不超过总质量50%、粒径大于0.075 mm的颗粒质量超过总质量50%的土。砂土的分类如表1-3-7所示。

表1-3-7 砂土分类

土的名称	颗粒级配
砾砂	粒径大于2 mm的颗粒质量占总质量25%～50%
粗砂	粒径大于0.5 mm的颗粒质量超过总质量50%
中砂	粒径大于0.25 mm的颗粒质量超过总质量50%
细砂	粒径大于0.075 mm的颗粒质量超过总质量85%
粉砂	粒径大于0.075 mm的颗粒质量超过总质量50%

注：定名时应根据颗粒级配由大到小以最先符合者确定。

粉土为粒径大于0.075 mm的颗粒质量不超过总质量50%且塑性指数等于或小于10的土。

黏性土为塑性指数①大于10的土。黏性土又分为粉质黏土、黏土，塑性指数大于10且小于或等于17的土为粉质黏土，塑性指数大于17的土为黏土。

④ 按有机质含量分类。根据有机质含量分类如表1-3-8所示。

表1-3-8 土按有机质含量分类

土的名称	有机质含量 W_u	现场鉴别特征	说明
无机土	$W_u < 5\%$	—	—
有机质土	$5\% \leqslant W_u \leqslant 10\%$	深灰色，有光泽，味臭，除腐殖质外尚含少量未完全分解的动植物体，浸水后水面出现气泡，干燥后体积收缩	1. 如现场能鉴别有机质土或有地区经验时，可不做有机质含量测定； 2. 当 $W > W_L$，$1.0 \leqslant e < 1.5$ 时称淤泥质土； 3. 当 $W > W_L$，$e \geqslant 1.5$ 时称淤泥

① 确定塑性指数应由76 g圆锥仪沉入土中深度为10 mm测定的液限计算而得，塑限以搓条法为准。

续 表

土的名称	有机质含量 W_u	现场鉴别特征	说　明
泥炭质土	$10\% < W_u \leqslant 60\%$	深灰或黑色，有腥臭味，能看到未完全分解的植物结构，浸水体胀，易崩解，有植物残渣浮于水中，干缩现象明显	根据地区特点和需要按 W_u 细分为： 弱泥炭质土（$10\% < W_u \leqslant 25\%$） 中泥炭质土（$25\% < W_u \leqslant 40\%$） 强泥炭质土（$40\% < W_u \leqslant 60\%$）
泥　炭	$W_u > 60\%$	除有泥炭质土特征外，结构松散，土质很轻，暗无光泽，干缩现象极为明显	—

注：有机质含量 W_u 按灼失量试验确定。

1.1.3.4　土的野外鉴别

日常工作中，主要涉及对碎石土密实度和砂土、黏性土、粉土、新近沉积土、细粒土及有机质土等土类的野外鉴别，详见表 1-3-9、表 1-3-10、表 1-3-11、表 1-3-12、表 1-3-13 和表 1-3-7。

表 1-3-9　碎石土密实度的野外鉴别

密实度	骨架颗粒含量和排列	可　挖　性	可　钻　性
密实	骨架颗粒质量大于总质量的 70%，呈交错排列，连续接触	锹镐挖掘困难，用撬棍方能松动，井壁较稳定	钻进困难，钻杆、吊锤跳动剧烈，孔壁较稳定
中密	骨架颗粒质量占总质量的 60%～70%，呈交错排列，大部分接触	锹镐可挖掘，井壁有掉块现象，从井壁取出大颗粒处，能保持颗粒凹面形状	钻进较困难，钻杆、吊锤跳动不剧烈，孔壁有坍塌现象
松散	骨架颗粒质量小于总质量的 60%，排列混乱，大部分不接触	锹可以挖掘，井壁易坍塌，从井壁取出大颗粒后，立即塌落	钻进较容易，钻杆稍有跳动，孔壁易坍塌

注：密实度应按表列各项特征综合确定。

表 1-3-10　砂土的野外鉴别

鉴别特征	砾　砂	粗　砂	中　砂	细　砂	粉　砂
观察颗粒粗细	约有 1/4 以上颗粒比荞麦或高粱粒(2 mm)大	约有一半以上颗粒比小米粒(0.5 mm)大	约有一半以上颗粒与砂糖或白菜籽(>0.25 mm)近似	大部分颗粒与粗玉米粉(>0.1 mm)近似	大部分颗粒与小米粉(<0.1 mm)近似
干燥时状态	颗粒完全分散	颗粒完全分散，个别胶结	颗粒基本分散，部分胶结，胶结部分一碰即散	颗粒大部分分散，少量胶结，胶结部分稍加碰撞即散	颗粒少部分分散，大部分胶结(稍加压即能分散)
湿润时用手拍后的状态	表面无变化	表面无变化	表面偶有水印	表面有水印(翻浆)	表面有显著翻浆现象
黏着程度	无黏着感	无黏着感	无黏着感	偶有轻微黏着感	有轻微黏着感

表 1-3-11　黏性土、粉土的野外鉴别

鉴别方法	分　　类		
	黏　土	粉质黏土	粉　土
	塑性指数		
	$I_p > 17$	$10 < I_p \leqslant 17$	$I_p \leqslant 10$
湿润时用刀切	切面非常光滑，刀刃有黏腻的阻力	稍有光滑面，切面规则	无光滑面，切面比较粗糙
用手捻摸时的感觉	湿土用手捻摸有滑腻感，当水分较大时极易黏手，感觉不到有颗粒的存在	仔细捻摸感觉到有少量细颗粒，稍有滑腻感，有黏滞感	感觉有细颗粒存在或感觉粗糙，有轻微黏滞感或无黏滞感
黏着程度	湿土极易黏着物体（包括金属与玻璃），干燥后不易剥去，用水反复洗才能去掉	能黏着物体，干燥后较易剥掉	一般不黏着物体，干燥后一碰就掉
湿土搓条情况	能搓成小于 0.5 mm 的土条（长度不短于手掌），手持一端不易断裂	能搓成 0.5～2 mm 的土条	能搓成 2～3 mm 的土条
干土的性质	坚硬、类似陶器碎片，用锤击方可打碎，不易击成粉末	用锤易击碎，用手难捏碎	用手很易捏碎

表 1-3-12　新近沉积土的野外鉴别

沉积环境	颜　色	结构性	含有物
河漫滩、山前洪、冲积扇（锥）的表层、古河道，已填塞的湖、塘、沟、谷和河道泛滥区	较深而暗，呈褐、暗黄或灰色，含有机质较多时带灰黑色	结构性差，用手扰动原状土时极易变软，塑性较低的土还有振动水析现象	在完整的剖面中无粒状结核体，但可能含有圆形及亚圆形钙质结核体或贝壳等，在城镇附近可能含有少量碎砖、瓦片、陶瓷、铜币或朽木等人类活动遗物

表 1-3-13　细粒土的简易鉴别

干强度	手捻试验	搓条试验		摇振反应	土类代号
		可搓成土条的最小直径(mm)	韧性		
低—中	粉粒为主，有砂感，稍有黏性，捻面较粗糙，无光泽	3～2	低—中	快—中	ML
中—高	含砂粒，有黏性，稍有滑腻感，捻面较光滑，稍有光泽	2～1	中	慢—无	CL
中—高	粉粒较多，有黏性，稍有滑腻感，捻面较光滑，稍有光泽	2～1	中—高	慢—无	MH
高—很高	无砂感，黏性大，滑腻感强，捻面光滑，有光泽	<1	高	无	CH

注：① 干强度可根据用力的大小区分：很难或用力才能捏碎或掰断者为干强度高；稍用力即可捏碎或掰断者为干强度中等；易于捏碎和捻成粉末者为干强度低。② 韧性根据再次搓条的可能性可分为：能揉成土团，再搓成条，捏而不碎者为韧性高；可再揉成团，捏而不易碎者为韧性中等；勉强或不能再揉成团，稍捏或不捏即碎者，为韧性低。③ 摇振反应根据上述渗水和吸水反应快慢可分为：立即渗水及吸水者为反应快、渗水及吸水中等者为反应中等、渗水吸水慢及不渗不吸者为反应慢或无反应。

1.4　地下水的赋存

地下水是指赋存于地面以下岩土空隙中的水。地表以下一定深度，岩土中的空隙被重力水所充满，形成地下水面。地表到地下水面这一部分，称为非饱和带或包气带；地下水面以下称为饱和带或饱水带。

1.4.1　岩土的空隙和水分

地下水存在于地面以下岩土的空隙之中，研究岩土骨架空隙分布及特征是研究地下水的重要基础。

1.4.1.1　岩土的空隙

由于岩石性质和受力作用的不同，岩土土体中各种空隙的形状、多少及其连通与分布有很大的差别。根据岩土空隙的成因不同，可把空隙分为松散岩石中的孔隙、坚硬岩石中的裂隙、可溶岩石中的溶隙三大类(图 1-4-1)。

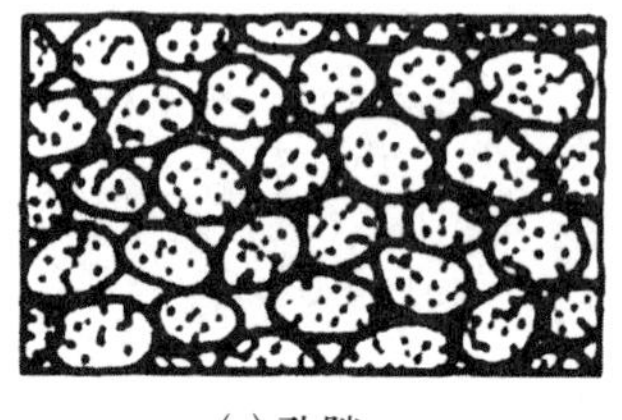
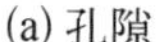
(a) 孔隙

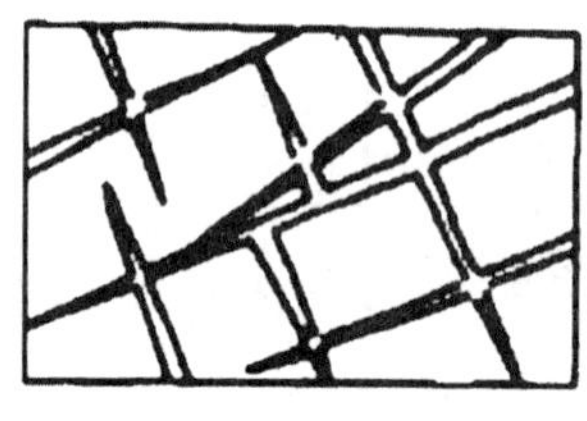
(b) 裂隙

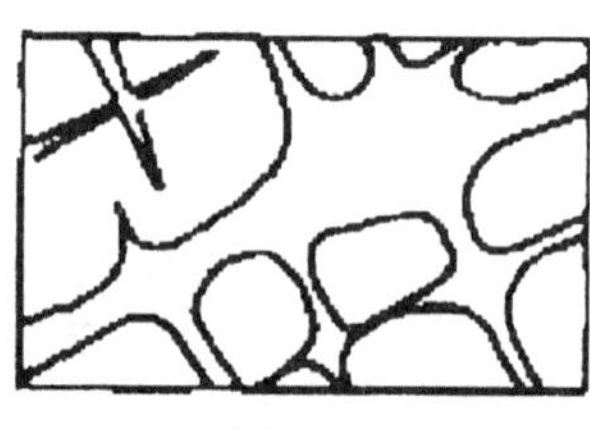
(c) 溶隙

图 1-4-1　空隙的分类(钱家忠,2009)

(1) 孔隙

松散岩土由大小不等的颗粒组成，颗粒或颗粒集合体之间的空隙呈小孔状，故称为孔隙。孔隙体积的大小可用孔隙度表示。孔隙度是指某一体积岩土体(包括孔隙在内)中孔隙体积所占的比例。

若以 n 表示岩土体的孔隙度，V 表示包括孔隙在内的岩土体体积，V_n 表示岩土中孔隙的体积，则

$$n=\frac{V_n}{V}\text{ 或 }n=\frac{V_n}{V}\times 100\% \tag{1-4-1}$$

孔隙度(n)是一个比值，可用百分数表示。

孔隙比(e)是指某一体积岩土内孔隙的体积(V_n)与固体颗粒体积(V_s)之比。两者之间的关系为

$$e=\frac{n}{1-n} \tag{1-4-2}$$

影响孔隙度大小的主要因素包括：颗粒排列情况、颗粒分选程度、颗粒形状和胶结充填程度。对于黏性土，结构及次生孔隙也常常是影响孔隙度的一个重要因素，其一般规律是：岩土越松散，分选越好，浑圆度和胶结程度越差时，孔隙度就越大；反之，孔隙度就越小(图 1-4-2)。表 1-4-1 为自然界中主要松散岩土孔隙度的参考数值。

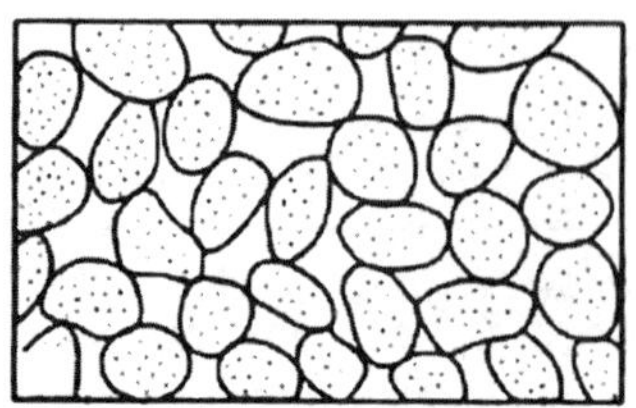
(a) 分选良好、排列疏松的砂

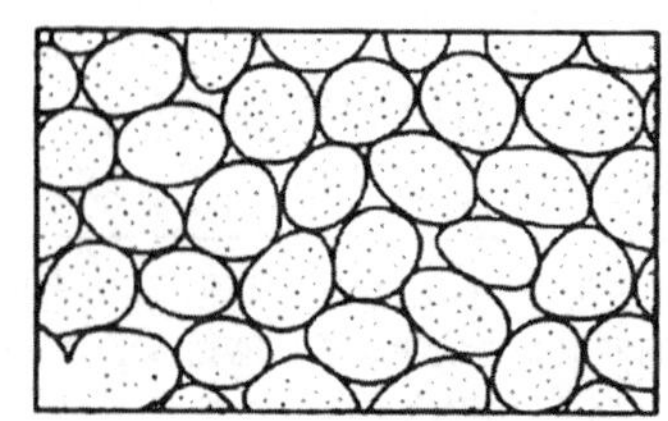
(b) 分选良好、排列紧密的砂

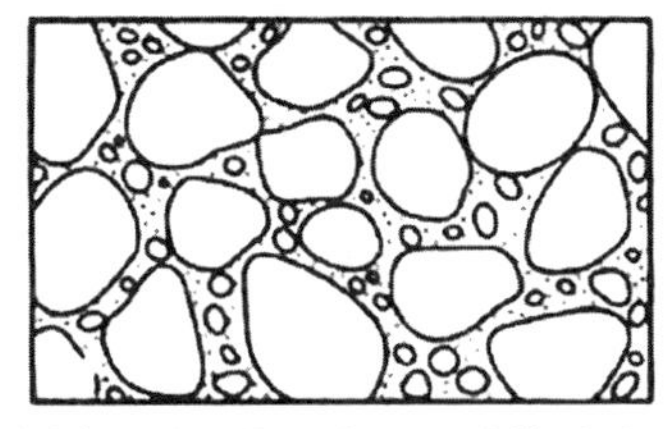

(c) 分选不良、含泥、砂的砾石

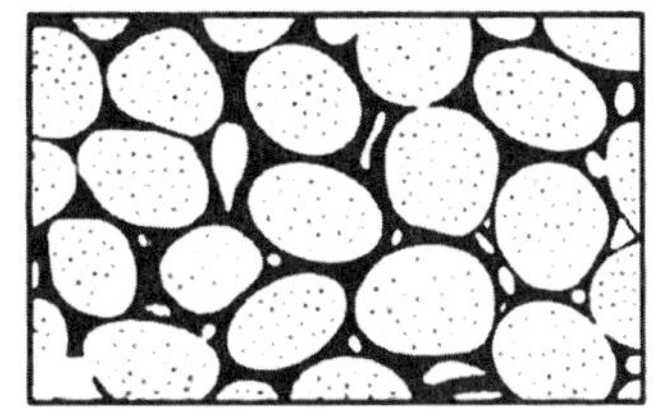

(d) 部分胶结的砂岩

图 1-4-2　不同的孔隙度(钱家忠,2009)

表 1-4-1　松散岩土孔隙度的参考数值

岩 土 名 称	孔隙度变化范围(%)	岩 土 名 称	孔隙度变化范围(%)
砾石	25～40	粉砂	35～50
砂	25～50	黏土	40～70

(2) 裂隙

固结的坚硬岩石,包括沉积岩、岩浆岩和变质岩,基本上不存在或只保留一部分颗粒之间的孔隙,而主要发育由地壳运动及内、外地质营力作用使得岩石破裂变形产生的空隙,称为裂隙。岩石的裂隙一般呈裂缝状,其长度、宽度、数量、分布及连通性等在空间上差异很大,与孔隙相比,具有明显的不均匀性。

裂隙的多少以裂隙率表示。裂隙率(K_t)是裂隙体积(V_t)与包括裂隙在内的岩石体积(V)的比值,即

$$K_t = \frac{V_t}{V} \tag{1-4-3}$$

常见岩石的裂隙率如表 1-4-2 所示。需要注意的是,表中所列各值是指岩石的平均值,对局部岩石来说裂隙发育可能有很大的差别,如同一种岩石,有的部位裂隙率可能小于百分之一,而有的部位裂隙率可达到百分之几十。

表 1-4-2　常见岩石裂隙率的参考值

岩 石 名 称	裂隙率(%)	岩 石 名 称	裂隙率(%)
砂　岩	3.2～15.2	正长岩	0.5～2.8
石英岩	0.008～3.4	辉长岩	0.6～2.0
片　岩	0.5～1.0	玢　岩	0.4～6.7
片麻岩	0.3～2.4	玄武岩	0.6～1.3
花岗岩	0.02～1.9	玄武岩流	4.4～5.6

(3) 溶隙

可溶的沉积岩,如石灰岩、白云岩、盐岩和石膏等,在地下水溶蚀下产生空隙,这种空隙称为溶隙(穴)。溶隙的体积(V_k)与包括溶隙在内的岩石体积(V)的比值即为溶隙率(K_k),即

$$K_k=\frac{V_k}{V} \tag{1-4-4}$$

溶隙的规模相差悬殊，大的溶洞可宽达数十米、高数十米乃至百余米，长达几千米至几十千米，而小的溶孔直径仅几毫米。因此溶隙率的变化范围极大，有的溶隙率可能小于百分之一，有的可达百分之几十，而且在相邻很近处溶隙的发育程度可能完全不同，也可能在同一地点的不同深度上有很大的变化。

松散岩石中的孔隙分布于颗粒之间，连通良好，分布均匀，在不同方向上，孔隙通道的大小和多少都很接近，赋存于其中的地下水分布与流动一般比较均匀。

坚硬基岩的裂隙是宽窄不等、长度有限的线状缝隙，往往具有一定的方向性。只有当不同方向的裂隙相互穿切连通时，才在某一范围内构成彼此连通的裂隙网格。就连通性而言，裂隙远比孔隙差。因此，赋存于裂隙基岩中的地下水相互联系较差，分布与流动往往不均匀。

可溶岩石的溶隙是一部分原有裂隙与原生孔缝溶蚀扩大而成的，空隙大小悬殊且分布极不均匀。因此，赋存于可溶岩石中的地下水分布与流动通常极不均匀。

赋存于不同岩层中的地下水，由于其含水介质特征不同，具有不同的分布规律与运动特点。因此，按岩层的空隙类型，人们常把存在于松散砂、砾、卵石及砂岩等孔隙中的地下水称为孔隙水，把存在于坚硬岩石裂隙中的地下水称为裂隙水，把存在于可溶岩溶隙中的地下水称为岩溶水。

1.4.1.2 岩土中的水分

岩土中的地下水有气态、液态和固态三种形态。根据水在空隙中的物理状态、水与岩土颗粒的相互作用等特征，可将地下水存在的形式分为结合水（包括强结合水与弱结合水）、液态水（包括重力水和毛细水）、固态水和气态水，如图 1-4-3 所示。

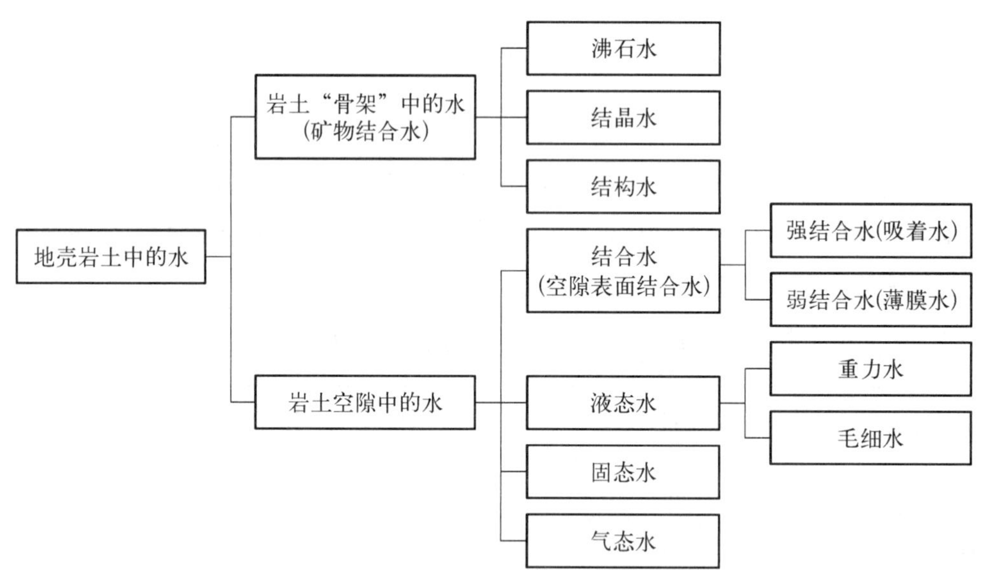

图 1-4-3 岩土中水的存在形式

(1) 结合水

松散岩土的颗粒表面及坚硬岩石空隙表面均带有电荷，水分子又是偶极体，由于静电吸引，固相表面具有吸附水分子的能力。根据库仑定律，电场强度与距离的平方成反比。因此，离固相表面很近的水分子受到的静电引力很大。随着距离增大，吸引力减弱，水分子受自身压力的影响就越显著。受固相表面的引力大于水分子自身重力的那部分水，称为结合水。此部分水束缚于固相表面，不能在自身重力影响下运动。

由于固相表面对水分子的吸引力自内向外逐渐减弱，结合水的物理性质也随之发生变化。因此，将最接近固相表面的结合水称为强结合水，其外层称为弱结合水(图1-4-4)。

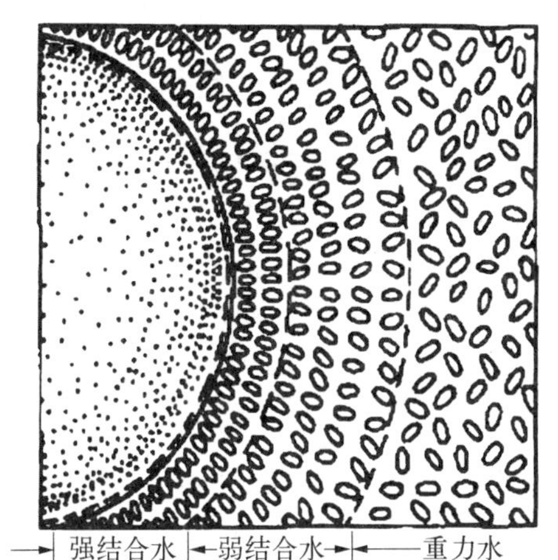

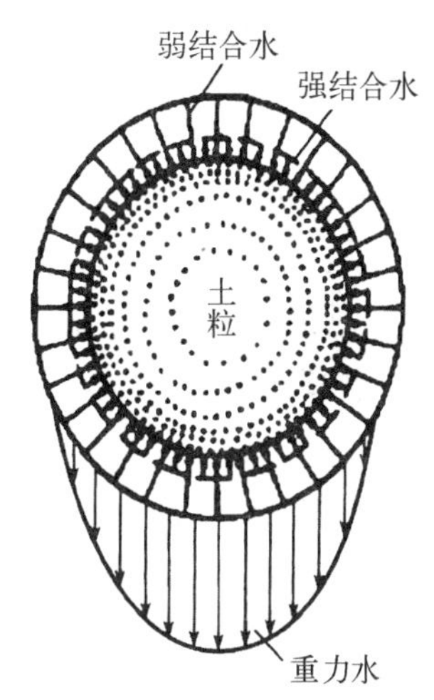

图1-4-4 结合水与重力水(钱家忠,2009)

① 强结合水(吸着水)

由于受分子引力和静电引力的影响，紧密地吸附在岩石颗粒表面、不受重力影响、不被植物吸收的水称为吸着水，也称强结合水。对于它的厚度，不同研究者说法不一，一般认为相当于几个水分子的厚度；也有人认为，可达几百个水分子的厚度。它所受到的引力可相当于 1.01×10^9 Pa，水分子排列紧密，其密度平均达 2 g/cm^3 左右。

吸着水的数量和空气湿度有关。在完全干燥的空气中，吸着水数量等于零，在湿度饱和的空气中，吸着水的数量达到最大。

② 弱结合水(薄膜水)

包围在吸着水外层、受到固相表面的引力比吸着水弱但仍受范德瓦耳斯力与吸着水最外层水分子静电引力合力影响的结合水，称为薄膜水，又称弱结合水。对于它的厚度，不同学者说法不一，有几十、几百或几千个水分子厚度的差别。其水分子排列不如强结合水规则和紧密，溶解盐类的能力较低。弱结合水的外层能被植物吸收利用。

弱结合水的形成是由于颗粒吸引水分子到达最大吸着含水量以后，虽然消耗了颗粒大部分的分子引力，但是分子引力并没有完全消失，因此当液体水分子和含有最大吸着含水量的颗粒接触时，剩余的分子引力将继续吸附水分子形成薄膜水。显然当水分子距离颗粒表面越远时，静电引力场的强度越小，且分子引力越小，水分子的自由活动能力增大。所以，水分子在颗粒表面上的排列就比较疏松、不整齐，仅有轻微的动向。薄膜水并不受重力作用的影响，又因它未充满整个空隙，所以也不能传递静水压力，但薄膜水可以在分子力的作用下，由薄膜较厚的地方向薄膜较薄的地方运动。

当薄膜水达到最大厚度时的土壤含水量，称为最大薄膜水量。此时土粒对水分子的引力已基本消失，多余的水分子在重力和毛细管力的作用下运动，形成重力水和毛细水。

(2) 重力水

距离固体表面更远的那部分水分子，重力对它的影响大于固体表面对它的吸引力，因而其能在自身重力作用下运动，这种赋存于岩土非毛管孔隙中、能在重力作用下自由运动的水称为重力水。通常见到的井水、泉水都是重力水。

重力水中靠近固体表面的那一部分水，仍然受到固体引力的影响，水分子的排列较为整齐，这部分水在流动时呈层流状态，而不作紊流运动；远离固体表面的重力水，不受固体引力的影响，只受重力控制，这部分水在流速较大时容易转为紊流运动。

岩土空隙中的重力水能够自由流动，当降水或其他水体渗入岩土空隙中并达到饱和状态时，渗入的水在重力作用下作自上而下的垂直运动，称为渗入的重力水。饱和带地下水因重力作用自高处向低处运动并传递静水压力，这时的重力水称为地下径流。

(3) 毛细水

将一根玻璃毛细管插入水中，毛细管内的水面会上升到一定高度，这便是发生在固、液、气三相界面上的毛细现象。松散岩土中细小的孔隙通道构成毛细管，毛细水即是指受毛细管力支配存在于毛细管孔隙中的水分，其广泛存在于地下水面以上的非饱和带中。

根据毛细水的形成和存在形式，可以分成支持毛细水（毛细上升水）、悬挂毛细水和孔角毛细水三类。

① 支持毛细水（毛细上升水）

由于毛细管力的作用，水从地下水面沿着小孔隙上升到一定高度，形成一个毛细水带，此带中的毛细水下部有地下水面支持，这种赋存于饱和带地下水面以上的岩土毛细管孔隙中的毛细水，称为支持毛细水或毛细上升水，如图 1-4-5(a)所示。它与饱和带的地下水直接相连。当地下水面上升或下降时，毛细水的位置也相应变动，这一特点在农业生产上有重要意义。赋存支持毛细水的地带称为毛细边缘带。松散岩石毛细管上升高度值见表 1-4-3。

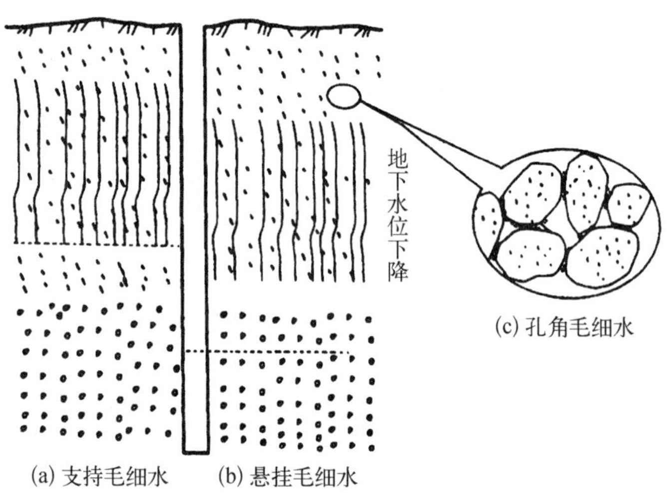

图 1-4-5 土壤中的毛细水示意图(钱家忠，2009)

表 1-4-3 松散岩石毛细管上升高度

岩 石 名 称	颗粒尺度(mm)	毛细管上升高度(mm)
细砂砾岩	2～5	2.5
极粗砂	1～2	10.65
粗 砂	0.5～1	13.5
中 砂	0.2～0.5	24.6
细 砂	0.1～0.2	42.8
淤 泥	0.05～0.1	105.5

注：用几乎相同孔隙度(40%)的样品，全部测定于 72 天完成(Bowen，1986)。

② 悬挂毛细水

如图 1－4－5(b)所示，细粒层次与粗粒层次交互成层时，在一定条件下，由于上下弯液面毛细力的作用，在细土层中会保留与地下水面不相连接的毛细水。这种赋存在非饱和带岩土毛细管中，并与饱和带的地下水没有水力联系，呈“悬挂”状态的毛细水，称为悬挂毛细水。

③ 孔角毛细水

在非饱和带中颗粒接触点上还可以悬留孔角毛细水(触点毛细水)，即使是粗大的卵砾石，颗粒接触处孔隙大小也总可以达到毛细管的程度而形成弯液面，将水滞留在孔角上。这种赋存于岩土毛细管和岩石颗粒接触处的许多孔角狭窄的地方，呈个别的点滴状态，与孔壁形成弯液面，结合紧密又很难移动的毛细水，称为孔角毛细水，如图 1－4－5(c)所示。

(4) 气态水、固态水及矿物中的水

气态水指呈水汽状态贮存和运动于未被饱和的岩土空隙中的水，它可以随空气流动而运动，即使空气不流动，它也能从水汽压力(绝对湿度)高的地方向低的地方迁移，具有很强的活动性。气态水很容易被吸附在岩石颗粒表面，形成结合水。在一定温度、压力条件下，气态水与液态水相互转化，两者之间保持动态平衡。

以固体冰的形式存在于岩土空隙中的水称为固态水。当岩土的温度低于 0℃时，空隙中的液态水便冻结成固态水，一般分布于多年冻结区或季节冻结区。

除了存在于岩土空隙中的水，还有存在于矿物结晶内部及其间的水，这就是沸石水、结晶水及结构水。如方沸石($Na_2Al_2Si_4O_{12}\cdot nH_2O$)中就含有沸石水，这种水在加热时可以从矿物中分离出去。

1.4.1.3　岩土的水理性质

岩土空隙大小、多少、连通程度及分布的均匀程度，都会对其储存、滞留、释出及透水能力产生影响。岩土的水理性质是指岩土与水作用时所具有的特征，主要有含水量、容水性、持水性、给水性和透水性。

(1) 含水量(含水率)

含水量常用来说明松散岩土实际保留水分的状况，可分别用重量和体积来表征。

松散岩土孔隙中所含水的重量(G_w)与干燥岩土重量(G_s)的比值，称为重量含水量(W_g)，即

$$W_g=\frac{G_w}{G_s}\times 100\% \tag{1-4-5}$$

松散岩土孔隙中所含水的体积(V_w)与包括孔隙在内的岩土总体积(V)之比，称为体积含水量(W_v)，即

$$W_v=\frac{V_w}{V}\times 100\% \tag{1-4-6}$$

当水的比重为1，岩土的干容重(单位体积干燥岩土的重量)为 γ_α 时，重量含水量与体积含水量的关系为

$$W_v=W_g\times\gamma_\alpha \tag{1-4-7}$$

孔隙充分饱水时的含水量称作饱和含水量(W_s)，饱和含水量与实际含水量之间的差值称作饱和差，实际含水量与饱和含水量之比称为饱和度。

(2) 容水性

岩土的容水性是指岩土能够容纳一定水量的性能。容水性用容水度(K_r)来表示，容水度是指岩土空隙完全被水充满时的含水量，可表示为岩土所能容纳的水的体积(V_r)与岩土总体积(V)之比

$$K_r=\frac{V_r}{V}\times 100\% \tag{1-4-8}$$

显然，当岩土中空隙全部被水饱和时，水的体积就等于岩土中空隙的体积，容水度在数量上与孔隙度、裂隙率和岩溶率相当。但当具有膨胀性的黏土饱水后，其体积增大，此时容水度大于孔隙度。容水性较强的岩土是黏土，容水性较差的是卵石。

(3) 持水性

岩土的持水性是指重力释水后，岩土依靠分子力和毛细力，能够保持一定液态水量的性能。常用持水度 (S_r) 来表示，持水度是地下水位下降时，滞留于岩土中而不释出的水的体积(V_c)与岩土总体积(V)之比，即

$$S_r = \frac{V_c}{V} \times 100\% \tag{1-4-9}$$

前已述及，存在于岩土空隙中的结合水(包括吸着水和薄膜水)是不受重力作用影响的。因此，受重力作用时，岩土空隙中所保持的主要是结合水，持水度实际上说明了岩土中结合水含量的多少。当用岩土能够保持的最大结合水的体积或重量和岩土总体积或重量之比来表示时，则称最大分子持水度，其大小取决于颗粒大小。颗粒越小，其表面积越大，表面吸附的结合水就越多，持水度也越大。非饱和带充分重力释水而又未受到蒸发、蒸腾消耗时的含水量称作残留含水量(W_0)，数值上相当于最大持水度。松散岩土最大分子持水度数值如表 1-4-4 所示。

表 1-4-4　松散岩土持水度数值表

参　数	粗砂	中砂	细砂	极细砂	亚黏土	黏土
颗粒大小(mm)	2～0.5	0.5～0.25	0.25～0.1	0.1～0.05	0.05～0.002	<0.002
最大分子持水度(%)	1.57	1.6	2.73	4.75	10.8	44.85

注：亚黏土对应国标《岩土工程勘察规范》(GB 50021—2001)(2009 年版)中的粉质黏土。

若以吸着水、薄膜水、部分孔角水和悬着水的体积或重量与岩土总体积或重量之比来表示时，则称田间持水度。田间持水度在农业生产上很有意义，在水文学上也有一定意义。表 1-4-5 给出了不同土质田间持水度的数据。

表 1-4-5　不同土质田间持水度数据表(陈晓燕等，2004)

质　地	地区和土壤	<0.01 mm 颗粒占比(%)	田间持水度(%)
细砂土	辽西风砂土	2.8	4.5
面砂土	辽西风砂土	2.7	11.7
砂粉土	嫩江黑土	12.8	12.0
粉　土	晋西黄绵土	25.0	17.4
粉壤土	蒲城垆蝼土	—	20.7
黏壤土	武功油土	50.8	19.4
黏壤土	武功油土	57.2	20.0
粉黏土	嫩江黑土	67.8	23.8

（4）给水性

岩土的给水性指岩土中保持的水在重力作用下能够自由流出一定数量的性能，用给水度（μ）表示。给水度是指岩土给出的水量与岩土体积之比

$$\mu=\frac{V_g}{V}\times 100\% \tag{1-4-10}$$

给水度在数值上等于容水度减去持水度。岩土的给水性和持水性显然与岩土的容水性直接相关，在容水性相同的岩土中，如果重力作用超过岩土对水的引力，则给水性强、持水性弱；反之，则给水性弱、持水性强。给水性还与岩土颗粒直径成正比，如卵石给水度大、黏土给水度小。

给水度是指地下水位下降一个单位时，从地下水面延伸到地表面的单位水平面积的岩土柱体在重力作用下所释放出的水的体积。饱和差（自由孔隙率）是指当水位上升一个单位时，单位面积的含水层柱体中所需补充的水的体积。或者说，给水度是指单位面积的潜水含水层柱体中，当潜水位下降一个单位时，所释出的重力水的体积。饱和差是指单位面积的潜水含水层柱体中，当潜水位上升一个单位时，所需补充的水的体积。

人们也许会认为，当地下水位下降时，原先饱水带岩土空隙中的水将全部或几乎全部释出，释出水量的比值，大体与孔隙度（裂隙率、岩溶率）相等，其实不然。

在实际情况下，当地下水位下降时，原先饱水带岩土空隙中的水，只能释出一部分，有时仅仅释出很小一部分（如粉细砂的孔隙度平均占 32%左右，释出水量一般仅为孔隙度的 1/5～1/2）。如下一系列复杂因素会影响水分的释出：结合水不释出；孔角毛细水会释出；地下水位快速下降时，一部分水以悬挂毛细水形式滞留于非饱和带（裴源生，1983；张蔚榛等，1983；张人权等，1985）。

显然，给水度和饱和差的概念，一个适用于水位下降的情况，一个适用于水位上升的情况。当求降水入渗补给量时要用饱和差，而求地下水的蒸发时应该用给水度。但在一般情况下，两者在数值上是相同的，所以并不加以区分。

国内外许多学者的研究表明，给水度不仅与非饱和带的岩性有关，而且随着排水时间的长短、潜水面埋深和水位变化幅度的大小而变化，如图 1-4-6 所示。

在图 1-4-6(a)中，初始潜水面埋深为 Δ_1，此时埋深足够大，潜水面以上的毛管边缘带影响不到地面，非饱和带的水分分布为曲线 A。当水位下降时，潜水面埋深为 Δ_2，其非饱和带水分分布曲线为 A'，毛管边缘带也影响不到地面，故排出的水体积为图中曲线 A 和 A'之间所夹的阴影部分的面积 V_d。

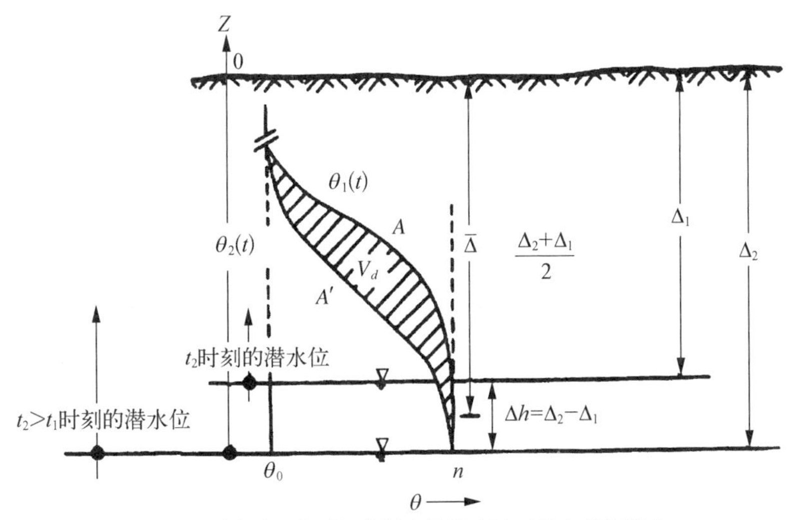

(a) 地下水面埋藏深度足够大时对给水度的影响

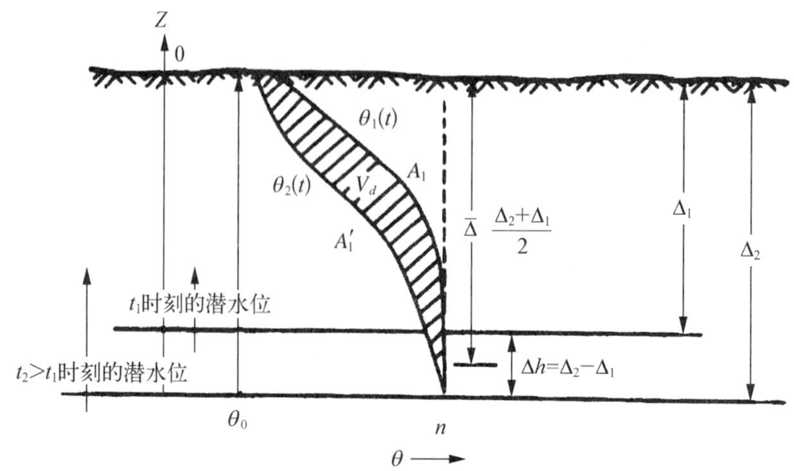

(b) 地下水面埋藏深度较小时对给水度的影响

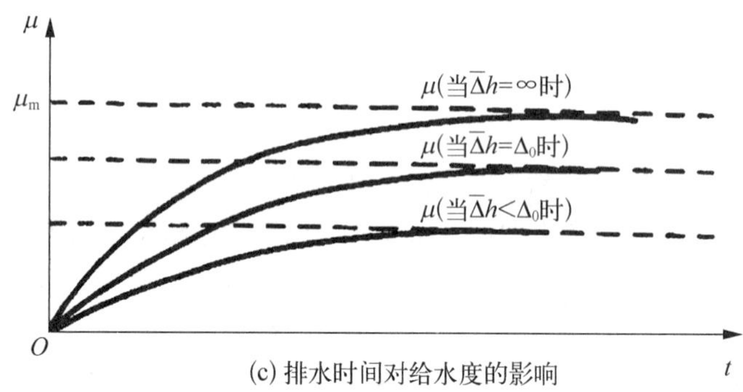

(c) 排水时间对给水度的影响

图 1-4-6　不同条件影响下的给水度(钱家忠,2009)

图 1-4-6(b)是潜水面较浅的情况。当初始潜水面埋深为 Δ_1 时,潜水面以上的毛管边缘带已影响到地面,此时包气带水分分布的曲线 A_1 的上部被地面截断。当潜水面下降 Δh 时,潜水面埋深为 Δ_2,水分分布曲线为 A_1',A 和 A_1'两条曲线的形状不再相同。A_1 和 A_1'所夹的阴影部分仍为所排出的水的体积 V_d,显然图 1-4-6(a)和图 1-4-6(b)所示的给水度是不同的。

由于重力排水的滞后,给水度 μ 也是时间 t 的函数,长时间排水后趋近于某一水平渐近线,如图 1-4-6(c) 所示。实践证明,随排水时间长短不同,测出的给水度值也不同,这种给水度称为瞬时给水度,它不是常数。排水时间越长,给水度越大,并逐渐趋于一个固定值,它是重力疏干终了时的给水度值,当地下水埋深充分大时,这一给水度称为完全给水度(μ_m)。它就是我们通常定义的用作参数的给水度,也就是说我们通常用作参数的给水度 μ 指的是 μ_m。常见松散岩土的给水度如表 1-4-6 所示。

表 1-4-6　常见松散岩土的给水度

岩石名称	给水度(%)		
	最　大	最　小	平　均
黏　土	5	0	2
亚黏土	12	3	7
粉　砂	19	3	18
细　砂	28	10	21

续 表

岩石名称	给水度(%)		
	最 大	最 小	平 均
中 砂	32	15	26
粗 砂	35	20	27
砾 砂	35	20	25
细 砾	35	21	25
中 砾	26	13	23
粗 砾	26	12	22

由以上介绍可知,给水度 (μ)、持水度(S) 与孔隙度(n) 的关系可表示为 $n=\mu+S_r$。显然,它们三者是相互影响的,任何影响其中一个指标的因素必定同时影响其他两个因素。

(5) 透水性

岩土透水性是指岩土能使水下渗、允许水透过的能力。表征岩土透水性的定量指标是渗透系数。岩土透水性的差异,首先取决于岩土空隙的大小和连通程度,其次与空隙的多少和空隙的形状有关。孔隙度与透水性并没有直接的关系。

岩土空隙越小,结合水所占据的空间比例越大,实际透水断面就越小。而且由于结合水对于重力水及重力水质点之间存在着摩擦阻力,最靠近边缘的重力水,流速趋近于零,向中心流速逐渐变大,中心部分流速最大,因此,空隙越小,重力水所能达到的最大流速便越小,透水性也越差。当空隙直径小于两倍结合水的厚度,在通常条件下便不透水。另外,在空隙透水、空隙大小相等的前提下,孔隙度越大,能够透过的水量越多,岩土层的透水性也越好。

总之,空隙的大小和多少决定着岩土透水性的差异,但两者的影响并不相同,空隙大小经常起主要作用。如:黏土的孔隙小,不易透水;砂土的孔隙大,透水性好;砂岩、砂砾岩等的孔隙较大,透水性好;板岩、页岩和辉长岩的透水性很差,属不透水岩石;砂土的孔隙度(30%左右)小于黏土的孔隙度(30%~60%),但其透水性大大超过黏土的透水性。

1.4.2 非饱和带(包气带)

非饱和带是饱和带与大气圈、地表水圈联系并进行水分与能量交换的枢纽。饱和带地下水通过非饱和带获得大气降水和地表水的入渗补给,同时又通过非饱和带的蒸发与蒸腾作用,排泄到大气圈参与水循环。非饱和带还是地表污染物进入饱和带地下水的通道(图1-4-7)。

在非饱和带中,因为岩土空隙没有充满液态水,还包含有空气及气态水。在该带主要分布有气态水、结合水、毛管水以及过路或下渗的重力水。非饱和带中,空隙壁面吸附有结合水,细小空隙中含有毛细水,未被液态水占据的空隙中包含空气及气态水。空隙中的水超过吸附力和毛细力所能支持的量时,空隙中的水便以过路重力水的形式向下运动。上述以各种形式存在于非饱和带中的水统称为非饱和带水。当有局部隔水层存在时,也可能形成暂时的饱和含水层。

非饱和带按不同的水文地质情况,可分为以下三种情况:

第一种情况是当地下水面埋藏很浅时,即使地下水面变动较大,毛管上升水总能达到地面,地下水面和地面之间有毛管作用存在。

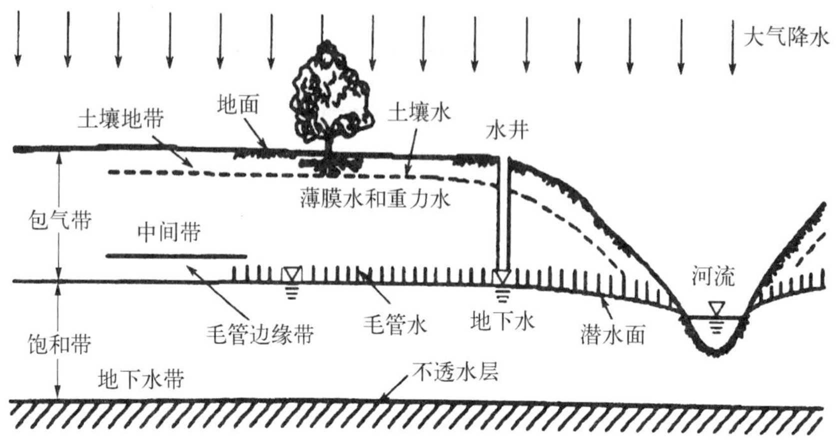

图 1-4-7 非饱和带(包气带)和饱和带(Bear,1985)

第二种情况是当地下水面埋藏足够深时,即使地下水面变动很大,毛管上升高度总不能达到地表,这样从地面到潜水面之间,自上而下可分为:第一,含水量强烈变化带(土壤水带)。非饱和带顶部为植物根系发育与微生物活动区域的土壤层,它是由各种不同大小的矿物颗粒、不同分解程度的有机残体、腐殖质及生物活体、各种养分、水分和空气等组成,具有一定肥力,能够生长植物的疏松层,其中含有土壤水构成土壤水带。土壤富含有机质,具有团粒结构,能以毛细水形式大量保持水分。此带土壤含水量随深度和时间急剧变化,其变化主要取决于气温、水汽压力,同时也取决于降水和土壤蒸发之间的对比关系。第二,含水量稳定带(中间带)。非饱和带底部由地下水面支持的毛细水构成毛细水带。毛细水带的高度与岩性有关。毛细水带的下部也是饱水的,但因受毛细负压的作用,压强小于大气压强,故毛细饱水带的水不能进入井中。此带一般保持最大薄膜水量。当有悬挂毛细水时,一般保持土壤极限含水量,即田间持水量。第三,毛细上升水带(毛细边缘带)。非饱和带厚度较大时,在土壤水带与毛细水带之间还存在中间带。若中间带由粗细不同的岩性构成时,在细粒层中可含有成层的悬挂毛细水,细粒层之上部还可以滞留重力水。此带土壤含水量相当于毛细含水量。

第三种情况是当地下水面的埋深介于以上两种情况之间时,随着地下水面的变动,毛细上升水有时能到达地表,有时则不能到达地表。此种情况属于一种过渡类型。

1.4.3 饱和带

饱和带中岩土空隙全部为液态水充满,有重力水,也有结合水。饱和带中的水体是连续分布的,能够传递静水压力,并且在水头差的作用下,能够发生连续运动。饱和带中的重力水是开发利用或疏干的主要对象。

1.4.3.1 含水层、隔水层与弱透水层

饱和带的岩(土)层,按其传输及给出水的性质,划分为含水层、隔水层及弱透水层(图 1-4-8)。

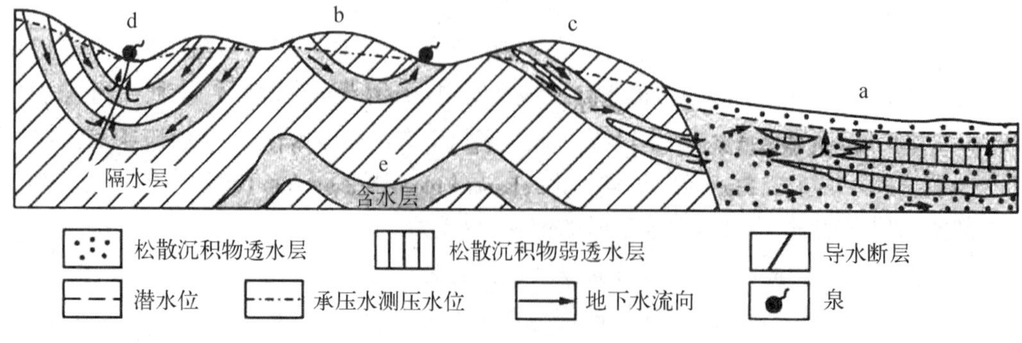

图 1-4-8 含水层、隔水层、弱透水层及含水系统(张人权等,2018)

含水层是饱水并能传输与给出相当数量水的岩层。松散沉积物中的砂砾层、裂隙发育的砂岩及岩溶发育的碳酸岩等是常见的含水层。

隔水层是不能传输与给出相当数量水的岩层。裂隙不发育的岩浆岩及泥质沉积岩是常见的隔水层。

弱透水层是本身不能给出水量但垂直层面方向能够传输水量的岩层。黏土、重亚黏土等是典型的弱透水层。

含水层与隔水层都具有相对性，取决于应用的场合和涉及的时间尺度。

同一岩层，在不同场合下，可以归为含水层，也可以归为隔水层。如作为大型供水水源，供水能力强的岩层，才是含水层；渗透性较差的岩层，只能看作相对隔水层。但是对于小型供水水源，渗透性较差的岩层，可以看作含水层。

1.4.3.2　潜水、承压水和上层滞水

饱和带的地下水，按其埋藏条件，可以划分为潜水承压水和上层滞水，如图 1－4－9 所示；按其含水介质，可以划分为孔隙水、裂隙水和岩溶水（喀斯特水）。

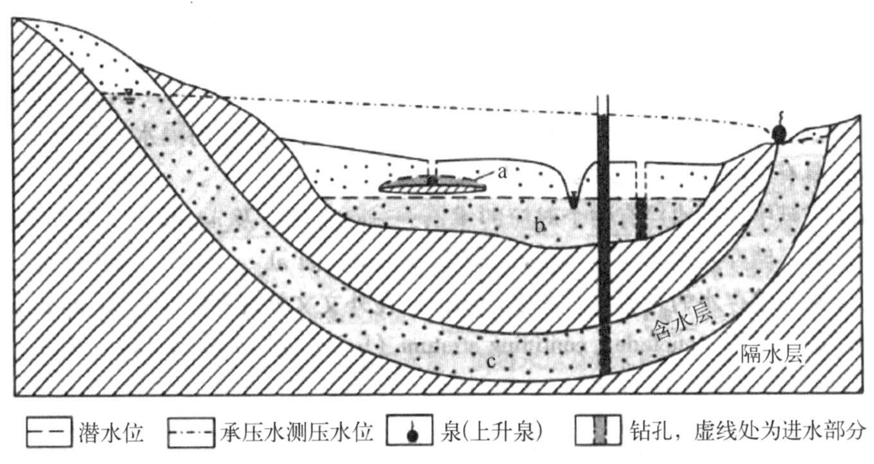

图 1－4－9　潜水、承压水和上层滞水（张人权等，2018）

a 为上层滞水；b 为潜水；c 为承压水

（1）潜水

饱和带中第一个具有自由表面且有一点规模的含水层中的重力水，称为潜水。

潜水面（地下水面）到隔水底板的垂直距离为潜水含水层厚度（M）。潜水面到地表的垂直距离为潜水埋藏深度（D）。潜水含水层厚度和潜水埋藏深度随着潜水面的升降而变化（图 1－4－10）。

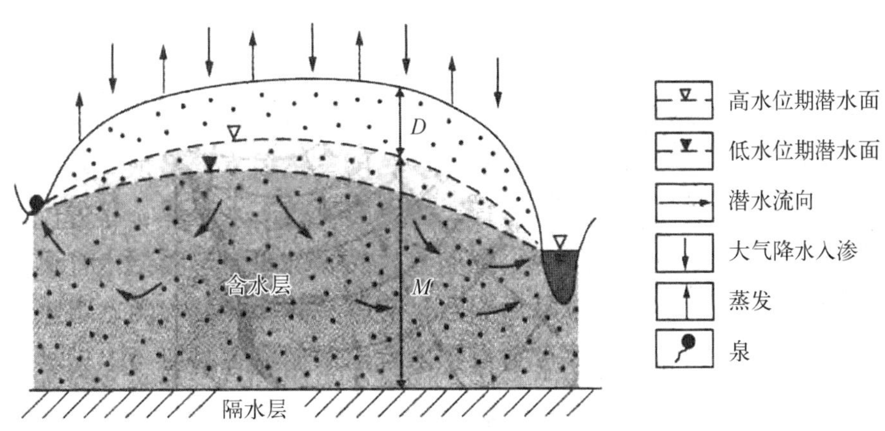

图 1－4－10　潜水示意图（张人权等，2018）

潜水面以上不存在(连续性)隔水层,因此,潜水与大气水及地表水联系紧密,积极参与水文循环,对气象、水文因素响应敏感,水位、水量和水质发生季节性和多年性变化。

潜水缺乏上覆隔水层,容易受到污染;与此同时,由于交替循环迅速,自净修复的能力也强。

潜水面的形状受地形控制,通常为缓于地形坡度的曲面。潜水面上任意一点的高程(m),为该点的潜水位。将潜水位相等的各点连线,可得到潜水等水位线图(图 1-4-11)。等水位线图可以说明潜水流向以及与地表水的补给排泄关系等。

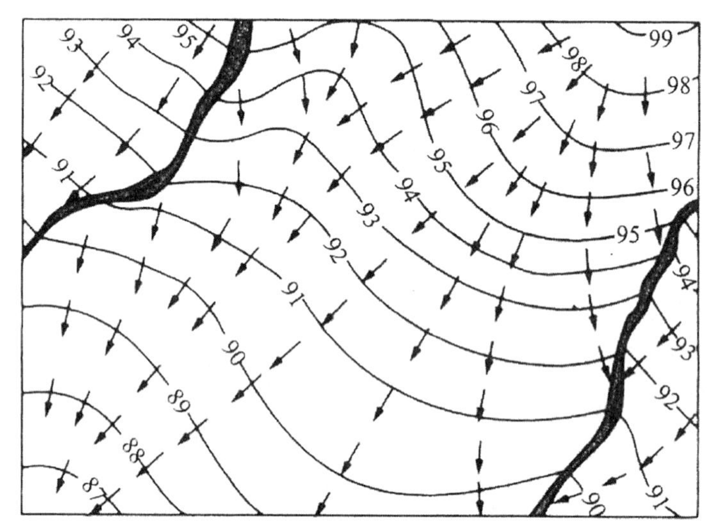

图 1-4-11 潜水等水位线图(数字为地下水位高程(m))(张人权等,2018)

(2) 承压水

充满于两个隔水层之间的含水层中的水,称为承压水(图 1-4-9 和图 1-4-12)承压含水层上部的隔水层称为隔水顶板,下部的隔水层称为隔水底板。顶底板之间的垂直距离为承压含水层厚度。

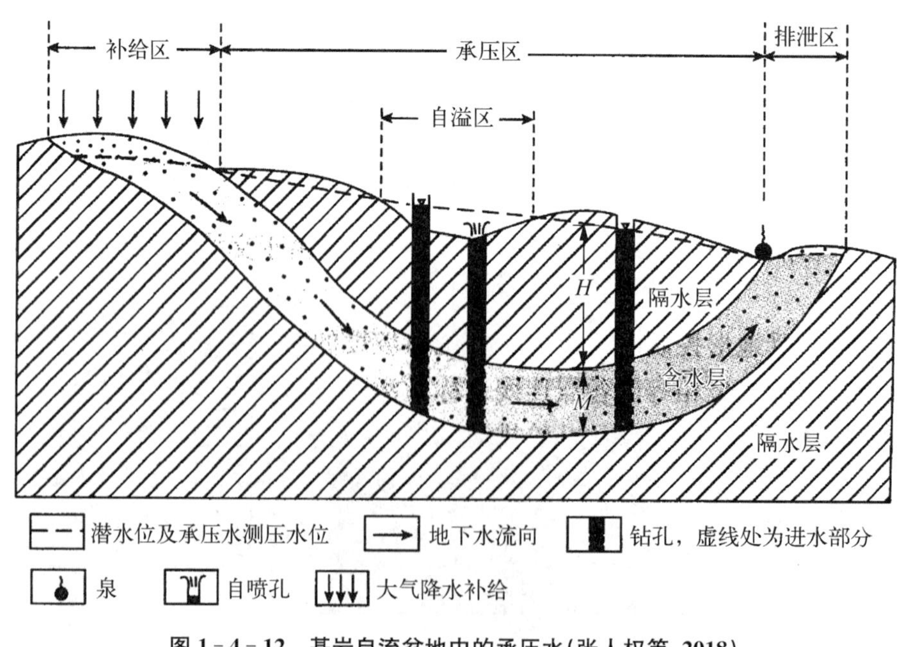

图 1-4-12 基岩自流盆地中的承压水(张人权等,2018)

H 为承压高度;M 为含水层厚度

井孔揭露承压含水层隔水顶板的底面时，瞬间测得的是初见水位，随之，水位升到顶板底面以上一定高度后稳定，此时测得的水位称为稳定水位。稳定水位的高程便是该点承压水的测压水位。稳定水位与隔水顶板底面高程之间的差值为承压高度，即该点承压水的测压高度。

隔水顶板的存在，不仅使承压水具有承压性，还限制了其补给和排泄范围，阻碍承压水与大气及地表水的联系。承压含水层的地质结构越是封闭，承压水参与水文循环的程度就越低，水交替循环越是缓慢。

承压水的补给，可能直接来自大气降水和地表水，也可能来自相邻的潜水或承压水。承压水也有多种排泄方式，但都是径流排泄，不存在蒸发与蒸腾方式排泄。

承压水的水质，取决于形成时的初始水质以及水交替条件。地质结构越开放，水交替循环越充分，水质就越接近于大气水及地表水。

承压水的水位、水量及水质没有明显的季节及年际变化。承压水的水交替缓慢，补给资源贫乏，再生能力较差。承压水不容易被污染，但一旦污染，就难以自净修复。

将某一承压含水层测压水位相等的各点连线，可得到等测压水位线图。等测压水位线表示的是一个虚拟水面，只有当井孔揭穿某点隔水顶板底面，井孔水位才能达到所示高程。因此，为了实际应用，还需要编绘承压含水层顶板底面等高线图(图1-4-13)。

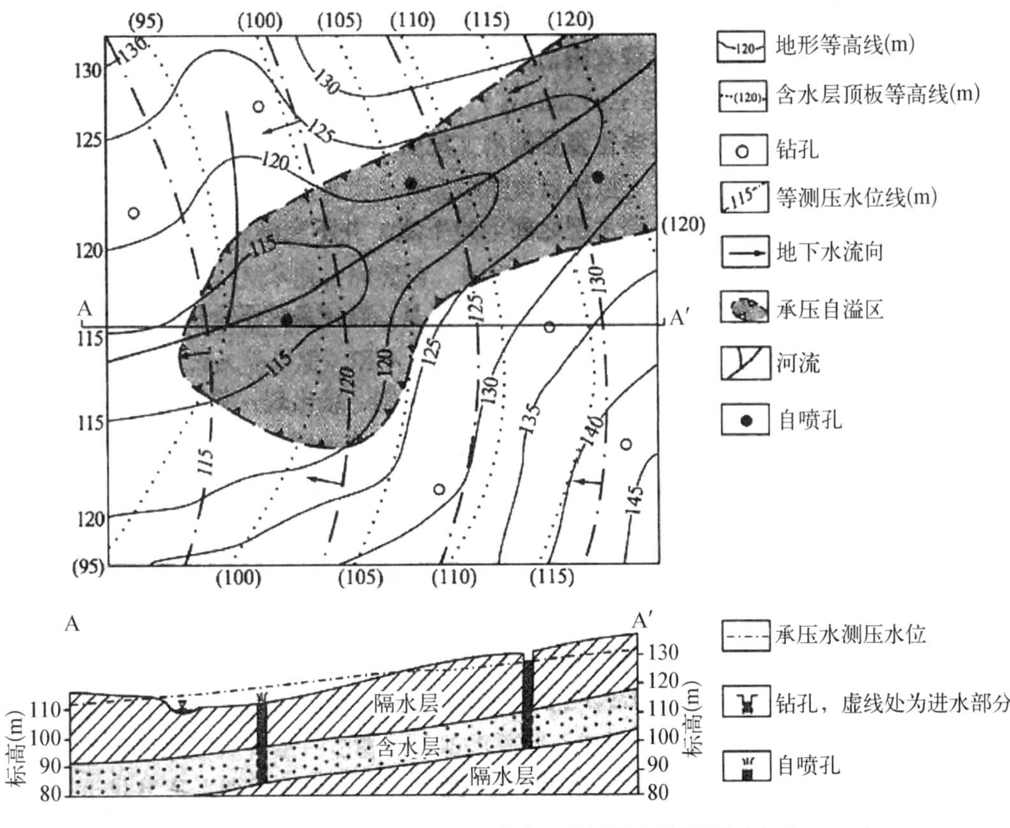

图1-4-13　等测压水位线及承压含水层顶板等高线图(张人权等，2018)

(3) 上层滞水

非饱和带局部隔水层(弱透水层)之上积聚的具有自由表面的重力水，称为上层滞水(图1-4-9)。

上层滞水分布局限，接受大气降水补给，通过蒸发排泄，或通过隔水(弱透水)底板的边缘下渗排泄，补给下伏的潜水。上层滞水水位水量有明显季节变化，有时雨季有水而旱季无水。

在一定条件下，赋存于两个隔水层之间的地下水，并不充满含水层，既不是承压水，也不是潜水。

1.5 地下水的化学成分及其形成作用

1.5.1 地下水的化学成分

地下水是多组分的溶液，化学成分相当复杂。地下水的化学成分是地下水与其周围环境长期相互作用的产物。赋存于岩石圈中的地下水，不断与岩土发生化学反应，在与大气圈、水圈和生物圈进行水量交换的同时，也交换化学成分。一个地区地下水的化学面貌，反映了该地区地下水的历史演变过程。研究地下水的化学成分，可以帮助阐明地下水的起源与形成。

1.5.1.1 无机物

组成地下水无机物的化学元素，根据它们在地下水中的分布和含量，可划分为主要组分、微量组分和痕量组分，见表 1－5－1。

表 1－5－1 地下水中溶解的无机物组分（Kehew，2001）

组分类别	浓度范围(mg/L)	组 分
主要组分	>5.0	HCO_3^-、Cl^-、SO_4^{2-}、Na^+、K^+、Ca^{2+}、Mg^{2+}
微量组分	0.01～10.0	B、NO_3^-、CO_3^{2-}、F^-、Sr、Fe
痕量组分	<0.1	Al、Sb、As、Ba、Be、Bi、Br、Cd、Ce、Cs、Cr、Co、Cu、Ga、Ge、Au、In、I、La、Pb、Li、Mn、Mo、Ni、Nb、P、Pt、Ra、Rb、Ru、Sc、Se、Ag、Tl、Th、Sn、Ti、W、U、V、Yb、Y、Zn、Zr

1.5.1.2 有机物

各种不同形式的有机物主要由 C、H、O 组成，这三种元素约占全部有机物的 98.5%，另外还存在少量的 N、S、P 等元素。有机物种类繁多，主要有氨基酸、蛋白质、葡萄糖、有机酸、烃类、醇类、醚类、羧酸、苯酚衍生物、胺等。

天然地下水中溶解性有机物含量通常不高，溶解有机碳（dissolved organic carbon，DOC）含量通常低于 2 mg/L，均值为 0.7 mg/L。与沼泽、泥炭、淤泥、煤以及石油等松散及固结的沉积物有关时，地下水中的溶解有机碳（DOC）含量大大增加，甚至超过 1 000 mg/L。

最近数十年来，各种有机废水的排放、生活污水管道滴漏、垃圾填埋场垃圾渗滤液下渗、地下输油管道的破裂以及农业生产过程中农药和化肥的大量使用等，已导致了地下水严重的有机污染。在我国，地下水有机污染研究起步较晚，已在一些地区发生了严重的地下水有机污染事件（刘兆昌等，1991；徐绍辉和朱学愚，1999；李铎等，2000）。

有机污染物不仅种类繁多，而且由于其在水中的浓度一般很小，不易被察觉，例行的水质分析不易检出。许多有机污染物对人体健康有严重影响，具有“三致”作用。地下水中到底有多少种有机污染物，目前还不完全清楚。对地下水中有机物质的研究已成为地下水环境化学越来越重要的研究内容。

1.5.1.3 气体

地下水中含有各种气体、离子、胶体、有机质。地下水中常见的气体成分有 O_2、N_2、CO_2、CH_4 及 H_2S 等，以前三种为主。通常，地下水中气体含量不高，每升水中只含有几毫克到几十毫克，但有重要意义。一方面，气体成分能够说明地下水所处的地球化学环境；另一方面，有些气体会增加地下水溶解某些矿物组分的能力。

(1) 氧气(O_2)、氮气(N_2)

地下水中的 O_2 和 N_2 主要来源于大气。溶解氧含量多说明地下水处于氧化环境。N_2 单独存在，通常可说明地下水起源于大气并处于还原环境。

(2) 二氧化碳(CO_2)

降水和地表水补给地下水时带来 CO_2，但其含量通常较低。地下水中的 CO_2 主要来源于土壤。有机质残骸的发酵作用与植物的呼吸作用，使土壤中源源不断产生 CO_2，并进入地下水。地下水中含 CO_2 愈多，溶解某些矿物组分的能力愈强。

(3) 硫化氢(H_2S)、甲烷(CH_4)

地下水中出现 H_2S 和 CH_4，是在与大气比较隔绝的还原环境中，微生物参与的生物化学作用的结果。

1.5.1.4　微生物

地下水中普遍分布有微生物。微生物既能在潜水中繁殖，也可在深循环的地下水(深达 1 000 m 或更深)中繁衍。微生物所适应的温度范围也很宽，可在零下几摄氏度到 85℃～90℃的温度范围内生存。地下水中还存在嗜极微生物，包含嗜热菌、嗜盐菌、嗜碱菌、嗜酸菌、嗜压菌、嗜冷菌以及抗辐射、耐干燥、抗高浓度金属离子和极端厌氧的微生物。

未经污染的饱和含水系统中，微生物每克干重的细胞数为 10^5～10^7，低于非饱和带(包括土壤)及地表水。

微生物在地下水化学成分的形成和演变过程中起着重要的作用。地下水中有各种不同的细菌存在，其中有适合在氧化环境中生存和繁殖的硝化菌、硫细菌、铁细菌等喜氧细菌，也有适合在还原环境中生存和繁殖的脱氮菌、脱硫菌、甲烷生成菌、氨生成菌等。这些细菌的生命活动可出现脱硝酸作用、脱硫酸作用、甲烷生成作用和氨生成作用等，也可出现与此相反的作用，如硫酸根生成作用、硝酸根生成作用和铁的氧化作用等，从而导致地下水化学成分的相应变化。

1.5.2　地下水中化学成分形成作用

地下水主要来源于大气降水，其次是地表水。这些水在进入含水层之前，已经含有某些物质。

内陆的大气降水混入尘埃，一般以 Ca^{2+} 与 HCO_3^- 为主。靠近海岸处的大气降水，Na^+ 和 Cl^- 含量较高(这时可出现低溶解性总固体(total dissolved solids，TDS)以氯化物为主的水)。初降雨水或干旱区雨水中杂质较多，而雨季后期与湿润地区的雨水杂质较少。大气降水的溶解性固体总量一般为0.02～0.05 g/L；海边与干旱区较高，分别可达 0.1 g/L 及($n\times0.1$)g/L(沈照理，1986)。

1.5.2.1　溶滤作用

水与岩土相互作用下，岩土中一部分物质转入地下水中，便是溶滤作用。溶滤作用的结果，岩土失去一部分可溶物质，地下水则补充了新的组分。

岩土的组分转入水中，取决于下列因素：

第一，组成岩土的矿物的溶解度。如含岩盐沉积物中的 NaCl 将迅速转入地下水中，而以 SiO_2 为主要成分的石英岩，则很难溶于水中。

第二，岩土的空隙特征。缺乏裂隙的基岩，水难与矿物盐类接触，溶滤作用不发育。

第三，水的溶解能力决定着溶滤作用的强度。水对某种盐类的溶解能力随此盐类的浓度增加而减弱。某一盐类的浓度达到其溶解度时，水对此盐类便失去溶解能力。

第四，水中溶解气体 CO_2、O_2 等的含量决定着某些盐类的溶解能力。水中 CO_2 含量愈高，溶解碳酸盐及硅酸盐的能力愈强；水中 O_2 的含量愈高，溶解硫化物的能力愈强。

第五，水的流动状况是影响其溶解能力的关键因素。停滞的地下水，随着时间推移，水中溶解盐类增多，CO_2、O_2 等气体耗失，最终将失去溶解能力，溶滤作用便终止。地下水流动迅速时，溶解性固体总量(TDS)低的、含有大量 CO_2 和 O_2 的大气降水和地表水，不断入渗含水层，地下水便经常保持强的溶解能力。

1.5.2.2 浓缩作用

流动的地下水，将溶滤获得的组分从补给区输运到排泄区。干旱半干旱地区的平原与盆地的低洼处，地下水位埋藏不深，蒸发成为地下水的主要排泄途径。蒸发作用只排走水分，盐分仍保留在地下水中，随着时间延续，地下水溶液逐渐浓缩，溶解性固体总量不断增大。与此同时，随着浓度增加，溶解度较小的盐类在水中达到饱和而相继沉淀析出，易溶盐类的离子逐渐成为主要成分。

浓缩作用必须同时具备下述条件：干旱或半干旱的气候，有利于毛细作用的颗粒细小的松散岩土，低平地势下地下水位埋深较浅的排泄区。在上述条件下，水流源源不断地带来盐分，使地下水及土壤累积盐分。

1.5.2.3 脱碳酸作用

水中 CO_2 的溶解度随温度升高及(或)压力降低而减小。升温降压时，一部分 CO_2 便成为游离 CO_2 从水中逸出，这便是脱碳酸作用。脱碳酸作用的结果，$CaCO_3$ 及 $MgCO_3$ 析出沉淀，地下水中 HCO_3^- 及 Ca^{2+}、Mg^{2+} 减少，溶解性固体总量降低

$$Ca^{2+} + 2HCO_3^- \longrightarrow CO_2\uparrow + H_2O + CaCO_3\downarrow \tag{1-5-1}$$

$$Mg^{2+} + 2HCO_3^- \longrightarrow CO_2\uparrow + H_2O + MgCO_3\downarrow \tag{1-5-2}$$

1.5.2.4 脱硫酸作用

在还原环境中，当有机质存在时，脱硫酸细菌促使 SO_4^{2-} 还原为 H_2S

$$SO_4^{2-} + 2C + 2H_2O \longrightarrow H_2S + 2HCO_3^- \tag{1-5-3}$$

结果使地下水中的 SO_4^{2-} 减少以至消失，HCO_3^- 增加，pH 变大。

1.5.2.5 阳离子交替吸附作用

黏性土颗粒表面带有负电荷，颗粒将吸附地下水中某些阳离子，而将其原来吸附的部分阳离子转为地下水中的组分，这便是阳离子交替吸附作用。

不同的阳离子，其吸附于岩土表面的能力不同，按吸附能力，自大而小顺序为：$H^+ > Fe^{3+} > Al^{3+} > Ca^{2+} > Mg^{2+} > K^+ > Na^+$。离子价越高，离子半径越大，水化离子半径越小，则吸附能力就大，H^+ 则是例外。

阳离子交替吸附作用的规模取决于岩土的吸附能力，而后者决定于颗粒的比表面积。颗粒越细，比表面积越大，交替吸附就作用越强。因此，黏土及黏土岩类最容易发生交替吸附作用。

1.5.2.6 混合作用

成分不同的两种水汇合在一起，形成化学成分不同的地下水，这便是混合作用。混合作用有化学混合及物理混合两类：化学混合作用是两种成分发生化学反应，形成化学类型不同的地下水；物理混合作用只是机械混合，并不发生化学反应(章至洁等，1995)。

在海滨、湖畔或河边，地表水往往混入地下水中；当深层地下水补给浅部含水层时，则发生两种地下水的混合。

混合作用的结果，可能发生化学反应而形成化学类型完全不同的地下水。如当以 SO_4^{2-}、Na^+ 为主的地下水与 HCO_3^-、Ca^{2+} 为主的水混合，且 SO_4^{2-} 及 Ca^{2+} 超过溶度积时，则

$$Ca^{2+} + SO_4^{2-} \longrightarrow CaSO_4\downarrow \tag{1-5-4}$$

石膏沉淀析出，便形成以 HCO_3^- 与 Na^+ 为主的地下水。

1.5.2.7　人类活动对地下水化学成分的影响

随着社会生产力与人口的增长，人类活动对地下水化学成分的影响越来越大。一方面，人类生活与生产活动产生的废弃物污染地下水；另一方面，人为作用大规模地改变了地下水形成条件，从而使地下水化学成分发生变化。

工业产生的废气、废水与废渣以及农业上大量使用化肥农药，使天然地下水富集了原来含量很低的有害物质，如酚类化合物、氰化物、汞、砷、铬、亚硝酸等。

人为作用通过改变形成条件而使地下水水质变化表现在以下各方面：滨海地区过量开采地下水引起海水入侵，不合理地打井采水使咸水运移，这两种情况都会使淡含水层变咸；干旱半干旱地区不合理地引入地表水灌溉，会使浅层地下水位上升，引起大面积次生盐渍化并使浅层地下水变咸；原来分布地下咸水的地区，通过挖渠打井，降低地下水位，使原来主要排泄途径由蒸发改为径流，从而逐步使地下水水质淡化。在这些地区，通过引入区外淡地表水，以合理的方式补给地下水，也可使地下水变淡。

1.6　地下水运动基本原理

1.6.1　地下水运动特征

1.6.1.1　渗流

(1) 水在多孔介质中的运动

地下水赋存于岩石的孔隙、裂隙和溶隙中，并在其间运动。我们把具有孔隙的岩石称为多孔介质，含有孔隙水的岩石，如砂层、疏松砂岩等称为孔隙介质。广义地说，可以把孔隙介质、裂隙介质和某些岩溶不十分发育的由石灰岩和白云岩组成的介质都称为多孔介质。

岩层或岩石中发育的孔隙和裂隙形状、大小、连通程度在不同的部位各不相同，其间空隙连接的通道大小不一、路径弯弯曲曲，如图 1-6-1(a)所示，所以地下水运动状况也各不相同。研究个别孔隙或裂隙中地下水的运动很困难，实际上也无此必要。我们一般不去直接研究单个地下水质点的运动特征，而研究具有平均性质的渗透规律。这种方法实际上是把多孔介质中的水看作充满整个含水层(包括全部的颗粒骨架和空隙)，用这种假想的水流代替水在空隙介质流动的真实水流，以此达到了解和研究真实水流的目的。当然这种假想的水流还得满足如下条件：一是通过任意断面的流量与实际水流通过的断面流量相等；二是它在某一断面上的压力或水头等于真实水流的压力或水头；三是它在任意岩石体积内所受的阻力等于真实水流所受的阻力。满足上述条件的假想水流称为渗流，如图 1-6-1(b)所示。其中，假想水流所占的区域称为渗流区。

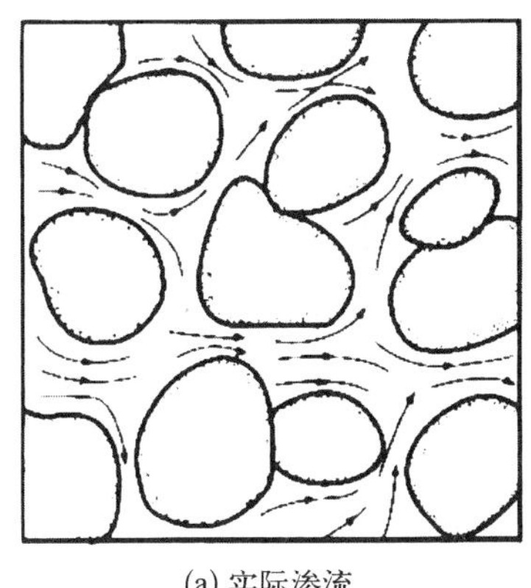

(a) 实际渗流

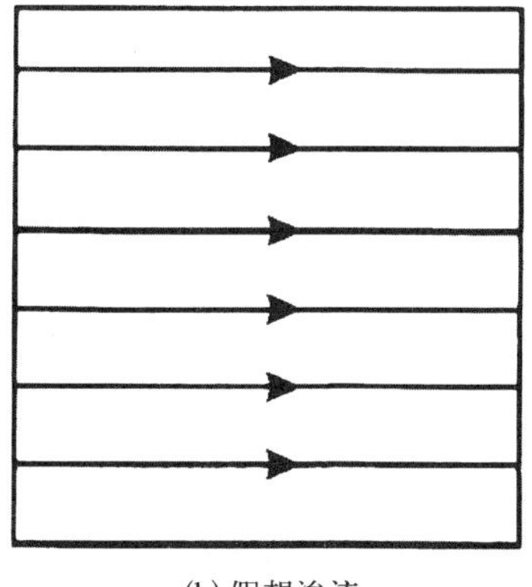

(b) 假想渗流

图 1-6-1　概化后的理想渗流

这样做的优点是可以把实际上并不处处连续的水流当作连续水流来研究,以便有可能利用现有水力学和流体力学的成果。研究时,既避开了研究个别空隙中液体质点运动的困难,得到的流量、阻力和水头等,又与实际水流相同,满足了实际需要。

(2) 典型单元体

在渗流研究中,要涉及某一点的物理量,如某一点的孔隙度、压力、水头等。对于一个真实的连续水流,如河水,某一点的压力、水头、速度等的物理含义很明确,但对于多孔介质则不然。如孔隙度 n,如果在固体骨架上,显然 $n=0$;而在孔隙中,则 $n=1$,就变得不连续了。为了对多孔介质中地下水运动作连续性近似,引进了“典型单元体”的概念。

仍以孔隙度为例。设 P 为多孔介质中的一个数学点,它可能落在孔隙中,也可能落在固体骨架上。以 P 为中心,任取一体积 V_i,求出其孔隙度 n_i。当所取体积 V_i 大小不同时,孔隙度 n_i 的值可能有变化;以 P 点为中心取一系列不同大小的体积 $V_i(i=1, 2, \cdots, N)$,相应地得到一系列的孔隙度 $n_i(i=1, 2, \cdots, N)$。作 n_i 和 V_i 的关系曲线,如图1-6-2所示。从图中可以看出,当 V_i 小于某一数值 $V_{\min}$(该值大致接近于单个孔隙的大小)时,孔隙度值 n_i 突然出现大的波动,而且波动越来越大;当 V_i 趋近于零时,孔隙度或为1或为0。当体积 V_i 增大到某一个值 $V_{\max}$ 时,若多孔介质为非均质的,则孔隙度 n_i 会发生明显变化。但当体积大小在 $V_{\min}$ 和 $V_{\max}$ 之间时,孔隙度 n_i 值的波动消失,只有由 P 点周围孔隙大小的随机分布所引起的小振幅波动。我们把该范围内的体积称为“典型单元体积”,记为 $V_0(V_{\min}<V_0<V_{\max})$。

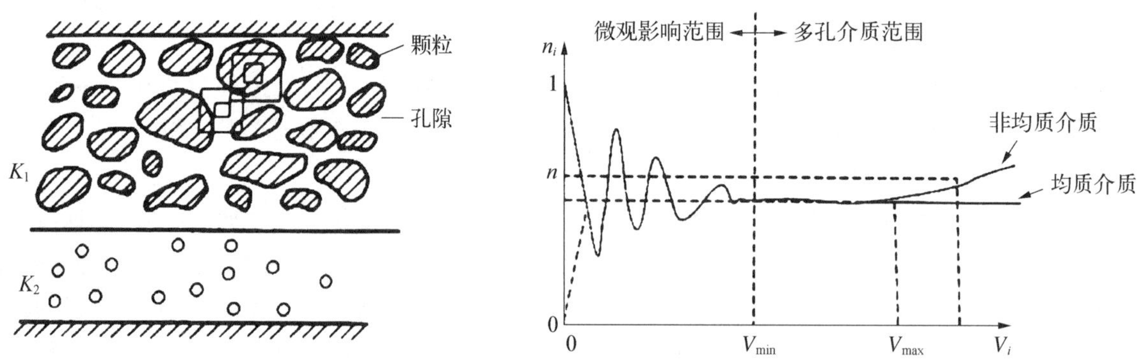

图1-6-2 多孔介质孔隙度的计算

引进典型单元体(REV)后就可以把多孔介质处理为连续体,将以 P 为中心的典型单元体的孔隙度定义为 P 点的孔隙度,这样多孔介质就处处有孔隙度了。同理,P 点的其他物理量,无论是标量还是矢量,也用以 P 点为中心的典型单元体内该物理量的平均值来定义。

在典型单元体的基础上,引入理想渗流的概念,即地下水充满整个含水层或含水系统(包括空隙和固体骨架),渗流充满整个渗流场。

(3) 渗流速度与实际速度

前面已提到,渗流是充满整个岩石截面的假想水流。在垂直于渗流方向取得一个岩石截面,称为过水断面,其包括空隙和颗粒骨架所占的空间,用面积 A 表示,而实际地下水水流只通过过水断面的空隙部分,如图1-6-3所示。

渗流在其过水断面上的平均速度称为渗流速度,可表示如下

$$v=\frac{Q}{A} \tag{1-6-1}$$

式中,v 为渗流速度(L/T);A 为过水断面面积(L^2);Q 为渗流流量,即单位时间内通过过水断面的流量(L^3/T)。

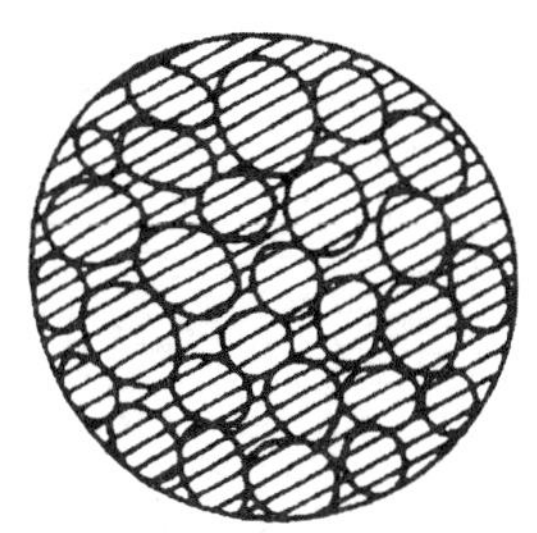
(a) 渗流过水断面

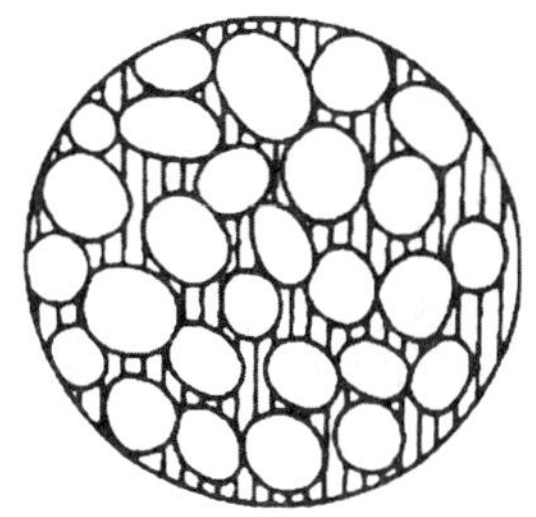
(b) 实际水流过水断面

图1-6-3 渗流过水断面与实际水流过水断面(钱家忠,2009)

实际地下水流速度仅在岩石空隙中,流动平均速度可表示为

$$u=\frac{Q}{A'}=\frac{Q}{nA} \tag{1-6-2}$$

式中,u 为地下水的实际速度(L/T);A' 为过水断面中空隙所占面积(L^2);n 为岩石的空隙度。

比较式(1-6-1)及式(1-6-2)可以看出,渗流速度与实际速度之间关系如下

$$v=n\cdot u \tag{1-6-3}$$

(4) 地下水的水头和水力坡度

地下水的水头可表示如下

$$H=z+\frac{p}{\gamma}+\frac{u^2}{2g} \tag{1-6-4}$$

式中,z 为位置水头;p 为压强;r 为容重;$\frac{p}{\gamma}$ 为承压水头;$\left(z+\frac{p}{r}\right)$为测压管水头 H_n;$\frac{u^2}{2g}$ 为流速水头(很小可忽略不计),例如,当地下水流速 $v=1\ \mathrm{cm/s}=864\ \mathrm{m/d}$ 时(这对地下水来说已经是很快的运动速度了),流速水头仅为 0.000 5 cm 左右,比测压管水头少几个数量级,显然可以忽略不计)。

等水头面是渗流场内水头值相同的各点连成的面。等水头线是等水头面与某一平面的交线。水力坡度是大小等于梯度值,方向沿着等水头面的法线指向水头降低方向的矢量(n 为法线方向单位矢量),如图1-6-4所示。

$$\boldsymbol{J}=-\operatorname{grad}H=-\frac{\mathrm{d}H}{\mathrm{d}n}\boldsymbol{n}$$

$$J_x=-\frac{\partial H}{\partial x}\quad J_y=-\frac{\partial H}{\partial y}\quad J_z=-\frac{\partial H}{\partial z}$$

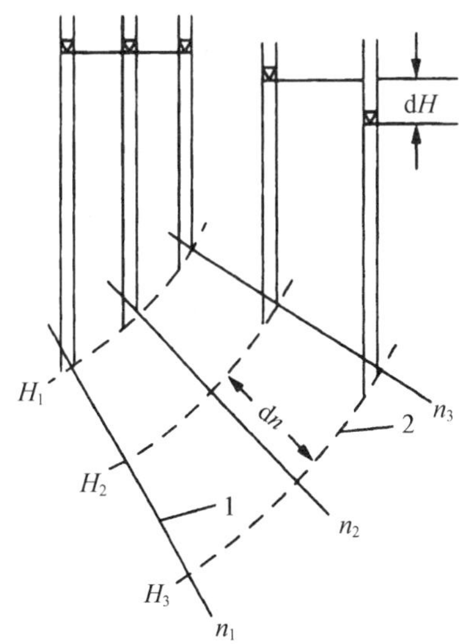

图1-6-4 水力坡度示意图(钱家忠,2009)

(5) 地下水流态

在自然条件下,液体的运动速度差别很大,根据流体运动速度,其运动状态分为层流和紊流两种类型(图1-6-5)。

流体流束呈现有规律而不是杂乱无章的流动,称为层流运动;流体呈现相互混杂而无规则的运动,称为紊流运动。液体从缓慢运动到急速运动,其流态由层流运动逐渐向紊流运动过渡。

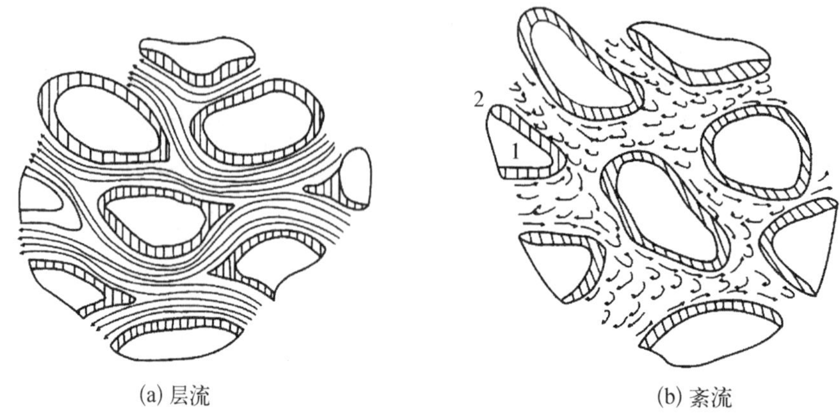

图 1-6-5 孔隙岩石中地下水的层流和紊流(薛禹群和吴吉春,2010)

1 表示固体颗粒;2 表示结合水;箭头表示水流运动方向

判别地下水流态的方法有多种,但常用的还是利用雷诺数(Reynolds number)数来判别,其表达式为

$$Re = \frac{vd}{\lambda} \tag{1-6-5}$$

式中,v 为地下水的渗透流速(L/T);d 为含水层颗粒的平均粒径(L);λ 为地下水的运动黏滞系数(L^2/T)。

通常地下水在自然状态下,由于水力坡度较小,流动缓慢,处于层流状态,只有在地下水水位落差较大的部位或透水性较好的含水层且水力坡度较陡的位置,如抽水井附近,才有可能处于紊流状态。有学者指出,层流的临界雷诺数为 150~300。

1.6.1.2 渗流的基本定律

(1) 达西定律

1856 年,法国水力学家达西(Darcy)在实验室用砂柱做了大量的试验,如图 1-6-6 所示。

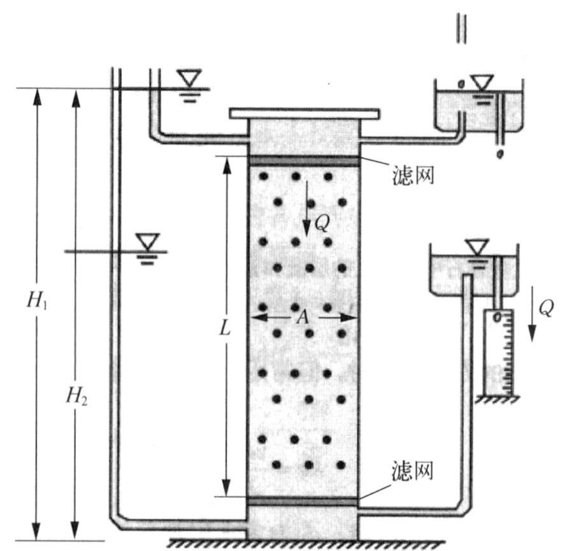

图 1-6-6 Darcy 的实验装置

根据多次试验结果得到如下关系式

$$Q = KA\frac{H_1 - H_2}{l} = KAJ \tag{1-6-6}$$

或

$$v = \frac{Q}{A} = KJ \tag{1-6-7}$$

式中,Q 为渗流流量(通过砂柱各横断面的流量)(m^3/d);A 为过水断面面积(砂柱的横断面面积)(m^2);H_1、H_2 为通过砂样前后的水头值(m);ΔH 为水头损失($\Delta H = H_1 - H_2$)(m);J 为水力坡度$\left(J = \frac{H_1 - H_2}{l} = \frac{\Delta H}{l}\right)$;$K$ 为渗透系数(m/d)。

式(1-6-6)和式(1-6-7)就是达西公式,它指出渗流速度 v 与水力坡度 J 的线性关系,故又称线性渗透定律。

实际的地下水流中,水力坡度各处是不同的,通常用任一断面的渗流流速的表达式,也就是微分形

式的达西公式，即

$$v = KJ = -K\frac{\mathrm{d}H}{\mathrm{d}l} \tag{1-6-8}$$

$$v_x = -K\frac{\partial H}{\partial x} \quad v_y = -K\frac{\partial H}{\partial y} \quad v_z = -K\frac{\partial H}{\partial z}$$

达西定律有一定的适用范围，超出这个范围地下水的运动不再符合达西定律。我们先讨论达西定律适用的上限。作渗流速度和水力坡度的关系曲线(图 1-6-7)，若符合达西定律则为直线。直线的斜率为渗透系数的倒数。但图上的曲线表明，只有当雷诺数为 1～10 时，地下水的运动才符合达西定律。在上文中我们提到层流的临界雷诺数为 150～300，它比上述雷诺数的数值要大，即层流范围大，但适用达西定律的范围小，在两者之间为由层流向紊流转变的过渡带。一般用惯性力的影响来解释这一现象。由于地下水沿着弯弯曲曲的路径运动，并且在不断地改变它的运动速度、加速度和流动方向，这种变动有时很剧烈，因而受到惯性力的影响，使水流的运动不服从达西定律。地下水流动方向和流速的变化取决于孔隙或裂隙通道在空间的弯曲以及通道横断面积的变化情况。当地下水运动速度较小时，这些惯性力的影响是不大的，有时是微不足道的。这时，由液体黏滞性产生的摩擦阻力对水流运动的影响远远超过惯性力对它的影啊，黏滞力占优势，液体运动服从达西定律。随着沄动速度的加快，惯性力也相应地增大了。当惯性力占优势的时候，由于惯性力与速度的平方成正比，达西定律就不再适用了。这时地下水的运动仍然属于层流运动。因此，不要把这种偏离达西定律的情况和层流向紊流的转变等同起来。

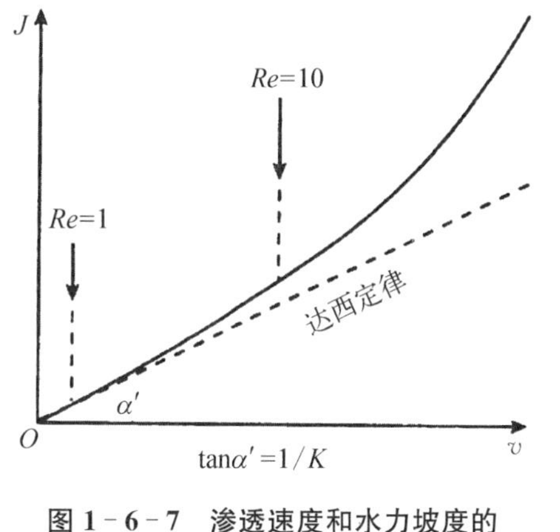

图 1-6-7　渗透速度和水力坡度的实验关系(Bear，1985)

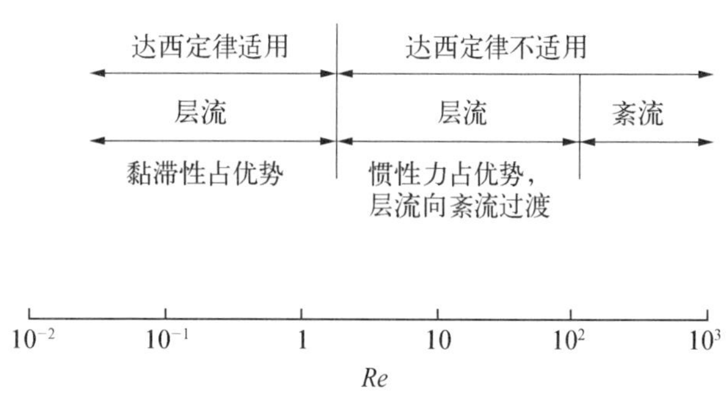

图 1-6-8　多孔介质中的水流状态

因此，当渗流速度由低到高时，可把多孔介质中的地下水运动状态分为三种情况：第一种，当地下水低速运动时，即雷诺数小于 1～10 的某个值时，为黏滞力占优势的层流运动，适用达西定律；第二种，随着流速的增大，当雷诺数大致在 1～100 时，为一过渡带，由黏滞力占优势的层流运动转变为惯性力占优势的层流运动再转变为紊流运动；第三种，高雷诺数时为紊流运动(图 1-6-8)。

即使这样，绝大多数的天然地下水运动仍服从达西定律。如当地下水通过平均粒径 $d=0.5$ mm 的粗砂层、水温为 15℃时，运动黏滞系数 $\lambda=0.1\ \mathrm{m^2/d}$；当雷诺数 $Re=1$ 时，代入式(1-6-5)中，有

$$v = 1\times\frac{0.1\ \mathrm{m^2/d}}{0.000\ 5\ \mathrm{m}} = 200\ \mathrm{m/d}$$

这表明，在粗砂中，当渗流速度 $v<200$ m/d(0.231 cm/sec) 时，服从达西定律。在天然状况下，若取粗砂的渗透系数 $K=100$ m/d(0.115 cm/s)，水力坡度 $J=1/500$，代入达西定律，给出天然状态下的

地下水渗透速度为

$$v = KJ = 100 \times \frac{1}{500} = 0.2\ \text{m/d}(2.31 \times 10^{-4}\ \text{cm/s})$$

该值远小于 200 m/d。显然，在多数情况下粗砂中的地下水运动是服从达西定律的。

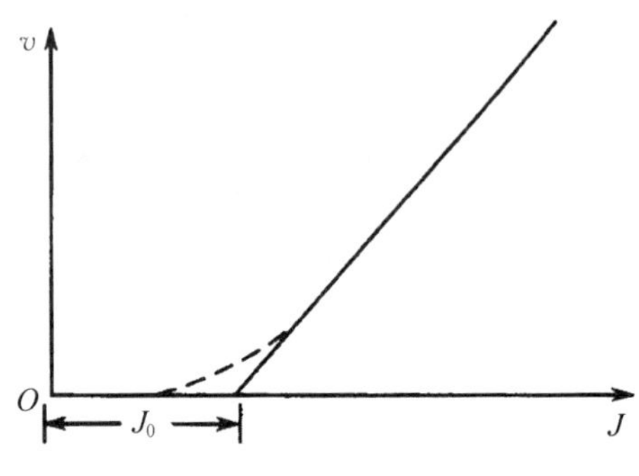

图 1-6-9 起始水力坡度(Bear,1985)

有些学者讨论了达西定律的下限问题。对于某些黏性土，渗流速度和水力坡度的关系如图 1-6-9 所示，即存在一个起始水力坡度为 J_0。当实际水力坡度小于起始水力坡度 J_0 时，几乎不发生流动。起始水力坡度的机制尚未完全研究清楚，不同学者有不同看法。

对于裂隙岩石中的地下水运动，有学者曾在裂隙模型中进行了大量的试验，并确定了不符合达西定律的临界水力坡度值(表 1-6-1)，这些临界值均大于天然情况下地下水流的实际坡度。因此，认为裂隙岩层中的渗透在多数情况下也服从达西定律。

表 1-6-1 临界水力坡度值

裂隙宽度(cm)	相对粗糙度 α					
	0.0	0.1	0.2	0.3	0.4	0.5
0.1	2.600	1.508	1.404	1.352	1.274	1.144
0.2	0.325	0.189	0.176	0.169	0.159	0.143
0.3	0.096	0.056	0.052	0.050	0.047	0.042
0.4	0.041	0.024	0.022	0.021	0.020	0.018
0.5	0.021	0.012	0.011	0.011	0.010	0.009

(2) 渗透系数

渗透系数 K，也称水力传导系数，是一个重要的水文地质参数。根据式(1-6-7)，当水力坡度 $J=1$ 时，渗透系数在数值上等于渗流速度。因为水力坡度的量纲为 1，所以渗透系数具有速度的量纲，即渗透系数的单位和渗流速度的单位相同，常用 cm/s 或 m/d 表示。

渗透系数不仅取决于岩石的性质(如粒度、成分、颗粒排列、充填状况、裂隙性质及其发育程度等)，而且与渗透液体的物理性质(如容重、黏滞性等)有关。理论分析表明，空隙大小对 K 值起主要作用，这就在理论上说明了为什么颗粒越粗透水性越好。如果在同一套装置中对于同一块土样分别用水和油来做渗透试验，在同样的压差作用下，得到的水的流量要大于油的流量，即水的渗透系数要大于油的渗透系数。这说明，对同一岩层而言，不同的液体具有不同的渗透系数。考虑到渗透液体性质的不同，Darcy 定律有如下形式

$$v = -\frac{k\rho g}{\mu}\frac{\mathrm{d}H^*}{\mathrm{d}S} \tag{1-6-9}$$

式中，ρ 为液体的密度；g 为重力加速度；μ 为动力黏滞系数；$H^* = z + \frac{p}{\gamma}$ 等，对于水就是水头；k 为表征岩层渗透性能的常数，称为渗透率或内在渗透率，k 仅仅取决于岩石的性质，而与液体的性质无关。

比较式(1-6-7)和式(1-6-9)，可求出渗透系数和渗透率之间的关系为

$$K=\frac{\rho g}{\mu}k=\frac{g}{\lambda}k \tag{1-6-10}$$

式中，λ 为运动黏滞系数。

由式(1-6-10)可导出渗透率的量纲

$$k=\frac{K\lambda}{g}=\frac{[\mathrm{LT}^{-1}][\mathrm{L}^2T^{-1}]}{[\mathrm{LT}^{-2}]}=[\mathrm{L}^2] \tag{1-6-11}$$

通常采用的单位是 cm^2 或 D(达西)。D 是这样定义的：在液体的动力黏度为 0.001 Pa·s，压强差为 101 325 Pa 的情况下，通过面积为 1 cm^2、长度为 1 cm 岩样的流量为 1 cm^3/s 时，岩样的渗透率为 1 D。D 和 cm^2 这两个单位之间的关系为

$$1\ \mathrm{D}=9.869\ 7\times10^{-9}\ \mathrm{cm}^2$$

在一般情况下，地下水的容重和黏滞性改变不大，可以把渗透系数近似当作表示透水性的岩层常数。但当水温和水的矿化度急剧改变时，如热水、卤水的运动，容重和黏滞性改变的影响就不能忽略了。

(3) 非线性运动方程

对于 Reynolds 数大于 1～10 之间某个值的流动，还没有一个被普遍接受的非线性运动方程。比较常用的是 Forchheimer 公式

$$J=\alpha\nu+b\nu^2 \tag{1-6-12}$$

或

$$J=\alpha\nu+b\nu^m \quad 1.6\leqslant m\leqslant 2 \tag{1-6-13}$$

式中，α 和 b 为由实验确定的常数。当 $\alpha=0$ 时，式(1-6-13)变为

$$\nu=K_cJ^{\frac{1}{2}} \tag{1-6-14}$$

式(1-6-14)称为 Chezy 公式，它和计算河渠水流的 Chezy 公式类似，表明渗流速度与水力坡度的 1/2 次方成正比，K_c 为该情况下的渗透系数。

自然界的地下水运动多数服从达西定律，大于临界雷诺数的流动很少出现，仅在喀斯特岩层中或井壁及泉水出口处附近可能见到。

(4) 岩层透水特征分类和渗透系数张量

根据岩层的透水性和空间坐标的关系，可划分为均质岩层和非均质岩层。均质岩层在渗流场中，所有点都具有相同的渗透系数，如果不同点具有不同的渗透系数则为非均质岩层。自然界中绝对均质的岩层是没有的，均质与非均质只是相对的，

非均质岩层有两种类型：一类透水性是渐变的，如山前洪积扇，由山口至平原，K 逐渐变小；另一类透水性是突变的，如在砂层中夹有一些小的黏土透镜体。

根据岩层透水性和渗流方向的关系，可以分为各向同性和各向异性两类。如果渗流场中某一点的渗透系数不取决于方向，即不管渗流方向如何都具有相同的渗透系数，则介质是各向同性的，否则是各向异性的。当然，各向同性和各向异性也是相对而言的。某些扁平形状的细粒沉积物，水平方向的渗透系数常较垂直方向大。在基岩区，构造断裂常有方向性，沿裂隙方向渗透系数较大。

必须注意，不要把均质与非均质的概念和各向同性与各向异性的概念混淆起来。前者是岩层透水

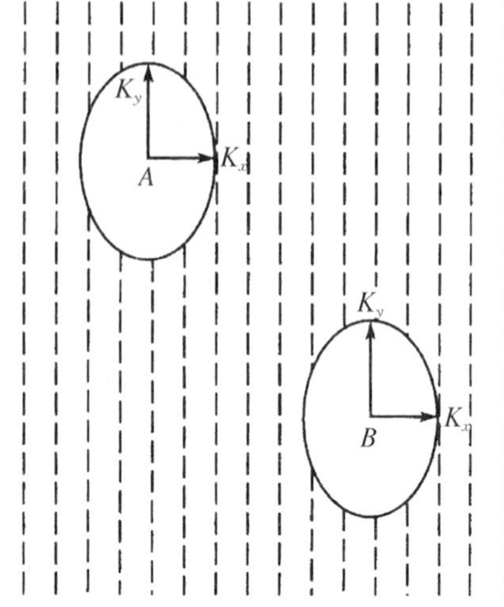

图 1-6-10 均质各向异性介质渗透系数(表示与 *xy* 剖面平行的剖面示意图)

性和空间坐标的关系,后者是指岩层透水性和水流方向的关系。均质岩层也可以是各向异性的。如某些黄土,垂直方向的渗透系数大于水平方向的渗透系数,因而是各向异性的,而不同点上相同方向的渗透系数又是相等的,因而是均质的。如图 1-6-10 用椭圆表示渗流场中 A 点和 B 点的渗透系数,两椭圆形状完全相同,表示同一方向有相同的渗透系数。类似的,也有非均质各向同性介质。

在各向同性介质中,渗透系数和渗流方向无关,是一个标量。在各向异性介质中,渗透系数和渗流方向有关,水力坡度和渗流的方向一般是不一致的,这时,渗透系数是一个张量。需要注意的是,在各向异性介质中,有三个主渗流方向,渗透系数分别为 K_x、K_y、K_z。渗透系数的张量表达式为

$$\boldsymbol{K}=\begin{bmatrix} K_{xx} & K_{xy} & K_{xz} \\ K_{yx} & K_{yy} & K_{yz} \\ K_{zx} & K_{zy} & K_{zz} \end{bmatrix}$$

1.6.2 地下水流模型

描述地下水运动的数学模型是将实际的地下水问题进行简化和概化,用一系列的数学关系式刻画其数量关系和时空形式,以达到仿真的目的。随着现代科技的进步和电子计算机技术的发展,许多自然科学和工程技术问题都用建立和求解数学模型的方法解决,地下水科学也不例外。

数学模型有两类:一类为确定性模型,该模型中各变量之间有严格确定的关系,当输入含水层参数、某些给定的值(如抽水量、补给量等)和定解条件时,可得到在指定时间指定地点确定的数值解;另一类为随机模型,是以含水层参数的概率分布为基础,随机模型的解不是给出某一确定的数值,而是给出可能的结果出现的范围,即结果(水头、溶质浓度)落在某一范围内的概率是多少。

以确定性数学模型为例,必须具备以下两项:

一是描述地下水运动规律的偏微分方程(或积分方程),地下水流动区域的范围、形状,以及方程中出现的参数值。

二是定解条件。定解条件包括边界条件和初始条件。对于地下水稳定流动问题,只需要边界条件,而对于非稳定流问题,必须同时给出初始条件和边界条件。

对于一个具体问题,如只给出方程而没有定解条件是无法求解的。因为不同的物理问题往往有相同的方程,而边界条件则各异。

下面对不同的地下水问题的方程和定解条件分别进行论述。

1.6.2.1 渗流的连续性方程

在渗流场中,各点渗流速度的大小、方向都可能不同。为了反映一般情况下液体运动中的质量守恒关系,就需要在三维空间建立以微分方程形式表达的连续性方程。假设在充满液体的渗流区域,以 $P(x, y, z)$ 点为中心取一无限小的平行六面体(其各边长度为 Δx、Δy、Δz 且与坐标轴平行)作为均衡单元体(图 1-6-11)。如 P 点沿坐

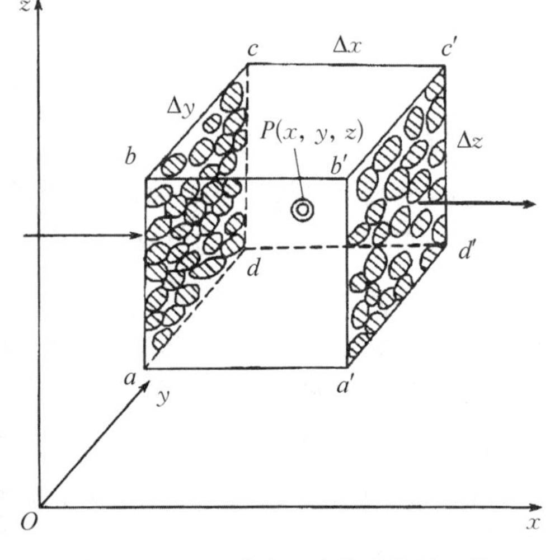

图 1-6-11 渗流区中的均衡单元体

标轴方向的渗流速度分量为 v_x、v_y、v_z，液体密度为 ρ，则单位时间内通过垂直于坐标轴方向单位面积的水流质量分别为 ρv_x、ρv_y、ρv_z。那么，通过 abcd 面中点 $P_1\left(x-\frac{\Delta x}{2},\ y,\ z\right)$ 的单位时间、单位面积的水流质量 ρv_{x1}，可利用泰勒级数(Taylor series)求得

$$\begin{aligned}\rho v_{x_1} &= \rho v_x\left(x-\frac{\Delta x}{2},\ y,\ z\right)\\ &= \rho v_x(x,\ y,\ z)+\frac{\partial(\rho v_x)}{\partial x}\left(-\frac{\Delta x}{2}\right)\\ &\quad +\frac{1}{2!}\ \frac{\partial^2(\rho v_x)}{\partial x^2}\left(-\frac{\Delta x}{2}\right)^2+\cdots+\frac{1}{n!}\ \frac{\partial^n(\rho v_x)}{\partial x^n}\left(-\frac{\Delta x}{2}\right)^n+\cdots\end{aligned}$$

略去二阶导数以上的高次项，于是 Δt 时间内由 $abcd$ 面流入单元体的质量为

$$\left[\rho v_x-\frac{1}{2}\ \frac{\partial(\rho v_x)}{\partial x}\Delta x\right]\Delta y\Delta z\Delta t$$

同理，可求出右侧 $a'b'c'd'$ 面流出的质量为

$$\left[\rho v_x+\frac{1}{2}\ \frac{\partial(\rho v_x)}{\partial x}\Delta x\right]\Delta y\Delta z\Delta t$$

因此，沿 x 轴方向流入和流出单元体的质量差为

$$\begin{aligned}&\left\{\left[\rho v_x-\frac{1}{2}\ \frac{\partial(\rho v_x)}{\partial x}\Delta x\right]\Delta y\Delta z-\left[\rho v_x+\frac{1}{2}\ \frac{\partial(\rho v_x)}{\partial x}\Delta x\right]\Delta y\Delta z\right\}\Delta t\\ =&-\frac{\partial(\rho v_x)}{\partial x}\Delta x\Delta y\Delta z\Delta t\end{aligned}$$

均衡单元体取得越小，这个式子就越正确。同理，可以写出沿 y 轴方向和沿 z 轴方向流入和流出这个单元体的液体质量差，分别为

$$-\frac{\partial(\rho v_y)}{\partial y}\Delta x\Delta y\Delta z\Delta t \text{ 和 } -\frac{\partial(\rho v_z)}{\partial z}\Delta x\Delta y\Delta z\Delta t$$

因此，在 Δt 时间内，流入与流出这个单元体的总质量差为

$$-\left[\frac{\partial(\rho v_x)}{\partial x}+\frac{\partial(\rho v_y)}{\partial y}+\frac{\partial(\rho v_z)}{\partial z}\right]\Delta x\Delta y\Delta z\Delta t$$

在均衡单元体内，液体所占的体积为 $n\Delta x\Delta y\Delta z$，其中 n 为孔隙度。相应的，单元体内的液体质量为 $\rho n\Delta x\Delta y\Delta z$。因此在 Δt 内，单元体内液体质量的变化量为

$$\frac{\partial}{\partial t}[\rho n\Delta x\Delta y\Delta z]\Delta t$$

单元体内液体质量的变化是由流入与流出这个单元体的液体质量差造成的。在连续流条件下(渗流区充满液体等)，根据质量守恒定律，两者应该相等。因此

$$-\left[\frac{\partial(\rho v_x)}{\partial x}+\frac{\partial(\rho v_y)}{\partial y}+\frac{\partial(\rho v_z)}{\partial z}\right]\Delta x\Delta y\Delta z=\frac{\partial}{\partial t}[\rho n\Delta x\Delta y\Delta z] \tag{1-6-15}$$

式(1-6-15)称为渗流的连续性方程，它表达了渗流区内任何一个“局部”所必须满足的质量守恒定律。式(1-6-15)右端的计算比较困难，具体应用时，为了简化计算，往往做一些假设，如假设只有垂直

方向上有压缩(或膨胀)或将 Δx、Δy、Δz 都视为常量等。如把地下水看成不可压缩的均质液体，$\rho=$常数；同时，假设含水层骨架不被压缩，这时 n 和 Δx、Δy、Δz 都保持不变，式(1-6-15)右端项等于零，于是有

$$\frac{\partial v_x}{\partial x}+\frac{\partial v_y}{\partial y}+\frac{\partial v_z}{\partial z}=0 \tag{1-6-16}$$

在同一时间内，流入单元体的水体积等于流出的水体积，即体积守恒。当地下水的流动是稳定流时，也可以得到相同的结果，即式(1-6-16)。

连续性方程是研究地下水运动的基本方程。各种研究地下水运动的微分方程都是根据连续性方程和反映动量守恒定律的方程(如 Darcy 定律)建立起来的。

1.6.2.2 承压水运动的基本微分方程

对于承压含水层来说，由于侧向受到限制，可假设 Δx 和 Δy 为常量，只考虑垂向压缩。于是，只有水的密度 ρ、孔隙度 n 和单元体的高度 Δz 三个量随压力而变化，则式(1-6-15)的右端可改成

$$\frac{\partial}{\partial t}[\rho n\Delta x\Delta y\Delta z]=\left[n\rho\frac{\partial(\Delta z)}{\partial t}+\rho\Delta z\frac{\partial n}{\partial t}+n\Delta z\frac{\partial\rho}{\partial t}\right]\Delta x\Delta y \tag{1-6-17}$$

式(1-6-17)经推导可得(推导过程略)

$$\left[-\rho\left(\frac{\partial v_x}{\partial x}+\frac{\partial v_y}{\partial y}+\frac{\partial v_z}{\partial z}\right)-\left(v_x\frac{\partial\rho}{\partial x}+v_y\frac{\partial\rho}{\partial y}+v_z\frac{\partial\rho}{\partial z}\right)\right]\Delta x\Delta y\Delta z=\rho^2 g(\alpha+n\beta)\frac{\partial H}{\partial t}\Delta x\Delta y\Delta z$$

式中，α 为含水层的压缩系数；β 为水的体积压缩系数。

上式左端第二个括号的值比第一个括号的值要小得多。因此，我们假设左端第二个括号项代表的 ρ 的空间变化远小于右端项中所包含的 ρ 的局部的、瞬时的变化，即 $v\cdot\mathrm{grad}\rho$ 远远小于 $n\Delta z\frac{\partial\rho}{\partial t}$，因而可以忽略不计，于是上式变为

$$-\rho\left(\frac{\partial v_x}{\partial x}+\frac{\partial v_y}{\partial y}+\frac{\partial v_z}{\partial z}\right)\Delta x\Delta y\Delta z=\rho^2 g(\alpha+n\beta)\frac{\partial H}{\partial t}\Delta x\Delta y\Delta z$$

同时，根据 Darcy 定律在各向同性介质中，有

$$v_x=-K\frac{\partial H}{\partial x},\quad v_y=-K\frac{\partial H}{\partial y},\quad v_z=-K\frac{\partial H}{\partial z}$$

将其代入上式，得

$$\left[\frac{\partial}{\partial x}\left(K\frac{\partial H}{\partial x}\right)+\frac{\partial}{\partial y}\left(K\frac{\partial H}{\partial y}\right)+\frac{\partial}{\partial z}\left(K\frac{\partial H}{\partial z}\right)\right]\Delta x\Delta y\Delta z=\rho g(\alpha+n\beta)\frac{\partial H}{\partial t}\Delta x\Delta y\Delta z \tag{1-6-18}$$

令

$$\rho g(\alpha+n\beta)=S_s \tag{1-6-19}$$

式中，S_s 为贮水率，表示面积为一个单位面积，厚度为一个单位的含水层、当水头降低一个单位时释放的水量，量纲为$[L^{-1}]$。其中，$\rho g\alpha$ 表示由于含水层骨架压缩，造成充满于含水层孔隙中水的释出，$\rho gn\beta$ 表示由于水的弹性膨胀造成水的释出。

式(1-6-18)可改写为

$$\left[\frac{\partial}{\partial x}\left(K\frac{\partial H}{\partial x}\right)+\frac{\partial}{\partial y}\left(K\frac{\partial H}{\partial y}\right)+\frac{\partial}{\partial z}\left(K\frac{\partial H}{\partial z}\right)\right]\Delta x\Delta y\Delta z=S_s\frac{\partial H}{\partial t}\Delta x\Delta y\Delta z$$

上式有明确的物理意义，等式左端表示单位时间内流入和流出单元体的水量差；右端表示该时间段内单元体弹性释放(或贮存)的水量。因为单元体没有其他流入或流出水的“源”或“汇”，水量差只可能来自弹性释水(或贮存)，等式显然成立。单元体体积 $\Delta x\Delta y\Delta z$ 根据假设为无限小，可从等式两端约去，得

$$\frac{\partial}{\partial x}\left(K\frac{\partial H}{\partial x}\right)+\frac{\partial}{\partial y}\left(K\frac{\partial H}{\partial y}\right)+\frac{\partial}{\partial z}\left(K\frac{\partial H}{\partial z}\right)=S_s\frac{\partial H}{\partial t} \tag{1-6-20}$$

对于各向异性介质来说，如把坐标轴的方向取得和各向异性介质的主方向一致，则有

$$\frac{\partial}{\partial x}\left(K_{xx}\frac{\partial H}{\partial x}\right)+\frac{\partial}{\partial y}\left(K_{yy}\frac{\partial H}{\partial y}\right)+\frac{\partial}{\partial z}\left(K_{zz}\frac{\partial H}{\partial z}\right)=S_s\frac{\partial H}{\partial t} \tag{1-6-21}$$

对于均质各向同性的含水层来说，还可进一步简化为

$$\frac{\partial^2 H}{\partial x^2}+\frac{\partial^2 H}{\partial y^2}+\frac{\partial^2 H}{\partial z^2}=\frac{S_s}{K}\frac{\partial H}{\partial t} \tag{1-6-22}$$

在二维流的情况下，常写成下列形式

$$\frac{\partial}{\partial x}\left(T\frac{\partial H}{\partial x}\right)+\frac{\partial}{\partial y}\left(T\frac{\partial H}{\partial y}\right)=S\frac{\partial H}{\partial t} \tag{1-6-23}$$

式中，$T=KM$，$S=S_sM$，分别为导水系数和贮水系数；M 为含水层厚度。贮水系效 S 表示在面积为 1 个单位、厚度为含水层全厚度 M 的含水层柱体中，当水头改变一个单位时弹性释放或贮存的水量，量纲为 1。

上述方程就是承压水非稳定运动的基本微分方程和它的几个常见特例，是研究承压含水层地下水运动的基础，反映了承压含水层地下水运动的质量守恒关系，表明单位时间流入、流出单位体积含水层的水量差等于同一时间内单位体积含水层弹性释放(或弹性贮存)的水量。它还通过应用 Darcy 定律反映了地下水运动中的质量守恒与转化关系。可见，基本微分方程表达了渗流区内任何一个“局部”都必须满足质量守恒和能量守恒定律。在推导过程中，从实用观点出发，除了已经谈到的假设外，还假设：水流服从达西定律；K 不因 $\rho=\rho(P)$ 的变化而改变；S_s 和 K 也不受 n 变化(由于骨架变形)的影响。

有了这些概念就可以灵活地把基本微分方程应用于实际问题的解决。虽然方程中没有考虑抽水、注水及越流补给等的影响，但要考虑也不难。既然方程的左端代表单位时间内从各个方向流入单位体积含水层水量的总和，那只要在建立连续性方程时加一项来表示这些交换水量就行了。其结果是在运动方程的左端加一项 W，通常称为源汇项。它是位置和时间的函数。当垂向有水流流出(包括抽水)时，W 为负值，表示汇；当垂向有水流入(包括注水)含水层，W 为正，表示源。但要注意，对于三维问题，W 表示单位时间从单位体积含水层流入或流出的水量；对二维问题，W 表示单位时间在垂向从单位面积含水层中流入或流出的水量。如由式(1-6-20)得

$$\frac{\partial}{\partial x}\left(K\frac{\partial H}{\partial x}\right)+\frac{\partial}{\partial y}\left(K\frac{\partial H}{\partial y}\right)+\frac{\partial}{\partial z}\left(K\frac{\partial H}{\partial z}\right)+W=S_s\frac{\partial H}{\partial t} \tag{1-6-24}$$

由式(1-6-23)得

$$\frac{\partial}{\partial x}\left(T\frac{\partial H}{\partial x}\right)+\frac{\partial}{\partial y}\left(T\frac{\partial H}{\partial y}\right)+W=S\frac{\partial H}{\partial t} \tag{1-6-25}$$

地下水总是在不断地发展、变化着，在自然界一般不存在稳定流。所谓稳定只是在有限时间内的一种暂时平衡现象。当地下水变化极其缓慢时，可近似地看作一种相对的稳定状态。因此，地下水稳定运动，可以看成是地下水非稳定运动的特例。只要把非稳定运动方程右端的 $\frac{\partial H}{\partial t}$ 项等于零，就可以得到相应的稳定运动方程。对于一般的非均质各向同性含水层来说，由式(1－6－20)可得

$$\frac{\partial}{\partial x}\left(K\frac{\partial H}{\partial x}\right)+\frac{\partial}{\partial y}\left(K\frac{\partial H}{\partial y}\right)+\frac{\partial}{\partial z}\left(K\frac{\partial H}{\partial z}\right)=0 \tag{1-6-26}$$

对于均质各向同性的含水层来说，由式(1－6－26)可得

$$\frac{\partial^2 H}{\partial x^2}+\frac{\partial^2 H}{\partial y^2}+\frac{\partial^2 H}{\partial z^2}=0 \tag{1-6-27}$$

式(1－6－27)也称 Laplace 方程。稳定运动方程的右端都等于零，意味着同一时间内流入单元体的水量等于流出的水量。这个结论不仅适用于承压含水层，也适用于潜水含水层和越流含水层。

1.6.2.3 越流含水层中地下水非稳定运动的基本微分方程

在自然界中，有不少这样的情况：承压含水层的上、下岩层并不是绝对隔水的，其中一个或者两个可能是弱透水层。虽然含水层会通过弱透水层和相邻含水层发生水力联系，但它还是承压的，因此，称其为半承压含水层。当这个含水层和相邻含水层间存在水头差时，地下水便会从高水头含水层通过弱透水层流向低水头含水层。对指定含水层来说，可能流入也可能流出该含水层，这种现象称为越流。因此，半承压含水层也称越流含水层。在含水层中抽水，由于人为地造成水头降低，这种现象就更容易发生。

当弱透水层的渗透系数 K_1 比主含水层的渗透系数 K 小很多时，可以近似地认为水基本上是垂直地通过弱透水层，折射 90°后在主含水层中基本上是水平流动的。研究发现：当主含水层的渗透系数比弱透水层的渗透系数大两个以上数量级时，这个假定所引起的误差一般小于 5%。实际上，含水层的渗透系数常常比相邻弱透水层的渗透系数高出三个数量级，故上述假设是允许的。在这种情况下，主含水层中的水流可近似地按二维流问题处理，将水头看作是整个含水层厚度上水头的平均值

$$\overline{H}=\overline{H}(x,\ y,\ t)=\frac{1}{M}\int_0^M H(x,\ y,\ z,\ t)\mathrm{d}z$$

为简化起见，在以后叙述中略去 H 上方的横杠；同时假设，和主含水层释放的水及相邻含水层的越流量相比，弱透水层本身释放的水量小到可以忽略不计。

图 1－6－12(a)表示一个各向同性越流含水层中的水流。厚度为 M 的承压含水层的上、下各有一个厚度为 m_1 和 m_2、渗透系数为 K_1 和 K_2 的弱透水层。弱透水层的顶面或底面又上覆或下伏有潜水含水层或承压含水层。由于物理意义的实质相同，上述结果也适用于水流方向相反的情况。

根据水均衡原理，由图 1－6－12(b)所示的均衡单元体，可以写出下列形式的连续性方程

$$\begin{aligned}&\left[\left(Q_x-\frac{\partial Q_x}{\partial x}\frac{\Delta x}{2}\right)-\left(Q_x+\frac{\partial Q_x}{\partial x}\frac{\Delta x}{2}\right)\right]\Delta t\\&+\left[\left(Q_y-\frac{\partial Q_y}{\partial y}\frac{\Delta y}{2}\right)-\left(Q_y+\frac{\partial Q_y}{\partial y}\frac{\Delta y}{2}\right)\right]\Delta t+(v_2-v_1)\Delta x\Delta y\Delta t\\&=S\frac{\partial H}{\partial t}\Delta x\Delta y\Delta t\end{aligned} \tag{1-6-28}$$

式中，v_1、v_2 分别为通过上部和下部弱透水层的垂直越流速率或越流强度，即

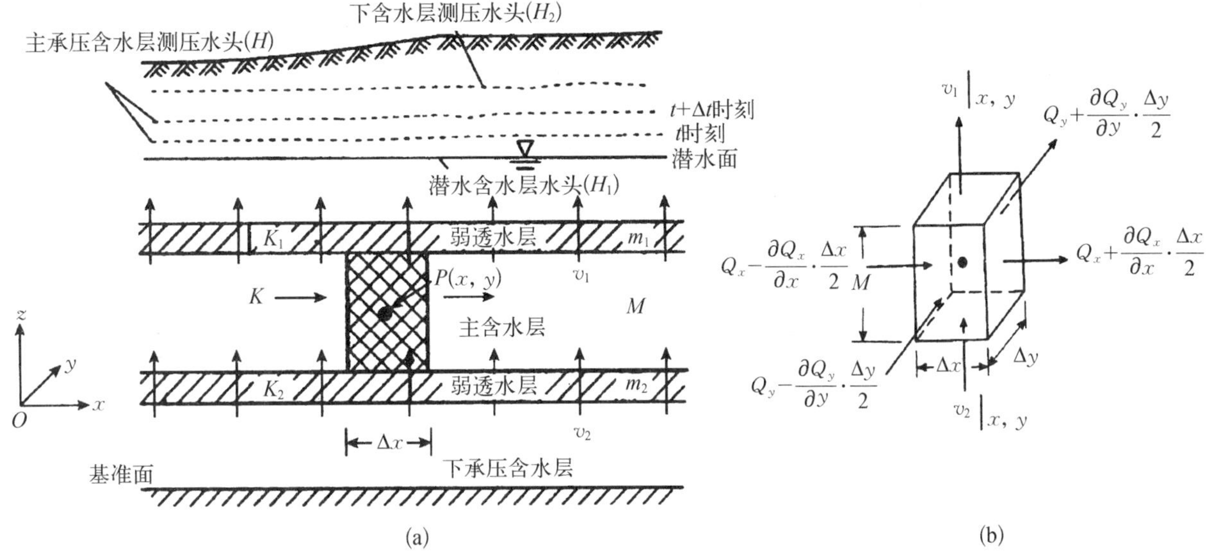

图 1-6-12　越流含水层中的水流(Bear,1985)

$$v_1=-K_1\frac{\partial H_1}{\partial z}=K_1\frac{H-H_1}{m_1},\quad v_2=-K_2\frac{\partial H_2}{\partial z}=K_2\frac{H_2-H}{m_2} \tag{1-6-29}$$

式中,$H_1(x, y, t)$和 $H_2(x, y, t)$分别为上含水层(图中为潜水含水层)和下含水层中的水头,如以 T 表示主含水层的导水系数,则

$$Q_x=-T\frac{\partial H}{\partial x}\Delta y,\quad Q_y=-T\frac{\partial H}{\partial y}\Delta x$$

把它们代入式(1-6-28),并在两端分别约去无限小的 $\Delta x\Delta y\Delta t$,则有

$$\frac{\partial}{\partial x}\left(T\frac{\partial H}{\partial x}\right)+\frac{\partial}{\partial y}\left(T\frac{\partial H}{\partial y}\right)+K_1\frac{H_1-H}{m_1}+K_2\frac{H_2-H}{m_2}=S\frac{\partial H}{\partial t} \tag{1-6-30}$$

这就是不考虑弱透水层弹性释水条件下,非均质各向同性越流含水层中非稳定运动的基本微分方程。对于均质各向同性介质来说,有

$$\frac{\partial^2 H}{\partial x^2}+\frac{\partial^2 H}{\partial y^2}+\frac{H_1-H}{B_1^2}+\frac{H_2-H}{B_2^2}=\frac{S}{T}\frac{\partial H}{\partial t} \tag{1-6-31}$$

式中,$B_1=\sqrt{\frac{Tm_1}{K_1}}$,$B_2=\sqrt{\frac{Tm_2}{K_2}}$ 分别称为上、下两个弱透水层的越流因素。

越流因素 B 的量纲为[L],弱透水层的渗透性越小,厚度越大,则 B 越大,越流量越小。在自然界中,越流因素值的变化很大,可以从几米到若干千米。对于一个完全隔水的覆盖层来说,B 为无穷大。另一个反映越流能力的参数是越流系数 σ'。其定义为当主含水层和供给越流的含水层间水头差为一个长度单位时,通过主含水层和弱透水层间单位面积界面上的水流量。因此,式中,K_1、m_1 分别为弱透水层的渗透系数和厚度。σ' 越大,相同水头差下的越流量越多。

$$\sigma'=\frac{K_1}{m_1} \tag{1-6-32}$$

1.6.2.4　潜水运动的基本微分方程

潜水面不是水平的,含水层中存在着垂直向上的流速分量。潜水面又是渗流区的边界,随时间变化，它的位置在问题解出以前是未知的。为了较方便地求解，就引出了 Dupuit 假设。

Dupuit 于 1863 年根据潜水面的坡度对大多数地下水流而言是很小的这一事实，提出了如图 1-6-13 所示的假设，即对潜水面（在垂直的二维平面内）上任意一点 P 有

$$J=-\frac{\mathrm{d}H}{\mathrm{d}s}=-\frac{\mathrm{d}z}{\mathrm{d}s}=-\sin\theta \tag{1-6-33}$$

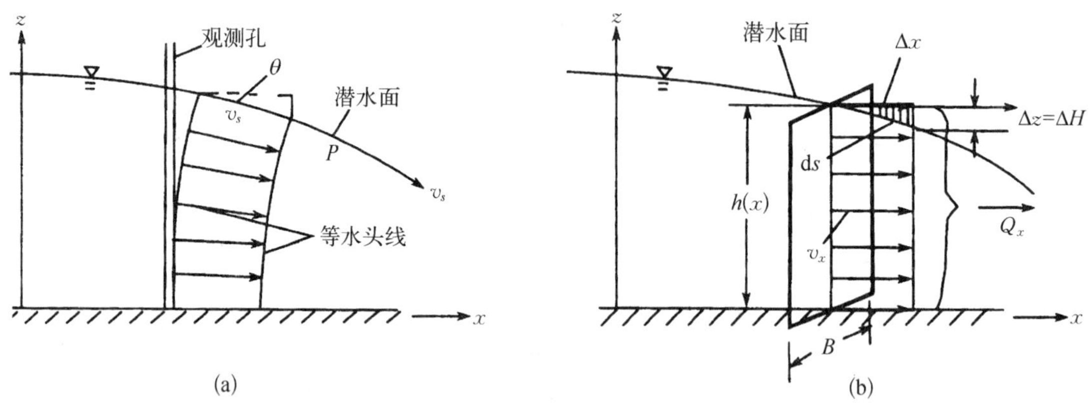

图 1-6-13 Dupuit 假设示意图（Bear，1985 修改）

该点的渗流速度方向与潜水面相切，其大小，根据达西定律有

$$v_s=KJ=-K\sin\theta$$

由于坡角 θ 很小，可以用 $\tan\theta$ 代替 $\sin\theta$。这个 θ 很小的假设，意味着假设潜水面比较平缓，等水头面铅直，水流基本上水平，可忽略渗流速度的垂直分量 v_z，$H(x, y, z, t)$ 可近似地用 $H(x, y, t)$ 代替。这么一来，铅直剖面上各点的水头就变成相等的了；或者说，水头不随深度而变化，同一铅直剖面上各点的水力坡度和渗透速度都相等，渗流速度可以表示为

$$v_x=-K\frac{\mathrm{d}H}{\mathrm{d}x},\ H=H(x)$$

相应地，通过宽度为 B 的铅直平面（在此假设下可近似看成是过水断面）的流量为

$$Q_x=-KhB\frac{\mathrm{d}H}{\mathrm{d}x},\ H=H(x)$$

式中，Q_x 为 x 方向的流量；h 为潜水含水层厚度，在隔水层水平的情况下，$h=H$。对于一般的情况，$H=H(x, y)$，则有

$$v_x=-K\frac{\mathrm{d}H}{\mathrm{d}x},\quad v_y=-K\frac{\mathrm{d}H}{\mathrm{d}y},\quad H=H(x, y) \tag{1-6-34}$$

Dupuit 假设在 θ 不大的情况下是合理的，很有用。它减少自变量 z，从而简化了计算。

引入 Dupuit 假设后，会产生多大误差，显然是人们关心的一个问题。经验算，应用 Dupuit 假设，相当于在流量公式中以 $\frac{h^2}{2}$ 代替 $h\overline{H}-\frac{h^2}{2}$，由此引起的误差为

$$0<\frac{\frac{h^2}{2}-\left(h\overline{H}-\frac{h^2}{2}\right)}{\frac{h^2}{2}}<\frac{i^2}{1+i^2},\ i=\frac{\mathrm{d}h}{\mathrm{d}x}$$

故只要 $i^2 \ll 1$(这里 i 是潜水面坡度),产生的误差是很小的。对于各向异性介质,$K_{xx} \neq K_{zz}$,则上式中的 i^2 应代之以 $\left(\frac{K_{xx}}{K_{zz}}\right) i^2$。

在 Dupui 假设下,假定潜水水流都是水平运动,渗透速度没有垂直分量,可以大大简化计算量。值得注意的是,Dupuit 假设忽略了渗流速度的垂直分量 v_z,故在 v_z 大的地段就不能采用,如在有入渗的潜水分水岭地段(图 1-6-14(a)),渗出面附近(图 1-6-14(b))和垂直的隔水边界附近(图 1-6-14(c))。后者只有在 $x > 2h_0$ 的地段才能把等势线看成是铅直线。在下游边界上,潜水面都终止在高出下游水面(河水面、井水面)的某个点上。在下游边界上,潜水面以下、下游水面以上的地段称为渗出面。渗出面上潜水面往往和边界面相切,有较大的垂向分速度。

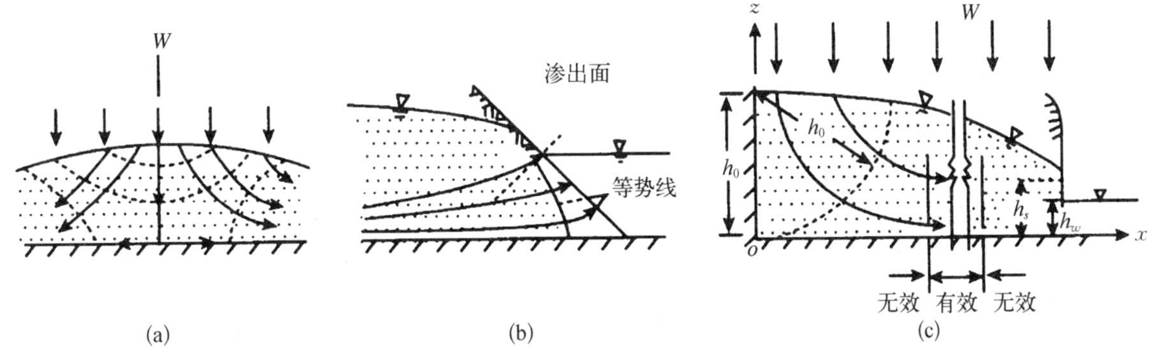

h_0——潜水初始水位;h_w——河水位;h_s——渗出水位;W——垂直入渗量

图 1-6-14　Dupuit 假设无效区(J. Bear,1979,有修改)

潜水面是个自由面,相对压强 $p=0$。因此,对整个含水层来说,可以不考虑水的压缩性。根据 Dupuit 假设,以一维问题为例(图 1-6-15),可以建立有关潜水含水层中地下水流的方程

$$\frac{\partial}{\partial x}\left(h\frac{\partial H}{\partial x}\right)+\frac{W}{K}=\frac{\mu}{K}\frac{\partial H}{\partial t} \quad (1-6-35)$$

式中,μ 为潜水含水层的给水度,表示地下水位下降一个单位深度,从地下水位延伸到地表面的单位水平面积岩石柱体在重力作用下释出的水的体积,量纲为 1;h 为潜水含水层厚度;W 为单位时间、单位面积上垂向补给含水层的水量(入渗补给或其他人工补给取正值,蒸发等取负值)。

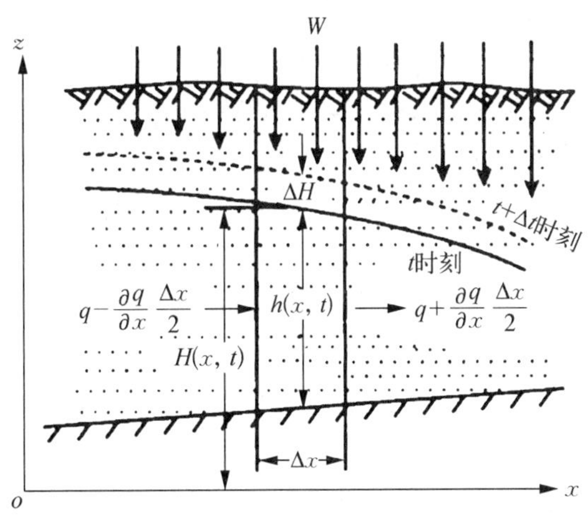

图 1-6-15　潜水的非稳定运动

式(1-6-35)为有入渗补给的潜水含水层中地下水非稳定运动的基本方程(沿 x 方向的一维运动),通常称为布西内斯克(Boussinesq)方程。

在二维运动情况下,可用类似方法导出相应的方程

$$\frac{\partial}{\partial x}\left(h\frac{\partial H}{\partial x}\right)+\frac{\partial}{\partial y}\left(h\frac{\partial H}{\partial y}\right)+\frac{W}{K}=\frac{\mu}{K}\frac{\partial H}{\partial t} \quad (1-6-36)$$

当隔水层水平时,式(1-6-36)中 $h=H$。对于非均质含水层,Boussinesq 方程有如下形式

$$\frac{\partial}{\partial x}\left(Kh\frac{\partial H}{\partial x}\right)+\frac{\partial}{\partial y}\left(Kh\frac{\partial H}{\partial y}\right)+W=\mu\frac{\partial H}{\partial t} \quad (1-6-37)$$

Boussinesq 方程是研究潜水运动的基本微分方程。方程中的含水层厚度 h 也是个未知数，因此，它是一个二阶非线性偏微分方程。除某些个别情况能找到几个特解外，一般没有解析解。为了求解，往往近似地把它转化为线性方程后再求解。目前广泛采用的是数值法。

1.6.2.5 定解条件

从上述内容可以看出，不同类型的地下水流用不同形式的偏微分描述，同一形式的偏微分方程又代表着整个一大类地下水流的运动规律。例如，均质各向同性无越流承压含水层中地下水的稳定流都用一个 Laplace 方程描述。但由于补给、径流、排泄条件的差异及边界性质、边界形状的不同，不同含水层中水头的分布毫无共同之处。如用它来研究地下水向井的运动和坝下渗流，两者的水头分布是不会相同的。非稳定流问题的情况也是相似的。由于方程本身并不包含反映渗流区特定条件的信息，所以每个方程有无数个可能的解，每一个解对应于一个特定渗流区中的水流情况。

为了从大量可能解中求得和所研究特定问题相对应的唯一特解，就需要提供偏微分方程本身所没有包括的一些补充信息：

一是方程中有关参数的值。方程中总是包含一些表示含水层水文地质特征的参数，如导水系数(T)、贮水系数(S)等，有时还包含表示含水层所受天然或人为影响的源汇项。只有当这些参数所在研究的渗流区中实际数值被确定后，方程本身才算确定。

二是渗流区的范围和形状(边界有时是无限的，有时部分是未知的)。一个偏微分方程，只有规定了其所定义的区域(即渗流区)后，才能谈得上对它的求解。

三是边界条件，即渗流区边界所处的条件，用来表示水头 H(或渗流量 q)在渗流区边界上应满足的条件，也就是渗流区内水流与其周围环境相互制约的关系。

四是初始条件。非稳定渗流问题，除了需要列出边界条件外，还要列出初始条件。所谓初始条件就是在某一选定的初始时刻 ($t=0$) 渗流区内水头 H 的分布情况。

边界条件和初始条件合称为定解条件。求解非稳定渗流问题要同时列出边界条件和初始条件，求解稳定渗流问题只要列出边界条件就够了。一个或一组数学方程与其定解条件加在一起，构成一个描述某实际问题的数学模型。前者用来刻画研究区地下水的流动规律，后者用来表明所研究实际问题的特定条件，两者缺一不可。我们用这样的模型再现一个实际水流系统。给定了方程或方程组和相应定解条件的数学物理问题又称定解问题。因此，所求的某个地下水问题的解，必然是这样的函数：一方面要适合描述该渗流区地下水运动规律的偏微分方程(或方程组)，另一方面又要满足该渗流区的边界条件和初始条件。

如以 D 表示所考虑的渗流区，在三维空间中它是由光滑或分片光滑的曲面 S 所围成的一个立体；在二维空间中，它是由光滑或分段光滑的曲线 Γ 所围成的一个平面。除了由封闭曲线、曲面所围成的有限区域外，有时还可能碰到在某个方向或各个方向上可以把所考虑的渗流区视为无限延伸的区域的情况。

下面分别介绍地下水流问题中定解条件的类型。

(1) 边界条件

地下水流问题中碰到的边界条件有以下几种类型：

① 第一类边界条件(Dirichlet 条件)

如果在某一部分边界(设为 S_1 或 Γ_1) 上，各点在每一时刻的水头都是已知的，则这部分边界就称为第一类边界或给定水头的边界，表示为

$$H(x, y, z, t)|_{S_1}=\varphi_1(x, y, z, t), (x, y, z)\in S_1 \tag{1-6-38}$$

或

$$H(x, y, t)|_{\Gamma_1} = \varphi_2(x, y, t), (x, y) \in \Gamma_1 \tag{1-6-39}$$

式中，$H(x, y, z, t)$ 和 $H(x, y, t)$ 分别表示在三维和二维条件下边界段 S_1 和 Γ_1 上点 (x, y, z) 和 (x, y) 在 t 时刻的水头；$\varphi_1(x, y, z, t)$ 和 $\varphi_2(x, y, t)$ 分别是 S_1 和 Γ_1 上的已知函数。

可以作为第一类边界条件来处理的情况不少，如当河流或湖泊切割含水层，两者有直接水力联系时，这部分边界就可以作为第一类边界处理。此时，水头 φ_1 和 φ_2 是一个由河湖水位统计资料得到的关于 t 的函数。但要注意，某些河、湖底部及两侧沉积有一些粉砂、亚黏土和黏土，使地下水和地表水的直接水力联系受阻，就不能作为第一类边界条件来处理。区域内部的抽水井或疏干巷道也可以作为给定水头的内边界来处理。此时，水头通常是按某种要求事先给定的。

需要注意的是，上面介绍的都只是给定水头的边界，给定水头边界不一定是定水头边界。所谓定水头边界，意味着函数 φ_1 和 φ_2 不随时间而变化。当区域内部的水头比它低时，它就供给水，要多少有多少。当区域内部的水头比它高时，它吸收水，需要它吸收多少就吸收多少。在自然界，这种情况很少见。就是附近有河流、湖泊，也不一定能处理为定水头边界，还要视河流、湖泊与地下水水力联系的情况，以及这些地表水体本身的径流特征而定。在没有充分依据的情况下，千万不要随意把某段边界确定为定水头边界，以免造成很大误差。

② 第二类边界条件(Neumann 条件)

当知道某一部分边界(设为 S_2，或 Γ_2)单位面积(二维空间为单位宽度)上流入(流出时用负值)的流量 q 时，称为第二类边界或给定流量的边界。相应的边界条件表示为

$$K\frac{\partial H}{\partial n}\bigg|_{S_2} = q_1(x, y, z, t), (x, y, z) \in S_2 \tag{1-6-40}$$

或

$$T\frac{\partial H}{\partial n}\bigg|_{\Gamma_2} = q_2(x, y, t), (x, y) \in \Gamma_2 \tag{1-6-41}$$

式中，n 为边界 S_2 或 Γ_2 的外法线方向；q_1 和 q_2 则为已知函数，分别表示 S_2 上单位面积和 Γ_2 上单位宽度的侧向补给量。

最常见的这类边界就是隔水边界，此时侧向补给量 $q=0$。在介质各向同性的条件下，上面两个表达式都可简化为

$$\frac{\partial H}{\partial n} = 0 \tag{1-6-42}$$

边界条件式(1-6-42)还可用在下列场合：地下分水岭和流线。

抽水井或注水井也可以作为内边界来处理。取井壁 Γ_w 为边界，根据 Darey 定律有

$$2\pi rT\frac{\partial H}{\partial r} = Q(x, y, t)$$

式中，r 为径向距离；Q 为抽水井流量($Q<0$，为注水井流量)。

由于此时外法线方向 n 指向井心，故上式可改写为

$$T\frac{\partial H}{\partial n}\bigg|_{\Gamma w} = -\frac{Q}{2\pi r_w} \tag{1-6-43}$$

式中，r_w 为井的半径。

③ 第三类边界条件

若某段边界 S_3 或 Γ_3 上 H 和 $\frac{\partial H}{\partial n}$ 的线性组合已知，即

$$\frac{\partial H}{\partial n}+\alpha H=\beta \tag{1-6-44}$$

式中，α，β 为已知函数，这种类型的边界条件称为第三类边界条件或混合边界条件。

当研究区的边界上如果分布有相对较薄的一层弱透水层(带)，边界的另一侧是地表水体或另一个含水层分布区时，则可以看作是这类边界。如图 1-6-16 所示，淤泥层两侧的同一位置上的 A 点和 P 点有水头差，如以 H 表示边界内侧研究区的水头，H_n 为边界外侧的水头，当忽略弱透水层内贮存的变化时，有

$$K\frac{\partial H}{\partial n}\bigg|_{S_3}=\frac{K_1}{m_1}(H_n-H)=q(x, y, z, t)$$

式中，K 为研究区的渗透系数；K_1 和 m_1 分别为弱透水层的渗透系数和宽度；q 为与式(1-6-40)中 q_1 相当的侧向流入量(流出为负值)。上式还可进一步改写为

$$K\frac{\partial H}{\partial n}-\sigma'(H_n-H)=0 \qquad 在 S_3 上 \tag{1-6-45}$$

式中，$\sigma'=\frac{K_1}{m_1}$ 对于图 1-6-16 这种二维情况，则有

$$T\frac{\partial H}{\partial n}-M\sigma'(H_n-H)=0 \qquad 在 \Gamma_3 上 \tag{1-6-46}$$

这就是第三类边界条件。

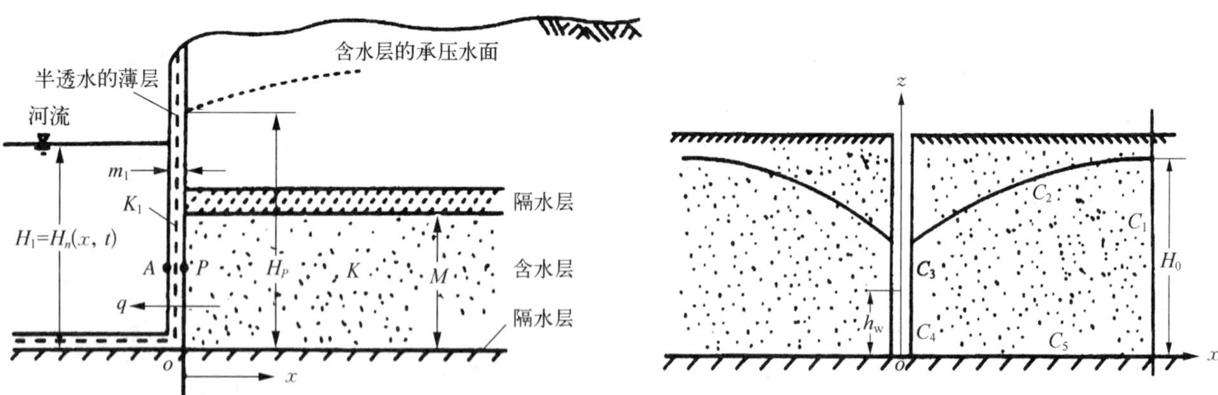

图 1-6-16　第三类边界条件(Bear,1985 修改)

图 1-6-17　地下水向井中的稳定运动边界条件(薛禹群和吴吉春,2010)

边界的性质和边界距抽水井的距离对计算结果有很大影响，具体选用时必须慎重。在实际工作中，必须用相当多的勘探工作量查明边界的性质，以便正确地确定边界条件。下面以不考虑入渗补给的地下水向井中的稳定运动(图 1-6-17)作为例子来具体说明它的边界条件。在图 1-6-17 所示的渗流区中，水头 H 在各边界上必须适合的条件如下。

在上游边界 C_1 上，水头均假设等于 H_0，所以有边界条件

$$H|_{C_1}=H_0 \tag{1-6-47}$$

浸润曲线 C_2 上，压强等于大气压强，测压管高度等于零，C_2 上任何一点的水头 H^* 应等于该点的纵坐标 z，即

$$H^*|_{C_2}=z \tag{1-6-48}$$

同时，浸润曲线又是一条流线，所以有边界条件

$$\left.\frac{\partial H^*}{\partial n}\right|_{C_2}=0 \tag{1-6-49}$$

渗出面 C_3 上，压强也等于大气压强，故有

$$H|_{C_3}=z$$

井壁 C_4 上，边界条件为

$$H|_{C_4}=h_w$$

隔水边界 C_5 上，边界条件为

$$\left.\frac{\partial H}{\partial n}\right|_{C_5}=0$$

对于非稳定渗流问题，情况相似，只是边界条件中有关值都是时间的函数。

需要注意的是，对于有浸润曲线的渗流问题(如排水沟降低地下水位问题、土坝渗流问题等)，由于这时浸润曲线本身在不断地变化着，此边界条件就要另行描述，即除了要满足式(1-6-48)外，还要满足反映浸润面移动规律的条件。描述的方式有多种，本书介绍一种数值计算中常用的方法，这种方法把浸润曲线作为有流量补给的边界来处理。图 1-6-18 上表示出 t 时刻和 $t+\mathrm{d}t$ 时刻的两条浸润曲线。在其间取一宽为 $\mathrm{d}r$、y 方向长为 1 个单位长度的小土体。如以 q 表示从浸润曲线边界流入渗流区的单位面积流量，则在 $\mathrm{d}t$ 时间内通过小土体这部分边界的补给量为 $q\mathrm{d}r\mathrm{d}t$。若取流入为正，则相应的边界条件为

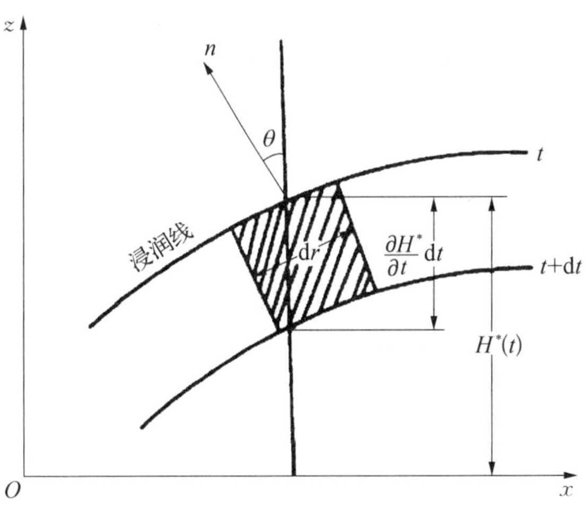

图 1-6-18　浸润线边界条件(薛禹群和吴吉春,2010)

$$K\frac{\partial H}{\partial n}|_{C_2}=q \tag{1-6-50}$$

当浸润曲线下降时，从浸润曲线边界流入渗流区的单位面积流量 q 为

$$q=\mu\frac{\partial H^*}{\partial t}\cos\theta \tag{1-6-51}$$

式中，μ 为给水度；θ 为浸润曲线外法线与铅垂线间的夹角。

(2) 初始条件

所谓初始条件，就是给定某一选定时刻(通常表示为 $t=0$) 渗流区内各点的水头值，即

$$H(x,y,z,t)|_{t=0}=H_0(x,y,z),\ (x,y,z)\in D \tag{1-6-52}$$

或

$$H(x,y,t)|_{t=0}=H_0'(x,y),\ (x,y)\in D \tag{1-6-53}$$

式中，H_0'，H_0 为 D 上的已知函数。初始条件对计算结果的影响将随着计算时间的延长逐渐减弱。可以根据需要，任意选择某一个瞬时作为初始时刻，不一定是实际开始抽水的时刻，也不要把初始状态理解为地下水没有开采以前的状态。

1.7 地下水中的溶质运移

随着近几十年来地下水不断遭到不同程度的污染，对地下水中的溶质（污染物）运移研究越来越引起人们的关注。研究成果可以用来模拟地下水中污染物的运移过程、预测地下水污染的发展趋势、控制地下水污染扩散，还可以用于防止海水入侵及污染修复措施的制定等方面。

1.7.1 溶质运移机理

地下水系统相当复杂，污染物可进一步根据其水溶性分为可溶相和有机相两类。本节仅考虑地下水中可溶污染物（溶质）的运移，目的是讨论控制地下水流中污染物运动和积聚的规律，并构建能够预报未来含水层中污染物分布的模型。影响多孔介质中污染物运移的机理包括对流、弥散和扩散、固体-溶质相互作用及作为源汇项处理的各种化学反应及衰变现象。

1.7.1.1 对流

对流是一种溶质随水流一起运移的运动。需要注意的是，一部分被分子引力束缚在固体介质上的结合水及死端孔隙中的水是不参与这种流动的，只有在水力坡度作用下作循环的水才参与这种流动。因此，多孔介质中只有相当于有效孔隙度的这部分孔隙是有效的。

1.7.1.2 水动力弥散

通过以下两个实例可以大致了解水动力弥散现象。

【例 1】若在一口井中瞬时注入某种浓度的示踪剂，则在附近观测孔中可以观察到示踪剂不仅随地下水流一起位移，而且逐渐扩散开来，超出了仅按平均实际流速所预期到达的范围，并有垂直于水流方向的横向扩散（图 1-7-1），不存在突变的界面。

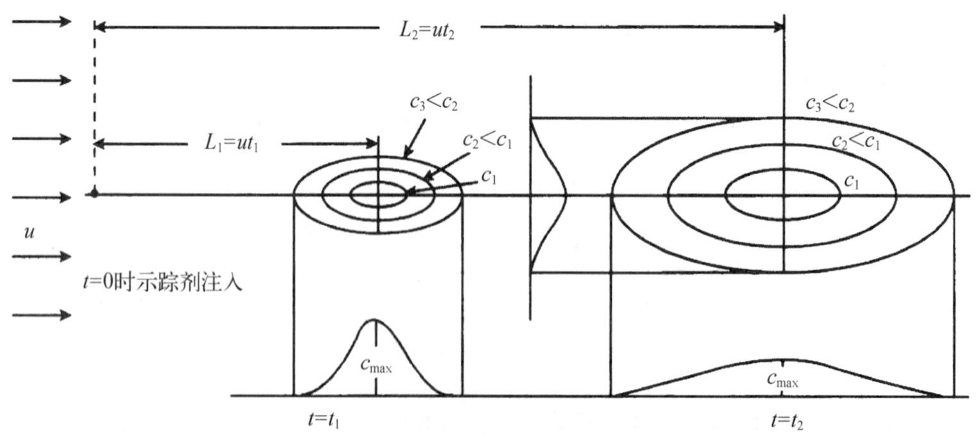

图 1-7-1 示踪剂的纵向、横向扩展(Bear, 1985)

【例 2】将装满均质砂的圆柱形管用水饱和，并让水流不断地稳定均匀通过，在某一时刻 $(t=0)$ 开始注入含有示踪剂浓度为 c_0 的水去替代原来不含示踪剂的水，在砂柱末端测量示踪剂浓度的变化 $c(t)$，并绘制示踪剂相对浓度随时间变化的曲线（图 1-7-2）。可以发现曲线呈 S 形，而不是图中虚线所示的形状。

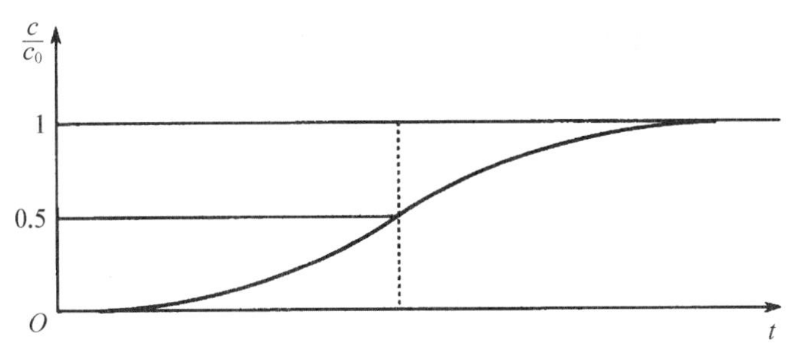

图 1-7-2　砂柱中一维流动的穿透曲线

上述实例说明存在一种特殊的现象。因为如果不存在这种现象，示踪剂应按水流的平均流速移动；含示踪剂和不含示踪剂的水的接触界面应该是突变的；示踪剂也不应在横向扩展开来。图 1-7-2 中，曲线应出现虚线所示形状，即有一个以实际平均流速移动的直立锋面。以上事实说明，在两种成分不同的可以混溶的液体之间存在着一个不断加宽的过渡带，这种现象称为水动力弥散。因此，所谓水动力弥散就是多孔介质中所观察到的两种成分不同的可混溶液之间过渡带的形成和演化过程。这是一个不稳定的不可逆转的过程。

水动力弥散是由溶质在多孔介质中的机械弥散和分子扩散所引起的，现分述如下。

(1) 机械弥散

在多孔介质中，液体运动速度的大小和方向都是很不均一的，主要与下列情况有关：由于液体有黏滞性以及结合水对重力水的摩擦阻力，使得最靠近隙壁部分的(重力)水流速度趋近于零，向轴部流速逐渐增大，至轴部最大，如图 1-7-3(a)所示；孔隙的大小不一，造成不同孔隙间轴部最大流速有差异，如图 1-7-3(b)所示；孔隙本身弯弯曲曲，水流方向也随之不断改变，因此对水流平均方向而言，具体流线的位置在空间是摆动的，如图 1-7-3(c)所示。这几种现象是同时发生的，由此造成开始时彼此靠近的示踪剂质点群在流动过程中不是一律按平均流速运动，而是不断向周围扩展，超出按平均流速所预期的扩散范围。沿平均速度方向和垂直它的方向上都可以看到这种扩展现象。液体通过多孔介质流动时，由于速度不均一所造成的这种物质运移现象称为机械弥散。

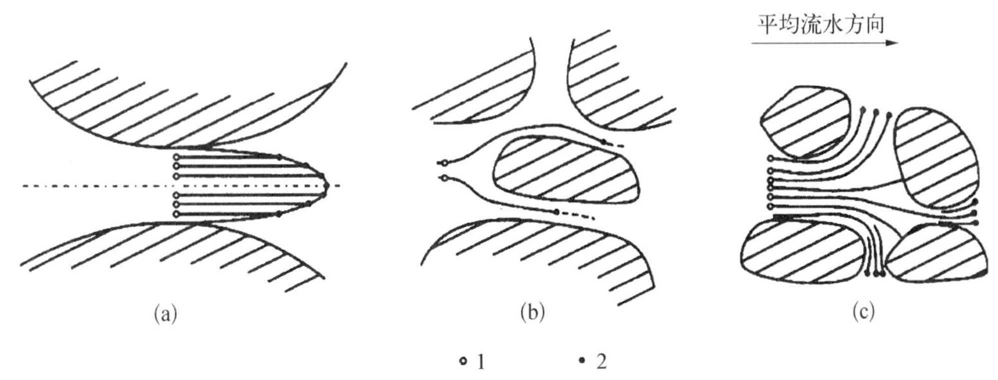

图 1-7-3　机械弥散引起的示踪剂扩展(Bear, 1985)

1 和 2 分别表示 t 时刻和 $t+\Delta t$ 时刻液体质点的位置

(2) 分子扩散

虽然上面提到的扩散在纵向(即顺水流方向)和垂直平均水流方向都有(最初在前者方向)，但仅靠这种速度变化只能导致垂直平均水流方向上很少量的扩散，无法解释垂直水流方向上示踪剂质点占据宽度的不断扩大。为了解释这种现象，必须归因于分子扩散。

分子扩散是由于液体中所含溶质的浓度不均一而引起的一种物质运移现象。浓度梯度使得物质从浓度高的地方向浓度低的地方运移，以求浓度趋向均一。因此，即使在静止液体中也会发生分子扩散，使示踪剂扩散到越来越大的范围。分子扩散使同一流束内的浓度趋于均一，而且相邻流束间在浓度梯度的作用下也有物质交换，导致横向浓度差的减小。

物理学的知识告诉我们，分子扩散服从菲克(Fick)定律。该定律揭示了溶液中溶质的扩散，在单位时间内通过单位面积的溶质质量 I_s 与该溶质的浓度梯度成正比，即

$$I_s = -D_d \frac{\partial c}{\partial s} \tag{1-7-1}$$

式中，$\frac{\partial c}{\partial s}$ 为该溶质在溶液中的浓度 c 沿方向 s 变化的浓度梯度；比例系数 D_d 称为扩散系数，量纲为 $[L^2T^{-1}]$。不同溶质的扩散系数各不相同，同一物质在不同温度下的扩散系数也不同。在浓度低的情况下，可以认为它是一个与浓度无关的常数，由于扩散是沿着浓度减小的方向进行的，而扩散系数总是正的，所以式中要加负号。

液体在多孔介质中流动时，机械弥散和分子扩散是同时出现的，实际上也不可分，这种划分带有某种人为的性质。事实上，“纯”机械弥散不可能存在。因为当示踪剂质点沿着小的流管运移时，分子扩散不仅使流管中的浓度趋于拉平，而且还使示踪剂质点从一条流管移向相邻的另一条流管，导致横向浓度差的减少，但分子扩散即使在没有水流运动的情况下也能单独存在。当流速较大时，机械弥散是主要的，当流速甚小时，分子扩散的作用就变得很明显。显然，机械弥散和分子扩散都会使溶质既沿平均流动方向扩散又沿垂直于它的方向扩散。前者称为纵向弥散，后者称为横向弥散。

机械弥散和分子扩散是传统上认为导致溶质在地下水中运移的主要因素，此外，某些其他现象也会影响多孔介质中溶质的浓度分布，如多孔介质中固体颗粒表面对溶质的吸附、沉淀，水对固体骨架的溶解及离子交换等。此外，液体内部的化学反应也可导致溶质浓度的变化。

一般来说，溶质浓度的变化会导致液体密度和黏度的变化。这些变化反过来会影响水流状态，即流速的变化，但在通常情况下，这类影响不大，可以忽略。

1.7.2 弥散通量、扩散通量和水动力弥散系数

由于多孔介质几何结构的复杂性，从微观水平上研究一个点的运动规律实际上是不可能的；同样，从微观水平来研究弥散也是困难的。因此，和定义渗流速度一样，也从宏观上来描述弥散现象。下面所述及的物理量和渗流速度一样，都是定义在典型单元体(REV)上的平均值。

1.7.2.1 弥散通量和扩散通量

分子扩散服从 Fick 定律，通过实验和理想模型的研究，证实机械弥散也能用这个定律来描述。根据 Fick 定律，多孔介质中的分子扩散可用下式描述

$$\boldsymbol{I}'' = -D'' \cdot \nabla c \tag{1-7-2}$$

式中，$\boldsymbol{I}''$ 为由于分子扩散在单位时间内通过单位面积的溶质质量，即扩散通量；D'' 为多孔介质中的分子扩散系数，量纲为 $[L^2T^{-1}]$，是二秩张量；c 为该溶质在溶液中的浓度；∇ 为梯度算子，定义 $\nabla(\cdot) = \frac{\partial(\cdot)}{\partial x}i + \frac{\partial(\cdot)}{\partial y}j + \frac{\partial(\cdot)}{\partial z}k$。其中 i，j，k 为三个坐标轴方向的单位矢量。对于机械弥散有

$$I' = -D' \cdot \nabla c \tag{1-7-3}$$

式中，D' 为机械弥散系数，量纲为 $[L^2T^{-1}]$，也是二秩张量；I' 为由于机械弥散造成的在单位时间内通过单位面积的溶质质量，即弥散通量；c 的含义同前。D' 和 D'' 的量纲相同，由此定义水动力弥散系数 D

$$D = D' + D'' \tag{1-7-4}$$

D 也是二秩张量。水动力弥散在单位时间内通过单位面积的溶质质量(水动力弥散通量) I 为

$$I = I' + \boldsymbol{I}'' = -D \cdot \nabla c \tag{1-7-5}$$

它和渗流速度一样应用于介质的整个断面。

1.7.2.2　水动力弥散系数

水动力弥散系数 D 有下列特点：第一，它是二秩张量，通常认为是对称的；第二，它有主方向，一个与水流速度矢量的方向(即与流体有关，与介质无关)一致，另外两个方向一般是任意的，但要与第一个方向垂直；第三，该系数大小取决于水流速度的模量。

因此，水动力弥散系数 D 具有各向异性的特点，即使介质的渗透性各向同性，弥散系数仍然可能具有各向异性的特点，因弥散张量的各向异性源于浓度的传播在速度方向上要快于其横向传播。如果选择 x 轴与该点处的平均流速方向一致，y 轴和 z 轴则与平均流速方向垂直，则上式也可以写成下列更容易被理解的形式

$$I_x = -D_{xx}\frac{\partial c}{\partial x},\quad I_y = -D_{yy}\frac{\partial c}{\partial y},\quad I_z = -D_{zz}\frac{\partial c}{\partial z} \tag{1-7-6}$$

或

$$\begin{bmatrix} I_x \\ I_y \\ I_z \end{bmatrix} = \begin{bmatrix} D_{xx} & 0 & 0 \\ 0 & D_{yy} & 0 \\ 0 & 0 & D_{zz} \end{bmatrix} \begin{bmatrix} \dfrac{\partial c}{\partial x} \\ \dfrac{\partial c}{\partial y} \\ \dfrac{\partial c}{\partial z} \end{bmatrix} \tag{1-7-7}$$

此时水动力弥散系数张量为

$$\boldsymbol{D} = \begin{bmatrix} D_{xx} & 0 & 0 \\ 0 & D_{yy} & 0 \\ 0 & 0 & D_{zz} \end{bmatrix} = \begin{bmatrix} D_{\mathrm{L}} & 0 & 0 \\ 0 & D_{\mathrm{T}} & 0 \\ 0 & 0 & D_{\mathrm{T}} \end{bmatrix} \tag{1-7-8}$$

坐标轴方向称为弥散主轴，D_{xx} 或 D_{L} 称为纵向弥散系数(沿水流方向)，D_{yy}，D_{zz} 或 D_{T} 称为横向弥散系数(与速度成正交的两个方向)。由于弥散主轴的方向依赖于流速方向，即使在均质各向同性介质中，各点弥散主轴的方向也会随着水流方向的改变而各不相同。

水动力弥散系数在研究地下水物质运移问题中的意义可以与渗透系数在研究地下水运动问题中的意义相比拟，是一个很重要的参数。通过大量在未固结的多孔介质中的实验，得到了如图 1-7-4 所示的曲线。图中，纵坐标是从实验室得到的纵向弥散系数 D_{L} 与溶质在所研究的液相中的分子扩散系数 D_{d} 的比值，横坐标是一个量纲为 1 的量，称为佩克莱(Peclet)数

$$Pe = \frac{ud}{D_{\mathrm{d}}} \tag{1-7-9}$$

式中，u 为实际平均流速；d 为多孔介质的某种特征长度，如多孔介质的平均粒径等。该数表示实际流速和分子扩散系数相比的相对大小，Pe 数越大，表示流速相对越大。根据这条曲线的变化情况，大致上可以分五个区(图 1-7-4)。

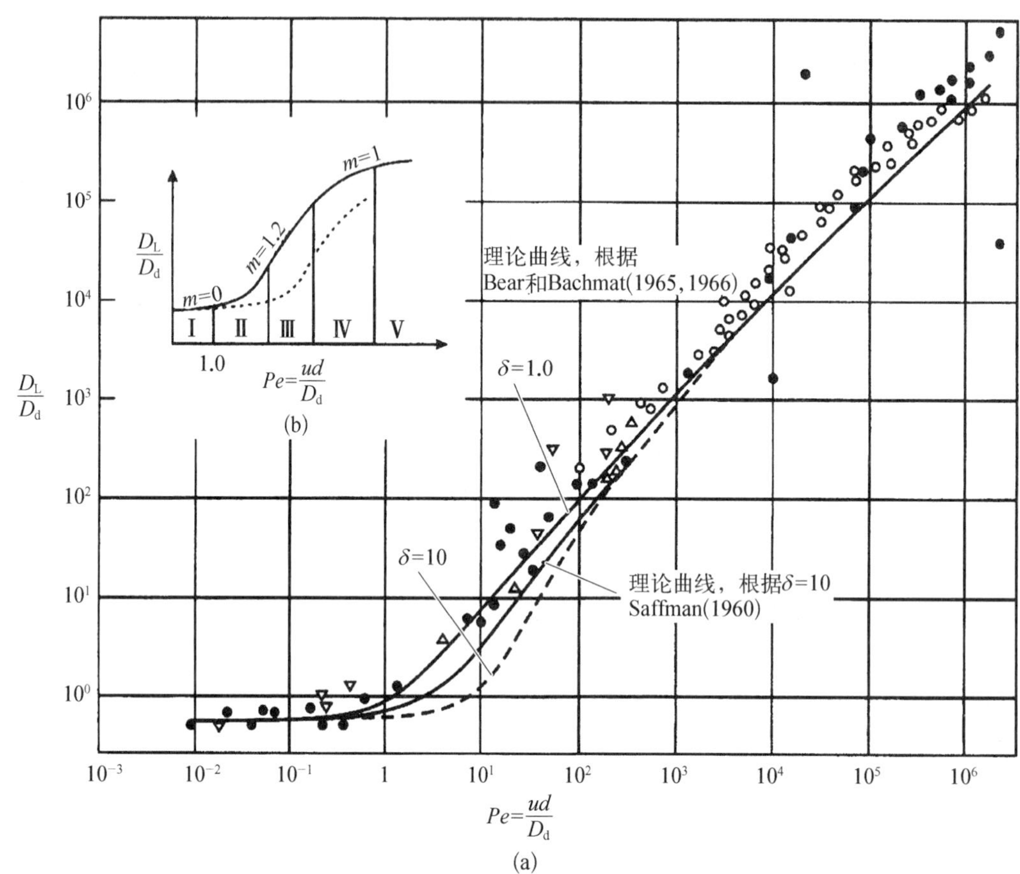

图 1-7-4 分子扩散和水动力弥散间的关系(Bear, 1985)

第Ⅰ区：实际流速很小，以分子扩散为主，相当于曲线上 D_L/D_d 接近于常数的一段。

第Ⅱ区：对应的佩克莱数 Pe 为 0.4～5，曲线开始向上弯曲，机械弥散已达到和分子扩散相同的数量级。因此，应当研究两者的和，而不应忽略任何一个。

第Ⅲ区：物质运移主要由机械弥散和横向分子扩散相结合而产生。横向分子扩散往往会削弱纵向的物质运移，实验结果得出 $\frac{D_L}{D_d}=\alpha\,(Pe)^m$，$a\approx 0.5$，$1<m<1.2$。

第Ⅳ区：以机械弥散为主，分子扩散的作用已经可以忽略不计，但流速尚未达到偏离 Darcy 定律的程度，本区相当于图中的直线部分，实验给出 $\frac{D_L}{D_d}=\beta Pe$，$\beta\approx 1.8$。

第Ⅴ区：仍属于机械弥散为主的区域，与第Ⅳ区的区别在于水流速度已达到越出 Darcy 定律适用的范围。惯性力和紊流的影响造成纵向物质运移的减少，曲线斜率减缓。

上述曲线说明，弥散系数和水流速度、分子扩散有关，它们的关系式为

$$D'_{ij}=\sum_{k=1}^{3}\sum_{m=1}^{3}\alpha_{ij,\,km}\frac{u_k u_m}{u}f(Pe,\,\delta) \tag{1-7-10}$$

式中，D'_{ij} 为机械弥散系数，为二秩对称张量，这是它的一个分量；$\alpha_{ij,\,km}$ 为多孔介质的弥散度，为四秩张量。在饱和流动中它反映多孔介质固体骨架的几何性质，量纲[L]；u 为地下水实际平均流速，u_k，u_m 分别为它在坐标轴 x_k 和 x_m 上的分量；δ 为表示水流通道形状特征的系数，量纲为 1；$f(Pe,\,\delta)=\frac{Pe}{2+Pe+4\delta^2}$ 为在微观水平上考虑相邻流线之间由分子扩散所引起的对物质运移影响的函数，这个影

响和机械弥散是不可分的。

Pe 较大时，由 $f(Pe, \delta)$ 的表达式可以看出，$f(Pe, \delta) \approx 1$。也就是说，分子扩散对机械弥散系数的影响就变得微不足道了。由式(1-7-10)不难看出，这时机械弥散系数和实际平均流速之间呈线性关系。对于大多数实际问题来说，都属于这种情形，总是定 $f(Pe, \delta)=1$。

如果在某一点上选择坐标轴，使得其中一个轴如 x 轴和该点处的平均流速 u 方向一致(即弥散主轴)，并忽略分子扩散，则该点上有

$$D'_{xx}=\alpha_{\mathrm{L}}u, \quad D'_{yy}=\alpha_{\mathrm{T}}u, \quad D'_{zz}=\alpha_{\mathrm{T}}u, \quad D'_{xy}=D'_{yz}=D'_{xz}=\cdots=0 \tag{1-7-11}$$

式中，α_{L}，α_{T} 分别称为纵向弥散度和横向弥散度。纵向机械弥散系数 D'_{xx} 和横向机械弥散系数 D'_{yy} 及 D'_{zz} 称为弥散系数的主值。由于弥散主轴依赖于水流方向，所以除了均匀流($u_x=$常数，$u_y=u_z=0$)以外，一般说来即使在各向同性介质中各点的弥散系数也各不相同，随空间位置而变化。

1.7.3　对流-弥散方程及其定解条件

考虑由某种溶质和溶剂组成的二元体系。以充满液体的渗流区内任一点 P 为中心，取一无限小的六面体单元，各边长为 Δx、Δy 和 Δz，选择 x 轴与 P 点处的平均流速方向一致，研究该单元中溶质的质量守恒。

先研究由水动力弥散所引起的物质运移。Δt 时间内沿 x 轴方向水动力弥散流入的溶质质量为 $I_x n\Delta y\Delta z\Delta t$。其中，$n$ 为空隙度。而 Δt 时间内从单元体流出的溶质的质量为 $\left(I_x+\frac{\partial I_x}{\partial x}\Delta x\right)n\Delta y\Delta z\Delta t$。因此，沿 x 轴方向流入与流出单元体的溶质质量差，即单元体内溶质质量的变化为

$$-\frac{\partial I_x}{\partial x}n\Delta x\Delta y\Delta z\Delta t$$

同理，沿 y 轴和 z 轴方向由水流运动引起的单元体内溶质质量的变化分别为

$$-\frac{\partial I_y}{\partial y}n\Delta x\Delta y\Delta z\Delta t, \quad -\frac{\partial I_z}{\partial z}n\Delta x\Delta y\Delta z\Delta t$$

如前所述，溶质还要随水流一起运移，现在来研究由于这种运动所引起的单元体内溶质质量的变化。Δt 时间内沿 x 轴方向随水流一起流入的溶质质量为 $cv_x\Delta y\Delta z\Delta t$，流出单元体的溶质质量为 $\left(cv_x+\frac{\partial(v_x c)}{\partial x}\Delta x\right)\Delta y\Delta z\Delta t$。因此，沿 x 轴方向流入与流出的溶质质量差，即由水流运动所引起的单元体内溶质质量的变化为

$$-\frac{\partial(v_x c)}{\partial x}\Delta x\Delta y\Delta z\Delta t$$

同理，沿 y 轴和 z 轴方向由水流运动引起的单元体内溶质质量的变化分别为

$$-\frac{\partial(v_y c)}{\partial y}\Delta x\Delta y\Delta z\Delta t, \quad -\frac{\partial(v_z c)}{\partial z}\Delta x\Delta y\Delta z\Delta t$$

在 Δt 时间内，由于弥散和水流运动引起的单元体内总的溶质质量变化为

$$-\left[n\left(\frac{\partial I_x}{\partial x}+\frac{\partial I_y}{\partial y}+\frac{\partial I_z}{\partial z}\right)+\frac{\partial(v_x c)}{\partial x}+\frac{\partial(v_y c)}{\partial y}+\frac{\partial(v_z c)}{\partial z}\right]\Delta x\Delta y\Delta z\Delta t$$

若 Δt 时间内单元体内溶质的浓度发生了 $\frac{\partial c}{\partial t}\Delta t$ 的变化，单元体内的液体体积 $n\Delta x\Delta y\Delta z$，则由它

所引起的该单元体中溶质质量的变化为

$$n\frac{\partial c}{\partial t}\Delta x\Delta y\Delta z\Delta t$$

如果没有由于化学反应及其他原因(如抽水、吸附等)所引起的溶质质量变化,则根据质量守恒定律,两者应该相等,即

$$n\frac{\partial c}{\partial t}\Delta x\Delta y\Delta z\Delta t=-\left[n\left(\frac{\partial I_x}{\partial x}+\frac{\partial I_y}{\partial y}+\frac{\partial I_z}{\partial z}\right)+\frac{\partial(v_x c)}{\partial x}+\frac{\partial(v_y c)}{\partial y}+\frac{\partial(v_z c)}{\partial z}\right]\Delta x\Delta y\Delta z\Delta t$$

当坐标轴与水流平均流速方向一致时,根据式(1-7-6),把它们代入上式并简化可得

$$\frac{\partial c}{\partial t}=\frac{\partial}{\partial x}\left(D_{xx}\frac{\partial c}{\partial x}\right)+\frac{\partial}{\partial y}\left(D_{yy}\frac{\partial c}{\partial y}\right)+\frac{\partial}{\partial z}\left(D_{zz}\frac{\partial c}{\partial z}\right)-\frac{\partial(u_x c)}{\partial x}-\frac{\partial(u_y c)}{\partial y}-\frac{\partial(u_z c)}{\partial z} \tag{1-7-12}$$

式(1-7-12)称为对流-弥散方程(水动力弥散方程),其右端后三项表示水流运动对流所造成的溶质运移,前三项表示水动力弥散所造成的溶质运移。

如果还有化学反应或其他原因所引起的溶质质量变化,且单位时间单位体积含水层内由此引起的溶质质量的变化为 f,则应把它加到式(1-7-12)的右端,为

$$\frac{\partial c}{\partial t}=\frac{\partial}{\partial x}\left(D_{xx}\frac{\partial c}{\partial x}\right)+\frac{\partial}{\partial y}\left(D_{yy}\frac{\partial c}{\partial y}\right)+\frac{\partial}{\partial z}\left(D_{zz}\frac{\partial c}{\partial z}\right)-\frac{\partial(u_x c)}{\partial x}-\frac{\partial(u_y c)}{\partial y}-\frac{\partial(u_z c)}{\partial z}+f \tag{1-7-13}$$

式中,f 通常称为源汇项,它可以有多种形式。如所研究组分(溶质)有放射性衰变时,此时 f 为单位时间单位体积多孔介质中由于放射性衰变而减少的组分的质量。若放射性衰变系数为 K_f,则

$$f=-K_f c \tag{1-7-14}$$

如有水井注水,则

$$f=\frac{W_R}{n}c^* \tag{1-7-15}$$

式中,W_R 为单位时间单位体积(三维问题;若为二维问题,则为单位时间单位面积)含水层的注水量;c^* 为注入水的溶质浓度。

如有水井抽水,则

$$f=-\frac{W}{n}c \tag{1-7-16}$$

式中,W 为单位时间单位体积(三维问题;若为二维问题,则为单位时间单位面积)含水层中的抽水量。对于固相和液相界面处的吸附和解吸等,也可用源汇项处理。

如固相和液相界面处,有吸附存在,则液相中的溶质被固相表面吸引,会转移到固相表面,从而降低液相中溶质的浓度;反之,则为解吸。这种情况下,式(1-7-12)需修改为下列形式

$$R_d\frac{\partial c}{\partial t}=\frac{\partial}{\partial x}\left(D_{xx}\frac{\partial c}{\partial x}\right)+\frac{\partial}{\partial y}\left(D_{yy}\frac{\partial c}{\partial y}\right)+\frac{\partial}{\partial z}\left(D_{zz}\frac{\partial c}{\partial z}\right)-\frac{\partial(u_x c)}{\partial x}-\frac{\partial(u_y c)}{\partial y}-\frac{\partial(u_z c)}{\partial z} \tag{1-7-17}$$

或

$$\frac{\partial c}{\partial t}=\frac{\partial}{\partial x}\left(\frac{D_{xx}}{R_d}\frac{\partial c}{\partial x}\right)+\frac{\partial}{\partial y}\left(\frac{D_{yy}}{R_d}\frac{\partial c}{\partial y}\right)+\frac{\partial}{\partial z}\left(\frac{D_{zz}}{R_d}\frac{\partial c}{\partial z}\right)-\frac{\partial}{\partial x}\left(\frac{u_x}{R_d}c\right)-\frac{\partial}{\partial y}\left(\frac{u_y}{R_d}c\right)-\frac{\partial}{\partial z}\left(\frac{u_z}{R_d}c\right) \tag{1-7-18}$$

式(1-7-12)和式(1-7-18)中的 R_d 为阻滞(延迟)因子,由吸附导致。

以上介绍的是在饱和带中的对流-弥散方程,有关理论也可延伸到非饱和流,与式(1-7-12)对应的方程为

$$\frac{\partial(\theta c)}{\partial t}=\frac{\partial}{\partial x}\left(\theta D_{xx}\frac{\partial c}{\partial x}\right)+\frac{\partial}{\partial y}\left(\theta D_{yy}\frac{\partial c}{\partial y}\right)+\frac{\partial}{\partial z}\left(\theta D_{zz}\frac{\partial c}{\partial z}\right)-\frac{\partial(\theta u_x c)}{\partial x}-\frac{\partial(\theta u_y c)}{\partial y}-\frac{\partial(\theta u_z c)}{\partial z} \tag{1-7-19}$$

式中,θ 为介质含水率。

要确定一个地下水污染问题的解,即求得浓度分布,除上述对流-弥散方程外,还必须给出下列信息:一是研究区域 Ω 的范围、形状以及时间区间 $[0, T]$ 的说明。二是所研究污染物组分浓度 $c(x, t)$ 的说明,如各组分间相互作用,则需要提供彼此如何作用的信息。由于对流-弥散方程以及水动力弥散系数(D)的组成部分中都含有速度 $u(x, t)$,为此必须有 $u(x, t)$ 的信息。它或作为模型输入的一部分提供,或可以通过单独构建一个求解速度的模型来获得,此时需要给出研究区域水头场分布的信息。如果污染物的浓度比较大,浓度的变化会影响水的密度 $\rho(x, t)$,密度就成为一个变量,需要提供 $\rho=\rho(c)$ 的信息。当污染物浓度很低时浓度变化对 ρ 的影响很小,此时可把 ρ 看成常数,流体则近似地看成均质的。三是有关参数,如弥散度 α_L 和 α_T、分子扩散系数等和源汇项的数值。四是边界条件和初始条件。初始条件给出初始时刻 $(t=0)$ 区域 Ω 上的浓度分布,即

$$c(x, y, z, 0)=c_0(x, y, z) \tag{1-7-20}$$

式中,c_0 为已知函数。边界条件通常有两种类型:一种是已知浓度的边界条件,即

$$c(x, y, z, t)\big|_{\Gamma_1}=\varphi(x, y, z)\big|_{(x, y, z)\in\Gamma_1} \quad 0<t<T \tag{1-7-21}$$

式中,Γ_1 为研究区的边界;φ 是已知函数。

另一种是已知单位时间内通过边界单位面积的溶质质量的边界条件。在三维条件下,形式复杂,不易理解。兹以一维问题的常见例子具体说明:

如多孔介质 a 的边界外为另一多孔介质 b,根据边界两侧通量保持连续的原则,有

$$\left(uc-D_L\frac{\partial c}{\partial x}\right)\bigg|_a=\left(uc-D_L\frac{\partial c}{\partial x}\right)\bigg|_b \tag{1-7-22}$$

如边界为隔水边界,则通过边界的流量和溶质的量均为零,由上式 $uc-D_L\frac{\partial c}{\partial x}=0$ 及 $v=0$,边界 Γ_2 上有边界条件

$$\frac{\partial c}{\partial x}\bigg|_{\Gamma_2}=0 \tag{1-7-23}$$

下面通过对两个简单问题的解析来说明模型。

【问题1】考虑流速方向与 x 轴方向一致的半无限一维均匀流的情况,示踪剂连续注入,纵向弥散系数 $D_{xx}=D_L$,在均匀流情况下不随坐标 x 而变化,$u_x=u$ 为常数,一维情况下式(1-7-12)可化为

$$\frac{\partial c}{\partial t}=D_L\frac{\partial^2 c}{\partial x^2}-u\frac{\partial c}{\partial x} \tag{1-7-24}$$

同时有定解条件

$$\begin{cases} c(x,\ 0)=0 & 0 \leqslant x < \infty \\ c(0,\ t)=c_0 & t > 0 \\ c(\infty,\ t)=0 & t > 0 \end{cases} \tag{1-7-25}$$

该问题的解为

$$c(x,\ t)=\frac{c_0}{2}\operatorname{erfc}\left(\frac{x-ut}{2\sqrt{D_L t}}\right)+\exp\left(\frac{ux}{D_L}\right)\operatorname{erfc}\left(\frac{x+ut}{2\sqrt{D_L t}}\right) \tag{1-7-26}$$

当 x/α_L 足够大时，式(1-7-26)的第二项可以忽略不计，这个条件在实际中一般是能够满足的；当 $x/\alpha_L > 500$ 时，误差小于 3%，于是有近似式

$$c(x,\ t)\approx\frac{c_0}{2}\operatorname{erfc}\left(\frac{x-ut}{2\sqrt{D_L t}}\right)=\frac{C_0}{\sqrt{\pi}}\int_{\frac{x-ut}{2\sqrt{D_L t}}}^{+\infty}e^{-y^2}\mathrm{d}y \tag{1-7-27}$$

利用式(1-7-26)和式(1-7-27)可以求得任意时刻(t)、任意距离(x)处的浓度 $c(x,\ t)$。反之，也可以利用野外或实验室一维弥散的实际观测资料，求出纵向弥散系数 (D_L)。 因为流速 (u) 已知，也可以由它算出纵向弥散度 (α_L) 。

【问题 2】在坐标原点向无限平面的均匀稳定流中注入示踪剂，瞬时注入的质量为 $\mathrm{d}M=c_0 Q\mathrm{d}t$ (Q 为流量，c_0 为浓度)，x 为水流方向，则此时的对流-弥散方程为

$$\frac{\partial c}{\partial t}=D_L\frac{\partial^2 c}{\partial x^2}+D_T\frac{\partial^2 c}{\partial y^2}-u\frac{\partial c}{\partial x} \tag{1-7-28}$$

该问题的解为

$$\mathrm{d}c(x,\ y,\ t)=\frac{\mathrm{d}M}{4\pi t\sqrt{D_L D_T}}\exp\left[-\frac{(x-ut)^2}{4D_L t}-\frac{y^2}{4D_T t}\right] \tag{1-7-29}$$

当原点注入连续时(浓度为 c_0，假设流量 Q 很小，不足以干扰原来的水流)，也可以方便地求得它的解。如时间 $t\to\infty$，则可得稳态浓度分布

$$c(x,\ y,\ \infty)=\frac{c_0 Q}{2\pi\sqrt{D_L D_T}}\exp\left(\frac{xu}{2D_L}\right)K_0\left[\sqrt{\frac{u^2}{4D_L}\left(\frac{x^2}{D_L}+\frac{y^2}{D_T}\right)}\right] \tag{1-7-30}$$

式中，K_0 为第二类零阶修正 Bessel 函数。

以上只是两个简单问题的解析，实际问题要复杂很多。因此，一般很难求得它们的解析解，只好采用数值法求解，有关这方面的知识请参阅相关文献。

根据对流-弥散方程，在适当的初始条件、边界条件下求得的解，可以用来预报地下水中污染物的时空分布，其结果和实验室的试验结果一般也拟合得很好。但应用于同一多孔介质的野外试验时，却发现根据野外试验资料，利用对流-弥散方程反求得的弥散度值要比同一介质实验室实验所得的值大几个数量级，而且弥散度值和污染物分布的范围有关，随着范围的增大而增大(这种现象称为尺度效应)。资料表明，在实验室以砂柱测定，α_L 的量级仅几个厘米，而在野外量级则为 1～100 m，这取决于岩层的非均质性，但因为 α_T 特别小，为 α_L 的 1/100～1/5。目前，普遍认为这种现象的产生是受岩层非均质性影响的结果。非均质性引起复杂的速度分布，由此导致类似于机械弥散的污染物分布。因此，实验室测定的参数很少用到野外实际问题中。野外非均质性的尺度多样，所以必须利用野外示踪实验，根据实验结果通过解析法或数值法来获得有关参数。

1.8 多相流

地下水系统相当复杂，污染物可进一步分为可溶相和有机相两类，有机相污染物与地下水接触时不与水混溶，形成接触界面，通常称为非水相液体(nonaqueous phase liquids，NAPLs)。NAPLs进入含水层以后是不能与水混合的，而是作为单一相(自由态)流动且单独占据一部分含水层的体积。NAPLs的密度可能比水大，也可能比水小。比水重的称"dense nonaqueous phase liquids"，简称DNAPLs，包括挥发性卤代烃类、挥发性氯代苯类、硝基苯类、多环芳烃类、多氯联苯类、有机氯农药类、有机磷农药、酯类、脂肪族酮类等；比水轻的称"light nonaqueous phase liquids"，简称LNAPLs，包括挥发性单环芳烃类、挥发性醚类、石油类、脂肪族酮类以及其他有机污染物等。

DNAPLs进入土壤中，在重力和降水入渗作用下，以垂直迁移为主。在迁移过程中，部分变成挥发态(以气相存在于土壤中或逸出地表)，部分被土壤颗粒表面吸附变成吸附态，部分被土壤中微生物降解，大部分以自由相向下迁移，进入地下水之后，由于该类污染物的密度大于地下水的密度，且难溶于地下水，大部分自由态和少量溶解在地下水中的溶解态有机物富集在地下水中，且在重力作用下不断下沉，在相对隔水层中短暂停留，沿着隔水层的倾斜方向迁移，有时与地下水流方向相反。

LNAPLs进入土壤中，在垂向下渗过程中，部分变成挥发性污染物，部分吸附在土壤颗粒上，部分被土壤中微生物降解，部分以自由相向下渗漏，进入潜水含水层之后，由于该类污染物的密度小于地下水的密度，且难溶于地下水，大部分自由态和少量溶解在地下水中的溶解态有机物富集在地下水潜水面附近，并且沿着地下水流方向迁移。

1.8.1 基本概念

1.8.1.1 润湿性

两种不相混溶的液体(L和G)接触固体S表面，达到平衡时，在三相接触的交点处，沿两种液体的界面画切线，此切线与固-液界面之间的夹角称为润湿角，记为θ(图1-8-1)。通常，一种或另一种液体会优先漫延或润湿整个固体表面。如果θ小于90°，液体L将优先润湿固体；如果θ大于90°，液体G将优先润湿此固体。一般认为，自然界含水层中水是润湿相，即水优先铺展于土壤颗粒或石英砂颗粒的表面，NAPL是非润湿相，但这并不绝对，当地下水化学条件改变时，有可能转变成NAPL润湿相。

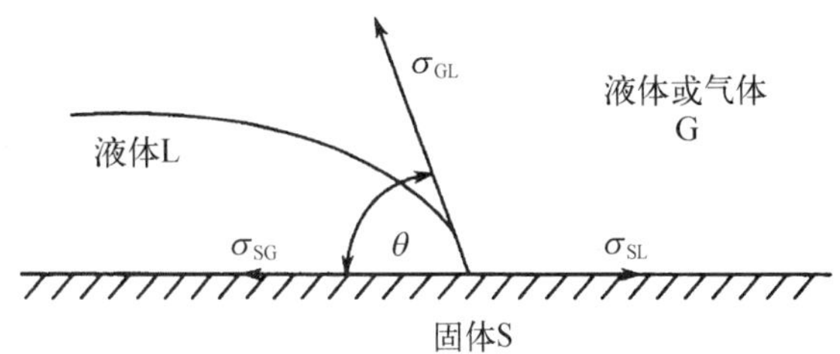

图1-8-1 固体S、润湿液体L和非润湿气体或液体G之间的表面张力

根据界面张力的概念，在平衡时，三相间的界面张力(分别为σ_{SG}、σ_{GL}、σ_{SL})在交点处相互作用的合力为零，可以得到θ和界面张力之间的关系为

$$\cos\theta=\frac{\sigma_{SG}-\sigma_{SL}}{\sigma_{GL}} \tag{1-8-1}$$

1.8.1.2 毛管压力

当两种不相混合的流体接触时，接触面将发生弯曲，将接触面两侧存在着的压力差称为毛管压力，记为P_c。毛管压力在包气带为负值，当把它视为张力时，则为正值。如果以P_w表示润湿相中的压力、P_{nw}表示非润湿相中的压力，则毛管压力P_c可由下式计算得到

$$P_c=P_w-P_{nw} \tag{1-8-2}$$

令上述弯曲界面的曲率半径为 r'，毛管压力 P_c、表面张力 σ 和曲率半径 r' 之间存在着如下关系

$$P_c = -\frac{2\sigma}{r'} \tag{1-8-3}$$

式(1-8-3)表明毛管压力与表面张力成正比，与曲率半径成反比。曲率半径取决于孔径及所充填溶液的量。这就意味着毛管压力为两种不相混合的流体特性的函数，即使在同一种多孔介质中毛管压力也会因润湿相(水)和非润湿相(NAPL)比例的不同而不同。

1.8.1.3 饱和度

当含水层中含有多种不混溶流体时称为多相流，多相流情形下饱和度的物理含义指介质中流体充填体积占总空隙体积的比例，所有流体(包括空气)的饱和度总和为 1。

1.8.1.4 流体势和水头

将标准压力当作大气压，定义 z 为超出一个基准面(如海平面)的高度，用下标 w 表示水，下标 nw 表示 NAPLs，水的流体势 Φ_w 可以表示成

$$\Phi_w = gz + \frac{P}{\rho_w} \tag{1-8-4}$$

无论是 LNAPLs 还是 DNAPLs，其流体势中 Φ_{nw} 的计算式均为

$$\Phi_{nw} = gz + \frac{P}{\rho_{nw}} \tag{1-8-5}$$

式中，g 为重力加速度；ρ_w 和 ρ_{nw} 分别为水和 NAPLs 的密度。

将式(1-8-4)和式(1-8-5)合并计算，可得

$$\Phi_{nw} = \frac{\rho_w}{\rho_{nw}}\Phi_w - \frac{\rho_w - \rho_{nw}}{\rho_{nw}} gz \tag{1-8-6}$$

式(1-8-6)说明了处于同一位置上时，非润湿流体(NAPLs)的势和润湿液体(水)之间的流体势关系。根据前述章节中介绍的流体势和水头 H 之间的关系，即 $\Phi_{nw} = gH_{nw}$，$\Phi_w = gH_w$，代入可得

$$H_{nw} = \frac{\rho_w}{\rho_{nw}} H_w - \frac{\rho_w - \rho_{nw}}{\rho_{nw}} z \tag{1-8-7}$$

式中，H_{nw} 是非润湿相(NAPLs)流体的总水头；H_w 是水的总水头。

取统一的 z，将其设为基准面，则 $z=0$，如果压强 P 相同，由式(1-8-7)可知，对于 LNAPLs，$\rho_{nw} < \rho_w$，则 $\frac{\rho_w}{\rho_{nw}} > 1$，故有 $H_{nw} > H_w$；对于 DNAPLs，$\rho_{nw} > \rho_w$，则 $\frac{\rho_w}{\rho_{nw}} < 1$，故有 $H_{nw} < H_w$。三种情况下的总水头和测压管高度的对比关系如图 1-8-2 所示。

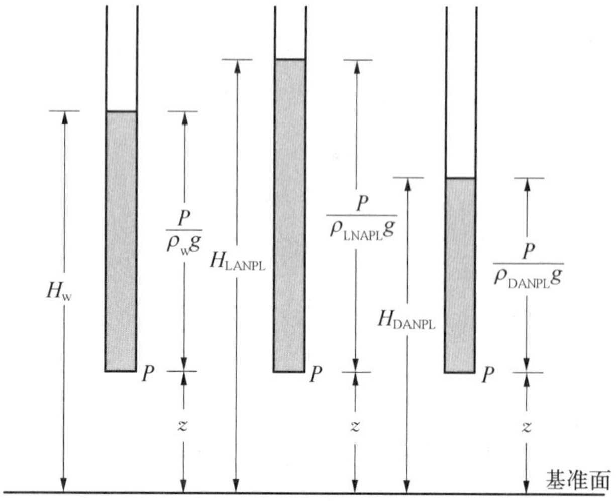

图 1-8-2 水、LNAPLs 和 DNAPLs 的总水头、压力水头 $\frac{P}{\rho g}$ 和位置水头 z (Fetter, 2001)

1.8.2　LNAPLs 的迁移

1.8.2.1　LNAPLs 的垂直运动

LNAPLs 的密度比水小，由地表泄漏进入地下之后，会在重力的作用下作垂向迁移，当泄漏的量足够多且超过 LNAPLs 的残余饱和度时，将穿过包气带，并部分残留在包气带中，然后蓄积在地下毛细管水带处，少部分溶解进入地下水体，并随地下水的流动而迁移。最终泄漏的 LNAPLs 变成油层存在于毛细管水带上，而使毛细管水带变薄。如 LNAPLs 量较多时可使毛细管水带消失，形成毛细管油带。虽然，这一过程会因为泄漏方式和场地水文地质条件的不同而有所不同，但无论是残留在包气带中还是进入地下水体中，都对相应的土壤和水体构成了严重污染，影响该区的生态环境，另外由于其“难溶性”，可持续存在于地下环境中，形成长期的污染源。

LNAPLs 污染物泄漏后，在地下环境中的分布如图 1－8－3 所示，其分布主要包括三部分：一是在非饱和带中的残留相，以被截留的 LNAPLs 形式存在，可部分挥发成为气相，还可部分溶解进入地下水中；二是在潜水带上聚集形成 LNAPLs 池，池中的 LNAPLs 有机相可沿水力坡度方向迁移，但一般迁移速度较慢，故 LNAPLS 池一般在地表的泄漏点附近；三是因为 LNAPLs 并不是绝对不溶于水，通常只是溶解度较小，如汽油中包含有的大量苯、甲苯、乙苯和二甲苯(BTEX)。因此，当 LNAPLs 到达潜水带后，一部分 LNAPLs 将溶解于水中，随地下水以对流-弥散形式迁移。

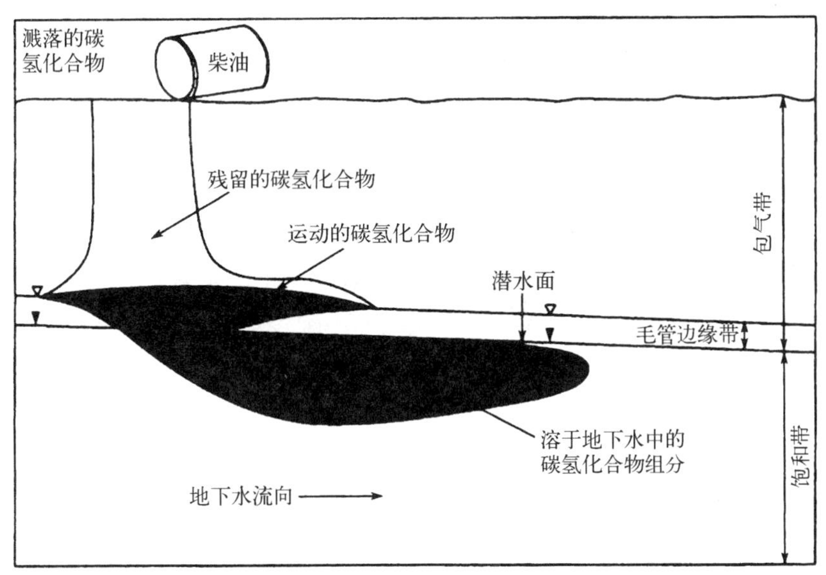

图 1－8－3　LNAPLs 泄漏后在地下环境中的分布(Fetter,2001)

1.8.2.2　LNAPLs 的挥发和溶解

残留在包气带中的 LNAPLs 物质能够挥发成气相或部分溶解于毛细管水中，两部分的比例取决于该物质的相对挥发度和在水中的溶解度。可以根据亨利定律(即一种气体在液体中的溶解度正比于液体接触的该种气体的分压)来判断污染物的蒸汽压和其在水相中浓度之间的关系。

一般来说，亨利定律常数 K_H 越大，该物质的挥发性也越大，同时该系数也与水-气分配系数有关。所谓水-气分配系数是指一定温度下某一物质在水中的溶解度(mg/L)和该物质纯粹相的饱和蒸汽浓度(mg/L)的比值。水-气分配系数较大者为亲水相，更易进入水相中，而较小者更易挥发。

表 1－8－1 给出了部分常见 LNAPLs 污染物的水-气分配系数，芳香族化合物具有较高的水-气分配系数，而非芳香族化合物的较低。据此，可以初步判断出，含有苯环的芳香族化合物如苯、甲苯、乙苯等，比其他非芳香族化合物分配进入水的速度更快，污染时间也更长。

表 1-8-1 几种有机化合物的水-气分配系数(Baehr,1987)

化合物	有机化合物	分子式	相对分子质量	水-气分配系数
芳香族	苯	C_6H_6	78	5.88
	甲　苯	C_7H_8	92	3.85
	邻二甲苯	C_8H_{10}	106	4.68
	乙　苯	C_8H_{10}	106	3.80
非芳香族	环己烷	C_6H_{12}	84	0.15
	1-己烯	C_6H_{12}	84	0.067
	正己烷	C_6H_{14}	86	0.015
	正辛烷	C_8H_{18}	114	0.007 9

1.8.2.3 漂浮 LNAPLs 的厚度

掌握潜水面上漂浮 LNAPLs 池的总量,对于地下水污染治理至关重要。要计算 LNAPLs 池体积,必须要知道其厚度。因为 LNAPLs 的密度比水小,在观测点测得的浮油层厚度(T)并不是自然界中潜水面以上的 LNAPLs 池的实际厚度,在监测井中测出的 LNAPLs 厚度将大于实际在包气带中可移动的 LNAPLs 厚度。

实际 LNAPLs 浮油层的分布和观测井中浮油层的关系如图 1-8-4 所示,可以根据两者之间的关系间接计算得到实际厚度。图中显示由地面至潜水面以上毛细管带可将 LNAPLs 分为五个区域,自上而下依次为不移动的残留 LNAPLs,厚度为 D_a^{aow};在重力作用下能垂直移动的 LNAPLs,底板深度为 D_a^{ao};LNAPLs 毛细管边缘带;可移动 LNAPLs 层,其可沿毛细管水带顶面的坡度水平运动;最底部为不

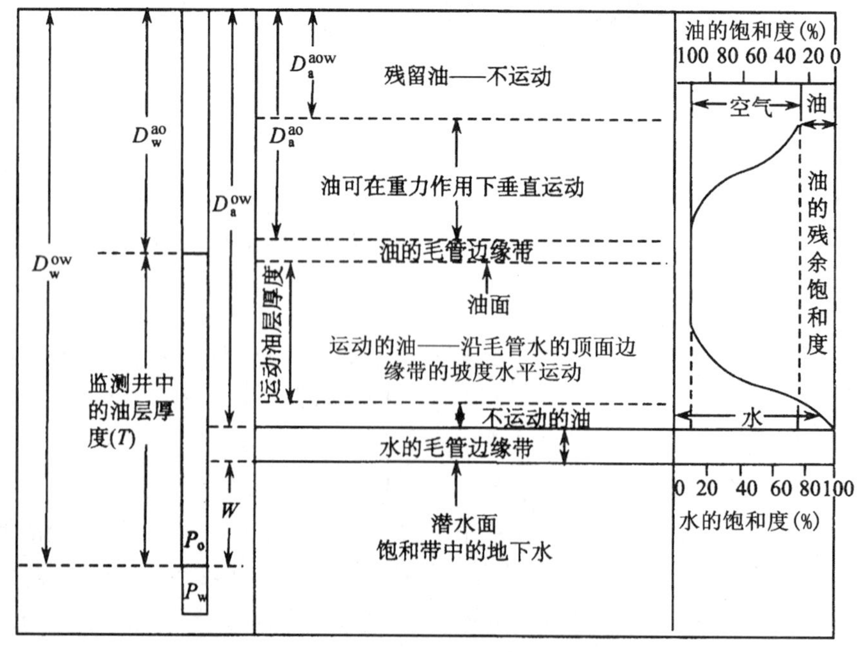

图 1-8-4 当 LNAPLs 油层下存在水毛细管带时,含水层中 LNAPLs 的分布及检测井中漂浮 LNAPLs 油层厚度的比较(Fetter,2001)

移动 LNAPLs 层。在此之下则为水的毛细管边缘带和饱和带的地下水。图的右边为饱和度曲线，左边为监测井。需要注意的是，监测井的过滤器要安装到 LNAPLs 油层的顶板以上。

监测井和含水层中的 LNAPLs -水达到平衡后，在监测井底部的 LNAPLs -水界面上，有

$$P_o = P_w \tag{1-8-8}$$

式中，P_o 为界面上油的压强，其值为 $P_o = \rho_o T$，ρ_o 为油的密度，T 为监测井中的油层厚度；P_w 为界面来自水的压强，其值为 $P_w = \rho_w W$，ρ_w 为水的密度，W 为由界面算起的水层厚度。

进一步计算可得

$$W = \frac{\rho_o}{\rho_w} T \tag{1-8-9}$$

由于 LNAPLs 油层的存在，使水毛细管带变薄，可近似认为 $T - W$ 为非饱和带中的油层厚度。

油层顶底板埋深也可用下式求出

$$D_a^{ao} = D_w^{ao} - \frac{P_d^{ao}}{\rho_o g} \tag{1-8-10}$$

$$D_a^{ow} = D_w^{ow} - \frac{P_d^{ow}}{(\rho_w - \rho_o) g} \tag{1-8-11}$$

因为 $D_w^{aw} - D_w^{ao} = T$，有

$$D_a^{ow} = D_w^{ao} + T - \frac{P_d^{ow}}{(\rho_w - \rho_o) g} \tag{1-8-12}$$

式中，D_w^{ao} 为包气带油气界面埋深；D_w^{ao} 为监测井中油气界面埋深；P_d^{ao} 为 Brooks - Corey 空气-有机物置换压力强度；D_a^{ow} 为水界面实际埋深；D_w^{ow} 为监测井中油水界面埋深；P_d^{ow} 为 Brooks - Corey 有机物-水置换压力强度；g 为重力加速度。

非残留 LNAPLs 在包气带中的单位柱体中的总体积可按下式计算

$$V_o = n\left\{\int_{D_a^{aow}}^{D_a^{ow}} (1 - S_w) \mathrm{d}z - \int_{D_a^{aow}}^{D_a^{ao}} [1 - (S_w + S_o)] \mathrm{d}z\right\} \tag{1-8-13}$$

式中，V_o 为单位面积柱体中油的体积；n 为孔隙度；S_w 为水的饱和度；S_o 为油的饱和度；z 为垂直坐标，向下为正；D_a^{aow} 为不运动残留 LNAPLs 的底板深度。其余符号同前。

1.8.3　DNAPLs 的迁移

1.8.3.1　DNAPLs 在非饱和带中的迁移

DNAPLs 泄漏后，因其密度比水大，在包气带中只要超过残留饱和度，将在重力作用下向下迁移。一般的，在包气带中水只存在于较小的土壤孔隙中，而 DNAPLs 则可通过较大的土壤孔隙向下运动，其渗透性比水大。当 DNAPLs 到达毛细管水带边缘时，将驱替孔隙中的水，继续向下迁移。

DNAPLs 在包气带中的迁移一般均以垂向迁移为主，伴随有不同程度的侧向迁移，即使是在实验室内进行的物理模拟实验中也是如此。

1.8.3.2　DNAPLs 在饱和带中的迁移

(1) 垂向迁移

地表泄漏的 DNAPLs 向下迁移至潜水面时，必须驱替原本存在于孔隙中的水才可继续向下运动，

而向下运动的驱动力来自重力，这意味着必须有足够数量的DNAPLs去克服将水保持在孔隙中的毛细管力。研究表明，垂向上连续分布的DNAPLs带达到一定高度时，才能克服水的毛细管力向下移动，该高度称为临界高度，记为h_o。采用Hobson公式(Berg，1975)可计算该临界高度h_o

$$h_o=\frac{2\sigma\cos\theta\left(\frac{1}{r_t}-\frac{1}{r_p}\right)}{g(\rho_w-\rho_o)} \tag{1-8-14}$$

式中，σ为两相之间的界面张力；θ为润湿角；r_t为孔喉半径；r_p为孔隙半径；g为重力加速度；ρ_w为水的密度；ρ_o为DNAPLs的密度。

对于分选好和磨圆度好的直径为d的砂粒，当颗粒以六面体排列时，孔隙半径r_p为$0.212d$，孔隙半径r_t为$0.077d$，说明组成介质颗粒的粒径越小，DNAPLS向下迁移的临界高度越大。这一原理可以用来解释即使细颗粒含水层的厚度很薄，也能阻止DNAPLs向下迁移的现象。

当DNAPLs克服了毛细管的阻力后向下运动，可以一直到达隔水底板，并在其上聚集，形成DNAPLs污染池。在污染池区域的土层孔隙中只有自由态的DNAPLs和不能移动的吸着水、薄膜水、孔角水等被束缚水，所以抽水时只能抽出DNAPLs。在DNAPLs污染池的上面的一定厚度范围的土层内则同时存在着溶解的DNAPLs和可自由流动的水，由于水的饱和度大于该层土的田间持水量，因而在该区域内抽水时可同时抽出DNAPLs和水。但在其上直至潜水面只存在有残留的DNAPLs和水，所以在区域抽水时只能抽出水。因为DNAPLs并非完全不溶于水，所以抽水时，无论是从哪部位进水，总能抽出溶解的有机物。DNAPLs在地下环境中的分布如图1-8-5所示，各带的厚度取决于饱和带的渗透性，含水层的渗透性越小，则DNAPLs层的厚度越薄。

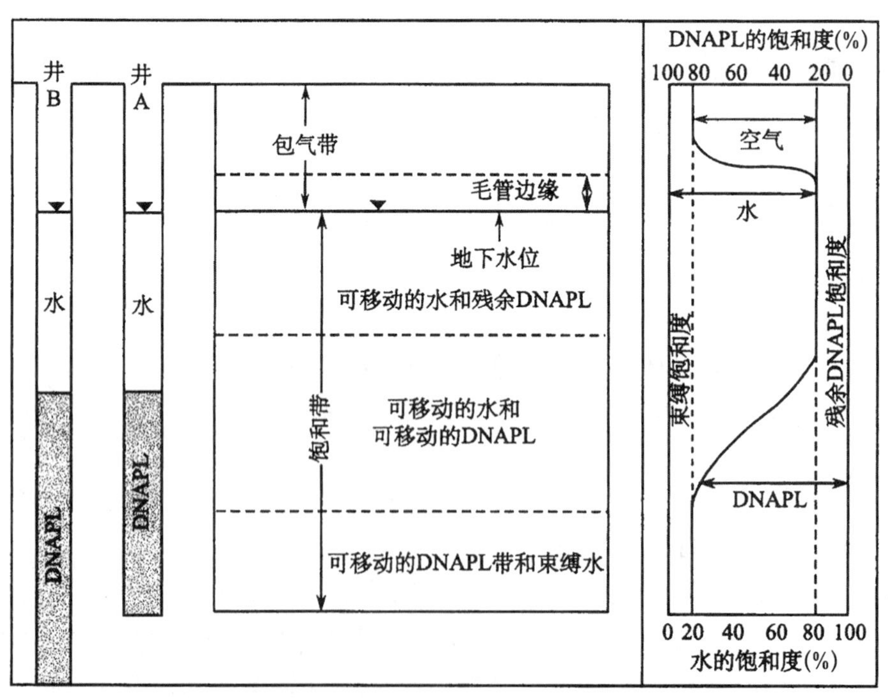

图1-8-5 DNAPLs的分布和各带的饱和度(Fetter，2001)

如果设有监测井，则图1-8-5中不同DNAPLs、水分布带中的DNAPLs和水都将流入监测井，之后在井中由于密度差异，DNAPLs在下部，水在上部。监测井正好打到隔水层顶板即可，如打得太深，则测得的DNAPLs厚度将不正确，如图1-8-5中的B井。

值得一提的是，挥发性卤代烃类污染物介电常数均小于水，介电常数越小，其在电场中越不容易极化，属于非极性（非离子型）化合物；卤代烃类污染物憎水性强，水溶性差；卤代烃类污染物的密度一般在 1.17～1.63 g/cm^3、动力黏滞系数（μ_{CHC}）绝大多数小于 1 mPa·s，而水的动力黏滞系数（μ_W）为 1.794 mPa·s，因此卤代烃类污染物的运动黏滞系数 $\left(\lambda_{CHC}=\dfrac{\mu_{CHC}}{\rho_{CHC}}\right)$，普遍小于水（$\lambda_W$）；又由于卤代烃类污染物的渗透系数 $K_{CHC}=\dfrac{g}{\lambda_{CHC}}k$、地下水的渗透系数 $K_W=\dfrac{g}{\lambda_W}k$、$K_{CHC}=\dfrac{\lambda_W}{\lambda_{CHC}}K_W$，所以，卤代烃类污染物的渗透系数远大于水；除四氯乙烯和 1,1,2,2-四氯乙烷外，蒸汽压均远远大于水，因而，卤代烃类污染物极易挥发。

由于卤代烃类污染物的渗透性大于地下水的渗透性，且密度大、憎水性强，卤代烃类污染物在非饱和土壤中具有很强的渗透能力，尤其在孔隙结构差异大和含水量较大条件下，微小孔隙中的地下水对憎水的卤代烃类污染物的排斥作用使得卤代烃类污染物优先通过土壤的大孔隙渗入地下水而污染地下水。

当卤代烃类污染物在地下水中的含量小于其在水中的溶解度时，卤代烃类污染物完全溶解于地下水中，随地下水流一起运动，可以用溶质运移模型定量描述；当卤代烃类污染物在地下水中的含量大于其在水中的溶解度时，卤代烃类污染物呈游离态，表现为自由态的 DNAPLs，其在含水层中的迁移主要受重力影响，而不受地下水流运动方向控制，只要含水层底板倾斜，DNAPLs 的迁移方向总是指向含水层底板的倾斜方向。

一般来说，DNAPLs 容易聚集在相对隔水层上部，形成污染池，长期释放污染地下水或在微生物作用下转化成毒性更大的中间产物，污染地下水。在地下水中采取的 DNAPLs 一般均是溶解态的 DNAPLs，溶解在地下水中的 DNAPLs 是混溶状态，与取样深度无关；而自由态的 DNAPLs 在含水层的深部，一般在隔水底板附近采集饱和土壤样才能捕获到 DNAPLs。

DNAPLs 在含水层中的迁移速度大于地下水，在一些垃圾填埋场中采用了黏土防渗层，地下水难以穿透该防渗层，而垃圾渗滤液中的卤代烃类污染物能够穿透该防渗层，它的穿透能力比实验室测定的渗透性大 100～1 000 倍，这是因为卤代烃类污染物属于低介电常数物质，与防渗层中黏粒接触可使得双电层明显压缩，黏粒絮凝，导致防渗层黏土的孔隙结构发生较大改变，同时，由于卤代烃类污染物本身渗透系数大于地下水，因此，DNAPLs 的渗透性更强。

(2) 侧向迁移

DNAPLs 在饱和含水层中的运移以垂向入渗为主，通常还都伴随着侧向迁移。如果在地下水面以下存在连续的 DNAPLs 层，则在势能作用下，由高处向低处水平运动。DNAPLs 的水平运动同样也必须克服毛细管压力从侧向驱替孔隙中的水，因此其需要一个侧压梯度，即

$$\mathrm{grad}\,P=\frac{2\sigma}{L_o\left(\dfrac{1}{r_t}-\dfrac{1}{r_p}\right)} \tag{1-8-15}$$

式中，σ 为界面张力；L_o 为沿着流动方向的连续 DNAPL 相的长度；r_t 和 r_p 的含义同前。

DNAPLs 向下迁移至含水层底板时，将沿底板的坡度向低洼处流动，有时其流动方向甚至和地下水流的方向相反，如图 1-8-6 所示。如果在隔水底板低洼处聚集的 DNAPLs 池处于静止状态，而其上方的地下水在流动，则静止的 DNAPLs 池和地下水流之间的界面将倾斜，该倾斜形成的坡角 τ 可以由下式计算出。当 $\tau>0$ 时，代表 DNAPLs 表面的坡度和水面坡度相同，而当 $\tau<0$ 时，意味着相反情形。

$$\tau=\frac{\rho_w}{\rho_w-\rho_{DNAPL}}\frac{\mathrm{d}h}{\mathrm{d}l} \tag{1-8-16}$$

式中，τ 为界面的坡角；$\dfrac{\mathrm{d}h}{\mathrm{d}l}$ 为潜水面的坡度。

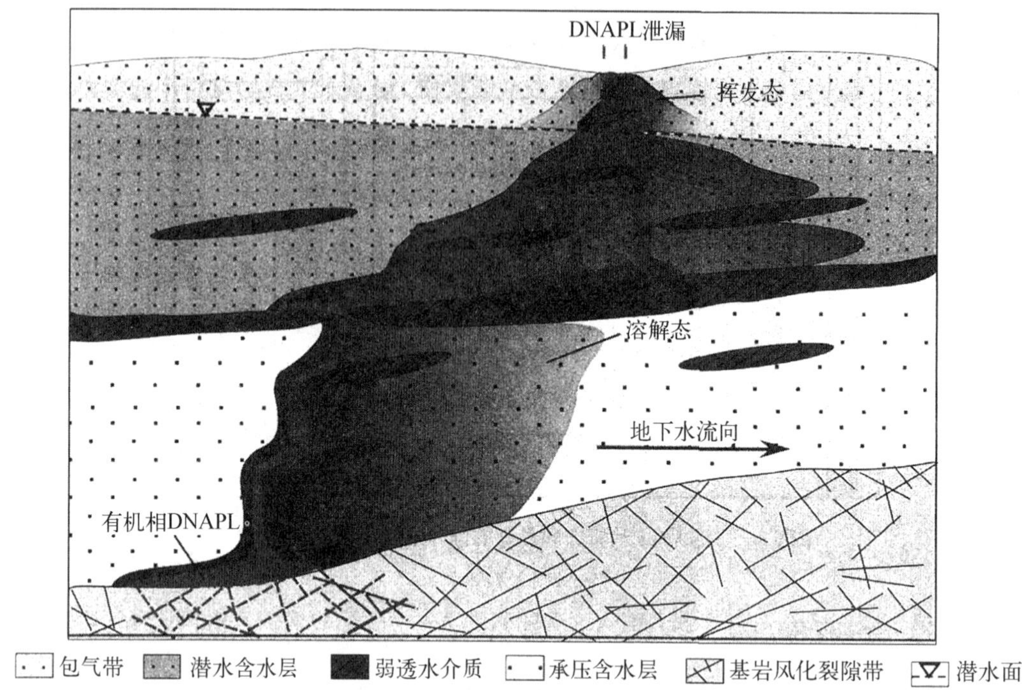

图 1-8-6 DNAPLs 在包气带和饱和带中的分布

本章参考文献

[1] 中国地质调查局.水文地质手册(第二版)[M].北京：地质出版社，2012.

[2]《工程地质手册》编委会. 工程地质手册(第五版)[M].北京：中国建筑工业出版社，2018.

[3] 钱家忠.地下水污染控制[M].合肥：合肥工业大学出版社，2009.

[4] 薛禹群，吴吉春.地下水动力学[M].北京：地质出版社，2010.

[5] 李智毅，杨裕云.工程地质学概论[M].武汉：中国地质大学出版社，1996.

[6] 东南大学，浙江大学，湖南大学，苏州科技学院.土力学(第二版)[M].北京：中国建筑工业出版社，2005.

[7] 华南理工大学、东南大学、浙江大学、湖南大学.地基与基础(第三版)[M].北京：中国建筑工业出版社，1998.

[8] 吴吉春，孙媛媛，徐红霞.地下水环境化学[M].北京：科学出版社，2019.

[9] 张人权，梁杏，靳孟贵，万力，于青春.水文地质学基础(第七版)[M].北京：地质出版社，2018.

[10] 张乃明.环境土壤学[M].北京：中国农业大学出版社，2012.

[11] 仵彦卿.土壤-地下水污染与修复[M].北京：科学出版社，2018.

[12] 裴源生.地下水水位匀速升降条件下土壤水分运动和给水度的研究[J].水文地质工程地质，1983(4).

[13] 张蔚榛，张瑜芳.土壤的给水度和自由空隙率[J].灌溉排水学报，1983(2).

[14] 张人权，高云福，王佩仪.层状土重力释水机制初步探讨[J].地球科学(中国地质大学学报)，1985(1).

第 2 章

化 学 基 础

自然界的物质按其组成和性质的异同在化学上可分为两大类：一类为无机物，一类为有机物。无机物研究所有元素及其化合物，如盐酸（HCl）、氢氧化钠（NaOH）、氧化镁（MgO）、氯化钠（NaCl）、碳酸氢钠（$NaHCO_3$）等；有机物研究碳氢化合物及其衍生物，如甲烷（CH_4）、乙烯（C_2H_4）、乙炔（C_2H_2）、苯（C_6H_6）、酒精（C_2H_6O）、醋酸（$C_2H_4O_2$）、葡萄糖（$C_6H_{12}O_6$）等。本章对元素及其化合物中的主要元素作简要介绍，并对有机化合物的特性、结构概念和理论、化学键、酸碱理论、分类、表示方法、同分异构体及其命名作简要描述，为从业人员提供和场地土壤与地下水污染调查及修复相关的污染物化学基础知识。

2.1　元素及其化合物

元素化学是无机化学的核心内容，主要讨论周期系中各元素的单质及其化合物的存在、性质、结构和用途等。根据元素的电负性，可将元素分为非金属元素和金属元素。其中非金属元素均为主族元素，金属元素可划分为主族金属元素和过渡金属元素，两者的区别在于，过渡金属和主族元素与配体相互作用的轨道不同。主族元素是除了最外层电子层以外的电子层的电子数都是满电子的化学元素，而过渡金属的原子结构具有两个特点：一是原子的最外层电子数不超过 2 个（多数是 2，少数是 1），二是过渡金属原子的次外层或倒数第 3 层的电子未充满，属于不稳定结构。

2.1.1　非金属元素

非金属元素是元素的一大类，主要包括卤族元素（氟、氯、溴、碘、砹）、氧族元素（氧、硫）、氮族元素（氮、磷）、氢、硼、碳族元素（碳、硅）。

2.1.1.1　**卤族元素**

元素周期表中ⅦA 族包括氟（F）、氯（Cl）、溴（Br）、碘（I）、砹（At）五种元素，因它们均易成盐，故称为卤族元素，简称卤素。砹具有放射性，直至 20 世纪 40 年代才被制得。以下只介绍前四种元素的性质和应用。

自然界中氟、碘只有一种同位素，氯和溴各有两种同位素，分别为^{35}Cl（75.77%）、^{37}Cl（24.23%）和^{79}Br（50.54%）、^{81}Br（49.46%）。自然界中含氟的矿石主要有萤石（CaF_2）、冰晶石（Na_3AlF_6）和氟磷灰石[$Ca_5F(PO_4)_3$]。另外，氟还存在于动物的骨骼、牙齿、毛发、鳞片、羽毛等组织内部。氯、溴和碘多以溶解状态存在于海洋和卤水中，氯也以光卤石（$KCl \cdot MgCl_2 \cdot 6H_2O$）的形式存在于盐矿中，而碘则主要存在于废油井卤水和海藻中。

卤素原子的基本性质如表 2-1-1 所示。

表 2-1-1 卤素原子的基本性质

性　质	氟(F)	氯(Cl)	溴(Br)	碘(I)
原子序数	9	17	35	53
相对原子质量	19.00	35.45	79.90	126.9
价层电子构型	$2s^2p^5$	$3s^2p^5$	$4s^2p^5$	$5s^2p^5$
共价半径(pm)	64	99	121	140
电子亲和能 E_A(kJ・mol^{-1})	−328	−349	−325	−295
第一电离能(kJ・mol^{-1})	1 681	1 251	1 140	1 008
电负性(鲍林标度)	3.98	3.16	2.96	2.66

卤素原子的外层电子构型为 ns^2np^5，与稀有气体原子外层的 8 电子稳定构型相比只差 1 个电子，与同周期其他元素的原子相比具有较大的电离能、电子亲和能和电负性。同族中从氟到碘电离能、$-E_A$ 值、电负性逐渐减小，但由于氟的原子半径太小，电子云密度大，因此氟的 $-E_A$ 值反而低于氯。

(1) 单质

① 物理性质

卤素单质的物理性质如表 2-1-2 所示。

表 2-1-2 卤素单质的物理性质

性　质	氟(F)	氯(Cl)	溴(Br)	碘(I)
聚集状态	气	气	液	固
颜　色	浅黄	黄绿	红棕	紫黑
熔点(℃)	−219.6	−101	−7.2	113.5
沸点(℃)	−188	−34.6	58.78	184.3
汽化热(kJ・mol^{-1})	6.32	20.41	31.71	46.61
溶解度[g・(100g)$^{-1}$ H_2O]	分解水	0.732	3.58	0.029
密度(g・cm^{-3})	1.11	1.57	3.12	4.93

卤素单质均为双原子分子，固态时为非极性分子晶体。常温常压下氟为浅黄色气体，氯为黄绿色气体，溴为棕红色液体，碘为紫黑色带有金属光泽的固体。随着卤素原子半径的增大和核外电子数目的增多，卤素分子之间的色散力逐渐增大，因而单质的熔点、沸点、汽化热和密度等物理性质按 F→Cl→Br→I 顺序依次增大。20℃压力超过 6.6 atm 时，气态氯可转变为液态氯。利用这一性质，可将氯液化装在钢瓶中储运。固态碘由于具有高的蒸气压，加热时产生升华现象。利用碘的这一性质，可将粗碘进行精制。

卤素在水中的溶解度不大，其中氟与水剧烈反应

$$2F_2 + 2H_2O = 4HF + O_2$$

因而不能存在于水中。溴和碘容易溶于有机溶剂如乙醇、乙醚、氯仿、四氯化碳和二硫化碳中，其中溴显黄到棕红的颜色，而碘显棕到紫红的颜色。

碘在纯水中的溶解度很小，但能以 I_3^- 的形式大量存在于碘化物溶液中，碘化物浓度越大，能溶解的碘越多，则溶液颜色越深。

卤素均具有毒性，会刺激眼、鼻、气管的黏膜，少量的氯气具有杀菌作用，可用于自来水消毒。但若不慎吸入一定量的氯气，会引起窒息。液溴会对皮肤造成难以痊愈的灼伤，若不慎溅到皮肤，应立即用水冲洗并及时就诊。

② 卤素的成键特征

根据卤素的原子结构和性质，卤素的成键特征如下：

一是结合一个电子成为负离子 X^-，存在于和活泼金属形成的离子型化合物中，如 LiF、$CaCl_2$、KBr、KI 等。

二是提供一个成单 p 电子与其他可提供成单电子的原子形成一个共价单键，如 HX、X_2。

三是以 X^- 的形式作为配位体形成配合物，如 AlF_6^{3-}、$CuCl_4^{2-}$、HgI_4^{2-} 等。

四是原子本身的价层轨道杂化后与其他原子半径小的卤素原子形成共价型化合物，如 ClF_3，BrF_5 等。

五是 X 采取 sp^3 杂化形成含氧酸。X 与氧原子形成 σ 键，非羟基氧原子上的 2p 电子又反馈给 X 的价层 d 轨道形成 p－dπ 键。除高碘酸外，卤素形成的含氧酸共有四种形式：HXO、HXO_2、HXO_3 和 HXO_4。氟原子由于无价层 d 轨道，所以只有 HOF 一种形式。

③ 化学性质

卤素化学活泼性高、氧化能力强，其中氟是最强的氧化剂。氟能氧化所有金属以及除氮、氧以外的非金属单质(包括某些稀有气体)。卤素的氧化能力由氟到碘依次减弱。卤素的氧化性反应主要表现如下：

一是与金属反应。F_2 能与所有金属直接反应生成离子型化合物；Cl_2 能与多数金属直接反应生成相应化合物；Br_2 和 I_2 只能与较活泼的金属直接反应生成相应化合物。干燥时，F_2 使 Cu、Ni 钝化，Cl_2 使 Fe 钝化，这些金属可以用来制备、储存、运输 F_2 和 Cl_2 的器皿。

二是与非金属反应。F_2 能与除 He、Ne、Ar、Kr、O_2、N_2 之外的所有非金属直接反应生成相应的共价化合物；Cl_2、Br_2 能与多数非金属直接反应生成相应的共价化合物；I_2 只能与少数非金属直接反应生成共价化合物，如 PI_3。

F_2 与 H_2 的反应在冷暗处即可产生爆炸；Cl_2 与 H_2 的反应需要光照或加热；Br_2 和 I_2 的反应则要在较高的温度下才能进行，并且同时存在 HBr 和 HI 的分解。

三是与水反应。卤素与水反应有两种方式：

氧化反应　$2X_2 + 2H_2O = 4H^+ + 4X^- + O_2$

歧化反应　$X_2 + H_2O = H^+ + X^- + HXO$

F_2 与水(pH=7)发生氧化反应且反应激烈。Cl_2、Br_2、I_2 都与水发生歧化反应且反应程度依次减弱，碘的水溶液是稳定的。歧化反应的产物还与酸度、温度及反应速率有关。

当水溶液呈碱性时，BrO^-、IO^- 会进一步歧化生成 BrO_3^- 和 IO_3^-，而且随温度升高歧化程度加强。在实验室条件下主要反应为

$$Cl_2 + 2NaOH = NaCl + NaClO + H_2O \quad (室温)$$

$$3Cl_2 + 6NaOH = 5NaCl + NaClO_3 + 3H_2O \quad (>75℃)$$

$$Br_2 + 2NaOH \longrightarrow NaBr + NaBrO + H_2O \quad (室温)$$

$$3Br_2 + 6NaOH \longrightarrow 5NaBr + NaBrO_3 + 3H_2O \quad (>50℃)$$

$$3I_2 + 6NaOH \longrightarrow 5NaI + NaIO_3 + 3H_2O \quad (常温)$$

(2) 卤化氢与氢卤酸

① 物理性质

卤化氢的主要物理性质如表 2-1-3 所示。

表 2-1-3 卤化氢的主要物理性质

性　质	氟化氢(HF)	氯化氢(HCl)	溴化氢(HBr)	碘化氢(HI)
熔点(℃)	−83.1	−114.8	−88.5	−50.8
沸点(℃)	19.54	−84.9	−67	−35.38
$\Delta_f H_m^{\ominus}$ (kJ·mol^{-1})	−271.1	−92.3	−36.4	25.9
H—X 键能(kJ·mol^{-1})	568.6	431.8	365.7	298.7
汽化热(kJ·mol^{-1})	30.31	16.12	17.62	19.77
分子偶极矩 μ(10^{-30} C·m)	6.40	6.31	2.65	1.27
表观解离度(0.1 mol·L^{-1}, 18℃)(%)	10	93	93.5	95
溶解度[g·(100 g)$^{-1}$ H_2O]	35.3	42	49	57

常温常压下,卤化氢均为无色有刺激性的气体。按 HF→HCl→HBr→HI 的顺序极性依次减弱,分子间作用力按 HCl→HBr→HI 顺序依次增强,因此它们的熔点、沸点依次升高。HF 分子间存在较强的氢键,所以在卤化氢中它具有最大的熔化热、汽化热及最高的沸点,熔点也高于 HCl 和 HBr。卤化氢都容易溶于水,其水溶液称为氢卤酸。

② 化学性质

一是酸性。氯化氢、溴化氢与碘化氢都是强酸且酸性依次增强。氢氟酸是一种弱酸,是因为氢键导致的缔合状态影响了电离作用。但当其浓度大于 5 mol·L^{-1}时,酸度反而变强,原因是 F^- 与 HF 以氢键方式结合(反应②),拉动反应①向右移动。

$$① \; HF \rightleftharpoons H^+ + F^- \qquad K^{\ominus} = 6.3 \times 10^{-5}$$

$$② \; HF + F^- \rightleftharpoons HF_2^- \qquad K^{\ominus} = 5.1$$

二是还原性。卤化氢的还原性按 HF→HCl→HBr→HI 顺序依次增强。

$$2HI + 2FeCl_3 \longrightarrow 2FeCl_2 + 2HCl + I_2$$

$$2HBr + H_2SO_4(浓) \longrightarrow SO_2 + 2H_2O + Br_2$$

$$16HCl + 2KMnO_4 \longrightarrow 2KCl + 2MnCl_2 + 8H_2O + 5Cl_2$$

三是氟化氢(HF)的特殊性。

HF 无论是气体还是氢氟酸溶液都对玻璃有强腐蚀作用。

$$4HF(g) + SiO_2 \longrightarrow 2H_2O + SiF_4(g)$$

$$6HF(aq) + SiO_2 = 2H_2O + H_2SiF_6(aq)$$

用HF气体刻蚀玻璃得到的是毛玻璃，用氢氟酸溶液刻蚀玻璃得到平滑的刻痕。无论是HF气体还是氢氟酸溶液均必须用塑料质或内涂石蜡的容器储存。

四是热稳定性。卤化氢的热稳定性是指其受热是否易分解为单质

$$2HX \xlongequal{\triangle} H_2 + X_2$$

卤化氢的热稳定性大小可由生成焓来衡量。从表2-1-3数据可以看出，卤化氢的标准生成焓从HF到HI依次增大，它们的热稳定性急剧下降。HI(g)加热到200℃左右就明显分解，而HF(g)在1 000℃还能稳定存在。

(3) 卤化物

① 键型

金属元素和多数非金属元素都可形成卤化物。按键型可将卤化物分为离子型卤化物和共价型卤化物。这里的离子型或共价型是指离子键成分或共价键成分大于50%。卤化物的键型取决于金属离子的极化力与X^-的变形性，极化力小的金属离子与变形性小的X^-形成离子型卤化物。如ⅠA和ⅡA族的金属离子(除Li^+、Be^{2+}外)都与X^-形成离子型化合物。对同一金属离子，X^-的半径越大，变形性越大，键型的共价成分也越大。如AlF_3为离子型，而$AlCl_3$为共价型。非金属的卤化物和多数高氧化态金属的卤化物为共价型卤化物，如BCl_3、CCl_4、PCl_5、$AlCl_3$、$FeCl_3$、$SnCl_4$、$TiCl_4$等，这是高氧化态阳离子的强极化力与X^-之间产生强极化作用的结果。随着X^-半径的增大，离子极化作用增强，共价键成分增强，卤化物在水中的溶解度降低。

② 溶解性和水解性

大多数金属卤化物易溶于水。主要的难溶盐有AgX(X=Cl、Br、I，下同)、Hg_2X_2、HgI_2、CuI等。AgF易溶于水，是因为F^-半径小，不易被极化，是离子化合物。

高价金属卤化物容易发生水解，但水解程度、水解产物不尽相同。如

$$FeCl_3 + 3H_2O = Fe(OH)_3 + 3HCl$$

$$SnCl_2 + H_2O = Sn(OH)Cl + HCl$$

$$MCl_3 + H_2O = MOCl + 2HCl \ (M = Sb、Bi)$$

$$TiCl_4 + (n+2)H_2O = TiO_2 \cdot nH_2O + 4HCl$$

大部分非金属卤化物容易水解，生成相应的含氧酸。如

$$BF_3 + 3H_2O = H_3BO_3 + 3HF$$

$$PCl_5 + 4H_2O = H_3PO_4 + 5HCl$$

(4) 卤素的含氧酸及其盐

除高碘酸外，卤素(氟除外)形成的含氧酸共有四种形式：HXO、HXO_2、HXO_3、HXO_4依次称为次X酸、亚X酸、X酸、高X酸。卤素含氧酸的酸性随卤素氧化数的增高而增强；对同一氧化数的卤素，其热稳定性和酸性按Cl→Br→I的顺序减弱。卤素的含氧酸不稳定，大多数只能存在于水溶液中。

① 次卤酸及其盐

次卤酸都是弱酸，HClO、HBrO、HIO的电离常数$K_a^\ominus$在25℃时分别为4.0×10^{-8}、2.4×10^{-9}、2.3×10^{-11}，酸性依次降低，稳定性依次降低。

次卤酸都具有较强的氧化能力，在酸性介质中氧化性更强。目前还未制得纯的次卤酸，得到的只是它们的水溶液。此反应为可逆反应，所得次氯酸的浓度很低。如

$$Cl_2 + H_2O = HClO + HCl$$

次卤酸的分解主要有两种形式

$$2HXO = 2HX + O_2$$

$$3HXO = 2HX + HXO_3$$

后者为歧化反应。HClO 在室温下分解很慢，但温度达到 75℃时几乎完全歧化为氯酸盐。而 HBrO、HIO 歧化得更快，HBrO 只在 0℃的低温下存在，溶液中不存在次碘酸盐。

次卤酸盐的稳定性高于次卤酸，也有很强的氧化性。例如，可通过下列反应制备重要氧化剂 PbO_2

$$NaClO + PbAc_2 + 2OH^- = PbO_2 + NaCl + 2Ac^- + H_2O$$

② 卤酸及其盐

$HClO_3$、$HBrO_3$ 是强酸，HIO_3 是中强酸，$K_a^\ominus = 1.69 \times 10^{-1}$（25℃）。$HIO_3$ 稳定性最高，可得到其固体产品，而 $HClO_3$、$HBrO_3$ 只能存在于溶液中，最高浓度分别为 $HClO_3$ 40%、$HBrO_3$ 50%（25℃）。

卤酸都是强氧化剂。如

$$HClO_3 + 5HCl = 3Cl_2\uparrow + 3H_2O$$

$$2HClO_3 + I_2 = 2HIO_3 + Cl_2\uparrow$$

碱性介质中 X_2 或 XO^- 均可发生歧化反应，生成 XO_3^-

$$3X_2 + 6OH^- = XO_3^- + 5X^- + 3H_2O$$

$$3XO^- = XO_3^- + 2X^-$$

XO_3^- 也可发生歧化反应，如

$$4ClO_3^- = 3ClO_4^- + Cl^-$$

卤酸盐的稳定性高于卤酸，常见的卤酸盐有 $KClO_3$、$NaIO_3$ 等。固体 $KClO_3$ 是一种强氧化剂，在工业上有重要用途，如制备火柴、卷烟纸、火药、信号弹、焰火等，还可用作除草剂。$KBrO_3$、KIO_3 在分析化学中都被用作氧化剂。氯酸盐通常在酸性溶液中显氧化性。例如，$KClO_3$ 在中性溶液中不能氧化 KI，但酸化后即可将 I^- 氧化为 I_2

$$ClO_3^- + 6I^- + 6H^+ = 3I_2 + Cl^- + 3H_2O$$

③ 高卤酸及其盐

高卤酸的稳定性相对较高，但也只能存在于水溶液中，在酸性溶液中有较强的氧化性。$HClO_4$ 是最强的无机含氧酸。高氯酸盐的稳定性高于氯酸盐，用 $KClO_4$ 制成的炸药成为“安全炸药”。

2.1.1.2 氧和硫元素

元素周期表中ⅥA 族包括氧(O)、硫(S)、硒(Se)、碲(Te)、钋(Po)五种元素，称为氧族元素。其中，钋具有放射性，硒、碲属分散元素，以下只介绍氧和硫及其化合物的性质。

氧在自然界中的存在形式主要有三种：空气中氧以单质（O_2、O_3）的形式存在；海水中氧以 H_2O 的形式存在；岩石层中氧以 SiO_2、硅酸盐及其他氧化物与含氧酸盐的形式存在。自然界中硫以单质硫和化合态硫两种形态存在。

氧族元素原子的外层电子构型为 ns^2np^4，与稀有气体原子外层 8 个电子稳定构型相比差 2 个电子，虽然具有较大的电离能、电子亲和能和电负性，但比同周期的卤素原子小。与氟一样，氧原子的半径较小，外层电子密度较大。

氧和硫元素的性质如表 2 - 1 - 4 所示。

表 2 - 1 - 4　氧和硫元素的性质

项　　目	氧(O)	硫(S)
原子序数	8	16
相对原子质量	16.0	32.06
外层电子构型	$2s^2 2p^4$	$3s^2 3p^4$
原子共价半径(pm)	68	102
第一电离能($kJ \cdot mol^{-1}$)	1 314	1 000
第一电子亲和能 E_A($kJ \cdot mol^{-1}$)	−141	−200
电负性(鲍林标度)	3.44	2.58

(1) 氧及其化合物

① 单质

常温常压下，氧是一种无色无味的气体，在 90 K 时能凝成淡蓝色的液体，54 K 时凝聚成淡蓝色的固体。常压、293 K 时 1 L 水中仅能溶解 30 mL 氧气。

② 过氧化氢

过氧化氢俗称双氧水(H_2O_2)。纯 H_2O_2 是一种淡蓝色的黏稠液体，极性比水还强，因而有更强的形成氢键的趋势与缔合程度。沸点比水高(150.2℃)，熔点与水接近(−0.41℃)。可与水任意比例混合。市售试剂为 30%～35%的水溶液，医药上用 3%的水溶液作杀菌消毒剂。过氧化氢具有如下性质：

一是不稳定性。H_2O_2 在见光、受热或有重金属离子(如 Fe^{2+}、Mn^{2+}、Cu^{2+}、Cr^{3+} 等)存在时，容易分解成水和氧气，因此应存放在塑料瓶或加有 Na_2SnO_3、$Na_4P_2O_7$ 等稳定剂的棕色试剂瓶中，并放在避光阴凉处。

二是氧化还原性。H_2O_2 在酸、碱介质中的标准电极电势为

$$\varphi_A^\ominus/V \quad O_2 \xrightarrow{0.682} H_2O_2 \xrightarrow{1.776} H_2O$$

$$\varphi_B^\ominus/V \quad O_2 \xrightarrow{-0.076} H_2O^- \xrightarrow{0.87} H_2O$$

H_2O_2 的分解反应是一个歧化反应

$$2H_2O_2 = O_2\uparrow + 2H_2O \quad (\Delta_r H_m^\ominus = -196\ kJ \cdot mol^{-1})$$

H_2O_2 不论在酸性还是碱性介质中都具有很强的氧化性，但其作为还原剂的能力并不强，只与较强的氧化剂反应。

三是弱酸性。H_2O_2 可电离出 H^+

$$H_2O_2 \rightleftharpoons HO_2^- + H^+ \quad (K_{a1}^\ominus = 1.55 \times 10^{-12})$$

H_2O_2 与 $Ba(OH)_2$ 或 NaOH 反应可生成氧化物

$$H_2O_2 + Ba(OH)_2 = BaO_2 + 2H_2O$$

(2) 硫及其化合物

① 单质

单质硫有多种同素异形体,如正交硫(也称斜方硫,S_α),单斜硫(S_β)等,由 S_α 转变成 S_β 为吸热反应,因此在 298 K 最稳定单质为 S_α。

$$S_\alpha \rightleftharpoons S_\beta \quad \Delta_r H_m^\ominus = 0.30\ \mathrm{kJ \cdot mol^{-1}}$$

② 硫化氢

H_2S 是一种臭鸡蛋味的有毒气体,吸入大量的 H_2S 会造成昏迷或死亡,空气中的允许含量为 0.01 mg/L。在常温常压下 H_2S 饱和水溶液的浓度为 0.1 mol/L。

H_2S 的化学性质主要表现为还原性

$$2H_2S + O_2 = 2S\downarrow + 2H_2O$$

$$H_2S + I_2 = 2HI + S\downarrow$$

$$H_2S + 4Br_2 + 4H_2O = H_2SO_4 + 8HBr$$

③ 金属硫化物与多硫化物

自然界中以硫化物形式存在的矿物有很多,如黄铁矿(FeS_2)、黄铜矿($CuFeS_2$)、方铅矿(PbS)、闪锌矿(ZnS)、灰锑矿(Sb_2S_3)等。金属硫化物的性质主要集中在以下几个方面:

一是酸碱性。金属硫化物的酸碱性与相应氧化物的酸碱性相对应

Na_2S	NaSH	As_2S_3	As_2S_5	Na_2S_2
Na_2O	NaOH	As_2O_3	As_2O_5	Na_2O_2
碱性	碱性	两性	酸性	碱性

二是水解性。由于氢硫酸是弱酸,因此金属硫化物在水中都会发生不同程度的水解,在浓度为 0.10 mol/L 时,几种硫化物的水解度分别为 Na_2S 94%、$(NH_4)_2S$ 100%、Al_2S_3 100%。其中 Na_2S 水解生成 NaOH 是强碱性,因此 Na_2S 也称为硫化碱。

三是难溶性。除 Na_2S、K_2S、$(NH_4)_2S$、BaS 等少量硫化物容易溶于水外,多数硫化物难溶于水,按它们溶解的难易程度可分为以下几种:

第一,难溶于水,但可溶于 2.0 mol · L^{-1} 稀盐酸的金属硫化物,如 FeS、MnS 等。

第二,难溶于稀盐酸,但可溶于 6 mol · L^{-1} 或以上较浓盐酸的金属硫化物,如 ZnS、SnS、Cds、CoS、NiS、PbS 等。

第三,难溶于盐酸,但可溶于硝酸的金属硫化物,如 Ag_2S、CuS、As_2S_5、Sb_2S_5 等。

第四,难溶于硝酸,但可溶于王水的金属硫化物,如 HgS。

第五,有些金属硫化物由于可形成硫代酸盐而溶于 Na_2S 和 Na_2S_2 溶液中,如

$$As_2S_5 + 3Na_2S = 2Na_3AsS_4$$

$$As_2S_3 + 3Na_2S = 2Na_3AsS_3$$

$$Sb_2S_3 + 2Na_2S_2 + Na_2S = 2Na_3SbS_4$$

$$HgS + Na_2S = Na_2[HgS_2]$$

④ 硫的氧化物

硫的氧化物包括如下两种:

一是二氧化硫(SO_2)。二氧化硫是一种无色有刺激性气味的气体,长期吸入会造成慢性中毒,引起

食欲丧失、大便不通和气管炎症。SO_2 的化学性质以氧化还原为主

$$2H_2S + SO_2 \xlongequal{} 3S + 2H_2O$$

$$SO_2 + Cl_2 \xlongequal{} SO_2Cl_2$$

$$2SO_2 + O_2 \xlongequal[\triangle]{V_2O_5} 2SO_3$$ （工业上用此催化氧化反应制备 SO_3 与硫酸）

SO_2 因易与有色的有机物加合而具有漂白性能，常用于漂白纸浆、麻制品和草编制品。这种漂白作用不同于氧化漂白，当加合物中的 S(Ⅳ)被氧化剂作用掉时，有机色素的颜色就会恢复。

二是三氧化物(SO_3)。在常温常压下，三氧化硫是一种无色液体，熔点为 16.8℃，沸点为 44.8℃。液态 SO_3 是以聚合态存在的，在气态时才存在单个的 SO_3 分子。SO_3 可与水以任意比例混合，溶于水生成硫酸并放出大量热。因 SO_3 与水蒸气会形成酸雾，所以工业不用水吸收 SO_3 制硫酸，而用浓硫酸吸收。

⑤ 亚硫酸及其盐

亚硫酸是二元中强酸，SO_2 溶于水时，主要以物理溶解的形式存在，即生成简单的水合分子 $SO_2 \cdot H_2O$，H_2SO_3 的含量很少。因此，SO_2 水溶液仅显弱酸性。H_2SO_3 只存在于水溶液，目前尚未制得纯 H_2SO_3。市售亚硫酸试剂中 SO_2 含量不少于 6%。

亚硫酸盐中，碱金属和铵盐易溶于水，其他盐类均难(微)溶于水，但都溶于强酸。亚硫酸及其盐的还原性强弱次序为：亚硫酸盐＞亚硫酸＞SO_2。

⑥ 硫酸及其盐

纯硫酸为无色油状液体，是难挥发的酸，熔点为 10.37℃，沸点为 317℃，市售浓硫酸(98%)密度为 $1.84\ g \cdot cm^{-3}$。

浓硫酸的化学性质如下：

一是强酸性。H_2SO_4 的第一步电离是完全的，$K_{a_2}^{\ominus} = 1.2 \times 10^{-2}$。

二是强氧化性。许多金属和非金属均可被浓硫酸氧化

$$Cu + 2H_2SO_4(浓) \xlongequal{\triangle} CuSO_4 + SO_2\uparrow + 2H_2O$$

$$S + 2H_2SO_4 \xlongequal{\triangle} 3SO_2\uparrow + 2H_2O$$

三是吸水性和脱水性。浓硫酸具有强的吸水性，常用作干燥剂；浓硫酸还会使碳水化合物脱水而损坏，因此使用时应注意不要溅在皮肤和衣物上。浓硫酸稀释时放出大量热，一定要在不断搅拌下缓慢地将浓硫酸加入水中。

硫酸盐的化学性质如下：

一是酸式盐的性质突出两点：第一，容易溶于水，由于 HSO_4^- 的电离而显酸性；第二，固体盐受热时，脱水生成焦硫酸盐，如

$$2NaHSO_4 \xlongequal{\triangle} Na_2S_2O_7 + H_2O$$

二是硫酸正盐中除 $BaSO_4$、$SrSO_4$、$CaSO_4$、$PbSO_4$、Ag_2SO_4 外多数易溶于水。突出的性质为：第一，热稳定性高，在几乎所有的含氧酸盐中，硫酸盐的热稳定性最高。第二，多数盐含结晶水。组成为 $M_2SO_4 \cdot MSO_4 \cdot 6H_2O$ 和 $M_2SO_4 \cdot M_2(SO_4)_3 \cdot 24H_2O$ 的一类硫酸复盐称为矾。

⑦ 硫的其他含氧酸及其盐

一是焦硫酸及其盐。两分子正 X 酸脱去一分子水后生成的酸称为焦 X 酸。焦硫酸是二元强酸，氧化性强于硫酸，焦硫酸存在于发烟硫酸(溶有过量 SO_3 的硫酸)中。焦硫酸盐常用作熔矿剂

$$3K_2S_2O_7 + Fe_2O_3 \xlongequal{\triangle} Fe_2(SO_4)_3 + 3K_2SO_4$$

二是过硫酸及其盐。过硫酸可以认为是 H_2O_2 的衍生物，H_2O_2 分子中一个 H 被磺酸基（$—SO_3H$）取代的产物称为过一硫酸（H_2SO_5），若两个 H 都被$—SO_3H$ 取代则称为过二硫酸（$H_2S_2O_8$）。常用盐有二硫酸铵（或钾），是强氧化剂，在 Ag^+ 的催化下能将 Mn^{2+} 氧化为紫红色的 MnO_4^-

$$5S_2O_8^{2-} + 2Mn^{2+} + 8H_2O \xlongequal{Ag^+} 10SO_4^{2-} + 2MnO_4^- + 16H^+$$

三是硫代硫酸及其盐。H_2SO_4 中的一个非羟基氧原子被硫原子取代后的产物 $H_2S_2O_3$ 称为硫代硫酸，其中两个硫原子具有不同的化学环境。纯的 $H_2S_2O_3$ 尚未制得。硫代硫酸盐中最重要的是硫代硫酸钠（$Na_2S_2O_3 \cdot 5H_2O$），俗称大苏打或海波，主要化学性质如下：

第一，遇酸易分解，如

$$S_2O_3^{2-} + 2H^+ \xlongequal{} SO_2\uparrow + S\downarrow + H_2O$$

第二，还原性，$Na_2S_2O_3$ 是中等强度的重要还原剂，如

$$S_2O_3^{2-} + 4Cl_2 + 5H_2O \xlongequal{} 2SO_4^{2-} + 8Cl^- + 10H^+$$

$$2S_2O_3^{2-} + I_2 \xlongequal{} S_4O_6^{2-} + 2I^-$$

2.1.1.3 氮和磷元素

元素周期表中VA族包括氮（N）、磷（P）、砷（As）、锑（Sb）、铋（Bi）五种元素，称为氮族元素。氮族元素中，氮、磷是非金属，砷和锑具有两性和准金属的性质，铋是金属。以下只介绍氮与磷。

氮和磷元素的性质如表 2-1-5 所示。

表 2-1-5 氮和磷元素的性质

项　目	氮(N)	磷(P)
原子序数	7	15
相对原子质量	14.01	30.97
外层电子构型	$2s^2 2p^3$	$3s^2 3p^3$
原子共价半径(pm)	68	105
第一电离能($kJ \cdot mol^{-1}$)	1 402	1 012
第一电子亲和能 E_A($kJ \cdot mol^{-1}$)	—	−72
电负性(鲍林标度)	3.04	2.19

(1) 氮及其化合物

① 单质

氮气是一种无色无味的气体，在大气中的体积百分含量为 78%。氮的成键特征如下：

一是获得 3 个电子成为 N^{3-}，与活泼金属立即形成离子型化合物，如 Li_3N、Mg_3N_2 等。由于 N^{3-} 电荷密度大，半径大，遇水强烈水解，这些离子型氮化物只能以固态形式存在。

二是以 sp^3 杂化轨道成键，形成共价化合物，如 NH_3、NH_2OH、NCl_3 均为三角锥形。

三是以 sp^2 杂化轨道成键，如 NO_2、HNO_2、HNO_3、N_2O_5 均以 +3 或 +5 价氧化态形成含氧化合物。

② 氨

常温常压下，氨是一种无色有臭味的气体。与同族元素的氢化物相比，由于分子间氢键的存在，氨具有较大的熔化热，常压下氨的熔点是 −77.7℃，沸点为 −33.35℃，液氨是一种制冷剂。氨极易溶于水，常压下，1 体积水中可溶解氨的体积数在 0℃时为 1 200、20℃时为 700。市售氨水的浓度为 28%(质量分数)，相对密度为 0.91，物质的量浓度为 15 mol · L^{-1}。氨是一种极性分子，液氨是一种极性非水溶剂，可溶解碱金属单质和一些无机盐。25℃时，100 g 液氨可溶解 390 g NH_4NO_3 或 206.8 g AgI。

氨的化学性质主要有：

一是还原反应。氨中氮处于最低氧化价态，因此具有还原性。

二是取代反应。NH_3 中的 H 原子可被其他原子或原子团依次取代，生成一系列衍生物：氨基化物(—NH_2)，如 $NaNH_2$；亚氨基化物(═NH)与氮化物(≡N)。NH_3 中的一个氢原子被—NH_2 取代后生成联氨 N_2H_4，又称为肼，是工业上常用的还原剂。

三是配合反应。NH_3 可提供 N 原子的孤电子对作为配体形成配合物。

$$Ag^+ + 2NH_3 = [Ag(NH_3)_2]^+$$

$$Cu^{2+} + 4NH_3 = [Cu(NH_3)_4]^{2+}$$

四是弱碱性。

$$NH_3 + H_2O \rightleftharpoons NH_3 \cdot H_2O \rightleftharpoons NH_4^+ + OH^- \qquad (K_b^\ominus = 1.8 \times 10^{-5})$$

③ 铵盐

大多数铵盐易溶于水，其化学特性主要表现如下：

一是热稳定性较低，受热容易分解。由挥发性酸组成的铵盐，分解产生 NH_3 与相应的酸性气体。如

$$NH_4Cl \xlongequal{\triangle} NH_3\uparrow + HCl\uparrow$$

$$NH_4HCO_3 \xlongequal{\triangle} NH_3\uparrow + CO_2\uparrow + H_2O$$

由难挥发酸组成的铵盐，分解时仅有氨气逸出。如

$$(NH_4)_2SO_4 \xlongequal{\triangle} NH_3\uparrow + NH_4HSO_4$$

二是容易水解。由于氨是一种弱碱，因此铵盐都容易水解。如

$$NH_4Cl + H_2O = NH_3 \cdot H_2O + HCl$$

④ 氮的氧化物

氮可以形成氧化数从 +1 到 +5 的氧化物：N_2O、NO、N_2O_3、NO_2(或 N_2O_4)、N_2O_5，其中 NO 与 NO_2 较为重要。也有一系列含氧酸，其中以亚硝酸和硝酸最为重要。

氮的氧化物会污染空气，空气中的 NO、NO_2 主要来自发电厂、汽车和飞机排出的废气。另外，在生产硝酸及其盐、亚硝酸盐的过程中也会排出 NO_2。大气中过多的氮氧化物对人类生存环境会造成严重的破坏。

⑤ 亚硝酸(HNO_2)及其盐

HNO_2 是一元弱酸，比乙酸略弱，稳定性较低。其既有氧化性又有还原性，在酸性介质中具有较强的氧化性。碱金属的亚硝酸盐稳定性较高，一般为无色晶体，易溶于水。NO_2^- 具有很强的配位能力，能

与许多金属离子形成配合物。当以 N 原子配位时，称为硝基；当以 O 原子配位时，称为亚硝酸根。亚硝酸盐均具有毒性，能把血红蛋白中的 Fe(Ⅱ)氧化为 Fe(Ⅲ)，使血红蛋白没有载氧能力；现已证明亚硝酸钠能与蛋白质反应生成致癌物质亚硝基胺($R_2N—N═O$)。制作咸菜、酸菜、泡菜的容器下层会产生亚硝酸盐，食用前要洗净；鱼、肉加工制作过程中为防腐、保鲜曾加入亚硝酸盐，但如用量过多会引起中毒，工业用盐中含较大量的亚硝酸盐，不可食用。

⑥ 硝酸及其盐

纯硝酸是无色液体，容易挥发，见光或受热容易分解，久置会因含 NO_2 而发黄，因此应储存在棕色试剂瓶中并放于阴凉处。硝酸最重要的化学性质为强氧化性，它可与众多的金属及非金属反应。反应产物与硝酸浓度、金属活泼性有关。硝酸能与有机化合物发生硝化反应，生成硝基化合物，如苯与硝酸作用生成硝基苯。利用该反应可以制造许多含氮染料、塑料、药物，也可以制造硝酸甘油、三硝基甲苯(TNT)、三硝基苯酚(苦味酸)等烈性炸药。硝酸盐多为无色晶体，易溶于水，热稳定性较低，加热易分解，分解产物与阳离子性质有关。在金属活泼性顺序中位于 Mg 之前的ⅠA、ⅡA 族金属硝酸盐，分解生成亚硝酸盐和 O_2。活泼性位于 Mg～Cu 之间的金属硝酸盐，分解生成金属氧化物、NO_2 和 O_2。活泼性位于 Cu 之后的金属硝酸盐，分解生成金属、NO_2 和 O_2。

(2) 磷及其化合物

① 单质

单质磷主要有三种同素异形体：白磷(黄磷)、红磷和黑磷，是磷的指定单质，但不是最稳定单质。白磷的熔点为 44.15℃，在低温蒸气中以四面体的 P_4 分子存在，白磷是分子晶体。白磷在空气中能缓慢氧化产生绿光，称为磷光。白磷易燃(燃点 40℃)，故应储存在冷水中。

磷的成键特征如下：

一是以 P^{3-} 的形式与活泼金属离子形成离子型化合物，如 Na_3P、Zn_3P_2 等。

二是以不同的杂化状态形成共价化合物，如磷 $PH_3(sp^3)$、磷酸 $H_3PO_4(sp^3)$、亚磷酸 $H_3PO_3(sp^3)$、次磷酸 $H_3PO_2(sp^3)$、五氯化磷 $PCl_5(sp^3d)$等。

三是磷最稳定的存在形式是 PO_4^{3-} 四面体。

② 磷的氧化物

磷的氧化物有两种，即 P_4O_6 和 P_4O_{10}，它们都是白色固体。

P_4O_6 是亚磷酸的酸酐，溶于冷水可生成亚磷酸，但溶于热水则发生歧化反应

$$P_4O_6 + 6H_2O(冷) \xlongequal{} 4H_3PO_3$$

$$P_4O_6 + 6H_2O(热) \xlongequal{} PH_3 + 3H_3PO_4$$

P_4O_{10}是正磷酸的酸酐，是最强的干燥剂之一，但溶于水时常常生成聚偏磷酸$(HPO_3)_4$，在 HNO_3 存在时煮沸才转变成 H_3PO_4。

③ 磷的含氧酸及其盐

磷有多种含氧酸，有磷酸(H_3PO_4)、亚磷酸(H_3PO_3)、次磷酸(H_3PO_2)、焦磷酸($H_4P_2O_7$)、三磷酸($H_5P_3O_{10}$)、偏磷酸(HPO_3)等。

纯的正磷酸是一种无色晶体，易溶于水，是一种三元中强酸，无氧化性，不挥发。磷酸盐可分成一种正盐(M_3PO_4)和两种酸式盐(MH_2PO_4、M_2HPO_4)。磷酸二氢盐多易溶于水，而 M_3PO_4、M_2HPO_4 中除 K^+、Na^+、NH_4^+ 盐外，其余多难溶，如 Ag_3PO_4、Li_3PO_4、$Ca_3(PO_4)_2$、$CaHPO_4$ 等。在磷酸盐溶液中加入 Ag^+ 时则只生成 Ag_3PO_4 黄色沉淀

$$PO_4^{3-} + 3Ag^+ \xlongequal{} Ag_3PO_4 \downarrow$$

2.1.1.4　碳、硅、硼

碳(C)、硅(Si)位于元素周期表中的ⅣA 族，为非金属元素，由于硅的非金属性与金属性均不强，也有人将其称为准金属。硼(B)位于周期表中的ⅢA 族，为非金属元素。

碳、硅、硼的元素的性质如表 2-1-6 所示。

表 2-1-6　碳、硅和硼元素的性质

项　　目	碳(C)	硅(Si)	硼(B)
原子序数	6	14	5
相对原子质量	12.01	28.09	10.81
外层电子构型	$2s^2 2p^2$	$3s^2 3p^2$	$2s^2 2p^1$
原子共价半径(pm)	68	120	83
第一电离能($kJ \cdot mol^{-1}$)	1 086	787	801
第一电子亲和能 E_A($kJ \cdot mol^{-1}$)	−122	−134	−27
电负性(鲍林标度)	2.55	1.90	2.04
单质熔点(℃)	3 550	1 410	2 170
单质沸点(℃)	4 827	2 355	3 658

(1) 碳及其主要化合物

① 单质

迄今发现碳有三种同素异形体：金刚石、石墨和碳簇。活性炭、炭黑和碳纤维是工业用途较大的三种碳材料。

在所有物质中金刚石硬度最大，熔点很高。

石墨具有良好的导电性，常用作电极，颜色呈灰黑色。石墨虽对一般化学试剂也显惰性，但比金刚石活泼，在 500℃时可被空气氧化成 CO_2，也可被浓热的 $HClO_4$ 氧化成 CO_2，依此可除掉人造金刚石中的石墨。石墨各层受力时容易滑动，因此石墨可用作润滑剂。

活性炭是在有控制的条件下由果壳、木材、泥煤等热解制得的，而一些医药上用的优质活性炭是以动物血液为原料活化制得的。活性炭具有多孔结构，具有极大的比表面积，加之在活性炭表面和内孔面上的质点(C 原子)有剩余的价键，因此具有极高的吸附活性，主要用作制糖、味精生产、制药、水处理等行业的吸附剂以脱色、除臭、去味和空气净化等。炭黑是最早的人工合成碳，现今工业上是在供氧不足的条件下燃烧碳氢化合物制备的。其总产量的 94%用作橡胶制品的填料，也用于塑料工业和印刷行业。

② 碳酸及其盐

CO_2 微溶于水，碳酸很不稳定，只能存在于水溶液中。碳酸正盐中除碱金属(Li^+ 除外)、铵及铊(Tl^+)盐外，均难溶于水，但这些难溶正盐的酸式盐溶解度较大，易溶的正盐其酸式盐溶解度反而变小。如 $Ca(HCO_3)_2$ 比 $CaCO_3$ 容易溶解，而 $NaHCO_3$ 的溶解度比 Na_2CO_3 的小。

碳酸盐均易水解，如 0.1 $mol \cdot L^{-1}$ Na_2CO_3 水溶液的 pH≈11.6，呈强碱性，因此 Na_2CO_3 称为纯碱。

(2) 硅及其重要化合物

① 单质

硅有晶体和无定形体两种。晶体硅的结构与金刚石类似，熔点、沸点较高，硬脆。无定形硅是灰黑色粉末，性质较晶体硅活泼。

硅的化学性质不活泼，室温时不与氧、水、氢卤酸反应，但能与强碱或硝酸与氢氟酸的混合物溶液反应

$$Si + 2NaOH + H_2O \longrightarrow Na_2SiO_3 + 2H_2 \uparrow$$

$$3Si + 4HNO_3 + 12HF \longrightarrow 3SiF_4 \uparrow + 4NO \uparrow + 8H_2O$$

② 硅烷

硅烷的组成可以用通式 Si_nH_{2n+2} 表示。与碳烷相比较，硅烷的数目是有限的，它包括 n 为 1～6 的硅烷，目前尚未制得与烯烃和炔烃类似的不饱和化合物。硅烷在常温下大多数为液体或气体，能溶于有机溶剂，性质比碳烷活泼。

③ 二氧化硅

二氧化硅又称硅石，它在自然界中有晶体和无定形体两种形态。硅藻土是无定形的二氧化硅；石英是常见的二氧化硅晶体。目前至少已知有 12 种“纯”二氧化硅晶型。无色透明的纯石英称为水晶。紫水晶(含少量 Mn)、烟水晶、碧玉、玛瑙、鸡血石等都是含有杂质的有色的石英晶体，蛋白石(猫眼石)是一种含部分水合石英的晶体聚集体，普通砂粒是混有杂质的石英细粒。

二氧化硅与一般酸不发生反应，但能与氟化氢或氢氟酸反应

$$SiO_2 + 4HF(g) \longrightarrow SiF_4 \uparrow + 2H_2O$$

$$SiO_2 + 6HF(aq) \longrightarrow H_2SiF_6 + 2H_2O$$

二氧化硅与氢氧化钠或纯碱共熔可制得硅酸钠

$$SiO_2 + 2NaOH \xrightarrow{\triangle} Na_2SiO_3 + H_2O$$

$$SiO_2 + Na_2CO_3 \xrightarrow{\triangle} Na_2SiO_3 + CO_2 \uparrow$$

④ 硅酸及硅酸盐

硅酸的形式很多，可用通式 $x SiO_2 \cdot 2H_2O$ 表示。简单的硅酸是正硅酸(H_4SiO_4)，习惯上把 H_2SiO_3 称为硅酸，实际上应称为偏硅酸，是很弱的酸，它的溶解度较小，因而很容易从溶解的硅酸盐内被其他酸置换出来。虽然硅酸在水中的溶解度很小，但所生成的硅酸并不立即沉淀出来，经相当的时间后发生絮凝作用。这是因为起初生成的硅酸为单分子，可溶于水，逐渐变成双分子聚合物、三分子聚合物，最后变为完全不溶解的多分子聚合物。虽然全部硅酸可以转变为不溶于水的高聚分子，但不一定有沉淀产生，因为硅酸很容易形成胶体溶液，称为硅酸溶胶。

(3) 硼及其重要化合物

① 单质

单质硼有多种同素异形体，基本结构单元是 B_{12} 二十面体。二十面体的连接方式不同导致不同类型的晶体硼。无定形硼比较活泼，室温下即与 F_2 反应，与 Cl_2、Br_2、O_2、S 等反应需要加热；高温下 B 与 C、N_2 反应生成硼的碳化物和氮化物。

② 硼的氢化物

硼的氢化物的物理性质与碳的氢化物(烷烃)、硅的氢化物(硅烷)相似，所以硼的氢化物称为硼烷。现已合成出 20 多种硼烷，硼烷可分为两大类，通式分别为 B_nH_{n+4} 和 B_nH_{n+6}，最简单的是 B_2H_6(乙硼烷)。

硼烷可水解生成硼酸和氢气并放出大量热

$$B_2H_6 + 6H_2O = 2H_3BO_3 \downarrow + 6H_2 \uparrow \quad \Delta_r H_m^{\ominus} = -509\ kJ \cdot mol^{-1}$$

乙硼烷在空气中能燃烧，燃烧时生成三氧化二硼和水，并放出大量的热，且反应速度快，因此人们一度

曾想用其作火箭或导弹的高能燃料，但由于所有的硼烷都有很大的毒性(远大于氰化氢、光气)而作罢。

③ 硼酸盐

最重要的硼酸盐是四硼酸钠，俗称硼砂，硼砂的化学式为 $Na_2B_4O_5(OH)_4 \cdot 8H_2O$。

H_3BO_3 是一元弱酸 ($pK_a = 9.24$)，$NaB(OH)_4$ 是该一元弱酸的钠盐，故硼砂水溶液是等物质的量的一元弱酸与其强碱盐的混合液，具有明显的缓冲作用。外加酸可与$[B(OH)_4]^-$作用生成 H_3BO_3，而外加碱则与 H_3BO_3 作用生成$[B(OH)_4]^-$。实验室中常用硼砂作为配制一级标准缓冲溶液的试剂。20℃时硼砂溶液的 pH 为 9.24。硼砂还是一种用途广泛的化工原料，很多用途是基于它在高温下同金属氧化物的作用，常用于陶瓷和搪瓷工业(点釉)玻璃工业(特种玻璃)烧焊技术等方面。

2.1.2 主族金属元素

2.1.2.1 碱金属和碱土金属

在元素周期表中，主族金属元素包括 s 区的ⅠA 和ⅡA 族。ⅠA 族由锂(Li)、钠(Na)、钾(K)、铷(Rb)、铯(Cs)和钫(Fr)六种元素组成，由于钠与钾的氢氧化物是典型的“碱”，故本族元素有碱金属之称，其中锂、铷及铯是轻稀有金属；钫是放射性元素。ⅡA 族由铍(Be)、镁(Mg)、钙(Ca)、锶(Sr)、钡(Ba)和镭(Ra)六种元素组成，称为碱土金属，铍也属于轻稀有金属，镭是放射性金属。

(1) 金属元素的性质

碱金属和碱土金属元素的基本性质如表 2-1-7 和表 2-1-8 所示。

表 2-1-7 碱金属元素的基本性质

元 素 名 称	锂(Li)	钠(Na)	钾(K)	铷(Rb)	铯(Cs)
原子序数	3	11	19	37	55
相对原子质量	6.94	22.99	39.10	85.47	132.91
价层电子构型	$2s^1$	$3s^1$	$4s^1$	$5s^1$	$6s^1$
第一电离能($kJ \cdot mol^{-1}$)	520	496	419	403	376
电负性(鲍林标度)	0.98	0.93	0.82	0.82	0.79
密度($g \cdot cm^{-3}$)	−3.04	−2.173	−2.924	−2.924	−2.923
莫氏硬度	0.6	0.4	0.5	0.3	0.2
熔点(℃)	180.54	97.8	63.2	39.0	28.5
沸点(℃)	1 347	881.4	756.5	688	705
原子半径(pm)	68	97	133	147	167

表 2-1-8 碱土金属元素的基本性质

元 素 名 称	铍(Be)	镁(Mg)	钙(Ca)	锶(Sr)
原子序数	4	12	20	38
相对原子质量	9.01	24.3	40.08	87.62

续 表

元 素 名 称	铍(Be)	镁(Mg)	钙(Ca)	锶(Sr)
价层电子构型	$2s^1$	$3s^1$	$4s^1$	$5s^1$
第一电离能($kJ \cdot mol^{-1}$)	900	738	590	549
第二电离能($kJ \cdot mol^{-1}$)	1 757	1 451	1 145	1 064
电负性(鲍林标度)	1.57	1.31	1.00	0.95
密度($g \cdot cm^{-3}$)	−1.99	−2.356	−2.84	−289
莫氏硬度	4	2.5	2	1.8
熔点(℃)	1 287	649	839	768
沸点(℃)	2 500	1 105	1 494	1 381
原子半径(pm)	35	110	99	112

(2) 单质

① 物理性质

一是低熔点。碱金属与碱土金属均为金属晶体,但金属键并不牢固,除 Be 外,其他金属的熔点均低于 1 000℃,其中 Cs 的熔点最低,为 28.5℃。

二是低硬度。碱金属和 Ca、Sr、Ba 均可用刀切割,其中 Cs 的硬度为 0.2,是最软的金属。

三是低密度。碱金属、碱土金属的密度均小于 5 $g \cdot cm^{-3}$,其中 Li 的密度为 0.53 $g \cdot cm^{-3}$,是最轻的金属。

四是均呈银白色,有一定的导电性和导热性。

② 化学性质

一是与水反应生成相应的碱和 H_2。室温下 Li、Be、Mg 反应较慢,其余的金属反应均剧烈。Na 易熔化,K 与水可爆炸起火。

二是与空气反应。缓慢反应生成普通氧化物。燃烧时生成的产物分别为: $Na \rightarrow Na_2O_2$; $Li \rightarrow Li_2O$、Li_3N; $Mg \rightarrow MgO$、Mg_3N_2; $K \rightarrow KO_2$。除 Mg、Be 外,均不能存放于空气中。

三是与非金属反应,生成相应的离子化合物,如 M(I)X、Li_3N、M_3P、MH 等。

四是与液氨反应。碱金属和钙、锂、钡可溶于液氨,形成导电的蓝色溶液。痕量杂质或光合作用还可促使发生下述反应

$$2Na + 2NH_3(l) \longrightarrow 2NaNH_2 + H_2 \uparrow$$

五是与 C_2H_5OH 反应,如

$$2Na + 2C_2H_5OH = 2C_2H_5ONa + H_2$$

六是汞齐的生成。Na 容易与 Hg 反应生成汞齐,在有机合成及工业中常被用作较缓和的还原剂。

(3) 化合物

① 普通氧化物

Li 与碱土金属和 O_2 直接反应生成正常氧化物

$$Li + O_2 \longrightarrow Li_2O \qquad M(\text{Ⅱ}) + O_2 \longrightarrow MO$$

其他碱金属氧化物需要通过相应过氧化物或硝酸盐还原或碳酸盐分解制备。

$$MCO_3 = MO + CO_2 \quad (M = Mg、Ca、Sr、Ba)$$

$$Na_2O_2 + 2Na = 2Na_2O$$

$$2KNO_3 + 10K = 6K_2O + N_2$$

颜色：K_2O(淡黄色)、Rb_2O(亮黄色)、Cs_2O(橙红色)。

水溶性：BeO、MgO 难溶，其他氧化物易溶。BeO 与 MgO 常用作耐火材料和金属陶瓷。

酸碱性：BeO 两性，余者为碱性。

② 过氧化物

除 Be 外，其他碱金属和碱土金属均可形成过氧化物。

较有实用价值的是 Na_2O_2 与 BaO_2。Na_2O_2 可用作氧气发生剂、氧化剂、熔矿剂、漂白剂及消毒剂。BaO_2 常用于防毒面具。实验室常用 BaO_2 与 H_2SO_4 反应制备 H_2O_2。

③ 氢氧化物

颜色：碱金属和碱土金属的氢氧化物均为白色固体。

水溶性：$Be(OH)_2$、$Mg(OH)_2$ 难溶，其余易溶，容易吸水，常用作干燥剂。

稳定性：LiOH 与 $Mg(OH)_2$ 受热分解[$LiOH(Mg(OH)_2) \longrightarrow Li_2O + H_2O(MgO + H_2O)$]，其余不分解。

酸碱性：$Be(OH)_2$ 呈两性，LiOH 与 $Mg(OH)_2$ 为中强碱，其余为强碱。在元素周期表中自上而下碱性增强。

2.1.2.2　铝及其重要化合物

(1) 铝

铝(Al)位于元素周期表中的ⅢA 族，外层价电子构型为 $3s^23p^1$。铝是地壳中含量最丰富的金属元素。单质铝是银白色光泽的轻金属 ($d = 2.2\ g \cdot cm^{-3}$)，有良好的延展性、导热性和导电性，可用于制造电线与高压电缆。铝虽是活泼金属，但与氧的亲和力很大，Al_2O_3 有很高的生成焓，比一般金属氧化物大得多。金属表面形成的一层致密 Al_2O_3 保护膜可阻止内层的铝被氧化，因而铝在空气及水中都稳定存在，可广泛地用于制造日用器皿及用作航空机件的轻合金。铝制品还可用于储运浓 HNO_3、浓 H_2SO_4，因浓酸可使金属钝化。

铝是典型的两性元素，既能溶于酸，也能溶于碱。

$$2Al + 6HCl = 2AlCl_3 + 3H_2\uparrow$$

$$2Al + 2NaOH + 6H_2O = 2NaAl(OH)_4 + 3H_2\uparrow$$

铝具有很强的还原性，可以还原许多金属氧化物以制取金属单质，这在金属冶炼上被称为铝热法。如

$$2Al + Fe_2O_3 = Al_2O_3 + 2Fe$$

(2) 氧化铝与氢氧化铝

Al_2O_3 主要有两种同质异晶的晶体：$\alpha - Al_2O_3$ 和 $\gamma - Al_2O_3$。$\alpha - Al_2O_3$ 即为自然界中的刚玉，属六方紧密堆积构型的离子晶体，晶格能很大。因此 $\alpha - Al_2O_3$ 化学性质稳定，有很高的熔点，可用作耐火材料。例如，用含少量 Fe_3O_4 的刚玉粉制的坩埚可烧至 1 800℃，有很高的硬度(仅次于金刚石)，可作为高硬度材料和耐磨材料。在无色 $\alpha - Al_2O_3$ 中含有少量 Cr_2O_3 时则呈红色(红宝石)，含少量铁和钛的氧化

物时呈蓝色(蓝宝石)。1960 年,美国的梅曼利用红宝石晶体获得了人类有史以来的第一束激光($\lambda=694.8\ \mathrm{nm}$)。以红宝石激光器为先导的激光技术是 20 世纪的一项划时代的重大科技成就。各种宝石均可用于制造机械轴承、钟表中的钻石及各种饰品。

活性氧化铝的分子式为 $\gamma-Al_2O_3$,有很大的比表面积($200\sim400\ m^2/g$),有很强的吸附能力和催化活性,多用作吸附剂和催化剂。$\gamma-Al_2O_3$ 高温煅烧则变成 $\alpha-Al_2O_3$。

金属铝表面的氧化铝是另一种同质异晶的晶体。

$Al(OH)_3$ 是典型的两性氢氧化物,其碱性略强于酸性。根据其具有的弱碱性,医药工业上常用作抗胃酸药,以中和胃酸和保护胃部溃疡面。

(3) 铝盐

① 卤化铝

在卤化铝中,除 AlF_3 是离子性化合物外,其余都是共价化合物。

卤化铝中最主要的是 $AlCl_3$,其中的 Al 采取 sp^3 杂化,是缺电子原子,存在空轨道,Cl 原子有孤电子对,因此可通过配位键形成具有桥式结构的双聚分子 Al_2Cl_6,其结构为

```
Cl      Cl      Cl
  \    ↙  \    /
    Al      Al
  /    \  ↗   \
Cl      Cl      Cl
```

Al_2Cl_6 分子有四个 σ 键和两个 3c-4e 键(三中心四电子键)。在 800℃时双聚分子完全分解为单分子,分子是平面三角形构型。

无水 $AlCl_3$ 能溶于几乎所有的有机溶剂中,在水中会发生强烈水解,甚至在空气中遇到水也会猛烈冒烟。应避免无水 $AlCl_3$ 接触皮肤,因水解放出大量热而灼伤。

无水 $AlCl_3$ 最重要的工业用途是作为有机合成和石油化工的催化剂。

② 硫酸铝

无水硫酸铝为白色粉末,易溶于水,其水溶液因 Al^{3+} 的水解而呈酸性。硫酸铝易与一价金属硫酸盐结合形成溶解度较小的矾。$KAl(SO_4)_2\cdot12H_2O$ 称为铝钾矾,俗称明矾。

硫酸铝与明矾都被用作净水剂,其水解产物均有吸附和凝聚作用。

(4) 元素性质的对角关系

对比周期系中元素的性质,发现有些元素的性质同它右下方相邻的另一元素类似,这种关系称为对角关系。以下用斜线相连的三对元素比其同族元素的性质更为相似

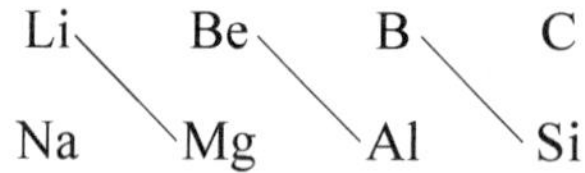

① 锂与镁的相似性

一是单质在过量氧气中燃烧时,均生成正常氧化物,都可与氮气直接化合生成氮化物。

二是氢氧化物均为中强碱,而且在水中的溶解度都不大。

三是氟化物、碳酸盐、磷酸盐等均难溶于水。

四是碳酸盐在受热时,均能分解成相应的氧化物(Li_2O、MgO)。

② 铍与铝的相似性

一是单质均为活泼金属,其标准电极电势相近。

二是单质均为两性金属,既能溶于酸也能溶于强碱,氧化物和氢氧化物均显两性。

三是单质都能被冷、浓硝酸钝化。

四是氯化物均为双聚物，并显示共价性，可以升华，且溶于有机溶剂。

五是盐类均易水解，水解后显酸性。

③ 硼与硅的相似性

一是自然界中都以氧化物形式存在，B—O、Si—O 键都有很高的稳定性。

二是都可形成多种氢化物。

三是卤化物都是路易斯酸，能彻底水解。

四是硼酸和硅酸均为弱酸，硼与硅均能生成多酸和多酸盐。

对角关系主要是从化学性质总结出的经验规律，可以用离子极化观点粗略地加以说明。处于对角的三对元素性质上的相似性是由于它们的离子极化力相近的缘故。从 Li 到 Mg(或从 Be 到 Al、从 B 到 Si)电荷增多，但半径增大，对极化力产生两种相反的影响。前者使极化作用增强；后者使极化作用减弱。由于两种相反作用的相互抵消，故处于对角的三对元素性质相近。

2.1.2.3　锡和铅

(1) 单质

锡(Sn)、铅(Pb)是ⅣA 族的金属元素，外层价电子构型为 ns^2np^2，常可形成(18+2)电子构型的+2 价离子和具有 18 电子构型的+4 价离子。

锡有三种同素异构体：灰锡、白锡、脆锡。白锡的 $\Delta_f H_m^\ominus=0$，是锡的指定单质。锡是银白色的金属，硬度低，熔点为 505 K。常温下，由于锡表面有一层保护膜，所以在空气和水中都能稳定存在。镀锡铁皮俗称马口铁，常用于制作水桶、烟筒等民用品。锡还常用于制造青铜(Cu-Sn 合金)和焊锡(Pb-Sn 合金)。

锡的主要化学反应有如下几种：

一是容易被氧化

$$Sn + O_2 = SnO_2$$

$$Sn + 2X_2 = SnX_4 \quad (X = Cl、Br)$$

二是与酸反应

$$Sn + 2HCl = SnCl_2 + H_2\uparrow$$

$$3Sn + 8HNO_3(稀) = 3Sn(NO_3)_2 + 2NO\uparrow + 4H_2O$$

$$Sn + 4HNO_3(浓) = SnO_2\cdot 2H_2O\downarrow + 4NO_2\uparrow$$

三是具有两性

$$Sn + 2OH^- + 2H_2O = Sn(OH)_4^{2-} + H_2\uparrow$$

新切开的铅呈银白色，但很快在表面生成碱式碳酸铅保护膜而显灰色。铅的密度很大($11.35\ g\cdot cm^{-3}$)，可制造铅球、钓鱼坠等；铅的熔点为 601 K，硬度较小。铅能抵挡 X 射线的穿透，常用来制作 X 射线的防护品，如铅板、铅玻璃、铅围裙、铅罐等。铅锑合金可用作铅蓄电池的极板。

铅难溶于稀盐酸和稀硫酸，易溶于稀硝酸和乙酸

$$Pb + 4HCl(浓) = H_2PbCl_4 + H_2\uparrow$$

$$3Pb + 8HNO_3(稀) = 3Pb(NO_3)_2 + 2NO\uparrow + 4H_2O$$

$$Pb + 2HAc = Pb(Ac)_2 + H_2\uparrow$$

铅在水中溶解度很小，只有 $1.5\times10^{-6}\ mol\cdot L^{-1}$，但当水中有氧时，铅的溶解度增大。过去用铅管输送饮用水也曾引起铅中毒。所有可溶铅盐和铅蒸气都有毒，空气中铅的最高允许含量为 $0.15\ mg\cdot m^{-3}$。

铅中毒使卟啉代谢功能紊乱，造成血红素合成障碍而引起贫血症。汽车尾气中的四乙基铅污染环境，应使用无铅汽油。如果发生铅中毒，应注射 EDTA－HAc 的钠盐溶液，使 Pb^{2+} 形成稳定的配离子从尿中排出而解毒。

铅属两性金属，偏向碱性，可溶于浓碱溶液

$$Pb + OH^- + 2H_2O = [Pb(OH)_3]^- + H_2\uparrow$$

(2) 氧化物与氢氧化物

① 氧化物

锡与铅的氧化物都不溶于水，具有两性。MO 以碱性为主、MO_2 偏酸性(M=Sn、Pb)。

SnO 可溶于酸

$$SnO + 2HCl = SnCl_2 + H_2O$$

PbO 可溶于 HAc 与 HNO_3

$$PbO + 2HAc = PbAc_2 + H_2O$$

SnO_2 不溶于酸、碱，但能与碱共溶

$$SnO_2 + 2NaOH \xrightarrow{共溶} Na_2SnO_3 + H_2O$$

PbO_2 稍溶于碱

$$PbO_2 + 2NaOH + 2H_2O \overset{\triangle}{=} Na_2[Pb(OH)_6]$$

红色的 Pb_3O_4 俗称铅丹，化学式可写成 $2PbO \cdot PbO_2$，其结构为 $Pb_2[PbO_4]$，属于铅酸盐。Pb_3O_4 与 HNO_3 反应，可得到 PbO_2 和 $Pb(NO_3)_2$

$$Pb_3O_4 + 4HNO_3 = PbO_2 + 2Pb(NO_3)_2 + 2H_2O$$

Pb_3O_4 是一种十分重要的化工原料，在玻璃、彩釉、油漆和火柴等制造上有用。Pb_3O_4 的防锈效果好，作为防锈漆被大量应用于船舶和桥梁钢架上。

② 氢氧化物

锡与铅的氢氧化物也有两种价态，都是两性。氧化物、氢氧化物酸碱性的递变情况如下

SnO，$Sn(OH)_2$	PbO，$Pb(OH)_2$	↓ 酸性增强
SnO_2，$Sn(OH)_4$	PbO_2，$Pb(OH)_4$	

← 酸性增强

酸性以 $Sn(OH)_4$ 最显著，常写成 $H_2SnO_3 \cdot H_2O$，但仍是一个很弱的酸。碱性以 $Pb(OH)_2$ 最强，其水悬浮液呈显著碱性。

(3) 主要化合物及其性质

① 锡盐，Sn(Ⅱ)的还原性

市售氯化亚锡是二水合物($SnCl_2 \cdot 2H_2O$)，是实验中常用的还原剂。

一是 $SnCl_2$ 与水反应生成碱式盐沉淀

$$SnCl_2 + H_2O = Sn(OH)Cl\downarrow(白色) + HCl$$

因此在配制 $SnCl_2$ 溶液时，需先将 $SnCl_2$ 溶于少量浓 HCl，再加水稀释，以防止上述反应发生。另

外，由于 Sn^{2+} 具有还原性，故新配制的溶液中还常加少量金属锡粒，以防 Sn^{2+} 被氧化。

二是 Sn(Ⅱ)的还原性常用作某些物质的定性鉴定反应。$SnCl_2$ 可把 Fe^{3+} 还原为 Fe^{2+}，可把 $HgCl_2$ 还原为 Hg_2Cl_2 的白色沉淀，$SnCl_2$ 过量时，可进一步把 Hg_2Cl_2 还原为黑色单质 Hg。反应如下

$$2HgCl_2 + SnCl_2 = SnCl_4 + Hg_2Cl_2\downarrow(\text{白色})$$

$$Hg_2Cl_2 + SnCl_2 = SnCl_4 + 2Hg\downarrow(\text{黑色})$$

该反应可用于鉴定 Hg^{2+} 或 Sn^{2+}。

在碱性介质中，$[Sn(OH)_4]^{2-}$ 的还原性更强，可将 Bi(Ⅲ)盐还原为单质铋

$$2Bi^{3+} + 6OH^- + 3[Sn(OH)_4]^{2-} = 2Bi\downarrow(\text{黑色}) + 3[Sn(OH)_6]^{2-}$$

该反应可用于鉴定 Bi^{3+}。

三是 $SnCl_4$ 极易水解，在空气中冒烟(HCl)。

② 难溶的铅盐

常见的可溶性铅盐有硝酸铅与乙酸铅，大多数 Pb(Ⅱ)盐难溶于水，且具有特征颜色，如：$PbCl_2$(白色)、PbI_2(金黄色)、$PbSO_4$(白色)、$PbCO_3$(白色)、$PbCrO_4$(黄色)和 PbS(黑色)。溶解度按顺序依次减小。

$PbCl_2$ 可溶于热水和浓盐酸

$$PbCl_2 + 2HCl(\text{浓}) = H_2PbCl_4$$

$PbSO_4$ 可溶于浓硫酸

$$PbSO_4 + H_2SO_4(\text{浓}) = Pb(HSO_4)_2$$

也可溶于饱和 NH_4Ac

$$PbSO_4 + 3Ac^- = Pb(Ac)_3^- + SO_4^{2-}$$

PbI_2 可溶于沸水和 KI

$$PbI_2 + 2KI = K_2[PbI_4](\text{无色})$$

$PbCrO_4$ 可用于 Pb^{2+} 的鉴定反应，与其他黄色难溶盐(如 $BaCrO_4$、$SrCrO_4$)的区别是 $PbCrO_4$ 可溶于碱

$$PbCrO_4 + 3OH^- = Pb[(OH)_3]^- + CrO_4^{2-}$$

碱式碳酸铅 $PbCO_3\cdot Pb(OH)_2$ 是一种常用的白色颜料，俗称铅白，主要用在油漆、涂料和造纸中。

③ 硫化物

锡与铅的硫化物有 SnS(棕色)、SnS_2(黄色)和 PbS(黑色)。Pb(Ⅳ)的强氧化性与 S^{2-} 的还原性导致 PbS_2 不能稳定存在。SnS_2 是金粉涂料的主要成分。

上述三种硫化物均难溶于水和稀酸，但可与浓 HCl 生成配合物而溶解

$$MS + 4HCl(\text{浓}) = H_2[MCl_4] + H_2S \quad (M = Sn、Pb)$$

$$SnS_2 + 6HCl(\text{浓}) = H_2[SnCl_6] + 2H_2S$$

SnS_2 能溶于 Na_2S 或 $(NH_4)_2S$ 的水溶液生成硫代锡酸盐

$$SnS_2 + Na_2S = Na_2SnS_3$$

该反应遇酸逆向进行，重新析出 SnS_2 的黄色沉淀

$$H_2SnS_3 = SnS_2 \downarrow + H_2S$$

2.1.2.4 砷、锑、铋

在元素周期表中，ⅤA 族的砷(As)、锑(Sb)是准金属，铋(Bi)是金属，其电子构型为 ns^2np^3。砷、锑、铋简称砷分族。

(1) 氧化物与含氧酸(盐)

砷、锑、铋可形成+3 和+5 价氧化态的化合物和含氧酸。

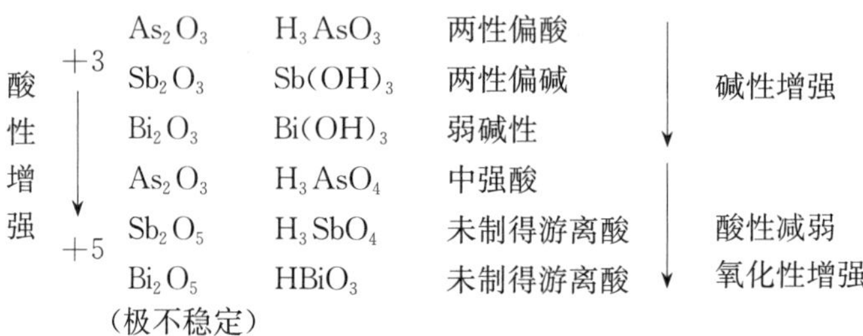

As_2O_3 俗称砒霜，白色粉末状，剧毒。主要用于制造杀虫剂、除草剂及含砷药物。它溶于热水后生成亚砷酸，H_3AsO_3 仅存在于溶液中，而 $Sb(OH)_3$ 和 $Bi(OH)_3$ 都是难溶于水的白色沉淀物。

Bi 的电子构型为 $6s^26p^3$ 由于 4f 电子的屏蔽作用较小，而 6s 电子的钻穿作用较大，因此 $6s^2$ 电子不易成键，+3 价氧化态稳定，+5 价氧化态不稳定，具有极强的氧化性。这种效应称为"惰性电子对效应"。Pb(Ⅳ)，如 PbO_2 的氧化性很强，也是这个道理。

由于"惰性电子对效应"，As(Ⅲ)－Sb(Ⅲ)－Bi(Ⅲ)化合物的还原性顺序减弱，As(Ⅴ)－Sb(Ⅴ)－Bi(Ⅴ)化合物的氧化性顺序增强。

铋酸钠在酸性溶液中是很强的氧化剂，可将 Mn^{2+} 氧化为 MnO_4^-

$$2Mn^{2+} + 5NaBiO_3(s) + 14H^+ = 2MnO_4^- + 5Bi^{3+} + 5Na^+ + 7H_2O$$

此反应可用于鉴定 Mn^{2+}。$NaBiO_3$ 难溶于水，故标以"(s)"。

砷酸在酸性溶液中仅能氧化 I^- 为 I_2

$$H_3AsO_4 + 2H^+ + 2I^- = H_3AsO_3 + I_2 + H_2O$$

且该反应的方向强烈依赖于溶液的酸度。酸性较弱时，反应将逆向进行。

(2) 砷、锑、铋的盐

① 氯化物

As(Ⅲ)、Sb(Ⅲ)、Bi(Ⅲ)的氯化物在水中极易水解

$$AsCl_3 + 3H_2O = H_3AsO_3 + 3HCl$$

$$SbCl_3 + H_2O = SbOCl \downarrow (白色) + 2HCl$$

$$BiCl_3 + H_2O = BiOCl \downarrow (白色) + 2HCl$$

相应的硝酸盐也有类似的反应

$$Bi(NO_3)_3 + H_2O = BiO(NO_3) \downarrow (白色) + 2HNO_3$$

② 硫化物

在自然界中，砷、锑、铋主要以硫化物矿形式存在，如雌黄(As_2S_3)、雄黄(As_4S_4)、辉锑矿(Sb_2S_3)和辉铋矿(Bi_2S_3)等。我国锑矿资源丰富，蕴藏量居世界第一。

这些硫化物均有特征颜色，它们的酸碱性及在酸、碱、硫化物溶液中的溶解性如表 2－1－9 所示。

表 2-1-9　硫化物的性质

元素名称	三硫化二砷 (As_2S_3)	三硫化锑 (Sb_2S_3)	硫化铋 (Bi_2S_3)	五硫化二砷 (As_2S_5)	五硫化锑 (Sb_2S_5)
颜　色	黄	橙	棕黑	黄	橙
酸碱性	两性偏酸	两性	弱碱性	酸性	两性偏酸
浓 HCl	不溶	溶	溶	不溶	溶
NaOH	溶	溶	不溶	溶	溶
Na_2S 或 $(NH_4)_2S$	溶	溶	不溶	溶	溶

其相应的化学反应分别为

$$Sb_2S_3 + 12HCl(浓) = 2H_3(SbCl_6) + 3H_2S\uparrow$$

$$Bi_2S_3 + 6HCl(浓) = 2BiCl_3 + 3H_2S\uparrow$$

$$As_2S_3 + 6NaOH = Na_3AsO_3 + Na_3AsS_3 + 3H_2O$$

$$Sb_2S_3 + 6NaOH = Na_3SbO_3 + Na_3SbS_3 + 3H_2O$$

$$As_2S_3 + 3Na_2S = 2Na_3AsS_3(Sb_2S_3 同)$$

$$As_2S_5 + 3Na_2S = 2Na_3AsS_4(Sb_2S_5 同)$$

硫代酸盐和硫代亚酸盐只能存在于碱性及近中性的溶液中，遇酸即分解，析出相应硫化物沉淀，如

$$2AsS_3^{3-} + 6H^+ \rightarrow 2H_3AsS_3 \rightarrow As_2S_3\downarrow + 3H_2S\uparrow$$

$$2AsS_4^{3-} + 6H^+ \rightarrow 2H_3AsS_4 \rightarrow As_2S_5\downarrow + 3H_2S\uparrow$$

砷、锑、铋硫化物的性质常被用于这些元素的定性分析以及与其他金属硫化物的分离。

2.1.3　过渡金属元素

2.1.3.1　概述

广义的过渡元素是指元素周期表中从ⅢB 族到ⅡB 族的所有元素，位于 s 区元素和 p 区元素之间。自ⅢB 族至ⅧB 族的八列元素称为 d 区元素（不包括 La、Ac 以外的其他镧系和锕系元素）；ⅠB 和ⅡB 两族称为 ds 区元素。第六周期中的镧系和第七周期中的锕系属 f 区，称为内过渡元素。第四周期过渡元素与 ds 区元素的基本性质分别如表 2-1-10 和表 2-1-11 所示。

表 2-1-10　过渡金属元素的基本性质

项　　目	钪(Sc)	钛(Ti)	钒(V)	铬(Cr)	锰(Mn)	铁(Fe)	钴(Co)	镍(Ni)	铜(Cu)	锌(Zn)
原子序数	21	22	23	24	25	26	27	28	29	30
相对原子质量	44.96	47.87	50.94	51.99	54.94	55.85	58.92	58.69	63.55	65.39
熔点(℃)	1 539	1 675	1 890	1 890	1 204	1 535	1 495	1 453	1 083	419
沸点(℃)	2 727	3 260	3 380	2 482	2 077	3 000	2 900	2 732	2 595	907
室温密度($g\cdot cm^{-3}$)	2.99	4.5	5.96	7.20	7.20	7.86	8.90	8.902	8.92	7.14

表 2-1-11 铜族、锌族元素的基本性质

项　目	铜(Cu)	银(Ag)	金(Au)	锌(Zn)	镉(Cd)	汞(Hg)
原子序数	29	47	79	30	48	80
相对原子质量	63.55	107.87	196.97	65.39	112.41	200.59
熔点(℃)	1 083	960.8	1 063	419	321	−38.87
沸点(℃)	2 596	2 212	2 707	907	767	357
密度(g·cm^{-3})	8.92	10.5	19.3	7.14	8.64	13.55

(1) 金属元素的分类

金属元素的分类方法有多种，工业上常用的一种分类方法是将金属分为黑色金属和有色金属，将处于金属与非金属之间的某些元素单列为准金属。

① 黑色金属

黑色金属包括 Fe、Cr 和 Mn。

② 有色金属

有色金属可分为：

重有色金属，包括 Cu、Co、Ni、Pb、Zn、Cd、Hg、Sn、Sb、Bi 等。

轻有色金属，包括 Al、Mg、Ca、Ba、K、Na、Sr 等。

贵金属，包括 Ag、Au、Ru、Rh、Pd、Os、Ir、Pt 等。

稀有金属，包括轻稀有金属 Li、Be、Rb、Cs 等。

难熔金属，包括 Ti、Zr、Hf、V、Nb、Ta、Mo、W、Re 等。

稀土金属，包括 Sc、Y、La 及镧系元素。

稀散金属，包括 Ga、In、Tl、Ge 等。

放射性元素，包括 U、Ra、Ac、Th、Po 等。

③ 准金属

准金属包括 Si、Ge、Se、Te、Po、As 和 B 等。

(2) 过渡金属单质的物理性质与化学活泼性相差极大

① 熔、沸点差别悬殊

熔点最高者是钨(W)，$t_m=3\,410$℃；熔点最低者是汞(Hg)，$t_m=-38.87$℃。

② 硬度差别很大

硬度最大的是铬(Cr)，其莫氏硬度为 9。

③ 密度普遍较大

密度最大的是锇(Os)，密度为 22.57 g·cm^{-3}。

④ 化学活泼性差别明显

Ti、V、Cr、Mn、Fe、Co、Ni 等属于活泼金属，可与稀 HCl 反应；而 Ru、Os 等呈化学惰性，甚至不与王水反应；作为不活泼的重要标志之一，几乎所有贵金属都能以单质形式存在于自然界。

(3) 过渡元素可以形成大量的配合物

过渡金属原子和离子不仅有空轨道，而且各轨道的能量也比较接近，具备了形成配合物的基本条件。同时，过渡金属离子的半径小、核电荷数较高，中心原子对配位体的极化作用较强，使其比主族元素

更易形成配合物。

2.1.3.2　铬及其重要化合物

(1) 单质

铬分族包括铬(Cr)、钼(Mo)、钨(W)，它们的原子价层有 6 个电子可以参与形成金属键，原子半径小，因而熔点和沸点高、硬度大。其中钨在所有金属中熔点最高(3 410℃)，铬在所有金属中硬度最大。

铬具有高硬度、耐磨、耐腐蚀、良好光泽等优良性能，常用作金属表面的镀层(如自行车、汽车、精密仪器的零件常为镀铬金属制件)，并大量用于制造合金。铬的表面极易钝化，化学性质稳定，常温下不溶于硝酸和王水。未钝化的铬比较活泼，可与稀盐酸、稀硫酸缓慢反应，生成蓝色的溶液(Cr^{2+})，放出氢气。空气中的氧可使 Cr^{2+} 被氧化为 Cr^{3+}，使溶液转化为蓝绿色。

钼和钨也大量用于制造耐高温、耐磨和耐腐蚀的合金钢，以满足刀具、钻头、常规武器以及导弹、火箭等生产的需要。含铬 12%～14%的不锈钢有极强的耐腐能力，在化工制造业中占有极其重要的地位。铬钢含铬 0.5%～1%，硬而有韧性。钨用作灯丝(温度可高达 2 600℃，不熔化，发光率高，寿命长)和高温电炉的发热原件等。

(2) 铬的重要化合物

在酸性溶液中 Cr^{3+} 可稳定存在，氧化数为+6 的铬($Cr_2O_7^{2-}$)有较强氧化性，可被还原为 Cr^{3+}；Cr^{2+} 有较强还原性，可被氧化为 Cr^{3+}。在碱性溶液中，氧化数为+6 的铬(CrO_4^{2-})氧化性很弱；相反，Cr(Ⅲ)容易被氧化为 Cr(Ⅵ)。

① 铬(Ⅲ)化合物

一是 Cr(Ⅲ)盐。常见的 Cr(Ⅲ)盐为硫酸铬 $Cr_2(SO_4)_3 \cdot 18H_2O$、铬钾矾 $KCr(SO_4)_2 \cdot 12H_2O$ 与氯化铬 $CrCl_3 \cdot 6H_2O$。同一组成的盐可以有不同的颜色，如组成同为 $CrCl_6 \cdot 6H_2O$ 有三种不同的颜色，实际上是 $CrCl_6 \cdot 6H_2O$ 的三种水合异构体。在不同实验条件下可以制得结构不同的物质：直接从三氯化铬水溶液中析出的是暗绿色晶体；将三氯化铬水溶液冷至 0℃以下，通入 HCl 气体，析出的是紫色晶体；用乙醚处理紫色晶体的溶液并通入 HCl，析出的是淡绿色晶体。

$$[Cr(H_2O)_6]Cl_3 \qquad \text{(紫色)}$$

$$[Cr(H_2O)_6Cl]Cl_2 \cdot H_2O \qquad \text{(淡绿色)}$$

$$[Cr(H_2O)_4Cl_2]Cl \cdot 2H_2O \qquad \text{(暗绿色)}$$

Cr(Ⅲ)在碱性介质中以 CrO_2^- 或$[Cr(OH)_4]^-$的状态存在，容易被氧化，如可被 H_2O_2 氧化成铬酸盐。

$$2CrO_2^- + 3H_2O_2 + 2OH^- = 2CrO_4^{2-} + 4H_2O$$

二是 Cr(Ⅲ)配合物。Cr^{3+} 与多种配体(如 H_2O、NH_3、CN^-、Cl^-、$C_2O_4^{2-}$、SO_4^{2-})形成六配位八面体配合物。

② 铬(Ⅵ)化合物

一是三氧化铬。三氧化铬俗名“铬酐”。向 $K_2Cr_2O_7$ 的饱和溶液中加入过量浓硫酸，即可析出暗红色的 CrO_3 晶体

$$K_2Cr_2O_7 + H_2SO_4(\text{浓}) \longrightarrow 2CrO_3\downarrow + K_2SO_4 + H_2O$$

化学实验中用于洗涤玻璃器皿的铬酸“洗液”，是由重铬酸钾的饱和溶液与浓硫酸配制的混合物。CrO_3 有很强的氧化性，遇有机物(如乙醇)能发生剧烈反应，会起火。CrO_3 具有毒性，并有强烈腐蚀性，应谨慎使用。

二是铬酸盐与重铬酸盐。钾、钠的铬酸盐和重铬酸盐是铬最重要的盐，K_2CrO_4 为黄色晶体，

$K_2Cr_2O_7$ 为橙红色晶体(俗称红矾钾)。$K_2Cr_2O_7$ 不易潮解,又不含结晶水,故常用作化学分析中的基准物。

向铬酸盐溶液中加入酸,溶液由黄色变为橙红色,而向重铬酸盐溶液中加入碱,溶液由橙红色变为黄色。这表明在铬酸盐或在重铬酸盐溶液中存在如下平衡

$$\underset{黄色}{2CrO_4^{2-}} + 2H^+ \underset{OH^-}{\overset{H^+}{\rightleftharpoons}} \underset{橙红色}{Cr_2O_7^{2-}} + H_2O$$

实验证明,当 $pH > 11$ 时,几乎 100%以 CrO_4^{2-} 的形式存在;当 $pH < 1.2$ 时,又几乎 100%以 $Cr_2O_7^{2-}$ 的形式存在。重铬酸盐大都易溶于水;而铬酸盐,除 K^+、Na^+、NH_4^+ 盐外,一般难溶于水。向重铬酸盐溶液中加入 Ba^{2+}、Pb^{2+}、Ag^+ 时,可使上述平衡向生成 CrO_4^{2-} 的方向移动,生成相应的铬酸盐沉淀

$$Cr_2O_7^{2-} + 2Ba^{2+} + H_2O = 2H^+ + 2BaCrO_4\downarrow(柠檬黄)$$

在酸性溶液中,$Cr_2O_7^{2-}$ 还能氧化 H_2O_2

$$Cr_2O_7^{2-} + 3H_2O_2 + 8H^+ \longrightarrow 2Cr^{3+} + 3O_2\uparrow + 7H_2O$$

③ 含铬废水的处理

铬的化合物均有毒,而且有致癌作用,尤其是 Cr(Ⅵ)化合物的毒性更大。我国规定可排放废水中的 Cr(Ⅵ)浓度不得超过 $0.1\ mg \cdot L^{-1}$。Cr(Ⅲ)盐的毒性仅为 Cr(Ⅵ)盐的 0.5%,所以需要将废水中的 Cr(Ⅵ)尽可能转化为 Cr(Ⅲ)。含铬废水一般通过两种途径处理:

一是化学还原法。加入铁粉之类的还原物质使 Cr(Ⅵ)还原为 Cr(Ⅲ),然后在 pH=6~8 的溶液中通入空气并加热,使 Cr^{3+}、Fe^{3+}、Fe^{2+} 以氢氧化物沉淀。

二是离子交换法。铬(Ⅵ)一般以 $HCrO_4^-$ 的形式存在,先将含铬废水流经强酸型阳离子交换树脂,除去废水中的其他杂质正离子。经交换后,流出液的 pH 为 2~3。再将流出液经碱性大孔阴离子交换柱再次交换,可除去 $HCrO_4^-$。

2.1.3.3 锰及其重要化合物

(1) 单质

锰(Mn)位于元素周期表中的ⅦB 族,在自然界的储量位于过渡元素中的第三位,仅次于铁和钛,主要以软锰矿($MnO_2 \cdot xH_2O$)形式存在。锰主要用于制造合金。含 Mn 10%~15%以上的锰钢具有良好的抗冲击、耐磨损及耐蚀性,可用作耐磨材料,如制造粉碎机、钢轨和装甲板等。

(2) 锰的重要化合物

① Mn(Ⅱ)化合物

在酸性溶液中,Mn^{2+} 比同周期其他 M(Ⅱ)如 Cr^{2+}、Fe^{2+} 等稳定,只有用强氧化剂如 $NaBiO_3$、PbO_2、$(NH_4)_2S_2O_8$,才能将 Mn^{2+} 氧化为呈现紫红色的高锰酸根

$$2Mn^{2+} + 14H^+ + 5NaBiO_3(s) = 2MnO_4^- + 5Bi^{3+} + 5Na^+ + 7H_2O$$

② 锰酸盐、高锰酸盐

锰酸盐为氧化数为+6 的锰的化合物,仅以深绿色的锰酸根(MnO_4^{2-})形式存在于强碱溶液中。在中性或酸性溶液中 MnO_4^{2-} 会立即歧化,生成 MnO_4^- 与 MnO_2,溶液由绿色变为紫红色。

高锰酸钾($KMnO_4$)的氧化能力随介质的酸性减弱而减弱,其还原产物也因介质的酸碱性不同而变化。MnO_4^- 在酸性、中性(或微碱性)、强碱性介质中的还原产物分别为 Mn^{2+}、MnO_2 及 MnO_4^{2-}。如

$$\text{酸性介质}\quad \underset{\text{紫色}}{2MnO_4^-} + 5SO_3^{2-} + 6H^+ = \underset{\text{淡红色或无色}}{2Mn^{2+}} + 5SO_4^{2-} + 3H_2O$$

若该反应中 MnO_4^{2-} 过量，则会与生成的 Mn^{2+} 反应生成棕色的 MnO_2。

$$\text{中性介质}\quad 2MnO_4^- + 2SO_3^{2-} + H_2O = \underset{\text{棕色}}{2MnO_2\downarrow} + 2SO_4^{2-} + 2OH^-$$

$$\text{碱性介质}\quad 2MnO_4^- + 2SO_3^{2-} + 2OH^- = \underset{\text{绿色}}{2MnO_4^{2-}} + SO_4^{2-} + H_2O$$

$KMnO_4$ 在化学工业中用于生产维生素 C、糖精等的氧化剂，在轻化工业中用作纤维、油脂的漂白和脱色，在医疗上用作杀菌消毒剂，在日常生活中可用于饮食用具、器皿和蔬菜、水果等消毒。

2.1.3.4　铁系元素及其重要化合物

元素周期表中的ⅧB 族包括铁(Fe)、钴(Co)、镍(Ni)、钌(Ru)、铑(Rh)、钯(Pd)、锇(Os)、铱(Ir)、铂(Pt)九种元素。Fe、Co、Ni 三种元素的性质相近，称为铁系元素。后六种属于稀贵金属元素，统称铂系元素。

(1) 单质

Fe、Co、Ni 均为有光泽的银白色金属，Fe、Co 略带灰色，Ni 为银白色，均具有铁磁性，其合金是很好的磁性材料。铁是地球表面最丰富、最重要的金属之一。

铁系元素在自然界中分布极广，一般以氧化物或硫化物矿的形式存在，如赤铁矿(Fe_2O_3)、磁铁矿(Fe_3O_4)、黄铁矿(FeS_2)、辉钴矿(CoAsS)及镍黄铁矿(FeS・NiS)等，Co 和 Ni 常共生。

化学性质主要表现在：

一是可溶于稀酸，在高温时与非金属单质及水蒸气发生剧烈反应。

Fe 在微湿空气中生锈，生成的 $Fe_2O_3 \cdot xH_2O$ 结构松散，无保护作用；Co 和 Ni 被空气氧化可生成薄而致密的膜，可保护金属不被继续腐蚀。

二是 Fe、Co、Ni 与浓 HNO_3 常温下不反应(钝化)。

三是 Fe 能被浓碱腐蚀，Co、Ni 的耐碱熔腐蚀性较好，镍坩埚可作为熔炼碱性物质的反应器。

(2) 氧化物和氢氧化物

① 氧化物

一是 MO(M=Fe、Co、Ni，下同)均为难溶于水的碱性氧化物，易溶于酸。

二是 Fe_2O_3 具两性，以碱性为主，可以与酸反应，与碱反应需要共熔。Fe_2O_3 常用作红色颜料、磁性材料与催化剂。

三是 Co_2O_3、Ni_2O_3 具强氧化性，如

$$Ni_2O_3 + 6HCl = 2NiCl_2 + Cl_2\uparrow + 3H_2O$$

四是 Fe_3O_4 具强磁性和良好的导电性，又称为磁性氧化铁。它是 Fe(Ⅱ)和 Fe(Ⅲ)的混合物。

② 氢氧化物

一是 $M(OH)_2$(M=Fe、Co、Ni)的还原性。Fe^{2+} 与碱反应刚生成的 $Fe(OH)_2$ 白色沉淀很快会被空气氧化为棕色的 $Fe(OH)_3$，$Ni(OH)_2$ 与 $Co(OH)_2$ 可被氧化剂(如 Br_2)氧化。

二是 $M(OH)_3$(M=Fe、Co、Ni)的氧化性。$M(OH)_3$ 的氧化性按 Fe、Co、Ni 的顺序增强。如 $Co(OH)_3$、$Ni(OH)_3$ 与其相应的氧化物一样，溶于酸时只能生成二价盐

$$4Ni(OH)_3 + 4H_2SO_4 = 4NiSO_4 + 10H_2O + O_2\uparrow$$

$$2Co(OH)_3 + 6HCl(\text{浓}) = 2CoCl_2 + Cl_2\uparrow + 6H_2O$$

三是 $Fe(OH)_3$ 略显两性，以碱性为主

$$Fe(OH)_3 + 3HCl = FeCl_3 + 3H_2O$$

新沉淀的 $Fe(OH)_3$ 可溶于强碱

$$Fe(OH)_3 + 3OH^- \xrightarrow{\triangle} [Fe(OH)_6]^{3-}$$

$$Fe(OH)_3 + KOH \xrightarrow{\triangle} KFeO_2 + 2H_2O$$

③ 盐类

一是 M(Ⅱ)盐。笼统地说，铁系 M^{2+} 与强酸根如 Cl^-、NO_3^-、SO_4^{2-} 等生成易溶盐；与弱酸根如 F^-、S^{2-}、CO_3^{2-}、$C_2O_4^{2-}$、CrO_4^{2-}、PO_4^{3-} 等生成难溶盐。常用二价盐主要为硫酸盐或氯化物，其无水盐与含水盐的颜色不同，配位水分子的数目不同，颜色也会变化。如其无水氯化物：Fe(Ⅱ)白色、Co(Ⅱ)蓝色、Ni(Ⅱ)土黄色；含水盐：如 $FeSO_4 \cdot 7H_2O$ 浅绿色、$CoCl_2 \cdot 6H_2O$ 粉红色、$NiSO_4 \cdot 7H_2O$ 亮绿色。

二是 M(Ⅲ)盐。具有如下特点：

第一，氧化性。只有 Fe(Ⅲ)盐可存在于溶液，Co^{3+} 盐只能以固态存在，溶于水后即被还原为 Co^{2+}。Fe(Ⅲ)盐在水溶液中属中强氧化，可与铜、锌等金属及一些还原性物质如 I^-、H_2S、Sn^{2+} 等发生氧化还原反应。如

$$2FeCl_3 + H_2S = 2FeCl_2 + S\downarrow + 2HCl$$

$$2FeCl_3 + SnCl_2 = 2FeCl_2 + SnCl_4$$

第二，$Fe(H_2O)_6{}^{3+}$ 极易水解。在强酸性介质中(pH=0 左右)，$[Fe(H_2O)_6]^{3+}$ 显浅紫色；pH 升至 2～3 时，由于水解使溶液显棕黄色。

第三，重要盐 $FeCl_3$。$FeCl_3$ 易溶于水和有机溶剂，水溶液呈酸性。气态以双聚分子 Fe_2Cl_6 存在，其结构与 Al_2Cl_6 相似。因水解产物能与水中悬浮物质一起沉降，$FeCl_3$ 常用作水处理剂；$FeCl_3$ 可使蛋白质迅速凝固，常用作止血剂；$FeCl_3$ 能溶于有机溶剂并显氧化性，可作有机反应的氧化剂和有机合成的催化剂；Fe(Ⅲ)能氧化 Cu，常用 35%的 $FeCl_3$ 溶液作印刷线路的腐蚀剂。

$$2FeCl_3 + Cu = CuCl_2 + 2FeCl_2$$

2.1.3.5 铜副族

元素周期表中的 ds 区包括ⅠB 族和ⅡB 族。ⅠB 族有铜(Cu)、银(Ag)和金(Au)，称为铜副族元素。

(1) 单质

① 存在形式与物理性质

铜可以以单质的形式存在，世界上发现的最大的单粒金属铜重达 42 t。铜矿主要有辉铜矿(Cu_2S)、黄铜矿($CuFeS_2$)、赤铜矿(Cu_2O)、黑铜矿(CuO)以及孔雀石$[Cu(OH)_2 \cdot CuCO_3]$和胆矾(蓝矾)$CuSO_4 \cdot 5H_2O$。

银在自然界中也存在单质矿。化合物主要有辉银矿(Ag_2S)，常与方铅矿(PbS)共生。

金主要以单质形式存在，分散在岩石中和沙砾中。

② 化学活泼性

与碱金属相比金属活泼性弱得多，化学活泼性按 Cu→Ag→Au 顺序减弱。

铜在潮湿的空气中表面会生成一层铜绿(碱式碳酸铜)

$$2Cu + O_2 + H_2O + CO_2 = Cu(OH)_2 \cdot CuCO_3$$

银若接触含 H_2S 的空气，则会形成一层黑色薄膜而失去银白色光泽

$$2Ag + H_2S + \frac{1}{2}O_2 = Ag_2S(\text{黑色}) + H_2O$$

Cu 和 Ag 还能溶解在其他氧化剂的酸性溶液中，如

$$Cu + 2FeCl_3 \xlongequal{\quad} CuCl_2 + 2FeCl_2$$

$$2Ag + HgCl_2 \xlongequal{\quad} 2AgCl\downarrow + Hg$$

(2) 铜的重要化合物

① 氧化物与氢氧化物

Cu(Ⅱ)均可生成氧化物和相应的氢氧化物，而 Cu(Ⅰ)未制得纯 Cu(OH)。化学性质表现如下：

一是 Cu_2O。具有毒性，主要用于玻璃、搪瓷工业作红色颜料。Cu_2O 是弱碱性氧化物，溶于稀 H_2SO_4 先生成硫酸亚铜，然后立即歧化

$$Cu_2O + H_2SO_4(稀) \xlongequal{\quad} CuSO_4 + Cu + H_2O$$

Cu_2O 溶于 HCl 时，生成难溶于水的白色 CuCl 沉淀，故不发生歧化反应

$$Cu_2O + 2HCl \xlongequal{\quad} 2CuCl(白色)\downarrow + H_2O$$

二是 $Cu(OH)_2$。$Cu(OH)_2$ 微显两性，溶于酸，又溶于过量的浓碱液

$$Cu(OH)_2 + 2NaOH \xlongequal{\quad} Na_2[Cu(OH)_4](蓝色)$$

$Cu(OH)_2$ 也可溶解于氨水

$$Cu(OH)_2 + 4NH_3\cdot H_2O \xlongequal{\quad} [Cu(NH_3)_4]^{2+} + 2OH^- + 4H_2O$$

② 重要的铜盐——硫酸铜

$CuSO_4\cdot 5H_2O$ 是最重要的铜盐，俗称胆矾。$CuSO_4\cdot 5H_2O$ 为蓝色晶体。硫酸铜是制备其他铜化合物的重要原料，工业上常用作进行铜的电镀，也是果园常用的杀虫剂(与石灰乳混合制备波尔多液)。

无水硫酸铜为白色粉末，吸水性很强，吸水后呈蓝色。利用这一性质可检验乙醇和乙醚等有机溶剂中的微量水，并可作干燥剂。

③ 配合物

Cu^{2+} 的配合物或螯合物大多为 4 配位，为平面正方形构型。铜氨溶液{$[Cu(NH_3)_4]^{2+}$}具有溶解纤维素的能力，在溶解了纤维素的溶液中加水或酸，纤维又可沉淀析出，纺织工业利用此性质制取人造丝。用铜氨纤维制成的织物适作内衣，穿着舒适。

(3) 银与金的重要化合物

① $AgNO_3$

$AgNO_3$ 是最重要的可溶性银盐，在 25℃ 水中的溶解度为 $245\ g\cdot(100\ g)^{-1}$ 水。$AgNO_3$ 为无色晶体，见光容易分解，其晶体与溶液都应保存在棕色试剂瓶中。它主要用于制备照相底片所需的乳液，还是一种重要的分析试剂。10%的 $AgNO_3$ 溶液在医药上用作杀菌剂。

② 卤化银(AgX)

由 AgF 到 AgI，键型由离子键变为共价键，溶解度降低，颜色加深。AgF 为无色晶体，易溶于水，AgCl 为白色，AgBr 为淡黄色，AgI 为黄色，均难溶于水。AgCl、AgBr、AgI 均易感光分解，具感光性，常用作感光材料。

③ 配合物

常见的 Ag^+ 配离子有：$[Ag(NH_3)_2]^+$、$[Ag(S_2O_3)_2]^{3-}$、$[Ag(CN)_2]^-$

利用配离子的不同稳定性，可实现下列沉淀-溶解的转化

$$AgCl\downarrow \xrightarrow{NH_3} [Ag(NH_3)_2]^+ \xrightarrow{Br^-} AgBr\downarrow \xrightarrow{S_2O_3^{2-}} [Ag(S_2O_3)_2]^{3-} \xrightarrow{I^-} AgI\downarrow \xrightarrow{CN^-} [Ag(CN)_2]^- \xrightarrow{S^{2-}} Ag_2S\downarrow$$

④ 金的化合物

金在化合物中主要表现为+3 价，如 Au_2Cl_6、$HAuCl_4$ 等。

在水溶液中 Au^+ 容易歧化，但$[Au(CN)_2]^-$配离子在水中很稳定。Au(Ⅲ)的配离子$[Au(CN)_4]^-$为平面正方形构型。

铜、银、金在水溶液中最稳定的氧化态分别为+2、+1 和+3 价，这种不规则性在其他各族元素中都很少见。

2.1.3.6 锌副族

(1) 单质

锌副族元素单质的熔、沸点低，硬度小。锌(Zn)和镉(Cd)都是银白色金属，汞(Hg)在常温下是液体，是全部金属元素中唯一在常温下是液态的金属。重要的锌矿石有闪锌矿(ZnS)和菱锌矿($ZnCO_3$)，镉一般以 CdS 形式存在于闪锌矿中，主要的汞矿是辰砂(HgS，即朱砂)。

大量金属锌用于制锌铁板(白铁皮)和干电池，锌铝合金(锌 78%+铝 22%)具有超塑性，能压制成形状复杂的汽车车厢和冷冻机壳板等。镉广泛应用于飞机和船舶零件的防腐镀层，镉镍电池用于飞机、导弹和火车冷藏车厢。汞在 0℃～300℃时热胀均匀，而且不润湿玻璃，主要用于制造温度计。室温时汞的蒸气压很小，也常用于制造气压计。汞蒸气在电弧中能导电并辐射紫外光，可制作太阳灯、日光灯、高压水银灯等。汞能溶解金属形成汞齐，如钠汞齐可作为电极电解食盐溶液。汞能溶解金和银，冶金工业中可用汞齐法提取贵金属。汞不与铁形成汞齐，可以用铁罐装汞。

汞蒸气有毒，空气中的允许浓度为 $0.1\ mg \cdot m^{-3}$。汞的表面能是所有液体中最大的，撒在地上的汞应立即用硫粉覆盖。汞盛放于铁罐或瓷瓶中后还应用水封。

(2) 锌的重要化合物

① ZnO 与 $Zn(OH)_2$

ZnO 与 $Zn(OH)_2$ 均为白色粉末状，微溶于水，显两性。

ZnO 俗称锌白，可作白色颜料，若在 ZnO 中参杂 0.02%～0.03%的金属锌，能得到呈黄、绿、棕、红等色的 ZnO，并能发出相应荧光，可作为荧光剂。ZnO 能吸收紫外光，可配制防晒化妆品。ZnO 无毒且有一定杀菌力，可用于治疗皮肤病、制橡皮膏。ZnO 通过适当热处理可出现半导体特性，可作光催化反应的催化剂。另外，ZnO 还大量用作油漆颜料和橡胶填料。

$Zn(OH)_2$ 为典型两性氢氧化物，可溶于酸形成锌盐，溶于碱形成锌酸盐

$$Zn(OH)_2 + 2OH^- = [Zn(OH)_4]^{2-}$$

$Zn(OH)_2$ 能溶于氨水形成配合物

$$Zn(OH)_2 + 4NH_3 = [Zn(NH_3)_4]^{2+} + 2OH^-$$

② $ZnCl_2$

$ZnCl_2$ 在水中的溶解度特别大，是溶解度最大的晶体之一，10℃时 100 g 水可溶解 363 g，80℃时可溶解 541 g，$ZnCl_2$ 的浓溶液酸性很强（$c=6\ mol \cdot L^{-1}$ 时，pH=1），可溶解金属氧化物，故可用作焊药清除金属表面的锈层。如

$$ZnCl_2 + H_2O = H[ZnCl_2(OH)]$$

$$FeO(s) + 2H[ZnCl_2(OH)] = Fe[ZnCl_2(OH)]_2 + H_2O$$

$ZnCl_2$ 还常用作有机反应的脱水剂和催化剂、木材的防腐剂等。浓的 $ZnCl_2$ 溶液能溶解纤维素和蚕丝等。不能用滤纸过滤 $ZnCl_2$ 溶液。

③ ZnS

ZnS 是常见难溶硫化物中唯一呈白色的化合物，可用作白色颜料。它与 $BaSO_4$ 沉淀形成的混合晶体 $ZnS \cdot BaSO_4$ 称为锌钡白，俗称立德粉，是一种优良的白色颜料。

ZnS 晶体是常用的荧光粉，含少量银化合物时显蓝色，含少量铜化合物时显黄绿色，含少量锰化合物时显橙色，可用于制作电视屏幕、夜光表及阴极射线管等。

④ 配合物

Zn^{2+} 属 18 电子结构，极化力和变形性都很大，能与许多阴离子(如 Cl^-、Br^-、I^-、CN^- 等)和中性分子形成配合物，其中以 CN^- 的配合物最稳定。

Zn^{2+} 在强碱性介质中与二苯硫腙反应时，能形成粉红色的螯合物，反应不受其他离子干扰，常用于鉴定 Zn^{2+}

$$\begin{matrix} & NH—NH—C_6H_5 \\ \diagup & \\ C{=}S & \\ \diagdown & \\ & N{=}N—C_6H_5 \end{matrix} + \frac{1}{2}Zn^{2+} = \begin{matrix} & NH—N—C_6H_5 \\ \diagup & \quad \diagdown \frac{Zn^{2+}}{2} \\ C{=}S & \longrightarrow \\ \diagdown & \\ & N{=}N—C_6H_5 \end{matrix} + H^+$$

(3) 镉的重要化合物

① CdS

CdS 呈黄色，称为镉黄，是名贵的黄色颜料，颜色鲜亮而经久不变。高纯度 CdS 是良好的半导体材料，可用于太阳能电池、光致发光、电致发光、阴极射线发光等材料的制备。

② $CdSO_4$

$CdSO_4$ 在水中的溶解度比锌盐还大，25℃时每 100 g 水可溶解 772 g，温度的变化对其溶解度的影响不大，故用于制备标准电池。

③ Cd^{2+}

Cd^{2+} 与 Zn^{2+} 的性质有些类似。需要注意的是，Cd^{2+} 能取代金属酶中的 Zn^{2+}，影响酶的活性，所以是危险的毒物。

(4) 汞的重要化合物

① HgO

Hg(Ⅱ)与 NaOH 作用时，析出的不是 $Hg(OH)_2$，而是黄色的 HgO 沉淀

$$Hg^{2+} + 2OH^- = HgO\downarrow(黄色) + H_2O$$

在低于 300℃加热时，黄色 HgO 能转化为红色 HgO。

Hg(Ⅰ)盐和 NaOH 作用时，析出的是 HgO 与 Hg，Hg(Ⅰ)发生了歧化反应。

② HgS

黑色 HgS 的 $K_{sp}^{\ominus} = 6.44 \times 10^{-53}$，很小，它可因形成配离子而溶于王水与 Na_2S

$$3HgS + 12HCl + 2HNO_3 = 3H_2[HgCl_4] + 3S\downarrow + 2NO\uparrow + 4H_2O$$

$$HgS + Na_2S = Na_2[HgS_2]$$

黑色的 HgS 加热到 386℃转变为比较稳定的红色变体。

③ $HgCl_2$

$HgCl_2$ 是白色针状晶体，易升华，称为升汞，剧毒，致死量约 0.2 g。$HgCl_2$ 可溶于水，但在水中以分子形式存在，称为假盐，可溶于乙醇与乙醚，是分子晶体。配制水溶液时应加入适量盐酸以抑制水解

$$HgCl_2 + H_2O = Hg(OH)Cl\downarrow(白色) + HCl$$

类似的，$HgCl_2$ 也可以发生氨解反应，生成白色的氨基氯化汞沉淀

$$HgCl_2 + 2NH_3 \longrightarrow Hg(NH_2)Cl\downarrow(\text{白色}) + NH_4Cl$$

在酸性溶液中 $HgCl_2$ 有较强的氧化性。在分析化学上可以用 $HgCl_2$ 与 $SnCl_2$ 的反应检验 Hg^{2+} 与 Sn^{2+}。向 $HgCl_2$ 溶液中加入适量 $SnCl_2$ 溶液，有 Hg_2Cl_2 白色沉淀生成

$$2HgCl_2 + Sn^{2+} + 4Cl^- \longrightarrow Hg_2Cl_2\downarrow(\text{白色}) + SnCl_6^{2-}$$

$SnCl_2$ 过量时可进一步反应，沉淀由白转灰，最后变为黑色

$$Hg_2Cl_2 + Sn^{2+} + 4Cl^- \longrightarrow 2Hg\downarrow(\text{黑色}) + SnCl_6^{2-}$$

2.2 有机化合物

2.2.1 有机化合物的特性

与无机化合物相比，有机化合物一般具有如下特性：

2.2.1.1 数量庞大，结构复杂

构成有机化合物的主要元素种类不多，但是有机化合物的数量却非常庞大。据统计，现在世界上有机化合物的数量已超过一千万种，而且这个数量还在与日俱增。

有机化合物存在的数量与其结构的复杂性有密切的关系。构成有机化合物主体的碳原子不但数目很多，而且相互结合能力很强，可以连接成不同形式的链或环。此外，在各类有机化合物中还普遍存在着同分异构现象。这些都是造成有机化合物数量庞大和结构复杂的原因。

2.2.1.2 容易燃烧

除少数例外，几乎所有的有机化合物都能燃烧，而大多数无机化合物则不能。人们常利用这一性质来初步区别有机化合物和无机化合物。

2.2.1.3 熔点和沸点低

在室温下，绝大多数无机化合物都是高熔点的固体，而有机化合物通常为气体、液体或低熔点的固体。如氯化钠和氯乙烷相对分子质量相近，但两者的熔点和沸点相差很大，产生这些差异的原因是绝大多数无机化合物都是由正、负离子构成的，正、负离子之间存在着较强的静电引力，要破坏这种引力需要较大的能量。因此，无机化合物的熔点和沸点都比较高；而大多数有机化合物分子之间只存在着微弱的范德华(van der Waals)引力，所以熔点和沸点都比较低。

2.2.1.4 大多数有机化合物难溶于水，易溶于有机溶剂

水是强极性物质，所以用离子键结合的无机化合物大部分都易溶于水，而难溶于有机溶剂。一般有机化合物的极性都很小，有的甚至等于零，因此，大多数有机化合物在水中的溶解度都很小(或不溶于水)，但它们易溶于极性小的或非极性的有机溶剂(如乙醚、苯、烃类或油脂等)中。这就是所谓的“相似相溶”规律。

2.2.1.5 不导电

大多数无机化合物的水溶液或其熔融状态或多或少都能导电，但是大多数有机化合物是非电解质，不能导电。

2.2.1.6 反应速率慢，且副反应多

无机化合物的反应一般都是离子反应，反应速率非常快，几乎无法测定，例如下列反应可以在瞬间完成

$$NaCl + AgNO_3 \longrightarrow AgCl\downarrow + NaNO_3$$

大多数有机化合物之间的反应要经历共价键断裂和新共价键形成的过程，所以反应速率通常很慢，有的甚至需要几十小时或几十天才能完成。因此，常常要采用催化剂、光照射和加热等措施以加速反应。

有机化合物的分子大多数都是由多个原子组成的，所以在有机化学反应中，反应中心往往不局限在分子的某一固定部位，常常可以在几个部位同时发生反应，得到多种产物，而且生成的初级产物还可能继续发生反应，得到进一步的产物。因此，在有机化学反应中，除了生成主要产物外，通常还有副产物生成。

2.2.2　有机化合物结构概念和结构理论

德国化学家弗里德里希・维勒(Friedrich Wohler)和李比希(J. von Liebig)分别发现了异氰酸银和雷酸银，并分析证明这两种化合物均由 Ag、N、C、O 各一个原子组成，但物理、化学性质完全不同。后来瑞典化学家琼斯・雅可比・贝采里乌斯(Jons Jakob Berzelius)经过仔细研究，证明这种现象在有机化学中是普遍存在的。他把这种分子式相同而结构不同的现象，称为同分异构现象(isomerism，简称异构现象)。把两个或两个以上具有相同组成的物质，互称为同分异构体(isomer)。他还解释，异构体的不同是因分子中各个原子结合的方式不同而产生的，这种不同的结合称为结构(structure)。自从发现这个现象后，有机化学面临一个问题，就是如何测定这些结构。经过不断的探索与思考，逐渐建立了正确的结构概念。

2.2.2.1　凯库勒(A. Kekulé)及古柏尔(A. Couper)的两个重要基本规则(1857)

(1) 碳原子是四价的

无论在简单或复杂的化合物里，碳原子和其他原子的数目总保持着一定的比例，如 CH_4、$CHCl_3$、CO_2。凯库勒认为每一种原子都有一定的化合力，并把这种力叫作 atomicity，按意译应为“原子化合力”或“原子力”，后来人们称为价。碳是四价的，氢、氯是一价的，氧是二价的。若用一条短线代表一价，则 CH_3Cl 可用下面四个式子表示

```
     H              H              H              Cl
     |              |              |              |
 H — C — Cl     H — C — H     Cl — C — H      H — C — H
     |              |              |              |
     H              Cl             H              H
    (i)            (ii)          (iii)           (iv)
```

事实上 CH_3Cl 只有一种结构，因此他们还注意到碳原子的四个价键是相等的。

(2) 碳原子自相结合成键

在有机化学发展史上，类型学说占有重要地位。它的创始人查尔斯・热拉尔(Charles Gerhardt)认为(1853 年)，有机化合物是按照四种类型——氢型、盐酸型、水型和氨型中一个氢被一个有机基团取代衍生出来的，如它们被乙基取代

```
 H }       H }       H }        H }
   }         }         } O      H } N
 H }       Cl }      H }        H }
 氢型      盐酸型     水型       氨型

 C2H5 }    C2H5 }    C2H5 }     C2H5 }
      }         }         } O      H } N
    H }      Cl }       H }        H }
 乙烷      氯乙烷     乙醇       乙胺
```

这个学说在建立有机化合物体系过程中，起了很大的推动作用，把当时杂乱无章的各种化合物归纳到一个体系之内。按照这个学说预言了很多新化合物，后来一一被发现。凯库勒在此基础上提出了新的类型即甲烷类型，他把其他的碳氢化合物也放在这一类型之内，如乙烷就是甲基甲烷

$$\left.\begin{array}{l}H\\H\\H\\H\end{array}\right\}C \qquad\qquad \left.\begin{array}{l}H\\H\\H\\CH_3\end{array}\right\}C$$

甲烷　　　　乙烷(甲基甲烷)

这一类型说明，碳与碳之间也可以以一价自相结合成键，如两个或三个碳原子自相结合成键后，还剩下没有用去的价键均与氢结合，就得到 C_2H_6，C_3H_8

$$\begin{array}{ccccccc} & & H & & H & & \\ & & | & & | & & \\ H & - & C & - & C & - & H \\ & & | & & | & & \\ & & H & & H & & \end{array} \qquad \begin{array}{ccccccccc} & & H & & H & & H & & \\ & & | & & | & & | & & \\ H & - & C & - & C & - & C & - & H \\ & & | & & | & & | & & \\ & & H & & H & & H & & \end{array}$$

上面两个式子，代表着分子中原子的种类、数目和排列的次序，称为构造式。构造式中每一条线代表一个价键，称为键。如果两个原子各用一个价键结合，这种键称为单键；在有些化合物中，还可用两个价键或三个价键彼此自相结合，这种键称为双键或叁键；碳原子还可以结合成为环

$$\begin{array}{ccccc} H & \diagdown & & \diagup & H \\ & & C{=}C & & \\ H & \diagup & & \diagdown & H \end{array} \qquad H-C\equiv C-H$$

```
          H   H
           \ /
   H        C        H
    \     /   \     /
      C           C
    /  \         /  \
   H    \       /    H
         C --- C
        / |   | \
       H  H   H  H
```

双键　　　　叁键　　　　环

不难看出，凯库勒和古柏尔所推导出来的两个基本规则，具有特殊的重要意义，不但解决了多年来认为不可能解决的分子中各原子结合的问题，也阐明了异构现象问题，从而为数目众多的有机化合物设立了一个合理的体系。如按上面两个基本规则，C_4H_{10} 只能有两种排列方式

$$\begin{array}{ccccccccccc} & & H & & H & & H & & H & & \\ & & | & & | & & | & & | & & \\ H & - & C & - & C & - & C & - & C & - & H \\ & & | & & | & & | & & | & & \\ & & H & & H & & H & & H & & \end{array} \qquad \begin{array}{ccccccccc} & & H & & H & & H & & \\ & & | & & | & & | & & \\ H & - & C & - & C & - & C & - & H \\ & & | & & | & & | & & \\ & & H & & | & & H & & \\ & & H & - & C & - & H & & \\ & & & & | & & & & \\ & & & & H & & & & \end{array}$$

左式四个碳原子连成一条线，称为直链；右式三个碳原子连成一条线，线中间的碳原子还与另一个碳原子相连，形成有分支的链，称为叉链(或支链)，这是两个异构体，是碳架异构体。C_4H_{10} 写不出第三个式子，实验也证明没有第三个异构体存在。经过千百个化合物的考验，这两个基本规则在绝大多数场合下使用均无错误。

2.2.2.2 布特列洛夫(A. Butlerov)的化学结构理论(1861)

1861 年，布特列洛夫首次提出了化学结构的概念。他指出，分子不是原子的简单堆积，而是通过复杂的化学结合力按一定的顺序排列起来的，这种原子之间的相互关系及结合方式，就是该化合物的化学

结构。化学结构不仅是分子中各原子机械位置的一个图案，而且还反映了分子中各原子一定的化学关系。因此从分子的化学性质可以确定化学结构；反过来，从化学结构也可以了解和预测分子的化学性质。在很长一段时间里，人们运用化学性能去测定分子的化学结构。由于新技术的不断发展，对结构的认识日益加深，现在无论是化学结构，还是分子建筑形象，都逐渐为人们所掌握。

凯库勒等原始的经典结构理论仅仅提出了分子中各种原子的原子价、数目、种类和关系等问题，因为当时的科学水平未涉及整个分子的立体形象。随着资料的积累，无法用原始的结构理论解释的事实逐渐增多。如按照原始结构理论，分子是在一个平面上，二氯甲烷中两个氢原子和两个氯原子排列关系不同，可以有两个异构体(i)与(ii)，但实践证明二氯甲烷只有一个，并无异构体

```
      Cl              Cl
      |               |
  H — C — Cl      H — C — H
      |               |
      H               Cl
     (i)             (ii)
```

为解释这个问题，范霍夫(J. H. van't Hoff)及勒贝尔(J. A. Lebel)总结了前人所得到的一些事实，首次提出了碳原子的立体概念。特别是前者，很具体地为碳原子制作了一个正四面体的模型，他把碳原子用一个正四面体表示，碳原子在四面体的中心，它的四个价键伸向四面体的各个顶点。

因此，研究一个有机分子，就不应仅仅局限在阐明分子中各原子的数目和彼此的关系上，还要进一步了解分子的空间几何形象。这就为研究所有的分子开辟了一个新的领域，即立体化学。

为了易于了解分子的立体形象，现在已制作出各种模型，以适应不同的要求。其中最普遍使用的一种就是球棍模型，即用不同颜色的小球代表不同的原子，如黑色球代表碳原子，红色球代表氢原子等等；在球上以一定的角度打孔，碳原子就按正四面体 109.5°的角度打四个孔，氢、氯等原子就打一个孔，然后再在碳原子上插入四根等长的棍，棍的另一端与其他原子相连。按照这种方法制作模型，二氯甲烷的模型就如图 2-2-1 所示。

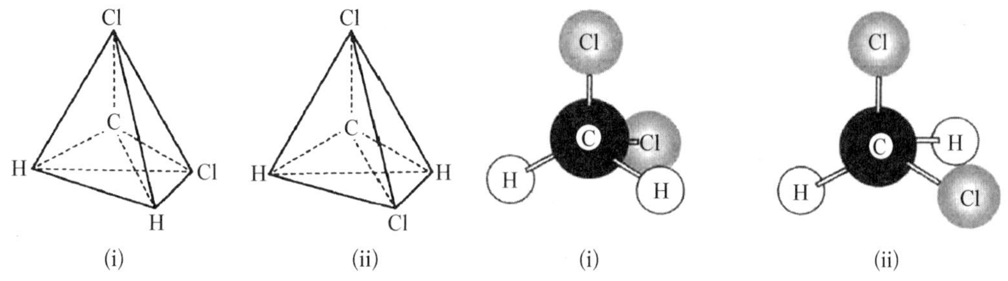

图 2-2-1　二氯甲烷的模型

不难看出，二氯甲烷只有一种空间排列的形式，只要把式(ii)转一转，就变为与式(i)完全相同的模型了。立体模型的概念，不仅说明有机分子必须具有一定的立体形象，还预言了许多新型异构体。van't Hoff 本人根据自己制作的模型就提出了一类特殊的异构现象，几十年以后，有的异构体在实验室内被发现。从这个模型不难看出，当一个碳上连接四个不同的基团时，分子就可以有两种不同的排列方式

CH_3　C　OH　H　COOH　|　CH_3　C　H　OH　COOH

它们的关系是实物与镜像的关系，是左手与右手的关系，它们不能重合，是一对异构体。这是由于碳原子和四个不同基团相连，产生在空间的不同排列而引起的立体异构现象。

上式中实线表示的键在纸面上，虚楔形线表示的键在纸面后，实楔形线表示的键在纸面前，这样绘出的伞形立体投影式，简称伞形式。

2.2.3 有机化合物的化学键

2.2.3.1 原子轨道

电子具有波粒二象性，故原子中电子的运动服从量子力学的规律。量子力学的一个重要原则——不确定性原理指出，不可能把一个电子的位置和能量同时准确地测定出来，这是由电子同时具有微粒性和波性双重性质所决定的。人们只能描述电子在某一位置出现的概率，即高概率区域内找到电子的机会总比在低概率区域内找到电子的机会要多。

可以把电子的概率分布看作一团带负电荷的“云”，称为电子云。在高概率的区域内，云层较厚；在低概率的区域内，云层较薄。云的形状反映了电子的运动状态。

量子力学认为，原子中每个稳态电子的运动状态都可以用一个单电子的波函数中 $\phi(x, y, z)$ 来描述，ϕ 称为原子轨道，因此电子云的形状也可以表达为轨道的形状。波函数 ϕ^2 的物理意义是在原子核周围的小体积之内电子出现的概率。ϕ^2 越大，在小体积之内出现的概率也就越大。假如计算很多很多这种距离不同的小体积之内电子出现的概率，用密度不同的点来表示计算数值的大小，并把这些点放在与之相对应的小体积之内，就得到了电子云的图案。如能量最低的 1s 轨道，是以原子核为中心的球体，其方便的表示方法是界面法，即在界面内电子出现的概率最大，如占总概率的 90%或 95%等。2s 轨道与 1s 轨道一样，是球形对称的，但比 1s 轨道大，能量较 1s 轨道高。2s 轨道有一个球面节，节的两侧波函数符号不同，分别用深灰色与浅灰色（或用“＋”与“－”号，这里“＋”、“－”并不表示正电荷或负电荷）表示波函数的符号。任何轨道被节分为两部分时，在节的两侧波函数符号都是相反的。

2p 轨道有三个能量相同的 p_x、p_y、p_z 轨道，彼此互相垂直，分别在 x、y、z 轴上，呈哑铃形的立体形状，由两瓣组成，原子核在两瓣中间，能量较 2s 轨道高，图 2-2-2 为这三个 2p 轨道的示意图。哑铃形轨道的坐标为零处，是原子核所在地。每个轨道有一个节面，如 $2p_y$，轨道围绕 y 轴呈轴对称，xz 平面为节面，用虚线表示；在节面上面的一瓣用深灰色表示，节面下面的一瓣用浅灰色表示。

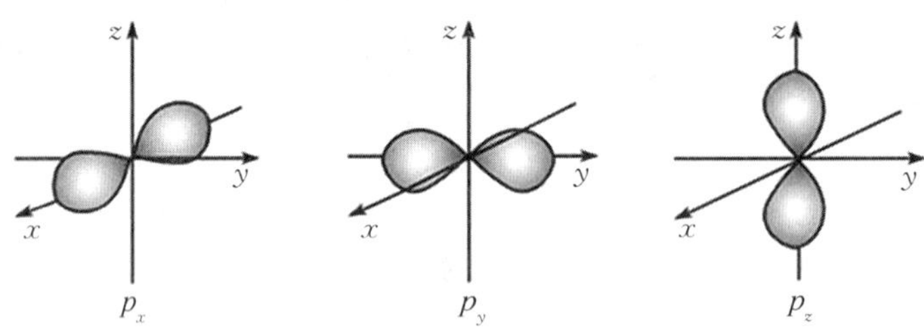

图 2-2-2 2p 轨道

2.2.3.2 原子的电子构型

每个轨道最多只能容纳两个电子，且自旋相反配对，这是泡利不相容原理（Pauli exclusion principle）。

电子尽可能占据能量最低的轨道，即能量最低原理（principle of lowest energy）。原子轨道离核愈近，受核的静电吸引力愈大，能量也愈低，故轨道能级顺序是 1s<2s<2p<3s<3p<4s。

有几个简并轨道（能量相等的轨道）而又无足够的电子填充时，必须在几个简并轨道逐一地各填充一个自旋平行的电子后，才能容纳第二个电子，这称为洪特规则（Hund rule）。

表 2-2-1 列出元素周期表中第一、第二周期前 10 种元素的电子排布及电子构型，其中 C、H、O、N 是有机物中最常见的元素。此外，第三周期的硅(Si)、磷(P)、硫(S)、氯(Cl)以及溴(Br)、碘(I)等也是有机物中常见的元素。各电子层的轨道内完全充满电子后，原子的电子构型才是稳定的，如 He、Ne 为惰性气体；具有电子不充满的构型是不稳定的。因此，原子必须进行反应使电子充满轨道，使电子配对成键，以达到稳定的电子构型，即使原子结合成为稳定的分子。

表 2-2-1　第一、第二周期元素基态(能量最低态)的电子排布及电子构型

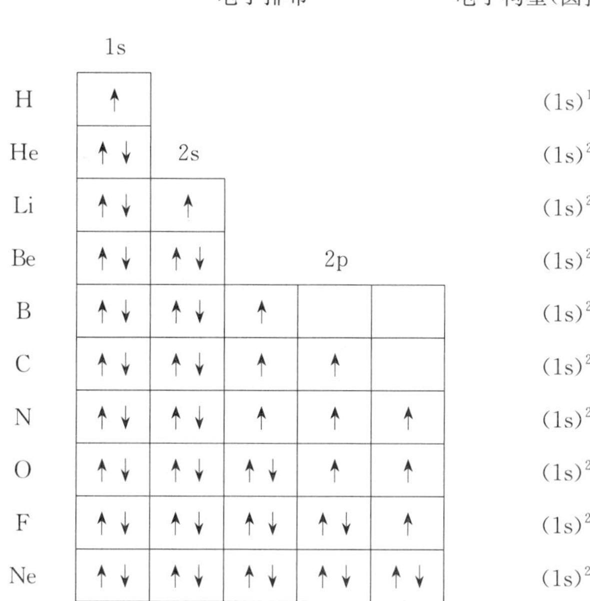

	电子排布 1s	2s	2p			电子构型(圆括弧右上角为电子数)
H	↑					$(1s)^1$
He	↑↓					$(1s)^2$
Li	↑↓	↑				$(1s)^2(2s)^1$
Be	↑↓	↑↓				$(1s)^2(2s)^2$
B	↑↓	↑↓	↑			$(1s)^2(2s)^2(2p)^1$
C	↑↓	↑↓	↑	↑		$(1s)^2(2s)^2(2p)^2$
N	↑↓	↑↓	↑	↑	↑	$(1s)^2(2s)^2(2p)^3$
O	↑↓	↑↓	↑↓	↑	↑	$(1s)^2(2s)^2(2p)^4$
F	↑↓	↑↓	↑↓	↑↓	↑	$(1s)^2(2s)^2(2p)^5$
Ne	↑↓	↑↓	↑↓	↑↓	↑↓	$(1s)^2(2s)^2(2p)^6$

碳原子位于周期表的第二周期ⅣA 族，有两个特点：一是它有四个价电子，必须失去或接受四个电子才能达到惰性气体 He 或 Ne 的构型；二是它是ⅣA 族中最小的原子，外层电子少，带正电的原子核对这些电子的控制较强一些。这两个特点使碳原子在所有化学元素中表现出十分特殊的性质，能够形成一个庞大的碳化合物体系。

2.2.3.3 典型的化学键

将分子中的原子结合在一起的作用力称为化学键。典型的化学键有如下三种。

(1) 离子键

带电状态的原子或原子团称为离子。由原子或分子失去电子而形成的离子称为正离子或阳离子。由原子或分子得到电子而形成的离子称为负离子或阴离子。依靠正、负离子间的静电引力而形成的化学键称为离子键，又称为电价键。如在氯化钠晶体中，Na^+ 和 Cl^- 之间的化学键即为离子键。离子键无方向性和饱和性。其强度与正、负离子的电价的乘积成正比，与正、负离子间的距离成反比。

(2) 金属键

金属原子最外层的价电子很容易脱离原子核的束缚，然后自由地在由正离子产生的势场中运动，这些自由电子与正离子互相吸引，使原子紧密堆积起来，形成金属晶体。这种使金属原子结合成金属晶体的化学键称为金属键。金属键无方向性和饱和性。

(3) 共价键和路易斯电子结构式

两个或多个原子通过共用电子对而产生的一种化学键称为共价键。共价键的概念是路易斯(G. N. Lewis)于 1916 年首先提出的。他指出，原子的电子可以配对成键(共价键)，以使原子能够形成一种稳定的惰性气体的电子构型。如

$$\mathrm{H\cdot + \cdot\underset{\cdot\cdot}{\overset{\cdot\cdot}{F}}: \longrightarrow H:\underset{\cdot\cdot}{\overset{\cdot\cdot}{F}}:} \qquad 即 \qquad \mathrm{H—F}$$

$$\mathrm{4H\cdot + \cdot\underset{\cdot}{\overset{\cdot}{C}}\cdot \longrightarrow H:\underset{\underset{H}{\cdot\cdot}}{\overset{\overset{H}{\cdot\cdot}}{C}}:H} \qquad 即 \qquad \mathrm{H—\underset{\underset{H}{|}}{\overset{\overset{H}{|}}{C}}—H}$$

在上述式子中，氢外层具有两电子的惰性气体氦(He)的构型，氟(F)、碳(C)外层具有八电子氖(Ne)的构型，这通称为“八隅规则”。这种用共价键结合的外层电子(即价电子)表示的电子结构式称为路易斯结构式。通常两个原子间的一对电子表示共价单键，两对电子表示双键，三对电子表示叁键。孤对电子也用黑点表示。为了方便，路易斯结构式也可以用一短线表示一对成键电子。

共价键可以分为双原子共价键和多原子共价键。由两个原子共用若干电子对形成的共价键称为双原子共价键，大多数共价键属于这一类。但也有共有一个电子或三个电子的双原子共价键，如氢分子离子($H\cdot H^+$)是单电子共价键，氧气分子为三电子共价键。由多个原子共用若干电子的共价键称为多原子共价键，如1,3-丁二烯的π键即为四个原子共用四个π电子的多原子共价键。

大多数双原子共价键的共用电子对是由两个原子共同提供的，但也有共用电子对是由一个原子提供的情况，这样的共价键称为配价键或配位键。用A→B表示，A是电子提供者(给体)，B是电子接受者(受体)。

共价键具有方向性和饱和性。

2.2.3.4 价键理论

价键理论是在总结了很多化合物的性质、反应，同时又运用了量子力学对原子及分子的研究成果上发展起来的，价键理论的主要内容如下：

第一，如果两个原子各有一个未成对电子且自旋反平行，就可耦合配对，成为一个共价键，即单键；如果原子各有两个或三个未成对电子，可以形成双键或叁键。因此，原子的未成对电子数就是它的原子的价数。

第二，如果一个原子的未成对电子已经配对，就不能再与其他原子的未成对电子配对，这就是共价键的饱和性。所以，一个具有 n 个未成对电子的原子A可以和 n 个只具有一个未成对电子的原子B结合形成 AB_n 分子。

第三，电子云重叠愈多，形成的键愈强，即共价键的键能与原子轨道重叠程度成正比。因此要尽可能在电子云密度最大的地方重叠，这就是共价键的方向性。如1s轨道与 $2p_x$ 轨道在 x 轴方向有最大的重叠，则可以成键。如图2-2-3中(i)轨道有最大的重叠，(ii)不是最大的重叠，这种沿键轴方向电子云重叠而形成的轨道，称σ轨道，其电子云分布沿键轴呈圆柱形对称，生成的键称σ键，如s-s，s-p_x，p_x-p_x，沿键轴方向重叠，均形成σ键。两个原子的p轨道平行，侧面电子云有最大的重叠，形成的轨道称π轨道，生成的键称π键(π bond)，如图2-2-3(iii)所示。π键电子云密度在两个原子键轴平面的上方和下方较高，键轴周围较低，π键的键能小于σ键。

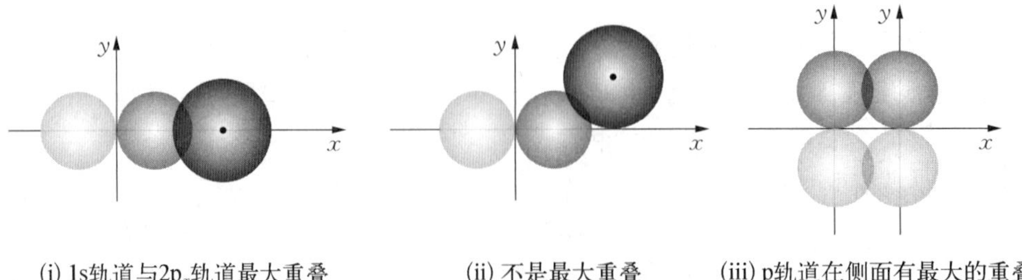

(i) 1s轨道与$2p_x$轨道最大重叠　(ii) 不是最大重叠　(iii) p轨道在侧面有最大的重叠

图2-2-3　2p轨道与1s轨道及2p轨道之间的重叠

第四，能量相近的原子轨道可进行杂化，组成能量相等的杂化轨道，这样可使成键能力更强，体系能量降低，成键后可达到最稳定的分子状态。

2.2.3.5　分子轨道理论

量子力学处理氢分子共价键的方法，推广到比较复杂分子的另一种理论是分子轨道理论，其主要内容如下：

分子中电子的各种运动状态，即分子轨道，用波函数（状态函数）ψ 表示。分子轨道理论中目前应用最广泛的是原子轨道线性组合法。这种方法假定分子轨道也有不同能级，每一轨道也只能容纳两个自旋相反的电子，电子也是首先占据能量最低的轨道，按能量的增高依次排上去。按照分子轨道理论，原子轨道的数目与形成的分子轨道数目是相等的，如两个原子轨道组成两个分子轨道，其中一个分子轨道是由两个原子轨道的波函数相加组成，另一个分子轨道是由两个原子轨道的波函数相减组成

$$\psi_1=\varphi_1+\varphi_2 \qquad\qquad \psi_1=\varphi_1-\varphi_2$$

ψ_1 与 ψ_1 分别表示两个分子轨道的波函数，φ_1 与 φ_2 分别表示两个原子轨道的波函数。

成键轨道与反键轨道对于键轴均呈圆柱形对称，因此它们所形成的键是 σ 键，成键轨道用 σ 表示，反键轨道用 σ^* 表示。成键轨道的能量较两个原子轨道的能量低，反键轨道的能量较两个原子轨道的能量高。可以这样来理解：成键轨道电子云在核与核的中间密度较大，对核有吸引力，使两个核接近而降低了能量；而反键轨道的电子云在核与核的中间很少，主要在核的外侧对核吸引，使两核远离，同时两个核又有排斥作用，因而能量增加。分子中的电子排布时，根据 Pauli 原理及能量最低原理，应占据能量较低的分子轨道，如氢分子中两个 1s 电子，占据成键轨道且自旋反平行，而反键轨道是空的，图 2-2-4 所示是氢分子基态的电子排布。

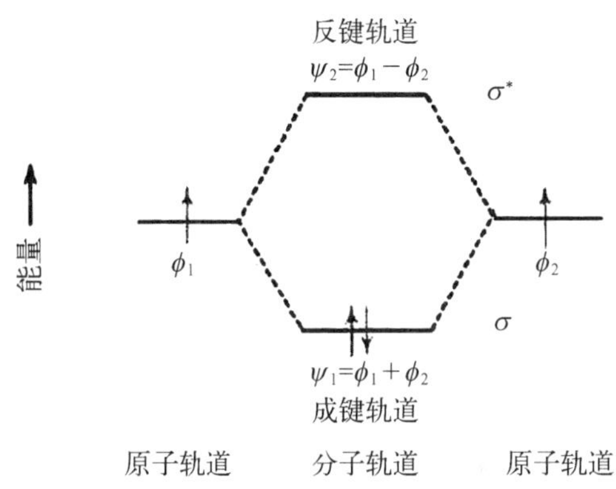

图 2-2-4　氢分子基态的分子排布

因此，分子轨道理论认为：电子从原子轨道进入成键的分子轨道，形成化学键，从而使体系的能量降低，形成了稳定的分子；能量降低愈多，形成的分子愈稳定。

原子轨道组成分子轨道，还必须具备能量相近、电子云最大重叠以及对称性相同三个条件。

一是能量相近，就是指组成分子轨道的两个原子轨道的能量比较接近，这样才能有效地成键。

二是两个原子轨道在重叠时还必须有一定的方向，以便使重叠最大、最有效，组成的键最强。如一个原子的 1s 轨道与另一个原子的 $2p_x$ 轨道如果能量相近，可以在 x 键轴方向有最大的重叠而成键，而在其他方向就不能有效地成键。

三是对称性相同。原子轨道在不同的区域，波函数有不同的符号，符号相同的重叠，能有效地成键，符号不同的不能有效地成键，如图 2-2-5 所示。p_y 与 p_y 轨道符号相同，能有效地成键组成分子轨道；而 s 轨道与 p_y 轨道虽有部分重叠，但因其中一部分符号相同，一部分符号相反，两部分正好互相抵消，不能有效地成键。

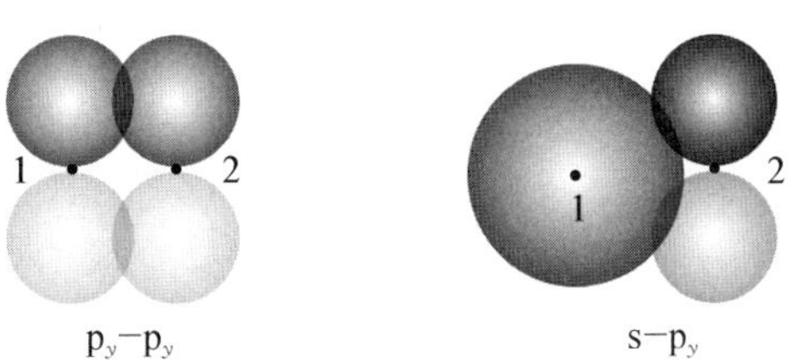

图 2-2-5　2p 轨道与 2p 轨道及 2p 轨道与 1s 轨道的重叠情况

2.2.3.6 共价键的极性、分子的偶极矩

(1) 电负性和共价键的极性

原子核与非价电子(即内层电子)组成的一个实体称为原子实。原子实是带正电性的,它对外层的价电子具有吸引力。这种原子实对价电子的吸引能力就是一个原子的电负性。吸引力越大,电负性越强。一般地讲,原子实越小或具有的正电荷越多,对价电子吸引的力量越强,其电负性值越大。在周期表同一周期中,越往右边的原子吸引电子的能力越强;同一族中,越往下的原子吸引电子的能力越弱。表 2-2-2 是一些常见原子的电负性值。

表 2-2-2 某些常见原子的电负性值

H 2.2								
Li 1.0	Be 1.5			B 2.0	C 2.5	N 3.1	O 3.5	F 4.0
Na 0.9	Mg 1.2			Al 1.5	Si 1.7	P 2.1	S 2.4	Cl 3.2
K 0.8	Ca 1.0	Cu 1.9	Zn 1.6		Ge 2.0	As 2.2	Se 2.5	Br 3.0
		Ag 1.9	Cd 1.7		Sn 1.7	Sb 1.8		I 2.7
			Hg 1.9		Pb 1.6	Bi 1.7		

当两个相同的原子形成分子时,由于两个原子的原子实对价电子的吸引力是相同的,键内电量平均分布在两个原子实之间,这个共价键是没有极性的,即形成非极性共价键,如氢分子、氯分子等。当两个不同的原子形成分子时,由于两种原子的原子实对价电子的吸引力不等,电子不再平均分布,结果分子内产生一个正电中心(呈正电性或正性)和一个负电中心(呈负电性或负性);虽然整个分子是中性的,但形成的共价键是有极性的。如氢与氯形成的分子,氢的核电荷是+1,原子实具有 1 个正电荷,而氯的核电荷是+17,原子实具有 7 个(17−10=7)正电荷,所以氯的原子实比氢的原子实对价电子有较大的吸引力。因此,分子中氯的一端呈负电性,氢的一端呈正电性,形成一个极性共价键。键的极性用 δ^+ 或 δ^- 标在有关原子上来表示,δ^+ 表示具有部分正电荷,δ^- 表示具有部分负电荷。如

$$\overset{\delta^+}{H}—\overset{\delta^-}{Cl}$$

一般说来,两种原子电负性相差在 1.7 个单位以上,则形成离子键;电负性相差在 0~0.6 个单位之间,则形成非极性共价键;介于这两者之间的,即电负性相差在 0.6~1.7 个单位之间的,则形成极性共价键。但由共价键到离子键是一个过渡,不能严格地划分。

(2) 偶极矩和分子的极性

在分子中,由于原子电负性不同,电荷分布不均匀,某部分正电荷多些,另一部分负电荷多些,正电中心与负电中心不能重合。如在二氯甲烷分子中,正电中心与负电中心各在空间某一点处

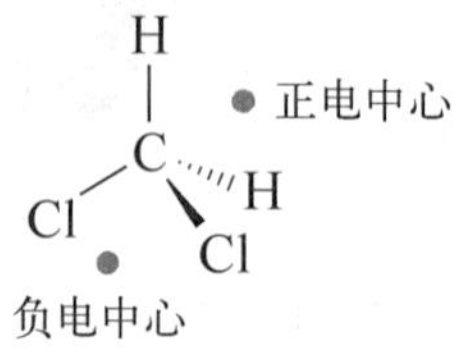

H
C
Cl H
Cl
正电中心
负电中心

这种在空间具有两个大小相等、符号相反的电荷的分子，构成了一个偶极。正电中心或负电中心上的电荷值 q 与两个电荷中心之间的距离 d 的乘积，称为偶极矩，用 μ 表示（$\mu=qd$），偶极矩的单位为 C·m（库仑·米），以前曾用 D 表示[英文 Debye（德拜）的第一个字母]，1 D=3.3336×10^{-30} C·m。偶极矩是有方向性的，用⟷表示，箭头所示方向是从正电中心到负电中心的方向。偶极矩的大小大体上可以表示有机分子极性强弱。

2.2.3.7　共价键的键长、键角、键能

（1）键长

形成共价键的两原子核间的平衡距离称为共价键的键长。同核双原子分子的键长即是两个原子的共价半径之和。X 射线衍射法、电子衍射法、光谱法等都可以用于测定键长。表 2-2-3 列出了有机化合物中一些常见的共价键的键长。

表 2-2-3　一些共价键的键长(单位：pm)

化合物	键	键长	化合物	键	键长	化合物	键	键长	化合物	键	键长
甲烷	C—H	109	烷烃	C—C	154	三甲胺	C—N	147	氟甲烷	C—F	142
乙烯	C—H	107	烯烃	C═C	134	尿素	C—N	137	氯甲烷	C—Cl	177
乙炔	C—H	105	炔烃	C≡C	120	乙腈	C≡N	115	溴甲烷	C—Br	194
苯	C—H	108	乙腈	C—C	149	甲醚	C—O	144	碘甲烷	C—I	213
硫脲	C═S	164	丙烯	C—C	150	甲醛	C═O	121	氯乙烷	C—Cl	169

（2）键角

分子内同一原子形成的两个化学键之间的夹角称为键角，键角常以度数表示。如水分子呈弯曲形，其键角为 104.5°；氨分子呈三角锥形，其键角为 107.3°；甲烷分子呈正四面体形，其键角为 109.5°。因为化学键之间有键角，所以共价键具有方向性。

（3）键解离能和平均键能

断裂或形成分子中某一个键所消耗或放出的能量称为键解离能。标准状态下，双原子分子的键解离能就是它的键能，它是该化学键强度的一种量度。对于多原子分子，由于每一根键的键解离能并不总是相等的，因此平时所说的键能实际上是指这类键的平均键能。

2.2.4　有机化合物的酸碱理论

2.2.4.1　酸碱电离理论

酸碱电离理论是阿仑尼乌斯(S. Arrhenius)于 1889 年提出的。该理论的要点是："凡在水溶液中能电离并释放出 H^+ 的物质叫酸，能电离并释放出 HO^- 的物质叫碱。"该理论的缺点是，将酸碱局限在能在水溶液中分别生成 H^+ 和 HO^- 的物质，对于非水体系中物质的酸碱性及对不含 H^+ 和 HO^- 成分的物质的酸碱性，则无能为力。

2.2.4.2　酸碱溶剂理论

酸碱溶剂理论是富兰克林(Franklin)于 1905 年提出的。该理论的要点是："能生成和溶剂相同的正离子者为酸，能生成与溶剂相同的负离子者为碱。"该理论的适用范围比酸碱电离理论更宽广，但它的缺点是只能应用于能电离的溶剂中，无法解释在不电离的溶剂中的酸碱或无溶剂的酸碱体系。

2.2.4.3 酸碱质子理论

酸碱质子理论分别由丹麦化学家布朗斯特(Brönsted)和英国化学家劳里(Lowry)同时于1923年提出,又称为Brönsted-Lowry质子理论。该理论的基本要点是,酸是质子的给予体(给体),碱是质子的接受体(受体)

$$\underset{\text{酸}}{HCl} \rightleftharpoons H^+ + \underset{\text{共轭碱}}{Cl^-} \qquad \underset{\text{碱}}{NH_3} + H^+ \rightleftharpoons \underset{\text{共轭酸}}{NH_4^+}$$

一个酸释放质子后产生的酸根,即为该酸的共轭碱;一个碱与质子结合后形成的质子化物,即为该碱的共轭酸,如

酸		碱		碱的共轭酸		酸的共轭碱
CH_3COOH	+	H_2O	$\rightleftharpoons$	H_3O^+	+	CH_3COO^-
H_2O	+	CH_3NH_2	$\rightleftharpoons$	$CH_3\overset{+}{N}H_3$	+	HO^-
H_2SO_4	+	CH_3OH	$\rightleftharpoons$	$CH_3\overset{+}{O}H_2$	+	HSO_4^-

酸的强度可在很多溶剂中测定,但最常用的是在水溶液中,通过酸的解离常 K_a 来测定

$$HA + H_2O \rightleftharpoons A^- + H_3O^+$$

$$K_a = \frac{[A^-][H_3O^+]}{[HA]}$$

酸性强度可用 pK_a 表示,pK_a 定义为 $-\lg K_a$,即 $pK_a = -\lg K_a$。$K_a > 1$,则 $pK_a < 0$,为强酸;$K_a < 10^{-4}$,则 $pK_a > 4$,为弱酸。

碱的强度可以类似地由碱的解离常数 K_b 来测定

$$B^- + H_2O \rightleftharpoons BH + HO^-$$

$$K_b = \frac{[BH][HO^-]}{[B^-]}$$

碱性强度可用 pK_b 表示,pK_b 定义为 $-\lg K_b$,即 $pK_b = -\lg K_b$。也可将上述平衡写成该碱的共轭酸BH的解离平衡

$$BH + H_2O \rightleftharpoons B^- + H_3O^+$$

$$K_a = \frac{[B^-][H_3O^+]}{[BH]} \qquad pK_a = -\lg K_a$$

若已知 K_a,则 K_b 可由水的解离常数及 K_a 求得。因为上述 K_a 与 K_b 的乘积为水的解离常数 K_w

$$K_a \cdot K_b = K_w = 1.0 \times 10^{-14}$$

$$pK_a + pK_b = 14$$

下列反应式平衡很大程度向右偏移

$$HCl + CH_3COO^- \rightleftharpoons CH_3COOH + Cl^-$$

因为HCl是强酸,CH_3COO^- 是弱酸 CH_3COOH 的共轭碱,强酸将质子转移形成弱酸。若用氯负离子处理乙酸,基本上不发生反应。这样,通过平衡位置的测量,可以确定酸和碱的相对强度。如表2-2-4、表2-2-5所列出的是常见的无机酸及有机酸的 pK_a,其中有机酸是按酸性强度递降次序排列的。碳原子上的氢酸性很弱,称氢碳酸,如 CH_4,$pK_a \approx 49$,是极弱的酸。

表 2-2-4　常见无机酸的酸性(25℃)

分子式	pK_a	分子式	pK_a	分子式	pK_a
HI	−5.2	$HONO_2$	−1.3	H_2O	15.7
HBr	−4.7	HONO	3.23	HCN	9.22
HCl HF	−2.2 3.18	$(HO)_3PO$	2.15(pK_{a_2}=7.2， pK_{a_3}=12.38)	NH_3(液) NH_4^+	34 9.24
HOBr	8.6	$(HO)_2SO_2$	≈−5.2(pK_{a_2}=1.99)	$CO_2(H_2O)$	6.35(pK_{a_2}=10.4)
HOCl	7.53	$(HO)_2SO$	1.8(pK_{a_2}=7.2)		

表 2-2-5　常见有机酸的酸性(25℃)

分 子 式	pK_a
CH_3SO_3H	≈−1.2
CF_3COOH	0.2
$O_2N-C_6H_2(NO_2)_2-OH$ (2,4,6-)	0.25
$(C_6H_5)_2\overset{+}{N}H_2$	0.8
$O_2N-C_6H_4-\overset{+}{N}H_3$	1.00
$O_2N-C_6H_4-COOH$	3.42
$CH_2(NO_2)_2$	3.57
$O_2N-C_6H_3(NO_2)-OH$ (2,4-)	4.09
$C_6H_5\overset{+}{N}H_3$	4.60
CH_3COOH	4.74
$(CH_3CO)_3CH$	5.85
$O_2N-C_6H_4-OH$	7.15
C_6H_5SH	7.8

分 子 式	pK_a
$(CH_3CO)_2CH_2$	9
$(CH_3)_3\overset{+}{N}H$	9.79
C_6H_5OH	10.00
CH_3NO_2	10.21
CH_3CH_2SH	10.60
$CH_3\overset{+}{N}H_3$	10.62
$(CH_3)_2\overset{+}{N}H_2$	10.73
$CH_3COCH_2COOC_2H_5$	11
$CH_2(CN)_2$	11.2
CF_3CH_2OH	12.4
$CH_2(COOC_2H_5)_2$	13.3
$(CH_3SO_2)_2CH_2$	14
CH_3OH	15.5
$(CH_3)_2CHCHO$	15.5
C_2H_5OH	15.9
C_5H_6 (环戊二烯)	16.0
$C_6H_5COCH_3$	16
$(CH_3)_3COH$	18

分 子 式	pK_a
CH_3COCH_3	20
C_9H_8 (茚)	20
$C_{13}H_{10}$ (芴)	23
$CH_3SO_2CH_3$	23
$CH_3COOC_2H_5$	24.5
HC≡CH	≈25
CH_3CN	≈25
$(C_6H_5)_3CH$	31.5
$(C_6H_5)_2CH_2$	34
$C_2H_5NH_2$	≈35
$C_6H_5CH_3$	41
C_6H_5-H	43
$H_2C=CH_2$	44
CH_4	≈49
C_6H_{12} (环己烷)	≈52

2.2.4.4 酸碱电子理论

酸碱电子理论是美国化学家路易斯(G. N. Lewis)于1923年提出的。其基本要点是：酸是电子的接受体，碱是电子的给予体。酸碱反应是酸从碱接受一对电子，形成配位键，得到一个加合物，如下式中三氟化硼中硼的外层电子只有六个，可以接受电子，作受体，即三氟化硼为酸；氨的氮上有一对孤对电子，作给体，即氨为碱

$$\underset{碱}{NH_3} + \underset{酸}{BF_3} \longrightarrow \underset{酸碱加合物}{H_3\overset{+}{N}-\overset{-}{B}F_3}$$

实际上，路易斯酸是亲电试剂，路易斯碱是亲核试剂。

路易斯酸具有下列几种类型：一是可以接受电子的分子，如 BF_3、$AlCl_3$、$SnCl_4$、$ZnCl_2$、$FeCl_3$ 等；二是金属离子，如 Li^+、Ag^+、Cu^{2+} 等；三是正离子，如 R^+、$R-\overset{+}{C}=O$、Br^+、$\overset{+}{N}O_2$、H^+ 等。

Lewis碱主要有下列几种类型：一是具有未共享电子对原子的化合物，如 $\ddot{N}H_3$、$R\ddot{N}H$、$R\ddot{O}H$、$R\ddot{O}R$、$RCH=O:$、$R_2C=O:$、$R\ddot{S}H$ 等；二是负离子，如 X^-、HO^-、RO^-、HS^-、R^- 等；三是烯或芳香化合物等。

2.2.4.5 软硬酸碱理论

1963年，皮尔逊(R. G. Pearson)在前人工作的基础上提出了软硬酸碱理论。其将体积小、正电荷数高、可极化性低的中心原子称为硬酸，体积大、正电荷数低、可极化性高的中心原子称为软酸；将电负性高、可极化性低，难被氧化的配位原子称为硬碱，反之称为软碱；并提出“硬亲硬、软亲软”的经验规则。软硬酸碱理论只是一个定性的概念，但能说明许多化学现象。

2.2.5 有机化合物的分类

有机化合物的分类方法主要有两种：一种是按碳架分类，另一种是按官能团分类。

2.2.5.1 按碳架分类

按碳架分类，各类化合物的关系如图2-2-6所示。

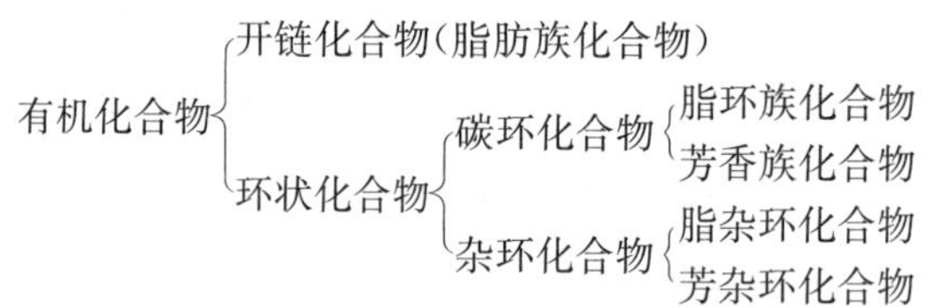

图2-2-6 各类化合物的关系

(1) 开链化合物(脂肪族化合物)

碳原子互相连接成链状的化合物称为开链化合物。因这类化合物最初是从动物脂肪中获取的，所以也称为脂肪族化合物。如

$CH_3CH_2CH(CH_3)CH_3$ 2-甲基丁烷

$CH_2=CH-CH=CH_2$ 1,3-丁二烯

$CH_2(OH)-CH(OH)-CH_2(OH)$ 1,2,3-丙三醇(甘油)

$CH_3(CH_2)_{14}COOH$ 十六碳酸(软脂酸)

(2) 环状化合物

碳原子互相连接成环的化合物称为碳环化合物。碳环化合物又分为两类，一类是与脂肪族化合物性质类似的，称为脂环族化合物；另一类含有一个或几个单双键交替出现的六元环——苯环，这种特殊

的结构决定了它们具有一种特殊的性质——芳香性，因此这类碳环化合物称为芳香族化合物。

环内有杂原子（非碳原子）的环状化合物称为杂环化合物。它也分为两类，一类是具有脂肪族性质特征的称为脂杂环化合物；另一类是具有芳香特性的称为芳杂环化合物。如

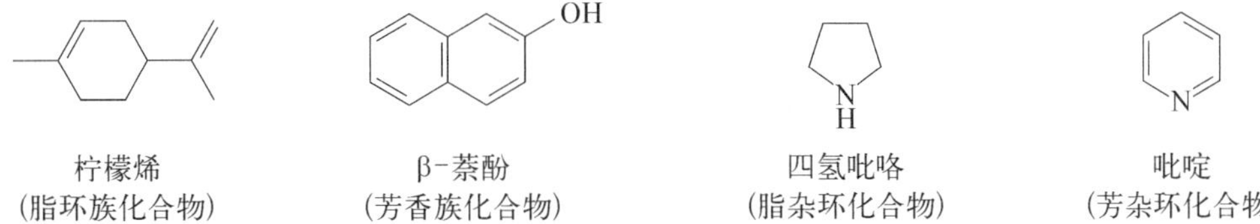

柠檬烯（脂环族化合物）　β-萘酚（芳香族化合物）　四氢吡咯（脂杂环化合物）　吡啶（芳杂环化合物）

2.2.5.2　按官能团分类

仅由碳和氢两种原子组成的有机化合物称为烃。烃分子中的一个或几个氢原子被其他元素的原子或原子团取代后的生成物称为烃的衍生物。各类烃的衍生物都具有自己特有的化学性质，这些特有的化学性质主要是由取代氢原子的原子或原子团所决定的。在化学上将这种决定有机化合物化学特性的原子或原子团称为官能团。有机化合物按官能团分类的情况如表 2-2-6 所示。

表 2-2-6　一些常见的有机化合物及其官能团

化 合 物 类 名	官 能 团 结 构	官 能 团 名 称
烯　烃	$>C=C<$	碳碳双键
炔　烃	$-C\equiv C-$	碳碳三键
卤代烃	—X(F,Cl,Br,I)	卤原子
醇	—OH*	羟　基
酚	—OH**	羟　基
硫　醇	—SH*	硫　基
硫　酚	—SH**	硫　基
醚	$-\overset{\diagdown\ \diagup}{C}-O-\overset{\diagdown\ \diagup}{C}-$	醚　基
过氧化物	—O—O—	过氧基
醛	$-\overset{\overset{O}{\|}}{C}-H$	醛　基
酮	$-\overset{\overset{O}{\|}}{C}-$	羰　基
磺　酸	$-SO_3H$	磺(酸)基
羧　酸	—COOH	羧　基
酰　卤	$-\overset{\overset{O}{\|}}{C}-X$	酰卤基

续 表

化合物类名	官能团结构	官能团名称
酸 酐	$-\overset{\overset{O}{\parallel}}{C}-O-\overset{\overset{O}{\parallel}}{C}-$	酸酐基
酯	$-\overset{\overset{O}{\parallel}}{C}-OR$	酯 基
酰 胺	$-\overset{\overset{O}{\parallel}}{C}-N(R_1^{***})(R_2)$	酰氨基
胺	$-N(R_1^{***})(R_2)$	氨 基
亚 胺	$>C=N-R_3^{***}$	亚氨基
硝基化合物	$-NO_2$	硝 基
亚硝基化合物	$-NO$	亚硝基
腈	$-C\equiv N$	氰 基

注：* 表示—OH 或—SH 与烃基直接相连；** 表示—OH 或—SH 与芳环直接相连；*** 表示 R_1，R_2，R_3 可以是氢也可以是烃基，R_1 与 R_2 可以相同也可以不同。

2.2.6 有机化合物的表示方法

2.2.6.1 有机化合物结构式的表示方法

① 有机化合物的结构式

用化学符号来表达分子中各原子之间结合方式的式子，叫作物质分子的化学结构式（化学构造式）。物质的“化学结构”在书面上常用化学符号来表达，如乙醇和二甲醚可以表示如下

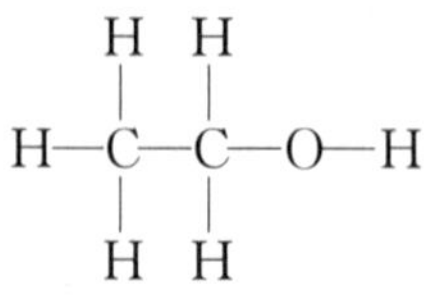

$$\begin{array}{c} \quad H \quad H \\ \quad | \quad\;\; | \\ H-C-C-O-H \\ \quad | \quad\;\; | \\ \quad H \quad H \end{array} \qquad\qquad \begin{array}{c} \quad H \qquad\quad H \\ \quad | \qquad\quad\; | \\ H-C-O-C-H \\ \quad | \qquad\quad\; | \\ \quad H \qquad\quad H \end{array}$$

乙醇 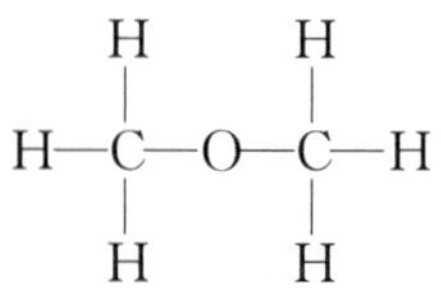　　　　二甲醚

结构式的三条基本原则：

一是在有机化合物的结构式中，碳原子之间可以用单键（有时用双键或叁键）相互连接成长的碳链或闭合成环；

二是在有机化合物的结构式中，碳原子是四价的，氧原子是二价的，氢原子是一价的；

三是单键可以绕键轴自由旋转。

② 有机化合物结构式的表示方法

有机化合物结构式的表示方法有四种常见的写法，表 2-2-7 为结合两种化合物作具体说明，第一种

表示方法为路易斯结构式。用价电子(即共价结合的外层电子)表示的电子结构式称为路易斯结构式(Lewis structure formula)。在路易斯结构式中,用黑点表示电子,两个原子之间的一对电子表示共价单键,两个原子之间的两对或三对电子表示共价双键或共价叁键,只属于一个原子的一对电子称为孤对电子。

第二种表示方法为蛛网式。将路易斯结构式中一对共价电子改成一条短线,就得到了蛛网式,因其形似蛛网而得名。

第三种表示方法为结构简式。为了简化构造式的书写,常常将碳与氢之间的键线省略,或者将碳氢单键和横向的碳碳单键的键线均省略,这两种表达方式统称为结构简式。

第四种表示方法为键线式。只用键线来表示碳架,两根单键之间或一根双键和一根单键之间的夹角为 120°,一根单键和一根叁键之间的夹角为 180°,而分子中的碳氢键、碳原子及与碳原子相连的氢原子均省略,但杂原子及与杂原子相连的氢原子须保留,用这种方式表示的构造式为键线式。

表 2-2-7　有机化合物构造式的表示方式

化合物名称	Lewis 结构式	蛛　网　式	结　构　简　式	键线式
1-戊烯-4-炔	H:C::C:C:C⋮⋮C:H	H—C=C—C—C≡C—H	$H_2C=CH-CH_2-C\equiv CH$ 或 $H_2C=CHCH_2C\equiv CH$	
2-戊醇	H:C:C:C:C:C:H	H—C—C—C—C—C—H	$CH_3-CH_2-CH_2-CH(OH)-CH_3$ 或 $CH_3CH_2CH_2CH(OH)CH_3$	OH

2.2.6.2　有机化合物立体结构的表示方式

分子的结构除了指分子的构造外,还包括原子在空间的排列方式,即它们的立体结构。有机化合物的立体结构常用伞形式表示,其规定如下:处于纸面上的键用实线表示,伸向纸面里面的键用虚楔形线表示,伸向纸面外面的键用实楔形线表示。

如(S)-(+)-乳酸立体结构式可表示如下

$$H_3C-C(COOH)(H)(OH)$$

2.2.7　有机化合物的同分异构体

将具有相同分子式而具有不同结构的现象称为同分异构现象。将分子式相同、结构不同的化合物互称为同分异构体,也称为结构异构体。

有机化合物都是含碳的化合物。碳位于元素周期表第二周期ⅣA 族,它的基态原子的外层电子是 $2s^2p^2$,由于失去四个电子或接受四个电子成为惰性气体电子结构很难实现,因此碳在形成有机物时,基本上是以四个共价键的形式和其他原子成键的。碳不仅能与其他原子形成共价键,碳碳之间也能形成共价单键、共价双键和共价叁键。它们不仅能形成直链,还能形成叉链和环链,纵横交叉。另外,一些非碳原子如卤素和氧、硫、氮、磷及金属原子等也能在有机分子中占据不同的位置，形成性质各异的化合物。因此，有机化合物的数目极其繁多，同分异构现象极为普遍。

有机化合物中的同分异构体，可以划分成各种类别，它们之间的关系如图 2-2-7 所示。

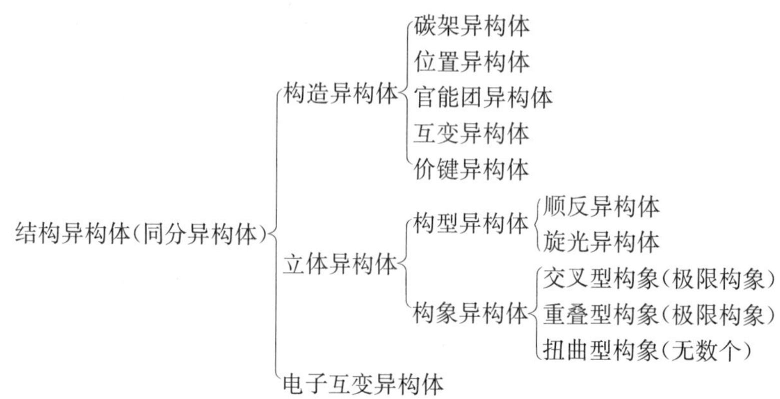

图 2-2-7　有机化合物中的同分异构体关系

同分异构体是所有异构体的总称，它主要分构造异构体和立体异构体两大类。

2.2.7.1　构造异构体

构造异构体是指因分子中原子的连接次序不同或键合性质不同引起的异构体，又可分为如下五种类型：

(1) 碳架异构体

因碳架不同产生的异构体称为碳架异构体。如可以写出两种不同碳架的丁烷，它们互为碳架异构体；可写出三种不同碳架的戊烷，它们也互为碳架异构体

C_4H_{10}　　$CH_3CH_2CH_2CH_3$（(正)丁烷）　　$CH_3CH(CH_3)CH_3$（异丁烷）

C_5H_{12}　　$CH_3CH_2CH_2CH_2CH_3$（(正)戊烷）　　$CH_3CH(CH_3)CH_2CH_3$（异戊烷）　　$CH_3C(CH_3)_2CH_3$（新戊烷）

(2) 位置异构体

官能团在碳链或碳环上的位置不同而产生的异构体称为位置异构体。如含三个碳的链形醇，羟基可以连在端基碳上，也可以连在中间碳上，这两种化合物互为位置异构体

C_3H_8O　　$CH_3CH_2CH_2OH$（正丙醇）　　$CH_3CH(OH)CH_3$（异丙醇）

(3) 官能团异构体

因分子中所含官能团的种类不同所产生的异构体称为官能团异构体。如满足分子式 C_2H_6O 的化合物可含有醚键（醚的官能团），也可含有羟基（醇的官能团），这两种化合物互为官能团异构体

C_2H_6O　　CH_3CH_2OH（乙醇）　　CH_3OCH_3（甲醚）

(4) 互变异构体

因分子中某一原子在两个位置迅速移动而产生的官能团异构体称为互变异构体。如丙酮和1-丙烯-2-醇可以通过氢原子在氧上和α碳上的迅速移动而互相转变，所以它们是一对互变异构体

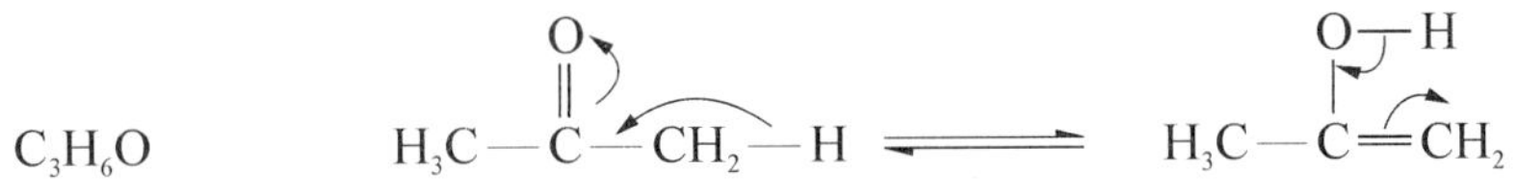

C_3H_6O　　$H_3C-C(=O)-CH_2-H \rightleftharpoons H_3C-C(-O-H)=CH_2$

丙酮　　1-丙烯-2-醇

一对互变异构体虽然可以互相转换，但常常以较稳定的一种异构体为其主要的存在形式。互变异构体是一种特殊的官能团异构体。

(5) 价键异构体

因分子中某些价键的分布发生了改变，与此同时也改变了分子的几何形状，从而引起的异构体称为价键异构体。如棱晶烷与苯等。

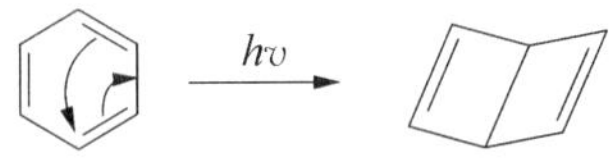

$\xrightarrow{h\upsilon}$

杜瓦苯

2.2.7.2　**立体异构体**

分子中原子或原子团互相连接次序及键合物质均相同，但空间排列不同而引起的异构体称为立体异构体，可分为如下两种类型：

(1) 构型异构体

因键长、键角、分子内有双键或有环等原因引起的立体异构体称为构型异构体。一般来讲，构型异构体之间不能或很难互相转换。

构型异构体又分为两类。其中因双键或成环碳原子的单键不能自由旋转而引起的异构体称为几何异构体，也称为顺反异构体。如，顺-2-丁烯和反-2-丁烯是一对几何异构体；顺-1,4-二甲基环己烷和反-1,4-二甲基环己烷也是一对几何异构体。

H_3C　CH_3　H　H　顺-2-丁烯

H_3C　H　H　CH_3　反-2-丁烯

CH_3　CH_3　顺-1,4-二甲基环己烷

CH_3　CH_3　反-1,4-二甲基环己烷

将因分子中没有反轴对称性而引起的具有不同旋光性能的立体异构体称为旋光异构体，也叫光活性异构体。

(2) 构象异构体

仅由于单键的旋转而引起的立体异构体称为构象异构体，有时也称为旋转异构体。由于旋转的角度可以是任意的，单键旋转360°可以产生无数个构象异构体，通常以有限的几种极限构象来代表它们。

2.2.8　有机化合物的命名

2.2.8.1　烷烃的命名

碳碳间、碳氢间均以单键相连的烃称为烷烃，无环的烷烃称为链烷烃，有环的烷烃称为环烷烃。

(1) 链烷烃的命名

① 直链烷烃的命名

直链烷烃的名称用“碳原子数＋烷”来表示。当碳原子数为 1～10 时，依次用天干——甲、乙、丙、丁、戊、己、庚、辛、壬、癸表示；当碳原子数超过 10 时，用数字表示。如，6 个碳的直链烷烃称为己烷；14 个碳的直链烷烃称为十四烷。

② 支链烷烃的命名

有分支的烷烃称为支链烷烃。

第一是选择主链与决定母体化合物。选择含碳原子数目最多的碳链作为主链。根据主链所含的碳原子数，叫作某烷(主链碳原子数目的表示法与习惯命名法中相同)，这就是该烃的母体化合物。如下面结构式中最长碳链含 7 个碳原子，所以母体化合物是庚烷

$$
\begin{array}{ccccccccccccc}
 & & CH_3 & & & & CH_3 & & CH_2CH_3 & & & & \\
 & & {}^{6}| & & & & {}^{4}| & & {}^{3}| & & & & \\
\overset{7}{CH_3} & - & CH & - & \overset{5}{CH_2} & - & CH & - & CH & - & \overset{2}{CH} & - & \overset{1}{CH_3} \\
(1) & & (2) & & (3) & & (4) & & (5) & & |\,(6) & & (7) \\
 & & & & & & & & & & CH_3 & &
\end{array}
$$

在分子中如有等长碳链时，应选择分支最多的碳链作为主链。如上面结构式应选择已编号的碳链作为主链。

第二是把主链以外的分支链都当作取代基。这里所说的取代基是烷基。所谓烷基就是烷烃分子中去掉一个或几个氢原子后剩余的部分，通常用 R 表示。如

CH_3-	甲基	$(CH_3)_2CH-$	异丙基
$\begin{array}{l}\diagup\\ CH_2\\ \diagdown\end{array}$	亚甲基	$CH_3CH_2CH_2CH_2-$	正丁基
$\begin{array}{l}\diagup\\ CH-\\ \diagdown\end{array}$	次甲基	$(CH_3)_2CHCH_2-$	异丁基
CH_3CH_2-	乙基	$\begin{array}{l}CH_3CH_2CH-\\ \qquad\quad\ \ \vert\\ \qquad\quad CH_3\end{array}$	仲丁基
$CH_3CH_2CH_2-$	正丙基	$(CH_3)_3C-$	叔丁基

三是将主链碳原子编号。从距取代基最近的一端开始，依次用阿拉伯数字将主链碳原子编号。取代基的位置(位次)就是它所连接的主链碳原子的号码数。当主链上有几个取代基和编号有两种可能性时，应采用“最低系列”编号法，即由小到大依次比较两种编号中取代基的位次，最先遇到位次小的编号为合理的编号。如，在上面给出的结构式中，由左向右，各取代基的位次分别为 2，4，5，6；由右向左，各取代基的位次分别为 2，3，4，6。在两种编号中，第一个取代基的位次都是 2，而第二个取代基在前一种编号中为 4，在后一种编号中为 3，故后一种编号为合理的编号(即由右向左的编号)。

(2) 单环烷烃的命名

只有一个环的环烷烃称为单环烷烃。环上没有取代基的环烷烃命名时，中文名称只需在相应的烷烃前加环。如

环上有取代基的单环烷烃命名时，若环上的取代基比较简单，通常将环作为母体来命名。如

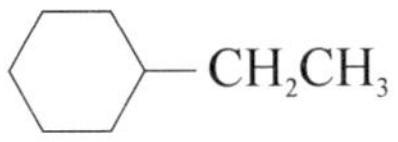

（环己基）—CH_2CH_3　　乙基环己烷
ethylcyclohexane

环上有两个或多个取代基且以环为母体命名时，要对母体环进行编号。母体环编号时，由于环没有端基，首先要确定 1 号碳的位置，然后要确定编号按顺时针方向进行还是按逆时针方向进行。确定 1 号碳位置及编号方向仍要遵守最低系列原则。如

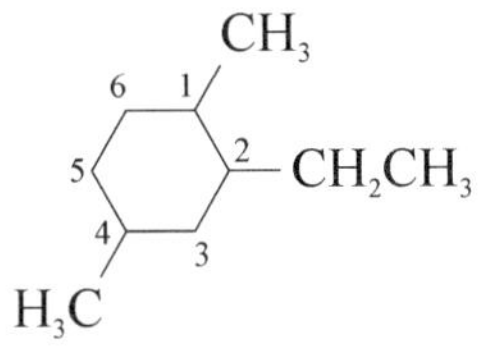

（环己烷环，编号 1～6：1 位 CH_3，2 位 CH_2CH_3，4 位 H_3C）　　1,4 -二甲基- 2 -乙基环己烷
2 - ethyl - 1,4 - dimethylcyclohexane

2.2.8.2　烯烃和炔烃的命名

(1) 烯烃的命名

烯烃按分子中所含碳—碳双键数目不同可分为单烯烃、双烯烃和多烯烃。

① 单烯烃

单烯烃即通常所说的烯烃，分子中只含有一个碳—碳双键，如乙烯($CH_2{=}CH_2$)。

② 双烯烃

双烯烃又叫二烯烃，分子中含有两个碳—碳双键。按照两个双键的相对位置不同又可以把它们分为三类：

一是累积二烯烃。即含有 $>C{=}C{=}C<$ 结构的二烯烃。分子中的两个双键连接在同一个碳原子上。如丙二烯($CH_2{=}C{=}CH_2$)。

二是共轭二烯烃。即含有 $>C{=}C{-}C{=}C<$（中间两个碳各连一个竖键）结构的二烯烃。分子中的两个双键被一个单键隔开。如 1,3 -丁二烯($CH_2{=}CH{-}CH{=}CH_2$)。

三是隔离二烯烃。即含有 $>C{=}CH{-}(CH_2)_n{-}CH{=}C<$ 结构的二烯烃(其中 $n \geqslant 1$)。分子中的两个双键被两个或两个以上的单键隔开。如 1,4 -戊二烯($CH_2{=}CH{-}CH_2{-}CH{=}CH_2$)。

(2) 炔烃的命名

炔烃和烯烃的命名类似，系统命名法如下：

一是选择包括重键在内的最长碳链作为主链。主链碳原子数在 10 以内时用天干表示，在 10 以上时，用中文数字十一、十二、十三等表示。主链碳原子数加“烯”字(或“炔”字)构成母体烯烃(或炔烃)的名称。在用中文数字表示时，“烯”和“炔”字之前一般加上“碳”字。如

$CH_2{=}CH_2$	乙烯
$CH_3{-}CH{=}CH_2$	丙烯
$CH_3{-}C{\equiv}CH$	丙炔
$C_{11}H_{22}$	十一碳烯
$C_{15}H_{28}$	十五碳炔

二是从距重键最近的一端开始将主链碳原子编号，并以构成重键的两个碳原子中序号较小的一个表示重键的位置，并把它写在母体名称之前。如

$\overset{1}{C}H_3-\overset{2}{C}H=\overset{3}{C}H-\overset{4}{C}H_2-\overset{5}{C}H_3$ 2-戊烯

$\overset{1}{C}H\equiv\overset{2}{C}-\overset{3}{C}H_2-\overset{4}{C}H_3$ 1-丁炔

当分子中含有两个或两个以上重键时，编号时应使各重键的位次和为最小数。若有相同重键时，应将其合并，其数目用中文数字二、三等表示，并放在相应类名之前；如果在一个分子中同时含有双键和三键时，采用“烯炔”作为类名。如

$\overset{7}{C}H_3-\overset{6}{C}H_2-\overset{5}{C}H=\overset{4}{C}H-\overset{3}{C}H=\overset{2}{C}H-\overset{1}{C}H_3$ 2,4-庚二烯

$\overset{5}{C}H\equiv\overset{4}{C}-\overset{3}{C}H_2-\overset{2}{C}H=\overset{1}{C}H_2$ 1-戊烯-4-炔

$\overset{5}{C}H_3-\overset{4}{C}H=\overset{3}{C}H-\overset{2}{C}\equiv\overset{1}{C}H$ 3-戊烯-1-炔

三是取代基和书写符号规定与烷烃命名原则相同。如

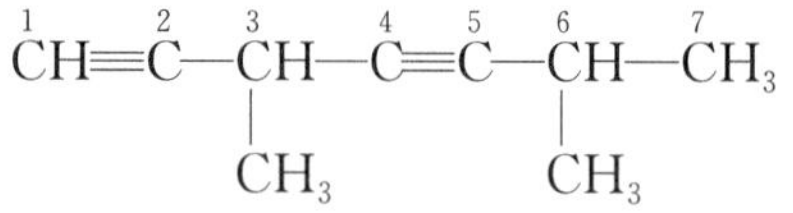

$\overset{1}{C}H\equiv\overset{2}{C}-\underset{CH_3}{\overset{3}{C}H}-\overset{4}{C}\equiv\overset{5}{C}-\underset{CH_3}{\overset{6}{C}H}-\overset{7}{C}H_3$ 3,6-二甲基-1,4-庚二炔

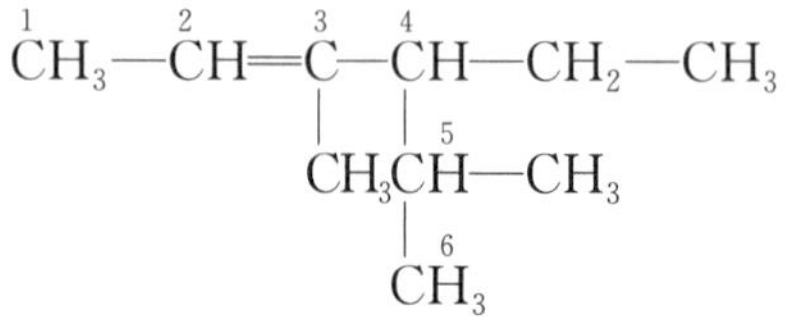

$\overset{1}{C}H_3-\overset{2}{C}H=\underset{CH_3}{\overset{3}{C}}-\underset{\overset{5}{C}H(CH_3)-\overset{6}{C}H_3}{\overset{4}{C}H}-CH_2-CH_3$ 3,5-二甲基-4-乙基-2-己烯

2.2.8.3 芳香烃的命名

(1) 含苯基的单环芳烃

最简单的单环芳烃是苯。其他的这类单环芳烃可以看作苯的一元或多元烃基的取代物。苯的一元烃基取代物只有一种。其命名的方法有两种：一种是将苯作为母体，烃基作为取代基，称为××苯；另一种是将苯作为取代基，称为苯基，它是苯分子减去一个氢原子后剩下的基团，可简写成 Ph—，苯环以外的部分作为母体，称为苯(基)××。如

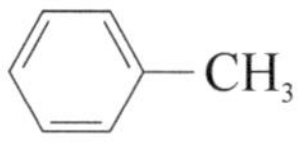

$C_6H_5-CH_3$
甲苯
methylbenzene

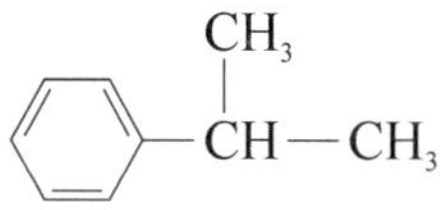

$C_6H_5-CH(CH_3)-CH_3$
异丙苯
isopropylbenzene

(苯为母体)

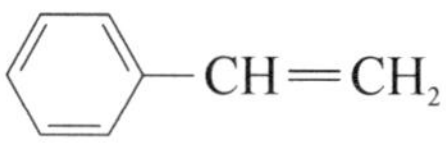

$C_6H_5-CH=CH_2$
苯乙烯
phenyl ethylene

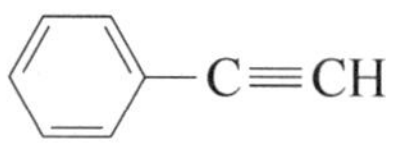

$C_6H_5-C\equiv CH$
苯乙炔
phenyl acetylene

(苯为取代基)

苯的二元烃基取代物有三种异构体，它们是由于取代基在苯环上的相对位置不同而引起的，命名时用邻或 o(ortho)表示两个取代基处于邻位，用间或 m(meta)表示两个取代基处于中间相隔一个碳原子的两个碳上，用对或 p(para)表示两个取代基处于对角位置，邻、间、对也可用 1,2-、1,3-、1,4-表示。如

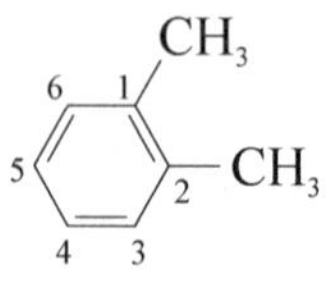

邻二甲苯(o-二甲苯)
1,2-二甲苯
o-dimethylbenzene

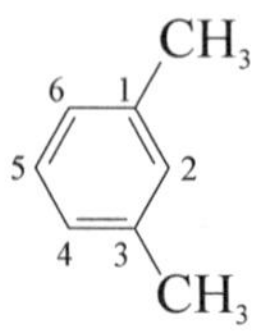

间二甲苯(m-二甲苯)
1,3-二甲苯
m-dimethylbenzene

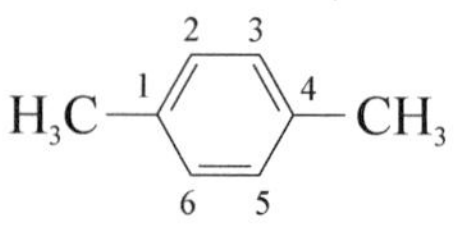

邻二甲苯(p-二甲苯)
1,4-二甲苯
p-dimethylbenzene

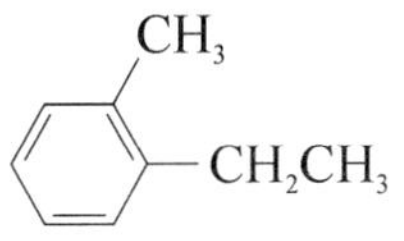

邻甲基乙苯
o-methylethylbenzene

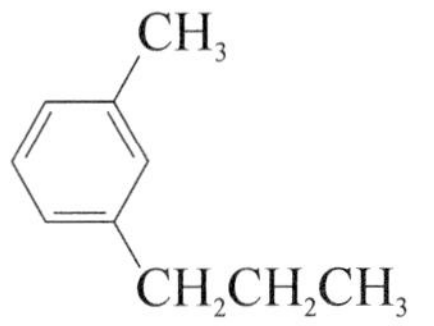

间甲基丙苯
m-methylpropylbenzene

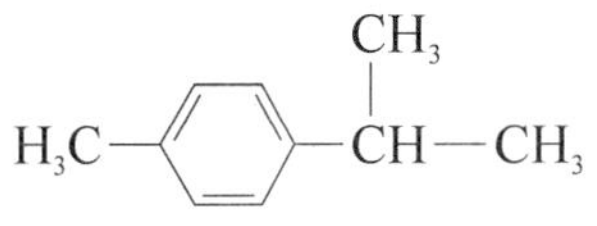

对甲基异丙苯
p-methylisopropylbenzene

若苯环上有三个相同的取代基，常用“连”为词头，表示三个基团处在 1，2，3 位；用“偏”为词头，表示三个基团处在 1，2，4 位；用“均”为词头，表示三个基团处在 1，3，5 位。如

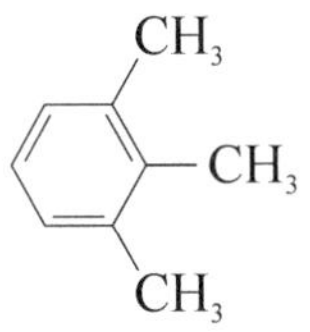

1，2，3-三甲苯
（连三甲苯）

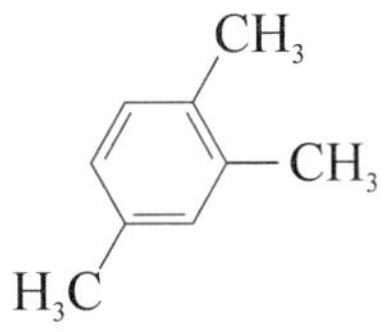

1，2，4-三甲苯
（偏三甲苯）

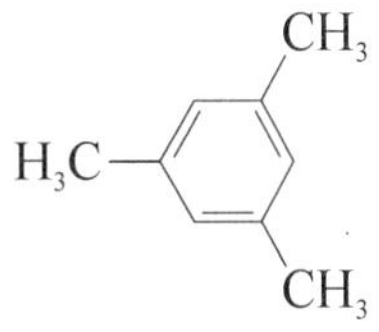

1，3，5-三甲苯
（均三甲苯）

当苯环上有两个或多个取代基时，苯环上的编号应符合最低系列原则。而当应用最低系列原则无法确定哪一种编号优先时，与单环烷烃的情况一样，中文命名时应让顺序规则中较小的基团位号尽可能小；英文命名时，应按英文字母顺序，让字母排在前面的基团位号尽可能小。如

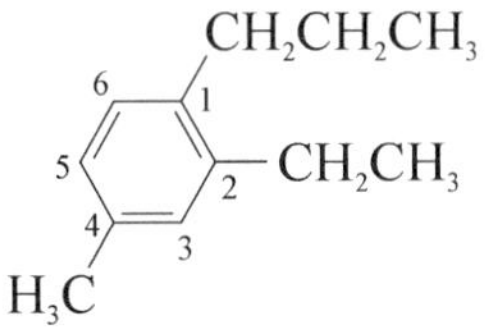

4-甲基-2-乙基-1-丙基苯

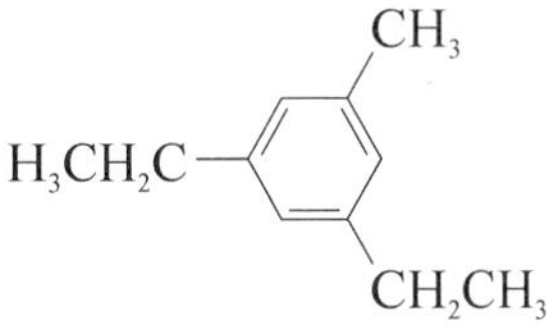

1-甲基-3，5-二乙基苯

（2）多环芳烃的命名

分子中含有多个苯环的烃称为多环芳烃。主要有多苯代脂烃、联苯型化合物和稠合多环芳烃三类。

① 多苯代脂烃

链烃分子中的氢被两个或多个苯基取代的化合物称为多苯代脂烃。命名时，一般是将苯基作为取代基，链烃作为母体。如

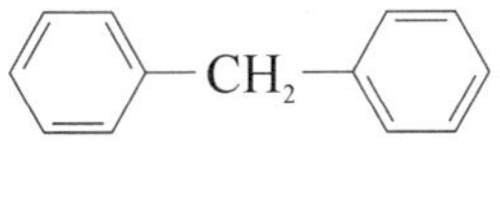

二苯甲烷

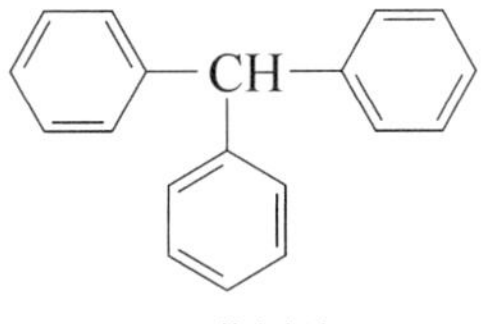

三苯甲烷

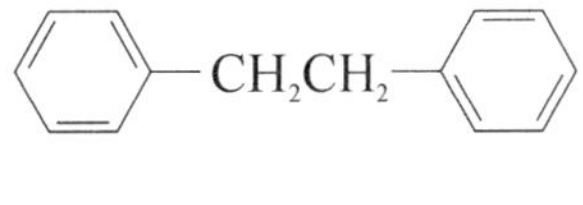

1，2-二苯基乙烷

② 联苯型化合物

两个或多个苯环以单键直接相连的化合物称为联苯型化合物。如

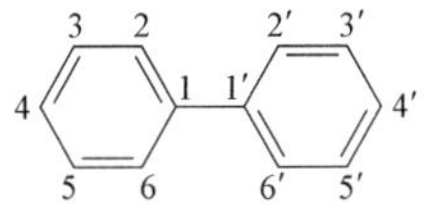

二联苯（简称联苯）

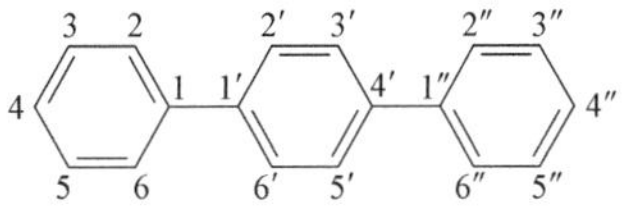

三联苯

联苯型化合物的编号总是从苯环和单键的直接连接处开始，第二个苯环上的号码分别加上一撇“′”，

第三个苯环上的号码分别加上两撇“″”,其他以此类推。苯环上若有取代基,编号的方向应使取代基位号尽可能小,命名时以联苯为母体。例如

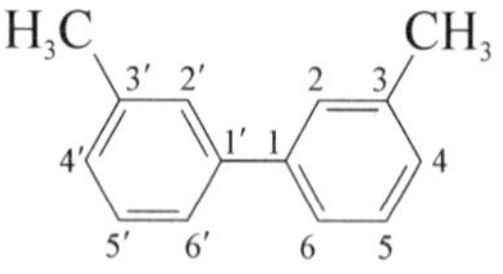

3,3′-二甲基联苯

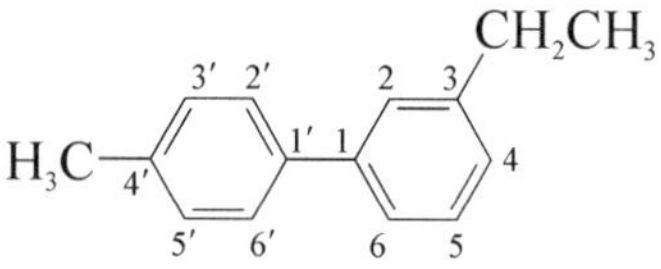

4′-甲基-3-乙基联苯

③ 稠合多环芳烃

两个或多个苯环共用两个邻位碳原子的化合物称为稠合多环芳烃。最简单、最重要的稠合多环芳烃是萘、蒽、菲。萘、蒽、菲的编号都是固定的,如

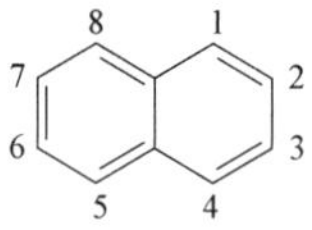

萘

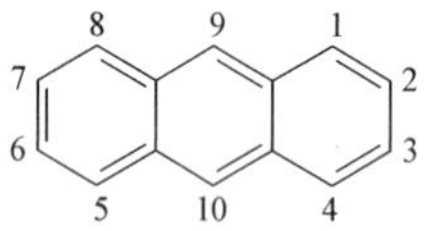

蒽

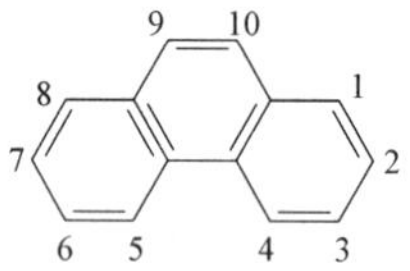

菲

萘分子的1,4,5,8位是等同的位置,称为α位;2,3,6,7位也是等同的位置,称为β位。蒽分子的1,4,5,8位等同,也称为α位;2,3,6,7位等同,也称为β位;9,10位等同,称为γ位。菲有五对等同的位置,它们分别是：1,8;2,7;3,6;4,5和9,10。取代稠合多环芳烃的名称格式与有机化合物名称的基本格式一致。如

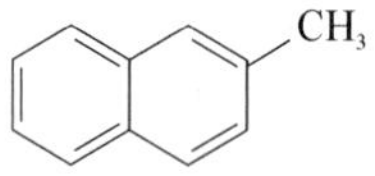

2-甲基萘(或β-甲基萘)

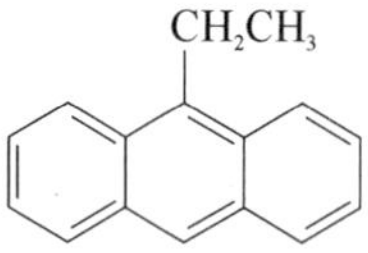

9-乙基蒽

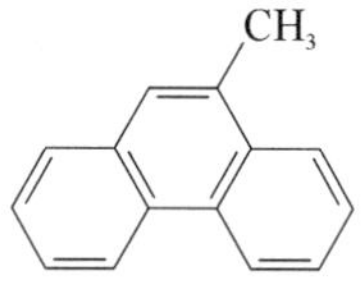

9-甲基菲

2.2.8.4 烃衍生物

烃分子中的氢被官能团取代后的化合物称为烃的衍生物。在有机化合物的命名中,官能团有时作为取代基,有时作为母体主官能团。前者要用词头名称表示,后者要用词尾名称表示。常见官能团的词头、词尾名称如表2-2-8所示。

表2-2-8 常见官能团词头、词尾名称

基团	词头名称	词尾名称
—COOH	羧基	酸
$—SO_3H$	磺酸基	磺酸
—COOR	烃氧羰基	酯
—COX	卤甲酰基	酰卤
$—CONH_2$	氨基甲酰基	酰胺
—C(=O)—O—C(=O)—	—	酸酐

续 表

基　　团	词 头 名 称	词 尾 名 称
—CN	氰　基	腈
—CHO	甲酰基	醛
>C═O	羰　基	酮
—OH	羟　基	醇
—OH	羟　基	酚
$—NH_2$	氨　基	胺
—OR	烃氧基	醚
—R	烃　基	—
—X(X=F,Cl,Br,I)	卤　代	—
$—NO_2$	硝　基	—
—NO	亚硝基	—

2.3　氧化还原平衡

2.3.1　基本概念

2.3.1.1　氧化还原反应

反应物之间有电子转移的化学反应，或者说在化学反应中元素的氧化数有所改变的反应，称为氧化还原反应。1970 年，国际纯粹与应用化学联合会确定：氧化数(又称氧化值)是某一个原子的荷电数，这个荷电数可由假设把每个键中的电子指定给电负性更大的原子而求得。可见，元素的氧化数是指元素原子在其化合物中的形式电荷数，如在离子型化合物中，离子所带的电荷数即为其氧化数；在共价化合物中，将共用电子全部归电负性大的原子所具有时，各元素的原子所带的电荷数称为该元素的氧化数。例如，在 HCl 中，Cl 的氧化数为－1，H 的氧化数为＋1；在 CO_2 中，O 的氧化数为－2，C 的氧化数为＋4。

对于氧化数有如下规定：

第一，单质中元素的氧化数为零。

第二，一般物质中氧的氧化数为－2，但在 H_2O_2、Na_2O_2 等过氧化物中氧的氧化数为－1，在超氧化物(如 KO_2)中为－1/2，在臭氧化物(如 KO_3)中为－1/3，在 OF_2 中为＋2。

第三，一般物质中 H 的氧化数为＋1，但在 NaH、KH 等金属氢化物中氢的氧化数为－1。

第四，中性分子中各元素原子的氧化数之代数和为零；多原子离子中各元素原子的氧化数之代数和等于离子的电荷数。

氧化数与化合价有一定的区别和联系。氧化数是人为规定的一种宏观统计数值，有整数也有分数，有正数也有负数；化合价则代表一种元素的原子在化合物中形成的化学键的数目，是一种微观真实值，只有正整数。如在 CH_4、CH_3Cl、CH_2Cl_2、$CHCl_3$ 和 CCl_4 中，碳的化合价均为 4，但其氧化数则分别为

−4、−2、0、+2 和+4。

在氧化还原反应中，还原剂中的原子失去电子(或共用电子对偏离)，本身发生氧化反应，氧化数升高；氧化剂中的原子得到电子(或共用电子对靠近)，本身发生还原反应，氧化数降低。根据氧化数的变化相等或电子得失数相等的原则，可以进行氧化还原反应方程式的配平。

2.3.1.2 原电池

(1) 原电池的概念

将 Zn 片放入 $CuSO_4$ 溶液中，可以看到 $CuSO_4$ 溶液的蓝色逐渐变浅，同时在 Zn 片上不断析出紫红色的 Cu，此现象表明 Zn 和 $CuSO_4$ 之间发生了氧化还原反应

$$Zn(s) + Cu^{2+}(aq) \longrightarrow Zn^{2+}(aq) + Cu(s)$$

由于 Zn 片与 $CuSO_4$ 溶液接触，电子从 Zn 直接转移给 Cu^{2+}，电子的转移是无秩序的，反应放出的化学能转变成热能。

如图 2-3-1 所示装置，在一个烧杯中放入 $ZnSO_4$ 溶液并插入 Zn 片，在另一个烧杯中放入 $CuSO_4$ 溶液并插入 Cu 片，两个烧杯用盐桥(一个倒置的 U 形管，管内充满含饱和 KCl 溶液的琼脂冻胶)连接起来，再用导线连接 Zn 片和 Cu 片，中间串联一个检流计，则可以观察到检流计的指针发生偏转，这表明导线中有电流通过。由检流计指针偏转方向可知，电流由 Cu 正极流向 Zn 负极，即电子从 Zn 极流向 Cu 极。

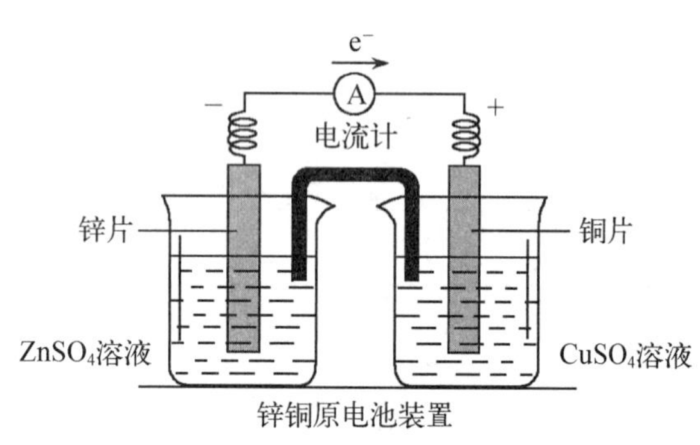

图 2-3-1 铜锌原电池

图 2-3-1 装置能产生电流，是由于 Zn 比 Cu 活泼，Zn 易放出电子变成 Zn^{2+} 进入溶液中，电子沿导线移向 Cu 片，溶液中的 Cu^{2+} 在 Cu 片上接受电子而变成金属铜沉积在 Cu 片上，所以电子定向地由 Zn 极流向 Cu 极，形成电子流。这种借助氧化还原反应把化学能转变成电能的装置，称为原电池。在上述反应进行的过程中，$ZnSO_4$ 溶液由于 Zn^{2+} 增多而带正电荷；相反，$CuSO_4$ 溶液由于 Cu^{2+} 的不断沉积、SO_4^{2-} 过剩而带负电荷，这样就会阻碍电子继续从 Zn 极流向 Cu 极，氧化还原反应受阻。盐桥的作用就是使阳离子(主要是盐桥中的 K^+)向 $CuSO_4$ 溶液迁移，使阴离子(主要是盐桥中的 Cl^-)向 $ZnSO_4$ 溶液迁移，使锌盐溶液和铜盐溶液一直保持着电中性，使氧化还原反应可以不断地进行。

(2) 氧化还原电对和电极反应

原电池由两个半电池组成，每一个半电池又均由同一种元素不同氧化数的物质对构成，该物质对称为氧化还原电对，而氧化还原电对之间的反应称为半电池反应或电极反应。图 2-3-1 原电池中，两个电极反应为：

负极(Zn)：　$Zn(s) - 2e^- \rightleftharpoons Zn^{2+}(aq)$　氧化反应

正极(Cu)：　$Cu^{2+}(aq) + 2e^- \rightleftharpoons Cu(s)$　还原反应

两个电极反应相加得到电池反应

$$Zn(s) + Cu^{2+}(aq) \rightleftharpoons Zn^{2+}(aq) + Cu(s)$$

氧化还原电对可表示为“氧化型/还原型”，如 Zn^{2+}/Zn、Cu^{2+}/Cu、Fe^{3+}/Fe^{2+} 和 MnO_4^-/Mn^{2+} 等表示不同金属的氧化还原电对。非金属单质及其相应的离子也可以构成氧化还原电对，如 H^+/H_2、O_2/OH^- 等。

2.3.2 电极电势

2.3.2.1 电极电势的产生

1889 年，德国化学家能斯特(H. W. Nernst)提出了双电层理论，可以用来说明金属和其盐溶液之间

产生的电势以及原电池产生电流的机理。如果把金属放在其盐溶液中，则在金属与其盐溶液的接触界面上就会发生两个不同的过程：一个是金属表面的阳离子受极性水分子的吸引而溶解进入溶液的过程；另一个是溶液中的水合金属离子受到在金属表面自由电子的吸引而重新沉积在金属表面的过程。当这两个方向相反的过程进行的速率相等时，即达到如下动态平衡

$$M^{n+}(aq) + ne^- \rightleftharpoons M(s)$$

如果金属越活泼或溶液中金属离子浓度越小，金属溶解的趋势就越大，达到平衡时金属表面因聚集了自由电子而带负电荷，溶液则因金属离子的进入而带正电荷，在金属与其盐溶液的接触界面处就建立起由电子和金属离子所构成的双电层，如图 2-3-2(a)所示。相反，如果金属越不活泼或溶液中金属离子浓度越大，金属溶解趋势小于金属离子沉积的趋势，达到平衡时也会构成相应的双电层，如图 2-3-2(b)所示。以上两种双电层之间都存在一定的电势差，该电势差实际上就是该金属与其盐溶液中相应金属离子所组成的氧化还原电对的平衡电势，简称为电极电势，用符号 $\varphi M^{n+}/M$ 表示。可以预料，金属不同及对应盐溶液的浓度不同，它们的平衡电势也就不同。若将两种不同平衡电势的氧化还原电对以原电池的方式连接起来，则在两电对电极之间就有一定的电势差，因而产生电流。

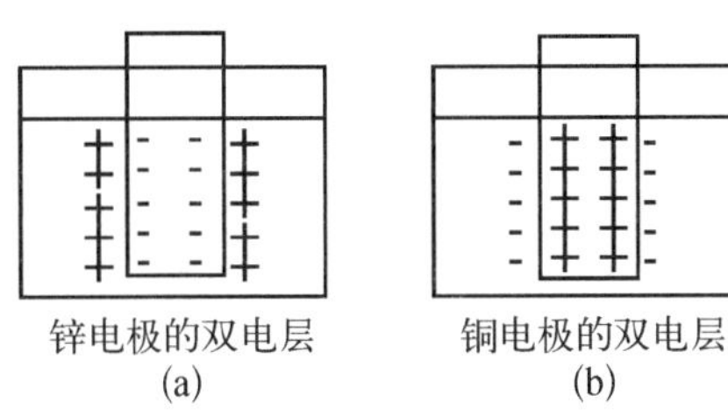

图 2-3-2　金属的双层结构示意图

但迄今为止电极电势的绝对值还无法测定，只能利用相对电极电势。为了获得各种电极电势的相对值，电化学中选用了标准氢电极作为参比电极，并规定其电极电势为零。

2.3.2.2　标准电极电势

如果参加电极反应的物质均处于标准态，对应的电极电势称为标准电极电势，用符号 $\varphi^{\ominus}$ 表示，单位为 V。如果原电池的两个电极都是标准电极，这时的电池称为标准原电池，其对应的电动势为标准电动势，用符号 $E^{\ominus}$ 表示，单位仍为 V。这里所说的标准态是指纯液体或纯固体物质，如果是溶液状态，则有关物质的浓度均为标准浓度 $c^{\ominus}$，若涉及气体，则其分压为标准压强 $p^{\ominus}$。如锌电极的标准电极电势，可通过测定下列标准原电池的标准电动势求得

$$(-)Zn \mid Zn^{2+}(1\ mol \cdot L^{-1}) \parallel H^+(1\ mol \cdot L^{-1}) \mid H_2(101.325\ kPa) \mid Pt(+)$$

测定时，根据电位计指针的偏转方向可知，电流是由氢电极通过导线流向锌电极，所以锌电极为负极，氢电极为正极。测得该电池的电动势($E^{\ominus}$)为 0.763 V，它等于正极的标准电极电势与负极的标准电极电势之差，即

$$E^{\ominus} = \varphi^{\ominus}_{(+)} - \varphi^{\ominus}_{(-)} = \varphi^{\ominus}_{H^+/H_2} - \varphi^{\ominus}_{Zn^{2+}/Zn} = 0.763\ V$$

因为 $\varphi^{\ominus}_{H^+/H_2} = 0\ V$，所以 $\varphi^{\ominus}_{Zn^{2+}/Zn} = -0.763\ V$。其中“－”号表示与标准氢电极组成原电池时，该电极为负极。同理，可测得铜电极的标准电极电势为 $\varphi^{\ominus}_{Cu^{2+}/Cu} = +0.340\,2\ V$，“＋”号表示与标准氢电极组成原电池时，该电极为正极。用类似的方法可以测得其他电对的标准电极电势，表 2-3-1 列出了常用氧化还原电对的标准电极电势值。

表 2-3-1　常用氧化还原电对的标准电极电势(298.15 K)

电　极　反　应	$\varphi^{\ominus}$(V)
$\frac{1}{2}F_2 + H^+ e^- \rightleftharpoons HF$	3.03

续 表

电　极　反　应	$\varphi^{\ominus}$ (V)
$F_2 + 2e^- \rightleftharpoons 2F^-$	2.87
$O_3 + 2H^+ + 2e^- \rightleftharpoons O_2 + H_2O$	2.07
$S_2O_8^{2-} + 2e^- \rightleftharpoons 2SO_4^{2-}$	2.0
$H_2O_2 + 2H^+ + 2e^- \rightleftharpoons 2H_2O$	1.776
$H_5IO_6 + H^+ + 2e^- \rightleftharpoons IO_3^- + 3H_2O$	1.7
$PbO_2 + SO_4^{2-} + 4H^+ + 2e^- \rightleftharpoons PbSO_4 + 2H_2O$	1.685
$MnO_4^- + 4H^+ + 3e^- \rightleftharpoons MnO_2 + 2H_2O$	1.679
$HClO + H^+ + e^- \rightleftharpoons \frac{1}{2}Cl_2 + H_2O$	1.63
$2HBrO + 2H^+ + 2e^- \rightleftharpoons Br_2(l) + H_2O$	1.6
$BrO_3^- + 6H^+ + 5e^- \rightleftharpoons \frac{1}{2}Br_2 + 3H_2O$	1.52
$Mn^{3+} + e^- \rightleftharpoons Mn^{2+}$	1.51
$MnO_4^- + 8H^+ + 5e^- \rightleftharpoons Mn^{2+} + 4H_2O$	1.491
$HClO + H^+ + 2e^- \rightleftharpoons Cl^- + H_2O$	1.49
$ClO_3^- + 6H^+ + 5e^- \rightleftharpoons \frac{1}{2}Cl_2 + 3H_2O$	1.47
$PbO_2 + 4H^+ + 2e^- \rightleftharpoons Pb^{2+} + 2H_2O$	1.46
$HIO + H^+ + e^- \rightleftharpoons \frac{1}{2}I_2 + H_2O$	1.45
$ClO_3^- + 6H^+ + 6e^- \rightleftharpoons Cl^- + 3H_2O$	1.45
$Ce^{4+} + 2e^- \rightleftharpoons Ce^{2+}$	1.443
$BrO_3^- + 6H^+ + 6e^- \rightleftharpoons Br^- + 3H_2O$	1.44
$Au^{3+} + 3e^- \rightleftharpoons Au$	1.42
$Cl_2 + 2e^- \rightleftharpoons 2Cl^-$	1.358 3
$ClO_4^- + 8H^+ + 7e^- \rightleftharpoons \frac{1}{2}Cl_2 + 4H_2O$	1.34
$Cr_2O_7^{2-} + 14H^+ + 6e^- \rightleftharpoons 2Cr^{3+} + 7H_2O$	1.33
$Au^{3+} + 2e^- \rightleftharpoons Au^+$	～1.29
$O_2 + 4H^+ + 4e^- \rightleftharpoons 2H_2O$	1.229

续　表

电　极　反　应	$\varphi^{\ominus}$ (V)
$MnO_2 + 4H^+ + 2e^- \rightleftharpoons Mn^{2+} + 2H_2O$	1.208
$2IO_3^- + 12H^+ + 10e^- \rightleftharpoons I_2 + 6H_2O$	1.19
$ClO_4^- + 2H^+ + 2e^- \rightleftharpoons ClO_3^- + H_2O$	1.19
$[Fe(Ph)_3]^{3+} + e^- \rightleftharpoons [Fe(Ph)_3]^{2+}$	1.14
$Br_2(aq) + 2e^- \rightleftharpoons 2Br^-$	1.087
$IO_3^- + 6H^+ + 6e^- \rightleftharpoons I^- + 3H_2O$	1.085
$VO_2^+ + 2H^+ + e^- \rightleftharpoons VO^{2+} + H_2O$	1.00
$HNO_2 + H^+ + e^- \rightleftharpoons NO + H_2O$	0.99
$HIO + H^+ + 2e^- \rightleftharpoons I^- + H_2O$	0.99
$NO_3^- + 4H^+ + 3e^- \rightleftharpoons NO + 2H_2O$	0.96
$NO_3^- + 3H^+ + 2e^- \rightleftharpoons HNO_2 + H_2O$	0.94
$2Hg^{2+} + 2e^- \rightleftharpoons Hg_2^{2+}$	0.905
$ClO^- + H_2O + 2e^- \rightleftharpoons Cl^- + 2OH^-$	0.90
$Hg^{2+} + 2e^- \rightleftharpoons Hg$	0.851
$\frac{1}{2}O_2 + 2H^+ (10^{-7}\ mol \cdot L^{-1}) + 2e^- \rightleftharpoons H_2O$	0.815
$2NO_3^- + 4H^+ + 2e^- \rightleftharpoons N_2O_2 + 2H_2O$	0.81
$Ag^+ + e^- \rightleftharpoons Ag$	0.799 1
$Hg_2^{2+} + 2e^- \rightleftharpoons 2Hg$	0.796 1
$Fe^{3+} + e^- \rightleftharpoons Fe^{2+}$	0.771
$O_2 + 2H^+ + 2e^- \rightleftharpoons H_2O_2$	0.682
$Hg_2SO_4 + 2e^- \rightleftharpoons 2Hg + SO_4^{2-}$	0.615 8
$MnO_4^- + 2H_2O + 3e^- \rightleftharpoons MnO_2 + 4OH^-$	0.588
$MnO_4^- + e^- \rightleftharpoons MnO_4^{2-}$	0.564
$IO_3^- + 2H_2O + 4e^- \rightleftharpoons IO^- + 4OH^-$	0.56
$I_2 + 2e^- \rightleftharpoons 2I^-$	0.535 5
$I_3^- + 2e^- \rightleftharpoons 3I^-$	0.533 8

续 表

电　极　反　应	$\varphi^{\ominus}$ (V)
$Cu^{+}+e^{-} \rightleftharpoons Cu$	0.522
$Cu^{2+}+2e^{-} \rightleftharpoons Cu$	0.340 2
$VO^{2+}+2H^{+}+e^{-} \rightleftharpoons V^{3+}+H_2O$	0.337
$BiO^{+}+2H^{+}+3e^{-} \rightleftharpoons Bi+H_2O$	0.32
$Hg_2Cl_2+2e^{-} \rightleftharpoons 2Hg+2Cl^{-}$	0.268 2
$HAsO_3+3H^{+}+3e^{-} \rightleftharpoons As+2H_2O$	0.247 5
$AgCl+e^{-} \rightleftharpoons Ag+Cl^{-}$	0.222 3
$SbO^{+}+2H^{+}+3e^{-} \rightleftharpoons Sb+H_2O$	0.212
$SO_4^{2-}+4H^{+}+2e^{-} \rightleftharpoons H_2SO_3+H_2O$	0.20
$Cu^{2+}+e^{-} \rightleftharpoons Cu^{+}$	0.158
$Sn^{4+}+2e^{-} \rightleftharpoons Sn^{2+}$	0.15
$S+2H^{+}+2e^{-} \rightleftharpoons H_2S(aq)$	0.141
$Hg_2Br_2+2e^{-} \rightleftharpoons 2Hg+2Br^{-}$	0.139 6
$[Co(NH_3)_6]^{3+}+e^{-} \rightleftharpoons [Co(NH_3)_6]^{2+}$	0.1
$S_4O_6^{2-}+2e^{-} \rightleftharpoons 2S_2O_3^{2-}$	0.09
$AgBr+e^{-} \rightleftharpoons Ag+Br^{-}$	0.071 3
$[Ti(OH)]^{3+}+H^{+}+e^{-} \rightleftharpoons Ti^{3+}+H_2O$	0.06
$2H^{+}+2e^{-} \rightleftharpoons H_2$	0.000
$Fe^{3+}+3e^{-} \rightleftharpoons Fe$	−0.036
$Ag_2S+2H^{+}+2e^{-} \rightleftharpoons 2Ag+H_2S$	−0.036 6
$O_2+2H_2O+2e^{-} \rightleftharpoons HO_2+2OH^{-}$	−0.076
$CrO_4^{2-}+4H_2O+3e^{-} \rightleftharpoons Cr(OH)_3+5OH^{-}$	−0.12
$Pb^{2+}+2e^{-} \rightleftharpoons Pb$	−0.126 3
$Sn^{2+}+2e^{-} \rightleftharpoons Sn$	−0.136 4
$AgI+e^{-} \rightleftharpoons Ag+I^{-}$	−0.151 9
$Ni^{2+}+2e^{-} \rightleftharpoons Ni$	−0.23
$Co^{2+}+2e^{-} \rightleftharpoons Co$	−0.28

续 表

电　极　反　应	$\varphi^{\ominus}$ (V)
$Cd^{2+} + 2e^- \rightleftharpoons Cd$	−0.402 6
$Cr^{3+} + e^- \rightleftharpoons Cr^{2+}$	−0.424
$Fe^{2+} + 2e^- \rightleftharpoons Fe$	−0.440 2
$S + 2e^- \rightleftharpoons S^{2-}$	−0.45
$2SO_3^{2-} + 3H_2O + 4e^- \rightleftharpoons S_2O_3^{2-} + 6OH^-$	−0.57
$AsO_4^{3-} + 2H_2O + 2e^- \rightleftharpoons AsO_2^- + 4OH^-$	−0.71
$Zn^{2+} + 2e^- \rightleftharpoons Zn$	−0.762 8
$HSnO_3^- + H_2O + 2e^- \rightleftharpoons Sn + 3OH^-$	−0.79
$Cr^{3+} + 3e^- \rightleftharpoons Cr$	−0.90
$SO_4^{2-} + H_2O + 2e^- \rightleftharpoons SO_3^{2-} + 2OH^-$	−0.93
$Sn(OH)_4^{2-} + 2e^- \rightleftharpoons HSnO_2^- + 3OH^- + H_2O$	−0.96
$Mn^{2+} + 2e^- \rightleftharpoons Mn$	−1.029
$ZnO_2^{2-} + 2H_2O + 2e^- \rightleftharpoons Zn + 4OH^-$	−1.216
$Al^{3+} + 3e^- \rightleftharpoons Al$	−1.676
$Sc^{3+} + 3e^- \rightleftharpoons Sc$	−2.03
$AlO_2^- + 2H_2O + 3e^- \rightleftharpoons Al + 4OH^-$	−2.35
$Mg^{2+} + 2e^- \rightleftharpoons Mg$	−2.375
$Na^+ + e^- \rightleftharpoons Na$	−2.710 9

使用表 2-3-1 中的标准电极电势时应注意以下几点：

一是所有电极电势均以还原反应的电极电势来表示。

二是电极电势没有加和性，即不论半电池反应式的系数乘或除以任何实数，$\varphi^{\ominus}$ 值仍然不改变，也即电极电势与电极反应的写法无关。如

$$Cl_2 + 2e^- \rightleftharpoons 2Cl^- \qquad \varphi^{\ominus} = 1.358\ V$$

$$\frac{1}{2}Cl_2 + e^- \rightleftharpoons Cl^- \qquad \varphi^{\ominus} = 1.358\ V$$

三是 $\varphi^{\ominus}$ 是水溶液体系的标准电极电势，对于非标准态、非水溶液体系，不能用 $\varphi^{\ominus}$ 比较物质的氧化还原能力。

四是氧化还原反应常常与介质的酸碱度有关，引用时应注意实际的反应条件。如

$$\frac{1}{2}O_2 + 2H^+\ (10^{-7}\ mol \cdot L^{-1}) + 2e^- \rightleftharpoons H_2O \qquad \varphi^{\ominus} = 0.815\ V$$

说明该电极反应的条件是$[H^+]=10^{-7}\ mol\cdot L^{-1}$，已经不符合标准电极反应的严格标准。

标准氢电极可用作电极电势的相对比较标准。但是标准氢电极要求氢气纯度很高，压力稳定，并且铂在溶液中易吸附其他组分而中毒，失去活性。因此，实际工作中常用易于制备、使用方便、电极电势稳定的甘汞电极等作为电极电势的对比参考，称为参比电极，参比电极的电势值也是相对标准氢电极而测得的。

2.3.3 电极电势的应用

2.3.3.1 判断氧化剂、还原剂的相对强弱

根据电极电势代数值的相对大小，可以比较氧化剂或还原剂的氧化还原能力的相对强弱。电极电势越大，电对中氧化态物质的氧化能力越强；电极电势越小，电对中还原态物质的还原能力越强。如卤素单质与相应离子 F^-、Cl^-、Br^-、I^- 组成的电对的标准电极电势分别为 2.87 V、1.358 V、1.087 V、0.535 5 V，则氧化态物质的氧化能力顺序是 $F_2 > Cl_2 > Br_2 > I_2$，还原态物质的还原能力顺序为 $I^- > Br^- > Cl^- > F^-$。

2.3.3.2 判断氧化还原进行的方向

对于氧化还原反应来说，自由能变 $\Delta_r G_m$ 和电动势 E 之间存在的关系，可以判断氧化还原反应自发进行的方向

$$当 E > 0 时，\Delta_r G_m < 0 反应自发进行$$

$$当 E < 0 时，\Delta_r G_m > 0 反应自发进行$$

$$当 E = 0 时，\Delta_r G_m = 0 反应自发进行$$

可见，电动电势(E)值可作为氧化还原反应自发进行的依据。在标准态下氧化还原反应自发进行的判据可利用 $\Delta_r G_m^\ominus$ 和 $E^\ominus$。

很多氧化还原反应有 H^+ 和 OH^- 参加，溶液的酸度对氧化还原电对的电极电势有影响，因此有时也会改变反应进行的方向。如碘离子与砷酸的反应式为

$$H_3AsO_4 + 2I^- + 2H^+ \rightleftharpoons HAsO_2 + I_2 + 2H_2O$$

其氧化还原半反应分别为

$$H_3AsO_4 + 2H^+ + 2e^- \rightleftharpoons H_3AsO_3 + H_2O \qquad \varphi^\ominus_{H_3AsO_4/H_3AsO_3} = 0.56\ V$$

$$I_2 + 2e^- \rightleftharpoons 2I^- \qquad \varphi^\ominus_{I_2/I^-} = 0.535\ 5\ V$$

在标准态下，I_2 不能氧化 H_3AsO_3(亚砷酸)，而 H_3AsO_4 能氧化 I^-。但如果改变反应中 H^+ 浓度，如使溶液的 pH≈4，而其他物质的浓度维持在标准态时，可算出 $\varphi_{H_3AsO_4/H_3AsO_3} = 0.320\ V$，此值小于 $\varphi^\ominus_{I_2/I^-}$，结果反应逆向进行，即 I_2 氧化 H_3AsO_3。

一般来说，如果 $E^\ominus$ 较小 ($E^\ominus < 0.2\ V$)，则需综合考虑浓度、酸度和温度等对电极电势的影响。

2.3.3.3 判断氧化还原反应进行的程度

化学反应进行的程度可以用反应平衡常数的大小来衡量，平衡常数越大，反应进行得越完全。

热力学函数 $\Delta_r G_m^\ominus$ 与化学反应平衡常数 $K^\ominus$ 有如下关系

$$\Delta_r G_m^\ominus = -2.303\ RT\ \lg K^\ominus$$

而 $\Delta_r G_m^\ominus$ 与 $E^\ominus$ 之间的关系为

$$\Delta_r G_m^{\ominus} = -zFE^{\ominus}$$

比较以上两式可得

$$\lg K^{\ominus} = \frac{zFE^{\ominus}}{2.303RT}$$

在 298 K 下，将 R、T、F 值代入上式，得

$$\lg K^{\ominus} = \frac{zE^{\ominus}}{0.059\,2}$$

式中，z 为氧化、还原半反应中电子转移数的最小公倍数。

由上式可知，在一定温度下，氧化还原反应的平衡常数($K^{\ominus}$)与标准电动势($E^{\ominus}$)及电子转移数有关，而与物质浓度无关。$E^{\ominus}$ 越大，$K^{\ominus}$ 越大，正向反应进行的越完全。

本章参考文献

[1] 傅洵，等.基础化学教程：无机与分析化学[M].北京：科学出版社，2012.
[2] 傅建熙.有机化学：结构和性质相关分析与功能(第 3 版)[M].北京：高等教育出版社，2011.
[3] 邢其毅.基础有机化学(第四版)[M].北京：北京大学出版社，2016.

第3章

场地土壤与地下水污染基础

本章主要简述了土壤与地下水污染的概念、土壤与地下水中的主要污染物、土壤与地下水污染特点及途径以及污染物在土壤与地下水中的迁移转化途径，在场地污染调查过程中，为从业技术人员提供场地土壤与地下水污染的最基本知识。

3.1 土壤与地下水污染概念

3.1.1 环境污染

由于人为因素使环境的构成或状态发生变化，环境素质下降，从而扰乱和破坏了生态系统和人们正常的生活和生产条件，就叫作环境污染。具体说，环境污染是指有害物质对大气、水质、土壤和动植物的污染并达到致害的程度，生物界的生态系统遭到不适当的干扰和破坏，不可再生资源被滥采滥用，以及因固体废弃物、噪声、振动、恶臭、放射线等造成对环境的损害。造成环境污染的因素有物理的、化学的和生物的三方面，其中因化学物质引起的约占80%～90%。

3.1.2 土壤及土壤污染

3.1.2.1 土壤

狭义土壤是位于地球陆地表面，具有一定肥力，能够生长植物的疏松层，是由固体、液体和气体三相物质组成的疏松多孔体。固相物质包括土壤矿物质（含原生矿物和次生矿物）、有机物质（动植物残体及其衍生物、分泌物）和土壤生物（活的动物和微生物）。在土壤固相物质之间，为形状和大小不同的孔隙。液相（水分）和气相（空气）两者同贮于土壤孔隙内，随着外界条件变化而相互消长。土壤带的土层，属于非饱和带，干旱且地下水位埋深大地区的植被根系深（如梭梭直根系深度可达35 m），因而这些地区土壤厚度大；湿润且地下水位埋深浅地区的植被根系侧根系发达（水平扩展范围大），但深度小，因而这些地区土壤厚度较小。农业耕作层较浅，一般在60～80 cm，因此，农田土壤层厚度一般小于100 cm。在基岩地区一般风化带厚度为土壤层厚度。

广义土壤是指地球表面松散的沉积物，包括农作物根系能够达到的层（耕作层）、天然植被根系能够达到的土层、渗滤带土层、毛细管带土层以及松散的饱水带土层，包括含水层、弱透水、相对隔水层等。

3.1.2.2 土壤污染

土壤污染是指人类活动或自然过程产生的有害物质进入土壤，致使某种有害成分的含量明显高于土壤原有含量，从而引起土壤环境质量恶化的现象。

在土壤污染定义相关的概念中，土壤背景值、土壤环境容量等基本概念界定出土壤污染发生的前提，对土壤定义的理解和土壤环境体系污染的发生、危害及修复均有重要的指示作用。土壤与地下水的污染，造成土壤物理化学性质的改变，进而对土壤-地下水系统、土壤-植物-人体系统等产生影响与危害。目前已有的调查结果显示，土壤污染的深度已远超狭义土壤层的深度。其污染深度受污染物性质和土层性质及其渗透性大小的影响，一般重油的污染比较深。

3.1.3　地下水污染

凡是在人类活动的影响下，地下水水质变化朝着水质恶化方向发展的现象，统称为"地下水污染"。在天然地质环境及人类活动影响下，地下水中的某些组分可能产生相对富集或相对贫化，都可能产生不合格的水质。在漫长的地质历史中形成的地下水水质不合格现象是无法预防的；而在人类活动影响下引起的地下水水质不合格现象是在相对较短的人类历史中形成的，只要查清其原因及途径，采取相应措施，是可以防治的。

在地下水污染定义相关的概念中，不管此种现象是否使水质恶化达到影响其使用的程度，只要这种现象一发生，就应称为污染。至于在天然地质环境中所产生的地下水某些组分相对富集及贫化而使水质不合格的现象，不应视为污染，而应称为地质成因异常。所以，判别地下水是否污染必须具备两个条件：第一，水质朝着恶化的方面发展；第二，这种变化是人类活动引起的。

在实际工作中要判别地下水是否受污染及其污染程度，往往是比较复杂的。首先要有一个判别标准。这个标准最好是地区背景值(或称本底值)，但这个值通常很难获得。所以，有时也用历史水质数据或用无明显污染来源的水质对照值来判别地下水是否受到污染。

3.2　场地土壤与地下水污染源

3.2.1　场地土壤与地下水污染源分类

3.2.1.1　污染源分类方法简述

目前国际上并没有一个统一、公认的污染场地分类方法，各国往往根据调查、管理和修复的需要有针对性地进行污染场地分类。国内关于污染场地的分类方法也有很多，分类者常根据自己的需要和目的，从某一角度对污染场地进行分类。如：从管理部门的角度，可以根据污染源类型进行分类，包括工业污染、农业污染等；从污染场地监测的角度，可以根据污染物的存在形态分类；从场地修复的角度，可以根据污染物的属性进行分类，包括重金属污染场地、农药污染场地、放射性物质污染场地等。

(1) 按污染物的属性分类

可将污染场地分为无机废物污染场地、有机废物污染场地、化学肥料污染场地、农药污染场地、污泥、矿渣、粉煤灰污染场地、放射性物质污染场地和寄生虫、病原菌及病毒污染场地。

(2) 按污染源类型分类

可将污染场地分为自然污染场地和人为污染场地。自然污染场地包括生物污染场地和非生物污染场地；人为污染场地包括工业污染场地、农业污染场地、生活污染场地及交通污染场地。

(3) 按污染途径分类

可将污染场地分为污灌场地、大气污染场地、农业污染场地、生物污染场地、固体废物污染场地和综合污染场地。

(4) 按污染物的理化生物特性分类

可将污染场地分为物理污染场地(热、辐射)、化学污染场地和油类、重金属、稀有金属、可降解有机物污染场地、生物污染场地及综合污染场地。

(5) 按污染物的扩散方式分类

可将污染场地分为长期污染场地和事故污染场地。

(6) 按污染源形状分类

可将污染场地分为点源污染场地、线源污染场地和面源污染场地。

(7) 按污染源扩散方式分类

可将污染场地分为污染源停止泄漏释放的污染场地和污染源存在且继续泄漏释放的污染场地。

(8) 按污染源类型与场所分类

可将污染场地分为污水泄漏污染场地、固体废物污染场地、农业灌溉污染场地、矿产开采污染场地和地下储油罐泄漏污染场地。

(9) 按环境风险水平分类

可按照风险大小排序或赋分,分为需要采取措施的场地、可能需要采取措施的场地、需要常规监测或跟踪监测的场地和不需要采取措施的场地。

3.2.1.2 污染场地分类方法

鉴于以上污染场地分类现状,结合主要污染场地的特点与主要污染物的分布、我国环境管理和行业管理的特色,参照我国产业分类,提出树形分类方法,其核心是按照活动类型、产业结构类型、场地属性和污染物属性划分四个级别,以此对污染场地进行分类(见图 3-2-1)。具体内容包括:

(1) 第Ⅰ级:按活动类型分类

包括工业类、农业类、市政类和特殊类四类。

(2) 第Ⅱ级:按产业结构类型分类

将工业类细分为自然资源采掘业、加工制造业、交通运输业,农业类分为种植业和养殖业,市政类和特殊类则不再划分第二级。其中:

自然资源采掘业包括石油、天然气开采业和金属、非金属矿采选等;

加工制造业包括化学工业、电力工业、钢铁工业、有色金属工业、建材工业、机械工业、电子信息工业、轻工业、纺织工业、医药工业等;

交通运输业包括各种原料、产品等的运输;

种植业包括各种作物、植物的种植;

养殖业包括畜禽养殖、水产养殖等。

(3) 第Ⅲ级:按场地属性

按照场地属性,将污染场地进一步划分为矿产资源开采污染场地,功能转化场地,固体物料及废弃物堆放(处置)污染场地,突发性事故污染场地,液体物料储存及污(废)水渗漏、排放污染场地,农业种植污染场地,养殖业污染场地,军事基地及化学武器遗弃场地。其中:

矿产资源开采污染场地包括石油开采与加工、天然气开采和金属、非金属矿采选等污染场地;

功能转化场地包括场地功能转换,如企业搬迁等的污染场地;

固体物料及废弃物堆放(处置)污染场地包括废弃物的填埋场、堆放场,工业企业的原料、产品堆放场等污染场地;

突发性事故污染场地包括生产事故污染场地、交通事故引起泄漏污染场地、管道泄漏事故污染场地等;

液体物料储存及污、(废)水渗漏、排放污染场地包括:地上和地下储存罐渗漏污染场地,沟、渠、塘等纳污水体污染场地,污、废水管道渗漏污染场地等;

农业种植污染场地指用于农业种植,因施用农药、肥料等而受到污染的场地;

养殖业污染场地指用于畜禽、水产养殖而受到污染的场地;

军事基地污染场地指储存或放置武器、军用机械等而受到污染的场地，以及因打靶时产生的硝烟而受到污染的场地；

化学武器遗弃场地指战争之后遗弃化学武器的场地。

（4）第Ⅳ级：按污染物属性分类

按污染物属性区分重金属污染、烃类污染、农药污染、营养物质污染、放射性物质污染、生物污染等类型。其中：

重金属（含砷、硒）污染主要包括汞、镉、铅、铬、锌、铜、钴、镍、锡、钒及砷、硒污染，砷、硒是非金属，但因其毒性及某些性质与重金属相似，所以将其列入重金属污染范围；

烃类污染包括石油烃、卤代烃、多环芳烃等烃类污染；

农药污染包括各种杀虫剂、杀螨剂、杀菌剂、除草剂、杀线虫剂和植物生长调节剂等；

营养物质污染包括氮、磷等营养元素及一些有机营养物质污染；

放射性物质污染包括核能工业、核武器生产和试验排放的放射性物质造成的污染。

生物污染包括对人和生物有害的微生物、寄生虫等病原体和变态反应原等。

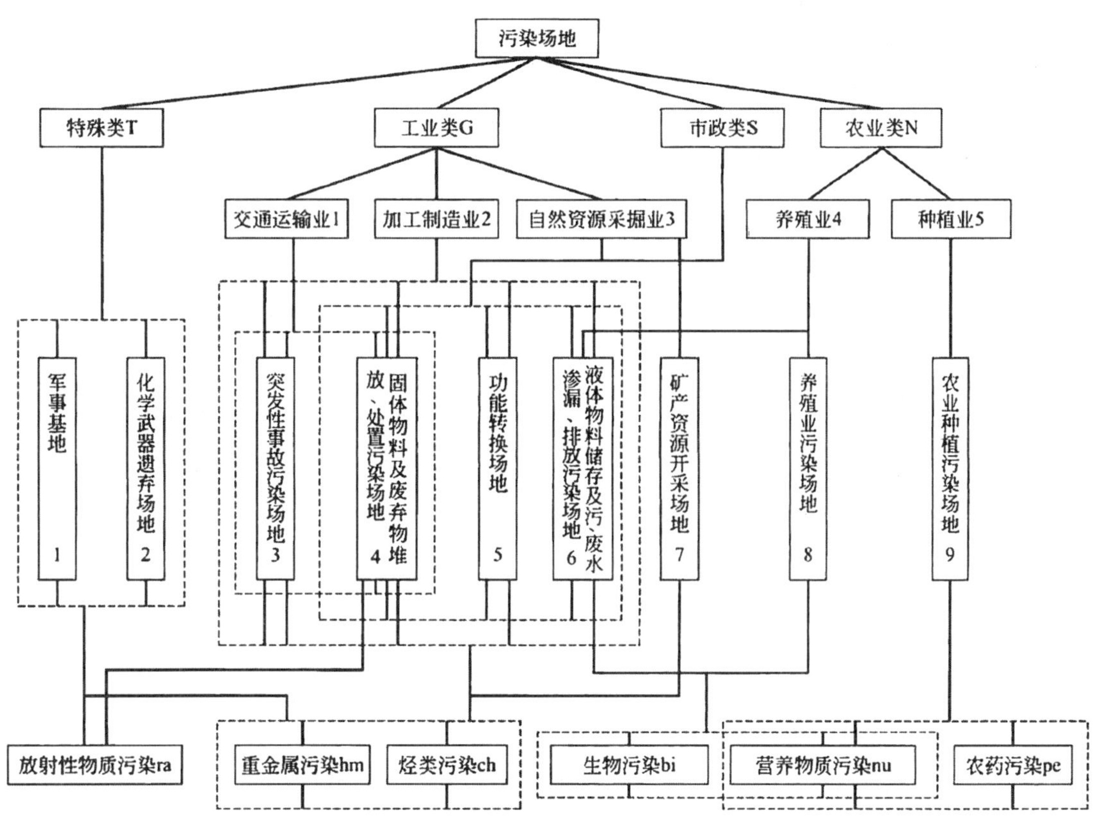

图3-2-1 我国污染场地树形分类图

3.2.2 场地土壤与地下水污染主要来源

3.2.2.1 工业污染源

工业污染源是土壤与地下水的主要污染来源，特别是其中未经处理的污水和固体废物的淋滤液，直接渗入土壤与地下水中，会对土壤与地下水造成严重污染。

工业污染源可以再细分为三类，居首位的是在生产产品和矿业开发过程中所产生的废水、废气和废渣，俗称“三废”，其数量大，危害严重；其次是储存装置和输运管道的渗漏，这往往是一种连续性污染源，经常不易被发现;第三种是由于事故而产生的偶然性污染源。

(1) 工业“三废”

当前,造成我国土壤与地下水污染的工业“三废”主要来源于各工业部门所属的工厂、采矿及交通运输等活动。工业“三废”包含的各种污染物与工业生产活动的特点密切相关,不同的工业性质、工艺流程、管理水平、处理程度,其排放的污染物种类和浓度有较大的差别,产生的影响也各不相同(表 3-2-1)。

表 3-2-1 工业污染源分类表

工业部门	污染源	主要污染物		
		气体	液体	固体
动力工业	火力发电	粉尘、SO_2、NO_x、CO	冷却系统排出的热水	粉煤灰
	核电站	放射性尘	放射性废水	核废料
冶金工业	黑色冶金:选矿、烧结、炼焦、炼铁、炼钢、轧钢等	粉尘、SO_2、CO、CO_2、H_2S及重金属等烟尘	酚、氰、多环芳烃类化合物,冷却水,酸性洗涤水	矿石渣、炼钢废渣
	有色金属冶炼:选矿、烧结、冶炼、电解、精炼等	粉尘、SO_2、CO、NO_x 及重金属 Cu、Pb、Zn、Hg、Cd、As 等烟尘	含重金属 Cu、Pb、Zn、Hg、Cd、As 的废水、酸性废水、冷却水	冶炼废渣
化学工业	化学肥料、有机和无机化工、化学纤维、合成橡胶、塑料、油漆、农药、医药等生产	CO、H_2S、NO_x、SO_2、F 等	各种盐类、Hg、As、Cd、酚、氰化物、苯类、醛类、醇类、油类、多芳环烃化合物等	
石油化工工业	炼油、蒸馏、裂解、催化等工艺及合成有机化学产品等的生产	石油气、H_2S、烯烃、烷烃、苯类、醛、酮等各种有机气体	油类、酚类及各种有机物等	
纺织印染工业	棉纺、毛毯、丝纺、针织印染等		染料、酸、碱、硫化物、各种纤维状悬浮物	
制革工业	皮革、毛发的鞣制		含 Cr、S、NaCl、硫酸、有机物等	纤维废渣、Cr 渣
采矿工业	矿山剥离和掘进、采矿、选矿等生产		选矿水及矿坑排水,含大量悬浮物及重金属废水	废矿石及碎石
造纸工业	纸浆、造纸的生产	烟尘、硫酸、H_2S	碱、木质素、酸、悬浮物	
食品加工业	油类、肉类、乳制品、水产水果、酿造等加工生产		营养元素有机物、微生物病原菌、病毒等	
机械制造工业	农机、交通工具及设备制造和修理、锻压及铸件、工业设备、金属制品加工制造	烟尘、SO_2	含酸废水、电镀废水、Cr、Cd、油类	金属加工碎屑
电子及仪器仪表工业	电子元件、电讯器材、仪器仪表制造	少量有害气体、Hg、氰化物、铬酸	含重金属废水、电镀废水、酸等	
建材工业	石棉、玻璃、耐火材料、烧窑业及各种建筑材料加工	粉尘、SO_2、CO	悬浮物	炉渣
交通运输		CO、NO_x、乙烯、芳香族碳氢化合物		

① 工业废水

许多工业所排出的废水中含有各种有害的污染物，特别是未经处理的废水，直接流入或渗入地下水中，会造成地下水严重污染。不同工业所含的有害污染物不同，污染的影响不同。

工业废水是天然水体最主要的污染源之一，它们种类繁多、排放量大、所含污染物组成复杂。它们的毒性和危害较严重，且难于处理，不容易净化。

为了我国工业的可持续发展，国家各级主管部门已加大了管理力度，采取了许多行之有效的对策和措施。但从整体看来，水污染仍呈恶化趋势，工业废水正是最主要的污染源。

② 工业废气

许多工厂生产过程中要排出大量有毒有害气体，如制酸工业主要排放二氧化硫、氮氧化物、砷化物、各种酸类废气；钢铁冶金企业和有色冶炼企业主要排出二氧化硫、氯化氢、氮氧化物以及铅、锰、锌等金属化合物；制铝工业和磷肥工业主要排出磷化氢、氟化物等；石油工业主要排放硫化氢、二氧化碳、二氧化硫等；氮肥工业排放氮氧化物；炼焦工业排出酚、苯、氰化物、硫化物等。

各种车辆所排出的废气有一氧化碳、氮氧化物、臭氧、乙烯、芳香族碳氢化合物，以及废气经阳光照射后的光化学反应产物——过氧化乙酰硝酸酯等，对动植物都有严重危害。

以上所述这些废气不仅污染大气，直接影响农作物生长、腐蚀破坏金属和建筑材料、影响居民的生活卫生条件、危害人们的健康，而且废气中所含各种污染物还随着降雨、降雪落到地表，渗入地下，污染地下水。

③ 工业废渣

工业废渣及污水处理厂的污泥中都含有多种有毒有害污染物，若露天堆放或填埋，会受到雨水淋滤而渗入地下水中。工业废渣成分相对简单，主要与生产性质有关，如采矿业的尾矿及冶炼废渣中主要的污染物为重金属。污水处理厂的污泥属于危险废物，污水中含有的重金属与有机污染物都会在污泥中聚积，从而使污泥中污染物成分复杂，且其含量一般高于污水。

(2) 储存装置和输运管道的渗漏

储存罐或储存池常用来储存化学物品、石油、污水，特别是油罐、油库等，其渗漏与流失常常是污染土壤与地下水的重要污染源。渗漏可能是长期不被人发现的连续性污染源。但是，较多的实践表明，渗漏的管道和储存装置比较常见。如山西某农药厂管道的渗漏，使大量的三氯乙醛进入饮用水源的含水层中，迫使地下水饮用水源地报废。目前虽修复了管道，切断了污染源，但已进入含水层的三氯乙醛在对流弥散作用下不断扩大污染范围，尽管污染物浓度有所下降，但仍达 4 mg/L。石油勘探和开采时，如果钻井封闭得不严密，可使石油或盐卤水由地下深处进入浅部含水层而污染地下水，也可通过废弃的油井、气井、套管或腐蚀破坏了油、气井而成为地下水的污染源。

(3) 事故类污染源

事故是偶然性的污染源，因此，往往没有防备，造成的污染就比较严重。例如，储罐爆炸造成的危险品突发性大量泄漏，输送石油的管道破裂以及江河湖海上的油船事故等造成的漏油，泄漏的污染物首先污染地表及地表水，进而污染地下水。例如，2005 年 1 月 26 日，美国肯塔基州的一条输油管道发生破裂，22 万多升原油从裂缝溢出。由于管道距肯塔基河岸仅 17 m，原油全都流入河道内，形成了 20 km 的浮油污染带，浮油蔓延到与肯塔基河交汇的俄亥俄河，威胁到饮用水源。泄漏的石油污染物还会随地表水和雨水进一步污染地下水。

3.2.2.2　农业污染源

农业污染源有牲畜和禽类的粪便、农药、化肥及农灌引来的污水等，这些都会随下渗水流污染地下水。农业污染源具有面广、分散、难以收集、难以治理的特点。

(1) 农药

农药是用来控制、扑灭或减轻病虫害的物质，包括杀虫剂、杀菌剂和除草剂等。与地下水污染有关的三大重要杀虫剂是有机氯(滴滴涕和六六六)、有机磷(1605、1059、苯硫磷和马拉硫磷)及氨基甲酸酯。有机氯的特点是化学性质稳定,短期内不易分解,易溶于脂肪,可在脂肪内蓄积,它是目前造成地下水污染的主要农药。有机磷的特点是较活跃、能水解、残留性小,在动植物中不易蓄积。氨基甲酸酯是一种较新的物质,一般属于低残留的农药。上述农药对人体都有毒性。

从地下水污染角度看,大多数除草剂都是中低浓度时对植物有毒性,在高浓度时则对人类和牲畜产生毒性。农药的细粒、喷剂和团粒施用于农田,下渗进入地下水。

(2) 化肥

化肥有氮肥、磷肥和钾肥。当化肥淋滤到地下水时,就成了严重的污染物,其中氮肥是引起地下水污染的主要物质。

(3) 动物废物

动物废物是指与畜牧业有关的各种废物,包括动物粪便、垫草、洗涤剂、丢弃的饲料和动物尸体。动物废物中含有大量的细菌和病毒,同时含有大量的氮,因此会引起土壤与地下水污染。

(4) 植物残余物

植物残余物包括大田或场地上的农作物残余物、草场中的残余物以及森林中的伐木碎片等,这些残余物的需氧特性对地下水水质是一种危害。

(5) 污水灌溉

污水灌溉目前已成为农业增产的重要措施之一,同时也是污水排放的途径之一。目前我国城市污水回用于农田灌溉的比例很高,其中约50%～60%为工业废水,其余为生活污水。一方面,因城市污水中常含有氮、磷、钾及有机碳化物,故使用污水灌溉不仅可以节省肥料,而且可以使土壤变黑、发松、含氮量增加、土壤肥力大大提高;另一方面,因污水含有各种有毒有害物质,尤其是重金属与持久性有机污染物,它们会在土壤中累积并向下迁移,从而对地下水造成较严重的污染。

3.2.2.3 生活污染源

人类生活活动会产生各种废弃物和污水污染环境。特别是城市,人口密集、面积狭小,相对来说生活污染比较严重。

排出的生活污水(包括粪便)造成地下水污染。城市生活污水包括城市居民生活污水、科研文教单位实验室排放的污水、医疗卫生单位排放的污水。城市居民生活废水中的物质来自人的排泄物、肥皂、洗涤剂、腐烂的食物等;从各种实验室排出的污水中成分复杂,常含有多种有毒物质,具体成分取决于实验室种类、医疗卫生单位的污水,以细菌、病毒污染物为主,是流行病、传染病的重要来源。

生活垃圾也对地下水的污染有重要影响,处理不当也是地下水的污染源之一。垃圾渗滤液中除含有低相对分子质量(相对分子质量≤500)的挥发性脂肪酸、中等相对分子质量的富里酸类物质(主要组分相对分子质量为500～10 000)与高相对分子质量的胡敏酸类(主要组分相对分子质量为10 000～100 000)等主体有机物外,还含有很多微量有机物,如烃类化合物、卤代烃、邻苯二甲酸酯类、酚类、苯胺类化合物等。垃圾填埋场是生活垃圾集中的地方,如防渗结构不符合要求或垃圾渗滤液未经妥善处理排放,均可造成垃圾中的污染物进入地下水。

3.2.2.4 采矿活动

采矿活动引起的地下水污染表现在以下几个方面:

采矿时排出的矿坑水中,有的是pH小的酸水(如煤矿),有的是含有某些有毒金属元素或放射性元素的水(如钼矿、铅锌、放射性矿等),排出的这些矿坑水可以污染地表水或下渗污染矿区附近的地下水。

由于矿坑疏干排水降低了地下水位,使原来处于饱和带的矿体岩石转化为非饱和带,有些难溶矿物可转变为易溶矿物,经过风化、雨水渗入淋滤或由于暂时停止抽水,水位回升时的溶解,可以使矿区地下水中增加某些成分,而使地下水水质恶化。

采矿时堆积的尾矿砂，经雨水淋滤也可造成地下水污染。

矿区废弃的坑道、废弃而未封死的钻孔，都可能成为未来污染的通道。

3.3　土壤与地下水主要污染物和存在形态

3.3.1　土壤与地下水中主要污染物

3.3.1.1　无机污染物

(1) 非金属污染物

土壤与地下水中非金属类无机污染物包括 10 项：氨氮、硝酸盐氮、亚硝酸盐氮、硫化物、氰化物、氟化物、碘化物、阴离子合成洗涤剂、挥发性酚类(以苯酚计)、石棉等。其中对人体健康危害比较大、关注较多的非金属污染物，主要是氰化物和氟化物。

自然环境中一般不含氰化物，水中氰化物的主要来源为工业污染。氰化物和氢氰酸是广泛应用的工业原料，采矿提炼、摄影冲印、电镀、金属表面处理、焦炉、煤气、染料、制革、塑料、合成纤维及工业气体洗涤等行业都排放含氰废水。另外，石油的催化裂化和焦化过程也会排放含氰废水。其中，电镀工业是排放含氰废水最多的行业。含氰废水的处理原理是将氰化物氧化成毒性较低的氰酸盐或完全氧化成二氧化碳和氮。常用的处理方法是氯氧化法、臭氧氧化法和电解氧化法。

含氟产品的制造、焦炭生产、电子元件生产、电镀、玻璃和硅酸盐生产、钢铁和铝的制造、金属加工、木材防腐及农药化肥生产等过程中，都会排放含有氟化物的工业废水。含氟化物废水的处理方法可分为沉淀法和吸附法两大类。沉淀法适于处理氟化物含量较高的工业废水，但因沉淀法处理不彻底，往往还需要二级处理，处理所需的化学药剂有石灰、明矾、白云石等。吸附法适于处理氟化物含量较低的工业废水或经沉淀处理后氟化物浓度仍旧不能符合有关规定的废水。

由于土壤中的氟主要来源于母质，因而成土过程会影响土壤剖面中氟的分布状况，其中风化程度和黏土含量是最重要的影响因素。由于氟通常与有机质的结合能力较弱，因此大多数土壤表层中的氟含量较低。土壤氟的另一个来源是工业活动，包括钢铁、制铝、磷肥、玻璃、陶瓷、化工和砖瓦等工业和燃煤过程中排放出的含氟“三废”。一些工业使用冰晶石(Na_3AlF_6)、萤石(CaF_2)、磷矿石和氟化氢(HF)等作为原料。例如，电解铝企业以冰晶石为电解质，以 NaF、CaF_2 和 AlF_3 为添加剂，在高温电解过程中产生 HF 和 SiF_4 气体及含氟粉尘，每生产 1 吨铝要排放 15 kg HF、8 kg 氟尘和 2 kg SiF_4。磷肥工业以磷灰石为原料(含氟 1%～3.5%)，生产过程中含氟量的 1/2～1/3 成为 SiF_4 排入环境中。含氟磷肥、土壤改良剂、杀虫剂和污泥等的使用可以明显增加土壤中的氟含量。

(2) 重金属污染物

环境体系中重金属按其含量水平、毒性大小可分为三类：一是固有重金属，主要包括铁、锰、钾、钠、钙等；二是生物必需重金属，主要包括锌、镁等；三是有毒有害重金属，主要包括砷、镉、铬(六价)、铜、铅、汞、镍、锑、铍、钴、钒等。

土壤与地下水中重金属的来源广泛，主要有矿业活动、工业“三废”、污水灌溉、农药和化肥等。工业的各个行业都会有重金属废料排放，其中冶炼、电镀业、加工业、化学工业以及其他大量使用金属作为原材料的行业都是重金属污染比较严重的行业。

土壤与地下水金属类污染物的处理类似放射性污染物的处理方法。土壤中金属污染物一般采用植物修复技术、植物和微生物联合修复技术、电化学动力学技术、淋洗技术以及物理隔离技术等；地下水中重金属污染物采用抽出异位处理，如絮凝沉淀、过滤分离和离子交换处理技术，也可采用原位渗透性反应墙技术。

3.3.1.2 有机污染物

土壤与地下水中有机污染物来源非常广泛，包括工业污染、农业污染、污泥和废弃物处置与利用、污染物泄漏等，涉及的污染物种类也非常多，常见的有机污染包括卤代烃、单环芳烃及其衍生物、多环芳烃类(PAHs)、石油类、农药类、多氯联苯(PCBs)、二噁英等。

(1) 卤代烃

卤代烃是烃分子中的氢原子被卤素原子(氟、氯、溴、碘等)取代后的衍生物，具有难溶于水、易溶于有机溶剂的特性，是重要的有机合成原料及中间体，广泛应用于电子工业溶剂、制冷剂、清洗剂和化学原料的加工制造等。大多数卤代烃属挥发性化合物，包括氯乙烯、氯甲烷、二氯甲烷、三氯甲烷、1,1,2-三氯乙烷、氯丙烷、四氯化碳、1,1,1-三氯乙烷、1,2,3-三氯丙烷、三氯乙烯、四氯乙烯、氯乙烷、1,1-二氯乙烷、1,2-二氯乙烷、1,2-二氯丙烷、1,1,1,2-四氯乙烷、1,1,2,2-四氯乙烷、1,1-二氯乙烯、顺-1,2-二氯乙烯、反-1,2-二氯乙烯、顺-1,3-二氯丙烯、反-1,3-二氯丙烯、二溴甲烷、三溴甲烷、二氯溴甲烷、二溴氯甲烷、二溴氯丙烷、溴化甲烷、六氯乙烷、六氯丁二烯、六氯环戊二烯、四氯乙炔、2-二氯丁烯、五氯乙烷、二氯丙烯、1,2,2-三氟乙烷、三氯三氟乙烷、二溴乙烯、溴二氯甲烷、一氟三氯甲烷、偏氯乙烯等。

(2) 单环芳烃及其衍生物

单环芳烃及其衍生物是只含有一个苯环且苯环上的氢原子被各种烃类、卤原子、硝基、氨基、羟基、烷氧基、羧基、磺酸基等取代，具有芳基和取代基的性质。常见单环芳烃及其衍生物如表3-3-1所示。

表3-3-1 常见单环芳烃及其衍生物汇总表

分 类	污 染 物	主 要 来 源
单环芳烃类	苯、甲苯、乙苯、间二甲苯、对二甲苯、邻二甲苯、1,2,4-三甲基苯、1,3,5-三甲基苯、苯乙烯、正丙基苯、正己基苯、1,2,4,5-四甲基苯、1,2,3,4-四甲基苯、1,2,4-三甲基-5-乙苯、二甲基乙苯等	有机化工重要基础原料，其中单环芳烃更为突出。苯、二甲苯是制造多种合成树脂、合成橡胶、合成纤维的原料。甲苯可转化为二甲苯和苯。高级烷基苯是制造表面活性剂的重要原料
单环芳烃衍生物	氯苯、邻二氯苯、对二氯苯、五氯苯、六氯苯、1,2-二氯苯、1,4-二氯苯、邻氯甲苯、对氯甲苯、1,3-二氯苯、1,2,4-三氯苯、四氯酚、五氯酚、4-氯苯胺、六氯丁二烯、2,4-二氯酚、2,4,5-三氯酚、2,4,6-三氯酚、2-氯酚、对氯间甲酚、双(2-氯乙氧基)乙醚、双(2-氯乙氧基)邻苯二甲酸酯、五氯硝基苯、不对称三氯苯等	主要用于染料、医药工业的原料和中间体;化工生产中用作溶剂和传热介质;橡胶工业用于制造橡胶助剂;涂料工业用于制造油漆;轻工工业用于制造干洗剂和快干油墨

(3) 多环芳烃类(PAHs)

PAHs是指两个以上的苯环连在一起的化合物，根据苯环链接的方式可分为联苯类、多苯代脂肪芳烃和稠环芳烃三类。多环芳烃是最早发现且数量最多的致癌物，目前已经发现的致癌性多环芳烃及其衍生物已超过400种。由于其毒性及致癌性，早在1976年，美国国家环境保护局(USEPA)就将16种PAHs列入优先控制的有毒有机污染物黑名单(优控污染物)，包括苯并[a]蒽、苯并[a]芘、苯并[b]荧蒽、苯并[k]荧蒽、䓛、二苯并[a,b]蒽、茚并[1,2,3-c,d]芘、萘、荧蒽、芘、菲、苊、蒽、苯并[g,h,i]芘、芴、苊烯。

目前PAHs的主要来源包括自然源和人为源，其中自然源主要包括火山喷发、草原及森林等的不完全燃烧以及部分生物的合成，其所占的比重相对较轻，因此人为源是当今世界上PAHs的主要来源。一般认为其主要是由石油、煤炭、木材、气体燃料等不完全燃烧以及还原条件下热分解产生的，主要途径包括如下三种：

① 工业污染

其主要来源是焦化厂、炼油厂等生产过程中所产生的废水、废气中所排放出的 PAHs。如有研究表明，苯并[a]芘在焦化煤厂所排出的废水中含量高达 4 610 μg/L，而焦化厂土壤中的多环芳烃总量局部则可能超过 100 mg/kg。

② 各种交通工具的尾气排放

据有关检测表明，机动车排放的尾气中大约含有 10 种 PAHs，每年由于汽车启动时不完全燃烧所排放的 PAHs 含量巨大，如汽车在 30 min 内向环境中排放的 PAHs 的总量就有 41.53～121.1 μg /m^3。近年来，随着机动车保有量的迅速增加，交通活动引发的道路两侧 PAHs 的增加日益明显。

③ 生活污染源

吸烟、烹调油烟以及家庭燃具的燃烧、垃圾焚烧等过程都会产生 PAHs。

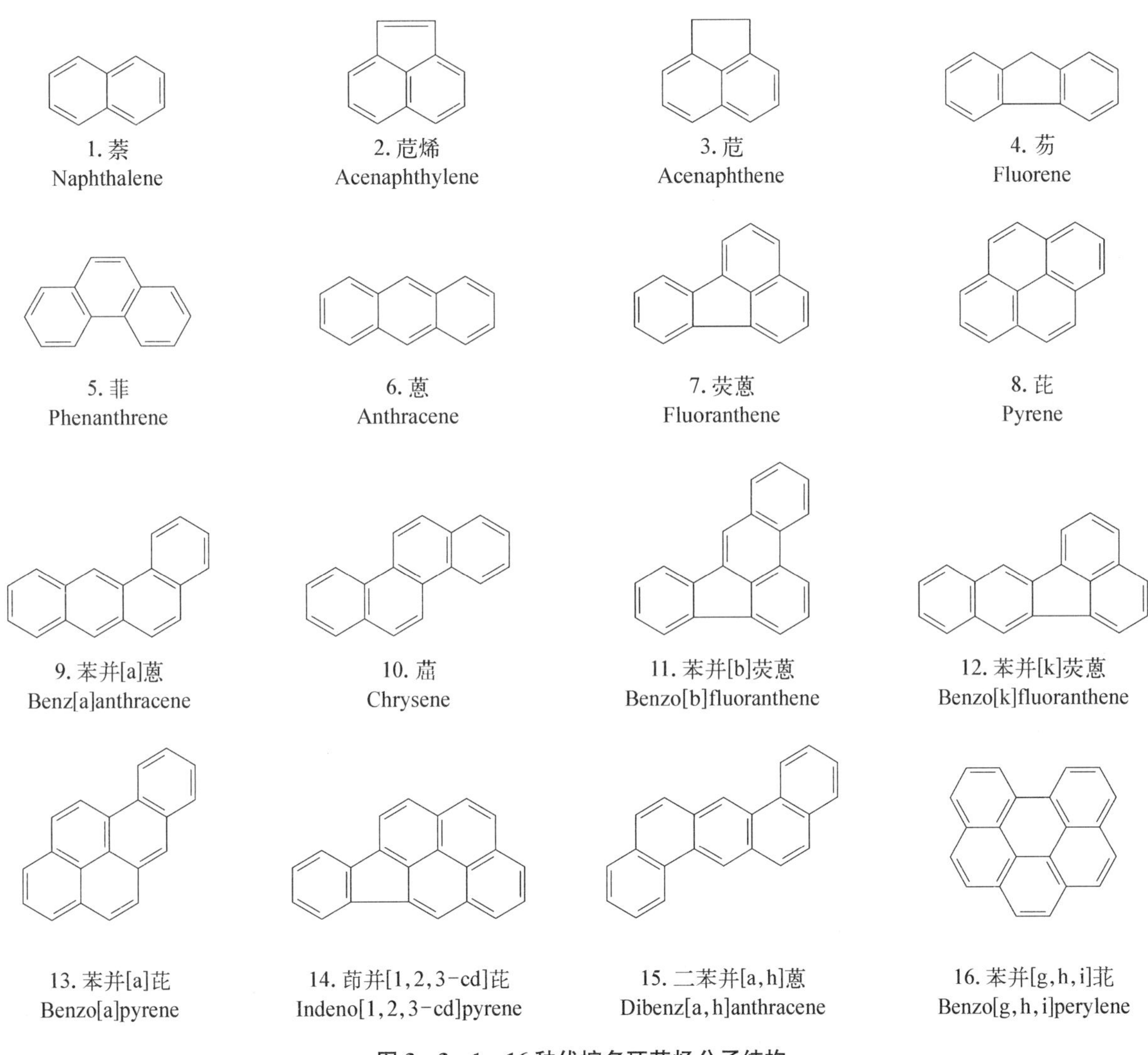

图 3-3-1　16 种优控多环芳烃分子结构

(4) 石油烃类

石油烃类是包含数千种不同有机分子的复杂混合物。其主要元素是碳和氢，也含有少量氮、氧、硫元素以及钒、镍等金属元素。依据碳链的长度及是否构成直链、支链、环链或芳香结构，石油烃类化合物可以分成数种化学物系(链烷烃、环烷烃、芳香烃以及少量非烃化合物)，如烷烃、苯、甲苯和二甲苯等。石油中的芳香烃类物质对人及动物的毒性较大，尤其是双环和三环为代表的多环芳烃毒性更大。石油中的苯、甲苯、二甲苯和酚类等物质，如果经较长时间、较高浓度接触，会引起恶心、头痛、眩晕等症状。

总石油烃(TPHs)包括汽油、煤油、柴油、润滑油、石蜡和沥青等，是多种烃类(正烷烃、支链烷烃、环烷烃、芳烃)和少量其他有机物，如硫化物、氮化物、环烷酸类等的混合物。石油类污染主要来源是钻探、开采、运输、加工、储存、使用产品及其废弃物的处置等人为活动。石油类污染物常常出现在下列场地：机场区、石油开采区、污染海洋沉积物区、消防训练场、飞机油库区和维修区、机动车维修区、溶剂脱脂区、渗漏储油罐区、地面储油罐区以及垃圾填埋场等。

(5) 农药类

农药品种繁多，且大多为有机化合物，包括杀虫剂、杀线虫剂(有机氯、有机磷、氨基甲酸酯和拟除虫菊酯等)、杀菌剂(杂环类、三唑类、苯类、有机磷类、硫类、有机锡砷类和抗菌素类等)、除草剂(苯氧类、苯甲酸类、酰胺类、甲苯胺类、脲类、氨基甲酸酯类、酚类、二苯醚类、三氮苯类和杂环类等)、杀螨剂、杀鼠剂、熏蒸剂、增效剂、植物生长调节剂和解毒剂等。施用农药是现代农业不可缺少的技术手段，在土壤中残留较多的主要是有机氯、有机磷、氨基甲酸酯和苯氧羧酸类等农药。常见的有机氯农药和有机磷农药结构式如图 3-3-2 所示。

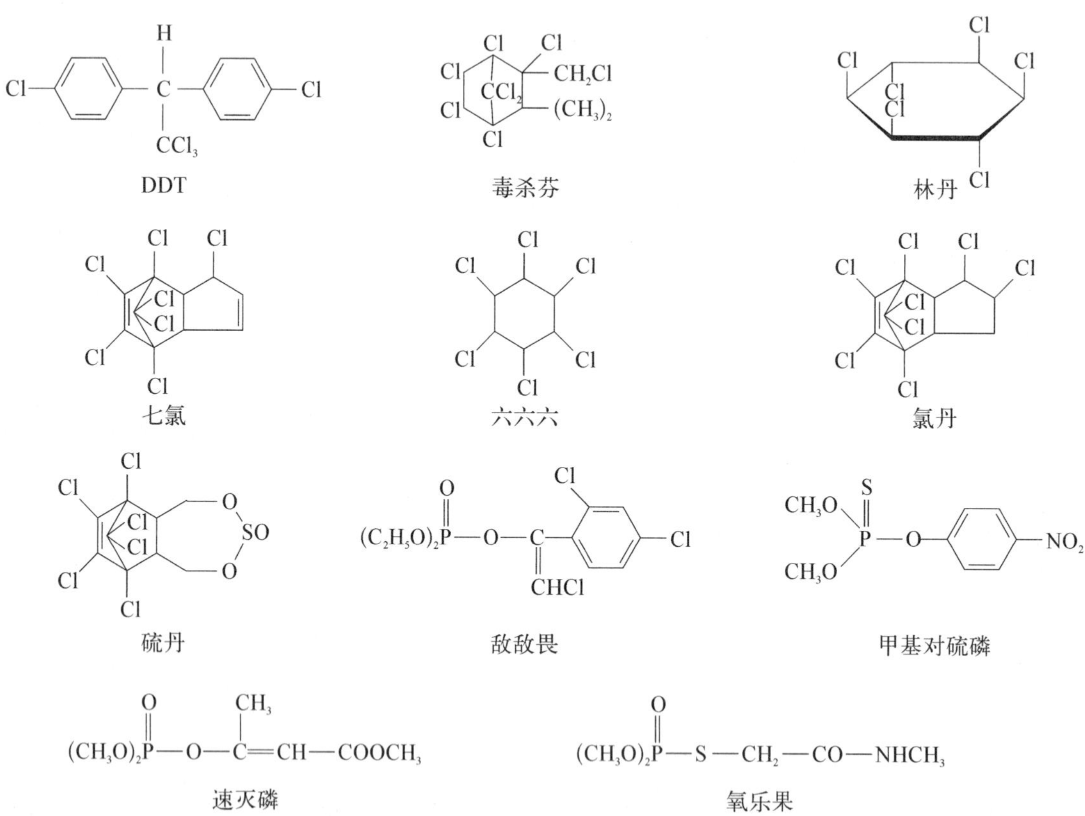

图 3-3-2 常见的有机氯和有机磷农药结构式

(6) 多氯联苯(PCBs)

PCBs 由联苯经氯化而成。氯原子在联苯的不同位置取代 1～10 个氢原子，可以合成 210 种化合物，通常获得的为混合物(图 3-3-3)。PCBs 具有良好的化学惰性、抗热性、不可燃性、低蒸气压和高介电常数等优点，因此曾被作为热交换剂、润滑剂、变压器和电容器内的绝缘介质、增塑剂、石蜡扩充剂、黏合剂、有机稀释剂、除尘剂、杀虫剂、切割油、压敏复写纸以及阻燃剂等重要的化工产品，广泛应用于电力工业、塑料加工业、化工和印刷等领域。

我国在 20 世纪 50 年代末开始进口 PCBs 用于油漆生产，1965 年开始自行生产 PCBs，其中 PCB3 主要用于制造电力电容器，包括 YL、YLW 系列移相电力电容器，CL 系列串联电力电容器，RLS、RLST 系列电热电力电容器等产品；PCB5 主要用于油漆的添加剂，主要产品有氨基缝纫机专用漆、氨基自行车专用漆、过氯乙烯防火防腐漆等。此外，20 世纪 70 年代我国还进口了大量含多氯联苯的电力变压器。1991 年 3 月 1 日，国家环保总局和能源部下发《防止含多氯联苯电力装置及其废物污染环境的规定》，提出了控制 PCBs 污染、集中封存含 PCBs 的电力设备、封存期限不得超过 20 年等要求，自此我国禁止使用含 PCBs 的电力设备。

Cl_m　Cl_n

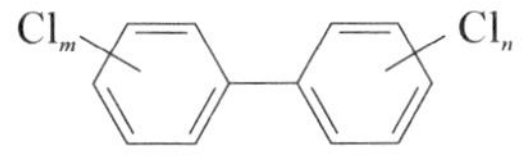

图 3-3-3　多氯联苯(PCBs,210 个同类物)

(7) 二噁英类

二噁英类是对性质相似的多氯代二苯并二噁英(PCDDs)和多氯代二苯并呋喃(PCDFs)两组化合物的统称(图 3-3-4)，主要来源于焚烧和化工生产，属于全球性污染物质，存在于各种环境介质中。在 75 个 PCDDs 和 135 个 PCDFs 同系物中，侧位(2,3,7,8—)被氯取代的化合物(TCDD)对某些动物表现出特别强的毒性，有致癌、致畸、致突变作用，引起人们的广泛关注。

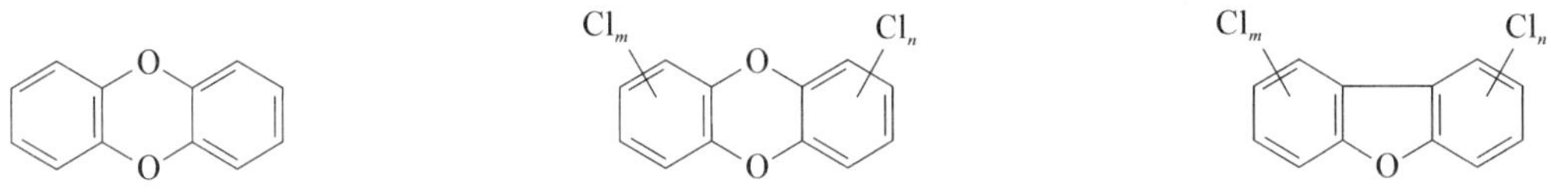

二噁英　　多氯代二苯并二噁英(PCDDs, 75个同类物)　　多氯代二苯并呋喃(PCDFs, 135个同类物)

图 3-3-4　二噁英结构式

环境中的 PCDDs/PCDFs 主要来源于焚烧和化工生产，前者包括氯代有机物或无机物的热反应，如城市废弃物、医院废弃物及化学废弃物的焚烧以及家庭用煤和香烟的燃烧，后者主要来源于氯酚、氯苯、多氯联苯及氯代苯氧乙酸除草剂等的生产过程、制浆造纸中的氯化漂白及其他工业生产中。

3.3.1.3　放射性污染物

放射性元素在环境中广泛存在。引起土壤人工放射性核素污染的原因主要来源于生产、使用放射性物质的单位所排放的放射性废物以及核爆炸等产生的放射性尘埃，重原子的核裂变是人工放射性核素的主要来源。

在某些工业场地或混合废弃物处置场地出现放射性污染物，场地中典型的放射性污染物包括镅-241、碘-129,-131、钌-103,-106、钡-140、氪-85、银-110、碳-14、钼-99、锶-89,-90、铈-144、镎-237、锝-99、铯-134,-137、钚-238,-239,-241、碲-132、钴-60、钋-210、钍-228,-230,-232、锔-242,-244、镭-224,-226、氡-222、氚、铕-152,-154,-155、铀-234,-235,-238 等。

大多数放射性污染物类似于重金属，难溶于水且不挥发，但部分放射性污染物如氡-222、铯-137、铀-238 具有挥发性，镭-226 易溶解在水中。因此，由于放射性污染物的性质不同，土壤与地下水中的放射性污染物的修复方法也不同。

由于放射性污染物不能降解，也不能毁掉，因此土壤与地下水中放射性污染物的修复一般采用分离技术、固定化技术和减少放射性污染物的浓度或体积的技术。对于放射性污染土壤的处理，一般采用玻璃化技术、稳定/固定化技术、挖掘异位处理和物理隔离技术。对于放射性污染地下水的处理，一是采用絮凝沉淀，该技术是将地下水抽出处理，使含有放射性或重金属的污染地下水与氢氧化物(如氢氧化钠)、碳酸盐(如石灰)、硫化物(如明矾)以及铁盐等发生絮凝沉淀作用,从而去除污染物;二是采用物理过滤技术,如采用离心力、真空或正压力通过多孔介质材料分离去除;三是离子交换技术,即用无害离子(如氯化钠)进行离子交换去除地下水中的放射性污染物或重金属。这些技术均采用地下水抽出异位处理方法。

在放射性污染场地修复时,应该考虑如下问题:

第一,考虑修复场地工人暴露风险和修复技术本身。基于出现的放射性核素、类型和辐射能量(如 α 离子、β 离子、γ 辐射和中子辐射)的危害程度,场地土壤与地下水污染修复设计应具有尽可能低的暴露风险且能够合理地实现修复目的。

第二,因为放射性污染物不能彻底消除掉,修复技术要求放射性废物残渣最终需异位处置,并符合处理场地的环境标准。

第三,不同的放射性废物采用不同的处理方法,这里提出的放射性污染物处理技术一般用于低放射性污染物或放射性尾矿,该技术不适合高放射性核废料,高放射性核废料必须进行深埋隔离处置。

第四,一些土壤与地下水放射性污染修复技术会导致放射性污染物的浓缩,可能改变放射性废物的类型,从而影响场地土壤与地下水放射性污染物处理技术要求。

3.3.1.4 炸药类污染物

炸药类污染物是指用于推进剂、爆炸物、各种烟火的物质,这些物质在爆炸过程会产生热、震动、摩擦力、静电放电以及有害化学物质。各种烟火的物质含有硝酸钠、镁、钡、锶以及金属硝酸盐等。在推进剂和一些爆炸物制造过程会产生有机污染物,污染土壤与地下水。

在一些地区发现炸药类污染物,如爆破场地、采石场、海洋沉积物区、垃圾填埋场等,场地发现的炸药类污染物有三硝基甲苯(TNT)、苦味酸盐类、三次甲基三硝基胺(黑索金,RDX)、三硝基苯(TNB)、三硝基苯甲硝胺(特屈儿)、二硝基苯(DNB)、2,4-二硝基甲苯(2,4-DNT)、2,6-二硝基甲苯(2,6-DNT)、硝化甘油(NG)、硝化纤维(NC)、奥克托今(HMX)、高氯酸铵(AP)、硝基芳香化合物等。

对于爆炸物污染场地,修复技术包括生物修复技术、热脱附技术、焚烧技术、溶剂抽提技术、土壤洗涤技术以及联合修复技术。美国能源部开发了六种爆炸物污染场地的生物修复技术,包括液相生物反应器处理、堆肥技术、土地耕作技术、植物修复技术、白腐真菌处理技术以及原位生物修复技术。

3.3.1.5 其他类型污染物

土壤与地下水中的污染物很复杂,除了前边介绍的几类外,还有药物及个人护理品(PPCPs)、塑化剂、染料类、表面活性剂和纳米类材料等。这些污染物大都来自工业废水、污灌以及污泥和堆肥。它们进入土壤与地下水环境后,会对生态与环境造成危害。

(1) 药物及个人护理品

随着医药及洗化行业的大规模发展,药物及个人护理用品(PPCPs)的生产和使用量迅猛增长,导致它们在大气、水和土壤中均有残留。PPCPs 是 21 世纪新显现并备受关注的一类污染物,包括各类抗生素、人工合成麝香、止痛药、降压药、避孕药、催眠药、减肥药、发胶、染发剂和杀菌剂等。抗生素类污染物包括四环素类、磺胺类、氟喹诺酮类、大环内酯类、氯霉素类和 β-内酰胺类,其中磺胺类抗生素包括磺胺嘧啶、磺胺甲基异噁唑(SMX)、磺胺二甲嘧啶等;氟喹诺酮类抗生素包括氧氟沙星、诺氟沙星、环丙沙星等。

(2) 塑化剂

塑化剂或称增塑剂、可塑剂,是一种增加材料的柔软性或使材料液化的高分子材料助剂,也是环境雌激素中的酞酸酯类(PAEs),又称邻苯二甲酸酯类,其是邻苯二甲酸的酯化衍生物,是最常见的塑化剂。邻苯二甲酸酯类塑化剂的常见品种包括邻苯二甲酸二(2-乙基)己酯(DEHP)、邻苯二甲酸二辛酯(DOP)、邻苯二甲酸二正辛酯(DNOP 或 DnOP)、邻苯二甲酸丁苄酯(BBP)、邻苯二甲酸二仲辛酯(DCP)、邻苯二甲酸二环已酯(DCHP)、邻苯二甲酸二丁酯(DBP)、邻苯二甲酸二异丁酯(DIBP)、邻苯二甲酸二甲酯(DMP)、邻苯二甲酸二乙酯(DEP)、邻苯二甲酸二异壬酯(DINP)、邻苯二甲酸二异癸酯(DIDP)。

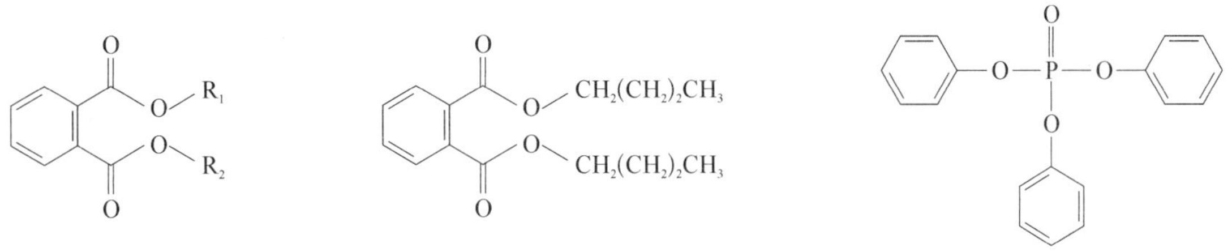

邻苯二甲酸酯　　邻苯二甲酸二丁酯　　三苯基磷酸酯(增塑剂、阻燃剂)

图3-3-5 增塑剂、阻燃剂结构式示例

(3) 染料类

随着染料生产、纺织和印染工业的迅速发展,有机染料在衣服、食物染色及家庭装修等方面应用广泛。有些染料具有致癌性物质,如芳香胺类中的联苯胺、萘胺和苭胺等。土壤中的染料主要来源于工业废水的排放、含有染料的污水灌溉、污泥和堆肥等。

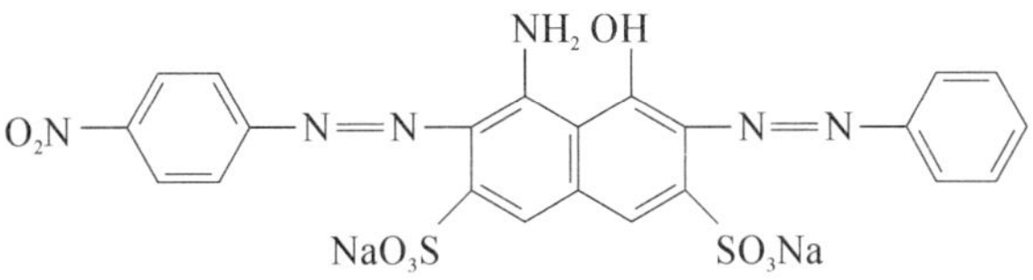

酸性蓝黑

图3-3-6 染料类结构式示例

(4) 表面活性剂

表面活性剂是分子中同时具有亲水基团和疏水基团的物质,它能显著改变液体的表面张力或两相间界面的张力,具有良好的乳化或破乳,润湿、渗透或反润湿,分散或凝聚,起泡、稳泡和增加溶解力等作用。表面活性剂的疏水基团主要是含碳氢键的直链烷基、支链烷基、烷基苯基以及烷基萘基等,其性能差别较小,其亲水基团部分差别较大。表面活性剂按亲水基团结构和类型可分为如下四种:

① 阴离子表面活性剂

阴离子表面活性剂　溶于水时,与憎水基相连的亲水基是阴离子,其类型如下:

一是羧酸盐,如肥皂:RCOONa;

二是磺酸盐,如烷基苯磺酸钠:$R-C_6H_4-SO_3Na$;

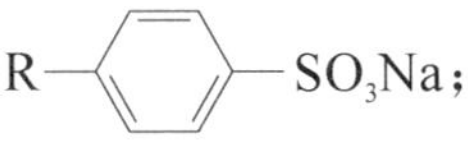

三是硫酸酯盐,如硫酸月桂酯钠:$C_{12}H_{25}OSO_3Na$;

四是磷酸酯盐,如烷基磷酸钠:$RO-P(=O)(ONa)_2$。

② 阳离子表面活性剂

阳离子表面活性剂　溶于水时,与憎水基相连的亲水基是阳离子,主要类型是有机胺的衍生物,常用的是季铵盐,如溴化十六烷基三甲基铵

$$C_{16}H_{33}-N^{+}(CH_3)_2-CH_3Br^{-}$$

阳离子表面活性剂有一个与众不同的特点,即它的水溶液具有很强的杀菌能力,因此常用作消毒灭

菌剂。

③ 两性表面活性剂

两性表面活性剂指由阴、阳两种离子组成的表面活性剂，其分子结构和氨基酸相似，在分子内部易形成内盐。典型化合物如 $R\overset{+}{N}H_2CH_2CH_2COO^-$、$R\overset{+}{N}_2(CH_3)_2CH_2COO^-$ 等，它们在水溶液中的性质随溶液 pH 不同而改变。

④ 非离子表面活性剂

非离子表面活性剂其亲水基团为醚基和羟基。主要类型如下：

一是脂肪醇聚氧乙烯醚，如：R—O—$(C_2H_4O)_n$—H；

二是脂肪酸聚氧乙烯酯，如：RCOO—$(C_2H_4O)_n$—H；

三是烷基苯酚聚氧乙烯醚，如：R—⟨苯环⟩—O—$(C_2H_4O)_n$—H；

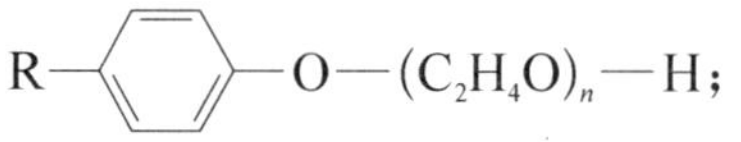

四是聚氧乙烯烷基胺，如：$R_2N(C_2H_4O)_n$═H；

五是聚氧乙烯烷基酰胺，如：RCONH—$(C_2H_4O)_n$—H；

六是多醇表面活性剂，如：$C_{11}H_{23}COOCH_2$—CH(OH)CH_2OCH_2CH(OH)CH_2OH。

由于表面活性剂具有显著改变液体和固体表面的各种性质的能力，而被广泛用于纤维、造纸、塑料、日用化工、医药、金属加工、选矿、石油、煤炭等行业，主要以各种废水形式进入水体，是造成水污染的最普遍、最大量的污染物之一。由于其含有很强的亲水基团，不仅本身亲水，也使其他不溶于水的物质分散于水体，并可长期分散于水中，而随水流迁移。只有当其与水体悬浮物结合凝聚时才沉入水底。表面活性剂进入水体后，主要靠微生物降解来消除。

(5) 纳米材料类污染物

纳米材料广泛应用于环境修复，尤其在地下水污染修复中广泛应用，如纳米铁还原脱氯，用于地下水氯代溶剂类污染修复。有一些纳米材料进入土壤中，通过植物吸收，进入人体积累；或进入地下水中，通过饮用进入人体中累积，对人体健康造成危害。另外，微塑料也会通过各种途径进入人体，影响人体健康。

3.3.2 土壤与地下水主要污染物的存在形态

3.3.2.1 土壤中重金属的存在形态

进入土壤中的重金属，由于土壤环境变化，会在土壤中发生不同形态和价态的变化，一般情况下，土壤中的重金属有六种形态（可交换态、碳酸盐结合态、有机物结合态、铁-锰氧化物结合态、硫化物结合态以及残渣态），这些形态不是一成不变的，会随着土壤中酸碱度、氧化还原电位的变化而变化，也会随着土壤中水分迁移发生转移。由于土壤是一种多组分、多相流，含多种天然矿物质、有机质、微小生物和微生物等，又存在大气降水或农业灌溉使得土壤中的水分不断变化，当重金属进入土壤中会发生一系列的物理过程、化学过程和生物过程，同时也发生水-岩（土）的相互作用，因此，土壤中的重金属形态和价态（如重金属铬存在三价和六价，六价铬毒性远远大于三价铬；三价砷毒性远远大于五价砷等）变化复杂。土壤中的重金属是动态的，不是固定在土壤中不动的，因此在研究土壤中的污染物时，要用辩证的思维考虑，一是考虑土壤环境及其变化，二是考虑污染物的类型。

Tessier 等提出从土壤中分离痕量重金属和粒状重金属的方法，该方法称为 Tessier 法（五步萃取法），土壤中重金属的形态分为六种，在实验室里可以用 Tessier 法提取。

(1) 可交换态(水溶态)

吸附在黏土、腐殖质和其他成分上的重金属，易于迁移转化，称为生物可吸收态，能被植物吸收，该形态的重金属可用于土壤重金属污染植物修复。能够吸收大量重金属的植物为超富集植物，如果重金属被农作物吸收，将会通过粮食或蔬菜水果等进入食物中，对人体健康造成危害。水溶态的重金属在降水或灌溉条件下迁移到地下水中，导致地下水重金属污染。

(2) 碳酸盐结合态(酸溶态)

在碳酸盐矿物上形成共沉淀结合态，对 pH 敏感，pH 下降使得碳酸盐结合态的重金属溶出，将会变成可交换态，可能被植被吸收，也可能渗入地下水中，从而使地下水中重金属富集。

(3) 铁-锰氧化物结合态(可还原态)

以矿物的外囊物和细分散颗粒存在，pH 和氧化还原电位(E_h)较高时，有利于铁-锰氧化物的形成，当土壤中 pH 下降(如酸雨)时，土壤中铁-锰氧化物结合态中重金属将会溶出，或被植被提取吸收，或向地下水中迁移。

(4) 有机物结合态(可氧化态)

重金属与土壤中的有机物螯合而成，在氧化环境下，土壤中有机物结合态中重金属也会溶出，或被微生物固定化，或迁移到地下水中。

(5) 硫化物结合态

重金属与土壤中硫化物结合，形成相对稳定的状态，但在 pH 和 E_h 变化的条件下，土壤中重金属也会溶出，或被土壤中微生物释放出。

(6) 残渣态

可存在于硅酸盐、原生和次生矿物等土壤晶格中，或以固态金属形式存在于土壤中。

从生物可利用角度分析，土壤中可交换重金属可以直接被生物利用，其他络合态为潜在生物可利用，残渣态为生物不可利用。

1987 年起，欧共体标准局(the Community Bureau of Reference，BCR，现为 Measurements and Testing Programme)，在欧洲广泛进行萃取方法的对比研究，于 1992 年提出了 BCR 三步萃取法，之后在欧洲作为标准方法得到广泛应用并不断完善。

3.3.2.2　土壤中有机物的存在形态

有机污染物进入土壤后大多垂向向下迁移，在迁移过程中，由于土壤物理性质的不同、土壤生态环境的变化以及有机污染物性质的不同，进入土壤中的有机污染物的形态发生变化，其物理形态有如下四种：

(1) 挥发态

土壤属于非饱和状态，土壤内存在气体，挥发性污染物进入土壤中，在气相浓度梯度的作用下，与土壤中的气相发生混合和扩散作用。气相扩散过程中，土壤气相的密度也随着多组分有机污染物气化过程发生密度的变化。同时，由于土壤中温度梯度的变化，土壤中挥发性污染物的迁移方向也会发生变化，如夏天地表温度高于土壤与潜水面之间的温度，挥发性物质会向地表方向向上迁移；冬天地表温度低于下部土壤温度，挥发性物质会向下迁移。

(2) 溶解态

有机污染物进入土壤中，会与地下水发生部分溶解作用，溶解在地下水中的有机污染物会随着土壤水的运动而扩散、迁移。在大气降水入渗作用下会迁移到潜水之中，导致地下水有机污染物污染。

(3) 吸附态或残留态

由于土壤颗粒表面的吸附作用和非饱和土壤的基质吸力作用，使得有机污染物残留在土壤中，形成残留态。在土壤吸附作用下，有机污染物变成固相的一部分；在基质吸力作用下，有机污染物会与土壤的结合水和薄膜水结合，形成不能移动的液相。这部分残留有机物在大气降水和农业灌溉水大量入渗作用下会逐渐迁移或溶解迁移，最终污染地下水。

(4) 自由态或非混溶态

由于大量有机污染物具有非溶解和非亲水性的特点，这些有机污染物进入土壤中，大部分以自由态的形式存在，并在重力作用下向深部地下水迁移。当迁移到潜水后，轻的非水相有机物会浮在潜水面附近，随地下水流迁移；重的非水相有机物会向地下水深部迁移，在相对隔水层部位滞留，但注意溶解在地下水中的 DNAPLs 会在地下水中混合均匀。

土壤中存在大量的微生物，有机污染物进入土壤中会发生生物降解作用，使得目标有机物衰减，若目标污染物衰减速率比较快，在土壤有机污染物修复时，可以采用监测衰减修复技术。但要注意：有机污染物在生物降解过程中，目标污染物衰减会产生大量中间产物，在监测目标污染物的同时，也要监测中间产物的浓度变化，有些有机污染物中间产物的毒性远远大于目标污染物的毒性，如四氯乙烯(PCE)和三氯乙烯(TCE)降解过程的中间产物氯乙烯(VC)的毒性远远大于 PCE 和 TCE。

3.3.2.3 地下水中污染物的存在形态

重金属通过土壤进入地下水中大多为离子形态，属于溶解态，随着地下水流迁移；由于地下水处于还原环境，地下水中重金属的形态取决于地下水中酸碱度(pH)和氧化还原电位(E_h)值的大小。pH 是影响地下水中砷富集的一个重要因素。由于砷在地下水中(pH＝4～9)主要以砷酸根和亚砷酸的形式存在，因此地下水中的五价砷 As(Ⅴ)更容易被含水层颗粒中带正电的物质，如铁、铝氧化物、针铁矿和水铝矿及水铁矿等吸附。随着 pH 的增大，胶体和黏土矿物带更多的负电荷，降低了对以阴离子形式存在的砷酸根的吸附，从而有利于砷的解吸附，或者高的 pH 阻止了砷的吸附，为地下水中砷的富集创造条件。高砷地下水一般呈弱碱性。在潜水的氧化环境中，地下水中砷的化合物会被胶体或铁锰氧化物或氢氧化物吸附，但在还原环境中当氧化还原电位达到一定程度时，胶体变得不稳定或对砷有着强大吸附能力的铁(锰)氧化物或氢氧化物被还原，生成了溶解性很强的更为活泼的低价铁(锰)离子，吸附在它们表面的砷也被释放出来进入地下水中。在这类地下水中，高砷常伴随着高铁、高锰、低溶解氧。在氧化环境中，含砷矿物(如黄铁矿等)的氧化作用也可导致砷的释放，砷的化合物主要以 As(Ⅴ)形式存在，地表水为氧化环境，砷大多以五价形态出现；而在地下水的还原环境中则主要以 As(Ⅲ)形式存在，三价砷的毒性远远大于五价砷。

在地下水中存在有机组分时，如腐殖酸，能促进金属元素在地下水中的迁移。一方面，有些元素可直接与有机酸官能团结合，随有机酸一起迁移；另一方面，由于某些有机酸具有还原能力和胶体性质，不少变价元素(如砷)处于低价态时具有较高的溶解度，而有机酸的还原作用可促使它们由高价态向低价态转变，并使之在迁移过程中保持价态的稳定性。

在地下水中甲烷菌的作用下，砷酸根、亚砷酸根经甲基化作用可生成单甲基砷酸盐($CH_3 \cdot H_3AsO_3$)、二甲基砷酸盐($(CH_3)_2 \cdot H_3AsO_3$)等甲基砷化合物，有利于有机砷的富集和在地下水中富集。这些因素不仅可使砷在有机环境中富集，而且使 As(Ⅲ)的比例增加，从而增强了砷的毒性。地下水中存在较多的还原性微生物，如硫酸盐还原菌、铁还原菌等，如图 3-3-7(a)～(c)所示。硫酸盐还原菌使得地下水中硫酸根离子(SO_4^{2-})还原成硫化氢(H_2S)气体，H_2S 气体与地下水中的 Fe_2O_3 反应生成硫化亚铁(FeS)，然后，吸附到 $Fe(OH)_3$ 上的砷溶解到地下水中。这就是为什么在高浓度砷富集的地下水中伴随高的溶解性 Fe 和低的硫酸根离子(SO_4^{2-})的原因。三价溶解态砷来源于五价砷的还原，无机砷很难还原成甲基砷。当富含三价砷的地下水被抽出并暴露到大气中后，三价砷会迅速被氧化成五价砷。砷与地下水中的铁还原菌发生还原作用，在地下水还原环境下，厌氧微生物以有机碳作为能源，Fe(Ⅲ)和 As(Ⅴ)作为电子受体，分别将 Fe(Ⅲ)和 As(Ⅴ)还原成 Fe(Ⅱ)和 As(Ⅲ)，从而释放出表面吸附的五价砷。地下水中的硫酸盐还原菌可以将硫酸盐还原成硫化物，并使五价砷还原成三价砷。

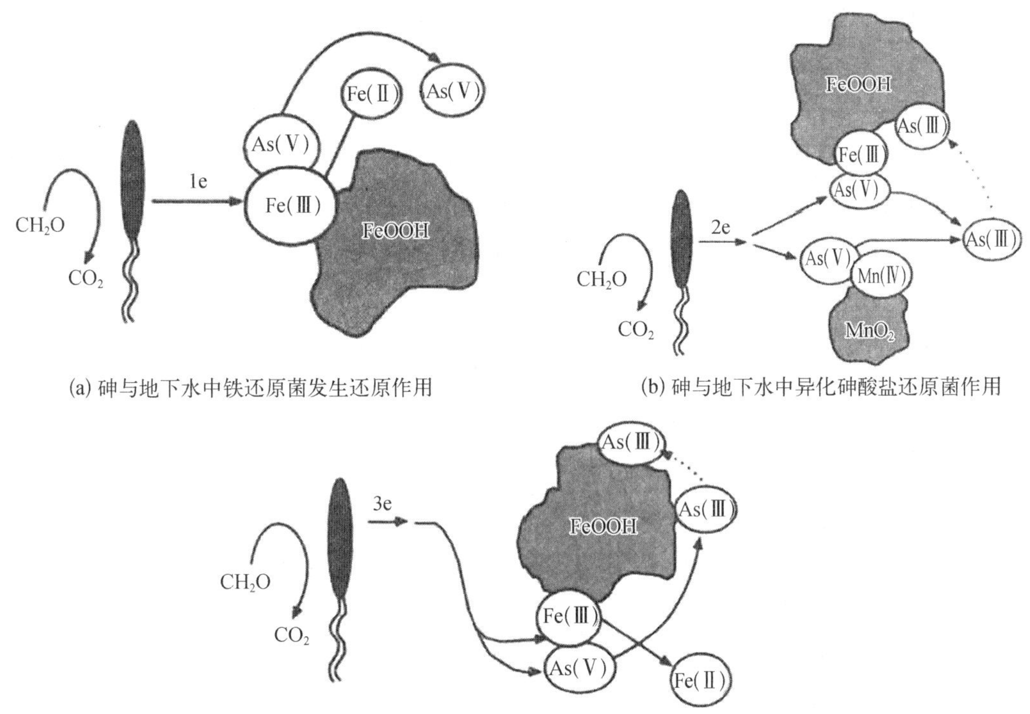

(a) 砷与地下水中铁还原菌发生还原作用　　(b) 砷与地下水中异化砷酸盐还原菌作用

(c) 砷与地下水中异化铁还原砷酸盐还原细胞作用

图 3-3-7　砷与地下水中微生物和铁作用价态变化

砷与其他非金属相似，有多种价态和形态，其生物利用性和毒性均受砷的价态和形态影响。在溶液中，砷的主要形态受 E_h 和 pH 控制，不同形态砷的稳定性是 pH 的函数，如图 3-3-8(a)和图 3-3-8(b)所示。砷随地下水的 pH 不同，其三价砷和五价砷的形态不同，三价砷的三种形态 H_3AsO_3、$H_2AsO_3^-$、$HAsO_3^{2-}$ 基本上在碱性地下水中存在，在 pH=7～10 条件下，地下水中三价砷的形态为 H_3AsO_3；在 pH=8.3～11 条件下，地下水中三价砷的形态大多为 $H_2AsO_3^-$；在 pH 大于 11 之后，$H_2AsO_3^-$ 逐渐变少，而 $HAsO_3^{2-}$ 形态的砷增多，如 3-3-8(a)所示。

五价砷在酸性环境下主要的形态为 $H_2AsO_4^-$ 和 H_3AsO_4，在碱性环境下，主要形态为 $HAsO_4^{2-}$ 和 AsO_4^{3-}，如图 3-3-8(b)所示。因此，由于人类活动改变了地下水的环境，使得地下水酸碱性发生变化，地下水中砷的形态发生变化，其迁移特性也会变化，在地下水砷污染调查和修复时，一定要考虑环境变化和砷的形态和价态的变化。

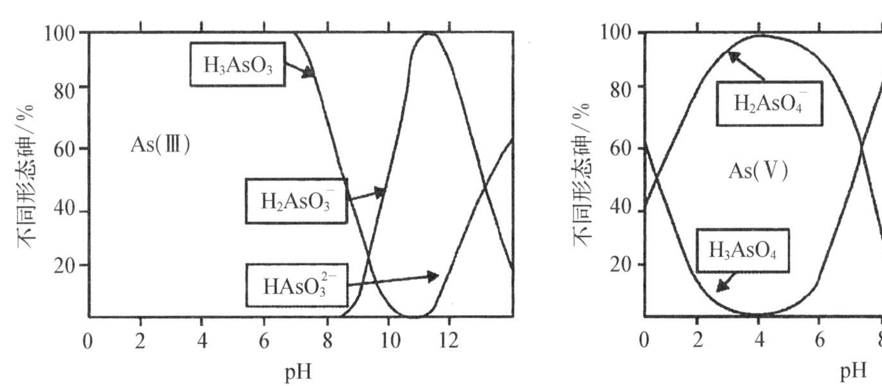

(a) 地下水中三价砷不同形态随pH存在分量的变化图　　(b) 地下水中五价砷不同形态随pH存在分量的变化图

图 3-3-8　地下水中 As(Ⅲ)和 As(Ⅴ)随 pH 的形态变化图

图 3-3-9 显示了 E_h-pH 下的砷的稳定性，E_h-pH 图中砷的模拟系统包括氧气、水和硫，溶解态砷和固态砷显示在该系统中，图中深色区域为固态砷，无色区域为溶解态砷(溶解性小于 $10^{-5.3}$ mol/L)。从图 3-3-9 可以看出，在氧充分(地表水体)高 E_h 值条件下，砷酸盐(H_3AsO_4、$H_2AsO_4^-$、$HAsO_4^{2-}$、AsO_4^{3-})是稳定的，亚砷酸盐(H_3AsO_3、$H_2AsO_3^-$、$HAsO_3^{2-}$)出现在适度的还原条件下(如较低的 E_h 值)，砷的氧化物太易溶解而没有出现在图中。在 S^{2-} 稳定的还原条件下，矿石雄黄(AsS)和雌黄(As_2S_3)可以在 pH 小于 5.5 和 E_h 接近 0 的条件下形成；在低 pH 且出现硫化物和砷浓度高达 6.5～10 mol/L 的情况下，液态的 $HAsS_2$ 是稳定的；低的 E_h 值的 As^0 是稳定的；非常低的 E_h 值形成三氢化砷(AsH_3)。当砷的浓度低于 $10^{-5.3}$ mol/L 时，固态砷的优势将减少；硫化物浓度影响硫化砷与金属砷的界线；有机形态的砷没有显示在图 3-3-9 中，因为它们只有在极低的 E_h 值下是稳定的。

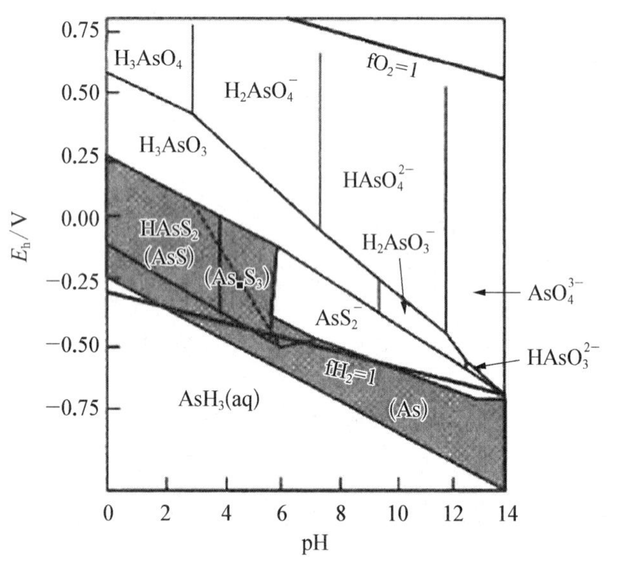

图 3-3-9 砷的 E_h-pH 关系图

注：25℃和 1 atm，As=$10^{-5.3}$ mol/L，总硫 S=10^{-3} mol/L，深色区域为固态砷的化合物。

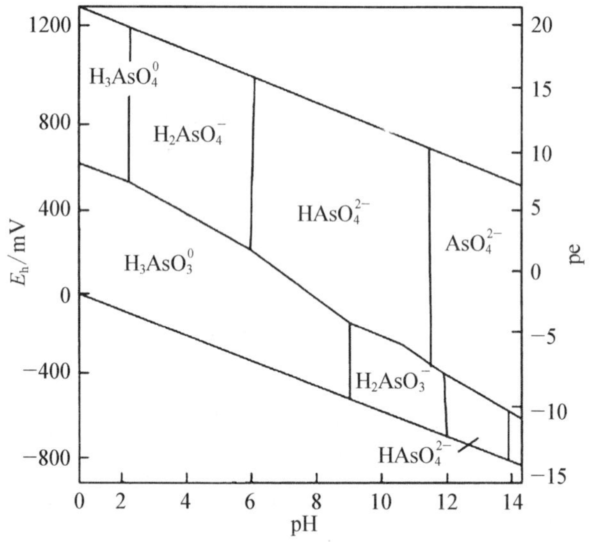

图 3-3-10 有氧条件下地下水中砷的不同形态（25℃、10^5 Pa 大气压）

当地下水中氧化还原电位变化时，地下水中砷的形态也会变化。不同地区、不同岩土性质和水文地质条件，地下水中 E_h 和 pH 的不同，地下水中砷表现出不同形态。一般在较高氧化还原电位和 pH 较小的酸性环境下，地下水中砷的形态为 $H_3AsO_4^0$、$H_2AsO_4^-$；在较低氧化还原电位和 pH=0～9 之间，地下水中砷的形态为 $H_3AsO_3^0$，如图 3-3-10 所示。

地下水中其他重金属也因地下水环境的变化或与其他金属元素发生各种化学反应，表现出不同形态。不同形态的重金属，在地下水中迁移转化不同。

有机污染物进入地下水中，也表现出不同形态。其物理状态表现为：

一是溶解态。部分有机污染物溶解在地下水中，随地下水流动迁移。

二是吸附态。部分有机污染物进入地下环境中，吸附在含水层颗粒上。

三是挥发态。部分有机污染物进入地下水中，由于其挥发性，部分气化，向土壤中迁移。

四是自由态。大部分有机污染物为非亲水性和非溶解性，因此大部分表现为自由态。对于轻非水相液体来说，位于潜水面附近，随地下水流动迁移；而重非水相液体向下迁移，在相对隔水层滞留，并在重力作用下迁移。

有机污染物进入地下水中，不仅发生物理形态的变化，也发生生物降解、非生物转化、水解、对流、弥散、稀释作用等，如图 3-3-11 所示。

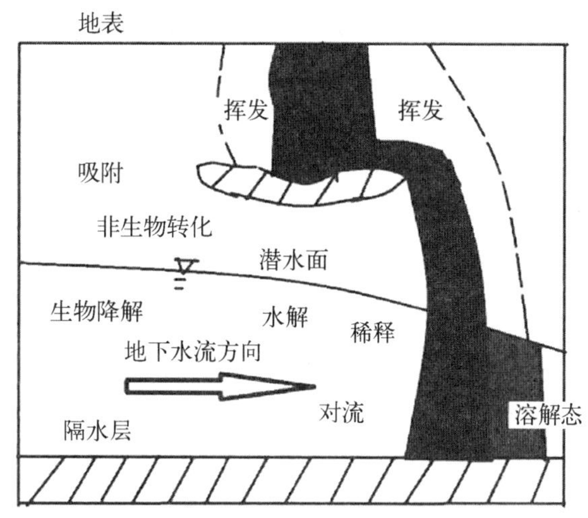

图 3-3-11 有机污染物在地下水中迁移与归趋

3.4 土壤与地下水污染特点及途径

3.4.1 土壤与地下水污染特点

3.4.1.1 土壤污染特点

土壤是生态、水、气系统之间物质和能量交换的重要构成单元，是人类生存环境的重要支撑。由于土壤在构成上的特殊性和受污染的途径多种多样，使土壤污染与其他环境体系的污染相比具有很大的不同。

（1）隐蔽性和滞后性

由于土壤污染通过食物给动物和人类健康造成的危害往往要通过对土壤样品化验和农作物的残留检测，甚至通过研究对人畜健康状况的影响后才能确定，因而不易被人们察觉。所以从产生污染到出现问题通常会滞后很长一段时间。如环境八大公害事件之一的日本"痛痛病"，就是经过了 10～20 年之后才逐渐被人们认识的。

（2）累积性

污染物质在土壤中不容易迁移、扩散和稀释，因此容易在土壤中不断积累而超标。

（3）不可逆转性

重金属对土壤的污染基本上是一个不可逆转的过程，许多有机化学物质的污染也需要较长的时间才能缓解或清除。

（4）危害的严重性

土壤污染可以通过直接接触、食物链的生物放大等多途径影响人体健康和生态环境的安全与质量，其危害后果往往很严重。历史上很多公害事件与土壤污染密切相关，如施用含三氯乙醛的废硫酸生产的过磷酸钙，使粮食作物（如玉米、小麦）减产直至绝收，万亩以上污染区曾在山东、河南、河北、辽宁、苏北、皖北多次发生。

（5）难治理性

积累在污染土壤中的难降解污染物很难靠稀释作用和自净化作用来消除。而土壤污染一旦发生，仅仅依靠切断污染源的方法往往很难恢复，有时要靠换土、淋洗土壤等方法才能解决问题，其他治理技术可能见效较低，需要很长的治理周期和较高的投资成本，造成的危害也比其他污染更难消除。

综上可见，污染土壤治理通常成本较高、周期长。鉴于土壤污染难以治理，而土壤污染问题的产生又具有明显的隐蔽性和滞后性等特点，与现今很多的水土致病问题、生物放大现象和食物链污染等直接相关，引发了很多社会问题，因此，土壤污染问题受到越来越广泛的关注。

3.4.1.2 地下水污染特点

地下水污染与地表水污染有明显不同，其特点主要有以下两个。

(1) 隐蔽性

即使地下水已受某些组分严重污染，但它往往还是无色、无味的，不易从颜色、气味、鱼类死亡等方面鉴别出来。即使人类饮用了受有毒或有害组分污染的地下水，对人体的影响也只是慢性的长期效应，不易被察觉。

(2) 难以逆转性

地下水一旦受到污染，就很难治理和恢复，主要是因为其流速极其缓慢，切断污染源后，仅靠含水层本身的自然净化，所需时间长达十年、几十年甚至上百年。难以逆转的另一个原因是某些污染物被介质和有机质吸附之后，会在水环境特征的变化中发生解吸-再吸附的反复交替。

3.4.2 土壤与地下水污染途径

土壤与地下水污染途径是指污染物从污染源进入土壤与地下水中所经过的路径。研究土壤与地下水的污染途径有助于制定正确的土壤与地下水污染防治措施。但是，土壤与地下水污染途径是复杂多样的，有人根据污染源的种类分类，诸如污水渠道和污水坑的渗漏、固体废物堆的淋滤、化学液体的溢渗、农业活动的污染以及采矿活动的污染等，显得过于繁杂。如果按照水力学上的特点分类介绍，便显得简单明了些。按此方法，土壤与地下水污染途径大致可分为四类：间歇入渗型、连续入渗型、越流型和径流型，如表 3-4-1 和图 3-4-1 所示。

表 3-4-1 土壤与地下水污染途径分类

类型			污染途径	污染来源	示意图
Ⅰ	间隙入渗型	$Ⅰ_1$	降雨对固体废物淋滤	工业和生活固体废物	图 3-4-1(a)
		$Ⅰ_2$	疏干地带矿物的淋滤和溶解	疏干地带的易溶矿物	
		$Ⅰ_3$	灌溉水及降水对农田的淋滤	主要是农田表层土壤残留的农药、化肥及易溶盐类	
Ⅱ	连续入渗性	$Ⅱ_1$	渠、坑等污水的渗漏	各种污水及化学液体	图 3-4-1(b)
		$Ⅱ_2$	受污染地表水的渗漏	受污染的地表水体	
		$Ⅱ_3$	地下排污管道的渗漏	各种污水	
Ⅲ	越流型	$Ⅲ_1$	地下开采引起的层间越流	受污染含水层或天然咸水等	图 3-4-1(c)
		$Ⅲ_2$	水文地质天窗的越流	受污染含水层或天然咸水等	
		$Ⅲ_3$	经井管的越流	受污染含水层或天然咸水等	
Ⅳ	径流型	$Ⅳ_1$	通过岩溶发育通道的径流	各种污水或被污染的地表水	图 3-4-1(d)
		$Ⅳ_2$	通过废水处理井的径流	各种污水	
		$Ⅳ_3$	盐水入侵	海水或地下咸水	

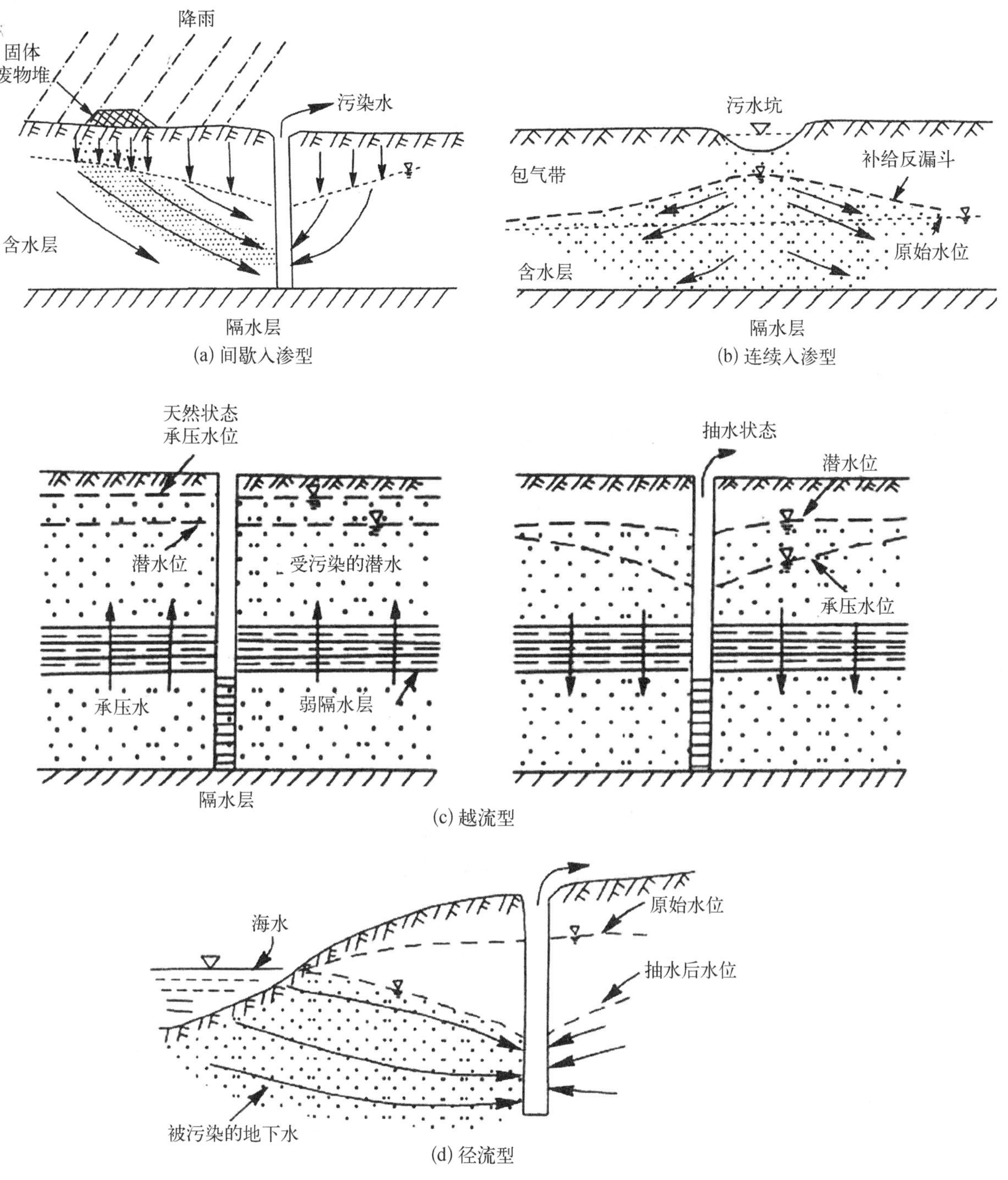

图 3-4-1　土壤与地下水迁移途径

(1) 间歇入渗型

间歇入渗型的特点是污染物通过大气降水或灌溉水的淋滤，使固体废物、表层土壤或地层中的有毒或有害物质周期性(灌溉旱田、降雨时)从污染源经过非饱和带土层渗入含水层。这种渗入一般呈非饱和水状态的淋雨状渗流形式，或者呈短时间的饱水状态连续渗流形式。此种途径引起的地下水污染，其污染物是呈固体形式赋存于固体废物或土壤中的。当然，也包括用污水灌溉大田作物，其污染物则来自城市污水。因此，在进行该污染途径的研究时，首先要分析固体废物、土壤及污水的化学成分，最好是能取得通过非饱和带的淋滤液，这样才能查明地下水污染的来源。此类污染，无论在其范围还是浓度上，均可能有明显的季节性变化，受污染的对象主要是潜水。

(2) 连续入渗型

连续入渗型的特点是污染物随各种液体废弃物不断地经非饱和带渗入含水层，这种情况下或者非饱和带完全饱水，呈连续入渗的形式，或者是非饱和带上部的表土层完全饱水呈连续渗流形式，而其下部(下包气带)呈非饱水的淋雨状的渗流形式渗入含水层。这种类型的污染物一般是液态的。最常见的是污水蓄积地段(污水池、污水渗坑、污水快速渗滤场、污水管道等)的渗漏以及被污染的地表水体和污水渠的渗漏，当然污水灌溉的水田(水稻田等)更会造成大面积的连续入渗。这种类型的污染对象也主要是潜水。

上述两种污染途径的共同特点是污染物都是自上而下经过非饱和带进入含水层的。因此对地下水污染程度的大小，主要取决于非饱和带的地质结构、物质成分、厚度以及渗透性能等因素。

(3) 越流型

越流型的特点是污染物通过层间越流的形式转入其他含水层。这种转移或者通过天然途径(水文地质天窗)，或者通过人为途径(结构不合理的井管、破损的老井管等)，或者因为人为开采引起的地下水动力条件的变化而改变了越流方向，使污染物通过大面积的弱隔水层越流转移到其他含水层。其污染来源可能是地下水环境本身的，也可能是外来的，它可能污染承压水或潜水。研究这一类型污染的困难之处是难以查清发生越流的具体地点及地质部位。

(4) 径流型

径流型的特点是污染物通过地下水径流的形式进入含水层，或者通过废水处理井，或者通过岩溶发育的巨大岩溶通道，或者通过废液地下储存层的隔离层的破裂进入其他含水层。海水入侵是海岸地区地下淡水超量开采而造成海水向陆地流动的地下径流。此种形式的污染，其污染物可能是人为来源也可能是天然来源，可能污染潜水或承压水，其污染范围可能不很大，但污染程度往往由于缺乏自然净化作用而显得十分严重。

3.5 污染物在土壤与地下水及天然水体中的迁移转化

3.5.1 典型重金属在土壤与地下水中的迁移转化

土壤中的金属不能被降解且毒性难以降低，会导致长期的环境危害。金属在土壤中的迁移转化取决于金属的物理化学性质和土壤的环境状况，在pH较低的土壤与地下水中，金属容易在土壤中迁移，在地下水中溶解，随地下水迁移转化。当土壤中金属含量达到一定浓度时，将向地下水中迁移，从而污染地下水。

3.5.1.1 镉(Cd)

金属镉无毒，但镉的化合物毒性极大，而且属于积蓄型，引起慢性中毒的潜伏期可达10～30年之久。

镉在土壤中以水溶性镉(离子态和络合态)和非水溶性镉(化学沉淀和难溶络合态)两种形式存在，两种形态可随环境条件的变化而相互转化。水溶性镉常以简单离子或简单配离子的形式存在，如Cd^{2+}、$[CdCl]^+$、$CdSO_4$，石灰性土壤中还有$Cd(HCO_3)_2$。非水溶性镉主要为CdS、$CdCO_3$及胶体吸附态镉等。镉在旱地土壤中以$CdCO_3$、$Cd_3(PO_4)_2$和$Cd(OH)_2$的形态存在，并以$CdCO_3$为主，尤其是在pH大于7的石灰性土壤中更以$CdCO_3$居多；而镉在淹水土壤中则多以CdS的形态存在。由于土壤对镉的吸附能力很强，土壤中呈吸附交换态的镉所占比例较大。但土壤胶体吸附的镉一般随pH的下降其溶出率增加，当pH=4时，溶出率超过50%；而当pH=7.5时，交换吸附态的镉则很难被溶出。

土壤环境中的两种形态的镉中对作物起危害作用的主要是水溶性镉。在酸性条件下，镉化合物的溶解度增大，毒性增强；在碱性条件下，则形成氢氧化镉沉淀。在氧化条件下，镉的活性或毒性增强。镉在土壤中常会与羟基、氯化物形成络合离子而提高活性。

由于土壤的强吸附作用，镉很少发生向下的再迁移而累积于土壤表层。在降水的影响下，土壤表层的镉可溶态部分随水流动就可能发生水平迁移，进入界面土壤和附近的河流或湖泊而造成次生污染。土壤中水溶性镉和非水溶性镉在一定条件下可相互转化，其主要影响因素为土壤的酸碱度、氧化-还原条件和碳酸盐的含量。

土壤中的镉非常容易被植物所吸收。土壤中镉的含量稍有增加，就会使植物体内镉的含量相应增高。在被镉污染的水田中种植的水稻的各器官对镉的浓缩系数按根＞秆＞枝＞叶鞘＞叶身＞稻壳＞糙米的顺序递减。镉在植物体内可取代锌，破坏参与呼吸和其他生理过程的含锌酶的功能，从而抑制植物生长并导致其死亡。与铅、铜、锌、砷及铬等相比较，土壤中镉的环境容量要小得多，这是土壤镉污染的一个重要特点。

3.5.1.2　铬(Cr)

金属铬无毒性，三价铬有毒，六价铬毒性更大，还有腐蚀性，对皮肤和黏膜表现为强烈的刺激和腐蚀作用，还对全身有毒性作用；铬对种子萌发、作物生长也产生毒害作用。

土壤中的有机质可促进对铬的吸附与螯合作用，同时还有助于土壤中六价铬还原为价铬。有机质对六价铬的还原作用随土壤 pH 的升高而减弱。

土壤中黏土矿物对铬有较强的吸附作用，黏土矿物对三价铬的吸附能力为六价铬的 30～300 倍，且这种吸附作用随 pH 的升高而减弱。

土壤 pH 及氧化还原电位(E_h)均可改变铬的化合物形态。在低 E_h 值时，Cr^{6+} 被还原成 Cr^{3+}；而在中性和碱性条件下，Cr^{3+} 可以 $Cr(OH)_3$ 形态沉淀。

Cr(Ⅵ)进入土壤后，大部分游离在土壤溶液中，仅有 8.5%～36.2%被土壤胶体吸附固定。不同类型的土壤或黏土矿对 Cr(Ⅵ)的吸附能力有明显的差异，吸附能力按如下顺序由大到小：红壤＞黄棕壤＞黑土＞黄壤，高岭石＞伊利石＞蒙脱石。研究发现，土壤对 Cr(Ⅵ)的吸附中物理吸附(即由静电及范德华力或机械阻滞吸附)占 90%以上；物理化学吸附(即与带正电荷土壤胶体及有质进行离子交换被吸附)占 5%～8%；化学吸附(即 Cr(Ⅵ)还原为 Cr(Ⅲ)被吸附)占 1%以下。Zachara 等认为土壤中质子化的矿物表面、带正电矿物，尤其是铁、铝的氧化物可能在 pH 为 2～7 时吸附 Cr(Ⅵ)；其他竞争的阴离子，如 SO_4^{2-}、H_4SiO_4 和 HCO_3^- 等离子浓度的增加可能会显著减少铬在土壤中吸附。

Cr(Ⅲ)和 Cr(Ⅵ)是铬在土壤及地下水中的主要存在价态，Cr(Ⅲ)与 Cr(Ⅵ)在土壤中可相互转化，土壤氧化还原电位高时，Cr(Ⅲ)氧化成 Cr(Ⅵ)较容易；在还原性土壤中，Cr(Ⅲ)易与硫化物等形成不溶性化合物，易被黏土矿物所固定。在酸性介质中由 Cr(Ⅵ)转化为 Cr(Ⅲ)有利，即 $Cr_2O_7^{2-}$ 在酸性介质中是强氧化剂，用一般还原剂都可将其转化为 Cr(Ⅲ)；在碱性介质中，由 Cr(Ⅲ)转化为 Cr(Ⅵ)较为有利。研究发现，铬在水相环境中的迁移性主要依赖于其氧化状态和溶液的 pH。Cr(Ⅵ)组成的阴离子($HCrO_4^-$ 和 CrO_4^{2-})在许多氧化态水环境中是可迁移的，尽管吸附作用可能会限制它们在酸性条件下的迁移。

由于土壤中的铬多为难溶性化合物，其迁移能力一般较弱，而含铬废水中的铬进入土壤后，也多转变为难溶性铬，故通过污染进入土壤中的铬主要残留积累于土壤表层。铬在土壤中多以难溶性且不能被植物所吸收利用的形式存在，因而铬的生物迁移作用较小，故铬对植物的危害不像 Cd、Hg 等重金属那么严重。有研究结果表明，植物从土壤溶液中吸收的铬绝大多数保留在根部，而转移到种子或果实中的铬则很少。

3.5.1.3　砷(As)

砷是类金属元素，不是重金属，但从它的环境污染效应来看，常被作为重金属来研究。砷主要以正三价和正五价存在于土壤环境中，其存在形式可分为水溶性砷、吸附态砷和难溶性砷，三者之间在一定条件下可以相互转化。当土壤中含硫量较高且在还原性条件下，可以形成稳定的难溶性 As_2S_3。在土壤嫌气条件下，砷与汞相似，可经微生物的甲基化过程转化为二甲基砷[$(CH_3)_2AsH$]之类的化合物。由于土壤中砷主要以非水溶性形式存在，因而土壤中的砷，特别是排污进入土壤的砷，主要累积于土壤表层，难于向下移动。

一般认为，砷不是植物、动物和人体的必需元素，但植物对砷有强烈的吸收累积作用，其吸收作用与土壤中砷的含量、植物品种等有关，砷在植物中主要分布在根部。在浸水土壤中生长的作物，砷含量较高。

土壤中砷的可溶性受 pH 的影响很大，在接近中性的情况下，砷的溶解度较低。土壤中的砷酸和亚砷酸随氧化还原电位的变化而相互转化。

3.5.1.4 铅(Pb)

铅对人体神经系统、血液和血管有毒害作用，并对卟啉转变、血红素合成的酶促过程有抑制作用。早期症状为细胞病变，引起慢性中毒后，出现贫血、高血压、生殖能力和智能减退(特别是儿童脑机能减退)等症状，铅急性中毒的症状为便秘、腹绞痛、伸肌麻痹等。

铅是人体的非必需元素，土壤中铅的污染主要是通过空气、水等介质形成的二次污染。铅在土壤中主要以二价态的无机化合物形式存在，极少数为四价态，多以 $Pb(OH)_2$、$PbCO_3$ 或 $Pb_3(PO_4)_2$ 等难溶态形式存在，故铅的移动性和被作物吸收的作用都大大降低。在酸性土壤中可溶性铅含量一般较高，因为酸性土壤中的 H^+ 可将铅从不溶的铅化合物中溶解出来。在中性至碱性条件下形成的 $Pb_3(PO_4)_2$ 和 $PbCO_3$ 的溶解度很小，植物难以吸收，故在石灰性及碱性土中，铅的污染实际上并不严重。土壤的黏土矿物及有机质对铅也起着强吸附作用，且随土壤 pH 的增高而增强。

植物吸收的铅是土壤溶液中的可溶性铅。绝大多数积累于植物根部，转移到茎、叶、种子中的很少。植物除通过根系吸收土壤中的铅以外，还可以通过叶片上的气孔吸收污染空气中的铅。

3.5.1.5 汞(Hg)

汞是有毒元素。土壤中的汞常以零价(单质汞)、无机化合态汞和有机化合态汞形式存在。除甲基汞、$HgCl_2$、$Hg(NO_3)_2$ 外，大多数为难溶化合物，甲基汞和乙基汞的毒性在含汞化合物中最强。土壤中汞的迁移转化主要有如下几种途径。

(1) 土壤中汞的氧化-还原

土壤中的汞有 Hg、Hg^{2+} 和 Hg_2^{2+} 三种价态形式，这三种价态在一定条件下可以相互转化。二价汞和有机汞在还原条件下的土壤中可以被还原为零价的金属汞。金属汞可挥发进入大气环境，并且其挥发的速度也会随着土壤温度的升高而加快。土壤中的金属汞可被植物的根系和叶片吸收。

(2) 土壤胶体对汞的吸附

土壤中的胶体对汞有强烈的表面吸附(物理吸附)和离子交换吸附作用。从而使汞及其他微量重金属从被污染的水体中转入土壤固相。土壤对汞的吸附还受土壤的 pH 及土壤中汞的浓度影响。当土壤 pH 在 1～8 的范围内时，其吸附量随着 pH 的增大而逐渐增大；当 $pH>8$ 时，吸附的汞量基本不变。

(3) 配位体对汞的配合-螯合作用

土壤中配位体与汞的配合-螯合作用对汞的迁移转化有较大的影响。OH^-、Cl^- 对汞的配合作用能提高汞化合物的溶解度。土壤中的腐殖质对汞离子有很强的螯合能力及吸附能力。通过生物小循环及土壤上层腐殖质的形成并借助腐殖质对汞的螯合及吸附作用，将使土壤中的汞在上层累积。

(4) 汞的甲基化作用

在土壤中的嫌气细菌的作用下，无机汞化合物可转化为甲基汞(CH_3Hg^+)和二基汞[$(CH_3)_2Hg$]。当无机汞转化为甲基汞后，随水迁移的能力就会增大。由于二甲基汞[$(CH_3)_2Hg$]的挥发性较强，而被土壤胶体吸附的能力相对较弱，因此二甲基汞较易进行气迁移和水迁移。汞的甲基化作用还可在非生物的因素作用下进行，只要有甲基给予体，汞就可以被甲基化。

3.5.1.6　锌(Zn)、铜(Cu)、镍(Ni)

土壤 pH、有机质含量以及氧化还原条件等显著影响着锌、铜和镍在土壤中的变化。在 pH>6.5 且土壤通气良好时，它们可分别形成植物不易吸收的氧化物或氢氧化物而沉淀。黏土矿物可牢固地吸附锌、铜、镍而使它们失去活性。有机质能对这些离子进行螯合，从而增加了它们的移动性，植物的吸收可能增加。有机质对它们螯合能力的大小为铜>镍>锌。

3.5.2　典型有机物在土壤中的迁移转化

3.5.2.1　农药在土壤中的迁移转化

土壤中的农药，在被土壤固相吸附的同时，还通过气体挥发和水的淋溶在土体中扩散迁移，因而导致大气、水和生物的污染。

大量资料证明，易挥发的农药和不易挥发的农药(如有机氯)都可以通过土壤、水及植物表面挥发。对于低水溶性和持久性的化学农药来说，挥发是其进入大气中的重要途径。农药在土壤中挥发作用的大小，主要取决于农药本身的溶解度和蒸气压，也与土壤的温度、湿度等有关。

农药除以气体形式扩散外，还能以水为介质进行迁移，其主要方式有两种：一是直接溶于水；二是被吸附于土壤固体细粒表面上随水分移动而进行机械迁移。一般来说，农药在吸附性能小的砂性土壤中容易移动，而在黏粒含量高或有机质含量多的土壤中则不易移动，大多累积于土壤表层 30 cm 范围内。因此有的研究者指出，农药对地下水的污染并不严重，主要是由于土壤侵蚀，通过地表径流流入地面水体造成地表水体的污染。

土壤中的农药质体流动是非水相液体迁移的主要方式之一。农药等 NAPL 类污染物在土壤开挖、施工、修复工程运行等过程一旦暴露于环境中，会造成其二次挥发、迁移，成为许多农药类 NAPL 污染场地中重要的污染方式。

农药在土壤中的降解，包括光化学降解、化学降解和微生物降解等过程。

(1) 光化学降解

光化学降解是指土壤表面接受太阳辐射能和紫外线光谱等能流而引起农药的分解作用。由于农药分子吸收光能，使分子具有过剩的能量，而呈“激发状态”。这种过剩的能量可以通过荧光或热等形式释放出来，使化合物回到原来状态，但是这些能量也可产生光化学反应，使农药分子发生光分解、光氧化、光水解或光异构化。其中光分解反应是最重要的一种。由紫外线产生的能量足以使农药分子结构中 C—C 键和 C—H 键发生断裂，引起农药分子结构的转化，这可能是农药转化或消失的一个重要途径。但紫外光难于穿透土壤，因此光化学降解对落到土壤表面与土壤结合的农药的作用可能是相当重要的，而对土表以下农药的作用较小。

(2) 化学降解

化学降解以水解和氧化最为重要，水解是最重要的反应过程之一。有人研究了有机磷水解反应，认为土壤的 pH 和吸附是影响水解反应的重要因素。

(3) 微生物降解

土壤中微生物(包括细菌、霉菌、放线菌等)对有机农药的降解起着重要的作用。土壤中的微生物能够通过各种生物化学作用参与分解土壤中的有机农药。由于微生物的菌属不同，破坏化学物质的机理和速度也不同，土壤中微生物对有机农药的生物化学作用主要有脱氯作用、氧化还原作用、脱烷基作用、水解作用、环裂解作用等。土壤中微生物降解作用也受到土壤的 pH、有机物、温度、湿度、通气状况、代换吸附能力等因素影响。

农药在土壤中经生物降解和非生物降解作用的结果，化学结构发生明显地改变，有些剧毒农药，一经降解就失去了毒性；而另一些农药，虽然自身的毒性不大，但它的分解产物可能增加毒性；还有些农药，其本身和代谢产物都有较大的毒性。所以，在评价一种农药是否对环境有污染作用时，不仅要看药剂本身的毒性，而且还要注意降解产物是否有潜在危害性。

3.5.2.2 多环芳烃(PAHs)在土壤中的迁移转化

PAHs 在土壤中可以被土壤吸附、发生迁移并可以被生物所降解和利用，包括微生物的降解和植物的富集和消除。

PAHs 进入土壤后，根据土壤的水文特征，表层土壤污染物可由液态迁移形成下层土壤污染和进入地下水系统。鉴于土壤是由矿物质和有机物复合体形成的团粒结构混合物，所以它可有效地吸附有机物，总吸附能力取决于土壤中有机物的性质、矿物质含量、土壤含水率和土壤中其他溶剂的存在和浓度等性质。土壤中的 PAHs 在矿物质的作用下会发生化学反应产生转化，由于土壤中含有过渡金属如 Fe^{3+}、Mn^{4+} 等自由基阳离子，所以电子可由芳烃传递到矿物表面的电子受体(过渡金属)。这种不完全的电子转移导致生成由有机物和矿物共享的带电络合物，而完成电子转移将生成自由基阳离子，其可进行链反应产生高分子量的聚合物。

由于 PAHs 水溶性低，在土壤中有较高的稳定性，其苯环数与其生物可降解性呈明显负相关关系。研究表明，高分子量 PAHs 的生物降解一般均以共代谢方式开始。共代谢作用可以提高微生物降解 PAHs 的效率，改变微生物碳源与能源的底物结构，增大微生物对碳源和能源的选择范围，从而达到 PAHs 最终被微生物利用并降解的目的。由于 PAHs 的种类和相互关系复杂(表 3-5-1)，被污染土壤内往往含有多种 PAHs，同时，PAHs 之间存在着共代谢降解作用，因此，可利用此关系筛选出具有共代谢降解能力的微生物，在不另外投加其他共代谢底物的条件下实现土壤中 PAHs 的共代谢降解。这种方法的优点是不需投加诱导物，可避免二次污染，同时提高 PAHs 的降解效率。

表 3-5-1 微生物与不同 PAHs 之间的相互作用关系特征

PAHs 降解				PAHs 相互关系	参与作用的菌和 PAHs
单独降解		成对降解			
PAH1	PAH2	PAH1	PAH2		
代谢	不代谢	代谢	不代谢	无共代谢作用	菲+芘 *Pseudomonas* sp.
代谢	不代谢	代谢降低	不代谢	无共代谢作用，对 PAH1 有抑制作用	芴+蒽 *Rhodococcus* sp.
代谢	不代谢	不代谢	不代谢	无共代谢作用，对 PAH1 有毒性作用	荧蒽+萘 *Rhodococcus* sp.
代谢	不代谢	代谢	不代谢	对 PAH2 有共代谢作用	菲+荧蒽 *Pseudomonas* sp.
代谢	不代谢	代谢降低	代谢	对 PAH2 有共代谢作用，对 PAH1 有抑制作用	菲+芴 *Pseudomonas* sp.
代谢	不代谢	代谢升高	代谢	共代谢并有协同作用	菲+芴 *Rhodococcus* sp.
代谢	代谢	代谢降低	代谢	优先性底物降解	芘+蒽 *Coryneform bacillus*
代谢	代谢	代谢降低	代谢降低	两种 PAHs 有拮抗作用	菲+荧蒽 *Rhodococcus* sp.

PAHs 的生物降解取决于分子化学结构的复杂性和微生物降解酶的适应程度，降解的难易程度与 PAHs 的溶解度、环的数目、取代基种类、取代基的位置、取代基的数目以及杂环原子的性质有关，而且不同种类的微生物对各类 PAHs 的降解机制也有很大差异。近年来研究比较清楚的代谢途径只有萘、

菲之类简单的PAHs，四环和四环以上的PAHs的生物降解途径至今仍是研究的热点。

(1) 好氧降解

细菌对PAHs的降解虽然在降解的底物、降解的途径上存在着差异，但是在降解的关键步骤上却是一致的。细菌对PAHs降解的第一步是在PAHs双氧化酶的作用下，将两个氧原子直接加到芳香核上，PAHs转变成顺式二氢二醇，后者进一步脱氢生成相应的二醇，然后环氧化裂解，而后进一步转化为儿茶酚或龙胆酸，彻底降解。图3-5-1所示即为二环、三环芳烃降解的一般途径。进一步的研究表明，在对芘等四环的PAHs降解中，有些菌株需要有少量其他碳源的存在才能发生降解作用，称之为共代谢，而有些则不需要。但对于五环以上诸如苯并芘等PAHs的细菌降解，现在通常认为只能是共代谢。

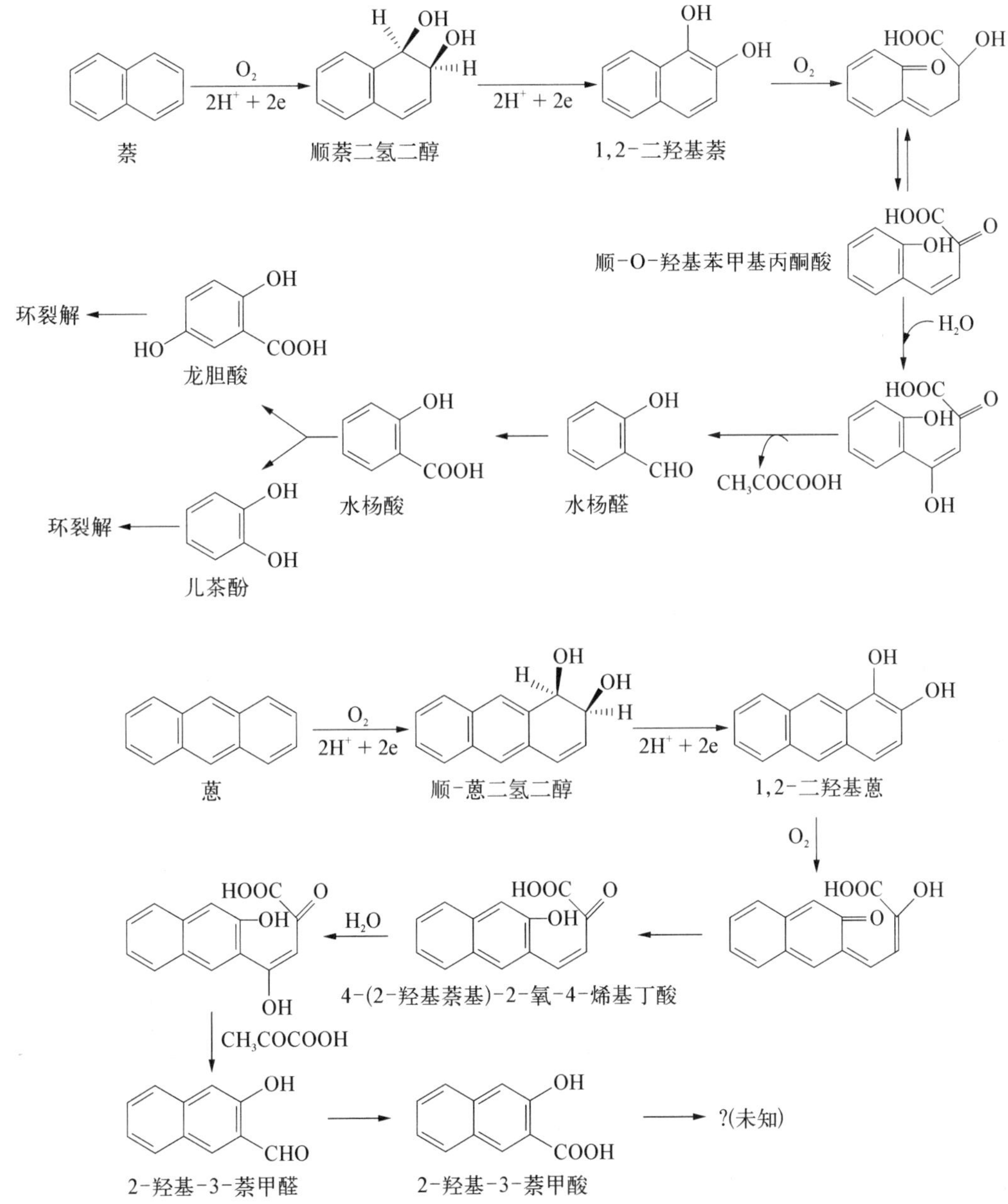

图3-5-1 二环、三环芳烃降解的一般途径

(2) 厌氧降解

多环芳烃可以在反硝化、硫酸盐还原、发酵和产甲烷的厌氧条件下转化，但相对于有氧降解来说，PAHs的无氧降解进程较慢，其降解途径目前还不十分清楚，可以厌氧降解PAHs的细菌相对较少。已有的实验表明，在厌氧的条件下细菌对 PAHs 的降解仅限于萘、菲、芴、荧蒽等一些结构简单、水溶性较高的有机物。在产甲烷发酵条件下萘的降解途径如图 3－5－2 所示，其降解途径与单环烃的代谢途径相似。在硫酸盐还原的环境中，对细菌降解代谢产物的检测表明，萘首先通过羧化作用生成 2－萘甲酸，在琥珀酰-辅酶 A 作用下，生成萘酰-辅酶 A，最终导致苯环的裂解。用同位素标记法对菲的厌氧降解的研究表明，它遵循和萘的降解类似的步骤，羧基化可能是该系统代谢的第一步反应。

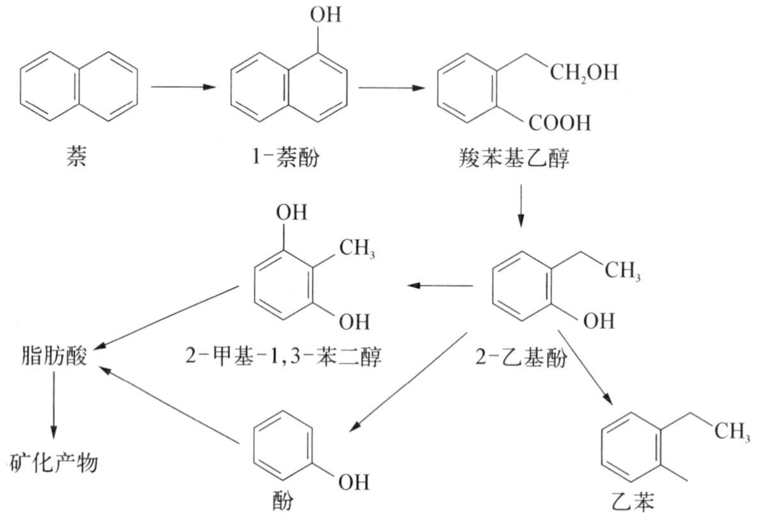

图 3－5－2　萘的产甲烷厌氧降解

3.5.2.3　多氯联苯(PCBs)在土壤中的迁移转化

土壤中的 PCBs 主要来源于颗粒沉降，少量来源于污泥肥料、填埋场的渗漏以及在农药配方中使用的 PCBs 等。据报道，土壤中的 PCBs 含量一般比其在空气中的含量高出 10 倍以上，其挥发速率随着温度的上升而升高，但随着土壤中黏土含量和联苯氯化程度的增加而降低。对经污泥改良后田中 PCBs 的持久性和最终归趋的研究表明，生物降解和可逆吸附都不能造成 PCBs 的明显减少，只有挥发过程最有可能是引起 PCBs 损失的主要途径，尤其对高氯取代的联苯更是如此。土壤中的 PCBs 很难随滤过的水渗漏出来，特别是在含黏土高的土壤中，PCBs 在不同土壤中的渗滤序列为：砂壤土＞粉砂壤土＞粉砂黏壤土。对 PCBs 在土壤中的微观迁移起作用的主要是对流，其有效扩散速率为 10^{-8}～10^{-10} cm^2/s，表明 PCBs 在土壤中的迁移性很弱，并且随着土壤浓度的增加，PCBs 迅速降低。

PCBs 是一类稳定化合物，一般不易被生物降解和转化，尤其是高氯取代的异构体。但在优势菌种和其他适宜的环境条件下，PCBs 的生物降解不但可以发生而且速率也会大幅度提高。已有研究证明，Cl 原子数＜5 的 PCBs 可以被几种微生物降解成无机物，高氯取代(Cl＞4)的 PCBs 在有氧条件下一般很稳定；但也有研究表明，可以将 4、6 氯取代物降解，受 PCBs 污染的底泥中检出其代谢中间产物苯甲酸充分证明了土壤中 PCBs 有氧降解的存在。PCBs 的生物降解过程最开始也是最重要的一步是厌氧还原脱氯，氯的三种取代形式在一定条件下均可脱去，还原性脱氯反应主要取决于 Cl 的取代形式而不是取代位置。但也有报道认为还原性脱氯只发生在某些取代位置处，这或许与各处的优势菌、反应条件等有关，其中温度不但可以缩短还原时间，还可以对脱氯方式和脱氯程度有一定的影响。厌氧条件下，脱氯反应时间一般都比较长，而且 PCBs 浓度、营养物质浓度以及其他物质如表面活性剂的存在等对 PCBs 的脱氯速率也有影响。理论上，PCBs 通过无氧-有氧联合处理有可能完全降解成 CO_2、H_2O 和氯化物等；但由于受光、温度、菌种、酸碱度、化学物质及其他物理过程的影响，速度很缓慢，相对其他转化过程几乎可以忽略不计，因此 PCBs 的污染难以从根本上消除，它的污染会给整个生态系统带来长期的影响。

通常情况下多氯联苯化学性质非常稳定，不易水解，也不易与强酸强碱等发生反应，但在一定条件下能被强氧化剂(如羟基自由基)氧化,能吸收紫外线或在光催化剂和光敏化剂的作用下发生光化学降解,部分同系物也能被微生物一定程度地降解。自然环境中,多氯联苯的消除主要依赖于光降解与微生物降解的作用。另外,在废水处理与污染环境的修复中已发展了一些人工强化降解多氯联苯的技术,如高温氧化、TiO_2 光催化、Fenton 氧化、超临界水氧化、微波辐照及植物-微生物联合修复等。

(1) 多氯联苯的光化学降解

大量研究表明,多氯联苯能吸收紫外光而发生直接光降解。多氯联苯是联苯的卤代物,而联苯自身有两个主要的光谱吸收峰值,波峰分别在 202 nm 和 242 nm 处,分别称为主波段和 K 波段。当联苯上的氢被氯原子取代后,由于苯环间的 C—C 键发生扭曲,激发态与基态的分子轨道重叠减少,因而分子受激发所需的能量也会增加,所以多氯联苯的 K 波段会发生一定的蓝移,当取代的氯原子数越多,特别是邻位上的取代作用,蓝移越明显。多氯联苯对光的敏感性也与苯环上氯的取代数量和取代位置密切相关。有研究表明,多氯联苯苯环上的氯原子数量越多,其光解反应越迅速,苯环上邻位取代的氯原子具有更大的光学活性,多氯联苯的直接光解生成邻位脱氯的产物更占优势。

多氯联苯的直接光解在水溶液中即可进行,光解过程中同时存在着脱氯、羟基化和异构化反应。比如二氯联苯、三氯联苯和四氯联苯在曝气条件下含有少量甲醇的水中光解产物主要为脱氯产物和羟基化的产物。2 -氯联苯和 4 -氯联苯在曝气水中的光解产物也为羟基化产物,但是后者的光量子产率低很多。也有研究发现 4 -氯联苯在脱气的水溶液中光解生成 4 -羟基联苯和异构化了的 3 -羟基联苯。如果水溶液中含有少量的乙腈等有机溶剂,能给光解反应提供更多的氢,从而可以提高光解的速率和效率。

在醇溶液中,由于醇的 C—H 键能低,易断裂,因而可为光反应提供足够的氢原子,有利于光降解的进行,光解反应主要产生脱氯产物以及少量的衍生化副产物。对五种多氯联苯同系物分别在甲醇、乙醇和异丙醇溶液中的光解产物进行了研究,发现降解产物主要为更低氯代的多氯联苯同系物,同时也检测到少量的羟基化、乙基化、甲氧基化等副产物,对非邻位取代的多氯联苯同系物在碱性丙二醇溶液中的紫外光解进行了研究,发现反应主要为连续脱氯,联苯为最终产物,亦有一些氯原子重排产物的生成。同时研究也发现脱氯首先从对位开始,且主要发生在氯取代数多的一侧苯环上,在 Acroclor 1254 的紫外光解中试研究中,研究者发现在所用有机溶剂碱性异丙醇溶液中加入一定量的水可以加速光降解,可能是水在这个过程中很好地提供了反应所需的质子。

(2) 多氯联苯的光催化降解

利用半导体材料如 TiO_2、ZnO、WO_3、CdS 和 α - Fe_2O_3 等在光照射下产生强氧化性质 ·OH,对有机污染物几乎可以无选择性地矿化,可以使有机污染物得到降解。这些半导体催化剂中,TiO_2 的稳定性最好、催化活性最高,而且可以使用的波长最高可达 387.5 nm,因而是最具有应用前景的半导体催化剂。

Hong 等对模拟太阳光照射下水溶液中 TiO_2 光催化降解 2 -氯联苯进行了研究,发现降解反应遵从一级动力学方程,中间产物为羟基取代物、醛酮和羧酸,终产物为二氧化碳和盐酸。Nomiyama 等对四氯联苯的 TiO_2 光催化研究也有相似的结果。而另有研究者发现,太阳光照下 TiO_2 催化降解 2 -氯联苯、Aroclor 1248 和 Aroclor 系列商品的混合物的反应遵从准一级反应动力学,其反应速率还受到 TiO_2 浓度的影响。Wong 等对 PCB40 的光催化反应进行了系统的研究,找到最佳的光强、H_2O_2 投加量、TiO_2 投加量及初始 pH 等参数发现过多的 H_2O_2 和 TiO_2 均会抑制光反应的进行。通常多氯联苯的 TiO_2 光催化降解的中间产物为酚、醛等,最后被矿化。但 Lin 等在以紫外灯和灯为光源、以 TiO_2 催化 PCB - 138 的研究中发现其降解反应主要为连续脱氯的过程,且以间位脱氯为主。

多氯联苯的光敏化降解:由于大多数的多氯联苯同系物不能有效吸收波长大于 290 nm 的光,而到达地面的太阳辐射光波主要在 290 nm 以上,因而多氯联苯的直接光降解在自然光照下很难发生,而光敏化剂(photosensitizer)是一类能够吸收自然光的能量然后将能量转移给目标物质,从而促进目标物质发生光化学反应的化学物质。常用的光敏化剂有二乙胺、三乙胺、二乙基苯二胺、核黄素、丙醇、吩噻嗪染料等，其中二乙胺和二乙基苯二胺对多氯联苯的光敏化降解的效果较好。

Hawari 等研究了光敏化剂吩噻嗪对多氯联苯间接光解的作用机制，发现吸收光能后被激发为三线态，三线态的吩噻嗪可以作为多氯联苯反应的有效电子供体。Lin 等研究了氙灯模拟太阳光照下，二乙胺对五种多氯联苯同系物的敏化光降解，发现光降解遵从准一级反应动力学，同时也发现使用模拟光源的光解效果远高于使用自然光，在 Acroclor 1254 的水溶液中加入二乙胺，经 24 h 的模拟太阳光照，多氯联苯的各同系物的降解率可达 21%～38%。研究发现，多氯联苯的光敏化降解途径为连续脱氯反应，且以邻位和对位脱氯为主，整个反应过程中存在阴、阳离子自由基。此外，多氯联苯的光敏化降解过程中还存在最佳的光敏化剂添加浓度，如研究发现存在二乙胺时 PCB-138 的光降解反应为准一级动力学，当乙二胺浓度为 PCB-138 浓度的 10 倍时，PCB-138 的光解速率常数最大。多氯联苯光敏化反应中涉及电子的转移，可能有两种机制。lzadifard 等研究了亚甲基蓝和三乙胺对 PCB-138 敏化光降解的机制，发现存在电子从还原态光敏剂的激发态转移到多氯联苯的过程，红光部分负责光敏剂的还原，UV-A 部分负责脱氯过程。光敏化降解可能是自然环境中多氯联苯消减的重要途径之一。

(3) 多氯联苯的微生物降解

虽然多氯联苯是一种较难被生物降解的化合物，但也已证实多氯联苯在环境中存在缓慢的生物降解。最早发现的能够降解多氯联苯的微生物是两株无色杆菌，能分别降解单氯联苯和双氯联苯。目前公认微生物主要以两种方式降解多氯联苯，一是以多氯联苯为碳源或能源，对其降解，同时也满足了微生物自身生长的需求，即无机化机制；另一种是微生物利用其他有机底物作为碳源或能源进行生长代谢时，产生的非专一性酶也能降解多氯联苯，即共代谢机制，其中共代谢机制是多氯联苯微生物降解的主要途径。在 PCBs 的降解过程中存在着两种不同的作用模式：厌氧脱氯作用和好氧生物降解作用。

① PCBs 厌氧脱氯的途径及机制。对于高氯代联苯的脱氯是以厌氧条件下的还原脱氧为主，因为 Cl 原子强烈的吸电子性使环上的电子云密度下降，当 Cl 的取代个数越多，环上电子云密度越低，氧化越困难，表现出的生化降解性能低；相反，在厌氧或缺氧的条件下，环境的氧化还原电位低，电子云密度较低的苯环在酶的作用下越容易受到还原剂的亲核攻击 Cl 容易被取代。Brown 等提出了厌氧微生物脱氯过程。实验结果肯定了 Brown 等提出的存在不同的脱氯方式的结论(表 3-5-2)。

表 3-5-2 PCBs 的部分厌氧还原脱氢反应

过 程	脱 氧 特 性	主 要 产 物
H	一个或两个相邻位已被取代的对位氯	2,3-CB,2,5,3′-CB
LP	相邻位未被取代的对位氯	2,2′-CB
M	一个相邻位已被取代或未被取代的同位氯	2,2′-CB,2,6-CB,2,6,4′-CB,2,4′-CB
N	一个相邻位已被取代的同位氯	2,6,4′-CB,2,4,4′-CB,2,4,2′-CB,2,4,2′,4′-CB
P	一个相邻位已被取代的对位氯	2,4-CB,2,5-CB,2,3,5-CB
Q	一个相邻位已被取代或未被取代的对位氯	2,2′-CB,2,3′-CB,2,5,2′-CB

② PCBs 好氧生物降解的途径和机制。目前对低氯联苯连续的酶反应机制，包括其生物降解过程已形成了共识。其代谢途径为：通过加氧酶的作用，分子氧在 PCBs 的无氯环或带较少氯原子环上的 2,3 位发生反应，形成顺二氢醇混合物，其中主要产物为 2,3-二羟基-4 苯基-4,6-二烷烃。二氢醇经过二氢醇脱氢酶的脱氢作用，形成 2,3-二羟基-联苯，然后 2,3-二羟基-联苯通过 2,3-二羟基联苯的双氧酶

的作用使其在1,2位置断裂,产生间位开环混合物(2-羟基-6-氧-6-苯-2,4-二烯烃),间位开环混合物由于水解酶的作用使其发生脱水反应生成相应的氯苯酸。

3.5.2.4　石油烃在土壤中的迁移转化

石油污染物进入土壤后,熔点高,难挥发的大分子量油类吸附到土壤中,而低分子量油类以液相和气相存在,挥发性高并不断挥发溢出到大气中,原油由四种组分构成:饱和烃、芳香烃、沥青质和非烃类物质,饱和烃又有正构烷烃、异构烷烃之分。微生物对它们发生作用的敏感性不同,一般其敏感性由大到小为:正构烷烃、异构烷烃、低分子量的芳香烃、环烷烃。

石油烃的一个显著特点是低溶解度,导致其生物降解性也差,如碳链中碳原子数大于18的石油烃的溶解度低于0.006 mg/L,它们的生物降解速度很慢;碳原子小于10的石油烃容易被生物降解,它们有相对较高的溶解度,如正己烷的溶解度为12.3 mg/L。

另一个影响石油烃生物降解的性质为石油烃结构的支链与取代基。石油烃结构中的支链在空间上阻止了降解酶与烃分子的接触,进而阻碍了其生物降解。支链可以降低烃类的降解速率,一个碳原子上同时连接两个、三个或四个碳原子会降低降解速率,甚至完全阻碍降解,多环芳烃(PAHs)较难生物降解,其降解度与PAHs的溶解度、环的数目、取代基种类及位置、取代基数目和杂环原子的性质有关。

另外,石油烃物质的憎水性是微生物降解存在的主要问题。由于烃降解酶嵌于细胞膜中,所以石油烃必须通过细胞外层的亲水细胞壁进入细胞内,才能被烃降解酶利用,石油烃物质的憎水性限制了烃降解酶对烃的摄取。石油烃的憎水性不仅导致低溶解度,并且有利于其向土壤表面的吸附。石油污染土壤后,在土相中的量远远大于在水相中的量。

通常认为,在微生物作用下,直链烷烃首先被氧化成醇,源于烷烃的醇在醇脱氢酶的作用下被氧化为相应的醛,醛则通过醛脱氢酶的作用氧化成脂肪酸,氧化途径有单末端氧化、双末端氧化和次末端氧化,相对正构烷烃而言,支链烷烃较难为微生物所降解,支链烷烃的氧化还会受到正构烷烃氧化作用的抑制。脂环烃类的生物降解是环烷烃被氧化为一元醇,并在大多数研究的细菌中环烷烃醇和环烷酮通过内脂中间体的断裂而代谢,大多数利用环己醇的微生物菌株,也能在一些脂环化合物中生长,包括环己酮、顺(反)-环己烷-1,2-二醇和2-羟基环己酮。

3.5.2.5　多氯代二噁英在土壤中的迁移转化

土壤中的多氯代二苯并二噁英(PCDDs)和多氯代二苯并呋喃(PCDFs)可通过微生物分解、光降解、挥发、作物蒸腾作用、淋溶等途径损失或降解。土壤中的PCDDs/PCDFs通过垂直迁移、蒸发或降解的损失率很低。其水中的溶解度更低,但易溶于类脂化合物被土壤矿物表面吸附。复合污染和扩散介质对PCDDs/PCDFs的沉积和归宿影响很大,PCDDs/PCDFs最初的移动取决于载体溶剂(如废石油)的体积及其黏性、土壤的孔隙度、PCDDs/PCDFs在载体与土壤间的分配系数。被木材防腐油污染的土壤中PCDDs/PCDFs可能存在于油相饱和的地下土层,在没有油相的地方,PCDDs/PCDFs很易分布在土壤表面,而且不能被水溶液浸出。利用活性炭矿物表面吸附,可以除去土壤中的PCDDs/PCDFs,但这样只是使PCDDs/PCDFs富集或发生转移,并没有降解PCDDs/PCDFs,仍有潜在危害。

由于PCDDs/PCDFs具有相对稳定的芳香环,在环境中具有稳定性、亲脂性、热稳定性,同时耐酸、碱、氧化剂和还原剂,且抵抗能力随分子中卤素含量增加而增强,因而土壤和城市污泥中的PCDDs/PCDFs,不管是在有氧条件还是缺氧条件下几乎不发生化学降解,生物代谢也很缓慢,主要是光降解。PCDDs/PCDFs是高度抗微生物降解的有机污染物,可以在土壤中保留15个月以上;仅有5%的微生物菌种能降解PCDDs/PCDFs,而且降解的半衰期与细菌类型有关。因此,从自然界中分离和选育能降解PCDDS/PCDFs的菌种,可能对PCDDs/PCDFs能够有效降解。PCDDs/PCDFs在自然环境中难以化学降解,但有有机溶剂时,臭氧(O_3)可以促进PCDDs/PCDFs的降解和提高降解速率。PCDDs在水和四氯化碳(CCl_4)混合液中通入臭氧50 h后,其分解率为97%。

PCDDs/PCDFs 吸收太阳光近紫外部分能进行光降解反应。PCDDs/PCDFs 的降解主要由直接辐射引起，继而进行脱氯反应。土壤表面的 PCDDs/PCDFs 在太阳光辐射下，能很快降解脱氯，生成低氯的同系物。用太阳光辐射土壤 16 d 后，PCDDs/PCDFs 降解率为 25%～30%，但降解深度只有 0.11～0.15 mm。张志军等用 1 500 W 中压汞灯辐射干燥土壤表面的 PCDDs/PCDFs，研究紫外光降解情况，结果发现它们在土壤的表面降解很快，反应在 2 h 内基本完成，脱氯反应主要发生在 1,4,6,9 等邻位上，但降解深度仅为 0.102 7 mm。土壤中加入有机溶剂，可以提高 PCDDs/PCDFs 紫外光降解率，反应速率加快，用已烷萃取污泥中的二噁英成分，将萃取物置于 8 个 10 kW 的灯光下照射 20 h，经光降解处理后，萃取样品中的二噁英含量从 34 mg/kg 降解到 0.12 mg/kg 或更低。此结果证明当 PCDDs/PCDFs 被输送到有机溶剂膜表面时，有利于碳氧键断裂。上述研究表明，光降解对治理受 PCDDs/PCDFs 严重污染的土壤和城市污泥，有很大的应用价值。

3.5.3 污染物在天然水体中的物理化学迁移转化

天然水体是指以相对稳定的陆地为边界的水聚集区域，常见的水体有河流、湖泊、沼泽、池塘、水库、地下水、冰川和海洋等。在大气、土壤、岩石和动植物体中虽然含水量很高，但是由于其分布极其分散，没有聚集，因此不是水体。水体的组成不仅包括水，而且也包括其中的悬浮物质、胶体物质、溶解物质、底泥和水生生物，所以水体是个完整的生态系统，是被水覆盖地段的自然综合体。区分水和水体非常重要，如重金属(Pb、Cu、Cr、Zn、Cd 等)和疏水性有机污染物(多环芳烃、多氯联苯等)通过沉淀和吸附等途径，很容易从水相迁移到底泥及悬浮颗粒物中，所以水中重金属和疏水性有机污染物的含量通常都不高；如果单从水来看，似乎没有受到污染，但从整个水体来看，可能已经受到了严重的污染。但天然水体的污染又和场地土壤与地下水污染密不可分。

污染物迁移是指它们在自然环境中随着时间的改变而发生的空间位置的改变，而污染物的转化则是指随着介质条件的改变而使它们的结构或存在状态发生的变化。污染物进入水体后立即发生各种运动，使得它们在水体中产生迁移转化。按照物质的运动形式，污染物在水体中的迁移转化可分为机械迁移转化、物理化学迁移转化和生物化学迁移转化。机械迁移转化是指污染物以溶解态或颗粒态的形式在水体中扩散或被水流搬运。污染物的机械迁移转化由水的可流动性引起。物理化学迁移转化是指污染物在水体中通过一系列物理化学作用所导致的迁移和转化过程，这种迁移转化的结果决定了污染物在水体中的存在形式、富集状况和潜在危害程度。

3.5.3.1 挥发作用

挥发是污染物特别是易挥发污染物从水体进入大气的一种重要迁移过程，通常可以用亨利定律描述。亨利定律是指一定温度下，物质在气-液两相间达到平衡时，溶解于液(水)相的浓度与气相中浓度(或分压)成正比，线性关系的斜率定义为亨利常数，其表达式为

$$K_{\mathrm{H}}=\frac{p_{\mathrm{g}}}{c_{\mathrm{w}}} \text{ 或 } K'_{\mathrm{H}}=\frac{c_{\mathrm{g}}}{c_{\mathrm{w}}}$$

式中，p_{g} 为污染物在水面大气中的平衡分压，单位为 Pa；c_{g}、c_{w} 分别为污染物在气相和水相中的平衡浓度，单位为 $\mathrm{mol/m^3}$；K_{H} 为亨利常数，单位为 $\mathrm{Pa\cdot m^3/mol}$；K'_{H} 为亨利常数的替换形式，无量纲。

对于摩尔质量(M_{W})为 30～200 g/mol、水溶解度(S_{W})为 34～227 g/L 的微溶化合物，当其在水中的摩尔分数小于等于 0.02 时，亨利常数可以通过下述公式由纯物质饱和蒸汽压(p_{s}，单位为 Pa)估算得到

$$K_{\mathrm{H}}=p_{\mathrm{s}}\cdot M_{\mathrm{W}}/S_{\mathrm{W}}$$

亨利常数是初步判断环境中污染物挥发性大小的主要参数。一些典型有机污染物的亨利常数如

表 3-5-3 所示。通常情况下，$K>10^2$ Pa·m³/mol 的化合物属于高挥发性化合物，而 $K<1$ Pa·m³/mol 的化合物属于低挥发性化合物。

表 3-5-3　一些典型有机污染物的亨利常数　(单位：Pa·m³/mol)

名　称	K_H	名　称	K_H
二氯甲烷	3.2×10^{2}	萘	3.6×10^{1}
1,2-二氯乙烷	1.1×10^{2}	蒽	1.4×10^{2}
1,2-二氯丙烷	2.8×10^{2}	菲	1.3×10^{1}
1,2-二氯苯	1.9×10^{2}	γ-六六六	2.3×10^{-2}
1,3-二氟苯	2.6×10^{2}	PCBs	2.3×10^{2}
苯	6.1×10^{2}	五氯苯酚	2.1×10^{-1}
苯酚	1.3×10^{-1}	丙烯腈	9.8×10^{2}
邻苯二甲酸正丁酯	6.4	毒杀芬	6.3×10^{3}

环境中易挥发的重金属主要有汞及其化合物。通常情况下，有机汞的挥发性大于无机汞。有机汞中甲基汞和苯基汞的挥发性最大，无机汞中碘化汞的挥发性最大，硫化汞最不易挥发。环境中易挥发的有机污染物种类很多，大部分的小分子卤代脂肪烃及芳烃化合物都具有很强的挥发性。如美国国家环境保护局确定的 114 种优先控制的有机污染物中，具有显著挥发性的有 31 种，约占 27%。虽然这些有机物也能被微生物不同程度地降解，但在流速较快的河流中，挥发到大气中是它们的主要迁移途径。除了污染物的亨利常数外，污染物从水体中的挥发也受水体的水深、流速等影响，在浅而流速较快的河流中挥发速率较大。

在实际污(废)水处理过程中，人们常利用某些污染物易挥发的特性。将它们从水体中驱赶出去，以降低水环境污染的风险。常见的处理技术有吹脱、汽提、曝气等。一些污染物在水中的难挥发形态，也可以通过简单的化学处理将其转化为易挥发形态，然后采用上述技术处理。如废水中的 NH_4^+ 常可加入 NaOH 或 $Ca(OH)_2$ 等将 pH 调节到碱性，使其转化为易挥发的 NH_3 后通过吹脱、曝气等技术去除。

3.5.3.2　吸附作用

天然水体中的沉积物和悬浮颗粒物，包含黏土矿物、水合氧化物等无机高分子化合物和腐殖质等有机高分子化合物，不仅是天然水体中存在的主要胶体物质，而且是水体中的天然吸附剂。由于它们具有巨大的比表面积、表面能和表面电荷，能够强烈地吸附富集各种无机、有机分子和离子，对各类无机、有机污染物在水体中的迁移转化及生物生态效应有重大影响。水体中重金属离子及有机农药等微量污染物大部分通过吸附作用结合在胶体颗粒和沉积物颗粒上，并在固-液界面发生各种物理化学反应过程。因此，微量污染物在水体中的浓度和形态分布，在很大程度上取决于水体中固体颗粒的行为。固体颗粒的吸附作用是使污染物从水中转入固相的主要途径。而且，胶体颗粒作为微量污染物的载体，它们的絮凝沉降、扩散迁移等过程决定着污染物的去向和归宿。

(1) 吸附现象及其分类

吸附是指气相或液相中的物质分子(吸附质)富集到固相物质(吸附剂)上的过程。吸附可以根据吸附质与吸附剂之间的作用力类型分为化学吸附、物理吸附、离子交换等。化学吸附代表了强的作用力，如共价键、配位键等，而物理吸附和离子交换是吸附过程中作用力较弱的两种形式。化学吸附的吸附热通常大于 40 kJ/mol，一般为 120～200 kJ/mol，有时可达 400 kJ/mol 以上。温度升高往往能使化学吸附速率加快。通常在化学吸附中吸附质只在吸附剂表面形成单分子吸附层，且吸附质分子被吸附在吸附剂表面的固定位置上。离子交换通常由离子态吸附质与带异种电荷的吸附剂表面间发生静电吸引引起。物理吸附通常是由吸附质与吸附剂表面分子间的范德华力引起，氢键等弱相互作用力也是导致物理吸附的可能作用力，吸附热一般小于 40 kJ/mol。与化学吸附相比，物理吸附中吸附质分子不是紧贴在吸附剂表面的固定位置，而是悬在靠近吸附剂表面的空间中，且在吸附剂表面形成多层重叠的吸附质分子层。这类吸附通常是可逆的，在温度升高或气/液相中吸附质浓度降低时，吸附剂上的吸附质分子会发生解吸（也称脱附），而且吸附剂上的吸附质分子也可以被结构类似的分子替代而呈现竞争吸附现象。对于实际环境中发生的某一吸附过程，上述三种截然不同的吸附机理通常同时发生，很难完全区分。物理吸附可根据吸附质进入吸附剂固相方式的不同，分为表面吸附和吸收。表面吸附是指吸附质分子只能在吸附剂固相表面附着而无法穿透吸附剂原子/分子晶格的结合方式，而吸收是指吸附质分子混合或溶解进入固相吸附剂的原子/分子晶格中，因此，吸收有时也被称为分配。研究表明，有机污染物在沉积物和胶体颗粒上的吸附是分配作用和表面吸附共同作用的结果，腐殖质等有机质是有机物分配和表面吸附的主要介质；重金属在沉积物和胶体颗粒上的吸附通常包括化学吸附和表面吸附两种机理。

（2）重金属离子的吸附

① 黏土矿物对重金属离子的吸附

这里介绍两种黏土矿物吸附重金属离子的机理。

一是离子交换吸附机理，即黏土矿物的颗粒通过层状结构边缘的羟基氢和—OM 基中 M^+ 离子及层状结构间的 M^+ 离子，与水中的重金属离子（Me^{n+}）交换而将其吸附（见图 3-5-3）。

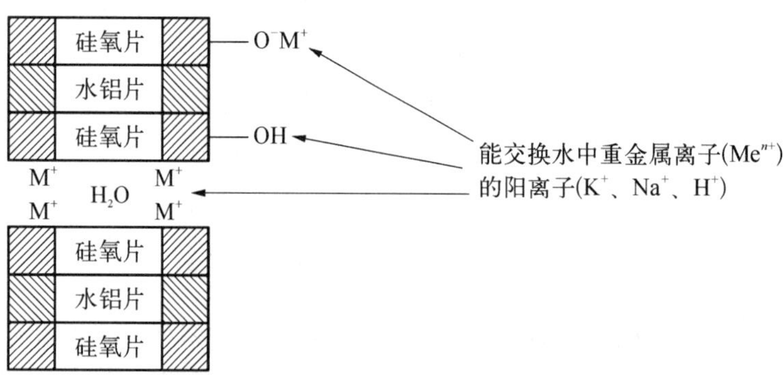

图 3-5-3 离子交换吸附重金属离子示意图

这个过程也可用下式示意

$$\equiv A(OH)_n + Me^{n+} \rightleftharpoons A(O)_n Me + nH^+ \text{（或 } M^+\text{）}$$

式中：≡为颗粒表面；A 为颗粒表面的铁、铝、硅或锰离子。

显然，重金属离子的价态越高、水合离子半径越小、浓度越大就越有利于和黏土矿物颗粒进行离子交换而被吸附。

二是重金属离子先水解，然后夺取黏土矿物颗粒表面的羟基，形成羟基配合物而被吸附

$$Me^{n+} + nH_2O \rightleftharpoons Me(OH)_n + nH^+$$

$$\equiv AOH + Me(OH)_n \rightleftharpoons \equiv AMe(OH)_{n+1}$$

② 腐殖质对重金属离子的吸附

腐殖质颗粒对重金属离子的吸附，主要是通过它对重金属离子的螯合作用和离子交换作用来实现。

腐殖质分子中含有羧基(—COOH)、羟基(—OH)、羰基($-\overset{\overset{\displaystyle O}{\|}}{C}-$)及氨基($-NH_2$),这些基团可以质子化,能与重金属发生离子交换。腐殖质离子交换机理可用下式表示(Hum 表示腐殖质)

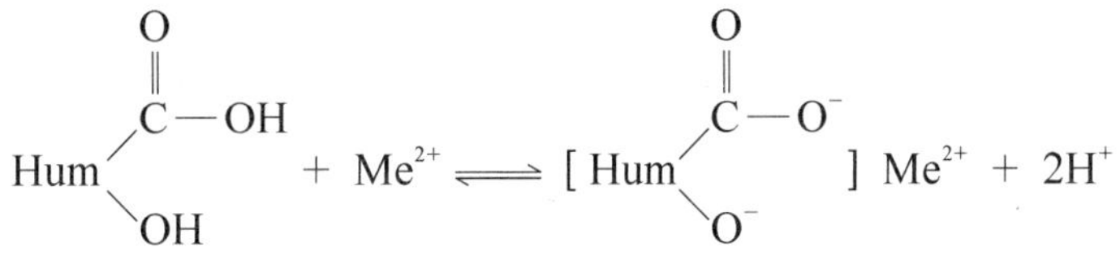

$$\text{Hum}\begin{matrix}\diagup \overset{\overset{\displaystyle O}{\|}}{C}-OH \\ \diagdown OH\end{matrix} + Me^{2+} \rightleftharpoons \left[\text{Hum}\begin{matrix}\diagup \overset{\overset{\displaystyle O}{\|}}{C}-O^- \\ \diagdown O^-\end{matrix}\right] Me^{2+} + 2H^+$$

同样,腐殖质也可以与重金属离子起螯合作用

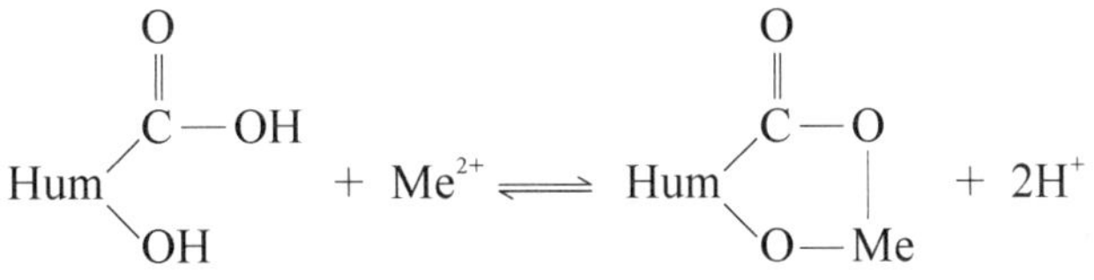

$$\text{Hum}\begin{matrix}\diagup \overset{\overset{\displaystyle O}{\|}}{C}-OH \\ \diagdown OH\end{matrix} + Me^{2+} \rightleftharpoons \text{Hum}\begin{matrix}\diagup \overset{\overset{\displaystyle O}{\|}}{C}-O \\ \qquad\quad | \\ \diagdown O-Me\end{matrix} + 2H^+$$

应当指出,腐殖质与重金属离子的两种吸附作用的相对大小与水中重金属离子的浓度及性质密切相关。一般认为,当重金属离子浓度较高时,以离子交换吸附作用为主。对不同的重金属离子,如 Mn^{2+} 与腐殖质以离子交换吸附为主,腐殖质对 Cu^{2+}、Ni^{2+} 以螯合作用为主,与 Zn^{2+} 或 Co^{2+} 则可以同时发生离子交换吸附和螯合作用。当然,腐殖质的组成性质及水体 pH 对上述吸附作用也有较大的影响。

要区分腐殖质吸附的重金属离子是由于离子交换吸附还是螯合作用导致,可用 NH_4Ac 或 EDTA 溶液洗脱吸附在腐殖质上的重金属离子。由于 NH_4Ac 能与腐殖质上吸附的重金属离子发生下列离子交换反应

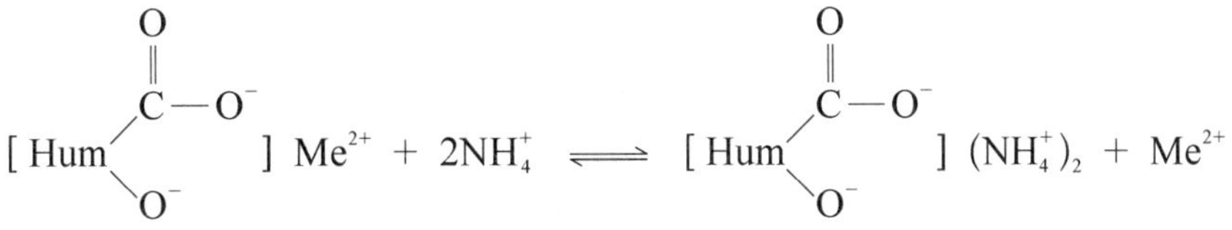

$$\left[\text{Hum}\begin{matrix}\diagup \overset{\overset{\displaystyle O}{\|}}{C}-O^- \\ \diagdown O^-\end{matrix}\right] Me^{2+} + 2NH_4^+ \rightleftharpoons \left[\text{Hum}\begin{matrix}\diagup \overset{\overset{\displaystyle O}{\|}}{C}-O^- \\ \diagdown O^-\end{matrix}\right] (NH_4^+)_2 + Me^{2+}$$

因此,能被 NH_4Ac 洗脱的那一部分重金属离子是腐殖质通过离子交换吸附的,而能被 EDTA 洗脱的那一部分重金属离子是被腐殖质螯合吸附的。

③ 水合金属氧化物对重金属离子的吸附

一般认为,水合金属氧化物对重金属离子的吸附过程是重金属离子在这些颗粒表面发生配位化合的过程,可用下式表示

$$n(\equiv AOH) + Me^{n+} \rightleftharpoons (\equiv AO)^n \rightarrow Me + nH^+$$

式中,箭头→为配位键。

水合金属氧化物对重金属离子的配位化合吸附过程,以及腐殖质与重金属离子的螯合作用是较强的专属吸附作用。专属吸附是指吸附过程中,除了化学键的作用外,同时还有强的范德华力或氢键在起作用。专属吸附不仅可以使吸附剂表面由于吸附带相反电荷的离子而呈现相反电荷,而且可以使离子化合物吸附在与其具有相同性质电荷的吸附剂表面上。在水环境中,配离子、有机离子、有机高分子和无机高分子的专属吸附作用特别强烈。例如,简单的 Al^{3+} 和 Fe^{3+} 等高价离子并不能使吸附剂表面电荷因吸附而呈现相反电荷,但其水解产物却可以使吸附剂表面呈现相反电荷,这可以归结于专属吸附作用。相对于离子交换吸附(非专属吸附),专属吸附的一个特点是吸附的金属离子通常不能被阳离子洗脱液如 NH_4Ac 提取,只能被亲和力更强的金属离子取代或在强酸下脱附。专属吸附的另一特点是金属

离子在电中性吸附剂表面甚至在与金属离子带相同电荷的吸附剂表面也能产生较强的吸附作用。如对于Co^{2+}、Cu^{2+}、Ni^{+}等过渡金属离子，当体系pH等于或小于水锰矿等电点时(此时水锰矿不带电荷或带正电荷)，它们仍能吸附在水锰矿上。表3-5-4列出了水合氧化物对金属离子的专属吸附与非专属吸附机理的区别。

表3-5-4 水合氧化物对金属离子的专属吸附与非专属吸附机理的区别

项　　目	专属吸附	非专属吸附
发生吸附的表面净电荷的符号	-、0、+	-
金属离子所起的作用	配离子	反离子
吸附时所发生的反应	配位化合	阳离子交换
发生吸附时对体系pH的要求	无要求	大于吸附剂等电点
吸附剂表面吸附发生的位置	内层	扩散层
吸附剂表面电荷的变化	负电荷减少、正电荷增加	无变化

(3) 有机物的吸附

有机物通常可分为可离子化有机物和非离子化有机物。现有研究表明，部分可离子化有机物的阳离子形态，如阳离子表面活性剂可以通过阳离子交换吸附在沉积物和水体悬浮固体颗粒上，而阴离子形态由于和水体固体颗粒表面负电荷形成的静电排斥，一般不易被吸附。对于非离子化有机物和可离子化有机物的质子化形态，它们在沉积物和胶体颗粒上的吸附通常是分配作用和表面吸附共同作用的结果，腐殖质等有机质是有机物分配作用和表面吸附的主要媒介。有机物的分配作用常用线性等温吸附式描述，而表面吸附可以用Langmuir等温吸附式描述。因此，总的等温吸附线常用包含线性等温吸附式和Langmuir等温吸附式两部分的双模式模型描述，等温吸附线在有机物浓度相对较高时呈线性，而浓度较低时则呈非线性(如图3-5-4所示)。

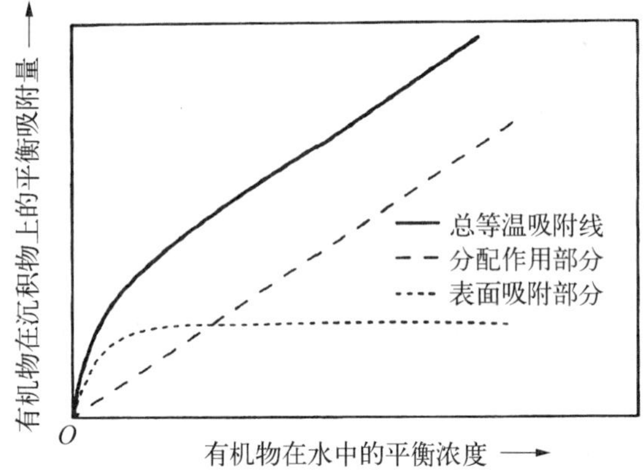

图3-5-4 有机物在沉积物上的等温吸附线及其分解示意图

3.5.3.3 胶体颗粒的聚沉

水体中胶体颗粒大小为1～100 nm，通常能长时间地稳定悬浮分散在水中，不能直接用沉降或过滤的方法从水中去除。胶体颗粒根据其亲水性能可分为亲水胶体颗粒和疏水胶体颗粒。亲水胶体颗粒大多为生物高分子，包括可溶性淀粉、蛋白质、血清、琼脂、树胶、果胶及它们的降解产物等，由于溶剂化程度高，颗粒表面常被水分子包围形成水膜，在水中很难沉降。疏水胶体颗粒主要由黏土、腐殖质、微生物等在水中分散后产生。

胶体颗粒表面基本上都带有电荷(正电荷和负电荷)。以下几个方面可造成胶体颗粒带电荷：一是某些黏土矿物在其形成过程中，出现同晶置换及晶格缺陷的现象使胶体颗粒带电荷，如硅氧四面体中的硅原子被铝原子替代后，产生一个负电荷；二是胶体颗粒表面结合或吸附水中某些无机离子或有机离子等，也能使颗粒表面带电荷，如

$$FeO(OH)(s) + HPO_4^{2-} \rightleftharpoons FeOHPO_4^-(s) + OH^-$$

三是某些黏土矿物及铁、铝等水合氧化物胶体颗粒的表面结合氢或氢氧离子而使表面带电荷，如硅酸胶体颗粒表面可在不同 pH 条件下发生下列平衡

$$\equiv Si—OH_2^+ \rightleftharpoons \equiv Si—OH \rightleftharpoons \equiv Si—O^- + H_2O$$

四是胶体颗粒中的高分子有机物的官能团解离也能使其带电荷，如蛋白质、腐殖酸等的羧基和氨基官能团发生以下解离平衡后可带电荷

$$R\begin{matrix} COOH \\ NH_3^+ \end{matrix} \underset{+H^+}{\overset{-H^+}{\rightleftharpoons}} R\begin{matrix} COOH \\ NH_2 \end{matrix} \underset{+H^+}{\overset{-H^+}{\rightleftharpoons}} R\begin{matrix} COO^- \\ NH_2 \end{matrix}$$

胶体颗粒表面电位除与官能团的解离程度有关外，还与官能团的数量和分布特征有关。后两种电荷的来源都与水体 pH 变化密切相关。在某一 pH 时，出现零电位，该点称为零电位点，简称零电点或等电点，相应的 pH 记作 pH_{zpc}(见表 3-5-5)。当水体 $pH > pH_{zpc}$ 时，胶体颗粒表面呈负电性；而当 $pH < pH_{zpc}$ 时，胶体颗粒表面呈正电性。

表 3-5-5 水体中常见物质的 pH_{zpc}

物 质	pH_{zpc}	物 质	pH_{zpc}
$\alpha-Al_2O_3$	9.1	MgO	12.4
$\alpha-Al(OH)_3$	5.0	$\alpha-MnO_2$	2.8
$\alpha-AlO(OH)$	8.2	$\beta-MnO_2$	2.7
CuO	9.5	SiO_2	2.0
Fe_3O_4	6.5	长石	2.0～2.4
$\alpha-FeO(OH)$	7.8	高岭石	4.6
$\alpha-Fe_2O_3$	6.7	蒙脱石	2.5
$Fe(OH)_3$(无定形)	8.5	钠长石	2.0

由于胶体颗粒表面带电荷，因此可以吸引溶液中的带相反电荷的离子，在其表面一定距离空间内形成双电层特征。现以黏土矿物颗粒为例说明胶体的双电层结构(图 3-5-5)。黏土矿物颗粒的表面通常带负电荷，它能吸引溶液中带正电荷的离子(称为反离子)。由于离子的热运动，阳离子将扩散分布在颗粒界面的周围。界面 MN 是黏土矿物颗粒表面的一部分，符号“+”表示被吸引的阳离子。实际界面周围的溶液中有阳离子，也有阴离子；因颗粒负电场作用，阳离子过剩。与界面 MN 距离越远的液层，由于颗粒电场力不断减弱，阳离子过剩趋势也越小，直至为零。这样由界面 MN 和同它距离为 d，即阳离子过剩刚刚为零的液层 CD，构成了颗粒扩散双电层。与颗粒界面紧靠的 MN 至 AB 液层，将随颗粒一起运动，称为不流动层(固定层)，其厚度

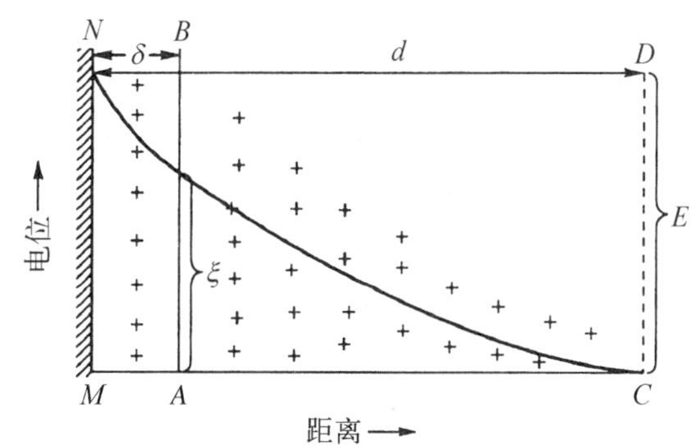

图 3-5-5 黏土矿物颗粒双电层及其反粒子扩散分布示意图

为 δ，约与离子大小相近。而离界面稍远的 AB 至 CD 液层，不跟颗粒一起运动，称为流动层（扩散层），其厚度为 $d-\delta$。曲线 NC 表示相对界面不同距离的液层电位，液层 CD 呈电中性，设其电位为零，并作为衡量其他液层电位的基准。界面 MN 电位为 E 称为胶体颗粒总电位。不流动层与流动层交界液层 AB 的电位为 E，称为胶体颗粒的 ξ 电位或电动电位，可用电泳法或电渗法测定。不流动层中总有一部分与颗粒电性相反的离子，所以 ξ 电位的绝对值小于总电位 E 的绝对值。两个相邻的胶体颗粒彼此接近时会受到与 ξ 电位大小相对应的静电斥力作用而分开。除了静电斥力作用。两个相邻的胶体颗粒间也受范德华力作用，使它们相互吸引靠近。范德华力的大小取决于两个胶粒间的距离，随着胶粒间距离增大而迅速衰减，与水相的组成无关。

根据斯托克斯定律，对于球形颗粒在静止水中的沉降速度可用下式描述

$$v=\frac{(\rho_1-\rho_2)gd^2}{18\mu}$$

式中，v 为沉降速度，单位 mm/s；ρ_1 为颗粒的密度，单位 g/cm^3；ρ_2 为水的密度，单位 g/cm^3；g 为重力加速度，单位 980 cm^2/s；d 为颗粒的直径，单位 cm；μ 为水的黏度，单位 Pa・s。

因此，胶体颗粒可长时间稳定悬浮存在于水中的主要原因是上述两种相异的力中静电斥力大于范德华力，使得颗粒间不能结合团聚形成粒径更大的易沉降的大颗粒。

3.5.3.4 沉淀和溶解作用

除了胶体颗粒的聚沉，污染物在水体中的直接沉淀也是其从水相转移到沉积物相的重要途径。胶体颗粒的聚沉和污染物的直接沉淀都是水体沉积物形成的重要来源。沉淀和溶解是重金属离子及可离子化有机物在水环境中分布、积累、迁移和转化的重要途径。溶解度是直观地表示污染物在水环境中迁移能力大小的重要参数，溶解度大者迁移能力大，溶解度小者迁移能力小。污染物的沉淀是污染物在水中的形态从高溶解度态变为低溶解度态的化学反应过程中出现的过饱和现象，即出现反应产生的低溶解度态污染物的量大于其在水中的最大溶解量（溶解度）的现象。过饱和的那部分低溶解度态污染物会以固体沉淀的形式从水中析出。重金属离子及可离子化有机物大多存在易溶的离子态及难溶的固体沉淀态两种形态。化学反应通常向有利于形成固体沉淀产物的方向进行。因此，污染物在水中从易溶的离子态转化为难溶的固体沉淀态是非常容易进行的。环境条件（如共存离子、pH）等改变常导致重金属离子及可离子化有机物等污染物形成沉淀产物。

重金属的硝酸盐、氯化物和硫酸盐（$AgCl$、Hg_2Cl_2、$PbSO_4$ 等除外）基本上是可溶的，而重金属的碳酸盐、硫化物、磷酸盐和氢氧化物通常是微溶或难溶的。可离子化有机物如有机酸类、酚类和胺类化合物的离子态在水中的溶解度通常大于其质子态。因此，天然水体中通常存在的碳酸根和磷酸根离子以及在厌氧水体中可能存在的 H_2S、HS^-、S^{2-} 等离子都可以与重金属离子结合产生沉淀。改变水体 pH 不仅会导致重金属离子在碱性条件下形成氢氧化物沉淀，而且会导致可离子化有机物在酸性条件下形成有机酸等质子态沉淀产物。在实际应用中，人们常常利用污染物的沉淀作用机理通过控制 pH 或投加合适的配对离子种类来处理废水中的重金属离子、磷酸根离子及有机离子污染物。该方法处理后水中污染物的浓度通常取决于其形成的沉淀产物在水中的溶解度。沉淀产物溶解度越小，经沉淀方法处理后废水中的污染物浓度越低。

3.5.3.5 氧化还原作用

氧化还原反应是一个广泛存在于水体各相中涉及电子转移的电化学反应。对污染物在水体中的存在形态及迁移转化有着重要的影响。氧化是失去电子的过程，还原则是得到电子的过程。在氧化还原反应中，失去电子而被氧化的称为还原剂，得到电子而被还原的称为氧化剂。还原剂是电子的给予体，而氧化剂则是电子的受体。一个体系如水体的氧化还原能力大小常用氧化还原电位来描述，它取决于

体系中氧化剂、还原剂的浓度及 pH。

（1）典型重金属的氧化还原转化

除了上述铁离子外，氧化还原转化对水体中重金属铬的环境行为及废水中重金属铬的处理也有非常重要的作用。重金属铬在水体中通常以六价铬和三价铬形态存在，CrO_4^{2-} 和 $Cr_2O_7^{2-}$ 是六价铬的主要存在形态。还原沉淀法是目前含铬废水处理应用最为广泛的方法。其主要原理为：在酸性条件下（通常 pH 为 2.5～3.0），还原剂使六价铬转化为三价铬，然后通过调节 pH 使三价铬在碱性条件下（通常 pH 为 8.0～9.0）形成氢氧化物沉淀去除。常用的还原剂有铁还原剂和硫还原剂。铁还原剂主要为零价铁（Fe^0）和 Fe^{2+}，硫还原剂主要有 SO_2、SO_3^{2-}、HSO_3^- 等。以 CrO_4^{2-} 为例，它与几种还原剂间的主要氧化还原反应如下

$$CrO_4^{2-} + Fe^0 + 8H^+ \rightleftharpoons Cr^{3+} + Fe^{3+} + 4H_2O$$

$$CrO_4^{2-} + 3Fe^{2+} + 8H^+ \rightleftharpoons Cr^{3+} + 3Fe^{3+} + 4H_2O$$

$$2CrO_4^{2-} + 3SO_3^{2-} + 10H^+ \rightleftharpoons 2Cr^{3+} + 3SO_4^{2-} + 5H_2O$$

$$2CrO_4^{2-} + 3HSO_3^- + 7H^+ \rightleftharpoons 2Cr^{3+} + 3SO_4^{2-} + 5H_2O$$

$$2CrO_4^{2-} + 3SO_2 + 4H^+ \rightleftharpoons 2Cr^{3+} + 3SO_4^{2-} + 2H_2O$$

相对于硫还原剂，使用铁还原剂会导致废水后续沉淀处理的沉淀污泥中含有铁氢氧化物，不仅使得污泥量大大增加，而且会加大对铬污泥的提纯回收利用难度。因此，在实际含铬废水酸化还原沉淀处理中，常采用产生污泥量较少的硫还原剂。

（2）氰化物的氧化还原转化

氧化还原转化是废水中氰化物处理的重要原理。在该处理中，通常在碱性条件下加入次氯酸盐或液氯等氧化剂，使得 CN^- 氧化分解成二氧化碳和氮气。氰化物的碱性氧化处理需要分两个阶段进行。以加入氧化剂 ClO^- 为例，第一阶段为不完全氧化。即将氰离子氧化成氰酸盐

$$CN^- + ClO^- + H_2O = CNCl + 2OH^-$$

$$CNCl + 2OH^- = CNO^- + Cl^- + H_2O$$

$$2CNO^- + 4H_2O = 2CO_2 + 2NH_3 + 2OH^-$$

在上述反应中，CN^- 与 ClO^- 反应首先生成 CNCl，再水解成毒性较低的 CNO^-（CNO^- 的毒性为 CN^- 毒性的百分之一）。该反应速率取决于 pH、温度和有效氯浓度，pH 越高，温度越高，有效氯浓度越高，则水解的速率越快。尽管该反应生成的氰酸盐毒性低，但是 CNO^- 在酸性条件下易水解成 NH_3，会对环境造成污染，因此需要将氰酸盐进一步氧化。

第二阶段为完全氧化阶段，即将氰酸盐进一步氧化分解成二氧化碳和氮气

$$2CNO^- + 3ClO^- + H_2O = 2CO_2 + N_2 + 3Cl^- + 2OH^-$$

该反应速率也取决于 pH，pH 越高，氧化反应的速率越慢。因此，该反应通常在 pH 中性条件下进行。通常含氰废水处理中，第一阶段反应的 pH 控制在 11 左右，若 pH 过低，则反应速率慢，而且在水体酸性条件下可能会释放出 HCN 剧毒物；若 pH 过高，则会增加第二阶段中调节 pH 时酸的用量。第二阶段反应的 pH 控制在 7～8，若 pH 过高，则反应速率慢；若 pH 过低，则会导致 CNO^- 水解生成 NH_3。

（3）有机物的氧化还原转化

有机物的氧化反应是指在有机物分子中的加氧或脱氢的反应。如

$$2CH_3OH + O_2 \longrightarrow 2CH_2O + 2H_2O \text{（脱氢氧化）}$$

$$2CH_2O + O_2 \longrightarrow 2HCOOH \text{（加氧氧化）}$$

有机物通常需要含氧自由基等化学强氧化剂在合适的条件（如加热和催化等）下才可以被快速直接氧化。如水和废水监测中有机物污染指标 COD_{Cr} 测定就是利用强氧化剂 $K_2Cr_2O_7$，在酸性、煮沸、银离子催化条件下反应来完全氧化有机物，而 COD_{Mn} 测定则是利用强氧化剂 $KMnO_4$ 在酸性煮沸或碱性煮沸条件下反应来完全氧化有机物，它们与有机物标准试剂邻苯二甲酸氢钾（$C_8H_5O_4K$）的氧化还原反应如下

$$10K_2Cr_2O_7 + 2C_8H_5O_4K + 41H_2SO_4 = 11K_2SO_4 + 10Cr_2(SO_4)_3 + 16CO_2 + 46H_2O$$

$$12KMnO_4 + 2C_8H_5O_4K + 19H_2SO_4 = 12MnSO_4 + 7K_2SO_4 + 16CO_2 + 24H_2O$$

$$10KMnO_4 + C_8H_5O_4K + 3H_2O = 11KOH + 10MnO_2 + 8CO_2$$

各类有机物均能被氧化，化学氧化是有机物降解的重要方式之一。但各类有机物氧化的难易程度差别很大，如饱和脂肪烃、含有苯环结构的芳烃、含氮的脂肪胺类化合物等不易被氧化，不饱和的烯烃和炔烃、醇及含硫化合物（如硫醇、硫醚）等比较容易被氧化，最容易被氧化的是醛、芳胺等有机物。应当指出，只含碳、氢、氧三种元素的有机物，其氧化产物是二氧化碳和水；含氮、硫、磷的有机物氧化的最终产物中除有二氧化碳和水外，还分别有含氮、硫和磷的化合物。有机物氧化的最终结果是转化为简单的无机物。但实际水体中各类有机污染物种类繁多，结构复杂，它们的氧化是有限度的，往往不能反应完全。对于天然水体中的有机物，通常是在水体微生物的作用下进行的，在有机废水处理中，也常用微生物好氧和厌氧氧化降解有机物。

有机物的还原反应是指在有机物分子中的加氢或脱氧的反应。如

$$HCHO + H_2 \longrightarrow CH_3OH \text{（加氢还原）}$$

$$2HCOOH \longrightarrow 2CH_2O + O_2 \text{（脱氧还原）}$$

有机物通常需要化学还原剂在合适的条件（如加热和催化等）下才可以被快速直接还原。化学催化还原是目前废水处理中含氯有机物脱氯的常用技术，主要的催化还原剂是 Fe^0 和 Cu^0。以六六六为例，其被 Fe^0 催化还原的总反应式可表示如下

$$C_6H_6Cl_6 + 3Fe^0 \longrightarrow C_6H_6 + 3Fe^{2+} + 6Cl^-$$

式中，在 Fe^0 催化作用下使氢离子发生电子转移，是该反应能进行的诱导因素。该反应的具体步骤可以用下列方程表示

$$Fe^0 + 2H^+ = Fe^{2+} + 2H^0$$

$$C_6H_6Cl_6 + 6H^0 = C_6H_6 + 6HCl$$

$$HCl = H^+ + Cl^-$$

氢离子反复参与了上述循环反应，直至六六六脱氯完毕。因此，在酸性条件下，由于氢离子浓度较高，故上述反应很快。但若在中性条件下或纯丙酮介质中，由于无氢离子，所以六六六不被还原。金属对会促进上述还原反应。例如，在中性条件下，Fe^0 对六六六几乎无还原作用，而与 Cu^0 组成金属对以后，却能将六六六还原。金属对在该反应过程中，很大程度上起到了微电池的作用，能促使中性水分子产生电子转移并生成 H^0。

3.5.3.6 配位作用

污染物特别是重金属污染物，大部分以配合物形态存在于水体中。重金属容易形成配合物的原因是重金属为过渡金属元素。过渡金属元素失去外层 s 轨道电子形成离子后，其未充满的 d 轨道仍可以接

受外来电子，形成配合物或螯合物。天然水体中存在着各种各样的无机阴离子和有机阴离子，它们可作为配体与某些阳离子配合物中心体（如重金属离子）形成各种配合物或螯合物，对水体中污染物特别是重金属迁移及生物效应有很大的影响。

（1）无机配体对重金属的配位作用

天然水体中常见的无机配体有 OH^-、Cl^-、CO_3^{2-}、HCO_3^-、SO_4^{2-}、F^-、S^{2-} 和 PO_4^{3-}，它们（除 S^{2-} 外）均属于路易斯硬碱，易取代水合重金属离子中的配体水分子，与水合重金属离子等硬酸发生配位反应。如 OH^- 在水溶液中将优先与某些作为中心原子的硬酸（如 Fe^{3+}、Mn^{2+} 等）结合，形成羧基配离子或氢氧化物沉淀。S^{2-} 也会和重金属如 Hg^{2+}、Ag^+ 等形成多硫配离子或硫化物沉淀。大多数重金属在水体中很少以简单离子形式存在，而主要以各种配离子形式存在。如在富氧的淡水中，汞主要以 $Hg(OH)_2$ 和 $HgCl_2$ 的形式存在；海水中，锌、铅主要以 $Zn(OH)_2$、$PbOH^+$ 形式存在，而镉主要存在形式为 $CdCl_2$ 和 $CdCl_3^-$ 等。

近年来，在环境化学研究中，人们特别注意羟基和氯离子的配位作用，认为这两者是影响重金属难溶盐类溶解度的重要因素，能大大促进重金属在环境中的迁移。重金属难溶盐类的羟基配位过程实际上就是其水解过程（关于这个过程的说明可参考本节水解作用部分）。以下重点介绍氯离子对重金属离子的配位作用。氯离子是天然水体中最常见的阴离子之一，被认为是较稳定的配合剂，它与重金属离子（以 Me^{2+} 为例）的反应主要有

$$Me^{2+} + Cl^- \rightleftharpoons MeCl^+$$

$$Me^{2+} + 2Cl^- \rightleftharpoons MeCl_2$$

$$Me^{2+} + 3Cl^- \rightleftharpoons MeCl_3^-$$

$$Me^{2+} + 4Cl^- \rightleftharpoons MeCl_4^{2-}$$

氯离子与重金属配位作用的程度取决于 Cl^- 的浓度及重金属离子对 Cl^- 的亲和力。Cl^- 对 Hg^{2+} 的亲和力最强，不同配位数的氯汞配离子都可以在较低的 Cl^- 浓度下生成。根据 Hahne 等（1973 年）的计算，当 Cl^- 的浓度仅为 10^{-9} mol/L（3.5×10^{-5} μg/mL）时，开始生成 $HgCl^+$；当[Cr]>10^{-7} mol/L（3.5×10^{-3} μg/mL）时，生成 $HgCl_2$；当[Cl^-]>10^{-2} mol/L（350 μg/mL）时，便生成 $HgCl_3^-$ 与 $HgCl_4^{2-}$。而 Zn、Cd、Pb 的情况则有所不同，它们必须在较高 Cl^- 浓度下，才能生成氯配离子，如当[Cl^-]>10^{-3} mol/L（35 μg/mL）时，Zn^{2+}、Cd^{2+}、Pb^{2+} 与 Cl^- 生成 $MeCl^+$ 型配离子；当[Cl^-]>0.1 mol/L（3 500 μg/mL）时，则生成 $MeCl_3^-$ 与 $MeCl_4^{2-}$。氯离子对上述四种重金属配位能力的顺序为 Hg > Cd > Zn > Pb。

根据 Cl^- 与重金属离子的配位反应逐级稳定常数 K 或累积稳定常数 β，可以计算得到不同 pH 条件下与 Cl^- 配位的金属占金属总量的百分数，即形态分布系数（Ψ）。如 Cl^- 与 Cd^{2+} 的配位反应具体步骤中主要产生以下几种形态

$$Cd^{2+} + Cl^- \rightleftharpoons CdCl^+ \qquad K_1 = 34.7,\ \beta_1 = K_1 = 34.7$$

$$CdCl^+ + Cl^- \rightleftharpoons CdCl_2 \qquad K_2 = 34.7,\ \beta_2 = K_2 = 159$$

$$CdCl_2 + Cl^- \rightleftharpoons CdCl_3^- \qquad \beta_3 = 200$$

$$CdCl_3^- + Cl^- \rightleftharpoons CdCl_4^{2-} \qquad \beta_4 = 40.0$$

各级 Cd^{2+} 的配合物占金属总量的形态分布系数（Ψ）与累积稳定常数、各级配位反应后的氯离子平衡浓度[Cl^-]有以下关系

$$\Psi_0=[Cd^{2+}]/Cd_T=1/\alpha=1/(1+\beta_1[Cl^-]+\beta_2[Cl^-]^2+\beta_3[Cl^-]^3+\beta_4[Cl^-]^4)$$

$$\Psi_1=\Psi_0\beta_1[Cl^-]$$

$$\Psi_2=\Psi_0\beta_2[Cl^-]^2$$

$$\Psi_3=\Psi_0\beta_3[Cl^-]^3$$

$$\Psi_4=\Psi_0\beta_4[Cl^-]^4$$

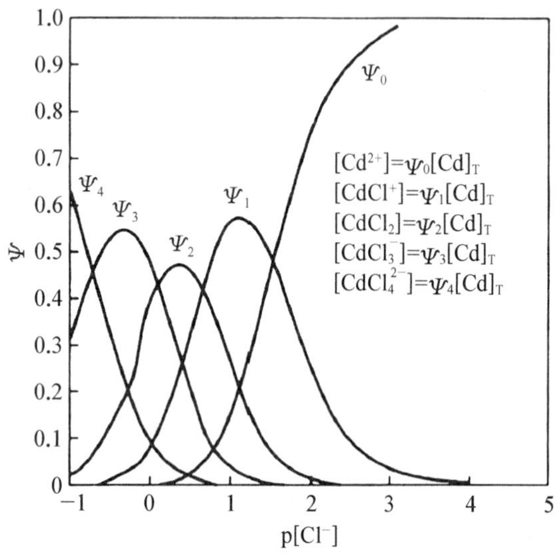

图 3-5-6　Cd^{2+} 与 Cl^- 配位的形态分布图

在不考虑其他配离子与 Cd^{2+} 的配位作用情况下，根据上述公式计算得到 Cd^{2+} 与 Cl^- 配位的形态分布图（图 3-5-6），即 Cd^{2+} 配合物形态分布系数（ψ）与氯离子平衡浓度负对数 p[Cl^-]的关系图。

通常水体中 OH^- 和 Cl^- 往往是同时存在的，它们对重金属离子的配位作用会发生竞争。对于 Zn^{2+}、Cd^{2+}、Hg^{2+}、Pb^{2+} 等离子将形成氯配离子外，还可形成 $Zn(OH)_2$、$CdOH^+$、$Hg(OH)_2$、$HgOH^+$、$PbOH^+$ 羟基配合物。Hahne 等（1973 年）的研究表明，当 pH＝8.5、含 Cl^- 为 3.5～60 μg/mL 时，Hg^{2+} 和 Cd^{2+} 主要为氯离子配位，而 Zn^{2+}、Pb^{2+} 主要为羟基配位。如在含有 20 μg/mL Cl^- 的海水中，Zn^{2+} 和 Pb^{2+} 主要以 $Zn(OH)_2$ 和 $PbOH^+$ 形态存在，而 Cd^{2+} 和 Hg^{2+} 主要以 $CdCl_2$ 和 $HgCl_3^-$、$HgCl_4^{2-}$ 形态存在，同时还会形成 HgOHCl、CdOHCl 等复杂配离子。在大多数陆地水体的 pH 范围（6.5～8.5）和可能的氯离子浓度范围内，Hg（Ⅱ）主要以 $Hg(OH)_2$、HgOHCl、$HgCl_2$ 形态存在。如彭安等人的研究表明，当水体 pH＝8.3、Cl^- 浓度为 0.02 mol/L 时 Hg（Ⅱ）的各种配合物的形态分布系数为 $Hg(OH)_2$：56.8％，HgOHCl：29.8％，$HgCl_2$：10.6％。

氯离子的配位作用可以提高重金属的迁移能力，主要表现为：一是大大提高了难溶重金属化合物的溶解度，如当 Cl^- 浓度为 10^{-4} mol/L 时，可将 $Hg(OH)_2$ 和 HgS 的溶解度分别增加 55 倍和 408 倍，而 1 mol/L 的 Cl^- 可将 Zn^{2+}、Cd^{2+}、Pb^{2+} 的溶解度增加 2～77 倍，将氢氧化汞和硫化汞的溶解度分别增加 10^5 倍和 3.6×10^7 倍；二是由于氯与重金属配离子的生成，减弱了胶体对重金属离子的吸附作用，如当 $[Cl^-]>10^{-3}$ mol/L 时，无机胶体对汞的吸附作用显著减弱。

（2）有机配体与重金属离子的配位作用

有机配体种类多样、结构复杂。天然水体中的有机配体包括动植物组织的天然降解产物，如氨基酸、糖类、腐殖质以及生活污水中的洗涤剂、清洁剂、EDTA、农药和大分子环状化合物等，它们能与重金属生成一系列稳定的可溶性或不溶性的螯合物。腐殖质是天然水体中最重要的有机配体（螯合剂）。河水中腐殖质的平均含量为 10～50 mg/L，底泥中腐殖质含量更为丰富，占底泥的 1％～3％。腐殖质在结构上的显著特点是除含有大量苯环外，还含有大量羧基、醇羟基和酚羟基。腐殖质等有机物通常通过这些官能团与重金属产生配位作用。腐殖质与金属离子生成配合物是它们最重要的环境性质之一。

腐殖质中能起配位作用的基团主要是分子侧链上的多种官能团，如羧基、羟基、羰基和氨基等。当羧基的邻位有酚羟基或两个羧基相邻时，对螯合作用特别有利。腐殖质与环境中重金属离子之间的配位、螯合反应主要形式示意如下：

重金属离子与腐殖质中的一个羧基形成配合物

$$\text{Hum}-\overset{\overset{\displaystyle O}{\|}}{C}-OH + Me^{2+} \longrightarrow \text{Hum}-\overset{\overset{\displaystyle O}{\|}}{C}-O-Me^{+} + H^{+}$$

重金属离子在腐殖质中的两个羧基间螯合

$$\text{Hum}\begin{cases}-C(=O)-OH \\ -C(=O)-OH\end{cases} + Me^{2+} \longrightarrow \text{Hum}\begin{cases}-C(=O)-O \\ -C(=O)-O\end{cases}\!\!\!\!Me + 2H^{+}$$

重金属离子在腐殖质中的羧基及羟基间螯合

$$\text{Hum}\begin{cases}-C(=O)-OH \\ -OH\end{cases} + Me^{2+} \longrightarrow \text{Hum}\begin{cases}-C(=O)-O \\ -O-Me\end{cases}\!\!\!\!\Big| + 2H^{+}$$

研究表明，重金属在天然水体中主要以腐殖质的螯合物形式存在。如北美洲大湖湖水中几乎没有游离的 Cd^{2+}、Pb^{2+}、Cu^{2+} 离子，它们以腐殖质螯合物的形式存在，水体中几乎所有的金属离子都能与腐殖质形成螯合物，但各种离子螯合物的稳定性有较大的差异。腐殖质对金属离子的螯合作用与它们的浓度有关。在天然水体中，重金属和腐殖质的浓度均很低，一般形成 1∶1 螯合物，有时也形成 1∶2 螯合物。腐殖质对金属离子的螯合作用有较强的选择性，如湖泊腐殖质对金属离子的螯合能力顺序为：$Hg^{2+} > Cu^{2+} > Ni^{2+} > Zn^{2+} > Co^{2+} > Cd^{2+} > Mn^{2+}$。腐殖质对金属离子的螯合能力与其来源有关，如底泥腐殖质对金属离子的螯合能力为：Fe^{2+}、$Cu^{2+} > Zn^{2+} > Ni^{2+} > Cd^{2+}$；而海水腐殖质对金属离子的螯合能力为：$Hg^{2+} > Cu^{2+} > Ni^{2+} > Zn^{2+} > Co^{2+} > Mn^{2+} \approx Cd^{2+} > Ca^{2+} > Mg^{2+}$。同一来源的腐殖质，螯合能力与其成分有关，一般情况下，相对分子质量较小的腐殖质对金属离子有较强的螯合能力，如富啡酸>棕腐酸>黑腐酸。腐殖质的螯合能力还与水体 pH 有关，水体 pH 较低时，螯合能力较弱。另外，水体中 Ca^{2+}、Mg^{2+}、Cl^{-} 等离子的含量对腐殖质的螯合作用有一定的影响，各种阳离子如 Ca^{2+}、Mg^{2+} 也要参与腐殖质的螯合竞争，而阴离子如 Cl^{-} 则和腐殖质一起参加与金属离子的竞争。如湖水中 Hg^{2+}、Cu^{2+} 与腐殖质形成的螯合物很稳定，而海水中腐殖质主要与 Ca^{2+}、Mg^{2+} 起作用，由于 Cl^{-} 含量高，Hg^{2+} 主要以 $HgCl_3^{-}$、$HgCl_4^{2-}$ 的形式存在；Cu^{2+} 仍以腐殖质螯合物的形式存在，但浓度很低。

腐殖质的螯合（配位）作用对重金属的迁移转化有着重要的影响，这取决于所形成的螯合物（或配合物）在水中的溶解度。如重金属与腐殖质形成难溶螯合物，将降低重金属离子的迁移能力；如形成易溶螯合物，则促进重金属离子的迁移。一般在腐殖质成分中，腐黑物、腐殖酸与重金属离子形成的螯合物的溶解度较小，如腐殖酸与铁、锰、锌等离子结合形成难溶的沉淀物。而富啡酸与重金属离子的螯合物一般是易溶的。重金属离子与富啡酸的浓度比值，对螯合物的溶解度也有很大的影响，如当 Fe^{3+} 与富啡酸的浓度比为 1∶1 时，形成可溶性螯合物，而浓度比为 1∶6 时，则形成难溶螯合物。重金属与腐殖质形成的螯合物的溶解性还与水体 pH 有密切关系。通常腐黑物与金属离子形成的螯合物，在酸性水中溶解度最小；而富啡酸与金属离子形成的螯合物在接近中性的水中溶解度最小（图 3－5－7）。总的来说，腐殖酸将重金属离子更多地富集在水体底泥中，而富啡酸则把更多的重金属保持在水相中。

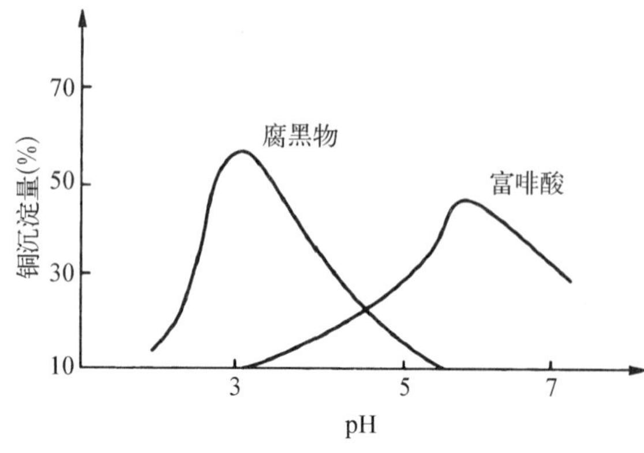

图 3-5-7 Cu^{2+} 腐殖质螯合物溶解度与 pH 的关系

(3) 有机配体与无机阴离子的配位作用

从1970年以来,由于饮用水中致癌物质(三卤甲烷)的发现,腐殖质对无机阴离子的配位作用引起了特别的关注。一般认为,饮用水中三卤甲烷(THMS)是在氯化消毒过程中,氯离子与腐殖质间发生配位作用形成的。现在,人们也开始注意腐殖质与其他无机阴离子如 NO_3^-、SO_4^{2-}、PO_4^{3-} 等的配位作用。但是关于环境中有机配体与无机阴离子的配位作用至今仍在研究探讨中,对很多现象仍不能很好解释,也没有清晰的结论。除重金属离子和无机阴离子外,腐殖质也可与其他有机物形成配合物,如邻苯二甲酸二烷基酯能与腐殖酸形成水溶性配合物。因此,水体中各种阳离子和阴离子间存在着复杂的配位反应。

3.5.3.7 水解作用

(1) 重金属离子的水解

重金属离子的水解反应实际上是羟基对重金属的配位作用。重金属离子与碱金属、碱土金属离子不同,它们大多数都有较高的离子电位和较小的离子半径,对 OH^- 的吸引力与对 H^+ 的吸引力相当,可以吸引 OH^- 并发生水解。这种水解反应能在较低的 pH 下进行,且随着 pH 的升高而增强。在水解过程中,H^+ 离开水合重金属离子的配体水分子。以二价离子为例,其水解反应通式如下

$$Me(H_2O)_n^{2+} + H_2O \rightleftharpoons Me(H_2O)_{n-1}OH^+ + H_3O^+$$

羟基与其配位水解反应具体步骤中主要产生以下几种形态

$$Me^{2+} + OH^- \rightleftharpoons MeOH^+ \qquad K_1$$

$$MeOH^+ + OH^- \rightleftharpoons Me(OH)_2 \qquad K_2$$

$$Me(OH)_2 + OH^- \rightleftharpoons Me(OH)_3^- \qquad K_3$$

$$Me(OH)_3^- + OH^- \rightleftharpoons Me(OH)_4^{2-} \qquad K_4$$

式中,K 为反应平衡常数,常称生成常数。$K_1=[MeOH^+]/([Me^{2+}][OH^-])$,$K_2$、$K_3$ 和 K_4 的计算式依此类推。为方便起见,在实际计算中常以累积稳定常数 β 表示

$$Me^{2+} + OH^- \rightleftharpoons MeOH^+ \qquad \beta_1=K_1$$

$$Me^{2+} + 2OH^- \rightleftharpoons Me(OH)_2 \qquad \beta_2=K_1K_2$$

$$Me^{2+} + 3OH^- \rightleftharpoons Me(OH)_3^- \qquad \beta_3=K_1K_2K_3$$

$$Me^{2+} + 4OH^- \rightleftharpoons Me(OH)_4^{2-} \qquad \beta_4=K_1K_2K_3K_4$$

若各种羟基配合物占金属总量的百分数(形态分布系数)以 Ψ 表示,它与累积稳定常数、OH^- 浓度间有以下关系

$$\Psi_0=[Me^{2+}]/[Me]_{总}=1/\alpha$$

$$\Psi_1=[MeOH^+]/[Me]_{总}=\beta_1[Me^{2+}][OH^-]/([Me^{2+}]\cdot\alpha)=\Psi_0\beta_1[OH^-]$$

$$\Psi_2 = [Me(OH)_2]/[Me]_{总} = \Psi_0\beta_2[OH^-]^2$$

…

$$\Psi_4 = [Me(OH)_4^{2-}]/[Me]_{总} = \Psi_0\beta_4[OH^-]^4$$

式中，$\alpha = 1 + \beta_1[OH^-] + \beta_2[OH^-]^2 + \beta_3[OH^-]^3 + \beta_4[OH^-]^4$。

在一定温度下，β_1、β_2、β_3、β_4 为定值，形态分布系数仅是 pH 的函数，它们之间的关系可用形态分布系数图表示。

(2) 有机物的水解

水解作用是有机物与水之间最重要的反应。在反应中，有机物的官能团 X^- 和水中的 OH^- 发生交换，整个反应可表示为

$$R—X + H_2O \longrightarrow ROH + HX$$

对于许多有机物来说，水解作用是其在环境中消失的重要途径。在环境条件下，一般酯类物质容易水解，饱和卤代烃也能在碱催化下水解，不饱和卤代烃和芳烃则不易发生水解。酯类和饱和卤代烃水解反应的通式如下：

酯类　　$RCOOR' + H_2O \longrightarrow RCOOH + R'OH$

饱和卤代烃　　$R_1R_2R_3C—X + H_2O \longrightarrow R_1R_2R_3C—OH + HX$

有机物水解可以产生一个或多个反应中间体及产物。这些中间体和产物与原有机物的结构及性质有很大的差异。水解产物一般比原有机物更易被生物降解(除极少数例外)，但水解产物的毒性和挥发性则不总是低于原有机物的，很多时候会高于原有机物。如有机农药 2,4-D 酯类的水解就生成了毒性更大的 2,4-D 酸。通常水中有机物的水解是一级反应，即有机物 RX 的消耗速率正比于其浓度[RX]

$$-d[RX]/dt = k_h[RX]$$

式中，k_h 为水解反应速率常数。在温度、pH 等反应条件不变的情况下，可推出有机物水解的半衰期：$t_{1/2} = 0.693/k_h$。但是，通常情况下，水解速率会明显受 pH 的影响。Mabey 等把水解速率归纳为由酸性催化、碱性催化和中性过程决定，因而水解速率 R_h 可表示为

$$R_h = k_h[RX] = (k_A[H^+] + k_N + k_B[OH^-])[RX]$$

式中，k_A、k_N、k_B 为酸性催化、碱性催化和中性过程的水解反应速率常数，可从实验求得；k_h 为在某一 pH 下准一级水解反应速率常数，又可写为

$$k_h = k_A[H^+] + k_N + k_Bk_w/[H^+]$$

式中，k_w 为水的离子积常数。

因此，改变 pH 可通过上述计算求得一系列 k_h。羧酸酯水解常数 k_h 与 pH 有如图 3-5-8 所示关系：当水体 pH 超过点 I_{nb}所对应 pH 时，羧酸酯的水解以碱性催化为主；当 pH 低于点 I_{an}所对应 pH 时，羧酸酯的水解以酸性催化为主；而当水体 pH 在 I_{an}和 I_{nb}两点所对应的 pH 之间时，羧酸酯以中性水解为主，其速率最慢。

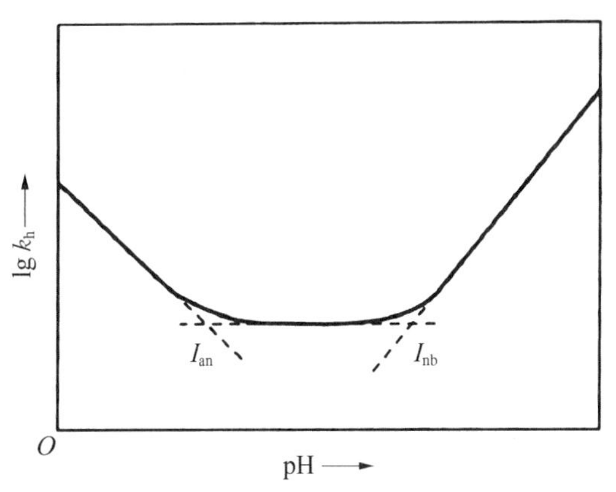

图 3-5-8　羧酸酯 lgk_B 与 pH 关系

3.5.3.8　有机物的光化学降解

光化学反应就是在光的作用下进行的化学反应。光化学反应需要分子吸收特定波长的电磁辐射，受激产生激发态分子或者变成引发热反应的中间化学产物后才会发

生化学变化。自然环境中的光能量特别是紫外线(λ<400 nm),极易被有机污染物或活性物质吸收,使有机物分子受激产生激发态分子,或引发活性物质产生强氧化性氧自由基,导致有机物发生强烈的光化学反应,使有机物发生分解。实验证明:DDT、2,4-D、辛硫磷、三硝基甲苯、苯并[a]蒽、多环芳烃等均可发生光化学降解(光解)。光解作用是有机污染物真正的分解过程,因为它不可逆地改变了分子的结构,强烈地影响水环境中某些有机污染物的归趋。一个有毒物质光解的产物可能还是有毒的,如辐射DDT产生的DDE在环境中滞留时间比DDT还长。

有机物光解可分为直接光解、敏化光解和光催化氧化降解三种类型。直接光解是指物质本身直接吸收了太阳能而进行分解反应。含有不饱和键或苯环结构的物质对紫外线及可见光的照射最敏感,容易发生直接光解。如间位取代的卤代苯系物在水中很容易发生直接光解,该类物质首先吸收光能,然后在碳卤键位置发生断裂,发生光激发的水解反应,转化为溶解度较高、易降解的羟基衍生物如苯酚等。敏化光解又称间接光解,是指水体中存在的天然光敏物质(如腐殖质等)被阳光激发,又将其激发态的能量转移给其他物质而导致其他物质分解的反应。环境中存在着许多天然的光敏剂,对物质的光解起着重要的作用。如2,5-二甲基呋喃就是可被敏化光解的一种化合物,它在蒸馏水中暴露于阳光下没有反应,但是在含有天然腐殖质的水中降解很快,这是由于2,5-二甲基呋喃自身不能吸收太阳光能,而腐殖质则可以强烈地吸收波长小于500 nm的光,并将部分光能转移给它,从而引起它的光解反应。又如,叶绿素是植物光合作用的光敏剂,它能吸收阳光中的可见光,并将光能传递给水和CO_2来合成糖类和氧气。光催化氧化降解是指某些天然活性物质(光催化剂)由于辐射后产生了强氧化性中间体,这些中间体能将化合物氧化分解的反应。在水环境中常见的强氧化性中间体有单重态氧($^1O_2$)烷基过氧自由基($RO_2\cdot$)、烷氧自由基($RO\cdot$)或羟基自由基($\cdot OH$)。因此,在有机废水处理技术上,人们常通过加入O_3、H_2O_2、Fe^{3+}等氧化剂或TiO_2、ZnO、CdS、WO_3和Fe_2O_3等半导体光催化剂来强化有机污染物的光解。在光催化氧化反应中,紫外线可促使O_3和H_2O_2等氧化剂分解产生强氧化性的$^1O_2$和$\cdot OH$等自由基,也可促使Fe^{3+}转化为Fe^{2+}过程中产生强氧化性的自由基,如在处理高浓度、难降解有毒有机废水方面常用的UV/Fenton催化氧化处理技术中。紫外线不仅可以促使Fenton试剂(Fe^{2+}和H_2O_2的混合体系)中的H_2O_2分解产生更多强氧化性自由基,从而增强Fenton试剂对有机物的氧化能力,而且会促使Fe^{2+}转化为Fe^{3+},进一步使Fe^{3+}在转化为Fe^{2+}过程中产生强氧化性的自由基,因此,在紫外线辅助下,可以减少Fenton试剂中H_2O_2的用量,并增加有机物分解效率和矿化度。对于TiO_2等半导体光催化剂,主要通过促使催化剂表面发生电子跃迁,从而产生强氧化性的$^1O_2$和$\cdot OH$等自由基。天然水体中主要的光催化剂为溶解氧。例如,在水中含有溶解氧时,苯并[*a*]蒽(B[*a*]A)能在阳光或紫外线作用下被催化氧化,而如除去水中的溶解氧,光照不能使B[*a*]A发生变化。

影响水体中物质进行光化学反应的因素除物质的分子结构外,还包括水体对光的吸收效率、光量子产率、吸收光波长及光照条件(光强和时间)、环境条件等。根据光化学第一定律,只有能吸收辐射(以光子的形式)能量的那些分子才会直接发生光化学转化,即直接发生光化学反应的前提条件是水体污染物的吸收光谱能与太阳光谱在水环境中可利用的部分相匹配。因此,水体对光的吸收作用是水中有机物光解的先决条件。当太阳光射到水体表面时,有一部分以与入射角相等的角度反射回大气,从而减少光在水体中的可利用性。一般情况下,这部分反射光的比例小于10%。此外,进入水体后的光会受水体中颗粒物、可溶性物质和水本身散射作用而发生折射,改变光线的方向,从而影响光化学反应。因此,物质在水体表层容易发生光化学反应,在离水面几米的深处,光化学反应可能很缓慢。光化学反应也受光量子产率影响。虽然所有光化学反应都能吸收光子,但是并不是每一个被吸收的光子均诱发化学反应。被吸收的光子还可能产生辐射跃迁等光物理过程。因此光解速率只正比于单位时间所吸收的光子数,而不是正比于所吸收的总能量。环境条件也影响光量子产率,如分子氧在一些光化学反应中会减少光量子产率,在另外一些情况下,它不仅影响光化学反应甚至可能参加光化学反应。因此,进行光解反应速率常数和光量子产率的测量时需要说明水体中分子氧的浓度。有机物的光解对吸收光的波长有很强的选择性。对于大部分有机物而言，紫外线往往对有机物的光解作用比可见光有效。有机物的光解效率和速率通常随光强的增加而增加。太阳辐射到水体表面的光强，一方面会随波长而变化，特别是近紫外区光强变化很大；另一方面会随太阳辐射角高度的降低而降低。悬浮物不仅会使水体中的光线发生散射，而且可以增加光的衰减，从而影响有机物的光解速率。此外，悬浮物还会改变吸附在它们上的物质的活性，并影响光解速率。

3.5.4　污染物在天然水体中的生物化学迁移转化

除物理化学过程外，生物化学过程也是水体中污染物迁移转化的重要过程。生物化学过程贯穿在生物生长、新陈代谢和死亡等生命过程中。通过生物化学过程，水体中污染物可以在生物体内富集并沿食物链迁移造成污染物的扩散和积累，威胁人体健康和生态安全；也可以被生物转化为毒性更低或更高的产物。由于生物能将水体中污染物转化为低毒或无毒产物，因此，水处理工程中常用培养微生物和种植水生植物等生物技术来处理污(废)水及天然水体中的污染物。

3.5.4.1　水体中污染物的生物化学过程

水体中污染物的生物化学过程包括生物转运和生物转化，其中生物转运包括吸收、分布和排泄三个过程，生物转化主要有氧化、还原、水解和结合四种反应类型。

污染物的生物吸收是指污染物从生物体外环境通过各种途径进入生物体的过程，是污染物进入生物体的途径，通常包括主动吸收和被动吸收两个过程。主动吸收又称代谢吸收或主动运输，是生物体(细胞)利用其特有的代谢作用所产生的能量做功而使物质逆浓度梯度进入生物体内的过程。生物体在呼吸、摄食等过程摄取食物和营养物质等生命活动的必需物质时，分布在这些物质中的污染物会被主动吸收进入生物体内。通过主动吸收，生物体可以将外界环境中的低浓度污染物吸收并富集积累，导致生物体内的污染物浓度升高。水生生物将水体污染物吸收并成百甚至数千万倍地浓缩，就是依靠主动吸收。被动吸收又称物理吸收或非代谢吸收，是污染物依靠其在生物体(细胞)内外的浓度差，通过扩散作用或其他物理过程而进入生物体内的过程。在这种情况下，污染物分子或离子不需要能量供应，可以直接从浓度高的外液流向浓度低的细胞内，直到浓度相等为止。主动吸收和被动吸收的区别有两点：主动吸收需要能量和载体，可以逆浓度梯度运输；被动吸收不需要消耗能量，且都是顺浓度梯度运输，即靠渗透压来运输。现有的研究表明，只有溶解在溶液(通常为水或生物体液)中的污染物才能被生物吸收。污染物的生物分布是指被吸收进入生物体的污染物及其代谢转化产物，由于扩散或生物体体液流动，被转运分散至生物体各部位组织和细胞的过程。污染物的生物排泄是指进入生物体的污染物及其代谢转化产物被机体清除的过程。

污染物的生物转化是指污染物在生物体内与生物体内物质(如蛋白质等)结合或在生物体内物质(如酶等)的作用下发生分子结构变化形成其他物甚至生物体自身组织的过程。生物转化是生物体对外源污染物处置的重要环节，是生物体抵抗污染物毒害作用并维持正常生理状态的主要机理。污染物经过生物转化可能形成比母体毒性更低甚至无毒的产物，如有机物可以被生物转化为 CO_2 和 H_2O；也可能形成比母体毒性更大的产物，如 Hg 可以被生物转化为毒性更大的甲基汞。

污染物的生物转运和生物转化都是由生物的代谢过程引起的。生物体自身的内代谢过程可分为合成代谢和分解代谢两个方面，两者同时进行。合成代谢又称同化作用或生物合成，是从小的前体或构件分子(如氨基酸和核苷酸)合成较大的分子(如蛋白质和核酸)的过程。分解代谢指机体将来自环境或细胞自身储存的有机营养物质分子(如糖类、脂类、蛋白质等)，通过反应降解成较小的、简单的终产物(如二氧化碳、乳酸、氨等)的过程，又称异化作用。内源呼吸是生物体分解代谢的重要机理，是细胞物质进行自身氧化并放出能量的过程。当碳源等营养物质充足时，细胞物质大量合成，内源呼吸并不显著；当缺乏营养物质时，细胞则只能通过内源呼吸氧化自身的细胞物质而获得生命活动所需的能量。污染物在生物体酶的催化作用下发生的代谢转化是有机污染物主要的生物转化过程和最重要的环境降解过程。有机物在生物体内的降解存在生长代谢和共代谢两种代谢模式。在生长代谢中，有机污染物可以作为生物生长基质为生物生长提供能量和碳源，并在生物体内参与生物体细胞组分的合成过程，使生物生长、增殖。

在生长代谢过程中，生物可快速、彻底地降解或矿化有机物。因此，能被生长代谢的污染物通常对环境威胁较小。共代谢是指有机污染物不能作为唯一基质为生物生长提供所需的碳源和能量，但是它们能在其他物质提供碳源和能量的情况下，在生物生长过程中被生物利用或分解。共代谢在那些难降解的物质降解过程中起着重要作用。通过几种生物的一系列共代谢作用，可使某些特殊有机污染物彻底降解。生长代谢和共代谢具有截然不同的代谢特征和降解速率。以某个污染物作为唯一碳源培养生物，便可通过生物的生长情况鉴定其代谢是否属生长代谢。此外，生长代谢存在一个滞后期，即一个物质在开始降解前必须使生物群落适应这种物质，这个滞后期一般需要 2～50 d。但是，一旦生物群落适应了这种物质，其降解速率是相当快的。共代谢没有滞后期，降解速率一般比完全驯化的生长代谢慢。共代谢并不能为生物提供能量，也不影响种群多少，但其代谢速率直接与生物种群的多少成正比。影响污染物生物代谢的主要因素包括有机物本身的化学结构和生物的种类。此外，一些环境因素如温度、pH、反应体系的溶解氧等也能影响生物代谢降解有机物的速率。

污染物在生物体内的浓度取决于生物体对污染物的摄取（吸收）和消除（排泄及代谢转化）这两个相反过程的速率，若摄取量大于消除量，就会出现该污染物在生物体内逐渐增加的现象，称为生物积累。生物体内污染物的积累量是污染物被吸收、分布、代谢转化和排泄各量的代数和。污染物在生物体内吸收积累的强度和部位与生物体的特性及污染物的性质有关。难分解或难排泄的污染物及其转化产物通常容易在生物体内积累。如许多有机污染物如苯、多氯联苯及其脂溶性代谢产物等，会通过分配作用，溶解积累于生物体的脂肪组织；钡、锶、铍、镭等金属，会经离子交换吸附，进入骨骼组织的无机羟磷灰盐中而积累。污染物的生物积累常导致其在生物体内的富集和放大。生物富集是指生物体从体外环境蓄积某种元素或难降解的物质，使其在体内浓度超过周围环境中浓度的现象。从动力学上来看，生物体对水中难降解污染物的富集速率，是生物对其吸收速率、消除速率及由生物机体质量增长引起的物质稀释速率的代数和。生物体对污染物的吸收速率越大，越容易富集；而消除速率及稀释速率越大，则越不易富集。生物放大是指在同一食物链上的高营养级生物，通过吞食低营养级生物蓄积某种元素或难降解物质，使其在机体内的浓度随营养级数提高而增大的现象。生物放大并不是在所有条件下都能发生，有些物质只能沿食物链传递，不能沿食物链放大；有些物质既不能沿食物链传递，也不能沿食物链放大。生物积累、富集和放大可在不同侧面为评估水体环境中污染物的迁移及可能造成的生态环境危害利用生物对环境进行监测及净化、制定污染物环境排放标准等提供重要的科学理论依据。

生物对水中污染物的积累、富集及放大等现象都可用生物浓缩因子（生物富集系数，BCF）表示，即

$$\mathrm{BCF}=c_b/c_w$$

式中，c_b 为某种元素或难降解物质在生物体中的浓度；c_w 为某种元素或难降解物质在水中的浓度。

污染物的生物浓缩因子大小主要与生物特性、污染物特性和环境条件三方面因素有关。生物、污染物或环境条件不同，污染物的 BCF 间可以相差几万倍甚至更高。生物特性主要指生物种类、大小、性别、器官、生长发育阶段等，如金枪鱼和海绵对铜的 BCF 分别为 100 和 1 400。影响 BCF 的污染物重要特性包括可降解性、脂溶性和水溶性。一般难降解、脂溶性高的污染物，BCF 较高，如虹鳟对 2,2′,4,4′-四氯联苯的 BCF 为 12 400，而对四氯化碳的 BCF 为 17.7。温度、盐度、硬度、pH、溶解氧和光照状况等环境条件也会影响 BCF。如翻车鱼对多氯联苯的 BCF 在水温 5℃时为 6.0×10^3，而在 15℃时为 5.0×10^4。

由于生物积累、富集和生物放大，可以导致位于食物链顶级的生物体中污染物浓度是水体中污染物浓度的几千万倍。如很多研究发现在受 DDT 污染的湖泊生态系统中，位于食物链顶级的以鱼类为食的水鸟体内 DDT 浓度比当地湖水中浓度高出几千万倍。水生生物对水中物质的吸收富集是一个复杂过程。但是对于高脂溶性的难降解有机污染物，它们主要以被动吸收方式通过生物膜，其生物吸收富集的机理可简单认为是该类物质在水和生物体脂肪组织两相间的分配作用。研究发现，有机物在正辛醇（一种类似生物脂肪的纯化合物）-水两相分配系数的对数（$\lg K_{ow}$）与其在生物体中生物浓缩因子的对数（lg BCF）间存在良好的线性关系，通式为

$$\lg \mathrm{BCF} = a \lg K_{ow} + b$$

式中，a、b 为经验回归系数。

这一经验关系可以预测各类脂溶性难降解有机污染物在各种生物体中的吸收富集情况。

3.5.4.2　重金属的生物甲基化作用

金属甲基化作用是指金属元素的生物甲基化，是环境中一个重要的生物转化机理。环境中的一些重金属（如 Hg、Sn、Pb 等）及类金属（如 As、Se、S 等）都能被生物甲基化。目前研究得较清楚的是 Hg 和 As 的生物甲基化作用。汞的生物甲基化就是金属汞和二价汞离子等无机汞在生物特别是微生物的作用下转化成甲基汞或二甲基汞，其转化机理主要有酶促反应和非酶促反应两种。前者是通过一种厌氧细菌（甲烷形成细菌）合成的甲基钴氨素作为甲基供体，在有腺苷三磷酸（ATP）和中等还原剂的条件下把无机汞转化成甲基汞或二甲基汞；后者是由微生物直接参与进行，甲基供体是 S-腺苷甲硫氨酸和维生素 B_{12}。

汞的环境污染问题之所以被人们重视，不仅因为无机汞的毒性，更因为无机汞在微生物的作用下，可转化为毒性更强的甲基汞，而甲基汞又可沿食物链在生物体内逐级富集放大，最后进入人体。

除汞的生物甲基化作用外，有人发现天然水中，在非生物的作用下，只要存在甲基给予体，汞也可被甲基化。Hg^{2+} 在乙醛、乙醇或甲醇作用下，经紫外线照射可发生甲基化。此外，一些哺乳动物和鱼类本身也存在汞的甲基化过程。水体中的甲基汞可通过食物链而富集于生物体内。如藻类对甲基汞的生物浓缩因子可高达 5 000～10 000。即使水中汞含量极微，但通过生物富集和食物链放大就会大大提高汞对人体健康的危害。水俣病主要是人们食用含有大量甲基汞的鱼、贝等水产品导致的。

砷与汞一样，也可以被生物甲基化。砷化合物可在厌氧细菌作用下被还原，然后与甲基作用，生成毒性很大的易挥发的二甲基胂和三甲基胂。二甲基胂和三甲基胂虽然毒性很强，但在环境中易氧化为毒性较低的二甲基胂酸。

3.5.4.3　无机氮污染物的生物转化

氮是构成生物有机体的基本元素之一，主要以分子态氮、有机氮化合物及无机氮化合物三种形态存在。无机氮化合物又分为硝酸盐氮、亚硝酸盐氮和氨氮。在水环境中，氮元素的各种形态可以通过生物的同化、氨化、硝化、反硝化等作用不断发生相互转化。植物和微生物可以吸收铵盐和硝酸盐等无机氮化合物，并将它们转化为有机体内的含氮有机物（这个过程称为同化作用）。含氮有机物也可以经过微生物分解产生铵根（即氨化作用）。铵盐中的铵根在有氧条件下，通过微生物作用，可以被氧化逐渐形成亚硝酸盐和硝酸盐（即硝化作用）。氨氮对于大多数植物是有毒害作用的。植物摄取的氮元素主要是以硝酸盐为主，只有一些能够适应缺氧条件的植物如水稻、湿地植物等能吸收氨氮。因此，硝化作用对植物生长具有很重要的作用。硝酸盐在缺氧条件下，可被微生物还原为亚硝酸盐、氮气和氨氮（即反硝化作用）。

氨氮在微生物的硝化作用下主要发生如下两阶段氧化反应，生成亚硝酸盐和硝酸盐

$$2NH_3 + 3O_2 \longrightarrow 2H^+ + 2NO_2^- + 2H_2O + \text{能量}$$

$$2NO_2^- + O_2 \longrightarrow 2NO_3^- + 能量$$

能够进行硝化反应的微生物大都是以二氧化碳为碳源的自养型细菌。它们从氨氮氧化转化生成亚硝酸盐和硝酸盐的过程中摄取反应产生的能量。硝化反应是微生物的好氧呼吸作用导致的耗氧反应，通常只有在合适的环境条件下才能进行，这些条件包括如下几种：一是水体溶解氧含量高；二是微生物最适宜生长的温度约为30℃，低于5℃或高于40℃时，硝化细菌和亚硝化细菌很难存活；三是水体为中性或微碱性，在pH大于9.5时，硝化细菌活动受到抑制，而亚硝化细菌活动则非常活跃，会导致水体中亚硝酸盐的积累；在pH小于6.0时，亚硝化细菌活动被抑制，整个硝化反应很难发生。除自养型硝化细菌外，还有些异养型细菌、真菌和放线菌能将氨氮氧化成亚硝酸盐和硝酸盐。异养型微生物对氨氮的氧化效率远不如自养型细菌高，但其耐酸，并对不良环境的抵抗能力较强，所以在自然界的硝化过程中也发挥着一定的作用。硝化反应是污(废)水生物脱氮工艺中的核心反应之一。

在缺氧条件下，微生物对硝酸盐的还原作用有两种完全不同的途径。一是利用其中的硝酸盐氮作为氮源，将硝酸盐还原成氨，进而合成氨基酸、蛋白质和其他含氮有机高分子化合物，称为同化性硝酸盐还原作用：$NO_3^- \rightarrow NH_4^+ \rightarrow$含氮有机高分子化合物。许多细菌、放线菌和霉菌能利用硝酸盐作为氮源。另一途径是利用NO_2^-和NO_3^-为呼吸作用的最终电子受体，把硝酸盐还原成氮分子(N_2)发生反硝化作用(或脱氮作用)；$NO_3^- \rightarrow NO_2^- \rightarrow N_2$能进行反硝化作用的只有少数细菌，这个生物群称为反硝化细菌。大部分反硝化细菌是异养型细菌，如脱氮小球菌、反硝化假单胞菌等，它们以有机物为氮源和能源，进行厌氧呼吸，其生化过程可用下式表示

$$C_6H_{12}O_6 + 12NO_3^- \longrightarrow 6H_2O + 6CO_2 + 12NO_2^- + 能量$$

$$5CH_3COOH + 8NO_3^- \longrightarrow 6H_2O + 10CO_2 + 4N_2 + 8OH^- + 能量$$

少数反硝化细菌为自养型细菌，如脱氮硫杆菌，它们通过氧化硫或硝酸盐获得能量，同化二氧化碳合成自身细胞物质，并以硝酸盐作为呼吸作用的最终电子受体。其生化过程可用下式表示

$$5S + 6KNO_3 + 2H_2O \longrightarrow 3N_2 + K_2SO_4 + 4KHSO_4$$

在有机和含氮污(废)水处理工程中的生物处理单元，常设置一个反硝化装置，以防止污(废)水中的硝酸盐和亚硝酸盐排入水体造成富营养化等污染。微生物的反硝化作用只有在如下合适的厌氧条件下才能进行：一是水体环境氧分压越低，微生物反硝化能力越强；二是水体必须存在有机物作为碳源和能源；三是水体一般是中性或微碱性；四是温度通常在25℃左右。

3.5.4.4 有机物的生物转化

有机物在微生物的催化作用下发生降解的反应称有机物的生化降解反应。水体中的生物，特别是微生物能使许多物质进行生化降解反应，绝大多数有机物因此而降解成为更简单的物质。水体中很多有机物如糖类、脂肪、蛋白质等比较容易降解，一般经过醇、醛、酮、脂肪酸等生化氧化阶段，最后降解为二氧化碳和水。有机物生化降解的基本反应可分为两大类，即水解反应和氧化反应。对于有机氯农药、多氯联苯、多环芳烃等难降解有机污染物，降解过程中除上述两种基本反应外，还可能发生脱氯、脱烷基等反应。

本章参考文献

[1] 张乃明.环境土壤学[M].北京：中国农业大学出版社，2012.
[2] 仵彦卿.土壤-地下水污染与修复[M].北京：科学出版社，2018.
[3] 贾建丽，等.环境土壤学(第二版)[M].北京：化学工业出版社，2016.

[4] 贾建丽，于妍，薛南冬.污染场地修复风险评价与控制[M].北京：化学工业出版社，2015.
[5] 吴吉春，孙媛媛，徐红霞.地下水环境化学[M].北京：科学出版社，2019.
[6] 陈怀满，等.环境土壤学(第二版)[M].北京：科学出版社，2010.
[7] 纪轩.废水处理技术问答[M].北京：中国石化出版社，2003.
[8] 叶宏，钱骏，陈俊辉.典型工业行业挥发性有机物污染特征及控制[M].北京：化学工业出版社，2019.
[9] 熊敬超，宋自新，崔龙哲，李社锋.污染土壤修复技术与应用(第二版)[M].北京：化学工业出版社，2021.
[10] 朱利中.环境化学[M].北京：高等教育出版社，2011.

第 4 章

主要工业生产污染物产排简述

本章针对主要工业行业(共 41 大类),简述各行业生产过程中的原辅材料、燃料、基本生产工艺、产排污节点以及产生的主要污染物,为从业技术人员列出主要工业行业生产过程中产生的污染物,为参与场地污染调查、污染源分析提供工艺与污染关系分析的最基本知识和方法。

4.1 制造业

工业发展常常被视为环境恶化的主要原因,我国工业的快速发展带来的环境污染、资源短缺和生态破坏问题,使得环境保护面临的压力日趋增大,工业生产大规模消耗了资源和能源带来 GDP 增长的同时,也造成了水环境、大气环境、土壤环境等的严重破坏。我国已成为世界上能源、钢铁、有色金属、水泥、玻璃、造纸、无机化工、煤化工等资源消耗量最大的国家。

工业污染物通常和生产工艺密切相关。工业生产的各类锅炉和加热炉燃料燃烧过程会产生大量的烟气,含烟尘、SO_2、NO_x、CO_2 等;工业炉窑在使用燃料和原料过程中产生的烟气,含烟粉尘、SO_2、NO_x、CO_2、H_2S、重金属、氟化物、氯化物、总烃等;各种化工生产装置产生的尾气,含颗粒物、SO_2、NO_x、H_2S、苯并[a]芘、氨、酚、酸、氟化物、氯化物、VOC 等;在生产过程中的传送装置、装卸上料装置、运输装置、堆存装置、贮存装置、收集装置也会产生污染物泄漏和扬散,含有颗粒物、重金属和 VOC 等。其中有些是从有组织收集的排放口(或烟囱)排放,还有许多是从生产设备和生产作业平台、以无组织方式泄漏和扬散排放的。在生产的哪些部位(节点)会产生大气污染、是有组织方式还是无组织方式、会产生哪些大气污染物质就是对大气污染源的排污节点分析。

工业生产的某些设施在加工、生产、洗涤、冲洗等过程会产生污水,污水中也会带走一些物料,形成污水中的污染物质。在生产的哪些环节会产生废水、废水中有哪些污染物、需不需要预处理和分质处理、预处理和分质处理后的去向(回用、进入污水综合处理、直接排放)如何,这些就是对水污染源的排污节点分析。

工业生产的某些环节会产生废渣、尘灰、废催化剂、废过滤材料、废酸、废碱、废液、污泥、工业垃圾等。在什么环节会产生什么固体废物、产生量是多少、固体废物的化学性质如何,属于哪类固体废物(一般固体废物、危险废物),要通过台账对固体废物的产生、收集、贮存、处置、利用、外运等进行定量化管理。

对工业生产过程各生产环节或部位,按大气污染源、水污染源、固体废物源进行分类,分析说明哪些部位产生哪类污染(水、气、固体废物),都含有哪些污染物质,这种分析就是工业生产的产排污节点分析。

本部分主要基于工艺环境学,针对各大类工业行业,阐述各行业的污染特点、原辅材料、基本生产工艺、产排污节点、主要污染物等,为土壤污染状况调查、环境评价、环境监测等提供工艺与污染关系分析的基本知识和方法。

4.1.1　石油工业生产工艺环境基础

4.1.1.1　石油开采工业

(1) 石油开采的原辅料

石油开采的原料主要为原油、原油含水、油田气，辅料主要为钻井泥浆、钻井液等。

石油又称原油，是从地下深处开采的棕黑色可燃黏稠液体。组成石油的化学元素主要是碳(83%～87%)、氢(11%～14%)，其余为硫(0.06%～0.8%)、氮(0.02%～1.7%)、氧(0.08%～1.82%)及微量金属元素(镍、钒、铁等)，由碳和氢化合形成的烃类构成石油的主要组成部分，占 95%～99%。

原油的颜色与它本身所含胶质、沥青质的含量有关，含量越高颜色越深。原油中，各种烃类的结构和占比相差很大，主要属于烷烃、环烷烃、芳香烃三类。石油工业是燃料工业之一，包括天然石油和油页岩的勘探、开采、炼制、储运等。

(2) 石油开采工业生产工艺流程

石油钻井工艺流程如图 4-1-1 所示，石油采集、集输与储运工艺流程如图 4-1-2 所示。

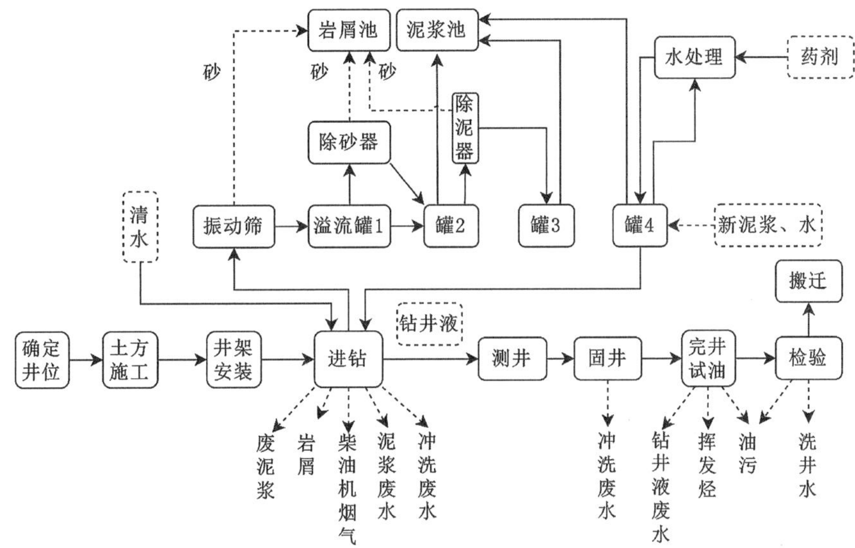

图 4-1-1　石油钻井工艺流程

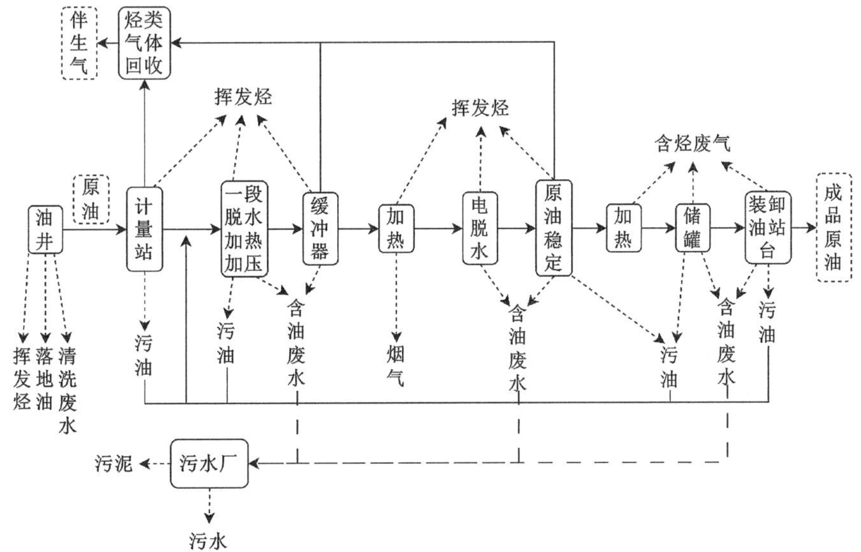

图 4-1-2　石油采集、集输与储运工艺流程

(3) 石油开采产排污分析

① 主要产排污节点

石油开采产排污节点如表 4-1-1 所示。

表 4-1-1 石油开采产排污节点

工 序		主 要 排 放 污 染 物
钻探钻井	井场建设	[废气]产生的地面扬尘 [废水]生产废水主要污染物 SS、COD 和石油类等，生活废水主要污染物 COD、氨氮
	钻 井	[废气]柴油机运转烟气(NO_x、TSP 和 SO_2)，产生挥发烃废气 [废水]钻井废水(含 SS、COD、石油类、钻井液)，生活废水(COD、氨氮、总磷等) [固体废物]钻屑、废弃泥浆(主要成分是黏土、CMC 和少量纯碱等)和生活垃圾
	井场拆除	[废气]拆除、平整、运输产生扬尘 [废水]装备清洗产生含油废水 [固体废物]拆除产生垃圾和废弃泥浆
采油站		[废气]泄漏含挥发烃的废气，加热炉排放烟气(NO_x、TSP 和 SO_2) [废水]含油清洗废水、生活污水 [固体废物]废油泥、落地油属危险废物，生活垃圾属一般固体废物
井下作业	试 油	[废气]产生挥发烃废气 [废水]产生洗井废水；产生落地油
	酸化压裂	[废气]产生挥发烃废气 [废水]产生废酸(HCl、HF、H_2SO_4、HNO_3)；产生废压裂浆 [固体废物]产生酸化压裂废水含 pH、COD、石油类、硫化物等
	修 井	[废气]含挥发烃的废气 [废水]产生机修废水(石油类、COD、SS) [固体废物]产生落地油、油砂(危险废物)，泥浆(一般固体废物)
油气集输和储运		[废气]加热炉排放烟气(NO_x、TSP 和 SO_2)、挥发烃无组织排放废气 [废水]产生含油污水含石油类、COD、SS、pH、总氮、总磷、硫化物等 [固体废物]产生油泥、油砂、污水厂污泥(危险废物)、生活垃圾(一般固体废物)
污水站		[废气]废水处理和污泥产生恶臭气体 [废水]废水含 COD、SS、硫化物、氟化物、石油类、pH、氨氮、总磷、多种重金属元素等 [固体废物]污水处理的污泥(危险废物)

② 主要污染物

石油烃、硫化物、氟化物、氨氮、总磷、重金属、HCl、HF、H_2SO_4、HNO_3、挥发酚等。

4.1.1.2 炼油工业

石油炼制是以原油为基本原料，经过一系列炼制工艺，如常减压蒸馏、催化裂化、催化重整、延迟焦化、炼厂气加工及产品精制等，将沸点不同的原油成分分馏为不同的石化产品。原油经若干炼油设备和辅助装置的系统一次加工和二次加工，生产轻质油(汽油、煤油、柴油)、重质油(重油、渣油)、溶剂油、润滑油、石蜡、沥青、石油焦，以及多种石油化工基本原料产品。

(1) 石油炼制原辅料

石油炼制原料为原油、甲醇；辅料为燃煤、天然气，根据生产工艺其他有氢气、碱液、催化剂和钝化剂等。

(2) 石油炼制生产工艺流程

石油炼制生产工艺流程为分离工艺(电脱盐、初馏、常压蒸馏、减压蒸馏)→转化工艺(催化裂化、催化重整、加氢裂化、延迟焦化、烷基化)→油品精制工艺(氢精制、化学精制、溶剂精制、糠醛精制、酚精制、酮苯脱蜡、丙烷脱沥青、白土精制、脱硫醇等)。

(3) 石油炼制产排污分析

① 主要产排污节点

石油炼制产排污节点分析如表 4-1-2 所示。

表 4-1-2　石油炼制产排污节点

<table>
<tr><th colspan="3">工　序</th><th>主 要 排 放 污 染 物</th></tr>
<tr><td rowspan="2">分离工艺</td><td colspan="2">电脱盐</td><td>[废水]分废水含无机盐、石油类和 COD,浓度较高,由于使用乳化液,水呈乳浊状</td></tr>
<tr><td colspan="2">初馏、常减压蒸馏</td><td>[废水]常减压主要有含硫污水、含油污水和含盐污水,塔顶油水分离器污水;三个蒸馏塔顶产物冷凝后经油水分离器排水,由于与油品直接接触,融入污染物较多,含石油类、硫化物、氨氮、酚类,水呈乳浊状
[废气]加热炉烟气(含 SO_2、NO_x、烟尘)等,设备维修吹扫会排放 VOCs;三塔顶回流罐脱水部位会产生废气泄漏(主要污染物有硫化氢和酚)</td></tr>
<tr><td rowspan="5">转化工艺</td><td colspan="2">催化裂解</td><td>[废水]粗汽油罐污水:主要来自蒸汽凝结污水,吸收了油气的硫化氢、氨、酚等物质,成为含硫污水(主要污染物为硫化物、石油类和酚);凝缩油罐排水来自压缩富气注水和油气中凝结水(含硫化氢、氨等)
[废气]再生烟气:再生器燃烧催化剂积炭的烟气(有 SO_2、NO_x、CO 等);无组织排放废气:装置放空减压,火炬燃烧污染;催化裂化装置装卸催化剂,产生粉尘污染,系统异常时催化剂粉尘被烟气带出(粉尘、重金属)
[废渣]有碱洗精制的碱渣、更换的废催化剂、停工检修产生的脱硫醇的废活性炭等,多属于危险废物</td></tr>
<tr><td colspan="2">催化重整</td><td>[废水]含硫废水:来自预处理单元回流罐切水、油气分离器、溶剂再生抽空排水(含硫化物和氯化物),抽真空冷凝水(含苯类物质);含碱废水:催化剂再生含氯酸性废水进行碱中和,会产生碱性废水
[废气]加热炉烟气(SO_2、NO_x、粉尘等),催化剂烧焦(再生烟气)过程产生氯酸烟气,经碱洗中和;无组织排放废气:装置产生的弛放气、芳烃采样口外泄废气
[废渣]催化剂再生的废干燥剂、抽提系统精馏的脱色废白土、抽提系统的老化溶剂、废催化剂,属危险废物</td></tr>
<tr><td colspan="2">加氢裂化</td><td>[废水]含硫废水:从高低压分离器排出经分馏塔顶回流罐排出高含硫化氢和氨的废水;含油废水:导凝排液、原料罐切水、蒸汽冷凝水等含油废水;含碱废水:催化剂再生碱液吸收过程产生的废水
[废气]加热炉烟气(含 SO_2、NO_x、粉尘等),酸性废气(塔顶排出含硫废气,火炬燃烧产生含酸性废气),无组织排放的废气(装置停工吹扫废气,含 VOCs)
[废渣]废催化剂(镍钼和镍钨催化剂)、废溶剂(使用的二异丙醇胺)老化产生的废溶剂,都属于危险废物</td></tr>
<tr><td colspan="2">延迟焦化</td><td>[废水]冷焦水(焦炭塔少量残油进入冷焦水,脱油产生含油污水);除焦水(高压水切割焦炭的废水);冷却塔、分馏塔顶分离切水(含油、含酚);以上废水污染物中含硫化物、氨氮、石油类、酚
[废气]加热炉烟气(含 SO_2、NO_x、粉尘等),冷焦水放空塔废气(产生恶臭含硫废气),液态烃、干气、富气采样口泄漏的含烃废气
[废渣]正常运行时产生焦粉和粉尘,装置停工检修时产生少量油泥及焦粉沉积物</td></tr>
<tr><td>烷基化</td><td>氢氟酸法</td><td>[废水]干燥剂再生分水罐排水(水质与原料有关),碱洗罐和中和器排放的氟化钙沉淀池排水(含氟化物,通过混合槽,加入氯化钙取出氟化物,废水可能含氟化钙),中和池排水(含氟酸性废水碱中和后排出碱性废水)
[废气]主分馏塔底重沸炉和加热炉烟气(含 SO_2、NO_x、烟尘等),火炬烟气(主分馏塔顶回流罐排气及酸泄放管产生的放空火炬含氟废气),无组织排放废气(停工检修吹扫废气,含氢氟酸)
[废渣]加热炉灰渣(一般废物),氟化钙废渣,丙烷、丁烷脱氟剂废渣,丙烷、丁烷、氢氧化钾处理废渣,废干燥剂等,均属危险废物</td></tr>
</table>

续 表

工	序		主要排放污染物
转化工艺	烷基化	硫酸法	[废水]原料干燥脱水塔排水(石油类、硫化物等),烷基化产物水洗水(烷基化产物碱洗后排出碱性废水),装置停工吹扫废水(装置停工吹扫产生的含油) [废气]无组织排放废气(烃类、溶剂、硫酸雾等) [废渣]在烷基化反应过程,会排放大量高浓度废酸渣;在碱液洗涤过程中,会定期排放废碱渣;在装置检修过程中会排出少量油泥等固体废物,以上废渣都视为危险废物

石油炼制行业各工序机泵轴封冷却水也会产生大量含油废水,各工序产品精制废水产生大量废水(含硫化物、氨氮、石油类、酚等);污水收集传输预处理、固体废物收集运输储存过程也会产生严重的二次大气污染,含有硫化氢、氨、酚、总烃、芳烃、溶剂等。

② 主要污染物

苯、二甲苯、酚类、石油烃、氰、重金属、SO_2、NO_x、CO、非甲烷总烃、氯化氢、硫、废酸液(如氢氟酸、硫酸)、废碱液(如氢氧化钾)等。

4.1.1.3 石油化工

(1) 石油化工原料

石油和石油气(炼厂气、油田气和天然气)。

(2) 烯烃和芳烃工业生产方法

① 烯烃生产方法

烯烃的主要生产方法是将石油烃类原料(天然气、炼厂气、轻油、柴油、重油)进行热裂解反应,生成小分子的烯烃。烃类热裂解主要产品有乙烯、丙烯、丁二烯等,其中重要的生产环节是烃的热裂解和裂解产物的分离。

乙烯生产方法:烷烃(固定床反应器)催化脱氢制乙烯、乙烷催化氧化制乙烯、石脑油催化裂化制乙烯技术、甲醇(由天然气甲烷合成甲醇)制乙烯。

丙烯生产方法:根据来源可分为两类,一是裂解丙烯,来自乙烯裂解装置,是乙烯的联产品:二是炼厂丙烯,是从催化裂化炼厂气中分离出来的。

丁二烯生产方法:主要有C4馏分溶剂抽提法和脱氢法,其中抽提法按使用的溶剂又分为DMF(二甲基甲酰胺)法、NMP(N-甲基吡咯烷酮)法、ACN(乙腈)法。

② 芳烃生产工艺

我国石油化工是以石油脑和裂解汽油为原料经环丁砜抽提、芳烃精馏而制得的,一般包括反应、分离、转化三部分。我国原油属重质原油直馏石油脑(石油脑中含芳烃3%～10%)只占6%,我国目前大力发展氢裂化石油脑、加氢处理焦化汽油、裂解汽油萃取油作为重整的原料。

目前工业上广泛应用的是溶剂抽提法,其步骤是宽馏分重整汽油进入脱戊烷塔,脱戊烷塔顶流出戊烷成分,塔底物流进入脱重组分塔,塔顶分出抽提进料进入芳烃抽提部分,塔底重汽油送出装置;抽提进料得到芳烃物质和混合芳烃物质,非芳烃送出装置;混合芳烃经过白土精制、精馏后,得到苯、甲苯、二甲苯和邻二甲苯产品,重芳烃送出装置。芳烃反应主要采用催化重整(主要催化剂含铂、氟、氯)和裂解汽油加氢,我国催化重整工艺用于生产芳烃和生产汽油的各占50%,乙烯工业的副产品裂解汽油加氢生产的苯已占全年苯产量的35%。芳烃馏分的分离采用溶剂萃取,原料与萃取液逆相接触,根据溶解度差异,把非芳烃提取除去。我国芳烃资源短缺,多采用甲苯、C9芳烃的烷基转移、甲苯歧化、二甲苯异化等生产工艺转化成芳烃。芳烃的转化包括异构化反应、歧化反应、烷基化反应和脱烷基化反应,是在酸性催化剂下进行的。

(3) 烯烃和芳烃生产排污分析

① 高温裂解制乙烯的主要排污节点如表 4－1－3 所示。

表 4－1－3　高温裂解制乙烯主要排污节点

污染类型	主 要 排 放 污 染 物
废　气	燃烧烟气：裂解炉、蒸汽锅炉用燃料燃烧产生含 SO_2、NO_x、烟尘的烟气 清焦废气：裂解炉定期清焦产生的烟气 火炬尾气：工艺尾气经火炬燃烧排放；检修吹扫废气
废　水	含酚废水：来自对工艺废水汽提，从塔底排出含酚废水 含硫废水：来自裂解气的碱洗脱硫废水 废碱液：来自裂解气碱洗工艺 废黄油：来自碱洗系统的黄油罐，废水含一定量的废黄油
固体废物	废渣：废干燥剂、废焦渣、废炉渣、废催化剂(含钯、含镍)、检修废丙烯聚合物、汽油分馏焦炭末

② 芳烃工业的主要排污节点分析如表 4－1－4 所示。

表 4－1－4　芳烃工业的主要排污节点

污染类型	主 要 排 放 污 染 物
废　气	废气主要是加热炉排放的烟气，含 SO_2、NO_x、粉尘等。设备尾气含 H_2S、芳烃、氨等
废　水	废水来自塔顶回流罐切水、分离罐切水、溶剂再生抽空排水等，废水主要含油类、酚、芳烃等

③ 主要污染物

重金属、石油烃、环丁砜、酚类、芳烃、氨、SO_2、NO_x 等。

4.1.2　煤化工工业生产工艺环境基础

4.1.2.1　炼焦行业

(1) 炼焦行业原辅料

炼焦的主要原料一般为焦煤、气煤、肥煤、瘦煤等。炼焦常用的辅料为硫酸、碱液和洗油。炼焦产品主要有焦炭、焦炉煤气、焦油、氨水、粗苯、硫酸铵、萘、杂酚、硫黄等。

(2) 炼焦行业的主要工艺流程

炼焦的基本生产工艺如图 4－1－3 所示。

另外，煤气净化工艺过程主要为：焦炉荒煤气→初冷器→电捕焦油器→煤气鼓风机→预冷塔→脱硫塔→煤气预热器→喷淋式饱和器→终冷塔→洗苯塔→煤气供应。

化产回收工段一般包含焦炉煤气脱氨(硫铵工艺)、焦炉煤气脱萘、焦炉煤气脱苯(粗苯工艺)等三个工序。

(3) 炼焦行业产排污分析

① 主要产排污节点

炼焦行业主要产排污节点如表 4－1－5 所示。

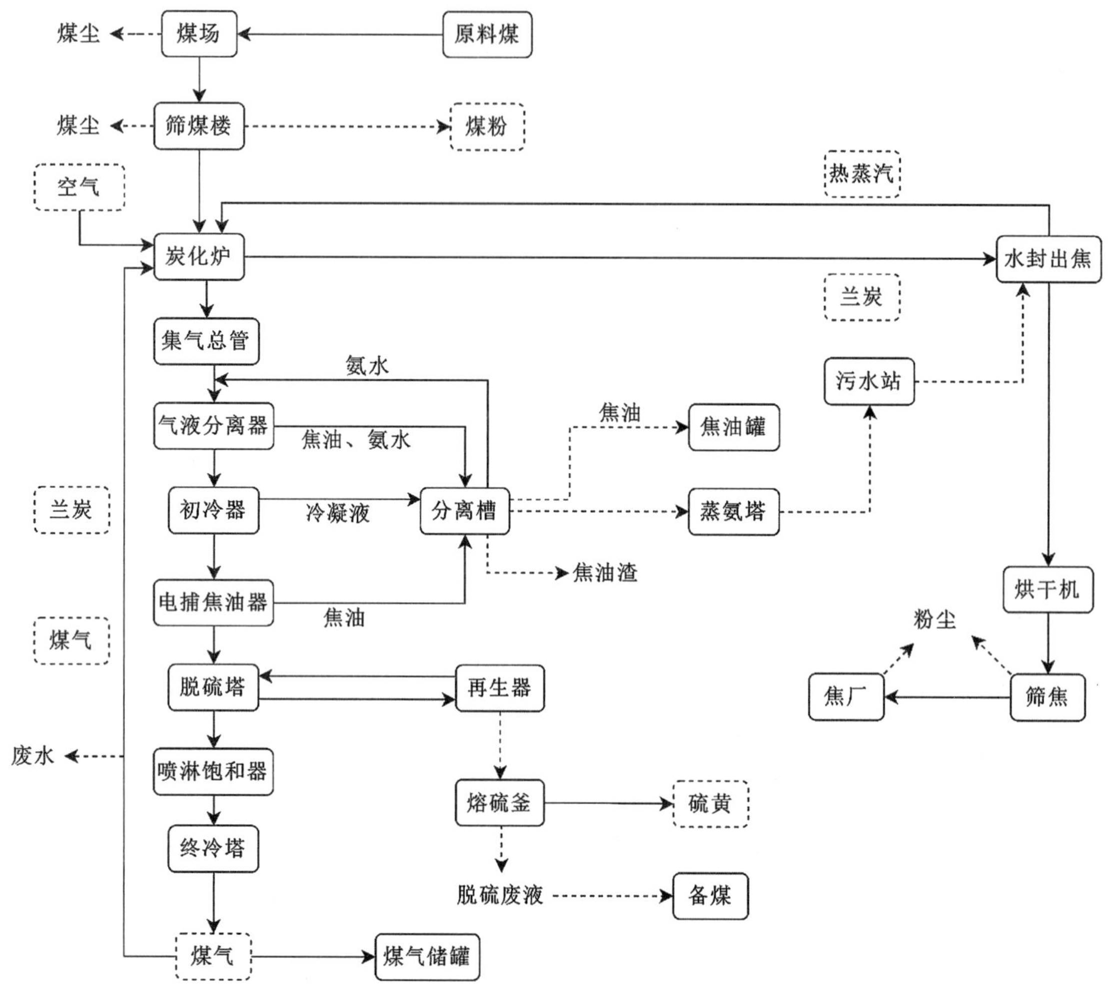

图 4-1-3 炼焦生产工艺

表 4-1-5 炼焦行业主要产排污节点

工段		主要排放污染物
备煤和装煤	备煤配煤	含煤尘颗粒物废气，无组织排放； 渗滤水和选煤水中含有悬浮物、Cu、Mn、Zn 等重金属离子，以及酚类、硫化物、石油类污染物； 危险固体废物：煤矸石
	装煤	废气中含煤尘颗粒物、SO_2、NO_x、BaP、CO、H_2S、NH_3、HCN、C_nH_m 等，属于无组织排放；收尘产生尘灰
炼焦（炭化）	炭化室	废气中主要含煤尘颗粒物、SO_2、NO_x、BaP、苯类、CO、H_2S、NH_3、HCN、挥发酚、C_nH_m 等，属于无组织排放
	燃烧室	颗粒物、SO_2、NO_x 等，除尘产生尘灰
	推焦	含煤尘颗粒物、SO_2、NO_x、BaP、H_2S、NH_3、C_nH_m 等；除尘产生尘灰
	湿法熄焦	含煤尘颗粒物、SO_2、NO_x、BaP、CO、NH_3、C_nH_m 等；废水中含焦尘悬浮物、酚、氰化物等；除尘产生尘灰和尘泥
	干法熄焦	含煤尘颗粒物、SO_2、NO_x、BaP、CO、NH_3、C_nH_m 等除尘产生尘灰

续　表

工　段		主　要　排　放　污　染　物
筛焦、贮焦	筛焦、贮焦	全过程产生大量无组织含尘废气；破碎、筛分、烘干机、粉焦仓设施排气口产生有组织含尘废气；地面冲洗废水，废水含硫化物、氨氮、石油类等除尘产生粉焦
	成品堆放	焦尘，无组织排放；焦油罐、焦油渣罐、氨水池废气散逸、泄漏；H_2S、NH_3、BaP、BSO，还有恶臭；地面冲洗废水含 COD、氨氮、氰化物、挥发酚、石油类等，除尘产生尘灰
煤气净化	煤气冷鼓	电捕焦油器、中间槽等产生煤气泄漏，蒸氨槽、焦油槽、氨水槽等各槽类设备放散管的放散废气；焦油渣罐大小呼吸，冷热循环水池蒸发产生废气；含 H_2S、VOCs 等泄漏，产生异味，含煤尘颗粒物、SO_2、NO_x、BaP、苯类、CO、H_2S、NH_3、HCN、挥发酚、C_nH_m 等；管式加热炉产生颗粒物、SO_2、NO_x；工艺排水，设备、地坪冲洗水，废水中含 COD、氨氮、氰化物、硫化物、挥发酚、石油类等；焦油渣（含一定量焦油和氨水的煤粒及游离碳的混合物）；管道冷凝液、焦油渣、沥青渣（均属危险废物）；氨水澄清槽中分离出氨水、焦油和焦油渣
	氨水焦油分离工艺	
	脱硫脱氰	设备、管道、氨水槽、油罐封闭不严和跑冒滴漏产生含 H_2S、VOCs 等泄漏，产生异味，脱硫再生塔泄漏含 H_2S 废气；尾气焚烧后排放的废气含 SO_2、NO_x、颗粒物等；脱硫废液，脱硫废液主要为 $Na_2S_2O_3$、NaCNS 设备、地坪冲洗水；固体产品：硫黄
化产回收	硫　铵	废气和尾气含颗粒物、SO_2、NO_x、BaP、苯类、H_2S、NH_3、HCN、挥发酚、C_nH_m 等；废水含 pH、COD、氨氮、硫化物、氰化物、挥发酚等；产生沥青渣和焦油酸（危险废物）
	脱萘	废气含颗粒物、SO_2、NO_x、BaP、苯类、H_2S、NH_3、HCN、挥发酚、C_nH_m 等；废水含 pH、COD、氨氮、硫化物、氰化物、挥发酚、硫化物等
	粗苯精制	放散废气含苯、C_nH_m 等；再生残渣（主要为芴、联亚苯基氧化物等）；COD、氨氮、氰化物、挥发酚、石油类等
	污水站	废水：COD、硫化物、酚类、石油类、氨氮、总氮、挥发酚等；生化处理后剩余污泥中含有有机物、细菌、微生物及重金属离子等

② 主要污染物

苯类、氰化物、多环芳烃（尤其是苯并[a]芘、萘、芴）、环戊二烯、古马隆（即 2,3 -苯并呋喃）、噻吩、石油烃、酚类、重金属（如 Cu、Mn、Zn 等）、氨氮、硫化物、硫黄、硫酸铵、SO_2、CO、NH_3、NO_x 等。

4.1.2.2　**煤液化**

（1）煤液化原辅料

煤液化原料为进厂液化水洗煤、进厂制氢用煤、催化剂用煤、锅炉用煤等。煤液化辅料为外购天然气、外购硫黄、外购硫化物、外购液氨、催化剂、蒸汽、水、空气、氮气、硫酸铁等。

（2）煤液化的生产工艺

煤直接液化工艺流程如图 4 - 1 - 4 所示。

（3）煤液化产排污分析

① 主要产排污节点

煤液化主要产排污节点如表 4 - 1 - 6 所示。

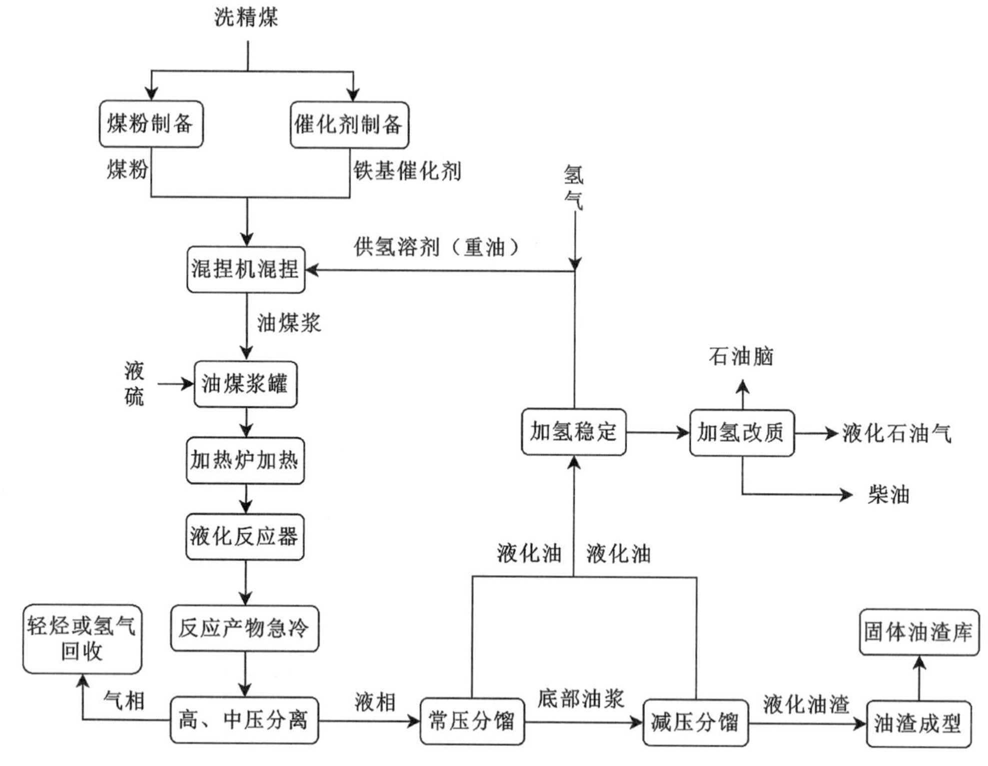

图 4-1-4　煤直接液化工艺流程

表 4-1-6　煤液化主要产排污节点

工　艺	类　型	污　染　节　点	污　　染　　物
备　煤	废　气	煤液化制备烟道气	SO_2、烟尘
		煤液化制备收尘尾气	粉尘
		制氢煤制备烟道气	SO_2、烟尘
		制氢煤制备收尘尾气	粉尘
		转运站尾气	粉尘
	固体废物	液化、气化制粉废渣	石子等
催化剂制备	废　气	氧化反应器放空气	—
		一段干燥窑尾气	粉尘
		二段干燥过滤器尾气	粉尘
	废　水	滤液缓冲槽洗涤水	氨氮、硫酸盐
		机泵冷却水	COD、石油类
煤液化	废　气	煤浆进料加热炉烟气	SO_2、烟尘、NO_x
	废　水	冷中压分离器排含硫含酚污水	氨氮、硫化氢、挥发酚
		机泵冷却水	COD、石油类
		地坪冲洗水	COD、石油类

续　表

工　艺	类　型	污染节点	污染物
煤液化油加氢稳定	废　气	反应进料炉、分馏炉烟气	SO_2、烟尘、NO_x
	废　水	塔顶回流罐、冷低压分离器排含硫污水	氨氮、硫化氢、挥发酚
		机泵冷却水	COD、石油类
		地坪冲洗水	COD、石油类
	固体废物	废催化剂	Mo、Ni、Al_2O_3等
加氢改质	废　气	混氢油加热炉分馏塔底重沸炉烟气	SO_2、烟尘、NO_x
	废　水	冷高压分离器低压分离器排含硫污水	COD、石油类、硫化物
		机泵冷却水	COD、石油类
	固体废物	加氢精制废催化剂	MoO_3、NiO、Al_2O_3等
		加氢改质废催化剂	WO_3、NiO、Al_2O_3等
重整-抽提	废　气	预加氢加热炉烟气	SO_2、烟尘、NO_x
	废　水	机泵冷却水	COD、石油类
		抽空器凝结水罐排污水	COD、石油类、硫化物
		气液分离罐排含油含硫污水	COD、石油类、硫化物
	固体废物	预加氢废催化剂	Al_2O_3、MoO_3、NiO、C_OO 等
		重整废催化剂	Al_2O_3、Pt 等
		老化环丁砜	环丁砜聚合物
		废活性白土	白土
异构化	废　气	加热炉烟气	SO_2、烟尘、NO_x
	废　水	机泵冷却水	COD、石油类
	固体废物	废催化剂	Al_2O_3、Pt 等
煤制氢	废　气	煤气化过滤器排气	粉尘
		煤气化灰仓过滤器排气	粉尘
		煤气化气提塔废气	H_2S、NH_3、CO_2
		酸性气体脱除工序解吸气	甲醇、硫化氢
		酸性气体脱除工序富 H_2S 气体	H_2、CO_2、N_2
	废　水	废锅排污水	主要含钠、钙、镁等无机盐
		气化污水	COD、SS、氨氮、氰化物

续 表

工 艺	类 型	污 染 节 点	污 染 物
煤制氢	废 水	变换洗涤塔污水	氨氮、硫化物
		甲醇水分离塔废水	COD、氨氮
	固体废物	气化废渣	废渣
		气化飞灰	飞灰
		变换废催化剂	MoS_3、CoS、Al_2O_3
空 分	固体废物	分子筛	活性炭等
		废渣	AlO_2
		珠光砂	SiO_2
轻烃回收	废 水	机泵冷却水	COD、石油类
污水汽提	废 气	脱硫化氢塔顶酸性气	H_2S、NH_3
		氨吸收塔顶酸性气	H_2S、NH_3
		装置区无组织排放气	H_2S、NH_3
	废 水	机泵冷却水	COD、石油类、硫化物、氨氮、挥发酚
硫黄回收	废 气	尾气焚烧炉烟气	SO_2
		装置区无组织排放气	H_2S
	废 水	酸性气分液罐排水	COD、硫化物
	固体废物	废加氢催化剂	MoO_3、CoO
		废催化剂	Al_2O_3
气体脱硫	废 气	酸性气	H_2S
	废 水	机泵冷却水	COD、硫化物
酚回收	废 水	氨气提塔排水	COD、油、硫化物、NH_3、挥发酚、硫化氢
油渣成型	废 气	水洗塔放空尾气	H_2S、烃类、SO_2
	废 水	地坪冲洗水	COD、石油类

② 主要污染物

石油烃、重金属(如Mo、Ni、W等)、硫化物、环丁砜、硫黄、酚类、甲醇、氨氮、胺类、SO_2、NO_x、H_2S、VOCs等。

4.1.3　钢铁工业生产工艺环境基础

4.1.3.1　钢铁工业概述

(1) 钢铁工业结构

钢铁工业的生产系统包括国标分类划定的黑色金属冶炼及压延加工项目“炼铁、炼钢、钢压延加工及铁合金冶炼”四大生产系统，加上老钢铁联合企业涵盖的生产系统再增加烧结、焦化共 6 个独立的生产系统。钢铁工业的特点是生产工艺流程长，从矿石开采到产品的最终加工，需要经过多个生产工序。钢铁工业体系分为以铁精矿为基本原料生产钢材的长流程和以废钢铁为基本原料生产钢材的短流程。

(2) 钢铁工业污染特征

钢铁工业废气主要污染因子为颗粒物、SO_2、NO_x、氟化物、氯化氢、二噁英等；废水主要污染因子为石油类、重金属、酚、氰等；固体废物主要包括含铁尘泥、除尘灰、铁渣、钢渣以及碳钢酸洗废酸(盐酸、硫酸)等(表 4-1-7)。

表 4-1-7　钢铁工业主要污染物

污染类型	主要排放污染物
废气	原料进厂：运输、卸车、聚堆、贮存、上料、传输产生无组织扬尘 烧结、球团：破碎、筛分、配料、拌和、传输、烧结产生无组织扬尘；破碎、筛分、配料、拌合设备、料仓产生有组织废气，含颗粒物，干燥、焙烧、冷却产生烟气，含颗粒物、SO_2、NO_x 高炉熔炼：高炉进料、出铁、出渣、炉体、铁水装罐、运输、铁渣水冷粒化、渣场运输产生无组织含尘废气；上料、出铁、出渣、水冷粒化集气口产生有组织含尘废气；热风炉烟气，含颗粒物、SO_2、NO_x、CO、H_2S 等 转炉、电炉、连铸、模铸：转炉铁水、废钢的转运、倾倒、钢水倾倒、转运过程和撇渣、运渣、渣场装卸过程产生大量含尘废气，电炉废钢加工、电炉布料、出渣、出钢、钢包运输过程产生大量含尘工艺废气，连铸钢水包运输、倾倒、结晶器拉坯、坯材切割、中间包烘烤过程排放含尘废气，模铸钢水包运输、倾倒、结晶器拉坯、坯材切割、中间包烘烤过程排放粉尘；转炉吹炼、烟罩提升产生吹炼烟气、精炼炉产生精炼烟气，含颗粒物、CO、SO_2、NO_x、氟化物；电炉熔炼、精炼产生熔炼废气，含颗粒物、CO、NO_x、氟化物、SO_2、二噁英、铅、锌等 热轧、冷轧：热轧加热炉产生燃烧废气，含颗粒物、NO_x、SO_2；退火炉产生燃烧烟气，含颗粒物、SO_2、NO_x，冷轧产生含尘废气；冷轧退火炉产生燃烧烟气，含颗粒物、SO_2、NO_x，冷轧产生含尘废气
废水	烧结：湿式除尘排水、地面冲洗水，含有高的悬浮物 炼铁：主要为高炉煤气洗涤水、冲渣废水、地面冲洗水，含悬浮物、酚、氰等 炼钢：冷却废水、湿法除尘废水、地面冲洗水，含 SS、石油类、COD、氨氮、氰化物、氯化物等 轧钢：除磷废水和直接冷却水、电镀废水，含 COD、SS、石油类、金属锌等
固体废物	烧结：含铁尘泥、废矿石、除尘灰、废油(危废)、脱硫渣等 炼铁：铁水冶炼渣、瓦斯尘泥、脱硫渣等 炼钢：钢渣、尘泥、氧化铁皮、脱硫渣、废钢碳钢酸洗废酸等 轧钢：废氧化铁皮、水处理池污泥，废油、电镀废渣、废液、废酸碱均属危险废物等

4.1.3.2　烧结工序

烧结工艺能将铁矿粉预制成满足高炉入炉要求的精料。用精料炼铁，可以实现高产、优质、低耗、减排和回收资源再利用。

烧结工艺是将各种粉状含铁原料，配入适量的燃料和熔剂，加入适量的水混合后，在烧结设备上加热将矿粉颗粒黏结成块的过程。球团生产的目的与烧结基本相同，球团工艺是将铁精矿粉或其他含铁粉料添加少量添加剂混合后，加水润湿，通过造球机滚动成球，再经过干燥焙烧，固结成为具有一定强度和冶金性能的球型含铁原料。

(1) 原辅材料

① 原料

烧结生产使用的原料主要为含铁原料(精矿粉、富矿粉、高炉瓦斯泥、转炉泥以及轧钢氧化铁皮等)，球团生产使用的原料主要为含铁原料(达 70%)。烧结单元产品为烧结矿，球团单元产品为球团矿等。

铁精矿粉是由铁矿石(含有铁元素或铁化合物的矿石)经过选矿、破碎、分选、磨碎等过程加工处理而成的矿粉。铁矿粉的种类主要有磁铁矿粉(主要成分 Fe_3O_4)、赤铁矿粉(主要成分 Fe_2O_3)、褐铁矿粉(主要成分 Fe_2O_3)、菱铁矿铁(主要成分 $FeCO_3$) 的硅酸盐矿粉以及硫化铁矿(主要成分 FeS_2)。

烧结矿返矿分为热返矿(烧结机尾两侧和表层的未烧好的烧结矿)、冷返矿(烧结矿经冷却和整粒后的筛下物)和高炉料槽下返矿(高炉料槽中的烧结矿在入炉前进行筛分时的筛下物)三种。

② 辅料(熔剂)

烧结熔剂主要有石灰石(主要成分是碳酸钙)、白云石(属三方晶系的碳酸盐矿物，化学成分为 $CaMg(CO_3)_2$)、菱镁石(主要成分为 $MgCO_3$)、生石灰(主要成分为氧化钙)和消石灰(俗称熟石灰，主要成分是 $Ca(OH)_2$)等；球团熔剂主要为石灰石或白云石。烧结使用的燃料为焦粉、无烟煤、煤气等。

(2) 工艺流程

烧结生产工艺流程如图 4-1-5 所示，球团生产工艺流程如图 4-1-6 所示。

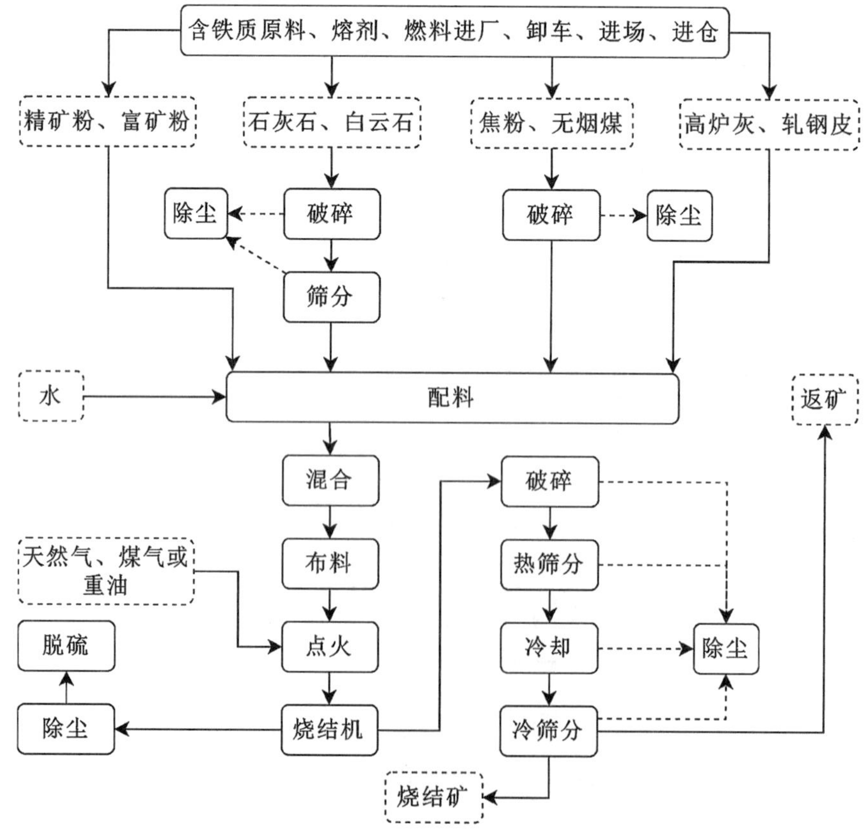

图 4-1-5 烧结生产工艺流程

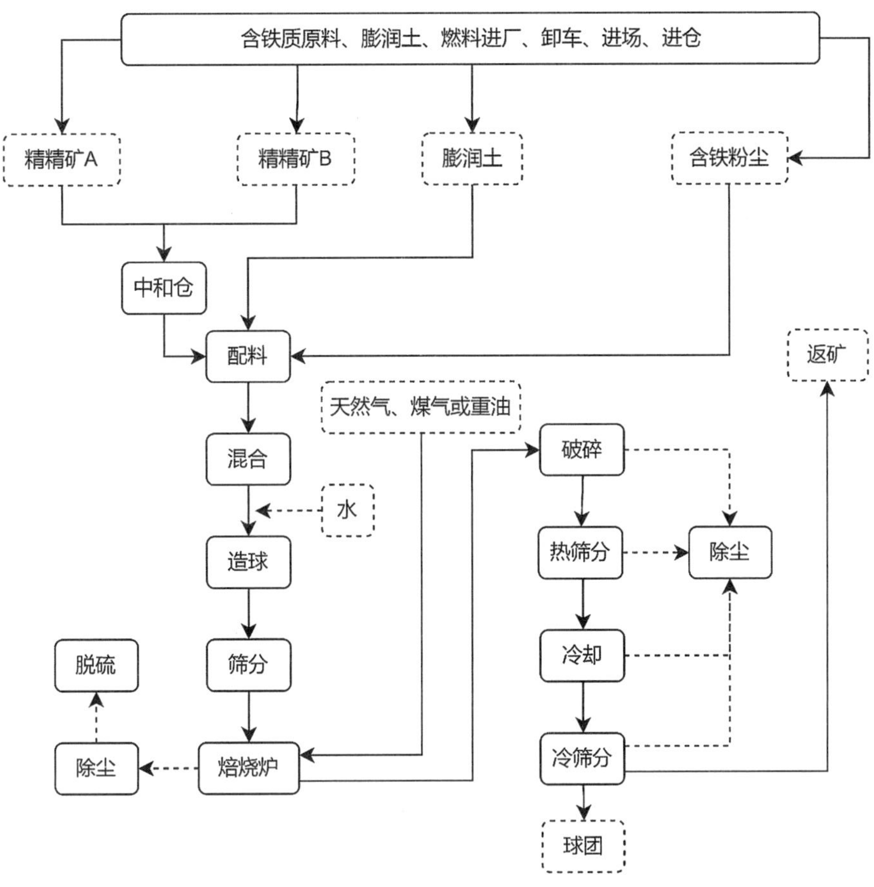

图 4-1-6　球团生产工艺流程

(3) 产排污分析

① 主要产排污节点

烧结工序主要产排污节点如表 4-1-8 所示。

表 4-1-8　烧结工序主要产排污节点

生产工序	生　产　设　施	排污节点和主要环境因素
原料进厂	运输车辆、堆料机、取料机、堆场或仓棚、仓库、传送带、提升机、精矿槽、受料矿槽、除尘器等	运输、卸车、聚堆、贮存、上料、传输产生扬尘；液体燃料遗撒产生 VOCs
烧结工艺	移动皮带、矿槽、圆盘给料机、电子秤、配料桶、混合料矿槽、布料器、带式烧结机、主抽烟机、除尘器、脱硫设备等	原辅料的输入、破碎、筛分、配料、拌和、传输、烧结过程会产生无组织含尘废气；破碎、筛分、配料、拌合设备的排放口产生有组织含尘废气；机头机尾产生烟气，含颗粒物、SO_2、NO_x
球团工艺	移动皮带、矿槽、圆盘给料机、电子秤、配料桶、混合料矿槽、造球机、圆筒干燥机、高温焙烧机（竖炉或带式焙烧机或链篦机-回转窑）、除尘器、脱硫设备等	原辅料过程产生无组织含尘废气；破碎、磨粉、配料设备的排放口产生有组织含尘废气；干燥、焙烧过程产生烟气，含颗粒物、SO_2、NO_x
冷却工艺	破碎机、筛分设备、皮带输送机、带式或环式冷却机、除尘器、烧结矿仓等	破碎、筛分、输运、冷却、矿仓、冷却机产生无组织含尘废气；破碎、筛分、冷却、矿仓的排放口产生有组织含尘废气；冷却机产生冷却烟气

② 主要污染物

重金属、SO_2、NO_x、氟化物和二噁英、石油烃、总砷等。

4.1.3.3 **炼铁工序**

炼铁是指用高炉法、直接还原法、熔融还原法等，将铁从矿石等含铁化合物中还原出来的生产过程。目前国内钢铁工业炼铁工艺分为高炉炼铁、直接还原炼铁、熔融还原炼铁，但高炉炼铁为国内炼铁主流工艺。高炉炼铁工艺包括供料系统、上料系统、炉顶系统、粗煤气系统、炉体系统、出铁场系统、渣处理系统、热风炉系统和煤粉喷吹系统。辅助系统包括铸铁机和修罐库。

(1) 原辅材料

① 原料

高炉炼铁主要原料有含铁原料(铁矿石、烧结结矿或球团矿)、助熔剂(石灰石、硅石等)，还有还原剂(焦炭)、辅助还原剂(煤粉、石油、天然气、塑料)。铁矿石主要分为磁铁矿石、赤铁矿石、褐铁矿石、菱铁矿石等。

② 辅料(熔剂)

石灰石、硅石(主要成分是 SiO_2)等。

(2) 工艺流程

炼铁工艺流程如图 4－1－7 所示。

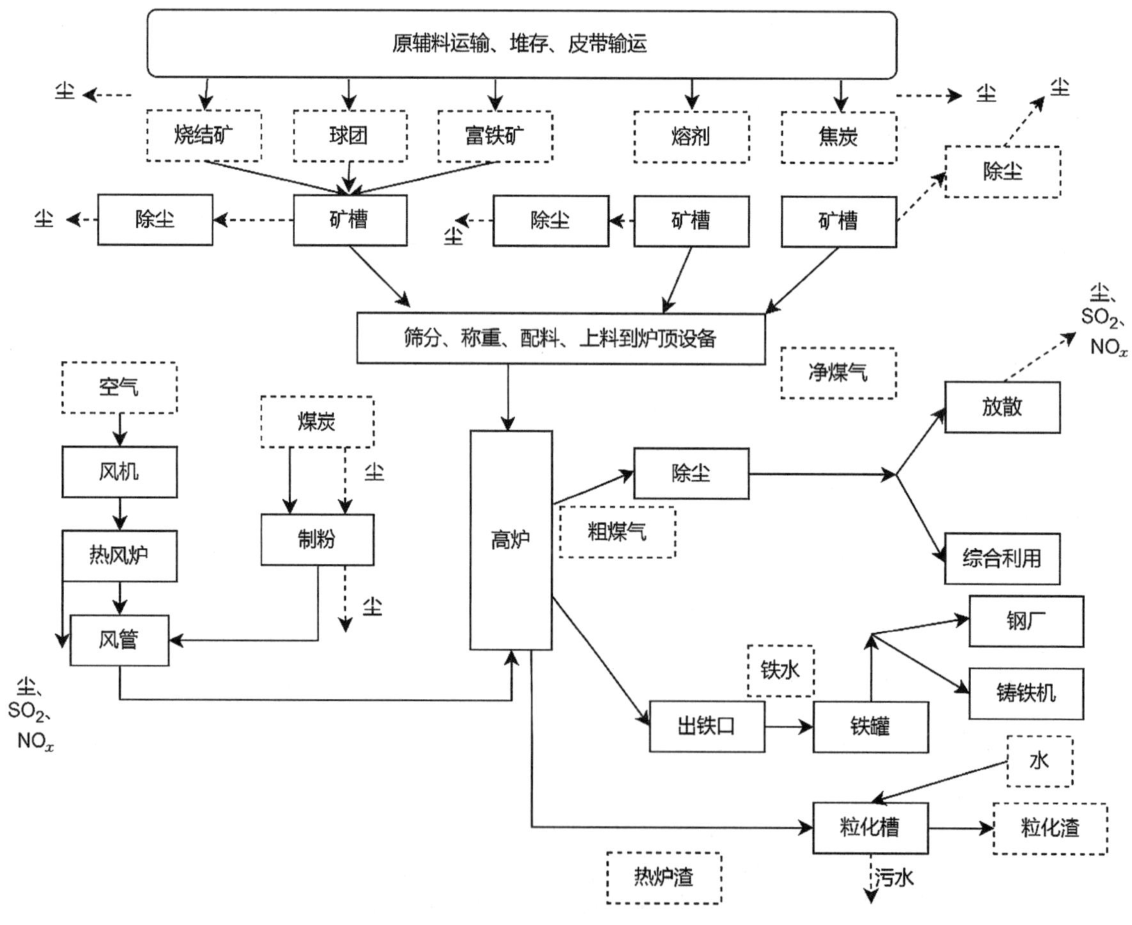

图 4－1－7 炼铁工艺流程

(3) 产排污分析

① 主要产排污节点

炼铁工序主要产排污节点如表 4－1－9 所示。

表 4-1-9 炼铁工序主要产排污节点

工 序	生 产 设 施	排污节点和主要环境因素
供料上料	车辆、矿槽、给料机、供料皮带、运输皮带、筛分设备、称量斗等	传输带或车辆、筛分、上料、入炉产生无组织含尘废气
高炉熔炼	料罐、溜槽、料钟、放散阀、高炉、出铁口、出渣口、炉体冷却系统、铁水罐、载具、开口机、渣铁沟、粒化槽、皮带运输机、渣场、除尘器	高炉进料、出铁、出渣、炉体、铁水装罐、运输、铁渣水冷粒化、渣场运输产生无组织含尘废气 进料、出铁、出渣、水冷粒化集气口产生有组织含尘废气，废气含颗粒物、SO_2、NO_x 等 除尘器产生尘灰 产生冲渣废水
热风、煤粉喷吹	热风炉、煤气管道、助燃风机、煤粉磨机、煤粉仓、除尘器、煤粉喷吹系统等	热风炉煤气燃烧烟气含颗粒物、SO_2、NO_x；无烟煤输运、磨粉、煤粉仓产生无组织和有组织排放含尘废气

② 主要污染物

二噁英、挥发酚、氰化物、重金属、SO_2、NO_x 等。

4.1.3.4 炼钢工序

炼钢分为转炉炼钢和电炉炼钢，不仅炼钢设备不同，炼钢使用的原辅材料也有差异。炼钢的主原料为铁水和废钢(生铁块)，炼钢单元产品为粗钢(其中石灰窑和轻烧白云石窑产品为活性石灰、轻烧白云石)。

(1) 原辅材料

① 转炉炼钢的原辅料

转炉炼钢所用原材料分为主原料、辅料和各种铁合金。氧气顶吹转炉炼钢用主原料为铁水和废钢(生铁块)。炼钢用辅料通常指造渣剂(石灰、萤石、白云石、合成造渣剂)、冷却剂(铁矿石、氧化铁皮、烧结矿、球团矿)、增碳剂以及氧气、氮气、氩气等。炼钢常用铁合金有锰铁、硅铁、硅锰合金、硅钙合金、金属铝等。

② 电炉炼钢的原辅料

电炉炼钢原料有铁质原料、氧化剂、造渣材料、合成渣料、耐火材料、其他材料。铁质原料有废钢、生铁、直接还原铁、铁合金等；氧化剂有氧化铁皮、氧气等；造渣材料有石灰、白云石、萤石、碳球和高铝钒土等；合成渣料有脱硫剂、熔融合成精炼渣等；耐火材料包括炉底耐材、钢包耐材、中包耐材等；其他材料有电极、增碳剂、保温剂、保护渣等。

(2) 工艺流程

目前国内钢铁工业长流程炼钢采用转炉炼钢(图 4-1-8)，短流程炼钢采用电炉炼钢(图 4-1-9)。

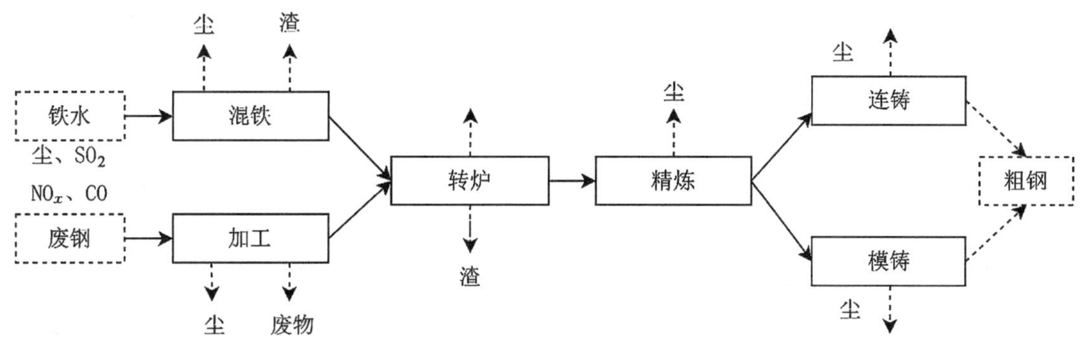

图 4-1-8 转炉炼钢工艺

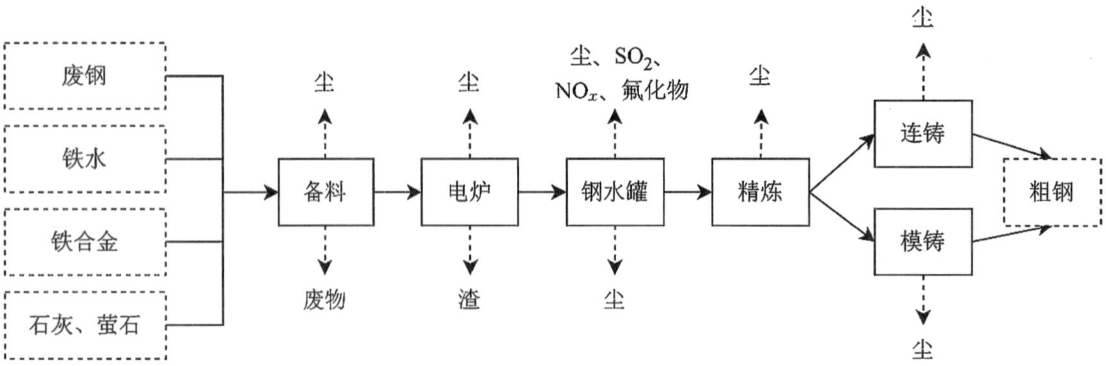

图 4-1-9 电炉炼钢工艺

(3) 产排污分析

① 主要产排污节点

炼钢工序主要产排污节点如表 4-1-10 所示。

表 4-1-10 炼钢工序主要产排污节点

工序	生产设施	排污节点和主要环境因素
转炉炼钢	铁水罐、钢包台车、渣罐、吊车、混铁炉、转炉、烟罩提升装置、升降溜槽、精炼炉、钢渣场等	铁水、废钢的转运、倾倒,钢水倾倒、转运过程和撇渣、运渣,渣场装卸过程产生大量含尘废气; 转炉吹炼、烟罩提升产生吹炼烟气,精炼炉产生精炼烟气,含颗粒物、CO、SO_2、NO_x,产生钢渣、废耐火材料、尘灰
电炉炼钢	钢包、吊车、变压器、电弧炉、钢渣场、精炼炉等	废钢加工、电炉布料、出渣、出钢、钢包运输过程产生大量含尘工艺废气;熔炼、精炼产生熔炼废气,含颗粒物、CO、NO_x、氟化物、SO_2;产生钢渣、废耐火材料、尘灰
连铸工艺	钢包及载具、钢包回转台、中间包、结晶器、冷却装置、拉矫装置、引锭杆、切割设备、中间包烘烤装置等	钢水包运输、倾倒、结晶器拉坯、坯材切割、中间包烘烤过程排放粉尘
模铸工艺	钢包及载具、钢包回转台、中间包、模铸机、水冷却系统等	钢水包运输、倾倒、模铸机注钢水、水冷却过程排放粉尘; 水冷却系统产生废水,主要污染物为石油类

② 主要污染物

二噁英、氟化物(如 CaF_2)、SO_2、NO_x、重金属(如铅、锌等)、石油烃等。

4.1.3.5 轧钢工序

轧钢工序是钢铁生产三大工序(即炼铁、炼钢及轧钢)中,最后的一道成材工序;主要以炼钢连铸生产的钢坯为原料,经备料、加热、轧制及精整处理,最终加工成指定规格、型号的产品。

(1) 原辅材料

① 原料

在轧钢生产中,一般常用的原料为钢锭、轧坯和连铸坯,也有采用压铸坯。

② 辅料

辅料主要有轴承油、润滑油、聚合氯化铝、氢氧化钠、聚丙烯酰胺等。主要燃料包括重油、柴油、天然气、液化石油气、焦炉煤气、高炉煤气、转炉煤气、发生炉煤气等。其他主要辅料有酸液(作为酸洗液,如氢氟酸、盐酸)、锌锭(热镀锌和电镀锌原料)、钝化液等。

(2) 工艺流程

按照轧制温度的不同，轧钢工序主要可分为热轧(图4-1-10)和冷轧(图4-1-11)两大类。

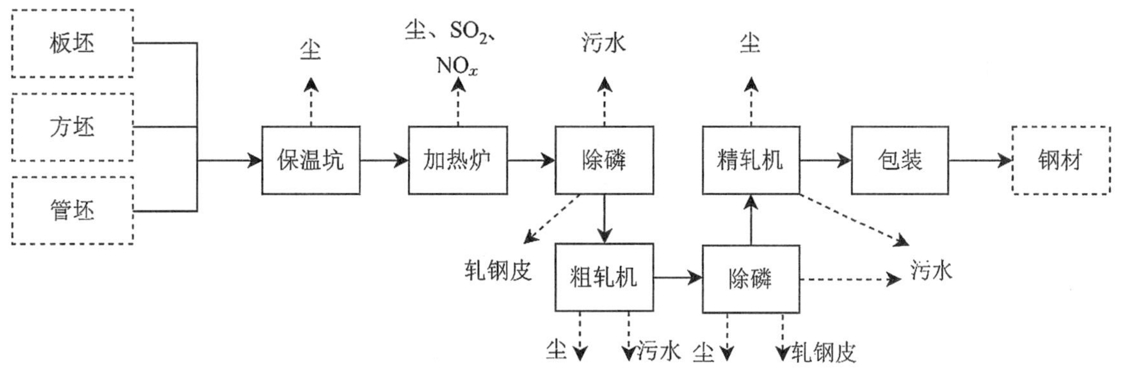

图4-1-10　热轧工艺

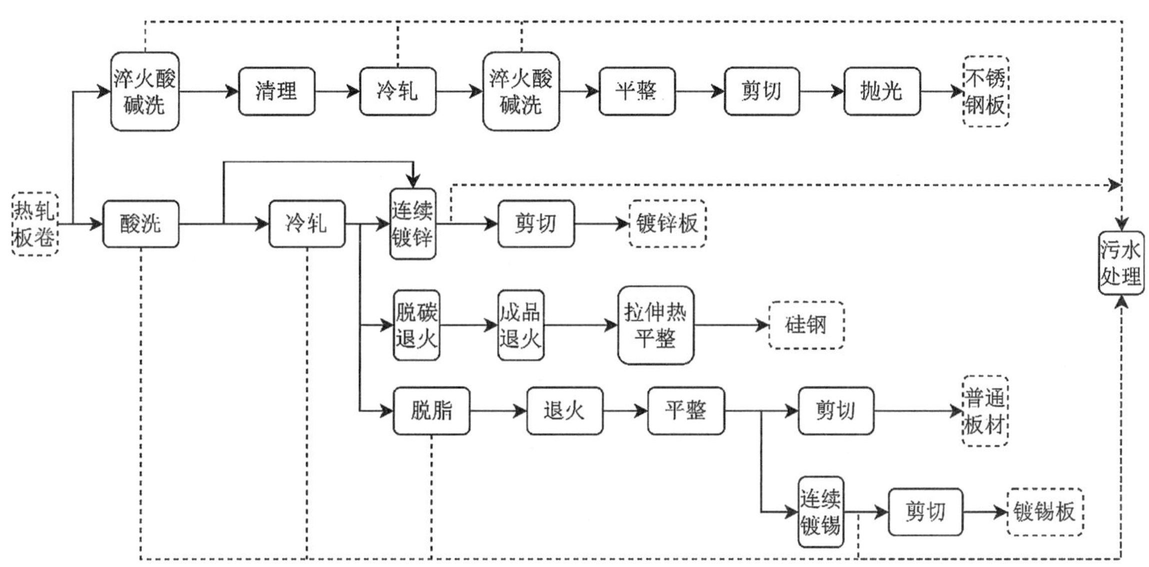

图4-1-11　冷轧工艺

(3) 产排污分析

① 主要产排污节点

轧钢主要产排污节点如表4-1-11所示。

表4-1-11　轧钢主要产排污节点

工　序	生　产　设　施	排污节点和主要环境因素
热轧工艺	加热炉、热轧机组、运输辊道、除磷装置、水冷却系统、冷却水处理系统、卷取机、飞剪、热轧成品库、天车等	加热炉产生燃烧废气，含颗粒物、NO_x、SO_2 除磷废水和直接冷却水含SS、石油类、COD 废氧化皮、水处理池污泥、废油
冷轧工艺	运输辊道、酸洗槽、脱脂槽、冷轧机、退火炉、水冷却系统、冷却水处理系统、平整机、剪切机、卷取机、冷轧成品库、天车等	酸碱洗废水含石油烃；冷轧、水冷却系统废水含石油类；电镀废水含金属锌；退火炉产生燃烧烟气，含颗粒物、SO_2、NO_x，冷轧产生含尘废气；废油、电镀废渣、废液、废酸、废碱均属危险废物 含氧化皮污泥属一般废物

② 主要污染物

重金属(如锡、锌、铬等)、石油烃、SO_2、NO_x,氯化氢、硫酸、硝酸、氟化物、苯、甲苯、二甲苯等。

4.1.4 有色金属冶炼和压延加工业生产工艺环境基础

4.1.4.1 金属铅冶炼工业

(1) 原生铅冶炼

① 原辅料

炼铅原料主要为硫化铅精矿和少量块矿。

铅冶炼的辅料包括烧结熔剂(主要有石灰石、白云石、菱镁石、生石灰、消石灰)、NaOH、硫酸等。烧结使用的燃料主要有焦粉、无烟煤、煤气等。

② 原生铅冶炼工艺

铅冶炼是先通过烧结工艺将精矿粉和返矿烧结成块状;再通过熔炼还原工艺,将烧结块与还原剂(焦炭)、熔剂在熔炼设备内氧化还原,得到金属铅水;再通过火法精炼分离工艺,在精炼锅内将粗铅水精炼,将粗铅液中的其余重金属元素逐一分离;或通过电解精炼分离工艺,在电解槽内将粗铅液中的其余重金属元素分离到阳极泥中。原生铅冶炼主要工序见表 4-1-12,烧结-鼓风炉炼铅法工艺及排污节点如图 4-1-12 所示,还原铅火法精炼工艺及排污节点如图 4-1-13 所示,铅电解精炼工艺及排污节点如图 4-1-14 所示。

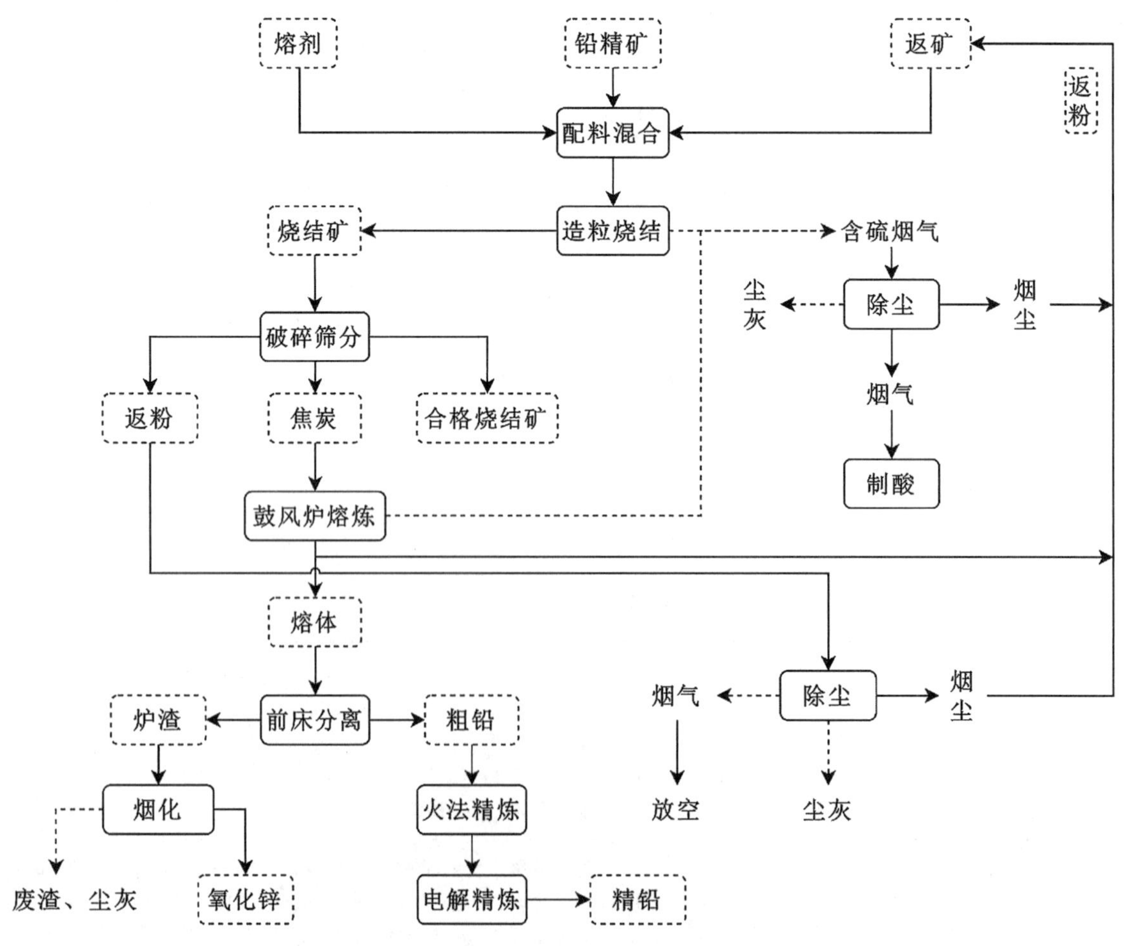

图 4-1-12 烧结-鼓风炉炼铅法工艺及排污节点

表 4-1-12　原生铅冶炼主要工序

工　序	工　艺　过　程
原料烧结	配料、混合、制粒、烧结及返粉破碎、筛分和冷却等；烧结焙烧使精矿中的 PbS 氧化为 PbO，并烧结成块
熔炼工艺	通过加入焦炭，进行高温熔炼，炉料中的氧化铅还原成铅
烟化工艺	将熔炼的前床分离的铅渣，通过烟化炉，分离出氧化锌
精炼工艺	火法精炼：在反射炉和熔析锅中进行除杂(除铜，除砷、锑、锡，除锌，除铋和除钙镁)及熔铸，制取半精铅 电解精炼：硅氟酸和硅氟酸铅电解液中进行粗铅或半精铅电解精炼产出精铅，在阴极形成阴极泥将半精铅中杂质(锑、砷、铋、铜、碲、金和银)析出，制取精铅
烟气制酸	高浓度含硫烟气经除尘、制酸(SO_2 转化、吸收)，制取硫酸
返矿	粗炼渣经分离、筛分，制得返矿

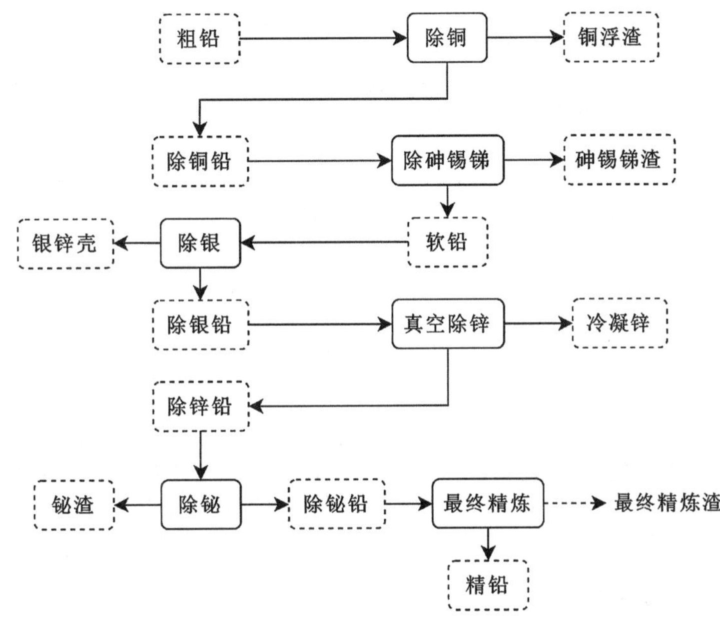

图 4-1-13　还原铅火法精炼工艺及排污节点

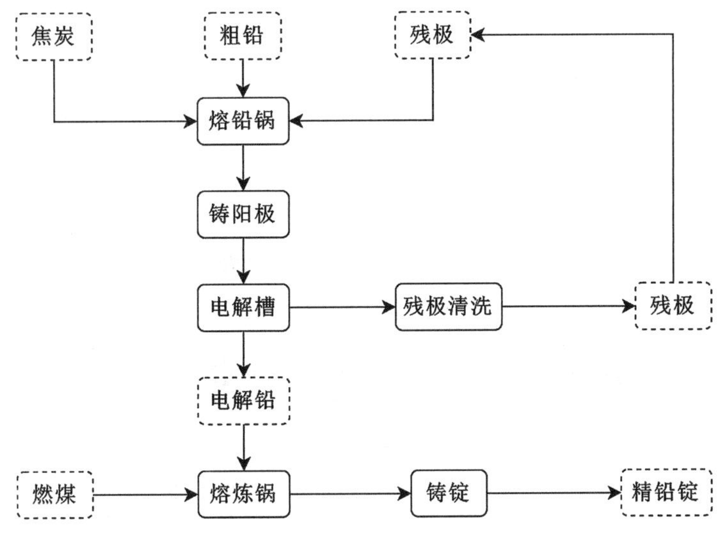

图 4-1-14　铅电解精炼工艺及排污节点

③ 产排污分析

原生铅冶炼主要产排污节点如表 4－1－13 所示。

表 4－1－13 原生铅冶炼主要产排污节点

污染类型	主 要 污 染 指 标
废 气	原辅料进厂：精矿装卸、输送、配料、造粒、干燥、给料等过程，产生无组织扬尘，含颗粒物、重金属（Pb、Zn、As、Cd、Hg） 烧结：破碎、筛分、配料、拌合、传输、烧结产生无组织扬尘；破碎、筛分、配料、拌和、料仓产生有组织废气，含颗粒物；干燥、焙烧、冷却泄漏烟气，含颗粒物、重金属（铅、锌、汞等）、SO_2、NO_x 粗铅炼制（冶炼、吹炼和熔炼）：熔炼炉、还原炉排气口；加料口、出铅口、出渣口、溜槽、铸锭、水冷粒化、渣场运输以及皮带机受料点等处泄漏烟气、产生无组织废气，含颗粒物、SO_2、重金属（Pb、Zn、As、Cd、Hg）、CO 烟化：烟化炉排气口、加料口、出渣口以及皮带机受料点等处泄漏烟气，含颗粒物、SO_2、重金属（Pb、Zn、As） 火法粗铅精炼：精炼泄漏烟气，含颗粒物、重金属（铅、锌、汞等）、SO_2、NO_x、氟化物 铅电解精炼：精炼泄漏废气，含酸雾 烟气制酸和酸罐区：制酸的净化、转化、干吸过程及酸罐区泄漏废气，含酸雾、SO_2 等 烧结、备料：破碎、筛分、配料、拌和、干燥、焙烧、冷却产生有组织烟气，含颗粒物、重金属（铅、锌、汞等）、SO_2、NO_x 等，需除尘、净化后，含硫烟气制酸 粗铅炼制（冶炼、吹炼和熔炼）：进料、出铅水、铸锭、出渣、水冷粒化产生有组织烟气，含颗粒物、重金属（铅、锌、汞等）、SO_2 等，需除尘、净化后，含硫烟气制酸 火法粗铅精炼：精炼产生有组织烟气，含颗粒物、重金属（铅、锌、汞等）、SO_2、NO_x 铅电解精炼：电解精炼产生有组织烟气，含酸雾，需集气除酸
废 水	原辅料进厂：地面冲洗水含有悬浮物、重金属（铅、锌、镉、镍、汞、铬等）、砷等 烧结：湿式除尘排水、地面冲洗废水，含悬浮物、重金属（铅、锌、镉、镍、汞、铬等）、砷、COD 等 粗铅炼制（冶炼、吹炼和熔炼）
固体废物	主要包括烟化炉水淬渣、浮渣处理炉渣（含 Pb、Zn、As、Cu）、阳极泥、废催化剂（主要为五氧化二钒），烧结、熔炼、精炼过程收集的尘灰、污水处理站污泥均属危险废物；煤渣、粉煤灰等属一般固体废物

主要污染物有重金属（如 Zn、Cu、Fe、As、Sb、Bi、Sn、Au、Ag、V、Pb、Hg、Cd、Cr 等）、SO_2、NO_x，氟化物、硅氟酸、硫酸、氢氧化钠等。

（2）再生铅冶炼

① 原辅料

再生铅的主要原料是废铅酸电池。

② 再生铅冶炼工艺

再生铅冶炼工艺如图 4－1－15 所示。

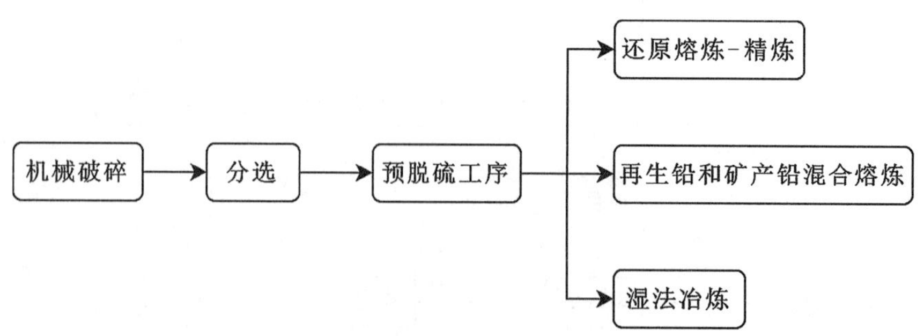

图 4－1－15 再生铅冶炼工艺

③ 产排污分析

再生铅工业废气中的污染物主要是含再生铅冶炼过程中产生的大气污染物，主要为颗粒物、铅烟、重金属(铅、锑、砷、镉及其氧化物)、SO_2、酸雾、二噁英。铅蒸气在烟道中被氧化成氧化铅，形成颗粒污染物。再生铅冶炼主要大气污染物及产物节点如表 4－1－14 所示。

表 4－1－14　再生铅冶炼主要大气污染物及产物节点

污染物来源	产　污　节　点	主　要　污　染　物
破碎分选工序	破碎、分选过程	颗粒物、酸雾
脱硫工序	脱硫设备	酸雾
熔炼工序	配料车间、加料口、出渣口、出铅口、熔炼炉排气口等	颗粒物、重金属(铅、锑、砷、镉等)、SO_2、二噁英
制酸工序	制酸尾气	SO_2、硫酸雾、重金属(砷、汞、铅、镉)
湿法冶炼工序	浸出槽、电解槽、循环槽、储液槽、高位槽等	酸雾或碱雾
火法精炼工序	精炼锅	颗粒物、重金属(铅及其氧化物)
电解精炼工序	熔铅锅、电解槽等	颗粒物、重金属(铅及其氧化物)、酸雾
无组织排放	熔炼车间、制酸车间、湿法冶炼车间、精炼车间、电解车间等	颗粒物、重金属(铅、锑等)、SO_2、酸雾或碱雾

再生铅冶炼过程中产生的废水主要包括破碎分选废水、预脱硫废水、污酸及酸性废水、炉窑设备冷却水、冲渣废水、冲洗废水、烟气净化废水等。再生铅冶炼主要水污染物及产物节点如表 4－1－15 所示。

表 4－1－15　再生铅冶炼主要水污染物及产物节点

污染物来源	产　污　节　点	主　要　污　染　物
破碎分选工序	破碎、分选过程	重金属(铅、锑、砷、镉等)、废硫酸
脱硫工序	脱硫母液	重金属(铅、锑、砷、镉等)、废硫酸
熔炼工序	炉床(水淬渣溜槽、渣包)、炉窑设备冷却水套、余热锅炉	重金属(铅、锑、砷、镉等)、盐类
制酸工序	酸系统烟气净化装置	重金属(铅、锑、砷、镉等)、污酸
湿法冶炼工序	脱硫铅膏浸出槽、电解槽、循环槽、储液槽、高位槽、阴极板冲洗水、阳极板冲洗水、地面冲洗水	重金属(铅、锑、砷、镉等)、硅氟酸、碱
火法精炼工序	炉窑设备冷却水套、车间冲洗水	重金属(铅、锑、砷、镉等)、盐类
电解精炼工序	阴极板冲洗水、地面冲洗水	重金属(铅、锑、砷、镉等)、硅氟酸
湿式除尘	淋洗塔、脱硫塔、湿式除尘器	重金属(铅、锑、砷、镉等)、碱
污水处理	水池、水泵等跑、冒、滴、漏	重金属(铅、锑、砷、镉等)、酸/碱、盐类

再生铅冶炼过程中产生的固体废物主要包括废有机物、熔炼渣、精炼渣、浸出渣、烟尘灰、废水处理污泥及脱硫石膏渣等。再生铅冶炼主要固体废物及产物节点如表 4－1－16 所示。

表 4-1-16　再生铅冶炼主要固体废物及产物节点

污染物来源	产　污　节　点	主　要　污　染　物
破碎分选工序	破碎、分选过程等	废塑料、废橡胶、废隔板、废酸(含铅、锑、砷、镉等)
脱硫工序	脱硫罐、重金属脱出、蒸发结晶	滤渣(含铅、锑、砷、镉等)、残渣(含铅、锑、砷、镉等)
熔炼工序	配料车间、炉床、熔炼炉	粉尘(含铅、锑、砷、镉等)、熔炼渣(含铅、锑、砷、镉等)、烟尘(含铅、锑、砷、镉等)
制酸工序	制酸系统、污酸处理系统	含重金属污泥(污酸体系渣)、废触媒等
湿法冶炼工序	浸出槽、电解液净化槽	浸出渣(含铅、锑、砷、镉等)
火法精炼工序	精炼炉	精炼渣(含铅、锑、镉、铜、砷、锡等)、烟尘(含铅、砷、镉、锑等)
烟气脱硫除尘	除尘器、脱硫塔	烟尘、脱硫副产物(含硫酸钙、铅、砷、镉、锑等)
污水处理	固液分离装置	污水处理废水处理污泥(含铅、砷、镉、铜等)

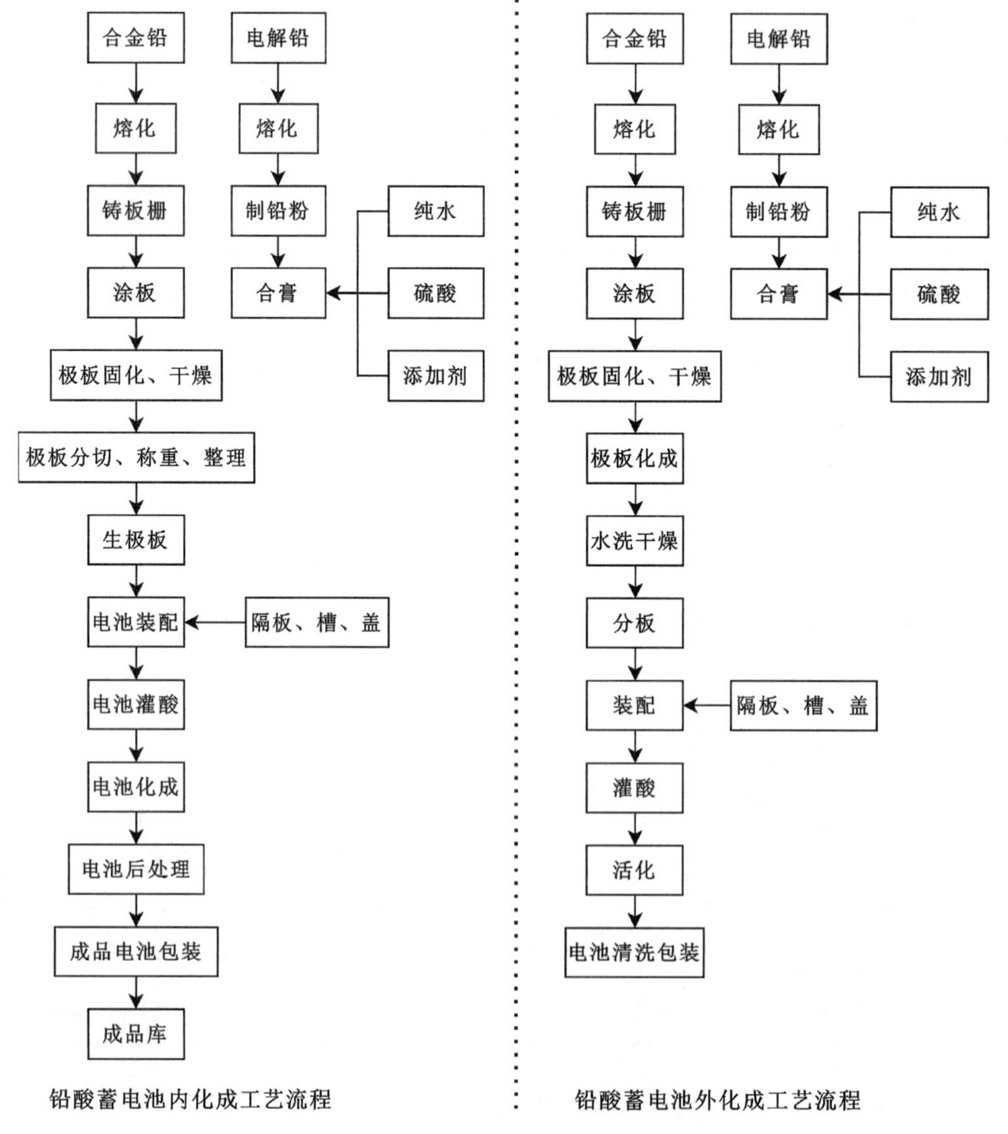

图 4-1-16　铅蓄电池工业生产工艺流程

主要污染物有重金属(如铅、锑、砷、镉等)、硅氟酸、硫酸、SO_2、二噁英等。

(3) 铅蓄电池生产

① 原辅料

铅蓄电池加工生产的原料主要有电池壳(ABS)、正负极板(铅)、隔板(AGMGEL)、电解液(硫酸、纯水)、安全阀、端子。

辅料为封盖胶(AB 胶)、极柱胶(红黑胶,俗称电子灌封胶)、电解铅、添加剂(主要是制作铅膏,包括腐殖酸、超短纤维、软木粉、木质素、硫酸钡、胶体石墨粉剂、栲胶)。

② 铅蓄电池生产工艺

铅蓄电池工业生产工艺流程包括原辅材料进厂、制粉工序、板栅工序、和膏工序、涂板工序、极板固化工序、极板分片和叠片工序、装配工序、化成工序。铅蓄电池工业生产工艺流程如图 4-1-16 所示。

③ 产排污分析

铅蓄电池生产的排污节点如表 4-1-17 所示。

表 4-1-17　铅蓄电池生产的排污节点

工　　序	排污节点和主要环境因素
原辅材料进厂	原料铅卸车入库产生含铅粉尘;硫酸入罐产生酸雾或酸遗撒
制粉工序	熔铸产生铅烟、铅渣,如采用燃料,还产生烟气(烟尘、SO_2、NO_x);制粉、铸造产生铅尘;冲洗地面产生含铅酸废水
板栅工序	熔铸产生铅烟、铅渣,如采用燃料,还产生烟气(烟尘、SO_2、NO_x);铸板产生铅烟;冲洗地面产生含铅酸废水
和膏工序	配料、和膏产生铅尘和酸雾;冲洗地面产生含铅酸废水
涂板固化工序	涂板产生铅尘;淋酸装置产生酸雾;干燥炉产生烟气(烟尘、SO_2、NO_x);冲洗地面产生含铅酸废水
极板分片、叠片工序	产生含铅尘废气和铅屑
装配工序	焊接产生铅烟;灌酸产生酸雾;冲洗地面产生含铅酸废水
极板化成工序	灌酸和冲洗地面产生含铅酸废水;化成产生酸雾

主要污染物有重金属、石油烃、硫酸等。

4.1.4.2　铝工业

(1) 氧化铝生产

① 原辅料

氧化铝生产的主要原料是铝土矿(以三水铝石、一水软铝石或一水硬铝石为主,其氧化铝的含量通常为 45%~75%)。辅料有石灰石、烧碱、选矿药剂(六偏磷酸钠、脂肪酸、氢氧化钠等)、纯碱等。

② 氧化铝生产工艺流程

我国氧化铝的主要生产工艺有拜耳法、烧结法和联合法,其中拜耳法工艺最简单,没有熟料烧成工序,大气污染物排放量小,是氧化铝生产的最佳工艺。国际上 90%以上的氧化铝采用拜耳法生产。氧化铝生产工艺流程如图 4-1-17 所示。

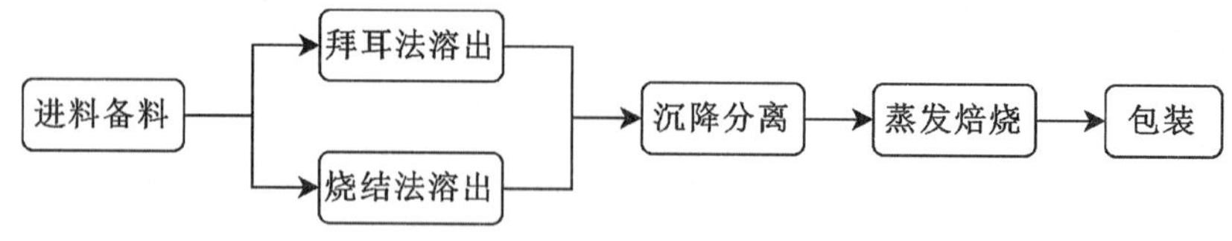

图 4-1-17　氧化铝生产工艺流程

③ 氧化铝生产产排污分析

氧化铝生产的排污节点如表 4-1-18 所示。

表 4-1-18　氧化铝生产产排污节点

工　序		主　要　污　染　物
进料备料		运输和卸车时遗撒原辅料，产生扬尘；原辅料在破碎、筛分、磨粉、下料、传送、贮存过程产生扬尘；废水中浊度、碱度较高，悬浮物含量高
石灰制备		贮运、传送、破碎、下料过程产生扬尘；石灰煅烧废气主要为石灰尘、SO_2、NO_x；废水含 SS、碱；消化渣主要含 Al_2O_3、SiO_2、CaO、$CaCO_3$ 等
溶出	拜耳法溶出	泄漏的料液含大量原料物质，碱性大、悬浮物含量高 选矿废水中含有少量的悬浮物和捕收剂及分散剂 废水中浊度、碱度较高，悬浮物含量高；冷凝水受污染程度小；尾矿主要含 Al_2O_3、Na_2O、SiO_2、CaO、Fe_2O_3、TiO_2 等，属于一般工业固体废物
	烧结法溶出	烧结废气主要含煤粉、铝土矿粉尘、石灰尘、SO_2 等 扬尘无组织排放；废水主要含碱和悬浮物等；硅渣中含有相当数量的 Na_2O 和 Al_2O_3，不宜直接排放
沉降分离		赤泥属于危险废物，含水量较高，主要成分为 Al_2O_3、Na_2O、SiO_2、CaO、Fe_2O_3、TiO_2；赤泥附液主要含 SS、Cl^-、SO_4^{2-}、CO_3^{2-}、OH^-、F^-、Al^{3+} 等
蒸发焙烧		焙烧废气主要含氧化铝粉尘、SO_2 等；废水主要含碱和悬浮物等
包装贮运		扬尘主要为氧化铝粉尘，无组织排放

主要污染物有石油烃、六偏磷酸钠、氢氧化铝、氧化铝、Na_2O、CaO、$CaCO_3$、脂肪酸、SO_2、NO_x 等。

(2) 电解铝生产

① 原辅料

金属铝的主要生产原料是氧化铝(三氧化二铝)，辅料有氟化盐、碳素电极。

② 熔盐-电解法生产工艺

电解铝生产中排出的废气主要是粉尘、HF、SO_2、CO_2 为主的气-固氟化物等。现代电解铝工业生产普遍采用冰晶石-氧化铝熔盐电解法。以熔融冰晶石作为溶剂，氧化铝作为溶质，碳素材料作为阳极，铝液作为阴极，经整流车间出来的强大直流电流由阳极导入，经过电解质与铝液层，由阴极导出，在电解槽内的两极上进行电化学反应，阳极产物主要是 CO_2 和 CO 气体，但其中含有一定量的氟化氢等有害气体和固体粉尘。对阳极气体进行净化处理，除去有害气体和粉尘后，排入大气中，回收的氟化物(主要是冰晶石)返回电解槽。阴极产物是铝液。电解生产流程及排污节点如图 4-1-18 所示。

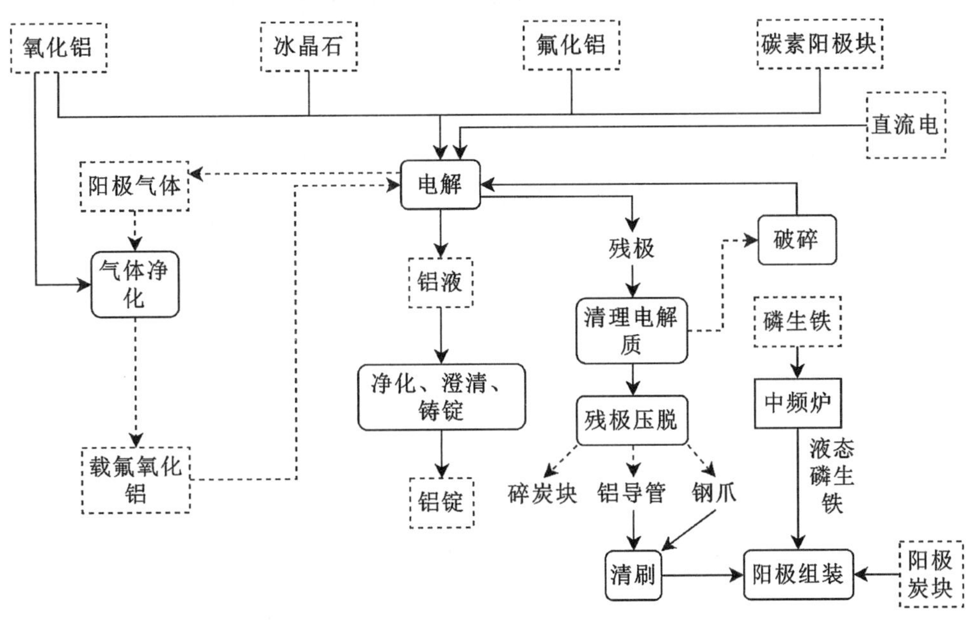

图 4-1-18　电解生产流程及排污节点

③ 电解铝生产产排污分析

电解铝生产的主要产排污节点如表 4-1-19 所示。

表 4-1-19　电解铝生产的主要产排污节点

工　序	主　要　污　染　物
原料仓库	运输和卸车时遗撒原辅料，产生扬尘；加料和倒料时产生扬尘
电解车间	电解槽产生的烟气含粉尘、氟化物、SO_2，如采用自焙阳极还会产生沥青烟；产生含氟尘泥
铸造车间	烟气含颗粒物；冷却水含 SS；除尘器产生尘泥
阳极组装车间	清刷、压脱、破碎、清理过程产生粉尘；中频炉和浇注过程产生烟粉尘、SO_2、NO_x；除尘器产生尘泥
氟净化回收系统	排放的废气含尘、氟化物、SO_2

主要污染物有氧化铝、SO_2、氟化物、蒽、氰化物等。

(3) 再生铝加工

① 原辅料

再生铝熔炼采用的原料主要是废杂铝料、熔剂(氯化钠、氯化钾、冰晶石)。采用的燃料主要有煤、焦炭、重油、柴油、煤气、天然气等。在熔炼过程中，为了减少烧损、提高铝的回收率并保证铝合金的质量，还要加入一定数量的覆盖剂、精炼剂和除气剂。

② 再生铝冶炼工艺

废铝料的再生冶炼一般采用火法冶金工艺。熔炼设备有坩炉、反射炉、竖炉、电炉、回转炉等。主要生产工艺流程为：原料预处理→熔炼→成分调整→铝液处理→铸造。

③ 再生铝加工产排污分析

再生铝加工的主要产排污节点如表 4-1-20 所示。

表 4－1－20 再生铝加工的主要产排污节点

污染类型	主要污染物
废气	炉窑产生的烟气污染：熔炼炉窑采用的燃料主要有煤、焦炭、重油、柴油、煤气、天然气等，产生的烟气中主要污染物有 SO_2、NO_x、烟尘、HCl、氟化物、二噁英等； 夹杂物燃烧产生的污染：废杂铝中夹杂的杂物在熔炼过程除了产生烟气污染外，还会产生其他气态污染物，有些还有严重的异味； 添加剂的污染：在熔炼过程中加入的多种熔剂和精炼剂在熔炼过程中会产生氟化物、氯化物等； 炒灰产生的烟粉尘：再生铝熔炼过程中产生大量浮渣(铝灰)，炒灰过程中产生大量烟尘和粉尘
废水	生产废水主要是冷却水和洗涤水(来自废铝的水洗系统或喷淋系统)
固体废物	在预处理过程中分选出一般固体废物，如废塑料、废橡胶、废钢铁等

主要污染物有石油烃、SO_2、NO_x、HCl、氟化物、二噁英等。

4.1.5 制浆造纸工业工艺环境基础

4.1.5.1 化学浆造纸工业

(1) 原辅料

① 原料

造纸原料有植物纤维和非植物纤维(无机纤维、化学纤维、金属纤维)两大类。目前国际上的造纸原科主要是植物纤维。我国常用的木材纤维原料有两大类：一是针叶林木材，如落叶松、红松、马尾松、樟子松等；二是阔叶林木材，如杨木、桦木、桉木等，以这些为原料的称为木材制浆造纸。常用的非木材纤维原料有三大类：一是禾本科植物，如稻麦草、芦苇、荻苇、甘蔗渣等，芦苇、荻苇适于制造印刷纸类，蔗渣适于制造胶版纸和人造纤维浆粕；二是韧皮植物，如麻类、树皮等，是制造宣纸、复写原纸等的高级原料；三是棉纤维，如棉短纤维、废棉等，可生产高级生活纸、钞票纸、油毡纸等。

② 辅料

在制浆过程中需使用化学辅料，根据不同的制浆方法，使用不同的化学品。如碱法(包括硫酸盐法、苛性钠法、石灰法)以氢氧化钠、芒硝、石灰等为蒸煮剂；酸性亚硫酸盐法以亚硫酸氢钙(或镁)为蒸煮剂；中性亚硫酸盐法以亚硫酸钠和碳酸钠为蒸煮剂；氧碱法以氧和氢氧化钠等为蒸煮剂。

还有漂白过程使用的过氧化氢、氯气、漂白粉等；抄纸过程使用的填料氧化镁、氧化钙、滑石粉等；作为施胶剂的淀粉、松香、酪素、三聚氰胺等；作为颜料的染料等。

(2) 化学浆造纸工艺

化学法制浆的实质是通过化学药液与植物纤维原料在高温下的反应，使胞间层的木素尽可能多地溶出，原料分离成浆。化学法制浆所用的化学药品种类很多，但是工业生产上常用的有碱法制浆及亚硫酸盐法制浆两大类。碱法制浆主要包括硫酸盐法和烧碱法。碱法制浆约占世界纸浆产量的 90%。典型碱法草浆生产工艺如图 4－1－19 所示，典型酸法草浆生产工艺如图 4－1－20 所示。

(3) 化学浆造纸生产产排污分析

① 主要产排污节点

化学浆造纸生产的产排污节点如表 4－1－21 所示。

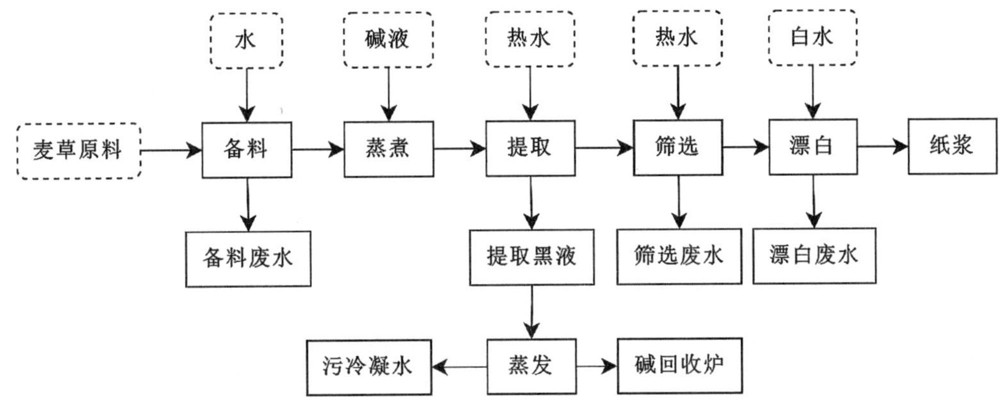

图 4－1－19　典型碱法草浆生产工艺

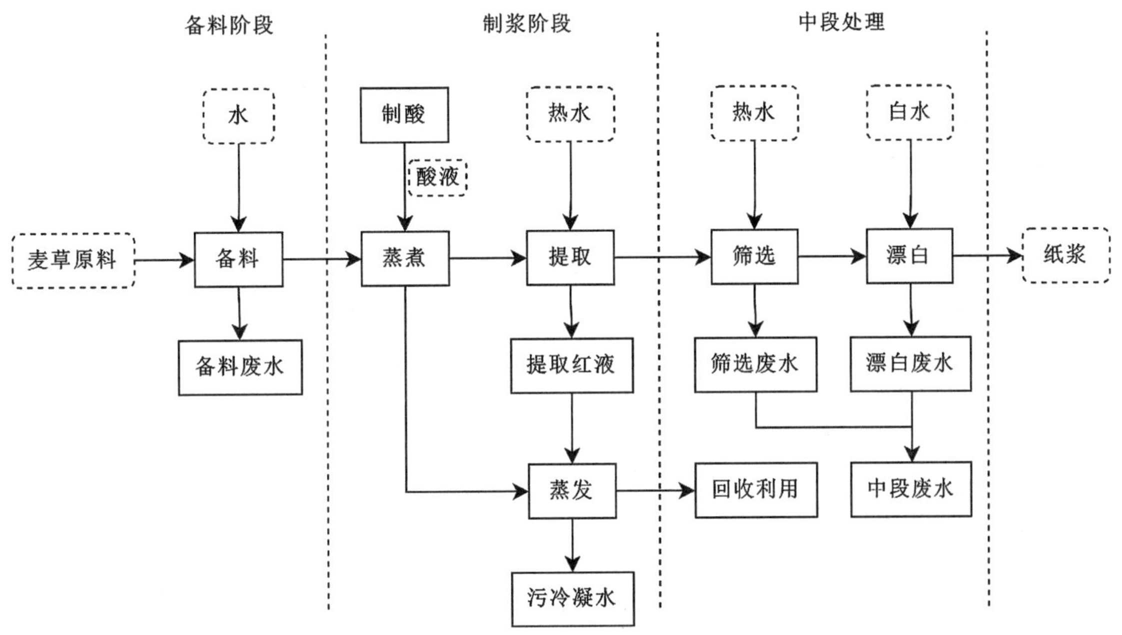

图 4－1－20　典型酸法草浆生产工艺

表 4－1－21　化学浆造纸生产的产排污节点

工　序	工　艺　设　施	排污节点和环境因素
准备工段	备料过程	洗草水(SS)
		粉尘
		草屑、分拣物等
蒸煮工段	蒸煮过程	黑液(强碱、高 COD)
		绿泥
		烟尘
漂白、清洗工段	漂洗过程	中段水
		白泥

续 表

工 序	工 艺 设 施	排污节点和环境因素
造纸工段	造纸过程	纸机白水
污水站	蒸煮工段	黑液
	格栅、沉淀、过滤、厌氧生化、好氧生化、二沉池、污泥压滤机等	废水含 COD、SS、碱、硫化物、氨氮等;污水处理的污泥;污水和污泥恶臭
机修车间	机器大修和日常维修保养	含油废水含污染物 SS、COD、石油类等; 机修车间产生的废机油和含油废棉纱,属于危险废物
锅炉房	煤场、锅炉、灰渣场、除尘器、脱硫设施、脱盐水站等	锅炉燃烧烟气,污染物包括烟尘、SO_2 和 NO_x;煤场、灰库产生扬尘;废水主要含重金属;锅炉和除尘产生灰渣

② 主要污染物

硫酸盐、NaOH、Na_2S、三聚氰胺、亚硫酸氢盐、白泥(硫酸盐木浆生产工艺)等。

4.1.5.2 废纸制浆造纸工业

(1) 原辅料

① 原料

废纸纤维类,我国习惯划为一等废纸(从有关加工单位挑的未经印刷的白纸边、破残纸)、二等废纸(经印刷的废旧书刊、报纸)、三等废纸(除了以上两种外的一切废纸、旧纸板、破纸箱)等。

② 辅料

脱墨过程中使用的脱墨剂;漂白过程中使用的过氧化氢、氯气、漂白粉等;抄纸过程中使用的填料氧化镁、氧化钙、滑石粉等;作为施胶剂的淀粉、松香、酪素、三聚氰胺等及作为颜料的染料等。

(2) 废纸制浆造纸工艺

① 脱墨制浆生产工艺(图 4-1-21)

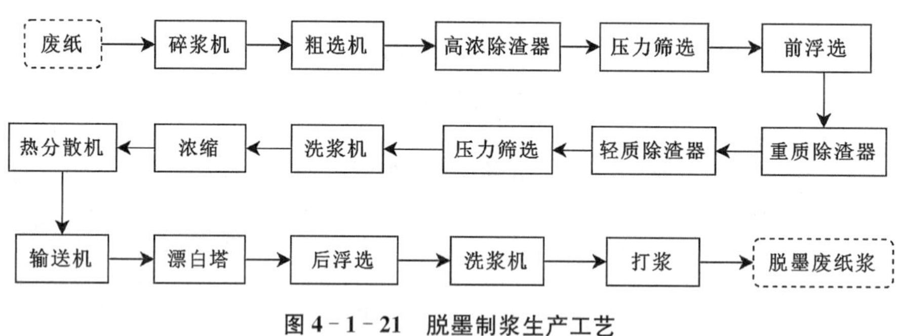

图 4-1-21 脱墨制浆生产工艺

② 非脱墨制浆生产工艺(图 4-1-22)

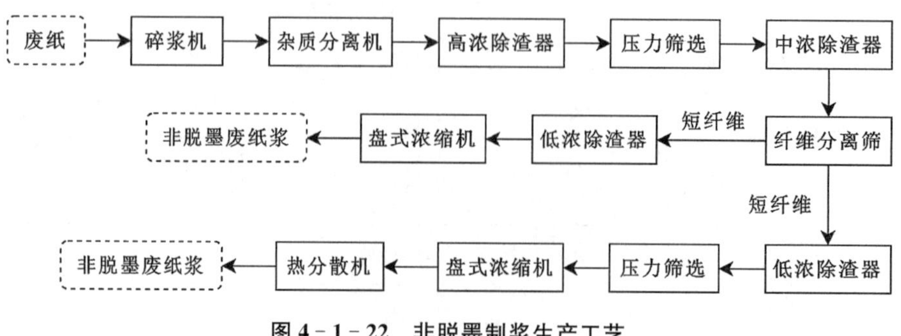

图 4-1-22 非脱墨制浆生产工艺

③ 废纸造纸生产工艺(图 4－1－23)

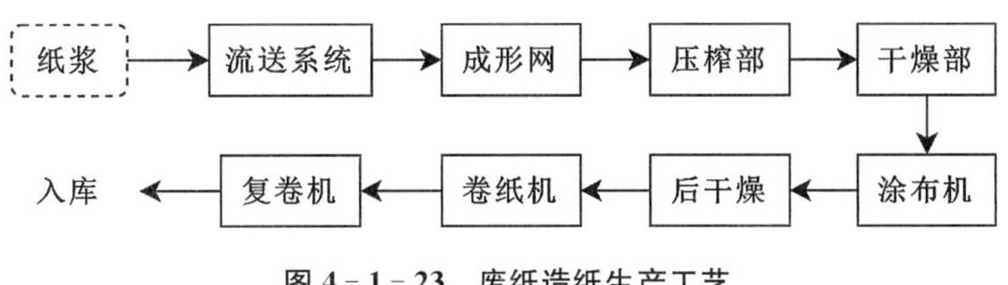

图 4－1－23　废纸造纸生产工艺

(3) 废纸制浆造纸生产产排污分析

① 主要产排污节点

废纸制浆造纸主要产排污节点如表 4－1－22 所示。

表 4－1－22　废纸制浆造纸主要产排污节点

工段	生产设施	污染产生原因	排污节点
碎　浆	碎浆机、磨浆机	废水主要来自废纸的碎浆、疏解	废水、废渣
筛选净化	筛浆机	筛选过程产生的不能利用的废物	废水、废渣
洗涤浓缩	洗涤设备	洗涤过程产生	废水、废渣
脱　墨	脱墨设施	来源于脱墨工段，主要成分是油墨粒子和细小纤维，还含有小部分填料和涂料，热值较高	废水、脱墨污泥
漂　白	漂白设施	漂白过程产生漂白废水以及刺激性气体	废水、氯气
造　纸	网部、压榨、烘干、卷取	主要是成形、压榨、干燥过程产生的废物	纸机白水(SS 和有机物)、纤维性浆渣、废纸等固体废物

② 主要污染物

氯气、次氯酸钠、氧化镁、氧化钙、三聚氰胺等。

4.1.6　纺织印染工业生产工艺环境基础

4.1.6.1　纺织印染工业概述

(1) 辅料与助剂

① 辅料

染料一般能直接溶于水或通过化学处理而溶于水，对纤维有一种结合能力(亲和力)并在织物上有一定的色牢度。各种纤维印染使用的染料如表 4－1－23 所示。

表 4－1－23　各种纤维印染使用的染料

纤维品种	常用染料
纤维素纤维(如棉、麻、黏胶纤维及混纺)	直接染料、活性染料、暂溶性还原染料、还原染料、硫化染料、不溶性偶氮染料
毛	酸性染料、酸性媒料、酸性含媒染料

续 表

纤　维　品　种	常　用　染　料
丝	直接染料、酸性染料、酸性含媒染料、活性染料
涤纶	分散染料、不溶性偶氮染料
涤棉混纺	分散/还原、分散/不溶性偶氮染料
腈纶	阳离子染料(碱性)、分散染料
腈纶-羊毛混纺	阳离子/酸性染料先后染色
维纶	还原染料、硫化染料、直接染料、酸性含媒染料
锦纶	酸性染料、分散染料、酸性含媒染料、活性染料

② 助剂

在染整过程中投加的助剂，主要包括表面活性剂、金属络合剂、还原剂、树脂整理剂和染色载体等，其种类繁多，按其应用可列举为以下几类：润湿剂和渗透剂类，乳化剂和分散剂类，起泡剂和消泡剂类，金属络合剂类，匀染剂、染色载体和固色剂类，还原剂、拔染剂、防染剂和剥色剂类，黏合剂和增稠剂类，柔软剂和防水剂类，上浆硬挺整理剂类，树脂整理剂荧光增白剂类，防静电类，阻燃整理类，羊毛防缩和防蛀类，防霉防臭整理剂类，防油易去污类。印染工艺各类染料使用的主要化学助剂如表 4-1-24 所示。

表 4-1-24　印染工艺各类染料使用的主要化学助剂

染 料 品 种	主 要 化 学 助 剂
直接染料	硫酸钠、碳酸钠、食盐、硫酸铜、表面活性剂
硫化染料	硫化碱、食盐、硫酸钠、重铬酸钾、双氧水
分散染料	保险粉、载体、水杨酸酯、苯甲酸、邻苯基苯酚、一氯化苯、表面活性剂
酸性染料	硫酸钠、醋酸钠、丹宁酸、吐酒石、苯酚、间二苯酚、醋酸、表面活性剂
不溶性偶氮染料	烧碱、太古油、纯碱、亚硝酸钠、盐酸、醋酸钠
阳离子染料	醋酸、醋酸钠、尿素、表面活性剂
还原染料	烧碱、保险粉、重铬酸钾、双氧水、醋酸
活性染料	尿素、纯碱、碳酸氢钠、硫酸铵、表面活性剂
酸性媒染	醋酸、无明粉、重铬酸钾、表面活性剂

(2) 纺织印染行业污染特征

① 纺织印染废水的特征

纺织废水主要包括印染废水、化纤生产废水、洗毛废水、脱麻胶废水和化纤浆粕废水五种。印染废水是纺织工业的主要污染类型。染整工艺中约有 10%的染料残留在废水中。染整废水绝大部分属碱性，总废水 pH 在 10～11 (丝绸和毛染整采用酸性染料，总废水偏酸性，pH 为 5)。脱胶废水、洗毛废水和碱减量废水也是一些染整或前处理过程产生的不好处理的废水。染整废水主要污染物是有机污染物，主要污染物来源于前处理工序的浆料、棉胶、纤维素、半纤维素和碱，以及染色、印花工序使用的助剂和染料。

② 纺织印染废气的特征

纺织行业的废气主要来源于两个方面：一是行业内的供热锅炉会产生大量的烟尘、SO_2 和 NO_x 严重污染环境；二是来自纺织生产工艺过程产生的废气。

纺织工业的工艺废气主要来源于三个方面：一是化学纤维尤其是黏胶纤维的生产过程。化纤的纺丝工序：先将原材料制成纺丝液，制造纺丝液的过程需加入黏胶，致使在纺丝过程黏胶的加入会释放出醛类气体（以甲醛为主）；有些化纤如黏胶纤维的黄化过程中也会伴随 CS_2、SO_2、H_2S 等恶臭气体产生。二是在纺织品的前处理工艺，特别是在高温热定型过程中，在热定型机的排气管道口有有机气体主要是一些苯类、芳烃类等挥发气体。三是在纺织品功能性后整理过程中，废气来源于纺织品特别是涤纶分散染料热熔染色和棉织物免烫整理以及普通织物的阻燃整理的焙烘工艺。在涤纶分散染料热熔染色工艺中，高温导致部分染料随废气排放；在棉织物的焙烘工艺中，由于添加化学助剂，在整理中会出现甲醛等有机气体和氨气释放的现象。

③ 纺织印染固体废物的特征

纺织行业的固体废物主要来源于能源消耗过程产生的固体废物，生产过程中的固体废物（如废纱、废布等下脚料），印花及染色过程中产生的废染料及染料桶等，粉尘处理过程中产生的粉尘；废水处理过程中产生的固体废物。纺织产品印染过程中一般染料的上染率为 80%～90%，剩余染料残留在废水中。废水处理后，有微量染料存在于污泥中，属于危险固体废物。纺织行业固体废物（污泥）的类别、来源及组成如表 4-1-25 所示，化纤行业固体废物（污泥）的类别、来源及组成如表 4-1-26 所示。

表 4-1-25　纺织行业固体废物（污泥）的类别、来源及组成

废物类别	废　物　来　源	常见危害组分或废物名称
染料、涂料废物	其他油墨、染料、颜料、油漆（不包括水性漆）生产过程中产生的废水处理污泥、废吸附剂； 油漆、油墨生产、配制和使用过程中产生的含颜料、油墨的有机溶剂废物； 使用各种颜料进行着色过程中产生的染料和涂料废物； 使用酸、碱或有机溶剂清洗容器设备过程中剥离下的废油漆、染料、涂料； 生产、销售及使用过程中产生的失效、变质、不合格、淘汰、伪劣的油墨、染料、颜料、油漆	废酸性染料、碱性染料、媒染染料、偶氮染料、直接染料、冰染染料、还原染料、硫化染料、活性染料、醇酸树脂涂料、丙烯酸树脂涂料、聚氨酯树脂涂料、聚乙烯树脂涂料、环氧树脂涂料、双组分涂料、油墨、重金属颜料

表 4-1-26　化纤行业固体废物（污泥）的类别、来源及组成

废物类别	废　物　来　源	常见危害组分或废物名称
废有机溶剂	从有机溶剂的生产、配制和使用中产生的其他废有机溶剂（不包括 HW41 类的卤化有机溶剂）生产、配制和使用过程中产生的废溶剂和残余物。包括化学分析，塑料橡胶制品制造、电子零件清洗、化工产品制造、印染染料调配，商业干洗和家庭装饰使用过的废溶剂	含糠醛，环己烷，石脑油，苯，甲苯，二甲苯，四氢呋喃，乙酸丁酯，乙酸甲酯。硝基苯，甲基异丁基酮，环己酮，二乙基酮，乙酸异丁酯，丙烯醛二聚物，异丁醇，乙二醇，甲醇，苯乙酮，异戊烷，环戊酮，环戊醇，丙醛，二丙基酮，苯甲酸乙酯，丁酸，丁酸丁酯，丁酸乙酯，丁酸甲酯，异丙醇，N，N-二甲基乙酰胺，甲醛，二乙基酮，丙烯醛，乙醛，乙酸乙酯，丙酮，甲基乙基酮，甲基乙烯酮，甲基丁酮，甲基丁醇，苯甲醇的废物

印染废气是纺织工业的主要污染源，纺织印染行业涉及的有毒有害大气污染物主要有颗粒物、染整油烟、挥发性有机物、苯系物、丁酮、二甲基甲酰胺(DMF)、甲醛、氮氧化物、二氧化硫、氨、氯气、二硫化碳、硫化氢等。这些大气污染物都会对人体健康造成严重的危害。黏胶纤维行业每年使用百万吨 CS_2 作为原料，CS_2 是一种剧毒物质，在黏胶纤维生产过程中同时会产生 H_2S 毒性气体，在不处理的情况下每生产 1 t 黏胶短纤要排放约 280 kg 的毒性气体，这些毒性气体都会进入大气。

传统的印染加工过程会产生大量的有毒污水，加工后废水中一些有毒染料或加工助剂附着在织物上，对人体健康有直接影响。如偶氮染料、甲醛、荧光增白剂和柔软剂具有致敏性；聚乙烯醇和聚丙烯类浆料不易生物降解；含氯漂白剂污染严重；一些芳香胺染料具有致癌性；染料中具有有害重金属；含甲醛的各类整理剂和印染助剂对人体具有毒害作用等。

4.1.6.2 棉、化纤纺织印染工业

(1) 棉与化纤纺织印染的基本原料

坯布是供印染加工用的本色棉布。工业上的坯布一般是指布料，或者是层压的坯布、上胶的坯布等。纯棉面料是以棉花为原料，经纺织工艺生产的面料。

化纤面料主要是指由化学纤维加工成的纯纺、混纺或交织物，不包括与天然纤维间的混纺、交织物，化纤织物的特性由织成它的化学纤维本身的特性决定。化纤类型包括涤纶、腈纶、丙纶、锦纶、维纶、氨纶、氯纶、芳纶等，统称化学纤维，也称合成纤维。各类化纤的化学成分如表 4-1-27 所示。

表 4-1-27 各类化纤的化学成分

化纤类型	单体和聚合体成分
涤纶	以精对苯二甲酸(PTA)或对苯二甲酸二甲酯(DMT)和乙二醇(EG)为原料经酯化或酯交换和缩聚反应，生产出聚酯切片(PET)
腈纶	丙烯腈、丙烯酸甲酯、甲基丙烯磺酸钠等单体聚合制取聚丙烯腈聚合体。聚丙烯腈聚合体浆液经湿抽丝、水洗、上油烘干、定型等后处理制得
丙纶	丙烯的聚合体聚丙烯。熔体纺丝制得的丙纶纤维
锦纶	锦纶也称为尼龙。己二胺和己二酸经缩聚、结晶生成锦纶盐
维纶	维纶又称维尼纶，即醋酸乙烯为单体聚合生成聚乙烯醇，纺丝后再用甲醛处理得到耐热水的维纶
氨纶	聚氨基甲酸酯纤维的简称。氨纶有干纺丝和熔融纺丝
氯纶	以氯乙烯单体经悬浮聚合法聚合成聚氯乙烯。可掺入增塑剂后，熔融纺丝；多数还是用丙酮为溶剂，以溶液纺丝而制得氯纶
芳纶	聚对苯二甲酰对苯二胺
黏胶纤维	由纤维素材料制得化学浆粕，用烧碱、二硫化碳处理，得到橙黄色的纤维素黄原酸钠，再溶解在稀氢氧化钠溶液中，成为黏稠的纺丝原液，称为黏胶

(2) 棉与化纤纺织印染的工艺流程

棉与化纤纺织染整厂实际上是分为三部分独立的生产工艺：纺纱厂→织布厂→染纺纱厂。其中纺纱厂主要为：清棉→梳棉→条卷→精梳→并条→粗纱→细纱→络筒→捻线→摇纱工艺过程。

织布厂主要为：整经→浆纱→穿经→织造工艺过程。

染整厂主要为：原布准备→烧毛→退浆→煮练→漂白→丝光→染色(印花)→后整理(分为机械整理和化学整理)→检测→打包工艺过程。

棉染整的前处理工序为：原布准备→退浆→煮练→漂白→丝光。

化纤针织布工艺流程为：织造→除油→预定型→染色→后整理。

染纱或部分纤维染纱针织布工艺流程为：染纱→织造→预定型(含氨纶)→水洗或染色→后整理→检测包装。

涤纶碱减量染整工艺流程包括预缩→预定型→碱减量(包括缝头进布→浸轧碱液→汽蒸→热水洗→皂洗→水洗→中和→水洗)→染色→后处理→检测包装。

(3) 棉与化纤纺织染整产排污分析

① 主要产排污节点

棉与化纤纺织染整产排污节点如表 4-1-28 所示。

表 4-1-28　棉与化纤纺织染整产排污节点

工　序		主 要 污 染 物
纺纱厂		车间、仓库废气含纤维尘； 车间除尘和生产产生含尘废纤维； 车间冲洗地面废水含 COD、SS、石油类等
织布厂		车间、仓库废气含纤维尘； 车间除尘和生产产生含尘废纤维； 车间冲洗地面废水含 COD、SS、石油类等
染整前处理	原布准备	烧毛产生少许烟气
	退　浆	退浆废水含 COD、BOD、SS、pH、色度等，pH>10
	煮　练	煮练废水含 COD、BOD、SS、pH、色度等，pH 高达 12～13
	漂　白	漂白废水含污染物较少，pH 在 10 左右
	丝　光	丝光废水含 COD、BOD、SS 等，pH 高达 12～13
	碱减量	碱减量水含 COD、BOD、SS 等，pH 高达 13
染色印花	染　色	染色废水含色度、COD、BOD、SS、总氮、苯胺类、可吸附有机卤素(AOX)、二氧化氯、重金属等，色度高；废气含苯胺、氨、硫酸、甲醛、硫化氢；废染料和废助剂属于危险废物
染色印花	印　花	色浆印花主要产生印花废水，含色度、COD、BOD、SS、总氮、苯胺类、可吸附有机卤素(AOX)、二氧化氯、重金属等，色度高，COD 高； 产生含氨和有机废气(VOCs)； 印花产生有机溶剂(甲醛、苯、甲苯、二甲苯、苯胺、氨、氮氧化物)的废气(VOCs)； 废染料和废助剂、废色浆属于危险废物
后整理		机械整理有定型和烘干废气，化学整理会产生含颗粒物、油烟和 VOCs 废气； 热定型和化学整理会产生很少量废水，废水含色度、COD、SS、总氮等
检测包装		检测废水含 pH、色度、COD、SS、重金属等；打包、入库产生含尘废气；检测废物(危险废物)

② 主要污染物

苯、甲苯、二甲苯、苯胺、重金属(如锰、铅、铬等)、氨、氮氧化物、硫酸、甲醛、二氧化氯、四氯化碳、二甲基甲酰胺、硫化物、石油烃、醋酸乙酯、NO_x、SO_2 等。

4.1.6.3 **毛与丝纺织印染工业**

(1) 毛纺织生产原料

羊毛纤维或其他动物毛(也包括山羊绒、兔毛、马海毛、牦牛毛等特种动物毛)纤维,以及化学纤维、其他天然纤维。

(2) 工艺流程

① 洗毛工艺(图 4-1-24)

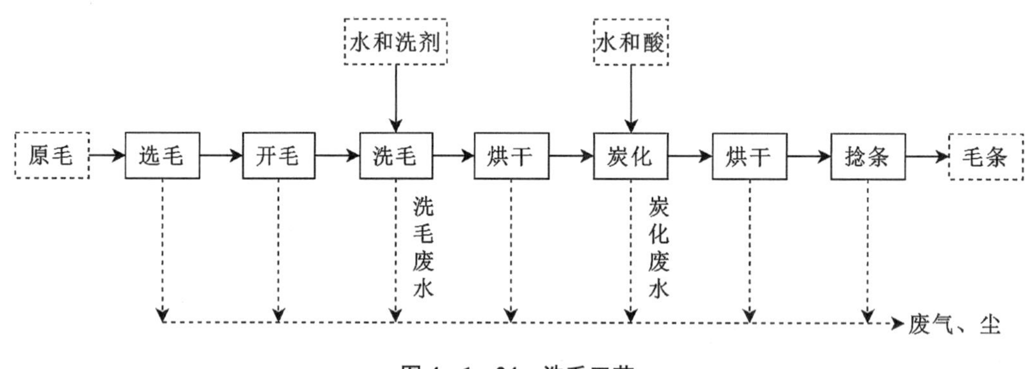

图 4-1-24 洗毛工艺

② 毛纺织染整生产工艺

毛粗纺织染整生产工艺如图 4-1-25 所示。

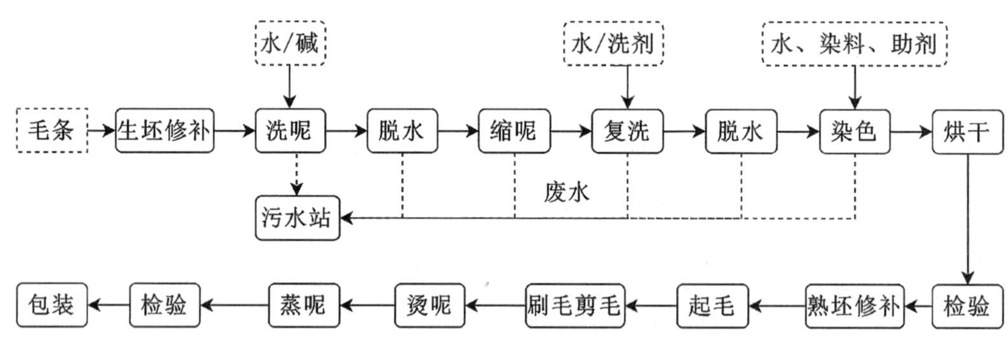

图 4-1-25 毛粗纺织物染整加工工艺流程

毛精纺织染整生产工艺如图 4-1-26 所示。

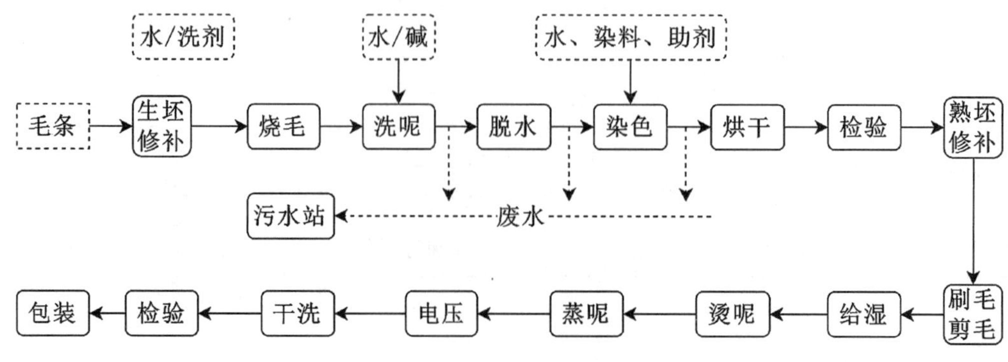

图 4-1-26 毛精纺织染整生产工艺流程

绒线纺织染整生产工艺如图 4－1－27 所示。

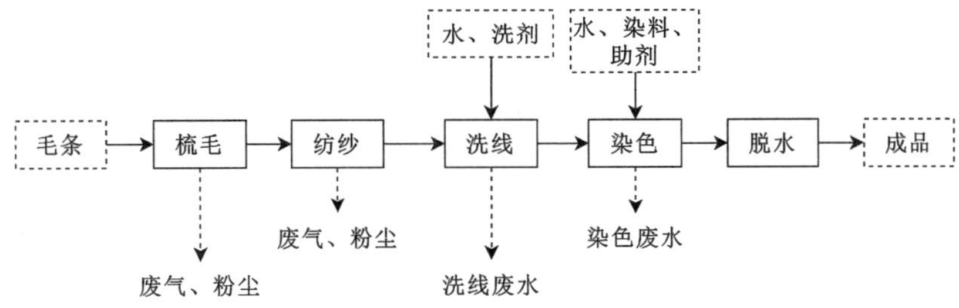

图 4－1－27　绒线纺织染整生产工艺

(3) 产排污分析

① 主要产排污节点

毛纺织染整产排污节点如表 4－1－29 所示。

表 4－1－29　毛纺织染整产排污节点

污染类型	排　污　节　点
废　气	毛纺织染整生产废气主要来自锅炉排放的燃料燃烧
废　水	洗呢过程产生一定洗呢废水(含油污、浆料等)；染色过程常用染料有酸性染料、含有金属螯合结构的酸性含媒染料以及酸性媒染染料等，染色过程中产生染色废水包括染料残液和含染料的漂洗废水； 毛纺织工业的废水包括染色残液及漂洗水、洗呢水、缩绒水等(毛纺织物染整主要使用酸性染料、阳离子染料和分散染料，废水大多呈中性)； 毛纺织在染色过程中使用的助剂有醋酸、硫酸、纯碱、红矾(重铬酸钾)、元明粉、硫酸铵、硫化钠、柔软剂、匀染剂、平平加等，助剂大部分进入染色后的残液中(助剂是毛纺织染色废水有机污染的主体)

② 主要污染物

石油烃、磷酸、硫酸、红矾(重铬酸钾)、硫酸铵、硫化钠等。

4.1.6.4　丝绸工业

(1) 丝绸纺织的原料

丝绸纺织的基本原料是生丝。丝织品可分为天然丝、人造丝和合成纤维品三类。天然丝也称为真丝，主要是桑蚕丝，其次为柞蚕丝；人造丝是指人造纤维细丝，因以棉籽绒和木材为主要原料，所以也称作再生纤维，包括黏胶纤维、铜铵纤维和醋酸纤维等。合成纤维主要包括涤纶和锦纶两种纤维。

(2) 工艺流程

丝绸印染分为真丝印染和仿真丝印染。天然丝绸是以蚕(桑蚕与柞蚕)丝为原料的纺织产品。蚕丝中的长纤维很少上浆，可以生产绸、缎、绉、锦、罗、绫，蚕丝中的短纤维加工的织物称为绢。丝绸纺织包括制丝、织造、印染。

① 缫丝工艺流程(图 4－1－28)

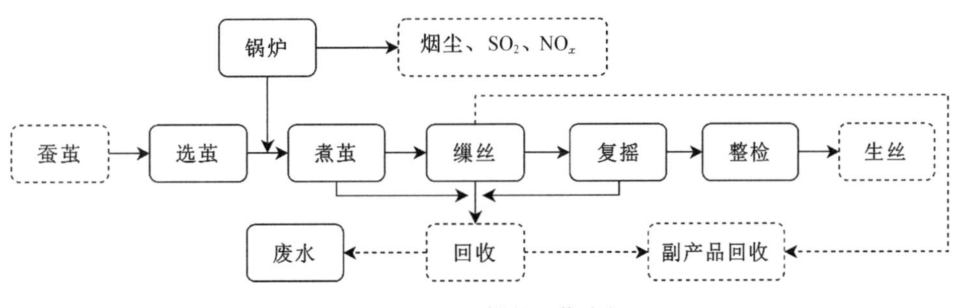

图 4－1－28　缫丝工艺流程

② 丝绸印染工艺(图 4-1-29)

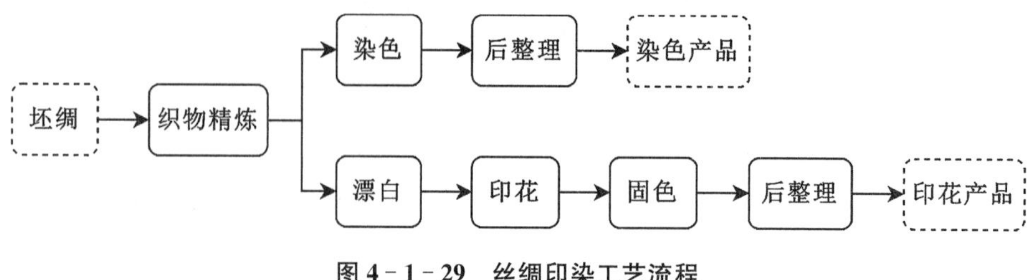

图 4-1-29 丝绸印染工艺流程

③ 人造丝织物印染工艺

人造丝产品的印染工艺为：人造坯布→织物精炼→染色→印花→固色→后整理→色布。

④ 绢纺和丝织加工工艺

绢丝的加工工艺包括精炼、精梳、粗纺、精纺工序等。

(3) 产排污分析

① 主要产排污节点

丝绸印染产排污节点如表 4-1-30 所示。

表 4-1-30 丝绸印染产排污节点

污染类型	排　污　节　点
废　水	丝绸印染废水中所含污染物主要来自原料中的蜡质、浆料，染色残余的染料和助剂；化纤仿真丝染整过程中，产生的碱减量废水含一定量的残碱和不易生化降解的对苯二甲酸
	制丝生产过程中所产生的废水中的污染物主要来源于煮茧过程中所溶解的丝胶，以及缫丝、复摇过程中蚕丝从蚕茧上剥离时脱落和溶解的丝胶；缫丝副产品生产废水产生于蛹衬与蛹体的分离过程，水中污染物主要为丝胶、粗蛋白和破碎的蛹体；脱胶废水属于生化降解性良好的有机废水
	真丝织物印染过程中织物精炼、漂白、染色和印花均产生废水。精炼主要有化学法(包括碱精炼和酸精炼)和酶法，精炼废水含一定量丝胶、浆料和有机物，废水呈碱性；漂白一般用双氧水作为氧化剂；印花废水量较少，浓度较高。一般真丝产品印染废水的有机污染物浓度较低，其废水一般呈弱酸性。真丝绸印染炼漂工序使用醋酸、碱、洗涤剂、助剂，废水中含丝胶和化学有机物，呈碱性。印染以醋酸为匀染剂，整体废水呈弱酸性
	人造丝织物印染过程中织物精炼、染色和印花均产生废水。绢丝废水中高浓度废水来自炼桶废水、槽洗废水和煮练废水，低浓度废水来自水洗机、脱水机废水和地面冲洗废水

② 主要污染物

对苯二甲酸、磷酸三钠、醋酸等。

4.1.7 制革工业生产工艺环境基础

4.1.7.1 皮革工业

(1) 皮革工业原辅料

① 原料

皮革的原料是动物皮，大多数动物皮都可用于制革，如牛皮、羊皮、猪皮、马皮、鹿皮、骆驼皮、袋鼠皮和爬行动物皮等。实际上，只有牛皮、猪皮和羊皮的质量好且产量大，是制革的主要原料。

② 辅料

皮革行业常用化学辅料见表 4-1-31。

表 4－1－31　皮革行业常用化学辅料

化学辅料类型	化　学　辅　料　种　类
基本化工材料	酸类、碱类、盐类、氧化剂、还原剂、其他
酶制剂	主要是水解酶类，如蛋白酶、脂肪酶等
表面活性剂	有阴离子型、非离子型、两性型及其他类型的表面活性剂
皮革助剂	皮革助剂属于功能性皮革助剂，其本身可以赋予皮革某种特定性能，主要有填充剂、蒙囿剂、防霉剂、防腐剂、防水剂、防污剂、防绞剂等
鞣剂及复鞣剂	无机鞣剂：铬鞣剂、锆鞣剂、铝鞣剂、铁鞣剂、钛鞣剂、硅鞣剂等 有机鞣剂：植物鞣剂、芳香族合成鞣剂、树脂鞣剂、醛鞣剂、油鞣剂等
皮革用染料	酸性染料、直接染料、碱性染料、活性染料和金属络合染料
皮革加脂剂	天然油脂加脂剂，天然油脂的化学加工产品，合成加脂剂，复合型和功能性加脂剂等
皮革涂饰剂	涂饰剂：由成膜剂、着色剂、涂饰助剂和溶剂组成 成膜剂：蛋白质类成膜剂、硝化(醋酸)纤维类成膜剂、乙烯基聚合物类成膜剂、聚氨酯类成膜剂 着色剂：颜料、颜料膏和染料 溶剂：有水和有机溶剂两大类 涂饰助剂：手感剂、光亮剂、消光补伤剂、增塑剂、增稠剂、渗透剂、流平剂、发泡剂、消泡剂、稳定剂、填料、交联剂、防腐剂、防水剂等

(2) 皮革工业基本生产工艺流程

制革工艺过程通常分为准备、鞣制和整饰(整理)三个工段。鞣前准备工段是将原料皮加工为适合于鞣制状态的裸皮的生产过程。鞣前准备包括组织生产批、洗皮、湿剪、浸水、去肉、脱脂、浸酸等工序。鞣制工段含鞣制工序(主要有脱皮、酵解、浸酸、铬揉)和复鞣、加脂与染色工序(主要有水洗、再鞣和预加脂、中和、染色、合成再鞣剂再鞣、固酸、主加脂、固酸、表面染色、干燥等)，整饰工段包括磨革、染前脱脂、干洗、染色、烫剪毛、裁制等工序。皮革加工工艺流程如图 4－1－30 所示。

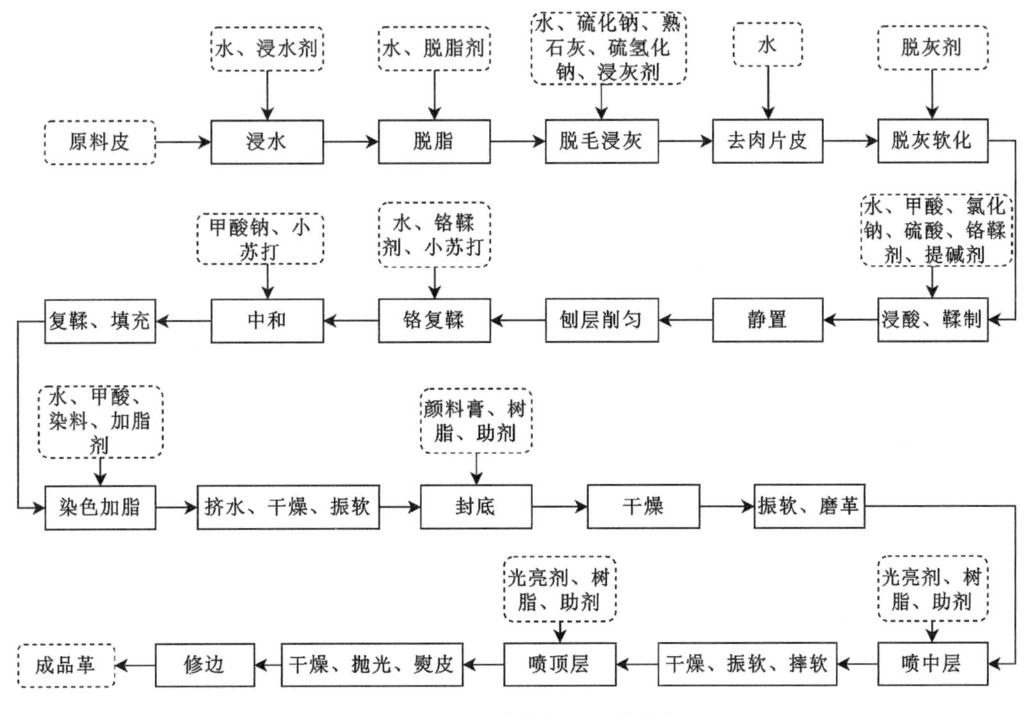

图 4－1－30　皮革加工工艺流程

(3) 产排污分析

① 主要产排污节点

皮革工业主要产排污节点如表 4－1－32 所示。

表 4－1－32　皮革工业主要产排污节点

工　序	工 艺 设 施	排污节点和主要环境因素
准备工段	洗皮、浸水、脱脂、脱毛、浸灰、脱毛、软化等	有机废物：污血、蛋白质、油脂等；无机废物：盐、硫化物、石灰、Na_2CO_3、NH_4^+ 等；有机化合物：表面活性剂、脱脂剂、浸水浸灰助剂等；此外还含有大量的毛发、泥沙等固体悬浮物。污染要素包括：COD、SS、色度、硫化物、动植物油、pH、氨氮
		碎肉、油脂等
鞣制工段	浸酸和鞣制	废水：无机盐、铬、悬浮物、色度、有机化合物(如表面活性剂、染料、各类复鞣剂、树脂)等，污染要素包括：Cr、pH、油脂、氨氮； 固体废物：复鞣废水碱沉淀处理废渣(危险废物)
整饰工段	中和、复鞣、染色、加脂、磨革、喷涂、裁制等	色度、有机化合物(如表面活性剂、染料、各类复鞣剂、树脂)、悬浮物、挥发性有机化合物；污染要素包括：Cr、pH、油脂、氨氮
		革屑和革灰
		苯、甲苯、二甲苯、VOCs
		革屑和革灰
		皮革边角料
		动物毛等
污水站	含铬废水预处理	重金属铬(一类污染物)
	含硫废水预处理	硫离子
	脱脂废水预处理	油脂
	格栅、沉淀、过滤、厌氧生化、好氧生化、二沉池、污泥压滤机等	废水含 COD、SS、总铬、硫化物、动植物油、氨氮等，污水处理的污泥(危险废物)，污水和污泥恶臭

② 主要污染物

重金属(如铬、锆等)、硫化物、石油烃、氨氮、苯、甲苯、二甲苯、甲酸、硫酸等。

4.1.7.2　毛皮工业

(1) 毛皮工业原辅料

毛皮工业使用的原料是动物皮毛，如绵羊皮、水貂皮、狐狸皮、兔皮、貉皮、水獭皮等。毛皮加工方式与皮革加工相似，也是有准备、鞣制、整饰等基本工序，使用的化学辅料基本相似，可以参考皮革加工的化学辅料相关资料。

(2) 毛皮加工生产工艺

① 毛皮鞣制工艺流程(图 4-1-31)

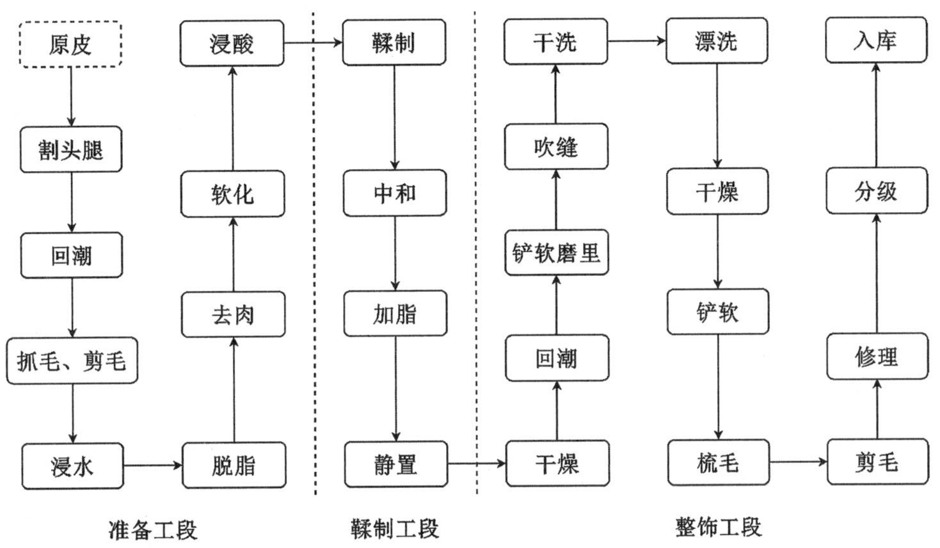

图 4-1-31　毛皮鞣制工艺流程

② 毛皮染色工艺流程(图 4-1-32)

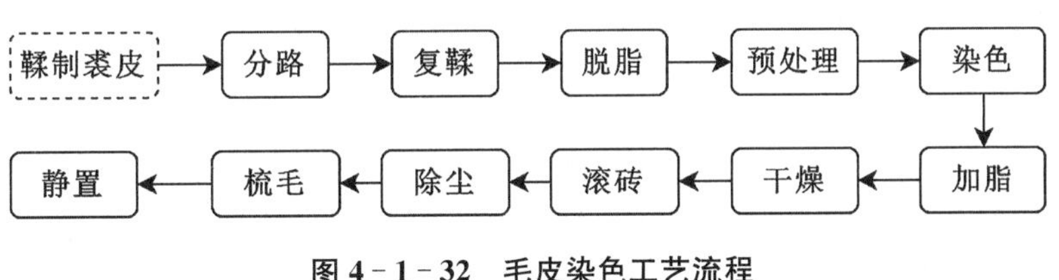

图 4-1-32　毛皮染色工艺流程

③ 毛皮剪绒工艺流程(图 4-1-33)

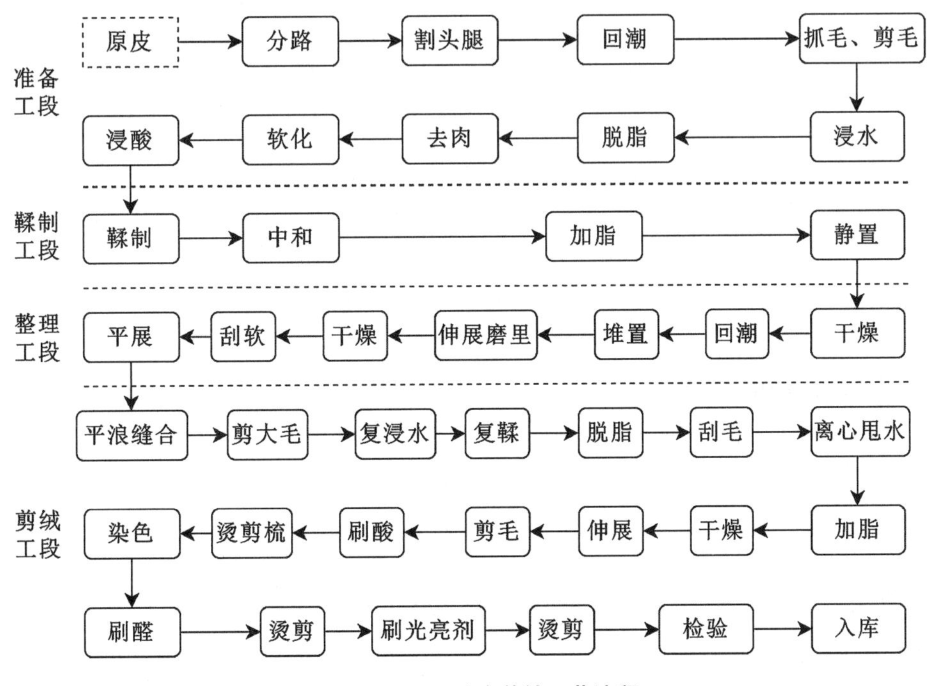

图 4-1-33　毛皮剪绒工艺流程

(3) 产排污分析

① 主要产排污节点

制革工业主要产排污节点如表 4-1-33 所示。

表 4-1-33 主要产排污节点

污染类型	主要污染物
废气	制革企业在皮革加工过程中产生的硫化氢、氨水和其他一些易挥发的有机废气，以及蛋白质固体废料分解产生的有毒气体或不良气味，企业废水综合池在高温天气下也产生部分臭气(胶头堆放产生的臭气)
废水	皮革废水主要来源于准备和鞣制工段，以及整饰工段的部分工序(复鞣、染色、加脂等)。制革及毛皮加工工业污水，含石灰、染料、蛋白质、盐类、油脂、氨氮、硫化物、铬盐以及毛、皮渣、泥沙。污染物主要有硫化物、氨氮、三价铬等
固体废物	制革工业固体废物主要包括动物油脂、动物毛、革屑革渣、蓝湿皮削匀边角料、复鞣废水碱沉淀处理废渣、污水处理站污泥(属危险废物)、职工生活垃圾、锅炉灰渣(属一般性固体废物)

② 主要污染物

重金属(如铬、锆等)、硫化物、石油烃、氨氮、苯、甲苯、二甲苯、甲酸、硫酸等。

4.1.8 机械工业工艺环境基础

4.1.8.1 机械工业概述

在《国民经济行业分类》(GB/T 4754—2017)中，机械工业属于制造业 C 大类，机械工业指机器制造工业，包括农业机械、矿山设备、冶金设备、动力设备、化工设备以及工作母机等制造工业，机械制造业的门类众多，现在已成为拥有几十个独立生产部门的最庞大的工业体系，包括金属制品业(33)，通用设备制造业(34)，专用设备制造业(35)、汽车制造业(36)，铁路、船舶、航空航天和其他运输设备制造业(37)，电气机械和器材制造业(38)，计算机、通信和其他电子设备制造业(39)，仪器仪表制造业(40)，其他制造业(41)，废弃资源综合利用业(42)，金属制品、机械和设备修理业(43)等。本章只介绍涉及金属材料成型的冷加工、热加工、表面涂装(喷漆、有机涂装、电镀)等方面的金属机械加工产生的环境问题。

机械工业在冷加工过程中(车、镗、铣、刨、磨、钻、压、拉、包绞、焊等)对环境的主要影响是油污、粉尘和固体废物。其中的酸洗和喷漆、电镀对环境的主要影响是污水，其次是废气和危险废物；焊接和切割对环境的主要污染是光污染，其次是废气和固体废物。而在热加工过程中(铸造、锻压、加热、冶炼、热处理和非金属烧结等)对环境的主要影响是含重金属的废气、粉尘、烟尘，其次是固体废物等。

4.1.8.2 机械工业冷加工生产工艺

(1) 机械工业冷加工的原辅料

① 原料

钢材、铸件、锻件。

② 辅料

润滑油、乳化剂、盐酸、氢氧化钠、磷化液、油漆、聚合氯化铝。

(2) 机械工业冷加工主要工艺

机械设备制造的一般工艺流程如图 4-1-34 所示。

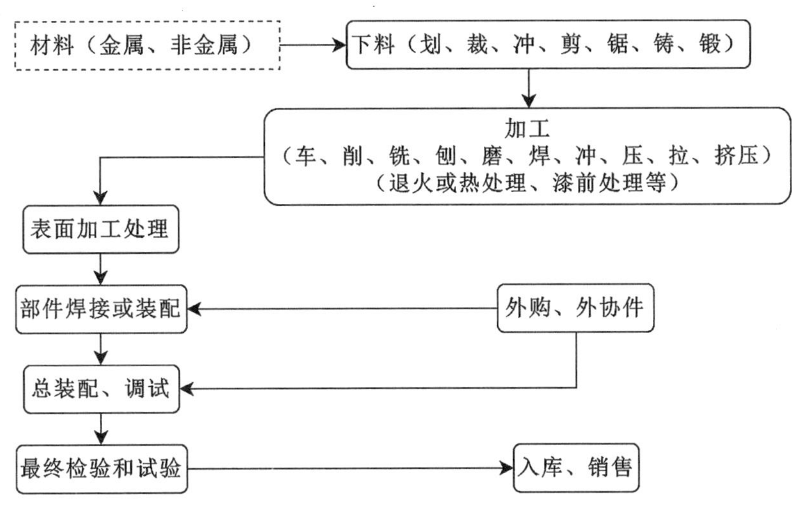

图 4-1-34　机械设备制造的一般工艺流程

(3) 产排污分析

① 主要产排污节点

机械冷加工产排污节点如表 4-1-34 所示。

表 4-1-34　机械冷加工产排污节点

污染类型	主　要　污　染　物
废　气	机械冷加工车间切削、刨、磨过程产生粉尘；切削油、柴油及合成冷却液加工时产生油雾，冷轧过程及冲压过程表面活性剂的挥发产生油烟
	机械冷加工过程采用脱脂、除锈工艺，使用强酸、强碱产生酸雾和碱雾
	机械加工半成品工件的刷漆、喷涂、固化工艺使用油漆、涂料、树脂、溶剂等产生含有机溶剂（如苯、甲苯、稀料、丙酮、汽油、甲酚等）及沥青烟废气
废　水	一般的机械加工（锻冲、零件加工、冷却、设备清洗、设备检修、地面冲刷、机器冷却、工人洗手洗抹布、涂漆、电镀等）废水中的污染物以油和悬浮物为主； 冷加工过程使用乳化液（含油、烧碱、石油磺酸钠、油酸皂、机油、乙醇、苯酚等）
	电镀车间排放的废水主要含有铬、镍等重金属离子、各种化学添加剂、酸、碱、氰化物，镀件预处理过程清除下来的各种杂质（包括油上调污、氧化铁皮、尘土等）
	切削加工过程主要的污染物是切屑和切削液（含硫、亚硝酸胺、甲醛、苯酚类物质等）
固体废物	机加工项目中最常见的固体废物是废边角料、废包装材料、废活性炭、焊渣等；各加工设备和场所除尘收集的尘灰；擦拭机械的含油抹布、废矿物油和废乳化液，废油漆、废涂料、废化学品、机械维修产生的油泥、回收的污油、废活性炭、焊渣、漆渣，属于危险废物；污水处理与预处理产生的污泥

② 主要污染物

重金属（如铬、镍等）、石油烃、氰化物、苯、甲苯、丙酮、甲酚、硫、亚硝酸胺、甲醛、苯酚、烧碱、石油磺酸钠、油酸皂、乙醇等。

4.1.8.3　机械工业热加工生产工艺

(1) 机械工业热加工主要原辅料

① 原料

钢材、废钢。

② 辅料

原砂、黏土、煤粉、黏结剂、涂料、液压油、焊条、助焊剂、热处理油、聚乙烯醇、熔盐、铅浴介质。

(2) 机械工业热加工主要工艺

① 铸造工艺

铸造生产工艺流程包括：工艺原材料进厂→检验→库房管理→工艺设计→模型制作→配砂→造型→制芯→合箱→配料→熔化→浇注→打箱→落砂→清理→退火→打磨抛光→表面油漆→产品加工→产品包装出库。

② 锻造工艺

不同的锻造方法有不同的流程，其中以热模锻的工艺流程最长，一般顺序为：锻坯下料→加热→辊锻备坯→模锻成形→切边→冲孔→矫正→中间检验(检验锻件的表面缺陷)→锻件热处理→清理(去除表面氧化皮)→矫正→检验等。

③ 金属热处理工艺

金属热处理工艺大体可分为整体热处理、表面热处理和化学热处理三大类；钢铁的整体热处理大致有正火、退火、淬火和回火四种基本工艺。

④ 焊接工艺

焊接通过熔焊(局部加热、熔化、凝固、结合)、压焊(通过施加压力，使工件结合)、钎焊(采用比母材熔点低的金属钎料，利用液态钎料填充接头间隙，使母材结合)三种途径达成接合的目的。

(3) 产排污分析

① 铸造加工主要产排污分析(表 4-1-35)

表 4-1-35 铸造加工主要产排污节点

污染类型	主 要 污 染 物
废 气	熔炼过程产生粉尘、烟尘、SO_2、NO_x、聚酯树脂类有机废气等；浇铸过程排放的烟气含少量烟尘、蒸汽、非甲烷烃有机废气、CO 等；砂芯混砂和砂芯烘烤过程中，会产生少量的有机废气；部分铸件浸漆及漆膜固化过程产生有机废气(主要成分为二甲苯)
废 水	砂清理中使用水力清砂、水爆清砂或电液压清砂等工艺排出的部分废水含石油烃；使用冲天炉的生产过程，水淬炉渣产生部分废水，主要污染物是金属离子；使用水煤气炉，产生一定量的酚氰；采用旧砂湿法再生工艺，排放废水含有机物；采用湿法除尘设备，会产生除尘废水含金属离子；热处理淬火过程产生的废水含有金属氧化皮、金属离子、石油类等污染物；其他设备或工段的少量用水，如酸洗废水，压铸机、空压机等机械流出来的含有机械油的废水等
固体废物	冲天炉灰渣、除尘尘灰、高炉水渣；脱硫石膏和冶炼废渣；废铸件、废砂模；熔炼设备维修过程中的废耐火砖、废砂、电石渣；废石棉等保温材料，废乳化液、废机油、废油漆、废涂料、废化学品，擦拭机械的含油抹布、机械维修产生的油泥、回收的污油、漆渣，属于危险废物

② 锻造加工主要排污分析(表 4-1-36)

表 4-1-36 锻造加工主要排污节点

污染类型	主 要 污 染 物
废 气	加热炉加热锻件过程中产生烟尘 SO_2、NO_x、CO 和煤炭不完全燃烧产生的粉尘，模具润滑剂高温时生成黑烟；锻造生产性粉尘来自加热、锻造、切边、清理、备料、储运等工序；模具润滑剂高温时生成的烟粉尘和油烟；锻件清理过程中(喷砂、抛丸、砂轮磨削、运输、清理)产生粉尘

续　表

污染类型	主　要　污　染　物
废　水	加热设备的冷却水和工模具冷却水(感应加热冷却水、加热炉炉门冷却水和其他设施冷却用水),冷却水含油;锻造车间废水中主要污染物有石油烃;酸洗(去除氧化皮)后的清洗废液,污染物为金属离子和油;热煤气和清洗煤气中的含酚氰废水
固体废物	加热炉灰渣、除尘尘灰;切边、冲孔废料及废品锻件、氧化皮、铁屑,清理滚筒、喷丸设备除尘下来的废渣、光饰材料的废磨料和填加剂等;废乳化液、有毒性的工业炉废弃材料(如工业炉维修废弃的石棉绒、矿渣棉、玻璃绒等保温绝缘材料)等。擦拭机械的含油抹布、废乳化液、废机油、废油漆、废涂料、废化学品、机械维修产的油泥、回收的污油、漆渣

③ 热处理加工主要排污分析(表 4－1－37)

表 4－1－37　热处理加工主要排污节点

污染类型	主　要　污　染　物
废　气	加热炉、退火炉和回火油炉排放烟气(含烟粉尘、SO_2、NO_x)和油烟;热处理过程的酸洗、热浸、渗金属、淬火油槽,氧化槽,硝盐浴,碱性脱脂槽、燃料炉等设备产生的油烟、酸雾、VOCs、氰化物、含重金属粉尘等,在盐浴炉及化学热处理中产生各种酸、碱、盐等及有害气体等。表面渗氮时用电炉加热会有氨气逸出;表面氰化时,将金属放入加热的含氰化钠的渗氰槽中会产生含氰废气;氰化过程的酸洗有酸雾和氯化氢废气逸出
废　水	热处理加工的废水包括钡盐废水,硝盐废水,表面氰化废水,退火、淬火废水,含油酸碱废水;各种废水混合会产生氮氧化物气体,刺鼻浓烟废水。地面、设备和工件的清洗废水中含 Fe、Cr,排出的盐中带出 Ba^{2+}、SO_4^{2-}、NO_3^-、Cl^-、CN^- 等。液体渗碳中含有氰盐。氧化、磷化的热处理过程中也产生污水
固体废物	使用氰化物热处理废渣(淬火池残渣、淬火废水处理污泥、氰化物热处理和退火作业中产生残渣、热处理渗碳炉产生的热处理渗碳氰渣、氰化物热处理和退火作业中产生残渣、氰化过程的碱洗有碱和表面活性剂废液),渗硫过程会排出碱和渗硫剂的废液;盐浴固体废物(脱氧的渣和废盐、盐浴槽釜清洗产生的含氰残渣和含氰废液);热处理中的废液废渣(使用氯化亚锡、氯化锌、氯化铵进行敏化产生的废渣和废水处理污泥);擦拭机械的含油抹布、废乳化液、废机油、废油漆、废涂料、废化学品、机械维修产生的油泥、回收的污油、漆渣,属于危险废物。加热炉灰渣、除尘尘灰(一般废物)

④ 主要污染物

金属(如钡、锶、锰、锆、锌、锡、铬等)、石油烃、氰化物、氯化氢、氨氮、酚、二甲苯、硫化物等。

4.1.8.4　金属表面处理与涂装工业生产工艺

(1) 金属表面处理与涂装主要原辅料

金属表面处理与涂装主要原辅料如表 4－1－38 所示。

表 4－1－38　主要原辅料表

原　料		金属表面处理与涂装的主要原料为加工成型的工件毛坯
辅料	前处理	研磨剂、抛光剂
	化学表面处理	硫酸、盐酸;表面活性剂(按结构分为阴离子、阳离子、两性离子和非离子表面活性剂);表调剂(主要由硫酸钛、钛白粉、金属钛等配制而成);磷化液(主要成分磷酸二氢盐);敏化剂
	涂装辅料	涂料、油漆、成膜物质、颜料、填料、溶剂、助剂、电泳漆

(2) 金属表面处理与涂装主要工艺

① 金属表面前处理工艺包括抛光(机械抛光、化学抛光)、除油除锈(除油(脱脂)、除锈)、表调槽子、磷化。

② 金属表面涂装工艺包括涂装、静电喷涂、粉末涂装、浸塑、固化、阳极氧化、发蓝(发黑)、电泳。

(3) 产排污分析

① 金属表面前处理主要产排污节点(表 4-1-39)

表 4-1-39 金属表面前处理主要产排污节点

污染类型	主要污染物
废气	(1) 机械抛光产生含尘废气,喷砂除锈产生含尘废气 (2) 磷化废液外观浑浊并有一种难闻气味(异味),碱洗槽产生碱雾,化学抛光、酸洗槽产生酸雾 (3) 随着温度升高酸碱雾会愈加严重
废水	(1) 脱脂清洗产生碱性废水,脱脂槽废液(危险废物) (2) 除锈清洗产生酸性废水;酸洗槽废液(危险废物);酸洗会产生废酸和酸洗废水,酸洗废水含氯离子、SS、铁离子、石油类、金属离子等 (3) 磷化工艺废水;磷化工艺废水主要含磷、锌、铁、COD、乳化油、TP、LAS 等污染物,并具有很高的 COD 值 (4) 电泳废水的主要污染物为高分子树脂、颜料、中和剂、重金属离子 Pb^{2+} 及低分子有机溶剂 (5) 前处理的综合废水含 SS、COD、石油类、PO_4^{3-}、金属离子,整体废水显酸性
固体废物	(1) 酸洗、脱脂过程中的废渣有废酸液、废碱液和废水处理产生的污泥 (2) 前处理产生的废化学助剂、废化学品都属于危险废物 (3) 机械抛光和喷砂除锈产生的除尘尘灰,属一般废物 (4) 磷化、电泳废渣:主要是磷化废水处理产生的污泥,如果用石灰处理的话,污泥的数量较大 (5) 前处理收集的废水预处理污泥,属一般废物

② 金属表面涂装主要产排污节点(表 4-1-40)

表 4-1-40 金属表面涂装主要产排污节点

污染类型	主要污染物
废气	(1) 涂料配制、涂覆、喷涂、刷漆过程产生严重的溶剂 VOCs 废气污染,涂装车间喷漆室、流平室及烘干室产生的漆雾及含二甲苯等污染物的有机废气,浸漆室及烘干室生的含二甲苯、硫酸雾、氯乙烯等污染物的有机废气 (2) 喷涂后的工件烘干和固化过程,会产生严重的溶剂 VOCs 废气污染 (3) 电泳槽的蒸汽产生 VOCs 废气污染 (4) 涂装工序产生的污水和废渣在收集、输运过程会产生溶剂 VOCs 废气污染
废水	主要有电泳废水、喷漆废水、地面清洁废水及模具清洗废水,主要污染因子为 COD_{Cr}、石油类、锌、总镍、锰、TP、NH_3-N 等
固体废物	(1) 电泳废液、漆渣、溶剂包装桶、废涂料、废助剂、废化学品、污水站物化污泥、废包装属危险废物 (2) 污水站生化污泥,属一般废物 (3) 发蓝(发黑)表面处理过程,要使用盐酸、烧碱等有腐蚀作用的化学产品,在去油、酸洗、发黑、皂化等过程中会产生有腐蚀性的废液

③ 主要污染物

重金属(如镍、锰、锌等)、二甲苯、氯乙烯、氨氮、石油烃、盐酸、氢氧化钠、硫酸、硫酸钛等。

4.1.8.5　金属电镀工业生产工艺

(1) 金属电镀工艺主要原辅料

① 镀前处理原辅料(表 4-1-41)

表 4-1-41　镀前处理原辅料

类　型	原　辅　料
电抛光	硫酸、磷酸、柠檬酸、氢氟酸、铬酐等
滚　光	硫酸、盐酸、皂角粉等
强腐蚀	硫酸、盐酸、硝酸、氢氟酸、铬酸、缓释剂等
化学除油	氢氧化钠、碳酸钠、磷酸钠、硅酸钠、OP 乳化液等
电解除油	氢氧化钠、碳酸钠、磷酸钠、硅酸钠等
溶剂除油	四氯化碳、汽油、煤油、酒精等

② 各类电镀的原辅料(表 4-1-42)

表 4-1-42　各类电镀的原辅料

工　艺		电镀液主要成分
镀铜	氰化镀铜	是应用广泛的工艺,使用的镀液有预镀溶液、含酒石酸钾钠溶液、光亮氰化镀铜溶液,主要含氰化亚铜和氰化钠(可能还有酒石酸钾钠和氢氧化钠)
	酸性硫酸液镀铜	使用的镀液有普通镀液和光亮镀液,主要含硫酸铜、硫酸、氯离子等
	焦磷酸盐镀铜	使用的镀液主要含铜盐、焦磷酸钾及辅助络合剂(酒石酸、柠檬酸)和光亮剂等
	新镀铜工艺	属无氰工艺,又可减少镀前处理,有柠檬酸-酒石酸盐镀铜,羟基亚乙基二磷酸镀铜,镀液含铜、硫酸铜、酒石酸钾和羟基亚乙基二磷酸
	氟硼酸盐镀铜	镀液含氟硼酸铜、铜、氟硼酸等
镀镍	瓦特型镀镍溶液	镀液含硫酸镍、氯化镍、硼酸等
	混合镀镍溶液	氯化物-硫酸盐混合镀镍溶液主要含硫酸镍、氯化镍、硼酸等
	络合物型镀液	镀液含硫酸镍、氯化镍、氨水、三乙醇胺、焦磷酸镍、柠檬酸铵等
	光亮镀镍	镀液含硫酸镍、氯化镍、柠檬酸钠、丁炔二醇、光亮剂、柔软剂
特殊镀镍	镀黑镍	镀液含硫酸镍、硫酸锌、氯化锌、硼酸等
	镀缎面镍	镀液含硫酸镍、氯化镍、硼酸、端面形成剂、光亮剂等
	滚镀镍	主要用于镀小件,镀液主要含硫酸镍、氯化镍、硼酸、硫酸镁等

续 表

工　艺		电 镀 液 主 要 成 分
镀铬	镀铬	普通镀液含铬酐、硫酸；复合镀液主要含铬酐、硫酸、氟硅酸；自动调节镀液主要含铬酐、硫酸、硫酸锶、氟硅酸钾；四铬酸盐镀液主要含铬酐、氧化铬、硫酸、氢氧化钠、氟硅酸钾；三价镀液主要以氯化铬、络合剂、氯化盐、硼酸为主等
	镀硬铬	镀液含铬酐、硫酸、CS-添加剂、三价铬等
	镀黑铬	镀液含铬酐、硝酸钠、硼酸、氟硅酸等
镀锌	氰化物镀锌	镀液含氧化锌、氰化钠、氢氧化钠、光亮剂(含苯甲基尼古丁酸、苯甲醛、异丙醇、额二羟丙基乌洛托品氯化物等)等
	锌酸盐镀锌	镀液含锌、氧化锌、氢氧化钠、DE－99 添加剂、HCD 光亮剂等
	氯化物镀锌	镀液含氧化锌、氯化钾、硼酸、光亮剂 H(醇与乙烯的氧化物)等
	硫酸盐镀锌	镀液含硫酸锌、硫酸钠、硫酸铝、硼酸、明矾、光亮剂 SN－Ⅰ、SN－Ⅱ等
镀镉	氰化物镀镉	镀液含氧化镉、氰化镉、氢氧化钠、硫酸钠等
	无氰镀镉	三乙酸胺镀镉(氯化铵、三乙酸胺、硫酸镉、氯化镉、乙酸钠等)；硫酸盐镀镉(硫酸镉、硫酸盐、苯酚等)；碱性镀镉(硫酸镉、氯化镉、三乙酸胺、硫酸铵等)
镀锡	酸性镀锡	镀液含硫酸亚锡、硫酸、有机添加剂 SS－820 等
	甲酚磺酸镀锡	镀液含硫酸亚锡、硫酸、甲酚磺酸、β-奈酚等
	氟硼酸镀锡	镀液含氟硼酸、氟硼酸亚锡、2-奈酚等
	碱性镀锡	镀液含硫酸亚锡、氢氧化钠、锡、锡酸钾等
	冰花镀锡	镀液含硫酸亚锡、硫酸、镀锡光亮剂、镀锡稳定剂等
	化学镀锡	镀液含氯化亚锡、氢氧化钠、盐酸、硫脲等
镀银	氰化镀银	镀液含银盐、氰化钾、光亮剂 FB－1、FB－2、A、B 等
	硫代硫酸盐镀银	镀液含硝酸银、硫代硫酸盐、SL－80 添加剂等
	亚氨二磺酸镀银	镀液含硝酸银、亚铵二磺酸、硫酸铵、光亮剂 A、B 等
	乙酸钾镀银	镀液含硝酸银、乙酸钾、808A、B 添加剂等
	尿素镀银	镀液含硝酸银、尿素、硫脲等
镀金	碱性氰化镀金	镀液含金、氰化钾、磷酸氢二钾等
	微酸性柠檬酸盐镀金	镀液含氰化亚金钾、柠檬酸盐等
	亚硫酸盐镀金	镀液含亚硫酸金铵、亚硫酸盐等

续 表

工艺		电镀液主要成分
镀铂	亚硝酸盐镀铂	镀液含亚硝酸二氨铂、硝酸铵、氢氧化铵等
	酸性镀铂	镀液含亚硝酸二氨铂、硫酸钾、磺酸等
	碱性镀铂	镀液含亚硝酸二氨铂、氢氧化钾、EDTA 光亮剂等
镀仿金	闪镀镍铁合金	镀液含硫酸镍、硫酸亚铁、硼酸、镍、快光剂
	镀仿金	镀液含氰化亚铜、氧化锌、氰化锌、锡酸钠、氰化钠、酒石酸钠等
镀锌镍	酸性镀锌镍	镀液含氯化锌、氯化镍、硫酸锌、硫酸镍、氯化钾、氯化铵、硼酸
	碱性镀锌镍	镀液含氧化锌、硫酸镍、氢氧化钠、乙二胺、三乙醇胺、ZQ-添加剂等
镀锌铬	镀锌铬	镀液含氯化锌、硫酸锌、氯化铬、硫酸铬、硼酸、光亮剂、氯化钾等
镀锡锌	镀锡锌	镀液含锡酸钠、氰化锌、氰化钠等
镀锡镍	镀锡镍	镀液含氯化亚锡、氯化镍、氟化氢铵、氯化铵等
镀镍铁	镀镍铁	镀液含硫酸镍、氯化镍、硫酸铁、硼酸等
镀镍磷	镀镍磷	镀液含氯化镍、硫酸镍、磷酸、亚磷酸等

③ 镀后处理原辅料(表 4-1-43)

表 4-1-43　镀后处理原辅料

工艺		电镀液主要成分
清洗		水
钝化	彩虹色钝化	镀液含铬酸、硫酸、硝酸等
	草绿色钝化	镀液含铬酸、硫酸、磷酸、盐酸、硝酸等
	高铬酸钝化	镀液含铬酐、硫酸、硝酸等

④ 退镀处理原辅料(表 4-1-44)

表 4-1-44　退镀处理原辅料

工艺	退镀液主要成分
化学法退除镍、铜镀层	硫酸、硝酸、硫脲、丁炔二醇等
除黑膜	烧碱、氰化钠等(或硝酸、氰化钠、防染盐)

续 表

工　艺	退镀液主要成分
电解退除镀铬层	盐酸直接退去镀铬层(或纯碱、三乙醇胺)
合金退镀	硝酸、硫酸、磷酸
铝件退镀	硝酸、硫酸、氢氰酸
铁件退镀	硝酸、盐酸

(2) 金属电镀的主要工艺

镀前处理工艺(整平、抛光)、除油(脱脂)、除锈(浸蚀)→电镀(镀锌、镀铜、镀镍、镀铬等)→镀后处理(清洗、钝化)→退镀。

(3) 产排污分析

① 主要产排污节点(表 4-1-45)

表 4-1-45　金属电镀工业生产主要产排污节点

污染类型	主要污染物
废　气	喷砂、磨光及抛光工序产生粉尘,酸洗、出光、化学抛光工序产生酸雾(铬酸雾、硫酸雾、氯化氢、氰化氢等),化学、电化学除油产生碱性废气
	镀铬工艺产生铬酸雾,氰化电镀产生氰化镀铜、镀锌、镀铜锡合金、仿金电镀工序产生含氰化氢废气
	镀铬后处理中的钝化环节产生含铬酸雾
废　水	前处理废水,又称酸碱废水,主要污染物为盐酸、硫酸、氢氧化钠、碳酸钠、磷酸钠等
	电镀过程中,产生含氰废水(镀锌、镀铜、镀镉、镀金、镀银、镀合金等)、含铬废水(镀铬、化学镀铬、阳极化处理等)、含镍废水(镀镍)、磷化废水(磷化处理)、电镀混合废水(除各种分质系统废水,将电镀车间排出废水混在一起的废水)
	镀后清洗水和钝化含铬废水
固体废物	废酸液、废碱液、废有机溶剂、废电镀液、废退镀液的滤渣、槽泥和废水处理产生的污泥(危险废物)等,以上均为危险废物

② 主要污染因子

铬、镍、镉、银、铅、汞、铜、锌、铁、铝、氨氮、总磷、石油类、氟化物、氰化物等。

4.1.9 无机化学工业生产工艺环境基础

4.1.9.1 合成氨工业

(1) 合成氨工业原辅料

① 原料

主要原料为无烟煤、褐煤、焦炭、长焰煤和弱黏煤等。

② 辅料

纯碱(Na_2CO_3)、铜氨液(主要成分是醋酸亚铜络二氨[$Cu(NH_3)_2Ac$],醋酸铜络四氨

$[Cu(NH_3)_4Ac]$，醋酸氨(NH_4Ac)和未反应的游离氨)、甲醇、变换催化剂(以 $MgAl_2O_4$ 为载体的钴钼催化剂)、氨合成催化剂(主要成分为 FeO、Fe_3O_4)、分子筛。

(2) 合成氨工业生产工艺流程

合成氨生产工艺及产污点如图 4-1-35 所示。

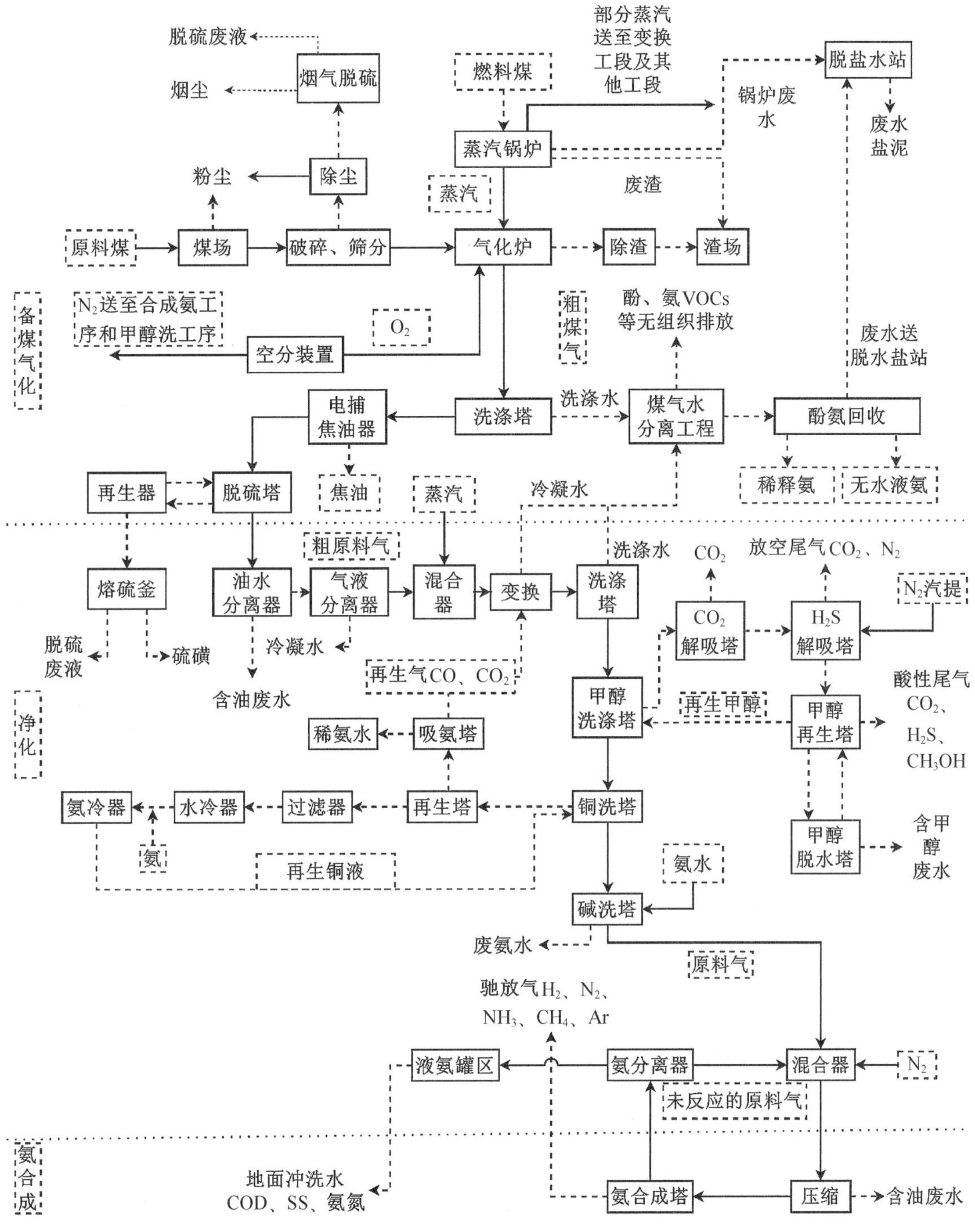

图 4-1-35 合成氨生产工艺及产污点

(3) 产排污分析

① 主要产排污节点

合成氨工业主要产排污节点如表 4-1-46 所示。

表 4-1-46　合成氨工业主要产排污节点

工　序		主 要 排 放 污 染 物
备　煤		[废气] 原料煤和燃料煤在运送、装卸、堆存、转运、破碎、筛分过程中煤尘(颗粒物)无组织逸散 [废水] 露天煤场受雨水淋洗产生渗滤水、地面冲洗废水(主要是 SS) [固体废物] 煤中废石、除尘灰
造　气	锅炉蒸汽	[废气] 煤燃烧产生烟气(烟尘、SO_2 和 NO_x),煤场、灰渣库及运输会产生扬尘(颗粒物) [废水] 锅炉废水(SS、盐类),烟气脱硫装置产生脱硫废水 [固体废物] 锅炉灰渣、除尘灰
	气化炉	[废气] 加煤排气(主要含烟尘、CO_2、CO、H_2、CH_4)、泄压排气,间歇气化法生产半水煤气时会产生造气吹风气(碳氢化合物轻组分、H_2S、N_2、焦油、挥发酚、HCN、NH_3 等) [废水] 煤气洗涤水、地面冲洗废水(COD、SS、焦油、挥发酚、HCN、氨氮、硫化物) [固体废物] 气化废渣、除尘灰
	除　渣	[废气] 排渣过程高温熔渣激冷后产生大量水蒸气、烟尘(颗粒物、CO_2、CO、H_2、CH_4、挥发酚、氰化物等),渣的收运储过程产生扬尘 [废水] 冲渣废水(SS、COD、氨氮、油类、苯、焦油、酚、硫化物、氰化物等) [固体废物] 渣(主要成分为 Al_2O_3、SiO_2 等属一般工业固体废物)与除尘灰
	煤气水处理	[废气] 膨胀器煤气水产生成膨胀气(CO_2、CO、NH_3、CH_4、H_2S 等),酚/氨回收装置产生脱酸废气(CO_2、H_2S;挥发酚、氨),煤气水在收集、输送、贮存、处理中产生逸散气(CO_2、H_2S;挥发酚、氨、焦油、氰化物等) [废水] 冲洗废水、处理后的煤气水回用或排出(SS、COD、氨氮、油类、苯、焦油、酚、硫化物、氰化物等) [危险废物] 废弃的粗酚、氨水;焦油分离器产生含尘焦油渣;处理污泥、油泥
净　化	脱　硫	[废气] 设备、管道、富液槽、油罐封闭不严和跑冒滴漏产生恶臭废气(含 H_2S、氨、挥发酚、氰化物、VOCs 等),脱硫再生塔泄漏含 H_2S 废气 [废水] 脱硫废水、地面洗涤废水(含 COD、SS、氨氮、硫化物等) [固体废物] 脱硫废渣、污泥、脱硫废液、废弃硫黄
	变　换	[废气] 设备、管道、变换炉、换热器封闭不严和跑冒滴漏产生废气(含 CO、NH、CH_4、H_2S 等),产生异味 [废水] 冷凝水和洗涤废水(含 SS、COD、氨氮、氰化物等) [危险废物] 废催化剂(主要含 Co、Mn、Mg、Al_2O_3 等)
	脱碳(低温甲醇洗)	[废气] 解吸塔尾气(CO_2),H_2S 浓缩塔放空尾气、热再生塔酸性尾气(CO_2、H_2S 和 CH_3OH);脱碳洗涤塔排废水(含甲醇、COD)
	精制(铜洗)	[废气] 设备、管道、换热器封闭不严和跑冒滴漏产生废气和水分离器尾气(CO、NH_3、CH_4、H_2S 等)产生异味 [废水] 吸氨塔排出稀氨水、碱洗塔排出稀氨水、冷凝水(主要污染物氨氮) [危险废物] 铜泥主要成分是 Cu_2S
合成氨		[废气] 合成塔排放合成驰放气(H_2、N_2、NH_3、CH_4、Ar),设备、管道、液氨储罐封闭不严和跑冒滴漏废气(NH_3、CH_4、异味) [废水] 罐区及车间地面冲洗水(SS、COD、氨氮、石油类) [危险废物] (3～8 年更新一次催化剂,主要成分镍、钼、锌、铂、铜等重金属)

续　表

工　序	主 要 排 放 污 染 物
空分装置	[废气] 空气过滤器收集的尘灰 [固体废物] 10～20 年更新一次分子筛、铝胶、珠光砂(固废主要成分为 Al_2O_3、SiO_2 等)
压　缩	[废水] 压缩机各段油水分离器、缓冲器导淋、厂房内的循环水导淋、蒸汽导淋、检修、事故都会产生含油废水(石油类、COD、氨氮、SS 等) [危险废物] 污油
脱盐水站	[废水] 脱盐产生的酸性和碱性废水(含 COD、氨氮、盐类等);设备反冲洗产生冲洗废水(含 COD、SS、氨氮等);蒸发塘水分蒸发后产生盐泥
污水站	[废水] 处理后外排废水(COD、硫化物、酚类、石油类、氨氮、总氮、挥发酚等) [固体废物] 污水处理的污泥(生化处理后剩余污泥中含有有机物、细菌、微生物及重金属离子等)

② 主要污染物

重金属、多环芳烃、硫化物、酚类、石油烃、Cu_2S、氨氮、氰化物、VOCs 等。

4.1.9.2　硫铁矿制硫酸工业

(1) 硫酸工业原辅料

硫酸的生产原料主要有硫黄、硫铁矿和有色金属火法冶炼厂的含 SO_2 的烟气;此外,有些国家还利用天然石膏、磷石膏、硫化氢、废硫酸、硫酸亚铁等作原料。

① 原料

硫铁矿是硫化铁矿物的总称,它包括黄铁矿与白铁矿(分子式均为 FeS_2),以及成分相当于 Fe_nS_{n+1} 的磁硫铁矿,三者中以黄铁矿为主。

② 辅料

脱硫剂包括石灰、石灰石、火碱、纯碱、氨水、氧化镁等。

(2) 硫酸生产工艺

硫酸制造,其包括三个基本工序:一是由含硫原料制备含 SO_2 气体,实现这一过程需要将含有硫原料焙烧;二是将含 SO_2 和氧的气体催化转化为 SO_3,烟气制酸从这个工艺开始;三是再将 SO_3 与水结合成硫酸,这一过程需要用稀硫酸将转化的 SO_3 气体吸收,具体如图 4-1-36 所示。

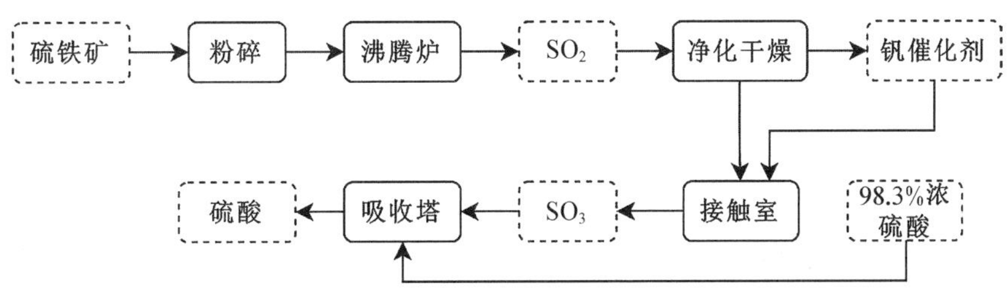

图 4-1-36　硫铁矿制酸生产工艺

(3) 产排污分析

① 主要产排污节点

硫铁矿制硫酸主要产排污节点如表 4-1-47 所示。

表 4-1-47 硫铁矿制硫酸主要产排污节点

工 序	主 要 排 放 污 染 物
原料工序	[废气] 原料在运送、装卸、堆存、转运、破碎、筛分过程中无组织逸散(粉尘) [废水] 露天料场受雨水淋洗产生渗滤水(SS、Cu、Mn 等重金属离子) [固体废物] 排渣工序的废渣
焙烧工序	[废气] 给料机产生粉尘、焙烧炉逸散的烟尘(颗粒物、SO_2 等) [废水] 生产车间的冲洗废水(含 SS、硫化物、砷、重金属等) [固体废物] 矿烧渣、除尘灰(一般废物)
净化工序	[废气] 炉气含有大量固态及气态有害杂质(粉尘、SO_2、重金属等) [废水] 湿法净化过程会产生一定量的酸性废水,需要外排(含 SS、硫化物、砷、重金属等) [固体废物] 除尘灰(一般废物)
干吸工序	[废气] 干燥、吸收、冷却过程产生废气(粉尘、SO_2) [废水] 车间冲洗废水(含 SS、硫化物、重金属等) [固体废物] 除尘灰(一般废物)
转化吸收	[废气] 二吸塔尾气、转化室泄漏含酸废气(含粉尘、SO_2、砷、氟化物等) [废水] 地面冲洗废水(SS、硫酸、硫化物等)
排渣工序	[废气] 冲渣、排渣、渣的收储运过程产生扬尘 [废水] 冲渣水、地面冲洗废水(SS、硫化物、砷、氟、重金属等) [固体废物] 废渣
成品	[废气] 罐体阀门、运输管道破损泄漏(酸气)
污水处理厂	[废水] 来自湿法除尘废水;锅炉房废水;工艺废水;冲渣废水;生活污水形成综合废水,处理后从排口排出的废水(含污染物 COD、氨氮、石油类、SS、挥发酚、氰化物、硫酸、亚硫酸、砷、氟、铅、锌、铜、汞、镉) [废气] 含硫污泥产生的恶臭废气 [固体废物] 污水站污泥(一般废物)

② 主要污染物

重金属(如砷、铅、锌、铜、汞、镉、锰等)、氟化物、挥发酚、氰化物、硫酸、亚硫酸、硫化物、石油烃、氨氮等。

4.1.9.3 电石行业

(1) 电石工业原辅材料

① 原料

制造电石的基本原料是生石灰(氧化钙)和炭素原料(包括焦炭、无烟煤、石油焦、半焦等)。

② 辅料

电极糊(由炭素材料如无烟煤、焦炭、石油焦、沥青、煤焦油等制造)。

(2) 电石工业生产工艺

电石生产是由生石灰(CaO)与炭材(C),在电炉中凭借电弧热在高温下进行熔融反应制得,即氧化钙和碳在高温下反应生成碳化钙和一氧化碳。电石工业生产工艺流程如图 4-1-37 所示。

(3) 电石工业产排污分析

① 主要产排污节点

电石工业生产主要产排污节点如表 4-1-48 所示。

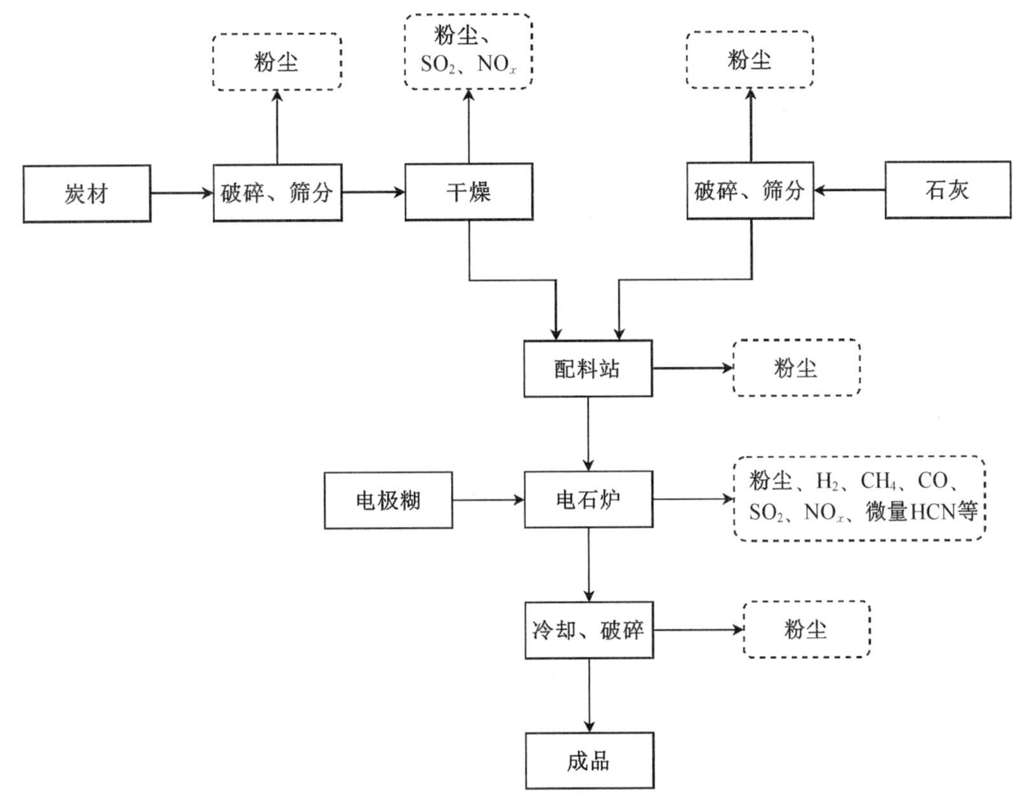

图 4－1－37　电石工业生产工艺流程

表 4－1－48　电石工业生产主要产排污节点

工　序	主　要　排　放　污　染　物
石灰备料	运输、破碎、筛分过程产生扬尘属于无组织排放废气，主要污染物为粉尘
炭材干燥	运输、破碎、筛分过程产生扬尘属于无组织排放废气，主要污染物为粉尘；干燥尾气属于有组织废气，主要污染物为粉尘、SO_2、NO_x
电石生产工段	原料输送、配料、下料过程产生扬尘和熔融电石从电石炉出口放出时产生属于无组织排放废气，主要污染物为粉尘；电石炉炉气属于有组织废气，主要污染物为粉尘、H_2、CH_4、CO、SO_2、NO_x、微量HCN 等
冷却破碎	电石冷却后破碎、筛分过程产生扬尘属于无组织废气
污水处理站	废水主要污染物 SS、COD、BOD、氨氮

② 主要污染物

生石灰(CaO)、氰化物、氨氮等。

4.1.9.4　烧碱工业

(1) 烧碱工业原辅材料

① 原料

原盐即工业盐。

② 辅料

三氯化铁、亚硫酸钠、高纯盐酸、螯合树脂、离子交换膜、纯水、纯碱、硫酸、硝酸盐、蔗糖、包装袋、燃料油等。

(2) 烧碱工业生产工艺

离子膜法烧碱生产以原盐为原料，采用离子膜电解技术生产高纯度烧碱，同时副产氯气和氢气。离子膜电解生产过程包括盐水精制、电解、氯氢处理、蒸发及固碱等单元，具体烧碱工业生产工艺如图 4-1-38 所示。

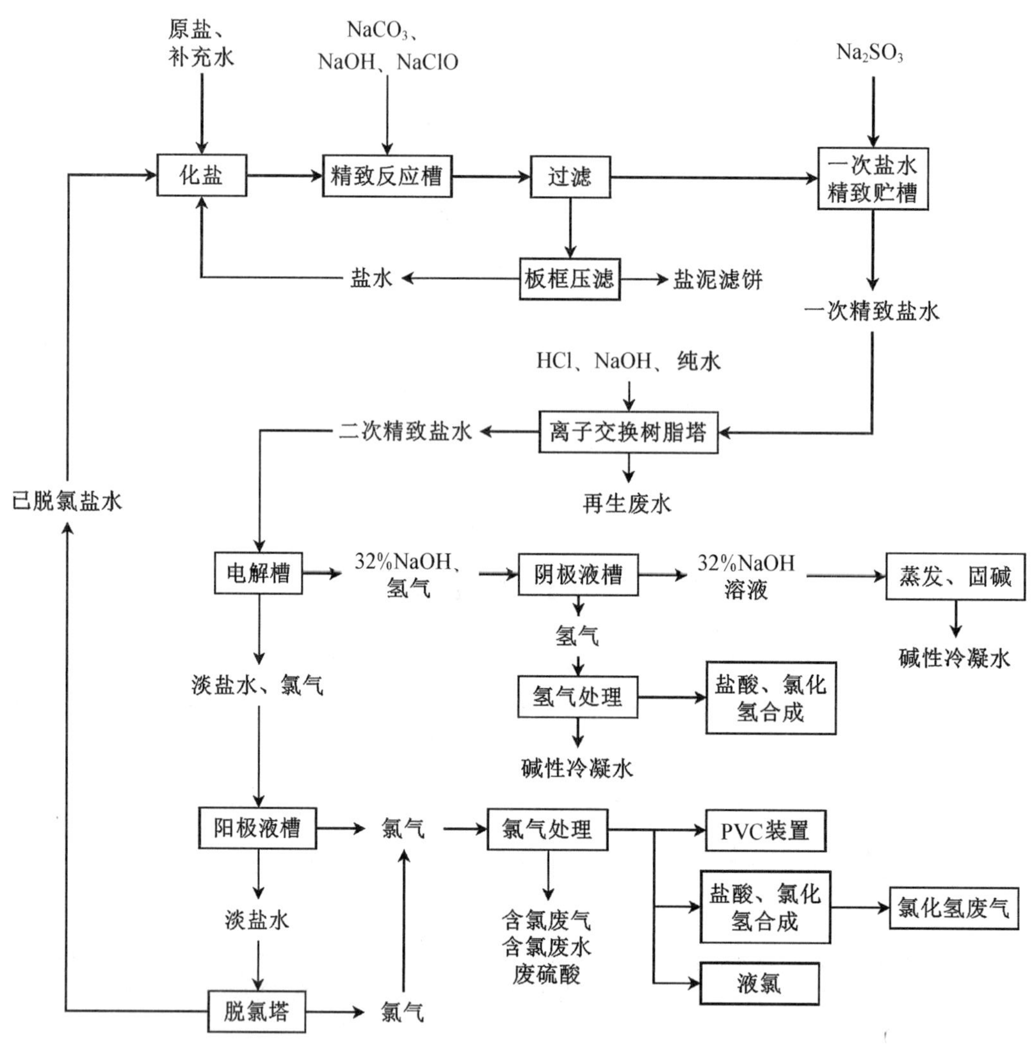

图 4-1-38 烧碱工业生产工艺

(3) 烧碱工业产排污分析

① 主要产排污节点

烧碱工业产排污节点如表 4-1-49 所示。

表 4-1-49 烧碱工业产排污节点

工 序	主 要 排 放 污 染 物
盐水精制	盐泥压滤产生盐泥滤饼，属于一般固体废物，其成分主要为 $CaCO_3$、$Mg(OH)_2$、NaCl 等；盐泥压滤产生过滤盐水，主要含盐和悬浮物；螯合树脂再生废水主要含 Cl^-、镍、盐等；废螯合树脂，属于危险固体废物，其成分为苯乙烯/二乙烯苯共聚物和水

续　表

工　序	主　要　排　放　污　染　物
电解	电解过程中装置密封不严废气无组织排放，在开停车和事故工况下，产生工艺废气，废气主要为 Cl_2；淡盐水主要污染物为有效氯和盐；湿氯气主要为 Cl_2、N_2、H_2O
氯氢处理	氯气冷却产生含氯冷凝水；氢气冷却产生碱性冷凝水，pH 为 8～10；装置密封不严废气无组织排放；尾气主要为 Cl_2、N_2；废硫酸属于危险固体废物
液碱蒸发及固碱生产	碱性冷凝水 pH 大于 12；烟气主要污染物为 SO_2、NO_x、烟尘
氯化氢及盐酸生产	装置密封不严废气无组织排放：废气主要污染物为 HCl
液氯罐区	液氯
污水处理站	废水主要污染物 COD、pH、SS、Cl^-、有效氯、盐等；废水处理产生污泥

② 主要污染物

氢氧化钠、氯化氢、氯气、三氯化铁、亚硫酸钠、硫酸、石油烃等。

4.1.9.5　PVC 工业

(1) PVC 工业原料

电石(CaC_2)、二氯乙烷、石油、氯化汞等。

(2) PVC 工业生产工艺

PVC 即聚氯乙烯。我国主要采用电石(CaC_2)法生产原料气。PVC 工业生产工艺如图 4－1－39 所示。

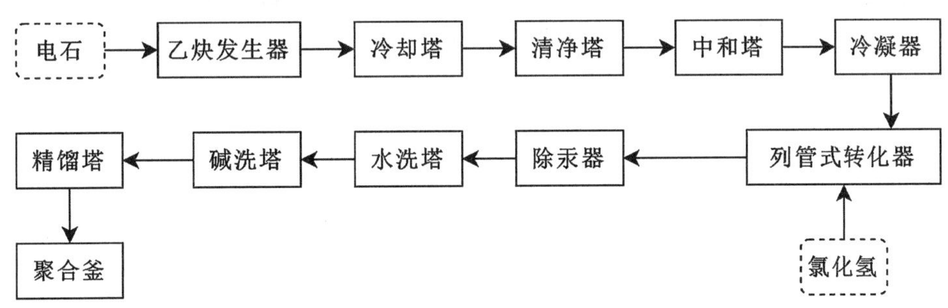

图 4－1－39　PVC 工业生产工艺

(3) PVC 工业产排污分析

① 主要产排污节点

电石乙炔原料路线生产氯乙烯工序的主要污染物分析如表 4－1－50 所示。

表 4－1－50　电石乙炔原料路线生产氯乙烯工序的主要污染物分析

工　序	污　染　物　及　其　特　征
电石在水中反应	在这个过程中产出电石渣、乙炔发生上清液、废次氯酸钠等废水。废次氯酸钠一般补充在上清液中用作乙炔发生的工艺水

续 表

工 序	污 染 物 及 其 特 征
合成粗氯乙烯	在合成过程中，一般氯化氢过量，因此过量的氯化氢经水洗生产废盐酸
精馏	氯乙烯经精馏制成成品氯乙烯，同时产生精馏尾气，在这个过程中可以产生的废水有换催化剂时冲洗反应器水，其中含有催化剂和升华汞，这部分水经过滤吸附后重复利用，此外因水洗产生的废盐酸会含有升华汞。废盐酸经脱吸后，烯酸重复利用，其中汞在累积达到一定浓度加入硫化钠生产硫化汞，分离后为固体废物

乙烯原料路线生产氯乙烯过程中乙烯与氯气、氧气在催化剂 $CuCl_2$ 作用下生产粗氯乙烯。会产生废 $CuCl_2$ 催化剂。

氯乙烯聚合是在水相中加入氯乙烯及各种助剂，经聚合后生成聚氯乙烯浆料，经气提将未反应完全的氯乙烯脱除后进行离心分离产生含水分在30%左右的聚氯乙烯和离心母液，离心母液中含有溶解在其中的各种助剂，主要是聚乙醇类有机物。含水的聚氯乙烯经干燥产生聚氯乙烯的同时产出含聚氯乙烯细粉的干燥废气。

② 主要污染物

重金属(如铜、汞、铁)、氯乙烯、VOCs、次氯酸等。

4.1.10 医药工业生产工艺环境基础

4.1.10.1 化学合成制药工业

(1) 化学合成制药工业原辅材料

① 原料

化学原料一般以烃类化合物、卤烃化合物、醇类化合物、醚类及环氧物、醛类化合物、酮类化合物、酸类化合物、脂类化合物、酰胺类化合物、腈类化合物、酚与醌类化合物、硝基类化合物、胺类化合物、有机硫化合物、杂环化合物、有机元素化合物、水溶性高分子化合物、药物及生物活性物质、助剂添加剂及其他、各种医药中间体等为主。

② 辅料

在化学合成工艺中，企业往往使用多种优先污染物作为反应和净化的溶剂，包括苯、氯苯、氯仿等。化学合成常用工艺使用的溶剂见表 4-1-51，片剂常用药剂辅料见表 4-1-52，注射剂常用药剂辅料见表 4-1-53，液体制剂常用药剂辅料见表 4-1-54，固体制剂常用药剂辅料见表 4-1-55。

表 4-1-51 化学合成常用工艺使用的溶剂

甲醛	甲苯	二甲苯	乙醇	石脑油	二乙醚	氰化甲烷	二甲基甲酰胺	甲基异丁基酮
丙酮	苯	二甲胺	氯苯	正戊酸	乙酸乙酯	二氯甲烷	二甲基乙酰胺	乙烯基乙二醇
丁醛	苯胺	二乙胺	异丙酸	甲醇	甲酰胺	甲酸甲酯	1,2-二氯乙烷	聚乙二醇 600
戊醛	苯酚	三乙胺	氯仿	异丙醚	正庚烷	二甲基亚砜	乙酸正丁酯	1,4-二氧杂环乙烷
糠醛	甲胺	环己胺	氯甲烷	正己烷	2-丁酮	2-甲基嘧啶	二甲基苯胺	二氯苯
氨	嘧啶	正丙醇	正丁醇	异丙醇	四氢呋喃	甲基溶纤剂	三氯氟甲烷	

表 4 - 1 - 52　片剂常用药剂辅料

类　别	典　型　药　剂
稀释剂	淀粉、预胶化淀粉、糊精、蔗糖、乳糖、甘露醇、微晶纤维素
吸收剂	硫酸钙、磷酸氢钙、轻质氧化镁、碳酸钙
润湿剂	水、乙醇
黏合剂	羟丙甲纤维素(HPMC)、聚维酮(PVP)、淀粉浆、糖浆
崩解剂	干淀粉、羟甲基淀粉钠、低取代羟丙基纤维素、泡腾崩解剂、交联聚维酮
润滑剂	硬脂酸镁、滑石粉、氢化植物油、聚乙二醇、微粉硅胶
着色剂	二氧化钛、日落黄、亚甲蓝、药用氧化铁红
包衣材料	丙烯酸树脂、羟丙甲纤维素、聚维酮、纤维醋法酯

表 4 - 1 - 53　注射剂常用药剂辅料

类　别	典　型　药　剂
溶剂	注射用水、乙醇、丙二醇、甘油
pH 调节剂、缓冲剂	盐酸、醋酸、醋酸钠、枸橼酸、枸橼酸钠、乳酸、酒石酸、酒石酸钠、磷酸氢二钠、磷酸二氢钠、碳酸氢钠、碳酸钠
抗氧剂	亚硫酸钠、亚硫酸氢钠、焦亚硫酸钠、硫代硫酸钠、抗坏血酸
金属离子螯合剂	乙二胺四乙酸二钠(EDTA - 2Na)
抑菌剂	苯甲醇、羟丙丁酯、甲酯、苯酚、三氯叔丁醇、硫柳汞
局麻剂	利多卡因、盐酸普鲁卡因、苯甲醇、三氯叔丁醇
等渗调节剂	氯化钠、葡萄糖、甘油
增溶剂、润湿剂、乳化剂	聚氧乙烯、蓖麻油、聚山梨酯- 20、聚山梨酯- 40、聚山梨酯- 80、聚维酮、聚乙二醇- 40、卵磷脂
助悬剂	明胶、甲基纤维素、羧甲基纤维素、果胶
填充剂	有淀粉类、糖类、纤维素类和无机盐类等
稳定剂	肌酐、甘氨酸、烟酰胺、辛酸钠
保护剂	乳糖、蔗糖、麦芽糖、人血白蛋白

表 4 - 1 - 54　液体制剂常用药剂辅料

类　别	典　型　药　剂
增溶剂	聚山梨酯类、聚氧乙烯脂肪酸酯类
助溶剂	碘化钾、醋酸钠(茶碱)、枸橼酸(咖啡因)、苯甲酸钠(咖啡因)

续 表

类 别	典 型 药 剂
潜溶剂	水溶性：乙醇、丙二醇、甘油、聚乙二醇 非水溶性：苯甲酸卞酯、苯甲醇
防腐剂	对羟基苯甲酸酯类、苯甲酸及其盐、山梨酸、苯扎溴铵、醋酸洗必泰、邻苯基苯酚、桉叶油、桂皮油、薄荷油
矫味剂	甜味剂：蔗糖、橙油、山梨醇、甘露醇、阿司帕坦、糖精钠、天冬甜精、蛋白糖 芳香剂：柠檬、薄荷油、薄荷水、桂皮水、苹果香精、香蕉香精 胶浆剂：阿拉伯胶、羧甲基纤维素钠、琼脂、明胶、甲基纤维素 泡腾剂：有机酸+碳酸氢钠
着色剂	天然：苏木、甜菜红、胭脂红、姜黄、胡萝卜素、松叶兰、乌饭树叶、叶绿酸铜钠盐、焦糖、氧化铁(棕红色) 合成：苋莱红、柠檬黄、胭脂红、胭脂蓝、日落黄 外用色素：伊红、品红、美蓝、苏丹黄 G 等
助悬剂	低分子助悬剂：甘油、糖浆剂 天然：胶树类、如阿拉伯胶、西黄耆胶、桃胶、海藻酸钠、琼脂、淀粉浆、硅皂土(含水硅酸铝) 合成半合成：甲基纤维素、羧甲基纤维素钠、羟甲基纤维素、卡波普、聚维酮、葡聚糖、单硬脂酸铝(触变胶)
润湿剂	表面活性剂：聚山梨酯类、聚氧乙烯蓖麻油类、泊洛沙姆等
絮凝剂与反絮凝剂	枸橼酸、枸橼酸盐、酒石酸、酒石酸盐
表面活性剂	阴离子型表面活性剂：硬脂酸钠、硬脂酸钾、油酸钠、硬脂酸钙、十二烷基硫酸钠、十六烷基硫酸化蓖麻油 非离子型表面活性剂：单甘油脂肪酸酯、三甘油脂肪酸酯、聚甘油硬脂酸酯、蔗糖单月桂酸酯、脂肪酸山梨坦(司盘)、聚山梨坦、卖泽、苄泽、泊洛沙姆等
乳化剂	表面活性剂：见表面活性剂 天然乳化剂：阿拉伯胶、西黄耆胶、明胶、杏树胶、卵黄 固体乳化剂：O/W 型乳化剂有氢氧化镁、氢氧化铝、二氧化硅、皂土等 WO 型乳化剂：氢氧化钙、氢氧化锌等
辅助乳化剂	增加水相黏度：甲基纤维素、羧甲基纤维素钠、羟甲基纤维素、海藻酸钠、琼脂、西黄耆胶、阿拉伯胶、黄原胶、果胶、皂土等 增加油相黏度：鲸蜡醇、蜂蜡、单硬脂酸甘油酯、硬脂酸、硬脂醇等
注射用水	纯化水经蒸馏所得的水
注射用油	植物油：麻油、茶油、花生油、玉米油、橄榄油、棉籽油、豆油、蓖麻油及桃仁油、油酸乙酯、苯甲酸苄酯
注射用非水溶剂	丙二醇、聚乙二醇 400、二甲基乙酰胺(DMA)、乙醇、甘油、苯甲醇等

表 4-1-55 固体制剂常用药剂辅料

类 别	典 型 药 剂
湿法制粒常用填充剂	可溶性填充剂：乳糖(结晶性或粉状)、糊精、蔗糖粉、甘露醇、葡萄糖、山梨醇、果糖、赤鲜糖、氯化钠 不溶性填充剂：淀粉(玉米、马铃薯、小麦)、微晶纤维素、磷酸二氢钙、碳酸镁、碳酸钙、硫酸钙、水解淀粉、部分 α-淀粉、合成硅酸铝、特殊硅酸钙
湿法制粒常用黏合剂	淀粉类：淀粉(浆)、糊精、预胶化淀粉、蔗糖 纤维素类：甲基纤维素、羟甲基纤维素、羟丙基甲基纤维素、羧甲基纤维素钠、微晶纤维素、乙基纤维素、 合成高分子：聚乙二醇(PEG4000,6000)、聚乙烯醇、聚维酮 天然高分子：明胶、阿拉伯胶、西黄耆胶、海藻酸钠、琼脂

续 表

类 别	典 型 药 剂
常用崩解剂	传统崩解剂：淀粉(玉米、马铃薯)、微晶纤维素、海藻酸、海藻酸钠、离子交换树脂、泡腾酸-碱系统、羟丙基淀粉 最新崩解剂：羧甲基淀粉钠、交联羧甲基纤维素钠、交联聚维酮、羧甲基纤维素、羧甲基纤维素钙、低取代羟丙基纤维素、部分 α-淀粉、微晶纤维素

(2) 化学合成制药工业生产工艺原理与基本工艺

原辅料进厂→多单元化学合成→目的药物后加工→药品钝化→药品检验包装。部分药物化学合成工艺如表 4-1-56 所示。

表 4-1-56 部分药物化学合成工艺

药 名	主 要 原 料	工 艺
安乃近	苯胺	重氮化→水解→甲化→水解→还原→酰化→水解→中和→缩合→安乃近
阿司匹林	水杨酸	酰化→离心→阿司匹林
甲氧苄啶	二溴醛	甲化→缩合→环合→精制→甲氧苄啶
布洛芬	异丁奔	付克反应→缩合→酰洗→精制→布洛芬
氢化可的松	皂素	开环→提取→环氧化→沃氏氧化→上溴→脱溴→酰化→发酵→分离→精制→氢化可的松
咖啡因	氯乙酸	氰化→酸化→亚硝酸→酰化→甲化→精制→咖啡因
吡哌酸	原甲酸三甲酯、丙二酸二甲酯	缩合→环合→氯化→精制→吡哌酸
盐酸赛庚啶	苄叉酞	氯化→脱氢→加成→氯化→格氏→精制→盐酸赛庚啶
头孢他啶	头孢他啶二盐酸盐、丙酮、磷酸/活性炭、氢氧化钠	溶解→过滤→结晶→干燥→磨粉→头孢他啶
磺胺二甲嘧啶	磺胺脒、乙酰丙酮、液碱、盐酸、焦亚硫酸钠、保险粉	碱溶→缩合→压滤→脱色→中和→甩滤→干燥→磺胺二甲嘧啶
烟酸	3-氰基吡啶、液碱、盐酸	水解→中和→脱色→压滤→结晶→过滤→干燥→烟酸
肌醇烟酸酯	三氯氧磷、烟酸、肌醇等	氯化→酯化→甩滤→干燥→脱色压滤→结晶→甩滤→干燥结晶→肌醇烟酸酯

(3) 化学合成制药产排污分析

① 主要产排污节点

化学合成制药产排污节点如表 4-1-57 所示。

表 4-1-57 化学合成制药产排污节点

工 序	排污节点和主要环境因素
原辅料进厂	[废气] 扬尘和泄漏的含酸碱或含 VOCs 废气 [废水] 地面冲洗废水 [固体废物] 报废的原料及清扫垃圾

续 表

工 序	排污节点和主要环境因素
多单元化学反应合成(批反应器)	[废水] 产生各种结晶母液、转相母液、吸附残液等,污染物浓度高,含盐量高,废水残余反应物、生成物等浓度高,有一定生物毒性、难降解;过滤机械、反应容器、催化剂载体、树脂、吸附剂等设备及材料的洗涤水,其污染物浓度高、酸碱性变化大;循环冷却水系统排污;水环真空设备排水、去离子水制备过程排水、蒸馏(加热)设备冷凝水等;设备设施的清洗废水,生产场地的地面冲洗废水 [废气] 蒸馏、蒸发浓缩工段产生的有机不凝气;合成反应、分离提取过程产生的有机溶剂废气;设备集气收集的粉尘,设备泄漏的含酸、含碱和含 VOCs 废气 [固体废物] 危险废物有废催化剂、废活性炭、废溶剂、废酸、废碱、废盐、精馏釜残、废滤芯(废滤膜)、滤渣滤泥、粉尘药尘、废药品等,产生的一般固体废物主要为废包装材料等
成药后加工过程	
纯化阶段	[废气] 使用盐酸、氨水调节 pH 产生酸碱废气;浓缩、粉碎干燥、磨粉、筛分产生粉尘药尘,吸附、分离、提取、萃取等产生 VOCs [废水] 废水包括容器设备、过滤设备冲洗水(如板框压滤机、转鼓过滤机等过滤设备冲洗水)、树脂柱(罐)及地面冲洗水等,其污染物浓度高、酸碱性变化大 [固体废物] 危险废物主要有废催化剂、废活性炭、废溶剂、废酸、废碱、废盐、精馏釜残、废滤芯(废滤膜)、粉尘、药尘、废药品等,产生的一般固体废物主要为废包装材料等
药品检验包装	[废水] 废水包括容器设备冲洗水,化验分析废水、地面冲洗水等 [固体废物] 包装、入库过程可能产生药粉尘,废弃物有不能回用的废弃药品,废包装材料,收集的粉尘等
辅助工程	[废气] 锅炉燃烧烟气,污染物烟尘、SO_2 和 NO_x;煤场、灰库会产生扬尘 [固体废物] 锅炉、除尘产生灰渣

② 主要污染物

重金属(汞、镉、铬、砷、铅、镍、铜、锌)、烷基汞、氰化物、挥发酚、硫化物、硝基苯类、苯胺类、二氯甲烷、苯类(苯、甲苯、二甲苯)、总磷、氯苯类、氨气等。

4.1.10.2 中药工业

(1) 中药行业的原辅材料

中药类制药工业的原料为净中药材。主要辅料为 95%乙醇、氢氧化钠、盐酸、活性炭、制剂辅料(蔗糖、淀粉、糊精等);其他辅料: 滑石粉(主要成分为硅酸镁)、硬脂酸镁、明胶、氧化铁红、糖精钠、香精、黄酒、蜂蜜、柠檬黄、虫白蜡。

(2) 中药行业工艺原理与基本工艺

中药行业的基本流程为前处理工段(原料中药材→挑选→洗药、润药→切药→烘药、炒药、煅药→装袋备用)→提取工段→制剂工段(混合制粒工序、压片工序、包衣工序和包装工序)三个部分。

(3) 中药制药产排污分析

① 主要产排污节点

中药制药产排污节点如表 4-1-58 所示。

表 4-1-58 中药制药产排污节点

工 序	生 产 设 施	排污节点和主要环境因素
前处理工段	洗药机	废水
	破碎机、粗碎机	粉尘
	挑选	固废

续　表

工　序	生　产　设　施	排污节点和主要环境因素
提取工段	渗漉罐、醇沉罐、煎煮罐	乙醇
		中药渣、水沉渣、醇沉渣
	酸沉罐	酸性废水
	双效浓缩外循环浓缩器、单效浓缩外循环浓缩器、酒精回收浓缩器	浓缩废水
	制粒机、方形筛、压片机、糖衣机、搅拌机	粉尘 除尘渣
	智能包衣机	滑石粉尘 水浴除尘污泥
	污水处理站	COD、BOD_5、SS、pH、氨氮等污泥

② 主要污染物

盐酸、氨氮、氢氧化钠等。

4.1.10.3　发酵制药工业

(1) 发酵制药行业原辅料

① 原料

天然微生物，主要包括细菌、放线菌和丝状真菌三大类。

② 辅料

SDS-酵母膏，$CaCO_3$、NaOH、乙酸乙酯、氯仿、苯、碳源、氮源等。

(2) 发酵制药行业工艺原理与基本工艺

发酵类制药一般生产工艺流程为：原辅料进厂→菌种选育(样品采集→微生物分离→培养→筛选方法学建立→筛选鉴定→前药→新化合物→化合物分离纯化→阳性结果→生产出发菌→菌种鉴定与保藏→新化合物新药研究与开发)→发酵工段→提炼工段→药品成品(图 4-1-40)。

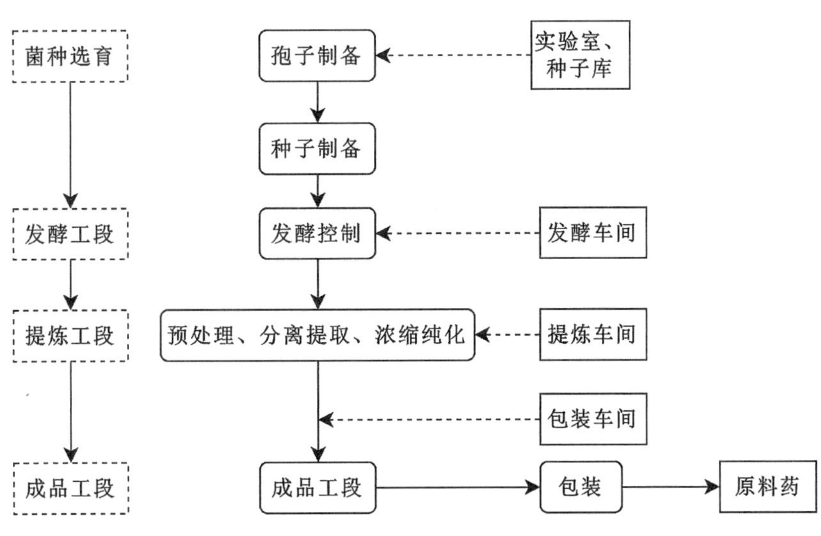

图 4-1-40　发酵类制药一般生产工艺流程

(3) 发酵制药产排污分析

① 主要产排污节点

发酵制药产排污节点如表 4-1-59 所示。

表 4-1-59 发酵制药产排污节点

工　　序	排污节点和主要环境因素
原辅料进厂	[废气] 扬尘和泄漏的含酸、含碱和含 VOCs 废气 [废水] 地面冲洗废水 [固体废物] 报废的原料及清扫垃圾
菌种选育发酵工段	[废水] 产生各种结晶母液、转相母液、吸附残液等,污染物浓度高,含盐量高,废水中残余的反应物、生成物等浓度高,有一定生物毒性、难降解;过滤机械、反应容器、催化剂载体、树脂、吸附剂等设备及材料的洗涤水。其污染物浓度高、酸碱性变化大;蒸馏、蒸发浓缩产生的有机不凝气,合成反应、分离提取过程产生的有机溶剂废气;循环冷却水系统、真空设备和去离子水制备过程排水,蒸馏(加热)设备冷凝水等。设备设施的清洗废水,生产场地的地面冲洗废水 [废气] 设备集气收集的粉尘,设备泄漏的含酸、含碱和含 VOCs 废气 [固体废物] 危险废物有废催化剂、废活性炭、废溶剂、废酸、废碱、废盐、精馏釜残、废滤芯(废滤膜)、滤渣滤泥、粉尘、药尘、废药品等,产生的一般固体废物主要为废包装材料等
提纯工段	[废气] 使用盐酸、氨水调节 pH 产生的酸碱废气;浓缩、粉碎干燥、磨粉、筛分产生粉尘药尘,吸附、萃取、分离、提取等产生 VOCs 排放 [废水] 废水包括容器设备、过滤设备冲洗水(如板框压滤机、转鼓过滤机等过滤设备冲洗水)、树脂柱(罐)和地面冲洗水等。其污染物浓度高、酸碱性变化大 [固体废物] 危险废物主要有废催化剂、废活性炭、废溶剂、废酸、废碱、废盐、精馏釜残、废滤芯(废滤膜)、粉尘、药尘、废药品等,产生的一般固体废物主要为废包装材料等
成品	[废水] 废水包括容器设备冲洗水,化验分析废水、地面冲洗水等 [废气] 包装、入库过程可能产生药粉尘 [固体废物] 废弃物有不能回用的废弃药品,废包装材料,收集的粉尘等

② 主要污染物

NaOH、乙酸乙酯、氯仿、苯等。

4.1.11 非金属矿物制品业生产工艺环境基础

4.1.11.1 水泥制造工业

(1) 水泥生产的原辅料

① 原料

钙质原料(石灰石、电石渣)、硅铝质原料(页岩、砂岩、黏土、粉煤灰、煤矸石)、铁质原料(铁矿石、硫酸渣)。

② 辅料

石膏、粉煤灰、粒化高炉矿渣、火山灰质材料。

(2) 水泥生产工艺。

水泥生产工艺流程如图 4-1-41 所示。

(3) 水泥生产产排污分析

① 主要产排污节点

水泥生产产排污节点如表 4-1-60 所示。

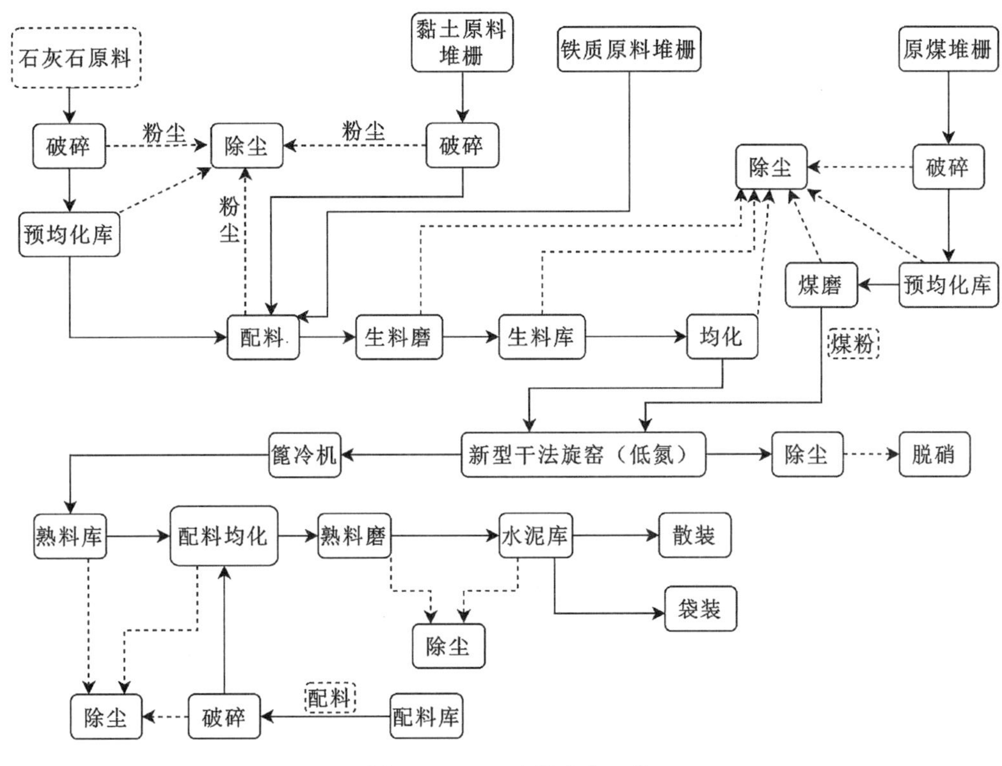

图 4-1-41　水泥生产工艺

表 4-1-60　水泥生产产排污节点

污染类型	主　要　污　染　物
废　气	大气特征污染物有粉尘、SO_2、NO_x、氟化物等。在水泥制造（含粉磨站）过程中，原料进厂后需要经过原料破碎、原料烘干、生料粉磨、煤粉制备、生料预热/分解/烧结、熟料冷却、水泥粉磨及成品包装等多道工序，每道工序都存在不同程度的颗粒物排放（有组织或无组织），而水泥窑系统则集中了70%的颗粒物有组织排放和几乎全部气态污染物（SO_2、NO_x、氟化物等）排放。按生产流程，水泥厂的主要大气排放源有： ① 原料贮存与准备：破碎机、烘干机、烘干磨、生料磨、储料场或原料库、喂料仓、生料均化库； ② 燃料贮存与准备：破碎机、煤磨（烘干＋粉磨）、煤堆场、煤粉仓； ③ 熟料煅烧系统：窑尾废气、冷却机废气（窑头）、旁路气体（预热器旁路，控制挥发性元素 S、Cl、碱金属的含量）； ④ 水泥粉磨和贮存：熟料库、混合材库、水泥磨、水泥库； ⑤ 包装和配送：包装机、散装机
废　水	水泥厂生产废水主要为煤粉制备、生料磨、生料库和水泥库风机、窑尾、窑中、窑头、水泥磨、空压机等处的设备轴承冷却水；化验室、机修、冲洗等辅助生产用水。主要水污染物为石油类，含有不同粒径的细小颗粒
固体废物	水泥生产过程产生的主要固体废物是各排放口设置的除尘器去除的尘灰

② 主要污染物

SO_2、NO_x、氟化物、多环芳烃、重金属等。

4.1.11.2　平板玻璃制造工业

(1) 平板玻璃（浮法）制造工业的原辅料

① 原料

石英砂、硅砂、纯碱等。

② 辅料

芒硝、着色剂、脱色剂、萤石、碳粉等。

(2) 平板玻璃生产工艺

平板玻璃生产工艺如图 4-1-42 所示。

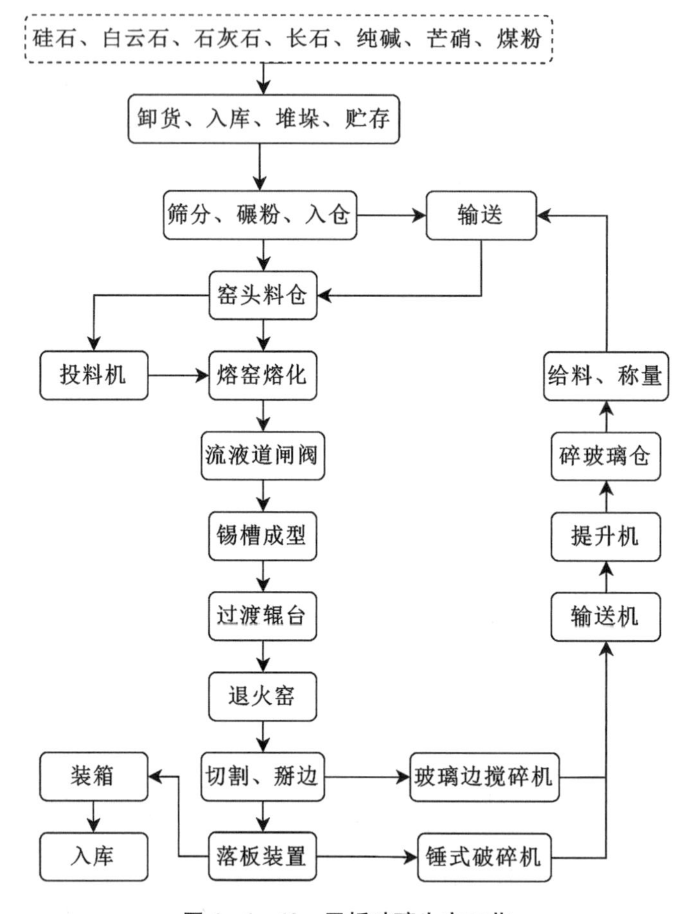

图 4-1-42　平板玻璃生产工艺

(3) 平板玻璃生产产排污分析

① 主要产排污节点

平板玻璃生产产排污节点如表 4-1-61 所示。

表 4-1-61　平板玻璃生产产排污节点

污染类型	主　要　污　染　物
废　气	玻璃熔窑熔化原料的过程中，燃料燃烧产生大量 SO_2、NO_x、氟化物
废　水	废水按来源可分为生产外排水和生活外排水。生产外排水包括车间地面冲洗废水、余热锅炉房废水、化验室废水、深加工车间和重油站废水等。主要污染物是油类、酚类、含氟物质和重金属等
固体废物	固体废物包括除尘器回收的尘灰、污水站的污泥，废弃的耐火材料、废弃配合料等。尘灰主要来源于原料的贮藏、粉碎、混合等工序

② 主要污染物

SO_2、NO_x、氟化物、多环芳烃、重金属(如锡)等。

4.1.11.3 陶瓷工业

(1) 陶瓷工业的原辅料

① 原料

黏土(高岭土)、石英(硅砂)、长石(石粉)。

② 辅料

制釉原料、石膏等。

(2) 陶瓷生产工艺

陶瓷生产工艺流程如图 4-1-43 所示。

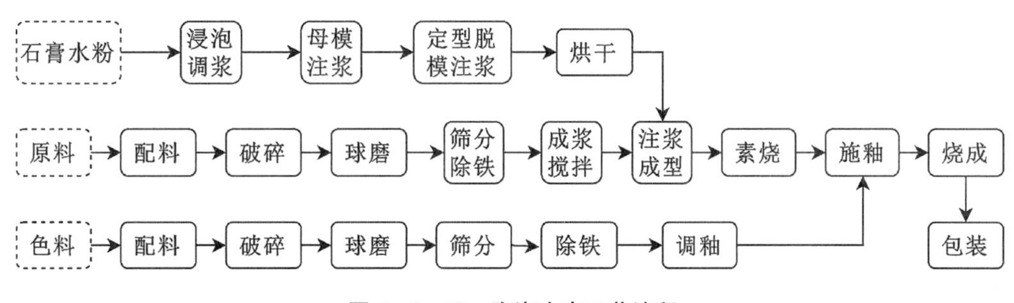

图 4-1-43 陶瓷生产工艺流程

(3) 陶瓷生产产排污分析

① 主要产排污节点

陶瓷生产产排污节点如表 4-1-62 所示。

表 4-1-62 陶瓷生产产排污节点

污染类型	主要污染物
废气	燃料废气(主要含 SO_2、NO_x、烟尘等),主要来源于喷雾干燥塔、窑炉、锅炉;工艺废气(主要含生产性粉尘),主要来源于原料堆存、制备、成型、施釉、喷涂、干燥、烧成、彩烤、检选、包装,以及与其配套的耐火材料加工、石膏模型制作等;煤气车间废气。 陶瓷生产废气排放的污染物主要为常规控制因子(烟尘、粉尘、SO_2、NO_x)和特征污染因子(氯化氢,氟化氢,铅、镉、钴、镍的氧化物)。 烟气中含有燃料燃烧和制粉及砖坯烧成过程中物理化学反应产生的气相和固相物质,主要有 SO_2、NO_x;氟离子,氯离子,粉尘(颗粒物);铅、镉、汞等重金属离子
废水	主要为生产过程中的球磨(洗球)、原料精制过程中压滤机滤布清洗,喷雾干燥塔冲洗和墙地砖抛光冷却水施釉、喷雾干燥、磨边抛光等工序及设备和地面冲洗水,窑炉冷却水。 原料精制过程中的压滤水,主要污染物为悬浮物;修坯废水水量较少,但悬浮含量大;抛光废水主要产生在研磨、抛光、磨边倒角等工序中,主要含瓷砖粉末、抛光剂和研磨剂;设备和车间地面冲洗水包括球磨机、浆池、料仓、喷雾干燥塔的冲洗,施釉、印花机械、除铁器的冲洗等,这类废水的污染物含硅质悬浮颗粒矿物悬浮颗粒、化工原料悬浮颗粒、油脂、铅、镉、锌、铁等有毒污染物废水。另外,在陶瓷生产的原料制备过程中,对除铁器进行清洗时会产生废水,废水中的主要污染物还有 Fe^{2+} 或 Fe^{3+}、悬浮物,此外,陶瓷工业废水排放还含有一定量的石油类。特种陶瓷需要加入涂层材料,其主要成分为金属氧化物、碳化物、硼化物、氮化物、硅化物等,主要涉及各种金属,如铝、硅、锆、铬、镍、锌、铍等
固体废物	固体废物包括废品、废渣、废模具等。废品分生坯废品和烧成废品、上釉废品和不上釉废品。废水净化过程中产生的陶瓷泥渣。陶瓷生产过程中,成型都使用石膏模型(具),它们在品种更新和破损后,都将成为废品。陶瓷抛光废渣等主要由玻化瓷表面和特种陶瓷表面及接口的抛光冷却水所形成,因废渣中含有来自砂轮磨料中的碳化硅、碱金属化合物及可溶盐类

② 主要污染物

SO_2、NO_x、氟化物、石油烃、多环芳烃、重金属(如铅、镉、钴、锆、铬、镍、锌、汞等)、氯化氢、铍等。

4.1.12 食品加工工业工艺环境基础

4.1.12.1 **制糖业**

(1) 制糖业的原辅料

原料为甜菜和甘蔗。

辅料为石灰、亚硫酸、硅藻土。

(2) 制糖业的基本生产工艺

① 蔗糖生产工艺

甘蔗制糖工艺包括：提汁→清净→蒸发→结晶→原糖精炼。

② 甜菜制糖

预处理工艺→切丝和渗出→纯化和蒸发→煮糖。

(3) 产排污分析

① 主要产排污节点

食品加工工业主要产排污节点如表 4-1-63 所示。

表 4-1-63 食品加工工业主要产排污节点

污染类型	主 要 污 染 物
废 气	废气主要是锅炉的燃料燃烧废气，其主要污染物为烟尘、SO_2、NO_x
废 水	废水污染物指标主要有 BOD、COD、SS、pH
固体废物	主要是锅炉灰渣、糖粕、蔗渣、废糖蜜、污水池污泥等

② 主要污染物

SO_2、NO_x、石灰、石油烃等。

4.1.12.2 **植物油加工业**

(1) 植物油加工业的原辅料

我国的大宗植物油料有大豆、油菜籽、棉籽、花生仁、芝麻、米糠和葵花籽等，我国特有的油料有桐籽、乌桕籽和油茶籽等。

浸出法制油辅料还会用到溶剂，工业己烷或轻汽油等几种脂肪族碳氢化合物。除此之外，还有丙酮、丁酮、异丙醇、丁烷以及一些复合型溶剂都可用于油脂浸出，如稀碱、食盐、磷酸等。

(2) 植物油加工业的生产工艺

油料清理工序(清理筛选→风选→比重法去石→磁选→并肩泥失误清选→除尘→净料)→预处理工序(水分调节→破碎→软化→轧坯→大豆的挤压膨化→原料胚)→油脂提取工序(有机械压榨法、水溶剂法、浸出法等)→毛油的精炼工序(油脂脱胶→碱炼脱酸→脱色→脱臭)。

(3) 产排污分析

① 主要产排污节点

植物油加工业主要产排污节点如表 4-1-64 所示。

表 4-1-64　植物油加工业主要产排污节点

污染类型	主　要　污　染　物
废　气	油脂加工过程产生的废气主要是油料清理工序产生的粉尘，湿粕脱溶和混合油气提工序产生的含溶剂尾气(VOCs)，以及油粕冷却工序、脱臭工序、废水处理和污泥收集贮存设施都会产生的异味和臭味。还有蒸汽锅炉产生的烟气，含大量烟尘、SO_2、NO_x
废　水	食用油脂加工业的主要污染是废水污染，食用油脂加工业的废水主要来自浸出、精炼工段产生的废水，油脂生产废水主要来自浸出、精炼等工艺，其废水有机物含量高
固体废物	固体废物主要是精炼车间产生的废白土、工艺废渣(滤渣、油脚)、锅炉产生的粉煤灰、煤渣、除尘的尘灰、废水处理站回收的废油、废水处理站产生的污泥、清理过程产生的砂石等

② 主要污染物

SO_2、NO_x、VOCs(如丙酮、丁酮、异丙醇、丁烷等)、石油烃等。

4.1.12.3　屠宰及肉类加工业

(1) 屠宰及肉类加工业的原辅材料

我国肉类屠宰加工业生产使用的原料肉主要来源于活猪、活牛、活羊、活家禽等畜禽。

(2) 屠宰及肉类加工的基本生产工艺

肉禽加工工艺过程为活畜禽入场静养→宰杀→去毛或皮→去内脏→分割剔骨→冷藏→深加工→肉制品。

肉禽屠宰生产过程大致为：宰杀前检疫验收→屠宰区致昏→刺杀放血→烺毛或剥皮→开膛解体→胴体修整→检验盖印等工序。

肉禽深加工指通过腌、烹、酱、熏、制罐头等肉类加工工序，把生鲜的肉类加工成肉制品。

(3) 产排污分析

① 主要产排污节点

屠宰及肉类加工业主要产排污节点如表 4-1-65 所示。

表 4-1-65　屠宰及肉类加工业主要产排污节点

污染类型	主　要　污　染　物
废　气	主要是锅炉燃料燃烧废气，畜禽粪便、内脏、污水和污泥散发的恶臭，屠宰企业生产的废气还有锅炉燃烧烟气，含大量烟尘、SO_2、NO_x
废　水	肉禽加工主要污染是废水污染，废水中含畜禽的血液、油脂、碎肉、骨渣、毛及粪便等，废水呈褐红色，具有较强的腥臭味，有机悬浮物含量高。肉类加工废水所含污染物主要为呈溶解、胶体和悬浮等物理形态的有机物质，其污染指标有 pH、总氮、有机氮、氨氮、硝态氮、总磷、硫酸根、硫化物和总碱度等
固体废物	废渣主要是畜禽的粪便、废弃饲料和畜禽的内脏杂物、皮、毛、肉渣等

② 主要污染物

氨氮、SO_2、NO_x、有机氮、硝态氮、总磷、硫酸根、硫化物等。

4.1.12.4　水产品加工业

(1) 水产品加工业的原辅材料

水产品加工的原料一般包括鱼类、甲壳类(虾、蟹等)、软体动物(贝类、头足类等)、腔肠动物(海蜇等)、棘皮动物(海胆等)、水产兽类和藻类等。

(2) 水产品加工业的基本生产工艺

水产品加工(不包括罐头加工)主要分为两大类:一是初步加工,即将捕获的鱼类、贝类、藻类等鲜品经清洗、挑选,除去不需要的部位等处理后,制成干鲜品、腌制品、冷冻品、水产罐头等,二是二次加工精制,即将初步加工好的水产品制成鱼松、烤鱼片等。

① 水产品的宰杀与冷冻加工

冷冻加工工艺包括宰杀(去磷、剖腹去内脏、清洗)、修整、盐业浸渍、冻结(−5℃)冷藏(−18℃)。

② 水产品的腌制加工

腌制加工工艺包括原料处理、盐水清洗洗去鱼体表面附着的黏液,剖割、洗涤去除鱼体残留血污和黏液,腌制、包装储运。

③ 水产品的干制加工

干制加工工艺包括原料处理(于淡水或海水中洗涤洁净)、去除内脏、洗涤洁净、沥干水待晒、烘晒、整形、分级、包装。

④ 水产品肉糜加工

水产品肉糜加工工艺包括冲洗原料、原料处理、冲洗全肉、挑选、漂白、脱水、磨碎、调制、成型、冷冻、包装。

⑤ 琼脂的加工

琼脂加工工艺包括原藻、浸泡、冲洗、煮熟、过滤、凝固、冻结、注水解冻、脱水、干燥。

⑥ 鱼粉的加工

鱼粉加工工艺包括煮、压、烘干、磨碎、干燥和包装等。

(3) 产排污分析

① 主要产排污节点

水产品加工业主要产排污节点如表 4-1-66 所示。

表 4-1-66　水产品加工业主要产排污节点

污染类型	主　要　污　染　物
废　气	废气污染主要来自燃烧废气,含大量烟尘、SO_2、NO_x。船舶在港排放废气、车辆产生的尾气,水产品加工产生的恶臭,污水处理站产生的恶臭
废　水	水产品加工厂的主要废水来自原料处理废水、水产品加工废水、水煮废水、设备地面冲洗水和除臭设备排水,还有机修油污水、码头冲洗污水、流动机械冲洗水、初期雨污水、船舶含油污水及洗舱水等,其废水有机物含量较高,其中有机氮含量特别高,且含高浓度的盐类
固体废物	固体废物主要有加工车间生产过程中产生的鱼鳞及少数鱼内脏和污水处理产生的脱水污泥

② 主要污染物

氨氮、SO_2、NO_x、有机氮、硝态氮、石油烃等。

4.1.12.5　淀粉制品制造业

(1) 淀粉制品制造业的原辅材料

原料有玉米、木薯、甘薯、马铃薯、小麦粉等。

辅料有硫黄(亚硫酸)、石灰等。

（2）淀粉制品制造业的基本生产工艺

① 玉米淀粉加工工艺

玉米入库、清理（去杂、去铁、清洗等）→浸泡（用亚硫酸氢钠水和玉米入浸泡罐）→湿磨（破碎机、金刚砂磨）→淀粉分离（分离机脱水）→干燥（干燥处理）→副产品加工（纤维和麸质生产饲料，胚芽精炼玉米油，油饼可作饲料，蛋白质水经过沉淀分离、过滤、干燥、粉碎、筛分，可作高级饲料）→成品（淀粉）。

② 薯类淀粉加工工艺

原料的清洗（去铁、去砂石、去秸秆、去泥沙等）和浸泡（薯干用石灰乳浸泡）→原料的破碎（破碎机打碎，过筛）、磨浆（磨机细碎）分离（分离粉渣和淀粉乳）→酸化（酸浆兑浆、撇浆）、分离（沉淀、筛分、蛋白质流槽分离）→脱水（淀粉浆分离机脱水）、干燥（干燥机烘干）→筛分（粉碎机粉碎、筛机筛分）→成品（淀粉）。

③ 小麦淀粉加工工艺

淀粉浆制备（和面机、面筋分离、面筋干燥得蛋白粉、筛分去杂，得到淀粉浆、分离澄清水）→淀粉洗涤干燥（搅拌洗涤、脱水机脱水、干燥机干燥）→粉碎和筛分（粉碎机粉碎、筛机筛分）→成品（淀粉）。

（3）产排污分析

① 主要产排污节点

淀粉制品制造业主要产排污节点如表 4－1－67 所示。

表 4－1－67　淀粉制品制造业主要产排污节点

污染类型	主　要　污　染　物
废　气	淀粉生产企业的原燃料卸车、输运、入库、倒袋、堆场、去杂、破碎、筛分、配料过程产生无组织的颗粒物污染破碎、筛分、酸化、干燥、污水与废渣处理过程中，产生强烈异味排放，锅炉房生产过程中煤堆场、灰渣库（场）、脱硫的备料和灰渣都会产生无组织扬尘； 淀粉生产企业的干燥、破碎、筛分、去杂、选料的排气口和粉料仓排气口、锅炉烟气等产生大量含颗粒物的废气； 淀粉生产企业排放的废水中有机物浓度较高，淀粉废水易酸化产生恶臭气体，恶臭气体产生于污水处理站的污水及污泥处理设备在废水的贮输及生化处理过程； 淀粉企业产生的废气还有锅炉燃烧烟气，含大量烟尘、SO_2、NO_x
废　水	以玉米为原料生产淀粉时，废水主要来源于玉米浸泡、胚芽分离与洗涤、纤维洗涤、浮选浓缩、蛋白压滤等工段蛋白回收后的排水以及玉米浸泡水资源回收时产生的蒸发冷凝水； 以薯类为原料生产淀粉时，废水主要来源于脱汁、分离、脱水工段蛋白回收后的排水以及原料输送清洗废水； 以小麦为原料生产淀粉时，废水由沉降池里的上清液和离心后产生的黄浆水两部分组成； 以淀粉为原料生产淀粉糖时，废水主要来源于离子交换柱冲洗水、各种设备的冲洗水和洗涤水、液化糖化工艺的冷却水； 淀粉废水主要污染物有氨氮（NH_4^+-N）、总氮（TN）和总磷（TP）
固体废物	淀粉加工过程中产生的固体废物有纤维渣、洗涤池污泥、污水站污泥、锅炉灰渣

② 主要污染物

氨氮、SO_2、NO_x、总磷、有机氮、硝态氮等。

4.1.12.6　乳制品制造业

（1）乳制品制造业的原辅材料

原料为生鲜乳及其制品。

辅料为糖、色素、香精、酸乳发酵剂、消毒剂等。

(2) 乳制品制造业的基本生产工艺

① 液体乳加工工艺

验收→净乳→冷藏→标准化→均质→巴氏杀菌→冷却→灌装→冷藏。

② 乳粉加工工艺

验收→净乳→标准化(分离脂肪)→(脱脂乳)冷藏→杀菌浓缩→喷雾干燥→筛粉晾粉或经过流化床→包装。

③ 炼乳加工工艺

验收→净乳→冷藏→标准化→预热杀菌→真空浓缩→冷却结晶→装罐→成品储存。

④ 酸乳加工工艺

验收→净乳→加配料→均质→灭菌→接种分装→发酵→冷藏→后熟→冷藏。

⑤ 奶油加工工艺

原料乳→净乳→脂肪分离→稀奶油→杀菌→发酵→成熟→搅拌→排除酪乳→奶油粒→洗涤→压炼→包装。

⑥ 干酪加工工艺

原料乳→净乳→冷藏→标准化→杀菌→冷却→凝乳→凝块切割→搅拌→排出乳清→成型压榨→成熟→包装。

(3) 产排污分析

① 主要产排污节点

乳制品制造业主要产排污节点如表 4-1-68 所示。

表 4-1-68 乳制品制造业主要产排污节点

污染类型	主 要 污 染 物
废 气	锅炉烟气：乳制品加工企业废气有锅炉燃烧烟气，含大量烟尘、SO_2、NO_x； 加工作业含尘废气：乳制品加工作业过程中的灰尘排放物包括来自喷雾干燥系统及产品装袋过程的废气中的奶粉残余物； 异味：乳制品生产设施的异味排放物主要与奶罐、存储仓的装填和缺空操作产生的无组织异味排放，还有生产废水和固体废物在收集贮存和处理过程会产生异味或恶臭
废 水	乳制品加工厂废水主要来自容器、设备、场地的蒸煮废水、清洗设备、工作面、场地废水洗涤冲刷废水和大量冷凝冷却水。乳品厂的废水含大量含乳有机物，如乳脂肪、乳蛋白、乳糖、无机盐等。未处理的来自乳制品加工设施的废水可能会含有相当浓度的有机物。乳浆还会增加废水的有机负荷。奶酪生产中加盐作业可能会导致高盐度废水的产生。废水中还可能含有酸、碱以及大量活性组分的清洁剂及消毒剂(消毒剂可能为氯化物、过氧化氢或季铵化合物)
固体废物	乳制品加工过程产生的有机固体废物，包括不合格产品及产品损耗(如原料奶溢漏、酪乳)，格栅及过滤器残余物，离心分离器和水处理设施的污泥，以及由于原材料进料及生产线损伤带来的包装废弃物(如废弃的切片、废弃的熟化袋，奶酪生产中产生的残余蜡，还有蒸汽锅炉产生的灰渣(包括尘灰)

② 主要污染物

氨氮、SO_2、NO_x、有机氮、硝态氮、氯化物等。

4.1.13　采选矿工业生产工艺环境基础

4.1.13.1　煤炭采选工业

(1) 煤炭采选工业的原辅料

原料为煤矿石。辅料为选矿药剂。

① 浮选剂

常用的浮选剂分三大类：一是捕收剂，有黄药(即黄原酸盐)、黑药(以二羟基二硫化磷酸盐为主要成分)、白药(各种硫脲类硫化矿捕收剂的总称)。二是起泡剂，常用的起泡剂有松醇油(俗称二号油)、酚酸混合脂肪醇，异构己醇或辛醇、醚类以及各种酯类等。三是调整剂，常用的调整剂有 pH 调整剂(石灰、碳酸钠、氢氧化钠和硫酸等)、活化剂(硫化钠)、抑制剂(石灰、硫酸锌、氰化物、水玻璃、淀粉、拷胶)、絮凝剂(聚丙烯酰胺和淀粉等)和分散剂(水玻璃、磷酸盐等)等五类。

② 表面活性剂

这一类浮选剂常用的主要是硫代表面活性剂和碳氢系表面活性剂。硫代表面活性剂是硫化矿的主要浮选药剂，如硫醇、硫代碳酸盐(黄药等)、硫代磷酸盐等。此外，还有品种繁多的硫代酸(RCOSH)、硫代酰胺($RCS \cdot NH_2$)等。硫代表面活性剂的非极性基主要是短链的烃基：乙基至己基、酚基、环己基和烷基-芳基的各种组合。黄药、黑药和 DOW 公司的 Z－200 是浮选中最常用的硫代化合物。

③ 炸药

许用炸药成分主要有硝酸铵、梯恩梯(三硝基甲苯，TNT)、木粉(如锯末)、氯化钠、石蜡、沥青等。

(2) 基本生产工艺

① 煤炭地下开采工艺

采煤工艺分综合机械化采煤工艺(简称综采工艺)、普通机械化采煤工艺(也称普采工艺，采煤机同时完成破煤和装煤工序)、爆破采煤工艺(采用爆破方法落煤，机械化运煤，机械或人工装煤，运煤、支护同普通采煤工艺)、连续采煤工艺(破、装、运、支等工艺过程全部实现机械化作业)。

② 煤炭地下开采井下生产系统

包括运煤系统、通风系统、运料排矸系统、排水系统。

③ 煤炭地下开采地面生产系统

包括井口受煤仓(临时储存原煤)→筛分加工车间(筛选、分级、排矸、矸石场)→带式输送机栈桥(将原煤直接从主井井口运输至筛分车间，加工后再将精煤运输至贮煤场)→贮煤系统(所有煤矿均需设立贮煤场，一般包括储煤场、贮煤仓和贮煤筒仓)→排矸场地(如外运利用应设置临时排矸场地，如永久储存应设置矸石填埋场，按要求堆放矸石，并进行复垦绿化矸石场地)→计量与煤质化验车间(计量和对煤样进行灰分、水分、挥发分、硫分和发热量的测定)→矿井修理车间(承担设备修理)→坑木加工房(矿井坑木材料的加工，木料加工)。

④ 煤炭洗选工艺

原煤筛分破碎(矿井原煤含有铁器、木料等杂物，需要设置除铁器和手选系统，再破碎分级筛分)→块煤系统(块精煤经脱水、脱介、分级)→末煤系统(末精煤经脱介脱水后作为洗混煤的一部分)→矸石脱水(矸石经脱水、脱介后，作为最终矸石)→介质回收(块、末两个介质系统分别进行介质回收)→粗煤泥回收系统(煤泥水经旋流器分级，离心脱水机脱水，压过滤机脱水，得到的煤泥混入洗混煤)。

(3) 产排污分析

① 主要产排污节点

煤炭采选工业主要产排污节点如表 4－1－69 所示。

表 4-1-69 煤炭采选工业主要产排污节点

工段	生产设施	排污节点和主要环境因素
地下采矿	凿岩机、凿岩台车	粉尘、瓦斯、废弃表土、泥浆水、废油液、生态破坏
	工作面	粉尘、CO、H_2S、NO_x、生态破坏
	铲运机、柴油设备	粉尘、CO、NO_x、SO_2、甲醛
	溜井倒矿口、漏斗放矿处、翻笼处	粉尘
	喷浆机、搅拌机、打锚杆	粉尘、废水
	出风井口	粉尘、废气
选矿	皮带转动点	粉尘
	破碎机	粉尘、灰渣
	筛分机	粉尘、矸石
	机修废弃物	危险废物(废机油、油泥棉纱)、机械加工废水(石油类、COD、SS)
	尾矿库	粉尘

② 主要污染物

石油烃、黄原酸盐、TNT、重金属、氨氮、苯胺、氰化物等。

4.1.13.2 铁矿石采选工业

(1) 铁矿石采选工业的原辅料

① 原料

铁矿石采选工业的原料是各种铁矿(磁铁矿、复合铁矿、赤铁矿等),最终产品是铁精矿。其中磁铁矿的主要成分为 Fe_3O_4,赤铁矿的主要成分为 Fe_2O_3。褐铁矿是针铁矿、纤铁矿、水针铁矿、水纤铁矿以及含水氧化硅、泥质等的混合物。钛铁矿的主要成分为 $FeTiO_3$。菱铁矿的主要成分为 $FeCO_3$。黄铁矿的主要成分为 FeS_2,红矿是赤铁矿、菱铁矿、褐铁矿、镜铁矿及混合矿的统称。

② 辅料

铁矿石采选工业的辅料为选矿药剂。常用的选矿药剂有捕收剂、抑制剂、起泡剂等(表 4-1-70)。

表 4-1-70 铁矿洗选的选矿药剂

药剂类型	用途	药剂名称
捕收剂	提高矿物表面疏水性,使目的矿物附着于气泡上	黄药、黑药、白药、脂肪酸、胺类捕收剂等
起泡剂	提高气泡的稳定性	松醇油、甲酚油、醇类等
抑制剂	增大矿物的亲水性,降低矿物的可浮性	石灰、氰化物、硫酸锌、水玻璃、淀粉等
活化剂	促进矿物的捕收作用或消除抑制作用	硫酸铜、硫化钠等
调整剂	调整矿浆的 pH;分散矿泥的作用;促进矿泥的絮凝作用	石灰、硫酸钠、硫酸、水玻璃、偏磷酸钠等

（2）基本生产工艺

铁矿采选生产工艺如图 4－1－44 所示。

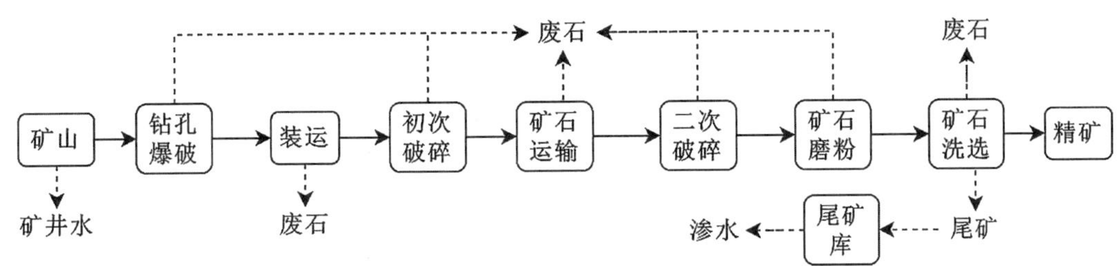

图 4－1－44　铁矿采选生产工艺

（3）产排污分析

① 主要产排污节点

铁矿采选主要产排污节点如表 4－1－71 所示。

表 4－1－71　铁矿采选主要产排污节点

生产企业	生　产　工　序	主　要　污　染　物
地下采矿	平巷掘进、天井掘进、采矿、切割等	粉尘
	爆破	粉尘、CO、H_2S、NO_x
	装矿	粉尘、CO、NO_x、SO_2、甲醛
	转运	粉尘
	喷锚	粉尘
	通风	粉尘、废气
露天采矿	钻孔	粉尘
	爆破	粉尘、CO、NO_x、SO_2、甲醛
	装矿	粉尘
	运输	颗粒物、CO、NO_x、SO_2、粉尘
	破碎大块	粉尘
	排土	粉尘
	倒矿	粉尘
选矿厂	运输转载	粉尘
	破碎	粉尘
	筛分	粉尘
	废物处理	粉尘

② 主要污染物

重金属、氰化物、2,4,6－三硝基甲苯（TNT）、石油烃、甲酚等。

4.1.13.3 铝土矿采选工业

(1) 铝土矿采选工业的原辅料

① 原料

主要为三水铝石、一水软铝石或一水硬铝石。

② 辅料

岩石炸药、雷管、导爆管、钎子钢、钎头、机油、胶管。

(2) 基本生产工艺

铝土矿开采(地下采矿、露天采矿)→铝土矿洗选工艺(大块矿石破碎→磨粉→浮选→提纯烘干→铝土精粉)→铝土矿的尾矿处理。

(3) 产排污分析

① 主要产排污节点

铝土矿采选生产企业主要污染节点如表 4-1-72 所示。

表 4-1-72 铝土矿采选生产企业主要污染节点

污染类型		主要污染指标
废气	无组织	采矿井下废气抽排、露天现场采掘、爆破、崩塌、堆场、料仓产生大量含尘废气,废气含粉尘、重金属、CO、SO_2、NO_x,甲醛等;露天矿汽车运输、装卸产生含粉尘、重金属、CO、SO_2、NO_x,甲醛等污染物的废气(柴油机及柴油车的尾气排放)
	有组织	采矿井下废气抽排产生含粉尘废气,可以除尘;选矿破碎、粉磨产生含粉尘废气,需要除尘
废水		采矿废水[矿坑水、井下水(涌水)、排土场及废石堆场的淋溶废水];选矿废水;设备、车间冲洗废水;尾矿库溢流水等。污染物主要为硫化物、氟化物、石油类、氨氮、总磷、多种重金属元素等
固体废物		采矿产生大量采矿剥离石和废渣(尾矿);选矿产生大量尾矿

② 主要污染物

重金属(如铜、砷、锌、汞、铬、镉等)、氨氮、氟化物、2,4,6-三硝基甲苯(TNT)、石油烃、氰化物等。

4.1.13.4 铅锌矿采选工业

(1) 铅锌矿采选工业的原辅料

铅锌矿采选工业的原料主要为方铅矿(主要成分为硫化铅)、闪锌矿(主要成分为 ZnS)、菱锌矿(主要成分为碳酸锌)、白铅矿(主要成分为碳酸铅)等。

(2) 基本生产工艺

铅锌矿开采(地下采矿、露天采矿)→铅锌矿选矿工艺(矿石破碎→磨粉→浮选→提纯烘干)→尾矿处理。

(3) 产排污分析

① 主要产排污节点

铅锌矿采选工业主要产排污节点如表 4-1-73 所示。

表 4-1-73 铅锌矿采选工业主要产排污节点

污染类型		主要污染指标
废气	无组织	采矿井下废气抽排、露天现场采掘、爆破、崩塌、堆场、料仓产生大量含尘废气,废气含粉尘、重金属、CO、SO_2、NO_x 甲醛等;露天矿汽车运输、装卸产生含粉尘、重金属、CO、SO_2、NO_x、甲醛等污染物的废气
	有组织	采矿井下废气抽排产生含粉尘废气,可以除尘;选矿破碎、粉磨产生含粉尘废气,需要除尘

续　表

污染类型	主要污染指标
废　水	采矿废水[矿坑水、井下水(涌水)、排土场及废石堆场的淋溶废水];选矿废水;设备、车间冲洗废水;尾矿库溢流水等。污染物主要为硫化物、氟化物、石油类、氨氮、总磷、多种重金属元素等
固体废物	采矿产生大量采矿剥离石和废渣(尾矿);选矿产生大量尾矿

② 主要污染物

重金属、氟化物、氨氮、氰化物、石油烃、酚、2,4,6－三硝基甲苯等。

4.2 电力燃气业

4.2.1 火电行业

4.2.1.1 火电行业的原辅材料

火电行业使用的燃料可分为固体燃料、液体燃料和气体燃料三类。其中固体燃料有煤炭、煤矸石、油页岩、炭沥青、天然焦、型煤、水煤浆、焦炭、石油焦、压缩生物质燃料(秸秆、板皮)等;液体燃料有原油、轻柴油、重油、汽油、煤油、渣油、煤焦油、页岩油、煤液化油、醇类燃料等;气体燃料有天然气、焦炉煤气、高炉煤气、转炉煤气、人工煤气、油制气、气化炉煤气、液化石油气、沼气等。辅料有盐酸、NaOH、石灰石、石灰、电石渣[主要成分为 $Ca(OH)_2$ 的废渣]、液氨、尿素、氨水、氧化镁、氢氧化镁、混凝剂、助凝剂等。

4.2.1.2 火电企业的基本工艺

火电企业的工艺原理是燃料在锅炉中燃烧,将其热量释放出来,传给锅炉中的水,化学能转变成热能,产生高温高压蒸汽;蒸汽通过汽轮机又将热能转化为旋转动力,驱动发电机输出电能。火电厂的主要生产系统包括燃辅料储运备料系统(包括装卸、储存、传输、备料等系统)、锅炉及发电系统(燃烧系统)、电气系统、循环冷却系统、辅助系统等。火电企业发电工艺流程如图 4－2－1 所示。

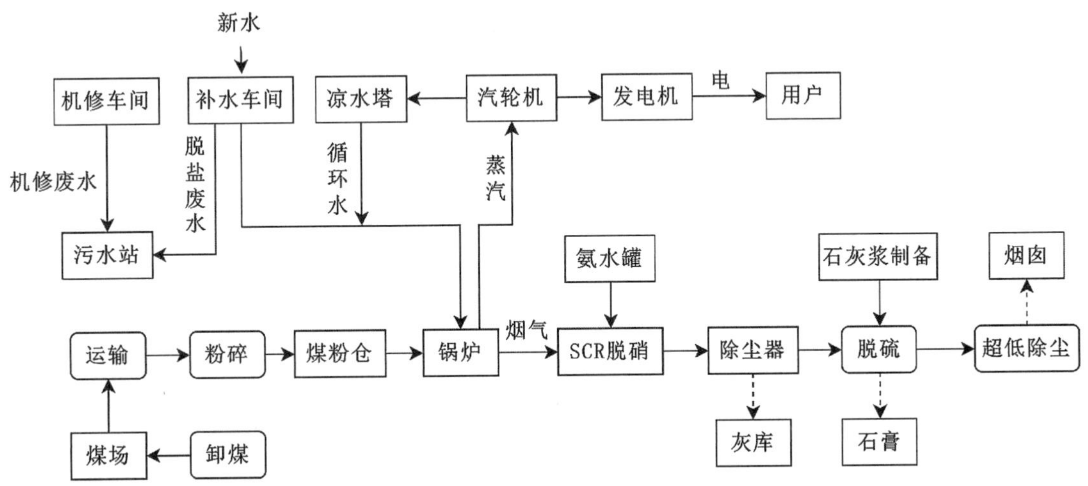

图 4－2－1　火电企业发电工艺流程

4.2.1.3 火电企业产排污分析

(1) 主要产排污节点

火电企业主要产排污节点如表 4－2－1 所示。

表 4-2-1 火电企业主要产排污节点

工序		主要排放污染物
备煤系统	运煤(料)车、卸煤设施、胶带输运机、煤场、石灰石料场、上煤设施、煤仓、给煤机、磨煤机、重油罐区等	煤炭、石灰石在装卸、输运、贮存过程会产生无组织扬尘，原煤破碎、筛分排气口产生煤尘，煤仓的落煤口处风吹、落料产生扬尘
	破碎机、洗选设备、和煤泥水系统	废气：破碎机产生含尘废气 废水：分选产生洗选废水 固体废物：浓缩、分离产生末煤
锅炉燃烧系统	锅炉、送风机、引风机、除渣设备、灰库、渣池	锅炉产生大量烟气，除渣废水和大量炉渣
	除尘器、脱硝装置、脱硫装置、烟囱	烟气中含有大量烟尘、SO_2、NO_x、CO_2 和少量重金属物质；脱硫废水含重金属、盐类等；脱硫石膏和脱硝废催化剂
	中央监控室	除尘效率高于 99.9%；脱硫、低氮+脱硝的效率高于 90%
除尘系统	除尘器	粉煤灰
	灰库	扬尘
	灰坝	扬尘；渗漏污水含 SS、重金属
脱硫系统	制粉系统	含尘废气扬尘
	脱硫系统	烟气外泄，含颗粒物、SO_2、NO_x；脱硫石膏；脱硫废水
	石膏脱水系统	脱硫废水(来自石膏脱水、清洗废水)，含 SS、重金属、COD、盐类等
	低氮工艺措施	
	脱硝工艺	脱硝废催化剂(危险废物)
	软化水制备	燃烧的灰渣，主要成分是二氧化硅、三氧化二铝、氧化铁、氧化钙、氧化镁及部分微量元素、脱硫渣、脱硫废水污泥
	循环冷却	排污水含污染物 COD、SS
污水处理	污水站	主要污染物为 COD、SS、石油类、氨氮等

(2) 主要污染物

多环芳烃、石油烃、重金属、盐酸、NaOH、石灰、电石渣[主要成分为 $Ca(OH)_2$ 的废渣]、氨、尿素、氧化镁、氢氧化镁等。

4.2.2 煤制天然气

4.2.2.1 煤制天然气的原辅料

气化炉所需煤浆所用的主要原料为优质原煤。辅料有甲醇、丙烯、托普索镍基催化剂 MCR-2R、耐硫变换催化剂、分子筛、活性氧化铝、硫回收催化剂(主要成分有 Al_2O_3、Na_2O、SiO_2)、石灰石、水。

4.2.2.2 煤制天然气的生产工艺

煤气化转化制天然气工艺分成备煤工段、煤气化工段、变换工段、低温甲醇洗工段、硫回收工段和甲烷化工段。煤制天然气的生产工艺流程如图 4-2-2 所示。

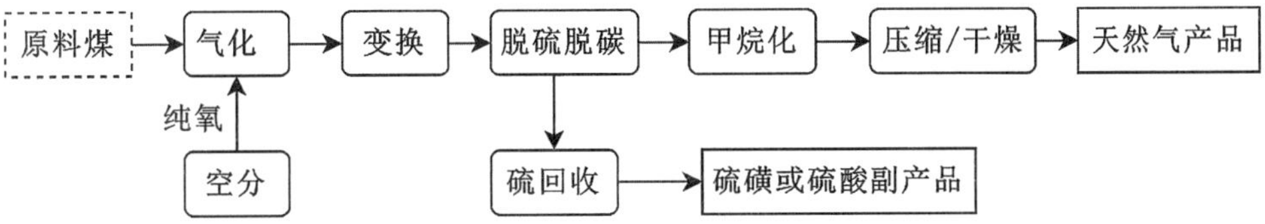

原料煤 → 气化 → 变换 → 脱硫脱碳 → 甲烷化 → 压缩/干燥 → 天然气产品
空分 →（纯氧）→ 气化
脱硫脱碳 → 硫回收 → 硫磺或硫酸副产品

图 4-2-2　煤制天然气的生产工艺流程

4.2.2.3　煤制天然气产排污分析

(1) 主要产排污节点

煤制天然气主要产排污节点如表 4-2-2 所示。

表 4-2-2　煤制天然气主要产排污节点

工　序	类　型	污　染　节　点
备料系统		备料过程：燃料煤、原料煤、石灰石运料、卸料、堆料、上料、储料会产生粉尘、煤尘污染；转运站、破碎筛分也会产生大量粉尘；辅料库装卸产生遗撒
煤浆制备		原料煤经上料系统，称量后与添加剂、水混合进磨机磨成浆料；料浆出磨机排料槽后送至煤浆槽，由料泵送气化炉。输煤上料系统产生粉尘
气化工序		料浆与高压氧进气化炉，气化生成水煤气；水煤气在激冷室使煤气和固渣分开；固渣经破渣机进锁斗至渣池；洗涤塔排水，气化炉及洗涤塔排出灰水。排污节点有渣池产生固渣；洗涤塔排水，气化炉及洗涤塔排出灰水。排出的灰水经三级闪蒸罐浓缩灰水；闪蒸后废水经沉降槽沉降细渣，溢流清液进灰水槽。细渣滤饼送锅炉掺烧；滤液送棒磨机制浆，三级闪蒸罐分离废气放空，溢流清液经灰水槽部分进污水处理站，部分回用
变换工段		水煤气经废热锅炉降温，净水分离器分离出冷凝液进冷凝液槽；脱盐水站产生脱盐水用于锅炉与脱氧水；水煤气进入变换塔，在耐硫催化剂作用下，使水煤气中的 CO 与 H_2O 反应转换成 CO_2 和 H_2(脱盐水站产生大量含盐废水；变换塔定期更换耐硫催化剂。含盐废水应处理，进盐水池也只是暂时贮存；更换耐硫催化剂按危险废物管理)
甲醇洗工段		水煤气从下部进入甲醇洗涤塔，甲醇吸收杂质(CO_2、H_2S、COS)，从解吸塔和浓缩塔分离 CO_2、H_2S、COS，从水分离器回收甲醇、水。甲醇洗工段产污节点有从装置会泄漏 H_2S、COS、甲醇；水分离塔产生废水
硫回收工段		来自气化、变换、甲醇洗工段含硫废气进制硫燃烧炉，在催化剂作用下，H_2S 和 SO_2 发生克劳斯反应生成单质液硫和水，液硫经捕集进入液硫池，固化成硫黄；H_2S，抽至尾气焚烧炉，含硫尾气经加氢还原成 H_2S；胺液(甲基二醇胺)在吸收塔和再生塔循环使用。硫回收工段排污节点有：极冷水冷却器产生极冷水；尾气吸收塔产生的尾气经焚烧排空，含 SO_2；吸收塔、再生塔、溶剂储罐会产生 VOCs 泄漏
甲烷化工段		净化煤气进入保护床经催化剂脱硫，脱硫后煤气与返回的循环气进甲烷合成炉；合成气经水分离器分离冷凝液，冷凝液送脱盐水站。甲烷化工段主要排污节点有：废催化剂(有机硫水解废催化剂、废脱硫催化剂、甲烷合成废催化剂)；产生含盐废水
辅助工段	甲醇罐区、胺液罐区	用于贮存甲醇和氨液储罐，其运输采用封闭槽车，上料泵可能产生：上下料时、大小呼吸会产生甲醇与氨的泄漏；排放异味有毒气体，如发生罐体泄漏会产生严重事故
	污水处理厂	部分灰水处理灰水槽溢流清液；甲醇洗水分离塔产生废水；硫回收的极冷水，机修车间废水，办公区生活污水。综合污水处理系统进口废水含污染物硫化物、氨氮、石油类等
	废渣场	装卸、场地扬尘

(2) 主要污染物

甲醇、丙烯、硫黄、HCl、重金属、多环芳烃、硫化物、氨氮、石油类、胺液(常见的有一乙醇胺、二乙醇胺、二异丙醇胺、甲基二乙醇胺等)等。

4.3 环境和公共设施管理业

4.3.1 水污染治理

4.3.1.1 水处理工艺

污水处理厂主要处理收集废水,处理工艺主要分为预处理(物理处理)、生化处理和深度处理,其中一级处理主要为格栅、沉砂等预处理(物理处理),二级处理主要为生物处理,三级处理为氧化、膜处理等深度处理。污水处理厂在处理废水的同时,自身会产生少量废水、恶臭等废气和污泥等固体废物,典型水处理工艺流程如图 4-3-1 所示。

4.3.1.2 污水处理企业常见污染物及其来源分析

(1) 污水

我国城镇污水处理企业接纳的工业废水中含有多种有毒有害污染物。城镇污水处理企业一般采用二级生物处理,有些有机污染物具有生物降解性,可被进一步去除,而有些污染物生物降解性较弱,城镇污水处理系统对其基本无去除效果。污水处理厂废水(污泥)中常见污染物及其来源分析如下:

石油烃源自石油原油及其产品,主要包括各种原油、汽油、柴油、润滑油等,主要成分为直链、支链和环烷烃类、多环芳烃及不饱和烃类等。石油类污染,会在水面上形成彩色油膜。

汞及其化合物(如烷基汞)的用途非常广泛,主要用于化工、冶金、电子、轻工、医药、医疗器械等多种行业。

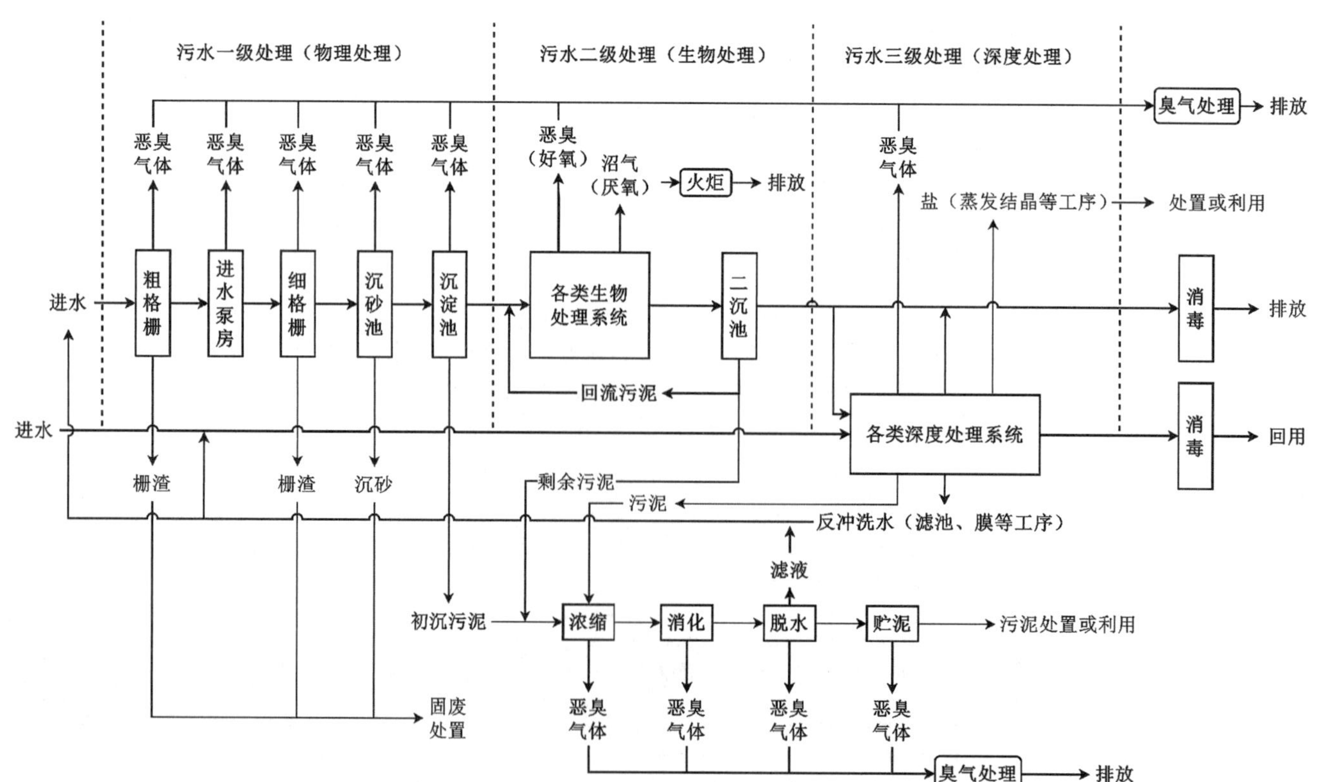

图 4-3-1 典型水处理工艺流程图

镉主要用于制造电池、颜料、合金、电镀等。

铬主要来源于冶金、电镀、制革、染整等工业行业。

砷主要来源于冶金、化工、制药、制革、纺织、玻璃、油漆、颜料和陶瓷等工业废水。

铅主要来源于冶金、金属加工、蓄电池、机械制造、化学药剂、石油加工、油漆颜料等工业废水。

镍主要来源于采矿、冶金、机械制造、金属加工、化工、陶瓷、玻璃、石油化工、电镀等工业废水中。

铍主要来源于采矿、冶炼、玻璃、特种材料、无线电器材、仪表零件生产、火力发电厂等工业废水中。

银主要用于制合金、焊药、银箔、银盐、化学仪器、胶片洗印及银币和镀银等。

铜及其化合物污染的主要来源是铜锌矿的开采和冶炼、金属加工、机械制造、钢铁生产、塑料电镀铜化合物等生产。

锌主要来源于采矿、冶炼、机械制造、金属加工、电镀、化工、制药等工业废水。

硒是一种半导体材料和光导材料，主要用于镇流器(今多被硅、锗代替)、照相曝光剂、冶金添加剂，石油产品异构化中作催化剂以及塑料、油漆、搪瓷、玻璃中的颜料。

钴主要用于制超硬耐热合金和磁性合金、钴化合物、催化剂、电灯丝和瓷器釉料等。

钡主要用于制造钡盐，也用作消气剂、球化剂和脱气合金等。

钒用于制合金钢、合金铁，少量钒可用于制造合成橡胶、塑料、陶瓷和其他化学物质。

锰用于炼铜和制铁、铜、铝等合金，也用作锰盐化学试剂。

铁，水中的络合铁理化性质不活泼，对水生生物没有影响。如果底泥中有硫化氢，则易形成硫化亚铁，产生黑色的无机污泥。污水处理厂中常用铁盐作为絮凝剂。

铝用于颜料、油漆、烟花、冶金等方面，在水的净化处理过程中广泛使用铝的化合物作为混凝剂。

硼的化合物用于制造玻璃、肥皂和清洁剂，并可用作阻燃剂。

钛用于炼钢，钢中加入 0.1%的钛能显著提高钢的质量。钛合金广泛用于民用和军用工业，尤其是航天工业中。

钼用于冶炼特种钢、耐热耐酸合金、电工器材、玻璃、陶瓷、颜料及化学工业。

锑用于印刷、合金、制造锑盐及颜料等。近年纺织染整废水中检出锑。

铊主要用于制造光电管、合金、低温温度计、颜料、染料、烟花等。

金属锡主要用于制造合金。

氟是地球表面分布最广的元素之一，是自然界中固有的化学物质，在水体中以氟离子形式存在。除天然分布的氟化物外，含氟废水主要来源于铝土矿、萤石等矿的开采、冶金、化工、木材加工、水泥、玻璃、陶瓷、油漆颜料、电子等工业废水。

含硫化物废水主要来源于石油炼制、化工、制革、纺织等工业废水。

含氰废水一般来源于冶金、化工、电镀、焦化、石油炼制、染料、塑料、制药等工业废水。

苯系物主要包括苯、甲苯、乙苯、二甲苯、异丙苯、苯乙烯等。苯主要用于生产乙苯、丙苯、异丙苯/酚以及环已烷等，是致癌物。甲苯主要用作油漆、涂料、树胶、石油、树脂等的溶剂，甲苯急性经口毒性低。乙苯主要用途是在石油化学工业作为生产苯乙烯的中间体。二甲苯用于杀虫剂和药物的生产。异丙苯用作有机合成原料及提高发动机燃料辛烷值的添加剂下游产品。苯乙烯主要用作生产塑料、树脂和绝缘材料。

氯苯类主要包括氯苯、二氯苯(1,2-二氯苯、1,3-二氯苯、1,4-二氯苯)、三氯苯(1,2,3-三氯苯、1,2,4-三氯苯、1,3,5-三氯苯)、四氯苯(1,2,3,4-四氯苯、1,2,3,5-四氯苯、1,2,4,5-四氯苯)、五氯苯、六氯苯。现行标准中有氯苯、1,2-二氯苯和 1,4-二氯苯 3 项指标，实际监测中检出的还有三氯苯。氯苯主要用作溶剂、脱脂剂以及合成农药和其他卤化有机物的中间体，氯苯是毒性最小的氯苯类物质。二氯苯广泛用于工业和家庭用品，如去臭剂、化学燃料和杀虫剂。三氯苯主要用作化学合成的中间体、溶剂、冷却剂、润滑剂和传热介质。

硝基苯类主要包括硝基苯、邻-二硝基苯、间-二硝基苯、对-二硝基苯、2,4-二硝基甲苯、2,6-二硝基甲苯、2,4,6-三硝基甲苯、2,4,6-三硝基苯甲酸。硝基苯是有机合成的原料，最重要的用途是生产苯胺染料，还是重要的有机溶剂。三种二硝基苯是有机合成及染料中间体，均有剧毒，且间-二硝基苯在三种二硝基苯中毒性最大。2,4-二硝基甲苯广泛用于有机合成，染料、油漆、涂料的制备，也是生产炸药的主要原料。2,6-二硝基甲苯用作有机合成原料，也是生产炸药的主要原料。2,4,6-三硝基甲苯，即TNT，具有爆炸性，是常用炸药成分之一。

硝基氯苯类物质主要包括对硝基氯苯和2,4-二硝基氯苯。对硝基氯苯用于合成许多农药品种，用于偶氮染料和硫化染料的中间体及制药，用于橡胶助剂的制造等。2,4-二硝基氯苯主要用作合成染料、农药、医药的原料。

多环芳烃是煤、石油、木材、烟草、有机高分子化合物等有机物不完全燃烧时产生的半挥发性碳氢化合物。水中多环芳烃主要来自焦化厂、煤气厂、炼油厂、石油化工等排出的废水。从煤焦油废水中可分离出苯并[a]芘、苯并[a]蒽、苯并[b]荧蒽、䓛等多种致癌性多环芳烃类物质。

卤代烃类物质主要来自化工、制药、塑料等工业废水的排放，主要包括二氯甲烷、三氯甲烷、四氯化碳、1,2-二氯乙烷、氯乙烯、1,1-二氯乙烯、反式-1,2-二氯乙烯、顺式-1,2-二氯乙烯、三氯乙烯、四氯乙烯、六氯丁二烯等。

酞酸酯类主要包括邻苯二甲酸二甲酯(DMP)、邻苯二甲酸二乙酯(DEP)、邻苯二甲酸二丁酯(DBP)、邻苯二甲酸二辛酯[DOP，又名邻苯二甲酸二(2-乙基己)酯，DEHP]、邻苯二甲酸丁基苄酯(BBP)等。污水处理厂出水检出的有邻苯二甲酸二丁酯(DBP)、邻苯二甲酸二辛酯(DOP/DEHP)。酞酸酯是一种塑料改性添加剂。

酚类主要包括苯酚、间-甲酚、2,4-二氯苯酚、2,4,6-三氯苯酚、五氯酚、4-硝基苯酚(对硝基苯酚)、2,4-二硝基苯酚、苦味酸(2,4,6-三硝基酚)等。苯酚是一种重要的有机合成原料。间-甲酚主要用作农药中间体，对皮肤、黏膜有强烈刺激和腐蚀作用。2,4,6-三氯苯酚主要用于生产2,3,4,6-四氯酚和五氯酚。五氯酚是一种高效、价廉的广谱杀虫剂、防腐剂、除草剂，是氯酚类中毒性较大的。

苯胺类主要包括苯胺、联苯胺、邻苯二胺、对-硝基苯胺、二硝基苯胺、2,6-二氯-4-硝基苯胺等。苯胺是一种无色油状液态，用于制造染料、医药、橡胶硫化促进剂等。联苯胺是重要的芳香族二胺化合物，主要用于生产服装、纸张和皮革制品等使用的染料。对-硝基苯胺主要用于制造偶氮染料的中间体。2,4-二硝基苯胺是分散染料、中性染料、硫化染料、有机颜料的中间体。2,6-二氯-4-硝基苯胺用作重要的染料中间体。

多氯联苯是联苯氯化所产生的一类化合物，属于POPs物质。多氯联苯是一系列同系物的总称，共有209种。我国生产的PCBs主要用于油漆添加剂和电力电容器的浸渍剂。

可吸附有机卤化物是指有机氯化合物与有机溴化合物的综合，主要来源于化工、塑料、皮革、造纸、医疗、农药等行业所排放的废水。有机卤化物主要有以下存在形式：三卤甲烷，包括氯仿、溴仿、一氯二溴甲烷、二氯一溴甲烷、二碘一氯甲烷、一碘二溴甲烷、二碘一溴甲烷等，此外还有卤代芳香烃、卤代脂肪烃(有机氯农药等)。

二噁英类，包括210种化合物，这类物质非常稳定，容易在生物体内积累，其中以2,3,7,8-四氯二苯并-对-二噁英毒性最强。在我国，二噁英排放量居前三位的行业依次为钢铁行业、废物焚烧行业、再生有色金属行业。

甲醛为无色液体，具有强烈刺激气味，通常用作消毒剂，应用于生产酚醛树脂、乌洛托品、硬化剂、强化剂、防腐剂、染料以及用作维尼纶纤维的溶液、合成橡胶的原料。

三氯乙醛也叫“水合氯醛”，用于DDT制造及其他有机合成，曾广泛用作镇静剂或催眠药物。

乙腈用于制造维生素 B_1 和碘胺制剂；在合成橡胶工业中，用作 C_4 馏分的抽提剂；在有机合成工业中作溶剂，还可合成乙胺、乙酸，也可作香料的中间体、萃取剂、酒精的变性剂等。

丙烯腈是一种重要的化工原料，主要用于生产丁腈橡胶、ABS 树脂、AS 树脂，生产腈纶、尼龙，还是制造丙烯酰胺、丙烯酸甲酯、丙烯酸的重要原料，也是制药、农药工业的原料。

二甲基甲酰胺(DMF)是一种透明、无色、淡的氨气味的液体，能与水及大部分有机溶剂互溶，常用作聚氨酯、聚丙烯腈、聚氯乙烯的溶剂。

水合肼又称水合联氨，具有强碱性和吸湿性，是医药、农药、染料、发泡剂、显像剂、抗氧剂的原料；大量用作大型锅炉水的脱氧剂；还用于制造高纯度金属、合成纤维、稀有元素的分离。

硝化甘油为黄色的油状透明液体，可因震动而爆炸，属化学危险品。硝化甘油用于制造开山筑路的炸药及其他炸药和药品，同时也可用作心绞痛的缓解药物。

丁基黄原酸盐俗称“黄药”，是黄原酸盐的水解产物，是一种捕集能力较强的浮选药剂、橡胶硫化促进剂，广泛应用于各种有色金属硫化矿的混合浮选中。丁基黄原酸盐具有恶臭和毒性，严重污染水体，抑制水生生物生长。

有机磷农药系指含有磷酸有机衍生物的农药总称，是用于防治植物病、虫、害的含磷的有机化合物，多为磷酸酯类或硫代磷酸酯类。有机磷农药品种多、毒性较大、用途广，包括乐果、马拉硫磷、对硫磷、甲基对硫磷、敌敌畏和敌百虫。

阿特拉津，又名莠去津，是旱地除草剂主要品种之一，为内吸传导型苗前、苗后除草剂。2,4－D 系列除草剂的生产品种主要有 2,4－D 酸、2,4－D 丁酯(异辛酯)、2,4－D 二甲胺盐、2,4－D 钠盐等。

多菌灵属苯并咪唑类，是一种低毒、高效、广谱、内吸性的杀菌剂，可防治花生叶斑病、黑斑病、茎腐病、三麦的赤霉病、茎腐病等。

溴氰菊酯是菊酯类杀虫剂中毒力最高的一种，对害虫的毒效可达滴滴涕的 100 倍，溴氰菊酯属于中毒毒类。

百菌清对多种作物的真菌病害具有良好的防治作用，广泛应用于蔬菜、果树、经济作物等多种作物病害的防治，工业上用作涂料、电器、皮革、纸张、布料等物的防霉。

(2) 污泥

对在污水的一级、二级和三级处理过程中会产生膨化污泥。污泥量及其特性与原污水特点及污水处理过程有关，污水处理的程度越高，产生的污泥量也越大，污泥的主要特性包括：总固态物含量、易挥发固态物含量、pH、营养物、有机物、病原体、重金属、有机化学品、危险性污染物等。具体项目可参照污水。

4.3.2　生活垃圾处理

4.3.2.1　垃圾焚烧过程

垃圾焚烧发电流程如图 4－3－2 所示。

4.3.2.2　垃圾焚烧产物

可燃的生活垃圾基本上是有机物，由大量的碳、氢、氧元素组成。有些还含有氮、硫、磷和卤素等元素。这些元素在燃烧过程中与空气中的氧发生反应，生成各种氧化物或部分元素的氢化物。

有机碳的焚烧产物是二氧化碳气体。有机物中氢的焚烧产物是水。若有氟或氯存在，也可能有它们的氢化物生成。生活垃圾中有机硫和有机磷在焚烧过程中生成二氧化硫或三氧化硫以及五氧化二磷。有机氮化物的焚烧产物主要是气态的氮，也有少量的氮氧化物生成。高温时空气中氧和氮也可结合生成一氧化氮，相对空气中氮来说，生活垃圾中的氮元素含量很少，一般可以忽略不计。有机氟化物的焚烧产物是氟化氢。若体系中氢的量不足以与所有的氟结合生成氟化氢，可能出现四氟化碳或二氟

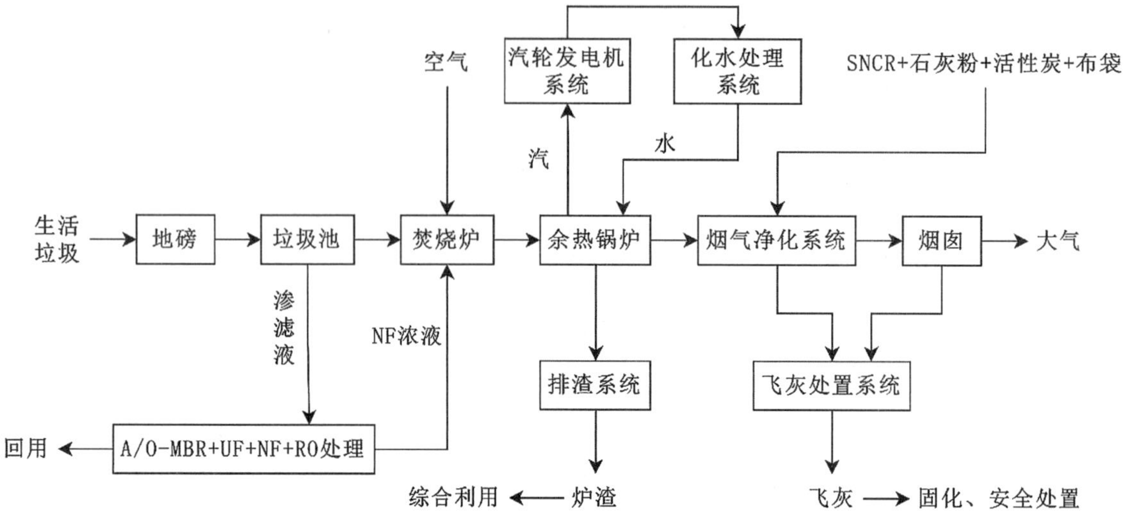

图 4-3-2　垃圾焚烧发电流程

氧碳(COF_2)，除非有其他元素存在。如金属元素，它可与氟结合形成金属氟化物。添加辅助燃料(CH_4、油品)增加氢元素，可以防止四氟化碳或二氟氧碳的生成。有机氯化物的焚烧产物是氯化氢。由于氧和氯的电负性相近，存在着下列可逆反应

$$4HCl + O_2 \rightleftharpoons 2Cl_2 + 2H_2O$$

当体系中氢量不足时，有游离的氯气产生。添加辅助燃料(天然气或石油)或较高温度的水蒸气，可以使上述反应向左进行，减少废气中游离氯气的含量。有机溴化物和碘化物焚烧后生成溴化氢及少量溴气以及元素碘。根据焚烧元素的种类和焚烧温度，金属在焚烧以后可生成卤化物、硫酸盐、磷酸盐、碳酸盐、氢氧化物和氧化物等。

4.3.2.3　主要污染物

HCl、HF、NO_x、SO_2 等无机酸性气体和汞等气态重金属，多环芳烃(PAHs)、多氯联苯(PCBs)、氯酚(CPs)、二噁英/呋喃(PCDD/PCDFs)等剧毒有机物质以及需进行特殊处理的相当于原垃圾质量2%～5%的飞灰等。

4.4　工业"三废"污染源与污染物

4.4.1　常见工业废水的主要来源与污染物

常见工业废水的主要来源如表 4-4-1 所示，主要工业污染源废水中的主要污染指标如表 4-4-2 所示。

表 4-4-1　常见工业废水的主要来源

废水类型	涉及的主要行业
含重金属废水	矿山采选业、有色金属冶炼和压延加工业、金属处理与金属加工业、电镀行业、铅蓄电池、电子元件制造业等行业

续　表

废水类型	涉及的主要行业
含汞废水	含汞有色金属采选工业、有色金属冶炼和压延加工业、氯碱、基础化学原料制造业、印刷业、化学原料和化学制品制造业、电池制造业、照明器具制造业、通用仪器仪表制造业等行业
含镉废水	有色金属采选工业、冶炼加工业、电镀工业、硫酸矿石制硫酸、磷矿石制磷肥、颜料工业、化学工业、机械电器制造、火力发电、蓄电池等行业
含铬废水	铬的采矿、选矿、冶炼工业，铁合金冶炼业，颜料、化工、印刷工业，毛皮鞣制及制品加工业、染料工业，电镀、飞机、汽车、机械制造工业的金属表面处理及热处理加工、电子元件制造业等行业产生的污水常含较高浓度的六价铬
含铅废水	铅和重金属的开采、选矿、冶炼、铸造工业；电子元件制造业、钢铁冶炼、电池制造业、废弃资源综合利用业；化学工业、石油加工、玻璃加工等行业
含砷废水	精梳矿采选与冶炼工业、化学工业、硫酸工业、农药、磷酸盐加工、制药、涂料、玻璃、石油加工和炼焦、非金属矿采选等行业
含氟废水	含氟矿石的开采加工、金属冶炼、铝电解、焦炭、玻璃、电子、电镀、磷肥、农药、化工等行业排放的废水常含有高浓度的氟化物
含酚废水	石油和天然气开采、石油加工和焦化、造纸、煤气供应、煤化工、树脂、化学工业、化学纤维制造、医药制造、煤炭开采、饮料制造等行业产生的污水中常含较高浓度的挥发酚
含氰废水	化学工业、黑色金属加工、金属制品、化纤、石油加工和焦化、煤气洗涤、金属清洗、电镀、提取金银、非金属矿物采选和制造等行业产生的废水常含有较高浓度的氰化物
含硫化物废水	炼油、纺织、印染、焦炭、煤气、纸浆、制革及多种化工原料的生产行业产生的废水常含有硫化物
氨氮废水	氨及系列氨肥行业、硝酸工业、化工制造业、石化、炼油、食品加工业、屠宰、造纸、制革、焦化、稀土、酿造发酵等行业
含磷废水	在磷酸盐、磷肥、制药、农药、酸洗磷化表面处理、洗涤剂、水产品加工等生产过程中常会产生较高浓度的含磷废水
含油废水	石油、石油化工、钢铁、机械加工、焦化、煤气发生站、食品加工、油脂加工、餐饮等行业
有机废水	化工、炼油、制药、酿造、橡胶、食品、造纸、纺织、农药等行业
酸性废水	化工、矿山、金属酸洗、电镀、钢铁加工、有色金属冶炼和压延、染料等行业
碱性废水	制碱、造纸、印染、化纤、制革、化工、炼油等行业
硝基苯废水	化工、制药、染料、火炸药等行业
放射性废水	放射性矿物开采、核研究、核工业、核材料试验、核医疗、核电站等行业
高色度废水	印染、染料、造纸、食品、制革、医药原料药等行业
臭味废水	食品、制革、炼油、石化、制药、农药、酿造发酵、水产品加工、煤化工、人造革、污水处理等行业
含大肠杆菌群废水	医疗、制革、医院、屠宰、畜禽养殖等行业

表 4-4-2　主要工业污染源废水中的主要污染物

主要工业行业或产品	主要污染物监测项目
黑色金属(包括磁铁矿、赤铁矿、锰矿等)矿	SS、硫化物、铜、铅、锌、镉、汞、六价铬等
钢铁(包括选矿、烧结、炼铁、炼钢、铁合金、轧钢、炼焦等)	SS、硫化物、氟化物、COD、挥发酚、氰化物、石油类、铜、铅、锌、砷、镉、汞、六价铬等
选矿	SS、硫化物、COD、BOD、挥发酚等
有色金属矿山与冶炼(包括选矿、烧结、冶炼、电解、精炼等)	SS、硫化物、COD、氟化物、挥发酚、铜、铅、锌、砷、镉、六价铬等
火力发电、热电	SS、硫化物、挥发酚、铅、锌、砷、镉、石油类等
煤矿(包括洗煤)	SS、硫化物、砷等
焦化	COD、BOD、SS、硫化物、挥发酚、氰化物、石油类、氨氮、苯类、多环芳烃等
石油开采	COD、BOD、SS、硫化物、挥发酚、石油类等
石油炼制	石油类、硫化物、挥发酚、COD、BOD、SS、氰化物、苯类、多环芳烃等
硫铁矿	SS、硫化物、铜、铅、锌、砷、镉、汞、六价铬等
磷矿、磷肥厂	SS、氟化物、硫化物、砷、铅、总磷等
雄黄矿	SS、硫化物、砷等
萤石矿	SS、氟化物等
汞矿	SS、硫化物、砷、汞等
硫酸厂	SS、硫化物、氟化物等
氯碱	COD、SS、汞等
铬盐工业	总铬、六价铬等
氮肥厂	COD、BOD、挥发酚、硫化物、氰化物、砷等
磷肥厂	氟化物、COD、SS、总磷、砷等
有机原料工业	COD、BOD、SS、挥发酚、氰化物、苯类、硝基苯类、有机氯等
合成橡胶	COD、BOD、石油类、铜、锌、六价铬、多环芳烃等
橡胶加工	COD、BOD、硫化物、六价铬、石油类、苯、多环芳烃等
塑料工业	COD、BOD、硫化物、氰化物、铅、砷、汞、石油类、有机氯、苯、多环芳烃等
化纤工业	COD、BOD、SS、铜、锌、石油类等
农药厂	COD、BOD、SS、硫化物、挥发酚、砷、有机氯、有机磷等
制药厂	COD、BOD、SS、石油类、硝基苯类、硝基酚类、苯胺类等
染料	COD、BOD、SS、挥发酚、硫化物、苯胺类、硝基苯类等

续　表

主要工业行业或产品	主要污染物监测项目
颜料	COD、SS、硫化物、汞、六价铬、铅、镉、砷、锌、石油类等
油漆、涂料	COD、BOD、挥发酚、石油类、镉、氰化物、铅、六价铬、苯类、硝基苯类等
其他有机化工	COD、BOD、挥发酚、石油类、氰化物、硝基苯类等
合成脂肪酸	COD、BOD、油、SS、锰等
合成洗涤剂	COD、BOD、油、苯类、表面活性剂等
机械工业	COD、SS、挥发酚、石油类、铅、氰化物等
电镀工业	氰化物、六价铬、COD、铜、锌、镍、锡、镉等
电子、仪器、仪表工业	COD、苯类、氰化物、六价铬、汞、镉、铅等
水泥工业	SS 等
玻璃、玻璃纤维工业	SS、COD、挥发酚、氰化物、砷、铅等
油毡	COD、石油类、挥发酚等
石棉制品	SS 等
陶瓷制品	COD、铅、镉等
人造板、木材加工	COD、BOD、SS、挥发酚等
食品制造	COD、BOD、SS、挥发酚、氨氮等
纺织印染工业	COD、BOD、SS、挥发酚、硫化物、苯胺类、色度等
造纸	COD、BOD、SS、挥发酚、木质素、色度等
皮革及皮革加工工业	总铬、六价铬、硫化物、色度 COD、BOD、SS、油脂等
绝缘材料	COD、BOD、挥发酚等
火药工业	硝基苯类、硫化物、铅、汞、锶、铜等
电池	铅、锌、汞、镉等

4.4.2　工业废气来源与主要污染物

主要工业废气的来源与主要污染物如表 4－4－3 所示。

表 4－4－3　工业废气中主要污染物

主要工业行业或产品	主　要　污　染　物
燃料燃烧（火电、热电、工业、民用锅炉、垃圾发电）	SO_2、NO_x、烟尘、CO_2、CO、汞及烃类（油气燃料）、HCl、二噁英（垃圾为燃料）等

续 表

主要工业行业或产品	主 要 污 染 物
黑色金属冶炼工业	SO_2、NO_x、CO、粉尘、氰化物、酚、硫化物、氟化物等
有色金属冶炼工业	SO_2、NO_x、烟粉尘(含铜、砷、铅、锌、镉等)、CO_2、CO及氟化物、汞等
炼焦工业	SO_2、NO_x、CO、烟粉尘、硫化氢、苯并[a]芘、氨、酚等
矿山	粉尘、NO_x、CO、硫化氢等
选矿	SO_2、硫化氢、粉尘等
非金属制品加工	SO_2、NO_x、烟粉尘、CO_2、CO及氟化物等
有机化工	酚、氰化氢、氯、苯、粉尘、酸雾、氟化氢等
石油化工	SO_2、NO_x、硫化氢、氰化物、烃、苯类、酚、醛、粉尘等
氮肥工业	硫化氢、氨、氰化物、酚、烟粉尘等
磷肥工业	粉尘、酸雾、氟化物、砷、SO_2等
化学矿山	NO_x、粉尘、CO、硫化氢等
硫酸工业	SO_2、NO_x、粉尘、氟化物、酸雾、砷等
氯碱工业	氯、氯化氢、汞等
化纤工业	硫化氢、粉尘、二硫化碳、氨等
燃料工业	氯、氯化氢、SO_2、氯苯、苯胺类、硫化氢、硝基苯类、光气、汞等
橡胶工业	硫化氢、苯类、粉尘、甲硫醇等
油脂化工	氯、氯化氢、SO_2、氟化氢、氯磺酸、NO_x、粉尘等
制药工业	氯、氯化氢、硫化氢、SO_2、醇、醛、苯、肼、氨等
农药工业	氯、硫化氢、苯、粉尘、汞、二硫化碳、氯化氢等
油漆、涂料工业	苯、酚、粉尘、醇、醛、酮类、铅等
造纸工业	粉尘、SO_2、甲醛、硫醇等
纺织印染工业	粉尘、硫化氢、有机硫等
皮革及皮革加工业	铬酸雾、硫化氢、粉尘、甲醛等
电镀工业	铬酸雾、氰化氢、粉尘、NO_x等
灯泡、仪表工业	粉尘、汞、铅等
铝工业(含氧化铝)	氟化物、粉尘、SO_2、沥青烟(自焙槽)等
机械加工	烟粉尘、SO_2、NO_x、CO_2、CO、VOC、酸雾等
铸造	烟粉尘、SO_2、NO_x、CO_2、CO及氟化物、铅等

续 表

主要工业行业或产品	主 要 污 染 物
玻璃钢制品	烟粉尘、SO_2、NO_x、苯类等
油毡工业	沥青烟、粉尘等
蓄电池、印刷工业	SO_2、NO_x、粉尘、铅尘等
油漆施工	溶剂、苯类等

4.4.3 工业固体废物主要来源及污染物

工业固体废物的主要来源如表4-4-4所示，固体废物分类如表4-4-5所示。

表4-4-4 工业固体废物的来源

废物类别	行 业	废 物 名 称
HW01 医疗废物	卫生、医疗、防疫、动物医疗	医疗、卫生、防疫、动物治疗、处置、手术、培养、化验、动物试验、检查残余物，废水处理污泥等的废医用塑料制品、玻璃器皿、一次性医疗器具、棉纱、废敷料等手术残物，传染性废物，动物实验废物等
HW02 医药废物	化学药品原药制造、制剂制造、兽用药品制造、生物生化制品的制造等	从药物的生产和制作中产生的废物(包括兽药产品)，包括制药中产生的各种蒸馏反应脱色残渣、催化剂、各种母液、吸附剂、废溶剂、废药、过期原料、废液、滤饼、催化剂、废培养基、废吸附剂、废水处理污泥等
HW03 废药物、药品	药品销售、使用、科研、化验、医疗、卫生等部门	过期、报废的、无标签的及多种混杂的药物、药品，销售及使用过程产生的报废药品，科研、监测、学校、医疗单位、化验室等使用单位积压或报废的药品(物)、废化学试剂、废药品、废药物
HW04 农药废物	农药制造、销售、使用、科研、检验等部门	生物杀虫剂如氯丹、乙拌磷、甲拌磷、2,4,5-三氯苯氧乙酸、2,4二氯苯氧乙酸、乙烯基双二硫代氨基甲酸、溴甲烷等生产过程的废液、残渣、吸附剂、精馏残渣等废物，包括杀虫、杀菌、除草、灭鼠和植物生长调节剂的生产、经销、配制和使用过程中产生的废物，过期的原料和产品，生产母液和容器清洗液等，农药生产、配制过程中产生的过期原料及报废药品，废水处理的污泥，废弃的与农药直接接触或含有农药残余物的包装物
HW05 木材防腐剂废物	锯材、木片加工、专用化学产品制造等	木材防腐化学品的生产、配制和使用中产生的废物，木材防腐处理过程中产生的反应残余物、吸附过滤物及载体，木材防腐化学品生产的废水处理污泥，沾染防腐剂的废弃物，销售及使用过程中产生的失效、变质、不合格、淘汰、伪劣的木材防腐剂产品
HW06 有机溶剂废物	基础化学原料制造	硝基苯-苯胺、羧酸肼法生产1,1-二甲基肼，甲苯硝化法生产二硝基甲苯，有机溶剂的合成、裂解、分离、脱色、催化、沉淀、精馏等过程中化工原料的合成、裂解、分离、脱色、催化、沉淀、精馏等产生的废液、残渣、废催化剂、吸附过滤物、洗涤废液等，有机溶剂的生产、配制、使用过程中产生的含有有机溶剂的清洗杂物
HW07 热处理含氰废物	金属表面处理及热处理加工，包括机械、金属加工、电镀、装备制造等	金属热处理和退火作业产生的热处理氰渣、含氰污泥及冷却液、氰热处理炉内衬、淬火废水处理污泥

续 表

废物类别	行　业	废　物　名　称
HW08 废矿物油	天然原油和天然气开采、精炼石油产品制造、涂料、油墨、颜料及相关产品制造、专用化学产品制造、船舶及浮动装置制造、电子元件及专用材料制造、橡胶制品业	石油开采和联合站贮存产生的油泥、油脚、含油污泥的油/水和烃/水混合物、废水的物理处理污泥、槽底沉积物、过滤或分离装置产生的残渣、废过滤介质、溢出废油或乳剂；油墨的生产、配制产生的废分散油；黏合剂和密封剂生产、配置过程产生的废弃松香油；内燃机、汽车、轮船过程中产生的废油和油泥；清洗机械、机械维修、金属轧制、橡胶生产产生的废矿物油和溶剂油；石油炼制废水气浮、隔油、絮凝沉淀等处理过程中产生的浮油、浮渣和污泥等；锂电池隔膜生产过程中产生的废白油
HW09 油/水、烃/水混合物或乳化液	金属切削、机械加工、设备清洗、皮革、纺织印染、农药乳化等过程产生的废乳化液、废油水混合物等	来自水压机定期更换的油/水、烃/水混合物或乳化液，使用切削油或切削液进行机械加工过程中产生的油/水、烃/水混合物或乳化液，其他工艺过程中产生的废弃的油/水、烃/水混合物或乳化液等
HW10 多氯(溴)联苯类废物	电力设备、电气装置生产、氯联苯(PCBs)、多氯三联苯(PCTs)、多溴联苯(PBBs)生产	含多氯联苯(PCBs)、多氯三联苯(PCTs)、多溴联苯(PBBs)的废线路板、电容、变压器，含有 PCBs、PCTs 和 PBBs 的电力设备的清洗液、废介质油、绝缘油、冷却油及传热油、废弃包装物及容器，含有或沾染 PCBs、PCTs、PBBs 和多氯(溴)萘，且含量≥50 mg/kg 的废物、物质和物品
HW11 精(蒸)馏残渣	煤气生产、煤炭加工、原油蒸馏及精制、化学品和化学原料、石墨及其他非金属矿物制品制造	石油精炼过程中、炼焦过程中、煤气及煤化工生产、轻油回收蒸氨塔、萘回收及再生、焦油储存设施产生的压滤污泥、焦油状污泥、残渣、蒸馏残渣、污水池残渣等，乙醛、苄基氯、氯醇、苯酚、丙酮、硝基苯、四氯化碳、甲苯二异氰酸酯、邻苯二甲酸酐、1,1,1-三氯乙烷、苯胺、二硝基甲苯、甲苯二胺、二溴化乙烯、四氯化碳、氯乙烯单体、三氯乙烯的化工产品生产过程产生的废渣、蒸馏底渣、冷凝物、废液、重馏分等，电解铝及其他有色金属电解精炼过程中预焙阳极、碳块及其他碳素制品制造过程烟气处理所产生的含焦油废物，其他化工生产过程(不包括以生物质为主要原料的加工过程)中精馏、蒸馏和热解工艺产生的高沸点釜底残余物
HW12 染料、涂料废物	油墨、颜料、涂料、生产及相关产品销售、使用	废染料、废溶剂、废母液、废液、废吸附剂等，废水处理污泥，废弃原料与产品，生产、销售及使用过程中产生的失效、变质、不合格、淘汰、伪劣的油墨、染料、颜料、油漆、真漆、罩光漆产品
HW13 有机树脂类废物	基础化学原料制造行业，树脂、乳胶、增塑剂胶水/胶塑剂生产	树脂、合成乳胶、增塑剂胶水/胶塑剂合成过程中产生的不合格产品(不包括热塑型树脂生产过程中聚合产物经脱除单体、低聚物、溶剂及其他助剂后产生的废料，以及热固型树脂固化后的固化体)、废副产物、催化剂、釜残液、过滤介质和残渣、废水处理污泥，废弃黏合剂和密封剂(不包括水基型和热熔型黏合剂和密封剂)，湿法冶金、表面处理和制药行业重金属、抗生素提取、分离过程产生的废弃离子交换树脂，以及工业废水处理过程产生的废弃离子交换树脂，剥离下的树脂状、黏稠杂物等
HW14 新化学药品废物	研究、发展和教学等活动	新化学品、药品开发、研制、教学中产生的废物中产生的尚未鉴定的和(或)新的对人类和(或)环境的影响未明的新化学废物
HW15 爆炸性废物	炸药及火工产品制造、销售、使用	炸药生产和加工、生产、配制和装填铅基起爆药剂、三硝基甲苯(TNT)过程中产生的废水处理污泥、废炭
HW16 感光材料废物	专用化学产品制造、印刷、电子元件及电子专用材料制造、医疗院所、影视节目制作、摄影扩印服务等	X 光和 CT 检查产生的废显(定)影液、胶片寄废像纸，摄影化学品、感光材料的生产、配制和使用光刻胶及其配套化学品(如添加剂、显影剂、增感剂)中产生的废物感光乳液、废显影液、废定影液、落地药粉、废胶片头、像纸、感光原料和药品产生的残渣和废水处理污泥等

续　表

废物类别	行　　业	废　　物　　名　　称
HW17 表面处理废物	机械、金属加工、电镀、装备加工金属表面处理及热处理加工工序	金属或塑料表面酸(碱)洗、除油、除锈、洗涤工艺产生的废腐蚀液、洗涤液、残液和污泥，电镀工艺产生的槽液、槽渣、废渣、废液、废腐蚀液、洗涤液及其他工艺过程中产生的表面处理废物，废水处理污泥，金属和塑料表面酸(碱)洗、除油、除锈、洗涤工艺产生的废腐蚀液、洗涤液、废渣和污泥
HW18 焚烧处置残渣	生活垃圾焚烧、危险废物焚烧、热解等处置，等离子体、高温熔融等处置，固体废物及液态废物焚烧	生活垃圾、危险废物焚烧过程产生的废渣、飞灰和废水处理污泥，固体废物焚烧处置过程中废气处理产生的废活性炭等
HW19 含金属羰基化合物废物	精细化工、金属有机化合物合成、金属羰基化合物制造	在金属羰基化合物生产以及使用过程中产生的含有羰基化合物成分的废物
HW20 含铍废物	含铍稀有金属冶炼、铍化合物生产和使用	铍及其化合物生产过程中产生的熔渣、集(除)尘装置收集的粉尘和废水处理污泥
HW21 含铬废物	基础化学原料制造、皮革、铁合金冶炼、金属表面处理及热处理、电子元件及电子专用材料制造、电镀、颜料	皮革、毛皮铬鞣、再鞣、切削工艺产生的碎料积水处理污泥；铬铁矿生产中产生的铬渣、铝泥、芒硝、废水处理污泥和其他废物；铬铁硅合金生产过程收集的粉尘、浸出渣和废水处理污泥；铬酸进行钻孔除胶、阳极氧化废渣及污泥
HW22 含铜废物	玻璃制造、电子元件及电子专用材料制造	铜板蚀刻产生的废蚀刻液及废水处理污泥，镀铜产生的槽渣、槽液及废水处理污泥，用酸进行铜氧化处理产生的废液及废水处理污泥
HW23 含锌废物	金属表面处理及热处理加工、电池制造、炼钢	热镀锌过程中产生的废助镀熔(溶)剂和集(除)尘装置收集的粉尘；使用氢氧化钠、锌粉进行贵金属沉淀过程中产生的废液及废水处理污泥；碱性锌锰电池、锌氧化银电池、锌空气电池生产过程中产生的废锌浆；废钢电炉炼钢过程中集(除)尘装置收集的粉尘和废水处理污泥
HW24 含砷废物	基础化学原料制造行业、含砷有色金属采选及冶炼、砷及其化合物的生产	硫铁矿制酸过程中烟气净化产生的酸泥；硫砷化合物(雌黄、雄黄及砷硫铁矿)或其他含砷化合物的金属矿石采选过程中集(除)尘装置收集的粉尘
HW25 含硒废物	基础化学原料制造行业及含硒有色金属冶炼及电解、颜料、橡胶、玻璃生产行业	硒化合物生产过程中产生的熔渣、集(除)尘装置收集的粉尘和废水处理污泥
HW26 含镉废物	含镉有色金属采选及冶炼、镉化合物生产、电池制造业、电镀行业	镍镉电池生产过程中产生的废渣和废水处理污泥
HW27 含锑废物	基础化学原料制造行业及含锑有色金属冶炼、锑化合物生产行业	锑金属及粗氧化锑生产过程中产生的熔渣和集(除)尘装置收集的粉尘；氧化锑生产过程中产生的熔渣
HW28 含碲废物	基础化学原料制造行业及含碲有色金属冶炼及电解、碲化合物生产和使用行业	碲化合物生产过程中产生的熔渣、集(除)尘装置收集的粉尘和废水处理污泥

续 表

废物类别	行　业	废　物　名　称
HW29 含汞废物	天然气开采、常用有色金属及贵金属冶炼、印刷、基础化学原料制造、合成材料制造、常用有色金属冶炼、电池制造、照明器材制造、通用仪器仪表制造等	天然气净化过程中产生的含汞废物，氰化提金选矿生产工艺、汞矿采选产生的含汞粉尘、残渣，使用显影剂、汞化合物进行影像加厚(物理沉淀)以及使用显影剂、氨氯化汞进行影像加厚(氧化)产生的废液及残渣，合成材料制造中产生的含汞及汞化合物废物，汞再生过程中集(除)尘装置收集的粉尘，汞再生工艺产生的废水处理污泥，铅锌冶炼烟气净化产生的酸泥，铜、锌、铅冶炼过程中烟气氯化汞法脱汞工艺产生的废甘汞；水银电解槽法生产氯气产生的处理污泥、废渣、污水处理污泥，含汞催化剂，废含汞灯具、仪器等；含汞电池生产过程中产生的含汞废浆层纸、含汞废锌膏、含汞废活性炭和废水处理污泥
HW30 含铊废物	有色金属冶炼、基础化学原料制造、铊化合物生产使用	金属铊及铊化合物生产过程中产生的熔渣、集(除)尘装置收集的粉尘和废水处理污泥
HW31 含铅废物	铅(酸)蓄电池生产、铅铸造业和铅化合物、玻璃制品、电子元件及电子专用材料制造、工艺美术及礼仪用品制造	铅酸蓄电池生产过程中产生的飞灰、废渣、废物、废水处理污泥，印刷线路板制造过程中镀铅锡合金产生的废液，使用铅盐和铅氧化物进行显像管玻璃熔炼产生的废渣，使用硬脂酸铅进行抗黏涂层产生的废物，使用铅箔进行烤钵试金法工艺产生的废烤钵
HW32 无机氟化物废物	不锈钢、电解铝、磷酸盐加工、冶炼，氟化物废物加工	使用氢氟酸进行蚀刻产生的废蚀刻液
HW33 无机氰化物废物	金属制品业的除油和表面硬化、电镀业、电子零件制造业、金矿开采、首饰加工及其他生产、试验、化验分析	采用氰化物进行黄金选矿过程中产生的氰化尾渣和含氰废水处理污泥；使用氰化物进行浸洗过程中产生的废液；使用氰化物进行表面硬化、碱性除油、电解除油产生的废物；使用氰化物剥落金属镀层产生的废物；使用氰化物和双氧水进行化学抛光产生的废物
HW34 废酸	石油精炼、基础化学原料制造、金属压延、金属表面处理及热处理、电子元件及电子专用材料制造、工业酸的制造与使用、金属制品的清洗等	石油炼制过程产生的废酸及酸泥；硫酸法生产钛白粉(二氧化钛)过程中产生的废酸；硫酸和亚硫酸、盐酸、氢氟酸、磷酸和亚磷酸、硝酸和亚硝酸等的生产、配制过程中产生的废酸液、固态酸及酸渣；卤素和卤素化学品生产过程产生的废酸；金属压延产生的废酸性洗液；青铜生产和电子元件制造过程中浸酸工序产生的废酸液；使用酸清洗、碳化、磷化、除油、钝化、抛光、催化产生的废酸液；其他废酸液及酸渣
HW35 废碱	精炼石油、基础化学品制造、金属制品的清洗、废水处理、碱法造纸制浆、纺织印染前处理、毛皮鞣制等	精炼石油产品的制造、基础化学原料制造、毛皮鞣制及制品加工、纸浆制造生产过程产生的废碱渣、盐泥、废碱液(pH≥12.5)、碱性废物、碱清洗剂、造纸废液等；使用碱清洗、煮炼、丝光、除蜡、除油、浸蚀、脱除产生的废碱液；生产、销售及使用过程中产生的失效、变质、不合格、淘汰、伪劣的强碱性擦洗粉、清洁剂、污迹去除剂以及其他废碱液、固态碱及碱渣
HW36 石棉废物	石棉开采、加工、耐火材料加工、汽车制造、船舶及浮动装置制造、含石棉设施的保养、车辆制动片的生产和使用	石棉矿采选、卤素和卤素化学品生产过程中电解装置拆换、石棉建材生产过程、车辆制动器衬片生产、拆船过程产生的废渣含石棉尘、隔热材料、石棉隔板、石棉纤维废物、石棉绒、石棉水泥、石棉位矿渣等废物
HW37 有机磷化合物废物	基础化学原料制造、农药以及有机磷化合物生产	除农药以外其他有机磷化合物生产、配制过程中产生的反应残余物、过滤物、催化剂(包括载体)及废弃的吸附剂、废水处理污泥，生产、销售及使用过程中产生的废弃磷酸酯抗燃油

续　表

废物类别	行　　业	废　　物　　名　　称
HW38 有机氰化物废物	基础化学原料制造工业中的合成、缩合反应催化、精馏、过滤	丙烯腈生产过程中水汽提器塔底的流出物、乙腈蒸馏塔底的流出物、乙腈精制塔底的残渣，有机氰化物生产过程中合成、缩合等反应中产生的母液及反应残余物催化、精馏和过滤过程中产生的废催化剂、釜底残渣和过滤介质、废水处理污泥等
HW39 含酚废物	石油、基础化学原料制造、焦化、煤化工、煤气、煤焦油精馏等	石油化工、炼焦行业、煤气生产、煤化工、煤焦油精馏、石油化工生产过程产生的残渣、母液、吸附过滤物、废催化剂、精馏残余物
HW40 含醚废物	基础化学原料制造中的生产、配制和使用过程	醚及醚类化合物生产过程中产生的醚类残液、反应残余物、废水处理污泥(不包括废水生化处理污泥)
HW45 卤化有机溶剂废物	基础化学原料制造业、电子元件制造、化学分析、塑料橡胶制品制造、电子零件清洗、化工产品制造、印染涂料调配，商业干洗、家庭装饰业	乙烯溴化法生产二溴化乙烯过程中反应器排气洗涤器产生的洗涤废液、废吸附剂；芳烃及其衍生物氯代反应过程中氯气和盐酸回收工艺产生的废液和废吸附剂、废水处理污泥；其他有机卤化物的生产过程(不包括卤化前的生产工段)中产生的残液、废过滤吸附介质、反应残余物、废水处理污泥、废催化剂(不包括上述 HW04、HW06、HW11、HW12、HW13、HW39 类别的废物)、有机卤化物的生产过程中产生的不合格、淘汰、废弃的产品(不包括上述 HW06、HW39 类别的废物)；石墨作阳极隔膜法生产氯气和烧碱过程中产生的废水处理污泥
HW46 含镍废物	基础化学原料制造、电池制造、电镀工艺	镍化合物生产过程中产生的反应残余物及废品，镍镉电池和镍氢电池生产过程中产生的废渣和废水处理污泥，报废的镍催化剂
HW47 含钡废物	基础化学原料制造、金属表面处理及热处理加工、钡化合含钡化合物生产	钡化合物(不包括硫酸钡)生产过程中产生的熔渣、集(除)尘装置收集的粉尘、反应残余物、废水处理污泥，热处理工艺中的盐浴渣
HW48 有色金属冶炼废物	常用有色金属采选、冶炼	硫化铜矿、氧化铜矿等铜矿物、硫砷化合物(雌黄、雄黄及硫砷铁矿)或其他含砷化合物的金属矿石采选过程中集(除)尘装置收集的粉尘，铜火法冶炼、铅锌冶炼、粗铝精炼加工、铜再生过程、铅再生过程产生的飞灰、残渣、冶炼废渣、阳极泥、浮渣、浸出渣、废水处理污泥等
HW49 其他危险废物	石墨及其他非金属矿物制品制造、电池行业、电子行业、环境治理	多晶硅生产过程中废弃的三氯化硅和四氯化硅；烟气、VOCs 治理过程(不包括餐饮行业油烟治理过程)产生的废活性炭，化学原料和化学制品脱色(不包括有机合成食品添加剂脱色)、除杂、净化过程产生的废活性炭(不包括 900-405-06、772-005-18、261-053-29、265-002-29、384-003-29、387-001-29 类废物)；含有或沾染毒性、感染性危险废物的废弃包装物、容器、过滤吸附介质；废电路板(包括已拆除或未拆除元器件的废弃电路板)，及废电路板拆解过程产生的废弃 CPU、显卡、声卡、内存、含电解液的电容器、含金等贵金属的连接件；废弃的铅蓄电池、镉镍电池、氧化汞电池、汞开关、荧光粉和阴极射线管；离子交换装置再生过程产生的废水处理污泥；研究、开发和教学活动中，化学和生物实验室产生的废物；采用物理、化学、物理化学或生物方法处理或处置毒性或感染性危险废物过程中产生的废水处理污泥、残渣(液)；已禁止使用的《关于持久性有机污染物的斯德哥尔摩公约》受控化学物质；已禁止使用的《关于汞的水俣公约》中氯碱设施退役过程中产生的汞；所有者申报废弃的，以及有关部门依法收缴或接收且需要销毁的《关于持久性有机污染物的斯德哥尔摩公约》、《关于汞的水俣公约》受控化学物质；被所有者申报废弃的，或未申报废弃但被非法排放、倾倒、利用、处置的，以及有关部门依法收缴或接收且需要销毁的列入《危险化学品目录》的危险化学品(不含该目录中仅具有“加压气体”物理危险性的危险化学品)

续 表

废物类别	行　业	废　物　名　称
HW50 废催化剂	精炼石油产品制造、基础化学原料制造、农药制造、化学药品原料药制造、兽用药品制造、生物药品制造、环境治理	精炼石油产品制造、基础化学原料制造、农药制造、化学药品原料药制造、兽用药品制造、生物药品制造生产过程使用的催化剂；烟气脱硝过程中产生的废钒钛系催化剂；废液体催化剂、机动车和非道路移动机械尾气净化催化剂

注：HW01～HW50 属于危险废物。

表 4-4-5　固体废物分类

固体废物		来　源
矿业固体废物	煤矸石	煤炭采选、煤化工、煤场、电厂、锅炉房等
	尾矿	黑色金属矿采选、有色金属矿采选、非金属矿采选、开采辅助活动等
	废石	煤炭采选、黑色金属矿采选、有色金属矿采选、非金属矿采选、开采辅助活动等
冶炼固体废物	高炉渣、钢渣、钢铁冶炼加工尘灰	钢铁冶炼及压延加工业、机械、铸锻加工业
	铁合金渣、铁合金冶炼加工尘灰	铁合金冶炼及加工业
	有色金属渣、有色金属冶炼加工尘灰	有色金属冶炼及压延加工业、机械、铸锻加工业
	赤泥、氧化铝加工尘灰	氧化铝加工业
燃料固体废物	粉煤灰	燃煤电厂、集中供热、垃圾焚烧厂、锅炉房除尘器产生的粉状废渣
	炉渣	电厂、集中供热、垃圾焚烧厂、锅炉房锅炉排出的炉渣
化工渣	化工或化学品制造或使用产生的废渣	化学原料和化学制品制造业、石油加工、煤化工加工业、医药工业、农药工业等
污　泥	污水处理设施的污泥、预处理设施的污泥、过滤分离的污泥等	城市污水集中处理厂、工业污水处理厂、污水预处理设施、过滤或沉淀设施等
放射性废物		核工业的核燃料开采、冶炼过程，农业、医疗、科研、教学、军工等行业产生的放射性废物。有些含伴生放射性物质的采矿、冶炼过程，核燃料的开采、提取、加工产生的尾矿和渣土，医疗照射、透视使用的示踪药物废物
其他工业固体废物		机械、建筑、建材、电器仪表、轻纺食品、冶金、矿业等行业产生的上述之外的废物，如建筑垃圾、废旧设备、废器皿、废玻璃、渣土、废布头、废纸张、废杂草、秸秆、动植物体废物等

本章参考文献

[1] 毛应淮，王仲旭.工艺环境学概论[M].中国环境出版集团，2018.

[2] 生态环境部.排污许可证申请与核发技术规范　水处理通用工序(HJ 1120—2020)[Z].2020.
[3] 生态环境部.排污许可证申请与核发技术规范　金属铸造工业(HJ 1115—2020)[Z].2020.
[4] 生态环境部.排污许可证申请与核发技术规范　农副食品加工工业——饲料加工、植物油加工工业(HJ 1110—2020)[Z].2020.
[5] 生态环境部.排污许可证申请与核发技术规范　钢铁工业(HJ 846—2017)[Z].2017.
[6] 生态环境部.排污许可证申请与核发技术规范　有色金属工业——铝冶炼(HJ 863.2—2017)[Z].2017.
[7] 生态环境部.排污许可证申请与核发技术规范　农副食品加工工业——制糖工业(HJ 860.1—2017)[Z].2017.
[8] 生态环境部.排污许可证申请与核发技术规范　化肥工业-氮肥(HJ 864.1—2017)[Z].2017.
[9] 生态环境部.排污许可证申请与核发技术规范　纺织印染工业(HJ 861—2017)[Z].2017.
[10] 生态环境部.排污许可证申请与核发技术规范　电镀工业(HJ 855—2017)[Z].2017.
[11] 生态环境部.排污许可证申请与核发技术规范　炼焦化学工业(HJ 854—2017)[Z].2017.
[12] 生态环境部.排污许可证申请与核发技术规范　玻璃工业——平板玻璃(HJ 856—2017)[Z].2017.
[13] 生态环境部.排污许可证申请与核发技术规范　石化工业(HJ 853—2017)[Z].2017.
[14] 生态环境部.排污许可证申请与核发技术规范　水泥工业(HJ 847—2017)[Z].2017.
[15] 生态环境部.排污许可证申请与核发技术规范　陶瓷砖瓦工业(HJ 954—2018)[Z].2018.
[16] 生态环境部.排污许可证申请与核发技术规范　农副食品加工工业——淀粉工业(HJ 860.2—2018)[Z].2018.
[17] 生态环境部.排污许可证申请与核发技术规范　制革及毛皮加工工业——制革工业(HJ 859.1—2017)[Z].2017.
[18] 生态环境部.排污许可证申请与核发技术规范　无机化学工业(HJ 1035—2019)[Z].2019.
[19] 生态环境部.排污许可证申请与核发技术规范　食品制造工业——调味品、发酵制品制造工业(HJ 1030.2—2019)[Z].2019.
[20] 赵爽.聚氯乙烯合成清洁生产工艺优化[D].黑龙江大学,2016.
[21] 周芳,姜波.煤制天然气工艺流程优化探讨[J].化工设计,2016(3).
[22] 生态环境部.国家危险废物名录(2021 年版).
[23] 胡桂川,朱新才,周雄.垃圾焚烧发电与二次污染控制技术[M].重庆大学出版社,2011.
[24] 环境保护部环境工程评估中心.环境影响评价技术方法[M].中国环境出版社,2018.

第 5 章

土壤与地下水污染状况调查风险评估基础

本章介绍了土壤与地下水污染状况调查的基本概念、原则、基本程序和土壤与地下水污染状况调查的三个阶段。针对污染场地风险评估，介绍了其概念和国内外不同的基本程序，并重点阐明了地块土壤污染风险评估主要内容包括危害识别、暴露评估、毒性评估、风险表征和风险控制值的计算等，介绍了多种有实际应用的风险评估模型。

5.1 土壤与地下水污染状况调查

5.1.1 土壤与地下水污染状况调查的概念

土壤与地下水污染调查是指采用系统的调查方法，确定土壤与地下水是否被污染及污染程度和范围的过程。

土壤与地下水污染调查的目的是为了更清楚地了解污染的来源和特点，弄清楚污染性质、范围和危害，为治理提供线索、明确目标。

对于一个特定的污染场地，调查主要分为三个阶段：初步调查、详细调查、补充调查。

5.1.2 土壤和地下水污染状况调查的原则

土壤与地下水污染调查直接影响到后续对污染物的监测、评估以及修复处理。为了确保对污染调查的结果能够充分代表该污染场地，因此对污染物的调查必须具备下面三个原则。

(1) 针对性原则

针对土壤与地下水的特征和潜在污染物特性，进行污染物浓度和空间分布调查，为土壤与地下水的环境管理提供依据。

(2) 规范性原则

采用程序化和系统化的方式规范土壤与地下水环境调查过程，保证调查过程的科学性和客观性。

(3) 可操作性原则

综合考虑调查方法、时间和经费等因素，结合当前科技发展和专业技术水平，使调查过程切实可行。

5.1.3 土壤和地下水污染状况调查的基本程序

5.1.3.1 国外场地污染状况调查基本程序

土壤与地下水污染调查有别于传统的工程地质勘察与水文地质调查，不仅要求获取土层、含水层的常用参数，还需要了解污染物类型、垂直向及水平向分布特征、污染物与介质的物理化学关系等。

国内外污染场地的样品采集过程一般可分为前期采样、正式采样和补充采样三个阶段。每个采样阶段的工作内容具体包括：

（1）前期采样

对于存在污染或潜在污染的场地，可依据背景资料与现场踏勘结果，在正式采样之前采集有限数量的样品进行分析和测试，初步验证场地污染物的扩散，确定污染物的污染程度和污染范围，为进一步完善场地调查计划（包括布点、监测项目和样品数量等）以及下一步大规模的采样提供依据。前期采样可与现场调查同时进行。场地大气监测不进行前期采样。

（2）正式采样

按调查方案实施现场采样。

（3）补充采样

获得风险评估及场地修复所需要的参数，弥补前期调查的不足。

5.1.3.2　我国土壤污染状况调查流程

我国的《建设用地土壤污染状况调查技术导则》（HJ 25.1—2019）规定了土壤污染状况调查的工作内容与程序。详见图 5-1-1。

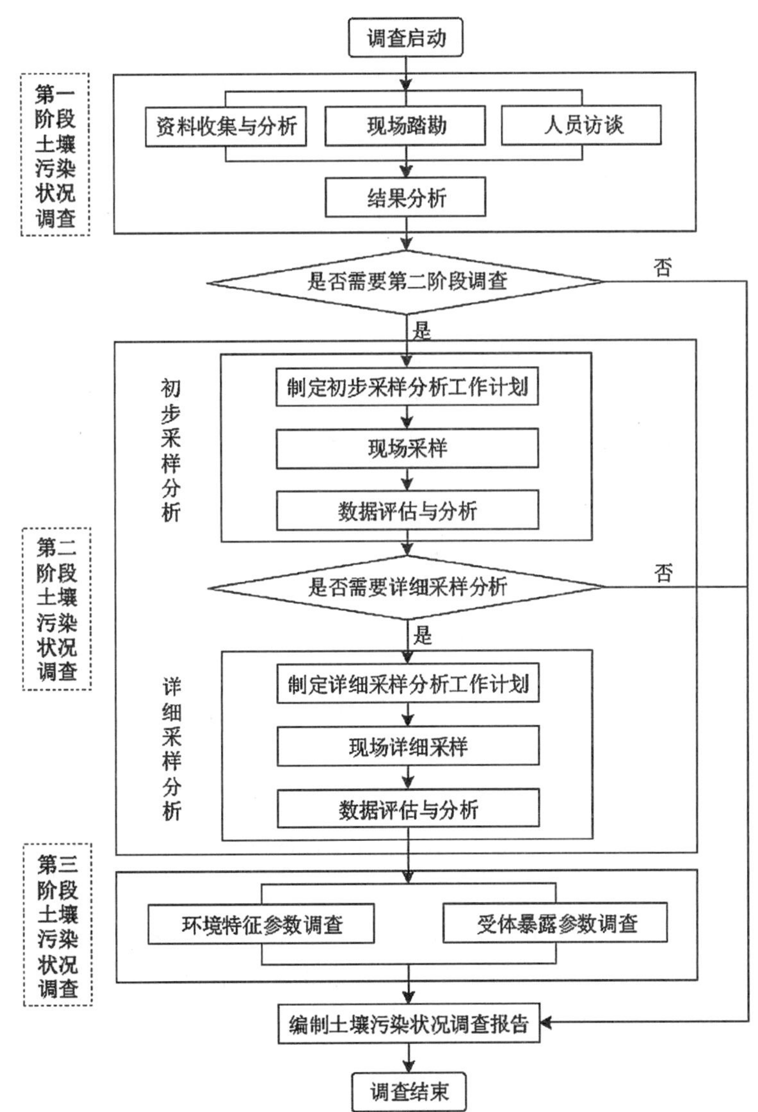

图 5-1-1　土壤污染状况调查的工作内容与程序

5.1.4 第一阶段土壤与地下水污染状况调查

5.1.4.1 第一阶段调查的目的

第一阶段的调查目的是初步判定污染范围、目标污染物，建立场地的污染概念模型，确定污染场地土壤与地下水的测试清单（污染物及其他物理、化学、微生物等测试指标），确定相应的调查技术与工作方法（如调查采用的技术组合，调查布点方法等），初步判断场地污染分布特征、确定是否进入第二阶段调查。若第一阶段土壤与地下水污染状况调查表明地块内或周围区域存在可能的污染源，如化工厂、农药厂、冶炼厂、加油站、化学品储罐、固体废物处理等可能产生有毒有害物质的设施或活动，以及由于资料缺失等原因造成无法排除地块内外存在污染源时，进行第二阶段土壤污染状况调查，确定污染物种类、浓度（程度）和空间分布。

5.1.4.2 第一阶段调查的基本内容和方法

第一阶段土壤与地下水污染状况调查是以资料收集、现场踏勘和人员访谈为主的污染识别阶段，原则上不进行现场采样分析。若第一阶段调查确认地块内及周围区域当前和历史上均无可能的污染源，则认为地块的环境状况可以接受，调查活动可以结束。

（1）资料收集

资料收集主要包括地块利用变迁资料、地块环境资料、地块相关记录、有关政府文件以及地块所在区域的自然和社会信息。当调查地块与相邻地块存在相互污染的可能时，须调查相邻地块的相关记录和资料。

（2）现场踏勘

现场踏勘是在收集资料分析的基础上，进行现场资料核实，观测现场污染痕迹，查看周边区域的污染现状。可通过对异常气味的辨识、摄影和照相、现场笔记等方式初步判断地块污染的状况。踏勘期间，可以使用现场快速测定仪器。

（3）人员访谈

人员访谈是对收集到的资料和现场踏勘所涉及的疑问进行考证和复核并补充相关信息；受访者应为地块现状或历史的知情人，应包括地块管理机构和地方政府的官员，环境保护行政主管部门的官员，地块过去和现在各阶段的使用者，以及地块所在地或熟悉地块的第三方（如相邻地块的工作人员和附近的居民）；可采取当面交流、电话交流、电子或书面调查表等方式进行。

5.1.5 第二阶段土壤与地下水污染状况调查

5.1.5.1 第二阶段调查的目的

第二阶段土壤与地下水污染状况调查是以采样与分析为主的污染证实阶段。主要目的是确定污染物种类、浓度（程度）和空间分布，查明场地内污染物影响范围内的土（壤）层特性和水文地质条件。

5.1.5.2 第二阶段调查的基本内容和方法

第二阶段土壤与地下水污染状况调查通常可以分为初步采样分析和详细采样分析两步进行，每步均包括制定工作计划、现场采样、实验检测、数据评估和结果分析等步骤。初步采样分析和详细采样分析均可根据实际情况分批次实施，逐步减少调查的不确定性。

如果初步采样分析结果表明污染物浓度均未超过 GB 36600 等国家和地方相关标准以及清洁对照点浓度（有土壤环境背景的无机物），并且经过不确定性分析确认不需要进一步调查后，第二阶段土壤污染状况调查工作可以结束，否则认为可能存在环境风险，须进行详细调查。

（1）初步采样分析

① 初步采样分析目的

初步验证第一阶段调查判定的污染范围、目标污染物。初步查明场地内的浅部土壤类型和地下水埋深；初步查明污染物在土壤、地下水、地表水及周边地块内的分布和迁移规律；建立比较清晰的土壤与地下水污染概念模型。为详细采样方案制定提供依据。

② 初步采样分析基本内容和方法

根据第一阶段土壤污染状况调查的情况制定初步采样分析工作计划，内容包括核查已有信息、判断污染物的可能分布、制定采样方案、制定健康和安全防护计划、制定样品分析方案和确定质量保证和质量控制程序等任务。

核查已有信息：是对已有信息进行核查，包括第一阶段土壤污染状况调查中重要的环境信息，如土壤类型和地下水埋深；查阅污染物在土壤、地下水、地表水或地块周围环境的可能分布和迁移信息；查阅污染物排放和泄漏的信息。应核查上述信息的来源，以确保其真实性和适用性。

判断污染物的可能分布：是根据地块的具体情况、地块内外的污染源分布、水文地质条件以及污染物的迁移和转化等因素，判断地块污染物在土壤和地下水中的可能分布，为制定采样方案提供依据。

制定采样方案：一般包括采样点的布设、样品数量、样品的采集方法、现场快速检测方法，样品收集、保存、运输和储存等要求。

制定健康和安全防护计划：是根据有关法律法规和工作现场的实际情况，制定地块调查人员的健康和安全防护计划。

制定样品分析方案：主要是确定检测项目，检测项目应根据保守性原则，按照第一阶段调查确定的地块内外潜在污染源和污染物，依据国家和地方相关标准中的基本项目要求，同时考虑污染物的迁移转化，判断样品的检测分析项目；对于不能确定的项目，可选取潜在典型污染样品进行筛选分析。一般工业地块可选择的检测项目有：重金属、挥发性有机物、半挥发性有机物、氰化物和石棉等。如土壤和地下水明显异常而常规检测项目无法识别时，可进一步结合色谱-质谱定性分析等手段对污染物进行分析，筛选判断非常规的特征污染物，必要时可采用生物毒性测试方法进行筛选判断。

确定质量保证和质量控制程序：防止样品污染的工作程序主要包括运输空白样分析、现场平行样分析、采样设备清洗空白样分析、采样介质对分析结果影响分析，以及样品保存方式和时间对分析结果的影响分析措施等。

(2) 详细采样分析

① 详细采样分析目的

详细采样分析是在初步采样分析的基础上，进一步采样和分析，进一步明晰污染范围，确定土壤污染程度，建立清晰的土壤与地下水污染概念模型，为土壤与地下水污染风险评价、污染防控或治理方案提供数据与技术支持。

② 详细采样分析基本内容和方法

在初步采样分析的基础上制定详细采样分析工作计划。详细采样分析工作计划主要包括：评估初步采样分析工作计划和结果、制定详细采样方案以及制定样品分析方案等。

评估初步采样分析工作计划和结果：分析初步采样获取的地块信息，主要包括土壤类型、水文地质条件、现场和实验室检测数据等；初步确定污染物种类、程度和空间分布；评估初步采样分析的质量保证和质量控制。

制定详细采样方案：根据初步采样分析的结果，结合地块分区，制定进一步的采样方案，在初步采样布点圈定的污染范围基础上，进行加密布设采样点。

制定样品分析方案：根据初步调查结果，制定样品分析方案。样品分析项目以已确定的地块关注污染物为主。

详细采样工作计划中的其他内容可在初步采样分析计划基础上制定，并针对初步采样分析过程中发现的问题，对采样方案和工作程序等进行相应调整。

5.1.5.3 **监测点位布设**

(1) 监测点位布设方法

① 土壤监测点位布设方法

根据地块土壤污染状况调查阶段性结论确定的地理位置、地块边界及各阶段工作要求，确定布点范围。在所在区域地图或规划图中标注出准确地理位置，绘制地块边界，并对场界角点进行准确定位。地块土壤环境监测常用的监测点位布设方法包括系统随机布点法、系统布点法、分区布点法及专业判断布点法等(参见图 5-1-2)。

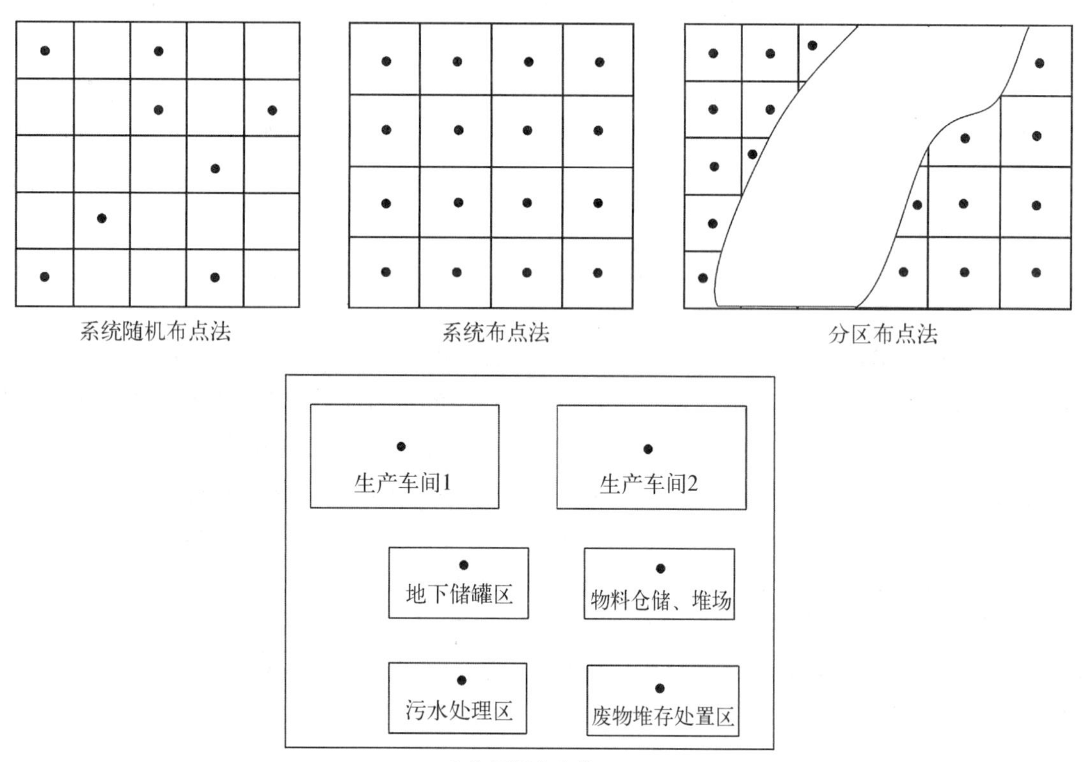

图 5-1-2 监测点位布设方法示意图

对于地块内土壤特征相近、土地使用功能相同的区域，可采用系统随机布点法进行监测点位的布设。系统随机布点法是将监测区域分成面积相等的若干工作单元，从中随机(随机数的获得可以利用掷骰子、抽签、查随机数表的方法)抽取一定数量的工作单元，在每个工作单元内布设一个监测点位。抽取的样本数要根据地块面积、监测目的及地块使用状况确定。

对于地块土壤污染特征不明确或地块原始状况严重破坏的区域，可采用系统布点法进行监测点位布设。系统布点法是将监测区域分成面积相等的若干工作单元，每个工作单元内布设一个监测点位。

对于地块内土地使用功能不同及污染特征有明显差异的区域，可采用分区布点法进行监测点位的布设。分区布点法是将地块划分成不同的小区，再根据小区的面积或污染特征确定布点的方法。地块内土地使用功能的划分一般分为生产区、办公区、生活区。原则上生产区的工作单元划分应以构筑物或生产工艺为单元，包括各生产车间、原料及产品储库、废水处理及废渣贮存场、场内物料流通道路、地下贮存构筑物及管线等。办公区包括办公建筑、广场、道路、绿地等，生活区包括食堂、宿舍及公用建筑等。对于土地使用功能相近、单元面积较小的生产区也可将几个单元合并成一个监测工作单元。

初步调查监测点位布设方法优先采用专业判断布点法，通过第一阶段土壤污染状况调查获得的相关信息，基于专业判断识别地块内可能存在的疑似污染区域，并在每个疑似污染区域设置监测点位。

土壤对照监测点位的布设方法有如下几种：第一，在一般情况下，应在地块外部区域设置土壤对照监测点位。第二，对照监测点位可选取在地块外部区域的四个垂直轴向上，每个方向上等间距布设三个采样点，分别进行采样分析。如因地形地貌、土地利用方式、污染物扩散迁移特征等因素致使土壤特征有明显差别或采样条件受到限制时，监测点位可根据实际情况进行调整。第三，对照监测点位应尽量选择在一定时间内未经外界扰动的裸露土壤，应采集表层土壤样品，采样深度尽可能与地块表层土壤采样深度相同。如有必要也应采集下层土壤样品。

② 地下水监测点位布设方法

地块内如有地下水，应在疑似污染严重的区域布点，同时考虑在地块内地下水径流的下游布点。如需要通过地下水的监测了解地块的污染特征，则在一定距离内的地下水径流下游汇水区内布点。

③ 地表水和底泥监测点位布设方法

如果地块内有流经的或汇集的地表水，则在疑似污染严重区域的地表水布点，同时考虑在地表水径流的下游布点。

(2) 地块土壤污染状况调查监测点位的布设

① 土壤监测点位的布设

对于地块土壤污染状况调查采取初步采样分析的，其土壤监测点位的布设应注意如下几点：

第一，可根据原地块使用功能和污染特征，选择可能污染较重的若干工作单元，作为土壤污染物识别的工作单元。原则上监测点位应选择工作单元的中央或有明显污染的部位，如生产车间、污水管线、废弃物堆放处等。

第二，对于污染较均匀的地块(包括污染物种类和污染程度)和地貌严重破坏的地块(包括拆迁性破坏、历史变更性破坏)，可根据地块的形状采用系统随机布点法，在每个工作单元的中心采样。

第三，监测点位的数量与采样深度应根据地块面积、污染类型及不同使用功能区域等调查阶段性结论确定。

第四，对于每个工作单元，表层土壤和下层土壤垂直方向层次的划分应综合考虑污染物迁移情况、构筑物及管线破损情况、土壤特征等因素确定。采样深度应扣除地表非土壤硬化层厚度，原则上应采集 0～0.5 m 表层土壤样品，0.5 m 以下下层土壤样品根据判断布点法采集，建议 0.5～6 m 土壤采样间隔不超过 2 m；不同性质土层至少采集一个土壤样品。同一性质土层厚度较大或出现明显污染痕迹时，根据实际情况在该层位增加采样点。

第五，一般情况下，应根据地块土壤污染状况调查阶段性结论及现场情况确定下层土壤的采样深度，最大深度应直至未受污染的深度为止。

对于地块土壤污染状况调查采取详细采样分析的，其监测点位的布设应注意如下几点：

第一，对于污染较均匀的地块(包括污染物种类和污染程度)和地貌严重破坏的地块(包括拆迁性破坏、历史变更性破坏)，可采用系统布点法划分工作单元，在每个工作单元的中心采样。

第二，如地块不同区域的使用功能或污染特征存在明显差异，则可根据土壤污染状况调查获得的原使用功能和污染特征等信息，采用分区布点法划分工作单元，在每个工作单元的中心采样。

第三，单个工作单元的面积可根据实际情况确定，原则上不应超过 1 600 m^2。对于面积较小的地块，应不少于 5 个工作单元。采样深度应至土壤污染状况调查初步采样监测确定的最大深度，深度间隔参见初步调查中相关要求。

第四，如需采集土壤混合样，可根据每个工作单元的污染程度和工作单元面积，将其分成 1～9 个均等面积的网格，在每个网格中心进行采样，将同层的土样制成混合样(测定挥发性有机物项目的样品除外)。

② 地下水监测点位的布设

地下水监测点位的布设应注意以下几点：

第一，对于地下水流向及地下水位，可结合土壤污染状况调查阶段性结论间隔一定距离按三角形或四边形至少布置3～4个点位监测判断。

第二，地下水监测点位应沿地下水流向布设，可在地下水流向上游、地下水可能污染较严重区域和地下水流向下游分别布设监测点位。确定地下水污染程度和污染范围时，应参照详细监测阶段土壤的监测点位，根据实际情况确定，并在污染较重区域加密布点。

第三，应根据监测目的、所处含水层类型及其埋深和相对厚度来确定监测井的深度，且不穿透浅层地下水底板。地下水监测目的层与其他含水层之间要有良好止水性。

第四，一般情况下采样深度应在监测井水面0.5 m以下。对于低密度非水溶性有机物污染，监测点位应设置在含水层顶部；对于高密度非水溶性有机物污染，监测点位应设置在含水层底部和不透水层顶部。

第五，一般情况下，应在地下水流向上游的一定距离设置对照监测井。

第六，如地块面积较大，地下水污染较重，且地下水较丰富，可在地块内地下水径流的上游和下游各增加1～2个监测井。

第七，如果地块内没有符合要求的浅层地下水监测井，则可根据调查阶段性结论在地下水径流的下游布设监测井。

第八，如果地块地下岩石层较浅，没有浅层地下水富集，则在径流的下游方向可能的地下蓄水处布设监测井。

第九，若前期监测的浅层地下水污染非常严重，且存在深层地下水时，可在做好分层止水条件下增加一口深井至深层地下水，以评价深层地下水的污染情况。

③ 地表水和底泥监测点位的布设

地表水和底泥监测点位的布设应注意如下几点：

第一，考察地块的地表径流对地表水的影响时，可分别在降雨期和非降雨期进行采样。如需反映地块污染源对地表水的影响，可根据地表水流量分别在枯水期、丰水期和平水期进行采样。

第二，在监测污染物浓度的同时，还应监测地表水的径流量，以判定污染物向地表水的迁移量。

第三，如有必要可在地表水上游一定距离布设对照监测点位。

第四，具体监测点位布设要求参照HJ/T 91。

第五，一般情况下，在布设地表水时，在相近位置同时布设一个底泥监测点位。

5.1.6 第三阶段土壤与地下水污染状况调查

5.1.6.1 第三阶段调查目的

第三阶段土壤污染状况调查以补充采样和测试为主，目的是获得满足风险评估及土壤和地下水修复所需的参数，供地块风险评估、风险管控和修复使用。本阶段的调查工作可单独进行，也可在第二阶段调查过程中同时开展。

5.1.6.2 第三阶段调查的内容和方法

第三阶段土壤与地下水污染状况调查的主要工作内容包括地块特征参数和受体暴露参数的调查。

地块特征参数包括：不同代表位置和土层或选定土层的土壤样品的理化性质分析数据，如土壤的pH、容重、有机碳含量、含水率和质地等；地块（所在地）气候、水文、地质特征信息和数据，如地表年平均风速和水力传导系数等。根据风险评估和地块修复实际需要，选取适当的参数进行调查。

受体暴露参数包括：地块及周边地区土地利用方式、人群及建筑物等相关信息。

地块特征参数和受体暴露参数的调查可采用资料查询、现场实测和实验室分析测试等方法。

5.1.7　土壤和地下水污染调查的钻探和取样

土壤和地下水污染调查的钻探和取样前一般需要事先编制采样或实施方案，明确委托项目名称、地点、工作量、检测项目、质量保证和质量控制措施、人员安排和工作时间等，并事先罗列现场需要携带的工具、器械、防护用品、警示用品、样品容器、样品标签、记录表单、现场检测和测量仪器等，确保在规定的时间内顺利完成取样，且质量满足要求。必要时还需及时上传至生态环境部门的监管系统。

5.1.7.1　土壤样品的钻探和采集

(1) 采样机械和采样工具

在土壤污染状况调查中，除了个别场合外，用手工方法是无法采集到满足调查要求的土壤样品的。通常需要使用钻探机械来实现土壤样品的采集。常用钻探方法优缺点及对土层的适用性如表 5-1-1 所示。

表 5-1-1　用于土壤采样的钻探机械及其优缺点

钻探方法	优　　点	缺　　点	适　合　土　层				
			黏性土	粉土	砂土	碎石、卵砾石	岩石
手工钻探	(1) 可用于地层校验和采集一定深度的土壤样品。 (2) 适用于松散的人工堆积层和第四纪的粉土、黏性土地层，即不含大块碎石等障碍物的地层。 (3) 适用于机械难以进入的采样区域。	(1) 采用人工操作，最大钻探深度一般不超过 5 m，受地层的坚硬程度和人为因素影响较大，当有碎石等障碍物存在时，很难继续钻进。 (2) 由于杂物可能掉进钻探孔中，易导致土壤样品交叉污染。 (3) 只能获得体积较小的土壤样品。	适用	适用	不适用	不适用	不适用
冲击钻探	(1) 钻探深度可达 30 m。 (2) 对人员健康安全和地面环境影响较小。 (3) 钻探过程无需添加水或泥浆等冲洗介质。 (4) 适用于采集多类型样品，包括污染物分析样品、土工试验样品，还可用于地下水监测井建设。	(1) 对地层的感性认识不够直观。 (2) 需要处置从钻孔中钻探出来的多余土壤。	适用	适用	适用	部分适用	不适用
直压式钻探	(1) 适用于均质地层，典型采样深度为 6～7.5 m。 (2) 钻探过程无须添加水或泥浆等冲洗介质。	(1) 对操作人员技术要求较高。 (2) 不可用于坚硬岩层、卵石层和流砂地层。 (3) 典型钻孔直径为 3.5～7.5 cm，对于建设监测井的钻孔需进行扩孔。	适用	适用	适用	不适用	不适用

目前土壤污染状况调查阶段主要采用冲击式的 SH30 钻机和直推式的 Geoprobe 钻机作为取土机械。而由于 Geoprobe 钻机具有快捷、抗土层间的交叉污染能力强，且便于同时建设地下水监测井，因此只要适合，实际操作时一般更倾向于使用 Geoprobe 钻机取土（图 5-1-3）。但当使用机械采样有困难时，还需要使用手工采样工具或其他机械进行补充。

采样工具的选择应遵循两个原则，一是实用，二是不影响后续的检测活动。常见的土壤样品采样工具如表 5-1-2 所示。

图 5-1-3 Geoprobe 钻机

表 5-1-2 常见土壤样品采集工具一览表

工具名称	图片	适用场合	缺陷
汽油动力土钻		Geoprobe 直推式钻机、SH30 钻机等采样机械难以达到或进入的场合。	(1) 采样深度有限； (2) 安全问题难以保证。
军工铲		(1) 表层土样采集； (2) 异位修复土壤的样品采集； (3) 其他需要的场合。	(1) 可能引起金属类污染； (2) 不适合特殊物理性指标测试用样品的采集。
直压式半圆槽钻	采样直径为 3 cm，一次采样长度为 20 cm、50 cm、100 cm、120 cm 等。	(1) 观察浅部土层的性状、颜色、杂质情况； (2) 当样品使用量很少时也可用于采样。	(1) 可能引起金属类污染； (2) 不能用于一般检测项目的样品采集。

续　表

工具名称	图　片	适用场合	缺　陷
敲击式取土器	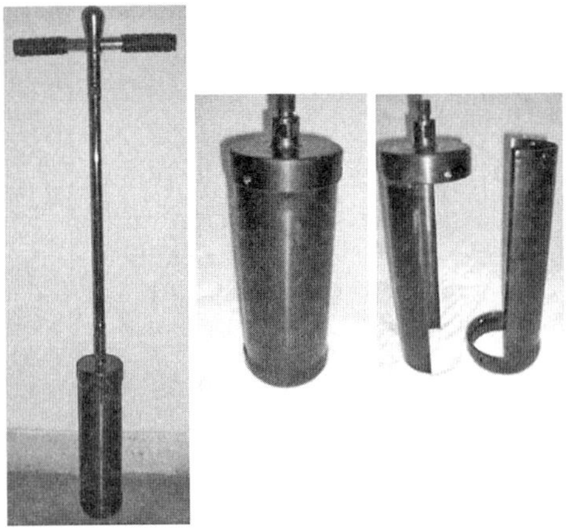 采样深度为 2 m，采样直径为 10 cm，采样长度为 30 cm。	(1) 适用于浅部土层样品的采集； (2) 可采集各种物理性质测试用样品。	(1) 不适合深度大于 2 m，以及土质坚硬或杂填土层； (2) 进度慢。
原状土取土钻	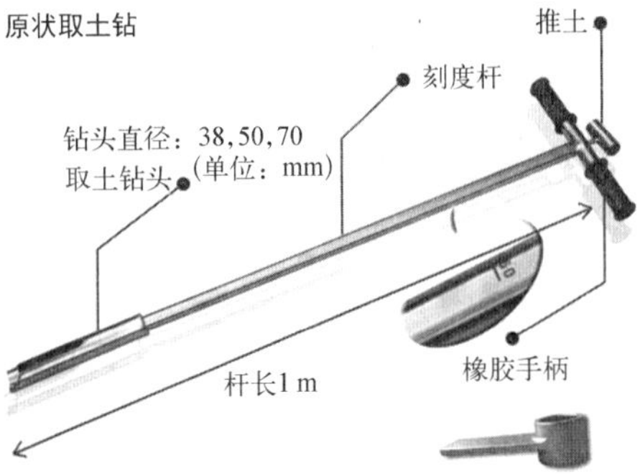	(1) 主要适用于 0～0.6 m 较浅深度样品的采集，最适用于采集 0～0.2 m 表土样品； (2) 常用于污染修复工程基坑侧壁和底部样品的采集和潜在二次污染区土壤样品的采集。	(1) 不适合深度大于 2 m，以及土质坚硬或杂填土层； (2) 可能引起金属类污染； (3) 进度慢。
螺旋取土钻(麻花钻)	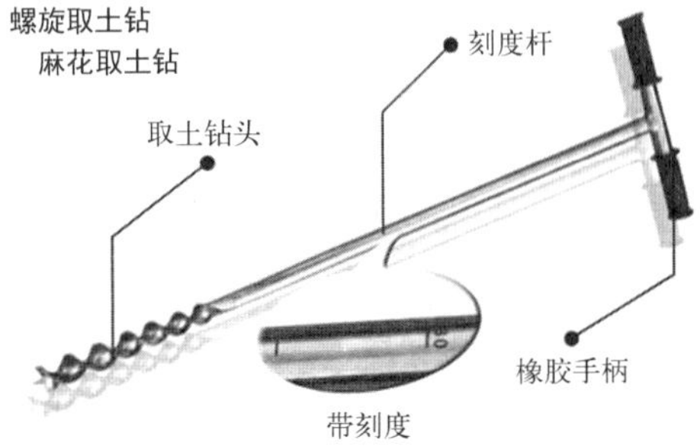	(1) 主要适用于 0～0.6 m 较浅深度样品的采集； (2) 适合于土层质地坚硬或存在砖石等杂物土层的采样。	(1) 样品量较少，且容易引起上下层间的交叉污染； (2) 可能引起金属类污染； (3) 进度慢。
荷兰取土钻	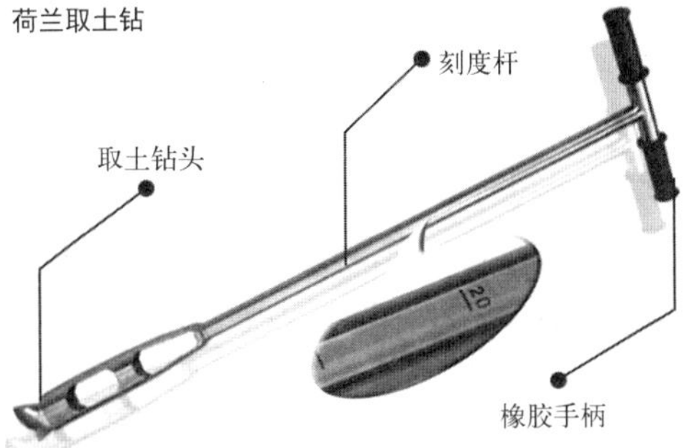	主要适用于 0～0.6 m 较浅深度、土层质地较硬的土壤样品采集。	可能引起金属类污染，进度慢。

续　表

工具名称	图　　片	适用场合	缺　陷
环刀取土钻	环刀取土钻 刻度杆 取土钻头 橡胶手柄	主要适用于 0～0.6 m 较浅深度内用于进行土壤物理性质指标测试的土壤样品采集。	(1) 需要挖去采样位置上部的土壤； (2) 进度慢。
各种小铲子		用于在其他采样机械或工具上采集土壤样品，或刮去不需要的或可能受到污染的土壤。	需要与其他较大的工具配合，单独采样比较困难。

(2) 土壤样品的采集

① 基本原则

土壤样品的采集应严格按照采样方案和相关的技术规范和各检测参数的检测方法等的要求进行。采样过程还需要遵守以下基本要求：一是现场土壤采样作业时，工作人员应戴安全帽和穿安全鞋。采样钻机作业时，采样人员应站在钻机的钻杆或钻塔可能倒下的位置之外。二是采样人员在采样时，应佩戴一次性乳胶手套，进入污染地块或疑似污染地块采样时，应戴好防毒口罩。三是采集的土壤样品应有代表性。四是样品的采样量、保存办法、保存时间、质量保证和质量控制措施等，应符合 HJ/T 166—2004 以及相关的检测方法与标准。

② 现场快筛

快筛即现场快速筛选性检测，不需要准确定量，其目的是为了初步判断土壤污染区域的位置和污染的程度。现场快筛的结果不作为正式的检测结果出现在检测报告中，但需要在采样的原始记录中体现。根据地块污染情况，以下两种快速检测方法：

一是使用光离子化检测仪(PID)对土壤 VOCs 进行快速检测。在现场快筛前，应使用异丁烯标准气体校准仪器。根据地块污染情况和仪器灵敏度水平，设置 PID 现场快速检测仪器的最低检测限和报警限。现场快速检测土壤中 VOCs 时，用采样铲在 VOCs 取样相同位置采集土壤置于聚乙烯自封袋中，自封袋中土壤样品体积应占自封袋体积的 1/3～1/2，取样后，自封袋应置于背光处，避免阳光直晒，取样后在 30 min 内完成快速检测。检测时，将土样尽量揉碎，放置 10 min 后摇晃或振荡自封袋约 30 s，静置 2 min 后将 PID 探头放入自封袋顶空 1/2 处，紧闭自封袋，记录最高读数。

二是使用 X 射线荧光光谱仪(XRF)对土壤重金属进行快速检测。在测定前，应使用土壤标准物质进行校准。根据地块污染情况和仪器灵敏度水平，设置 XRF 等现场快速检测仪器的最低检测限和报警限，可利用 PID 法筛测完 VOCs 的样品测定，也可以另外取样测定。应将样品尽量混匀(可在自封袋里操作)，并压成厚度超过 1 cm 的土饼。按照仪器的使用说明书测定土壤中砷、铜、铅、镍、铬、钴、钒、锌、汞、镉等元素的含量(由于土壤中镉和汞的含量很低，一般情况下 XRF 法对汞、镉不太适合)。

③ 采样量的控制

决定采样量时，需要考虑以下因素：根据监测参数的类别统计样品的采样量；检测失败或有异议而进行的复测(含量太高，超过标线范围，或导致检测器污染，影响一批样品检测；器皿破损、仪器的偶然波动；超过筛选值等)；能够让实验室有足够的样品量去做平行分析；样品加标分析消耗的样品量(5%～10%的比例)；平行分析或加标分析不理想而进行的复测(回收率偏低或偏高、加标量不合适等，平行样超差)；分析过程中样品的自然损失；由于样品分析时需要 10 目(1 mm 筛孔)、60 目(0.25 mm 筛孔)、100 目(0.15 mm 筛孔)等不同粒径的样品，而太少的样品量又不利于样品制备，因此用于土壤样品制备的样品量应不少于 500 g，而采样量(干质量)一般要求不少于 1 000 g(需要单独采样的检测项目除外)，采样时应充分考虑植物残体、砖石等杂物的占比，避免样品量的不足。

④ 样品的保护和存放

有些检测参数所需的样品需要添加保护剂，样品需要添加何种保护剂，主要从以下几个方面考虑：待测物质或待测参数的性质；从采样到测定的间隔时间；测定方法的要求。

环境监测的样品的保存时间一般也有一定的要求：样品保存的时间与待测物质或待测参数的性质有关，也与样品保存的条件和添加的保护剂有关；样品保存的条件与样品需要保存的时间有关，也与样品是否添加保护剂有关。

表 5-1-3 列出了常见检测项目对采样量、保存办法、保存时间等的要求。

表 5-1-3　常见检测项目对采样量、保存办法、保存时间等的要求

污染物项目	标准方法名称及编号	采样要求和保存要求	单份样品量
有机污染物			
挥发性有机物(VOC)	地块土壤和地下水中挥发性有机物采样技术导则 HJ 1019—2019	40 mL 样品瓶中事先加入 5 mL 水或 10 mL 甲醇，称量。现场采集约 5 g 样品。4℃以下避光密封保存，14 d 内完成分析	5 g×2
	土壤和沉积物挥发性有机物的测定吹扫捕集/气相色谱-质谱法 HJ 605—2011	40 mL 样品瓶中加一个磁力搅拌棒，密闭并称重，现场采集适量的样品：含量小于 0.2 mg/kg 的采集 5 g，大于等于 0.2 mg/kg 的采集 1～5 g。另用 60 mL 瓶采集 1 瓶，尽量压实，密封用于 1 mg/kg 以上含量样品的检测(甲醇溶液)。4℃以下避光密闭保存，7 d 内完成分析	5 g×2
半挥发性有机物(SVOC)	土壤和沉积物半挥发性有机物的测定气相色谱-质谱法 HJ 834—2017	棕色样品瓶中采集样品，4℃以下避光密封保存，10 d 内完成分析	20 g
石油烃(C_{10}—C_{40})	土壤和沉积物石油烃(C_{10}—C_{40})的测定气相色谱法 HJ 1021—2019	样品瓶中采集样品，4℃以下避光密封保存，14 d 内完成分析	10 g

续 表

污染物项目	标准方法名称及编号	采样要求和保存要求	单份样品量
有机磷和拟除虫菊酯类等 47 种农药	土壤和沉积物有机磷和拟除虫菊酯类等 47 种农药的测定气相色谱-质谱法 HJ 1023—2019	棕色样品瓶中采集样品，4℃以下避光密封保存，7 d 内完成分析；−18℃保存，7 d 完成有机磷分析，拟除虫菊酯类，30 d 内完成分析	10 g
苯胺、3,3′-二氯联苯胺	土壤和沉积物 13 种苯胺类和 2 种联苯胺类化合物的测定液相色谱-三重四极杆质谱法 HJ 1210—2021	棕色样品瓶中采集样品，避光密封保存，4℃以下 24 h 内完成分析；−18℃以下保存，7 d 内完成分析	5 g
多环芳烃类	土壤和沉积物多环芳烃的测定高效液相色谱法 HJ 784—2016	棕色样品瓶中采集样品。4℃以下避光密封保存，7 d 内完成分析	10 g
酚类化合物	土壤和沉积物酚类化合物的测定气相色谱法 HJ 703—2014	样品瓶中采集样品。4℃以下避光密封保存，10 d 内完成分析	10 g
多氯联苯	土壤和沉积物多氯联苯的测定气相色谱-质谱法 HJ 743—2015	棕色样品瓶中采集样品。4℃以下避光密封保存，14 d 内完成分析	10 g
有机氯农药	土壤和沉积物有机氯农药的测定气相色谱-质谱法(HJ 835—2017)	棕色样品瓶中采集样品。4℃以下避光密封保存，10 d 内完成分析	20 g
二噁英类	土壤和沉积物二噁英类的测定同位素稀释高分辨气相色谱-高分辨质谱法 HJ 77.4—2008	样品瓶中采集样品。4℃以下避光密封保存，尽快送实验室进行样品制备和分析	100 g
金属及非金属指标			
氰化物	土壤和沉积物氰化物和总氰化物的测定分光光度法 HJ 745—2015	可密闭的样品瓶采集样品。4℃以下避光密封保存，48 h 内完成分析	10 g
干物质量和水分	土壤干物质量和水分的测定重量法 HJ 613—2011	样品瓶中采集样品。4℃以下密封保存	30 g
铜、锌、铅、镍、铬	土壤和沉积物铜、锌、铅、镍、铬的测定火焰原子吸收分光光度法 HJ 491—2019	无明确要求	0.3 g
11 种元素（锰、钡、钒、锶、钛、钙、镁、铁、铝、钾和硅）	土壤和沉积物 11 种元素的测定碱熔-电感耦合等离子体发射光谱法 HJ 974—2018	无明确要求	0.2 g
汞、砷、硒、铋、锑	土壤和沉积物汞、砷、硒、铋、锑的测定微波消解/原子荧光法 HJ 680—2013	无明确要求	0.5 g
25 种元素	土壤和沉积物 无机元素的测定波长色散 X 射线荧光光谱法 HJ 780—2015	无明确要求	5 g
12 种金属元素（如钴、锑、钒等）	土壤和沉积物 12 种金属元素的测定 王水提取-感耦合等离子体质谱法 HJ 803—2016	无明确要求	0.1 g
铍	土壤和沉积物铍的测定石墨炉原子吸收分光光度法 HJ 737—2015	无明确要求	0.1～0.3 g

续　表

污染物项目	标准方法名称及编号	采样要求和保存要求	单份样品量
镉、铅	土壤质量铅、镉的测定石墨炉原子吸收分光光度法 GB/T 17141—1997	无明确要求	0.1～0.3 g
六价铬	土壤和沉积物六价铬的测定 碱溶液提取-火焰原子吸收分光光度法 HJ 1082—2019	可密闭的精品瓶采集样品，4℃以下闭关密封保存，24 h 内完成检测	5.0 g

5.1.7.2　地下水样品的采集

(1) 地下水样品采集的工作程序

地下水完整的采样过程要比土壤复杂得多，包括定点、监测井建设、洗井和采样等多个步骤，而监测井建设又包括钻孔、下管、下填料、成井洗井、井口表面封堵等工序。其建井流程如图 5－1－4 所示，地下水采样工作流程如图 5－1－5 所示。

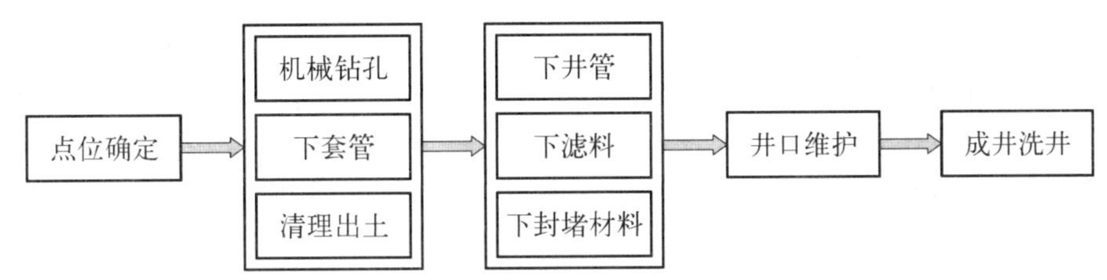

图 5－1－4　地下水监测井建井流程

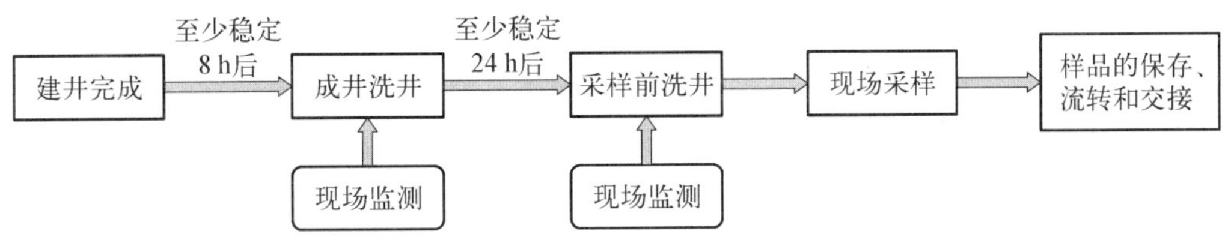

图 5－1－5　地下水采样工作流程

(2) 地下水监测井的建设

① 地下水钻孔机械

取土用的 SH30 钻机和 Geoprobe 钻机都可以作为地下水监测井建设用钻机。但由于 Geoprobe 钻机可以在不取出中空螺钻杆的情况下在中空钻杆中下放井管，可以边投放滤料、边起拔中空螺钻杆，避免了建井过程中塌孔情况的发生，确保成井质量。另外，Geoprobe 钻机的钻孔直径较大(约 22 cm)，具有较大的汇水截面，完全能满足监测井的结构要求，可获得较多的地下水量。因此，一般情况下首选 Geoprobe 钻机。

② 地下水监测井结构

典型的地下水监测井结构如图 5－1－6(a)所示。对于地下水埋深很浅的地区，图 5－1－6(a)中的监测井结构是不适应的，监测井上部的非滤水层没有这么长，可改用图 5－1－6(b)结构的监测井。

③ 建井材料

建井材料包括含水层填料和上层封堵材料，含水层填料一般采用石英砂，石英砂的粒径应根据《地下水环境监测技术规范》(HJ 164—2020)、《地块土壤和地下水中挥发性有机物采样技术导则》(HJ 1019—2019)等相关规范的要求确定，特别须注意含水层土壤颗粒大小对含水层填料粒径范围的影响。

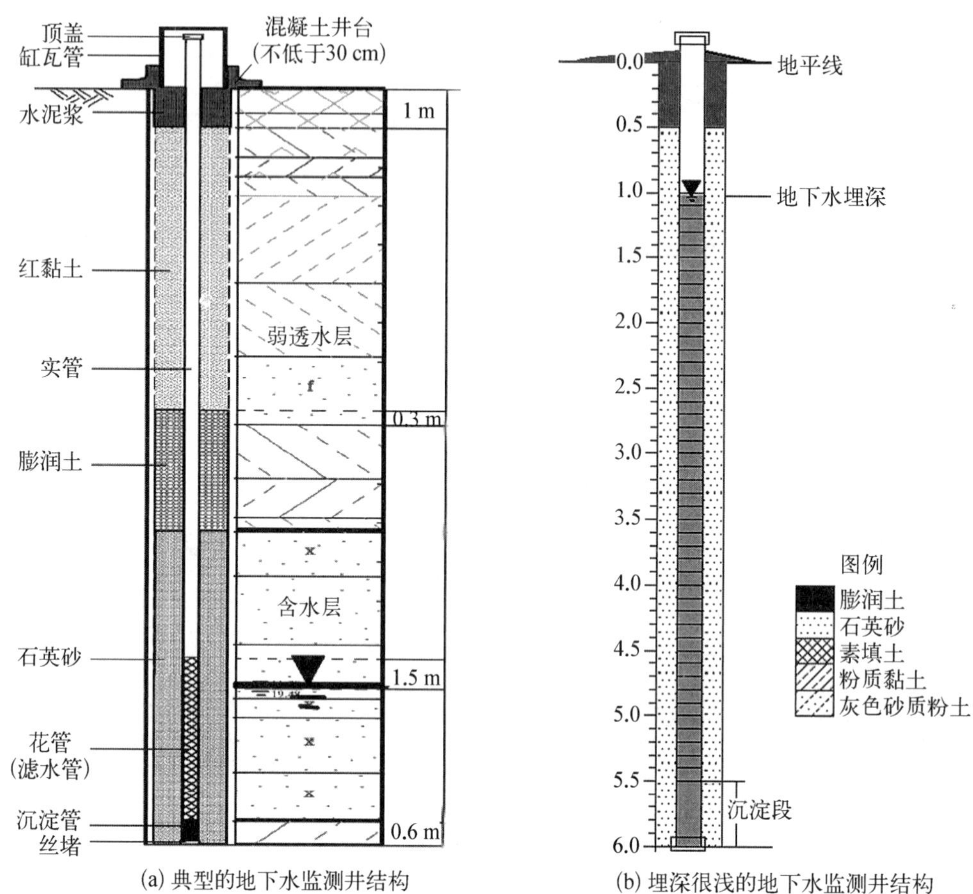

(a) 典型的地下水监测井结构　(b) 埋深很浅的地下水监测井结构

图 5-1-6　监测井结构图

对于井管材料的要求具体如下：第一，地下水监测井井管的内径不小于 50 mm（来自 HJ 164—2020）。当使用 Geoprobe 钻机建井时，使用内径 50 mm（外径约 63 mm）的井管比较理想，井管太细会造成井内水量太少，不利于采样，井管太粗时又不方便投放滤料。第二，地下水监测井井管应选择坚固、耐腐蚀、不会对地下水水质造成污染的材料。第三，井管连接可采用螺纹或卡扣进行连接，应避免使用粘合剂，避免连接处发生渗漏。第四，为了避免钻穿含水层底板，地下水水位以下的滤水管长度不宜超过 3 m，地下水水位以上的滤水管长度根据地下水水位动态变化确定；滤水管应置于拟取样含水层中，若地下水中可能或已经发现存在低密度非水相液体（LNAPL），滤水管位置应达到潜水面处；若地下水中可能或已经发现存在高密度非水相液体（DNAPL），滤水管应达到潜水层的底部，但应避免穿透隔水层。宜选用缝宽 0.2～0.5 mm 的割缝筛管或孔隙能够阻挡 90%的滤层材料的滤水管。

对于地下水监测井的填料从下至上依次为滤料层、止水层、回填层的要求如下：第一，滤料层应从沉淀管（或丝堵）底部一定距离到滤水管顶部以上 50 cm。第二，止水层应根据钻孔含水层的分布情况确定，一般选择在隔水层或弱透水层处，止水层的填充高度应达到滤料层以上 50 cm。为了保证止水效果，建议选用直径 20～40 mm 球状膨润土分两段进行填充，第一段从滤料层往上填充不小于 30 cm 的干膨润土，然后采用加水膨润土或膨润土浆继续填充至 50 cm 以上，或至距离地面 50 cm 处。第三，回填层位于止水层之上至采样井顶部，宜根据场地条件选择合适的回填材料。优先选用膨润土作为回填材料，当地下水含有可能导致膨润土水化不良的成分时，宜选择混凝土浆作为回填材料。

④ 监测井的建设

监测井建设的步骤如下：

一是钻孔：用 Geoprobe 钻机或其他钻机钻孔，钻孔达到设定深度后进行钻孔淘洗，以清除钻孔中的泥浆和钻屑，然后静置 2～3 h 并记录静止水位。

二是下管：下管前应校正孔深，按先后次序将井管逐根丈量、排列、编号、试扣，确保下管深度和滤水管安装位置准确无误。井管下放速度不宜太快，中途遇阻时可适当上下提动和转动井管，必要时应将井管提出，清除孔内障碍后再下管。下管完成后，将其扶正、固定，井管应与钻孔轴心重合。钻孔深度小于 100 m 时，其顶角偏斜不得超过 1°，深度大于 100 m 时，每百米顶角偏斜的递增数不得超过 1.5°。

三是滤料填充：使用导砂管将滤料缓慢填充至管壁与孔壁中的环形空隙内，应沿着井管四周均匀填充，避免从单一方位填入，一边填充一边晃动井管，防止滤料填充时形成架桥或卡锁现象。

四是密封止水：密封止水应从滤料层往上填充，直至距离地面 50 cm。若采用膨润土球做止水材料，每填充 10 cm 需向钻孔中均匀注入少量的清洁水。填充过程中应进行测量，确保止水材料填充至设计高度，静置待膨润土充分膨胀、水化和凝结，回填混凝土浆层。

五是井台构筑：若地下水采样井需建成长期监测井，则应设置保护性的井台构筑。井台构筑通常分为明显式和隐藏式两种，隐藏式井台与地面齐平，适用于路面等特殊位置。在产企业地下水采样井应建成长期监测井。为防止监测井物理破坏，防止地表水、污染物质进入，监测井要建有平台、井口保护管、锁盖等。保护管与水泥平台同时安装，保护管高出平台 0.5 m。井口平台为正方形 1 m×1 m，用 32.5R 水泥制作，地表下 0.3 m 厚，地表上 0.2 m 高。井口保护管由钢管制作，管长 1 m，直径比井管大 100 mm 左右，外部刷防锈漆，喷制监测井标记。保护管顶端安装可开合的盖子，并有上锁的位置。安装时监测井井管位于保护管中央。

六是封井：监测完成后，对非长期监测的采样井应进行封井。封井应从井底至地面下 50 cm 全部用直径为 20～40 mm 的优质无污染的膨润土球封堵。膨润土球一般采用提拉式填充，将直径小于井内径的硬质细管提前下入井中(根据现场情况尽量选择小直径细管)，向细管与井壁的环形空间填充一定量的膨润土球，然后缓慢向上提管，反复抽提防止井下搭桥。全部膨润土球填充完成后应静置 24 h，测量膨润土填充高度，判断是否达到预定封井高度，并于 7 d 后再次检查封井情况，如发现塌陷应立即补填，直至符合规定要求。

图 5-1-7 为地下水监测井的建井过程。

(a) 封堵螺纹钻内管

(b) 钻孔

(c) 孔口清土

(d) 螺纹钻接管

(e) 井管准备　(f) 下井管

(g) 拔钻杆和投放滤料　(h) 填膨润土

(i) 成井　(j) 井口标识

图 5-1-7　地下水监测井制作过程的相关照片

(3) 洗井和采样工具

与土壤采样工具一样，地下水采样工具的选择也遵循两个原则，一是实用，二是不影响后续的检测活动。常见的地下水洗井和采样工具包括贝勒管、手工压水泵、气囊泵、潜水泵和蠕动泵等，具体情况如表 5-1-4 所示。当使用贝勒管进行洗井和采样时，应做到一井一管，防止多井一管造成交叉污染。当使用各种采样泵采样时，须特别注意泵内外部的清洁，防止交叉污染。

表 5-1-4　常见地下水采样工具

工具名称	图形或照片	适用场合	缺陷
贝勒管		(1) 小直径浅井的洗井和采样； (2) 浅井的采样。	不适合大直径地下水监测井及深度较大检测井的洗井和采样。

续　表

工具名称	图形或照片	适用场合	缺陷
手工压水泵		小直径浅井的洗井和采样。	容易引起交叉污染，遇到受油类污染的地下水时，需要更换泵管和彻底清洗泵体内外，最好只用于洗井。
气囊泵		适合洗井和各种检测参数的采样。	需要使用电源。
潜水泵		适合洗井和各种检测参数的采样。	需要使用电源。
蠕动泵	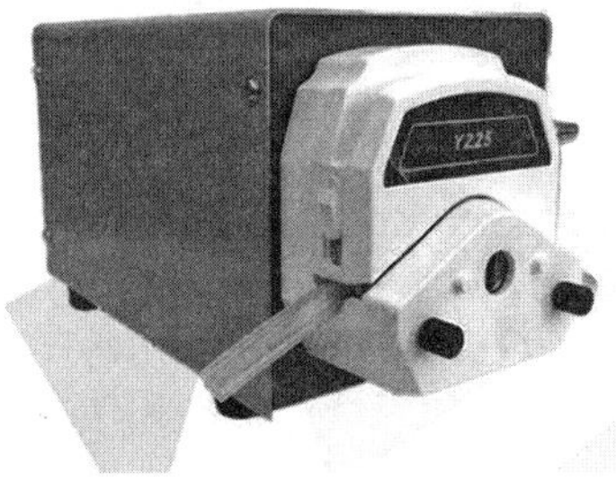	适合浅井的采样。	(1) 不适合采集 VOC 样品； (2) 不适合洗井。

(4) 地下水洗井

① 成井洗井

地下水洗井分成井洗井和采样前洗井两个过程。其中成井洗井应在建井后至少稳定 8 h 后才能进行(待井内的填料得到充分养护、稳定后)。洗井过程中吊取地下水的体积，应控制在井体积的 3～5 倍，或根据现场监测结果判断水质已经稳定。

② 采样前洗井

成井洗井后至少 24 h 后才能进行采样前的洗井。现场监测的指标一般包括 pH、水温、浊度、电导率等，有时也需要监测溶解氧、氧化还原电位等指标。

开始洗井时，以小流量抽水，记录抽水开始时间，同时洗井过程中每隔 5 min 读取并记录 pH、温度(T)、电导率、溶解氧(DO)、氧化还原电位(ORP)及浊度，连续三次采样达到以下要求可结束洗井：pH 变化范围为±0.1；温度变化范围为±0.5℃；电导率变化范围为±10%；DO 变化范围为±0.3 mg/L 以内，或在±10%以内；ORP 变化范围为±10 mV 以内，或在±10%以内；浊度变化范围为≤10 NTU，或在±10%以内。

(5) 地下水样品采集

① 基本要求

地下水样品的采集应严格按照采样方案、相关的技术规范和各检测参数的检测方法等的要求进行。另外采样过程还需要做到以下几点：一是现场进行地下水采样作业时，工作人员应戴安全帽和穿安全鞋；二是采样前，采样人员应先对待采样的检测井进行采样前的洗井作业，在洗井过程中，应监测出水的水质变化，监测指标一般包括 pH、水温、浊度、电导率等，有时也需要监测溶解氧、氧化还原电位等指标；三是当监测数据显示检测井中水质稳定时，可以停止洗井，进行采样；四是样品的采样量、保存办法、保存时间等，应符合 HJ 164—2020 以及相关的检测方法标准；五是一些地下水样品检测项目对采样和样品的保存等有特殊的要求，应按照相关标准方法的要求执行。

② 现场检测

采样前需先洗井，在现场使用便携式水质测定仪对出水进行测定，浊度小于或等于 10 NTU 时或当浊度连续三次测定的变化在±10%以内、电导率连续三次测定的变化在±10%以内、pH 连续三次测定的变化在±0.1 以内，或洗井抽出水量在井内水体积的 3～5 倍时，可结束洗井。

③ 样品采集量的要求

地下水采样量时需要考虑的因素与土壤相似。

④ 样品的保护和存放

大多数情况下水质样品比土壤更易变质，因此地下水样品更需要添加保护剂，且一般都要在低温下保存。添加保护剂的原则与土壤样品相似。

表 5-1-5 列出了常见检测项目对采样量、保存办法、保存时间等的要求。

表 5-1-5 常见地下水检测项目对采样量、保存办法、保存时间等的要求

污染物项目	标准方法名称及编号	采样要求和保存要求	单份样品量
有机污染物指标			
挥发性有机物	地块土壤和地下水中挥发性有机物采样技术导则 HJ 1019—2019	预先向 40 mL 样品瓶中添加盐酸和抗坏血酸，现场采集样品至溢流，旋紧盖子，将样品瓶倒置，观察样品瓶中没有气泡，则样品完成采集，4℃以下避光密闭保存。	40 mL×2
挥发性有机物	水质挥发性有机物的测定吹扫捕集/气相色谱-质谱法 HJ 639—2012	40 mL 样品瓶中预先加 0.5 mL 盐酸，现场采集样品至溢流，旋紧盖子，将样品瓶倒置，观察样品瓶中没有气泡，则样品完成采集。4℃以下避光密闭保存，14 d 内完成分析。如果样品遇盐酸产生大量气泡，应不加盐酸，在 24 h 内完成检测。如果含余氯，需加抗坏血酸保护。	40 mL×2

续　表

污染物项目	标准方法名称及编号	采样要求和保存要求	单份样品量
可萃取石油烃（C_{10}—C_{40}）	水质可萃取石油烃（C_{10}—C_{40}）的测定气相色谱法 HJ 894—2017	1 000 mL 样品瓶中加入 1+1 盐酸（使 pH<2），采集样品。4℃以下避光密封保存，14 d 内完成萃取。	1 000 mL
28 种有机磷农药（如敌敌畏、乐果等）	水质 28 种有机磷农药的测定气相色谱-质谱法 HJ 1189—2021	样品瓶中采集样品，加硫酸或氢氧化钠调节水样（pH=5～8），4℃以下避光运输。4℃以下保存 3 d 内完成分析，−18℃以下保存 30 d 内完成分析。	1 000 mL
多环芳烃	水质多环芳烃的测定液液萃取和固相萃取高效液相色谱法 HJ 478—2009	采样瓶要完全注满，不留气泡。4℃以下避光密封保存，7 d 内完成萃取。	1 000 mL（二氯甲烷提取，液液萃取或固相萃取）
酚类化合物	水质酚类化合物的测定气相色谱法 HJ 744—2015	样品瓶中采集样品，加硫酸（pH<2），4℃以下避光密封保存，7 d 内完成分析。	250 mL 样品（二氯甲烷-正己烷净化、二氯甲烷-乙酸乙酯萃取）
酚类化合物	水质酚类化合物的测定液液萃取/气相色谱法 HJ 676—2013	样品中加入盐酸调节 pH<2，充满采样瓶，并加盖密封。4℃以下避光保存，7 d 内完成萃取。	100～500 mL
硝基苯类化合物	水质硝基苯类化合物的测定气相色谱-质谱法 HJ 716—2014	充满采样瓶，并加盖密封。4℃以下避光密封保存，7 d 内完成分析。	1 000 mL
硝基苯类化合物	水质硝基苯类化合物的测定液液萃取/固相萃取-气相色谱法 HJ 648—2013	要求不明确	200 mL（液液萃取），或 10～1 000 mL（固相萃取）
苯胺类化合物	水质苯胺类化合物的测定气相色谱-质谱法 HJ 822—2017	1 000 mL 带聚四氟乙烯内衬垫瓶盖的棕色玻璃瓶，使样品充满，不留空隙。立即用氢氧化钠（1 mol/L）和硫酸（1+1）调节 pH 至 6～8，4℃以下密封保存，7 d 内萃取。	1 000 mL
有机氯农药和氯苯类化合物	水质有机氯农药和氯苯类化合物的测定气相色谱-质谱法 HJ 699—2014	1 000 mL 带聚四氟乙烯内衬垫瓶盖的棕色玻璃瓶，使样品充满，不留空隙。立即用盐酸（1+1）调节 pH<2，4℃以下密封保存，7 d 内萃取。	100 mL（液液萃取）或 200 mL（固相萃取）
多氯联苯	水质多氯联苯的测定气相色谱-质谱法 HJ 715—2014	棕色样品瓶中采集样品。4℃以下避光密封保存，7 d 内完成分析。	1～10 L 样品
氯苯类化合物	水质氯苯类化合物的测定气相色谱法 HJ 621—2011	棕色样品瓶（聚四氟乙烯衬垫螺口），采集的样品应尽快分析。如当天不能分析，采样时每升水样中加入 1.0 mL 浓硫酸（4.4），于 2～5℃下保存，7 d 内完成样品分析。	1 000 mL
二噁英类	水质二噁英类的测定同位素稀释高分辨气相色谱-高分辨质谱法 HJ 77.1—2008	棕色玻璃样品瓶采集样品。4℃以下避光密封保存，尽快送实验室进行分析。	无明确要求

续　表

污染物项目	标准方法名称及编号	采样要求和保存要求	单份样品量
金属及非金属指标			
32 种元素的测定	水质 32 种元素的测定电感耦合等离子体发射光谱法 HJ 776—2015	元素总量：500 mL(或 1 000 mL)聚乙烯瓶中加 5 mL(或 10 mL)硝酸； 元素溶解态：过滤后加入 5 mL 硝酸的 500 mL 聚乙烯瓶中保存。保存时间未规定。	100 mL
65 种元素	水质 65 种元素的测定电感耦合等离子体质谱法 HJ 700—2014		
汞、砷、硒、铋和锑	水质汞、砷、硒、铋和锑的测定原子荧光法 HJ 694—2014	元素总量：500 mL 聚乙烯瓶中加 1 mL(测汞样品或 2.5 mL)盐酸； 元素溶解态：过滤后 500 mL 聚乙烯瓶中保存加入 1 mL(测汞样品或 2.5 mL)盐酸。保存时间为 14 d。	50 mL
六价铬	水质六价铬的测定二苯碳酰二肼分光光度法 GB 7467—1987	样品瓶中采集样品，加氢氧化钠调节水样 pH 约 8,4℃以下避光保存，24 h 内完成分析。	50 mL
氰化物	水质氰化物的测定滴定法和分光光度法 HJ 484—2009	250 mL 采集的水样需贮存于用无氰水清洗并干燥后的聚乙烯塑料瓶或硬质玻璃瓶中。现场采样时需用所采水样淋洗三次后采集水样 500 mL，供实验室分析所用。样品采集后必须立即加氢氧化钠固定，一般每升水样加 0.5 g 固体氢氧化钠。4℃以下避光密封保存，24 h 内完成分析。	250 mL
挥发酚	水质挥发酚的测定 4 -氨基安替比林分光光度法 HJ 503—2009	样品采集量应大于 500 mL，贮于硬质玻璃瓶中。采集后的样品应及时加磷酸酸化至 pH 约 4.0，并加适量硫酸铜(6.4)，使样品中硫酸铜质量浓度约为 1 g/L，以抑制微生物对酚类的生物氧化作用。4℃以下密封保存 24 h。	250 mL
氨氮	水质氨氮的测定纳氏试剂分光光度法 HJ 535—2009	水样采集在聚乙烯瓶或玻璃内，要尽快分析，要尽快分析。如需保存，应加硫酸使水样酸化至 pH<2,2～5℃下可保存 7 d。	50 mL

5.1.7.3　地表水和底泥样品的采集

(1) 基本要求

第一，对于地表水样品，除标准分析方法有特殊要求的监测项目外，采样器、静置容器和样品瓶在使用前应先用水样分别荡洗 2～3 次。

第二，地表水采样时不可搅动水底的沉积物。除标准分析方法有特殊要求的监测项目外，采集的水样倒入静置容器中，保证足够用量，自然静置 30 min。自然静置时，使用防尘盖遮挡，避免灰尘污染。

第三，一般检测项目的样品，应使用虹吸装置取上层不含沉降性固体的水样，移入样品瓶，虹吸装置进水尖嘴应保持插至水样表层 50 mm 以下位置。

第四，地表水特殊要求的采样项目包括石油类、五日生化需氧量、溶解氧、硫化物、悬浮物、粪大肠菌群等，或标准分析方法有特殊要求的项目，不适合对样品进行沉降，应单独采样。

第五，对于地表水的 pH、水温、浊度、电导率、溶解氧、氧化还原电位等指标，宜进行现场检测，不建议采样后送实验室再检测。

第六，河流底泥的采样应在地表水样品采集完成之后进行，避免引起水质浑浊影响水质指标的测定。

(2) 采样工具

土壤污染状况调查中,地表水和底泥的调查的工作量通常较少或没有。一般只在被调查地块内或边界附近有河湖存在时才会涉及。常用的地表水和底泥的采样工具如表 5-1-6 所示。

表 5-1-6　地表水和底泥采样工具

工具名称	图形或照片	适用场合	缺陷
普通采水器	 	适用于一般性检测指标样品的采集,有有机玻璃和不锈钢两种材质	不适合用于测定石油类样品的采集
石油类专用采水器	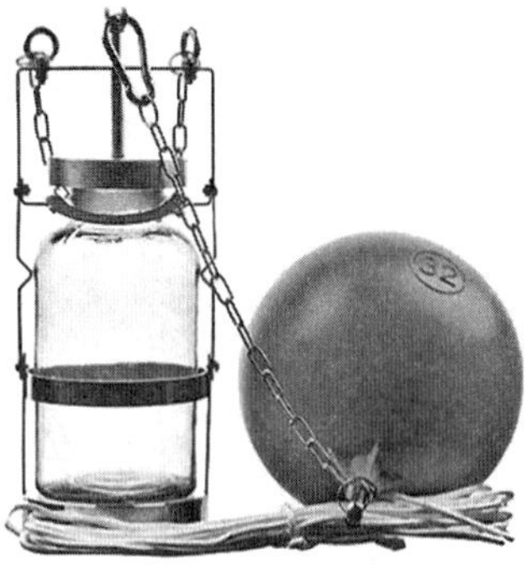	金属材质框架,分 500 mL 和 1 000 mL 两种规格	专用,一般不适合其他样品采集
抓斗式底泥采样器		金属材质,适用于表层底泥的采样	不适合坚硬的底泥
网兜式底泥采样器	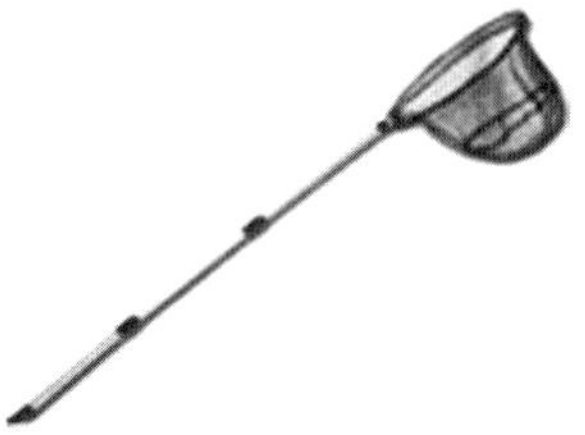	尼龙材质,适用于表层底泥的采样	不适合坚硬的底泥

(3) 样品采集

① 基本要求

采样方法按照以下要求执行:第一,现场进行地表水采样作业时,工作人员应根据现场采样条件穿救生衣或反光背心和带救生绳。第二,采样前首先要选择合适的采样断面或位置。对于土壤污染状况调查评估项目来说,如果本地块历史上存在废水或处理过的废水向附近河流排放的情况,应在其排放口的下游以及上游各设检测断面。对于小型河流(宽度<50 m)可在河流中泓线位置附近设置采样垂线,较大的河流可选择靠近调查地块一侧布设采样垂线。第三,对于水深不超过 5 m 的河流,采样垂线上只须设一个采样点,位置在水面下 0.5 m 处,水深较浅的河流,采样点位置应不低于河流底部 0.5 m 以上,否则应在河水深度的中间位置布设采样点。水深超过 5 m 时,应在一条垂线上分别在水面下 0.5 m 处和河底上 0.5 m 处各设一个采样点。每条采样垂线上的水样可混合成一个水样。第四,河流底泥的采样应与地表水采样一样采取安全防护措施,用底泥采样器采集表层底泥。

河流底泥的样品保存保护和样品采集方法参见土壤样品的采集。

② 样品的保存保护

地表水各指标检测用样品的保护办法大都与地下水样品的保护办法相同,不再重复。

表 5-1-7 仅列出了一些特殊的检测指标的相关采样要求。

表 5-1-7 地表水特殊检测项目对采样、保存办法、保存时间等的要求

污染物项目	参考标准、采样要求和保存要求
粪大肠菌群	采样方法可参照测定方法 HJ 347.1—2018、HJ 347.2—2018 进行。 采集微生物样品时,采样瓶不得用样品洗涤,采集样品于灭菌的采样瓶中。清洁样品的采样量不低于 400 mL,其余水体采样量不低于 100 mL。 采集河流、湖泊等地表水样品时,可握住瓶子下部直接将带塞采样瓶插入水中,约距水面 10~15 cm 处,瓶口朝水流方向,拔瓶塞,使样品灌入瓶内后盖上瓶塞,将采样瓶从水中取出。如果没有水流,可握住瓶子水平向前推。采样量一般为采样瓶的 80%左右。样品采集完毕后,迅速扎上无菌包装纸。 采集地表水、废水样品及一定深度的样品时,也可使用灭菌过的专用采样装置采样。 在同一采样点进行分层采样时,应自上而下进行,以免不同层次间的扰动。 如果采集的是含有活性氯样品,需在采样瓶灭菌前加入硫代硫酸钠溶液(0.1 g/mL),以除去活性氯对细菌的抑制作用(每 125 mL 容积加入 0.1 mL 的硫代硫酸钠溶液);如果采集的是重金属离子含量较高的样品,则在采样瓶灭菌前加入,以消除干扰(每 125 mL 容积加入 0.3 mL EDTA 溶液)。
硫化物	采样方法可按照 HJ/T 91.2、HJ 91.1、HJ 164、HJ 442.3、HJ 493,特别是 HJ 1226—2021 的相关规定采集样品。 采样时,采样瓶(200 mL 棕色磨口瓶)中先加入 0.4 mL 乙酸锌溶液(1 mol/L),再加水样近满瓶,然后依次加入 0.2 mL(氢氧化钠溶液 10 g/L)和 0.4 mL 抗氧化剂溶液[ρ(抗坏血酸)=40 g/L、ρ(EDTA-2Na)=2 g/L、ρ(NaOH)=6 g/L,加塞后不留液上空间],加完 NaOH 溶液后,应有 $Zn(OH)_2$ 沉淀生成或 $Zn(OH)_2$、ZnS 混合沉淀物生成,否则应增加 NaOH 溶液的加入量。硫化物含量较高时应继续滴加乙酸锌溶液直至沉淀完全。固定后样品于 4 d 内测定。 在采样现场用实验水代替,以同步骤加入乙酸锌溶液、氢氧化钠溶液和抗氧化剂溶液后,作为全程序空白样品带回实验室。 注意:① 当测定可溶性硫化物时,样品应经 0.45 μm 滤膜过后固定;② 可以采集多个平行样品用于高浓度稀释、现场和平行样和样品基体加标。
石油类	参照 HJ 91.2—2022 以及测定方法 HJ 637—2018 的相关规定用采样瓶采集约 500 mL(或 1 000 mL)水样后,加入盐酸溶液(1+1)酸化至 pH≤2。 采集石油类样品,采样前应先破坏可能存在的油膜,使用专用的石油类采样器,在水面下至 300 mm 水深采集柱状水样。保证水样采集在水面下进行,将放在专用支架上的采样瓶放到 300 mm 深度,边采样边向上提升,到达水面时瓶中剩余适当空间。不得采入水面可能存在的油膜或水底的沉积物。采样量应满足标准分析方法的要求,且样品瓶不能用采集的水样荡洗。
五日生化需氧量	样品采集按照 HJ 91.2—2022 及 HJ 505—2009 的相关规定执行。 采集的样品应充满并密封于棕色玻璃瓶中,样品量不小于 1 000 mL,在 0~4℃的暗处运输和保存,并于 24 h 内尽快分析。24 h 内不能分析的,可冷冻保存(冷冻保存时避免样品瓶破裂),冷冻样品分析前需解冻、均质化和接种处理。 采集样品时,水样应充满样品瓶,液面之上不留空间,使用标准分析方法规定的专用保存容器。

5.1.7.4　特殊样品的采集

(1) 挥发性有机物(VOC)样品的采集

① 土壤 VOC 样品的采集

测定 VOC 的土壤样品应该在拟采样的土柱、土堆或基坑表面新切面上采集。

含量在 1 mg/kg 以下土壤样品的采样：40 mL 样品瓶中加一个磁力搅拌棒，加 5 mL 一级实验用水，密闭并称重。现场采集适量的样品，含量小于 0.2 mg/kg 的采集 5 g，含量大于等于 0.2 mg/kg 的采集 1～5 g，立即密封样品瓶。

含量在 1 mg/kg 以上土壤样品的采样：40 mL 样品瓶中加一个磁力搅拌棒，加 10 mL 色谱纯甲醇，密闭并称重。现场采集约 5 g，立即密封样品瓶。

样品采集过程中，采样瓶应倾斜一定的角度，防止装入土壤样品时导致瓶中液体溅出，一旦有液体溅出，该样品作废，必须换采样瓶重新采集。

样品的量太多，会导致土壤不能被液体有效浸没，影响提取效果；样品的量太少，会导致样品的代表性不够且不利于检测。

由于一个样品只能用于测定一次 VOC，为防止样品运输过程的样品瓶的损坏、VOC 测定的失败，或在检测结果有疑问时进行复测，每个样品至少采集 2 瓶，当需要做平行样或加标样时，应以 2 瓶的倍数增加采样数量。

当需要检测多类指标时，应优先采集 VOC 样品。采集的样品必须在 4℃以下避光密闭保存。

② 地下水 VOC 样品的采集

40 mL 样品瓶中预先加 0.5 mL 盐酸，现场采集样品至溢流，旋紧盖子，将样品瓶倒置，观察样品瓶中没有气泡，则样品完成采集。如果有气泡，说明采样失败，应重新换采样瓶采样。如果样品遇盐酸产生大量气泡，应不加盐酸，直接采样。如果样品中含有余氯，则须加抗坏血酸保护。

与土壤样品一样，每个样品至少采集 2 瓶，当需要作平行样或加标样时，应以 2 瓶的倍数增加采样数量。

当需要检测多类指标时，应优先采集 VOC 样品。采集的样品必须在 4℃以下避光密闭保存，14 d 内完成分析，不加盐酸的样品应在 24 h 内完成分析。

(2) 地表水中石油类样品的采集

参照 HJ 91.2—2022 的相关规定用采样瓶采集约 500 mL 或 1 000 mL 水样后，加入盐酸溶液(1+1)酸化至 pH≤2。采集石油类样品，采样前应先破坏可能存在的油膜，使用专用的石油类采样器，在水面下至 300 mm 水深采集柱状水样。保证水样采集在水面下进行，将放在专用支架上的采样瓶放到 300 mm 深度，边采样边向上提升，到达水面时瓶中剩余适当空间。不得采入水面可能存在的油膜或水底的沉积物。采样量应满足标准分析方法的要求，且样品瓶不能用采集的水样荡洗。

(3) 非水相液体地下水样品的采集

当地下水中存在非水相液体时，按照正常的地下水采样方法，很难保证有多少量的有机相被采集到了样品瓶中。由于半挥发或不挥发性有机物在有机相中往往比水相有更高的溶解度，这些有机物也会集中在有机相中，因此，有机相进入样品瓶的多少，直接关系到对各种有机物污染程度的判断。目前没有什么较好的采样方法，能确保可以合理地分配进入采样瓶中的有机相和水相的比例。建议采取将有机相和水相分别采样、分别检测的方法，并结合测量得到的有机相厚度和含水层厚度等信息，评价地下水污染的状况。该法能较好地解决这种特殊情况下的采样问题，值得推荐，但需要出台针对有机相的检测方法和评估方法，才能完美地解决问题。

5.1.7.5　样品的保存和流转

(1) 样品保存与运输

第一，地下水样品在完成采样后和运输过程中应避免日光照射，并置于 4℃冷藏箱中保存，气温异常偏高或偏低时还应采取适当保温措施。对于易分解或易挥发等不稳定组分的土壤样品要采取低温保存的运输方法，并尽快送到实验室分析测试。测试项目需要新鲜样品的土样，采集后用可密封的聚乙烯或玻璃容器在4℃以下避光保存，样品要充满容器。避免用含有待测组分或对测试有干扰的材料制成的容器盛装保存样品，测定有机污染物用的土壤样品要选用玻璃容器保存。

第二，水样装箱前应将水样容器内外盖盖紧，土壤样品也要密封好，防止液体渗出或VOC类气体挥发污染其他样品。

第三，同一采样点的样品瓶尽量装在同一箱内，与采样记录或样品交接单逐件核对，检查所采水样是否已全部装箱。

第四，装箱时应用泡沫塑料或波纹纸板垫底和间隔防震。

第五，运输时应有押运人员，防止样品损坏或受污染。

(2) 样品的交接

样品送达检测实验室后，由检测实验室样品管理员和送样人员共同对样品进行符合性检查，确定样品符合样品交接条件后，填写样品交接单，并由送样、接样双方签字确认。具体的交接要求参见6.3.1和6.3.2。

5.2 污染场地风险评估

5.2.1 污染场地健康风险评估的概念

场地污染物进入土壤后，经水、气、生物等介质传输，通过饮食、饮水、呼吸、皮肤吸收等途径进入人体。人体长期暴露于含有机污染物和金属元素的环境，会造成神经系统、肝脏、肾脏等不同程度的损害，带来健康风险。污染场地健康风险评估是在土壤与地下水污染状况调查的基础上，分析地块土壤和地下水中污染物对人体的主要暴露途径，评估污染物对人体健康的致癌风险或危害水平。

5.2.2 污染场地风险评估的基本程序

5.2.2.1 美国污染场地风险评估的基本程序

美国科学院(NAS)1983年提出了风险评价的四个步骤，即危害识别、暴露评估、剂量效应评价、风险表征。针对特定污染场地的健康风险评价，美国国家环境保护局在1989年颁布的《超级基金场地风险评价导则——健康评价指南》中对美国科学院经典的四个步骤进行了细化，提出了类似的四个步骤：数据收集与分析、暴露评估、毒性评估、风险表征。

5.2.2.2 我国污染场地风险评估的基本程序

在美国科学院“四步法”的基础上，结合我国国情和污染场地的特点，我国污染场地环境风险评价主要包括危害识别、暴露评估、毒性评估、风险表征以及土壤和地下水风险控制值的计算。我国污染场地风险评估程序与内容如图5-2-1所示。

5.2.3 危害识别

收集场地环境调查阶段获得的相关资料和数据，掌握场地土壤和地下水中关注污染物的浓度分布，明确规划土地利用方式，分析可能的敏感受体，如儿童、成人和地下水体等，具体包括以下三点。

5.2.3.1 资料收集和分析

资料收集和分析包括如下具体内容：一是详细、完整的场地背景资料，如场地的使用沿革、与污染相关的人为活动、场地及周边的平面布局图、地表及地下设备设施和构筑物的分布等信息。二是场地环境

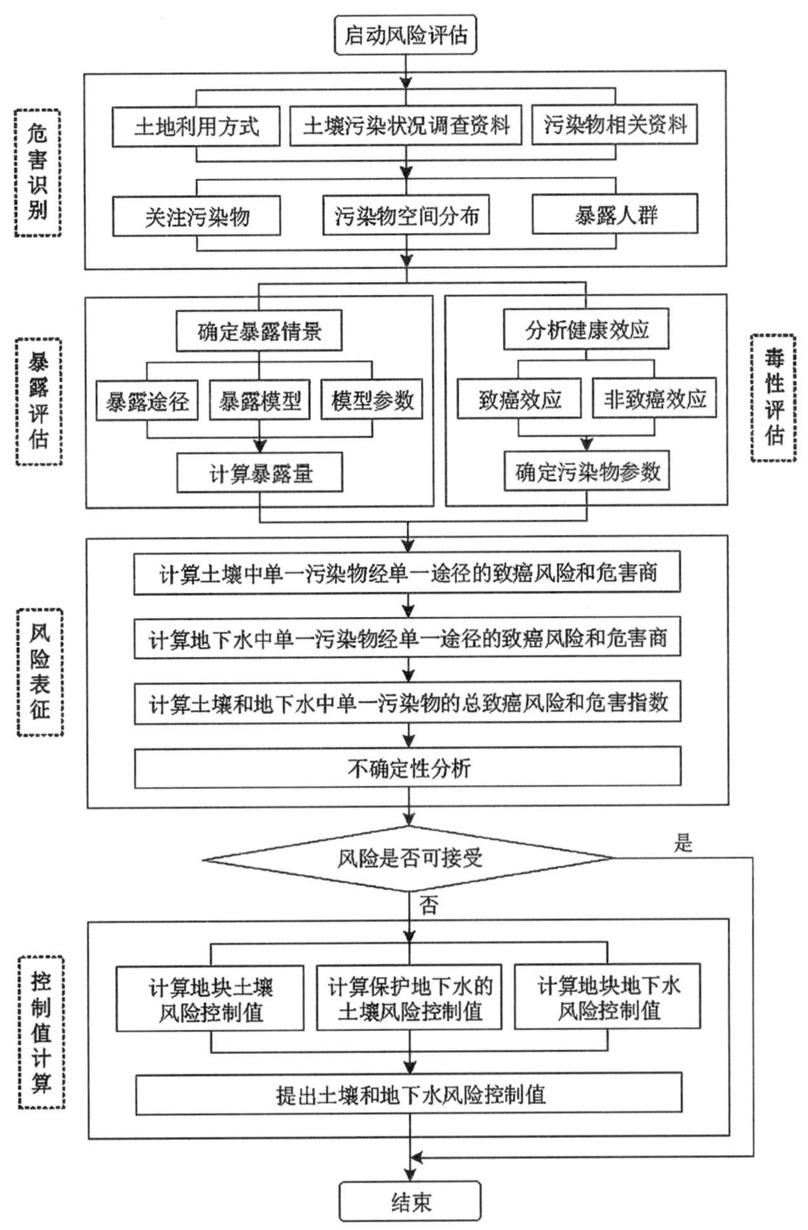

图5-2-1 污染场地风险评估程序与内容

的监测数据，尤其是不同深度土壤污染物浓度等。三是具有代表性的场地土壤样品的理化性质分析数据，如土壤pH、容重、有机碳含量、含水量、质地等。四是场地（所在地）气候、水文、地质特征信息和数据，如地表年平均风速等。五是场地及周边地区土地利用方式、人群及建筑物等相关信息。

5.2.3.2 确定土地利用方式

根据规划部门或评估委托方提供的信息，确定场地利用方式，并确定该用地方式下相应的敏感人群，如居住人群、从业人员等。场地及周边地区地下水作为饮用水或农业灌溉水时，应考虑土壤污染对地下水的影响，将地下水视为敏感受体之一。

5.2.3.3 确定关注污染物

由于各污染场地之间的各项指标存在显著差异，根据污染物的毒性、停留时间、数量、迁移特性等选取几种需要重点关注的有害污染物。依据具体的环境调查和检测结果，选择性地再对这几种污染物进行风险评估。

5.2.4 暴露评估

在危害识别的工作基础上，分析场地土壤和地下水中关注污染物进入并危害敏感受体的情景，确定场地土壤和地下水污染物对敏感人群的暴露途径，建立“污染源—暴露途径—敏感受体”场地概念模型，确定与场地污染状况、土壤性质、地下水特征、敏感人群和关注污染物性质等相关的模型参数值，计算敏感人群摄入来自土壤和地下水的污染物所对应的暴露量。

5.2.4.1 暴露情景分析

暴露情景是指特定土地利用方式下，地块污染物经由不同途径迁移和到达受体人群的情况。根据不同土地利用方式下人群的活动模式，我国标准规定了两类典型用地方式下的暴露情景，即以住宅用地为代表的第一类用地（简称“第一类用地”）和以工商业用地为代表的第二类用地（简称“第二类用地”）的暴露情景。

第一类用地包括 GB 50137 规定的城市建设用地中的居住用地（R）、公共管理与公共服务用地中的中小学用地（A33）、医疗卫生用地（A5）和社会福利设施用地（A6）以及公园绿地（G1）中的社区公园或儿童公园用地等。第一类用地方式下，儿童和成人均可能会长时间暴露于地块污染而造成健康危害。对于致癌效应，考虑人群的终生暴露危害，一般根据儿童期和成人期的暴露来评估污染物的终生致癌风险；对于非致癌效应，儿童体重较轻、暴露量较高，一般根据儿童期暴露来评估污染物的非致癌危害效应。

第二类用地包括 GB 50137 规定的城市建设用地中的工业用地（M）、物流仓储用地（W）、商业服务业设施用地（B）、道路与交通设施用地（S）、公用设施用地（U）、公共管理与公共服务用地（A）（A33、A5、A6 除外）以及绿地与广场用地（G）（G1 中的社区公园或儿童公园用地除外）等。第二类用地方式下，成人的暴露期长、暴露频率高，一般根据成人期的暴露来评估污染物的致癌风险和非致癌效应。

5.2.4.2 暴露途径确定

对于第一类用地和第二类用地，我国标准规定了九种主要暴露途径和暴露评估模型，包括经口摄入土壤、皮肤接触土壤、吸入土壤颗粒物、吸入室外空气中来自表层土壤的气态污染物、吸入室外空气中来自下层土壤的气态污染物、吸入室内空气中来自下层土壤的气态污染物共六种土壤污染物暴露途径和吸入室外空气中来自地下水的气态污染物、吸入室内空气中来自地下水的气态污染物、饮用地下水共三种地下水污染物暴露途径。

特定用地方式下的主要暴露途径应根据实际情况分析确定，暴露评估模型参数应尽可能根据现场调查获得。地块及周边地区地下水受到污染时，应在风险评估时考虑地下水相关暴露途径。依照 GB 36600 要求进行土壤中污染物筛选值的计算时，应考虑全部六种土壤污染物暴露途径，如图 5－2－2 所示。

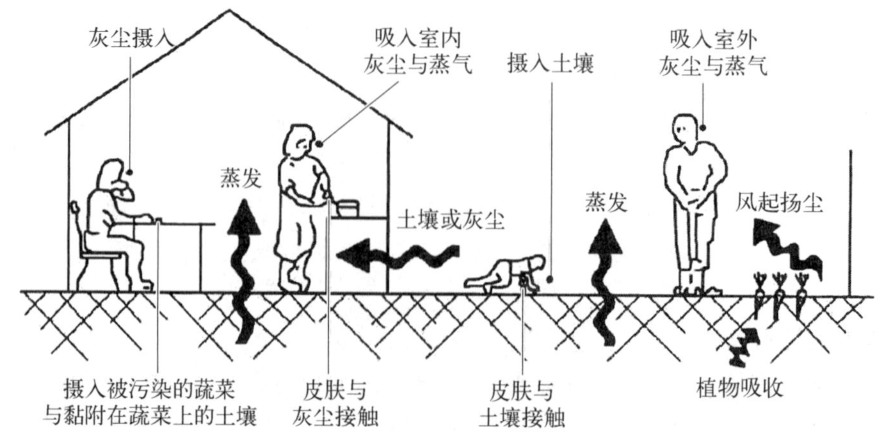

图 5－2－2 土壤污染物暴露途径

5.2.4.3　污染场地概念模型

污染场地概念模型(conceptualsite model,CSM)是帮助评估者梳理、编辑和整合场地信息的有力工具,它不仅是场地风险评估的必要组成部分,也能为最终的场地环境决策提供参考信息。CSM 是对场地物理和环境背景、关注污染物已经发生或可能发生的暴露和污染物可能发生的迁移归趋行为的三维描述(图 5－2－3),识别"污染源—暴露途径—受体"三者之间的关联性。CSM 通过地形图、场地水文地质剖面图和场地现状情景图等信息总结场地现状,并阐释污染物释放和迁移接触潜在受体(人群或环境)的暴露机制。污染场地概念模型图是对场地污染分布、释放机理、暴露和迁移途径以及潜在受体等信息的可视化整合(图 5－2－4)。准确构建 CSM 是合理应用场地污染物基准值的重要前提和依据。

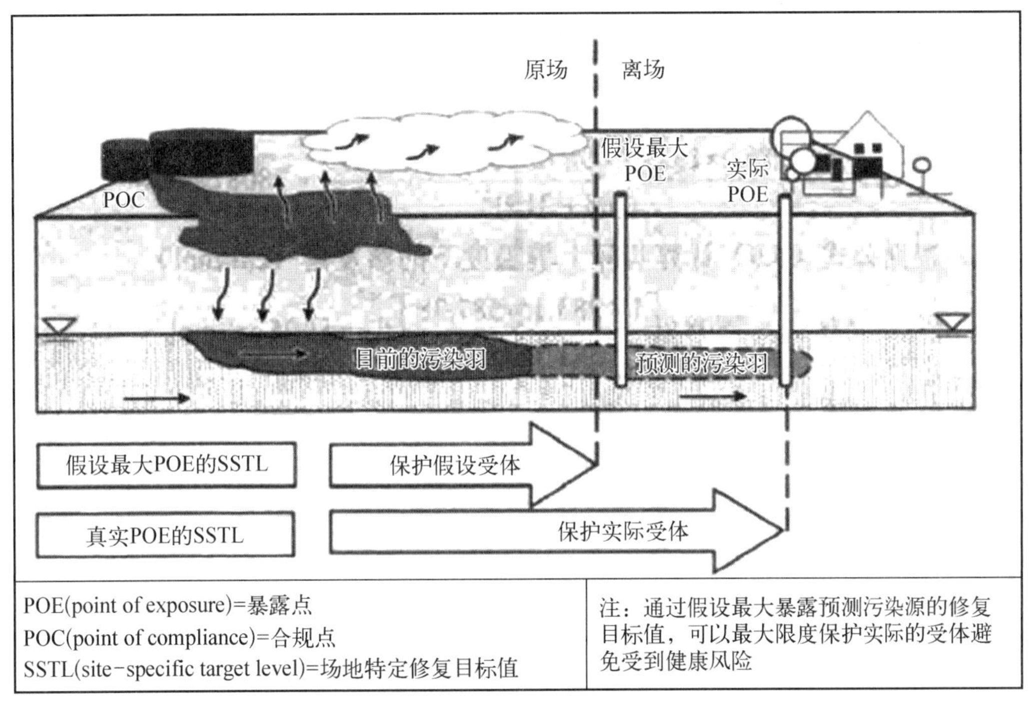

图 5－2－3　污染物释放—迁移—暴露概念模型

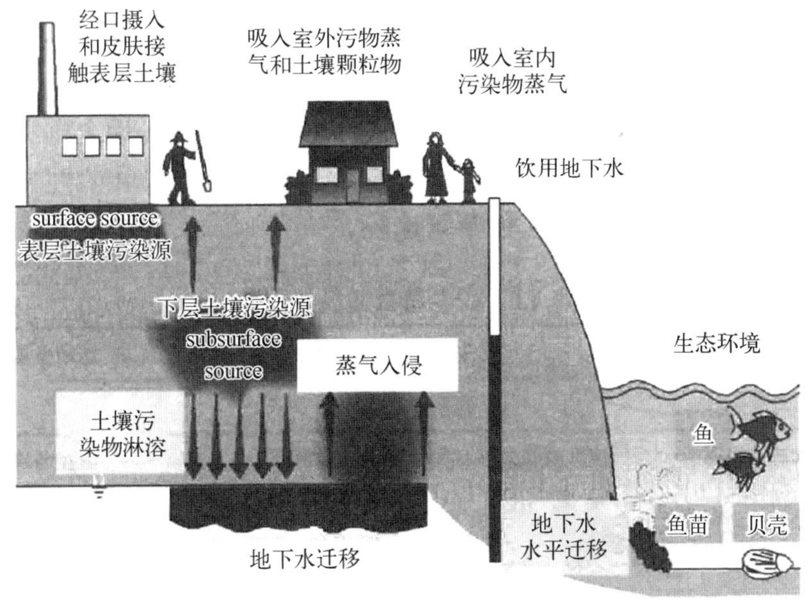

图 5－2－4　通用污染场地概念模型图

CSM应包括对场地现状的理解和对场地未来开发后条件变化的预测，为预测、调查和判断污染物的暴露途径提供方法，应尽可能包含污染源、污染物暴露途径和受体等信息，并伴随风险评估的深入而不断更新和修订。

CSM构建涉及一系列类型的参数，主要包括用地类型、场地特征（土壤、地下水、气象特征、建筑物）、暴露场景（暴露途径和受体）、土壤/地下水污染源特征四个方面的参数。

（1）场地用地类型

场地用地类型主要可以分为居住用地和工商业用地两大类，不同国家会有略微差别，如美国还将娱乐场所作为一种用地类型，而英国则另外考虑了带花园的居住用地和蔬菜用地，我国主要将用地类型分为以居住用地为代表的第一类用地和以工商业用地为主的第二类用地。

① 居住用地（第一类用地）

居住用地暴露受体：我国规定敏感用地的暴露受体包括儿童（<6岁）和成人（6～72岁）。

暴露途径：主要有直接摄取土壤、皮肤接触土壤、呼吸吸入土壤颗粒物和蒸气、直接饮用地下水、呼吸吸入地下水蒸气。英、美、中各国风险评估导则在居住用地情景下考虑的暴露途径设置上存在差异，如表5-2-1所示。

表5-2-1 居住用地类型下不同国家的暴露途径比较

暴露途径	美国(RBCA)	英国(CLEA)	中国(C-RAG)	中国科学院(HERA)
经口摄入	√	√	√	√
植物吸收	√	√	×	√
皮肤接触	√(无室内)	√(室内、室外)	√(无室内)	√(无室内)
室内颗粒物吸入	×	√	√	√
室外颗粒物吸入	√	√	√	√
室内挥发物吸入	√	√(仅土壤)	√	√
室外挥发物吸入	√	√(仅土壤)	√	√
土壤淋溶	√	×	√	√
地下水场外迁移	√	×	×	√

② 工商业用地（第二类用地）

工商业用地暴露受体：在工商业用地情景下，通常将场地上全职工作的成年人作为暴露受体。由于大部分工作区域禁止儿童入内，并且在商场或儿童娱乐场所中的儿童停留时间较短，故其暴露周期和暴露频率远小于场地中的工作人员，因此，多数情况下，员工被视为该暴露场景的敏感受体。

暴露途径：主要有直接摄入土壤、皮肤接触土壤、呼吸吸入土壤颗粒物和蒸气、呼吸吸入地下水蒸气。英、美、中各国风险评估导则在商业用地情景下考虑的暴露途径如表5-2-2所示。

表5-2-2 商业用地类型下不同国家的暴露途径比较

暴露途径	美国(RBCA)	英国(CLEA)	中国(C-RAG)	中国科学院(HERA)
经口摄入	√	√	√	√
皮肤接触	√(无室内)	√(室内、室外)	√(无室内)	√(无室内)

续　表

暴　露　途　径	美国(RBCA)	英国(CLEA)	中国(C－RAG)	中国科学院(HERA)
室内颗粒物吸入	×	√	√	√
室外颗粒物吸入	√	√	√	√
室内挥发物吸入	√	√(仅土壤)	√	√
室外挥发物吸入	√	√(仅土壤)	√	√
土壤淋溶	√	×	√	√
地下水场外迁移	√	×	×	√

(2) 场地特征

场地特征信息主要包括与土壤、地下水特征相关的水文地质参数、气象参数和建筑物参数。

① 土壤性质参数

表 5－2－3 总结了模拟污染物迁移归趋过程所需的土壤参数。表 5－2－4 列出了不同质地土壤特征参数的推荐值。

表 5－2－3　模拟污染物迁移归趋过程所需的土壤参数

参　数	国际标准单位	描　　述
土壤干密度	g/cm^3	土壤表观密度,即干土壤颗粒的质量与其总体积的比值,用于计算污染物在土壤固相、气相和液相中的分配
土壤有机碳含量	g/g	有机碳含量以质量分数表示。用于估算污染物在土壤固相、气相和液相中的分配。很多情况下,污染物吸附在土壤上的量很大程度上取决于土壤有机质的类型和含量
有机质含量	%(干重)	包括土壤腐殖质中有机物质的总量,其主要来源是植物残体,用于估算有机碳含量
pH	—	土壤或土壤溶液酸碱度的表示方法。pH 条件影响土壤阳离子交换量、土壤固相和土壤液相之间的化学分配程度以及污染物溶液的化学性质(电离电势、活性及水溶性)
孔隙度	cm^3/cm^3	土壤总孔隙度是土壤孔隙容积占土体容积的百分比。土壤孔隙被水和气充满,土壤孔隙度对于化学物质通过扩散或对流在土壤中的迁移过程格外重要
土壤残余含水量	cm^3/cm^3	在 15 000 cm 水头压力下计算的土壤含水量,用于估算有效土壤空气渗透率,有助于描述在增加吸引力下的土壤水分释放曲线
饱和导水率	cm/s	土壤水饱和时,单位水势梯度下、单位时间内通过单位面积的水量,它是土壤质地、容重、孔隙分布特征的函数,表示饱和土壤允许水分运动的孔隙空间,有助于用于描述化学物质通过扩散或对流在土壤中迁移的潜力
温度	K	土壤及其周围环境的温度,用于评估包括水溶性和挥发性在内的化学物质的性质
土壤水分特征	cm^{-1}	经验值,用于估算有效土壤空气渗透率,有助于描述在增加吸引力下的土壤水分释放曲线

表 5-2-4 不同质地土壤特征参数推荐值

土壤质地	土壤干容重(g/cm^3)	孔隙度(cm^3/cm^3)			性质		土壤水分特征	
		空气	水	总	残余含水量(cm^3/cm^3)	饱和导水率(cm/s)	d(cm)	m(无量纲)
黏土	1.07	0.12	0.47	0.59	0.24	9.93×10^{-4}	0.038 5	0.297 2
粉黏土	0.94	0.12	0.51	0.63	0.26	1.17×10^{-3}	0.054 1	0.315 5
粉砂质黏壤土	1.07	0.12	0.46	0.58	0.21	1.17×10^{-3}	0.029 1	0.307 2
黏壤土	1.14	0.14	0.42	0.56	0.19	1.51×10^{-3}	0.043 7	0.303 9
砂质黏壤土	1.2	0.16	0.37	0.53	0.15	2.37×10^{-3}	0.056	0.309 8
粉壤土	1.09	0.14	0.44	0.58	0.18	1.58×10^{-3}	0.037 5	0.307 8
壤土	1.19	0.14	0.38	0.52	0.15	2.20×10^{-3}	0.041	0.317 4
砂质壤土	1.21	0.2	0.33	0.53	0.12	3.56×10^{-3}	0.068 9	0.320 1
砂土	1.18	0.3	0.24	0.54	0.07	7.36×10^{-3}	0.122 1	0.350 9

土壤性质参数还有土壤持水性、土壤有机碳含量(f_{oc})、土壤渗透率(I)、体积平均土壤含水率(P_{ws})等,在风险评估时,应优先采用场地调查手段获取的实际值。

② 地下水性质参数

地下水性质参数主要用于估算场地特征稀释因子,包括水力传导系数(K)、水力梯度(i)和含水层厚度(d_a)。在可行条件下,可以通过抽水试验、监测水位、确定监测井深度等手段来获得上述参数的特征值。当无法借助场地调查手段获取实际特征值时,可以借鉴区域地质和水文地质资料或相似场地条件获取上述信息。上述来源的地下水性质参数值也可以用来验证场地实际测量值的准确性。

③ 气象参数

场地特征参数-空气扩散因子(Q/C)对计算土壤有机污染物挥发因子(VF)或颗粒物逸散因子(PEF)具有重要影响。如果场地中扬尘为潜在污染源,准确计算 PEF 则显得至关重要。地面之上 7 m 处的临界风速(u_t)根据污染源区地表粗糙度和土壤团粒大小计算得到(Cowherd,1985)。土壤团粒大小可参考场地上测量的聚合土壤颗粒直径。用于计算 PEF 的其他场地特征参数包括植被覆盖率(VC)和年均风速(u)。植被覆盖率通过场地上已知绿植面积或估计绿植面积计算,年均风速则根据场地所在区域的气象资料获取。

④ 建筑物参数

建筑物参数对室内蒸气入侵途径具有显著影响,因此,获取科学合理的建筑物参数对评估吸入室内土壤颗粒物、吸入土壤或地下水室内蒸气暴露途径的风险至关重要。

表 5-2-5 总结了利用 Johnson 和 Ettinger(1991)模型估算室内蒸气入侵所需的建筑物默认参数。表 5-2-6 总结了英国、美国和中国在居住和商业用地下建筑物基本参数的推荐值。

表 5-2-5　估算室内蒸气入侵所需的建筑默认参数

参　数	单位	描　　述
占地面积	m^2	建筑物接触受污染的土壤面积。该参数经常简化为已知长和宽的方形面积,用于确定接触到土壤的底板裂缝面积和居住空间
居住空间	m^3	由于污染物蒸气入侵,室内空气可能受到污染。居住空间由建筑物占地面积、适宜居住的建筑物层数(可能包含可居住的地下室)以及每层的高度确定。大多数筛选模型假设室内空气是均匀混合的
空气交换速率	h^{-1}	室内空气与室外空气通过窗户、门以及墙壁的裂缝相互混合的速率。用来估算清洁的室外空气进入室内并与室内由于蒸气入侵受到污染的空气进行混合或替代的稀释效应
压力差	Pa	由室内热空气与室外冷空气造成的压力差值,它会引起土壤气平流进入建筑物内。热空气上升,冷空气下降替代热空气,烟囱效应和动力效应控制压差
地基厚度	m	基础地基厚度决定了污染物从土壤扩散至室内空气的路径长度
地板裂缝面积	cm^2	地板裂缝面积控制污染物通过对流迁移进入室内,如地板与墙壁之间的缝隙

表 5-2-6　不同国家居住和商业用地下建筑物基本参数的推荐值

参　数	英　国	美　国	中　国	备　注
居　住　用　地				
地基面积(m^2)	28	70	70	简单的正方形覆盖面积
地基周长(m)	—	34	34	
空气交换速率(h^{-1})	0.5	0.5	0.5	
土壤和室内空气压力差(Pa)	3.1	3.1	0	
地基厚度(m)	0.15	0.15	0.15	地面混凝土设计
地板裂缝面积(m^2)	0.04	0.7	0.7	
商　业　用　地				
地基面积(m^2)	424	70	70	简单的正方形覆盖面积
地基周长(m)	—	34	34	
空气交换速率(h^{-1})	1.0	0.83	0.83	
土壤和室内空气压力差(Pa)	4.4	4.4	0	
地基厚度(m)	0.15	0.15	0.15	地面混凝土设计
地板裂缝面积(m^2)	424	70	70	

(3) 受体特征参数

表 5-2-7 总结了受体的基本物理特征参数。《建设用地土壤污染风险评估技术导则》(HJ 25.3—2019)附录 G 给出了相关参数的推荐值。

表 5-2-7 受体的基本物理特征参数

参 数	单 位	描 述
体重	kg	体重可以预估人体其他重要特征，如总皮肤面积和消耗率。它在评估化学暴露途径对人体健康的影响中很重要
身高	m	身高和体重结合起来预估人体总皮肤面积。身高在估算经呼吸吸入颗粒物和蒸气暴露途径的暴露量中比较重要
皮肤暴露面积	cm^2	皮肤暴露面积是总皮肤面积暴露在可能接触到污染土壤或室内灰尘中的一部分。在确定可能的土壤接触率时，考虑了标准的衣物覆盖以及不同的活动方式
吸入率	m^3/h	吸入空气的体积取决于包括年龄、性别、身体状况以及在进行的活动方式在内的多种因素(由于强体力活动会增加对空气的需求)。吸入率在估算经呼吸吸入颗粒物和蒸气暴露途径的暴露量中比较重要
自产农作物比例	无量纲	家庭所消耗的水果和蔬菜(假设产自自家种植的可能受到污染的菜园或农地)比例。所消耗的水果和蔬菜并不完全来自自家种植

(4) 污染物性质参数

表 5-2-8 总结了模拟过程所需的污染物性质参数，但对于有机污染物和无机污染物并非同时需要所有参数。《建设用地土壤污染风险评估技术导则》(HJ 25.3—2019)附录 B 给出了相关参数的推荐值。

表 5-2-8 模拟过程所需的污染物性质参数

参 数	单位	描 述
亨利常数(H)	$atm \cdot m^3/mol$	一定温度压力下，土壤中化学物质在非饱和土壤气体和液体中的浓度分配比例，由亨利常数计算得来。亨利常数是该物质在水里的溶解度与该气体平衡压强的比例
皮肤吸收系数(ABS_d)	—	土壤污染物通过皮肤接触，被受体吸收的比例
空气/水扩散系数(D_{air}/D_{water})	m^2/s	描述污染物分子在液相或气相中的迁移扩散能力，它主要是由分子间碰撞引起的。扩散系数是菲克扩散定律的比例常数。扩散速率与污染物本身的性质与迁移介质有关。扩散系数用来说明污染物仅依靠分子扩散作用跨环境介质迁移的快慢能力
分子量(M)	g/mol	污染物相对分子质量，用于计算土壤污染物的饱和蒸汽浓度
辛醇-水分配系数(K_{ow})	—	以实验方法得出的化学物质在辛醇和水中的浓度分配比值，用于表征污染物的亲油性，并预测污染物在水介质和有机介质之间的分配行为
有机碳-水分配系数(K_{oc})	cm^3/g	以实验方法或估算法得到的有机污染物在水中和吸附到土壤有机碳上含量的比值，用来预测土壤中有机污染物在孔隙水和有机质之间的相对分配行为
土壤-颗粒物迁移因子(TF)	—	估算污染物从土壤向颗粒物粉尘迁移趋势的经验值
根系-植物分配因子(f_{int})	—	污染物从植物根部向其他部位迁移的比例，用于估算污染物在植物可食用部位的含量
土壤-植物可利用校正因子(δ)	—	无机物质在土壤溶液和植物中含量关系的比例常数，在 CLEA 导则中用来估算无机物质在植物根部的含量

续　表

参　数	单位	描　　　述
土壤-植物富集因子(CF)	(mg/kg - plant)/(mg/kg - soil)	污染物在植物可食部位的浓度与在土壤中浓度的比值，由经验方法或模型估算得到
土壤-水分配系数(K_d)	cm^3/g	土壤污染物从水中吸附到土壤矿物或土壤有机质上的趋势，用于预估化学物质在气-液-固三相的分配行为
蒸气压(P)	Pa	污染物气相与其固相或液相达到平衡时的压力，蒸气压会随着温度升高而快速增大，用于估算有机物质在气-液-固三相的分配行为和土壤污染物的饱和蒸汽浓度
溶解度(S)	mg/L	在一定温度下，化学物质在水中最大的浓度，用于计算土壤中污染物的饱和浓度值

5.2.4.4　暴露量计算

《建设用地土壤污染风险评估技术导则》(HJ 25.3—2019)规定对第一类用地和第二类用地，分别计算各暴露途径下的暴露量，计算公式如表 5 - 2 - 9 和表 5 - 2 - 10 所示。

5.2.5　毒性评估

毒性评估强调环境污染物可能对人体健康产生的危害程度。毒理学家将污染物区分为致癌污染物和非致癌污染物，并分别建立了毒性数据库，评估者借助数据库提供的致癌或非致癌毒性参数对污染物暴露情景进行定量分析。

5.2.5.1　致癌效应

致癌效应与非致癌效应不同，并不存在污染物引发人群受体致癌的临界浓度。美国国家环境保护局(EPA)认为少数的分子事件就能引发有机体细胞的不可控增生，最终导致临床疾病，因此，致癌效应是一种“非临界效应”，即任何暴露都将会导致致癌风险。对致癌效应来说，EPA 首先对污染物毒性权重证据分类，然后进行污染物致癌斜率因子的计算。

毒性分类体现了污染物对人体健康产生致癌效应的可能性，分类以临床实验研究和动物实验研究得到的数据为依据，根据证据的充分性、有限性、不充分性或无明显证据来划分污染物的毒性。目前，EPA 对污染物致癌毒性分类标准与国际癌症研究署(IARC)的分类标准保持一致(IARC，1982)，我国的《建设用地土壤污染风险评估技术导则》也主要参考这一标准。分类标准如表 5 - 2 - 11 所示。

5.2.5.2　非致癌效应

在评估非致癌效应时，最常用的毒性指标为非致癌参考剂量(RfD)。根据暴露途径不同，可以将 RfD 进行细分，如经口摄入参考剂量(RfD_o)、皮肤接触参考剂量(RfD_d)和呼吸吸入参考剂量(RfD_i)等。

(1) 经口摄入参考剂量(RfD_o)

RfD_o 是最基本的非致癌参考剂量参数，多数污染物其他摄入途径的毒性参考剂量数据都来自 RfD_o 的推演，只有少数情况下从其他暴露途径获取，如呼吸吸入途径。RfD_o 的推荐值依然主要来自动物实验结果，只有少数数据来自人体临床数据。美国国家环境保护局规定，RfD_o 的确定主要根据发生无可见损害作用剂量(no observed adverse effect level，NOAEL)的上限值确定；少数情况下可以根据政策指导意见，适当采用最低可见损害作用剂量(lowest observed adverse effect level，*LOAEL*)，但使用 *LOAEL* 时，需要除以不确定系数(uncertainty factor，UF)，*UF* 取值一般为 10～1 000。

表 5-2-9 第一类用地方式下各暴露途径的暴露量计算公式

污染源	暴露途径	致癌暴露量	非致癌暴露量
土壤	经口摄入土壤	$OISER_{ca}=\frac{\left(\frac{OSIR_c\times ED_c\times EF_c}{BW_c}+\frac{OSIR_a\times ED_a\times EF_a}{BW_a}\right)\times ABS_o}{AT_{ca}}\times 10^{-6}$	$OISER_{nc}=\frac{OSIR_c\times ED_c\times EF_c\times ABS_o}{BW_c\times AT_{nc}}\times 10^{-6}$
	皮肤接触土壤	$DCSER_{ca}=\frac{SAE_c\times SSAR_c\times EF_c\times ED_c\times E_v\times ABS_d}{BW_c\times AT_{ca}}\times 10^{-6}+\frac{SAE_a\times SSAR_a\times EF_a\times ED_a\times E_v\times ABS_d}{BW_a\times AT_{ca}}\times 10^{-6}$	$DCSER_{nc}=\frac{SAE_c\times SSAR_c\times EF_c\times ED_c\times E_v\times ABS_d}{BW_c\times AT_{nc}}\times 10^{-6}$
	吸入土壤颗粒物	$PISER_{ca}=\frac{PM_{10}\times DAIR_c\times ED_c\times PIAF\times(fspo\times EFO_c+fspi\times EFI_c)}{BW_a\times AT_{ca}}\times 10^{-6}+\frac{PM_{10}\times DAIR_a\times ED_a\times PIAF\times(fspo\times EFO_a+fspi\times EFI_a)}{BW_a\times AT_{ca}}\times 10^{-6}$	$PISER_{nc}=\frac{PM_{10}\times DAIR_c\times ED_c\times PIAF\times(fspo\times EFO_c+fspi\times EFI_c)}{BW_c\times AT_{nc}}\times 10^{-6}$
	吸入室外空气中来自表层土壤的气态污染物	$IOVER_{ca1}=VF_{suroa}\times\left(\frac{DAIR_c\times EFO_c\times ED_c}{BW_c\times AT_{ca}}+\frac{DAIR_a\times EFO_a\times ED_a}{BW_a\times AT_{ca}}\right)$	$IOVER_{nc1}=VF_{suroa}\times\frac{DAIR_c\times EFO_c\times ED_c}{BW_c\times AT_{nc}}$
	吸入室外空气中来自下层土壤的气态污染物	$IOVER_{ca2}=VF_{suboa}\times\left(\frac{DAIR_c\times EFO_c\times ED_c}{BW_c\times AT_{ca}}+\frac{DAIR_a\times EFO_a\times ED_a}{BW_a\times AT_{ca}}\right)$	$IOVER_{nc2}=VF_{suboa}\times\frac{DAIR_c\times EFO_c\times ED_c}{BW_c\times AT_{nc}}$
	吸入室内空气中来自下层土壤的气态污染物	$IIVER_{ca1}=VF_{subia}\times\left(\frac{DAIR_c\times EFO_c\times ED_c}{BW_c\times AT_{ca}}+\frac{DAIR_a\times EFO_a\times ED_a}{BW_a\times AT_{ca}}\right)$	$IIVER_{nc1}=VF_{subia}\times\frac{DAIR_c\times EFI_c\times ED_c}{BW_c\times AT_{nc}}$

续　表

污染源	暴露途径	致癌暴露量	非致癌暴露量
地下水	经口摄入地下水	$CGWER_{ca}=\left(\frac{GWCR_c\times EF_c\times ED_c}{BW_c\times AT_{ca}}+\frac{GWCR_a\times EF_a\times ED_a}{BW_a\times AT_{ca}}\right)$	$CGWER_{nc}=\frac{GWCR_c\times EF_c\times ED_c}{BW_c\times AT_{nc}}$
	吸入室外空气中来自地下水的气态污染物	$IOVER_{ca3}=VF_{gwoa}\times\left(\frac{DAIR_c\times EFO_c\times ED_c}{BW_c\times AT_{ca}}+\frac{DAIR_a\times EFO_a\times ED_a}{BW_a\times AT_{ca}}\right)$	$IOVER_{nc3}=VF_{gwoa}\times\frac{DAIR_c\times EFO_c\times ED_c}{BW_c\times AT_{nc}}$
	吸入室内空气中来自地下水的气态污染物	$IIVER_{ca2}=VF_{gwia}\times\left(\frac{DAIR_c\times EFI_c\times ED_c}{BW_c\times AT_{ca}}+\frac{DAIR_a\times EFI_a\times ED_a}{BW_a\times AT_{ca}}\right)$	$IIVER_{nc2}=VF_{gwia}\times\frac{DAIR_c\times EFI_c\times ED_c}{BW_c\times AT_{nc}}$

注：$OISER_{ca}$—经口摄入土壤暴露量(致癌效应)，kg土壤・kg^{-1}・体重・d^{-1}；　$OISER_{nc}$—经口摄入土壤暴露量(非致癌效应)，kg土壤・kg^{-1}・体重・d^{-1}；
$DCSER_{ca}$—皮肤接触途径的土壤暴露量(致癌效应)，kg土壤・kg^{-1}・体重・d^{-1}；　$DCSER_{nc}$—皮肤接触途径的土壤暴露量(非致癌效应)，kg土壤・kg^{-1}・体重・d^{-1}；
$PISER_{ca}$—吸入土壤颗粒物的土壤暴露量(致癌效应)，kg土壤・kg^{-1}・体重・d^{-1}；　$PISER_{nc}$—吸入土壤颗粒物的土壤暴露量(非致癌效应)，kg土壤・kg^{-1}・体重・d^{-1}；
$IOVER_{ca1}$—吸入室外空气中来自地块表层土壤的气态污染物对应的土壤暴露量(致癌效应)，kg土壤・kg^{-1}・体重・d^{-1}；
$IOVER_{nc1}$—吸入室外空气中来自地块表层土壤的气态污染物对应的土壤暴露量(非致癌效应)，kg土壤・kg^{-1}・体重・d^{-1}；
$IOVER_{ca2}$—吸入室外空气中来自地块下层土壤的气态污染物对应的土壤暴露量(致癌效应)，kg土壤・kg^{-1}・体重・d^{-1}；
$IOVER_{nc2}$—吸入室外空气中来自地块下层土壤的气态污染物对应的土壤暴露量(非致癌效应)，kg土壤・kg^{-1}・体重・d^{-1}；
$IIVER_{ca1}$—吸入室内空气中来自地块下层土壤的气态污染物对应的土壤暴露量(致癌效应)，kg土壤・kg^{-1}・体重・d^{-1}；
$IIVER_{nc1}$—吸入室内空气中来自地块下层土壤的气态污染物对应的土壤暴露量(非致癌效应)，kg土壤・kg^{-1}・体重・d^{-1}；
$IOVER_{ca3}$—吸入室外空气中来自地下水的气态污染物对应的地下水暴露量(致癌效应)，L地下水・kg^{-1}・体重・d^{-1}；
$IOVER_{nc3}$—吸入室外空气中来自地下水的气态污染物对应的地下水暴露量(非致癌效应)，L地下水・kg^{-1}・体重・d^{-1}；
$IIVER_{ca2}$—吸入室内空气中来自地下水的气态污染物对应的地下水暴露量(致癌效应)，L地下水・kg^{-1}・体重・d^{-1}；
$IIVER_{nc2}$—吸入室内空气中来自地下水的气态污染物对应的地下水暴露量(非致癌效应)，L地下水・kg^{-1}・体重・d^{-1}；
$CGWER_{ca}$—饮用受影响地下水的地下水暴露量(致癌效应)，L地下水・kg^{-1}・体重・d^{-1}；　$CGWER_{nc}$—饮用受影响地下水的地下水暴露量(非致癌效应)，L地下水・kg^{-1}・体重・d^{-1}；
VF_{suroa}—表层土壤中污染物扩散进入室外空气的挥发因子，kg・m^{-3}；　VF_{suboa}—下层土壤中污染物扩散进入室外空气的挥发因子，kg・m^{-3}；
VF_{gwoa}—地下水中污染物扩散进入室外空气的挥发因子，L・m^{-3}；　VF_{gwia}—地下水中污染物扩散进入室内空气的挥发因子，L・m^{-3}；
ABS_o—经口摄入吸收效率因子，无量纲；　ABS_d—皮肤接触吸收效率因子，无量纲；
AT_{ca}—致癌效应平均时间，d；AT_{nc}—非致癌效应平均时间，d；　ED_c—儿童暴露周期，a；ED_a—成人暴露周期，a；EF_c—儿童暴露频率，d・a^{-1}；EF_a—成人暴露频率，d・a^{-1}；
BW_c—儿童体重，kg；BW_a—成人体重，kg；　SAE_c—儿童暴露皮肤表面积，cm^2；SAE_a—成人暴露皮肤表面积，cm^2；
$SSAR_c$—儿童皮肤表面土壤粘附系数，mg・cm^{-2}；$SSAR_a$—成人皮肤表面土壤粘附系数，mg・cm^{-2}；
E_v—每日皮肤接触事件频率，次・d^{-1}；　H_c—儿童平均身高，cm；H_a—成人平均身高，cm；
SER_c—儿童暴露皮肤所占面积比，无量纲；SER_a—成人暴露皮肤所占面积比，无量纲；　PM_{10}—空气中可吸入浮颗粒物含量，mg・m^{-3}；
$DAIR_c$—儿童每日空气呼吸量，m^3・d^{-1}；　$DAIR_a$—成人每日空气呼吸量，m^3・d^{-1}；
$PIAF$—吸入土壤颗粒物在体内滞留比例，无量纲；　$fspi$—室内空气中来自土壤的颗粒物所占比例，无量纲；
$fspo$—室外空气中来自土壤的颗粒物所占比例，无量纲；　EFI_a—成人的室内暴露频率，d・a^{-1}；EFI_c—儿童的室内暴露频率，d・a^{-1}；
EFO_a—成人的室外暴露频率，d・a^{-1}；EFO_c—儿童的室外暴露频率，d・a^{-1}；　$OSIR_c$—儿童每日摄入土壤量，mg・d^{-1}；
$OSIR_a$—成人每日摄入土壤量，mg・d^{-1}；　$GWCR_c$—儿童每日饮水量，L地下水・d^{-1}；
$GWCR_a$—成人每日饮水量，L地下水・d^{-1}。

表 5-2-10　第二类用地方式下各暴露途径的暴露量计算公式

污染源	暴露途径	致癌暴露量	非致癌暴露量
土壤	经口摄入土壤	$OISER_{ca}=\dfrac{OISER_a\times ED_a\times EF_a\times ABS_o}{BW_a\times AT_{ca}}\times 10^{-6}$	$OISER_{nc}=\dfrac{OISER_a\times ED_a\times EF_a\times ABS_o}{BW_c\times AT_{nc}}\times 10^{-6}$
	皮肤接触土壤	$DCSER_{ca}=\dfrac{SAE_a\times SSAR_a\times EF_a\times ED_a\times E_v\times ABS_d}{BW_a\times AT_{ca}}\times 10^{-6}$	$DCSER_{nc}=\dfrac{SAE_a\times SSAR_a\times EF_a\times ED_a\times E_v\times ABS_d}{BW_a\times AT_{nc}}\times 10^{-6}$
	吸入土壤颗粒物	$PISER_{ca}=\dfrac{PM_{10}\times DAIR_a\times ED_a\times PIAF\times(fspo\times EFO_a+fspi\times EFI_a)}{BW_a\times AT_{ca}}\times 10^{-6}$	$PISER_{nc}=\dfrac{PM_{10}\times DAIR_a\times ED_a\times PIAF\times(fspo\times EFO_a+fspi\times EFI_a)}{BW_a\times AT_{nc}}\times 10^{-6}$
	吸入室外空气中来自表层土壤的气态污染物	$IOVER_{ca1}=VF_{suroa}\times\dfrac{DAIR_a\times EFO_a\times ED_a}{BW_a\times AT_{ca}}$	$IOVER_{nc1}=VF_{suroa}\times\dfrac{DAIR_a\times EFO_a\times ED_a}{BW_a\times AT_{nc}}$
	吸入室外空气中来自下层土壤的气态污染物	$IOVER_{ca2}=VF_{suboa}\times\dfrac{DAIR_a\times EFO_a\times ED_a}{BW_a\times AT_{ca}}$	$IOVER_{nc2}=VF_{suboa}\times\dfrac{DAIR_a\times EFO_a\times ED_a}{BW_a\times AT_{nc}}$
	吸入室内空气中来自下层土壤的气态污染物	$IIVER_{ca1}=VF_{subia}\times\dfrac{DAIR_a\times EFI_a\times ED_a}{BW_a\times AT_{ca}}$	$IIVER_{nc1}=VF_{subia}\times\dfrac{DAIR_a\times EFI_a\times ED_a}{BW_a\times AT_{nc}}$
地下水	经口摄入地下水	$CGWER_{ca}=\dfrac{GWCR_a\times EF_a\times ED_a}{BW_a\times AT_{ca}}$	$CGWER_{nc}=\dfrac{GWCR_a\times EF_a\times ED_a}{BW_a\times AT_{nc}}$
	吸入室外空气中来自地下水的气态污染物	$IOVER_{ca3}=VF_{gwoa}\times\dfrac{DAIR_a\times EFO_a\times ED_a}{BW_a\times AT_{ca}}$	$IOVER_{nc3}=VF_{gwoa}\times\dfrac{DAIR_a\times EFO_a\times ED_a}{BW_a\times AT_{nc}}$
	吸入室内空气中来自地下水的气态污染物	$IIVER_{ca2}=VF_{gwia}\times\dfrac{DAIR_a\times EFI_a\times ED_a}{BW_a\times AT_{ca}}$	$IIVER_{nc2}=VF_{gwia}\times\dfrac{DAIR_a\times EFI_a\times ED_a}{BW_a\times AT_{nc}}$

注：公式中参数含义见表 5-2-9 注。

表 5-2-11　污染物致癌毒性分类

分类级别	描　　述
A	人体致癌物(human carcinogen)
B_1 或 B_2	可能使人致癌(probable human carcinogen) B_1 表示致癌证据有限 B_2 表示导致动物致癌的证据充分,但没有证据证实导致人体致癌
C	人体致癌可能性较小(possible human carcinogen)
D	无法归类为人体致癌物(not classifiable as to human carcinogenicity)
E	非人体致癌物(evidence of noncarcinogenicity for humans)

(2) 呼吸吸入参考剂量(RfD_i)

推导 RfD_i 的基本方法与 RfD_o 相同。但实际上,分析呼吸暴露途径比经口摄入暴露途径更加复杂,一是因为呼吸系统动力学在不同物种之间存在差异,二是因为污染物物理化学性质不尽相同。

呼吸暴露途径中,如果污染物被吸附或分布于整个有机体,受污染物侵害的靶组织可能是呼吸系统的一部分,也可能是呼吸器官以外的器官。利用动物实验数据外推人体毒性数据时,考虑到种间差异对有毒物质的感度不同,应除以不确定系数 UF。呼吸吸入参考剂量的表达方式有两种:一是呼吸吸入 RfC,表示空气中允许存在污染物的浓度(mg/m^3);二是呼吸吸入 RfD_i,表示日均单位体重允许呼吸吸入污染物的质量[mg/(kg·d)]。

5.2.5.3　污染物毒性参数来源

毒性参数的引用可以参考多个国际较权威的数据库,其中综合风险信息系统(integrated risk information system,IRIS)是美国国家环境保护局监管发布并实时更新的一个较权威的数据库,涵盖了多种污染物的物理化学和毒性信息。IRIS 数据库中引用的 RfD 和 SF 均为已经验证过的数据或引用自美国癌症风险评估验证协会(Carcinogen Risk Assessment Verification Endeavor,CRAVE)发布的数据,因此,风险评估时一般优先选用 IRIS 数据库公布的毒性参数,只有当 IRIS 数据库的信息缺乏时,才考虑引用其他数据来源。IRIS 数据库中的主要毒性参数包括:经口摄入和呼吸吸入的慢性参考剂量、经口摄入和呼吸吸入的慢性致癌斜率因子和单位风险、官方推荐的饮用水健康建议值、监管行动摘要(EPA regulatory action summaries)、急性健康危害和物理化学性质补充信息。

其他可参考的数据库包括健康效应评估总结表(health effects assessment summary tables,HEAST),有毒物质和疾病登记处(Agency for Toxic Substances and Disease Registry,ATSDR)毒理文件,得克萨斯风险降低计划(Texas Risk Reduction Programme,TRRP)数据库,EPA 第 3、6、9 区"区域筛选值(regional screening levels,RSL)总表"污染物毒性和理化参数发布的文件等。

我国的《建设用地土壤污染风险评估技术导则》附录 B 和附录 G 给出了污染物的致癌效应毒性参数、非致癌效应毒性参数、理化性质参数和其他相关参数的推荐值。

5.2.6　风险表征

在暴露评估和毒性评估的基础上将前面的数据收集与分析、暴露评估以及风险评估过程所得的信息进行综合分析,采用风险评估模型计算土壤和地下水中单一污染物经单一途径的致癌风险(carcinogenic risk,CR)和非致癌危害商(noncarcinogenic hazard quotient,HQ),量化可能产生某种健康效应的发生概率或者健康危害的强度,再进一步结合实际和计算过程进行不确定性分析。

风险表征是污染场地环境风险评价的关键环节，经过不确定性分析最终量化表征风险程度判断风险是否可接受。为环境管理者或者环境治理者提供风险管理的科学依据以及环境治理时的指导。

5.2.6.1 致癌风险

对致癌污染物来说，致癌风险(CR)用于估计单一受体由于受到潜在致癌物的暴露而导致其在一生中致癌概率增加的可能性。

对于污染物的致癌效应，计算方法采用了精确方程的近似方程，它考虑了同一受体暴露于两种以上致癌物形成癌症的联合概率，当总致癌风险低于 0.1 时，近似方程与精确方程之间的差异性可以忽略不计，因此累积风险采用了简单的加和公式

$$CR_T = \sum CR_i \tag{5-2-1}$$

式中，CR_T 为总致癌风险，无量纲；CR_i 为第 i 种物质产生的致癌风险，无量纲。

5.2.6.2 非致癌危害商

非致癌危害商(HQ)用于表征非致癌污染物对受体的潜在健康危害，该指标不是以单一受体可能承受不利健康影响的概率来表达，而是以特定周期(如终生)内的日均暴露量与参考剂量的比值作为衡量指标。

对于非致癌效应来说，复合污染物产生的健康危害是假设几种污染物同时发生的亚阈值暴露可能产生不利健康的影响，同时假设不利健康影响级别将随着亚阈值暴露与可接受暴露浓度比值加和的增大而成比例增大。危害指数等于不同暴露途径下产生的 HQ 之和，计算公式如下

$$HI = \sum HQ^j \tag{5-2-2}$$

式中，HI 为危害指数，无量纲；HQ^j 为污染物第 j 条暴露途径下产生的危害商。

5.2.6.3 风险值计算

《建设用地土壤污染风险评估技术导则》给出了各暴露途径下致癌风险和非致癌危害商的计算公式，如表 5-2-12 所示。

表 5-2-12 致癌风险和非致癌危害商计算公式

污染源	暴露途径	致癌风险	非致癌危害商
土壤	经口摄入土壤	$CR_{ois} = OISER_{ca} \times C_{sur} \times SF_o$	$HQ_{ois} = \dfrac{OISER_{nc} \times C_{sur}}{RfD_o \times SAF}$
	皮肤接触土壤	$CR_{dcs} = DCSER_{ca} \times C_{sur} \times SF_d$	$HQ_{dcs} = \dfrac{DCSER_{nc} \times C_{sur}}{RfD_d \times SAF}$
	吸入表层土壤颗粒物	$CR_{pis} = PISER_{ca} \times C_{sur} \times SF_i$	$HQ_{pis} = \dfrac{PISER_{nc} \times C_{sur}}{RfD_i \times SAF}$
	吸入室外空气来自表层土壤的气态污染物	$CR_{iov1} = IOVER_{ca1} \times C_{sur} \times SF_i$	$HO_{iov1} = \dfrac{IOVER_{nc1} \times C_{sur}}{RfD_i \times SAF}$
	吸入室外空气中来自下层土壤的气态污染物	$CR_{iov2} = IOVER_{ca2} \times C_{sub} \times SF_i$	$HQ_{iov2} = \dfrac{IOVER_{nc2} \times C_{sub}}{RfD_i \times SAF}$
	吸入室内空气中来自下层土壤的气态污染物	$CR_{iiv1} = IIVER_{ca1} \times C_{sub} \times SF_i$	$HQ_{iiv1} = \dfrac{IIVER_{nc1} \times C_{sub}}{RfD_i \times SAF}$
	土壤中单一污染物经所有暴露途径的总风险	$CR_n = CR_{ois} + CR_{dcs} + CR_{pis} + CR_{iov1} + CR_{iov2} + CR_{iiv1}$	$HI_n = HO_{ois} + HQ_{dcs} + HQ_{pis} + HQ_{iov1} + HQ_{iov2} + HQ_{iiv1}$

续　表

污染源	暴露途径	致癌风险	非致癌危害商
地下水	饮用地下水	$CR_{cgw}=CGWER_{ca}\times C_{gw}\times SF_o$	$HQ_{cgw}=\frac{CGWER_{nc}\times C_{gw}}{RfD_o\times WAF}$
	吸入室外空气来自地下水的气态污染物	$CR_{iov3}=IOVER_{ca3}\times C_{gw}\times SF_i$	$HQ_{iov3}=\frac{IOVER_{nc3}\times C_{gw}}{RfD_i\times WAF}$
	吸入室内空气来自地下水的气态污染物	$CR_{iiv2}=IIVER_{ca2}\times C_{gw}\times SF_i$	$HQ_{iiv2}=\frac{IIVER_{nc2}\times C_{gw}}{RfD_i\times WAF}$
	地下水中单一污染物经所有暴露	$CR_n=CR_{iov3}+CR_{iiv2}+CR_{cgw}$	$HI_n=HQ_{iov3}+HQ_{iiv2}+HQ_{cgw}$

注：CR_{ois}——经口摄入土壤途径的致癌风险，无量纲；
CR_{dcs}——皮肤接触土壤途径的致癌风险，无量纲；
CR_{pis}——吸入土壤颗粒物途径的致癌风险，无量纲；
CR_{iov1}——吸入室外空气中来自表层土壤的气态污染物途径的致癌风险，无量纲；
CR_{iov2}——吸入室外空气中来自下层土壤的气态污染物途径的致癌风险，无量纲；
CR_{iiv1}——吸入室内空气中来自下层土壤的气态污染物途径的致癌风险，无量纲；
CR_n——土壤中单一污染物(第 n 种)经所有暴露途径的总致癌风险，无量纲；
HQ_{ois}——经口摄入土壤途径的危害商，无量纲；
HQ_{dcs}——皮肤接触土壤途径的危害商，无量纲；
HQ_{pis}——吸入土壤颗粒物途径的危害商，无量纲；
HQ_{iov1}——吸入室外空气中来自表层土壤的气态污染物途径的危害商，无量纲；
HQ_{iov2}——吸入室外空气中来自下层土壤的气态污染物途径的危害商，无量纲；
HQ_{iiv1}——吸入室内空气中来自下层土壤的气态污染物途径的危害商，无量纲；
HI_n——土壤中单一污染物(第 n 种)经所有暴露途径的危害指数，无量纲；
CR_{iov3}——吸入室外空气中来自地下水的气态污染物途径的致癌风险，无量纲；
CR_{iiv2}——吸入室内空气中来自地下水的气态污染物途径的致癌风险，无量纲；
CR_{cgw}——饮用地下水途径的致癌风险，无量纲；
CR_n——地下水中单一污染物(第 n 种)经所有暴露途径的总致癌风险，无量纲；
HQ_{iov3}——吸入室外空气中来自地下水的气态污染物途径的危害商，无纲量；
HQ_{iiv2}——吸入室内空气中来自地下水的气态污染物途径的危害商，无量纲；
HQ_{cgw}——饮用地下水途径的危害商，无量纲；
HI_n——地下水中单一污染物(第 n 种)经所有暴露途径的危害指数，无量纲；
C_{sur}——表层土壤中污染物浓度，$mg\cdot kg^{-1}$；
C_{sub}——下层土壤中污染物浓度，$mg\cdot kg^{-1}$；
C_{gw}——地下水中污染物浓度，$mg\cdot L^{-1}$；
SAF——暴露于土壤的参考剂量分配系数，无量纲；
WAF——暴露于地下水的参考剂量分配系数，无量纲；
SF_i——呼吸吸入致癌斜率因子，(mg 污染物 · kg^{-1} · 体重 · d^{-1})$^{-1}$；
SF_o——经口摄入致癌斜率因子，(mg 污染物 · kg^{-1} · 体重 · d^{-1})$^{-1}$；
SF_d——皮肤接触致癌斜率因子，(mg 污染物 · kg^{-1} · 体重 · d^{-1})$^{-1}$；
RfD_i——呼吸吸入参考剂量，mg 污染物 · kg^{-1} · 体重 · d^{-1}；
RfD_o——经口摄入参考剂量，mg 污染物 · kg^{-1} · 体重 · d^{-1}；
RfD_d——皮肤接触参考剂量，mg 污染物 · kg^{-1} · 体重 · d^{-1}；
公式中其余参数含义见表 5-2-9 注。

5.2.6.4 不确定性分析

尽管可以通过观察和监测来判断人群暴露于土壤污染所产生的风险，但多数人体健康风险评估还是依赖于暴露评估模型的预测。风险评估结果取决于对污染源如何引起风险的理解、污染物在环境中的迁移和归趋以及科学和社会方面的活动行为影响，当对潜在风险的考虑不全面或模拟结果不能准确代表真实情况时，以上所有因素均能产生不确定性。对风险和暴露的量化将引起多方面的不确定性及变异性，它们对评估结果的影响都值得关注。

不确定性是由于风险评估过程中对某些特定因素缺乏认知而引起的，主要包括参数不确定性、模型不确定性和情景不确定性。

(1) 参数不确定性

参数不确定性与评估过程中所有参数都可能有关,包括采样、分析和系统误差等。如土壤中污染物的浓度或通过场地上方的风速都可能产生不确定性。

(2) 模型不确定性

模型不确定性与采用的模型能够模拟真实世界的程度有关,模型本质上是对真实情况的简化,以帮助我们理解和预测真实体系。

(3) 情景不确定性

情景不确定性与暴露评估中概念模型的限制条件有关。如使用简单的假设来评估相对复杂的现实情景及考虑众多的社会与经济条件等。

实际暴露受体人群结构的变异性同样会引起风险评估的不确定性。与上述描述的不确定性不同,变异性不能通过深入研究来减少,只能更好地描述和理解,如通过增加人群样本的采集数量,可以更加准确地掌握体重随性别和年龄的变化规律。

5.2.7 风险控制值的计算

5.2.7.1 可接受致癌风险和危害商

我国标准计算基于致癌效应的土壤和地下水风险控制值时,采用的单一污染物可接受致癌风险为 10^{-6};计算基于非致癌效应的土壤和地下水风险控制值时,采用的单一污染物可接受危害商为 1。

5.2.7.2 计算地块土壤和地下水风险控制值

《建设用地土壤污染风险评估技术导则》给出了各暴露途径下土壤和地下水风险控制值的计算公式,如表 5-2-13 所示。

表 5-2-13 污染物风险控制值的计算公式

污染源	暴露途径	致癌效应	非致癌效应
土壤	经口摄入土壤	$RCVS_{ois}=\dfrac{ACR}{OISER_{ca}\times SF_{o}}$	$HCVS_{ois}=\dfrac{RfD_{o}\times SAF\times AHQ}{OISER_{nc}}$
	皮肤接触土壤	$RCVS_{dcs}=\dfrac{ACR}{DCSER_{ca}\times SF_{d}}$	$HCVS_{dcs}=\dfrac{RfD_{d}\times SAF\times AHQ}{DCSER_{nc}}$
	吸入土壤颗粒物	$RCVS_{pis}=\dfrac{ACR}{PISER_{ca}\times SF_{i}}$	$HCVS_{pis}=\dfrac{RfD_{i}\times SAF\times AHQ}{PISER_{nc}}$
	吸入室外空气来自表层土壤的气态污染物	$PCVS_{iov1}=\dfrac{ACR}{IOVER_{ca1}\times SF_{i}}$	$HCVS_{iov1}=\dfrac{RfD_{i}\times SAF\times AHQ}{IOVER_{nc1}}$
	吸入室外空气来自下层土壤的气态污染物	$RCVS_{iov2}=\dfrac{ACR}{IOVER_{ca2}\times SF_{i}}$	$HCVS_{iov2}=\dfrac{RfD_{i}\times SAF\times AHQ}{IOVER_{nc2}}$
	吸入室内空气来自下层土壤的气态污染物	$RCVS_{iiv}=\dfrac{ACR}{IIVER_{ca1}\times SF_{i}}$	$HCVS_{iiv}=\dfrac{RfD_{i}\times SAF\times AHQ}{IIVER_{nc1}}$

续　表

污染源	暴露途径	致　癌　效　应	非　致　癌　效　应
土壤	综合土壤风险控制值	$RCVS_n = \dfrac{ACR}{OISER_{ca} \times SF_o + DCSER_{ca} \times SF_d + (PISER_{ca} + IOVER_{ca1} + IVOER_{ca2} + IIVER_{ca1}) \times SF_i}$	$HCVS_n = \dfrac{AHQ \times SAF}{\dfrac{OISER_{nc}}{RfD_o} + \dfrac{DCSER_{nc}}{RfD_d} + \dfrac{PISER_{nc2} + IOVER_{nc1} + IOVER_{nc2} + IIVER_{nc1}}{RfD_i}}$
地下水	吸入室外空气中来自地下水的气态污染物	$RCVG_{iov} = \dfrac{ACR}{IOVER_{ca3} \times SF_i}$	$HCVG_{iov} = \dfrac{RfD_i \times WAF \times AHQ}{IOVER_{nc3}}$
	吸入室内空气中来自地下水的气态污染物	$RCVG_{iiv} = \dfrac{ACR}{IIVER_{ca2} \times SF_i}$	$HCVG_{iiv} = \dfrac{RfD_i \times WAF \times AHQ}{IIVER_{nc2}}$
	饮用地下水	$RCVG_{cgw} = \dfrac{ACR}{CGWER_{ca} \times SF_o}$	$HCVG_{cgw} = \dfrac{RfD_o \times WAF \times AHQ}{CGWER_{nc}}$
	综合地下水风险控制值	$RCVG_n = \dfrac{ACR}{(IOVER_{ca3} + IIVER_{ca2}) \times SF_i + CGWER_{ca} \times SF_o}$	$HCVG_n = \dfrac{AHQ \times WAF}{\dfrac{IOVER_{nc3} + IIVER_{nc2}}{RfD_i} + \dfrac{CGWER_{nc}}{RfD_o}}$

注：$RCVS_{ois}$——基于经口摄入途径致癌效应的土壤风险控制值，$mg \cdot kg^{-1}$；
$RCVS_{dcs}$——基于皮肤接触途径致癌效应的土壤风险控制值，$mg \cdot kg^{-1}$；
$RCVS_{pis}$——基于吸入土壤颗粒物途径致癌效应的土壤风险控制值，$mg \cdot kg^{-1}$；
$RCVS_{iov1}$——基于吸入室外空气中来自表层土壤的气态污染物途径致癌效应的土壤风险控制值，$mg \cdot kg^{-1}$；
$RCVS_{iov2}$——基于吸入室外空气中来自下层土壤的气态污染物途径致癌效应的土壤风险控制值，$mg \cdot kg^{-1}$；
$RCVS_n$——单一污染物（第 n 种）基于 6 种土壤暴露途径综合致癌效应的土壤风险控制值，$mg \cdot kg^{-1}$；
$HCVS_{ois}$——基于经口摄入土壤途径非致癌效应的土壤风险控制值，$mg \cdot kg^{-1}$；
$HCVS_{dcs}$——基于皮肤接触土壤途径非致癌效应的土壤风险控制值，$mg \cdot kg^{-1}$；
$HCVS_{pis}$——基于吸入土壤颗粒物途径非致癌效应的土壤风险控制值，$mg \cdot kg^{-1}$；
$HCVS_{iov1}$——基于吸入室外空气中来自表层土壤的气态污染物途径非致癌效应的土壤风险控制值，$mg \cdot kg^{-1}$；
$HCVS_{iov2}$——基于吸入室外空气中来自下层土壤的气态污染物途径非致癌效应的土壤风险控制值，$mg \cdot kg^{-1}$；
$HCVS_{iiv}$——基于吸入室内空气中来自下层土壤的气态污染物途径非致癌效应的土壤风险控制值，$mg \cdot kg^{-1}$；
$HCVS_n$——单一污染物（第 n 种）基于 6 种土壤暴露途径综合非致癌效应的土壤风险控制值，$mg \cdot kg^{-1}$；
$RCVG_{iov}$——基于吸入室外空气中来自地下水的气态污染物途径致癌效应的地下水风险控制值，$mg \cdot L^{-1}$；
$RCVG_{iiv}$——基于吸入室内空气中来自地下水的气态污染物途径致癌效应的地下水风险控制值，$mg \cdot L^{-1}$；
$RCVG_{cgw}$——基于饮用地下水途径致癌效应的地下水风险控制值，$mg \cdot L^{-1}$；
$RCVG_n$——单一污染物（第 n 种）基于 3 种地下水暴露途径综合致癌效应的地下水风险控制值，$mg \cdot L^{-1}$；
$HCVG_{iov}$——基于吸入室外空气中来自地下水的气态污染物途径非致癌效应的地下水风险控制值，$mg \cdot L^{-1}$；
$HCVG_{iiv}$——基于吸入室内空气中来自地下水的气态污染物途径非致癌效应的地下水风险控制值，$mg \cdot L^{-1}$；
$HCVG_{cgw}$——基于饮用地下水途径非致癌效应的地下水风险控制值，$mg \cdot L^{-1}$；
$HCVG_n$——单一污染物（第 n 种）基于 3 种地下水暴露途径综合非致癌效应的地下水风险控制值，$mg \cdot L^{-1}$；
ACR——可接受致癌风险，无量纲，取值为 10^{-6}；
AHQ——可接受危害商，无量纲；取值为 1；
公式中其余参数含义见表 5-2-9 和表 5-2-12 注。

5.2.8 《建设用地土壤污染风险评估技术导则》(HJ 25.3—2019)简介

5.2.8.1 《建设用地土壤污染风险评估技术导则》(HJ 25.3—2019)方法简介

中国环境保护部《建设用地土壤污染风险评估技术导则》(HJ 25.3—2019)中采用概率风险评估(Deterministic Risk Assessment,DRA)方法。污染场地健康风险评估是在土壤与地下水污染状况调查的基础上,分析地块土壤和地下水中污染物对人群的主要暴露途径,评估污染物对人体健康的致癌风险或危害水平。

建设用地污染土壤的暴露途径包括:经口摄入污染土壤、皮肤直接接触污染土壤、吸入土壤颗粒物、吸入室外土壤挥发气体、吸入室内土壤挥发气体。污染地下水的途径包括:吸入室外地下水挥发气体、吸入室内地下水挥发气体、饮用地下水。

在分析污染物进入人体的暴露途径时,未考虑蔬菜摄入途径。因为本技术导则中所指场地主要为工业污染场地,通常情况下在工业场地上,不会种植食用植物。当确实存在这种情况时,建议采用国内外的相关标准进行判断,以确定是否存在健康危害。

场地土壤和地下水中污染物的暴露途径汇总见图 5-2-5。在风险评估时,应根据场地污染和未来受体具体情况进行选择和分析。

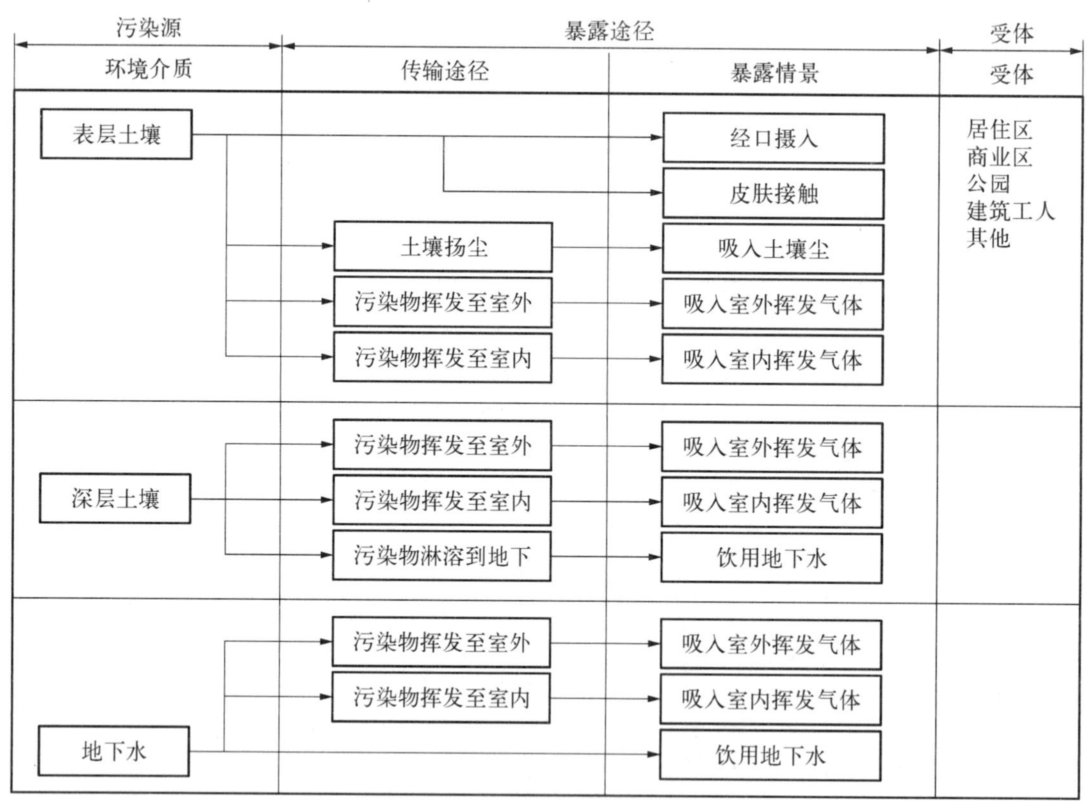

图 5-2-5 污染场地暴露途径汇总

下面以单一的表层土壤气态污染物和饮用地下水的致癌风险为例,介绍《建设用地土壤污染风险评估技术导则》(HJ 25.3—2019)的评估方法。

(1) 吸入室外空气中来自表层土壤的气态污染物途径对于单一污染物的致癌效应

考虑人群在儿童期和成人期暴露的终生危害,吸入室外空气中来自表层土壤的气态污染物途径对应的土壤暴露量,采用公式:

$$IOVER_{ca1}=VF_{suroa}\times\left(\frac{DAIR_{c}\times EFO_{c}\times ED_{c}}{BW_{c}\times AT_{ca}}+\frac{DAIR_{a}\times EFO_{a}\times ED_{a}}{BW_{a}\times AT_{ca}}\right)\tag{5-2-3}$$

式中，$IOVER_{ca1}$为吸入室外空气中来自表层土壤的气态污染物对应的土壤暴露量(致癌效应)，kg/(kg·d)；VF_{suroa}为表层土壤中污染物扩散进入室外空气的挥发因子，kg/m^3；ED_c为儿童暴露期，a，推荐值；BW_c为儿童体重，kg，推荐值；ED_a为成人暴露期，a，推荐值；BW_a为成人体重，kg，推荐值；AT_{ac}为致癌效应平均时间，d，推荐值；$DAIR_a$为成人每日空气呼吸量，mg/cm^3，推荐值；$DAIR_c$为儿童每日空气呼吸量，mg/cm^3，推荐值；EFO_c为儿童的室外暴露频率，d/a，推荐值；EFO_a为成人的室外暴露频率，d/a，推荐值。

(2) 污染物扩散进入室外空气的挥发因子计算模型

表层土壤中污染物扩散进入室外空气的挥发因子，采用下式计算确定：

$$VF_{suroa1}=\frac{\rho_b}{DF_{oa}}\sqrt{\frac{4\times D_s^{eff}\times H'}{\pi\times\tau\times 31\,536\,000\times K_{sw}\times\rho_b}}\times 10^3$$

$$VF_{suroa2}=\frac{d\times\rho_b}{DF_{oa}\times\tau\times 31\,536\,000}\times 10^3$$

$$VF_{suroa}=\mathrm{MIN}(VF_{suroa1},\ VF_{suroa2})\tag{5-2-4}$$

式中，VF_{suroa1}为表层土壤总污染物扩散进入室外空气的挥发因子(算法一)，kg/m^3；VF_{suroa2}为表层土壤总污染物扩散进入室外空气的挥发因子(算法二)，kg/m^3；VF_{suroa}为表层土壤总污染物扩散进入室外空气的挥发因子(算法一和算法二中的较小值)，kg/m^3；τ为气态污染物入侵持续时间，a，推荐值可查阅相关资料；d为表层污染土壤层厚度，cm，必须根据场地调查获得参数值；31 536 000为时间单位转换系数，s/a。

土壤中气态污染物的有效扩散系数，采用下式计算：

$$D_s^{eff}=D_a\times\frac{\theta_{as}^{3.33}}{\theta^2}+D_w\times\frac{\theta_{ws}^{3.33}}{H'\times\theta^2}\tag{5-2-5}$$

式中，D_s^{eff}为土壤中气态污染物的有效扩散系数，cm^2/s；D_a为空气中扩散系数，cm^2/s；推荐值；D_w为水中扩散系数，cm^2/s，推荐值；H'为无量纲亨利常数，cm^3/cm^3，推荐值；θ为非饱和土层土壤中总孔隙体积比，无量纲；θ_{ws}为非饱和层土壤中孔隙水体积比，无量纲；θ_{as}为非饱和土层土壤中总孔隙空气体积比，无量纲。

$$\theta=1-\frac{\rho_b}{\rho_s}\tag{5-2-6}$$

$$\theta_{ws}=\frac{\rho_b\times P_{ws}}{\rho_w}\tag{5-2-7}$$

$$\theta_{as}=\theta-\theta_{ws}\tag{5-2-8}$$

式中，ρ_b为土壤容重，kg/dm^3；ρ_s为土壤颗粒密度，kg/dm^3；P_{ws}为土壤含水率，kg/dm^3；ρ_w为水的密度，kg/dm^3。

(3) 吸入室外空气中来自表层土壤的气态污染物途径的致癌风险

$$CR_{iov1}=IOVER_{ca1}\times C_{sur}\times SF_i\tag{5-2-9}$$

式中，CR_{iov1}为吸入室外空气中来自表层土壤的气态污染物途径的致癌风险，无量纲；SF_i为呼吸吸入致癌斜率因子，$[\mathrm{mg/(kg\cdot d)}]^{-1}$。

(4) 基于吸入室外空气中来自表层土壤的气态污染物途径致癌效应的土壤风险控制值

$$RCVS_{iov1}=\frac{ACR}{IOVER_{ca1}\times SF_{i}} \tag{5-2-10}$$

式中，$RCVS_{iov1}$ 为基于吸入室外空气中来自表层土壤的气态污染物途径致癌效应的土壤风险控制值，mg/kg。

(5) 饮用地下水途径

对于单一污染物的致癌效应，考虑人群在儿童期和成人期暴露的终生危害，饮用地下水途径对应的地下水暴露量，采用公式

$$CGWER_{ca}=\frac{GWCR_{c}\times EF_{c}\times ED_{c}}{BW_{c}\times AT_{ca}}+\frac{GWCR_{a}\times EF_{a}\times ED_{a}}{RW_{a}\times AT_{ca}} \tag{5-2-11}$$

式中，$CGWER_{ca}$ 为饮用受影响地下水对应的地下水暴露量(致癌效应)，L/(kg·d)；$GWCR_{c}$ 为儿童每日饮水量，L/d，推荐值 0.7 L/d；$GWCR_{a}$ 为成人每日饮水量，L/d，推荐值 1 L/d。

饮用地下水途径的致癌风险采用公式

$$CR_{cgw}=CGWER_{ca}\times C_{gw}\times SF_{o} \tag{5-2-12}$$

式中，CR_{cgw} 为饮用地下水途径的致癌风险，无量纲；C_{gw} 为地下水中污染物浓度，mg/L，必须根据场地调查获得参数值；SF_{o} 为经口摄入致癌斜率因子，$[mg/(kg\cdot d)]^{-1}$。

(6) 饮用地下水途径致癌效应的地下水风险控制值

$$RCVG_{cgw}=\frac{ACR}{CGWER_{ca}\times SF_{o}} \tag{5-2-13}$$

式中，$RCVG_{cgw}$ 为基于饮用地下水途径致癌效应的地下水风险控制值，mg/kg；ACR 为可接受致癌风险，无量纲，取值为 10^{-6}。

(7) 分别根据每个污染物单个暴露途径的致癌风险计算修复目标值

$$RCVG=(CS\times TR)/RCVG_{cgw} \tag{5-2-14}$$

式中，$RCVG$ 为饮用地下水途径致癌风险的地下水污染物修复目标值，mg/kg；$RCVG_{cgw}$ 为饮用地下水途径污染物致癌风险；CS 为污染物浓度，mg/kg；TR 为致癌风险可接受水平。

5.2.8.2 《建设用地土壤污染风险评估技术导则》(HJ 25.3—2019)存在的问题

为了能将有限的资源(人力、物力、财力)合理分配于数目众多的污染场地之间，各国纷纷由原来的应用通用的场地清洁标准(包括土壤标准、地下水标准等)进行污染场地评价与修复的做法转向基于风险的管理方法。因此，对污染场地进行健康风险评估，建立基于风险的修复目标值来指导场地的修复与管理，已逐渐成为未来发展的必然趋势。

基于风险的土壤与地下水环境质量标准是实现污染场地风险管理的重要手段。我国污染场地风险评价尚处于起步阶段，国内现有的污染场地风险评估技术导则在核心思想上依然沿用美国国家科学院 1972 年提出的风险评估思路，同时采用的风险评估模型和参数也多参照欧美等发达国家，但我国的《建设用地土壤污染风险评估技术导则》评估参数缺乏完整性，如污染物的毒理学参数、污染物的理化性质参数、土壤污染物浓度水平、土壤介质的非均质性、人群的暴露周期频率、人的生活习惯及体重身高等，前两者对风险评估起着决定性的作用，即使通过暴露因子计算出各个污染物在各种暴露途径下的暴露量，但也会因污染物的毒理学和理化性质参数的缺乏而使风险评估无法继续开展。并且由于我国已有的地方和国家技术导则存在一些缺陷，众多参数需借鉴国外并且在实践运用中简单地套用国外的模型，导致得出的评价结果并不能完全真实地反映出我国的真实实际情况。

在对污染场地进行健康风险评估时，仅仅考虑了场地工人的暴露风险，而没有考虑场地污染给附近居民带来的健康风险，这是由于我国还缺乏一些相关的暴露参数取值，从而不能全面地进行风险评估。

已颁布的国家标准和地方标准中，也存在不完善或难以操作的问题。如地方标准 DB11/T 811—2011 和 DB33/T 892—2013 均对总石油烃（$<C_{16}$脂肪族和$>C_{16}$脂肪族）进行了污染场地土壤筛选值的规定，也就是说当超过这个限值时，要启动风险评估。但是，石油主要是由烃类化合物组成的一种复杂混合物，约几万种，主要包括饱和与不饱和烃、芳烃类化合物、沥青质、树脂类等，其主要元素是碳和氢，除此之外还含有少量的氧、氮、硫等元素，以及钒、镍等金属元素，依据碳链的长度及是否构成直链、支链、环链或芳香结构，石油烃类化合物可以分成链烷烃、环烷烃、芳香烃以及少量非烃类化合物。

对于这样一类混合物，如何开展风险评估，在上述导则中则没有相应方法，其可操作性受到影响。参考美国总石油烃标准工作组（TPHCWG）发布的方法对石油污染场地土壤进行风险评估，将石油烃分为脂肪族石油烃和芳香族石油烃，再分别对这两类按碳的数目进行细分。但上述石油烃成分均没有 SFO 参考值，也就是说它们的致癌风险不明，只能进行非致癌风险评估。因此，要对总石油烃污染场地进行风险评估，必须开展不同碳数的石油烃分析，否则也无法开展石油污染场地的风险评估。

我国相关的基础研究比较薄弱，参数与评估模型多借鉴国外的研究成果，也造成了我国风险评估的局限性。《建设用地土壤污染风险评估技术导则》中许多暴露参数的推荐值就是如此，如成人和儿童的每日摄入土壤量、皮肤表面土壤粘附系数参照美国环境保护局参数值确定；吸入土壤颗粒物在体内滞留比例、室内空气中来自土壤的颗粒物所占比例和室外空气中来自土壤的颗粒物所占比例，参照荷兰参数值确定；室内空气交换速率在工业用地方式下的推荐值，参照英国对应参数值确定等。我国许多研究者在环境风险评价过程中均采用国外人群的暴露参数，但我国是一个地域广阔、民族多元、人口众多的国家，人群暴露参数因不同地区和民族也会有较大的差异，现有的数据远不足以代表我国居民的暴露特征，有必要加强暴露参数的调查研究，建立适合中国人群的暴露参数资料库。目前我国的毒理学参数数据库尚未建立，基本上以美国的 IRIS 为依据，导则中其他参数多是借鉴于国外的研究数据，如果没有符合我国实际情况的参数的取值，风险评估很有可能流于形式，评价结果与实际污染情况偏差很大。

在进行场地风险评估时大多数评估机构往往缺乏与场地规划及建筑设计部门的详细沟通，导致其在进行风险评估时通常是机械地套用导则或指南中的评估模型，在模型参数选择时也往往是直接套用相关导则或指南中的推荐值，或只对部分参数进行本地化评估而并未结合场地的具体污染概念模型及未来建筑规划对相关模型和参数进行调整，使评估结果与客观情况往往存在一定的差异，难以为后续场地风险管理和控制方案的制定提供科学参考。

如采用美国试验与材料协会（ASTM）模型与采用基于实测土壤气计算的污染区域室外 VOC 暴露途径下的风险水平，结果显示现场土壤气中 VOC 的实测浓度与 ASTM 模型推算的气中浓度至少相差 1 个数量级，利用实测土壤气计算的风险水平是采用 ASTM 模型计算的风险水平的 0.03～0.51 倍，两者相差 1～2 个数量级。除此以外，我国还缺乏风险评估相关的配套软件，而风险评估软件是风险管理中的重要工具，目前美英编制的 RBCA 和 CLEA 软件（以下将单独介绍）已在我国使用，虽其系统性较为全面，但操作较为复杂，众多参数并非根据我国特定的环境与地质场景所设，因此还需要研究开发适合我国实际的风险评估软件。欧美许多国家在制定污染场地风险评估技术导则时，均强调应用层次化风险评价思路以避免在调查阶段投入过多不必要的资源。而我国在工业污染场地风险评价领域起步相对较晚，尽管相关技术导则中业已提及采用层次化思路开展污染场地风险评价，但当前已完成的评估项目大部分均只进行到第二层次，即利用拟评估场地部分实测参数对评估模型中的默认参数进行替代以进行风险评估。对于大型的污染场地，当风险评估仅进行到这一层次时，其结果可能仍过于保守，最终导致场地过度修复，而且层次越低，采用的参数和模型都为预设，评估保守且对人类和环境的保护程度越高，但不确定性因素也较多，环境标准相对较严，相应的修复成本较高。

现行的土壤环境质量标准存在某些缺陷，作为土壤修复效果评价标准时暴露出很多问题，不能适应污染土壤修复效果评判的需要；目前正在实施中的土壤质量评价标准也多是针对农业用地和展览会用地，还没有有关城市建设用地尤其是住宅用地的土壤环境质量标准。虽然 HJ 25.1、HJ 25.2、HJ 25.3 和 HJ 25.4 标准可以通过风险评估等手段来确定场地是否需要清理或需要清理的目标值，但因污染场地的污染物复杂多样，风险评估模型与参数又大多借鉴国外的研究成果，评估参数尤其是污染物的毒理学参数的缺乏，导致风险评估无法进行的例子并不少见。我国至今也未建立符合我国实际污染场地状况的模型与数据库，这给使用评估模型带来了障碍。而且由于国内的场地特征与国外的不尽相似，即使在运用国外的模型与参数对某些污染场地进行风险评估后，其评估结果仍然不能完全真实地反映污染物对人体健康的危害问题。因此，我国应在充分借鉴欧美相关领域的研究成果和经验的基础上，结合自身实际情况，在规范风险评价步骤和构建参数体系方面进行大量的研究工作，建立自己的健康风险评价体系，以有效避免污染场地土壤风险评估的局限性。

5.2.9 常用风险评估模型介绍

5.2.9.1 美国 RBCA 模型

20 世纪末，美国材料与试验协会(ASTM)针对土壤和地下水污染治理颁布了《基于风险的矫正行动标准指南》(ASTME—2081)，美国工程和科学咨询公司(GSI Environmental Inc.)根据该准则开发了 RBCA 商业软件模型(图 5-2-6)。该定量风险管理软件可用于预测污染场地的风险，同时制定基于风险的土壤和地下水修复目标值，目前在世界范围内得到广泛的应用。

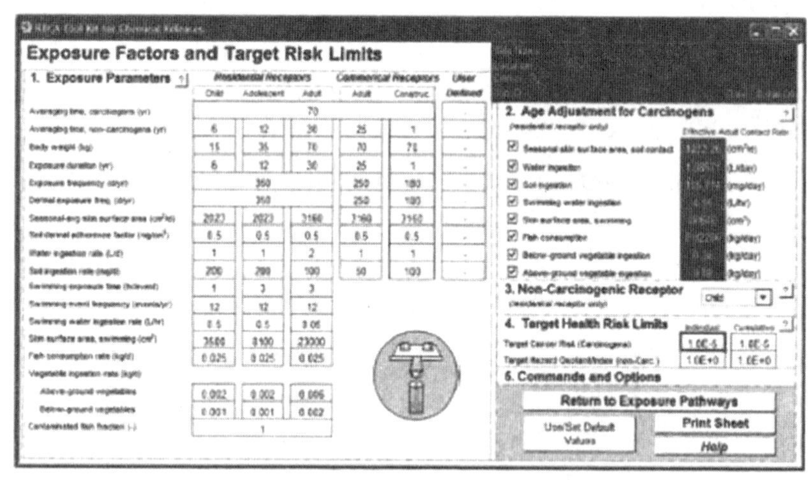

图 5-2-6 RBCA 模型

RBCA 软件基于 Microsoft® Excel 平台进行开发，其第 1 层次和第 2 层次主要根据 ASTM 导则进行计算，此外，在第 3 层次的计算中，在模型预测上增加了更多灵活性，同时补充了迁移模型，允许用户使用该软件更加方便地制定基于风险的土壤和地下水基准值。

RBCA 模型计算模式包括正向(forward)计算模式和反向(backward)计算模式，其中，正向计算的目的在于计算污染场地中关注污染物的潜在健康风险水平，反向计算的目的在于推导关注污染物的基准值。根据 ASTM 导则，在反向推导计算过程中推荐 10^{-6} 为单一污染物可接受的致癌风险水平，并且以 10^{-4} 为累积可接受致癌风险水平，1 为可接受非致癌危害商。

RBCA 模型设置主要包括暴露途径评估、迁移归趋模型选择、理化毒性数据选择和用户自定义参数界面。

值得关注的是，RBCA 模型在计算土壤与地下水综合基准值时采取了最小值法，而我国的《建设用地土壤污染风险评估导则》及英国的 CLEA 模型均采纳了相对保守的综合计算法。

5.2.9.2　英国 CLEA 模型

由英格兰与威尔士环境署(Environment Agency)和英国环境、食品与农村事务部(Department of Environment，Food and Rural Affairs，DEFRA)联合开发的 CLEA 模型，是英国官方推荐使用的土壤风险评估模型。该模型用于推导基于人体健康风险的土壤指导限值(soil guideline values，SGV)，可对场地进行确定性风险评估，早期版本还可以进行概率性风险评估(图 5-2-7)。英国环境署于 2009 年针对该模型正式颁布了《CLEA 模型技术背景更新》(*Updated Technical Background to the CLEA Model*)(EA，2009b)。

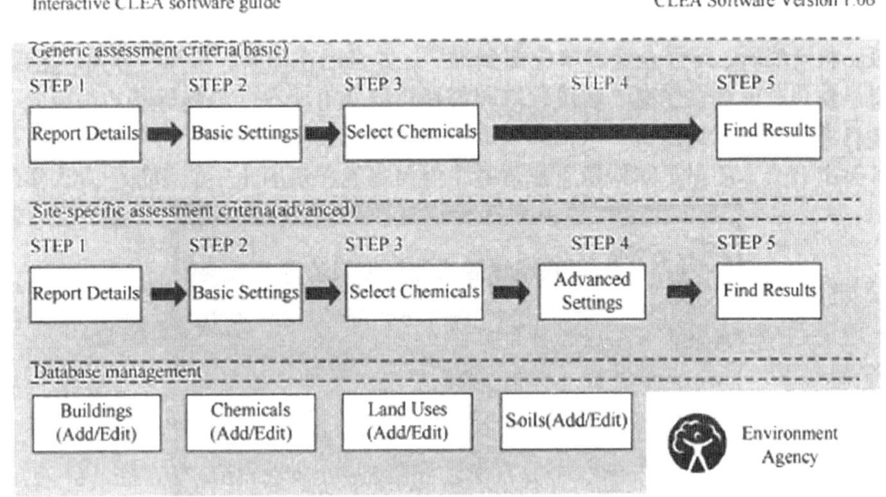

图 5-2-7　CLEA 模型主页面

CLEA 模型是一个开放式模型，模型参数(如土地类型、土地用途、评估场景、化学物质等)可以根据用户需求进行修正。该模型包括一般评估和特定场地评估两种模式：一般评估是对受体长期暴露于一般场地土壤污染物的简单人体健康风险评估，用户仅选定模型预设的用地类型和暴露途径等暴露情形即可，不同情形下化学物性质、暴露频率、受体、土壤特性和建筑物特征等参数均采用默认值；特定场地评估是对特定场地开展的人体健康风险评估，需通过详细调查获取场地特征参数进行计算。

CLEA 模型同样基于 Microsoft® Excel 平台进行开发，但界面设置比 RBCA 模型简单，主要包括报告基本信息、基本设置、污染物选择、高级设置和输出结果。CLEA 模型在受体分类及暴露参数设置上更加复杂，模型将暴露情景划分为住宅用地、果蔬种植用地和商业用地，关注的敏感受体为女孩和成年女性。暴露周期为 0～75 岁，并将 1～16 岁中的每一年作为一个暴露期，16～65 岁和 65～75 岁分别为两个暴露期，同时根据不同暴露周期设置相应的暴露参数。

英国 CLEA 模型的风险表征以日均暴露量(*ADE*)与健康标准值(*HCV*)的比值等于 1 作为临界健康风险的标准。*HCV* 根据污染物的毒性分为临界效应(非致癌效应)和非临界效应(致癌效应)，其中非临界效应以 10^{-5} 作为可接受风险水平。

5.2.9.3　中国科学院 HERA 模型

为了加强污染场地的监督管理，中华人民共和国环境保护部于 2004 年颁布了《关于切实做好企业搬迁过程中环境污染防治工作的通知》，2008 年提出了《关于加强土壤污染防治工作的意见》。2014 年颁布了《污染场地风险评估技术导则》等系列标准，2019 年第一次修订为《建设用地土壤污染风险评估技术导则》(HJ 25.3—2019)。这为污染场地管理工作提供了科学依据，但我国还缺乏相关的配套软件。

借鉴欧美国家几十年来的污染场地环境管理经验，现代可持续性污染场地环境管理体系以基于风险为核心，而风险评估软件则是风险管理中的重要工具。目前，美英编制的 RBCA 软件与 CLEA 软件已在国内使用，虽然其系统性较为全面，但操作较为复杂，众多参数并非根据我国特定的环境与地质场景所设，全英文的操作界面更是给从业人员带来了极大不便。因此，中国科学院南京土壤研究所针对我国污染场地环境修复行业的迫切需求，自主开发出我国首套污染场地健康与环境风险评估软件 HERA(Version1.1)。

HERA 软件自发布以来备受业界关注，目前已在国内 24 个省市的近百家高等院校、科研院所、环保企业等单位得到推广，并且已在南京、常州、苏州、无锡、上海、杭州、温州、宁波、武汉、郑州等城市的 300 余个污染场地调查与风险评估项目中得到广泛应用。

(1) HERA 模型的主要特点

HERA 模型采用基于 Windows 平台的 Visual Studio C＃进行设计与编程，与国外同类软件相比，具有运行稳定、功能全面、界面简洁、操作便利等优点。

HERA 软件是基于美国《基于风险的矫正行动标准指南》(*Standard Guide for Risk-Based Corrective Action*，ASTM E2081)、英国《CLEA 模型技术背景更新》(*Updated Technical Background to the CLEA Model*)以及我国《污染场地风险评估技术导则》(HJ 25.3—2014)编制的集成创新成果，内含 20 余种多介质迁移模型，收录了 610 种污染物理化与毒性参数，考虑了原场与离场的健康及水环境受体，可快速构建污染场地概念模型。

(2) HERA 模型的主要功能

① 多层次污染场地土壤与地下水风险评估系统

HERA 模型分为两个层次的场地风险评估，第一层次风险评估仅适用于原场受体，一般可根据软件默认的模型和参数计算筛选值、风险值/危害商；第二层次风险评估不仅适用于原场受体，也可考虑离场受体，一般需结合场地实际确定相关模型和参数来计算修复目标、风险值/危害商。

② 基于保护人体健康和水环境的风险评估

HERA 模型可分别以保护原场与离场的人体健康和水环境为目标开展风险评估。基于保护人体健康的暴露途径主要考虑口腔摄入、皮肤接触与空气吸入三种暴露方式，基于保护水环境的暴露途径主要考虑土壤淋滤及地下水迁移离场等暴露方式(图 5-2-8)。

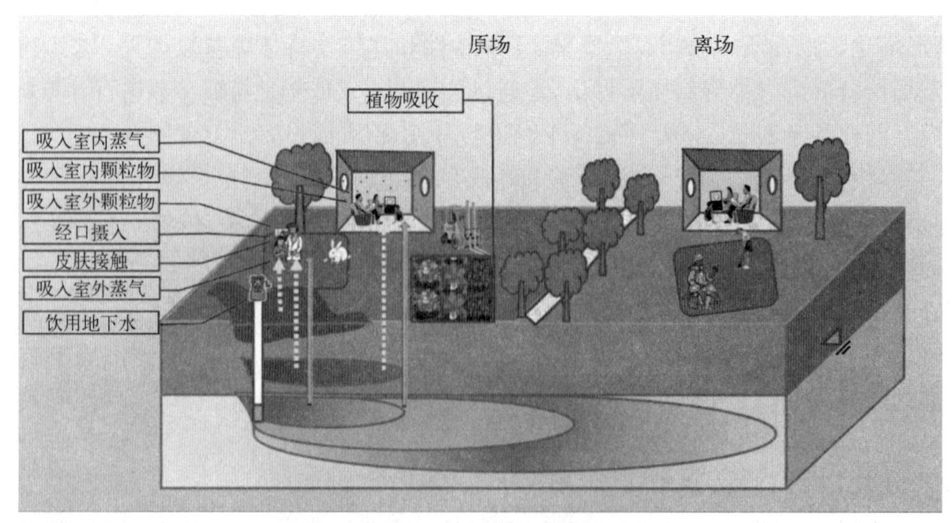

图 5-2-8 暴露途径界面

③ 污染物的筛选值/修复目标、风险值/危害商等计算

HERA 模型可计算单一暴露途径的土壤与地下水中污染物的筛选值/修复目标，风险值/危害商，可

分别计算基于保护人体健康和水环境的筛选值/修复目标，还可计算单一暴露途径的贡献率。在正向计算模式下可预测污染物在农作物、室内外空气、地下水、土壤颗粒物、土壤气体、土壤溶液等环境介质中的浓度(图 5-2-9)。

土壤风险控制值（单

编号	污染物（中文）	基于非致癌效应的土壤风险控制值										控制值(保护健康)	控制值(保护水环境)		综合控制值
		$HCVS^{ing}$	$HCVS^{der}$	$HCVS^{veg}$	$HCVS^{ip}$	$HCVS^{op}$	$HCVS^{iv}$	$HCVS^{sur-ov}$	$HCVS^{sub-ov}$	$HCVS^{sl-TOX}$	$HCVS^{hss}$	CVS^{hss}	CVS^{sl-MCL}	CVS^{env}	CVS^{int}
1	脂肪烃（C10-C12	4.15E+03	8.47E+03		-	8.18E+10		4.05E+04			2.60E+03	2.60E+03			2.60E+03
2	脂肪烃（C13-C16	4.15E+03	8.47E+03		-	8.18E+10		8.65E+04			2.70E+03	2.70E+03			2.70E+03
3	脂肪烃（C17-C21	8.29E+04	1.69E+05		-	-		-			5.57E+04	5.57E+04			5.57E+04
4	脂肪烃（C22-C40	8.29E+04	1.69E+05		-	-		-			5.57E+04	5.57E+04			5.57E+04
5	芳香烃（C10-C12	1.66E+03	3.39E+03		-	3.27E+10		3.72E+04			1.08E+03	1.08E+03			1.08E+03
6	芳香烃（C13-C16	1.66E+03	3.39E+03		-	3.27E+10		6.46E+04			1.09E+03	1.09E+03			1.09E+03
7	芳香烃（C17-C21	1.24E+03	2.54E+03		-	-		-			8.35E+02	8.35E+02			8.35E+02
8	芳香烃（C22-C40	1.24E+03	2.54E+03		-	-		-			8.35E+02	8.35E+02			8.35E+02

场地名称：石油烃 实测值
场地位置：
评估人员：
完成时间：2021/9/15 15:53

图 5-2-9　结果输出界面

④ 多层次数据库管理系统

HERA 模型包含三个层次的数据库：第一层次为默认数据库，包括污染物基本理化性质、毒理信息等污染物特征参数以及受体暴露、空气特征、土壤与地下水特征、建筑物特征、作物吸收、离场迁移等模型暴露参数，参数值已预置于软件内部，用户无法修改；第二层次为基础数据库，内含污染物的理化与毒性参数，位于用户界面的参数管理部分，用户可自行调整参数值，增减污染物信息；第三层次为共享数据库，包括污染物特征参数和模型暴露参数，分别来源于基础数据库和默认数据库，用户也可自行调整参数值。软件计算时将调用共享数据库中的数值。

⑤ 污染物数据的统计分析

HERA 模型可根据英国 CL:AIRE& CIEH 统计导则对污染物数据进行统计分析，其功能包括剔除异常值，计算样本平均值、标准差、污染物平均值的置信下限、污染物平均值的置信上限等。

5.2.10　人体血铅模型

铅的评估机制与一般污染物不同，通常认为不存在允许铅暴露的最低限值，在对铅污染场地开展风险评估时不宜使用参考剂量方法，而采用基于血铅浓度水平的评价方法。

5.2.10.1　国外血铅的评价模型综述

(1) 儿童血铅的评价模型

研究表明，年幼孩子的健康对铅暴露环境特别敏感，铅暴露水平的生物标志物通常是孩子的血铅浓度。血铅浓度不仅作为近期铅接触铅暴露的指标，也是描述导致身体内部潜在健康风险时最广泛使用的指数。

用于评估儿童血铅风险的模型，目前学术上被广为接受和认可的为美国国家环境保护局(EPA)所提出的儿童在铅中的综合暴露吸收和生物动力学(IEUBK)模型。IEUBK 模型介绍了在空气、水、土壤、粉尘、饮食及其他媒介五种主要的暴露途经。该模型可用于预测儿童(7 岁以下)暴露于含铅的土壤、灰尘、空气、食物、饮用水和其他污染源时的血铅浓度，预测儿童暴露在含一定量铅的环境中“铅中毒”的可能性，预测土壤、空气和水中的铅去除水平，以使儿童安全生活。这些风险估计在进行铅暴露评估方案以及制定干预、防治或采取其他补救措施中非常有用。

(2) 成人血铅的评价模型

1996 年，为了满足非住宅危险废物场地的人类健康铅风险评估需要，美国环境保护局(EPA)为铅技术审查工作组(TRW)制定了成人铅暴露评估方法(ALM)。ALM模型描述了非居住区土壤中暴露物对成人的风险,且重点在于针对污染土壤的暴露物导致的妇女体内胎儿的血铅浓度升高进行评估。

5.2.10.2 模型本地化

模型的计算方程、参数是直接影响模拟输出结果的关键因素。我国的经济社会结构与国外有较大差异,因而在借鉴国外模型的过程中,应对所采用的模型进行适当的本地化调整。鉴于目前我国在铅污染评估方面的研究尚属起步阶段,实验数据还较有限,这里更多的是提出几条关于模型本地化的思考方向以及未来研究的新思路。

(1) 住用地和工业/商业用地土壤铅环境基准的国内外差异

我国居住用地和工业/商业用地土壤铅的环境基准分别为282 $mg\cdot kg^{-1}$和627 $mg\cdot kg^{-1}$,略低于各国标准的平均值。欧美等一些国家儿童铅暴露主要来源在室内空气和地板灰尘;而针对我国环境铅污染对儿童健康影响的研究表明,我国儿童每天由手口接触摄入的土壤铅量>灰尘铅量>吸入空气铅量,在一些重污染地区儿童血铅浓度与大气铅含量相关性最大。

(2) 儿童最高血铅水平出现年龄的国内外差异

我国0～6岁儿童血铅水平随着年龄增大而逐渐升高,5～6岁达到高峰,增长趋势与一些发展中国家类似,而欧美等一些国家儿童1～3岁时血铅水平最高。另外,我国儿童每日饮食摄入铅量的估计值(10～25 $\mu g\cdot d^{-1}$)与欧美发达国家(2～7 $\mu g\cdot d^{-1}$)相比也有较大差异。因此,我国土壤铅的环境基准计算值略低于欧美等国土壤标准较为合理。

(3) 饮食结构的国内外差异

在美国的儿童血铅评价模型(IEUBK)中,对于饮食暴露途径中所涉及的食物分为肉、蔬菜、水果和其他四种类型。其中,肉类又分为不可狩猎动物、可狩猎动物、鱼类。蔬菜/水果分为罐头、新鲜蔬菜/水果、自家种植。其他饮食则包括每日的食物、果汁、坚果、饮料、意大利面、面包、调味汁、糖以及婴儿食品和婴儿奶粉。

这一分类明显与我国的饮食结构有较大差异。我国由于城镇发展独具特色,其饮食结构中的肉类多为市场采购,极少数来自狩猎。而蔬菜水果中罐头以及其他饮食中的意大利面等的消费量所占比重也极其有限。相反,谷物和小麦制品的主食则应当考虑进来。此外,我国由于地域差异大,南北方的饮食结构也存在明显差异,这一因素在模型本地化中也应有所考虑。

对比成人的血铅评价模型的输出结果可知,铅对人体的危害主要集中表现在婴幼儿身上,因而ALM模型更适合作为我国成人的血铅评价工具。当然该模型中的关键参数的系统默认值未必适合我国实际情况,需根据我国国情作适当调整。比如,我国居住用地和工业/商业用地土壤铅的环境基准分别为282 $mg\cdot kg^{-1}$和627 $mg\cdot kg^{-1}$,低于各国标准的平均值。

在进行儿童的血铅评价时,使用IEUBK模型可以较为全面地评估预测。不过模型对比表明,环境中所含铅的浓度标准值对于预测模型结构影响较大。采用美国的IEUBK模型对我国情况进行评价之前,首先也需要针对我国现状确定适合我国国情的各类参数推荐值。

本章参考文献

[1] 熊敬超.污染土壤修复技术与应用[M].北京:化学工业出版社,2022.

[2] 杨再福.污染场地调查评价与修复[M].北京:化学工业出版社,2017.

[3] 贾建丽,等.污染场地修复风险评价与控制[M].北京:化学工业出版社,2015.

[4] 陈梦舫,等.污染场地土壤与地下水风险评估方法学[M].北京:科学出版社,2017.

[5] 张园,耿春女,蔡超.铅暴露对人体健康风险评价的模型综述[J].环境化学,2013(6):9.

[6] 生态环境部.建设用地土壤污染状况调查技术导则(HJ 25.1—2019)[D].

[7] 生态环境部.建设用地土壤污染风险评估技术导则(HJ 25.3—2019)[D].

第 6 章

土壤与地下水污染检测分析基础

本章介绍了分析化学的基本概念，简述了目前在环境和化学领域应用较广泛的检测技术方法的基本原理、技术特点和应用情况。对于样品检测分析，则从样品的接收、样品管理、土壤样品的制备、实验测试、检测过程的质量控制、检测结果的不确定度评定和检测结果报告等多方面、全流程地进行阐述，并对各检测方法中质量保证和质量控制措施进行了梳理。

6.1　分析化学的基本概念

6.1.1　分析化学的定义

分析化学是指发展和应用各种理论、方法、仪器和策略以获取有关物质在相对时空内的组成和性质的一门科学，又被称为分析科学。分析化学是化学的一个分支学科，是关于测定物质的质和量的科学。鉴定物质的“质”，就是要确定物质是什么，以什么形态存在，其化学组成和结构如何；而测定物质的“量”，则是要确定物质有多少。无论是测定物质的质还是量，都涉及相应的方法和技术。通过建立新的分析方法、开发新的分析技术并进行方法学的评价，分析化学帮助人们掌握认知世界物质的质和量的一般规律。因此它是人们获取物质的化学组成、形态、含量和结构等信息的方法论，并成为科学方法论的一个重要分支。

6.1.2　分析化学的分类

根据分析化学的任务、分析方法的原理、分析的对象以及分析对象的质量大小等，可以将分析方法分为许多种类。

6.1.2.1　按分析化学的任务分类

从分析化学的任务来看，可以分为定性分析、定量分析和结构分析：定性分析的任务是为了鉴定试样的各组分是什么，即确定试样是由哪些元素、离子、原子团或化合物所组成；定量分析的任务是测定试样中有关组分的含量；结构分析的任务是研究物质的分子结构、晶体结构或综合形态，从而确定试样中各组分的结合方式及其对物质化学性质的影响。

6.1.2.2　按分析方法的原理分类

按照分析方法的原理，可以分为化学分析法和仪器分析法两大类。

化学分析法以物质的化学反应为基础，主要有重量分析法和滴定分析法。重量分析法是将被测组分从试样中分离出来后直接称其质量，是人们最早采用的定量分析方法；而滴定分析法则是通过滴定方式来测定待测组分的质量或浓度。这两类方法历史悠久，又是分析化学的基础，故称为经典分析法，适用于含量在1%以上的常量组分的测定。相比之下，滴定分析法比较简便快速，因此应用更为广泛。根据化学反应的类型不同，滴定分析法又可细分为酸碱滴定法、络合滴定法、氧化还原滴定法和沉淀滴定法。

以物质的物理性质和物理化学性质为基础的分析方法称为物理分析法和物理化学分析法。这类方法通过测量物质的物理或物理化学参数来进行，需要较特殊的仪器，通常称为仪器分析法。使用专门的仪器进行检测，只要物质的上述某种性质所表现出来的测量信号与其某种参量之间存在简单的函数关系，就可能据此建立相应的分析方法。随着光电技术和计算机技术的不断革新，各种新的仪器分析方法相继建立，主要包括光学分析法、电化学分析法和色谱法等。近些年，迅速发展起来的质谱法、核磁共振波谱法和电子显微镜分析法等为分析化学增添了强大的分析手段，仪器分析法已成为现代分析化学的主体和发展方向。

化学分析和仪器分析是分析化学的两大分支，两者互为补充且前者是后者的基础之一。化学分析仍有重要的应用价值，不可忽视。

6.1.2.3 按照分析的对象分类

按照不同的分析对象对分析工作进行分类，可以划分为无机分析和有机分析等。无机分析的对象是无机物质，有机分析的对象是有机物质。两者分析对象不同，对分析的要求和使用的方法多有不同。针对不同的分析对象，还可以进一步分类，如冶金分析、地质分析、环境分析、药物分析、材料分析和生物分析等。

6.1.2.4 按分析对象的质量大小分类

按分析对象(试样)的质量大小进行分类，试样的质量大于0.1 g的属常量分析，质量为0.01～0.1 g的属于半微量分析，质量为0.001～0.01 g的属于微量分析，而试样质量小于毫克级的属于超微量分析。此外，按试样中待测组分相对含量的多少，又可分为常量组分(1%～100%)分析、微量组分(0.01%～1.0%)分析、痕量(<0.01%)分析或超痕量($<10^{-4}\ \mu g \cdot g^{-1}$)分析。通常情况下，化学分析法所涉及的试样质量或组分的含量在常量分析范围内，而其他含量的分析通常都需要用仪器分析法才能完成。

6.1.3 分析过程及分析方法的选择

6.1.3.1 分析过程

分析过程多种多样，这里主要概述定量分析过程。通常包括：试样的采集、处理与分解，试样的分离与富集，分析方法的选择与分析测定，分析结果的计算，必要的数理统计、评价和分析报告的撰写。

(1) 试样的采集、处理与分解

试样的采集与制备必须保证所得到的是具有代表性的试样，即分析试样的组成能代表整批物料的平均组成。否则，无论后续的分析测定多么认真、多么准确，所得结果也是毫无价值的，甚至会由于提供的是没有代表性的分析结果，而给实际工作造成严重的后果。

(2) 试样的分离与富集

复杂试样中常含有多种组分，在测定其中某一组分时，共存的其他组分通常会产生干扰，因而应设法消除干扰。采用掩蔽剂消除干扰是一种有效而又简便的方法。若无合适的掩蔽方法，就需要对被测组分与干扰组分进行分离(常同时伴有富集)。常用的分离方法有沉淀分离法、萃取分离法、离子交换分离法和色谱分离法等。分离与测定常常是连续或同步进行的。

(3) 分析测定

根据被测组分的性质、含量及对分析结果准确度的要求等，选择合适的分析方法进行分析测定。熟悉各种分析方法的原理、准确度、灵敏度、选择性和适用范围等，选择正确的分析方法进行测定。

(4) 分析结果的计算与评价

根据试样质量、测量所得信号(数据)和分析过程中有关反应的化学计量关系等，计算试样中有关组分的含量或浓度。

6.1.3.2　分析方法的选择

任何分析化学的方法都需要进行合理评价以后才能形成行业标准，才能在实际中得到推广应用，才能构成科学方法论，形成人们认知世界物质的质和量的一般规律。运用选择性好的分析方法可以省去分离步骤；采用灵敏度高的分析方法可以实现含稀贵元素试样的直接测定；简便的分析方法不但便于操作，同时也节省了人力和物力，还有利于提高准确度。不过任何方法都不可能同时具备上述特点，分析工作者应根据试样的复杂性、试样的质量和被测组分的含量，以及对测定结果所要求的准确度和精密度等选择最适宜的方法，以满足具体分析工作的需要。化学分析法和仪器分析法各有长短，相辅相成。分析化学工作者只有在明确了每一种方法的原理、应用范围及其优缺点后才能选择出最适宜的分析方法。

6.1.4　定量分析方法评价指标

为了评价分析仪器的性能，需要一定的性能参数与指标。根据这些参数可对同一类型的不同型号仪器进行比较，作为购置仪器、考察仪器工作状况的依据，亦可对不同类型仪器进行比较，预测其用途。一般用标准曲线、灵敏度、检出限、精密度及准确度等指标进行评价。

6.1.4.1　标准曲线

定量分析普遍使用的方法是标准曲线法。标准曲线又称校准曲线，是指被测物质的浓度(或含量)与仪器响应信号的关系曲线。标准曲线的直线部分所对应的被测物质浓度(或含量)的范围称为该方法的线性范围。一般来说，分析方法的线性范围越宽越好。通常用称为“一元线性回归法”的数据统计方法来给出 y 与 x 的关系式：$y=a+bx$，式中 b 称为回归系数，即回归直线的斜率，a 为截距。在分析化学上，相关系数 r 是用来表征被测物质浓度(或含量)x 与其响应信号值 y 之间线性关系好坏程度的一个统计参数。r 值在$+1.000\,0$ 与$-1.000\,0$ 之间。$|r|$越接近 1，则 y 与 x 之间的线性关系就越好。

6.1.4.2　灵敏度

被测物质单位浓度或单位质量的变化引起响应信号值变化的程度，称为方法的灵敏度，用 S 表示。根据国际纯粹与应用化学联合会(IUPAC)的规定，灵敏度是指在测定浓度范围中标准曲线的斜率。在分析化学中使用的许多标准曲线都是线性的，一般是通过测量一系列标准溶液来求得。标准曲线的斜率越大，方法的灵敏度就越高。

6.1.4.3　检出限

某一方法在给定的置信水平上能够检出被测物质的最小浓度或最小质量称为这种方法对该物质的检出限。以浓度表示的称为相对检出限，以质量表示的称为绝对检出限。检出限取决于被测物质产生的信号与空白信号波动或噪声统计平均值之比。当被测物质产生的信号大于空白信号随机变化值一定倍数 k 时，被测物质才可能被检出。因此，最小可鉴别的分析信号至少应等于空白信号的平均值加 k 倍标准偏差 s 之和。k 为根据一定的置信水平确定的系数，IUPAC 建议 k 值取 3，此时，大多数情况下检测置信水平为 95%，k 值进一步增加，难以获得更高的检测置信水平。因此，检出限表示在 95%置信水平下能得到相当于 3 倍空白信号波动或噪声信号的标准偏差所对应的最低物质浓度或最小物质质量。

检出限与灵敏度是密切相关的两个指标，灵敏度愈高，检出限就愈低。但是，两者的含义不同，灵敏度指分析信号随被测物质含量变化的大小，与仪器信号的放大倍数有关；而检出限与空白信号波动或仪器噪声有关，具有明确的统计学含义。方法的灵敏度越高，精密度越好，检出限就越低。检出限是方法灵敏度和精密度的综合指标，它是评价仪器性能及分析方法的主要技术指标。

6.1.4.4 精密度

精密度是指使用同一方法对同一试样进行多次测定所得测定结果的一致程度。同一分析人员使用同一方法在同一实验室在相同的仪器上对同一试样进行测定所获得结果的精密度称为重复性。不同的分析人员使用同一方法在不同实验室不同仪器上对某一试样进行测定所获得结果的精密度称为再现性。精密度通常用标准偏差 s 或相对标准偏差(RSD)量度。精密度是随机误差的量度。一种好的方法应有比较小的相对标准偏差,即比较好的精密度。相对标准偏差与浓度有关,浓度低时相对标准偏差大,浓度高时相对标准偏差小。

6.1.4.5 准确度

被测物质含量的测定值与其真实值(亦称真值)相符合的程度称为准确度。准确度常用相对误差来量度。准确度是分析过程中系统误差和随机误差的综合反映,它决定着分析结果的可靠程度。方法具有较好的精密度并且消除了系统误差后,才有较好的准确度。

控制结果的准确度控制方法主要有两种,一种是标准物质的测量结果的误差控制,另一种就是样品的加标回收率控制。

在测定试样的同时,于同一试样的子样中加入一定量的标准物质进行测定,将其测定结果扣除试样的测定值,计算回收率。这种加标回收率可以反映分析结果的准确度。当按照平行加标进行回收率测定时,所得结果既可以反映分析结果的准确度,也可判断其精密度。在实际测定过程中,有的将标准溶液加入经过处理后的待测试样溶液中,这是不对的,它不能反映预处理过程中的沾污或损失情况,虽然回收率较好,但不能完全说明数据的准确性。

6.2 检测技术方法

6.2.1 化学分析法

6.2.1.1 重量分析法

在重量分析时,一般是先用适当的方法将被测组分与试样中的其他组分分离后,转化为一定的称量形式,然后用电子天平(图 6-2-1)称重,由称得的物质的质量计算该组分的含量。

图 6-2-1 电子天平

根据被测组分与其他组分分离方法的不同,重量分析法主要分如下三种:

(1) 沉淀法

沉淀法也称沉淀重量法,是重量分析法中的主要方法,这种方法是利用沉淀反应使被测组分以微溶化合物的形式沉淀出来,再将沉淀物过滤、洗涤、烘干或灼烧,最后称重并计算其含量。

(2) 气化法

利用物质的挥发性质,通过加热或其他方法使试样中待测组分挥发逸出,然后根据试样质量的减少计算该组分的含量。或者当该组分逸出时,选择适当的吸收剂将其吸收,然后根据吸收剂质量的增加计算该组分的含量。

(3) 电解法

利用电解的方法使待测金属离子在电极上还原析出,然后称量,电极增加的质量即为金属的质量。

重量分析法直接通过称量获得分析结果,不需要与标准试样或基准物质进行比较，因此引入误差的机会相对较少，分析结果的准确度较高，是一种经典的化学分析方法。缺点是耗时，周期长。

6.2.1.2　滴定分析法

滴定分析法是将一种已知准确浓度的试剂溶液（标准溶液，又叫滴定剂），用滴定管滴加到被测物质的溶液中，直到所加试剂与被测物质按化学计量关系定量反应完全为止，然后通过测量所消耗已知浓度的试剂溶液的体积，根据滴定反应式的计量关系，求得被测组分含量的一种分析方法（图 6-2-2）。因为是以测量标准溶液体积为基础的，所以也叫容量分析。滴定分析主要用于测定常量组分，有时也可以测定微量组分。此法所用仪器设备简单，操作方便，测定快速，准确度高，在一般情况下测定的相对误差约在±0.2%以内。它可以测定很多无机物和有机物，因此，在生产实践和科学研究中具有很大的实用价值。

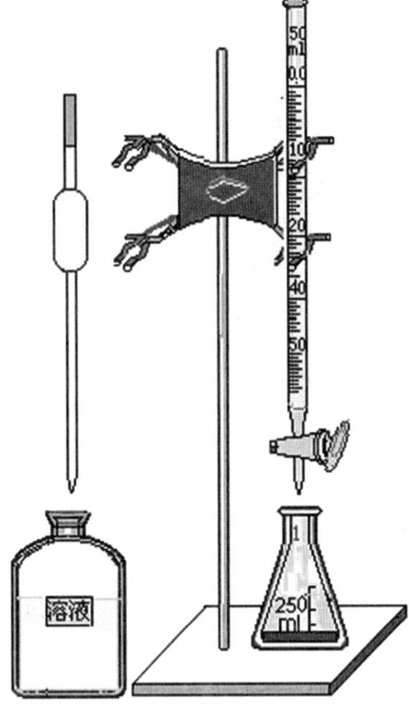

图 6-2-2　滴定分析

滴定反应可分为酸碱滴定、络合滴定、氧化还原滴定与沉淀滴定四大类型。

（1）酸碱滴定法

酸碱滴定法是基于酸碱反应的滴定分析方法，也称中和滴定法。该方法简便、快速，是广泛应用的分析方法之一。酸碱滴定法的理论基础是酸碱平衡理论，所以要讨论有关酸碱滴定的问题，应先对酸碱平衡理论有一定的了解。酸碱平衡是溶液中普遍存在的化学平衡，它对溶液中物质的存在形式和化学反应有重要影响，因此也是讨论溶液中的其他化学反应和平衡时常需考虑的。

（2）络合滴定法

络合滴定法又称配位滴定法，是以生成配位化合物的化学反应为基础的滴定分析法，主要用于对金属离子含量的测定。配位反应也是路易斯酸碱反应（金属离子是路易斯酸，可接受路易斯碱提供的未成键电子对而形成化学键），所以配位滴定法与酸碱滴定法有许多相似之处，但情况更为复杂。配位反应在分析化学中的应用非常广泛，除用于滴定外，还常用于显色、萃取、沉淀及掩蔽等，因此，有关配位反应和配位滴定的理论和应用知识，是分析化学的重要内容之一。

（3）氧化还原滴定法

氧化还原滴定法是以氧化还原反应为基础的滴定分析法。它的应用十分广泛，采用不同滴定方式可以测定多种无机物和有机物。但是氧化还原反应的机理比较复杂，有些反应常因伴有副反应而没有确定的化学计量关系；有些反应从热力学上判断可以进行，但因反应速率缓慢而给分析应用带来困难。为此，在氧化还原滴定中，需要综合考虑有关平衡、反应机理、反应速率、反应条件和滴定条件等因素。

适当的氧化剂和还原剂标准溶液均可用作氧化还原滴定的滴定剂。通常根据滴定剂的名称来命名氧化还原滴定法，如高锰酸钾法、重铬酸钾法、碘量法与间接碘量法、溴酸钾法和硫酸铈法等，这些方法各有自己的特点及应用范围。

（4）沉淀滴定法

沉淀滴定法是基于滴定剂与被测物定量生成沉淀或微溶盐的反应，并且反应能快速达到平衡和有适合的指示剂指示化学反应计量点，但不要有如共沉淀、吸附和外来离子包藏等干扰情况发生。由于很多沉淀形成速度太慢、反应不够完全，所以可用于沉淀滴定的反应屈指可数。目前应用较多的是以硝酸银为滴定剂，用于测定卤素离子、拟卤素阴离子（如 SCN^-、CN^-、CNO^-）、硫醇、脂肪酸及少数二价和三价的无机阴离子的沉淀滴定法，也叫银量法。

6.2.2 仪器分析法

6.2.2.1 光学分析法

(1) 紫外-可见吸收光谱法(UV)

紫外-可见吸收光谱包括紫外吸收光谱(200～400 nm)和可见吸收光谱(400～800 nm),两者都属电子光谱。基于物质对 200～800 nm 光谱区辐射的吸收特性建立起来的分析测定方法称为紫外-可见吸收光谱法或紫外-可见分光光度法(图 6-2-3)。它具有如下特点:一是灵敏度高,可以测定 10^{-7}～10^{-4} g/mL 的微量组分。二是准确度较高,其相对误差一般在 1%～5%。三是仪器价格较低,操作简便、快速。四是应用范围广,既能进行定量分析,又可进行定性分析和结构分析;既可用于无机化合物的分析,也可用于有机化合物和生化物质的分析;还可用于配位化合物组成、酸碱解离常数的测定等。

图 6-2-3 紫外可见分光光度计

(2) 红外光谱法(IR)和 Raman 光谱法

红外吸收光谱法(IR)简称红外光谱法,是利用物质分子对红外辐射的特征吸收来鉴别分子结构或定量的方法。当光通过透明溶液时,有一部分光被散射,其频率与入射光不同,并且与发生散射的分子结构有关,这种散射即为 Raman 散射。Raman 光谱是建立在 Raman 散射效应基础上的光谱分析方法。

红外光谱和 Raman 光谱同属分子振动光谱,但它们的机理却不同。红外光谱是分子对红外光的特征吸收,而 Raman 光谱则是分子对光的散射。分子振动光谱具有以下特点:一是分子的振动能级不仅取决于分子的组成,也与其化学键、官能团的性质和空间分布等结构特征密切相关,振动光谱可对物质的组成和结构特征提供十分丰富的信息,最重要和最广泛的用途是对有机化合物进行结构分析。二是分子振动光谱是一种非破坏性分析方法,即无损分析,还可进行定量分析。三是分子振动光谱广泛应用于各种试样的分析,不论是固体、液体和气体,还是表面、固液气界面、微区、整体试样和逐层结构等,均可进行分析。

红外光谱最重要的应用是中红外区有机化合物的结构鉴定。近年来红外吸收光谱的定量分析应用也有不少报道,尤其是近红外、远红外区的定量分析,如色谱-傅里叶变换红外吸收光谱联用,近红外区用于含有与 C,N,O 等原子相连基团化合物的定量分析,远红外区用于无机化合物研究等(图 6-2-4)。目前,Raman 光谱技术逐渐在生物学、材料、地质、考古、医药、食品、珠宝和化学化工等领域得到了越来越广泛的应用。

图 6-2-4 傅立叶变换红外光谱仪(左)和透射拉曼光谱仪(右)

(3) 核磁共振波谱法(NMR)

核磁共振(NMR)是在强磁场下电磁波与原子核自旋相互作用的一种基本物理现象。NMR 波谱学的研究是以原子核自旋为探针，详尽反映原子核周围化学环境的变化。NMR 波谱学不仅可用来对各种有机和无机化合物的结构、成分进行定性分析，而且还可用于定量研究。与紫外-可见吸收光谱法和红外吸收光谱法类似，NMR 波谱也属于吸收光谱。与其他谱学分析方法，如质谱、红外吸收光谱等相比，NMR 波谱灵敏度相对较低，但它提供原子水平上的结构信息量是其他方法所无法比拟的。在已发现的利用共振现象的谱学中，NMR 波谱学具有最高的频率分辨率。目前，NMR 波谱技术已成为化学、物理学、生物学、医药等领域中最重要的仪器分析手段之一(图 6-2-5)。

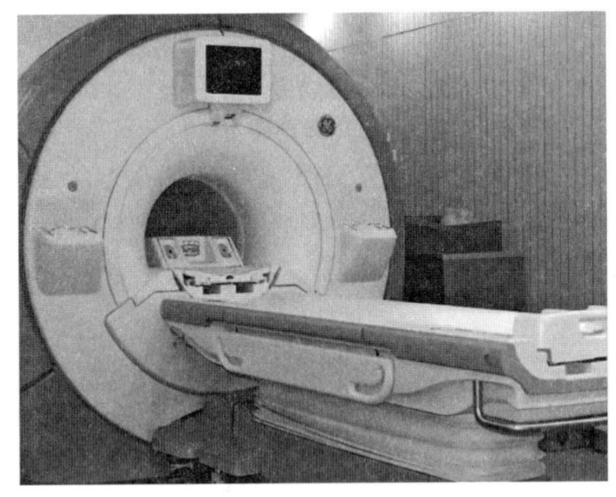

图 6-2-5　医用核磁共振成像仪

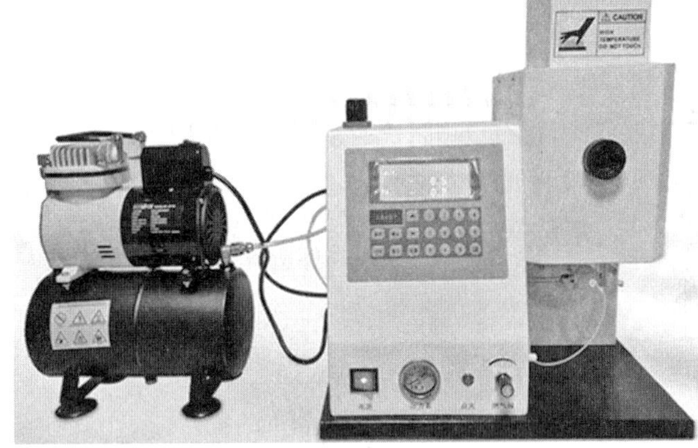

图 6-2-6　火焰光度计

(4) 火焰原子发射光谱法(FAES)

用火焰进行激发并以光电系统检测被激发元素辐射强度的分析方法，称为火焰原子发射光谱法，也称火焰光度法，它属于原子发射光谱分析范畴。可使用火焰光度计(图 6-2-6)或具有发射功能的原子吸收分光光度计进行检测。

火焰原子发射光谱法是将被测成分制成溶液，用压缩空气将试液喷成细雾，并与燃料气体混合在喷灯上燃烧。被测元素在火焰中被激发而产生光谱，经分光器分解成不同波长的谱线，使被测元素特征谱线投射到光电池或光电倍增管上，产生光电流，借检测系统测量谱线强度。

火焰的温度对原子的激发很重要。煤气和空气混合的低温火焰，只能激发碱金属和碱土金属原子，所以特别适用于硅酸盐、碳酸盐、土壤、肥料、植物、血清、组织液中的 K、Na、Ca 等元素的测定，方法的灵敏度和准确度都较高。乙炔和空气、氧化亚氮和乙炔、氢和氧以及乙炔和氧等配合气体的高温火焰可激发第三族及部分过渡元素。

(5) 电感耦合等离子体发射光谱法(ICP-OES)

电感耦合等离子体发射光谱法(ICP-OES)是一种以电感耦合等离子体(ICP)作为激发光源进行发射光谱分析的方法。原子或离子在电感耦合等离子体炬激发源的作用下变成激发态，利用激发态的原子或离子返回基态时所发射的特征光谱来测定物质中元素组成和含量。

电感耦合等离子体用电感耦合传递功率，是应用较广的一种等离子光源。ICP 光源由高频发生器、进样系统(包括供气系统)和等离子炬管三部分组成。与其他光源相比，ICP 光源具有以下突出的优点：一是检出限低，各种元素的检出限一般在 $10^{-1}\sim10^{-5}\mu g\cdot mL^{-1}$ 范围；二是稳定性好、精密度和准确度高，相对标准偏差约为 1%；三是自吸效应、基体效应小，分析标准曲线动态范围宽；四是选择合适的观测高度，光谱背景小。ICP 光源的局限性在于对非金属测定灵敏度低，仪器价格昂贵，运行维

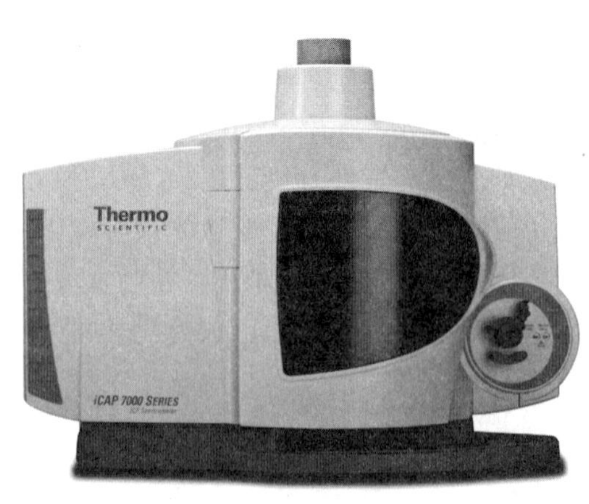

图 6-2-7 电感耦合等离子体发射光谱仪

持费用较高(图 6-2-7)。

(6) 原子吸收光谱法(AAS)

原子吸收光谱法是基于被测元素基态原子在蒸气状态对其原子共振辐射的吸收进行元素定量分析的方法。

原子吸收光谱法具有以下特点：一是检出限低，灵敏度高。火焰原子吸收法的检出限可达到 10^{-9}(ppb)级，石墨炉原子吸收法的检出限可达到 $10^{-10}\sim10^{-14}$ g。二是分析精度好。火焰原子吸收法测定中等和高含量元素的相对标准差可<1%，其准确度已接近于经典化学方法。石墨炉原子吸收法的分析精度一般约为 3%～5%。三是分析速度快。原子吸收光谱仪在 35 min 内，能连续测定 50 个试样中的 6 种元素。四是应用范围广。可测定的元素达 70 多个，不仅可以测定金属元素，也可以用间接原子吸收法测定非金属元素和有机化合物。五是仪器比较简单，操作方便。

原子吸收光谱法的不足之处是多元素同时测定尚有困难，有相当一些元素的测定灵敏度还不能令人满意，如钨、铌、锆等。图 6-2-8 为原子吸收分光光度计。

图 6-2-8 原子吸收分光光度计

图 6-2-9 原子荧光分光光度计

(7) 原子荧光光谱法(AFS)

原子荧光光谱法(AFS)是 20 世纪 60 年代发展起来的一种新的痕量元素分析法。这种方法是通过测量被测定元素的原子蒸气在辐射能激发下产生的荧光发射强度进行元素定量分析的方法。经过国内众多分析科学工作者的长期努力，现已形成了具有我国特色的原子荧光光谱法分析理论与仪器(图 6-2-9)。原子荧光光谱法的主要优点：一是方法的灵敏度高、检出限低。比如锌、镉元素的检出限分别可达 $0.04\ ng\cdot mL^{-1}$ 和 $0.001\ ng\cdot mL^{-1}$。现已有 20 多种元素的检出限优于原子吸收光谱法。由于原子荧光的辐射强度与激发光强度成正比，采用新的高强度光源可进一步降低其检出限。二是线性范围宽。在低浓度范围内，标准曲线的线性范围可达 3～5 个数量级。三是谱线比较简单，可以采用无色散的原子荧光仪器，仪器结构较简单，价格便宜。四是由于原子荧光是朝空间各个方向发射的，便于制造多通道仪器，实现多元素同时测定。

原子荧光光谱法目前多用于砷、铋、汞、铅、锑、硒、碲、锡和锌等元素的分析，在地质、冶金、环境科学、材料科学、生物医学、石油、农业等领域得到了广泛的应用。但由于存在荧光淬灭效应、散射光的干扰和复杂基体的试样测定比较困难等问题，限制了原子荧光光谱法的应用。相比之下，该方法不如原子发射光谱法和原子吸收光谱法用得广泛。

(8) X 射线光谱法

X 射线是由高能电子的减速运动或原子内层轨道电子跃迁所产生的短波电磁辐射，其波长为 10^{-6}～10 nm，在 X 射线光谱法中，常用波长为 0.01～2.5 nm，多用于元素的定性、定量及固体表面薄层成分分析等方面。

与其他光谱法一样，X 射线光谱法也是基于对电磁辐射的发射、吸收、散射、衍射等的测定所建立起来的一种仪器分析方法。X 射线荧光法(XRF)和 X 射线吸收法(XRA)被广泛用于元素的定性和定量分析。一般来说，它们可用于测定元素周期表中原子序数大于钠的元素；如果采用特殊的设备，还可测定原子序数在 5～10 的元素。定量测定的浓度范围可以为常量、微量或痕量。而 X 射线衍射法(XRD)则被广泛用于晶体结构测定。

① X 射线荧光法(XRF)

X 射线荧光法采用从 X 射线管或同位素源出来的 X 射线来激发试样。此时，试样中的元素将初级 X 射线束吸收而激发并发射出其自己的特征 X 射线荧光。这一分析方法称为 X 射线荧光法，它可以对原子序数大于氧的所有元素进行定性分析，也可以对元素进行半定量或定量分析，最独特的优点是对试样无损伤，被广泛用于金属、合金、矿物、环境保护、外空探索等各个领域(图 6-2-10)。

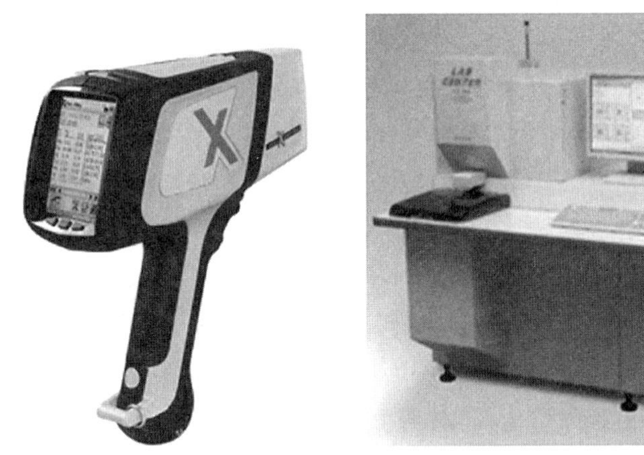

图 6-2-10　手持式 XRF 分析仪(左)和波长色散型 X 射线荧光光谱仪(右)

② X 射线吸收法(XRA)

X 射线吸收法的应用远不及 X 射线荧光法广泛。虽然吸收测量可以在相对无基体效应的情况下进行，但所涉及的技术与 X 射线荧光法比起来相当麻烦和耗时。因此，多数情况下，X 射线吸收法应用于基体效应极小的试样。因为 X 射线吸收峰很宽，直接吸收方法一般仅用于由轻元素组成基体的试样中单个高原子序数元素的测定。如汽油中 Pb 的测定和碳氢化合物中卤素元素的测定。

③ X 射线衍射法(XRD)

X 射线衍射法是目前测定晶体结构的重要手段，应用极其广泛。晶体是由原子、离子或分子在空间周期性排列而构成的固态物质。自然界中的固态物质，绝大多数是晶体。由于晶体中原子散射的电磁波互相干涉和互相叠加而在某一个方向得到加强或抵消的现象称为衍射，其相应的方向称为衍射方向。一个原子对 X 射线的散射能力取决于它的电子数。晶体衍射 X 射线的方向与构成晶体的晶胞大小、形状及入射 X 射线波长有关。衍射光的强度则与晶体内原子的类型和晶胞内原子的位置有关。所以从所有衍射光束的方向和强度来看，每种类型晶体物质都有自己的衍射图。衍射图是晶体化合物的“指纹”，可用作定性分析的依据。X 射线衍射法可分为多晶粉末法和单晶衍射法两种。

6.2.2.2 电分析化学法

电分析化学是仪器分析的一个重要组成部分，它是基于物质在电化学池中的电化学性质及其变化规律进行分析的一种方法，通常以电位、电流、电荷量和电导等电学参数与被测物质的量之间的关系作为计量的基础。

(1) 电位分析法

电位分析法，按IUPAC建议是通过化学电池的电流为零的一类方法。电位分析法又分为两种，即电位法和电位滴定法。电位法一般使用专用的指示电极，如离子选择电极，把被测离子的活(流)度通过毫伏电位计显示为电位(或电动势)读数，由Nernst方程求算其活(浓)度。也可以把电位计设计为有专用的控制挡，能直接显示出活度相关值，如pH(图6-2-11)。而电位滴定法相似于化学滴定分析法，仅是利用电极电位在化学计量点附近的突变来代替指示剂的颜色变化确定滴定终点。被测物质含量的求得方法与化学滴定法完全相同。

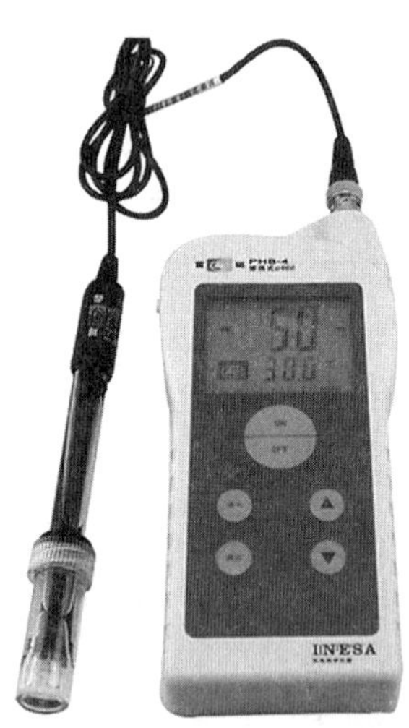

图6-2-11 便携式酸度计

无论是电位法，还是电位滴定法，测量体系都需要有两个电极与测量溶液直接接触，其相连导线又与电位计连接构成一个化学电池通路。电位分析法测量装置中，其中一支电极称为指示电极，响应被测物质活度，其结果能在毫伏电位计上读得。另一支电极称为参比电极，其电极电位值恒定，不随被测溶液中物质活度变化而变化。

(2) 电导分析法

测定溶液的电导以求得溶液中某物质浓度的方法称为电导分析法。电导分析法具有简单、快速和不破坏被测样品等优点(图6-2-12)。由于一种溶液的电导是其中所有离子电导的总和，因此，电导测量只能用来估算离子的总和。电导分析法可分为电导法和电导滴定法两种。

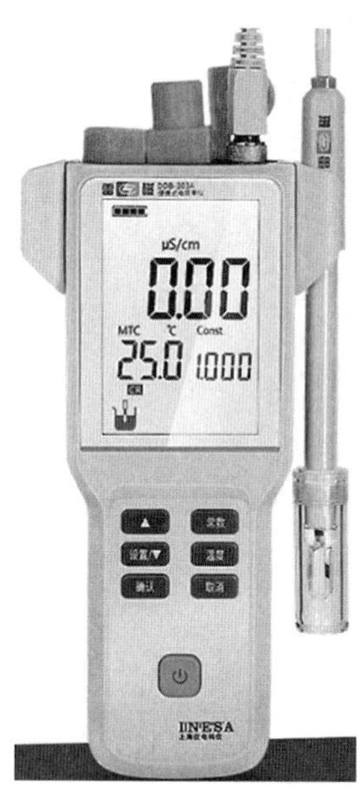

图6-2-12 便携式电导率仪

(3) 电解和库仑法

电解分析包括两种方法：一是利用外电源将被测溶液进行电解，使欲测物质能在电极上析出，然后称量析出物的质量，计算出该物质在试样中的含量，这种方法称为电重量分析法；二是使电解的物质由此得以分离，因而称为电分离分析法。

库仑分析法是在电解分析法的基础上发展起来的一种分析方法。它不是通过称量电解析出物的质量，而是通过测量被测物质在100%电流效率下电解所消耗的电荷量来进行定量分析的方法，定量依据是Faraday定律。

电重量分析法比较适合高含量物质测定，而库仑分析法即使用于痕量物质的分析，仍然具有很高的准确度。库仑分析法，与大多数其他仪器分析方法不同，在定量分析时不需要基准物质和标准溶液，是电荷量对化学量的绝对分析方法。

(4) 伏安法和极谱法

伏安法与极谱法是一种特殊形式的电解方法，它以小面积的工作电极与参比电极组成电解池，电解被分析物质的稀溶液，根据所得到的电流-电位曲线来进行分析(图6-2-13)。它们的差别主要是工作电极的不同，传统上将滴汞电极作为工作电极的方法称为极谱法，而使用固态、表面静止或固定电极作为工作电极的方法称为伏安法。近年来，由于各类固态电极不断发展，传统的滴汞电极不仅受到了很大限制，而且在技术上，滴汞电极表面积也已变得可控或固定化(如静汞滴电极)。因此，伏安法已成为最主要的分析方法。但值得指出的是，伏安法的发展与经典极谱法的基本理论密切相关。

伏安分析法不同于近乎零电流下的电位分析法，也不同于溶液组成发生很大改变的电解分析法，由于其工作电极表面积小，虽有电流通过，但电流很小，因此溶液的组成基本不变。它的实际应用相当广泛，凡能在电极上发生还原或氧化反应的无机、有机物质或生物分子，一般都可用伏安法测定。在基础理论研究方面，伏安法常用来研究电化学反应动力学及其机理，测定配位化合物的组成及化学平衡常数，描述某些生物化学反应及其过程等。

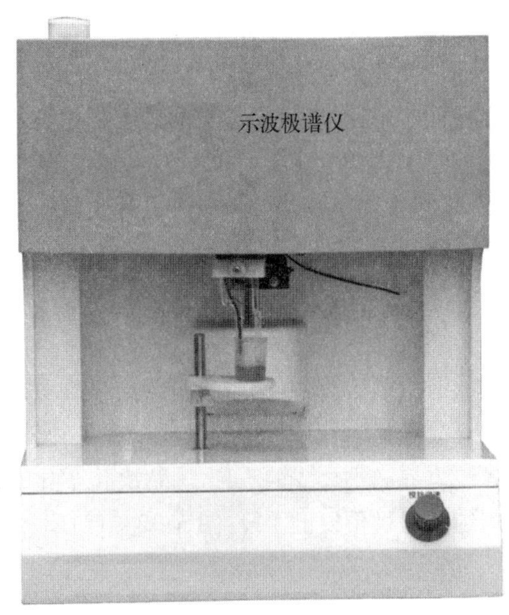

图 6-2-13　示波极谱仪

6.2.2.3　色谱法

(1) 气相色谱法(GC)

气相色谱法是以气体为流动相的色谱分离技术，主要基于溶质与固定相作用。根据所用固定相状态不同，气相色谱可分为两类：一类为气-固吸附色谱，固定相为多孔性固体吸附剂，其分离主要基于溶质与固体吸附能力等差异；另一类为气-液分配色谱，用高沸点的有机化合物固定在惰性载体上形成的液膜作为固定相，其分离基于溶质在固定相的溶解能力等不同导致分配系数差异。

目前，由于高选择性的色谱柱的研制、高灵敏度检测器及微处理机的广泛应用，气相色谱具有分离选择性好、柱效高、速度快、检测灵敏度高、试样用量少、应用范围广等许多特点，成为当代最有力的多组分混合物分离分析方法之一，已广泛应用于石油化工、环境科学、医学、农业、生物化学、食品科学、生物工程等领域(图 6-2-14)。

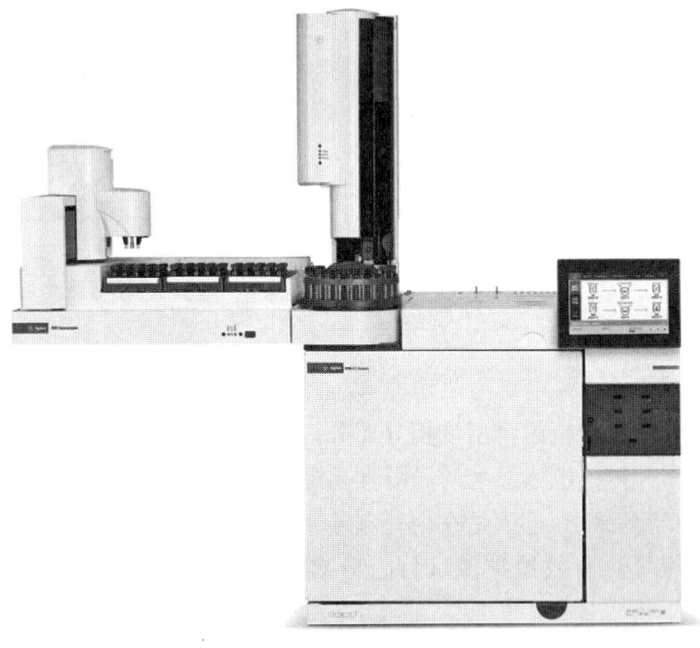
图 6-2-14　气相色谱仪

气相色谱也有一定的局限：在没有纯标样条件下，对试样中未知物的定性和定量较为困难，往往需要与红外光谱、质谱等结构分析仪器联用；沸点高、热稳定性差、腐蚀性和反应活性较强的物质，气相色谱分析比较困难。

(2) 高效液相色谱法(HPLC)

液相色谱是色谱法的一个重要分支,以液体为流动相。高效液相色谱是在早期液相色谱的基础上发展而来的,早期液相色谱的固定相填料,运行时流动相流速低、分离速率慢,难以满足现代分离需求。随着色谱理论的完善及仪器加工技术的进步,1967 年出现了以高压、高速为特点的现代高效液相色谱仪,直接推动了高效液相色谱法的快速发展。根据固定相和分离机理的不同,高效液相色谱可以分为以下几种类型: 液-固吸附色谱、液-液分配色谱、化学键合相色谱、离子交换色谱、离子色谱和尺寸排阻色谱等。

高效液相色谱具有柱效高、可分析对象相当广泛和应用范围广等优点。不足之处在于缺少高灵敏度的通用型检测器,使用有机溶剂为流动相易造成环境污染、梯度洗脱操作相对复杂等。随着各种新型色谱分离材料和柱技术的发展以及各种分离模式和联用技术的发展,高效液相色谱法已成为人们认识客观世界必不可少的工具,为解决化学化工、生物、医药、环境、食品等领域中复杂试样的分离分析和分离纯化提供重要的手段(图 6-2-15)。

图 6-2-15 高效液相色谱仪

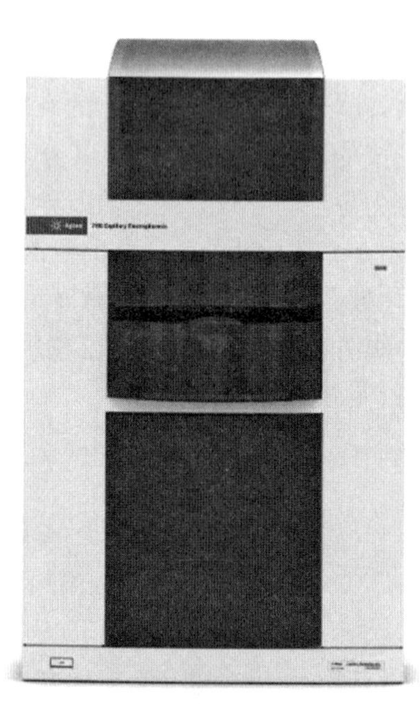

图 6-2-16 毛细管电泳仪

(3) 毛细管电泳法(CE)

毛细管电泳是一类以高压直流电场为驱动力,以毛细管为分离通道,依据试样中各组分之间淌度和分配行为的差异而实现分离分析的新型液相分离分析技术(图 6-2-16)。它是经典电泳和现代微柱分离技术相结合的产物。传统电泳最大的局限性是难以克服电场高电压所引起的电介质离子流的自热,即焦耳热。在毛细管电泳中,电泳是在内径很小的毛细管中进行,由于毛细管具有很高的表面积/体积比,能使产生的焦耳热有效地扩散,因此,分离过程能在高电压下进行,极大地提高了分离速率。

毛细管电泳是分析科学中继高效液相色谱之后的又一重大进展,它使分析科学从微升水平得以进入纳升水平,并使单细胞分析成为可能。与高效液相色谱法相比,毛细管电泳具有操作简单、试样量少、分析速率快、柱效高、成本低等优点。但毛细管电泳在迁移时间的重现性、进样的准确性和检测灵敏度方面比高效液相色谱法稍逊。毛细管电泳在分离核酸、蛋白质等生物大分子方面具有得天独厚的优势,特别有代表性的实例是人类基因组测序,高通量阵列毛细管电泳促使原本计划 15 年完成的人类基因组计划的完成时间大大提前。除此之外，毛细管电泳法在药物分析、环境分析、医学诊断、手性分离等方面也得到广泛应用。

6.2.2.4　其他仪器分析法

(1) 质谱分析法(MS)

质谱分析法是通过对被测试样离子质荷比的测定进行分析的一种分析方法。被分析的试样首先离子化，然后利用不同离子在电场或磁场中运动行为的不同，把离子按质荷比分开而得到质谱，通过试样的质谱和相关信息，可以得到试样的定性定量结果。目前质谱分析法已广泛地应用于化学、化工、材料、环境、地质、能源、药物、刑侦、生命科学、运动医学等各个领域。

质谱仪种类非常多，工作原理和应用范围也有很大的不同。从分析对象来看，质谱法可以分为原子质谱法和分子质谱法。原子质谱法，亦称无机质谱法，如电感耦合等离子体发射-质谱法(ICP - MS)，广泛用于各种试样中元素的识别和浓度的测定。分子质谱法，如气相色谱-质谱法(GC - MS)、高效液相色谱-质谱法(HPLC - MS)，主要研究对象是有机分子。

① 气相色谱-质谱法(GC - MS)

气相色谱仪器将复杂混合物试样各组分分离后，依次流入气相色谱仪与质谱仪器之间的接口装置，并顺序进入质谱系统，经质谱分析检测后，按时序将测试数据传递给计算机系统并存储(图 6 - 2 - 17)。联用仪各部件功能如下：气相色谱实现对复杂试样的分离，接口充当适配器，让气相色谱仪器的大气压操作环境与质谱的真空操作体系相匹配，质谱仪器实现对各组分的检测分析，计算机控制系统交互控制着气相色谱仪器、接口、质谱仪器及数据采集、处理等，这是仪器的核心控制单元。GC - MS 联用已成为有机化合物常规检测的必备工具。

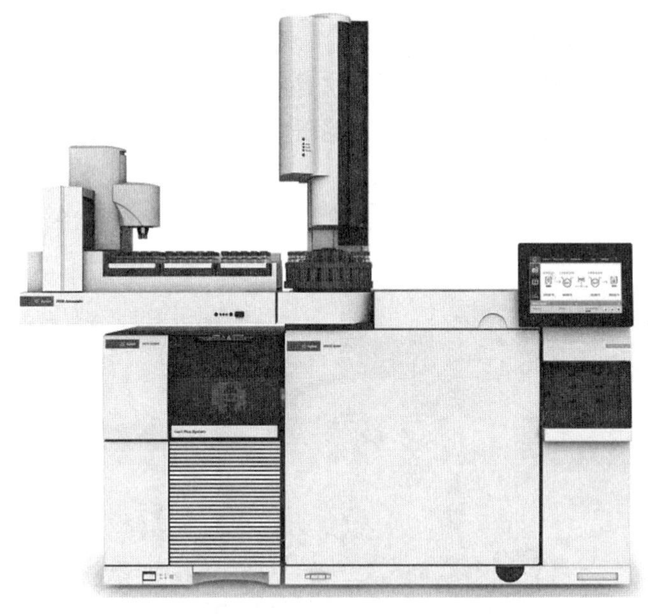

图 6 - 2 - 17　气相色谱质谱联用仪

② 高效液相色谱-质谱法(HPLC - MS)

高效液相色谱-质谱联用指高效液相色谱仪与质谱仪的在线联用。与 GC - MS 类似，液相色谱作为质谱的特殊进样器。目前已知的 70%以上的化合物是低挥发性、大相对分子质量或热不稳定的，这些化合物无法直接用气相色谱分离，而这些化合物广泛存在于当前应用和发展最广泛、最有潜力的领域，包括生物、医药、环境等方面，因而液相色谱-质谱的联用显得更为迫切。

液相色谱-质谱联用仪(LC - MS)主要由色谱仪、接口装置、质谱仪和计算机控制系统等部分组成(图 6 - 2 - 18)。其中接口装置是 LC - MS 的技术关键，其主要作用是去除溶剂并使试样离子化。LC - MS 得到的质谱一般比较简单，结构信息少，进行定性分析比较困难，主要依靠标准试样定性，对于多数试样，只要保留时间相同，子离子谱也相同，即可定性。用 LC - MS 进行定量分析，其基本方法与普通液相色谱法相同，即通过色谱峰面积和校正因子(或标样)进行定量。但由于色谱分离方面的问题，一个色谱峰可能包含多个组分，使分析结果产生误差。因此，在LC - MS定量分析中，不采用总离子流色谱图，而是采用与待测组分相对应的特征离子得到的质量色谱图或多离子监测色谱图，在这些色谱图中，不相关的组分将不出峰，这样可以大大减少组分之间的相互干扰。以 ESI 和 APCI 接口为代表的 LC - MS 技术已经在药物、化工、环保、临床医学、分子生物学等领域得到了广泛的应用。

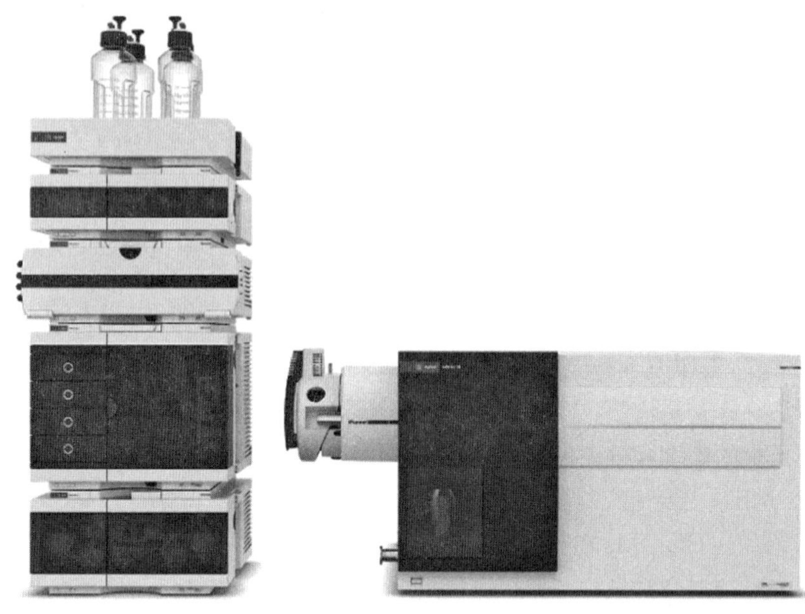

图 6－2－18 液相色谱-质谱联用仪

③ 电感耦合等离子体发射-质谱法(ICP－MS)

电感耦合等离子体质谱法是以 ICP 焰炬作为原子化器和离子化器,溶液试样经过气动或超声雾化器雾化后可以直接导入 ICP 焰炬,而固体试样可以采用火花源、激光或辉光放电等方法汽化后导入。对大多数元素,用ICP－MS分析试样能够得到很低的检出限、高选择性及相当好的精密度和准确度。

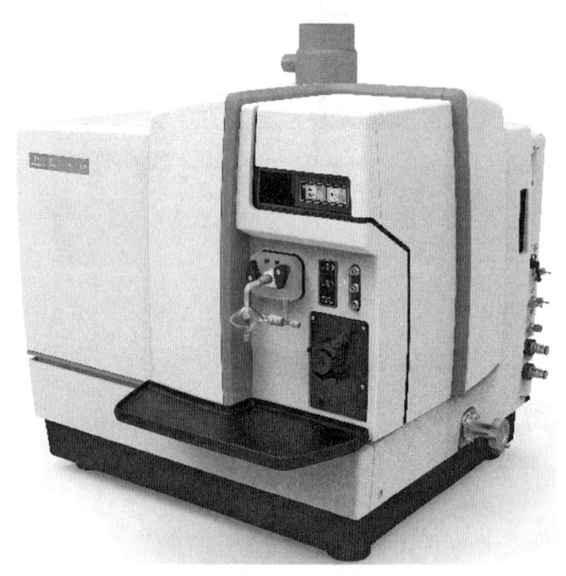

图 6－2－19 电感耦合等离子体质谱仪

ICP－MS 可以用于物质试样中一个或多个元素的定性、半定量和定量分析。ICP－MS 可以测定的质量范围为 3～300 u,分辨能力小于 1 u,能测定元素周期表中 90%的元素,大多数检出限在 0.1～10 ng/mL且有效测量范围达 6～8 个数量级,相对标准偏差为 2%～4%,非常适合多元素的同时测定分析(图 6－2－19)。

④ 多级质谱(MS－MS)

多级质谱将多个质谱串联,最简单的就是将两个质谱顺序连接获得的二级串联质谱,其中第一级质谱对离子进行预分离,将感兴趣的离子作为下一级质谱的试样源,经过适当方式获得碎片离子等送入第二级质谱,由第二级质谱进一步分离分析。与单级质谱相比,多级质谱有几个突出的优点:多级质谱有利于对物质进行定性,获得结构信息;多级质谱适合于复杂混合物的分析;多级质谱可使试样的预处理大大简化,尤其那些难以进行处理或是在离子化过程中引入的杂质。多级质谱的抗干扰、抗污染、检测灵敏度高等优势使其在环境监测、未知物分析、新药开发、农药残留等方面显示出广泛的应用前景。

(2) 热分析方法(TA)

热分析是在程序控制温度下,测量物质的物理性质与温度关系的技术。物质在加热或者冷却过程中,随着物质的相态、结构和化学性质变化,通常伴有相应的物理性质参数如质量、反应热、膨胀系数、比热容等的变化；由物理性质参数随温度变化，研究物质成分、状态、结构及其他物理化学性质。热分析法已经成为对物质分析和研究的有力工具。根据测量物质的物理性质的不同，热分析方法的种类是多种多样的。如差热分析(DTA)、热重分析(TG)、差示扫描量热(DSC)和热机械分析(TMA、DMA)等。在热分析技术中，应用得最广的是热重法、差热分析与差示扫描量热法，在药学、高分子领域及生物大分子领域均有广泛的应用(图 6-2-20)。

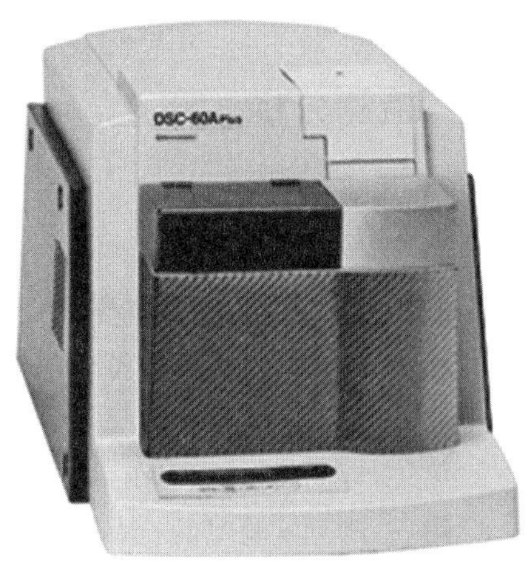

图 6-2-20　差示扫描量热仪

(3) 流动注射分析法(FIA)

将试样处理成溶液后再进行化学分析的方法统称为溶液化学分析法(或湿法分析法)。该法大约已有两百多年的历史，目前依然是分析化学中应用最为普遍的方法。20 世纪初开始，人们一直致力于研发溶液化学分析的自动化技术，大致经历了 20 世纪初的间歇式自动分析、20 世纪 50 年代的连续流动分析、20 世纪 70 年代的流动注射分析以及从 20 世纪 90 年代开始到目前仍在蓬勃发展的微流控分析等。

流动注射分析(FIA)是指将试样溶液以“试样塞”的形式注入试剂载流中，试样塞随载流向下游流动的过程中，扩散成试样带，并与载流发生混合和反应，当含有产物的试样带流经检测池时产生分析信号。由于 FIA 不再使用气泡间隔试样，液流的稳定性得到保障，加上进样体积高度重现，使得信号的测量可以在化学反应的初始阶段(非平衡态)高度重现地进行，由此大大提高了分析速率，且精密度也得到改善。因此，流动注射分析在 20 世纪 70～90 年代得到迅速的发展，可用于测定水中硫化物、氨氮、硝酸盐氮、挥发酚、氰化物、总磷、总氮、阴离子表面活性剂及六价铬等有毒有害物质的含量。流动注射分析法具有以下特点：一是重现性好。FIA 相对标准偏差(RSD)一般可以达到 1%左右，复杂 FIA 系统也可以控制在 2%～3%。二是分析速率快。一般的 FIA 系统每小时可进样 100～350 次，包含复杂在线试样预处理过程的系统也可达到每小时进样 40～60 次。三是试剂和试样消耗量小。一般进行一次测定仅需要试样 25～100 μL、试剂 100～300 μL，为传统手工操作所需量的 1/10～1/50，对环境友好。四是仪器简单、应用范围广。FIA 所需设备简单，可与许多种分析仪器，如分光光度计、分子荧光和化学发光仪、原子吸收计、原子荧光、等离子发射光(质)谱、电化学分析仪等联用，组成自动或半自动的分析系统，完成各种分析任务。图 6-2-21 为全自动流动注射分析仪。

图 6-2-21　全自动流动注射分析仪

6.3 检测分析

6.3.1 样品的接收

6.3.1.1 对来样的基本要求

第一，样品采集过程应符合调查方案设计要求，符合土壤污染状况调查相关规范和相应的检测方法的要求；

第二，样品的运输和保存应符合相关要求；

第三，送到实验室的样品应在其有效期内并仍有充足的时间确保检测工作在其样品的有效期内完成；

第四，样品的量足够；

第五，样品的标签清晰、信息充分。

6.3.1.2 样品交接的基本要求

第一，样品送达实验室后，由样品管理员接收。

第二，样品管理员对样品进行符合性检查：样品包装、标识及外观是否完好；对照采样记录单检查样品名称、采样地点、样品数量、形态等是否一致；核对保存剂加入情况；样品是否冷藏，冷藏温度是否满足要求；样品是否有损坏或污染。

第三，当样品有异常，或对样品是否适合测试有疑问时，样品管理员应及时向送样人员或采样人员询问，并记录有关说明及处理意见，当明确样品有损坏或污染时须重新采样。

第四，样品管理员确定样品符合样品交接条件后，进行样品登记。并由交接双方签字。地下水样品交接登记表单的填写内容可包括送样日期、送样时间、监测点(井)名称、样品编号、监测项目、样品数量、样品性状、采样日期、送样人员、监测后样品处理情况等，并由送样人和接样人的签名。土壤样品交接登记表单填写内容可包括送样日期、送样时间、监测点名称(或编号)、样品编号、监测项目、样品数量、样品性状、采样日期、送样人员、监测后样品处理情况等，并能反映各瓶样品加入保护剂的情况，最后由送样人和接样人签名。

6.3.2 样品管理

6.3.2.1 样品保存的环境要求

第一，应保持样品贮存间清洁、通风、无腐蚀的环境，并对贮存环境条件加以维持和监控。

第二，样品贮存间应有冷藏、防水、防盗和门禁措施，以保证样品的安全性。

第三，土壤样品、水质样品应分区或分间存放；对于存在显著污染或疑似存在显著污染的样品应分开保存。

6.3.2.2 样品在实验室内部的流转

第一，样品在实验室流转过程中，除样品唯一性标识需转移和样品测试状态需标识外，任何人、任何时候都不得随意更改样品唯一性编号。分析原始记录应记录样品唯一性编号。

第二，在实验室测试过程中，由测试人员及时做好分取样品的标识，并根据测试状态及时做好相应的标记。

6.3.2.3 样品的留存

地下水样品变化快、时效性强，监测后的样品均留样保存意义不大，但对于测试结果异常样品、应急监测和仲裁监测样品，应按样品保存条件要求保留适当时间。留样样品应有留样标识。土壤样品中的有机污染物也很容易变质,因此这一条对有些土壤样品检测参数来说同样有效,其他样品应尽量保存较长的时间,以备复测等用。

6.3.3 土壤样品的制备

6.3.3.1 制样室要求

需分设风干室和磨样室。风干室要求朝南(严防阳光直射土样),通风良好,整洁,无尘,无易挥发性化学物质。

6.3.3.2 制样工具及容器

需备有风干用的白色搪瓷盘及木盘,粗粉碎用的木槌、木滚、木棒、有机玻璃棒、有机玻璃板、硬质木板、无色聚乙烯薄膜,磨样用的玛瑙研磨机(球磨机)或玛瑙研钵、白色瓷研钵,过筛用的尼龙筛(规格为2~100目),装样用的具塞磨口玻璃瓶、具塞无色聚乙烯塑料瓶或特制牛皮纸袋(规格视量而定)。

6.3.3.3 制样程序

制样者与样品管理员同时核实清点、交接样品,在样品交接单上双方签字确认。

(1) 风干

在风干室将土样放置于风干盘中,摊成2~3 cm的薄层,适时地压碎、翻动,拣出碎石、沙砾、植物残体。

(2) 样品粗磨

在磨样室将风干的样品倒在有机玻璃板上,用木槌敲打,用木滚、木棒、有机玻璃棒再次压碎,拣出杂质,混匀,并用四分法取压碎样,过孔径0.25 mm(20目)尼龙筛。过筛后的样品全部放置于无色聚乙烯薄膜上,并充分搅拌混匀,再采用四分法取其两份,一份交样品库存放,另一份作样品的细磨用。粗磨样可直接用于土壤pH、阳离子交换量、元素有效态含量等项目的分析。

(3) 样品细磨

用于细磨的样品再用四分法分成两份,一份研磨到全部过孔径0.25 mm(60目)筛,用于农药或土壤有机质、土壤全氮量等项目分析;另一份研磨到全部过孔径0.15 mm(100目)筛,用于土壤元素全量分析。

(4) 样品分装

研磨混匀后的样品,分别装于样品袋或样品瓶,填写土壤标签。

(5) 注意事项

第一,制样过程中采样时的土壤标签与土壤始终放在一起,严禁混错,样品名称和编码始终不变;

第二,制样工具每处理一份样后要擦抹(洗)干净,严防交叉污染;

第三,分析挥发性、半挥发性有机物或可萃取有机物无须上述制样,用新鲜样按特定的方法进行样品前处理。

6.3.4 实验测试

6.3.4.1 检测方法及仪器设备

土壤、沉积物和水质样品测试方法采用《土壤环境质量　建设用地土壤污染风险管控标准(试行)》(GB 36600—2018)、《土壤环境质量　农用地土壤污染风险管控标准(试行)》(GB 15618—2018)、《地下水质量标准》(GB/T 14848—2017)、《上海市建设用地土壤污染状况调查、风险评估、风险管控与修复方案编制、风险管控与修复效果评估工作的补充规定(试行)》(沪环土[2020]62号)、《地表水环境质量标准》(GB 3838—2002)的分析方法。上述标准中暂未制定分析方法的,优先选用国家标准及行业标准方法。新制定的标准如果满足筛选值要求，也可选择使用。土壤和沉积物主要污染物的检测方法及设备如表 6-3-1 所示，水质中主要污染物的检测方法及设备如表 6-3-2 所示。

表 6-3-1 土壤和沉积物中主要污染物的检测方法及设备

污染物项目	标准方法编号	检测技术方法	前处理设备	分析设备	方法选择依据	方法检出限 (mg/kg)
pH	HJ 962—2018	电极法	—	酸度计	GB 15618	—
	LY/T 1239—1999	电极法	—	酸度计	—	—
	NY/T 1377—2007	电极法	—	酸度计	—	—
	NY/T 1121.2—2006	电极法	—	酸度计	—	—
砷	HJ 680—2013	AFS	微波消解仪	原子荧光光度计	GB 36600、GB 15618	0.01
	HJ 803—2016	ICP-MS	电热板、微波消解仪、全自动石墨消解仪	电感耦合等离子体质谱仪	GB 36600、GB 15618	0.6
	GB/T 22105.2—2008	AFS	水浴锅	原子荧光光度计	GB 36600、GB 15618	0.01
镉	GB/T 17141—1997	AAS	电热板、全自动石墨消解仪	原子吸收分光光度计	GB 36600、GB 15618	0.01
铬(六价)	HJ 1082—2019	AAS	搅拌加热装置	原子吸收分光光度计	GB 36600	0.5
铬	HJ 491—2019	AAS	电热板、微波消解仪、全自动石墨消解仪	原子吸收分光光度计	GB 15618	4
	HJ 780—2015	XRF	粉末压片机	X 射线荧光光谱仪	GB 15618	3.0
铜	HJ 491—2019	AAS	电热板、微波消解仪、全自动石墨消解仪	原子吸收分光光度计	GB 36600、GB 15618	1
	HJ 780—2015	XRF	粉末压片机	X 射线荧光光谱仪	GB 36600、GB 15618	1.2
铅	GB/T 17141—1997	AAS	电热板、全自动石墨消解仪	原子吸收分光光度计	GB 36600、GB 15618	0.1
	HJ 780—2015	XRF	粉末压片机	X 射线荧光光谱仪	GB 36600、GB 15618	2.0
	HJ 491—2019	AAS	电热板、微波消解仪、全自动石墨消解仪	原子吸收分光光度计	—	10
汞	HJ 680—2013	AFS	微波消解仪	原子荧光光度计	GB 36600、GB 15618	0.002
	GB/T 22105.1—2008	AFS	水浴锅	原子荧光光度计	GB 36600、GB 15618	0.002

续　表

污染物项目	标准方法编号	检测技术方法	前处理设备	分析设备	方法选择依据	方法检出限（mg/kg）
汞	GB/T 17136—1997	AAS	电热板、全自动石墨消解仪	测汞仪	GB 36600、GB 15618	0.005
	HJ 923—2017	AAS	—	测汞仪	GB 36600、GB 15618	0.000 2
镍	HJ 491—2019	AAS	电热板、微波消解仪、全自动石墨消解仪	原子吸收分光光度计	GB 36600、GB 15618	3
	HJ 780—2015	XRF	粉末压片机	X射线荧光光谱仪	GB 36600、GB 15618	1.5
锌	HJ 491—2019	AAS	电热板、微波消解仪、全自动石墨消解仪	原子吸收分光光度计	GB 15618	1
	HJ 780—2015	XRF	粉末压片机	X射线荧光光谱仪	GB 15618	2.0
四氯化碳	HJ 642—2013	GC-MS	顶空进样器	气相色谱-质谱联用仪	GB 36600	0.002 1
	HJ 736—2015	GC-MS	顶空进样器	气相色谱-质谱联用仪	GB 36600	0.002
	HJ 605—2011	GC-MS	吹扫捕集仪	气相色谱-质谱联用仪	GB 36600	0.001 3
	HJ 735—2015	GC-MS	吹扫捕集仪	气相色谱-质谱联用仪	GB 36600	0.000 3
	HJ 741—2015	GC	顶空进样器	气相色谱仪	GB 36600	0.03
氯仿	HJ 642—2013	GC-MS	顶空进样器	气相色谱-质谱联用仪	GB 36600	0.001 5
	HJ 736—2015	GC-MS	顶空进样器	气相色谱-质谱联用仪	GB 36600	0.002
	HJ 605—2011	GC-MS	吹扫捕集仪	气相色谱-质谱联用仪	GB 36600	0.001 1
	HJ 735—2015	GC-MS	吹扫捕集仪	气相色谱-质谱联用仪	GB 36600	0.000 3
	HJ 741—2015	GC	顶空进样器	气相色谱仪	GB 36600	0.02
氯甲烷	HJ 736—2015	GC-MS	顶空进样器	气相色谱-质谱联用仪	GB 36600	0.003
	HJ 605—2011	GC-MS	吹扫捕集仪	气相色谱-质谱联用仪	GB 36600	0.001 0
	HJ 735—2015	GC-MS	吹扫捕集仪	气相色谱-质谱联用仪	GB 36600	0.000 3
1,1-二氯乙烷	HJ 642—2013	GC-MS	顶空进样器	气相色谱-质谱联用仪	GB 36600	0.001 6
	HJ 736—2015	GC-MS	顶空进样器	气相色谱-质谱联用仪	GB 36600	0.002

续 表

污染物项目	标准方法编号	检测技术方法	前处理设备	分析设备	方法选择依据	方法检出限(mg/kg)
1,1-二氯乙烷	HJ 605—2011	GC-MS	吹扫捕集仪	气相色谱-质谱联用仪	GB 36600	0.001 2
	HJ 735—2015	GC-MS	吹扫捕集仪	气相色谱-质谱联用仪	GB 36600	0.000 3
	HJ 741—2015	GC	顶空进样器	气相色谱仪	GB 36600	0.02
1,2-二氯乙烷	HJ 642—2013	GC-MS	顶空进样器	气相色谱-质谱联用仪	GB 36600	0.001 3
	HJ 736—2015	GC-MS	顶空进样器	气相色谱-质谱联用仪	GB 36600	0.003
	HJ 605—2011	GC-MS	吹扫捕集仪	气相色谱-质谱联用仪	GB 36600	0.001 3
	HJ 735—2015	GC-MS	吹扫捕集仪	气相色谱-质谱联用仪	GB 36600	0.000 3
	HJ 741—2015	GC	顶空进样器	气相色谱仪	GB 36600	0.01
1,1-二氯乙烯	HJ 642—2013	GC-MS	顶空进样器	气相色谱-质谱联用仪	GB 36600	0.000 8
	HJ 736—2015	GC-MS	顶空进样器	气相色谱-质谱联用仪	GB 36600	0.002
	HJ 605—2011	GC-MS	吹扫捕集仪	气相色谱-质谱联用仪	GB 36600	0.001 0
	HJ 735—2015	GC-MS	吹扫捕集仪	气相色谱-质谱联用仪	GB 36600	0.000 3
	HJ 741—2015	GC	顶空进样器	气相色谱仪	GB 36600	0.01
顺-1,2-二氯乙烯	HJ 642—2013	GC-MS	顶空进样器	气相色谱-质谱联用仪	GB 36600	0.000 9
	HJ 736—2015	GC-MS	顶空进样器	气相色谱-质谱联用仪	GB 36600	0.003
	HJ 605—2011	GC-MS	吹扫捕集仪	气相色谱-质谱联用仪	GB 36600	0.001 3
	HJ 735—2015	GC-MS	吹扫捕集仪	气相色谱-质谱联用仪	GB 36600	0.000 3
	HJ 741—2015	GC	顶空进样器	气相色谱仪	GB 36600	0.008
反-1,2-二氯乙烯	HJ 642—2013	GC-MS	顶空进样器	气相色谱-质谱联用仪	GB 36600	0.000 9
	HJ 736—2015	GC-MS	顶空进样器	气相色谱-质谱联用仪	GB 36600	0.003
	HJ 605—2011	GC-MS	吹扫捕集仪	气相色谱-质谱联用仪	GB 36600	0.001 4

续　表

污染物项目	标准方法编号	检测技术方法	前处理设备	分析设备	方法选择依据	方法检出限(mg/kg)
反-1,2-二氯乙烯	HJ 735—2015	GC-MS	吹扫捕集仪	气相色谱-质谱联用仪	GB 36600	0.000 3
	HJ 741—2015	GC	顶空进样器	气相色谱仪	GB 36600	0.02
二氯甲烷	HJ 642—2013	GC-MS	顶空进样器	气相色谱-质谱联用仪	GB 36600	0.002 6
	HJ 736—2015	GC-MS	顶空进样器	气相色谱-质谱联用仪	GB 36600	0.003
	HJ 605—2011	GC-MS	吹扫捕集仪	气相色谱-质谱联用仪	GB 36600	0.001 5
	HJ 735—2015	GC-MS	吹扫捕集仪	气相色谱-质谱联用仪	GB 36600	0.000 3
	HJ 741—2015	GC	顶空进样器	气相色谱仪	GB 36600	0.02
1,2-二氯丙烷	HJ 642—2013	GC-MS	顶空进样器	气相色谱-质谱联用仪	GB 36600	0.001 9
	HJ 736—2015	GC-MS	顶空进样器	气相色谱-质谱联用仪	GB 36600	0.002
	HJ 605—2011	GC-MS	吹扫捕集仪	气相色谱-质谱联用仪	GB 36600	0.001 1
	HJ 735—2015	GC-MS	吹扫捕集仪	气相色谱-质谱联用仪	GB 36600	0.000 3
	HJ 741—2015	GC	顶空进样器	气相色谱仪	GB 36600	0.008
1,1,1,2-四氯乙烷	HJ 642—2013	GC-MS	顶空进样器	气相色谱-质谱联用仪	GB 36600	0.001 0
	HJ 736—2015	GC-MS	顶空进样器	气相色谱-质谱联用仪	GB 36600	0.003
	HJ 605—2011	GC-MS	吹扫捕集仪	气相色谱-质谱联用仪	GB 36600	0.001 2
	HJ 735—2015	GC-MS	吹扫捕集仪	气相色谱-质谱联用仪	GB 36600	0.000 3
	HJ 741—2015	GC	顶空进样器	气相色谱仪	GB 36600	0.02
1,1,2,2-四氯乙烷	HJ 642—2013	GC-MS	顶空进样器	气相色谱-质谱联用仪	GB 36600	0.001 0
	HJ 736—2015	GC-MS	顶空进样器	气相色谱-质谱联用仪	GB 36600	0.003
	HJ 605—2011	GC-MS	吹扫捕集仪	气相色谱-质谱联用仪	GB 36600	0.001 2
	HJ 735—2015	GC-MS	吹扫捕集仪	气相色谱-质谱联用仪	GB 36600	0.000 3
	HJ 741—2015	GC	顶空进样器	气相色谱仪	GB 36600	0.02

续 表

污染物项目	标准方法编号	检测技术方法	前处理设备	分析设备	方法选择依据	方法检出限(mg/kg)
四氯乙烯	HJ 642—2013	GC-MS	顶空进样器	气相色谱-质谱联用仪	GB 36600	0.000 8
	HJ 736—2015	GC-MS	顶空进样器	气相色谱-质谱联用仪	GB 36600	0.002
	HJ 605—2011	GC-MS	吹扫捕集仪	气相色谱-质谱联用仪	GB 36600	0.001 4
	HJ 735—2015	GC-MS	吹扫捕集仪	气相色谱-质谱联用仪	GB 36600	0.000 3
	HJ 741—2015	GC	顶空进样器	气相色谱仪	GB 36600	0.02
1,1,1-三氯乙烷	HJ 642—2013	GC-MS	顶空进样器	气相色谱-质谱联用仪	GB 36600	0.001 1
	HJ 736—2015	GC-MS	顶空进样器	气相色谱-质谱联用仪	GB 36600	0.002
	HJ 605—2011	GC-MS	吹扫捕集仪	气相色谱-质谱联用仪	GB 36600	0.001 3
	HJ 735—2015	GC-MS	吹扫捕集仪	气相色谱-质谱联用仪	GB 36600	0.000 3
	HJ 741—2015	GC	顶空进样器	气相色谱仪	GB 36600	0.02
1,1,2-三氯乙烷	HJ 642—2013	GC-MS	顶空进样器	气相色谱-质谱联用仪	GB 36600	0.001 4
	HJ 736—2015	GC-MS	顶空进样器	气相色谱-质谱联用仪	GB 36600	0.002
	HJ 605—2011	GC-MS	吹扫捕集仪	气相色谱-质谱联用仪	GB 36600	0.001 2
	HJ 735—2015	GC-MS	吹扫捕集仪	气相色谱-质谱联用仪	GB 36600	0.000 3
	HJ 741—2015	GC	顶空进样器	气相色谱仪	GB 36600	0.02
三氯乙烯	HJ 642—2013	GC-MS	顶空进样器	气相色谱-质谱联用仪	GB 36600	0.000 9
	HJ 736—2015	GC-MS	顶空进样器	气相色谱-质谱联用仪	GB 36600	0.002
	HJ 605—2011	GC-MS	吹扫捕集仪	气相色谱-质谱联用仪	GB 36600	0.001 2
	HJ 735—2015	GC-MS	吹扫捕集仪	气相色谱-质谱联用仪	GB 36600	0.000 3
	HJ 741—2015	GC	顶空进样器	气相色谱仪	GB 36600	0.009

续　表

污染物项目	标准方法编号	检测技术方法	前处理设备	分析设备	方法选择依据	方法检出限(mg/kg)
1,2,3-三氯丙烷	HJ 642—2013	GC-MS	顶空进样器	气相色谱-质谱联用仪	GB 36600	0.001 0
	HJ 736—2015	GC-MS	顶空进样器	气相色谱-质谱联用仪	GB 36600	0.003
	HJ 605—2011	GC-MS	吹扫捕集仪	气相色谱-质谱联用仪	GB 36600	0.001 2
	HJ 735—2015	GC-MS	吹扫捕集仪	气相色谱-质谱联用仪	GB 36600	0.000 3
	HJ 741—2015	GC	顶空进样器	气相色谱仪	GB 36600	0.02
氯乙烯	HJ 642—2013	GC-MS	顶空进样器	气相色谱-质谱联用仪	GB 36600	0.001 5
	HJ 736—2015	GC-MS	顶空进样器	气相色谱-质谱联用仪	GB 36600	0.002
	HJ 605—2011	GC-MS	吹扫捕集仪	气相色谱-质谱联用仪	GB 36600	0.001 0
	HJ 735—2015	GC-MS	吹扫捕集仪	气相色谱-质谱联用仪	GB 36600	0.000 3
	HJ 741—2015	GC	顶空进样器	气相色谱仪	GB 36600	0.02
苯	HJ 642—2013	GC-MS	顶空进样器	气相色谱-质谱联用仪	GB 36600	0.001 6
	HJ 605—2011	GC-MS	吹扫捕集仪	气相色谱-质谱联用仪	GB 36600	0.001 9
	HJ 741—2015	GC	顶空进样器	气相色谱仪	GB 36600	0.01
	HJ 742—2015	GC	顶空进样器	气相色谱仪	GB 36600	0.003 1
氯苯	HJ 642—2013	GC-MS	顶空进样器	气相色谱-质谱联用仪	GB 36600	0.001 1
	HJ 605—2011	GC-MS	吹扫捕集仪	气相色谱-质谱联用仪	GB 36600	0.001 2
	HJ 741—2015	GC	顶空进样器	气相色谱仪	GB 36600	0.005
	HJ 742—2015	GC	顶空进样器	气相色谱仪	GB 36600	0.003 9
1,2-二氯苯	HJ 642—2013	GC-MS	顶空进样器	气相色谱-质谱联用仪	GB 36600	0.001 0
	HJ 605—2011	GC-MS	吹扫捕集仪	气相色谱-质谱联用仪	GB 36600	0.001 5
	HJ 834—2017	GC-MS	加压流体萃取仪、索氏提取仪	气相色谱-质谱联用仪	GB 36600	0.08
	HJ 741—2015	GC	顶空进样器	气相色谱仪	GB 36600	0.02
	HJ 742—2015	GC	顶空进样器	气相色谱仪	GB 36600	0.003 6

续 表

污染物项目	标准方法编号	检测技术方法	前处理设备	分析设备	方法选择依据	方法检出限(mg/kg)
1,4-二氯苯	HJ 642—2013	GC-MS	顶空进样器	气相色谱-质谱联用仪	GB 36600	0.001 2
	HJ 605—2011	GC-MS	吹扫捕集仪	气相色谱-质谱联用仪	GB 36600	0.001 5
	HJ 834—2017	GC-MS	加压流体萃取仪、索氏提取仪	气相色谱-质谱联用仪	GB 36600	0.08
	HJ 741—2015	GC	顶空进样器	气相色谱仪	GB 36600	0.008
	HJ 742—2015	GC	顶空进样器	气相色谱仪	GB 36600	0.004 3
乙苯	HJ 642—2013	GC-MS	顶空进样器	气相色谱-质谱联用仪	GB 36600	0.001 2
	HJ 605—2011	GC-MS	吹扫捕集仪	气相色谱-质谱联用仪	GB 36600	0.001 2
	HJ 741—2015	GC	顶空进样器	气相色谱仪	GB 36600	0.006
	HJ 742—2015	GC	顶空进样器	气相色谱仪	GB 36600	0.004 6
苯乙烯	HJ 642—2013	GC-MS	顶空进样器	气相色谱-质谱联用仪	GB 36600	0.001 6
	HJ 605—2011	GC-MS	吹扫捕集仪	气相色谱-质谱联用仪	GB 36600	0.001 1
	HJ 741—2015	GC	顶空进样器	气相色谱仪	GB 36600	0.02
	HJ 742—2015	GC	顶空进样器	气相色谱仪	GB 36600	0.003 0
甲苯	HJ 642—2013	GC-MS	顶空进样器	气相色谱-质谱联用仪	GB 36600	0.002 0
	HJ 605—2011	GC-MS	吹扫捕集仪	气相色谱-质谱联用仪	GB 36600	0.001 3
	HJ 741—2015	GC	顶空进样器	气相色谱仪	GB 36600	0.006
	HJ 742—2015	GC	顶空进样器	气相色谱仪	GB 36600	0.003 2
间二甲苯+对二甲苯	HJ 642—2013	GC-MS	顶空进样器	气相色谱-质谱联用仪	GB 36600	0.003 6
	HJ 605—2011	GC-MS	吹扫捕集仪	气相色谱-质谱联用仪	GB 36600	0.001 2
	HJ 741—2015	GC	顶空进样器	气相色谱仪	GB 36600	0.009
	HJ 742—2015	GC	顶空进样器	气相色谱仪	GB 36600	0.004 4
邻二甲苯	HJ 642—2013	GC-MS	顶空进样器	气相色谱-质谱联用仪	GB 36600	0.001 3
	HJ 605—2011	GC-MS	吹扫捕集仪	气相色谱-质谱联用仪	GB 36600	0.001 2

续　表

污染物项目	标准方法编号	检测技术方法	前处理设备	分析设备	方法选择依据	方法检出限(mg/kg)
邻二甲苯	HJ 741—2015	GC	顶空进样器	气相色谱仪	GB 36600	0.02
	HJ 742—2015	GC	顶空进样器	气相色谱仪	GB 36600	0.004 7
硝基苯	HJ 834—2017	GC - MS	加压流体萃取仪、索氏提取仪	气相色谱-质谱联用仪	GB 36600	0.09
苯胺	HJ 1210—2021	HPLC - MS	超声提取仪	液相色谱-质谱仪	GB 36600	0.002
	HJ 834—2017	GC - MS	加压流体萃取仪、索氏提取仪	气相色谱-质谱联用仪	GB 36600	—
2-氯酚	HJ 834—2017	GC - MS	加压流体萃取仪、索氏提取仪	气相色谱-质谱联用仪	GB 36600	0.06
	HJ 703—2014	GC	加压流体萃取仪、索氏提取仪、超声波提取仪、微波提取仪	气相色谱仪	GB 36600	0.04
苯并[a]蒽	HJ 784—2016	HPLC	加压流体萃取仪、索氏提取仪	液相色谱仪	GB 36600	0.004
	HJ 805—2016	GC - MS	加压流体萃取仪、索氏提取仪	气相色谱-质谱联用仪	GB 36600	0.12
	HJ 834—2017	GC - MS	加压流体萃取仪、索氏提取仪	气相色谱-质谱联用仪	GB 36600	0.1
苯并[a]芘	HJ 784—2016	HPLC	加压流体萃取仪、索氏提取仪	液相色谱仪	GB 36600、GB 15618	0.005
	HJ 805—2016	GC - MS	加压流体萃取仪、索氏提取仪	气相色谱-质谱联用仪	GB 36600、GB 15618	0.17
	HJ 834—2017	GC - MS	加压流体萃取仪、索氏提取仪	气相色谱-质谱联用仪	GB 36600、GB 15618	0.1
苯并[b]荧蒽	HJ 784—2016	HPLC	加压流体萃取仪、索氏提取仪	液相色谱仪	GB 36600	0.005
	HJ 805—2016	GC - MS	加压流体萃取仪、索氏提取仪	气相色谱-质谱联用仪	GB 36600	0.17
	HJ 834—2017	GC - MS	加压流体萃取仪、索氏提取仪	气相色谱-质谱联用仪	GB 36600	0.2
苯并[k]荧蒽	HJ 784—2016	HPLC	加压流体萃取仪、索氏提取仪	液相色谱仪	GB 36600	0.005
	HJ 805—2016	GC - MS	加压流体萃取仪、索氏提取仪	气相色谱-质谱联用仪	GB 36600	0.11
	HJ 834—2017	GC - MS	加压流体萃取仪、索氏提取仪	气相色谱-质谱联用仪	GB 36600	0.1
䓛	HJ 784—2016	HPLC	加压流体萃取仪、索氏提取仪	液相色谱仪	GB 36600	0.003

续 表

污染物项目	标准方法编号	检测技术方法	前处理设备	分析设备	方法选择依据	方法检出限(mg/kg)
䓛	HJ 805—2016	GC - MS	加压流体萃取仪、索氏提取仪	气相色谱-质谱联用仪	GB 36600	0.14
	HJ 834—2017	GC - MS	加压流体萃取仪、索氏提取仪	气相色谱-质谱联用仪	GB 36600	0.1
二苯并[a,h]蒽	HJ 784—2016	HPLC	加压流体萃取仪、索氏提取仪	液相色谱仪	GB 36600	0.005
	HJ 805—2016	GC - MS	加压流体萃取仪、索氏提取仪	气相色谱-质谱联用仪	GB 36600	0.13
	HJ 834—2017	GC - MS	加压流体萃取仪、索氏提取仪	气相色谱-质谱联用仪	GB 36600	0.1
茚并[1,2,3-cd]芘	HJ 784—2016	HPLC	加压流体萃取仪、索氏提取仪	液相色谱仪	GB 36600	0.004
	HJ 805—2016	GC - MS	加压流体萃取仪、索氏提取仪	气相色谱-质谱联用仪	GB 36600	0.13
	HJ 834—2017	GC - MS	加压流体萃取仪、索氏提取仪	气相色谱-质谱联用仪	GB 36600	0.1
萘	HJ 805—2016	GC - MS	加压流体萃取仪、索氏提取仪	气相色谱-质谱联用仪	GB 36600	0.09
	HJ 605—2011	GC - MS	吹扫捕集仪	气相色谱-质谱联用仪	GB 36600	0.000 4
	HJ 741—2015	GC	顶空进样器	气相色谱仪	GB 36600	0.007
	HJ 834—2017	GC - MS	加压流体萃取仪、索氏提取仪	气相色谱-质谱联用仪	GB 36600	0.09
锑	HJ 680—2013	AFS	微波消解仪	原子荧光光度计	GB 36600	0.01
	HJ 803—2016	ICP - MS	电热板、微波消解仪、全自动石墨消解仪	电感耦合等离子体质谱仪	GB 36600	0.3
铍	HJ 737—2015	AAS	电热板、微波消解仪、全自动石墨消解仪	原子吸收分光光度计	GB 36600	0.03
钴	HJ 803—2016	ICP - MS	电热板、微波消解仪、全自动石墨消解仪	电感耦合等离子体质谱仪	GB 36600	0.03
	HJ 780—2015	XRF	粉末压片机	X射线荧光光谱仪	GB 36600	1.6
钒	HJ 803—2016	ICP - MS	电热板、微波消解仪、全自动石墨消解仪	电感耦合等离子体质谱仪	GB 36600	0.7
	HJ 780—2015	XRF	粉末压片机	X射线荧光光谱仪	GB 36600	4.0
氰化物	HJ 745—2015	UV	蒸馏装置	紫外可见分光光度计	GB 36600	0.04
一溴二氯甲烷	HJ 642—2013	GC - MS	顶空进样器	气相色谱-质谱联用仪	GB 36600	0.001 1

续　表

污染物项目	标准方法编号	检测技术方法	前处理设备	分析设备	方法选择依据	方法检出限(mg/kg)
一溴二氯甲烷	HJ 736—2015	GC-MS	顶空进样器	气相色谱-质谱联用仪	GB 36600	0.003
	HJ 605—2011	GC-MS	吹扫捕集仪	气相色谱-质谱联用仪	GB 36600	0.001 1
	HJ 735—2015	GC-MS	吹扫捕集仪	气相色谱-质谱联用仪	GB 36600	0.000 3
	HJ 741—2015	GC	顶空进样器	气相色谱仪	GB 36600	0.03
溴仿	HJ 642—2013	GC-MS	顶空进样器	气相色谱-质谱联用仪	GB 36600	0.001 7
	HJ 736—2015	GC-MS	顶空进样器	气相色谱-质谱联用仪	GB 36600	0.003
	HJ 605—2011	GC-MS	吹扫捕集仪	气相色谱-质谱联用仪	GB 36600	0.001 5
	HJ 735—2015	GC-MS	吹扫捕集仪	气相色谱-质谱联用仪	GB 36600	0.000 3
	HJ 741—2015	GC	顶空进样器	气相色谱仪	GB 36600	0.03
二溴氯甲烷	HJ 642—2013	GC-MS	顶空进样器	气相色谱-质谱联用仪	GB 36600	0.000 9
	HJ 736—2015	GC-MS	顶空进样器	气相色谱-质谱联用仪	GB 36600	0.003
	HJ 605—2011	GC-MS	吹扫捕集仪	气相色谱-质谱联用仪	GB 36600	0.001 1
	HJ 735—2015	GC-MS	吹扫捕集仪	气相色谱-质谱联用仪	GB 36600	0.000 3
	HJ 741—2015	GC	顶空进样器	气相色谱仪	GB 36600	0.03
1,2-二溴乙烷	HJ 642—2013	GC-MS	顶空进样器	气相色谱-质谱联用仪	GB 36600	0.001 5
	HJ 736—2015	GC-MS	顶空进样器	气相色谱-质谱联用仪	GB 36600	0.002
	HJ 605—2011	GC-MS	吹扫捕集仪	气相色谱-质谱联用仪	GB 36600	0.001 1
	HJ 735—2015	GC-MS	吹扫捕集仪	气相色谱-质谱联用仪	GB 36600	0.000 4
	HJ 741—2015	GC	顶空进样器	气相色谱仪	GB 36600	0.02
六氯环戊二烯	HJ 834—2017	GC-MS	加压流体萃取仪、索氏提取仪	气相色谱-质谱联用仪	GB 36600	0.1
2,4-二硝基甲苯	HJ 834—2017	GC-MS	加压流体萃取仪、索氏提取仪	气相色谱-质谱联用仪	GB 36600	0.2

续 表

污染物项目	标准方法编号	检测技术方法	前处理设备	分析设备	方法选择依据	方法检出限(mg/kg)
2,4-二氯酚	HJ 834—2017	GC-MS	加压流体萃取仪、索氏提取仪	气相色谱-质谱联用仪	GB 36600	0.07
	HJ 703—2014	GC	加压流体萃取仪、索氏提取仪、超声波提取仪、微波提取仪	气相色谱仪	GB 36600	0.03
2,4,6-三氯酚	HJ 834—2017	GC-MS	加压流体萃取仪、索氏提取仪	气相色谱-质谱联用仪	GB 36600	0.1
	HJ 703—2014	GC	加压流体萃取仪、索氏提取仪、超声波提取仪、微波提取仪	气相色谱仪	GB 36600	0.03
2,4-二硝基酚	HJ 834—2017	GC-MS	加压流体萃取仪、索氏提取仪	气相色谱-质谱联用仪	GB 36600	0.1
	HJ 703—2014	GC	加压流体萃取仪、索氏提取仪、超声波提取仪、微波提取仪	气相色谱仪	GB 36600	0.08
五氯酚	HJ 834—2017	GC-MS	加压流体萃取仪、索氏提取仪	气相色谱-质谱联用仪	GB 36600	0.2
	HJ 703—2014	GC	加压流体萃取仪、索氏提取仪、超声波提取仪、微波提取仪	气相色谱仪	GB 36600	0.07
邻苯二甲酸二(2-乙基己基)酯	HJ 834—2017	GC-MS	加压流体萃取仪、索氏提取仪	气相色谱-质谱联用仪	GB 36600	0.1
邻苯二甲酸丁基苄酯	HJ 834—2017	GC-MS	加压流体萃取仪、索氏提取仪	气相色谱-质谱联用仪	GB 36600	0.2
邻苯二甲酸二正辛酯	HJ 834—2017	GC-MS	加压流体萃取仪、索氏提取仪	气相色谱-质谱联用仪	GB 36600	0.2
3,3′-二氯联苯胺	HJ 1210—2021	HPLC-MS	超声提取仪	液相色谱-质谱仪	GB 36600	0.002
	HJ 834—2017	GC-MS	加压流体萃取仪、索氏提取仪	气相色谱-质谱联用仪	GB 36600	—
阿特拉津	HJ 834—2017	GC-MS	加压流体萃取仪、索氏提取仪	气相色谱-质谱联用仪	—	—
	HJ 1052—2019	HPLC	加压流体萃取仪、索氏提取仪	液相色谱仪	—	0.03
	EPA 8270	GC-MS	加压流体萃取仪、索氏提取仪、超声波提取仪、微波提取仪	气相色谱-质谱联用仪	—	—
氯丹	HJ 835—2017	GC-MS	加压流体萃取仪、索氏提取仪	气相色谱-质谱联用仪	GB 36600	0.02
	HJ 921—2017	GC	加压流体萃取仪、索氏提取仪、微波提取仪	气相色谱仪	GB 36600	0.000 05

续　表

污染物项目	标准方法编号	检测技术方法	前处理设备	分析设备	方法选择依据	方法检出限 (mg/kg)
p,p′-滴滴滴	HJ 835—2017	GC - MS	加压流体萃取仪、索氏提取仪	气相色谱-质谱联用仪	GB 36600、GB 15618	0.08
	HJ 921—2017	GC	加压流体萃取仪、索氏提取仪、微波提取仪	气相色谱仪	GB 36600、GB 15618	0.000 06
	GB/T 14550—2003	GC	索氏提取仪	气相色谱仪	GB 36600、GB 15618	0.000 12
p,p′-滴滴伊	HJ 835—2017	GC - MS	加压流体萃取仪、索氏提取仪	气相色谱-质谱联用仪	GB 36600、GB 15618	0.04
	HJ 921—2017	GC	加压流体萃取仪、索氏提取仪、微波提取仪	气相色谱仪	GB 36600、GB 15618	0.000 05
	GB/T 14550—2003	GC	索氏提取仪	气相色谱仪	GB 36600、GB 15618	0.000 05
滴滴涕	HJ 835—2017	GC - MS	加压流体萃取仪、索氏提取仪	气相色谱-质谱联用仪	GB 36600、GB 15618	0.08
	HJ 921—2017	GC	加压流体萃取仪、索氏提取仪、微波提取仪	气相色谱仪	GB 36600、GB 15618	0.000 06
	GB/T 14550—2003	GC	索氏提取仪	气相色谱仪	GB 36600、GB 15618	0.000 48
敌敌畏	HJ 1023—2019	GC - MS	加压流体萃取仪、索氏提取仪	气相色谱-质谱联用仪	—	0.3
乐果	HJ 1023—2019	GC - MS	加压流体萃取仪、索氏提取仪	气相色谱-质谱联用仪	—	0.6
硫丹	HJ 835—2017	GC - MS	加压流体萃取仪、索氏提取仪	气相色谱-质谱联用仪	GB 36600	0.06
	HJ 921—2017	GC	加压流体萃取仪、索氏提取仪、微波提取仪	气相色谱仪	GB 36600	0.000 05
七氯	HJ 835—2017	GC - MS	加压流体萃取仪、索氏提取仪	气相色谱-质谱联用仪	GB 36600	0.04
α-六六六	HJ 835—2017	GC - MS	加压流体萃取仪、索氏提取仪	气相色谱-质谱联用仪	GB 36600、GB 15618	0.07
	HJ 921—2017	GC	加压流体萃取仪、索氏提取仪、微波提取仪	气相色谱仪	GB 36600、GB 15618	0.000 06
	GB/T 14550—2003	GC	索氏提取仪	气相色谱仪	GB 36600、GB 15618	0.000 013

续 表

污染物项目	标准方法编号	检测技术方法	前处理设备	分析设备	方法选择依据	方法检出限(mg/kg)
β-六六六	HJ 835—2017	GC-MS	加压流体萃取仪、索氏提取仪	气相色谱-质谱联用仪	GB 36600、GB 15618	0.06
	HJ 921—2017	GC	加压流体萃取仪、索氏提取仪、微波提取仪	气相色谱仪	GB 36600、GB 15618	0.000 05
	GB/T 14550—2003	GC	索氏提取仪	气相色谱仪	GB 36600、GB 15618	0.000 020
γ-六六六	HJ 835—2017	GC-MS	加压流体萃取仪、索氏提取仪	气相色谱-质谱联用仪	GB 36600、GB 15618	0.06
	HJ 921—2017	GC	加压流体萃取仪、索氏提取仪、微波提取仪	气相色谱仪	GB 36600、GB 15618	0.000 06
	GB/T 14550—2003	GC	索氏提取仪	气相色谱仪	GB 36600、GB 15618	0.000 020
δ-六六六	HJ 835—2017	GC-MS	加压流体萃取仪、索氏提取仪	气相色谱-质谱联用仪	GB 15618	0.10
	HJ 921—2017	GC	加压流体萃取仪、索氏提取仪、微波提取仪	气相色谱仪	GB 15618	0.000 06
	GB/T 14550—2003	GC	索氏提取仪	气相色谱仪	GB 15618	0.000 05
六氯苯	HJ 835—2017	GC-MS	加压流体萃取仪、索氏提取仪	气相色谱-质谱联用仪	GB 36600	0.03
	HJ 921—2017	GC	加压流体萃取仪、索氏提取仪、微波提取仪	气相色谱仪	GB 36600	0.000 07
灭蚁灵	HJ 835—2017	GC-MS	加压流体萃取仪、索氏提取仪	气相色谱-质谱联用仪	GB 36600	0.06
	HJ 921—2017	GC	加压流体萃取仪、索氏提取仪、微波提取仪	气相色谱仪	GB 36600	0.000 07
多氯联苯(总量)	HJ 743—2015	GC-MS	加压流体萃取仪、索氏提取仪、超声波提取仪、微波提取仪	气相色谱-质谱联用仪	GB 36600	0.000 4
	HJ 922—2017	GC	加压流体萃取仪、索氏提取仪、微波提取仪	气相色谱仪	GB 36600	0.000 03
PCB126	HJ 743—2015	GC-MS	加压流体萃取仪、索氏提取仪、超声波提取仪、微波提取仪	气相色谱-质谱联用仪	GB 36600	0.000 5

续　表

污染物项目	标准方法编号	检测技术方法	前处理设备	分析设备	方法选择依据	方法检出限（mg/kg）
PCB126	HJ 922—2017	GC	加压流体萃取仪、索氏提取仪、微波提取仪	气相色谱仪	GB 36600	0.000 04
PCB169	HJ 743—2015	GC - MS	加压流体萃取仪、索氏提取仪、超声波提取仪、微波提取仪	气相色谱-质谱联用仪	GB 36600	0.000 5
	HJ 922—2017	GC	加压流体萃取仪、索氏提取仪、微波提取仪	气相色谱仪	GB 36600	0.000 04
二噁英（总毒性当量）	HJ 77.4—2008	HRGC - HRMS	索氏提取仪	高分辨气相色谱-高分辨质谱联用仪	GB 36600	0.000 000 05
多溴联苯（总量）	EPA 8270	GC - MS	加压流体萃取仪、索氏提取仪、超声波提取仪、微波提取仪	气相色谱-质谱联用仪	—	—
石油烃（C_{10}—C_{40}）	HJ 1021—2019	GC	加压流体萃取仪、索氏提取仪	气相色谱仪	GB 36600	6

注：(1) UV：紫外可见分光光度法；ICP - MS：等离子体质谱法；ICP - OES：等离子体发射光谱法；AAS：石原子吸收法；AFS：原子荧光法；GC：气相色谱法；GC - MS：气相色谱质谱法；HRGC - HRMS：高分辨气相色谱高分辨质谱法；HPLC：高效液相色谱法；HPLC - MS：液相色谱质谱联用法。
(2) GB 36600 中铜、锌的测定方法为 GB/T 17138、镍的测定方法为 GB 17139，已经被 HJ 491—2019 替代，因此本表中改为 HJ 491—2019。

表 6 - 3 - 2　水质中主要污染物的检测方法及设备

污染物项目	标准方法编号	检测技术方法	前处理设备	分析设备	方法选择依据	检出限（mg/L）
pH	HJ 1147—2020	玻璃电极法	—	酸度计	GB/T 14848、GB 3838	—
	DZ/T 0064. 5—2021	玻璃电极法	—	酸度计	GB/T 14848	—
砷	HJ 694—2014	AFS	电热板	原子荧光光度计	GB/T 14848	0.000 3
	HJ 700—2014	ICP - MS	电热板、微波消解仪	电感耦合等离子体质谱仪	GB/T 14848	0.000 12
	DZ/T 0064.11—2021	AFS	—	原子荧光光度计	GB/T 14848	0.000 15
	DZ/T 0064.80—2021	ICP - MS	—	电感耦合等离子体质谱仪	GB/T 14848	0.000 070
镉	HJ 700—2014	ICP - MS	电热板、微波消解仪	电感耦合等离子体质谱仪	GB/T 14848	0.000 05
	DZ/T 0064.21—2021	AAS	—	原子吸收分光光度计	GB/T 14848	0.05

续 表

污染物项目	标准方法编号	检测技术方法	前处理设备	分析设备	方法选择依据	检出限(mg/L)
镉	DZ/T 0064.80—2021	ICP-MS	—	电感耦合等离子体质谱仪	GB/T 14848	0.000 05
六价铬	GB 7467—1987	UV	—	紫外可见分光光度计	GB/T 14848、GB 3838	0.004
	DZ/T 0064.17—2021	UV	—	紫外可见分光光度计	GB/T 14848	0.001
	HJ 908—2017	UV	—	流动注射仪	GB/T 14848	0.001
铬	HJ 757—2015	FAAS	电热板、微波消解仪	原子吸收分光光度计	—	0.03
	HJ 776—2015	ICP-OES	电热板、微波消解仪	电感耦合等离子体发射光谱仪	—	0.03
	HJ 700—2014	ICP-MS	电热板、微波消解仪	电感耦合等离子体质谱仪	—	0.000 03
	DZ/T 0064.17—2021	UV	电热板	紫外可见分光光度计	—	0.001
	DZ/T 0064.21—2021	AAS	—	原子吸收分光光度计	—	0.000 26
	DZ/T 0064.22—2021	ICP-OES	—	电感耦合等离子体发射光谱仪	—	0.000 08
	DZ/T 0064.80—2021	ICP-MS	—	电感耦合等离子体质谱仪	—	0.000 1
	GB 7466—1987	UV、滴定法	—	紫外可见分光光度计、滴定管	—	0.004
铜	HJ 700—2014	ICP-MS	电热板、微波消解仪	电感耦合等离子体质谱仪	GB/T 14848	0.000 08
	GB 7475—1987	AAS	电热板	原子吸收分光光度计	GB/T 14848、GB 3838	0.007
	DZ/T 0064.20—2021	AAS	—	原子吸收分光光度计	GB/T 14848	0.003
	DZ/T 0064.21—2021	AAS	—	原子吸收分光光度计	GB/T 14848	0.000 33
	DZ/T 0064.80—2021	ICP-MS	—	电感耦合等离子体质谱仪	GB/T 14848	0.000 15
	DZ/T 0064.83—2021	AAS	—	原子吸收分光光度计	GB/T 14848	0.007
铅	HJ 700—2014	ICP-MS	电热板、微波消解仪	电感耦合等离子体质谱仪	GB/T 14848	0.000 09
	DZ/T 0064.80—2021	ICP-MS	—	电感耦合等离子体质谱仪	GB/T 14848	0.000 15

续　表

污染物项目	标准方法编号	检测技术方法	前处理设备	分析设备	方法选择依据	检出限(mg/L)
汞	HJ 694—2014	AFS	电热板	原子荧光光度计	GB/T 14848	0.000 04
	HJ 597—2011	AAS	电热板	冷原子吸收测汞仪或原子吸收分光光度计	GB/T 14848	0.000 07
	DZ/T 0064.81—2021	AFS	—	原子荧光光度计	GB/T 14848	0.000 021
	DZ/T 0064.26—2021	AAS	电热板	冷原子吸收测汞仪或原子吸收分光光度计	GB/T 14848	0.000 03
	HJ/T 341—2007	AAS	远红外辐射干燥箱	荧光测汞仪	GB/T 14848	0.000 001 5
镍	HJ 700—2014	ICP-MS	电热板、微波消解仪	电感耦合等离子体质谱仪	GB/T 14848	0.000 06
	DZ/T 0064.80—2021	ICP-MS	—	电感耦合等离子体质谱仪	GB/T 14848	0.000 06
锌	HJ 700—2014	ICP-MS	电热板、微波消解仪	电感耦合等离子体质谱仪	GB/T 14848	0.000 67
	GB 7475—1987	AAS	电热板	原子吸收分光光度计	GB/T 14848、GB 3838	0.003
	DZ/T 0064.20—2021	AAS	—	原子吸收分光光度计	GB/T 14848	0.002
	DZ/T 0064.21—2021	AAS	—	原子吸收分光光度计	GB/T 14848	0.001 37
	DZ/T 0064.80—2021	ICP-MS	—	电感耦合等离子体质谱仪	GB/T 14848	0.000 1
	DZ/T 0064.83—2021	AAS	—	原子吸收分光光度计	GB/T 14848	0.003
四氯化碳	HJ 639—2012	GC-MS	吹扫捕集仪	气相色谱-质谱联用仪	GB/T 14848	0.000 4
	HJ 686—2014	GC-MS	吹扫捕集仪	气相色谱-质谱联用仪	GB/T 14848	0.000 1
	HJ 810—2016	GC-MS	顶空进样器	气相色谱-质谱联用仪	GB/T 14848	0.000 8
	DZ/T 0064.91—2021	GC-MS	吹扫捕集仪	气相色谱-质谱联用仪	GB/T 14848	0.000 03
氯仿	HJ 639—2012	GC-MS	吹扫捕集仪	气相色谱-质谱联用仪	GB/T 14848	0.000 4
	HJ 686—2014	GC-MS	吹扫捕集仪	气相色谱-质谱联用仪	GB/T 14848	0.000 1
	HJ 810—2016	GC-MS	顶空进样器	气相色谱-质谱联用仪	GB/T 14848	0.001 1

续 表

污染物项目	标准方法编号	检测技术方法	前处理设备	分析设备	方法选择依据	检出限(mg/L)
氯仿	DZ/T 0064.91—2021	GC-MS	吹扫捕集仪	气相色谱-质谱联用仪	GB/T 14848	0.000 03
氯甲烷	HJ 639—2012	GC-MS	吹扫捕集仪	气相色谱-质谱联用仪	—	—
1,1-二氯乙烷	HJ 639—2012	GC-MS	吹扫捕集仪	气相色谱-质谱联用仪	沪环土[2020]62号文附件5	0.000 4
	HJ 810—2016	GC-MS	顶空进样器	气相色谱-质谱联用仪	沪环土[2020]62号文附件5	0.000 7
1,2-二氯乙烷	HJ 639—2012	GC-MS	吹扫捕集仪	气相色谱-质谱联用仪	GB/T 14848	0.000 4
	HJ 686—2014	GC-MS	吹扫捕集仪	气相色谱-质谱联用仪	GB/T 14848	0.000 1
	HJ 810—2016	GC-MS	顶空进样器	气相色谱-质谱联用仪	GB/T 14848	0.000 8
	DZ/T 0064.91—2021	GC-MS	吹扫捕集仪	气相色谱-质谱联用仪	GB/T 14848	0.000 03
1,1-二氯乙烯	HJ 639—2012	GC-MS	吹扫捕集仪	气相色谱-质谱联用仪	GB/T 14848	0.000 4
	HJ 686—2014	GC-MS	吹扫捕集仪	气相色谱-质谱联用仪	GB/T 14848	0.000 1
	HJ 810—2016	GC-MS	顶空进样器	气相色谱-质谱联用仪	GB/T 14848	0.001 3
	DZ/T 0064.91—2021	GC-MS	吹扫捕集仪	气相色谱-质谱联用仪	GB/T 14848	0.000 03
1,2-二氯乙烯	HJ 639—2012	GC-MS	吹扫捕集仪	气相色谱-质谱联用仪	GB/T 14848	0.000 3
	HJ 686—2014	GC-MS	吹扫捕集仪	气相色谱-质谱联用仪	GB/T 14848	0.000 1
	HJ 810—2016	GC-MS	顶空进样器	气相色谱-质谱联用仪	GB/T 14848	0.000 5
	DZ/T 0064.91—2021	GC-MS	吹扫捕集仪	气相色谱-质谱联用仪	GB/T 14848	0.000 03
二氯甲烷	HJ 639—2012	GC-MS	吹扫捕集仪	气相色谱-质谱联用仪	GB/T 14848	0.000 5
	HJ 686—2014	GC-MS	吹扫捕集仪	气相色谱-质谱联用仪	GB/T 14848	0.000 5
	HJ 810—2016	GC-MS	顶空进样器	气相色谱-质谱联用仪	GB/T 14848	0.000 6
	DZ/T 0064.91—2021	GC-MS	吹扫捕集仪	气相色谱-质谱联用仪	GB/T 14848	0.000 03

续　表

污染物项目	标准方法编号	检测技术方法	前处理设备	分析设备	方法选择依据	检出限(mg/L)
1,2-二氯丙烷	HJ 639—2012	GC-MS	吹扫捕集仪	气相色谱-质谱联用仪	GB/T 14848	0.000 4
	HJ 810—2016	GC-MS	顶空进样器	气相色谱-质谱联用仪	GB/T 14848	0.000 8
	DZ/T 0064.91—2021	GC-MS	吹扫捕集仪	气相色谱-质谱联用仪	GB/T 14848	0.000 03
1,1,1,2-四氯乙烷	HJ 639—2012	GC-MS	吹扫捕集仪	气相色谱-质谱联用仪	沪环土[2020]62 号文附件 5	0.000 3
	HJ 810—2016	GC-MS	顶空进样器	气相色谱-质谱联用仪	沪环土[2020]62 号文附件 5	0.000 6
1,1,2,2-四氯乙烷	HJ 639—2012	GC-MS	吹扫捕集仪	气相色谱-质谱联用仪	沪环土[2020]62 号文附件 5	0.000 4
	HJ 810—2016	GC-MS	顶空进样器	气相色谱-质谱联用仪	沪环土[2020]62 号文附件 5	0.000 9
四氯乙烯	HJ 639—2012	GC-MS	吹扫捕集仪	气相色谱-质谱联用仪	GB/T 14848	0.000 2
	HJ 686—2014	GC-MS	吹扫捕集仪	气相色谱-质谱联用仪	GB/T 14848	0.000 1
	HJ 810—2016	GC-MS	顶空进样器	气相色谱-质谱联用仪	GB/T 14848	0.000 8
	DZ/T 0064.91—2021	GC-MS	吹扫捕集仪	气相色谱-质谱联用仪	GB/T 14848	0.000 03
1,1,1-三氯乙烷	HJ 639—2012	GC-MS	吹扫捕集仪	气相色谱-质谱联用仪	GB/T 14848	0.000 4
	HJ 810—2016	GC-MS	顶空进样器	气相色谱-质谱联用仪	GB/T 14848	0.000 8
	DZ/T 0064.91—2021	GC-MS	吹扫捕集仪	气相色谱-质谱联用仪	GB/T 14848	0.000 03
1,1,2-三氯乙烷	HJ 639—2012	GC-MS	吹扫捕集仪	气相色谱-质谱联用仪	GB/T 14848	0.000 4
	HJ 810—2016	GC-MS	顶空进样器	气相色谱-质谱联用仪	GB/T 14848	0.000 9
	DZ/T 0064.91—2021	GC-MS	吹扫捕集仪	气相色谱-质谱联用仪	GB/T 14848	0.000 03
三氯乙烯	HJ 639—2012	GC-MS	吹扫捕集仪	气相色谱-质谱联用仪	GB/T 14848	0.000 4
	HJ 686—2014	GC-MS	吹扫捕集仪	气相色谱-质谱联用仪	GB/T 14848	0.000 1
	HJ 810—2016	GC-MS	顶空进样器	气相色谱-质谱联用仪	GB/T 14848	0.000 8

续 表

污染物项目	标准方法编号	检测技术方法	前处理设备	分析设备	方法选择依据	检出限(mg/L)
三氯乙烯	DZ/T 0064.91—2021	GC-MS	吹扫捕集仪	气相色谱-质谱联用仪	GB/T 14848	0.000 03
1,2,3-三氯丙烷	HJ 639—2012	GC-MS	吹扫捕集仪	气相色谱-质谱联用仪	沪环土[2020]62号文附件5	0.000 2
	HJ 810—2016	GC-MS	顶空进样器	气相色谱-质谱联用仪	沪环土[2020]62号文附件5	0.000 6
氯乙烯	HJ 639—2012	GC-MS	吹扫捕集仪	气相色谱-质谱联用仪	GB/T 14848	0.000 5
	HJ 810—2016	GC-MS	顶空进样器	气相色谱-质谱联用仪	GB/T 14848	0.000 7
	DZ/T 0064.91—2021	GC-MS	吹扫捕集仪	气相色谱-质谱联用仪	GB/T 14848	0.000 06
苯	HJ 639—2012	GC-MS	吹扫捕集仪	气相色谱-质谱联用仪	GB/T 14848	0.000 4
	HJ 686—2014	GC-MS	吹扫捕集仪	气相色谱-质谱联用仪	GB/T 14848	0.000 5
	HJ 810—2016	GC-MS	顶空进样器	气相色谱-质谱联用仪	GB/T 14848	0.000 8
氯苯	HJ 639—2012	GC-MS	吹扫捕集仪	气相色谱-质谱联用仪	GB/T 14848	0.000 2
	HJ 810—2016	GC-MS	顶空进样器	气相色谱-质谱联用仪	GB/T 14848	0.001 0
	DZ/T 0064.91—2021	GC-MS	吹扫捕集仪	气相色谱-质谱联用仪	GB/T 14848	0.000 03
1,2-二氯苯	HJ 639—2012	GC-MS	吹扫捕集仪	气相色谱-质谱联用仪	GB/T 14848	0.000 4
	HJ 810—2016	GC-MS	顶空进样器	气相色谱-质谱联用仪	GB/T 14848	0.000 9
	DZ/T 0064.91—2021	GC-MS	吹扫捕集仪	气相色谱-质谱联用仪	GB/T 14848	0.000 03
1,4-二氯苯	HJ 639—2012	GC-MS	吹扫捕集仪	气相色谱-质谱联用仪	GB/T 14848	0.000 4
	HJ 810—2016	GC-MS	顶空进样器	气相色谱-质谱联用仪	GB/T 14848	0.000 8
	DZ/T 0064.91—2021	GC-MS	吹扫捕集仪	气相色谱-质谱联用仪	GB/T 14848	0.000 03
乙苯	HJ 639—2012	GC-MS	吹扫捕集仪	气相色谱-质谱联用仪	GB/T 14848	0.000 3
	HJ 686—2014	GC-MS	吹扫捕集仪	气相色谱-质谱联用仪	GB/T 14848	0.000 5

续　表

污染物项目	标准方法编号	检测技术方法	前处理设备	分析设备	方法选择依据	检出限(mg/L)
乙苯	HJ 810—2016	GC-MS	顶空进样器	气相色谱-质谱联用仪	GB/T 14848	0.001 0
苯乙烯	HJ 639—2012	GC-MS	吹扫捕集仪	气相色谱-质谱联用仪	GB/T 14848	0.000 2
	HJ 686—2014	GC-MS	吹扫捕集仪	气相色谱-质谱联用仪	GB/T 14848	0.000 5
	HJ 810—2016	GC-MS	顶空进样器	气相色谱-质谱联用仪	GB/T 14848	0.000 8
甲苯	HJ 639—2012	GC-MS	吹扫捕集仪	气相色谱-质谱联用仪	GB/T 14848	0.000 3
	HJ 686—2014	GC-MS	吹扫捕集仪	气相色谱-质谱联用仪	GB/T 14848	0.000 5
	HJ 810—2016	GC-MS	顶空进样器	气相色谱-质谱联用仪	GB/T 14848	0.001 0
二甲苯（总量）	HJ 639—2012	GC-MS	吹扫捕集仪	气相色谱-质谱联用仪	GB/T 14848	0.000 2
	HJ 686—2014	GC-MS	吹扫捕集仪	气相色谱-质谱联用仪	GB/T 14848	0.000 5
	HJ 810—2016	GC-MS	顶空进样器	气相色谱-质谱联用仪	GB/T 14848	0.000 7
硝基苯	HJ 648—2013	GC	分液漏斗、振荡器、固相萃取仪	气相色谱仪	沪环土[2020]62 号文附件 5	0.000 032
	HJ 716—2014	GC-MS	分液漏斗、振荡器、固相萃取仪	气相色谱-质谱联用仪	沪环土[2020]62 号文附件 5	0.000 04
苯胺	HJ 822—2017	GC-MS	分液漏斗、振荡器	气相色谱-质谱联用仪	沪环土[2020]62 号文附件 5	0.000 057
	HJ 1048—2019	HPLC-MS	固相萃取仪	液相色谱-质谱联用仪	—	0.000 02
2-氯酚	HJ 744—2015	GC-MS	分液漏斗、振荡器、固相萃取仪	气相色谱-质谱联用仪	沪环土[2020]62 号文附件 5	0.000 1
	HJ 676—2013	GC	分液漏斗、振荡器	气相色谱仪	沪环土[2020]62 号文附件 5	0.001 1
苯并[a]蒽	HJ 478—2009	GC-MS	分液漏斗、振荡器	液相色谱仪	沪环土[2020]62 号文附件 5	0.000 000 8
苯并[a]芘	HJ 478—2009	GC-MS	分液漏斗、振荡器	液相色谱仪	GB/T 14848	0.000 000 4
苯并[b]荧蒽	HJ 478—2009	GC-MS	分液漏斗、振荡器	液相色谱仪	GB/T 14848	0.000 000 8
苯并[k]荧蒽	HJ 478—2009	GC-MS	分液漏斗、振荡器	液相色谱仪	沪环土[2020]62 号文附件 5	0.000 001 3

续 表

污染物项目	标准方法编号	检测技术方法	前处理设备	分析设备	方法选择依据	检出限(mg/L)
䓛	HJ 478—2009	GC-MS	分液漏斗、振荡器	液相色谱仪	沪环土[2020]62号文附件5	0.000 000 6
二苯并[a,h]蒽	HJ 478—2009	GC-MS	分液漏斗、振荡器	液相色谱仪	沪环土[2020]62号文附件5	0.000 000 4
茚并[1,2,3-cd]芘	HJ 478—2009	GC-MS	分液漏斗、振荡器	液相色谱仪	沪环土[2020]62号文附件5	0.000 000 5
萘	HJ 639—2012	GC-MS	吹扫捕集仪	气相色谱-质谱联用仪	GB/T 14848	0.000 4
	HJ 478—2009	GC-MS	分液漏斗、振荡器	液相色谱仪	GB/T 14848	0.000 001 5
锑	HJ 700—2014	ICP-MS	电热板、微波消解仪	电感耦合等离子体质谱仪	GB/T 14848	0.000 15
	HJ 694—2014	AFS	电热板	原子荧光光度计	GB/T 14848	0.000 2
铍	HJ 700—2014	ICP-MS	电热板、微波消解仪	电感耦合等离子体质谱仪	GB/T 14848	0.000 04
	DZ/T 0064.80—2021	ICP-MS	—	电感耦合等离子体质谱仪	GB/T 14848	0.000 01
钴	HJ 700—2014	ICP-MS	电热板、微波消解仪	电感耦合等离子体质谱仪	GB/T 14848	0.000 03
	DZ/T 0064.80—2021	ICP-MS	—	电感耦合等离子体质谱仪	GB/T 14848	0.000 02
甲基汞	HJ 977—2018	吹扫捕集/气相色谱-冷原子荧光光谱法	吹扫捕集装置	气相色谱仪、冷原子荧光测汞仪	沪环土[2020]62号文附件5	0.000 000 02
	GB/T 14204—1993	GC	分液漏斗	气相色谱仪	沪环土[2020]62号文附件5	0.000 010
钒	HJ 776—2015	ICP-OES	电热板、微波消解仪	电感耦合等离子体发射光谱仪	沪环土[2020]62号文附件5	0.01
	HJ 700—2014	ICP-MS	电热板、微波消解仪	电感耦合等离子体质谱仪	沪环土[2020]62号文附件5	0.000 08
	HJ 673—2013	AAS	电热板	原子吸收分光光度计	沪环土[2020]62号文附件5	0.003
氰化物	HJ 484—2009	UV、滴定法	蒸馏装置	紫外可见分光光度计、滴定管	GB/T 14848	0.004
	DZ/T 0064.52—2021	UV	蒸馏装置	紫外可见分光光度计	GB/T 14848	0.001
	DZ/T 0064.86—2021	UV	—	流动注射仪	GB/T 14848	0.000 5
	HJ 823—2017	UV	蒸馏装置	流动注射仪	GB/T 14848	0.001

续　表

污染物项目	标准方法编号	检测技术方法	前处理设备	分析设备	方法选择依据	检出限(mg/L)
一溴二氯甲烷	HJ 639—2012	GC-MS	吹扫捕集仪	气相色谱-质谱联用仪	沪环土[2020]62 号文附件 5	0.000 4
	HJ 810—2016	GC-MS	顶空进样器	气相色谱-质谱联用仪	沪环土[2020]62 号文附件 5	0.000 6
溴仿	HJ 639—2012	GC-MS	吹扫捕集仪	气相色谱-质谱联用仪	GB/T 14848	0.000 5
	HJ 686—2014	GC-MS	吹扫捕集仪	气相色谱-质谱联用仪	GB/T 14848	0.000 1
	HJ 810—2016	GC-MS	顶空进样器	气相色谱-质谱联用仪	GB/T 14848	0.000 9
	DZ/T 0064.91—2021	GC-MS	吹扫捕集仪	气相色谱-质谱联用仪	GB/T 14848	0.000 03
二溴氯甲烷	HJ 639—2012	GC-MS	吹扫捕集仪	气相色谱-质谱联用仪	沪环土[2020]62 号文附件 5	0.000 4
	HJ 810—2016	GC-MS	顶空进样器	气相色谱-质谱联用仪	沪环土[2020]62 号文附件 5	0.000 9
1,2-二溴乙烷	HJ 639—2012	GC-MS	吹扫捕集仪	气相色谱-质谱联用仪	沪环土[2020]62 号文附件 5	0.000 4
	HJ 810—2016	GC-MS	顶空进样器	气相色谱-质谱联用仪	沪环土[2020]62 号文附件 5	0.000 6
六氯环戊二烯	EPA 8270	GC-MS	分液漏斗、振荡器、固相萃取仪	气相色谱-质谱联用仪	—	—
2,4-二硝基甲苯	HJ 648—2013	GC	分液漏斗、振荡器、固相萃取仪	气相色谱仪	GB/T 14848	0.000 003 8
	HJ 716—2014	GC-MS	分液漏斗、振荡器、固相萃取仪	气相色谱-质谱联用仪	GB/T 14848	0.000 05
2,4-二氯酚	HJ 744—2015	GC-MS	分液漏斗、振荡器、固相萃取仪	气相色谱-质谱联用仪	沪环土[2020]62 号文附件 5	0.000 2
	HJ 676—2013	GC	分液漏斗、振荡器	气相色谱仪	沪环土[2020]62 号文附件 5	0.001 1
2,4,6-三氯酚	HJ 744—2015	GC-MS	分液漏斗、振荡器、固相萃取仪	气相色谱-质谱联用仪	GB/T 14848	0.000 1
	HJ 676—2013	GC	分液漏斗、振荡器	气相色谱仪	GB/T 14848	0.001 2
2,4-二硝基酚	HJ 676—2015	GC	分液漏斗、振荡器	气相色谱仪	沪环土[2020]62 号文附件 5	0.003 4
五氯酚	HJ 744—2013	GC-MS	分液漏斗、振荡器、固相萃取仪	气相色谱-质谱联用仪	GB/T 14848	0.000 1
	HJ 676—2013	GC	分液漏斗、振荡器	气相色谱仪	GB/T 14848	0.001 1

续 表

污染物项目	标准方法编号	检测技术方法	前处理设备	分析设备	方法选择依据	检出限(mg/L)
邻苯二甲酸二(2-乙基己基)酯	EPA 8270	GC-MS	分液漏斗、振荡器、固相萃取仪	气相色谱-质谱联用仪	GB/T 14848	—
	HJ 1242—2022	HPLC-MS	—	液相色谱-质谱联用仪	—	0.000 3
邻苯二甲酸丁基苄酯	EPA 8270	GC-MS	分液漏斗、振荡器、固相萃取仪	气相色谱-质谱联用仪	—	—
	HJ 1242—2022	HPLC-MS	—	液相色谱-质谱联用仪	—	0.000 8
邻苯二甲酸二正辛酯	HJ/T 72—2001	HPLC	分液漏斗、振荡器	液相色谱仪	沪环土[2020]62号文附件5	0.000 2
	EPA 8270	GC-MS	分液漏斗、振荡器、固相萃取仪	气相色谱-质谱联用仪	—	—
	HJ 1242—2022	HPLC-MS	—	液相色谱-质谱联用仪	—	0.000 9
3,3′-二氯联苯胺	HJ 1048—2019	HPLC-MS	固相萃取仪	液相色谱-质谱联用仪	沪环土[2020]62号文附件5	0.000 007
	EPA 8270	GC-MS	分液漏斗、振荡器、固相萃取仪	气相色谱-质谱联用仪	—	—
阿特拉津	EPA 8270	GC-MS	分液漏斗、振荡器、固相萃取仪	气相色谱-质谱联用仪	GB/T 14848	—
	HJ 587—2010	HPLC	分液漏斗、振荡器	液相色谱仪	—	0.000 08
	HJ 754—2015	GC	分液漏斗、振荡器	气相色谱仪	—	0.000 2
氯丹	HJ 699—2014	GC-MS	分液漏斗、振荡器、固相萃取仪	气相色谱-质谱联用仪	沪环土[2020]62号文附件5	0.000 027
滴滴涕(总量)	HJ 699—2014	GC-MS	分液漏斗、振荡器、固相萃取仪	气相色谱-质谱联用仪	GB/T 14848	0.000 025
	GB/T 7492—1987	GC	分液漏斗、振荡器	气相色谱仪	GB/T 14848	0.000 2
	DZ/T 0064.71—2021	GC	分液漏斗、振荡器、固相萃取仪	气相色谱仪	GB/T 14848	0.000 000 30
敌敌畏	HJ 1189—2021	GC-MS	分液漏斗、振荡器	气相色谱-质谱联用仪	GB/T 14848	0.000 4
	GB 13192—1991	GC	分液漏斗、振荡器	气相色谱仪	GB/T 14848	0.000 015
	DZ/T 0064.72—2021	GC	分液漏斗、振荡器	气相色谱仪	GB/T 14848	0.000 001 20
乐果	HJ 1189—2021	GC-MS	分液漏斗、振荡器	气相色谱-质谱联用仪	GB/T 14848	0.000 4
	GB 13192—1991	GC	分液漏斗、振荡器	气相色谱仪	GB/T 14848	0.000 15
	DZ/T 0064.72—2021	GC	分液漏斗、振荡器	气相色谱仪	GB/T 14848	0.000 003 80

续　表

污染物项目	标准方法编号	检测技术方法	前处理设备	分析设备	方法选择依据	检出限(mg/L)
硫丹	HJ 699—2014	GC - MS	分液漏斗、振荡器、固相萃取仪	气相色谱-质谱联用仪	沪环土[2020]62 号文附件 5	0.000 032
七氯	HJ 699—2014	GC - MS	分液漏斗、振荡器、固相萃取仪	气相色谱-质谱联用仪	GB/T 14848	0.000 031
六六六(总量)	HJ 699—2014	GC - MS	分液漏斗、振荡器、固相萃取仪	气相色谱-质谱联用仪	GB/T 14848	0.000 022
	GB/T 7492—1987	GC	分液漏斗、振荡器	气相色谱仪	GB/T 14848	0.000 004
	DZ/T 0064.71—2021	GC	分液漏斗、振荡器、固相萃取仪	气相色谱仪	GB/T 14848	0.000 000 20
γ-六六六	HJ 699—2014	GC - MS	分液漏斗、振荡器、固相萃取仪	气相色谱-质谱联用仪	GB/T 14848	0.000 033
	GB/T 7492—1987	GC	分液漏斗、振荡器	气相色谱仪	GB/T 14848	0.000 004
	DZ/T 0064.71—2021	GC	分液漏斗、振荡器、固相萃取仪	气相色谱仪	GB/T 14848	0.000 000 20
六氯苯	HJ 699—2014	GC - MS	分液漏斗、振荡器、固相萃取仪	气相色谱-质谱联用仪	GB/T 14848	0.000 026
	HJ 621—2011	GC	分液漏斗、振荡器	气相色谱仪	GB/T 14848	0.000 003
	DZ/T 0064.71—2021	GC	分液漏斗、振荡器、固相萃取仪	气相色谱仪	GB/T 14848	0.000 000 20
灭蚁灵	EPA 8270	GC - MS	分液漏斗、振荡器、固相萃取仪	气相色谱-质谱联用仪	—	—
多氯联苯(总量)	HJ 715—2014	GC - MS	分液漏斗、振荡器、固相萃取仪	气相色谱-质谱联用仪	GB/T 14848	0.000 001 6
PCB126	HJ 715—2014	GC - MS	分液漏斗、振荡器、固相萃取仪	气相色谱-质谱联用仪	沪环土[2020]62 号文附件 5	0.000 002 2
PCB169	HJ 715—2014	GC - MS	分液漏斗、振荡器、固相萃取仪	气相色谱-质谱联用仪	沪环土[2020]62 号文附件 5	0.000 001 6
二噁英(总毒性当量)	HJ 77.1—2008	HRGC - HRMS	分液漏斗、振荡器、固相萃取仪、索氏提取仪	高分辨气相色谱-高分辨质谱联用仪	—	—
石油烃(C_{10}—C_{40})	HJ 894—2017	GC	分液漏斗、振荡器	气相色谱仪	沪环土[2020]62 号文附件 5	0.01
五日生化需氧量	HJ 505—2009	电化学探头法、滴定法	恒温培养箱	溶解氧仪、滴定管	GB 3838	0.5
化学需氧量	HJ 828—2017	滴定法	电热板	滴定管	GB 3838	4
	HJ/T 399—2007	UV	加热器	光度计	—	4

续 表

污染物项目	标准方法编号	检测技术方法	前处理设备	分析设备	方法选择依据	检出限(mg/L)
高锰酸盐指数	GB/T 11892—1989	滴定法	水浴锅	滴定管	GB/T 14848、GB 3838	0.2
	DZ/T 0064.68—2021	滴定法	水浴锅	滴定管	GB/T 14848	0.1
	DZ/T 0064.69—2021	滴定法	水浴锅	滴定管	GB/T 14848	0.1
总磷	GB/T 11893—1989	UV	高压灭菌锅	紫外可见分光光度计	GB 3838	0.01
	HJ 670—2013	UV	—	流动注射仪	—	0.01
	HJ 671—2013	UV	—	流动注射仪	—	0.005
总氮	HJ 636—2012	UV	高压灭菌锅	紫外可见分光光度计	GB 3838	0.05
	HJ 667—2013	UV	—	流动注射仪	—	0.04
	HJ 668—2013	UV	—	流动注射仪	—	0.03
	HJ/T 199—2005	UV	高压灭菌锅	气相分子吸收光谱仪	—	0.05
石油类	HJ 637—2018	红外分光光度法	分液漏斗、振荡器	红外测油仪	GB 3838	0.06
	HJ 970—2018	UV	分液漏斗	紫外可见分光光度计	—	0.01
氨氮	HJ 535—2009	UV	蒸馏装置	紫外可见分光光度计	GB/T 14848、GB 3838	0.025
	HJ 536—2009	UV	蒸馏装置	紫外可见分光光度计	GB/T 14848、GB 3838	0.004
	HJ 537—2009	滴定法	蒸馏装置	滴定管	GB/T 14848	0.2
	HJ 665—2013	UV	蒸馏装置	流动注射仪	GB/T 14848	0.01
	HJ 666—2013	UV	蒸馏装置	流动注射仪	GB/T 14848	0.01
	DZ/T 0064.57—2021	UV	蒸馏装置	紫外可见分光光度计	GB/T 14848	0.01
溶解氧	HJ 506—2009	电化学探头法	—	溶解氧仪	GB 3838	0.2
	GB/T 7489—1987	滴定法	—	滴定管	GB 3838	0.2

注：(1) UV：紫外可见分光光度法；ICP-MS：等离子体质谱法；ICP-OES：等离子体发射光谱法；AAS：石原子吸收法；AFS：原子荧光法；GC：气相色谱法；GC-MS：气相色谱质谱法；HRGC-HRMS：高分辨气相色谱高分辨质谱法；HPLC：高效液相色谱法；HPLC-MS：液相色谱质谱联用法等。

(2) GB 3838 中 pH 测定方法为 GB 6920，该方法在环境监测领域已停用，改用新方法 HJ 1147。

(3) GB/T 14848—2017 中只列出了方法类型[见注(1)]，没有给出具体的方法名称和方法编号，本表列出了所有符合 GB/T 14848 的方法。

6.3.4.2 样品前处理

一个实际样品的分析，无论是定性鉴定，还是定量测定，在使用仪器进行测定之前，往往需要对样品进行适当的物理或化学处理，这一过程称作样品前处理。前处理方法应根据试样的组成和采用的测定方法而定，不同的分析方法和污染物项目对试样的要求不一样，主要污染物的前处理过程如下：

(1) 土壤和沉积物

① 挥发性有机物(VOCs)

充分振荡采集好样品的吹扫瓶或顶空瓶，使土壤分散、静置，置于吹扫捕集仪或顶空进样器中，经吹脱富集后进行仪器分析。

② 半挥发性有机物(SVOCs)、有机农药类、多氯联苯、多溴联苯、石油烃类

称取一定量新鲜样品于烧杯中，加入适量干燥剂(如无水硫酸钠或硅藻土)脱水并搅拌呈流沙状(或冻干样品)，按标准方法要求的溶剂，采用索氏提取、加压流体萃取、超声波萃取或微波辅助萃取等方式分离后，经浓缩、净化后进行仪器分析。

③ 金属元素、六价铬

称取一定量风干研磨后样品，使用标准方法要求的酸或碱进行消解，定容后进行仪器分析。

④ 二噁英类

称取一定量风干研磨后样品于滤筒中，用稀盐酸进行处理。搅拌样品，用布氏漏斗过滤盐酸处理液，采用液液萃取进行提取，滤筒及样品充分干燥后以甲苯为溶剂进行索氏提取，合并提取液，经净化后进行仪器分析。

(2) 水质

① 挥发性有机物(VOCs)

吹扫捕集：将采集好水样的吹扫瓶或顶空瓶置于吹扫捕集仪或顶空进样器中，经吹脱富集后进行仪器分析。

② 半挥发性有机物(SVOCs)、有机农药类、多氯联苯、多溴联苯、石油烃类

可按方法要求，选择液液萃取或固相萃取。液液萃取：量取一定量水样置于分液漏斗中，按标准方法要求加入一定的盐和溶剂进行液液萃取，收集有机相，至少萃取两次，合并萃取液，经无水硫酸钠脱水、浓缩、净化后进行仪器分析。固相萃取：将固相萃取柱安装在自动固相萃取仪上，按标准方法要求选择合适的溶剂活化柱子，然后进行样品的富集、洗脱，经脱水、浓缩、净化后进行仪器分析。

③ 金属元素

量取一定量经过滤后的酸化水样，可溶性元素可直接进行仪器分析，元素总量需加入适量的酸进行加热消解后进行仪器分析。

6.3.4.3 图谱处理及原始记录

根据试样取样量、测量所得信号(数据)和分析过程中有关反应的化学计量关系等，计算试样中有关组分的含量或浓度，并予以记录。

原始记录应包含样品描述和唯一性标识、抽样分析的过程和方法、检验检测过程的原始观察记录以及根据观察结果所进行的计算、检验检测原始数据、导出数据、使用的设备和标准物质的信息、环境条件(特别是固定场所以外的地点实施的检验检测活动，如现场检测/抽样)、实施检验检测活动的地点以及负责检测人员、结果校核人员的签字和日期等足够的和其他重要的信息，以便在需要时，识别不确定度的影响因素，通过查阅记录可以追溯、复现检测过程。

6.3.5 检测过程的质量控制

6.3.5.1 校准曲线回归系数的控制

(1) 校准曲线的分类

校准曲线分两类，一类叫工作曲线，其分析步骤与样品分析步骤完全一致；另一类叫标准曲线，其分析步骤与样品分析不一致，一般会省略消解、萃取、净化、浓度、吹扫、消除干扰等样品前处理步骤。在环境样品分析领域，大多数标准方法采用的是标准曲线法，而不是工作曲线法。

(2) 校准曲线相关系数

一般对分光光度法、原子吸收分光光度法、原子荧光法、火焰光度法、电感耦合等离子体发射光谱法、电感耦合等离子体质谱法、气相色谱法、气相色谱-质谱法、液相色谱法、离子色谱法、液相色谱-质谱法、点位法等都对校准曲线有相关系数的要求。表 6-3-3 为一些方法中对校准曲线相关系数的要求。对没有提出要求的方法，实验室应结合实际制定出合适的曲线相关系数的要求。对于确实需要进行校准曲线中间点检测的方法，应该制定中间点检测的频次和误差要求。

表 6-3-3 部分标准方法中对校准曲线相关系数和标准曲线中间点检查的要求

污染物项目	标准方法编号	相关系数	曲线中间点检查	
			检测频次	允许误差
土壤和沉积物				
挥发性有机物	HJ 605—2011	0.99	未规定	50%～200%
半挥发性有机物	HJ 834—2017	0.990	≥1 次/24 h	≤30%
石油烃(C_{10}—C_{40})	HJ 1021—2019	0.999	≥5%	≤10%
有机磷和拟除虫菊酯类等农药	HJ 1023—2019	未要求	≥5%，或≥1 次/24 h	≤20%
苯胺类	HJ 1210—2021	0.995	≥5%	≤20%
多环芳烃类	HJ 784—2016	未要求	≥5%	≤20%
酚类化合物	HJ 703—2014	0.995	每次分析前	≤30%
多氯联苯	HJ 743—2015	未要求	≥5%	≤20%
有机氯农药	HJ 835—2017	未要求	≥1 次/24 h	≤20%
氰化物	HJ 745—2015	0.999	≥1 次/批	≤5%
铜、锌、铅、镍、铬	HJ 491—2019	0.999	≥5%	≤10%
11 种元素（锰、钡、钒、锶、钛、钙、镁、铁、铝、钾和硅）	HJ 974—2018	0.995	≥5%	≤10%
汞、砷、硒、铋、锑	HJ 680—2013	0.999	未要求	未要求
25 种元素	HJ 780—2015	未要求	未要求	未要求
12 种金属元素(如钴、锑、钒等)	HJ 803—2016	0.999	≥5%	≤10%
镉、铅	GB/T 17141—1997	未要求	未要求	未要求

续　表

污染物项目	标准方法编号	相关系数	曲线中间点检查	
			检测频次	允许误差
铍	HJ 737—2015	0.995	≥10%	≤10%
六价铬	HJ 1082—2019	0.999	未要求	未要求
地下水、地表水、工业废水和生活污水				
挥发性有机物	HJ 639—2012	0.990	≥1 次/24 h	≤20%
可萃取石油烃(C_{10}—C_{40})	HJ 894—2017	0.995	≥5%	≤20%
多环芳烃	HJ 478—2009	未要求	未规定	≤10%
有机磷农药	HJ 1189—2021	0.99	≥5%	≤20%
酚类化合物	HJ 744—2015	0.990	≥5%	≤30%
酚类化合物	HJ 676—2013	0.995	≥5%	≤20%
硝基苯类化合物	HJ 716—2014	0.990	检测前	≤20%
硝基苯类化合物	HJ 648—2013	0.995	≥1 次/24 h	≤20%
苯胺类化合物	HJ 822—2017	0.990	≥1 次/12 h	≤20%
有机氯农药和氯苯类化合物	HJ 699—2014	0.995	≥1 次/12 h	≤20%
多氯联苯	HJ 715—2014	0.990	≥1 次/12 h	≤30%
氯苯类化合物	HJ 621—2011	0.995	≥10%	<30%
32 种元素的测定	HJ 776—2015	0.995	≥10%	≤10%
65 种元素	HJ 700—2014	0.999	≥10%	≤10%
汞、砷、硒、铋和锑	HJ 694—2014	0.995	≥5%	≤20%
六价铬	GB 7467—1987	未要求	未要求	未要求
氰化物	HJ 484—2009	未要求	未要求	未要求
挥发酚	HJ 503—2009	0.999	≥1 次/1 批	≤10%
氨氮	HJ 535—2009	未要求	未要求	未要求

(3) 校准曲线的斜率或校准因子

很少有标准方法对斜率或校准因子有要求，但有些标准方法中规定每批样品中插入的校准曲线中间点的测定结果与该点的标准值之间的误差不超过 10%或 20%等的要求，实际上就是要求校准曲线的斜率变化不超过规定的范围。部分检测方法的具体要求如表 6－3－3 所示。

(4) 校准曲线中间点的控制

版本较老的环境样品分析标准方法中，可能没有有关校准曲线中间点检查的要求，而新颁布的环境样品测定方法中，基本都有这方面要求。表 6－3－3 还罗列了一些标准方法有关中间点检测的要求。

(5) 校准曲线的截距

从表面上看，几乎没有相关的规范和方法标准对校准曲线的截距有要求。但对于低浓度(或低含量)检测结果来说，曲线的截距越小越好。太大的截距可能导致含量(浓度)为“零”的样品，实测结果可能超过了方法的检出限，或其结果的绝对值大于方法的检出限。对于低含量或低浓度样品来说，我们建议曲线的截距换算成样品含量(浓度)后，结果(或其绝对值)至少应小于检出限。对于线性范围很宽的曲线，最好分不同的浓度(含量)段分别制作校准曲线，或用校正因子法计算样品的含量(浓度)。

6.3.5.2 结果的精密度控制

精密度控制的方法，一般都采用平行双样分析结果的偏差或相对偏差来衡量，有些方法还对空白加标或基质加标的回收率的精密度提出了要求。对没有提出相应要求的标准方法，实验室应根据实际情况自行制定平行样的检测频次以及相应的精密度限值要求。表 6-3-4 为部分检测方法对精密度的要求。

表 6-3-4 部分检测方法对精密度的要求

污染物项目	标准方法编号	精密度要求	
		检测频次	控制限(范围)
土壤和沉积物			
pH	HJ 962—2018	≥10%	0.3pH 单位
挥发性有机物	HJ 605—2011	≥5%	≤25%(替代物) ≤25%(替代物，样品及其加标样之间)
半挥发性有机物	HJ 834—2017	≥5%	≤40%
石油烃(C_{10}—C_{40})	HJ 1021—2019	≥5%	≤25%
有机磷和拟除虫菊酯类等 47 种农药	HJ 1023—2019	≥5%	≤30%
多环芳烃类	HJ 784—2016	≥5%	≤30%
酚类化合物	HJ 703—2014	≥5%	<30%
多氯联苯	HJ 743—2015	≥5%	≤30%
苯胺类	HJ 1210—2021	≥5%	≤35%
氰化物	HJ 745—2015	≥10%	≤25%
有机氯农药	HJ 835—2017	≥5%	≤35%
铜、锌、铅、镍、铬	HJ 491—2019	≥5%	≤20%
11 种元素(锰、钡、钒、锶、钛、钙、镁、铁、铝、钾和硅)	HJ 974—2018	≥5%	≤35%
汞、砷、硒、铋、锑	HJ 680—2013	≥10%	未规定
25 种元素	HJ 780—2015	≥5%	见标准方法 HJ 780—2015 中表 2
12 种金属元素(如钴、锑、钒等)	HJ 803—2016	≥10%	<30%

续　表

污染物项目	标准方法编号	精密度要求	
		检测频次	控制限(范围)
镉、铅	GB/T 17141—1997	未要求	未要求
铍	HJ 737—2015	≥10%	≤20%
六价铬	HJ 1082—2019	≥5%	≤20%
地下水、地表水、工业废水和生活污水			
pH	HJ 1147—2020	≥5%	≤0.1(pH6～9) ≤0.2(其他情况)
挥发性有机物	HJ 639—2012	≥5%	≤30%
可萃取石油烃(C_{10}—C_{40})	HJ 894—2017	未要求	未要求
有机磷农药	HJ 1189—2021	≥5%	≤20%
多环芳烃	HJ 478—2009	未要求	未要求
酚类化合物	HJ 744—2015	≥10%	<30%
酚类化合物	HJ 676—2013	≥10%	≤25%
硝基苯类化合物	HJ 716—2014	≥10%	<20%
硝基苯类化合物	HJ 648—2013	≥10%	<20%
苯胺类化合物	HJ 822—2017	≥10%(样品量少于 5 个时 100%)	<20%
有机氯农药和氯苯类化合物	HJ 699—2014	≥10%	≤50%(10 d 以内) ≤20%(>10 d)
多氯联苯	HJ 715—2014	≥10%	≤50%(10 d 以内) ≤20%(>10 d)
氯苯类化合物	HJ 621—2011	≥10%	<30%
32 种元素的测定	HJ 776—2015	≥10%	<25%
65 种元素	HJ 700—2014	≥10%	<20%
汞、砷、硒、铋和锑	HJ 694—2014	≥10%	<20%
六价铬	GB 7467—1987	未要求	未要求
氰化物	HJ 484—2009	未要求	未要求
挥发酚	HJ 503—2009	未要求	未要求
氨氮	HJ 535—2009	未要求	未要求

6.3.5.3　结果的准确度控制

结果的准确度控制方法主要有两种，一种是标准物质的测量结果的误差控制，另一种就是样品的加标回收率控制。

对于土壤和沉积物的金属或非金属元素来说，使用标准物质来控制测定的准确度是比较理想的方法，目前我国各类土壤和沉积物有证标准物质有数十种，基本满足我国土壤和沉积物分析中质量控制的需要，而且其中的定值组分含量(量值)长期稳定(有效期一般达 15 年)。但对于大多数有机污染物来说，由于自然界中一般不存在，很难找到合适的土壤或沉积物制作成标准物质，另外有机物的稳定性普遍差，容易挥发、降解、变质，人为制作的标准样品，很难保存，且成本昂贵。因此有机物检测指标，一般更适合采用加标回收率控制方法来控制检测质量。

对于水质样品来说，无机检测指标可以用标准物质来控制准确度，但在环境监测领域很多水质比较复杂，标准物质不能完全反映基质的干扰，有时样品还需要进行沉淀分离、过滤、吸附、蒸馏、脱色等前处理步骤，这些都是一般标准样品分析时不需要的步骤。因此有时通过加标回收率准确度具有更理想的效果。对于水质样品的有机污染物分析，与土壤或沉积物样品分析一样，一般更适合加标回收率来控制准确度。

无论是土壤和沉积物样品，还是水质样品，有时有机物分析的加标回收率达不到方法规定的要求，这时需要通过空白加标来评判包括样品前处理在内的整个分析过程是否存在问题。因此有些检测方法还规定了空白加标的回收率要求。还有些方法则明确规定，样品基质加标的回收率确实无法达到要求时，可通过空白加标的回收率来评价检测质量。

(1) 标准样品(质控样)的误差(或相对误差)

目前已颁布的检测方法中，要求使用标准物质进行准确度控制的方法主要针对土壤和水质样品中的金属元素和部分非金属元素，允许限一般用相对标准误差表示，有些方法则用有证标准物质标准值的不确定度作为控制范围，也有个别的标准样品含量(浓度)的对数差来作为其准确度控制的限值，或用特定的计算公式来推算出相对误差的允许限。表 6-3-5 为部分检测方法对标准物质测定结果的准确度控制要求。需要注意的是，对于大多数有要求的方法来说，在标准物质的(相对)误差控制和加标回收率控制之间，只需要选择一种准确度控制方式即可。

表 6-3-5 标准物质测定结果的准确度控制要求

<table>
<tr><th rowspan="2">污 染 物 项 目</th><th rowspan="2">标准方法编号</th><th colspan="2">标准样品准确度</th></tr>
<tr><th>插入标样频次</th><th>允许误差或相对误差</th></tr>
<tr><td colspan="4">土壤和沉积物</td></tr>
<tr><td>pH</td><td>HJ 962—2018</td><td>未要求</td><td>未要求</td></tr>
<tr><td>铜、锌、铅、镍、铬</td><td>HJ 491—2019</td><td>≥5%</td><td>≤15%</td></tr>
<tr><td>11 种元素(锰、钡、钒、锶、钛、钙、镁、铁、铝、钾和硅)</td><td>HJ 974—2018</td><td>≥5%</td><td><table>
<tr><th>含量范围</th><th>lgC(GB W)允许限值</th></tr>
<tr><td>检出限三倍以内</td><td>0.15</td></tr>
<tr><td>检出限三倍以上</td><td>0.10</td></tr>
<tr><td>1%～5%</td><td>0.10</td></tr>
<tr><td>>5%</td><td>0.07</td></tr>
</table>
注：$\lg C(\mathrm{GB\ W}) = |\lg C_i - \lg C_s|$，式中 C_i 为每个 GB W 标准物质的单次测量值，C_s 为 GB W 标准物质的标准值。</td></tr>
</table>

续　表

<table>
<tr><th rowspan="2">污染物项目</th><th rowspan="2">标准方法编号</th><th colspan="2">标准样品准确度</th></tr>
<tr><th>插入标样频次</th><th>允许误差或相对误差</th></tr>
<tr><td>汞、砷、硒、铋、锑</td><td>HJ 680—2013</td><td>1～2 个/批</td><td>未规定</td></tr>
<tr><td>25 种元素</td><td>HJ 780—2015</td><td>1 个/批</td><td><table>
<tr><th>含量范围</th><th>lgC(GB W)允许限值</th></tr>
<tr><td>检出限 3 倍以内</td><td>0.12</td></tr>
<tr><td>检出限 3 倍以上</td><td>0.10</td></tr>
<tr><td>1%～5%</td><td>0.07</td></tr>
<tr><td>>5%</td><td>0.05</td></tr>
</table>注：$\lg C(\mathrm{GB\ W}) = |\lg C_i - \lg C_s|$，式中 C_i 为每个 GB W 标准物质的单次测量值，C_s 为 GB W 标准物质的标准值。</td></tr>
<tr><td>12 种金属元素(如钴、锑、钒等)</td><td>HJ 803—2016</td><td>未要求</td><td>未要求</td></tr>
<tr><td>镉、铅</td><td>GB/T 17141—1997</td><td>未要求</td><td>未要求</td></tr>
<tr><td>铍</td><td>HJ 737—2015</td><td>≥10%</td><td>未规定</td></tr>
<tr><td colspan="4">地下水、地表水、工业废水和生活污水</td></tr>
<tr><td>pH</td><td>HJ 1147—2020</td><td>≥5%</td><td>≤±不确定度</td></tr>
<tr><td>32 种元素的测定</td><td>HJ 776—2015</td><td>必要时，≥1 个/批</td><td>有证标准物质：不确定度范围内
自配质控样：配置值的 90%～110%</td></tr>
<tr><td>65 种元素</td><td>HJ 700—2014</td><td>每批要有试剂空白加标，也可使用标准物质替代加标</td><td>标准物质测定值应在标准要求的范围内</td></tr>
<tr><td>汞、砷、硒、铋和锑</td><td>HJ 694—2014</td><td>未要求</td><td>未要求</td></tr>
<tr><td>六价铬</td><td>GB 7467—1987</td><td>未要求</td><td>未要求</td></tr>
<tr><td>氰化物</td><td>HJ 484—2009</td><td>未要求</td><td>未要求</td></tr>
<tr><td>挥发酚</td><td>HJ 503—2009</td><td>未要求</td><td>未要求</td></tr>
<tr><td>氨氮</td><td>HJ 535—2009</td><td>未要求</td><td>未要求</td></tr>
</table>

(2) 样品基质加标回收率的控制

一般情况下，加标回收试验或加标回收率都是指基质加标。当需要做空白加标时，为了有所区别才特别指明是基质加标。所谓基质加标就是在样品进行前处理之前，加入一定量的标准溶液，然后按照样品的正常测定程序进行前处理和检测。空白加标则是以纯水代替样品的加标回收试验。需要指出的是，不管是基质加标还是空白加标，都应在样品前处理之前加入标准溶液。对于一些无机物分析，有时在遇到某些复杂的干扰时，为了研究到底是前处理过程的影响还是基质干扰的影响，可能需要做前处理后的加标回收试验(简称“后加标”)，方法一般不做要求。一些检测方法对加标回收的要求如表 6-3-6 所示。对于没有作出规定的标准方法，实验室应根据实际情况制定加标回收试验的频次和回收率的控制范围。

表 6-3-6 检测方法对加标回收试验的要求

污染物项目	标准方法编号	基质加标		空白加标		替代物回收率要求
		加标频次	回收率要求	加标频次	回收率要求	
土壤和沉积物						
挥发性有机物	HJ 605—2011	≥5%	70%～130%	替代物回收率不合格时	70%～130%	70%～130%
半挥发性有机物	HJ 834—2017	≥5%	$\bar{\bar{P}} \pm 2S_{\bar{p}}$（见方法 HJ 834—2017 附录 D）	未要求	未要求	$P \pm 3S$（见方法 HJ 834—2017(10.6)）
石油烃(C_{10}—C_{40})	HJ 1021—2019	≥5%	50%～140%	≥5%	70%～120%	—
有机磷和拟除虫菊酯类等 47 种农药	HJ 1023—2019	≥5%	55%～140%	未要求	未要求	—
多环芳烃类	HJ 784—2016	≥5%	50%～120%	未要求	未要求	60%～120%
酚类化合物	HJ 703—2014	≥5%	50%～140% ≥5%加标平行，偏差≤30%	未要求	未要求	—
多氯联苯	HJ 743—2015	≥5%	60%～130%(土壤) 55%～135%(沉积物)	≥5%	60%～130%	$P \pm 3S$（见方法 HJ 743—2015(11.6)）
苯胺类	HJ 1210—2021	≥5%	65%～130%(土壤) 60～140%(沉积物)	≥5%	65%～130%	—
氰化物	HJ 745—2015	≥10%	70%～120%	未要求	未要求	—
有机氯农药	HJ 835—2017	≥5%	40%～150%	未要求	未要求	P±3S(见方法 HJ 835—2017(10.5))
铜、锌、铅、镍、铬	HJ 491—2019	≥5%	80%～120%	未要求	未要求	—
11 种元素（锰、钡、钒、锶、钛、钙、镁、铁、铝、钾和硅）	HJ 974—2018	≥5%	65%～125%	未要求	未要求	—
汞、砷、硒、铋、锑	HJ 680—2013	未要求	未要求	未要求	未要求	—
25 种元素	HJ 780—2015	未要求	未要求	未要求	未要求	—
12 种金属元素(如钴、锑、钒等)	HJ 803—2016	≥10%	70%～125%（钼、锑 50%～125%）	未要求	未要求	—
镉、铅	GB/T 17141—1997	未要求	未要求	未要求	未要求	—

续　表

污染物项目	标准方法编号	基质加标		空白加标		替代物回收率要求
		加标频次	回收率要求	加标频次	回收率要求	
铍	HJ 737—2015	未要求	未要求	未要求	未要求	—
六价铬	HJ 1082—2019	≥5%	70%～130%	未要求	未要求	—
地下水、地表水、工业废水和生活污水						
挥发性有机物	HJ 639—2012	≥5%	60%～140%	≥5%	80%～120%	70%～130%
可萃取石油烃(C_{10}—C_{40})	HJ 894—2017	未要求	未要求	≥5%	70%～120%	—
有机磷农药	HJ 1189—2021	≥5%	60%～120%(敌百虫、敌敌畏、速灭磷和内吸磷加标回收率应大于30%)	未要求	未要求	60%～120%
多环芳烃	HJ 478—2009	未要求	未要求	未要求	60%～120%	50%～130%
酚类化合物	HJ 744—2015	≥5%	60%～130%	未要求	未要求	未要求
酚类化合物	HJ 676—2013	≥5%	60%～130%	≥5%	60%～130%	—
硝基苯类化合物	HJ 716—2014	≥5%	70%～110%	未要求	未要求	70%～110%
硝基苯类化合物	HJ 648—2013	≥10%	70%～130%	≥10%	70%～130%	—
苯胺类化合物	HJ 822—2017	≥5%	50%～150%(地表水)40%～150%(污水和废水)	≥5%	50%～150%	50%～150%
有机氯农药和氯苯类化合物	HJ 699—2014	≥5%	在最终值范围内	未要求	未要求	80%～120%
多氯联苯	HJ 715—2014	≥5%	70%～130%	未要求	未要求	—
氯苯类化合物	HJ 621—2011	≥5%	65%～120%	未要求	未要求	—
32 种元素的测定	HJ 776—2015	≥10%	70%～120%	未要求	未要求	—
65 种元素	HJ 700—2014	≥5%	70%～130%(不少于5%加标平行,偏差<20%)	≥5%	80%～120%	—
汞、砷、硒、铋和锑	HJ 694—2014	≥10%	70%～130%	未要求	未要求	—
六价铬	GB 7467—1987	未要求	未要求	未要求	未要求	—
氰化物	HJ 484—2009	未要求	未要求	未要求	未要求	—
挥发酚	HJ 503—2009	未要求	未要求	未要求	未要求	—
氨氮	HJ 535—2009	未要求	未要求	未要求	未要求	—

(3) 空白样品加标回收率的控制

对于一些类别的有机污染物，由于样品成分的复杂，有时有些样品的回收率就是达不到规定的要求。这时需要通过空白加标来排除因前处理过程的原因造成的问题。对于无机物分析，一般不需要做空白加标试验。一些标准方法对空白加标回收试验的要求见表 6-3-6。

(4) 样品中替代物加标回收率的控制

由于土壤和沉积物、地下水等环境样品成分复杂，在前处理过程中有时很容易造成待测物的损失或变化，很容易使四级杆和检测器被污染(如在用 GC-MS 测定有机污染物时)，使仪器的质量分析性能和检测灵敏度发生较大变化，影响检测结果的可靠性。加入替代物，可以在一定程度上观察到这种影响，从而判断相关样品检测结果的可靠性。替代物实际上是一些有机物分子中的氢原子，由原来的只含 1 个质子和 1 个电子的氕，部分或全部替换成含 1 个质子和 1 个中子的氘后的物质，其各项性质几乎跟原物质完全一致，只是其质量数有所增加，从而可以通过质量分析器分开来。一些标准方法替代物的回收率要求见表 6-3-6。

6.3.5.4 样品空白值的控制

空白试验是指以纯水或用不含待测物质的其他材料替代样品而测定步骤与样品分析完全一致的检测过程。以前的标准方法称这种空白样品的测定值为全程序空白，但最新的标准方法称之为实验室空白，而真正的全程序空白在采样现场，以不含待测物质的其他材料替代样品装入样品溶液中，按照样品相同的方法添加保护剂、保存、流转、样品前处理和样品检测等程序与一般样品完全一致的空白。空白样品测定在环境分析领域十分重要，因此除了个别方法外，大多数检测方法多对样品空白的检测提出了要求。表 6-3-7 列出了一些标准方法对实验室空白和全程序空白的要求。在土壤污染状况调查以及污染修复工程的相关检测中，各类检测参数一般都要求采集现场空白样，其实就是全程序空白，只不过对于土壤和沉积物来说，现场空白只能以水质样品的形式反映其待测物的检出情况。对于挥发性有机物，还需要有运输空白(只是与其他采样瓶一起带到采样现场，并与采集的样品一起带回实验室，现场不需要打开样品瓶模拟采样)，以防止整个运输过程可能带来的污染。

表 6-3-7 标准方法对空白样品的要求

污染物项目	标准方法编号	实验室空白		全程序空白	
		检测频次	限制要求	检测频次	限制要求
土壤和沉积物					
挥发性有机物	HJ 605—2011	≥1 个/批(运输空白)	≤检出限；或≤5%标准限值；或≤最低样品的 5%	≥1 个/批	同运输空白
半挥发性有机物	HJ 834—2017	≥1 个/批	≤检出限	未要求	未要求
石油烃(C_{10}—C_{40})	HJ 1021—2019	≥1 个/批	≤检出限	未要求	未要求
有机磷和拟除虫菊酯类等 47 种农药	HJ 1023—2019	≥1 个/批	≤检出限	未要求	未要求
多环芳烃类	HJ 784—2016	≥1 个/1 批	≤检出限	1 个/1 批	≤检出限
酚类化合物	HJ 703—2014	≥1 个/批	≤检出限	未要求	未要求
多氯联苯	HJ 743—2015	≥1 个/批	≤检出限	未要求	未要求

续　表

污染物项目	标准方法编号	实验室空白		全程序空白	
		检测频次	限制要求	检测频次	限制要求
苯胺类	HJ 1210—2021	≥1 个/批	≤检出限	未要求	未要求
氰化物	HJ 745—2015	(未确定)	≤检出限	未要求	未要求
有机氯农药	HJ 835—2017	≥1 个/批	≤检出限	未要求	未要求
铜、锌、铅、镍、铬	HJ 491—2019	≥2 个/批	Zn≤测定限； 其余≤检出限	未要求	未要求
11 种元素(锰、钡、钒、锶、钛、钙、镁、铁、铝、钾和硅)	HJ 974—2018	≥1 个/10 个	≤检出限	未要求	未要求
汞、砷、硒、铋、锑	HJ 680—2013	未要求	未要求	≥2 个/批	≤检出限
25 种元素	HJ 780—2015	未要求	未要求	未要求	未要求
12 种金属元素(如钴、锑、钒等)	HJ 803—2016	≥2 个/批	<测定限	未要求	未要求
镉、铅	GB/T 17141—1997	未要求	未要求	未要求	未要求
铍	HJ 737—2015	≥2 个/批	≤检出限	未要求	未要求
六价铬	HJ 1082—2019	未要求	≤检出限	未要求	未要求
地下水、地表水、工业废水和生活污水					
挥发性有机物	HJ 639—2012	≥1 个/批(运输空白)	≤检出限； 或≤限值的 5%； 或≤最小样品的 5%	≥1 个/批	同运输空白
可萃取石油烃(C_{10}—C_{40})	HJ 894—2017	≥1 个/批	≤检出限	未要求	未要求
有机磷农药	HJ 1189—2021	≥1 个/批	≤检出限	未要求	未要求
多环芳烃	HJ 478—2009	≥1 个/批	≤检出限	未要求	未要求
酚类化合物	HJ 744—2015	≥1 个/批	≤检出限	≥1 个/批	≤检出限
酚类化合物	HJ 676—2013	≥1 个/批	≤检出限	≥1 个/批	≤检出限
硝基苯类化合物	HJ 716—2014	≥1 个/批	≤检出限	未要求	未要求
硝基苯类化合物	HJ 648—2013	≥1 个/批	≤检出限	≥1 个/批	≤检出限
苯胺类化合物	HJ 822—2017	≥1 个/批+1 个加标	≤检出限	未要求	未要求
有机氯农药和氯苯类化合物	HJ 699—2014	未要求	未要求	≥1 个/批	≤检出限

续 表

污染物项目	标准方法编号	实验室空白		全程序空白	
		检测频次	限制要求	检测频次	限制要求
多氯联苯	HJ 715—2014	未要求	未要求	≥1个/批	≤检出限
氯苯类化合物	HJ 621—2011	未要求	未要求	≥1个/批	≤检出限
32种元素的测定	HJ 776—2015	≥2个/批	≤检出限	≥1个/批	≤检出限
65种元素	HJ 700—2014	≥1个/批	≤检出限; 或≤限值的10%; 或≤最低样品的10%	≥1个/批	同实验室空白
汞、砷、硒、铋和锑	HJ 694—2014	未要求	未要求	≥1个/批	≤检出限
六价铬	GB 7467—1987	未要求	未要求	未要求	未要求
氰化物	HJ 484—2009	未要求	未要求	未要求	未要求
挥发酚	HJ 503—2009	未要求	未要求	未要求	未要求
氨氮	HJ 535—2009	未规定	吸光度≤0.030	未要求	未要求

6.3.6 检测结果的不确定度评定

6.3.6.1 不确定度的相关术语及相互关系

(1) 不确定度的定义

化学分析领域使用的测量不确定度的术语定义采纳现行版本的《国际计量学基本和通用术语词汇表》(ISO,1993发布),定义如下:

测量不确定度:表征合理地赋予被测量之值的分散性,与测量结果相联系的参数。

注1:这个参数可能是,如标准偏差(或其指定倍数)或置信区间宽度。

注2:测量不确定度一般有多个分量。其中一些分量是由测量序列结果的统计学分布评估得出的,可表示为标准偏差。另一些是由根据经验和其他信息去确定的假设概率分布评估得出的,也可以用标准偏差表示。

注3:很显然测量结果是被测量的最佳估计值,不确定度所有的分量,包括那些系统效应所产生的分量,比如与修正和参考标准相关的分量,均会对不确定度的分散性产生贡献。

在ISO指南中将这些不同种类的分量分别划分为A类评定和B类评定,对应的不确定度习惯分别称为A类不确定度和B类不确定度。

在化学分析领域,被测量是指被分析物的浓度(一般用于液体、气体介质)或含量(一般用于固体介质),也可用于其他量,如颜色、pH等。

(2) 误差的定义

被测量的单个结果和真值之差。在实际工作中,多次测量结果的均值与真值之差也称为误差。实际上误差是一个理想的概念,不可能被确切地知道。所以不管是理论的,还是观测到的,误差是一个单个数值。原则上已知误差的数值可以用来修正结果。

(3) 误差与不确定度的关系

不确定度是以一个区间的形式表示,如果是为了一个分析过程和所规定的样品类型作评估时,可适用于其所描述的所有测量值,一般不能用不确定度数值来修正测量结果。

误差和不确定度的另一差别表现在修正后的分析结果可能非常接近于被测量的真值,因此其误差可能忽略。但是不确定度可能还是很大,因为分析人员对于测量结果的接近程度没有把握。

此外,测量结果的不确定度并不可以解释为代表了误差本身或经修正的残余误差。可以将不确定度通俗地理解为在一定置信水平下,误差实际不超过的界限值。

6.3.6.2　不确定度评定的前提条件

对于不成熟的分析方法,其测量结果的不确定度评定是无法做到的,或者是徒劳的或不客观的。因为不成熟的分析方法,如一些操作过程还不够熟练,有些动作还不够固定,或操作人员对仪器的性能还不够熟悉。在这种情况下,很难客观地评定测量不确定度。因此,检测实验室对检测方法实现开展标准方法的验证或非标方法的确认,并对检测人员进行方法培训和相关仪器的操作培训,并经考核合格后才允许上岗,这是客观地评定测量不确定度的前提条件之一,其他如仪器的校准或检定、标准物质的正确使用等也是客观地评定测量不确定度的重要保证。

6.3.6.3　测量不确定度的评估过程

测量不确定度的评估过程一般可分为四个步骤：第一步,规定被测量;第二步,识别不确定度的来源;第三步,不确定度分量的量化;第四步,计算合成不确定度(如图 6－3－1 所示)。各步骤具体的内容如下：

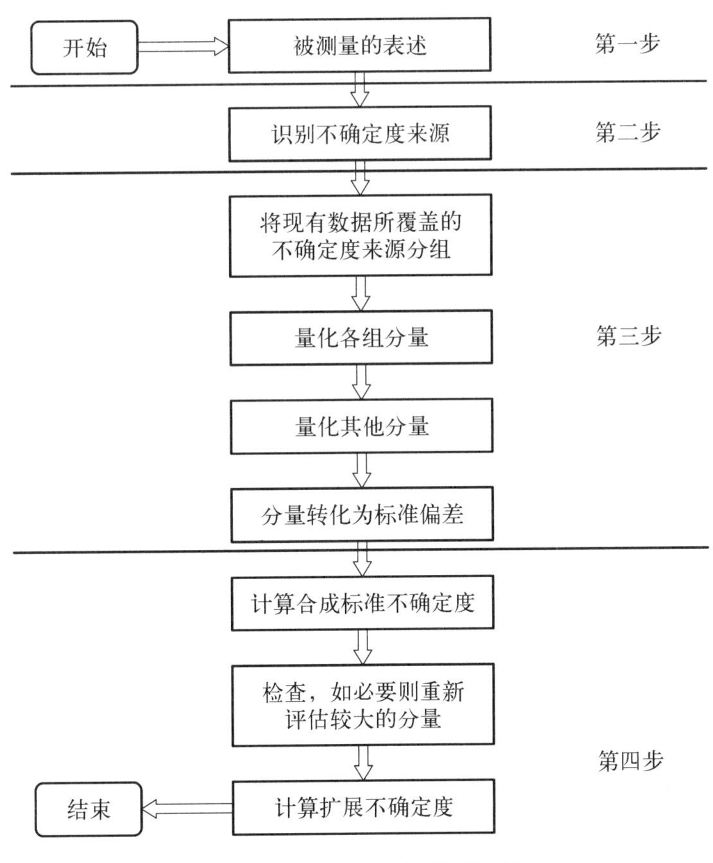

图 6－3－1　不确定度的评估过程

(1) 第一步,规定被测量

清楚地写明需要测量什么,包括被测量和被测量所依赖的输入量(如被测数量、常数、校准标准值等)的关系,还应包括对已知系统影响量的修正。

(2) 第二步,识别不确定度的来源

列出不确定度的可能来源,包括第一步所规定的关系式中所含参数的不确定度来源,但是也可以有其他的来源。必须包括哪些由化学假设所产生的不确定度来源。详细的不确定度来源识别分析,可参考 CNAS-GL006:2019 附录 D。

(3) 第三步,不确定度分量的量化

测量或估计与所识别的每一个潜在的不确定度来源相关的不确定度分量的大小。通常可能评估或确定与大量独立来源有关的不确定度的单个分量。还有一点很重要的是要考虑数据是否足以反映所有的不确定度来源,计划其他的实验和研究来保证所有的不确定度来源都得到了成分的考虑。

(4) 第四步,计算合成不确定度

在第三步得到的信息,是总不确定度的一些量化分量,它们可能与单个来源有关,也可能与几个不确定度来源的合成分析有关。这些分量必须以标准偏差的形式表示,并根据有关规则进行合成,以得到合成标准不确定度,并应使用适当的包含因子给出扩展不确定度。

6.3.6.4 需要进行不确定度评估的场合

不管是化学分析领域,还是其他检测领域,凡是为社会提供具有证明作用的检测结果或数据的,应具备测量不确定的评估的能力。

在下列三种情况下,检验检测机构应开展不确定度评定:

第一,执行的标准方法有规定的:如果标准方法中明确需要对检测结果或数据进行不确定度评定的,检验检测机构应当开展测量不确定度的评定,检测结果以平均值加不确定度的形式报出,并说明包含因子的取值。

第二,委托方有要求的:如果委托方通过合同或其他方式约定,要求对检测结果进行不确定度的评定,则检验检测机构应该对检测结果的不确定度进行评定,并报出评定结果。

第三,检测结果处于临界值附近的:当检测结果处于产品质量标准规定的界限值附近时,检验检测机构应当给出不确定度的评定结果,以便委托方或检验检测机构自身在评判产品合格或不合格时,评估所承担的可能不合格或合格的风险大小,以及由此引发的经济成本。

在环境领域,检测方法基本都没有提出评定不确定度的规定,委托方一般也不会提出不确定度评定的要求,因此一般只有在检测结果处于环境质量标准、污染排放的标准限值、环境筛选值或修复目标值附近时,才需要进行评定。在土壤污染状况调查评估中,较少需要开展不确定度的评定,但在修复效果评估阶段,不确定度的评定显得尤为重要。

6.3.6.5 不确定度评估的案例

(1) 检测依据和原理

① 检测依据

按照《土壤　氰化物和总氰化物的测定　分光光度法》(HJ 745—2015)进行测定。

② 检测原理

试样中的氰离子在中性条件下与氯胺 T 反应生成氯化氰,然后与异烟酸反应,经水解后生成戊烯二醛,最后与吡唑啉酮反应生成蓝色染料,该物质在 638 nm 波长处有最大吸收。

(2) 主要仪器与试剂

① 主要仪器

主要仪器包括电子分析天平(精度,0.01 g)、紫外可见分光光度计、全玻璃蒸馏器(500 mL)、具塞比色管(25 mL)、接收瓶(100 mL 容量瓶)、恒温水浴锅装置。

② 主要试剂和标准物质

主要试剂和标准物质有酒石酸溶液(150 g/L)、硝酸锌溶液(100 g/L)、氢氧化钠溶液(100 g/L)、氢氧化钠溶液(20 g/L)、氢氧化钠溶液(10 g/L)、氢氧化钠溶液(1 g/L)、氯胺 T 溶液(10 g/L)(临用时现配)；磷酸盐缓冲溶液(pH=7.0)、异烟酸-吡唑啉酮溶液、水中氰标准储备液、水中氰标准工作液(ρ=0.500 mg/L)。

(3) 分析步骤

① 样品的准备

称取相当于约 10 g 干重的湿土样品于称量纸上(精确到 0.01 g)，略微裹紧后移入蒸馏瓶。另称取样品按照 HJ 613 进行干物质的测定。

② 试样的制备

在接收瓶中加入 10 mL 氢氧化钠(10 g/L)作为吸收液。在加入试样后的蒸馏瓶中依次加 200 mL 水、3.0 mL 氢氧化钠溶液(100 g/L)和 10 mL 硝酸锌溶液(100 g/L)，摇匀，迅速加入 5.0 mL 酒石酸溶液(150 g/L)后，立即盖塞。打开电炉，由低档逐渐升高，馏出液以 2～4 mL/min 速度进行加热蒸馏。蒸馏时，馏出液导管下端务必要插入吸收液液面下，使氰化氢吸收完全。接收瓶内试样近 100 mL 时，停止蒸馏，用少量水冲洗馏出液导管后取出接收瓶，用水定容至 100 mL(V_1)，混合均匀，此为试样 A。

③ 空白试样的制备

蒸馏瓶中只加 200 mL 水和 3.0 mL 氢氧化钠溶液(100 g/L)，按照步骤"② 试样的制备"操作得到空白试样 B。

④ 校准曲线的绘制

取 6 支 25 mL 具塞比色管，分别加入水中氰标准工作液(0.500 mg/L)0.00 mL、0.10 mL、0.50 mL、1.50 mL、4.00 mL 和 10.00 mL，再加入氢氧化钠溶液(1 g/L)至 10 mL。向标准管中加入 5.0 mL 磷酸盐缓冲溶液(pH=7.0)，混匀，迅速加入 0.20 mL 氯胺 T(10 g/L)溶液，立即盖塞，混匀，放置 5 min。向各管中加入 5.0 mL 异烟酸-吡唑啉酮溶液显色剂，加水稀释至标线，摇匀，于 35℃的水浴装置中显色 40 min。用分光光度计在 638 nm 波长下，用 10 mm 比色皿，以水为参比，测定吸光度。以氰离子的含量(μg)为横坐标，以扣除试剂空白后的吸光度为纵坐标，绘制校准曲线。

⑤ 试样的测定

从试样 A 和空白试样 B 中分别吸取 10.0 mL 馏出液于 25 mL 具塞比色管中，按照"④ 校准曲线的绘制"的步骤进行比色测定。

(4) 数学模型

氰化物含量 w(mg/kg)，以氰离子(CN^-)计，建立以下数学模型

$$w=\frac{m\times V_1}{m_s\times w_{dm}\times V_2} \tag{6-3-1}$$

式中，w 为氰化物的含量，mg/kg；m 为样品测试液中氰化物的测得量，μg；V_1 为试样 A 定容总体积，mL，(V_1=100 mL)；V_2 为比色所用试样的分取体积，mL，(V_2=10.0 mL)；m_s 为称取的样品质量，g；w_{dm}为样品中干物质含量，%。

m 可用下式进行计算

$$m=(A-A_b-a)/b \tag{6-3-2}$$

式中，A 为试样 A 的吸光度，abs；A_b 为空白试样 B 的吸光度，abs；a 为校准曲线截距；b 为校准曲线斜率，abs/μg。

(5) 不确定度来源分析

根据数学模型，使用分光光度法测定土壤氰化物的含量时，测定结果的不确定度主要来自以下六个方面：一是样品测试液中氰化物的测得量 m 的不确定度，该不确定度分量又由标准溶液的浓度 c 和标准曲线的回归不确定度构成；二是称取的土壤样品质量 m_s 的不确定度；三是样品中干物质含量 w_{dm} 的

不确定度；四是试样定容总体积 V_1 的不确定度；五是比色所用试样的分取体积 V_2 的不确定度；六是重复性测定引入的不确定度。

土壤中氰化物含量的测量不确定度分量的树形分析图如图 6－3－2 所示。

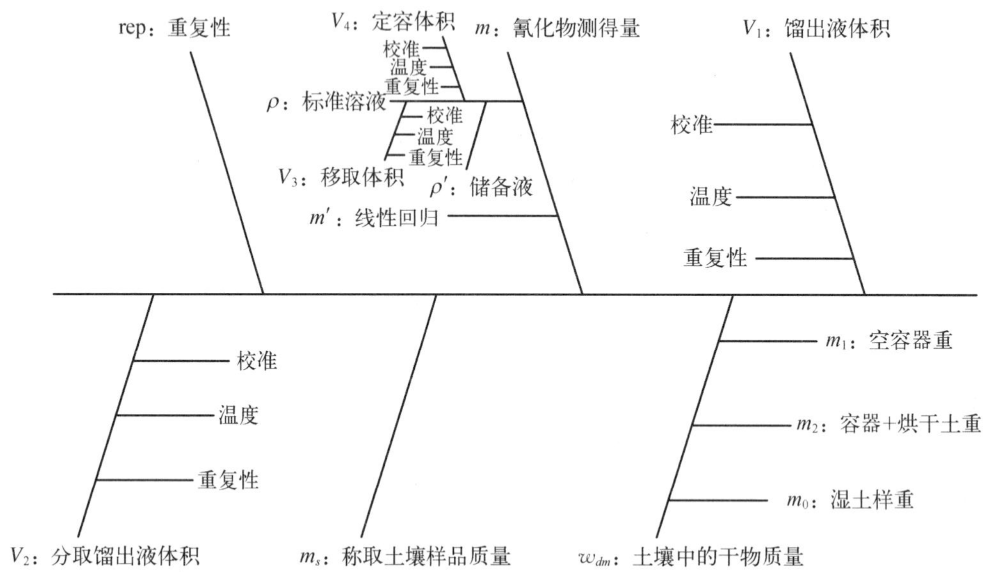

图 6－3－2　土壤中氰化物含量的测量不确定度分量的树形分析图

(6) 不确定度分量的量化

① 样品测试液中氰化物的测得量 m 的相对不确定度 $u_{rel}(m)$

该不确定度由标准工作溶液的不确定度和线性回归的不确定度两个分量组成。

第一，标准工作溶液的相对不确定度 $u_{rel}(c)$。

水中氰标准工作溶液($\rho=0.500$ mg/L)，是用氢氧化钠溶液(1 g/L)稀释 1.00 mL(V_3)有证的水中氰溶液标准物质($\rho'=50.0$ mg/L)至 100 mL(V_4)而成。该标准工作溶液的不确定度 $u_{rel}(c)$ 主要来源于标准物质储备液浓度、1 次移取体积和 1 次定容体积三个不确定度分量。

标准物质储备液的相对不确定度 $u_{rel}(\rho')$：已知水中氰溶液标准物质浓度为 50.0 mg/L，由标准物质证书上查知相对扩展不确定度 $U=2$ mg/L($k=2$)。因此标准储备液浓度的相对标准不确定度为 $u_{rel}(\rho')=\dfrac{2}{50\times 2}=0.02$。

各体积的相对标准不确定度 $u_{rel}(V_3)$ 和 $u_{rel}(V_4)$：体积的不确定度又有体积标称值的校准、温度变化和定容的重复性等三个分量。各体积的合成不确定度的计算结果如表 6－3－8 所示。

表 6－3－8　各体积的相对标准不确定度

体　积	1.00 mL	100.00 mL
校准(mL)	0.002 9	0.041
温度变化(mL)	4.85×10^{-4}	0.048
重复性(mL)	0.001	0.010
合成不确定度(mL)	0.003 1	0.064
合成相对标准不确定度(mL)	0.003 1	0.000 64

标准工作溶液的合成相对标准不确定度 $u_{\mathrm{rel}}(c)$

$$u_{\mathrm{rel}}(c)=\sqrt{u_{\mathrm{rel}}^2(\rho')+u_{\mathrm{rel}}^2(V_3)+u_{\mathrm{rel}}^2(V_4)}$$
$$=\sqrt{0.02^2+0.003\,1^2+0.000\,64^2}=0.020\,2 \tag{6-3-3}$$

第二,线性回归的相对不确定度 $u_{\mathrm{rel}}(m')$。

连续 7 d 测定标准曲线,标准曲线质量范围为 0.00～5.00 μg。得到的回归方程的截距、斜率和相关系数分别为 $a=-0.001\,295\,31$, $b=0.135\,673\,52$, $R=0.999\,9$。

对一样品平行测定了 7 次,测得量的均值为 0.164 μg,RSD 为 0.024 8(2.48%),计算得到

$$\text{实验标准差 } S=\sqrt{\frac{\sum_{i=1}^{n}\sum_{j=1}^{p}[A_j-(a+bm_i)]^2}{np-2}}=0.006\ \ 28 \tag{6-3-4}$$

式中,n 为标准曲线中点数,$n=6$;p 为标准曲线中各点的测量次数,$p=7$。因此线性回归的相对标准不确定度 $u_{\mathrm{rel}}(m')$ 为

$$u_{\mathrm{rel}}(m')=\frac{S}{\overline{m}b}\sqrt{\frac{1}{q}+\frac{1}{np}+\frac{(\overline{m}-\overline{m}_i)^2}{\sum_{i=1}^{n}(m_i-\overline{m}_i)^2}}=0.138 \tag{6-3-5}$$

式中,q 为样品测定次数,$q=7$;$\overline{m}$ 为样品测得量的平均值,$\overline{m}=0.164$ μg;n 为标准曲线中点数,$n=6$;p 为标准曲线中各点的测量次数,$p=7$;$\overline{m}_i$ 为标准曲线中各点质量的平均值,$\overline{m}_i=1.342$ μg。

第三,合成相对不确定度

$$u_{\mathrm{rel}}(m)=\sqrt{u_{\mathrm{rel}}^2(c)+u_{\mathrm{rel}}^2(m')}=\sqrt{0.020\,2^2+0.138^2}=0.141 \tag{6-3-6}$$

② 称取的土壤样品质量 m_s 的相对不确定度 $u_{\mathrm{rel}}(m_s)$

称量样品使用 YP502N 电子天平,根据仪器检定证书,电子天平的最大允许误差为 0.1 g,按三角分布考虑,$k=\sqrt{6}$,则标准不确定度为 $\frac{0.1}{\sqrt{6}}=0.041$ g。通常称取物质时需要经过两次独立称量,一次是毛重,一次是空盘,由此引入的标准不确定度为 $u(m_s)=\sqrt{2\times0.041^2}=0.058$ g。

用同一天平对同一土壤样品进行七次重复测量,平均值为 13.89 g,因此,土壤样品质量 m_s 引入的相对标准不确定度为

$$u_{\mathrm{rel}}(m_s)=\frac{u(m_s)}{m_s}=4.18\times10^{-3} \tag{6-3-7}$$

③ 样品中干物质含量 w_{dm} 的相对不确定度 $u_{\mathrm{rel}}(w_{\mathrm{dm}})$

干物质含量 w_{dm} 按照下面公式计算

$$w_{\mathrm{dm}}=\frac{m_{\text{干}}}{m_0}=\frac{m_2-m_1}{m_0} \tag{6-3-8}$$

式中,w_{dm} 为干物质含量,%;m_1 为蒸发皿质量,g;m_2 为烘干土+蒸发皿质量,g;m_0 为湿土的质量,g。

因此,样品中干物质含量 w_{dm} 有四个不确定度分量:m_1、m_2、m_s 和重复性。

第一,天平称量误差引入的不确定度。由于使用万分之一的天平称量,精确至 0.000 1 g,则 m_1、m_2 和 m_s 的不确定度均可以忽略。

第二，重复性引入的不确定度。用同一天平对同一土壤样品进行 7 次重复测量，测量结果均值为 72.42%，测量结果的标准偏差 $s_W = 0.14\%$，则重复性引入的相对不确定度为 0.001 93。

第三，合成不确定度。样品中干物质含量 w_{dm} 的相对不确定度 $u_{rel}(w_{dm}) = u_{rel}(rep) = 0.001\,93$。

④ 试样定容总体积 V_1 的不确定度 $u_{rel}(V_1)$ 和试样的分取体积 V_2 的不确定度 $u_{rel}(V_2)$

试样定容总体积 V_1 和试样分取体积 V_2 的分量的不确定度均由校准、温度变化和重复性三个不确定度的子分量组成。最终计算出 V_1 的合成标准相对不确定度为 6.31×10^{-4}，V_2 的合成标准相对不确定度为 9.50×10^{-4}。

⑤ 重复性测定引入的不确定度 $u_{rel}(rep)$

根据检测数据，单次测量的不确定度分量为：$u(x) = S = 0.005\,6$

相对标准不确定度为：$u_{rel}(rep) = \dfrac{u(x)}{\bar{x}} = 2.48 \times 10^{-2}$

(7) 合成标准不确定度

$$\begin{aligned} u_{rel} &= \sqrt{u_{rel}^2(m) + u_{rel}^2(m_s) + u_{rel}^2(w_{dm}) + u_{rel}^2(V_1) + u_{rel}^2(V_2) + u_{rel}^2(rep)} \\ &= 0.144 \end{aligned} \tag{6-3-9}$$

由合成相对标准不确定度 u_{rel} 计算合成标准不确定度 u_c

$$u_c = 0.144 \times 0.226 = 0.033 \text{ mg/kg}$$

(8) 扩展不确定度

取包含因子 $k = 2$，扩展不确定度为

$$U = 2 \times 0.033 = 0.066 \text{ mg/kg}$$

(9) 检测结果的报出

当 $k = 2$ 时，土壤样品氰化物的测定结果为 (0.226 ± 0.066) mg/kg。

(10) 讨论

第一，各相对不确定度分量对不确定度的影响如图 6-3-3 所示。由该图可知，对于含量为 0.226 mg/kg 的本案例来说，使用分光光度法测定土壤中氰化物的含量，其不确定度最主要来源是样品测试液中氰化物的测得量(m)，其次是重复性，而测得量的不确定度又主要受线性回归这个不确定度分量的控制。对于这个问题，实际检测工作中可通过缩小标准曲线的范围来加以控制。

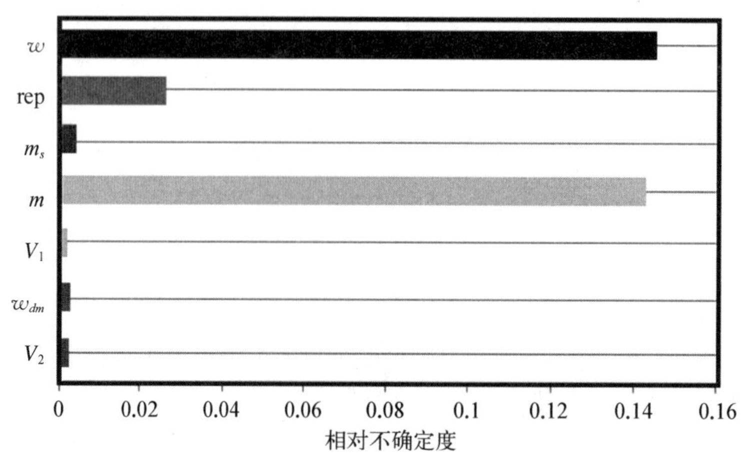

图 6-3-3　各不确定度分量与总量值比较图

第二，对于低含量样品玻璃容器体积的不确定度很小，一般是可以忽略的，但对于样品量为 0.1 g 以下或取样量为 μL 级的色谱分析法，体积的不确定度还是要考虑的。

第三，本案例涉及的是含量较低的情况，因此回归的不确定度基本上决定了合成不确定度的水平，但对于高含量样品来说，一般重复性是合成不确定度的主要贡献者。

第四，不同的方法，其不确定度分量对合成不确定度的贡献率也是不同的。在环境分析方面，色谱分析法(包括气相色谱-质谱法)，重复性不确定度一般都比较大。而对于前处理比较简单，且仪器的精密度较高的分光光度法、原子吸收分光光度法等，高含量与低含量样品的不确定度主要贡献者一般会不同。

第五，本案例在分析不确定度来源时，并没有把所有的不确定度分量都考虑进去，有些不确定度很小，一般在环境监测领域可以忽略，如元素原子量的不确定度、数值修约产生的不确定度、天平的线性不确定度等。

6.3.7　结果报告

6.3.7.1　报告要求

实验室应准确、清晰、明确、客观地出具检验检测结果，符合检验检测方法的规定，并确保检验检测结果的有效性，结果通常应以检验检测报告的形式发出，检验检测报告应至少包括下列信息：

第一，标题；

第二，标注资质认定标志，加盖检验检测专用章(适用时)；

第三，检验检测机构的名称和地址，检验检测的地点(如果与检验检测机构的地址不同)；

第四，检验检测报告或证书的唯一性标识(如系列号)和每一页上的标识，以确保能够识别该页是属于检验检测报告或证书的一部分，以及表明检验检测报告或证书结束的清晰标识；

第五，委托方的名称和联系信息；

第六，所用检验检测方法的识别；

第七，检验检测样品的描述，状态和标识；

第八，检验检测的日期，对检验检测结果的有效性和应用有重大影响时，注明样品的接收日期或抽样日期；

第九，对检验检测结果的有效性或应用有影响时，提供检验检测机构或其他机构所用的抽样计划和程序的说明；

第十，检验检测报告签发人的姓名、签字或等效的标识和签发日期；

第十一，检验检测结果的测量单位(适用时)；

第十二，检验检测机构不负责抽样(如样品是由委托方提供)时，应在报告中声明结果仅适用于委托方提供的样品；

第十三，检验检测结果来自外部提供者时的清晰标注；

第十四，检验检测机构应做出未经本机构批准，不得复制(全文复制除外)报告或证书的声明。

6.3.7.2　相关记录和报告的归档和保存要求

实验室应对检验检测原始记录、报告归档留存，保证其具有可追溯性。检验检测原始记录、报告的保存期限应不少于 6 年。在确定保存期时，还要确保符合有关行业、有关管理部门的规定和委托方的要求。

本章参考文献

[1] 武汉大学，等.分析化学(第 6 版)[M].北京：高等教育出版社，2021.

[2] 华中师范大学，等.分析化学(第四版)[M].北京：高等教育出版社，2021.

[3] 夏玉宇.化验员实用手册[M].北京：化学工业出版社，2001.
[4] 柯以侃，董慧茹.分析化学手册(第二版)第三分册[M].北京：化学工业出版社，1998.
[5] 夏玉宇.化学实验室手册(第三版)[M].北京：化学工业出版社，2021.
[6] 国家环境保护总局.水和废水监测分析方法(第四版)[M].北京：中国环境科学出版社，2002.
[7] 中国合格评定国家认可委员会.检测和校准实验室能力认可准则(CNAS CL01：2018)[S].
[8] 中国合格评定国家认可委员会.检测和校准实验室能力认可准则在化学检测领域的应用说明(CNAS-CL01-A002：2020)[S].
[9] 中国合格评定国家认可委员会.化学分析中不确定度的评估指南(CNAS-GL006：2019)[S].
[10] 中华人民共和国认证认可行业标准.检验检测机构资质认定能力评价检验检测机构通用要求(RB/T 214—2017)[S].
[11] 中华人民共和国国家环境保护行业标准.土壤环境监测技术规范(HJ 166—2004)[S].
[12] 中华人民共和国国家环境保护标准.地下水环境监测技术规范(HJ 164—2020)[S].
[13] 中华人民共和国国家环境保护标准.污水监测技术规范(HJ 91.1—2019)[S].
[14] 中华人民共和国国家环境保护标准.地表水环境质量监测技术规范(HJ 91.2—2022)[S].
[15] 中华人民共和国国家环境保护标准.土壤氰化物和总氰化物的测定分光光度法(HJ 745—2015)[S].
[16] 中华人民共和国国家标准.地表水环境质量标准(GB 3838—2002)[S].
[17] 中华人民共和国国家标准.土壤环境质量建设用地土壤污染风险管控标准(试行)(GB 36600—2018)[S].
[18] 中华人民共和国国家标准.土壤环境质量农用地土壤污染风险管控标准(试行)(GB 15618—2018)[S].
[19] 中华人民共和国国家标准.地下水质量标准(GB/T 14848—2017)[S].
[20] 熊相群.含非水相液体地下水有机物的检测[J].上海化工，2021，46(4)：40-44.
[21] 上海市生态环境局.上海市建设用地土壤污染状况调查、风险评估、风险管控与修复方案编制、风险管控与修复效果评估工作的补充规定(试行)[Z].沪环土[2020]62号.

第 7 章

土壤和地下水污染修复和风险管控技术

本章介绍了建设用地土壤和地下水污染主要的修复和风险管控技术，以期为从业人员在污染防治技术的选择中提供参考。本章对土壤和地下水污染修复、风险管控的概念进行阐述，根据修复模式、技术原理、功能作用等方面的不同，对相关技术进行了分类概述；围绕技术原理、适用范围、系统构成和主要设备、关键工艺参数及设计等方面，对常用的土壤修复技术、地下水修复技术以及风险管控技术进行了详细介绍，同时，对土壤和地下水污染常用的联合修复技术进行了简要说明。

7.1 建设用地土壤和地下水污染防治概述

7.1.1 土壤和地下水污染修复技术概述

7.1.1.1 土壤修复概述和修复技术分类

(1) 土壤修复概述

土壤污染修复是指利用物理、化学和生物的方法固定、转移、吸收、降解和转化土壤中的污染物，使其含量降低到可接受水平，或将有毒有害的污染物转化为无害的物质。一般而言，土壤污染修复的原理包括改变污染物在土壤中的存在形态或同土壤结合的方式，利用其在环境中的迁移性和生物可降解性，降低土壤中有害物质的浓度。土壤污染修复技术可以根据修复位置、操作原理和功能分类。

(2) 土壤修复技术分类

① 按修复位置分类

土壤污染的修复可以根据其位置变化与否分为原位修复技术和异位修复技术。原位修复技术指对未挖掘的土壤进行治理的过程，对土壤没有什么扰动。异位修复技术指对挖掘后的土壤进行处理的过程。异位修复包括原地处理和异地处理两种方式。所谓原地处理，指发生在原地块的对挖掘出的土壤进行处理的过程。异地处理指将挖掘出的土壤运至另一地块进行处理的过程。

原位修复对土壤结构和性质的破坏较小，需要进一步处理和弃置的残余物少，但对修复过程产生的废气和废水的控制比较困难。异位修复的优点是对处理过程条件的控制较好，与污染物的接触较好，容易控制修复过程产生的废气和废物的排放；缺点是在修复之前需要挖土和运输，会影响修复后的土壤的再使用，费用一般较高(表 7-1-1)。

② 按操作原理分类

土壤污染修复技术的种类很多，从修复的原理来考虑大致可分为物理化学修复技术和生物修复技术。物理化学修复技术是指利用土壤和污染物之间的物理化学特性，以破坏(如改变化学性质)、分离或固化污染物的技术，主要包括土壤气相抽提、土壤淋洗、电动修复、化学氧化、溶剂萃取、固化/稳定化、热

表 7-1-1 原位与异位修复技术比较

修复条件	原位修复技术	异位修复技术
土壤处理量	大	小
场地情况	污染物为石油烃、有机污染物、放射性废弃物等	污染物为高浓度油类、重金属、危险废物等
	污染物浓度低，分布范围广	污染物浓度高，分布相对集中
	安全保障相对困难	安全保障相对容易
处理时间	长	短
费用	低	高
效率	低	高

脱附、水泥窑协同处置、阻隔填埋以及可渗透反应墙技术等。物理化学修复技术具有实施周期短、可用于处理各种污染物等优点。生物修复技术是指综合运用现代生物技术，破坏污染物结构，通过创造适合微生物或植物生长的环境来促进其对污染物的吸收和利用。土壤生物修复技术，包括植物修复、微生物修复、生物联合修复等技术。生物修复技术经济高效，通常不需要或很少需要后续处理，然而生物修复可能会导致土壤中残留更难降解或更高毒性的污染物，有时生物修复过程中也会生成一些毒性副产物。与物理化学修复相比，生物修复技术成本低、二次污染少，尤其适用于量大面广的污染土壤修复，但生物修复技术对于污染程度深的突发事件起效慢，不适宜用于突发事件的应急处理。

在修复实践中，人们很难将物理、化学和生物修复截然分开，这是因为土壤中发生的反应十分复杂，每一种反应基本上均包含了物理、化学和生物学过程，因而上述分类仅是一种相对的划分。

目前土壤修复的各种技术都有特定的应用范围和局限性。尤其是物理化学修复技术，容易导致土壤结构破坏、土壤养分流失和生物活性下降。生物修复尤其是植物修复目前是环境友好的修复方法，但土壤污染多是复合型污染，植物修复也面临技术难题。

各种修复技术的特点及适用的污染类型如表 7-1-2 所示。虽然土壤的修复技术很多，但没有一种修复技术适用于所有污染土壤，相似的污染类型亦会因不同的土壤性质而有不同的修复要求。

表 7-1-2 各种修复技术的特点及适用的污染类型

类型	修复技术	优点	缺点	适用类型
生物修复	植物修复	成本低，不改变土壤性质、没有二次污染	耗时长，污染程度不能超过修复植物的正常生长范围	重金属，有机物污染等
	微生物修复	快速、安全、费用低	条件严格，不宜用于治理重金属污染	有机物污染
化学修复	异位化学淋洗	长效性、易操作、深度不受限	费用较高，淋洗液处理问题，二次污染	重金属、苯系物、石油烃、卤代烃、多氯联苯等
	溶剂萃取技术	效果好、长效性、易操作、治理深度不受限	费用高，需解决溶剂污染问题	多氯联苯等
	化学氧化/还原	效果好、易操作、治理深度不受限	适用范围较窄，费用较高，可能存在氧化/还原剂污染	有机物、六价铬等
	土壤性能改良	成本低、效果好	适用范围窄、稳定性差	重金属

续　表

类型	修复技术	优　点	缺　点	适用类型
物理修复	气相抽提技术	效率较高	成本高，时间长	挥发性有机物
	固化修复技术	效果较好、时间短	成本高，处理后不能再农用	重金属等
	物理分离修复	设备简单、费用低、可持续处理	筛子可能被堵，扬尘污染、土壤颗粒组成被破坏	重金属等
	玻璃化修复	效率较好	成本高，处理后不能再农用	有机物、重金属等
	热脱附修复	效率较好	成本高	有机物、汞等
	电动力学修复	效率较好	成本高	有机物、重金属等、低渗透性土壤
	换土法	效率较好	成本高，污染土还需处理	有机物、重金属等

③ 按功能分类

第一类技术是污染物的破坏或改变技术。通过热力学、生物和化学处理方法改变污染物的化学结构，可应用于污染土壤的原位或异位处理。

第二类技术是污染物的提取或分离技术。将污染物从环境介质中提取和分离出来，包括热脱附、土壤淋洗、溶剂萃取、土壤气相抽提等多种土壤处理技术。此类修复技术的选择与集成需基于最有效的污染物迁移机理以达成最有效的处理方案。如空气比水更容易在土壤中流动，因此对于土壤中相对不溶于水的挥发性污染物，土壤气相抽提的分离效率远高于土壤淋洗或清洗。

总的来说，土壤修复技术是运用异位或原位的物理、化学、生物学及其联合方法去除土壤及含水层中的污染物，是土壤功能恢复或再开发利用的综合性技术。

7.1.1.2　地下水修复概述和修复技术分类

(1) 地下水修复概述

地下水污染修复是指采用物理、化学或生物的方法，降解、吸附、转移或阻隔地块地下水中的污染物，将有毒、有害的污染物转化为无害物质，或使其浓度降低到可接受水平，或阻断其暴露途径、满足相应的地下水环境功能或使用功能的过程。

地下水污染和土壤污染往往密不可分，因此部分修复技术既适用于土壤污染防治，也适用于地下水污染防治。地下水污染涉及含水层介质，污染物同时影响固、液两相。大部分土壤原位修复技术（如原位化学氧化、原位化学还原、原位热脱附等）可同时去除固、液两相中的污染物，因此也适用于地下水的修复，达到水土协同修复的效果。阻隔、化学氧化、化学还原、原位热脱附等技术是土壤/地下水污染治理的通用技术。

(2) 地下水修复技术分类

① 按修复模式分类

地下水污染修复模式分为原位修复模式和异位修复模式两种，不同修复模式的典型修复技术及特点见表 7-1-3。其中，原位修复模式采用的典型技术包括原位微生物修复、地下水曝气、原位化学氧化/还原、热脱附等；异位修复模式采用的典型修复技术包括抽出处理、多相抽提等。应根据污染地块地下水污染特点、修复周期、预期经费投入、土地利用规划等因素来确定修复模式及采用的修复技术。

表 7-1-3 地下水污染修复模式及典型修复技术概况

修复模式	典型技术	典型处理对象	处理时间
原位修复模式	原位微生物修复	氯代烃、石油烃等	中等
	地下水曝气	挥发性有机物	较短
	原位化学氧化/还原	石油烃、苯系物、氯代烃、六价铬等	短
	热脱附	高浓度或难降解有机污染物	短
异位修复模式	抽出处理	有机污染物、六价铬等高溶解度的无机污染物、硝氮、氨氮等	长
	多相抽提	LNAPLs 或 DNAPLs	短

② 按修复原理分类

按修复原理不同，地下水修复技术可以分为两大类，即物化法修复技术和生物法修复技术。物化法修复技术包括抽出-处理技术、原位曝气、高级氧化技术等；生物法修复技术包括生物曝气等。还有一些联合修复技术则兼有以上多种修复技术属性。

7.1.2 土壤和地下水污染风险管控技术概述及分类

土壤污染的风险管控以管控污染源为主，阻隔土壤污染物高浓度区域（污染源）向周边扩散；也可以保护受体为主，阻断土壤污染对人体健康造成影响的途径，或者限制公众进入土壤污染的影响范围。对存在地下水污染的建设用地地块，土壤和地下水的风险管控通常需要协同考虑。

7.1.2.1 土壤污染风险管控技术分类

建设用地土壤污染风险管控的技术主要包括阻隔技术、固化稳定化技术和制度控制。

(1) 阻隔技术

阻隔技术是通过设置阻隔层，阻断土壤和地下水中污染物迁移扩散的路径，使污染土壤和地下水与周边环境隔离，或是将污染土壤置于与周边环境隔离的阻隔结构内，避免污染物与人体接触以及随地下水迁移对人体和周边环境造成危害。按其实施方式，可以分为原位阻隔覆盖和异位隔离填埋。

(2) 固化/稳定化技术

固化/稳定化技术是通过添加固化剂或稳定剂，将土壤中的有毒有害物质固定起来，或者改变有毒有害成分的赋存状态或化学组成形式，阻止其在环境中迁移和扩散，从而降低其危害。

(3) 制度控制

制度控制是通过建立地块风险管控制度，通过限制地块的利用方式、限制公众在污染地块上的活动等，降低污染物可能对公众健康造成的不利影响。制度控制的具体方式包括限制场地使用、改变活动方式、向相关人群发布通知等。

7.1.2.2 地下水污染风险管控技术分类

地下水污染风险管控技术除阻隔以外，还包括水力控制、可渗透反应墙、监控自然衰减等。

(1) 水力控制技术

水力控制技术是通过布置抽/注水井，人工抽取地下水或向含水层中注水，改变地下水的流场，从而控制污染物运移的水动力技术。

(2) 可渗透反应墙

可渗透反应墙是在地下水中污染物迁移的路径上设置可渗透的反应介质，通过物理、化学及生物降解等作用去除地下水中的污染组分。

(3) 监控自然衰减

监控自然衰减是通过实施有计划的监控策略，依据场地自然发生的物理、化学及生物作用，使得地下水中污染物的数量、毒性、移动性降低到风险可接受水平。

7.2 土壤修复技术

7.2.1 化学氧化/还原

7.2.1.1 技术原理

化学氧化/还原技术是一种既可用于土壤也可用于地下水的污染治理技术。化学氧化/还原是指向污染土壤或地下水中添加氧化剂/还原剂，通过氧化/还原作用，使土壤或地下水中污染物降解/转化为毒性较低或无毒性物质的修复技术。

7.2.1.2 适用范围

(1) 化学氧化

化学氧化适用于处理污染土壤和地下水中的大部分有机污染物，如石油烃、酚类、苯系物(苯、甲苯、乙苯、二甲苯)、含有机溶剂、多环芳烃、甲基叔丁基醚、部分农药等，亦可用于部分无机污染物(如氰化物)。

化学氧化不适用于重金属污染土壤的修复。对于吸附性强、水溶性差的有机污染物，应考虑必要的增溶、洗脱工序；有机污染浓度过高时，应考虑经济性与可行性。当氧化过程中会产生高毒性中间产物、副产物或其他值得关注的污染物时(如过硫酸盐氧化产生的硫酸根离子)，应在技术选择及后期监测时加以考虑。

(2) 化学还原

化学还原主要针对氯代有机物、六价铬、硝基化合物、高氯酸盐等，适用于中低浓度污染土壤或地下水的修复。此法在处理氯代有机溶剂的过程中可能产生高毒中间污染物(如氯乙烯)，必须进行相应的监测。

7.2.1.3 常见氧化/还原药剂

常见的氧化剂包括过氧化氢、芬顿试剂、高锰酸盐、过硫酸盐和臭氧等，氧化还原电位越高，氧化能力越强。常见的还原剂包括硫化氢、亚硫酸氢钠、硫酸亚铁、多硫化钙、零价铁等，氧化还原电位越低，还原能力越强。

(1) 常见氧化剂

常见化学氧化药剂特征参数见表 7-2-1。

表 7-2-1　常见化学氧化药剂特征参数

化学氧化药剂	芬顿试剂	臭氧	高锰酸钾	活化过硫酸盐
适用污染物	氯代试剂，BTEX，MTBE，轻馏分矿物油和 PAH，自由氰化物，酚类	氯代试剂，BTEX，MTBE，轻馏分矿物油和 PAH，自由氰化物，酚类	氯代试剂，BTEX，酚类	氯代试剂，BTEX，MTBE，轻馏分矿物油和 PAH，自由氰化物，酚类

续 表

化学氧化药剂	芬顿试剂	臭氧	高锰酸钾	活化过硫酸盐
pH	经典芬顿试剂需在酸性环境下，改良型试剂可用在碱性环境中	中性或偏碱性土壤	pH 最好 7～8 之间，但其他 pH 下也可用	根据活化方式不同可适用于酸性、中性及碱性环境中
药剂在土壤中的稳定时间	经常少于 1 d	1～2 d	几周	几周至几个月
土壤渗透性	推荐高渗透性土壤，当土壤渗透性较低时可能需要大量氧化剂			
其他因素	—	—	会使地下水呈紫色，考虑周边影响	需要活化

① 高锰酸钾氧化

高锰酸钾（$KMnO_4$）是一种常用的氧化剂，其在酸性溶液中具有很强的氧化性，其标准氧化还原电位为 $E^{\ominus}=1.51\ V$。反应式为

$$MnO_4^- + 8H^+ + 5e^- \Longrightarrow Mn^{2+} + 4H_2O \qquad (7-2-1)$$

高锰酸钾在中性溶液中的氧化性要比在酸性溶液中低得多，其标准氧化还原电位为 $E^{\ominus}=0.588\ V$。反应式为

$$MnO_4^- + 2H_2O + 3e^- \Longrightarrow MnO_2 + 4OH^- \qquad (7-2-2)$$

高锰酸钾在碱性溶液中的氧化性也较弱，其标准氧化还原电位为 $E^{\ominus}=0.564\ V$。高锰酸钾在中性条件下的最大特点是反应生成二氧化锰，由于二氧化锰在水中的溶解度很低，便以水合二氧化锰胶体的形式由水中析出。正是由于水合二氧化锰胶体的作用，使高锰酸钾在中性条件下具有很高的去除水中微污染物的效能，而在处理土壤中的有机污染物时，则是在酸性条件下更好。使用高锰酸钾作为氧化剂的优势：一是高锰酸钾反应产物为锰的化合物，是土壤成分一部分，不会产生二次污染；二是具有相对比较高的氧化还原电位；三是由于具有很高的水溶性，高锰酸钾可通过水溶液的形式导入土壤的受污染区；四是常温下高锰酸钾作为固体，它的运输和存储也较为方便；五是由于高锰酸钾在比较宽的 pH 范围内氧化性都较强，能破坏碳碳双键，所以它不仅对三氯乙烯、四氯乙烯等含氯溶剂有很好的氧化效果，而且对其他烯烃、酚类、硫化物和甲基叔丁基醚（MTBE）等污染物也很有效。

高锰酸钾参加的氧化反应机理相当复杂，且反应种类繁多，影响反应的因素也较多。对同一个反应，介质不同，其反应机理也可能不同。如高锰酸根离子与芳香醛的反应，在酸性介质中按氧原子转移机理，而在碱性介质中则按自由基机理进行；另外，对某一个反应有时也很难用单一的机理来说明，如高锰酸根离子（MnO_4^{2-}）与烃的反应，反应过程中发生了氢原子的转移，但产物却生成了自由基，故反应过程中又包含有自由基反应。

在酸性条件下，高锰酸钾与其他氧化剂不同，它是通过提供氧原子而不是通过生成羟基自由基进行氧化反应的。因此，当处理的污染土壤中含有大量碳酸根、碳酸氢根等羟基自由基的淬灭剂时，高锰酸钾的氧化作用也不会受到影响。高锰酸钾对微生物无毒，可与生物修复串联使用。但高锰酸钾对柴油、汽油及石油碳化氢（BTEX）类污染物的处理不是很有效。当土壤中含较多铁离子、锰离子或有机质时，需要加大药剂用量。高锰酸钾氧化乙烯的反应机理如图 7－2－1 所示。

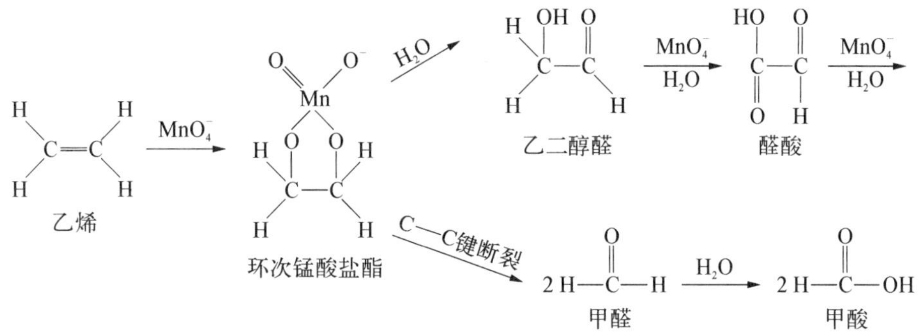

图 7 - 2 - 1　在弱酸性的条件下高锰酸钾氧化烯烃的反应机理

从图 7 - 2 - 1 中可以看出，在弱酸性的条件下，高锰酸钾和烯烃氧化形成环次锰酸盐酯，然后环酯在弱酸或中性条件下，锰氧键断裂，通过水解形成乙二醇醛。乙二醇醛能进一步发生氧化转变成醛酸和草酸。另一条可能的反应途径是烯烃和高锰酸钾反应形成环次锰酸盐酯，然后高锰酸钾打开环酯键，形成两个甲酸，在一定的条件下，所有的羧酸都可被进一步氧化成二氧化碳。

在中性条件下，无论是对低相对分子质量、低沸点的有机污染物，还是对高相对分子质量、高沸点有机污染物，高锰酸钾的氧化去除率均很高，明显优于酸性或碱性条件。大约 50%以上的有机污染物在中性条件下经高锰酸钾氧化后全部去除，剩余的有机污染物浓度很低。在酸性和碱性条件下，高锰酸钾对低相对分子质量、低沸点类有机污染物有良好的去除效果，但对高相对分子质量、高沸点有机污染物，去除效果很差。

在酸性条件下高锰酸钾能够与农药艾氏剂和狄氏剂发生反应，把它们彻底氧化成二氧化碳和水，其与艾氏剂和狄氏剂反应的方程式如下

$$3C_{12}H_8Cl_6 + 50KMnO_4 + 32H^+ \longrightarrow 36CO_2 + 50MnO_2 + 18KCl + 32K^+ + 28H_2O \quad (7-2-3)$$

$$C_{12}H_8Cl_6O + 16KMnO_4 + 10H^+ \longrightarrow 12CO_2 + 16MnO_2 + 6KCl + 10K^+ + 9H_2O \quad (7-2-4)$$

从以上两个反应方程式可以看出 1 g 艾氏剂需要 7.2 g 的高锰酸钾，而 1 g 狄氏剂需要 6.6 g 的高锰酸钾；但是实际处理污染场地时消耗高锰酸钾的量往往比这个数字要大很多。这是由于高锰酸钾的氧化反应没有选择性，土壤中的天然有机质可以与高锰酸钾发生反应，消耗掉一部分高锰酸钾氧化剂。

实际处理结果表明，当艾氏剂在土壤中的含量为 4.2 g/kg 时，用 5 g/kg 的高锰酸钾处理，艾氏剂几乎能被全部氧化去除，去除率可以达到 98%以上；这是由于艾氏剂易于被氧化转变成其他化合物。而狄氏剂在土壤中的含量为 1.0 mg/kg 时，用 5 g/kg 的高锰酸钾去处理，狄氏剂虽然也能被氧化一部分，但氧化去除率却比艾氏剂低很多，只有 65%；这是由于狄氏剂比较稳定不易被氧化的缘故。

② 臭氧氧化技术

臭氧(O_3)在常温常压下是一种不稳定、具有特殊刺激性气味的浅蓝色气体，臭氧具有极强的氧化性能，在酸性介质中氧化还原电位为 2.07 V，在碱性介质中为 1.27 V，其氧化能力仅次于氟，高于氯和高锰酸钾。基于臭氧的强氧化性且在水中可短时间内自行分解，没有二次污染，因此是理想的绿色氧化药剂。臭氧的水溶解度比氧气大 12 倍，使之很容易溶解在土壤溶液中，在土壤体系中得到传输，这样就有利于与污染物充分接触，有利于反应的进行；臭氧可以现场生产，这样就避免了运输和储存过程中所遇到的问题；另外，臭氧分解产生氧气，从而可以提高土壤中氧气的浓度。

臭氧氧化能力很强但也并非完美无缺。其中臭氧应用于污染处理还存在着一些问题，如臭氧的发生成本高，而利用率偏低，使臭氧处理的费用高，臭氧与有机物的反应选择性较强，在低剂量和短时间内臭氧不可能完全矿化污染物，且分解生成的中间产物会阻止臭氧的进一步氧化。其他的一些问题还包括：第一，由于在常温下呈气态，较难应用。第二，由于经济方面等原因，臭氧投加量不可能很大，将大分

子有机物全部无机化，这将导致臭氧不可能将部分中间产物完全氧化，如甘油、乙醇、乙酸等。同时，臭氧不能有效地去除氨氮，对水中有机氯化物无氧化效果。第三，臭氧氧化会产生诸如饱和醛类、环氧化合物、次溴酸（当水中含有较多的溴离子时）等副产物，对生物有不良影响。Seibel 等用臭氧处理土壤的多环芳烃类物质萘、菲、芘的混合物，土壤中污染物含量为 700～2 400 mg/kg，去除率为 40%～86%。反应后土壤中的溶解性有机碳（DOC）含量增加。毒性试验表明，产物毒性在反应的前 30 min 内有所增加。所以在臭氧修复中争议较大的是产物的毒性问题，这将影响臭氧修复的应用以及与生物修复的结合。因此提高臭氧利用率和氧化能力就成为臭氧深度氧化技术的研究热点。

臭氧氧化有机污染物的机理有如下特点：

第一，臭氧分子的直接氧化反应。臭氧的分子结构呈三角形，中心原子与其他两个氧原子间的距离相等，在分子中有一个离域 π 键，臭氧分子的特殊结构使得它可以作为偶极试剂、亲电试剂和亲核试剂。在直接氧化过程中，臭氧分子直接加成到反应物分子上，形成过渡型中间产物，然后再转化成最终产物，臭氧与烯烃类物质的反应就属于此类型。臭氧能与许多有机物或官能团发生反应，如 C═C，C≡C，芳香化合物，碳环化合物，═N—N═S，C≡N，C—Si，—OH，—SH，$—NH_2$，—CHO，—N═N 等。臭氧与有机物的反应是选择性的，而且不能将有机物彻底分解为 CO_2 和 H_2O，氧化产物常常为羧酸类有机物（主要是一元酸、二元酸类有机小分子）。臭氧与芳烃类化合物发生反应，生成不稳定的中间产物，这些不稳定的中间产物很快地分解形成儿茶酚、苯酚和羧酸衍生物。苯酚能被臭氧进一步氧化为有机酸和醛。

臭氧与有机物的直接反应机理可以分为三类：第一类是打开双键发生加成反应。由于臭氧具有一种偶极结构，因此可以同有机物的不饱和键发生 1，3 -偶极环加成反应，形成臭氧化的中间产物，并进一步分解形成醛、酮等羧基化合物和水。如

$$R_1R_2C=CR_3R_4+O_3 \longrightarrow R_1COOR_2+R_3R_4C=O \tag{7-2-5}$$

式中，R 基团可以是羟基或氢。

第二类是亲电反应。亲电反应发生在分子中电子云密度高的点。对于芳香族化合物，当取代基为给电子基团（—OH，$—NH_2$ 等）时，它与邻位或对位碳具有高的电子云密度，臭氧化反应发生在这些位置上；当取代基是吸电子基团（如—COOH，$—NO_2$ 等）时，臭氧化反应比较弱，反应发生在这类取代基的间位碳原子上，进一步与臭氧反应则形成醌打开芳环，形成带有羰基的脂肪族化合物。

第三类是亲核反应。亲核反应只发生在带有吸电子基团的碳原子上。分子臭氧的反应具有极强的选择性，仅限于同不饱和芳香族或脂肪族化合物或某些特殊基团发生反应。

第二，自由基的反应。臭氧在碱性环境等因素作用下，产生活泼的自由基，主要是羟基自由基（·OH），与污染物反应。臭氧在催化条件下易于分解形成·OH，土壤中天然存在的金属氧化物 $\alpha-Fe_2O_3$，MnO_2 和 Al_2O_3 通常可以作为这种催化反应的活性位点。因此，臭氧气体能直接或通过在土壤中形成·OH 迅速氧化土壤中的许多有害污染物，使它们变得易于生物降解或者变成亲水性的无害化合物。进一步的研究发现，臭氧的氧化作用可以增大土壤中的小分子酸的比例和有机质的亲水性，并通过改变土壤颗粒的结构，促进有机污染物从土壤的脱附，从而提高有机物被生物降解的可能性。然而，臭氧的作用也会由于以下因素而受到限制，如土壤有机质的竞争反应、土壤湿度、渗透性和 pH 等。要提高臭氧的氧化速率和效率，必须采取其他措施促进臭氧的分解而产生活泼的羟基自由基。

③ 过氧化氢及 Fenton 氧化技术

过氧化氢的分子式为 H_2O_2，它是酸性的无色透明液体，许多物理性质和水相似，可与水以任意比例混合，过氧化氢的水溶液也叫双氧水。当过氧化氢的质量分数达 86%时，要进行适当的安全处理，防止爆炸。在处理污染物时，一般使用的是质量分数为 35%的过氧化氢。过氧化氢分子中氧的价态是－1

价，它可以转化成−2 价，表现出氧化性，还可以转化成 0 价态，表现出还原性，因此过氧化氢具有氧化还原性。过氧化氢的氧化还原性在不同的酸、碱和中性条件下会有所不同。使用过氧化氢溶液作为氧化剂，由于其分解产物为水和氧气，不产生二次污染，因此它也是一种绿色氧化剂。过氧化氢不论在酸性或碱性溶液中都是强氧化剂。只有遇到如高锰酸根等更强的氧化剂时，它才起还原作用。在酸性溶液中用过氧化氢进行的氧化反应，往往很慢；而在碱性溶液中氧化反应是快速的。过氧化氢在水溶液中的氧化还原性由下列电位决定

$$H_2O_2 + 2H^+ + 2e^- = 2H_2O \qquad E = 1.77\ \text{V} \tag{7-2-6}$$

$$O_2 + 2H^+ + 2e^- = H_2O_2 \qquad E = 0.68\ \text{V} \tag{7-2-7}$$

$$HO_2^- + H_2O + 2e^- = 3OH^- \qquad E = 0.87\ \text{V} \tag{7-2-8}$$

溶液中微量存在的杂质，如金属离子(Fe^{3+}，Cu^{2+})、非金属金属氧化物等都能催化过氧化氢的均相和非均相分解，Fenton 试剂是指在天然或人为添加的亚铁离子(Fe^{2+})时，与过氧化氢发生作用，能够产生高反应活性的羟基自由基(·OH)的试剂。过氧化氢还可以在其他催化剂(如 Fe，UV254 等)和其他氧化剂(O_3)的作用下，产生氧化性极强的羟基自由基(·OH)，使水中有机物得以氧化而降解。Fenton 氧化修复技术具有以下特点：第一，Fenton 试剂反应中能产生大的羟基自由基，具有很强的氧化能力，和污染物反应时具有快速、无选择性的特点；第二，Fenton 氧化是一种物理-化学处理过程，很容易加以控制，以满足处理需要，对操作设备要求不是太高；第三，它既可作为单独处理单元，又可与其他处理过程相匹配，如作为生化处理的前处理；第四，由于典型的 Fenton 氧化反应需要在酸性条件下才能顺利进行，这样会对环境带来一定的危害；第五，实际处理污染土壤时，由于 Fenton 氧化是放热反应会产生大量的热，操作时要注意安全；第六，Fenton 氧化对生物难降解的污染物具有极强的氧化能力，而对于一些生物易降解的小分子反而不具备优势。

Fenton 反应体系中，过氧化氢产生羟基自由基的路径可由图 7-2-2 表示：

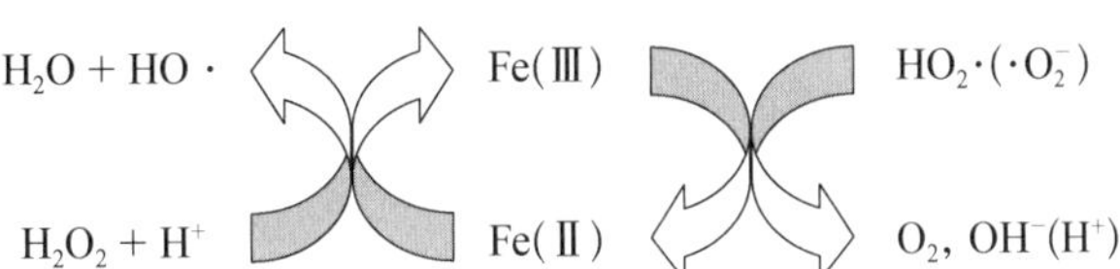

图 7-2-2　Fenton 反应体系中过氧化氢产生自由基反应

方程式为

$$Fe^{2+} + H_2O_2 \xrightarrow{H^+} Fe^{3+} + O_2 + \cdot OH \tag{7-2-9}$$

在水溶液中的主要反应路径是生成具有高度氧化性和反应活性的·OH；但在过氧化氢过量情况下，还可生成 $HO_2\cdot$(·O_2^-)等具有还原活性的自由基，另外过氧化氢还可自行分解或直接发生氧化作用，哪种路径占主导取决于环境条件。

Fenton 反应生成的·OH 能快速地降解多种有机化合物

$$RH + \cdot OH \longrightarrow H_2O_2 + R\cdot \tag{7-2-10}$$

$$R\cdot + Fe^{3+} \longrightarrow Fe^{2+} + \text{产物} \tag{7-2-11}$$

这种氧化反应速率极快，遵循二级动力学，在 pH 酸性条件下效率最高，在中性到强碱性条件下效率较低。

Fenton 试剂反应需在酸性条件下才能进行，因此对环境条件的要求比较苛刻。下面是影响 Fenton 反应的主要条件。

第一，pH 的影响。Fenton 试剂是在酸性条件下发生作用的，在中性和碱性的环境中，Fe^{2+} 不能催化 H_2O_2 产生 ·OH，因为 Fe^{2+} 在溶液中的存在形式受制于溶液的 pH 的影响。按照经典的 Fenton 试剂反应理论，pH 升高不仅抑制了 ·OH 的产生，而且使溶液中的 Fe^{2+} 以氢氧化物的形式沉淀而失去催化能力。当 pH 低于 3 时，溶液中的 H^+ 浓度过高，Fe^{3+} 不能顺利地被还原为 Fe^{2+}，催化反应受阻。

第二，H_2O_2 浓度的影响。随着 H_2O_2 用量的增加，COD 的去除首先增大，而后出现下降。这种现象被理解为在 H_2O_2 的浓度较低时，H_2O_2 的浓度增加，产生的 ·OH 量增加；当 H_2O_2 的浓度过高时，过量的 H_2O_2 不但不能通过分解产生更多的自由基，反而在反应一开始就把 Fe^{2+} 迅速氧化为 Fe^{3+}，并且过量的 H_2O_2 自身会分解。

第三，催化剂（Fe^{2+}）浓度的影响。Fe^{2+} 是催化产生自由基的必要条件，在无 Fe^{2+} 条件下，H_2O_2 难以分解产生自由基，当 Fe^{2+} 的浓度过低时，自由基的产生量和产生速率都很小，降解过程受到抑制；当 Fe^{2+} 过量时，它还原 H_2O_2 且自身氧化为 Fe^{3+}，消耗药剂的同时增加出水色度。因此，当 Fe^{2+} 浓度过高时，随着 Fe^{2+} 的浓度增加，COD 去除率不再增加反而有减小的趋势。

第四，反应温度的影响。对于一般的化学反应随反应温度的升高反应物分子平均动能增大，反应速率加快；对于一个复杂的反应体系，温度升高不仅加速主反应的进行，同时也加速副反应和相关逆反应的进行，但其量化研究非常困难。反应温度对 COD 降解率的影响由试验结果可知，当温度低于 80℃时，温度对降解 COD 有正效应：当温度超过 80℃以后，则不利于 COD 成分的降解。针对 Fenton 试剂反应体系，适当的温度激活了自由基，而过高温度就会出现 H_2O_2 分解为 O_2 和 H_2O。

土壤是包含多种成分的非均相多介质体系，在土壤修复中，Fenton 反应的影响因素将更复杂。很多成分会通过影响过氧化氢的分解路径，·OH 产生效率及污染物的结合状态而影响被吸附污染物的 Fenton 氧化效率。一般认为羟基自由基只与水相中自由态的污染物反应。但是有研究表明在某些条件下，高剂量的过氧化氢也可直接氧化土壤中吸附态的污染物，Fenton 氧化反应的速率远远大于化学物质从土壤上脱附的速率，其作用机理还不甚清楚。一种推测是 ·OH 可直接与吸附态污染物反应；另外一种可能是大剂量的过氧化氢通过其他反应途径，产生还原性自由基 HO_2·（·O_2^-），促进污染物的脱附。

土壤中的腐殖质会从以下几个途径造成正负两方面的影响，哪种过程占主导还没有定论。

第一种途径是土壤有机质影响污染物的吸附。如果只有溶液中的有机污染物能被自由基氧化，脱附速率将成为整个反应的速控步。

第二种途径是腐殖质可能影响过氧化氢的分解路径。有研究报道，当土壤腐殖质含量较低时，过氧化氢虽然分解很慢，但 ·OH 是主要产物，因此有利于污染物降解。腐殖质含量高时，过氧化氢虽然分解快，但产生 ·OH 的比例低，有机物去除效率相对降低。

第三种途径是腐殖质含有大量的醌类等电子传递体系，可促进 Fe(Ⅲ)Fe(Ⅱ)的转化，加快自由基生成，促进氧化反应。

第四种途径是土壤腐殖质会消耗部分氧化剂，与污染物竞争，降低其去除效率。反过来，通过氧化反应，腐殖质的结构可能部分被破坏或发生官能团的变化，释放吸附在其中的污染物，促进物质的分解。

随着人们对 Fenton 氧化反应的研究逐渐深入，这项新兴的环境修复技术正越来越广泛地应用于土壤有机污染的治理。如二噁英的同分异构体 2,3,7,8-四氯联苯-ρ-二噁英（TCDD）被认为是对人体最具毒性的化合物，且几乎不可生物降解。Kao 和 Wu 将 Fenton 氧化作为生物降解的前处理，应用于 TCDD 污染土壤的修复，使 99%的 TCDD 转化为生物可利用的中间产物。Tyre 等发现不在土壤中加入溶解态铁时，四种抗生物降解的化合物也可以被氧化，据此他提出自然界存在的某些铁矿物，如针铁矿、赤铁矿和磁铁矿等也对 Fenton 反应有催化能力，即引发所谓的类 Fenton 化反应。由于天然土壤中通常存在质量分数在 0.5%～5%的各种铁矿物，所以由土壤天然成分催化的类 Fenton 氧化技术在土壤修复中的应用更有意义。

(2) 常见还原剂

常见化学还原药剂特征参数如表 7－2－2 所示。

表 7－2－2　常见化学还原药剂特征参数

化学还原药剂	二 氧 化 硫	气态硫化氢	零价铁胶体
适用污染物	对还原敏感的元素(如铬、铀、钍等)以及氯化溶剂	还原敏感的重金属如铬等	对还原敏感的元素(如络、轴、钍等)以及氯化溶剂
pH	碱性条件	不需调节 pH	酸性及中性条件适用，高 pH 导致铁表面形成覆盖膜
药剂在土壤中的稳定时间	1～2 d	1～2 d	几周
天然有机质	—	—	可能会促进铁表面形成覆盖膜
土壤渗透性	高渗透性土壤	高渗和低渗土壤	依赖于胶体铁的分散技术
其他因素	在水饱和区较为有效	以氮气作载体	有可能产生有毒中间产物

7.2.1.4　系统构成和主要设备

(1) 原位系统

原位化学氧化/还原系统通常包括药剂配制单元、药剂注入单元以及供电单元、过程控制单元、监测单元、二次污染防治单元等辅助单元。

药剂配制单元一般由药剂罐、搅拌机构成。药剂为臭氧时，药剂配制单元为臭氧发生器。药剂注入单元一般由注药泵、注射井等组成。直推注入方式的药剂注入单元一般由直接推进式钻机、注射泵组成。高压旋喷方式的药剂注入单元由高压注浆泵、空气压缩机、旋喷钻机、高压喷射钻杆、药剂喷射喷嘴、空气喷射喷嘴等组成。原位搅拌方式的药剂注入单元由搅拌头或搅拌桩机、挖掘机组成。

供电单元主要由变压器、配电箱等组成。过程控制单元主要由过程控制设备组成。二次污染防治单元主要由废水处理系统、废气处理系统等组成。原位化学氧化/还原修复如图 7－2－3 所示。

(2) 异位系统

异位化学氧化/还原系统通常包括土壤预处理单元、混合搅拌单元、堆置防渗单元、二次污染防治单元等，如图 7－2－4 所示。

土壤预处理单元一般由破碎设备、筛分设备及配套的挖掘机、装载机和输送机械等组成。该单元可对清挖后的污染土壤进行破碎、筛分或添加改良剂等。

药剂混合单元按照设备的搅拌混合方式，可分为两种类型：一是采用内搅拌设备，即设备带有搅拌混合腔体，污染土壤和药剂在设备内部混合均匀；二是采用外搅拌设备，即设备搅拌头外置，需要设置反应池或反应场，污染土壤和药剂在反应池或反应场内通过搅拌设备混合均匀。该单元设备包括一体化混合搅拌装备、固定式双轴搅拌装备、浅层强力搅拌头、挖掘机械、配药站等。

堆置防渗单元通常是抗渗混凝土结构层或防渗膜结构保护层，为污染土壤暂存、处理、待检等场所提供防渗隔离措施，防止污染物下渗造成二次污染。

处理场所应为破碎、筛分和搅拌混合作业提供一个相对密闭的环境，通常配套有专业的尾气处理装置，防止作业过程中挥发性/半挥发性有机物和粉尘逸散，造成环境污染。可采取的二次污染防治措施主要包括密闭开挖、气味抑制剂喷洒、待检土壤苫盖、洒水降尘、密闭修复车间尾气处理等。

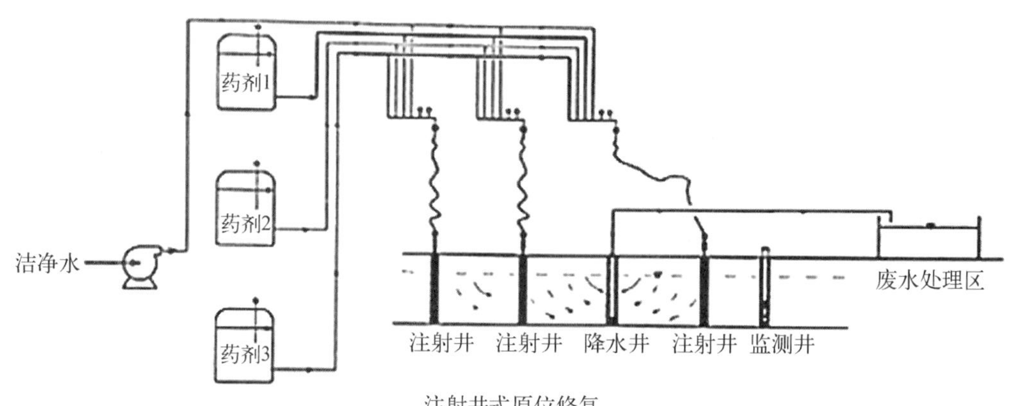

注射井式原位修复

直推注入式原位修复

高压旋喷式原位修复

图 7-2-3 原位化学氧化/还原施工

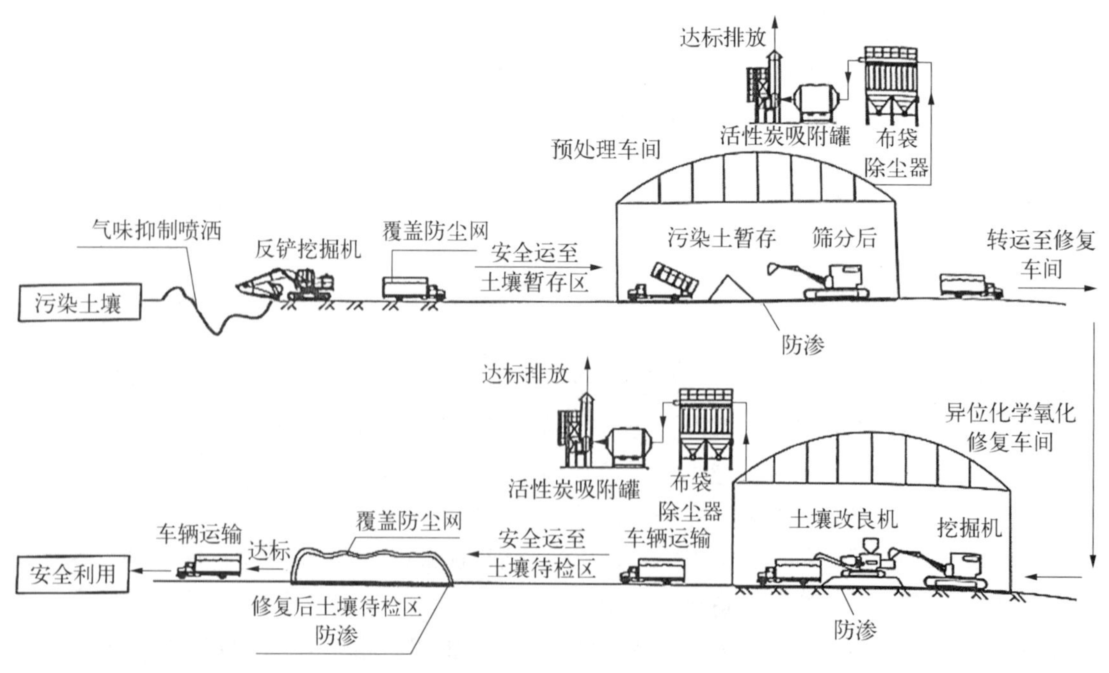

图 7-2-4 常见异位化学氧化系统组成

异位化学氧化/还原修复施工设备示例如图 7－2－5 所示。

筛分破碎设备

药剂搅拌混合设备（内搅拌）

药剂搅拌混合设备（外搅拌）

图 7－2－5　异位化学氧化/还原修复施工设备

7.2.1.5　关键工艺参数及设计

（1）原位化学氧化/还原

① 化学氧化/还原注入点位布设

注入点位布设需考虑的因素包括修复目标、污染物性质和污染程度、修复时间及水文地质条件等可能影响药剂分布的场地因素等。注入点布设应以最大限度地实现药剂在目标处理区的均匀分布为目标。针对污染源区域和污染羽区域，布设方式可分为网格状布设方式和反应屏障式布设方式，如图 7-2-6 所示。影响半径一般根据现场中试确定，影响半径确定后，注药点间距根据影响半径来确定，网格状布点一般采用正六边形或正三角形布局。

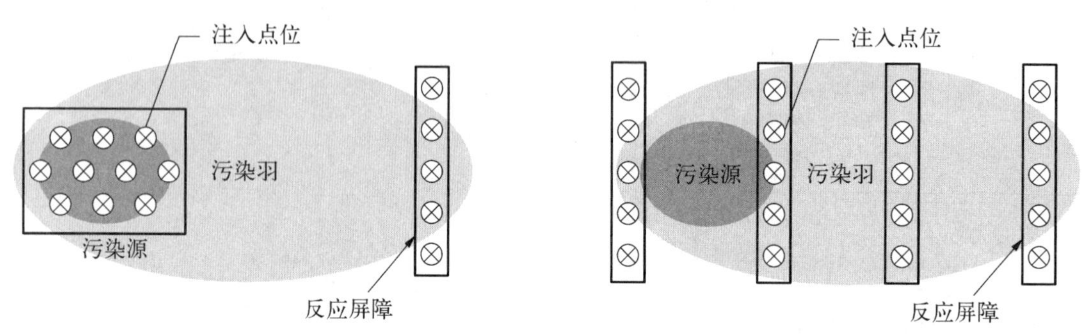

图 7-2-6 注入井布设方式

② 化学氧化/还原注药方式选择

注药方式包括直接注入、循环注入、抽出-注入等。直接注入是将氧化剂/还原剂在地面配制好之后直接注入含水层；循环注入是从一个或多个井中抽出地下水，加入氧化剂/还原剂后重新注入含水层；抽出-注入是指抽出一定量的地下水后，在地上与氧化剂/还原剂混合，然后在同一点位注入含水层。直接注入适用于渗透性较好的地层，如砂层和裂隙岩层，在渗透性较低的地层（如淤泥和黏土），注射影响半径通常有限。循环注入系统适用于水平渗透系数远大于垂向渗透系数的含水层。抽出-注入方法通常通过直推技术实现，在一个工作点位上完成地下水、药剂的抽出和注入后，可以快速移动到下一点位。各注入方式的特点见表 7-2-3。

表 7-2-3 注入方式特点

注入方式	优　　点	局　限　性
直接注入	(1) 可不需要地上水池、泵以及混合药剂的管线； (2) 可快速应用	(1) 需要水源以配制药剂； (2) 可能将污染物推出处理区域； (3) 不适用于渗透性较低的地层，如黏土和淤泥； (4) 最大处理深度有限
循环注入	(1) 良好的液流控制； (2) 将污染物推向处理区域以外的可能较小； (3) 促进试剂与污染物的混合(包括地上和原位)	(1) 需要更多的地上设备性； (2) 通常要比直接注入的时间长； (3) 渗透系数小于 10^{-4} cm/s 时不适用
抽出-注入	(1) 促进药剂和污染物的地上混合； (2) 常用于中试	(1) 需要地上混合设备； (2) 相较于循环注入，更有可能将地下水压出修复区域

③ 运行监测设计

运行监测包括修复过程监测和效果监测。

原位化学氧化/还原过程监测主要监测影响修复效果的参数，以判断药剂是否根据设计引入并分布于污染区域。主要参数包括物理参数压力、温度、流速和地下水水位，以及化学参数药剂浓度、溶解氧、氧化还原电位、pH 等。同时应关注修复过程中的中间产物、副产物浓度。若修复过程中产生大量气体，则需要对挥发性有机污染物、爆炸极限下限等参数进行监控。

效果监测的主要目的是确认污染物的去除、释放和迁移情况，监测参数为污染物浓度、副产物浓度、pH、氧化还原电位和溶解氧等。

(2) 异位化学氧化/还原

影响异位化学氧化/还原技术修复效果的关键技术参数包括污染物的性质、浓度、药剂投加比、土壤渗透性、土壤活性还原性物质总量或土壤氧化剂耗量(Soil Oxidant Demand，SOD)、氧化还原电位、pH、含水率和其他土壤地质化学条件。

① 土壤活性还原性物质总量

氧化反应中，向污染土壤中投加氧化药剂，除考虑土壤中还原性污染物浓度外，还应兼顾土壤活性还原性物质总量的本底值，将能消耗氧化药剂的所有还原性物质量相加后计算氧化药剂投加量。

② 化学氧化/还原搅拌方式

异位化学氧化/氧化的搅拌方式主要受药剂类型、投加方式、土壤理化性质、场地条件、工程规模、工期等影响。药剂类型的选取是搅拌方式选择的重要影响因素。对于 Fenton 试剂、过氧化氢以及臭氧等液态或气态，反应速度快、反应剧烈的试剂，宜采用反应池或反应堆的形式。反应池或堆体地坪需采用钢筋混凝土浇筑，具有一定的刚性，搅拌设备可选用挖掘机或强力搅拌斗。对于其余药剂，两种搅拌方式均可。

③ 药剂投加比

根据修复药剂与目标污染物反应的化学反应方程式计算理论药剂投加比，并根据实验结果予以校正。

④ 氧化还原电位

对于异位化学还原修复，氧化还原电位一般在－100 mV 以下，并可通过补充投加药剂、改变土壤含水率、改变土壤与空气接触面积等方式进行调节。

⑤ pH

根据土壤初始 pH 条件和药剂特性，有针对性的调节土壤 pH，一般 pH 范围 4.0～9.0。常用的调节方法如加入硫酸亚铁、硫黄粉、熟石灰、草木灰及缓冲盐类等。

⑥ 含水率

对于异位化学氧化/还原反应，土壤含水率宜控制在土壤饱和持水能力的 90%以上。

7.2.2　异位土壤化学淋洗

7.2.2.1　技术原理与分类

异位土壤淋洗是采用物理分离或化学淋洗等手段，通过添加水或合适的淋洗剂，分离重污染土壤组分或使污染物从土壤相转移到液相的技术。

按照污染物分离的方式，异位土壤淋洗可分为物理分离和化学淋洗。

物理分离是采用筛分、水力分选及重力浓缩等分离手段，将较大颗粒的土壤组分(砾石、砂粒)同土壤细粒(黏/粉粒)分离。由于污染物主要集中分布于较小的土壤颗粒上，因此物理分离可以有效地减少污染土壤的处理量，实现减量化。对于分离出的土壤细粒，可根据需要选择稳定化处置或进行化学淋洗处理。

化学淋洗也叫增效洗脱，是将含有淋洗剂的溶液与污染土壤混合，通过增溶或络合作用，促进土壤细粒表面污染物向水相的溶解转移，再对含污染物的淋洗废液进行后处理。常用的有机污染物淋洗剂有低毒有机溶剂、表面活性剂等；重金属淋洗剂有无机酸和有机酸、螯合剂等。

7.2.2.2 **适用范围**

土壤淋洗技术可用于重金属污染土壤(或底泥),也可用于处理有机物污染土壤(或底泥)。土壤淋洗技术最适用于多孔隙、易渗透的土壤,最好用于沙地或砂砾土壤和沉积土,一般来说渗透系数大于 10^{-3} cm/s 的土壤处理效果较好。质地较细的土壤需要多次淋洗才能达到处理要求。一般来说,当土壤中黏土含量达到 25%~30%时,不考虑采用该技术。

但淋洗技术可能会破坏土壤理化性质,使大量土壤养分流失,并破坏土壤微团聚体结构;低渗透性、高土壤含水率、复杂的污染混合物以及较高的污染物浓度会使处理过程较为困难;淋洗技术容易造成污染范围扩散并产生二次污染。

7.2.2.3 **常用淋洗药剂**

重金属和有机污染物需要筛选不同的淋洗剂。淋洗剂的选择应综合考虑污染物去除效果、药剂成本、环境影响及对泥水分离和废水处理的影响等。一般有机污染选择的淋洗剂为表面活性剂,常用的重金属淋洗剂包括无机淋洗剂、人工螯合剂、天然有机酸等类型。对于有机物和重金属复合污染,一般可考虑两类淋洗剂的复配。淋洗剂的种类和剂量根据可行性试验和中试结果确定。

(1) 表面活性剂

表面活性剂是分子中同时具有亲水性基团和疏水性基团的物质,它能显著改变液体的表面张力或两相间界面的张力,具有良好的乳化或破乳,润湿、渗透或反润湿,分散或凝聚,起泡、稳泡和增加溶解力等作用。表面活性剂又分为化学表面活性剂、生物表面活性剂、微乳液和胶态微气泡悬浮液。

① 化学表面活性剂

化学表面活性剂主要以非离子和阴离子表面活性剂为主,而阳离子表面活性剂因其增溶效果差、生物毒性强和易于在土壤上吸附残留而很少使用。常用的化学表面活性剂种类有十二烷基苯磺酸钠、十二烷基硫酸钠、硫酸酯盐、磺酸盐、脂肪醇聚氧乙烯醚(AEO-9、Brij30)、辛基酚聚氧乙烯醚(TritonX-10)、山梨醇脂肪酸酯聚醚(Tween-80)等。

② 生物表面活性剂

生物表面活性剂是微生物在代谢过程中分泌的具有一定表面和界面活性,同时含有亲水基和疏水基的两性化合物。生物表面活性剂与化学表面活性剂性能相似,但是生物表面活性剂的生物降解性和低毒性,使其在受污土壤和水体等环境的修复中具有很大的潜力,受到国内外学者的关注。近年来,应用生物和天然表面活性剂修复石油烃污染土壤的研究越来越多,如鼠李糖脂、单宁酸、皂角苷、卵磷脂、腐殖酸和羧甲基-B-环糊精等。

③ 微乳液和胶态微气泡悬浮液

微乳液一般是由表面活性剂、油和水混合制成的一种透明状液体,它对难溶性有机物有很好的增溶作用,因此能快速有效地溶出土壤中的石油烃污染物。一般来说,应用微乳液或胶态微气泡悬浮液(CGAs)相比传统表面活性剂通常可以取得更好的效果,但制备它们通常比较麻烦。

(2) 重金属淋洗剂

常用的重金属淋洗剂分为无机淋洗剂、人工螯合剂、天然有机酸等类型。

① 无机淋洗剂

无机淋洗剂包括盐酸、硫酸、硝酸、碱等,与其他相比具有成本低、效果好、作用速度快等优点。但其使用带来的负面影响也是相当严重,如用酸来冲洗污染的土壤时,会破坏土壤的理化性质,使大量的土壤养分淋失,并破坏土壤微团聚体结构,因此该方法的应用也受到了限制。

② 人工螯合剂

金属原子或离子与含有两个或两个以上配位原子的配位体作用,生成具有环状结构的络合物,该络合物叫作螯合物。能生成螯合物的这种配体物质叫螯合剂,也称为络合剂。人工螯合剂包括乙二胺四乙酸(EDTA)、环己烷二胺四乙酸(CDTA)、羚乙基乙二胺三乙酸(HEDTA)等。人工螯合剂不但价格昂贵,而且生物降解性也较差。在淋洗过程若残留在土壤中很容易造成土壤的二次污染。此外螯合剂在回收上还存在许多未解决的技术问题,限制了此方法在重金属污染土壤上的修复应用。

③ 天然有机酸淋洗剂

天然有机酸淋洗剂包括柠檬酸、酒石酸、草酸等。天然有机酸除了对土壤中的重金属有一定清除能力外,其生物降解性也很好,对环境无污染。因此这类物质的应用必将为淋洗法修复重金属污染土壤提供更广阔的应用前景。

7.2.2.4　系统构成和主要设备

(1) 系统构成

异位土壤淋洗处理系统一般包括土壤预处理单元、物理分离单元、化学淋洗单元、废水处理及回用单元及挥发气体控制单元等。具体场地修复中可选择单独使用物理分离单元或联合使用物理分离单元和化学淋洗单元。

(2) 主要设备

主要设备包括土壤预处理设备(如破碎机、筛分机等)、输送设备(皮带机或螺旋输送机)、物理筛分设备(湿法振动筛、滚筒筛、水力旋流器等)、增效洗脱设备(洗脱搅拌罐、滚筒清洗机、水平振荡器、加药配药设备等)、泥水分离及脱水设备(沉淀池、浓缩池、脱水筛、压滤机、离心分离机等)、废水处理系统(废水收集箱、沉淀池、物化处理系统等)、泥浆输送系统(泥浆泵、管道等)、自动控制系统。具体流程如下:第一,对挖掘后的污染土壤进行预处理,包括筛分和破碎等,剔除直径大于 100 mm 的杂物。第二,预处理后的土壤进入物理分离单元,采用湿法筛分或水力分选,分离出粗颗粒和砂粒,经脱水筛脱水后得到清洁物料。第三,分级后的细粒进入化学淋洗单元,加入相应的有机污染物或重金属淋洗剂进行淋洗处理;对于重金属污染,也可选择加入稳定剂稳定化后进行安全填埋处置。第四,物理分离的废水经沉淀处理后可直接回用;化学淋洗废水经物化处理或生物处理去除污染物后可回用或排放。第五,若土壤含有挥发性重金属或有机污染物,对预处理及土壤淋洗单元应设置废气收集装置,并对废气进行集中处理。第六,定期采集处理后粗颗粒、砂粒及细粒土样样品以及处理前后淋洗液样品,监测目标污染物含量,掌握污染物的去除效果情况。

图 7-2-7 为异位土壤淋洗工艺流程,图 7-2-8 为化学淋洗修复施工现场。

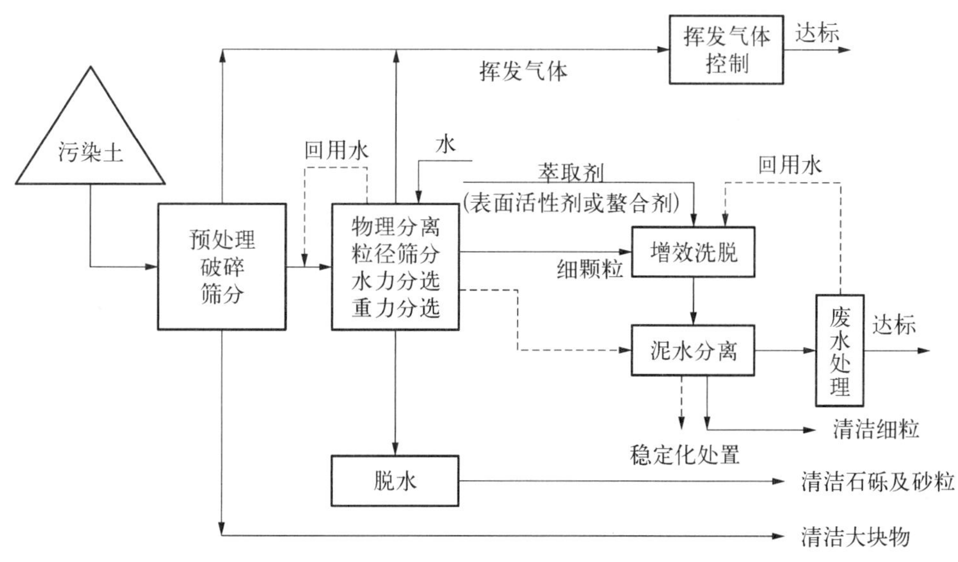

图 7-2-7　异位土壤淋洗工艺流程

施工现场

修复设备

图 7-2-8 化学淋洗修复施工现场

7.2.2.5 关键工艺参数及设计

影响土壤淋洗修复效果的关键工艺参数包括土壤细粒含量、污染物类型和浓度、分级/淋洗方式、水土比、淋洗时间、化学淋洗废水的处理及淋洗剂的回用。

(1) 土壤细粒含量

土壤细粒的百分含量是决定土壤淋洗修复效果和成本的关键因素。细粒一般是指粒径小于 63～75 μm 的粉/黏粒。由于污染物主要赋存于细颗粒土壤表面，经物理分离后的细粒需要进一步处理(如化学淋洗)以去除其中的污染物。高含量的细粒组分也会增加物理分离、化学淋洗及泥水分离等单元的处理难度，提高土壤修复成本。一般认为，异位土壤淋洗处理对于细粒含量达到 25%以上的土壤不具有成本优势。

(2) 污染物类型和浓度

污染物的水溶性和迁移性直接影响土壤淋洗，特别是化学淋洗修复的效果。疏水性有机物(如多氯联苯、多环芳烃等)一般难以通过物理分离达到修复目标，需要添加表面活性剂等淋洗剂进行化学淋洗处理。重金属的迁移性和其在土壤中的赋存形态也影响淋洗修复效果，一般交换态和碳酸盐结合态较容易去除。污染物含量也是影响修复效果和成本的重要因素。

(3) 分级/淋洗方式

物理分离的方式包括物理筛分、水力分级和重力浓缩等；化学淋洗的方式有剪切搅拌、逆流混合、超声混合等。物理筛分是使物料经过不同孔径的滚筒或振动筛，分离出不同粒径的粗颗粒(20～60 mm、4～20 mm)和砂质(0.25～4 mm)，通常采用湿法筛分。水力分选通常采用一级或多级水力旋流器，根据不同粒径颗粒的沉降速度差异，将粗粒和砂粒同细(黏)粒进行分离，水力分选出的砂粒粒度可达到 0.1 mm，甚至更小；重力分选是根据颗粒的密度大小将不同土壤组分进行分离，常用的设备有跳汰机和螺旋分离机等。分离后的细(黏)粒可进行压滤脱水及稳定化后安全填埋处理，也可以直接进入化学淋洗单元处理。

根据土壤机械组成、质地和污染物特征、修复目标需求选择合理的分级/淋洗方式，同时考虑设备的可用性和成熟度，可有效地降低设计和修复成本。物理分离可选用目前选矿工艺上应用较为成熟的设备，如旋流器、跳汰机、浮选机、螺旋选矿机、滚筒筛等；化学淋洗可选用化工上较为成熟的反应器，如搅拌桶、搅拌反应釜等。

(4) 水土比

根据土壤机械组成情况及筛分效率选择合适的水土比(质量)为 3∶1～10∶1;

采用旋流器分级时,一般控制给料的水土比(质量)为 3∶1～5∶1;

增效淋洗单元的水土比根据可行性实验和试验的结果来设置,水土比(质量)为 3∶1～10∶1。

(5) 淋洗时间

物理分离的物料停留时间根据分级效果及处理设备的容量来确定;洗脱时间一般为 20 min 至 2 h,延长洗脱时间有利于污染物去除,但同时也增加了处理成本,因此应根据可行性试验、中试结果以及现场运行情况选择合适的洗脱时间。

(6) 淋洗次数

当一次分级或化学淋洗不能达到既定土壤修复目标时,可采用多级连续淋洗或循环淋洗。

(7) 体系温度和 pH

温度对物理分离影响不大,但有可能提高化学淋洗的污染物去除效率,必要时可升温到 30～50℃。可根据可行性试验及中试结果以及工程现场温度、加热条件等情况,决定是否需要对化学淋洗进行加温。同样,pH 一般对分级影响不大,但其是影响重金属淋洗和某些淋洗剂效果的重要因素,应根据情况选择合适的化学淋洗 pH 条件。

(8) 淋洗剂的选择

重金属和有机污染物需要筛选不同的淋洗剂。淋洗剂的选择应综合考虑污染物去除效果、药剂成本、环境影响及对泥水分离和废水处理的影响等。一般有机污染选择的洗剂为表面活性剂,重金属淋洗剂为无机酸、EDTA 及柠檬酸等。对于有机物和重金属复合污染,一般可考虑两类淋洗剂的复配。淋洗剂的种类和剂量根据可行性试验和中试结果确定。

(9) 化学淋洗废水的处理及淋洗剂的回用

对于土壤重金属淋洗废水,一般采用铁盐+碱沉淀的方法去除水中重金属,加酸回调后可回用淋洗剂;对于土壤有机物污染淋洗废水,可采用溶剂萃取、活性炭吸附等方法去除污染物并实现淋洗剂回用,但效果需进行验证,不能回用的应妥善处理处置。

(10) 运行维护和监测

异位土壤淋洗系统的运行可通过自动控制系统控制,操作简单、效果稳定。需定期对各单元设备进行维护和检修以保证系统正常运行。实时观测运行过程中的设备负荷、运行功率、运行状态等,检查设备是否存在漏液、漏料、堵料等异常状况。

运行过程中应根据实际工程处理规模进度,定期采集处理前后各土壤组分样品、水样并进行分析监测。如土壤涉及挥发性有机物污染,还需采集气体收集和处理单元尾气样品。

7.2.3 溶剂萃取技术

7.2.3.1 技术原理

溶剂萃取修复技术是利用批量平衡法,将污染土壤挖掘出来并放置在一系列提取箱(除出口外密封很严的容器)内,在其中进行溶剂与污染物的离子交换等化学反应(图 7-2-9)。溶剂的类型依赖于污染物的化学结构和土壤特性。当监测表明,土壤中的污染物基本溶解于浸提剂时,再借助泵的力量将其中的浸出液排出提取箱并引导到溶剂恢复系统中。按照这种方式重复提取过程,直到目标土壤中污染物水平达到预期标准。同时,要对处理后的土壤引入活性微生物群落和富营养介质,快速降解残留的浸提液。

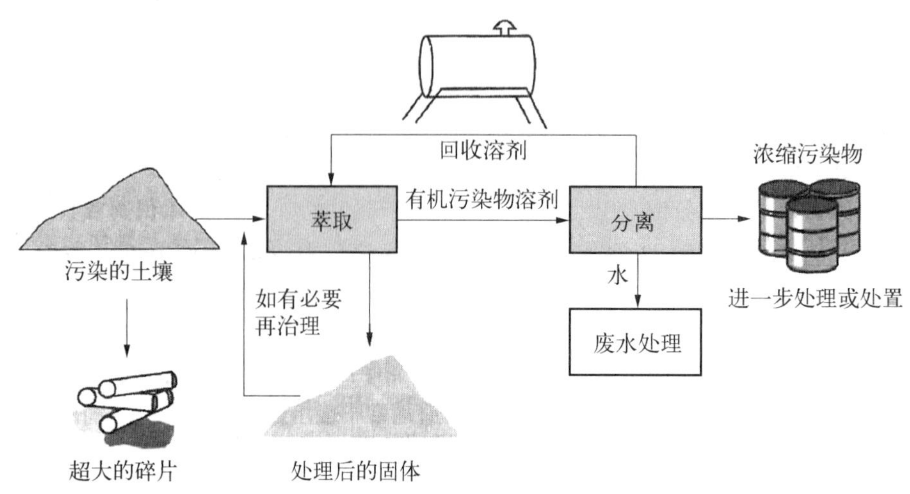

图 7-2-9 溶剂萃取过程

7.2.3.2 适用范围

溶剂萃取技术通常用于去除土壤、沉积物和污泥中的有机污染物，而不适用于去除如酸、碱、盐和重金属等无机污染物，这是由于这些物质通常不能溶解在溶剂中。溶剂萃取技术一般适用于处理多氯联苯(PCBs)、石油烃、氯代烃、多环芳烃(PAHs)、多氯二苯并对二噁英(PCDD)以及多氯二苯并呋喃(PCDF)等有机污染物。同时，这项技术也可用在农药(包括杀虫剂、杀真菌剂和除草剂等)污染的土壤上。湿度大于 20%的土壤要先风干避免水分稀释提取液而降低提取效率，黏土含量高于 15%的土壤不适于采用这项技术。

常用的萃取溶剂有三乙胺、丙酮、甲醇、乙醇、正己烷等。表 7-2-4 为溶剂萃取技术在污染土壤修复方面相关的应用研究。

表 7-2-4 关于溶剂萃取技术的相关研究报道

污染物类型	萃 取 溶 剂	污染物类型	萃 取 溶 剂
除草剂(环丙氟等)	乙腈-水	烃类污染物	丙酮-乙酸乙酯-水
除草剂	甲醇，异丙醇	石油烃污染物	三氯乙烯，正庚烷
五氯苯酚	乙醇-水	含氟化合物	丙酮-乙酸乙酯-水
PCB，PAHs	丙酮，乙酸乙酯	PAHs	环糊精
2,4-二硝基甲苯	丙酮	五氯苯酚	乳酸
PCBs	烷烃	PAHs，石油烃	超临界乙烷
PCBs(Aroclor 1016)	丙酮，正己烷	二噁英	乙醇
PAHs	植物油	燃料油(柴油等)	甲基乙基酮

7.2.3.3 系统组成

溶剂萃取系统构成包括污染土壤收集与杂物分离系统、溶剂萃取系统油水分离系统、污染物收集系统、萃取剂回用系统、废水处理系统等，如图 7-2-10 所示。

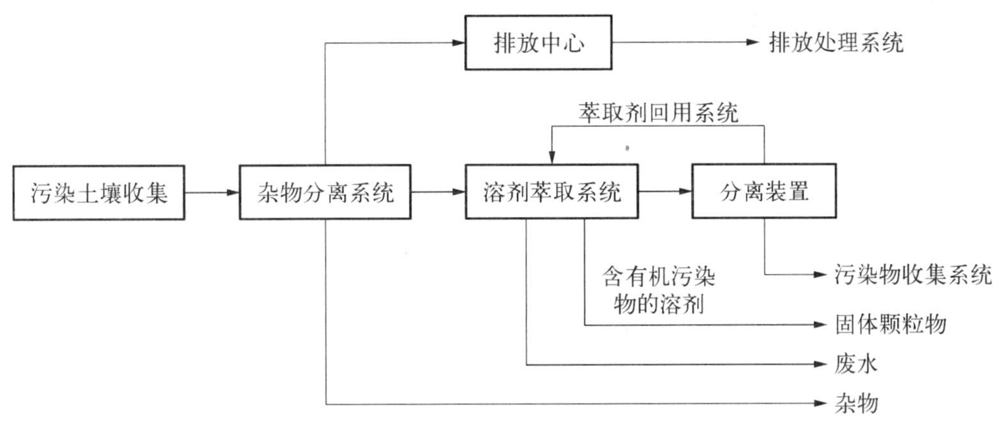

图 7-2-10　溶剂萃取系统构成

7.2.3.4　关键工艺参数及设计

在溶剂萃取过程中，对污染物的萃取效率通常会受到很多因素的影响，如溶剂类型、溶剂用量、水分含量、污染物初始浓度等。吸收剂必须对被去除的污染物有较大的溶解性，吸收剂的蒸气压必须足够低，被吸收的污染物必须容易从吸收剂中分离出来，吸收剂要具有较好的化学稳定性且无毒无害，吸收剂摩尔质量应尽可能低，使其吸收能力最大化。其他影响因素还有黏土含量、土壤有机质含量、污染物浓度、水分含量等。

7.2.4　气相抽提

7.2.4.1　技术原理

土壤气相抽提也称作土壤真空抽取或土壤通风，是一种有效去除土壤不饱和区挥发性有机物(VOCs)的原位修复技术。典型的装置如图 7-2-11 所示。

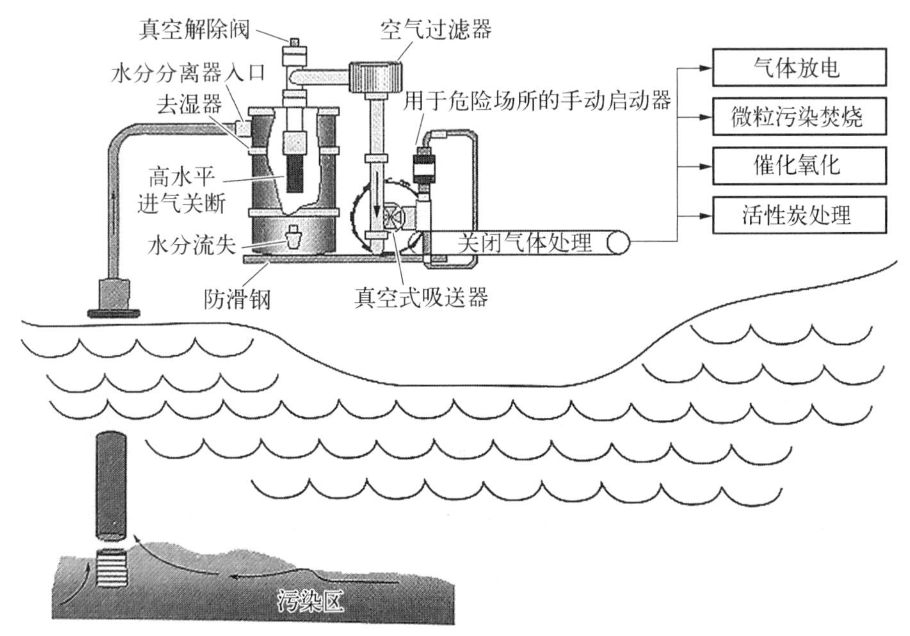

图 7-2-11　土壤气相抽提示意

7.2.4.2 适用范围

一是所治理的污染物必须是挥发性或者是半挥发性有机物，蒸气压不能低于0.5 Torr（1 Torr＝1 mmHg）；

二是污染物必须具有较低的水溶性，并且土壤湿度不可过高；

三是污染物必须在地下水位以上；

四是被修复的污染土壤应具有较高的渗透性，而对于容重大、土壤含水量大、孔隙度低或渗透速率小的土壤，土壤蒸气迁移会受到很大限制。影响土壤气相抽提技术应用的条件如表7-2-5所示。

表7-2-5 影响土壤气相抽提技术应用的条件

条　件	特　　性	适宜的条件	不利的条件
污染物	主要形态	气态或蒸发态	固态或强烈吸附于土壤
	蒸气压	＞100 mmHg	＜10 mmHg
	水中溶解度	＜100 mg/L	＞1 000 mg/L
	亨利常数	＞0.01	＜0.01
土壤	温度	＞20℃（通常需要额外加热）	10℃（通常在北方气候下）
	湿度	＜10%（体积分数）	＞10%（体积分数）
	空气传导率	＞10^{-1} cm/s	＜10^{-6} cm/s
	组成	均匀	不均匀
	土壤表面积	＜0.1 m^2/g 土壤	＞0.1 m^2/g 土壤
	地下水深度	＞20 m	＜1 m

7.2.4.3 系统构成和主要设备

土壤气相抽提系统通常由抽提单元、尾气处理单元和废液处理单元组成，如图7-2-12所示。

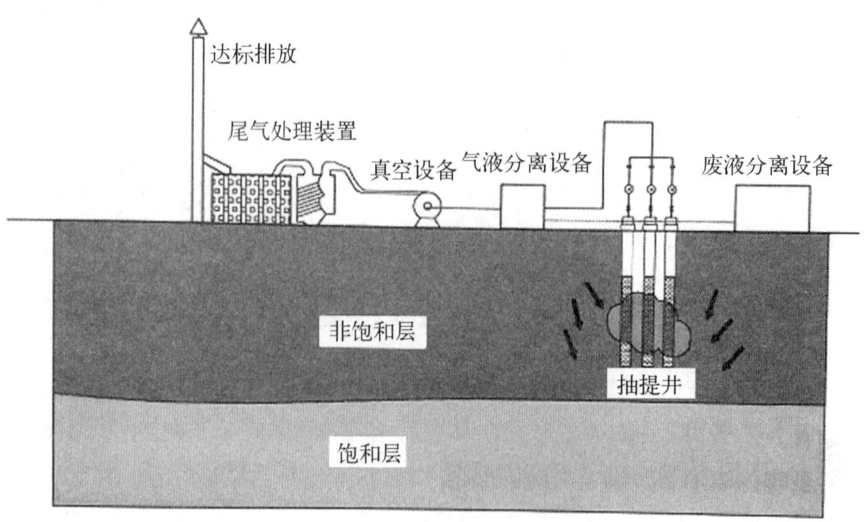

图7-2-12 土壤气相抽提系统组成

抽提单元包括抽提井、管路、真空动力设备、仪器仪表等。抽提井由井口保护装置、监测仪表、井管、滤网构成。抽提井包括垂直抽提井和水平抽提井。

尾气处理单元包括尾气处理装置、管路、仪器仪表、高空排放烟囱等。废液处理单元包括废液处理装置、管路、仪器仪表等。

监测单元包括真空度监测传感器等。

图 7-2-13 为施工现场。

图 7-2-13 工程现场

7.2.4.4 关键工艺参数及设计

(1) 抽提气量与真空度

需综合考虑场地的污染物理化性质、水文地质条件、修复目标、节能环保、安全卫生等因素，确定抽提动力设备需满足抽提气量和真空度。

(2) 抽提井的布设

需根据污染物的浓度与范围、污染物的理化性质、土壤的渗透性、修复时间、修复目标要求等确定抽提井的数量及位置。抽提井井间距一般为 6～30 m。根据场地污染特征布置抽提井，一般采用正六边形或正三角形布局。有效抽提范围应在水平及垂直方向上完全覆盖目标修复区块边界，并适度扩展，以确保达到修复效果。

(3) 抽提井设计及安装

需根据污染深度设置抽提井开缝的位置。井管外包滤网，填充滤料。井口宜高出地面 0.5～1.0 m，井口地面应采取防渗措施。抽提井井管采用耐腐蚀的无污染材质，井管之间连接可采用丝扣或焊接方式，不得使用含污染物的黏结剂。

垂直抽提井的钻进可采用冲击钻进、直接贯入钻井成孔等方法。水平抽提井的钻进可采用人工开挖、机械开挖、水平定向等方法。

根据污染物的性质、修复面积及深度、土壤渗透性等，确定抽提所需的真空度及抽气速率并选取合适的真空设备。抽提气真空负压系统应根据地层条件与修复深度确定，真空度一般为 10～40 kPa。

(4) 废气处理单元

通过抽提系统收集到地面的蒸气经气水分离处理后，得到的尾气、冷凝水、废油分别进行处置。尾气处理通常采用活性炭吸附法或催化燃烧法。蒸气处理单元的处理能力要同时满足预期的最大蒸气产生量、最高污染物负荷和尾气、废水排放限值要求。

在修复过程中需对排放的尾气和废水进行监测，确保污染物的排放符合国家、地方和相关行业的大气和水污染防治的规定。废气排放标准参考《环境空气质量标准》(GB 3095—2012)、《大气污染物综合排放标准》(GB 16297—1996)及相关行业和地方标准。废水排放标准参考《地下水质量标准》(GB/T 14848—2017)、《污水排入城镇下水道水质标准》(CJ 343—2010)及相关行业和地方标准。

(5) 监控单元设计

监控单元通常包含地下真空度监控。

通常在抽提井周边、相邻抽提井中间以及处理区域边缘应设置地下真空度监测井。

地下真空度每天至少记录一次,推荐连续记录。

地下真空监测传感器可以安装在抽提井井口或井管内,也可以安装在监测井井口或井管内。地下真空度监测点的安装位置及设置数量由监控目的、场地特征确定。

7.2.5 原位热脱附

7.2.5.1 技术原理与分类

原位热脱附技术是通过向地下输入热能,加热土壤、地下水,改变目标污染物的饱和蒸汽压及溶解度,促进污染物挥发或溶解,并通过土壤气相抽提或多相抽提实现对目标污染物去除的处理过程。

按照加热方式的不同,原位热脱附通常分为热传导加热、电阻加热(电流加热)及蒸汽加热。

热传导加热是热量通过传导的方式由加热井传递到污染区域,从而加热土壤和地下水的原位热脱附技术。热传导通常包括燃气加热和电加热两种方式。热传导加热的最高温度可以达到 750～800℃。

电阻加热也称电流加热,是将电流通过污染区域,利用电流的热效应加热土壤和地下水的原位热脱附技术。电阻加热利用水等介质的导电特性实现电流传输,通过土壤和 NAPLs 等污染介质的电阻发热特性实现污染区域加热。电阻加热的最高温度一般在 100～120℃。

蒸汽加热指通过将高温水蒸气注入污染区域,加热土壤和地下水的原位热脱附技术。蒸汽加热的最高温度在 170℃。

7.2.5.2 适用范围

原位热脱附适用于处理污染土壤和地下水中的苯系物、石油烃、卤代烃、多氯联苯、二噁英等挥发性和半挥发性有机物,特别适用于处理高浓度及含有 NAPLs 的地下介质及低渗透地层。

原位热脱附不适用于地下水丰富、流速较快的污染物区域的修复。其中,蒸汽加热不适用于渗透系数较小($<10^{-4}$ cm/s)或地层均质性较差的区域。

7.2.5.3 系统构成和主要设备

原位热脱附系统通常包括热传导加热单元、抽提单元、废水废气处理单元、监测单元等主体单元,以及供能单元、阻隔、过程控制等辅助单元,如图 7-2-14 所示。

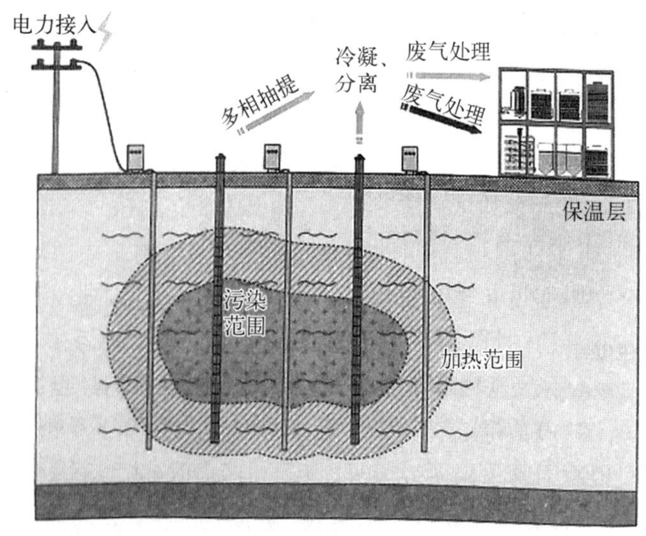

图 7-2-14 典型原位热脱附系统构成

热传导加热单元一般由加热元件和密封套管构成。燃气加热井的加热元件由送气模块、点火模块、监测模块、电控模块等组成。电加热井由底部密封的金属套管内安置电加热元件共同组成。电阻加热的电极井由电极、电缆、填料和补水单元等组成。蒸汽注入井由底部密封、中部开筛的不锈钢井管构成。

抽提单元包括抽提井、管路、动力设备、仪器仪表等。抽提井由井口保护装置、井管、滤网构成。抽提井包括垂直抽提井和水平抽提井。

主要工艺设备有可调式控制电源、配电柜、蒸汽锅炉、耐高温引风机、温度检测仪、真空泵、换热器、气液分离器、废气废水处理设备等。主要材料有金属/非金属电极、电缆、电极井填料、管材等。

图 7-2-15 为原位热脱附修复施工现场。

图 7-2-15　原位热脱附修复施工现场

7.2.5.4　关键工艺参数及设计

(1) 目标温度和加热方式

需综合考虑场地的污染物理化性质、水文地质条件、修复目标、当地能源供应条件、节能环保、安全卫生等因素，确定目标温度和加热方式。

(2) 加热井/抽提井的布设

需根据污染物的浓度与范围、污染物的理化性质、土壤的渗透性、电导率、修复时间、修复目标要求等确定加热井与抽提井的数量及位置。热传导加热和电阻加热的加热井(电极井)间距一般为 2～6 m，蒸汽注入井间距一般为 6～15 m。加热井间距越小，单位体积土壤中的能量密度越高，处置效率越高。根据场地污染特征布置加热井，一般采用正六边形或正三角形布局。抽提井可与加热井设置在同一点位或靠近加热井设置，也可布设在以加热井为顶点构成的正六边形或正三角形的中心位置。有效加热及抽提范围应在水平及垂直方向上完全覆盖目标修复区块边界，并适度扩展，以确保达到修复效果。

(3) 加热井构造及安装

加热井的直径、厚度及材料应根据安装方法、深度、工作温度和场地污染特征来确定。场地存在腐蚀性污染物时，需选择不锈钢、耐腐蚀合金等作为套管的材质。电阻加热的电极多采用具有良好导电性、耐腐蚀的材料。根据水文地质条件设置补水单元，可考虑回用水作为补充水源。蒸汽注入压力主要根据地层渗透性、加热温度要求、井间距综合确定。

加热井可采用先成孔再置入的方式或直推置入的方式进行安装。

(4) 抽提井设计及安装

需根据污染深度设置抽提井开缝的位置。井管外包金属滤网，再填充滤料。井口宜高出地面 0.5～1.0 m，井口地面应采取防渗措施。抽提井井管采用耐高温、耐腐蚀的无污染材质，井管之间连接可采用丝扣或焊接方式，不得使用含污染物的黏结剂。

垂直抽提井的钻进可采用螺旋钻进、冲击钻进、清水/泥浆回转钻进、直接贯入钻井成孔等方法。水平抽提井的钻进可采用人工开挖、机械开挖、水平定向等方法。

根据污染物的性质、修复面积及深度、土壤渗透性等，确定抽提所需的真空度及抽气速率并选取合适的真空设备。蒸汽加热系统中抽提速率一般应为注入速率的 1～3 倍；抽提气真空负压系统应根据蒸汽注入速率来确定，真空度一般为 50.7 kPa(0.5 atm)。

(5) 废气处理单元

废气处理单元主要对热脱附抽提废气、废水吹脱处理等环节产生的有组织工艺废气运行处理。废气处理单元的处理能力要同时满足预期的最大废气产生量、最高污染物负荷和尾气排放限值要求。

通过抽提系统收集到的废气经过气体冷凝、气液分离、油水分离等处理后，得到的尾气、冷凝水、废油分别进行处置。设计的废气产生量应大于土壤和地下水中产生的污染蒸气和水蒸气产生量。尾气处理可采用吸附法、氧化法和燃烧法等。

废气排放标准可参考《环境空气质量标准》(GB 3095—2012)、《大气污染物综合排放标准》(GB 16297—1996)、《工业炉窑大气污染物排放标准》(GB 9078—1996)、《恶臭污染物排放标准》(GB 14554—1993)及相关行业和地方标准。

废气处理单元产生的废油有回收利用价值时宜进行回收，否则应按危险废物进行管理。

(6) 废水处理单元

原位热脱附工程废水处理单元主要对抽出的污染地下水和热脱附抽提废水等进行集中处理。废水处理的技术工艺通常包括油水分离、混凝、吹脱、高级氧化、活性炭吸附等。废水排放标准可参考《地下水质量标准》(GB/T 14848—2017)、《污水排入城镇下水道水质标准》(GB/T 31962—2015)、《污水综合排放标准》(GB 8978—1996)、《地表水环境质量标准》(GB 3838—2002)及相关行业和地方标准。

废水处理单元产生的废油有回收利用价值时宜进行回收，否则应按危险废物进行管理。废水处理产生的污泥应按危险废物进行管理。

(7) 监控单元设计

监控单元通常包含地下温度监控和压力监控等。

通常在加热井内或周边、相邻加热井中间以及处理区域边缘应设置地下温度监测点，纵向上监测点设置间隔通常为 1～2 m。

地下温度每天至少记录一次，推荐连续记录。地下温度可通过热电偶、光纤分布式温度传感器以及电阻层析成像技术等方式获取。

地下压力监测传感器可以安装在蒸汽注入井或抽提井井口或井管内，也可以安装在注入井和抽提井之间。地下压力监测点的安装位置及设置数量由监控目的、场地特征确定。

7.2.6 异位热脱附

7.2.6.1 技术原理与分类

异位热脱附技术是将污染土壤从地块中发生污染的位置挖掘出来，转移或搬运到其他场所或位置，采用加热处理的方式将污染物从污染土壤中挥发去除的过程。

异位热脱附系统按照加热方式分为直接热脱附和间接热脱附。按照加热目的可分为高温热脱附和低温热脱附。

直接热脱附是指热源通过直接接触对污染土壤进行加热，使污染物从土壤中挥发除去的处理过程。

间接热脱附是指热源通过介质间接对污染土壤进行加热，使污染物从土壤中挥发除去的处理过程。

7.2.6.2　适用范围

异位热脱附适用于处理污染土壤中的挥发性及半挥发性有机污染物(如石油烃、农药、多环芳烃、多氯联苯)和汞等物质,不适用于无机物污染土壤(汞除外),也不适用于腐蚀性有机物、活性氧化剂和还原剂含量较高的土壤。

污染土壤修复方量较大时,宜采用直接热脱附工艺;修复方量较小时,宜采用间接热脱附工艺;汞污染土壤应采用间接热脱附工艺。

7.2.6.3　系统构成和主要设备

(1) 直接热脱附

直接热脱附由进料系统、脱附系统和尾气处理系统组成:进料系统通过筛分、脱水、破碎、磁选等预处理,将污染土壤从车间运送到脱附系统中;脱附系统污染土壤进入热转窑后,与热转窑燃烧器产生的火焰直接接触,被均匀加热至目标污染物气化的温度以上,达到污染物与土壤分离的目的;尾气处理系统富集气化污染物的尾气通过旋风除尘、焚烧、冷却降温、布袋除尘、碱液淋洗等环节去除尾气中的污染物。

(2) 间接热脱附

间接热脱附由进料系统、脱附系统和尾气处理系统组成,与直接热脱附的区别在于脱附系统和尾气处理系统;脱附系统燃烧器产生的火焰均匀加热转窑外部,污染土壤被间接加热至污染物的沸点后,污染物与土壤分离,废气经燃烧直排;尾气处理系统富集气化污染物的尾气通过过滤器、冷凝器、超滤设备等环节去除尾气中的污染物。气体通过冷凝器后可进行油水分离,浓缩、回收有机污染物。

主要设备包括:进料系统,如筛分机、破碎机、振动筛、链板输送机、传送带、除铁器等;脱附系统,如回转干燥设备或是热螺旋推进设备;尾气处理系统,如旋风除尘器、二燃室、冷却塔、冷凝器、布袋除尘器、淋洗塔、超滤设备等,常用的热脱附设备如图 7-2-16 所示。

异位热脱附工艺流程主要包括:土壤挖掘、土壤预处理、土壤热脱附处理和气体收集等,如图 7-2-17 所示。

图 7-2-16　常用异位热脱附设备

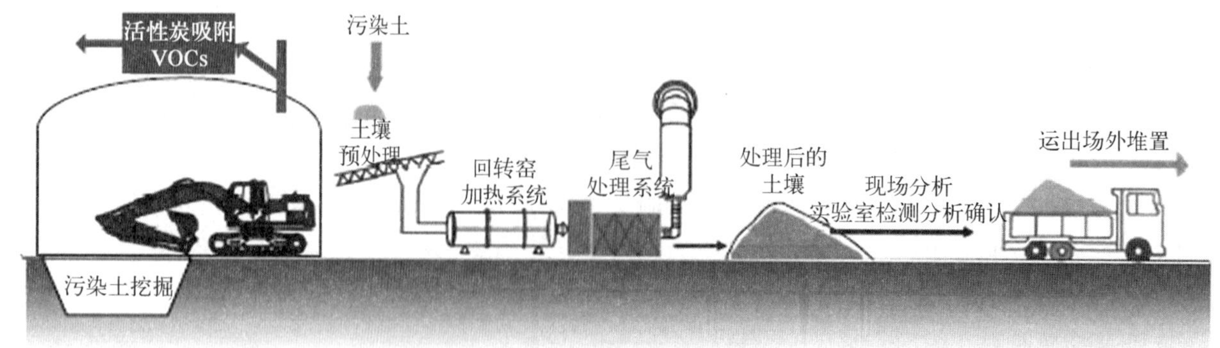

图 7-2-17 异位热脱附工艺流程

7.2.6.4 关键工艺参数设计

异位热脱附技术关键参数或指标主要包括土壤特性、污染物特性和运行参数三类。

(1) 土壤特性

进料土壤的含水率宜低于 25%;最大土壤粒径宜小于 5 cm;pH 不宜小于 4;塑性指数宜低于 10。

(2) 污染物特性

① 污染物浓度

有机污染物浓度高会增加土壤热值,可能会导致高温损害热脱附设备,甚至发生燃烧或爆炸,故排气中有机物浓度要低于爆炸下限 25%。有机物含量高于 4%的土壤不适用于直接热脱附系统,可采用间接热脱附处理。

② 沸点范围

热处理所需温度与污染物本身的沸点直接相关。一般情况下,直接热脱附处理土壤的温度工作范围为 150~650℃,间接热脱附处理土壤的温度工作范围为 120~530℃。

③ 二噁英的生成

多氯联苯及其他含氯化合物在受到低温热破坏时或者在高温热破坏后的低温过程中易产生二噁英,故在废气燃烧破坏时还需要特别的急冷装置,使高温气体的温度迅速降低至 200℃,防止二噁英的生成。

(3) 运行参数

① 出料温度

温度是影响热脱附过程最主要的因素,随着温度的升高,污染物的脱附效率和降解效率会显著提高。土壤出料温度通常控制在 100~550℃。

② 停留时间

污染土壤在热装置中停留时间越长,污染物脱附越彻底,停留时间范围通常控制在 15~120 min。

7.2.7 水泥窑协同处置

7.2.7.1 技术原理与分类

水泥窑协同处理技术是利用水泥回转窑内的高温、气体停留时间长、热容量大、热稳定性好、碱性环境、无废渣排放等特点,在生产水泥熟料的同时,焚烧固化处理污染土壤。有机物污染土壤从窑尾烟气室进入水泥回转窑,窑内气相温度最高可达 1 800℃,物料温度约为 1 450℃。在水泥窑的高温条件下,污染土壤中的有机污染物转化为无机化合物,高温气流与高细度、高浓度、高吸附性、高均匀性分布的碱性物料(CaO、$CaCO_3$ 等)充分接触,有效地抑制酸性物质的排放,使得 S 和 Cl 等转化成无机盐类固定下来。重金属污染土壤从生料配料系统进入水泥回转窑,使重金属固定在水泥熟料中。

按照进料方式的不同，水泥窑协同处置可分为原材料替代（生料配料系统进料）及高温焚烧（窑尾烟气室进料）。

原材料替代是将重金属污染土壤与水泥厂生产原材料经过配伍后，随生料一起进入生料磨，经过预热后进入水泥窑系统内煅烧，污染土壤中的重金属被固定在水泥熟料晶格内。

高温焚烧是将有机污染土壤经过预处理后，通过密闭输送系统，将污染土壤输送至窑尾烟气室进入水泥窑系统煅烧，污染土壤中的有机物在高温下转化为无机化合物。

7.2.7.2　适用范围

(1) 适用的介质

污染土壤。

(2) 可处理的污染物类型

有机污染物及重金属。

(3) 应用限制条件

不宜用于汞、砷、铅等重金属污染较重的土壤；由于水泥生产对进料中氯、硫等元素的含量有限值要求，在使用该技术时须慎重确定污染土的添加量。

7.2.7.3　系统构成和主要设备

水泥窑协同处置包括污染土壤贮存、预处理、投加、焚烧和尾气处理等过程。在原有的水泥生产线基础上，需要对投料口进行改造，还需必要的投料装置、预处理设施、符合要求的贮存设施和实验室分析能力。水泥窑协同处置主要由土壤预处理系统、上料系统、水泥回转窑及配套系统、监测系统组成。土壤预处理系统在密闭环境内进行，主要包括密闭贮存设施（如充气大棚）、筛分设施（筛分机）、尾气处理系统（如活性炭吸附系统等），预处理系统产生的尾气经过尾气处理系统后达标排放。上料系统主要包括存料斗、板式喂料机、皮带计量秤、提升机，整个上料过程处于密闭环境中，避免上料过程中污染物和粉尘散发到空气中，造成二次污染。水泥回转窑及配套系统主要包括五级旋风预热器、分解炉、回转式水泥窑、窑尾高温风机、三次风管、燃烧器、篦式冷却机、窑头袋收尘器、螺旋输送机、槽式输送机。监测系统主要包括氧气、粉尘、氮氧化物、二氧化碳、水分、温度在线监测以及水泥窑尾气和水泥熟料的定期监测，保证污染土壤处理的效果和生产安全。

图 7－2－18 为水泥窑协同处理技术原理示意图，图 7－2－19 为水泥窑设施图。

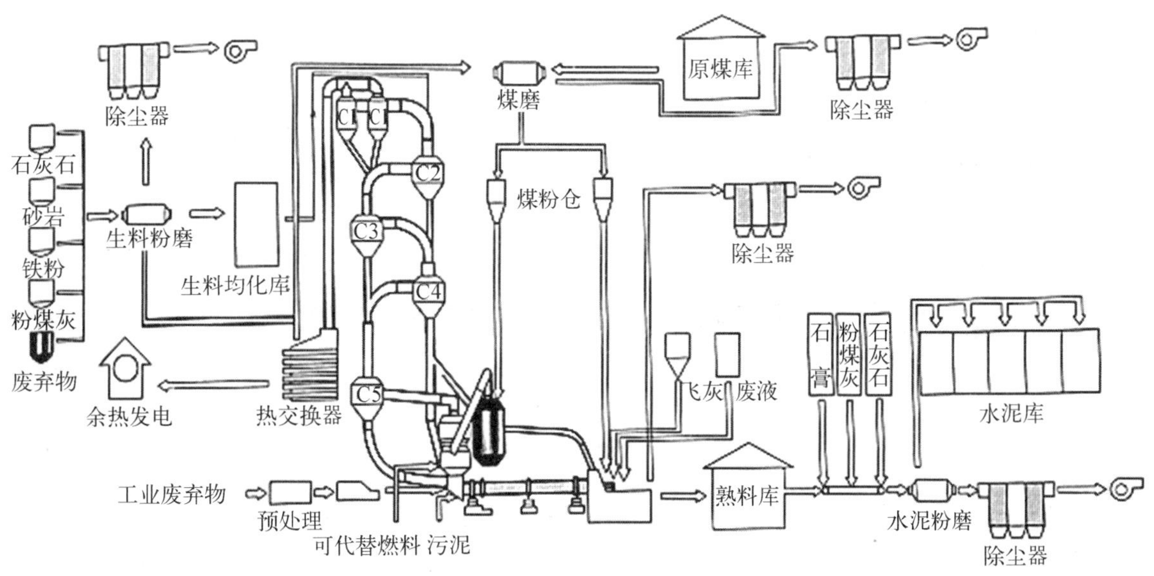

图 7－2－18　水泥窑协同处置技术原理示意

图 7-2-19 水泥窑设施

7.2.7.4 关键工艺参数及设计

影响水泥窑协同处置效果的关键技术参数包括水泥回转窑技术参数、污染土中碱性物质含量，重金属污染物初始浓度，污染土壤中氯元素、氟元素以及硫元素含量、污染土壤添加量。

(1) 水泥回转窑技术参数

窑型为新型干法回转窑，采用窑磨一体机模式，单线设计熟料生产规模不小于 2 000 t/d。应配备在线监测设备，保证运行工况的稳定。采用的除尘器应保证排放烟气粉尘浓度满足《水泥窑协同处置固体废物污染控制标准》(GB 30485—2013)要求。具有能将排放烟气温度从 300～400℃迅速降至 250℃以下的烟气冷却装置，如增湿塔或余热发电锅炉等。配备窑灰返窑装置，将除尘器等烟气处理装置收集的窑灰返回送往生料入窑系统。

(2) 污染土壤中碱性物质含量

污染土壤提供了硅质原料，但由于污染土壤中 K_2O、Na_2O 含量较高，会使水泥生产过程中间产品及最终产品的碱当量高，影响水泥品质。因此，在开始水泥窑协同处置前，应根据污染土壤中的 K_2O、Na_2O 含量确定污染土壤的添加量。

(3) 重金属污染物初始浓度

入窑配料中重金属污染物的浓度应满足《水泥窑协同处置固体废物环境保护技术规范》(HJ 622—2013)的要求。

(4) 污染土壤中氯元素和氟元素含量

应根据水泥回转窑工艺特点，控制随物料入窑的氯和氟投加量，以保证水泥回转窑的正常生产和产品质量符合国家标准，入窑物料中氟元素含量不应大于 0.5%，氯元素含量不应大于 0.04%。

(5) 污染土壤中硫元素含量

水泥窑协同处置过程中，应控制污染土壤中的硫元素含量，配料后的物料中硫化物与有机硫总含量占比不应大于 0.014%。从窑头、窑尾高温区投加的全硫与从配料系统投加的硫酸盐硫总投加量不应大于 3 000 mg/kg。

(6) 污染土壤添加量

应根据污染土壤中的碱性物质含量，重金属含量，氯元素、氟元素、硫元素含量及污染土壤的含水率，综合确定污染土壤的投加量。

7.2.8　生物堆

7.2.8.1　技术原理

生物堆技术是对污染土壤堆体采取人工强化措施，促进土壤中具备污染物降解能力的土著微生物或外源微生物的生长，降解土壤中的污染物。

7.2.8.2　适用范围

(1) 适用的介质

污染土壤、油泥。

(2) 可处理的污染物类型

石油烃等易生物降解的有机污染物。

(3) 应用限制条件

不适用于重金属、难降解有机污染物污染土壤的修复，黏土类污染土壤修复效果较差。

7.2.8.3　系统构成和主要设备

生物堆主要由土壤堆体、抽气系统、营养水分调配系统、渗滤液收集处理系统以及在线监测系统组成。其中，土壤堆体系统具体包括污染土壤堆、堆体基础防渗系统、渗滤液收集系统、堆体底部抽气管网系统、堆内土壤气监测系统、营养水分添加管网、顶部进气系统、防雨覆盖系统等。抽气系统包括抽气风机及其进气口管路上游的气水分离和过滤系统、风机变频调节系统、尾气处理系统、电控系统、故障报警系统。营养水分调配系统主要包括固体营养盐溶解搅拌系统、流量控制系统、营养水分投加泵及设置在堆体顶部的营养水分添加管网。渗滤液收集系统包括收集管网及处理装置。在线监测系统主要包括土壤含水率、温度、二氧化碳和氧气的在线监测。

主要设备包括抽气风机、控制系统、活性炭吸附罐、营养水分添加泵、土壤气监测探头、氧气、二氧化碳、水分、温度在线监测仪器等。

7.2.8.4　关键工艺参数及设计

(1) 污染物的生物可降解性

对于易生物降解的有机物(如石油烃、低分子烷烃等)，生物堆技术的降解效果较好；对于持久性有机污染物、高环多环芳烃等难以生物降解的有机污染物污染土壤，生物堆技术的处理效果有限。

(2) 污染物初始浓度

土壤中污染物的初始浓度过高会抑制微生物生长，并降低处理效果，因此需要采用清洁土或低浓度污染土对其进行稀释。如土壤中石油烃含量高于 50 000 mg/kg 时，应对其进行稀释。

(3) 土壤通气性

污染土壤渗透系数应不低于 10^{-8} cm/s，否则应添加木屑、树叶等膨松剂以增大土壤的渗透系数。

(4) 土壤营养物质比例

土壤中碳∶氮∶磷的比例宜维持在 100∶10∶1，以满足好氧微生物的生长繁殖要求以及实现污染物的降解。

(5) 微生物含量

一般认为每克土壤微生物的数量应不低于 10^5 数量级。

(6) 土壤含水率

宜控制在 90%的土壤田间持水量。

(7) 土壤温度和 pH

温度宜控制在 30～40℃，pH 宜控制在 6.0～7.8。

(8) 堆体内氧气含量

运行过程中应确保堆体内氧气分布均匀且含量不低于7%。

(9) 土壤中重金属含量

土壤中重金属含量不应超过2 500 mg/kg。

(10) 运行维护和监测

运行过程中需对抽气风机、管道阀门进行维护。定期对堆内氧气含量、含水率、营养物质含量、土壤中污染物浓度、微生物数量等指标进行监测。为避免二次污染，应对尾气处理设施的效果进行监测，以便及时采取应对措施。

7.2.9 原位生物通风

7.2.9.1 技术原理

生物通风法由土壤气相抽提法(SVE)发展而来，通过向土壤中供给空气或氧气，依靠微生物的好氧活动，促进污染物降解；同时利用土壤中的压力梯度促使挥发性有机物及降解产物流向抽气井，被抽提去除。可通过注入热空气、营养液、外源高效降解菌剂的方法对污染物去除效果进行强化。

7.2.9.2 适用范围

(1) 适用的介质

非饱和带污染土壤。

(2) 可处理的污染物类型

挥发性、半挥发性有机物。

(3) 应用限制条件

不适合于重金属、难降解有机物污染土壤的修复，不宜用于黏土等渗透系数较小的污染土壤修复。

7.2.9.3 系统构成和主要设备

生物通风系统主要由抽气系统、抽提井、输气系统、营养水分调配系统、注射井、尾气处理系统、在线监测系统及配套控制系统等组成。

主要设备包括输气系统(鼓风机、输气管网等)、抽气系统(真空泵、抽气管网、气水分离罐、压力表、流量计、抽气风机)、营养水分调配系统(包括营养水分添加管网、添加泵、营养水分存储罐等)、在线监测系统及配套控制系统、尾气处理系统(除尘器、活性炭吸附塔)等。

7.2.9.4 关键工艺参数及设计

影响生物通风技术修复效果的因素包括：土壤理化性质、污染物特性和土壤微生物三大类。

(1) 土壤理化性质因素

土壤的气体渗透率：土壤的渗透率一般应该大于0.1 D。

土壤含水率：一般认为含水率达到15%～20%时，生物修复的效果最好。

土壤温度：大多数生物修复是在中温条件(20～40℃)下进行的，最大不超过40℃。

土壤的pH：大多数微生物生存的pH范围为5～9，通常酸碱中性条件下微生物对污染物降解效果较好。

营养物的含量：一般认为，利用微生物进行修复时，土壤中C∶N∶P的比例应维持在100∶5～10∶1，以满足好氧微生物的生长繁殖以及污染物的降解，并为缓慢释放形式时，效果最佳。一般添加的N源为NH_4^+，P源为PO_4^{3-}。

土壤氧气/电子受体：氧气作为电子受体，其含量是生物通风最重要的环境影响因素之一。在生物通风修复中，除了用空气提供氧气外，还可采用H_2O_2、Fe^{3+}、NO_3^- 或纯氧作为电子受体。

(2) 污染物特性因素

污染物的可生物降解性：生物降解性与污染物的分子结构有关，通常结构越简单，分子量越小的组分越容易被降解。此外,污染物的疏水性与土壤颗粒的吸附以及微孔排斥都会影响污染物的可生物降解性。

污染物的浓度:土壤中污染物浓度水平应适中。污染物浓度过高会对微生物产生毒害作用,降低微生物的活性,影响处理效果;污染物浓度过低,会降低污染物和微生物相互作用的概率,也会影响微生物的降解率。

污染物的挥发性:一般来说挥发性强的污染物通过通风处理易从土壤中脱离。

(3) 土壤微生物因素

一般认为采用生物降解技术对土壤进行修复时土壤中土著微生物的数量应不低于 10^5 数量级;但是土著微生物存在着生长速度慢,代谢活性低的弱点。当土壤污染物不适合土著微生物降解,或是土壤环境条件不适于土著降解菌大量生长时,需考虑接种高效菌。

7.2.10 植物修复技术

7.2.10.1 技术原理与分类

植物修复技术是利用特定植物去除、转化、稳定化、毁坏土壤中污染物的过程。植物修复是一种原位土壤污染修复的技术,其修复机理包括强化根际圈生物降解、植物提取(也称植物超富集提取)、植物降解和植物稳定化。其原理如图 7-2-20 所示。

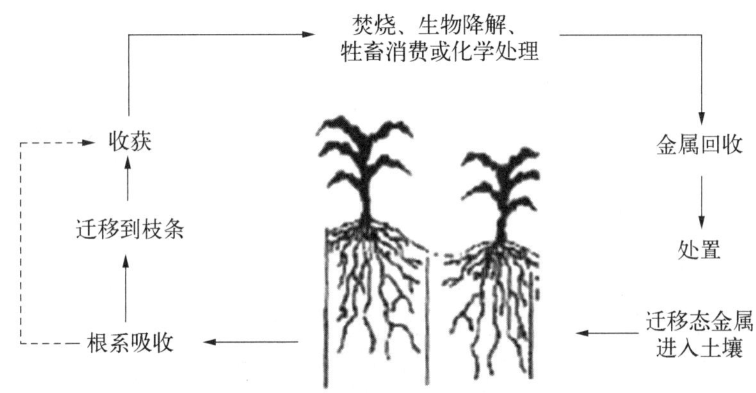

图 7-2-20　土壤中重金属污染物植物修复技术原理

植物修复技术分为如下几类:

一是植物提取。指植物通过其根系吸收和污染物的迁移/累积进入到植物的茎秆和叶内,植物地上部分累积污染物大于植物地下部分。

二是植物稳定。指植物在其根系和土壤界面处产生化学组分以固定污染物的现象,即利用植被防止污染土壤侵蚀、稳定土壤中污染物或控制地下水的蒸腾。

三是植物挥发(针对有机物)。指植物吸收土壤中的污染物使其挥发。

四是植物降解(针对有机物)。指污染物在植物组织内的代谢作用,植物产生各种酶如脱卤酶和氧化酶,有助于催化降解土壤中的污染物。植物也能够降解土壤中芳香族和氯化脂肪族化合物。

五是植物根际圈降解。指植物联合根际圈微生物和微小生物降解土壤中的污染物,从而净化土壤。强化根际圈生物降解发生在植物根系周围的土壤中,由植物根系释放的天然物质提供微生物和微小生物的营养,以增强微生物和微小生物的活力,植物根系也疏松土壤,并且死亡后留下水气迁移通道,这个过程有利于水分和氧气迁移到根际圈周围,促进植物生长。

7.2.10.2 适用范围

(1) 可处理的污染物类型

重金属(如砷、镉、铅、镍、铜、锌、钴、锰、铬、汞等),以及特定的有机污染物(如石油烃、五氯苯酚、多环芳烃等)。

(2) 限制条件

一些有毒物质对植物生长有抑制作用,因此植物修复大多适用于低污染水平的区域,不适合高浓度局部污染土壤。有毒或有害化合物可能会通过植物进入食物链,所以要控制修复后植物的利用,防止其通过食物链进入生物圈。植物修复技术的中间代谢产物复杂,代谢产物的转化难以观测,有些污染物在降解过程中会转化成有毒的代谢产物。修复植物对环境的选择性强,很难在特定环境中利用特定的植物种;气候或季节条件会影响植物生长,减缓修复效果,延长修复期,需要修复场地植物生长良好。植物修复的深度不能超过植物根之所及,一般在地表以下 0.6 cm 深度土壤。超富集提取土壤重金属的植物,需要及时回收和后续处理,后续处理有定难度。

7.2.10.3 系统构成和主要设备

主要由植物育苗、植物种植、管理与刈割系统、处理处置系统与再利用系统组成。富集植物育苗设施、种植所需的农业机具(翻耕设备、灌溉设备、施肥器械)、焚烧并回收重金属所需的焚烧炉、尾气处理设备、重金属回收设备等。

图 7-2-21 为植物修复现场。

图 7-2-21 植物修复现场

7.2.10.4 关键工艺参数及设计

关键技术参数包括污染物类型、污染物初始浓度、修复植物选择、土壤 pH、土壤通气性、土壤养分含量、土壤含水率、气温条件、植物对重金属的年富集率及生物量,尾气处理系统污染物排放浓度,重金属提取效率等。

(1) 污染物初始浓度

采用该技术修复时,土壤中污染物的初始浓度不能过高,必要时采用清洁土或低浓度污染土对其进行稀释,否则修复植物难以生存,处理效果受到影响。

(2) 土壤 pH

通常土壤 pH 适合于大多数植物生长,但适宜不同植物生长的 pH 值不一定相同。

(3) 土壤养分含量

土壤中有机质或肥力应能维持植物较好生长，以满足植物的生长繁殖和获取最大生物量以及污染物的富集效果。

(4) 土壤含水率

为确保植物生长过程中的水分需求，一般情况下土壤的水分含量应控制在确保植物较好生长的土壤田间持水量。

(5) 气温条件

低温条件下植物生长会受到抑制。在气候寒冷地区，需通过地膜或冷棚等工程措施确保植物生长。

(6) 植物对金属的富集率及生物量

由于主要以植物富集为主，因此，对于生物量大且有可供选择的超富集植物的重金属(如砷、铅、镉、锌、铜等)，植物修复技术的处理效果往往较好。但是，对于难以找到富集率高或植物生物量小的重金属污染土壤，植物修复技术对污染重金属的处理效果有限。

7.2.11　电动修复技术

7.2.11.1　技术原理

电动修复技术是 20 世纪 80 年代末兴起的一门技术，这项技术早期应用在土木工程中，用于水坝和地基的脱水和夯实，目前移用到土壤修复方面。当前，电动修复技术作为一种对土壤污染治理颇具潜力的技术受到了国内外研究者的广泛关注。电动力学修复技术的基本原理类似电池，是在土壤/液相系统中插入电极，在两端加上低压直流电场。在直流电的作用下，发生土壤孔水和带电离子的迁移，水溶的或者吸附在土壤颗粒表层的污染物根据各自所带电荷的不同而向不同的电极方向运动，使污染物富集在电极区得到集中处理或分离，定期将电极抽出处理去除污染物，电动力学修复技术可以用于抽提地下水和土壤中的重金属离子，也可对土壤中的有机物进行去除。污染物的去除过程主要涉及电迁移、电泳和电渗析三种电动力学现象，如图 7－2－22 所示。

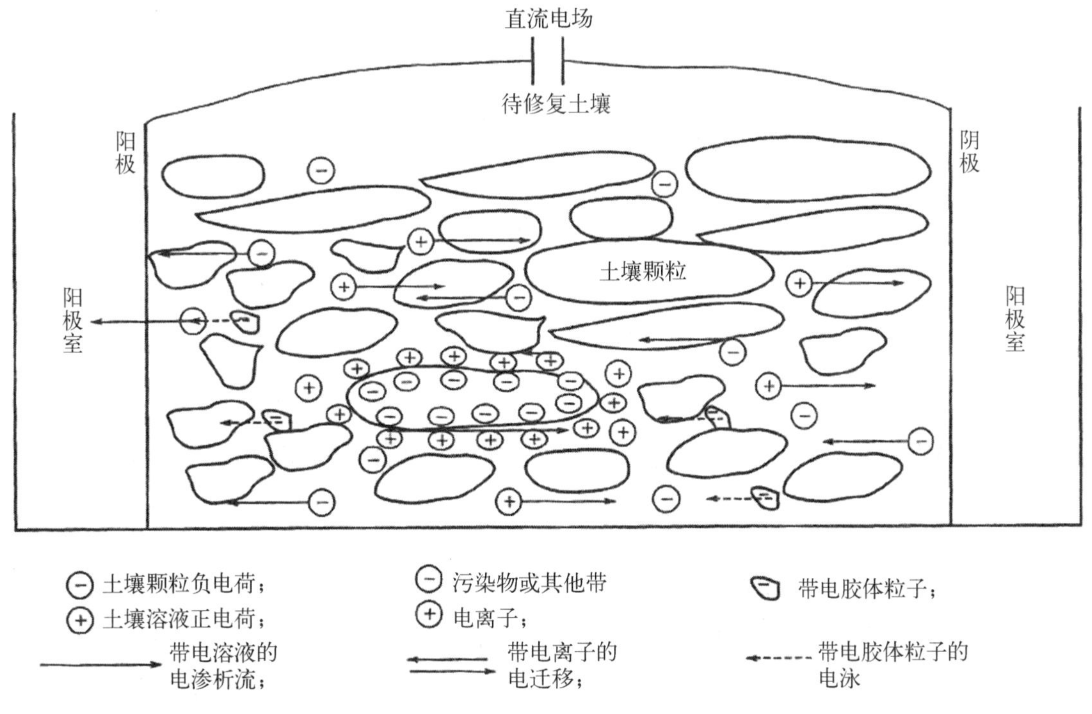

图 7－2－22　电动力土壤修复示意

(1) 电渗析

电渗析是指由外加电场引起的土壤孔隙水运动。大多数土壤颗粒表面通常带负电荷。当土壤与孔隙水接触时,孔隙水中的可交换阳离子与土壤颗粒表面的负电荷形成扩散双电层。双电层中可移动阳离子比阴离子多,在外加电场作用下过量阳离子对孔隙水产生的拖动力比阴离子强,因而会拖着孔隙水向阴极运动(图 7-2-23)。

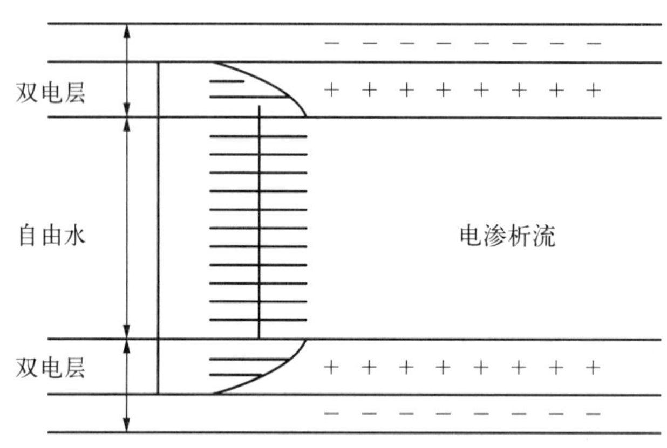

图 7-2-23 电渗析流动示意

(2) 电迁移

电迁移是指土壤中带电离子和离子性复合物在外加电场作用下的运动。阳离子型物质向阴极迁移,阴离子型物质向阳极迁移。

(3) 电泳

电泳是指土壤中带电胶体颗粒(包括细小土壤颗粒、腐殖质和微生物细胞等)的迁移运动。在运动过程中,电极表面发生电解。阴极电解产生氢气和氢氧根离子,阳极电解产生氢离子和氧气。电解反应导致阳极附近 pH 呈酸性,pH 可能低至 2,带正电的氢离子向阴极迁移;而阴极附近呈碱性,pH 可高至 12,带负电的氢氧根离子向阳极迁移。氢离子的迁移与电渗析流同向,容易形成酸性带。酸性迁移带的好处是氢离子与土壤表面的金属离子发生置换反应,有助于沉淀的金属重新离解为离子进行迁移。

7.2.11.2 适用范围

(1) 优点

电动力学修复技术可以适用于其他修复技术难以实现的污染场地,可以去除可交换态、碳酸盐和以金属氧化物形态存在的重金属,不能去除以有机态、残留态存在的重金属。Reddy 等(1997)研究发现土壤中以水溶态和可交换态存在的重金属较易被电动修复,去除率可达 90%,而以硫化物、有机结合态和残渣态存在的重金属较难去除,去除率约为 30%。

(2) 缺点

电动力修复技术只适用于污染范围小的区域,但是受污染物溶解和脱附的影响,且不适于酸性条件。该项技术虽然在经济上是可行的,但是由于土壤环境的复杂性,常会出现与预期结果相反的情况,从而限制了其运用。

(3) 修复存在的问题

一是修复过程中土壤 pH 的突变。电动力学修复过程中,水的电解使得阴、阳极分别产生大量 OH^- 和 H^+,使电极附近 pH 分别上升和下降。同时,在电迁移、电渗流和电泳等作用下,产生的 OH^- 和 H^+ 将向另一端电极移动,造成土壤酸碱性质的改变,直到两者相遇且中和,在相遇的地点产生 pH 突变。如果 pH 的突变发生在待处理土壤内部,则向阴极迁移的重金属离子会在土壤中沉淀下来,堵塞土壤孔隙而不利于迁移，从而严重影响其去除效率，这一现象称为聚焦效应。以该区域为界限将整个治理区划分为酸性带和碱性带。在酸性带，重金属离子的溶解度大，有利于土壤中重金属离子的解吸，但同时低 pH 会使双电层的 Zeta 电位降低，甚至改变符号，从而发生反渗流现象导致去除带正电荷的污染物需要更高的电压和能耗，增加重金属离子迁移的单位耗电量，降低了电流的利用效率。

二是极化现象。电极的极化作用增加了电极上的分压，使电极消耗的电量增加，降低电动修复的能量效率。极化现象包括以下三类：第一类是活化极化。电极上水的电解产生气泡（H_2 和 O_2）会覆盖在电极表面，这些气泡是良好的绝缘体，从而使电极的导电性下降，电流降低。第二类是电阻极化。在电动力学过程中会在阴极上形成一层白色膜，其成分是不溶盐类或杂质。这层白膜吸附在电极上会使电极的导电性下降，电流降低。第三类是浓差极化。这是由于电动力学过程中离子迁移的速率缓慢，使得电极附近的离子浓度小于溶液中的其他部分，从而使电流降低。

7.2.11.3　系统构成和主要设备

（1）电极材料

电动修复中所使用的电极材料包括石墨、铁、铂、钛铱合金等。由于在阳极发生的是失电子反应，且水解反应阳极始终处于酸性环境，因此阳极材料很容易被腐蚀。而阴极相对于阳极则只需有良好的导电性能即可。能作为电极的材料需满足条件为：良好的导电性能，耐腐蚀，便宜易得等。由于场地污染修复的规模较大，电极材料的成本和经济性需要认真考虑。在场地污染土壤电动修复中，通常要对修复过程中的电解液进行循环处理，因此电极要加工成多孔和中空的结构，所以电极的易加工和易安装性能也非常重要。通常石墨和铁都是选用较多的电极材料。

（2）电极设置方式

在大量的电动修复室内研究和野外试验中，正负电极的设置一般采取简单的一对正负成对电极（即一维设置方式），形成均匀的电场梯度，很少关注电极设置方式对污染物去除效率和能耗等的影响。在实际的场地污染土壤中，由于污染场地面积大、土壤性质复杂，因此采取合适的电极设置方式直接关系到修复成本和污染物去除效率。二维电极设置方式通常在田间设置成对的片状电极，形成均匀的电场梯度，是比较简单、成本较低的电极设置方式。但这种电极设置方式会在相同电极之间形成一定面积电场无法作用的土壤，从而影响部分污染土壤的修复。在二维电极设置方式中，可在中心设置阴极/阳极，四周环绕阳极/阴极，带正电/带负电污染物在电场作用下从四周迁移到中心的阴极池中。电极设置形状可分为六边形、正方形和三角形等（图 7－2－24）。这种电极设置方式能够有效扩大土的酸性区域而减少碱性区域，但形成的电场是非均匀的。一般情况下，六边形是最优的电极设置方式，可同时保持系统稳定性和污染物去除均匀性。在三种电极设置方式中，通常阴极和阳极都是固定设置的，电动处理过程中土壤中的重金属等污染物会积累到阴极附近的土壤中，完全迁移出土体往往需要耗费较多时间，同时阳极附近土壤中重金属已经完全迁移出土体，此时继续施加电场也会浪费电能。

○ 阳极　● 阴极

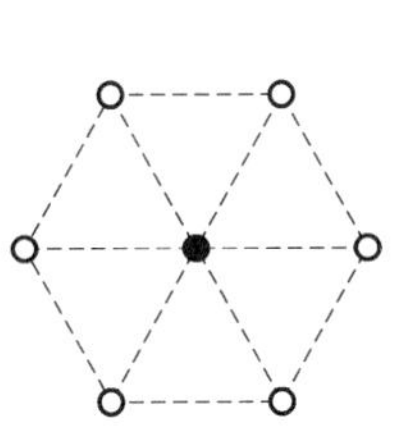
(a) 六边形设置方式

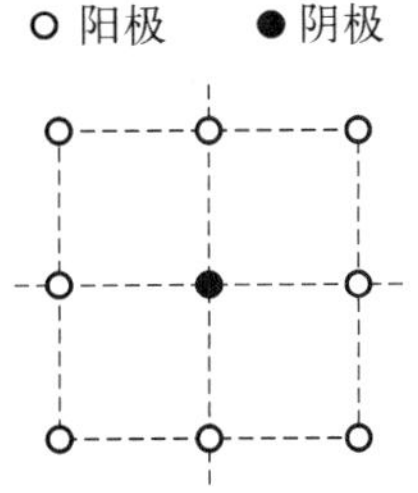
(b) 正方形设置方式

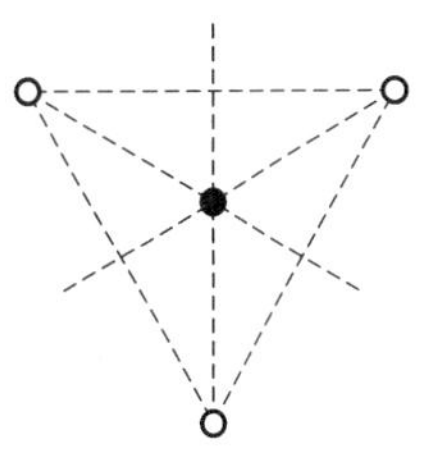
(c) 三角形设置方式

图 7－2－24　二维电极设置方式

(3) 供电模式

一般电动修复中采取稳压和稳流两种供电方式。在稳压条件下，电动修复过程中电流会随土壤电导率的变化而发生变化，由于在电动修复过程中土壤导电粒子会在电场作用下向阴阳两极移动，土壤的电导率会逐渐下降，电流逐渐减小，因此修复过程中的电流不会超过直流电源的最大供电电流。在稳流条件下，电动修复过程中电压会随着土壤电导率的逐渐下降而升高，有时电压会超过直流电源的最大供电电压，这对直流电源的供电电压要求比较高。一般而言，电动修复中的电场强度为 50～100 V/m，电流密度为 1～10 A/m^2，在实际的操作中采用较多的是稳压供电模式，具体采用的供电模式和施加电场大小要根据实际情况。近年也有报道展示了新的供电方式，即通过原电池、生物燃料电池(MFCs)或太阳能作为电源供应进行污染土壤电动修复，这些方式充分利用自然能源，降低了电能消耗，但其对电动修复的效率和稳定性仍需进一步研究。近年来有很多关于利用 MFCs 驱动电动修复系统治理重金属污染土壤的报告。Habibul 等于 2016 年发现，MFCs 产生的弱电可以有效地为受 Cd/Pb 污染的土壤的电动修复系统供电，大约 143 d 和 108 d 后，从阳极附近的土壤中去除了 31.0%的 Cd 和 44.1%的 Pb。Chen 等于 2015 年发现，MFCs 产生的电场可以显著促进金属去除。Song 等于 2018 年发现在 MFC 中添加 3%秸秆，Pb 和 Zn 的去除率分别从 15.0%增加到 37.2%和从 10.5%增加到 25.7%。虽然很多报告表明，由 MFC 驱动的电动修复系统具有成本效益和环境友好性，仍然有许多需要克服的限制，例如去除效率低和修复时间长。

7.2.11.4 关键工艺参数及设计

影响电动修复的因素有许多，电解液组分、pH、土壤电导率、电场强度、土壤 zeta 电势、土壤含水率、土壤结构、重金属污染物的存在形态以及电极分步组织等，都可能对电动修复过程和效率产生影响。

(1) 电解液组分和 pH

电解液组分随着修复的时间不断发生变化：阳极产生 H^+，阴极产生 OH^-；土壤中的重金属污染物、离子(H^+、Na^+，Ca^{2+}、Mg^{2+}、Al^{3+}、$Cr_2O_4^{2-}$、OH^-、Cl^-、SO_4^{2-} 等)在电场的作用下，分别进入阴、阳极液中；H^+、Me^{n+}(如 Cu^{2+}、Pb^{2+} 和 Cd^{2+} 等)分别在阴极发生还原反应，生成 H_2(气体)和金属单质(固体)；OH^- 在阳极发生氧化反应，生成 O_2(气体)。

电解水是电动修复的重要过程。电解水产生 H^+(阳极)和 OH^-(阴极)，它们导致阳极区附近的土壤酸化，阴极区附近的土壤碱化。土壤 pH 的变化对土壤产生一系列的影响，如土壤毛细孔溶液的酸化可能会导致土壤中的矿物溶解。Grim(1968)发现随着电解的进行，土壤溶液中的 Mg^{2+}、Al^{3+} 和 Fe^{3+} 等的离子浓度也随着增加。

电动力修复过程中，阳极产生一个向阴极移动的酸区；阴极产生一个向阳极移动的碱区。由于 H^+ 的离子淌度[36.25 m^2/(V・s)]大于 OH^- 的离子淌度[20.58 m/(V・s)]，所以酸区的移动速度大于碱区的移动速度。除了土壤为碱化，土壤具有很强的缓冲能力时，或者用铁作为阳极时，通常通电一段时间后，土壤中邻近阳极的大部分区段都会呈酸性。酸区和碱区相遇时 H^+ 和 OH^- 反应生成水，并产生一个 pH 的突跃。这将导致污染物的溶解性降低，进一步降低污染物的去除效率。

对特殊的金属污染物来说，在不同的 pH 条件下，它们都能以稳定的离子形态存在，如锌，在酸性条件下，它以 Zn^{2+} 形态稳定存在；在碱性条件下，它以 Zn_2^{2-} 形态稳定存在。pH 突跃点，即离子(大部分以氢氧化物沉淀的形式存在)浓度最低点，这种现象类似于等电子聚焦。在实验过程中，很多种金属离子产生这种现象，如：Pb^{2+}、Cd^{2+}、Zn^{2+} 以及 Cu^{2+}。由于重金属污染物能不能去除与污染物在土壤中是否以离子状态(液相)存在直接相关，因而控制土壤 pH 是电动力修复重金属污染土壤的关键。

但对于一些有机物的污染物来说，则必须考虑有机物的解离反应平衡。如苯酚，在弱酸性环境下，苯酚基本上以中性分子形式存在，它的迁移方式以向阴极流动的电渗流为主。然而，当 pH>9 时，大部

分苯酚以 $C_6H_5O^-$ 形式存在，在电场力的作用下，它将向阳极迁移。因而，电动力土壤修复必须根据污染物的性质来控制 pH 条件。

（2）土壤电导率和电场强度

由于土壤电动力修复过程中，土壤 pH 和离子强度在不断地变化，致使不同土壤区域的电导率和电场强度也随之变化，尤其是阴极区附近土壤的电导率显著降低、电场强度明显升高。这些现象是由于阴极附近土壤 pH 突跃以及重金属的沉降引起的。

阴极区的土壤高电场强度将引起该区域的 zeta 电势（为负号）增加，进一步导致这一区域产生逆向电渗，并且逆向电渗通量有可能大于其他土壤区域产生的向阴极迁移的物质通量，从而整个系统的污染物流动产生动态平衡，再加上阳极产生的向阴极迁移的酸区，降低整个土壤中污染物的迁移量，以及重金属氢氧化物和氢气的绝缘性最终使得整个土壤中的物质流动逐渐降为最小。

当土壤溶液中离子浓度达到一定程度时，土壤中的电渗量降低甚至为零，离子迁移将主导整个系统的物质流动。然而，由于 pH 的改变，引起在阴极附近土壤中的离子被中和、沉降、吸附和化合，导致电导率迅速下降，离子迁移和污染物的迁移量也随之下降。但在一些以实际污染土壤为样品的实验中，可能是由于离子溶解和土壤温度升高，导致土壤电导率随着时间增加逐渐升高。

（3）zeta 电势

zeta 电势是指胶体双电层之间的电势差。Helmholtz（1879）设想胶体的双电层与平行板电容器相似，即一边是胶体表面的电荷，另一边是带相反电荷的粒子层。两电层之间的距离与一个分子的直径相当，双电层之间电势呈直线迅速降低。对于带电荷的胶体，其双电层的构造如图 7－2－25 所示。

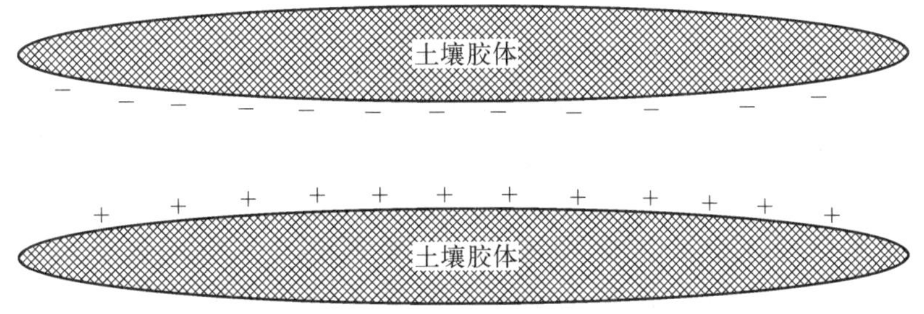

图 7－2－25　土壤胶体双电层示意

Smoluchowski 和 Perrin 根据静电学的基本定理，推导出双电层的基本公式为

$$\zeta = \frac{4\pi\sigma d}{D} \tag{7-2-12}$$

式中，ζ 为两电层之间的电势差；σ 为表面电荷密度；d 为两电层之间的距离；D 为介质的介电常数。

而后，Gouy、Chapman 和 Stern 先后对双电层理论进行了完善，其中尤其以 Stern 的理论最为流行。其认为双电层是由紧固相表面的密致层和与密致层连接的逐渐向液相延伸的扩散层两部分组成。

根据胶体双电层的概念，胶体电层内的电势随着离胶体表面的距离增大而减小。当胶体颗粒受外力而运动时，并不是胶体颗粒单独移动，而是与固相颗粒结合着的一层液相和胶体颗粒一起移动。这一结合在固相表面上的液相固定层与液体的非固定部分之间的分界面上的电势，即是胶体的 zeta 电势。zeta 电势可以用动电实验方法测量出来，其大小受电解质浓度、离子价数、专性吸附、动电电荷密度、胶体形状大小和胶粒表面光滑性等一系列因素影响。

由于土壤表面一般带负电荷，所以土壤的 zeta 电势通常为负，这使得土壤溶液电渗流方向一般是向阴极迁移。然而,土壤酸化通常会降低 zeta 电势,有时甚至引起 zeta 电势改变符号,进一步导致逆向电渗。

(4) 土壤化学性质

土壤的化学性质对土壤电动力修复也会产生一定的影响。如土壤中的有机物和铁锰氧化物含量等。土壤的化学性质可以通过吸附、离子交换和缓冲等方式来影响土壤污染物的迁移。离子态重金属污染物首先必须脱附后才能迁移。实验发现,当土壤中重金属浓度超过土壤的饱和吸附量时,重金属更容易去除;由于伊利土和蒙脱土比高岭土饱和吸附量高,在相同条件下,它们中的重金属污染物更难被去除。土壤 pH 的改变也会影响土壤对污染物的吸附能力。阳极产生的 H^+ 在土壤中迁移的过程中,置换土壤吸附的金属阳离子;同样,阴极产生的 OH^- 置换土壤吸附的 $Cr_2O_4^{2-}$。H^+ 和 OH^- 对污染物的脱附作用又取决于土壤的缓冲能力。由于实验室常用的土壤都是纯高岭土,而实际土壤通常具有一定的缓冲能力,因而电动力修复技术在实际应用中还必须进行一定的改进。

(5) 土壤含水率

水饱和土壤的含水率是影响土壤电渗速率的因素之一。在电动力修复过程中,土壤的不同区域有着不同的 pH,pH 的差异导致不同区域的电场强度和 zeta 电势不同,进一步使得不同土壤区域的电渗速率不同,这就使得土壤中水分分布变得不均匀,并产生负毛孔压力。电动力修复过程中,土壤温度升高引起的水分蒸发也会对土壤中的水分含量产生影响。尽管温度升高可以加快土壤中的化学反应速率,但是在野外和大型试验中,通常会导致土壤干燥。

(6) 土壤结构

电动力土壤修复过程中,土壤的结构和性质会发生改变。有些黏土土壤如蒙脱土,由于失水和萎缩,物理化学性质都会发生很大的变化。重金属离子和阴极产生的氢根离子化合产生的重金属氢氧化物堵塞土壤毛细孔从而阻碍物质流动。如土壤中铝在酸的作用下,转化为 Al^{3+},Al^{3+} 在阴极区附近生成氢氧化物沉淀,对土壤毛细孔造成堵塞。由上可知,电动力土壤修复过程中,必须尽量减少重金属污染物在土壤内沉降和转化为难溶化合物。

(7) 重金属在土壤中的存在形态

土壤中的重金属有如下六种存在形态:水溶态;可交换态;碳酸盐结合态;铁氧化物结合态;有机结合态;残留态。不同的存在形态具有不同的物理化学性质。Zagury 的研究表明,电动力修复效率与重金属的存在形态有关。除了 Zn,Cr、Ni 和 Cu 的残留态含量在实验前后几乎没有变化。

(8) 电极特性、分布和组织

电极材料能影响电动力土壤修复的效果,但是在实际应用中由于受成本消耗的限制,常用电极必须具备以下几大特点:易生产、耐腐蚀以及不引起新的污染。有时为了特殊需要也采用还原性电极(如铁电极)作为阳极。实验室和实际应用中最常用的电极是石墨电极,镀膜钛电极在实际中也有一些应用。电极的形状、大小、排列以及极距,都会影响电动力修复效果。Alshawabkeh 曾用一维和二维模型研究过电极的排列对电动力土壤修复的影响,但关于这些参数优化的研究不足,而且此后也未看见相关研究的报道。

7.2.12 土壤污染联合修复技术

7.2.12.1 电动力学与植物修复组合技术

该技术主要针对重金属污染土壤的修复。先采用电动力学技术对土壤中的污染物进行富集和提取,对富集部分单独进行回收或者处理,然后利用植物对土壤中残留的无机物进行处理,可将高毒的无机污染物变为低毒的无机污染物或者利用超累积植物对土壤中污染物进行累积后集中处置。

7.2.12.2　气相抽提与氧化还原组合技术

该技术可用来处理挥发性卤代和非卤化化合物污染的土壤。先采用气相抽提的方法将土壤中易挥发的组分抽出至地面，再利用氧化还原的方法对富集的污染物进行处理，或采用活性炭及液相炭进行吸附，对于吸收过污染物的活性炭和液相炭采用催化氧化等方法进行回收利用。

7.2.12.3　气相抽提与生物降解组合技术

适用于半挥发卤代化合物的处理。先采用气相抽提的方法将污染物进行富集，富集后的污染物可集中处理。由于半挥发性卤代化合物的特性，其可能在土壤中残留，从而影响气相抽提的处理效率。因此，在剩余的污染土壤中注入空气和营养物质，利用微生物对污染物的降解作用处理其中残留的污染物，从而达到修复之目的。

7.3　地下水修复技术

7.3.1　抽出-处理技术

7.3.1.1　技术原理

抽出-处理技术是一种将污染地下水抽出异位处理的地下水污染修复技术。该技术是针对地下水污染范围，建设一定数量的抽水设施将污染地下水抽取出来，然后利用地面处理设施处理。处理达标后可排入公共污水处理系统、环境水体、进行水资源再生利用或在原位进行循环使用等。

抽出-处理技术可应用于污染源削减、污染羽控制、污染羽修复等不同策略。污染源削减策略是采用抽出处理技术实现污染物的大幅削减，或者达到修复目标。污染羽控制策略是采用抽出处理技术开展水力控制，对污染羽进行捕获，阻止污染羽的进一步扩散。污染羽修复策略是采用抽出处理技术实现污染羽的污染削减，并最终达到修复目标。在修复模式下，抽出处理技术可应用于修复前期地下水中高浓度污染的削减、地下水污染整体修复治理等不同情形。

水处理法可以是物理法(包括吸附法、重力分离法、过滤法、反渗透法、气吹法等)、化学法(包括混凝沉淀法、氧化还原法、离子交换法、中和法)，也可以是生物法(包括活性污泥法、生物膜法、厌氧消化法和土壤处置法)等。

7.3.1.2　适用范围

地下水抽出-处理技术用于污染地下水，可处理多种污染物，包括氯代烃、苯系物、重金属等，尤其适用于重度污染地下水的处理；

该技术适合于污染场地地下水中污染物浓度较高、污染范围大、污染物埋藏深情形时的修复。鉴于其局限性，该技术可用于短时期的应急控制，而不宜作为场地污染治理的长期手段；

该技术不宜用于处理被吸附能力较强的污染物及NAPLs污染的地下水含水层，且对于存在黏土透镜体或渗透性较差的含水介质处理效果不佳。对含水层介质的要求一般渗透系数$K>5\times10^{-4}$ cm/s。

7.3.1.3　系统构成和主要设备

地下水抽出-处理系统通常由地下水抽出系统、污水处理系统、地下水监测和控制系统组成。

地下水抽出系统主要包括集水设施、集水管线等；污水处理系统包括管路、动力设备、仪器仪表、污水处理设备、尾气处理设备等；地下水监测系统包括地下水水位仪、地下水水质在线监测设备、流量计等仪器仪表；控制系统可包括电动阀门控制、泵机组控制、计算机测控系统等。抽出-处理技术主要工艺设施设备包括集水设施、抽水泵、污水处理设备、流量计、地下水水位仪、地下水水质在线监测设备等。

抽出-处理技术系统组成示意图如图7-3-1所示，设备实图如图7-3-2所示。

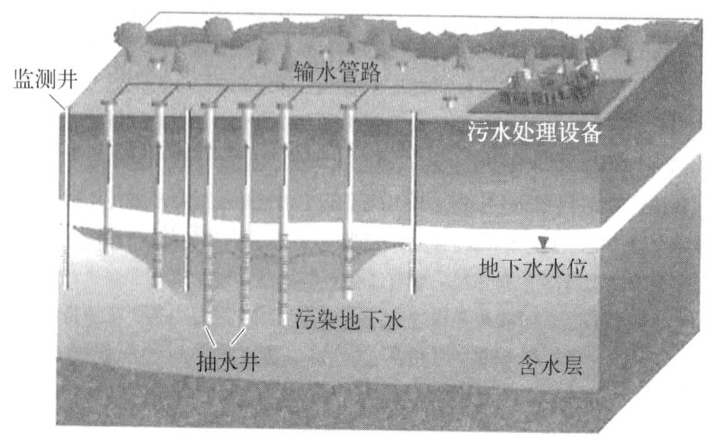

图 7-3-1 抽出-处理技术系统组成示意

(1) 集水与废水处理设备

(2) 真空泵

(3) 真空仪器

(4) 建井钻机

图 7-3-2 设备实图

7.3.1.4　关键工艺参数及设计

关键技术参数包括渗透系数、含水层厚度、抽水井位置、抽水井间距、井群布局。抽水井设计及安装、废水处置单元设计、监测单元设计等。

（1）渗透系数

渗透系数对污染物运移影响较大。随着渗透系数加大，污染羽扩散速度加快，污染羽范围扩大，从而增加抽水时间和抽水量。

（2）含水层厚度

在承压含水层水头固定的情况下，抽水时间和总抽水量都是随着承压含水层厚度增加呈线性递增的趋势；当含水层厚度呈等幅增加时，抽水时间和总抽水量都是呈等幅增加趋势。

在承压含水层厚度固定的情况下，抽水时间和总抽水量都不随承压含水层水头的增加而变化（除了水头值为 15 m 时）。其主要原因是测压水位下降时，承压含水层所释放出的水来自含水层体积的膨胀及含水介质的压密，只与含水层厚度有关。

对于潜水含水层，地面与底板之间厚度固定的情况下，抽水时间和总抽水量都是随着潜水含水层水位的增加呈线性递减的趋势。

（3）抽水井位置

抽水井在污染羽上的布设可分为横向与纵向两种方式，每种方式中，抽水井的位置也不同。横向布设时可将井位的布设分为两种：一是抽水井在污染羽的中轴线上；二是抽水井在污染羽中心。纵向布设和横向布设的抽水井如图 7－3－3 所示。

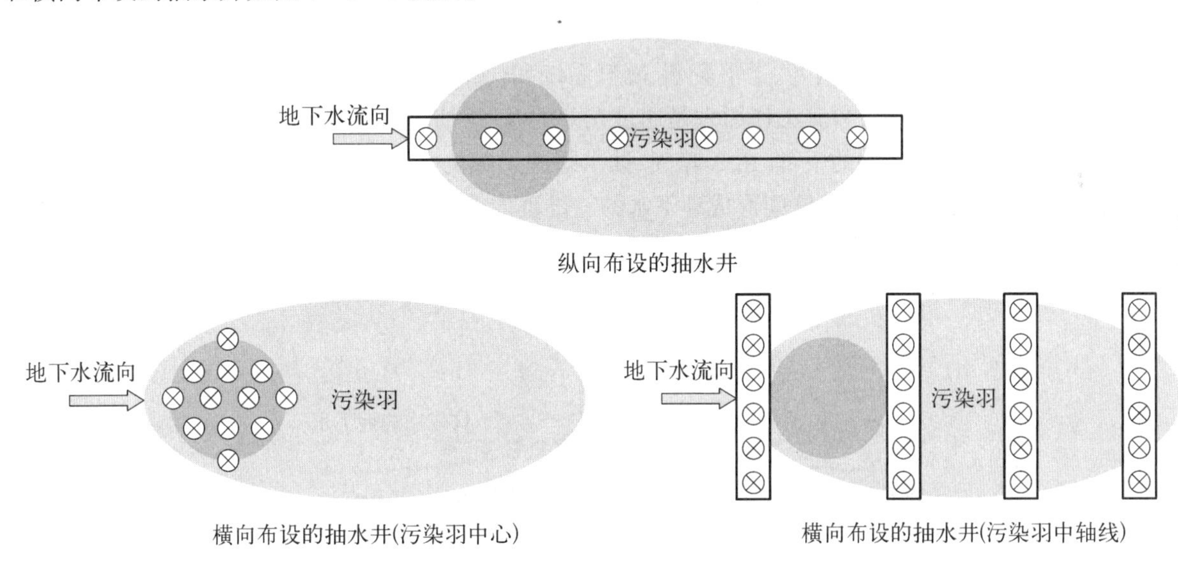

图 7－3－3　抽水井布设

（4）抽水井间距

在多井抽水中，应重叠每个井的截获区，以防止污染地下水从井间逃逸。

（5）井群布局

天然地下水流动使得污染羽的分布出现明显偏移，污染羽在平行于地下水水流方向被拉长，在垂直于地下水水流方向变扁。抽水井的最佳位置在污染源与污染羽中心之间（靠近污染源，约位于整个污染羽的 1/3 处），并以该井为圆心，以不同抽水量下的影响半径为半径布设其余的抽水井。

（6）抽水井设计及安装

根据污染深度、含水层厚度、含水层底板埋深等设置抽水井开缝的位置。井管外包滤网，填充滤料。井口宜高出地面 0.5～1.0 m，井口地面应采取防渗措施。抽水井井管采用耐腐蚀的无污染材质，井管之间可采用丝扣或焊接方式连接，不得使用有污染的黏结剂。井管外包滤网，再填充滤料。

抽水井的钻进方法可采用冲击钻进、直接贯入钻井成孔等方法。

根据污染物的性质、修复面积及深度、含水层渗透性等，确定抽水泵的扬程、抽水速率等。抽水系统应根据地层条件与修复深度确定。

(7) 废水处置单元设计

抽出的地下水进入废水处置单元进行处理，废水处置单元采用的处理工艺需根据地下水中需修复的污染物确定。废水处置单元的处理能力要同时满足预期的最大抽水量、最高污染物负荷和废水排放限值要求。

在修复过程中需对排放的尾水进行监测，确保污染物的排放要符合国家、地方和相关行业水污染防治的规定。

(8) 监测单元设计

监控单元通常包含地下水位监控、水质监控。

通常在抽水井周边、相邻抽水井中间以及处理区域边缘设置地下水水位监测井。地下水水位至少在抽水过程中、抽水停止后各记录一次，推荐连续记录。

地下水水位监测传感器可以安装在抽水井内或监测井内。地下水水位监测点的安装位置及设置数量由监控目的、场地特征确定。

7.3.2 地下水循环井修复技术

7.3.2.1 技术原理与分类

地下水循环井一般由外井、内井、上下花管、曝气系统和气相抽提系统组成。通过井管的特殊设计，分上、下两个过滤器(上下筛管)，其工作原理是通过在井内曝气/抽注水，造成井内水位抬升形成水力坡度，由上部筛管流出，在循环井的下部，由于曝气/抽水瞬间形成的井内外流体密度差异，周围的地下水不断流入循环井，在循环井上下筛管间形成地下水的三维垂向循环流场，气相污染物则经气水分离器排出(图 7-3-4)。

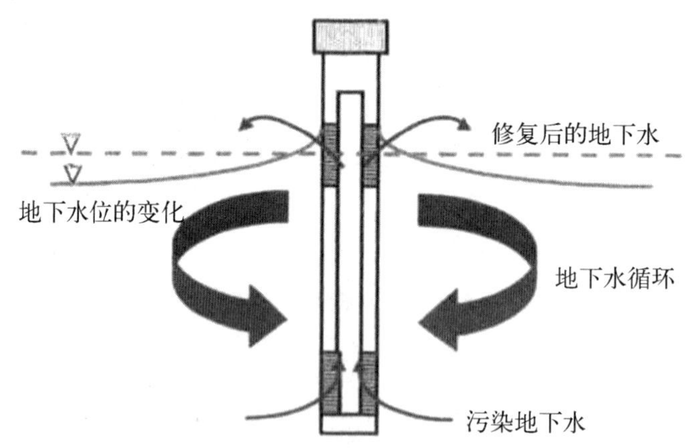

图 7-3-4 地下水循环井工作原理示意

在上述过程中，通过气、水两相间传质，地下水中的挥发和半挥发性有机物由水相挥发进入气相，通过曝气吹脱作用去除；同时空气中携带的氧气溶解进入水相，并在浓度梯度作用下不断扩散，在循环井周围形成一个强化原位好氧生物降解的区域。吸附或残留在介质孔隙中的有机物通过垂直水力冲刷作用下逐渐解吸或溶解进入水相，通过物理化学方法或生物降解去除。

地下水循环井技术主要分为曝气驱动和机械抽注水驱动两类。以曝气驱动为例，循环井的主体功能单元由内井管和外井管组合嵌套而成，在外井上下部各有一定高度的多孔花管，曝气头通过曝气管和曝气泵连接，在循环井上部安装气水分离装置。通过地下大循环井周围区域形成的三维环流冲刷扰动作用，捕获含水层中污染物进入内井，并通过曝气吹脱去除。地下水在循环井驱动下，在井内与井外形成两个主要有机物去除单元，即井中气提和井外强化原位生物降解。地下水循环井修复技术垂直的水力坡降能加速吸附于孔隙中的污染物释出，可以维持抽水量与回水量平衡，缩短修复时间及节省修复费用。

地下水循环井曝气系统通过内井管对地下水进行曝气，使地下水溶解氧含量升高、密度降低、水位上升，发生相间传质作用。地下水中的挥发性和半挥发性有机物由水相进入气相，随后通过吹脱去除。空气中的氧气则由气相进入水相，进而提高循环井内井地下水中的溶解氧含量。同时，在地下水的流动和地下水溶解氧浓度梯度双重作用下，扩散至循环井的影响区域内，进而强化原位好氧微生物的降解作用。地下水循环井技术的传质机理主要是有机物在气、水两相间的挥发、有机物在介质上的吸附/解吸及有机物的溶解，而迁移过程主要受对流弥散、分子扩散等作用的影响。曝气过程提高了地下水中溶解氧含量，强化了原位好氧微生物降解，多种作用共同决定了污染物的去除率。

循环井技术按驱动方式可分为曝气驱动和水动力驱动。按循环井的水流方向分为正循环(向上)和逆循环(向下)两种循环模式(图7-3-5)。随着技术不断地发展，多滤层循环井的出现有了更多的水流循环模式可选择(图7-3-6)。

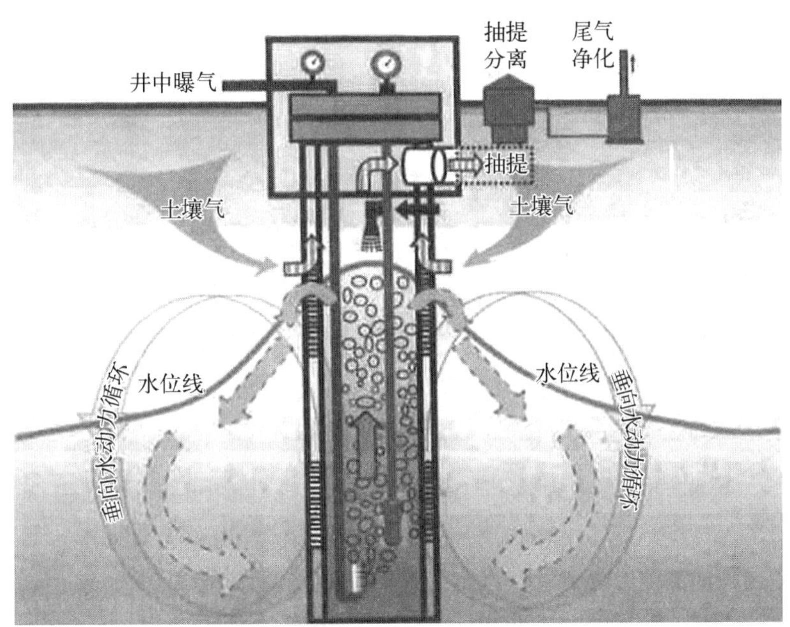

图7-3-5　循环井基本结构示意

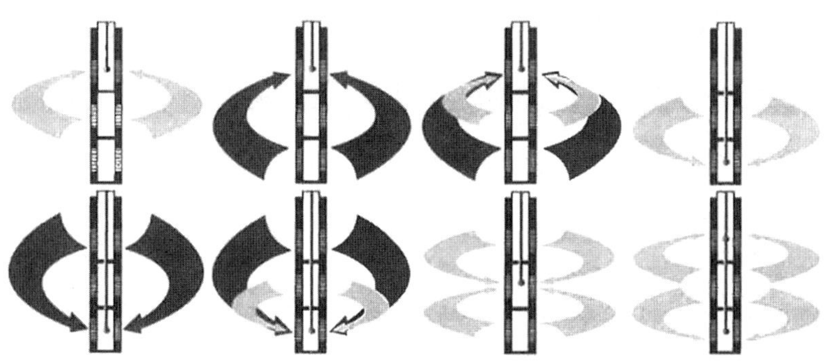

图7-3-6　多滤层循环井循环模式

7.3.2.2 适用范围

(1) 适用污染物

地下水循环井修复技术广泛适应于去除溶解相、残余相及可生物降解的有机污染物，如石油烃、苯系物、多环芳烃、卤代烃、各种有机农药等。对于地下水中的DNAPLs和LNAPLs的分布不规则问题，利用地下水的流动来夹带(如果有大量NAPLs，需要通过与其他技术结合处理，需要单独移除)和去除自由相、DNAPLs的方法都会导致一定程度的拖尾现象，需要结合其他技术(如抽提)来协同处理，将大部分污染物移除后，再通过地下水循环井系统的水流循环进行强化处理。此外，还需要考虑含水层中污染物的溶解度和传质特性。

循环井系统可以耦合吹脱、空气注入、气相抽提、强化生物修复以及化学氧化等多种修复技术，能够在地下含水层中传输和循环有利于污染物修复的各种药剂，如化学氧化药剂、表面活性剂和微生物营养物质等，并且可同时修复土壤、地下水和毛细边缘区，实现土壤地下水污染协同治理。

地下水循环井技术不仅是一种污染修复技术，也是一种水力拦截技术。通过地下水的抽注循环，地下水中溶解相污染物可得到有效去除，对污染物的扩散也可以得到有效控制，避免污染羽的进一步扩大。由于水循环系统越大所需修复时间越长，因此对于较厚的含水层，可将多个地下水循环井联用，以减小水循环范围，缩短修复周期(图7-3-7)。

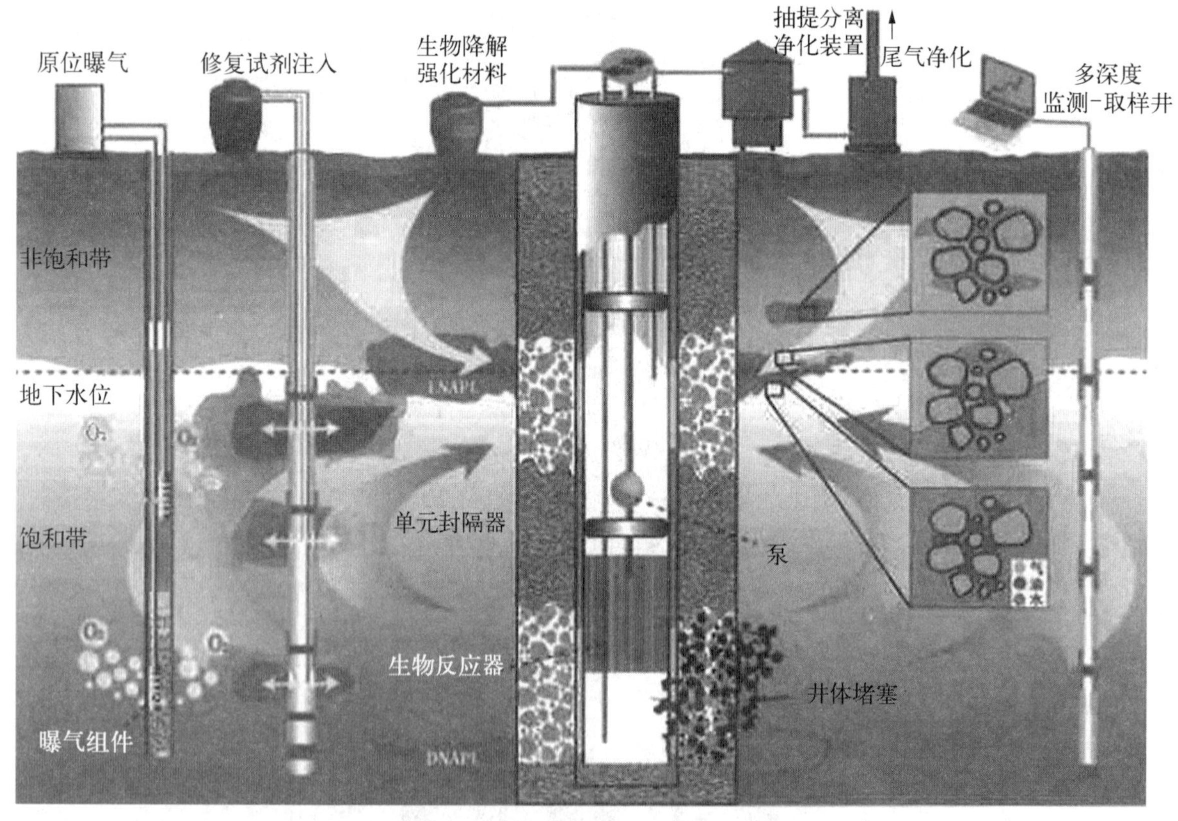

图7-3-7 以循环井为核心的多技术耦合原位修复系统概念示意

(2) 适用水文地质条件

表7-3-1列出了地下水循环井修复技术在不同水文地质条件、不同污染物等情况下的适用性，适用性等级可用于参考筛选循环井技术。

表 7-3-1　地下水循环井修复技术的适用范围与条件

项目		适用性等级
污染物类型	挥发性有机物	★★★★★
	半挥发性有机物	★★★★
	重金属	★★★
	放射性核素	★★★
修复策略	遏　制	N
	污染羽处理	★★★★★
	减少羽流	★★★★
	羽流拦截	★★★
非饱和带厚度(m)	<1.5	★★★
	1.5～300	★★★★
饱和带厚度(m)	<1.5	★★★
	1.5～35	★★★★★
	>35	★★★
含水层特征	多孔介质	★★★★★
	裂隙介质	★★★★
	喀斯特介质	★★★★
地下水流速(cm/d)	低($<3\times10^{-6}$)	★★★★★
	中($3\times10^{-6}\sim3\times10^{-3}$)	★★★★
	高($>3\times10^{-3}$)	★★★
渗透系数(cm/d)	低($<9\times10^{-5}$)	N
	中($9\times10^{-5}\sim3\times10^{-3}$)	★★★★
	高($>3\times10^{-3}$)	★★★★★
水平与垂直水利传导率之比(H∶V)	各向同性(<3)	N
	各向异性(3～10)	★★★★★
	高度各向异性(>10)	★★★★
含水层化学性质	高铁含量	★★★
	高钙含量	★★★
	高锰含量	★★★

续 表

<table>
<tr><th colspan="2">项　　目</th><th>适用性等级</th></tr>
<tr><td colspan="3">适用性说明</td></tr>
<tr><td>★★★★★</td><td colspan="2">很适用</td></tr>
<tr><td>★★★★</td><td colspan="2">较适用</td></tr>
<tr><td>★★★</td><td colspan="2">一定条件下可用</td></tr>
<tr><td>N</td><td colspan="2">不适用/限制适用</td></tr>
</table>

7.3.2.3 系统构成和主要设备

地下水循环井由内井、外井组合嵌套而成,外井上部和下部分别设有穿孔花管,外井上方设有排气口,内井通过固定装置和外井相连,并在内外井之间、外井上部花管位置密封,使内井与外井隔断。内井上端高出外井上部花管上沿,同时内井下端高于外井下花管上沿。循环井循环模式确定取决于地下水污染物的类型和分布特征,以及水文地质特征参数等因素。地下水循环井处理系统通常由地下水水力控制系统、污染物处理系统和地下水监测系统组成。地下水水力循环控制主要包括抽水泵、注水泵、监测仪表、井管、封隔器、滤网、空压机、真空泵等构成。污染物处理系统包括 NAPLs 相抽提管路、动力设备、仪器仪表、污水处理设备、尾气处理设备等。地下水监测系统包括地下水水位仪、地下水水质在线监测设备、流量计等仪器仪表。主要工艺设备包括建井机械、抽水泵、封隔器、流量计、地下水水位仪、地下水水质在线监测设备、尾气净化处理设施等。

7.3.2.4 关键工艺参数及设计

(1) 循环井建设

采用水井钻机进行钻孔,循环井的开孔孔径一般不小于 500 mm。井深到达预定深度后先下入外井管,井管材质可选用 PVC 或钢质井管。外管的筛管段分为上段和下段。各段筛管处均以石英滤砂封填至井筛顶端上 1 m,其上方和下方投加膨润土球并压实,投加至地表。

当建设包括内井和外井两层井管的循环井时,完成外井管安装后再下入内井管,内井管的外径约为井管开孔孔径的 1/2,内井管的下缘高于外井下部花管上沿,并通过固定装置和外井相链接和隔断。内井上端高出外井上部花管上沿和地下水位,以便将内井中的地下水抽出处理。

地下水循环井建设完成后则需要进行井位和井口高的测量,并进行洗井作业,一般采用气提法洗井。

地下水循环井中根据设计需要下入潜水泵、气提管、药剂注入管、抽气管和地下水位传感器。潜水泵和气提管下入内管中的下层筛管位置,抽气管穿过井口保护装置,下入到井口位置。地下水位传感器要安装两套,分别对内管水位和外管水位进行监测。潜水泵抽出的水可以通过输水管注入污水处理或储存设施,药剂注入管连接药剂储罐和加药装置,气提管连接空气泵。

(2) 监测系统建设

监测系统包括地下水循环井中的监测装置,地下水循环井外围的监测井和监测装置,以及采样和数据采集记录装置。地下水循环井外围设置的水位观测井口径应不小于 110 mm,每一组监测井包括一口浅层井及一口深层井,浅层井的筛管深度与地下水循环井的上层筛管位置相同,深层井的筛管深度与地下水循环井深层筛管的深度相同。

图 7-3-8 为地下水循环井修复工程技术流程图。

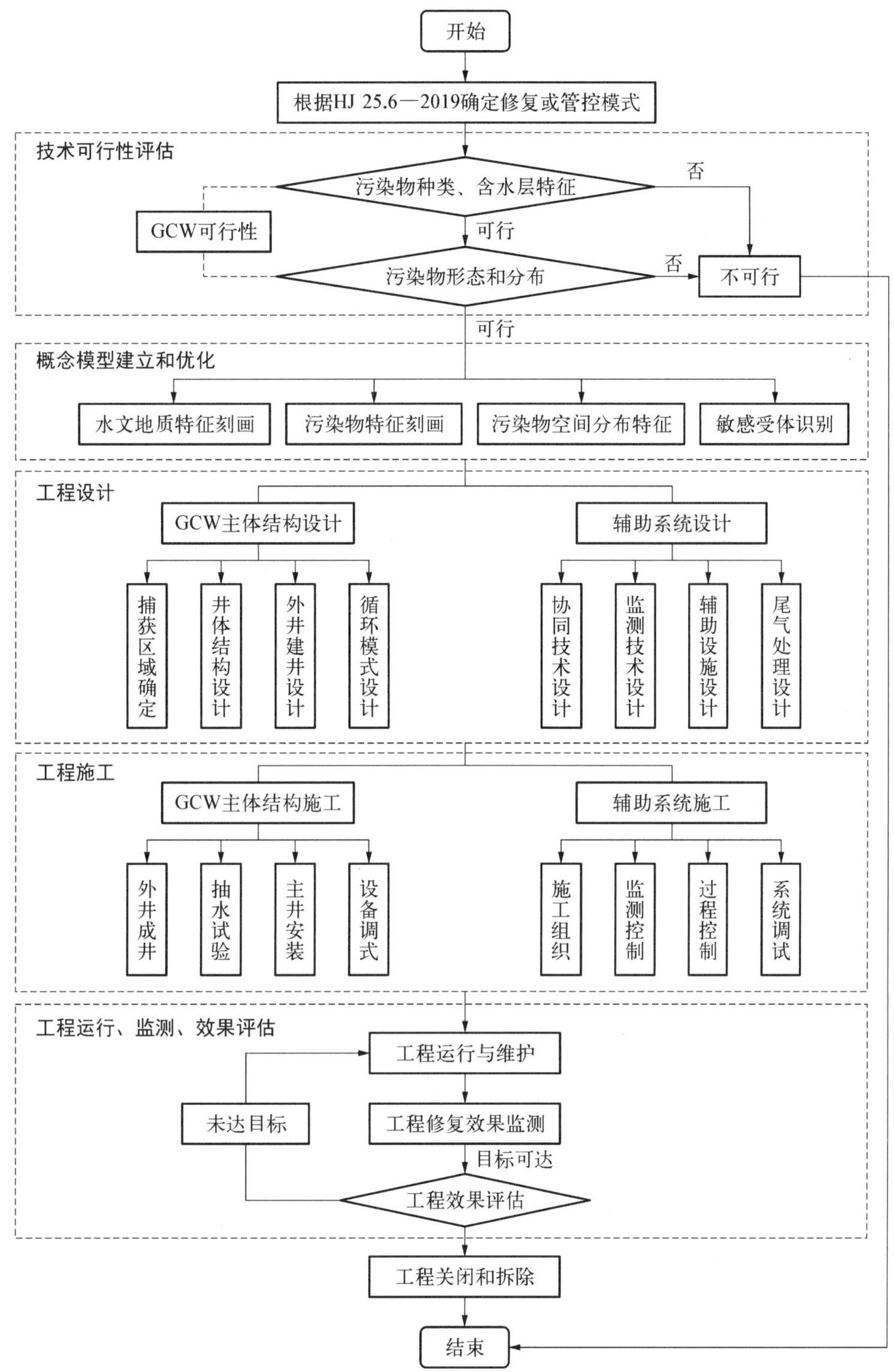

图 7-3-8　地下水循环井修复工程技术流程

7.3.3　多相抽提技术

7.3.3.1　技术原理与分类

多相抽提(Multi Phase Extraction，MPE)是通过使用真空提取手段，同时抽取地下污染区的土壤气、地下水和 NAPLs 至地面进行相分离、处理，以去除目标污染物的修复技术。

多相抽提技术结合了气相抽提和抽出处理的特点，通过气相和液相的抽提，使区域地下水水位下降，抽提井区域气压下降，促进毛细带和饱和带中污染物的相迁移和地下水向抽提井汇聚。

按照抽提方式的不同，多相抽提通常分为单泵抽提系统和双泵抽提系统。

单泵抽提系统是通过真空设备来同时完成土壤气体、地下水和 NAPLs 的抽提，抽提出的气液混合物经地面气液分离设施分离后进入各自的处理单元，并经处理达标后排放。系统主要由抽提管路、真空泵(如液体环式泵、射流泵等)组成。单泵抽提系统结构简单，通常修复深度在地下 10 m 以内。

双泵抽提系统同时配备了提升泵与真空泵，分别抽提地下水及 NAPLs 以及土壤气体。抽提井内设置了液体管路和气体管路两条管路，抽提出的液相和气相物质分别进入各自的处理单元，并经处理达标后排放。双泵抽提系统修复深度可达地下 10 m 以下。

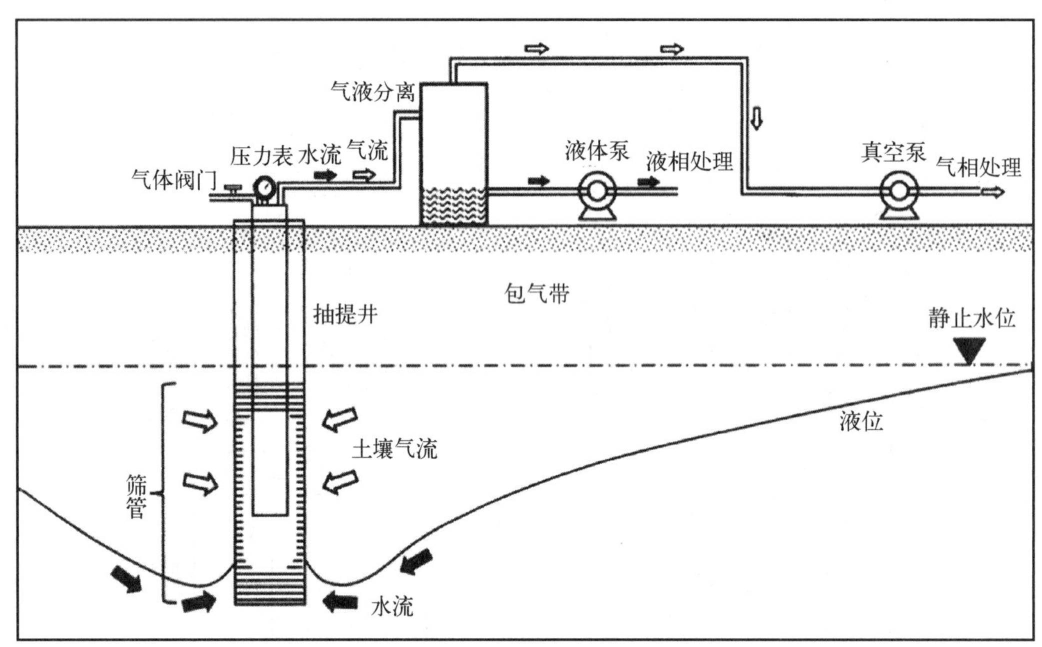

图 7-3-9 多相抽提系统配置(单泵)

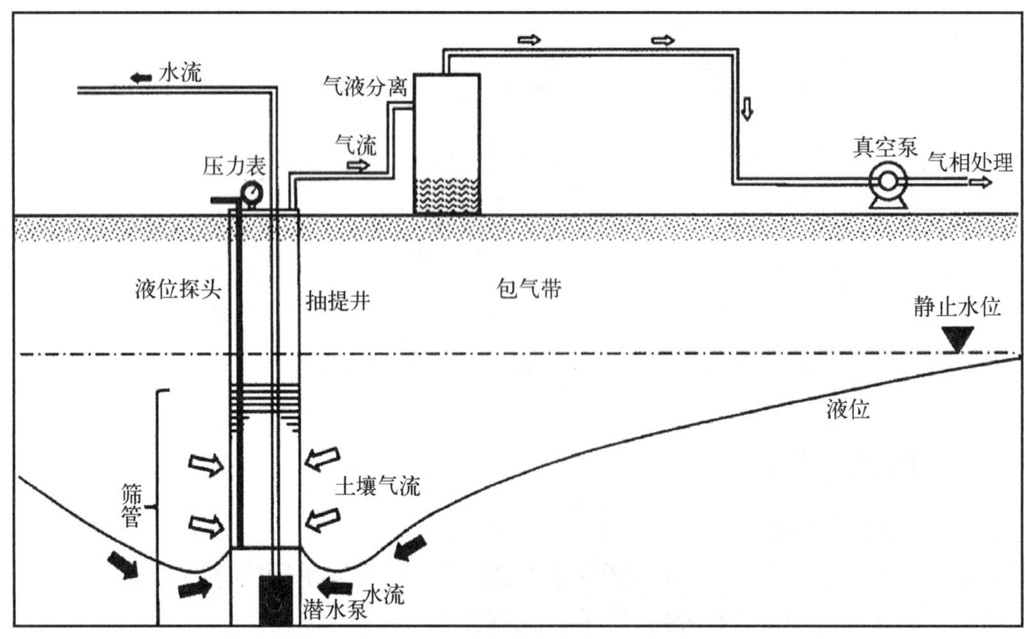

图 7-3-10 多相抽提系统配置(双泵)

7.3.3.2 适用范围

(1) 适用污染物

多相抽提技术适用于加油站、石化企业和化工企业等多种类型的污染场地，尤其适用于易挥发、易流动的 NAPLs(如汽油、柴油、有机溶剂等)污染土壤与地下水的修复，详细参数如表 7－3－2 所示。

表 7－3－2　多相抽提关键参数

污染物关键参数	适宜参数范围或特性
类别	卤代 VOCs、芳香族 VOCs、石油烃、LNAPLs
饱和蒸汽压(mmHg)	＞0.5～1(20℃)
亨利常数(量纲一)	＞0.01(20℃)
LNAPLs 厚度(cm)	＞15
LNAPLs 黏度(cP)	＜10

(2) 适用水文地质条件

多相抽提技术适用于处理土壤类型在砂土至黏土范围且水位较低的污染场地，不宜用于渗透性很差或者地下水水位变动较大的污染场地，详细参数如表 7－3－3 所示。

表 7－3－3　水文地质关键参数

水文地质关键参数	适宜参数范围或特性
土壤类型	砂土
渗透系数(cm/s)	$>10^{-5}$
渗透率(cm^2)	10^{-10}～10^{-8}
空气渗透系数(cm/s)	$<10^{-8}$
地层特性	低渗透性的裂隙介质、饱和带厚度有限、水位较浅、毛细区较厚(可达 1 m)、存在上层滞水或滞留的 NAPLs 相
土壤异质性	均质
土壤含水率(饱和持水量)(%)	40～60
氧气含量(好氧降解)(%)	＞2

7.3.3.3 系统构成和主要设备

多相抽提系统通常由抽提单元、相分离单元、污染物处理单元三个主要工艺单元构成。系统主要设备包括真空泵、提升泵、气液分离器、废水处理设备、废气处理设备、输送管路、控制设备等。

抽提单元是多相抽提系统的核心部分，它的作用是同时抽取污染区域的气体和液体(包括土壤气体、地下水和 NAPLs)，把气态、水溶态以及非水溶性液态污染物从地下抽到地面上的处理系统中进行处理。单泵抽提系统仅由真空设备提供抽提动力，双泵抽提系统则由真空泵和提升泵共同提供抽提动力。

相分离单元完成抽出物的气-液分离及分离出的液相的油-水分离。经过相分离后，抽提出的含有污染物的流体被分为气相、液相和油相等形态。分离后的气体进入废气处理单元，分离后的废水进入废水处理单元，分离出的油相物质经收集后一般作为危险废物处置。

污染物处理单元包括废气处理设备和废水处理设备，用于相分离后含有污染物的废气和废水的处理。废气处理方法目前主要有热氧化法、催化氧化法、吸附法、浓缩法、生物过滤法等。废水处理方法目前主要有化学氧化法、膜分离法、生化法和活性炭吸附法等。图 7-3-11 为多相抽提井与一体化处理系统。

图 7-3-11 多相抽提井与一体化处理系统

7.3.3.4 关键工艺参数及设计

(1) 抽提井的布设

抽提井的布设应确保整个污染区域均被抽提影响范围覆盖，井的数量应根据单井的影响半径确定。多相抽提井的影响半径可在如下范围内选取并根据中试成果确定：黏性土 1.0～2.0 m、粉性土 1.5～5.0 m、砂土 3.0～8.0 m。根据场地污染特征布设抽提井，一般采用正四边形或正三角形布局。

(2) 抽提井设计及安装

抽提井的井管滤管段应覆盖污染深度。对于存在高密度 NAPLs 的场地，抽提井的滤管深度应达到隔水层顶部。

抽提井管直径宜不小于 80 mm，管材可采用聚氯乙烯材质；如果井内存在高浓度的有机污染物，井管宜采用不锈钢材质。抽提井安装钻孔直径宜比井管直径大 10～15 cm。井管滤管段宜采用切缝式，并根据地层特性和滤料等级设计切缝大小，井管外包滤网，再填充滤料。滤料安装高度应高于滤管顶部 0.6 m，井管安装好后宜布置 0.6～1.0 m 厚度的膨润土封于滤料之上，抽提井安装好后应进行洗井。

工程需要时，应在抽提井内设置引流管，引流管外径宜为井管内径的 1/3～2/3，引流管底端设置深度应根据井内地下水水位设计降深确定。抽提井井头安装应考虑井盖、引流管出口、控制线以及取样口的位置布设，宜使用橡胶塞等进行密封操作，并对井头进行机械防护。

(3) 抽提单元

应通过中试确定井头真空度、流体抽提速率等抽提设计参数。抽提单元施加的井头真空度可根据场地地质与水文地质条件、要求的影响半径及井内水位降深确定，选取范围宜在 10～60 kPa。抽提单元中单井抽提速率包括气体抽提速率和单井液体抽提速率，气体抽提速率宜控制在 0.05～10 m^3/min，单井液体抽提速率宜控制在 0.001～0.5 m^3/min。

抽提单元的真空设备可选用干式真空泵、液环式真空泵或射流式真空泵，其规格应满足井头真空度、系统真空度及抽提速率的要求。抽提单元的提升泵宜选用潜水泵，其规格应满足液体抽提速率及抽提高度的要求。

(4) 相分离单元

相分离单元包括气液分离器和油水分离器。气液分离器宜安装在地面真空泵和抽提井之间，且设计壁厚和材质应能承受真空泵所产生的最大真空度。如抽提混合液中存在油相的污染物，应在气液分离器和后续的废水处理系统中设置油水分离器。

气液分离器一般采用重力式、惯性式或者离心式设计，油水分离器一般采用重力式设计。

(5) 废水、废气处理单元

废水、废气处理单元的处理能力要同时满足预期的最高污染负荷和废气、废水排放限值要求。设计废水处理单元时应考虑抽提液的乳化问题，设计废气处理单元时应考虑进气的高湿度问题。

在修复过程中需对排放的废气和废水进行监测，确保污染物的排放符合国家、地方和相关行业大气和水污染防治的规定。

废气排放标准可参考《环境空气质量标准》(GB 3095—2018)、《大气污染物综合排放标准》(GB 16297—1996)、《工业炉窑大气污染物排放标准》(GB 9078—1996)、《恶臭污染物排放标准》(GB 14554—2018)及相关行业和地方标准。废水排放标准可参考《地下水质量标准》(GB 14848—2022)、《污水排入城镇下水道水质标准》(GB T31962—2015)、《污水综合排放标准》(GB 18918—2022)、《地表水环境质量标准》(GB 3838—2022)及相关行业和地方标准。

(6) 监测单元设计

多相抽提系统运行过程中应监测下列内容：井头真空度、真空泵入口处真空度、真空泵出口处压力；代表性抽提井的单井抽提速率、系统处理后总出水量及总排气量；真空泵排气温度；抽提井及监测井内地下水水位和 NAPLs 厚度；非饱和带内的真空度；抽提液体流态；系统运行时间；系统水耗和电耗等。

7.3.4　地下水曝气技术

7.3.4.1　技术原理

地下水曝气修复技术(air sparging，AS)被认为是去除含水层中挥发性有机污染物的有效方法之一。该技术原理为在饱和带中注入气体(通常为空气或氧气)，由于污染物在气液间存在浓度差，挥发性和半挥发性有机污染物由溶解相进入气相，然后由于浮力的作用，气体携带污染物逐步上升，到达非饱和区域后，通过设置在包气带中的抽提井将污染气体收集，从而达到去除挥发性有机污染物的目的。

因此地下水曝气技术往往需要与土壤气相抽提技术联合使用，并非一种可单独实施的修复技术。注入的气体还能为饱和带和非饱和带的好氧生物提供足够的氧气，有利于污染物的有氧生物降解。

图 7-3-12 为地下水曝气修复系统示意图。

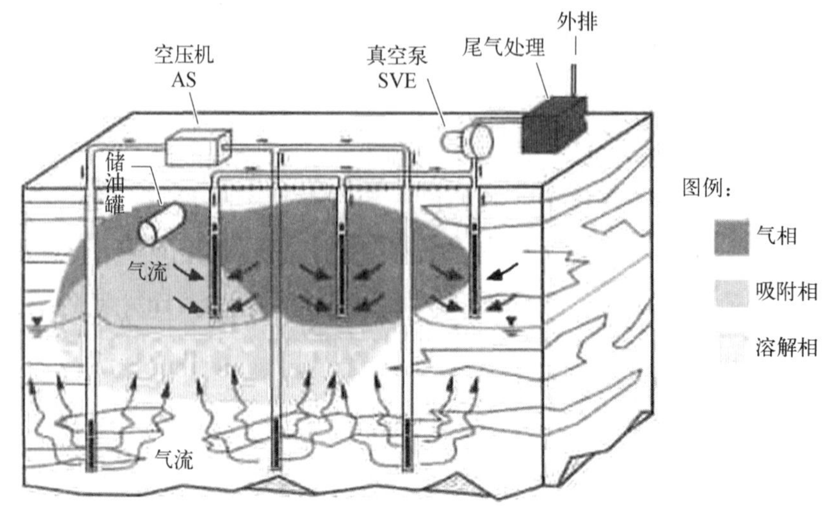

图 7-3-12 地下水曝气修复系统示意

7.3.4.2 适用范围

(1) 适用污染物

适用污染物需要考虑污染物的组成、浓度、气体压力、沸点、亨利常数、溶解度等。一般认为,有机污染物的亨利常数大于 100 atm(25℃)时,可利用地下水曝气修复技术进行修复。蒸气压高于 0.5 mmHg(20℃)的组分可以利用地下水曝气修复技术去除。存在自由相有机物时,需先去除自由相,再考虑使用地下水曝气修复技术。地下水曝气修复的常见污染物有苯系物、氯代烃(PCE、TCE、DCE 等)。

(2) 适用水文地质条件

适用于地下水埋深较浅、含水层厚度大,且包气带厚度大于 2 m 的潜水含水层中的污染治理。如果含水层厚度小且地下水埋深较深,那么治理时需要很多扰动井才能达到目的。一般情况,含水层的渗透率大于 10^{-9} cm^2 时,地下水曝气修复技术有效。

(3) 应用限制条件

不适合在低渗透率或高黏土含量的地区使用,较细颗粒的含水层介质中,气体注入所需压力偏大且气体有横向迁移趋势;不合适在含水层分层或高度非均质介质中使用,因为气体会进入优势通道,可能会导致修复效果下降;不能应用于承压含水层及土壤分层情况下的污染物治理,因为注入的空气会被隔水层阻断,不能返回包气带。另外,承压含水层中的 Fe^{2+} 能与空气中的氧气反应发生沉淀,形成 Fe^{3+} 氧化物沉淀,阻塞土壤中的微孔隙,造成含水层渗透率下降,影响修复效果;不能应用在曝气区域附近存在地下室、管道或者其他的地下限制空间区域,会影响气体的扩散,影响修复效果。

7.3.4.3 系统构成和主要设备

典型的曝气系统包含空气曝气井、抽提井、地面不透水保护盖、空气压缩机、真空泵、输气管道、气水分离器、气体地面处理设施等(图 7-3-13、图 7-3-14、图 7-3-15)。

(1) 曝气井和抽提井

曝气井和抽提井既可采用垂直井,也可采用水平井,具体采用哪种要根据该处理点的具体需要和条件。当污染物分布深度小于 7.5 m 时,采用水平井比垂直井更有效。当污染物在 1.5~45 m 分布、地下水深度大于 3.0 m 时,一般采用垂直井。如当一个污染场地需要布设 10 个以上的注气或抽提点或者受污染的地方位于一个建筑物下方时,那么选择水平井是比较恰当的。

确定地下水曝气/土壤气相抽提系统井的位置及数量需要考虑以下两方面:一是井的影响范围能够影响到整个处理区域;二是选择最佳观测点和蒸汽抽提点,使污染物的迁移最小化,能够捕捉气相和液相污染羽。

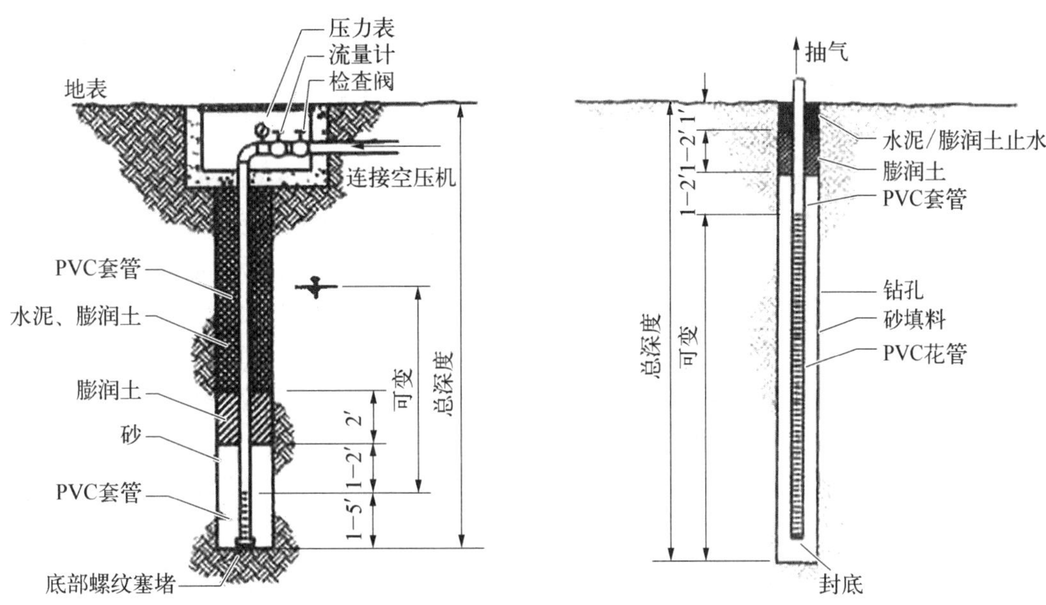

图 7-3-13　典型 AS 曝气/SVE 抽提井结构

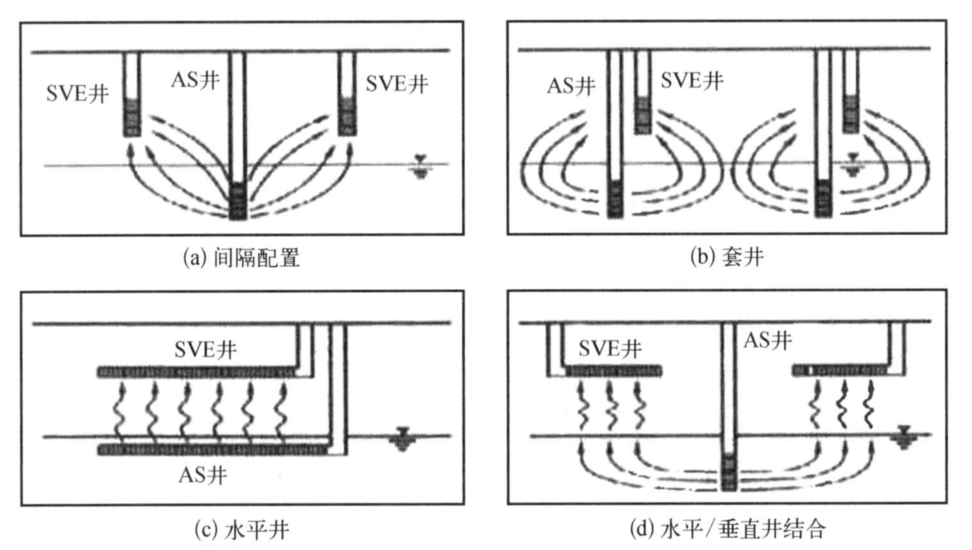

图 7-3-14　AS/SVE 联合修复曝气井和抽提井剖面示意

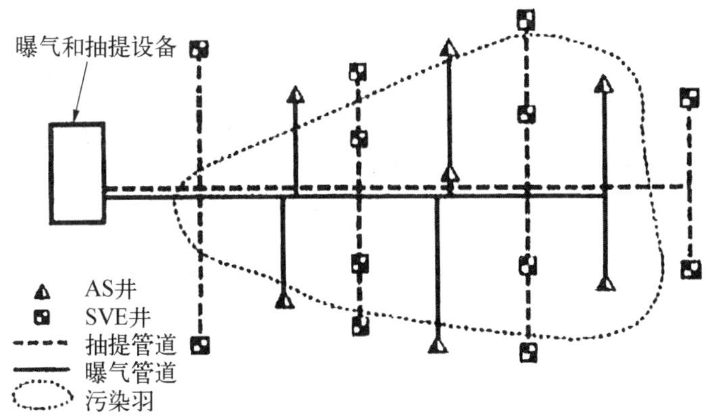

图 7-3-15　AS/SVE 联合修复曝气井、抽提井平面布置

(2) 管线系统

地下水曝气/土壤气相抽提系统连接管道一般埋设在地下，曝气井通过管道系统和空气压缩机连接，抽提井通过管道系统和真空泵连接。靠近井的管道应向井方向倾斜，使气态地下水能够冷凝回流。

(3) 空气压缩机和真空泵

空气压缩机设备在选择时，要充分考虑地下水曝气系统操作过程中需要的曝气流量和曝气压力，同时要串联颗粒过滤器，避免将污染气体注入到饱和区，一般空气注入的压力由注入点上端的静水头、饱和土壤所需的空气入口压力及注入的空气流量所决定。注压力太高，会使污染扩散至未污染地区细粒土壤通常需要更高的入口压力为最小入口压力的2倍或2倍以上。最大压力应在井筛顶端的土壤管柱重量所得压力计算值的60%～80%。

真空泵的类型和大小应根据要求实现的井口设计压力(包括上游和下游的管道损失)和起作用的抽提井或注入井的总流速来选取，并采用真空表测量各监测井的真空度使用流量计监测抽气流量变化。真空泵的设计应测定泵的特性曲线得到流量和真空度的关系，测定系统的操作曲线确定抽提速率与对应抽提空气量的关系，最终找到抽提工作点。

(4) 气/水分离装置

气/水分离装置是为防止气相中的水或沉泥进入真空泵或引风机而影响土壤气相抽提系统的运行。

(5) 气体处理设施

土壤气相抽提系统尾气主要包含苯、甲苯、正己烷、三氯乙烯(TCE)、氯乙烯(VC)、氯仿和四氯化碳等有毒有害的VOCs气体。土壤气相抽提系统尾气处理方法可分为回收技术和消除技术两大类。VOCs回收技术主要包括膜分离法、吸附法、冷凝法和吸收法等，其原理是利用物理方法，在一定温度和压力下，用选择性介质分离VOCs；消除技术主要包括燃烧法(直接式、催化式燃烧)、光催化氧化法、等离子法和生物法(如生物过滤、生物滴滤)等，其原理是通过化学或生物反应等，在光、热、催化剂和微生物等作用下将有机物转化为水和二氧化碳等无害物质。根据不同尾气处理技术配置相应的处理设施。

(6) 系统监测装置

空气注入系统在抽提系统失效后，会使污染区的污染物扩散，甚至进入邻近建筑物或公用管线中，产生爆炸的危险。因此，应设置应对土壤气相抽提系统失效的空气注入系统自动关闭监测装置。此外，通常需要对地下水曝气/土壤气相抽提系统的操作需要进行监测，才能将系统成效调节至优化状态。

系统的监测项目通常包含：空气注入压力及真空压力，地下水的水位，微生物的种群及活性，空气流量及抽提率，真空抽提井和曝气井的影响区，地下水中的溶氧及污染物的浓度，抽除气体或土壤蒸气中的O_2、CO_2及污染物浓度，地表下气体通路分布的追踪气体图及土壤气相抽提系统的捕捉效率。

7.3.4.4 关键工艺参数及设计

(1) 影响半径

影响半径(ROI)是地下水曝气/土壤气相抽提系统设计中确定曝气井和抽提井的数量和井间相互位置的重要参数。地下水曝气系统曝气井的影响半径主要受含水层的渗透系数和介质非均质性的影响，一般通过中试试验来确定。土壤气相抽提系统的抽提井的影响半径受多种因素影响，如水平和垂直渗透率、包气带厚度、地表是否封闭、介质非均质性等。

另外，在选择井的数量和位置时，应考虑在污染严重的地方，采用较小的井间距能够扩大气体的分布，提高去除率；如果地表密封或计划密封，则抽提井可以设置得稍微间隔大一些；若该地为层状土壤，因为渗透性能差，则应采用较小的井间距。

(2) 曝气流量与抽提速率

曝气流量的选择需要有足够大的影响范围，以促进有机物在气/液相间传质，典型的曝气量为0.08～0.71 m^3/min。抽提速率与修复时间等有关，一般单井抽提速率范围为0.28～2.8 m^3/min。通常情况下，地下水曝气系统曝气速率小于土壤气相抽提系统抽提速率，一般是抽提速率的 20%～80%，确保污染物质的充分收集。

(3) 空气注入压力与真空负压

曝气压力必须大于注入区域的静水压力和毛细压力之和，具体曝气压力需要根据具体场地情况而定。曝气压力不宜过大，避免地层发生裂隙而形成固定空气通道，降低修复效果。

抽提井的井口真空负压一般需要根据现场中试试验来确定，也可以根据经验来确定。一般为 3～100 in(8～250 cm)水柱的真空。低渗透层往往需要大的真空负压。但要注意，大的真空负压(大于 250 cm)容易导致地下水水位抬升到达抽提井的过滤器，给土壤气相抽提系统运行带来困难。

(4) 污染物初始浓度及修复目标

土壤和地下水中污染物的初始浓度范围是确定地下水曝气/土壤气相抽提技术修复区域的重要参数，可以通过前期场地调查测得。最终修复目标取决于相关的规定标准和风险评价结果。

(5) 修复时间

一般可以通过增加曝气井(和抽提井)数量和减小曝气井(和抽提井)间距等手段来缩短修复时间。对于处理高污染物浓度的场地，可以通过减少井间距来加快去除速率。在低渗透地层中，也可以通过水平抽提井的设置提高处理效率。

(6) 处理体积

地下水曝气/土壤气相抽提系统处理体积设计主要依据场地调查与风险评价结果来确定。

(7) 污染区域孔隙体积

处理区域内孔隙体积影响土壤气相抽提系统抽提速率。为增强修复效果，一般来说，土壤气相抽提系统应每天抽提超出处理区域内一个单位孔隙体积(PV)的气体。

(8) 排放标准和监测要求

曝气系统设计过程中需要考虑外排空气的浓度，必须满足当地大气污染物排放标准，并做好定时监测及尾气处理工作。

7.3.5　地下水中污染联合修复技术

7.3.5.1　抽出-处理与生物降解组合技术

对于非均质含水层中的有机污染物，先抽出污染地下水在地表进行高级氧化处理，对于难以抽出的残留在非均质含水层的有机污染物，再通过空气注入井向地下曝气(AS)，以增加地下微生物的活力和降解能力，使残留在非均质含水层中的有机污染物被生物降解。

7.3.5.2　物理注入与抽气处理组合技术

适用于土壤和地下水中挥发性有机物的处理。在土壤和地下水污染处设置曝气装置，一方面通过增加氧气含量促进微生物降解，另一方面利用空气将其中的挥发性污染物汽化进入包气带；或在污染物区使用注入水蒸气、加热、加电等物理方法，使得土壤与地下水中有机污染物汽化，再利用土壤气相抽提系统将汽化的污染物抽到地面集中吸附净化处理。

7.3.5.3　渗透性反应墙与抽水系统组合技术

对于水力坡度较小的污染场地，地下水污染物难以流动到渗透性反应墙区域，可以通过抽水系统增加地下水水力坡度，使污染地下水流动通过渗透性反应区，增强渗透性反应墙的处理效果。

7.3.5.4　电动力与渗透性反应墙组合技术

电动力(electro kinetic remediation，EKR)与渗透性反应墙(permeable reactive barrier，PRB)组合技术(EKR - PRB)，适合土壤与含水层渗透性较弱和非均质性土壤中污染物的处理。通过在污染土壤和含水层两侧施加直流电压，在土壤与含水层中产生电迁移、电泳和电渗的方式，使土壤和含水层中污染物向渗透性反应墙迁移，再通过渗透性反应墙体反应材料的沉淀、吸附、降解等处理，达到彻底处理污染物之目的。该技术可以处理重金属和有机物复合污染的土壤和地下水，对于渗透性强的均质含水层中的地下水污染，直接使用渗透性反应墙修复技术，而对于非均质低渗透含水层中的地下水污染，使用该技术效果较好。

7.4 风险管控技术

7.4.1 固化稳定化技术

7.4.1.1 技术原理

固化/稳定化技术(solidification/stabilization，S/S)是将污染土壤与黏结剂或稳定剂混合，使污染物实现物理封存或发生化学反应形成固定沉淀物(如形成氢氧化物或硫化物沉淀等)，从而防止或者降低污染土壤释放有害化学物质过程的一组修复技术。

固化稳定化技术包括固化和稳定化两个概念，固化是指将污染物包裹起来，使之呈颗粒状或者板块状形态，进而使污染物处于相对稳定的状态；稳定化是指利用氧化、还原、吸附、脱附、溶解、沉淀、生成络合物中的一种或多种机理改变污染物存在的形态，从而降低其迁移性和生物有效性。

7.4.1.2 适用范围

(1) 可处理的污染物类型

重金属类、石棉、放射性物质、腐蚀性无机物、氰化物、氟化物、含砷化合物等无机物以及农药(或者除草剂)、多环芳烃类、多氯联苯类、二噁英类等有机化合物。固化/稳定化取决于稳定剂和土壤的混合能力，在混合过程中，需要考虑土壤最佳含水量和药剂比例。

(2) 应用限制条件

不适用于挥发性有机化合物和以污染物总量削减为效果评估目标的修复项目；不适合于处理高黏性土或含大量碎石的土壤。

7.4.1.3 常用稳定/固化剂

目前最常用的固化/稳定化剂包括：水泥、碱激发胶凝材料、有机物料以及化学稳定剂等。

(1) 水泥

水泥是目前国内外应用最多的固定剂，其对污染土壤的固定稳定化，一般通过在水泥水化过程中所产生的水化产物对土壤中的有害物质通过物理包裹吸附，化学沉淀形成新相以及离子交换形成固溶体等方式进行，同时其强碱性环境也对固化体中重金属的浸出性能有一定的抑制作用。其类型一般可分为普通硅酸盐水泥、火山灰质硅酸盐水泥、矿渣硅酸盐水泥、矾土水泥以及沸石水泥等。其最明显缺点就是增容很大，一般可达 1.5～2，且水泥固化/稳定化污染土壤，仅仅是一种暂时的稳定过程，属于浓度控制，而不是总量控制，在酸性填埋环境下，其长期有效性值得怀疑。

(2) 碱激发材料

碱激发胶凝材料，包括石灰、粉煤灰、高炉渣、流化床飞灰、明矾浆、钙矾石、沥青、钢渣、稻壳灰、沸石、土聚物等碱性物质或钙镁磷肥、硅肥等碱性肥料，能提高系统的 pH 与重金属反应产生硅酸盐、碳酸盐、氢氧化物沉淀，其中，矿渣基胶凝材料具有水热低、抗硫酸等化学腐蚀性好、密实度好等优点，用特殊组分激发和助磨下的低熟料矿渣胶凝材料固化/稳定化含重金属污染物的应用前景十分广泛。

(3) 有机物料

有机物料因对提高土壤肥力有利且取材方便、经济实惠，在土壤重金属污染改良中应用广泛。腐殖酸对土壤重金属离子有显著的吸附作用，并具有很好的配合性能。有机物质在刚施入土壤时可以增加重金属的吸附和固定，降低其有效性，减少植物的吸收，但是随着有机物质的矿化分解，有可能导致被吸附的重金属离子在第二年或第三年重新释放，增加植物的吸收。所以有机肥料选择不当不但起不到应有的效果，甚至还会产生副作用。因此，利用有机物料改良重金属污染土壤存在一定的风险。

(4) 化学稳定剂

化学稳定剂一般通过化学药剂和土壤所发生的化学反应，使土壤中所含有的有毒有害物质转化为低迁移性、低溶解性以及低毒性物质。药剂一般可分为有机和无机两大类，根据污染土壤中所含重金属种类，最常采用的无机稳定药剂有：硫化物(硫化钠、硫代硫酸钠)、氢氧化钠、铁酸盐以及磷酸盐等。有机稳定药剂一般为螯合型高分子物质，如乙二胺四乙酸二钠盐(一种水溶性螯合物，简称 EDTA)，可以与污染土壤中的重金属离子进行配位从而形成不溶于水的高分子配合物，进而使重金属得到稳定。目前，比较新型的有机稳定药剂为有机硫化物，比如硫脲(H_2NCSNH_2)和 TMT(三巯基三嗪三钠盐 $C_3N_3H_3S_3$)，其稳定机理和硫化钠以及硫代硫酸钠基本相同，主要是利用重金属与其所生成的硫化物的沉淀性能来对其实现有效固化/稳定化。相比一般无机沉淀剂，有机硫和重金属形成的沉淀在酸碱环境中都更为稳定。

7.4.1.4　系统构成和主要设备

(1) 原位固化/稳定化

原位固化/稳定化系统通常由挖掘、混合或螺旋钻等机械深翻搅动装置单元、试剂调配单元、输料单元、气体收集单元(可选)以及工程现场采样单元组成。

机械深翻搅动装置单元一般由抓斗、反铲或者搅拌头和控制室构成。试剂调配及输料单元一般由输料管路、试剂储存罐、流量计、混配装置、水泵、压力表等构成。气体收集单元(可选)一般由气体收集罩、气体回收处理装置构成。工程现场取样监测系统单元一般由驱动器、取样钻头、固定装置构成。

主要工艺设备有挖掘机、翻耕机、螺旋中空钻机等。

(2) 异位固化/稳定化

异位固化/稳定化主要由土壤预处理系统、药剂添加系统、土壤与固化/稳定化药剂混合搅拌系统组成。其中，土壤预处理系统包括土壤水分调节系统、土壤杂质筛分系统、土壤破碎系统。主要设备包括土壤挖掘设备(如挖掘机等)、土壤水分调节系统(如输送泵、喷雾器、脱水机等)、土壤筛分破碎设备(如振动筛、筛分破碎斗、破碎机、土壤破碎斗、旋耕机等)、土壤与固化/稳定化药剂混合搅拌设备(双轴搅拌机、单轴螺旋搅拌机、链锤式搅拌机、切割锤击混合式搅拌机等)。

7.4.1.5　关键工艺参数及设计

(1) 原位固化稳定化

① 环境介质

受污染环境介质中可溶性盐类和部分重金属会延长固化剂的凝固时间并大大降低其物理强度，有机污染物会影响固化体中晶体结构的形成，往往需要添加有机改性黏结剂来屏蔽相关影响。添加剂中水的比例应根据介质中水分含量决定。

② 污染物组成

对大多数无机污染物，添加固化/稳定剂可达到较好的固化/稳定化效果；对于存在高浓度有机物，尤其是挥发性有机物(如多环芳烃类)时，固化/稳定化效果通常不理想。

③ 污染物位置分布

污染物仅分布在浅层污染介质中时，通常采用改造的旋耕机或挖掘铲装置实现土壤与固化剂的混合；当污染物分布在较深层污染介质中时，通常需要采用螺旋钻等深翻搅动装置来实现试剂的添加与均匀混合。

④ 固化/稳定化剂组成与用量

有机物不会与水泥类物质发生水合作用。对于含有机污染物的污染介质通常需要考虑新型固化剂或者投加添加剂以吸附有机污染物。石灰和硅酸盐水泥在一定程度上还会增加有机物的浸出。同时，固化/稳定化剂添加比例以及水灰比决定了修复后系统的长期稳定性。

⑤ 场地地质特征

水文地质条件、地下水水流速度、场地上是否有其他构筑物、场地附近是否有地表水存在都会增加施工难度并会对修复后系统的长期稳定性产生较大影响。

⑥ 无侧限抗压强度

修复后固化体材料的抗压强度一般应大于 50 Pa/ft^2(约合 538.20 Pa/m^2),材料的抗压强度至少要和周围土壤的抗压强度一致。

⑦ 渗透系数

渗透系数是衡量固化/稳定化修复后材料的关键因素。较低的渗透系数可以降低固化体受侵蚀的程度和污染物浸出,固化/稳定化后固化体的渗透系数一般应小于 10^{-6} cm/s。

⑧ 浸出性特征

针对固化/稳定化后土壤的最终用途和处置方式,采用合适的浸出方法和评估标准(表 7-4-1)。

表 7-4-1 典型的固化/稳定化处理效果评估浸出方法

评估方法类型	主要评估方法	关键特征	优势	不足
最大释放水平的测试	美国:USEPA 1311、USEPA 1312 荷兰:NEN 7371 中国:HJ/T 299—2007、HJ/T 300—2007	(1) 固化体破碎后达到浸出平衡 (2) 参照固废的管理体系,带有一定的强制性 (3) 设定明确评价标准限值,如 40 CFR261.24、MCL 等	(1) 方法简单,便于操作 (2) 时间成本和经济成本均较低 (3) 有较多的科学性验证结论	(1) 主要模拟非规范填埋场渗滤液和酸雨对污染物的浸提 (2) 浸出方法仅考虑最不利情况,过于保守 (3) 不能真实反映实际环境状况
动态释放能力的测试	荷兰:NEN 7375 欧盟:CEN/TS 14405—2004	(1) 保持固化体本身物理特性 (2) 基于动态释放通量 (3) 考虑风险累积	(1) 更接近于实际环境状况 (2) 降低预处理难度 (3) 能够反映随时间变化的趋势	(1) 操作相对复杂,所需时间较长 (2) 影响因素相对较多,实验的重现性不高
针对再利用情景的浸出方法体系	美国:USEPA 1313—1316	基于土壤再利用情景,设置 4 种不同的浸出方法	(1) 接近于实际环境状况 (2) 可以根据实际情况,选择不同的浸出测试方法	(1) 部分测试方法相对复杂,耗时较长 (2) 方法的稳定性和重现性有待改进 (3) 还缺乏相应的评价标准

(2) 异位固化/稳定化

① 固化/稳定化药剂的种类及添加量

固化/稳定化药剂的成分及添加量将显著影响土壤污染物的处理效果,应通过试验确定药剂的配方和添加量,并考虑一定的安全系数。目前国外应用的固化稳定技术药剂添加量大多低于 20%。

② 土壤破碎程度

应对土壤团块进行充分的机械破碎,确保后续与药剂的充分混合接触。

③ 土壤与固化/稳定化药剂的混匀程度

混匀程度是该技术的一个关键指标,混合越均匀,固化/稳定化效果越好。土壤与固化稳定化药剂的混匀程度往往依靠现场工程师的经验判断,国内外还缺乏相关标准。

④ 土壤异位固化/稳定化处理效果评估

土壤固化/稳定化处理效果评估指标通常包括如下工程性能指标和污染物指标:

第一，工程性能指标。经固化处理后的固化体，其无侧限抗压强度一般要求大于 50 psi（约 0.35 MPa），而固化后用于建筑材料的无侧限抗压强度至少要求达到 4 000 psi（约 27.58 MPa）。渗透系数表征土壤对水分流动的传导能力。固化处理后的固化体的渗透系数一般要求不大于 1×10^{-6} cm/s。

第二，污染物指标。针对固化/稳定化后土壤的不同再利用和处置方式，采用合适的浸出方法和评估标准。固化/稳定化后土壤中污染物的浸出浓度应达到接收地地下水用途对应标准值或不会对地下水造成危害。

⑤ 运行维护和监测

异位固化/稳定化处理的运行维护和监测工作包括如下几方面：

第一，土壤挖掘安全。围栏封闭作业，设立警示标志，规避地下隐蔽设施。

第二，人员安全防护。工人应注意劳动防护。

第三，防止二次污染。采取措施防止雨水进入土壤，防止降雨冲洗土壤、携带污染物进入周边环境，防止刮风使尘土飞扬，造成二次污染扩散。

第四，长期监测。对于固化/稳定化后采用就地回填或异地回填处置的土壤，根据相关要求和实际情况，制定长期监测计划。

7.4.2　可渗透反应墙技术

7.4.2.1　技术原理与分类

可渗透反应墙技术（permeable reactive barrier，PRB）是 20 世纪 90 年代发展起来的一项新技术（图 7-4-1）。可渗透反应墙技术是一个填充有活性反应介质材料的被动反应区，当被污染的地下水通过可渗透反应墙时，污染物质能被降解或固定。污染物质依靠自然水力运输通过预先设计好的反应介质时，介质可对溶解的有机物、金属、核素及其他污染物进行降解、吸附、沉淀或去除。可渗透反应墙技术一般安装在地下蓄水层中，垂直于地下水流方向。当地下水流在自身水力梯度作用下通过可渗透反应墙时，从污染源释放出来的污染物质在向下渗透过程中，形成一个污染羽。可渗透反应墙技术就是在污染羽流动路径的横截面上设置一道墙体，墙体内填充不同的介质材料。当污染羽流经墙内，与墙体介质材料接触时，经过墙体材料的还原反应、降解、吸附、淋滤等一系列物理、化学、生物过程，污染羽中的污染组分得到降解，或者滞留在墙体中，从而达到对地下水环境修复的目的。

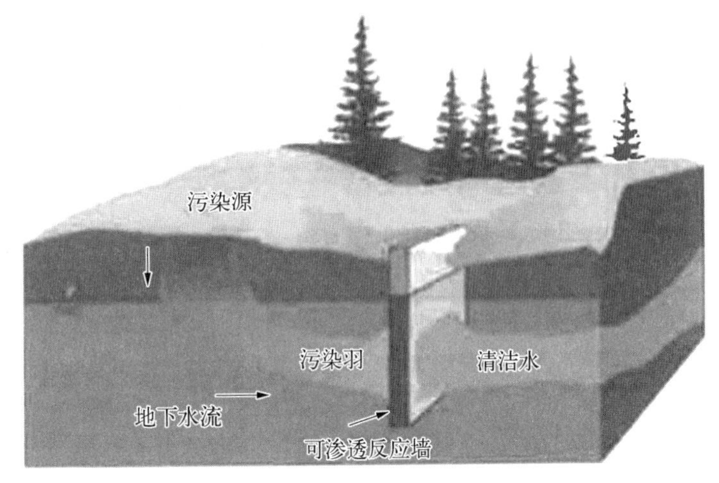

图 7-4-1　可渗透反应墙技术示意

典型的可渗透反应墙结构包括连续反应带系统、漏斗-导门式反应系统、注入式反应系统三类。

连续反应带系统是一种最常见的可渗透反应墙结构类型，由一系列包含修复填料的反应区间组成（图 7-4-2）。当污染羽垂直通过可渗透反应墙时，与墙体内填充的活性材料充分接触和反应，达到去除地下水中污染物的目的。连续反应带的建立是挖掘一定规模和深度的沟槽，并在沟槽中回填粒状铁或其他活性材料。反应带厚度必须能有效去除所关注的污染物，使污染物浓度降低至目标浓度；而在长度和深度上，则能分别有效截留污染羽的横向和纵向截面。

漏斗-导门式反应系统包括不透水区域（漏斗墙）、透水区域（导水门）和反应介质填料单元，如单导

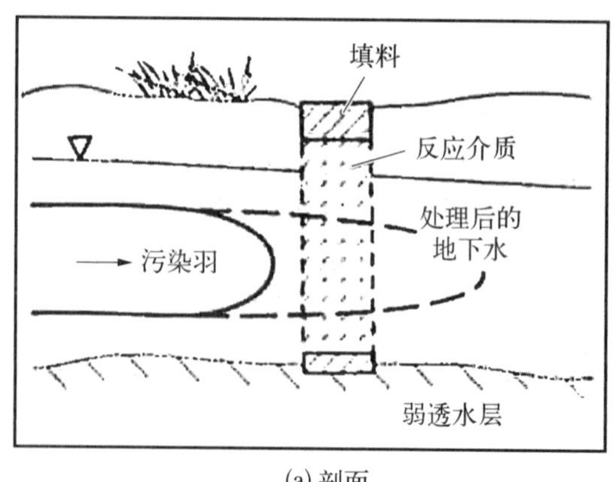

(a) 剖面

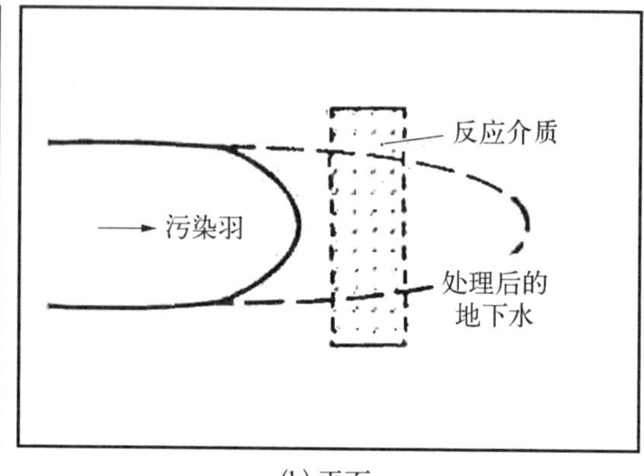

(b) 平面

图 7-4-2　连续反应带可渗透反应墙系统剖面和平面

门式反应系统，如图 7-4-3(a)所示。其中，漏斗墙可以改变地下水流场分布，形成对污染羽的有效截获区域，迫使污染羽流向透水区域，经过反应区间，达到去除污染物的目的。当场地中地下水流速较快、污染羽较宽时，可以考虑应用漏斗墙-多重反应门系统，如图 7-4-3(b)所示。可采用沉箱式导水门结构，更好地控制污染物在反应区域的停留时间；尤其是当反应门的尺寸受限于设置方法时，可以考虑这种形式的可渗透反应墙。

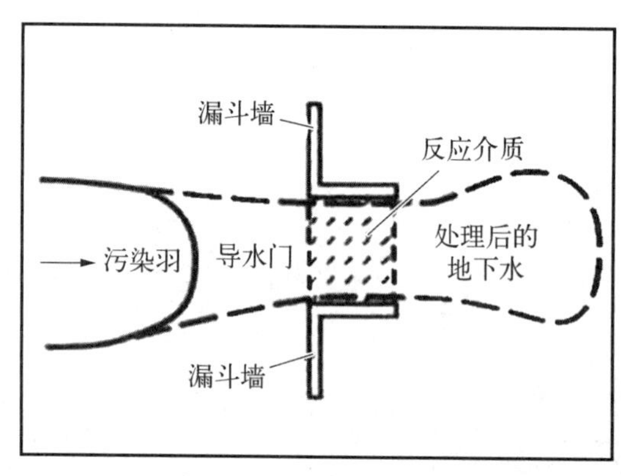

(a) 漏斗-单导门式反应系统

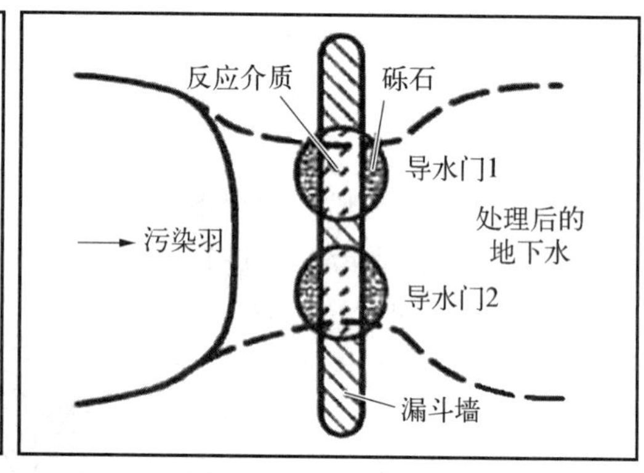

(b) 漏斗-多重反应门系统

图 7-4-3　漏斗-导门可渗透反应墙系统平面

注入式反应系统采用地下井直接注射修复药剂的形式，也可称为注入式可渗透反应墙(图 7-4-4)。注入式可渗透反应墙的各反应井的处理区相互重叠，将修复药剂通过井孔注入到含水层中，使得注入材料进入地下水或包裹在含水层固体颗粒表面，形成处理带，地下水中的污染羽随着水力梯度流入反应区，从而将污染组分去除。

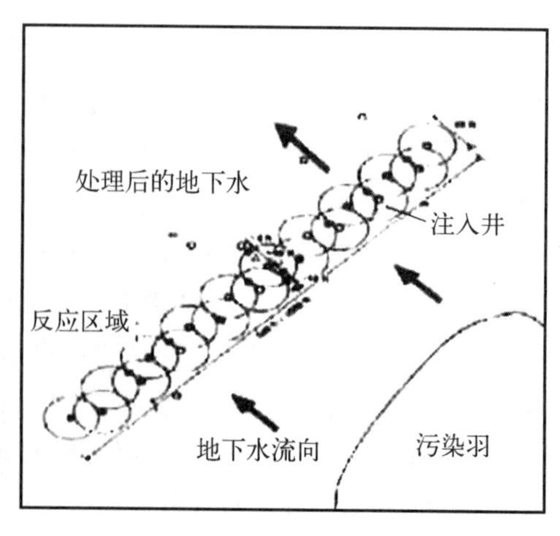

图 7-4-4　注入式可渗透反应墙系统平面

7.4.2.2　适用范围

可渗透反应墙适用于污染地下水中的氯代溶剂类、石油烃类、重金属、硝酸盐、高氯酸盐等有机污染物、无机污染物的处理。

除污染物方面，理想的可渗透反应墙使用条件还包括几点：一是没有基础或公用设施干扰沟渠挖掘作业；二是污染羽的底部深度<14 m；三是岩性为黏性泥砂或砂砾；四是水力传导系数<3.5×10^{-4} cm/s；五是地下水流速<3.5×10^{-4} cm/s；六是地下水 pH 为 6.5～7.5。

表 7－4－2 为可渗透反应墙技术常见反应介质类型。

表 7－4－2　常见反应介质类型

污　染　物	去 除 机 理	常见反应介质
氯代烃、多氯联苯、硝基苯等	还原、降解	零价金属、双金属等
苯系物、石油烃、硝基苯等	吸附	活性炭、生物炭、石墨烯等
	氧化、降解	释氧化合物、微生物等
重金属（铬、铅等）	还原、吸附、沉淀	零价金属、羟基氧化铁、铁屑、双金属、氢氧化亚铁、连二亚硫酸盐等
重金属（铅、锌、铜、砷等）	吸附、沉淀	磷灰石、石灰、活性炭、氢氧化铁、沸石等
其他无机离子（氨氮、硝酸盐、磷酸盐等）	吸附、降解	沸石、活性炭、微生物等

7.4.2.3　系统构成和主要设备

以最简单的可渗透反应墙结构形式为例，主要由透水的活性反应介质带状区域组成，称为连续反应带系统（图 7－4－5）。稍复杂一些的结构除了活性反应区域，还包含低渗透性的膨润土阻隔墙，利用阻隔墙控制和引导地下水流通过活性反应介质，称为漏斗-导门式可渗透反应墙系统。根据污染场地的实际情况，还可采用串联型、并联型等多种导水门式反应墙。另一种较为新颖的可渗透反应墙结构是由连续反应带式结构衍生而来的注入式可渗透反应墙系统，它利用若干注射井注入活性反应介质，形成带状的反应区域，来模拟可渗透反应墙系统。

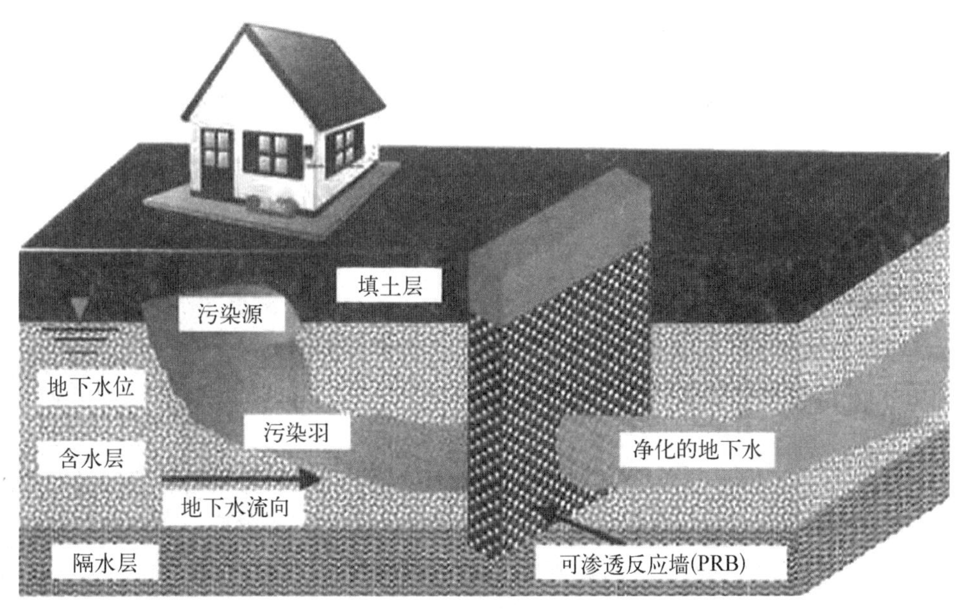

图 7－4－5　可渗透反应墙系统构成

单一的可渗透反应墙系统对污染场地的处理能力有限，仅适用于污染羽范围小、污染物浓度较低的情况。对于污染组分复杂的场地，可采用串联系统，形成较宽的多级反应墙体，将若干个可渗透反应墙处理单元串联在一起，分别装填不同的修复材料，以达到同时去除多种污染物的目的。对于污染羽范围较大、污染组分相对单一的场地，可采用并联系统，形成较长的反应墙体，常用的有多漏斗-多导门结构。

7.4.2.4 关键工艺参数及设计

(1) 反应介质筛选

① 根据已有案例筛选

可根据地块污染物的性质和水文地质情况，结合国内外已有的成功案例，大致确定反应介质材料。零价铁是目前研究领域中运用最广泛的材料，对于风险管控和修复地下水中重金属的污染效果很好。零价铁还能降解去除三氯乙烯、四氯乙烯、三氯乙烷等有机污染物。

② 通过实验室批实验筛选

实验室批实验包括等温反应实验和反应动力学实验。等温反应实验是向反应容器内加入不同浓度的污染物水溶液和固定量的反应介质，恒温震荡至反应完成后，测定各反应容器内液相中残余的污染物浓度，从而获得反应介质对污染物的吸附容量信息。反应动力学实验是将一定质量的介质和一定浓度的污染物溶液加到一批反应容器内，恒温振荡，在不同的时间取出一组样品，通过离心等进行固液分离后，测定液相中的残余污染物浓度，绘制污染物浓度-时间曲线，确定反应介质对目标污染物的降解速率。综合评估反应介质对污染物的吸附和降解性能。在批实验中，同时应将地下水典型的水化学组分、有机质、反应温度等因素纳入考察范围。

批实验可快速对拟选反应介质进行初步筛选，因实验反应条件简单，没有考虑地块的水文地质状况和反应介质的物理状态，将批实验结果外推到动态水流条件时往往出现误差，所以还需借助柱实验进一步考察动态水流条件下，通过批实验获取的反应介质对污染物的去除效果、去除率及半衰期等参数的准确性，最终确定筛选结果。

(2) 反应动力学和停留时间测定

可渗透反应墙设计需要确定反应介质的水力性质，水力性质包括反应介质的渗透系数($K_{介质}$)、有效孔隙度(n_e)和容重(B)。

① 反应介质的渗透系数($K_{介质}$)

实验室中可通过柱实验模拟，利用达西定律，估算出 $K_{介质}$的值，计算公式如下

$$K_{介质}=V\times\frac{L}{A\times t\times h} \tag{7-4-1}$$

式中，$K_{介质}$为反应介质的渗透系数，m/d；V 为时间 t 内出水体积，m^3；L 为实验柱上两个测点间的距离，m；A 为实验柱过水断面面积，m^2；t 为水流过介质的时间，d；h 为两个测点间水头差，m。

② 反应介质的有效孔隙度(n_e)和干容重(B)

有效孔隙度(n_e)通过实验柱饱水后在重力作用下疏干排出水的体积与饱水反应介质总体积(实验柱过水断面面积乘以饱水段长度)之比计算。

干容重(B)为单位体积内反应介质(干燥的)质量，通过柱子中反应介质的装填质量与柱体积之比计算获得，单位为 kg/m^3。通过干容重(B)可初步估算可渗透反应格栅所需反应介质的质量。

K、n_e 和 B 等三个参数还可通过将购买的反应介质样品送至专门的岩土实验室进行常规分析获得。

③ 反应介质寿命评估

反应介质寿命为柱实验出水口污染物浓度高于修复或风险管控目标值时所用的时间。反应介质寿命可通过理论计算和模拟实验两种方法获得。

反应介质的理论寿命可以用下式计算

$$N=\frac{Q_2\times W}{Q_1} \tag{7-4-2}$$

式中，N 为反应介质的理论寿命，a；Q_1 为每年流过单位反应介质的污染物总量，kg/a，根据实际地块地下水污染物浓度与地下水流量计算；Q_2 为单位反应介质对污染物的最大去除量，kg/kg，以实际的地下水为反应体系，用等温吸附和吸附动力学实验获得；W 为反应介质的添加量，kg。理论计算没有考虑地下水温度变化、化学组分变化、微生物堵塞等实际情况，是在相对理想的状况下获得的数据，理论寿命一般比实际结果高。

参照柱实验设计方法，设置可渗透反应墙运行模拟柱实验。通常采用模拟实验的实验流速高于现场地下水流速，或者实验浓度高于实际污染物浓度，以便在短时间内达到渗透反应墙长期运行的效果。但若设置的地下水流速过快或者污染物浓度过高，可能会导致测定的反应介质寿命结果偏低。

通过理论计算和模拟实验获得的反应介质寿命仅供实际应用参考，实际反应介质的寿命，应根据可渗透反应墙运行状况的监测数据确定。

(3) 地下水数值模拟确定技术参数

地下水数值模拟可用于选择和优化可渗透反应墙类型、位置、展布方向、宽度、深度等；确定可渗透反应墙工程运行状况监测的合适点位，评价影响运行状况的因素。地下水数值模拟分为以下几个步骤。

① 建立概念模型

通过将地质和水文地质、地下水补径排条件、边界和初始条件，污染源及污染物释放特征、污染物运移过程及时空维度、影响污染物运移的含水层物理和化学性质、可渗透反应墙作用机理与工程条件等概化，构建概念模型。随着相关数据的补充，应及时更新概念模型。

② 确定模型范围与边界条件

模型范围通常应包括整个污染羽，如果污染羽范围存在较大不确定性，则模型边界应远离可渗透反应墙工程区，以减少边界条件对模型预测能力的影响。除对模型外边界概化以外，边界条件还应重点考虑可渗透反应墙工程条件的概化，如漏斗-导水门型的内边界条件、注入式反应带的复杂边界条件等设置。

③ 设置参数

包括模型的水文地质参数，如渗透系数、孔隙度、入渗量与蒸发量等。若存在运移的优势通道(如大的裂隙、粗颗粒透镜体等)，应单独考虑其水文地质参数；可渗透反应墙工程相关的参数包括反应介质的渗透系数、宽度、表征反应介质活性的物理和化学参数等。

④ 明确初始条件

初始条件包括地下水流场和污染物浓度分布情况等，非稳定流模型需设置初始条件，初始条件可采用某一时间的监测结果，也可采用可渗透反应墙运行前校正过的模型预测结果。

⑤ 模型计算

结合地下水流和污染物运移模型，分析可渗透反应墙运行过程对地下水流场和污染物浓度时空分布的影响，预测污染物的去除效果和反应介质的反应速率，分析不同设计场景和参数下的模拟计算结果，评估设计方案的可行性和可靠性，优化可渗反应墙工程设计方案，可渗透反应墙运行后，可结合实际监测数据，进一步校正模型预测可渗透反应墙长期运行效果。

⑥ 模拟结果及不确定性评估

通过对渗透系数、可渗透反应墙厚度、反应介质与污染物反应速率等关键参数的敏感性分析，定量评估数值模拟的不确定性，不确定性分析可参考《地下水污染模拟预测评估工作指南》(环办土壤函

〔2019〕770 号）。分析数值模结果的可靠程度，为评估数值模型的适用性提供依据。

⑦ 反应墙厚度设计

反应墙的厚度为反应墙中沿地下水水流方向的实际流速与污染物停留时间及安全系数的乘积，可用下式确定

$$b = V_x \times t_R \times SF \tag{7-4-3}$$

式中，b 为可渗透反应墙的厚度，m；V 为通过可渗透反应墙的地下水实际流速，m/d；t_R 为污染物的停留时间；SF 为安全系数，量纲一。

$$V_x = \frac{K_{介质} \times I}{n_e} \tag{7-4-4}$$

式中，V 为地下水实际流速，m/d；K 为反应介质的渗透系数，m/d；I 为水力梯度，量纲一；n_e 为反应介质的有效孔隙度，量纲一。

考虑到水流的季节性变化、反应介质活性的损失及其他不确定因素等，在计算可渗透反应墙厚度时，需乘以安全系数。基于地下水数值模拟结果、修复目标可达性，综合考虑工程施工难度和成本效益，确定合理的安全系数。一般当计算的反应墙厚度超出实验确定厚度的 2～3 倍时，需采用安全系数。

（4）地球化学特征评估

反应介质与天然地下水化学组分发生地球化学反应，可能在介质表面产生沉淀并导致可渗透反应墙的反应性和/或渗透性减弱，影响可渗透反应墙寿命。在可渗透反应墙设计过程中，可通过地球化学参数和地球化学模型来评估上述影响。

① 地球化学参数

采集污染地块地下水样品，测试包括 pH、E_h、DO、Ca^{2+}、Mg^{2+}、Na^+、K^+、Fe^{2+}、Mn^{2+}、Cl^-、HCO_3^-、CO_3^{2-}、SO_4^{2-} 等指标，分析上述指标通过可渗透反应墙前后的变化初步评估可渗透反应墙反应介质内形成沉淀的情况。

② 地球化学模型

利用水岩作用的地球化学模型，计算地球化学组分不同形态的饱和指数、地下水流过可渗透反应墙前后的矿物溶解和沉淀量。也可将地球化学模型集成到溶质运移模型中，模拟和预测在可渗透反应墙运行期间地下水中不同地球化学组分的溶解和沉淀，评估反应介质的性能及寿命。

7.4.3 风险阻隔技术

7.4.3.1 技术原理与分类

阻隔是采用阻隔、堵截、覆盖等工程措施，将污染物封闭于场地内，避免污染物对人体和周围环境造成风险，同时控制污染物随降水或地下水向周围环境迁移扩散的技术措施。阻隔技术仅能限制污染迁移，切断暴露路径，但不能彻底去除污染物，因此永久性阻隔措施需要监测其长期有效性，临时性阻隔措施需要与其他可以去除或减少地块内污染物的修复技术结合使用。

按照阻隔结构的布置方式，可分为垂直阻隔技术和水平阻隔技术。

（1）垂直阻隔技术

阻隔层是在场地地基中设置类似地下连续墙的竖向低渗透性结构，深度方向上一般进入下部隔水层，阻断污染物向周边环境迁移扩散。

常见的垂直阻隔结构包括土-膨润土垂直阻隔、水泥-膨润土垂直阻隔、塑性混凝土垂直阻隔、土工合成材料垂直阻隔、灌浆帷幕，其他垂直阻隔结构还有水泥-膨润土阻隔、水泥-土-膨润土垂直阻隔、钢

筋混凝土阻隔、混凝土/沥青混凝土阻隔、黏土阻隔等。垂直阻隔墙主防渗材料的渗透系数一般要求不大于 1×10^{-7} cm/s，土质主防渗材料一般为土-膨润土、水泥-膨润土等，人工合成材料主防渗材料一般为 2～3 mm 厚的高密度聚乙烯(HDPE)土工膜。

污染防控要求较低或时间较短(如临时性污染防控)时，垂直阻隔结构可采用高压喷射灌浆墙、搅拌桩墙、搅喷桩墙等。表 7-4-3 为常见垂直阻隔墙类型特点，图 7-4-6 为水泥-土搅拌桩垂直阻隔技术施工现场。

表 7-4-3　常见垂直阻隔墙类型的特点

类　型	特　点
水泥-膨润土墙	强度高，压缩性低，可用于斜坡场地，渗透性低，通常为 10^{-6} cm/s 级数量
土-膨润土墙	与水泥-膨润土阻隔墙相比，渗透性更低，通常不大于 1×10^{-7} cm/s，有时可低至 5.0×10^{-9} cm/s
土-水泥-膨润土墙	强度与水泥-膨润土相当，渗透性与土-膨润土相当
HDPE 土工膜复合墙	防渗性和耐久性较高，渗透性低，可达 10^{-8} cm/s
塑性混凝土墙	比水泥-膨润土刚度大、强度高，渗透系数一般不大于 1×10^{-6} cm/s，适合作为深垂直阻隔墙
灌浆帷幕	可填充孔洞或封闭裂隙

图 7-4-6　水泥-土搅拌桩垂直阻隔技术施工现场

(2) 水平阻隔技术

阻隔层布设于地下或地面上或固体废物堆填体之上，采用水平铺设布置形式，阻断染物向周边环境迁移扩散，或者阻断外界水进入场地土壤或含水层或固体废物堆填体的阻隔技术。

常见的水平阻隔结构一般包括防渗层、排水层及绿化土层等，有必要时在防渗层下设置排气层。防渗层材料主要有土工膜和天然黏土两种。土工膜作为防渗层，一般要求具有良好的抗拉强度或抗不均匀沉降能力，渗透系数小于 1×10^{-12} cm/s，土工膜上下部应设置保护层防止土工膜遭到破坏。天然黏土作为防渗层，一般要求平均厚度不宜小于 300 mm，进行分层压实，渗透系数应小于 1×10^{-7} cm/s。排水层选用性能好的材料，渗透系数一般大于 1×10^{-3} m/s，常用的有碎石或复合土工排水网。绿化土层厚度不宜小于 500 mm，应分层压实。

7.4.3.2 适用范围

(1) 适用污染物

适用于各种污染物质的扩散阻隔，其材料应具有良好的稳定性，土壤/地下水中的污染物不会显著劣化阻隔材料的性能。阻隔材料在保证长期低渗透性的条件下，可提高其对污染物的吸附性来增强阻隔效果。

(2) 适用水文地质条件

阻隔技术适用于各种介质类型的地下水污染风险管控，在具体施工工艺和阻隔材料结构选择应充分考虑场地水文地质条件。

7.4.3.3 关键工艺参数及设计

(1) 垂直阻隔关键技术参数

第一，隔水层渗透系数小于 10^{-7} cm/s。

第二，阻隔墙进入隔水层的深度不小于 10 m 且不能穿透隔水层。

第三，垂直阻隔的厚度确定，以填埋场为例，需综合考虑场地水文地质条件、土层分布及渗透系数等，按照下式确定

$$d=\eta(m+\sqrt{m_2+P_L})\sqrt{D_h\frac{t_b}{R}} \tag{7-4-5}$$

$$m=3.56-3.33\left(\frac{c_f}{c_o}\right)^{0.142} \tag{7-4-6}$$

$$P_L=\frac{k_b h(1+e)}{eD_h} \tag{7-4-7}$$

式中，d 为垂直阻隔墙的厚度，m；η 为考虑污染风险等级的安全系数，对渗沥液污染土壤和地下水的风险等级高、中和低的填埋场分别取 1.2、1.1 和 1.0；m 为系数；P_L 为垂直阻隔的 Peclet 数；D_h 为指示性污染物在垂直阻隔回填料中迁移的水动力弥散系数，m^2/s；t_b 为针对指示性污染物的垂直阻隔设计服役寿命，取值不小于填埋场要求的污染防控时间，即填埋场剩余运行时间与填埋场生活垃圾稳定化时间之和，s；R 为垂直阻隔回填料对特征污染物的阻滞因子；c_o 为垂直阻隔靠近填埋场一侧的地下水中指示性污染物的浓度，mg/L；c_f 为垂直阻隔远离填埋场一侧的地下水中指示性污染物的出流浓度击穿标准，应根据 GB/T 14848—2017Ⅲ类地下水质量限值取值，mg/L；k_b 为垂直阻隔墙回填料的渗透系数，m/s；h 为垂直阻隔两侧水头差，即靠近填埋场一侧的地下水水位与另一侧的地下水水位之差，m；垂直阻隔两侧逆水头差时取 0；e 为垂直阻隔材料的孔隙比。当根据式(7-4-5)计算的厚度小于 0.6 m 时，宜取 0.6 m；当根据式(7-4-6)计算的厚度大于 1.2 m 时，取 1.2 m，并采用工程措施减小垂直阻隔两侧地下水水头差或在垂直阻隔两侧形成逆水头差。

第四，材料。阻隔材料要具有极高的抗腐蚀性、抗老化性性能，对环境无毒无害；使用寿命可达到设计年限要求；阻隔材料应确保阻隔系统连续、均匀、无渗漏。膨润土颗粒粒径小于 0.075 mm 的质量百分比要在 95%以上，粒径小于 0.002 mm 的质量百分比不小 35%；污染物作用下膨润土的液限不小于 200%、膨胀指数不小于 12 mL/2 g。水泥的强度等级达到 42.5 以上。土工膜渗透系数不大于 10^{-11} cm/s，一般情况下厚度不小 3 mm，且整体均匀、无缺陷。

第五，回填料。在污染物的作用下，阻隔层的渗透系数不大于 10^{-7} cm/s。

(2) 水平阻隔关键技术参数

阻隔材料渗透系数通常要小于 10^{-7} cm/s，阻隔材料要具有较高的抗腐蚀性、抗老化性性能，对环境无毒无害。阻隔材料应确保阻隔系统连续、均匀、无渗漏。第一，黏土层厚度≥300 mm，且经机械压实后的饱和渗透系数在 10^{-7}～10^{-6} cm/s。第二，人工合成阻隔材料，满足《土工合成材料聚乙烯土工膜》(GB/T 17643—2011)等相关要求。第三，混凝土/沥青混凝土，抗渗等级至少满足《混凝土质量控制》(GB 50164—2011)中规定的 P6 要求。

7.4.4　监测自然衰减技术

7.4.4.1　技术原理

监控自然衰减(MNA)是依据场地自然发生的物理、化学及生物作用，包含生物降解、扩散、吸附、稀释、挥发、放射性衰减以及化学性或生物性稳定等，而使得土壤或地下水中污染物的质量、毒性、移动性、体积或浓度降低到足以保护人体健康和自然环境的水平。根据对污染物的破坏程度，这些自然发生的过程可归为两大类：一是非破坏性过程，指对流、弥散、稀释、吸附和挥发等，这些作用虽然可以改变污染物在地下水中的浓度，但对污染物在环境中的总量没有影响，污染物的危害仍然存在。二是破坏性过程，包括生物降解、化学降解，这些作用使污染物不但浓度降低，而且结构破坏。其中化学降解不能彻底分解有机化合物，其产物的毒性有可能更大；而生物降解是唯一将污染物转化为无害产物的作用。对于有机污染物的自然衰减，其中最重要的是生物降解作用。

7.4.4.2　适用范围

(1) 适用污染物

目前通过实践发现，适合使用监测自然衰减技术的污染物主要包括碳氢化合物、氯代烃、重金属、放射性核素等，详见表 7-4-4。

表 7-4-4　污染物的自然衰减能力

污　染　物	主要衰减作用	场地统计的衰减能力
(含氧)碳氢化合物		
苯系物	生物转化	高
石油烃	生物转化	中
非挥发性脂肪族化合物	生物转化、迁移性降低	低
多环芳烃	生物转化、迁移性降低	低
低分子的醇、酮、酯	生物转化	高
甲基叔丁基醚	生物转化	低
氯代脂肪烃		
四氯乙酸、三氯乙酸、四氯化碳	生物转化	低
三氯乙烷	生物、非生物转化	低
二氯乙烷	生物转化	高
氯乙烯	生物转化	低

续 表

污 染 物	主要衰减作用	场地统计的衰减能力
二氯乙烯	生物转化	低
氯代芳香烃		
多氯联苯、四氯二苯并呋喃、五氯酚、多氯苯	生物转化、迁移性降低	低
二噁英	生物转化	低
氯苯	生物转化	中
硝基芳香烃		
2,4,6-三硝基甲苯	生物、非生物转化、迁移性降低	低
重金属		
铬	生物转化、迁移性降低	中—低
汞	生物转化、迁移性降低	低
镍	迁移性降低	中
铜、锌	迁移性降低	中
镉	迁移性降低	低
铅	迁移性降低	中
类金属		
砷	生物转化、迁移性降低	低
硒	生物转化、迁移性降低	低
含氧阴离子		
硝酸盐	生物转化	低
过氯酸	生物转化	低
放射性核素		
钴-60	迁移性降低	中
铯-137	迁移性降低	中
氚	衰变	中
锶-90	迁移性降低	中
锝-99	生物转化、迁移性降低	低
钚-238	迁移性降低	低
铀-235	生物转化、迁移性降低	低

(2) 适用的水文地质条件

从地下水埋藏和分布、含水介质和含水构造等水文地质条件考虑，以自然衰减能力和现有监测技术可实施性为依据，判断水文地质条件适用性如下：

第一，考虑埋藏和分布条件，通常潜水自然衰减能力高于承压水。

第二，考虑含水介质条件，自然衰减技术在孔隙水、裂隙水、岩溶水中的适用性及监测技术可实施性依次为高、中、低。

(3) 不能单独使用的情景

监测自然衰减技术作为一种被动修复技术，可以单独使用，也可与其他修复技术联合使用。当存在下列状况时，监测自然衰减不能作为单一使用的修复技术，需要与其他修复技术联用，包括：

第一，污染羽处于扩展阶段。若存在持续泄漏的污染源、自由相或残留相时，污染羽可能会向外继续扩展，扩展的污染羽表明污染物的释放超过自然衰减的能力。

第二，复杂的水文地质条件。存在复杂的水文地质系统，如裂隙或岩溶地层，较难监测污染物迁移和自然衰减过程。这种情况下可能限制监测自然衰减的使用，因为难以保障潜在受体不受影响。此外，在基岩中自然衰减过程的有效性评价尚未充分建立，吸附、阳离子交换、生物降解、水解等衰减过程在裂隙环境中较弱。

第三，存在较高的环境风险。通过分析地下水污染趋势，污染物在短时间内会对人群或环境受体造成威胁。

7.4.4.3　系统构成和主要设备

监控自然衰减系统主要由监测井网系统构成，同时需制定完整的监测计划、自然衰减性能评估方法和应急备用方案。

(1) 监测井网系统

能够确定地下水中污染物在水平和垂向的分布范围，确定污染羽是否呈现稳定、缩小或扩大状态，确定自然衰减速率是否稳定，对于敏感的受体所造成的影响能否起到预警作用。监测井设置密度(位置与数量)需根据场地水文地质条件污染羽范围、污染羽的时空变化而定，且数量应能够满足统计分析上的可信度要求。

(2) 监测计划

主要监测分析项目包括目标污染物及其降解产物。在监测初期，所有监测区域均需要分析污染物、降解产物及完整的地球化学参数，以充分了解整个场地的水文地质特性与污染分布。后续监测过程中，则可以依据不同的监测区域与目的，做适当的调整。地下水监测频率通常在开始的前两年至少每季度监测一次，以确认污染物随季节变化的情形，但有些场地可能需要更长的监测时间(大于两年)以建立起长期性变化趋势。对于水地质条件变化差异性大，或是随着季节易有明显变化的地区，则需要更密集的监测频率，以掌握长期性变化趋势。在监测两年之后，监测的频率可以依据污染物移动时间以及场地其他特性做适当的调整。

(3) 监控自然衰减效果评估

评监测数据结果，判定自然衰减过程是否如预期方向进行评估自然衰减对污染改善的成效。自然衰减效果评估依据主要来源于监测过程中所得到的检测分析结果，主要根据监测数据与前一次(或历史资料)的分析结果做比对。主要包括：自然衰减是否如预期的正在发生；是否能监测到任何降低自然衰减效果的环境状况改变，包括水文地质、地球化学、微生物族群或其他的改变；能否判定潜在或具有毒性或移动性的降解产物；能否证实污染羽正持续衰减；能否证实对于下游潜在受体不会有无法接受的影响；是否监测出新的污染物释放到环境中，且可能会影响到监控自然衰减修复的效果；能否证实可以达到修复目标。

(4) 应急备用方案

应急备用方案是在监控自然衰减修复法无法达到预期目标，或是当场地内污染有恶化情形，污染羽有持续扩散的趋势时，采用其他土壤或地下水污染修复工程，而不是仅以原有的自然衰减机制来进行场地的修复工作。当地下水中出现下列情况时，需启动应急备用方案：地下水中污染物浓度大幅增加或监测井中出现新的污染物；污染源附近采样结果显示污染物浓度有大幅增加的情形，表示可能有新的污染源释放出来；在原来污染羽边界以外的监测井发现污染物；影响到下游地区潜在的受体；污染物浓度下降速率不足以达到修复目标；地球化学参数的浓度改变，导致生物降解能力下降；因土地或地下水使用改变，造成污染暴露途径。

7.4.4.4 关键工艺参数及设计

(1) 场地特征污染物

自然衰减的机制包括生物性作用和非生物性作用，需要根据污染物的特性评估自然衰减是否存在。不同污染物的自然衰减机制和评估所需参数包括地质与含水层特性、污染物化学性质、污染物原始浓度、总有机碳、氧化还原反应条件、pH 与有效性铁氢氧化物浓度、场地特征参数(如微生物特征、缓冲容量等)。

(2) 污染源及受体的暴露位置

开展监控自然衰减修复时，需确认场地内的污染源、高污染核心区域、污染羽范围及邻近可能的受体所在位置，包含平行及垂直地下水流向上任何可能的受体暴露点，并确认这些潜在受体与污染羽之间的距离。

(3) 地下水水流及溶质运移参数

在确认场地有足够的条件发生自然衰减后，需利用水力坡度、渗透系数、土壤质地和孔隙率等参数，建立地下水的水流及溶质运移模型，估计污染羽的变化与移动趋势。

(4) 污染物衰减速率

多数常见污染物的生物衰减是依据一阶反应进行的，在此条件下最佳的方式是沿着污染羽中心线(沿着平行地下水流方向)，在距离污染源不同的点位进行采样分析，以获取不同时间及不同距离的污染物浓度，用于计算一阶反应常数。重金属类污染物可以通过同位素分析方法获取自然衰减速率，对同一点位在不同时间进行多次采样分析，并由此判断自然衰减是否足以有效控制污染带的扩散。通过重金属的存在形态，判定自然衰减的发生和主要过程。若无法获取当前场地的数据，也可以参考文献报告数据获取污染物衰减速率作为初步参考。

7.4.5 制度控制技术

7.4.5.1 技术原理与分类

通过限制地块使用、改变活动方式、向相关人群发布通知等行政或法律手段保护公众健康和环境安全的非工程措施，是一种重要的地块风险管控措施。

制度控制可以按照实施主体、面向对象和实施方式来分类。如美国一般将制度控制分为四类：政府控制、所有权控制、强制执行手段和信息手段。

政府控制是指政府或地方行政机构通过发布对公众及资源的限制条文，达到制度控制的目的；包括颁布法规、条例、分区规划、建筑许可证等土地或资源限制使用的措施。

所有权控制存在于土地允许私人拥有和买卖的前提下，依托于房地产和物权法基础；主要通过所有权的相关法律来限制土地的开发使用，包括地役权和契约，例如可以强制土地所有者不得在其居住用地上建造游泳池等。

强制执行手段是指通过双方签署的命令或许可等强制性法律文件，对土地所有者或使用者在地块中的行为进行限制；通常由政府部门运用此手段来实施制度控制的强制执行权，其特点是具有合同性质，不随土地转移。

信息手段是指以公告或通告的方式提供有关地块上可能残留或封存的污染物的相关信息，帮助公众了解污染地块的具体情况；信息手段通常作为辅助手段来使用，以便确保其他制度控制的完整性。

7.4.5.2　**适用范围**

如果通过评估认为场地在修复后仍会留下残余污染，则应考虑采用制度控制措施，以确保残余污染不会带来不可接受的风险。相比常规的修复方式，采用制度控制和工程控制相结合的方式使得修复目标更加明确，可降低修复的成本，缩短修复时间。

制度控制一般会在以下三种情况中使用：一是最初的调查期间，首次发现污染物，为防止民众接触到潜在有害物质而采取的临时控制措施；二是污染地块正在进行修复，为了保护修复设备和防止民众接触有害物质，可以采取制度控制；三是部分污染物残留于地块，制度控制作为风险管控和修复手段的一部分使用。

7.4.5.3　**实施流程**

在污染地块环境监管中，制度控制实施流程主要包括污染地块信息收集、风险评估，确定制度控制目标、制度控制方案，制度控制方案的审批、制度控制实施与制度控制效果长期跟踪评价等环节，如图 7－4－7 所示。

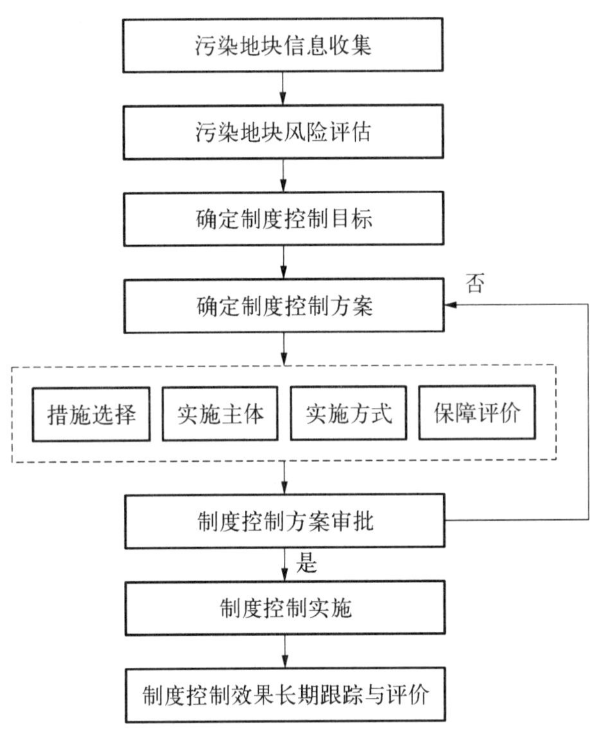

图 7－4－7　制度控制在污染地块监管中的应用流程

7.4.5.4　**关键环节及设计**

制度控制是一种非工程的措施，不涉及物理上改变地块。制度控制是建立在工程措施和非工程控制基础上的一种平衡的、实用的修复方案，是现场修复方案的一个组成部分，制度控制通常贯穿场地修复的整个过程。制度控制整个实施的生命周期主要包括四个关键阶段：制度控制的规划、实施、维护、强制执行。

（1）制度控制的规划

制度控制的规划是一个持续过程，在被选择的地块实施限制之前，应先进行制度控制规划；并在地块制度控制实施过程中持续改进，建立地块制度控制实施期内保证有效的方法。制度控制规划的关键要素包括：筛选合适的制度控制及具体的制度控制工具；编制制度控制实施和保证方案；制度控制成本估算及确定资金来源；确定场地残留污染分布、制度控制边界及其他地块特征参数；编制社区参与规划；确定利益相关者对制度控制实施和开展维护的能力等。

（2）制度控制的实施

在评估制度控制是否能够有效实施时，应考虑多种因素，如地块使用限制和制度控制措施的要求以及相关专家和利益相关方的意见和要求等。一般来讲，地块责任方对制度控制的实施和确保制度控制的长期有效性负有主要责任。

（3）制度控制的维护

一般来讲，确保制度控制的长期有效和修复工作完整性的最有效措施是实施过程中进行严格的定期监测和报告。场地管理人应当检查设计好的制度控制可用手段，确保整个实施过程符合制度控制的具体要求。一般来说，包括政府机构在内的各责任方，有责任和义务对制度控制实施的有效性开展监测和报告。

地块管理人的工作依据一般包括详细的运行和维护计划、制度控制实施和保证方案或其他与制度控制的长期管理相关的计划。这些计划至少应描述：监测活动和时间表；执行每项任务的责任；报告要求；解决报告所述期间可能出现的任何潜在的制度控制问题的程序等。

监测活动应足够频繁，以确保制度控制长期有效。在缺乏相关信息和资源而不能开展不定期审查的情况下，宜开展年度审查。审查活动应包括审查证明制度控制仍然有效的相关文件。

地方政府是长期管理制度控制的重要合作伙伴，地方政府可能拥有制度控制长期维护和强制执行的直接权力负责场地清理修复的各方应配合政府的监督管理，确保制度控制保持落实到位和有效。鼓励场地管理人在制定维护制度控制的全面、长期方法时，与相关政府部门和其他制度控制利益相关者（如责任方）进行协调，并在可能的情况下帮助他们达成共识。

在某些情况下，制度控制监测，如产权搜索、测绘、基于互联网的土地活动远程监测、现场视察和报告服务，可以由具有相应资质的实体外包或以其他方式安排开展。这一安排不会改变责任方、受让人与其他相关方维护修复行动和确保其保护性的任何法律义务。

当地居民、社区居委会（或业委会）和感兴趣的组织可对制度控制进行日常监测。由于居住或工作在地块附近的人员在确保遵守制度控制措施方面是利益相关者，因此他们通常会首先意识到地块的任何变化。尽管不应依赖当地居民作为主要或唯一的监测手段，但场地管理人应鼓励当地利益相关者参与制度控制的监测。

（4）制度控制的强制执行

地块管理人应在整个制度控制实施过程的所有阶段检查制度控制的合规性。当制度控制实施不当、疏于监控或报道不实等行为发生时，需要采取行动强制执行制度控制。

通常来讲，制度控制措施强制执行的首选和最快方法是通过及早发现问题和沟通寻求自愿遵守。许多问题可以通过电话和适当的后续行动在场地管理人层面得到有效解决。这种后续行动可包括场地访问、确保完整沟通的信函以及创建相关记录等。然而，有时则可能需要采取更正式的措施。强制执行可以通过多种方式进行，具体取决于制度控制手段的类型、使用的权限、引起强制执行活动的一方以及负责采取强制执行行动的一方。

本章参考文献

[1] 刘晶晶，范薇.环境化学[M].北京：化学工业出版社，2019.

[2] 仵彦卿.土壤-地下水污染与修复[M].科学出版社，2018.

[3] 吴吉春，孙媛媛，徐红霞.地下水环境化学[M].科学出版社，2019.

[4] 蔡信德，仇荣亮.典型有机污染物土壤联合修复技术及应用[M].北京：化学工业出版社，2016.

[5] 崔龙哲，李社锋，等.污染土壤修复技术与应用[M].北京：化学工业出版社，2016.

[6] 生态环境部.污染土壤工程技术规范原位热脱附：HJ 1165—2021[S].2021.

[7] 环境保护部.关于发布 2014 年污染场地修复技术目录（第一批）的公告（环境保护部公告 2014 年第 75 号）[EB/OL].(2014-10-30)[2021-12-19].

[8] 中国机械工程学会.土壤异位淋洗修复模块化撬装式装备技术要求第 1 部分：工艺及总成 T/CMES 07003—2022[S].2022.

[9] 孙铁珩.土壤污染形成机理与修复技术[M].科学出版社，2005.

[10] 生态环境部土壤生态环境司，生态环境部南京环境科学研究所.土壤污染风险管控与修复技术手册[M].北京：中国环境出版集团，2021.

[11] 生态环境部土壤生态环境司，生态环境部土壤与农业农村生态环境监管技术中心，生态环境部南京环境科学研究所.地下水污染风险管控与修复技术手册[M].北京：中国环境出版集团，2021.

[12] 罗育池，廉晶晶，张沙莎，等.地下水污染防控技术：防渗、修复与监控[M].北京：科学出版社，2017.

[13] 熊敬超，宋自新，崔龙哲，等.污染土壤修复技术与应用[M].北京：化学工业出版社，2020.

[14] 姜永海，席北斗，郇环，等.垃圾填埋场地下水污染识别与修复技术[M].北京：化学工业出版社，2020.

第 8 章

相关专业(测量、岩土工程勘察与设计基础)

8.1 测量专业基础

场地土壤污染调查和修复过程中,都涉及现场点位测放。以下主要介绍测量学的概念、坐标体系、基本程序和方法,使非测量专业的技术人员对工程测量有个初步了解。

8.1.1 测量学概述

测绘学科是地球科学的一个分支学科,为研究测定和描绘地球及其表面的各种形态的理论和方法。为此,测绘学科的研究内容和基本任务包括以下几个主要方面:第一,需要测定地球的形状和大小及与此密切相关的地球重力场,并在此基础上建立一个统一的空间坐标系统,用以表示地表任一点在地球坐标系统中的准确几何位置;第二,测定一系列地面控制点的空间坐标(称为控制测量),并在此基础上进行详细的地表形态的测绘工作(称为地形测量),其中包括地表的各种自然形态,如水系(江河湖海)、地貌(地表的高低起伏)、土壤和植被的分布,以及人类社会活动所产生的各种人工形态,如居民地、交通线和其他各种工程建筑物的位置、土地的行政和权属界线等,绘制成各种全国性的和地区性的数字化地形图,其最终目标是全面建立"数字地球"中的基础地理信息部分;第三,各种经济建设和国防工程建设的规划、设计、施工和建筑物建成后的运营管理中,都需要测绘工作相配合。如控制测量、地形测量、工程建设和设备安装中的测设工作以及建筑物的变形监测等,这些工作总称为"工程测量"。

8.1.2 地面点位的确定和坐标系

8.1.2.1 地球的形状和大小

地球上任一质点在静止状态下都同时受到两个作用力:一是整个地球质量产生的引力,二是地球自转产生的离心力。如图 8-1-1 所示,PP_1 直线为地球自转轴,EQ 弧为赤道,引力 U 指向地球质心 O,离心力 C 垂直于地球自转轴,两种力的合力称为重力 G,重力方向线称为铅垂线(简称垂线)。在地球上任一点,用细线挂一重锤,待其静止,细线方向即为该点的垂线方向。由于地球自转产生的离心力在赤道处最大,随纬度的增加而减小,至两极处为零,因此,地球的形状为赤道较为突出而两极较为扁平的椭球体。

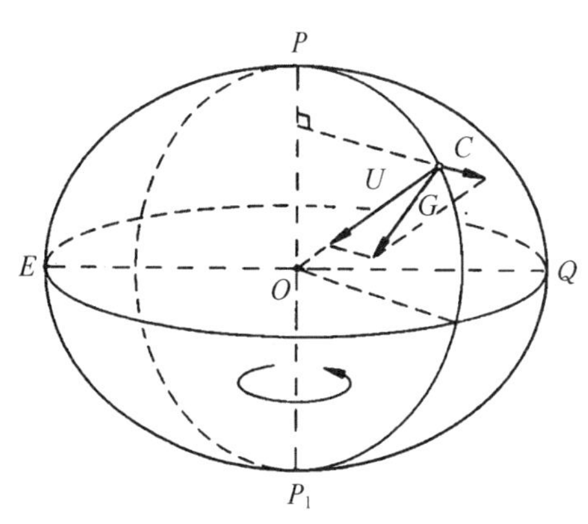

图 8-1-1 重力和地球形状

处于静止状态的水面称为水准面,是作为流体的水受地球重力影响而形成的重力等位面，它的特点之一是面上任一点的垂线都垂直于该点的水面。地球上的水面有高低，符合这个特点的水准面可有无数个。设想全球海洋水面平静下来，形成"平均海水面"，并穿过陆地包围整个地球，形成一个闭合曲面。将此曲面定义为"大地水准面"，并以此代表整个地球的实际形体。由于地球自然表面的起伏和内部物质的质量分布不均匀，重力受其影响，使垂线方向产生不规则的变化，因而使大地水准面也产生不规则的起伏变化，成为一个复杂的曲面，如图 8-1-2(a)(b)所示。

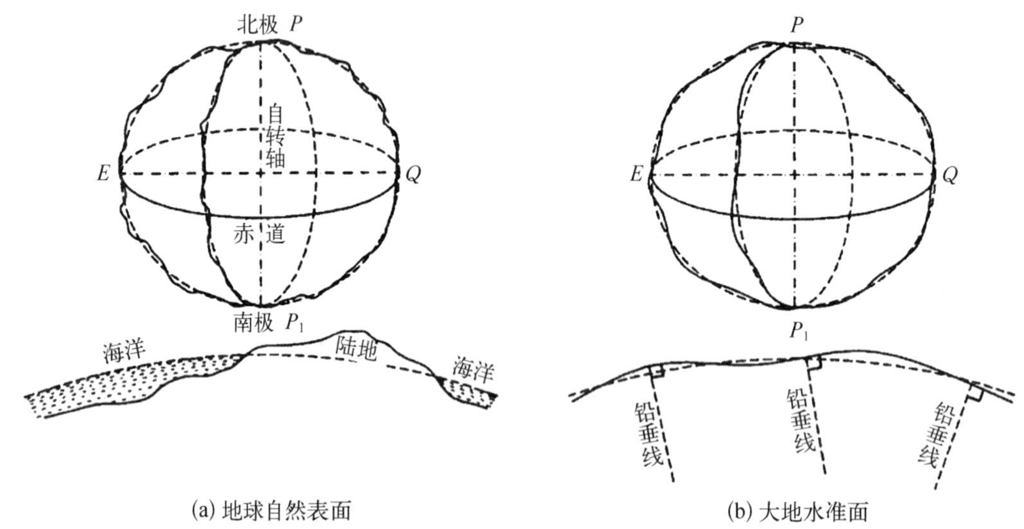

图 8-1-2　地球自然表面与大地水准面

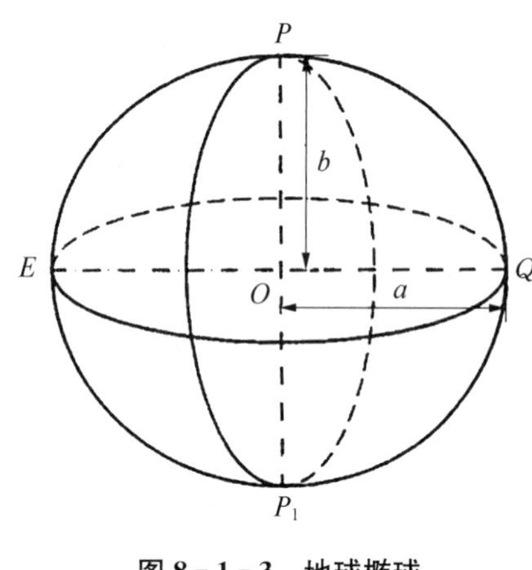

图 8-1-3　地球椭球

测绘地形图需要由地球曲面变换为平面的地图投影，若这个曲面很不规则，则投影计算将是十分困难的。为解决这个问题，可以选用一个非常接近大地水准面并可用数学公式表示的几何形体来建立一个投影面。这个形体是以地球自转轴 PP_1 为短轴、以赤道直径 EQ 为长轴的椭圆绕 PP_1 旋转而成的椭球体，称为"地球椭球"，如图 8-1-3 所示，作为地球的理论形体。

决定地球椭球形状大小的参数为椭球的长半轴 a 和短半轴 b，由此可以计算出另一个参数扁率 f

$$f=\frac{a-b}{a} \tag{8-1-1}$$

随着科学技术的进步，可以越来越精确地确定这些参数。到目前为止，已知其精确值为

$$a=6\ 378\ 137\ \text{m}$$

$$b=6\ 356\ 752\ \text{m}$$

$$f=\frac{1}{298.257}$$

当测区不大时，在某些测量工作中，可将地球当做圆球看待，其半径 R 近似值为 6 371 km。

8.1.2.2　确定地面点位的坐标系

为了确定地面点位的空间位置，需要建立各种坐标系。点的空间位置须用三维坐标来表示，在测量工作中，一般将点的空间位置用球面或平面位置(二维)和高程(一维)来表示，它们分别属于大地坐标系、平面直角坐标系和高程系统；在卫星测量中，用到三维空间直角坐标系。在各种坐标系之间，对于地

面点的坐标和各种几何元素可以进行换算。

(1) 大地坐标系

大地坐标系又称地理坐标系，是以地球椭球面作为基准面，以首子午面和赤道平面作为参考面，用经度和纬度两个坐标值来表示地面点的球面位置。如图 8-1-4 所示，大地经纬度 L、B 是地面点在地球椭球面上的二维坐标，另外一维为点的"大地高"H，是沿地面点的椭球面法线计算，点位在椭球面之上为正，点位在椭球面之下为负。大地坐标 L、B、H 可用于确定地面点在大地坐标系中的空间位置。

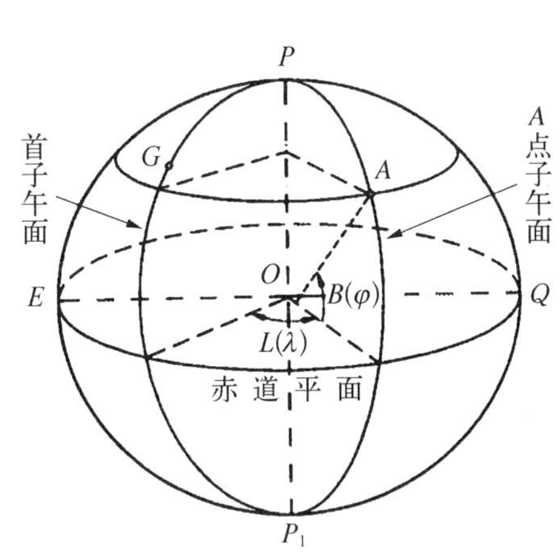

图 8-1-4　大地坐标系

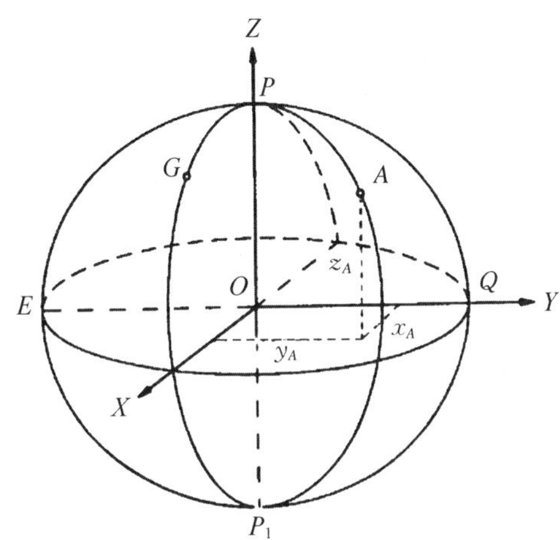

图 8-1-5　空间三维直角坐标系

(2) 空间三维直角坐标系

空间三维直角坐标系又称地心坐标系，是以地球椭球的中心(即地球的质心)O 为原点，起始子午面与赤道面的交线为 X 轴，在赤道面内通过原点与 X 轴垂直的为 Y 轴，地球椭球的旋转轴为 Z 轴，如图 8-1-5所示。地面点 A 的空间位置用三维直角坐标(x_A，y_A，z_A)表示。A 点可以在椭球面之上，也可以在椭球面之下。

我国现行的 2000 国家大地坐标系即属于空间三维直角坐标系。2000 国家大地坐标系是由我国 GPS 连续运行基准站、空间大地控制网以及天文大地网与空间大地网联合平差建立的地心大地坐标系统，是我国北斗卫星导航定位系统(简称 COMPASS 或 BeiDou)所采用的坐标系。

2000 国家大地坐标系以 ITRF97 参考框架为基准，参考框架历元为 J2000.0。

我国自 2008 年 7 月 1 日起正式启用 2000 国家大地坐标系，其定义如下：

地心：整个地球(包括陆地、海洋和大气)的质量中心；

尺度：广义相对论意义下局部地球框架中的 m(SI)；

轴定向：Z 轴指向是从地心到 BIH1984.0 定义的 CTP 推算到历元 2000.0 的地球参考极的方向，X 轴由原点指向格林尼治起始子午面与赤道的交点，Y 轴与 X、Z 轴构成右手直角坐标系。

长半轴 $a=6\ 378\ 137$ m；

地球引力常数 $GM=3.986\ 004\ 418\times 1\ 014\ \mathrm{m^3/s^2}$；

地球自转角速度 $\omega=7.292\ 115\times 10^{-5}$ rad/s；

扁率 $f=1/298.257\ 222\ 101$。

(3) 高斯平面直角坐标系

大地坐标系和空间三维直角坐标系一般适用于少数高级控制点的定位，或作为点位的初始观测值，而对于地形图测绘和工程测量中确定大量地面点位来说，是不直观和不方便的。这就需要采用地图投

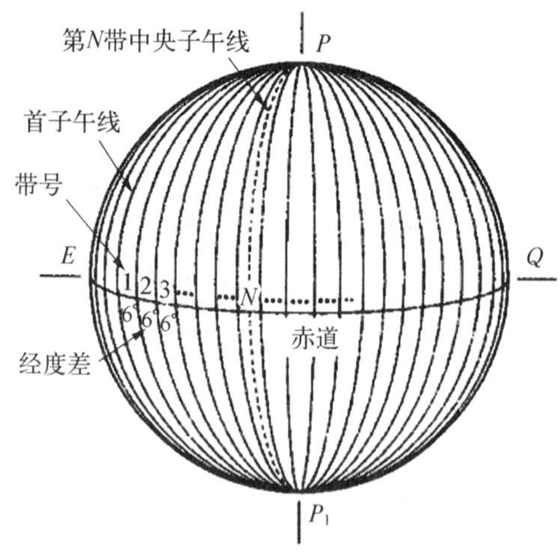

图 8-1-6 高斯-克吕格尔投影分带

影的方法，将空间坐标变换为球面坐标，或将球面坐标变换为平面坐标，或直接在平面坐标系中进行测量。由椭球面变换为平面的地图投影方法一般采用“高斯-克吕格尔投影”(简称“高斯投影”)，所建立的平面直角坐标系，称为“高斯平面直角坐标系”。

高斯投影的方法首先是将地球按经线划分成带，称为投影带。投影带是从首子午线(经度为 0)起，每隔 6°划为一带，称为 6°带，如图 8-1-6 所示，自西向东将整个地球划分为 60 个带，带号用阿拉伯数字表示。位于各带中央的子午线称为该带的“中央子午线”，如图 8-1-7 所示，第一个 6°带的中央子午线经度为 3°，任意一个 6°带的中央子午线经度为 $\lambda_0 = 6N - 3$(N 为投影带号)。

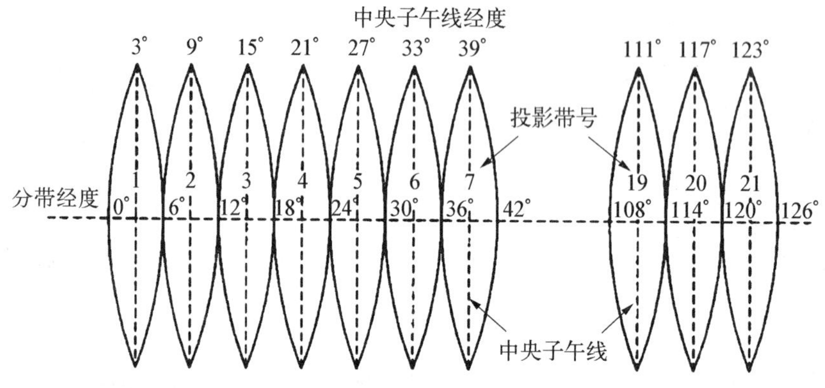

图 8-1-7 6°带中央子午线及带号

高斯投影的基本原理是：设想取一个椭球柱面与地球椭球的某一中央子午线相切，如图 8-1-8 所示，在椭球面图形与柱面图形保持等角的条件下(称为“正形投影”)，将球面图形投影在椭圆柱面上；然后将椭圆柱面沿着通过南、北极的母线切开，展开成平面。在这个平面上，中央子午线与赤道称为互相垂直相交的直线，分别作为高斯平面直角坐标系的纵轴(X 轴)和横轴(Y 轴)，在赤道上两轴的交点 O 作为坐标的原点，如图 8-1-9(a)所示。在该坐标系内，规定 X 轴向北为正，Y 轴向东为正。位于北半球

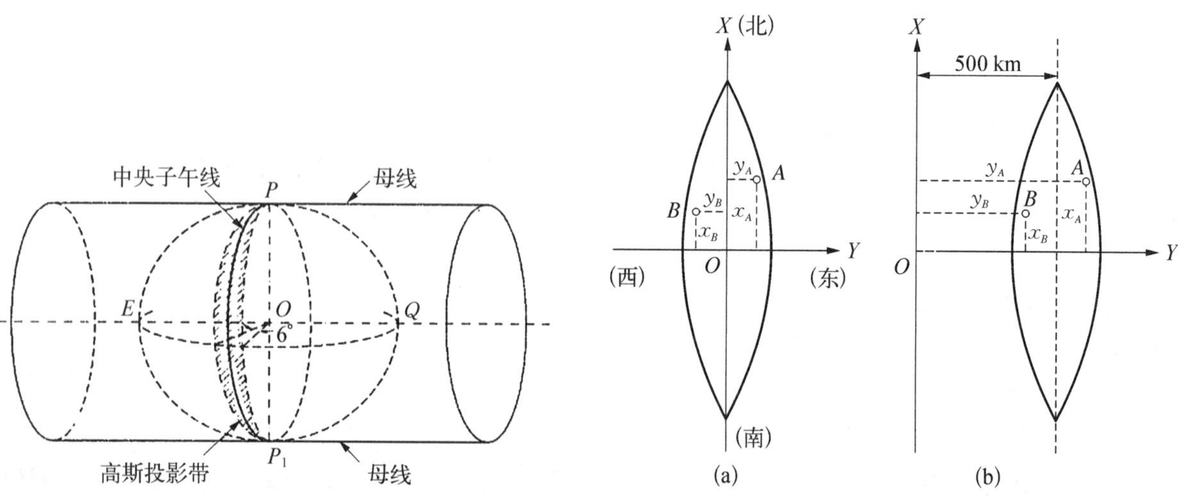

图 8-1-8 高斯投影基本原理

图 8-1-9 高斯平面直角坐标

的国家,境内 X 恒为正,而 Y 则有正有负。为避免坐标出现负值,将每个投影带的坐标原点向西移 500 km,即 Y 值增加 500 km。

在高斯投影中,虽然能使球面图形的角度和平面图形的角度保持不变,使两者具有相似性,但任意两点间的长度却会产生变形,投影在平面上的长度大于球面长度,称为"投影长度变形"ΔS。相对长度变形公式如下

$$\frac{\Delta S}{S}=\frac{y_m^2}{2R^2} \tag{8-1-2}$$

式中,y_m 为直线两端点横坐标的平均值,R 为地球半径。

由此可见,离中央子午线越远,长度变形越大。因此当进行大比例尺测图时,且测区离中央子午线较远时,则可采用 3°带投影或 1.5°带投影。

(4) 地区平面直角坐标系

地区平面直角坐标系又称独立坐标系。由于高斯投影的相对长度变形与测区离中央子午线的距离的平方成正比,达到一定距离,如相对长度变形达到 1/40 000,就不能满足城市和工程测量的精度要求。因此,城市的平面直角坐标系经常以城市中心地区某点的子午线作为中央子午线,将坐标原点也移到测区以内,据此进行高斯投影,称为"城市独立坐标系"(简称"城市坐标系")。如上海市并不位于统一的高斯投影 6°带或 3°带的中央子午线附近,因此,以市中心区的国际饭店楼顶的旗杆中心作为城市坐标系的坐标原点,把整个市区分为四个象限,建立城市坐标系。但是,城市坐标系与国家统一坐标系之间应有联测关系,两者之间可以进行坐标换算。

当测量范围很小时(例如数平方公里),可以把测区的地表一小块球面当成平面看待,不考虑地图投影问题,直接建立该地区的独立平面直角坐标系。

从 2021 年 1 月 1 日起,上海正式启用基于"2000 国家大地坐标系"而建设的、相对独立的平面坐标系统,简称"上海 2000 坐标系"。该系统采用高斯-克吕格投影,以东经 121°27′52″作为中央子午线,坐标系统原点位于东经 121°28′01″与北纬 31°14′07″的交点(仍为国际饭店楼顶中心旗杆),投影面高程 16.32 m。

上海 2000 坐标系与 2000 国家大地坐标系的关系就是从一个球体表面变成一个平面的转换过程,即投影。根据两者的数学模型和转换参数,可实现双向坐标换算。上海市规划和自然资源局对上海 2000 坐标系及成果进行依法管理、更新和维护,市测绘院作为市规划资源局下属技术支撑单位,负责为各区、各相关部门和单位提供各类测绘地理信息数据成果坐标转换的技术支持和服务。

(5) 坐标换算

地面上同一点的大地坐标、空间三维直角坐标和高斯平面直角坐标之间,均可根据其数学关系进行坐标换算。这里仅介绍均属于平面直角坐标系的建筑坐标系与城市坐标系之间的坐标换算。

如图 8-1-10 所示,设 XOY 为城市坐标系的坐标轴,$X'O'Y'$ 为建筑坐标系的坐标轴。如果对这两种坐标系已进行过联测,即已测定建筑坐标系的原点在城市坐标系中的坐标 $(x_0,\ y_0)$ 和建筑坐标系的纵轴在城市坐标系种的坐标方位角 (α),则可以进行坐标换算。"坐标方位角"是平面直角坐标系中的某一直线与坐标纵轴之间的夹角,从纵轴起算,顺时针方自 0°~360°。设已知 P 点的建筑坐标为 $(x'_p,\ y'_p)$,则可按下式换算出该点的城市坐标 $(x_p,\ y_p)$

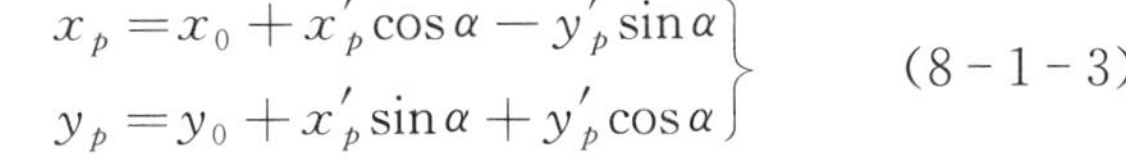

$$\left.\begin{aligned}x_p&=x_0+x'_p\cos\alpha-y'_p\sin\alpha\\ y_p&=y_0+x'_p\sin\alpha+y'_p\cos\alpha\end{aligned}\right\} \tag{8-1-3}$$

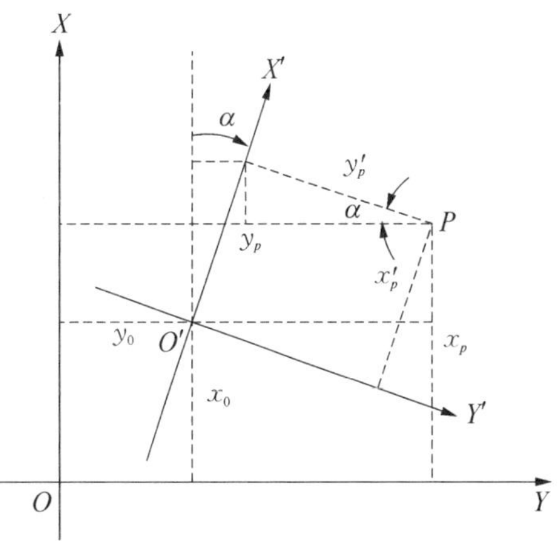

图 8-1-10　建筑坐标与城市坐标的换算

反之,若已知该点的城市坐标 $(x_p,\ y_p)$,亦可换算出该点

的建筑坐标（x'_p，y'_p）

$$\left.\begin{aligned} x'_p &= (x_p - x_0)\cos\alpha + (y_p - y_0)\sin\alpha \\ y'_p &= -(x_p - x_0)\sin\alpha + (y_p - y_0)\cos\alpha \end{aligned}\right\} \quad (8-1-4)$$

（6）高程系

地面点到大地水准面的铅垂距离称为“绝对高程”。由于海水面受潮汐、风浪等影响，它的高低时刻在变化。因此，通常在海边设立验潮站，进行长期观测，求得海水面的平均高度作为高程零点，也就是设大地水准面通过该点，建立一个国家或地区的高程系。在局部地区，有时需要假定一个高程起算面（水准面），地面点到该水准面的垂直距离称为假定高程或相对高程。地面上两点间绝对高程或相对高程之差称为高差（图 8-1-11）。对高差而言，无须顾及是绝对高程还是相对高程，其值相同。

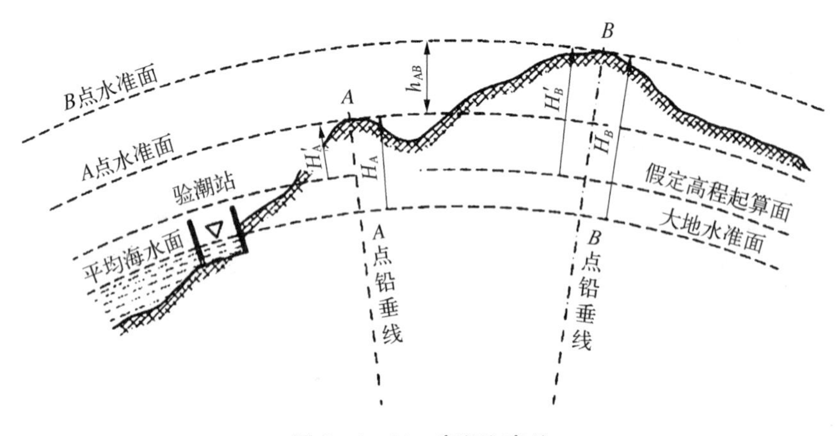

图 8-1-11 高程和高差

以大地水准面为参照面的高程系统称为正高，以似大地水准面为参照面的称为正常高。似大地水准面是从地面点沿正常重力线量取正常高所得端点的封闭曲面，它不是大地水准面，但接近大地水准面，是用于计算的辅助面。我国规定采用正常高系统作为我国高程的统一系统。新中国成立后，先后建立了“1956 年黄海高程系统”和“1985 国家高程基准”。后者采用的高程基准面是根据青岛验潮站 1952—1979 年的验潮资料计算得到的，作为全国高程的统一起算面，由此推算出青岛国家水准原点的高程为 72.260 m。该基准于 1988 年 1 月正式启用。

8.1.2.3 确定地面点平面位置的方法

（1）地面点的相对平面位置

任意两点在平面直角坐标系中的相对位置，如图 8-1-12(a)所示，可用以下两种方法确定：

一是直角坐标表示法：用两点间的坐标增量表示。

二是极坐标表示法：用两点连线（边）的坐标方位角和水平距离（边长）表示。

（2）坐标正算和反算

若两点间的平面位置关系由极坐标化为直角坐标，称为“坐标正算”，即按两点间的坐标方位角 α 和水平距离 D，用下式计算两点间的坐标增量 Δx、Δy

$$\left.\begin{aligned} \Delta x_{AB} &= D_{AB} \cdot \cos\alpha_{AB} \\ \Delta y_{AB} &= D_{AB} \cdot \sin\alpha_{AB} \end{aligned}\right\} \quad (8-1-5)$$

反之，则为“坐标反算”，其公式为

$$\left.\begin{aligned} \alpha_{AB} &= \arctan\frac{\Delta y_{AB}}{\Delta x_{AB}} \\ D_{AB} &= \sqrt{\Delta x_{AB}^2 + \Delta y_{AB}^2} \end{aligned}\right\} \quad (8-1-6)$$

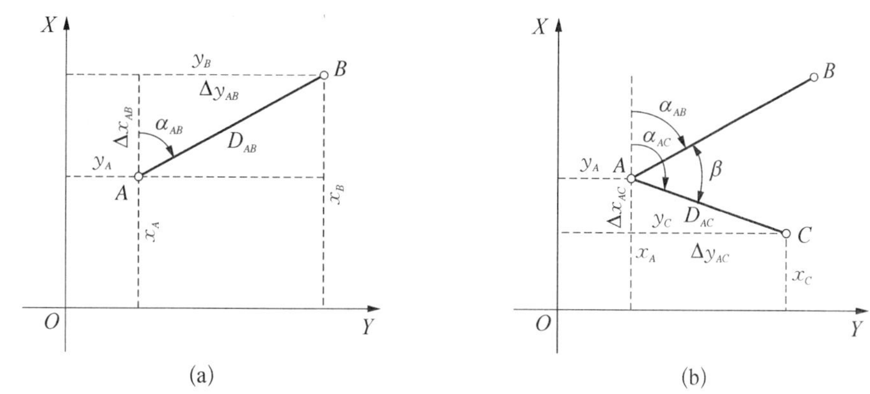

图 8-1-12　地面点的相对位置和极坐标法定位

(3) 极坐标法定点位

在工程测量和地形测量中,用极坐标法测定地面点的平面位置是最常用的方法。如图 8-1-12(b)所示,设 A、B 为坐标已知的点(简称“已知点”),C 为待测定其坐标的点(简称“待定点”)。测量 A、C 点之间的水平距离 D_{AC} 和 AB、AC 方向间的水平角 β。首先,按上述坐标反算公式计算 AB 边的坐标方位角 α_{AB};按 α_{AB} 和水平角 β 计算 AC 边的坐标方位角 α_{AC};按坐标正算公式计算 A、C 的坐标增量 Δx_{AC}、Δy_{AC};然后按已知点 A 的坐标和 A、C 的坐标增量计算 C 点的坐标

$$\alpha_{AC}=\alpha_{AB}+\beta \tag{8-1-7}$$

$$\left.\begin{aligned}x_C&=x_A+\Delta x_{AC}=x_A+D_{AC}\cdot\cos\alpha_{AC}\\y_C&=y_A+\Delta y_{AC}=y_A+D_{AC}\cdot\sin\alpha_{AC}\end{aligned}\right\} \tag{8-1-8}$$

8.1.3　测量工作的程序及基本内容

8.1.3.1　测量工作程序的基本原则

地球表面的外形是复杂多样的,在测量工作中,一般将其分为两大类:一是地表自然形成的高低起伏等变化,如山岭、溪谷、平原、河海等,称为“地貌”;二是地面上由人工建造的固定附着物,如房屋、道路、桥梁、界址等,称为“地物”。地物和地貌总称为地形。

测绘地形图或者施工放样时,要在某一个测站上完成是不可能的。因此,进行某一测区的测量工作时,首先要用较严密的方法和较精密的仪器,测定分布在全区的少量控制点的点位,作为测图或施工放样的框架和依据,以保证测区的整体精度,称为“控制测量”;然后在每个控制点上施测其周围的局部地形或放样需要施工的点位,称为“细部测量”。

由此得出,测量工作程序应遵循的基本原则为:在测量的布局上,是“由整体到局部”;在测量的次序上,是“先控制后细部”;在测量的精度上,是“从高级到低级”。

8.1.3.2　控制测量

控制测量分为平面控制测量和高程控制测量,由一系列控制点构成控制网。

平面控制网以连续的折线构成多边形格网,称为导线网,如图 8-1-13(a)所示,其转折点称为导线点,两点间的连线称为导线边,相邻两边间的水平夹角称为导线转折角,导线测量是测定这些转折角和边长,以计算导线点的平面直角坐标。平面控制网如以连续的三角形构成,称为三角网或三边网,如图 8-1-13(b)所示,前者测量三角形的角度,后者测量三角形的边长,以计算三角形顶点——三角点的坐标。如果对边、角都进行观测,则称为边角网。

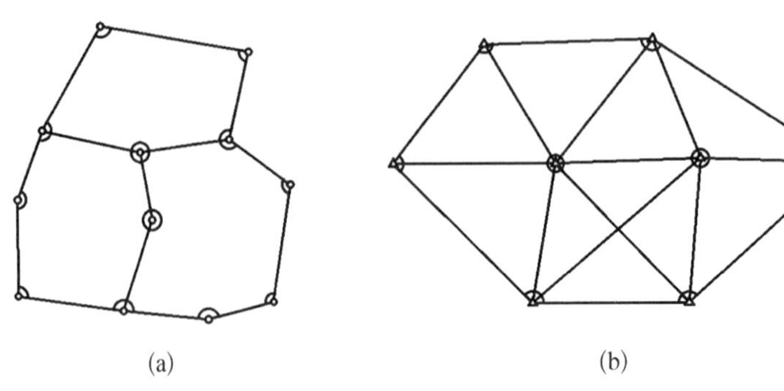

图 8-1-13 平面控制网

高程控制网为由一系列水准点构成的水准网，用水准测量或三角高程测量测定水准点间的高差，以计算水准点的高程。

利用人造地球卫星的全球定位系统(GPS)建立控制网，可以同时测定控制点的平面坐标和高程，是控制测量的发展方向。其布网形式与导线网和三角网大致相同。

8.1.3.3 细部测量

在控制测量的基础上进行细部测量，以测绘地形图或进行建筑物的放样。如图 8-1-14 所示为地物细部测量，图中 A、B 为已知其坐标和高程的控制点，P_1，P_2，P_3，……为待测定其点位的房角点(细部点)。首先，在 A 点架设测量仪器，瞄准 B 点，按 AB 的坐标方位角将其度盘定向。然后，转动仪器依次瞄准 P_1，P_2，P_3，……点，测定 A 点至这些点的坐标方位角、垂直角和距离，按极坐标定位法计算这些点的坐标和高程。最后，可以用各种作图的方法(包括计算机辅助成图法)，按一定的比例缩小，绘制成图。用 GPS 测量也可以测定细部点的坐标和高程。

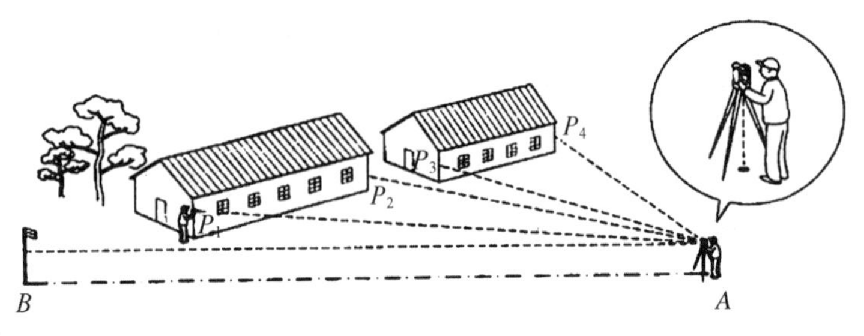

图 8-1-14 地物细部测量

在地面有高低起伏的地方，根据控制点的坐标和高程，可以测定一系列地形特征点的三维坐标——平面位置和高程，据此可以绘制用等高线表示的地貌。

施工放样中的细部测量是把图上设计的建筑物的详细位置在实地标定出来。

8.1.3.4 基本观测量

点与点之间的相对空间位置可以根据其距离、角度和高差来确定，因此，这些量称为基本观测量。如图 8-1-15 所示为空间的 A、B、C 三点，为确定它们之间的相对位置，需要测定下列一些基本观测量：

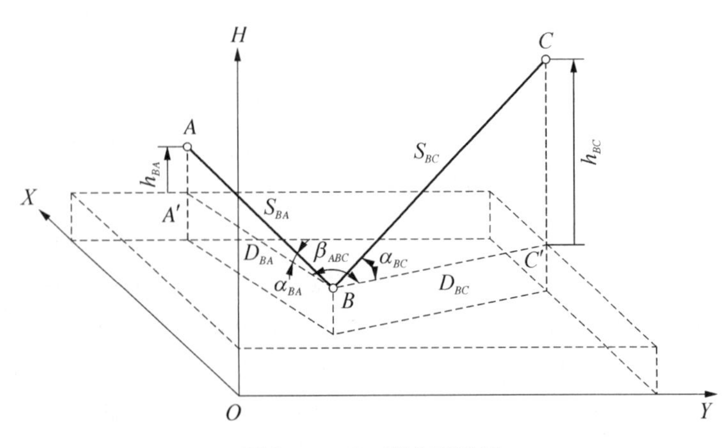

图 8-1-15 基本观测量

(1) 距离

距离分为水平距离(平距)和倾斜距

离(斜距)。斜距是不位于同一水平面内的两点间的距离,如图中的 $BA(S_{BA})$ 和 $BC(S_{BC})$。平距是位于同一水平面内的两点之间的距离,如图中的 $BA'(DBA)$ 和 $BC'(D_{BC})$。

(2) 角度

角度分为水平角和垂直角。

水平角 β 为同一水平面内两条直线之间的交角,如图中的 $\angle A'BC'(\beta_{ABC})$;

垂直角 α 为同一竖直面内的倾斜线与水平线之间的交角,如图中的 $\angle ABA'(\alpha_{BA})$ 和 $\angle CBC'(\alpha_{BC})$。

(3) 高差

高差(h)为两点之间沿铅垂线方向的距离,如图中的 $AA'(h_{BA})$ 和 $CC'(h_{BC})$。

8.1.4 水准测量

为了测绘地形图和建筑工程的设计与施工放样,必须测定一系列地面点的高程。高程测量按使用的仪器和方法分为水准测量、三角高程测量和GPS高程测量。水准测量是用水准仪和水准尺根据水平视线测定点与点之间的高差,推算点的高程,是高程测量中最常用的方法,一般适用于平坦地区。

8.1.4.1 水准测量原理

水准测量的基本原理是:利用水准仪提供一条水平视线,对竖立在两地面点的水准尺上分别进行瞄准和读数,以测定两点间的高差;再根据已知点的高程,推算待定点的高程。如图8-1-16所示,设已知 A 点的高程为 H_A,求 B 点的高程 H_B;在 A,B 两点之间安置一架水准仪,并在 A,B 点上竖立水准尺(尺的零点在底端);根据水准仪望远镜的水平视线,在 A 尺上读数为 a,在 B 尺上读数为 b,则 A 点至 B 点的高差为

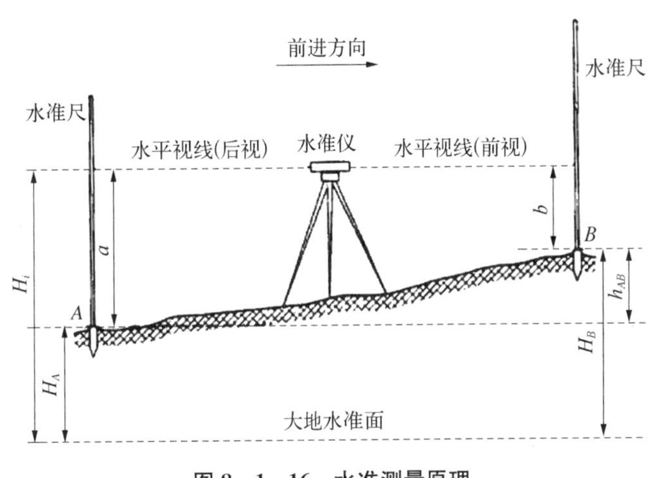

图8-1-16 水准测量原理

$$h_{AB}=a-b \qquad (8-1-9)$$

如果 A,B 两点的距离不远,而且高差不大(小于一支水准尺的长度),则安置一次水准仪就能测定其高差,如图8-1-16所示,设已知 A 点的高程为 H_A,则 B 点的高程为

$$H_B=H_A+h_{AB} \qquad (8-1-10)$$

如果两点间的距离较远,或高差较大,或不能直接通视,不可能安置一次水准仪即可测定其高差。此时,可沿一条路线进行水准测量,中间加设若干个临时立尺点,称为"转点"(TP),依次安置水准仪,测定相邻点间的高差,最后取各高差代数和,得到起终两点间的高差。水准测量所进行的路线称为"水准路线"。

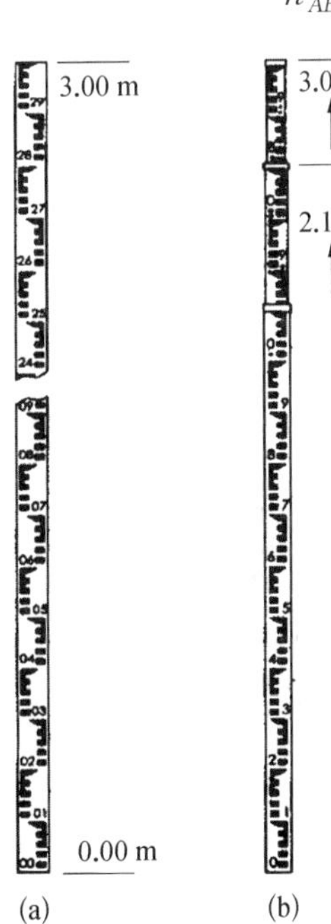

图8-1-17 水准尺

8.1.4.2 水准仪器

水准测量所使用的仪器为水准仪,与其配套的工具为水准尺(图8-1-17)和尺垫(图8-1-18)。

水准尺的尺面上每隔1 cm印刷有黑、白或红、白相间的分划,每分米处注有分米数,其数字有正和倒两种,分别与水准仪的正像望远镜或倒像望远镜相配合。另外还有因瓦合金带水准尺和条纹码水准尺,分别与精密水准仪和电子

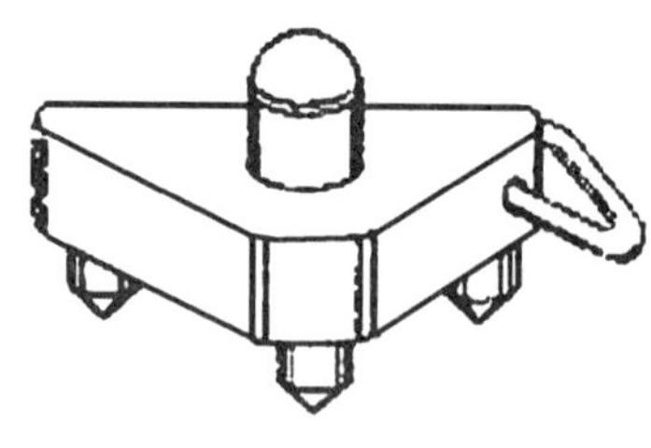

图 8-1-18 尺垫

水准仪相配合。

水准路线中需要放置转点之处，为防止观测过程中立尺点的下沉而影响争取读数，应在转点处放置较重的尺垫。

水准仪分为水准气泡式和自动安平式。前者完全根据水准管气泡安平仪器视线；后者先用水准气泡粗平，然后用水平补偿器自动安平视线。现代的电子水准仪是利用条纹码水准尺和用仪器的光电扫描进行自动读数的水准仪，其置平方式也属于自动安平式。

水准仪按其高程测量精度分为 DS05，DS1，DS2，DS3，DS10 几种等级。D 和 S 是“大地”和“水准仪”汉语拼音的第一个字母，后续的数字为每千米水准测量的高差中误差(单位为 mm，05 代表 0.5 mm，1 代表 1 mm，等等)，DS05 和 DS1 级水准仪属于精密水准仪，DS2、DS3 和 DS10 属于普通水准仪。如果“DS”改为“DSZ”，则表示该仪器为自动安平水准仪。表 8-1-1 列了出各等级水准仪的主要技术参数和用途。图 8-1-19 为光学水准仪和电子水准仪。

表 8-1-1 水准仪系列技术参数及用途

参数名称	水准仪等级			
	DS05	DS1	DS3	DS10
每千米高差中误差(mm)	±0.5	±1	±3	±10
望远镜放大倍率不小于(倍)	42	38	28	20
水准管分划值(″/2 mm)	10	10	20	20
自动安平精度(″/2 mm)	±0.1	±0.2	±0.5	±2.0
圆水准器分划值(″/2 mm)	8	8	8	10
测微器格值(mm)	0.05	0.05		
主要用途	国家一等水准测量	国家二等水准测量及精密水准测量	国家三四等水准测量及工程测量	工程及图根水准测量

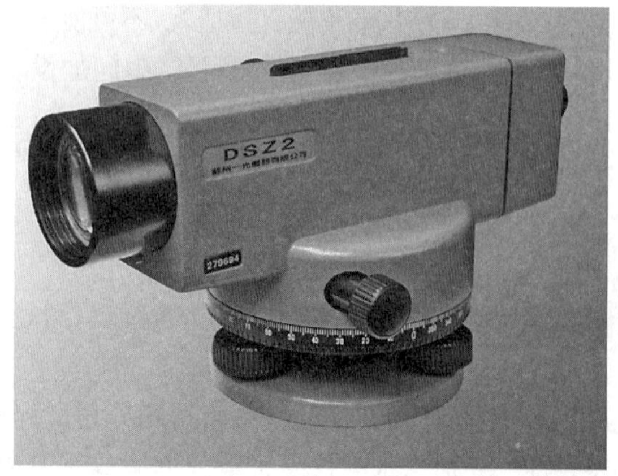

图 8-1-19 光学水准仪和电子水准仪

8.1.5　角度测量

角度测量是确定地面点位时的基本测量工作之一，分为水平角观测和垂直角观测。前者用于测定平面点位，后者用于测定高程或将倾斜距离化为水平距离。角度测量的仪器是经纬仪，可用于测量水平角和垂直角。

8.1.5.1　水平角和垂直角观测原理

(1) 水平角观测原理

水平角是空间两相交直线在水平面上的投影所构成的角度。如图 8－1－20 所示，A、B、C 为地面上任意三点，连线 BA、BC 沿铅垂线方向投影到水平面 H 上，得到相应的 A_1、B_1、C_1 点，则 B_1A_1 与 B_1C_1 的夹角 β 即为地面 A、B、C 三点在 B 点的水平角。也就是分别包含 BA，BC 方向的两铅垂面之间的两面角。

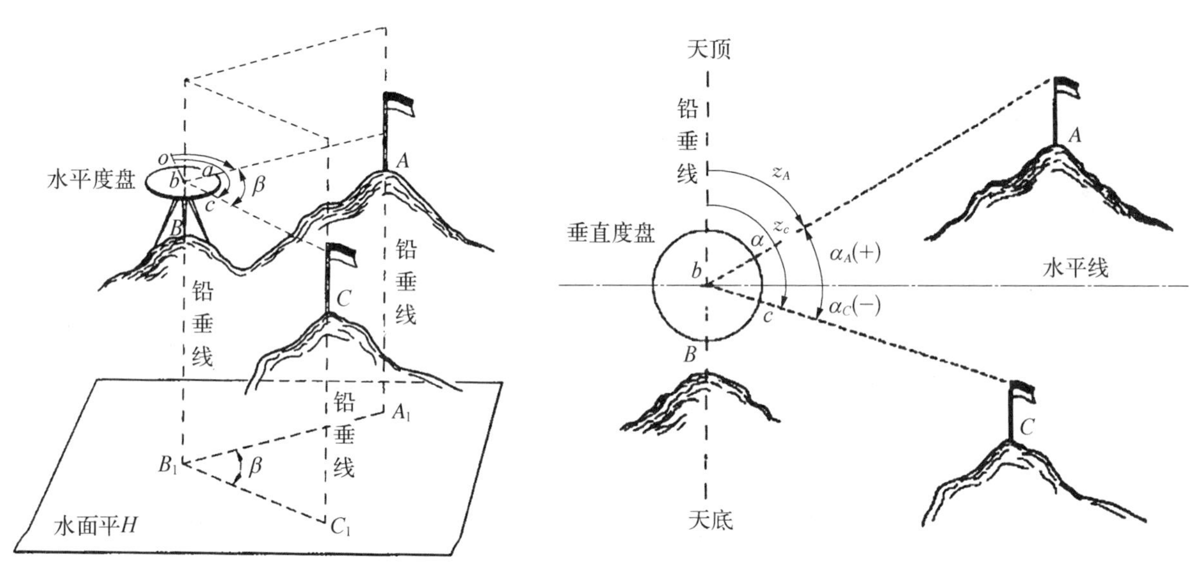

图 8－1－20　地面点间的水平角和垂直角

为了测定水平角，在角顶点 B 的铅垂线上安置一架经纬仪。仪器有一个能水平安置的刻度圆盘——水平度盘，度盘上有 0°～360°的刻度，其中心位于测站的铅垂线上。经纬仪的望远镜不但可以在水平方向旋转，还可以在铅垂面内旋转。通过望远镜分别瞄准高低不同的目标 A 和 C，在水平度盘上的读数分别为 α 和 c，则水平角 β 为这两个读数之差，即 $\beta = c - \alpha$。

(2) 垂直角角观测原理

在同一铅垂面内，某方向的视线与水平线的夹角称为垂直角 α(又称为竖直角或高度角)，角值范围为 0°～±90°，0°为水平线。瞄准目标的视线在水平线之上称为仰角，角值为正；瞄准目标的视线在水平线之下称为俯角，角值为负，如图 8－1－20 所示。视线与向上的铅垂线之间的夹角 z 称为天顶距，角值范围为 0°～180°。$z = 90°$为水平线，$z < 90°$为仰角，$z > 90°$为俯角。垂直角与天顶距的关系为 $\alpha = 90° - z$。

为了测定垂直角或天顶距，经纬仪还需要在铅垂面内装有垂直度盘(简称竖盘)，望远镜瞄准目标后，可以在竖盘上读数。垂直角(或天顶距)的角值也应是两个方向在度盘上的读数之差，但其中一个是水平(或铅垂)方向，其应有读数为 0°或 90°的倍数。因此，观测垂直角或天顶距时，只要瞄准目标，读出竖盘读数，即可算出垂直角值。

8.1.5.2 经纬仪

经纬仪分为光学经纬仪和电子经纬仪两类。光学经纬仪利用几何光学器件的放大、反射、折射等原理进行度盘读数，电子经纬仪则利用物理光学器件、电子器件和光电转换原理显示度盘读数。两者在机械结构上基本相同(图 8-1-21)。

图 8-1-21 光学经纬仪

表 8-1-2 经纬仪系列技术参数及用途

参数名称		经纬仪等级		
		DJ1	DJ2	DJ6
一测回水平方向中误差不大于(″)		±1	±2	±6
望远镜物镜有效孔径不小于(mm)		60	40	40
望远镜放大倍数(倍)		30	28	20
水准管分划值不大于(″/2 mm)	水平度盘	6	20	30
	垂直度盘	10	20	30
主要用途		二等平面控制测量及精密工程测量	三四等平面控制测量及一般工程测量	图根控制测量及一般工程测量

经纬仪按其测角精度划分为 DJ1、DJ2 和 DJ6 等级别，D、J 分别为“大地测量”和“经纬仪”的汉语拼音首字母，1、2 和 6 等分别为用该经纬仪一测回的方向中误差的秒数。表 8-1-2 为经纬仪系列技术参数及用途。

8.1.6 距离测量

距离测量是确定地面点位时的基本测量工作之一。距离测量的方法有卷尺量距、视距测量和电磁波测距等。

卷尺量距是传统的量距方法，工具简单，成本低廉；因易受地形限制，目前仅用于平坦地区的近距离测量，如广泛用于地形测量中的细部丈量和建筑工地的细部施工放样等。

视距测量为利用测量望远镜的光学性能和目标点上的标尺，以测定距离，适合于精度要求较低的近距离测量，例如水准测量中的测定前、后视距离。

电磁波测距是利用电磁波作为载波传输测距信号以测定两点间距离的一种方法，具有测程远、精度高、作业快、不受地形限制等优点。目前已成为大地测量、工程测量和地形测量中距离测量的主要方法。电磁波测距的仪器按其所采用的载波可分为以下三种：一是用微波段的无线电波作为载波的微波测距仪；二是用红外光作为载波的红外测距仪；三是用激光作为载波的激光测距仪。后两者又总称为光电测距仪，在工程测量和地形测量中得到广泛的应用。广义的电磁波测距应包括按卫星定位的 GPS 测量，GPS 接收机接收卫星在空间轨道上发射的电磁波测距信号，同时测定测站至若干卫星的距离，再按空间距离交会原理确定地面点的点位或相对点位。

8.1.7　电子全站仪测量

图 8－1－22　全站仪

电子全站仪是一种利用机械、光学、电子的高科技元件组合而成、可以同时进行角度(水平角、垂直角)测量和距离(斜距、平距、高差)测量的测量仪器(图 8－1－22)。由于只要在测站上一次安置该仪器,便可以完成该测站上所有的测量工作,故称为“全站仪”。

起初的全站仪是将电子经纬仪和测距仪组装在一起,并可分离成两个独立的部分,称为积木式全站仪。后来改进为将光电测距仪的调制光发射接收系统的光轴和经纬仪的视准轴组合成分光同轴的整体式全站仪,并配置电子计算机的微处理机和系统软件,使其具有将测量数据储存、计算、输入、输出等功能。通过输入、输出设备,可以与计算机交互通讯,使测量数据直接进入计算机,据此进行计算和绘图;测量作业所需要的已知数据也可以从计算机输入全站仪。一些全站仪将电荷耦合器件(Charge-Coupled Device,CCD)与传动马达相结合,使其具有对目标棱镜的自动识别、跟踪和瞄准(Automatic Target Recognition,ATR)功能;电荷耦合器件还用于度盘读数、构成电子水准器等。一些全站仪将全球定位系统(GPS)接收机与之结合,以解决仪器自由设站的定位问题。全站仪的这些功能不仅使测量的外业工作高效化,而且可以实现整个测量作业的高度自动化。电子全站仪已广泛用于控制测量、地形测量、施工放样等方面的测量工作。

一般全站仪的功能组合框图如图 8－1－23 所示。

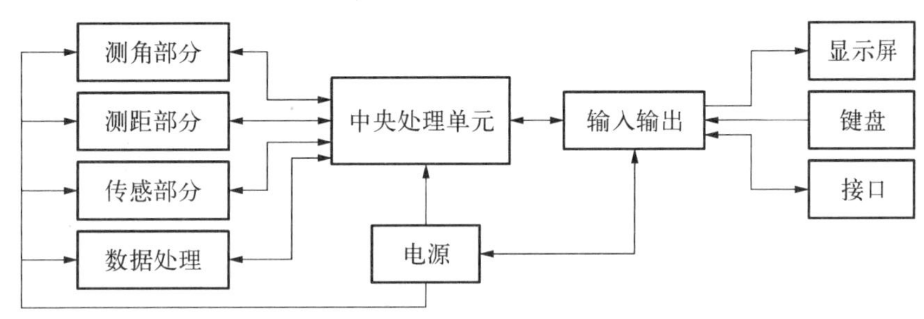

图 8－1－23　全站仪的组合图框

8.1.8　GNSS 测量

8.1.8.1　GNSS 定位

需要注意的是,全球定位系统(Global Positioning System,GPS)一般专指美国的卫星导航和定位系统,而目前全球四大卫星导航系统除了美国的 GPS,还有俄罗斯的 GLONASS、欧盟的 Galileo 和中国的北斗,故目前中国学术界一般用全球导航卫星定位系统(Global Navigation Satellite System,GNSS)来代替人们常说的 GPS。

GNSS 定位是基于距离交会定位原理确定点位的。利用固定于地球表面的三个及以上的地面点(控制站)可交会确定出天空中的卫星位置,反之利用三个及以上卫星的已知空间位置又可交会出地面未知点(接收机天线中心)的位置。这就是 GNSS 卫星定位的基本原理。

实时动态定位(Real-Time Kinematic,RTK)测量,是 GNSS 定位的一种技术。其方法是至少在一个已知点(固定站)上安置卫星定位接收机和无线电发射装置,将接收到的卫星观测数据和已知点的坐标等有关信息按照一定的编码格式发射;另外,在位置待定的流动站上安置便于移动的 GNSS 接收机、无线电接收装置和控制器,利用接收到的卫星数据和已知点发射的数据在控制器上进行实时处理,现场解算出流动站的坐标,可达到厘米级精度。

为了应对高精度和实时性的应用,位置固定、不间断连续运行的 GNSS 参考站相继建成,并逐步覆盖成区域性的网络,形成了 GNSS 连续运行参考站(Continuously Operating Reference Stations,CORS)网络。

随着国内外 CORS 网络系统的迅速发展,20 世纪末,出现了网络实时动态定位技术。

网络实时动态定位技术,简称网络 RTK 定位技术。该技术通过集中综合处理 CORS 网的卫星观测数据,实时解算大气延迟等改正信息,并通过无线通信方式为用户提供改正信息,可以在其网络覆盖范围内为测码型接收机提供亚米级或米级精度的实时定位服务,为测相型接收机提供厘米级精度的实时定位服务;也可以提供毫米级精度的事后位置服务。

8.1.8.2 GNSS 测量在场地污染治理工作中的应用

GNSS 测量目前已广泛应用于城市工程测量中,尤其是视野开阔、卫星信号良好的场地。对于场地污染治理工作,可直接用于平面控制测量、点位放样、高程采集等。

(1) 平面控制测量

平面控制网可按精度划分为等与级两种规格,由高向低依次为二、三、四等和一、二、三级。平面控制网的建立,可采用 GNSS 测量、导线测量、三角网测量等方法。

对于场地污染治理工作,一般适宜采用 GNSS 测量中的网络 RTK 方法,布设二级平面控制网,其主要技术指标如表 8-1-3 所示。

表 8-1-3 二级卫星定位测量控制网动态测量的主要技术指标

等级	相邻点间距离(m)	平面点位中误差(mm)	边长相对中误差	测回数
二级	≥250	≤50	≤1/14 000	≥3

使用网络 RTK 技术进行控制测量作业,应在城市 CORS 系统服务中心进行登记、注册,获取系统服务授权,并应设置通信参数、IP 地址、APN、端口、差分数据格式等各项网络参数。

网络 RTK 控制测量应符合下列规定:

第一,应采用动态水平方向固定误差不超过 10 mm、比例误差系数不超过 2×10^{-6} 的双频或多频接收机,作业时,截止高度角 15°以上的卫星个数不少于 5 颗,PDOP 不应大于 6。

第二,控制点测量应采用三脚架方式架设天线进行作业,测量过程中仪器的圆气泡应严格稳定居中。

第三,采用多测回法观测,作业前和测回间均应进行接收机初始化,测回间的时间间隔应大于 60 s;应在得到 RTK 固定解且收敛稳定后开始记录观测值,观测值不少于 10 个,取平均值作为本测回的观测结果;经纬度记录精确至 0.000 01″,坐标与高程记录精确至 0.001 m;测回间的平面坐标分量较差绝对值不应大于 20 mm,高程较差绝对值不应大于 30 mm,取各测回结果的平均值作为最终观测结果。

第四,控制点应布设不少于 3 个两两通视或不少于 2 对相互通视的点;对所测成果应有不少于 10%且不少于 3 点的重复抽样检查,检查点位较差应小于 30 mm;布设完成后应采用全站仪固定边、固定角或导线联测检核,主要技术要求如下,表 8-1-4 所示。

表 8-1-4　全站仪固定边、固定角及导线联测检核的主要技术指标

等级	边长检核		角度检核		导线联测检核	
	测距中误差(mm)	边长相对中误差	测角中误差(″)	角度较差(″)	角度闭合差(″)	边长相对闭合差
二级	15	1/7 000	8	20	$24\sqrt{n}$	1/5 000

注：n 为导线测站数。

(2) 点位放样

放样点位的常用方法有交会法、归化法、极坐标法、自由设站法和 GNSS RTK 法等。场地污染治理工作场地一般视野开阔、卫星信号良好，适宜采用 GNSS RTK 方法进行。

GNSS RTK 方法是一种全天候、全方位的新型测量技术，是实时、准确地获取待测点位置的最佳方式。该技术是将基准站的相位观测数据及坐标等信息通过数据链方式实时传送给动态用户，用户将收到的数据链与自身采集的数据进行差分处理，从而获得动态用户的坐标，与设计坐标相比较，可以进行放样。

GNSS RTK 方法分两种，一种是通过无线电技术接受单基站广播改正数的常规 RTK(单基站 RTK)；一种是基于 Internet 数据通信链获取虚拟参考站(VRS 技术)播发改正数的网络 RTK。单基站 RTK 的作业方法和流程如下：

第一，收集测区的控制点资料。包括控制点坐标、等级、中央子午线、坐标系等。

第二，求测区的坐标转换参数。GNSS RTK 测量是在 WGS-84 坐标系中进行的，而测区的测量资料是在施工坐标系或国家坐标系下的，存在坐标转换的问题。GNSS RTK 用于实时测量和放样，要求给出当前工程坐标系的坐标。坐标转换的必要条件是至少有 3 个或 3 个以上的大地点有 WGS-84 坐标和工程坐标系的坐标，利用布尔沙模型解求 7 个转换参数，即 X_0，Y_0，Z_0(平移参数)和 ε_X，ε_Y，ε_Z (旋转参数)以及 δ_μ (尺度参数)

$$\begin{bmatrix} X_i \\ Y_i \\ Z_i \end{bmatrix}_{\text{工程}} = \begin{bmatrix} X_0 \\ Y_0 \\ Z_0 \end{bmatrix} + (1+\delta_\mu)\begin{bmatrix} X_i \\ Y_i \\ Z_i \end{bmatrix}_{\text{WGS-84}} + \begin{pmatrix} 0 & \varepsilon_Z & -\varepsilon_Y \\ -\varepsilon_Z & 0 & \varepsilon_X \\ \varepsilon_Y & -\varepsilon_X & 0 \end{pmatrix}\begin{bmatrix} X_i \\ Y_i \\ Z_i \end{bmatrix}_{\text{WGS-84}} \tag{8-1-11}$$

在计算转换参数时，已知点最好选在四周及中央，分布较均匀，能有效控制测区。若已知的大地点较多，可以选择几个点计算转换参数，用另外一些点作检验，经过检验满足要求的转换参数则认为是可靠的。

第三，工程项目参数设置。根据 GNSS 实时动态差分软件的要求，输入下列参数：工程坐标系的椭球参数(长轴和偏心率)、中央子午线、测区西南角和东北角的经纬度、坐标转换参数以及放样点的设计坐标。

第四，野外作业。将基准站 GNSS 接收机安置在参考点上，打开接收机，将设置的参数读入 GNSS 接收机，输入参考点工程坐标系的坐标和天线高，基准站接收机通过转换参数将参考点的工程坐标系坐标转换成 WGS-84 坐标，同时连续接受所有可视卫星信号，并通过数据发射电台将其测站坐标、观测值、卫星跟踪状态及接收机工作状态发送出去。流动站接收机在跟踪卫星信号的同时，接收来自基准站的数据，进行处理后获得流动站的三维 WGS-84 坐标，再通过与基准站相同的坐标转换参数将其转化为工程坐标系坐标，并在流动站的手簿上实时显示。接收机将实时位置与设计值相比较，得到改正(归化)值以指导放样。

若测区已覆盖城市 CORS 网，宜采用网络 RTK 方法，无须设置基准站，也无须自行计算转换参数，可直接实时获取测区点的城市坐标，指导放样。需要注意的是，采用网络 RTK 方法作业前后，应在已知控制点上进行检核，平面较差不大于 5 cm 方可作业。

(3) 高程测量

场地污染治理工作中的散点高程测量精度一般要求为等外及以下，适宜采用 GNSS 高程测量法。

利用 GNSS 测量，可直接得到地面上任一点 P 的 GNSS 大地高 H。通过当地测绘主管部门提供的似大地水准面精化成果系统，可将其转化为城市高程系统下的高程值。

对于地形平坦的小测区，可采用平面拟合模型，利用测区的控制点高程，进行点校正，直接测得测区任一点的工程坐标系高程值。

8.2 基坑围护设计

场地污染土壤异位修复过程中，因土方开挖需要进行基坑围护，以下主要针对基坑围护设计作概念性介绍，使非岩土工程专业的技术人员对基坑围护设计有个初步了解。基坑工程需要委托具有岩土工程勘察专业甲级以上资质的单位进行专门的设计。

8.2.1 基坑工程概述

自 20 世纪末以来，我国各大、中城市一直处于房地产投资与市政基础设施建设的热潮之中，高层建筑地下室、地下停车场、地铁车站、地下变电站、大型排水及污水处理系统等地下建(构)筑物的开发使得基坑工程的深度和面积不断增加，开挖面积从早期的几千平方米到现在的几万(甚至几十万)平方米，开挖深度从早期的 4～5 m 至现在的 50 m 以深。基坑支护的规模和技术难度不断增加。基坑围护的应用也从建设工程延伸到了场地土壤污染修复的土方开挖支护中。基坑支护结构通常由围护墙、隔水帷幕、水平内支撑系统(或锚杆系统)以及支撑的竖向支承系统组成，是地下工程施工的临时性支护结构体系。

8.2.2 基坑工程分级

基坑工程具有非常明显的环境效应，基坑支护体系的变形和基坑降水导致的地下水位下降可能对周边道路、地下管线和建筑物产生不良影响。不同基坑类型对周边环境影响有所不同，在《建筑基坑支护技术规程》(JGJ 120—2012)中，根据基坑对周边环境影响程度，将基坑安全等级分为三级(表 8-2-1)。

表 8-2-1 支护结构的安全等级

安全等级	破坏后果
一级	支护结构失效、土体变形过大变形对周边环境或主体结构施工安全影响很严重
二级	支护结构失效、土体变形过大变形对周边环境或主体结构施工安全影响严重
三级	支护结构失效、土体变形过大变形对周边环境或主体结构施工安全影响不严重

另外有些地方规范，对基坑安全等级和环境等级分别进行了描述，如《上海基坑工程技术标准》(DG/TJ 08-61—2018)根据基坑开挖深度对基坑安全等级进行了分类，根据基坑周边构筑物保护要求、构筑物和基坑边线的距离对基坑环境保护等级进行了分类(表 8-2-2、表 8-2-3)。

表 8-2-2　支护结构的安全等级

安全等级	开挖深度
一　级	基坑开挖深度大于等于 12 m
二　级	基坑开挖深度大于等于 7 m,小于 12 m
三　级	基坑开挖深度小于 7 m

表 8-2-3　支护结构的环境保护等级

环境保护对象	保护对象与基坑距离关系	基坑工程的环境保护等级
优秀历史建筑,有精密仪器与设备的厂房,采用天然地基或短桩基础的医院、学校和住宅等重要建筑物,轨道交通设施,隧道,防汛墙,原水管,自来水总管,煤气总管,共同沟等重要建(构)筑物或设施	$S \leqslant H$	一级
	$H < S \leqslant 2H$	二级
	$2H < S \leqslant 4H$	三级
较重要的自来水管、煤气管、污水管等市政管线,采用天然地基或短桩基础的建筑物等	$S \leqslant H$	二级
	$H < S \leqslant 2H$	三级

注：H 为基坑开挖深度,S 为保护对象与基坑开挖边线的净距。

8.2.3　基坑围护体系分类

按总体建筑施工顺序,基坑围护总体方案可分为顺作法、逆作法、顺逆结合三类基本形式,一般以顺作法为主。基坑工程的总体支护方案分类如图 8-2-1 所示。

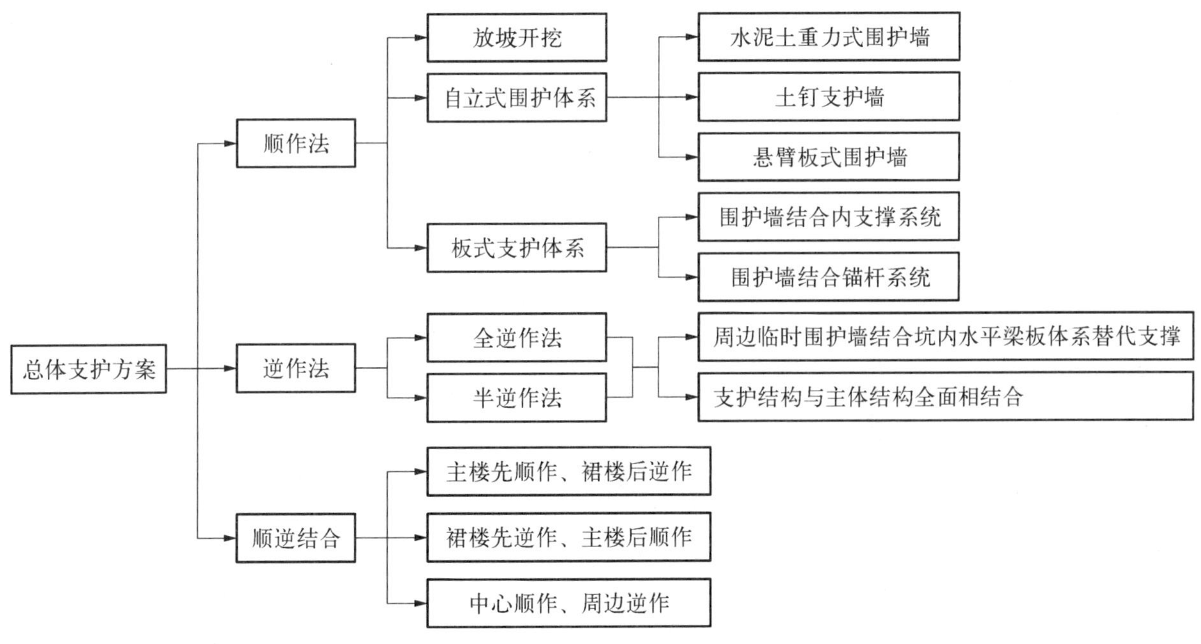

图 8-2-1　基坑总体支护方案

8.2.3.1　顺作法

所谓顺作法,是指先施工周边围护结构,然后由上而下分层开挖,并依次设置水平支撑(或锚杆系统)，开挖至坑底后，再由下而上施工主体地下结构基础底板、竖向墙柱构件及水平楼板构件，并按一定的顺序拆除水平支撑系统，进而完成地下结构施工的过程。当不设支护结构而直接采用放坡开挖时，则是先直接放坡开挖至坑底，然后自下而上依次施工地下结构。

顺作法是基坑工程的传统开挖施工方法，施工工艺成熟，支护结构体系与主体结构相对独立，相比逆作法，其设计、施工均比较便捷。

顺作法常用的总体方案包括放坡开挖、自立式围护体系和板式支护体系三大类，其中自立式围护体系又可分为水泥土重力式围护墙、土钉墙和悬臂板式围护墙，板式支护又包括围护墙结合内支撑系统和围护墙结合锚杆系统两种形式。

(1) 放坡开挖

放坡开挖一般适用于浅基坑。由于基坑敞开式施工，因此工艺简便、造价经济、施工进度快。但这种施工方式要求具有足够的施工场地与放坡范围。放坡开挖如图 8-2-2 所示。

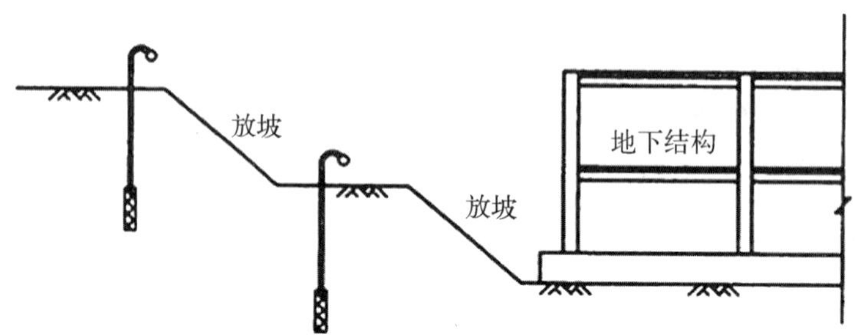

图 8-2-2　放坡开挖示意图

(2) 自立式围护体系

① 水泥土重力式围护和土钉支护

采用水泥土重力式围护和土钉支护的自立式围护体系经济性较好，由于基坑内部开敞，土方开挖和地下结构的施工均比较便捷。

② 悬臂板式围护墙

悬臂板式围护墙可用于必须敞开式开挖、但对围护体占地宽度有一定限制的基坑工程。其采用具有一定刚度的板式支护体，如拉森钢板桩、钻孔灌注桩或地下连续墙等。

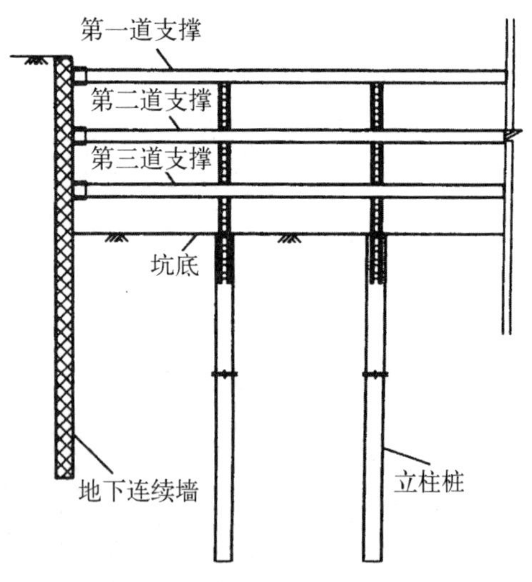

图 8-2-3　典型的围护墙结合内支撑系统示意图

(3) 板式支护体系

板式支护体系由围护墙和内支撑(或锚杆)组成，围护墙的种类较多，包括地下连续墙、灌注排桩围护墙、型钢水泥土搅拌墙、钢板桩围护墙及钢筋混凝土板桩围护墙等。内支撑可采用钢支撑或钢筋混凝土支撑。

① 围护墙结合内支撑系统

在基坑周边环境条件复杂、变形控制要求高的软土地区，围护墙结合内支撑系统是常用与成熟的支护形式。当基坑面积不大时，经济性较好。当基坑面积达到一定规模时，由于需要设置大量的临时支撑，因此经济性较差，此外，支撑体系拆除时围护墙会发生二次变形，拆除爆破以及拆撑后废弃混凝土碎块对环境产生不利影响。典型的围护墙结合内支撑系统如图 8-2-3 所示。

② 围护墙结合锚杆系统

围护墙结合锚杆系统采用锚杆来承受作用在围护墙上的

侧压力，它适用于大面积的基坑工程。基坑敞开式开挖，为挖土和地下结构施工提供极大的便利，可缩短工期，经济效益良好。但对软弱土层不适用。典型的围护墙结合锚杆系统如图 8-2-4 所示。

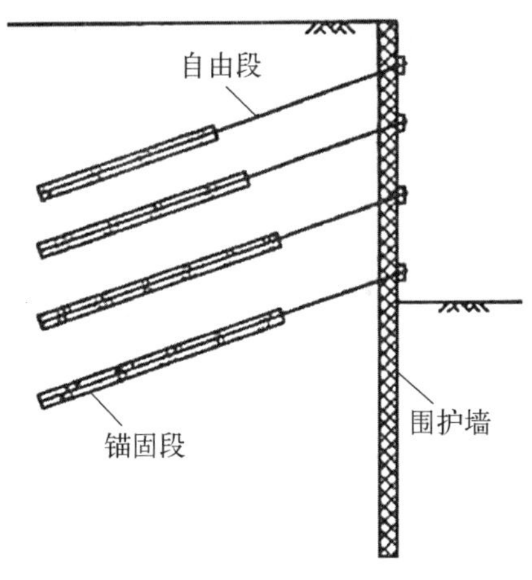

图 8-2-4　典型的围护墙结合锚杆系统示意图

8.2.3.2　逆作法

相对于顺作法，逆作法则是每开挖一定深度的土体后，即支设模板浇筑永久的结构梁板，用以代替常规顺作法的临时支撑，以平衡作用在围护墙上的土压力。因此当开挖结束时，地下结构即已施工完成。这种地下结构的施工方式是自上而下浇筑，同常规顺作法开挖到坑底后再自下而上浇筑地下结构的施工方法不同，故称为逆作法。逆作地下结构的同时还进行地上主体结构的施工，则称为全逆作法(图 8-2-5)。仅逆作地下结构，地上主体工程待地下主体结构完工后再进行施工的方法，则称为半逆作法(图 8-2-6)。由于逆作法的梁板重量较常规顺作法的临时支撑要大得多，因此必须考虑立柱和立柱桩的承载能力问题。尤其是采用全逆作法时，地上结构所能同时施工的最大层数应根据立柱和立柱桩的承载力确定。

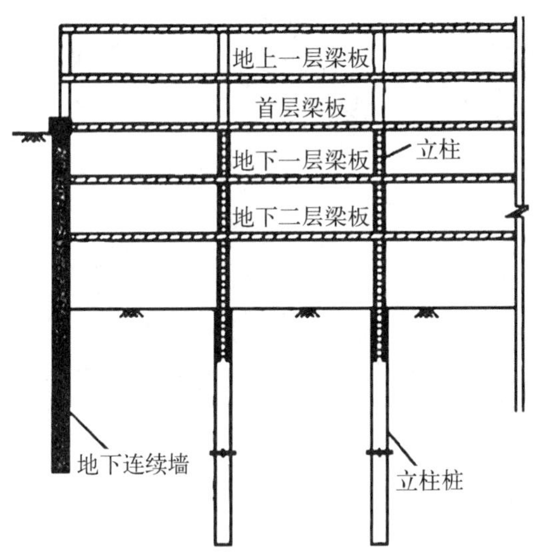

图 8-2-5　全逆作法示意图

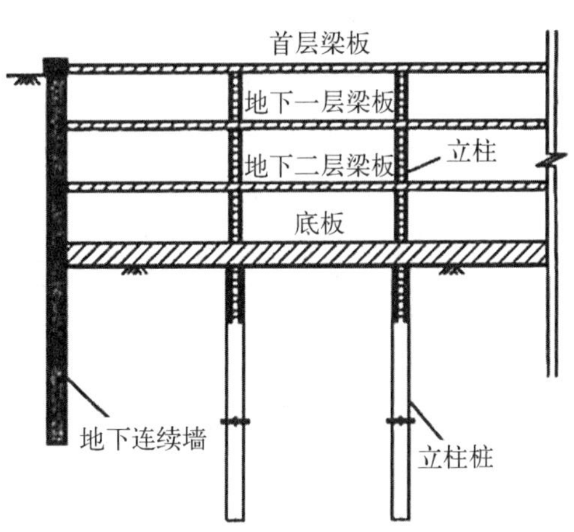

图 8-2-6　半逆作法示意图

8.2.4　基坑周边围护结构选型

工程中常用的基坑周边围护结构有土钉墙、水泥土重力式围护墙、地下连续墙、灌注桩排桩围护墙、型钢水泥土搅拌桩墙、钢板桩围护墙等几种类型。

8.2.4.1　土钉墙

土钉墙由土钉、面层、被加固的原位土体及必要的防排水系统组成，具有一定的自稳能力。土钉墙与各种止水帷幕、微型桩及预应力锚杆(索)等构件结合起来，又可形成复合土钉墙。

土钉墙坑内无支撑体系，能实现敞开式开挖，施工设备及工艺简单，支护结构不占用场地内的空间，经济性较好(图 8-2-7)。但是土钉墙施工对土层和挖深均有一定的要

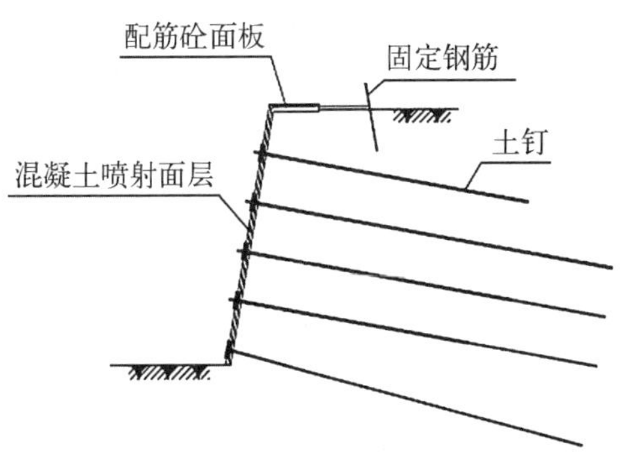

图 8-2-7　土钉墙示意图

求，适用于地下水以上或经人工降水后的人工填土、黏性土和弱胶结砂土地层，一般用于挖深不超过12 m，周边环境保护要求不高的基坑。在含水丰富的粉细砂、中细砂及含水丰富且较为松散的中粗砂、砾砂、深厚新近填土、淤泥质土、淤泥等软弱土层中并不适用。

土钉墙与一些构件可形成复合土钉墙，与土钉墙复合的构件主要有预应力锚杆、隔水帷幕及微型桩三类。复合土钉墙能充分发挥土钉墙和复合构件的优势，适用性更广。

8.2.4.2 水泥土重力式围护墙

水泥土重力式围护墙是以水泥系材料为固化剂，通过搅拌机械采用喷浆施工将固化剂和地基土强行搅拌，形成连续搭接的水泥土柱状加固体挡墙(图 8-2-8)。

水泥土重力式围护墙隔水性能可靠，使用后遗留的水泥土墙体相对比较容易处理，适用于软土地区开挖深度不超过 7.0 m 的基坑。但实施过程中围护结构变形较大，且在施工过程中对周边环境影响较大，对周边环境保护要求较高的基坑并不适用(图 8-2-9)。

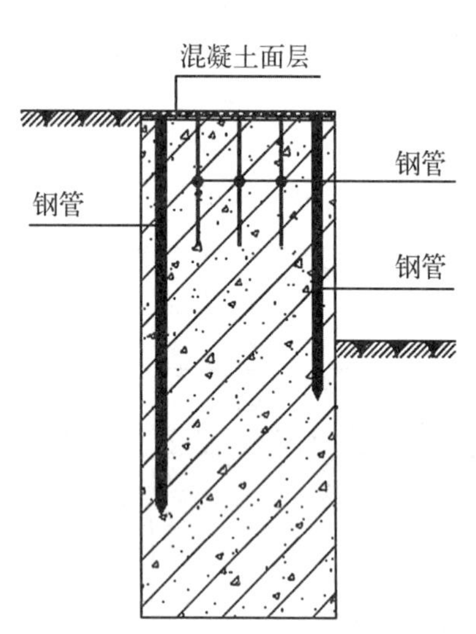

图 8-2-8 水泥土重力式围护墙示意图

图 8-2-9 水泥土重力式围护墙实景图

8.2.4.3 地下连续墙

地下连续墙是在地面上沿着深基坑工程的周边轴线，采用一种挖槽机械，在泥浆护壁条件下，开挖出一条狭长的深槽，清槽后，在槽内吊放钢筋笼，然后用导管法灌筑水下混凝土筑成一个单元槽段，如此逐段进行，在地下筑成一道连续的钢筋混凝土墙壁，作为截水、防渗、承重、挡水结构(图 8-2-10)。

地下连续墙墙体刚度大，整体性好，基坑开挖过程中安全性能高，支护结构变形小，墙身具有良好的抗渗能力。另外地下连续墙还能兼做地下室外墙。但地下连续墙墙身及接缝位置存在防水的薄弱环节，易产生渗漏水现象(图 8-2-11)。

由于受到施工机械的限制，地下连续墙厚度具有固定模数，因此只有在一定深度的基坑工程或者其他特殊条件下才能显示其经济性和特有的优势，一般情况下，地下连续墙适用如下条件的基坑工程：一是深度较大的基坑工程，一般开挖深度超过 10.0 m 才有较好的经济性；二是邻近区域存在保护要求较高的建、构筑物，对基坑围护墙体本身的变形和防水要求较高的工程；三是基地内空间有限，采用其他围护形式无法满足留设施工操作空间要求的工程。

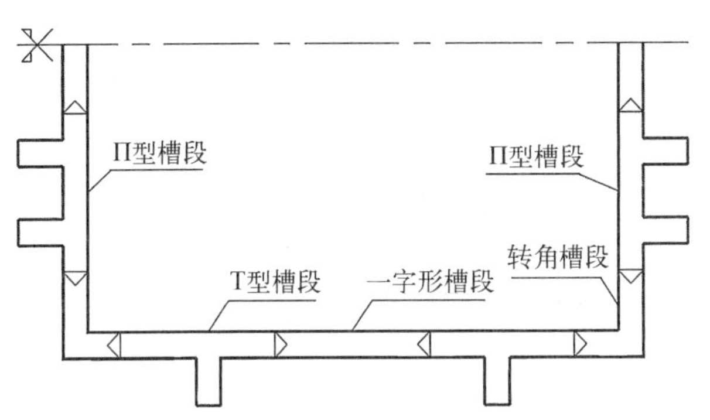

图 8-2-10　现浇地下连续墙槽段形式示意图

图 8-2-11　现浇地下连续墙实景图

8.2.4.4　灌注桩排桩围护墙

灌注桩排桩围护墙是采用连续的柱列式排列的灌注桩形成围护结构，工程中常用的主要排桩形式有分离式、咬合式和双排式三种布置形式。

(1) 分离式排桩

分离式排桩是工程中灌注桩排桩围护墙最常用，也是较简单的围护结构形式(图 8-2-12、图 8-2-13)。灌注桩排桩外侧可结合工程的地下水控制要求设置相应的隔水帷幕。

分离式排桩围护墙施工工艺简单，工艺成熟，造价经济，施工对周边环境影响小。外侧隔水帷幕可根据工程的土层情况、周边环境特点、基坑开挖深度等要求综合选用。分离式排桩围护墙对地层的适用性较强，但对软土地区超过 20 m 的深基坑工程并不适用。

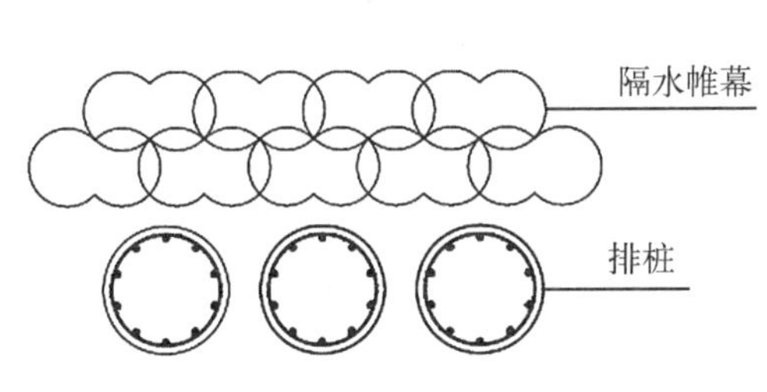

图 8-2-12　分离式排桩平面示意图

图 8-2-13　分离式排桩实景图

(2) 咬合桩

咬合桩是采用桩与桩之间咬合，起到隔水作用的咬合式排柱围护墙(图 8-2-14、图 8-2-15)。咬合桩的先行桩采用素混凝土桩或钢筋混凝土桩，后行桩采用钢筋混凝土桩。

咬合桩占用空间小，整体刚度大，施工速度快，工程造价低，对周边环境影响小。但咬合桩对成桩的垂直度要求较高，施工难度大。

咬合桩适用淤泥、流砂、地下水富集的软土地区以及邻近建(构)筑物对降水、地面沉降敏感等环境保护要求较高的基坑工程。

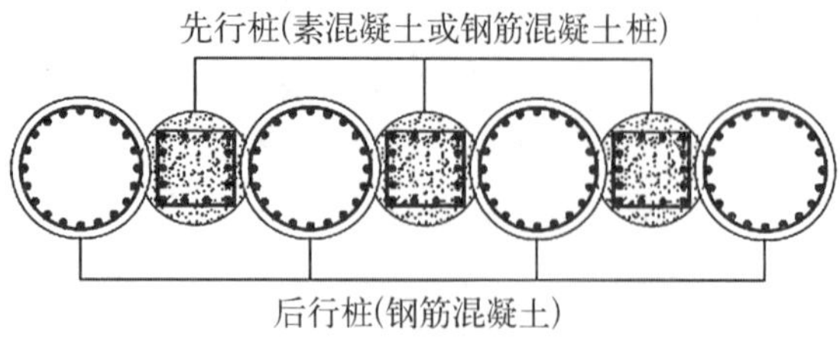

图 8-2-14 咬合桩平面示意图

图 8-2-15 咬合桩实景图

(3) 双排桩

双排桩是将桩设置成前后两排,将前后两排桩桩顶的冠梁采用横向连梁连接,形成了双排门架式挡土结构(图 8-2-16、图 8-2-17)。

双排桩抗弯刚度大,施工工艺简单,工艺成熟,造价经济。可作为独立式悬臂结构,实现敞开式开挖。但双排桩占用空间较大,自身不能隔水,在有隔水要求的工程中需另设隔水帷幕。

双排桩适用于场地空间充足、开挖深度较深、变形控制要求较高且无法设置内支撑体系的基坑工程,对土层有一定的适应性,对软土地区,可在桩间设置相应的加固措施。

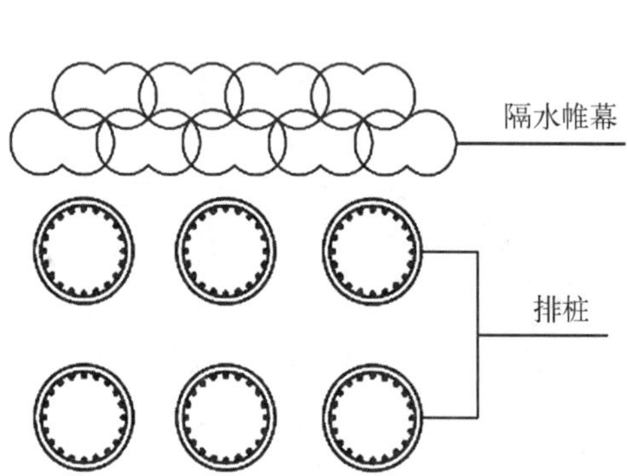

图 8-2-16 双排桩平面示意图

图 8-2-17 双排桩实景图

8.2.4.5 型钢水泥土搅拌桩墙

型钢水泥土搅拌墙,通常称为 SMW 工法,是一种连续套接的三轴水泥土搅拌桩内插型钢形成的复合挡土隔水结构(图 8-2-18、图 8-2-19)。

图 8-2-18 型钢水泥土搅拌桩墙平面布置图

该工艺施工对周边环境影响小,防渗性能好,占用空间小,环保节能,适用土层范围广,工期短,投资省。但也有一定的适用条件,具体如下:

第一,型钢水泥土搅拌墙的选型及参数设计要满足周边环境的保护要求。

第二,型钢水泥土搅拌墙的选择受基坑开挖深度影响。根据上海及周边软土地区近些年工程经验,在常规支撑设置下,搅拌桩直径为 650 mm 的型钢水泥土搅拌墙,一般开挖深度不大于 8.0 m;搅拌桩直径为 850 mm 的型钢水泥土搅拌墙,一般开挖深度不大于 11.0 m;搅拌桩直径为 1 000 mm 的型钢水泥土搅拌墙,一般开挖深度不大于 13.0 m。

第三,型钢水泥土搅拌墙刚度相对较低,常常会产生相对较大变形,在对周边环境保护要求较高的工程中,例如基坑紧邻运营中的地铁隧道、历史保护建筑、重要地下管线时,要慎重使用。

图 8-2-19　型钢水泥土搅拌桩墙实景图

第四,当基坑周边环境对地下水位变化较为敏感,搅拌桩桩身范围内大部分为砂(粉)土等透水性较强的土层时,若型钢水泥土搅拌桩墙变形较大,搅拌桩桩身易产生裂缝、造成渗漏。

当后期型钢拔除时,拔除后对空隙建议采取注浆的形式将其封堵,以减少对周边环境的不利影响。

8.2.4.6　钢板桩围护墙

钢板桩是一种带有锁口或钳口的热轧(或冷弯)型钢,靠锁口或钳口相互连接咬合,形成连续的钢板桩墙,用来挡土和挡水,具有高强、轻型、施工快捷、环保、可循环利用、经济性好等优点。可根据场地实际情况另设止水帷幕。但钢板桩刚度相对较小,一般变形较大,且钢板桩施工和拔除对土体扰动较大,钢板桩拔除后需对土体中留下的空隙进行回填处理(图 8-2-20、图 8-2-21)。

钢板桩适用于开挖深度不大于 7 m、周边环境保护要求不高的基坑工程。

图 8-2-20　钢板桩平面示意图

图 8-2-21　钢板桩围护墙实景

8.2.5　水土压力计算

8.2.5.1　土压力计算

支护结构外侧的主动土压力强度标准值、支护结构内侧的被动土压力强度标准值宜按下列公式计算:

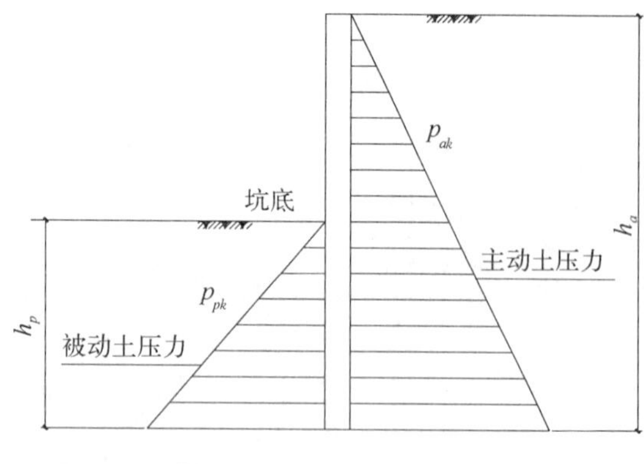

图 8－2－22　土压力计算

（1）对地下水位以上或水土合算的土层(图 8－2－22)

$$\begin{cases} p_{ak}=\sigma_{ak}K_{a,i}-2c_i\sqrt{K_{a,i}} \\ K_{a,i}=\left[\tan\left(45^{\circ}-\dfrac{\varphi_i}{2}\right)\right]^2 \\ p_{pk}=\sigma_{pk}K_{p,i}+2c_i\sqrt{K_{p,i}} \\ K_{p,i}=\left[\tan\left(45^{\circ}+\dfrac{\varphi_i}{2}\right)\right]^2 \\ \sigma_{ak}=\gamma h_a \\ \sigma_{pk}=\gamma h_p \end{cases} \qquad (8-1-12)$$

式中，p_{ak} 为支护结构外侧，第 i 层土中计算点的主动土压力强度标准值(kPa)；当 $p_{ak}<0$ 时，应取 $p_{ak}=0$；σ_{ak}、σ_{pk} 分别为支护结构外侧、内侧计算点的土中竖向应力标准值(kPa)，按《建筑基坑支护技术规程》(JGJ 120—2012)第 3.4.5 条的规定计算；$K_{a,i}$、$K_{p,i}$ 分别为第 i 层土的主动土压力系数、被动土压力系数；c_i、φ_i 分别为第 i 层土的黏聚力(kPa)、内摩擦角(°)，按《建筑基坑支护技术规程》(JGJ 120—2012)第 3.1.14 条的规定取值；p_{pk} 为支护结构内侧，第 i 层土中计算点的被动土压力强度标准值(kPa)；γ 为土的天然重度，水土分算时，地下水位以下取浮重度(KN/m^3)；h_a 为支护结构外侧自然地面至计算点的距离(m)；h_p 为基坑底至计算点的距离(m)。

（2）对于水土分算的土层(图 8－2－23)

$$\left.\begin{aligned} p_{ak}&=(\sigma_{ak}-u_a)K_{a,i}-2c_i\sqrt{K_{a,i}}+u_a \\ p_{pk}&=(\sigma_{pk}-u_p)K_{p,i}+2c_i\sqrt{K_{p,i}}+u_p \end{aligned}\right\} \qquad (8-1-13)$$

式中，u_a、u_p 为支护结构外侧、内侧计算点的水压力(kPa)。

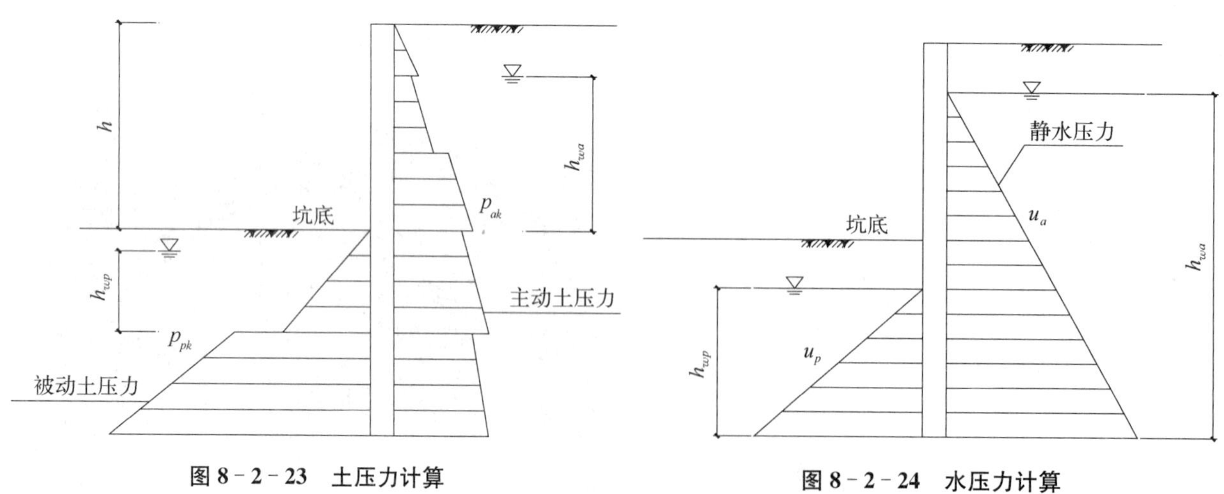

图 8－2－23　土压力计算

图 8－2－24　水压力计算

8.2.5.2　**水压力计算(图 8－2－24)**

静止地下水位以下的水压力可按下列公式计算

$$\left.\begin{aligned} u_a&=\gamma_w h_{wa} \\ u_p&=\gamma_w h_{wp} \end{aligned}\right\} \qquad (8-1-14)$$

式中，γ_w 为地下水重度(kN/m)，取 $\gamma_w=10\ kN/m^3$。h_{wa} 为基坑外侧地下水位至主动水压力强度计算点的垂直距离(m)；对承压水，地下水位取测压管水位；当有多个含水层时，应取计算点所在含水层的地下水位。h_{wp} 为基坑内侧地下水位至被动水压力强度计算点的垂直距离(m)；对承压水，地下水位取测压管水位。

8.2.6　地下水控制

地下水控制主要有隔水、排水和降水三种处理方式。这三种方式并不是独立的，降水是基坑开挖过程中最常见的地下水处理方式，降水系统的有效工作需要通畅的排水系统。为了避免降、排水造成地面沉降，影响周边建筑物、市政管线的正常使用，需要设置隔水帷幕。

根据地下水分布情况，应采取针对性的地下水控制措施。

8.2.6.1　潜水

潜水降水的方法包括集水明排、轻型井点、喷射井点、砂(砾)渗井、电渗井点、管井(深井)等。井点布置应根据土体含水量以及地区经验确定，原则上在基坑内部均匀布置，并尽量设置在支撑边缘等便于开挖过程中保护的位置(图 8－2－25)。

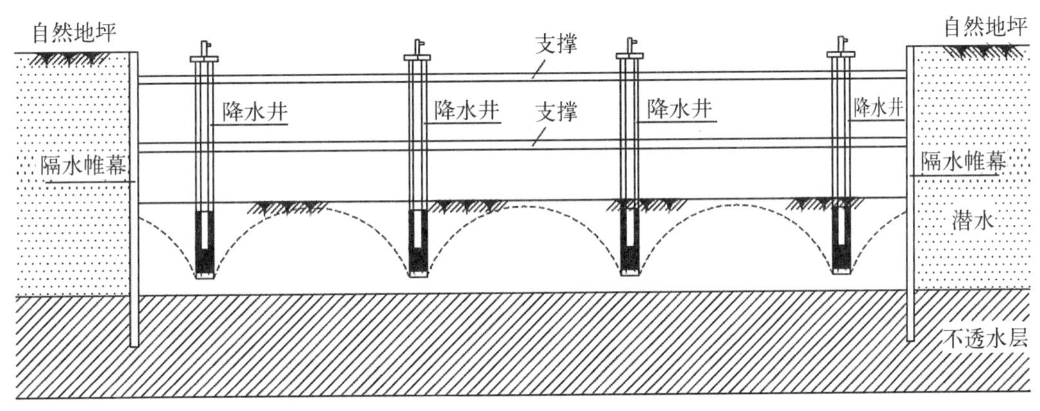

图 8－2－25　基坑坑内降水示意图

8.2.6.2　承压水

对于承压水，可采取降压或者隔断的方式进行处理(图 8－2－26、图 8－2－27)，应根据承压含水层分布以及基坑开挖深度等情况综合确定。当承压含水层位于基坑开挖深度范围内时，须设置可靠的隔

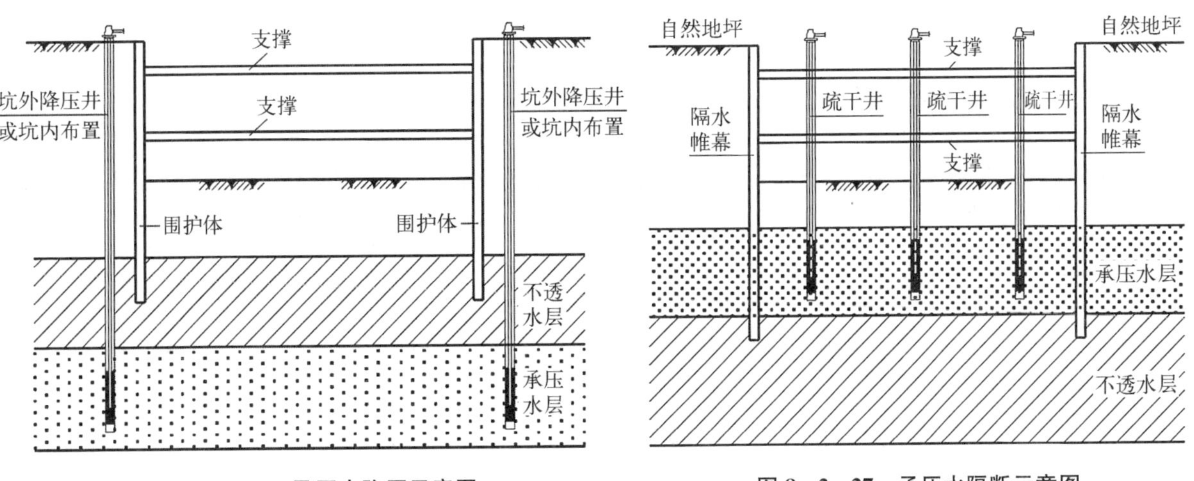

图 8－2－26　承压水降压示意图

图 8－2－27　承压水隔断示意图

水体系，然后在开挖过程中进行坑内疏干降水；对承压含水层位于开挖面以下时，应通过降压来满足基坑开挖到坑底时抗承压水突涌稳定性的要求。对于水文地质条件复杂的基坑工程，应通过场地内抽水试验来确定承压水的抽水量和水头降深的关系、越层补给的水量大小以及降压对地表沉降的影响等参数指标。

基坑降压过程应按照“按需降压、动态降压”的原则实施，并通过水位观测井及时反映降压效果，调控降压出水量，以减少对场地周边环境的影响。

8.2.7 基坑围护设计所需的资料

8.2.7.1 地下结构施工图

地下结构施工图包括：总平面图、基础平面和剖面图，地下工程平面和剖面图等。

8.2.7.2 场地工程地质和水文地质资料

场地工程地质和水文地质资料包括：基坑工程影响范围内土层分布、各土层物理力学指标、全年地下水变动情况等。

8.2.7.3 工程用地红线图和基坑周围环境状况资料

工程用地红线图和基坑周围环境状况资料包括：基坑周边现有和施工影响范围内可能存在建设的市政道路、建筑物、地铁、人防工程、各种市政管线等的平面位置、基础类型、埋深及结构图等。

8.2.7.4 相邻地下工程施工情况

相邻地下工程施工情况包括：地下工程支护体系设计和施工组织计划等。

8.2.8 基坑围护体系设计内容

8.2.8.1 基本内容

基坑支护体系设计一般包括：根据场地工程地质和水文地质条件，工程用地红线图和基坑周边环境状况，地下结构施工图等资料，对技术可行的基坑支护方案进行比选，选用合理的基坑支护方案；对基坑支护结构和支护体系的稳定和变形设计计算；对地下水控制体系的设计计算；对基坑工程施工环境效应的评估；提出基坑挖土施工要求；提出基坑工程监测要求以及相关报警值；提出处理突发状况的应急措施的要求等。

8.2.8.2 设计文件

基坑支护设计文件一般包括：基坑支护设计依据；工程概况和周围环境条件分析；工程地质和水文地质条件分析；基坑支护方案比选；确定基坑支护形式；支护体系设计计算；基坑支护体系设计图纸；基坑工程施工要求；监测内容、要求以及相关的报警值；应急措施等。

8.3 基坑岩土工程勘察

场地土壤污染异位修复过程中，因土方开挖而需进行基坑围护，以下主要针对基坑岩土工程勘察作概念性介绍，让非岩土工程专业的技术人员初步了解岩土工程勘察的过程和内容。

8.3.1 岩土工程勘察概述

岩土工程勘察是指根据建设工程的要求，查明、分析、评价建设场地的地质、环境特征和岩土工程条件，编制勘察文件的活动。

8.3.1.1 岩土工程勘察阶段

岩土工程勘察一般可分为可行性研究勘察、初步勘察、详细勘察、施工勘察四个阶段，每个勘察阶段宜与设计阶段相适应;但在场地土壤污染异位修复中涉及的基坑岩土工程问题,一般直接进行详细勘察。

8.3.1.2　岩土工程勘察的主要目的

第一,查明建筑(基坑)影响范围内岩土层的类型、深度、分布、工程特性,分析和评价土体的稳定性、均匀性和强度;

第二,查明埋藏的河道、沟浜、墓穴、防空洞、孤石等对基坑围护不利的埋藏物;

第三,查明地下水的埋藏条件,提供地下水位及其变化幅度;

第四,提供勘探深度范围内各土层的物理、力学指标以及提供基坑围护设计计算所需的岩土工程参数。

8.3.1.3　岩土工程勘察主要环节

岩土工程勘察一般分为勘察方案编制、野外钻探取样和原位测试、室内试验、数据分析和勘察报告编制四大环节。

8.3.2　野外钻探取样和原位测试

8.3.2.1　野外钻探取样

在岩土工程勘察中,钻孔是最广泛采用的一种勘探手段,可以鉴别、描述土层,岩土取样,进行标准贯入试验等。图 8-3-1 为钻探取样作业现场。

图 8-3-1　钻探取样作业现场

8.3.2.2　常用原位测试技术——静力触探测试

静力触探是用静力将探头以一定的速率压入土中,利用探头内的力传感器,通过电子量测器将探头受到的灌入阻力记录下来(图 8-3-2),以反映各土层的阻力大小,同时也反映了土层的软硬程度。图 8-3-3 为 DYLC 型履带式静力触探机施工现场。

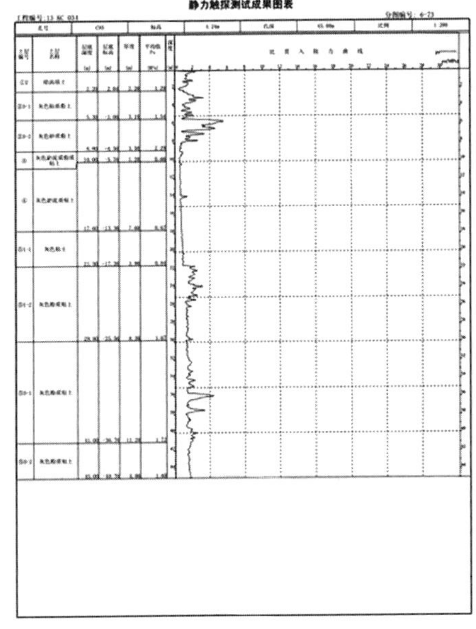

图 8-3-2　静力触探测试成果图表

图 8-3-3　DYLC 型履带式静力触探机施工现场

8.3.3 室内土工试验

8.3.3.1 土的主要物理性指标试验

(1) 试验直接测定的基本物理性质指标(表 8-3-1)

表 8-3-1 直接测定的基本物理性质指标

指标名称	符号	单位	物理意义	主要试验方法
含水量	w	%	土中水的质量与土粒质量之比 $w\% = \frac{m_w}{m_s} \times 100 = \frac{土中水的质量}{土粒质量} \times 100$	烘干法(温度 100～105℃)  烘干法采用的烘箱和天平
相对密度(比重)	d_s	—	土粒质量与同体积的 4℃ 时水的质量之比 $d_s = \frac{m_s}{V_s \rho_w} = \frac{土粒质量}{同体积4℃水的质量}$ (ρ_w 为水的密度)	比重瓶法
质量密度	ρ	g/cm^3	土的总质量与其体积之比即单位体积的质量 $\rho = \frac{m}{V} = \frac{土的总质量}{土的体积}$	环刀法  切土的环刀

(2) 由含水量、相对密度(比重)、质量密度计算求得的基本物理性质指标(表 8-3-2)

表 8-3-2 计算求得的基本物理性质指标表

指标名称	符号	单位	物理意义	基本公式
重　度	γ	kN/m^3	$\gamma = \frac{土所受的重力}{土的总体积}$	$\gamma = g \times \rho = 10\rho$
干密度	ρ_d	g/cm^3	$\rho_d = \frac{m_s}{V} = \frac{土粒质量}{土的总体积}$	$\rho_d = \frac{\rho}{1+0.01w}$

续　表

指标名称	符号	单位	物　理　意　义	基　本　公　式
孔隙比	e	—	$e=\dfrac{V_n}{V_s}=\dfrac{土中孔隙体积}{土粒体积}$	$e=\dfrac{d_s\rho_w(1+0.01w)}{\rho}-1$
孔隙度	n	%	$n=\dfrac{V_n}{V}\times100=\dfrac{土中孔隙体积}{土的总体积}$	$n=\dfrac{e}{1+e}\times100$
饱和度	S_r	%	$S_r=\dfrac{V_w}{V_n}\times100=\dfrac{土中水的体积}{土中孔隙体积}$	$S_r=\dfrac{wd_s}{e}$

(3) 透水性指标

土的透水性指标以土的渗透系数 K 表示,其物理意义为当水力坡度等于 1 时的渗透速度。

$$K=\frac{Q}{AJ}=\frac{v}{J} \tag{8-1-15}$$

式中,K 为渗透系数(cm/s 或 m/d),1 cm/s=864 m/d;Q 为渗透通过的水量(cm^3/s 或 m^3/d),1 cm^3/s=0.086 4 m^3/d;A 为通过水量的总横断面积(cm^2 或 m^2);v 为渗透速度(cm/s 或 m/d);J 为水力坡度。

渗透系数在室内主要采用渗透仪进行测试(图 8-3-4),在野外现场主要采用简易注水(或抽水)试验测试。当基坑需要降水时,宜采用水文地质抽水试验测定各含水层的渗透系数。

图 8-3-4　南 55 型渗透仪

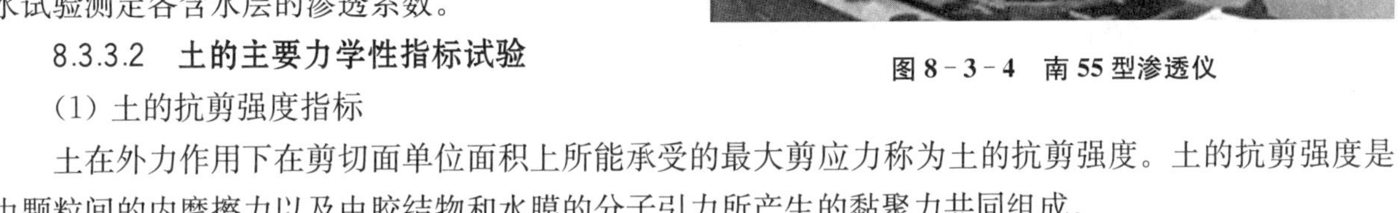

8.3.3.2　土的主要力学性指标试验

(1) 土的抗剪强度指标

土在外力作用下在剪切面单位面积上所能承受的最大剪应力称为土的抗剪强度。土的抗剪强度是由颗粒间的内摩擦力以及由胶结物和水膜的分子引力所产生的黏聚力共同组成。

土的抗剪强度指标主要为土的黏聚力(c)、土的内摩擦角(φ)。实验室主要采用的测试方法有:三轴压缩试验、直接剪切试验;图 8-3-5 为直接剪切试验(固结快剪)成果图,图 8-3-6 为直接剪切试验仪器。

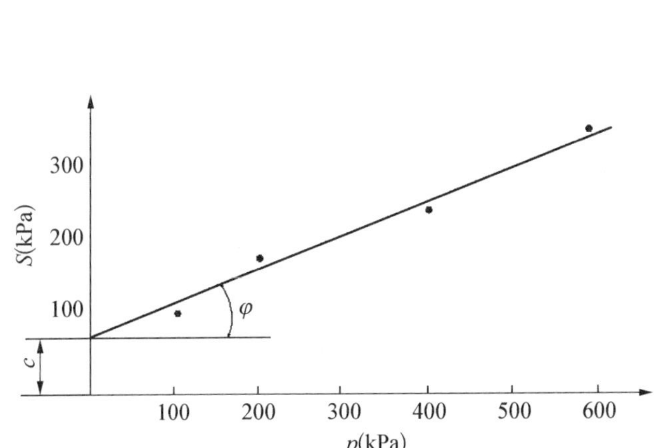

图 8-3-5　土的抗剪强度与垂直压力的关系

图 8-3-6　直剪仪(应变控制式)

(2) 土的固结(压缩)指标

常用的土的固结(压缩)指标主要有压缩系数、压缩模量、压缩指数、回弹指数等。其中，压缩系数(a)指 $e-p$ 曲线中某一压力区段的割线斜率，其单位为 MPa^{-1}；压缩模量(E_s)指压缩时垂直压力增量与垂直应变增量的比值，其单位为 MPa；压缩指数(C_c)指 $e-\lg p$ 曲线上直线部分斜率；回弹指数(C_s)指 $e-\lg p$ 曲线回弹圈中虚线 de 的斜率。室内主要采用的测试方法有标准固结试验、快速固结试验，绘制孔隙比与压力的关系曲线，即压缩曲线，或称 $e-p$(或 $e-\lg p$)曲线。见图 8-3-7 和图 8-3-8。

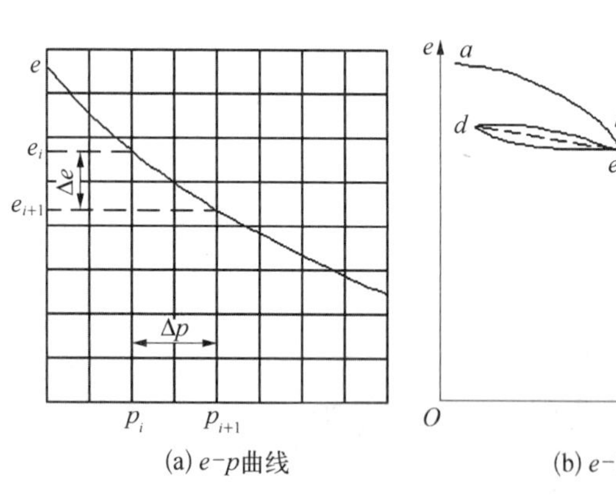

(a) $e-p$曲线　(b) $e-\lg p$曲线

图 8-3-7　压缩特性曲线

图 8-3-8　全自动固结仪

8.3.4　岩土工程勘察勘探点布设与所需资料

8.3.4.1　岩土工程勘察勘探点布设

第一，勘探点范围应根据基坑开挖深度及场地的岩土工程条件确定；基坑外宜布置勘探点，其范围不宜小于基坑深度的 1 倍；当需要采用锚杆时，基坑外勘探点的范围不宜小于基坑深度的 2 倍；当基坑外无法布置勘探点时，应通过调查取得相关勘察资料并结合场地内的勘察资料进行综合分析。

第二，勘探点应沿基坑边布置，其间距宜按当地的《岩土工程勘察规范》确定；当场地存在软弱土层、暗沟或岩溶等复杂地质条件时，应加密勘探点并查明其分布和工程特性。

第三，基坑周边勘探孔的深度不宜小于基坑深度的 2 倍；基坑面以下存在软弱土层或承压含水层时，勘探孔深度应穿过软弱土层或承压水含水层。

第四，应进行原位测试和室内试验并提出各层土的物理性质指标和力学指标；对主要土层和厚度大于 3 m 的素填土，应进行抗剪强度试验并提出相应的抗剪强度指标。

第五，当有地下水时，应查明各含水层的埋深、厚度和分布，判断地下水类型、补给和排泄条件；有承压水时，应分层测量其水头高度。

第六，应对基坑开挖与支护结构使用期内地下水位的变化幅度进行分析。

第七，当基坑需要降水时，宜采用抽水试验测定各含水层的渗透系数与影响半径；勘察报告中应提出各含水层的渗透系数。

第八，当场地内存在暗浜时，宜采用小螺纹孔予以查明。

8.3.4.2　岩土工程勘察需要的资料

工业与民用建筑岩土工程勘察，在勘察前一般需要获得上级部门对建设项目的批准文件、用地规划图；勘察任务委托书，建设和设计单位对勘察的技术要求；搜集附有坐标和地形的建筑总平面图，场区的地面整平标高，建筑物的性质、规模、荷载、结构特点，基础形式、埋置深度，地基允许变形等资料；同时还需搜集邻近的岩土工程资料和工程经验;必要时宜搜集周边环境资料。

对于场地土壤与地下水污染修复过程中因土方开挖而需进行基坑围护的工程,则需要收集土壤和地下水的污染范围、深度,邻近的岩土工程资料和工程经验以及周边的环境资料。

8.3.5　岩土工程勘察成果

8.3.5.1　岩土工程勘察成果

岩土工程勘察成果主要包括勘察报告和附图。

岩土工程勘察报告应根据任务要求、工程特点和地质条件等具体情况编写。应对基坑工程影响深度范围内的土层埋藏条件、分布和特性进行综合分析评价,并根据填土、暗浜、地下障碍物等浅层不良地质条件分布情况分析其对基坑工程的影响;应阐明场地浅部潜水及深部承压水的埋藏条件、水位变化幅度和与地表水间的联系(临水基坑工程)以及土层的渗流条件,并对产生流砂、管涌、坑底突涌等可能性进行分析评价;应提供基坑工程影响范围内的各土层物理、力学试验指标的统计值。

图件应包含:勘探点平面布置图、工程地质剖面图、钻孔柱状图、原位测试成果图表、室内试验成果图表、其他所需的成果图表(如暗浜分布、地下障碍物分布图)等。

8.3.5.2　勘探点平面布置图、工程地质剖面图编制要求

(1) 勘探点平面布置图应标明下列内容

第一,场地周边标志物及场地红线。场地周边无固定标志物时,应标注场地红线角点的坐标;

第二,拟建建(构)筑物轮廓线、地下结构体边线、名称(或编号),建筑工程尚应标明层数(或高度);

第三,勘探点的位置、类型、孔号、孔深、孔口标高;

第四,工程地质剖面线和剖面编号;

第五,拟建场地主要地形、地物及不良地质条件的分布范围;

第六,图纸的上方宜为正北或磁北;受图纸规格限制,图件方向需斜置时,应标注指北针;

第七,宜采用 1∶500 或 1∶1 000 的比例尺,大型工程或长距离的线状工程可采用 1∶2 000 比例尺;

(2) 工程地质剖面图应标明下列内容

第一,剖面编号、水平向与垂直向比例、标高参照系尺度;水平向与垂直向比例宜大致相同,避免剖面图反映的地层起伏情况失真;

第二,勘探点编号、孔口标高、分层深度及标高、孔深;

第三,相邻孔间距;

第四,河、塘、堤坝等地形地貌,以及剖面通过处的不良地质条件分布;

第五,钻孔内取土、标准贯入试验位置及编号,标贯试验锤击数;

第六,各土层的编号和图例,可参照国标或地方标准的《岩土工程勘察规范》。

本章参考文献

[1] 顾孝烈,鲍峰,程效军.测量学(第三版)[M].上海:同济大学出版社,2006.
[2] 黄丁发,张勤,张小红,周乐韬.卫星导航定位原理[M].武汉:武汉大学出版社,2015.
[3] 郭际明,史俊波,孔祥元,刘宗泉.大地测量学基础(第三版)[M].武汉:武汉大学出版社,2021.
[4] 刘国彬,王卫东.基坑工程手册(第二版)[M].北京:中国建筑工业出版社,2009.
[5] 龚晓南.深基坑工程设计施工手册(第二版)[M].北京:中国建筑工业出版社,2018.
[6] 中国土木工程学会土力学及岩土工程分会.深基坑支护技术指南[M].北京:中国建筑工业出版社,2012.
[7] 中华人民共和国住房和城乡建设部.建筑基坑支护技术规程(JGJ 120—2012)[S].

[8] 华东建筑设计研究院有限公司，上海建工集团股份有限公司.基坑工程技术标准(DG/JT 08-61—2018)[S].
[9]《工程地质手册》编委会.工程地质手册(第五版)[M].北京：中国建筑工业出版社，2018.
[10] 上海市建筑建材业市场管理总站.岩土工程勘察规范(DGJ 08-37—2012)[S].
[11] 中华人民共和国建设部.岩土工程勘察规范(GB 50021—2001)(2009年版)[S].
[12] 上海市建筑建材业市场管理总站.岩土工程勘察文件编制深度规定(DG/J 08-72—2012)[S].